토목시공학

공학박사 이 양 규
공학박사 강 인 석
공학박사 박 홍 태

普 文 堂

토목시공학

2010년 3월 15일 초 판 발행
2014년 9월 5일 제2판 발행
2017년 3월 15일 제3판 발행

지은이 | 이양규, 강인석, 박홍태
발행인 | 김 병 계
발행처 | 도서출판 보문당
등 록 | 1990년 6월 15일(제1-1066호)
주 소 | 서울시 마포구 신수동 448-6 우) 121-110
전 화 | 704-7025 / 704-0635
팩 스 | 704-2324
전자우편 | bmdpub@empal.com

값 30,000원

ISBN : 978-89-8413-200-9 (93530)

머 리 말

21세기를 맞이하여 세계 경쟁 속에 우리는 살아가고 있다. 국경 없는 경제전쟁, 건설산업의 변화, 우루과이라운드, 지역통합, 글로벌리제이션 등 새로운 것을 예상할 수 없었던 새 파도로 밀려들고 있다. 우리는 지난 반세기 이상을 이어온 건설산업 질서를 근원적으로 파괴하고, 21세기를 이끌어갈 새로운 건설산업을 모색하고 있다. 이제 우리 건설업은 전략・전술에도 적극 대응하여야 하며, 미래를 열기 위해 미래 안으로 뛰어들 실존은 불확실한 성패에 대한 결과만을 지켜보는 관람자일 수는 없다. 그러므로 우리 건설산업은 새로운 역사적 도전에 앞서 새로운 국제 경쟁질서, 환경변화는 건설업의 활력을 형성・유지하고 단순기술주의에서 첨단기술주의로 변화에의 대응력이 상실되지 않아야 하며, 새로운 시장기능의 유지 강화, 기술혁신을 통해서 건설기반을 더욱 새롭게 다져 나가야 한다.

그러므로 이와 같은 시설을 시공함에 있어서 최근 각종 신공법・신기술 등이 속출되면서 시공기술의 고도화, 성력화가 이루어지고 있으며 시공기술의 시스템은 복잡화, 다양화, 대규모화로 인하여 다양해지고 컴퓨터화 되어 있다. 또한 일반표준시방서, 유지관리 및 지침서, 토목용어에 알맞은 용어통일, 모든 토목공사 설계도서(기본설계 및 실시설계)도 CGS단위에서 SI단위로 환산되고 있으므로 여기에 알맞게 수정하였다.

이 저서는 제Ⅰ편은 토공사, 연약지반개량공법, 건설장비, 암석굴착공, 기초공, 콘크리트공, 터널굴착공, 매설관과 암거공, 옹벽공과 시공, 교량가설공법, 댐 시공과 설비로 구성하였고 제Ⅱ편은 공사관리 전반에 관련하여 국토교통부에서 개정된 일반표준시방서 및 유지관리지침서를 토대로 하여 수록하였습니다.

이 저서의 집필은 토목기술사자격, 토목기사자격, 현장기술자, 대학교재(1, 2학기)로도 부족함이 없도록 수록하였으므로 건설회사의 공무분야 실무기술자나 학생들의 애용을 기대하면서 여러분의 영광과 소원성취를 기원하는 바이다.

끝으로 이 저서의 수정・보완에 도움을 주신 중앙대학교 한중근 박사님, 신안산대학교 윤중만 박사님께 감사드리며, 출판을 맡아주신 도서출판 보문당의 김병계 사장님 이하 편집부 여러분의 노고에 감사드립니다.

2017년 02월

저자 일동

차 례

제I편 토목시공법

제 4 장 암석굴착공 223

제 5 장 기초공 285

제 7 장 터널굴착공 521

제 8 장 매설관(埋設管)과 암거공(暗渠工) 607

제 9 장 옹벽공과 시공 643

제 10 장 교량공 685

제11장 댐 공 765

제II편 건설공사관리학

제1장 건설사업관리 821

제 2 장 공사관리 831

제 3 장 자원배당 907

제 4 장 공사기간단축 923

제 5 장 진도관리 939

제 6 장 품질관리 961

제 I 편

토목시공법

제1장 토 공

1-1 개 요

토공(土工, earth works)은 토목공사에 있어서 흙을 이동하는 작업을 말한다. 이것을 크게 나누면 흙깎기(切土, cutting), 운반(運搬, transfer), 흙쌓기(盛土, banking), 다지기(tamping)로 나누어진다. 공사의 끝손질면을 시공기면(施工旗面, formation level)이라고 한다. 그보다 높은 원지반을 흙깎기하여 그 흙을 운반해서 시공기면보다 낮은 곳에 흙쌓기한 후 다지기를 하여 완성된다. 제방(堤防)이나 도로, 철도 등과 같은 노선(路線)의 흙쌓기를 축제(築堤)라고 하며, 넓은 부지(敷地) 내의 깎기, 흙쌓기를 정지(整地)라고 한다. 또 하천이나 항만공사에 동반하는 수중(水中)에서의 깎기나 쌓기를 각각 준설(浚渫, dredging) 또는 매립(埋立, reclamation)이라고 한다.

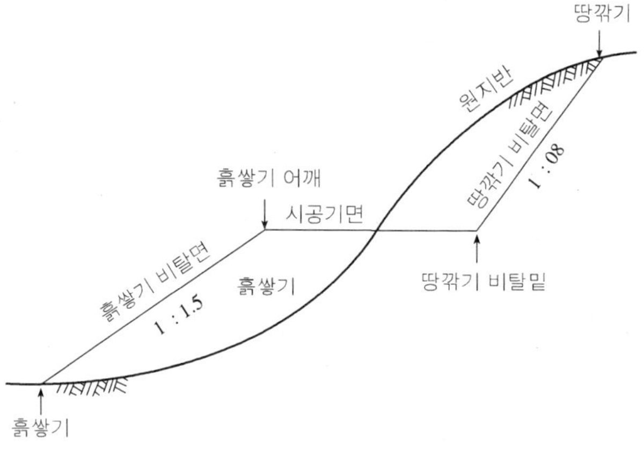

〈그림 1-1〉 깎기와 쌓기

그림 1-1은 흙깎기와 쌓기의 관계를 표시한 것이다. 흙깎기한 토사를 가까운 장소에 쌓기하는데 사용하는 것이 가장 이상적이며, 이것을 유용토(流用土)라고 한다. 흙쌓기에 사용하는 토사가 부족하거나 쌓기재료로서 부적합할 때는 다른 적당한 장소에서 채취하고, 남을 때에는 다른 적당한 장소에 버리는 것을 말한다. 전자의 장소를 토취장(土取場, borrow pit), 후자의 장소를 사토장(捨土場, spoil bank)이라고 한다.

최근에는 토공사도 능률을 위해 기계화 시공에 의존하는 경우가 대부분이며, 토공작업에 있어서는 사전에 토공계획을 세우기 위해서 공사구역의 지질, 토질 및 지형을 충분히 조사해야 한다.

1-1-1 토공의 용어

① 깎기(cutting) : 흙을 파내는 작업으로 굴착(excavation)이라고도 한다.
② 준설(dredging) : 수중의 흙을 파내는 수중에서의 굴착을 말한다.
③ 쌓기(banking) : 도로, 제방이나 축제와 같이 흙을 쌓는 것을 말한다.
④ 매립(reclamation) : 저지대에 상당한 면적으로 쌓기하는 작업 또는 수중에서의 쌓기를 말한다.
⑤ 축제(embankment) : 하천제방, 도로, 철도 등과 같이 긴 쌓기를 말한다.
⑥ 정지(整地) : 부지 내에서의 깎기와 쌓기를 말한다.
⑦ 유용토(流用土) : 깎기한 흙 중에서 쌓기에 쓰이는 흙을 말한다.
⑧ 토취장(borrow-pit) : 공사에 필요한 흙을 채취하는 장소를 말한다.
⑨ 사토장(spoil-bank) : 깎기한 흙이나 공사에 부적합한 흙을 버리는 장소를 말한다.
⑩ 토공정규(土工定規, road way diagraph) : 쌓기 또는 깎기를 할 때의 기준단면형을 말한다.
⑪ 규준틀(batter board) : 토공작업에 있어서 비탈면의 위치, 경사, 노체, 노상의 완성고 등을 나타내기 위해서 현장에 설치하는 가설물을 말한다.

1-1-2 토공정규

(1) 토공정규시 고려사항

1) 지반의 지지력과 침하

지지력확보를 위한 지반개량방법 결정, 구조물의 침하나 수축에 대해 더돋기 방법이나 침하에 대한 대책수립이 필요하다.

2) 쌓기지반을 잘 다져서 소요지내력을 얻어야 한다.

3) 지하수위 저하대책

배수작업을 철저히 하여야 한다.

4) 비탈면의 안정

비탈경사 및 사면보호공법을 결정하여야 한다.

5) 토량변화율

토질에 따른 토량변화를 고려 더돋기(extra-banking) 및 시공기계, 시공방법, 시공순서를 결정하여야 한다.

(2) 토공규준틀 설치

1) 비탈면의 경사, 노체 및 노상의 마무리 등을 나타내는 규준틀은 토공의 기준으로서 견고하게 설치하여야 한다.
2) 현장에서 깎기 · 쌓기의 설계단면 대로 시공하기 위해 직선부와 곡선반지름이 300m 이상의 경우에는 설치간격은 20m로 설치한다.
3) 곡선반지름이 300m 이상의 경우는 10m, 지형이 복잡한 장소에서는 10m 이하로 설치간격을 둔다.
4) 더돋기는 미리 더돋기 경사를 감안하여 설치해야 한다.

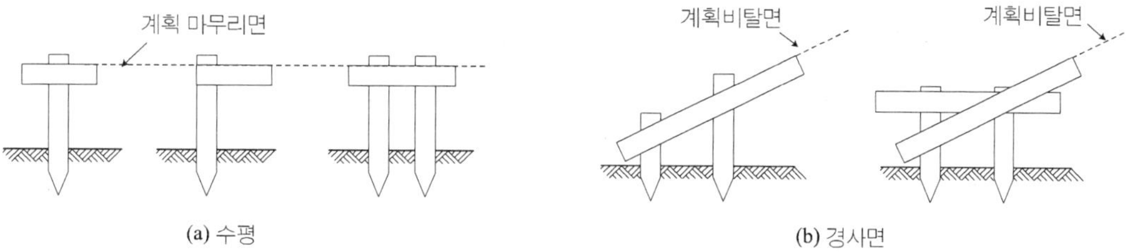

〈그림 1-2〉 깎기 · 쌓기의 규준틀

(3) 토공 포스트설치

① 토공, 포장공의 개략적인 높이틀을 시각적으로 판단할 수 있도록 측량성과 확인후 설치간격은 토공규준틀 설치간격에 따른다.
② 비, 바람에 손실되지 않도록 견고하게 설치한다.

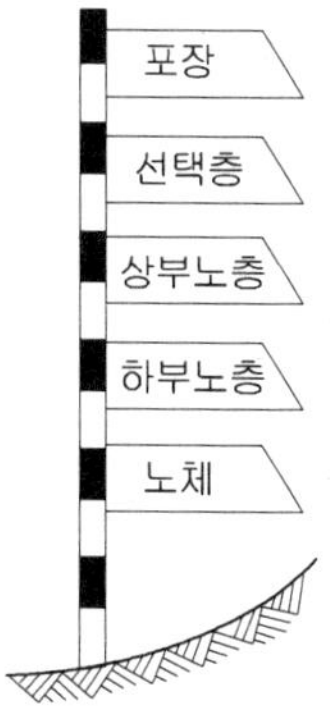

〈그림 1-3〉 포스트설치

(4) 설치시 주의 사항

1) 토공작업의 기준이 되므로 이동, 변형이 없도록 견고하게 설치한다.
2) 강풍, 강우에 손실되지 않도록 한다.
3) 설치간격을 준수하여야 한다.
4) 지형이 복잡한 곳, 곡선부 등에는 추가 설치한다.
5) 작업장비에 의한 손실을 방지하여야 한다.
6) 토공작업 완료시까지 보존하여야 한다.
7) 식별이 용이하도록 설치한다.

(5) 토공정규의 필요성

1) 시공과정의 척도를 알 수 있다.
2) 부실시공방지를 미연에 줄일 수 있다.
3) 공사의 방향제시를 정확히 할 수 있다.
4) 공사기간 및 공사비를 절감하여야 한다.

1-1-3 토공계획

공사계획(土工計劃)을 하기 위한 지형 및 지질, 기상, 주변환경 등의 현지조사를 실시하여 시공계획을 작성하고 현지조건에 적합한 시공방법, 적절한 공사기간과 공정을 설정하여 경제적인 공사비를 산정하여야 한다. 또한 시공방법은 가설계획, 재료의 사용계획, 장비의 종류, 작업계획에 대한 충분한 검토를 선정하고 특히 가설계획은 공사용 도로와 우회로, 가교(假橋, temporary bridge) 등으로 토공사를 하기 위한 필요한 수단이고 토공계획에 따라 공사의 경제적인 수행이 결정되므로 충분한 검토가 필요하다. 또한 토공사는 깎기와 쌓기 이외에도 횡단구조물, 배수공 등과 같은 공종과 유기적인 관계를 가지고 진행되므로 이들을 종합적으로 고려한 공정계획을 작성하는 것이 중요하다.

(1) 노선선정

노선(路線, route)을 선정하기 위한 조사와 도로, 교량, 터널, 철도 등의 종합적인 관계의 검토가 필요하다. 특히 지형 및 지질의 파악이 중요함으로 상세한 현지답사와 지반조사가 중요하다.

토공계획에서는 지형, 지질, 기상 등의 자연조건이 큰 비중을 차지하지만 공사비나 유지관리 측면에서 노선계획에 영향을 미치는 요소를 충분히 검토하여 결정하여야 한다. 특히 산사태(山沙汰, landslide avalanche) 및 눈사태의 위험지역, 깎기비탈면과 경사진 지반상의 흙쌓기 구간, 문화재 매장지역에서는 노선선정에 따른 토공계획의 수립에 각별한 주의와 협의가 필요하다.

1-1-4 토량의 변화율

(1) 개요

토량은 원지반의 토량(흙깎기할 토량), 흐트러진 토량(운반할 토량) 및 다져진 토량(다져진 흙쌓기량)으로 분류한다. 흐트러진 흙은 원지반에 있을 때는 그 체적을 달리하므로 운반할 때 고려해야 한다. 또한 흙을 쌓기 또는 매립(埋立)할 때는 다짐 후의 체적과 원지반에 있을 때의 체적과의 차이를 알 필요가 있다. 이와 같이 흙의 체적의 차이를 체적비(體積比)에 의하여 표시하고, 이것을 토량변화율이라고 한다(그림 1－4 참조).

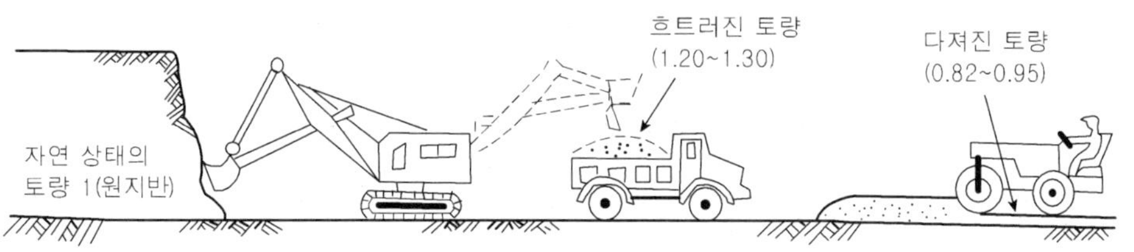

〈그림 1-4〉 토량의 변화

(2) 토량의 변화율

1) 일반적인 토량환산계수

$$L = \frac{\text{흐트러진 상태의 토량}[\mathrm{m}^3]}{\text{자연 상태의 토량}[\mathrm{m}^3]} \qquad (1-1)$$

$$C = \frac{\text{다져진 상태의 토량}[\mathrm{m}^3]}{\text{자연 상태의 토량}[\mathrm{m}^3]} \qquad (1-2)$$

2) 다짐전 · 후의 단위중량을 비교하여 구할 경우

$$C=\frac{\text{자연 상태의 건조단위중량}(\gamma_{d1})}{\text{다져진 상태의 건조단위중량}(\gamma_{d2})} \tag{1-3}$$

3) 최대건조밀도를 이용하여 구할 경우

$$C=\frac{\text{자연 상태의 건조단위중량}(\gamma_{d1})}{(0.95\sim1.0)\times\text{최대건조밀도}(\gamma_{d\max})} \tag{1-4}$$

4) 다져진 상태로의 토량의 변화를 감안하였을 경우

$$\text{구입수량}=\text{설계수량}(V)\times\left(\frac{\text{흐트러진 상태의 토량변화율}(L)}{\text{다져진 상태의 토량변화율}(C)}\right) \tag{1-5}$$

또한 흙쌓기공의 경우 C의 값을 작게 예상할 때는 원지반의 흙을 너무 굴착했다는 것이 되므로 흙이 남게되고, 크게 예상할 경우는 반대로 흙이 부족하게 된다. 또한 L의 값을 틀리게 하면 운반계획에 지장이 생기므로 이런 점에 주의하여야 한다. 토량의 변화율 L, C의 값은 각 토질에 따라 다르나 그 값을 나타내면 표 1-1과 같고, 토량환산계수는 표 1-2와 같다.

〈표 1-1〉 토량의 변화율(국토교통부, 표준품셈)

종 별	L	C
경 암	1.70~2.00	1.30~1.50
보통암	1.55~1.70	1.20~1.40
연 암	1.30~1.50	1.00~1.30
호박돌	1.10~1.15	1.95~1.05
자갈	1.10~1.20	1.10~1.05
자갈질 흙	1.15~1.20	0.90~1.00
고결된 자갈질 흙	1.25~1.45	1.10~1.30
모 래	1.10~1.20	0.85~0.95
암괴, 호박돌 섞인 모래	1.15~1.20	0.90~1.00
점질토	1.25~1.35	0.85~0.95
호박돌	1.35~1.40	0.90~1.00
암괴, 호박돌 섞인 점질토	1.40~1.45	0.90~0.95
점성토(粘性土)	1.20~1.45	0.85~0.95
자갈 섞인 점성토	1.30~1.40	0.90~1.00
암괴, 호박돌 섞인 점성토	1.40~1.45	0.90~0.95

〈표 1-2〉 토량환산계수(f)

구하는 토량(Q) / 기준이 되는 토량[q]	원지반의 토 량	흐트러진 상태의 토 량	다져진 상태의 토 량
원지반의 토량	1	L	C
흐트러진 상태의 토량	$1/L$	1	C/L
다져진 상태의 토량	$1/C$	L/C	1

f는 위에 표시된 토량변화율로서 L, C라 하고 다음과 같은 계수가 있다.

1) Q를 원지반의 토량으로서 산정하는 경우
   - q가 원지반의 토량일 때 $f=1$
   - q가 흐트러진 토량일 때 $f=1/L$
   - q가 다져진 때의 토량일 때 $f=1/C$
2) Q가 흐트러진 토량으로서 산정할 경우
   - q가 원지반의 경우일 때 $f=L$
   - q가 흐트러진 토량일 때 $f=1$
   - q가 다져졌을 때의 토량일 때 $f=L/C$
3) Q가 다져진 토량으로서 산정할 경우
   - q가 원지반의 토량일 때 $f=C$
   - q가 흐트러진 토량일 때 $f=C/L$
   - q가 다져졌을 때의 토량일 때 $f=1$

1-1-5 시공기면

시공기면(施工基面, formation level)은 시공지반의 계획고를 말하며, 이 작업을 할 때 고려할 사항은 다음과 같다.

① 토공량이 최소가 되도록 하며, 깎·쌓기(cutting and banking)를 균형시킬 것

② 깎·쌓기량을 유용할 수 있을 경우는 가까운 곳에 토취장 또는 사토장을 두고, 운반거리를 짧게 할 것

③ 연약지반, 산사태(land slide), 낙석(落石)의 위험이 있는 지역은 피할 것

④ ③과 같은 장소에 시공기면으로 정해야 할 경우에는 이에 대한 대책을 세울 것

⑤ 깎·쌓기할 때 팽창, 다지기에 의한 흙의 압성토(壓盛土) 또는 쌓기무게에 의한 기초지

반의 침하 등을 고려할 것

⑥ 비탈면 등의 흙의 안정을 고려할 것

⑦ 암석굴착은 상당한 비용을 요함으로 암석굴착은 되도록 적게 할 것

⑧ 교통기관과의 관련 등을 고려할 것

⑨ 용지보상이나 지상물보상이 최소가 되게 할 것

예제 1-1 $37,800\text{m}^3$(완성토량)를 쌓기하는데 유용토가 $30,000\text{m}^3$(흐트러진 토량, 운반할 토량)이다. 이 때 부족토량은 원지반의 토량으로 얼마인가(단 L : 1.25, C : 0.90이다)?

[풀이] 우선 토량의 가감을 할 경우는 흙의 상태를 동일하게 보아야 하나, 여기서는 원지반의 토량으로 환산한다. 다져진 상태의 토량 $37,800\text{m}^3$를 원지반의 토량으로 환산하면 다음과 같다.

$$37,800 \div 0.90 = 42,000[\text{m}^3]$$

유용토 $30,000\text{m}^3$를 원지반의 토량으로 환산하면,

$$37,800 \div 1.25 = 30,240[\text{m}^3]$$

따라서 부족토량은

$$42,000 - 30,240 = 11,760[\text{m}^3]\text{이다.}$$

예제 1-2 함수비가 20%인 토취장의 습윤밀도(γ_t)가 19.2kN/m^3이었다. 이 흙으로 도로를 축조할 때 함수비는 15%이고, 습윤밀도는 20.25kN/m^3이었다. 이 경우 흙의 토량변화율은 얼마인가?

[풀이] 1) 원지반 흙의 건조밀도(γ_{d1})

$$\gamma_{d1} = \frac{\gamma_t}{1+\dfrac{w}{100}} = \frac{19.2}{1+\dfrac{20}{100}} = 16.0[\text{kN/m}^3]$$

2) 다져진 상태의 건조밀도(γ_{d2})

$$\gamma_{d2} = \frac{\gamma_t}{1+\dfrac{w}{100}} = \frac{20025}{1+\dfrac{15}{100}} = 17.6[\text{kN/m}^3]$$

3) 토량변화율(C)

$$C = \frac{\text{원지반 흙의 건조밀도}}{\text{다져진 상태의 건조밀도}} = \frac{16}{17.6} = 0.91$$

예제 1-3 구조물기초를 시공하기 위하여 평탄한 지반을 다음 그림과 같이 굴착하고자 한다. 굴착할 흙의 단위중량은 18.2kN/m^{3}이며, 토량환산계수 $L=1.30$, $C=0.90$이다.

1) 터파기 결과 발생한 굴착토의 총중량은 몇 톤인가?
2) 굴착한 흙을 덤프트럭으로 운반하고자 한다. 1대에 12m^{3}을 적재할 수 있는 덤프트럭을 사용한다면 총 몇 대분이 되는가?
3) 굴착된 흙을 5,000m^{2}의 면적을 가진 쌓기장에 고르게 쌓기하고 다질 경우 쌓기장의 표고는 얼마만큼 높아지겠는가?
(소수 3자리에서 반올림하시오.)
(단 측면 비탈경사는 연직으로 가정한다.)

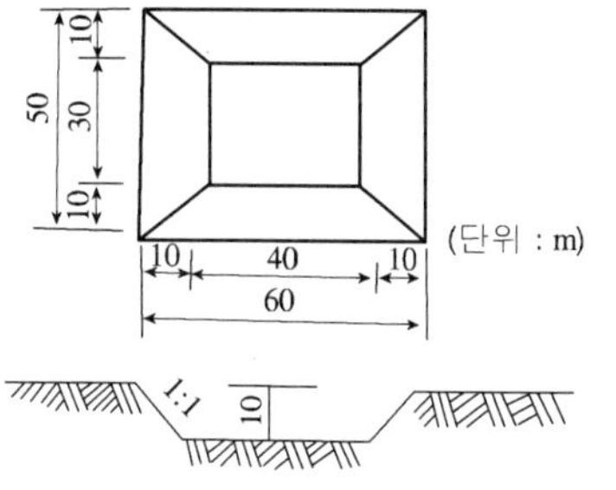

[풀이] 1) 총부피 $V=\dfrac{A_1+A_2}{2}\times h=\dfrac{(30\times 40)+(50\times 60)}{2}\times 10=21{,}000[\mathrm{m}^3]$

굴착토의 총중량 $W=V\times r_t=21{,}000\times 18.2=382{,}220[\mathrm{kN}]$

2) 흐트러진 토량(운반토량) = 원지반의 토량 $\times L=21{,}000\times 1.30=27{,}300[\mathrm{m}^3]$

$\therefore$ 덤프트럭 대수 $N=\dfrac{\text{운반토량}}{\text{트럭적재량}}=\dfrac{27{,}300}{12}\fallingdotseq 2{,}275[\text{대}]$

3) 다져진 토량 = 원지반의 토량$\times C=21{,}000\times 0.90=18{,}900[\mathrm{m}^3]$

표고 $=\dfrac{18{,}900}{5{,}000}=3.7[\mathrm{m}]$

예제 1-4 그림과 같은 구형 기름탱크를 주유소에 묻고 나머지 흙은 200평의 마당에 고루펴고 다지려 한다. 마당은 최소한 얼마나 더 높아지겠는가(단, $L=1.2$, $C=0.9$, 1평 =3.3 m^2, 구의 체적 $V=\dfrac{4}{3}\cdot\pi\cdot r^3$)?

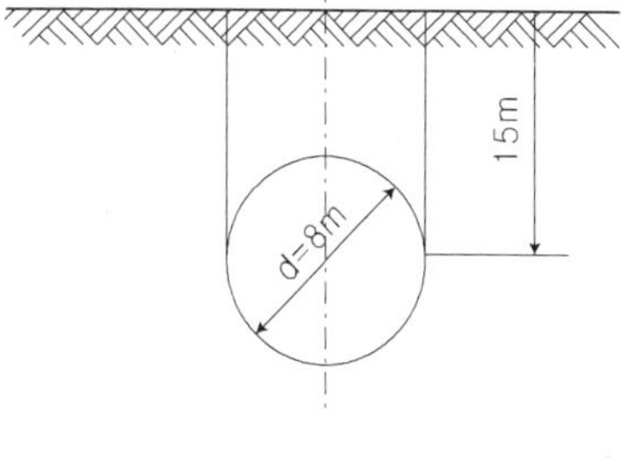

[풀이] 1) 굴착토량(V)

굴착토량 = 원기둥의 체적 + 반구의 체적

$$=\frac{\pi\times 8^2}{4}\times 15+\frac{1}{2}\times\left(\frac{4}{3}\times\pi\times 4^3\right)=753.98+134.04=888.02[\mathrm{m}^3]$$

2) 기름탱크의 체적

$$\text{기름탱크의 체적} = \frac{4}{3} \cdot \pi \cdot r^3 = \frac{4}{3} \times \pi \times 4^3 = 268.08[\text{m}^3]$$

3) 되메우기 토량

$$\text{되메우기 토량(완성토량)} = \text{굴착토량} - \text{기름탱크의 체적}$$

$$= 888.02 - 268.08 = 619.94[\text{m}^3]$$

$$\text{되메우기 토량(원지반)} = \text{되메우기 토량(완성토량)} \times \frac{1}{C}$$

$$= 619.94 \times \frac{1}{0.9} = 688.82[\text{m}^3]$$

4) 잔토량

① $\text{잔토량(원지반)} = \text{굴착토량} - \text{되메우기 토량(자연 상태)}$

$$= 888.02 - 688.82 = 199.20[\text{m}^3]$$

② $\text{잔토량(완성 상태)} = \text{잔토량(자연 상태)} \times C = 199.20 \times 0.9 = 179.28[\text{m}^3]$

5) 마당이 높아지는 쌓기높이

$$\text{쌓기높이}(H) = \frac{\text{잔토량(완성 상태)}}{\text{쌓기면적}} = \frac{179.28}{200 \times 3.3} = 0.27[\text{m}]$$

1-1-6 토적곡선

토적곡선(土積曲線, mass curve)은 도로와 같은 긴 연장에 걸친 토공에 있어서는 깎기와 쌓기를 하여야 한다. 그러므로 흙깎기부에서 굴착한 흙을 운반하여 쌓기에 사용한다. 그 때 쌍방의 토량을 균형있게 한다면 먼곳까지 흙을 운반하여 버릴 필요가 없이 효율이 좋은 토공사를 할 수 있을 것이다. 철도나 도로와 같은 노선공사(路線工事)일 때는 시공기면을 설정하기 위해서는 토적곡선을 이용한다.

다음은 토적곡선의 작성법 및 그 특성에 대하여 기술하면 다음과 같다.

측량에서 얻어진 종단면도상에 시공기면을 그려 넣는다. 다음에 각 측점간 혹은 측점과 깎기 또는 흙쌓기부분과의 경계점 사이의 토량을 계산하여 표 1−3에 표시한 토량계산서를 작성한다. 이 때의 토량계산서는 식 (1−1), (1−2)로 토량의 변화율을 고려하여 계산한다.

표 1−3에 표시한 누가토량의 변화를 종축에 토량, 횡축에 거리를 취한 그래프 중에 곡선으로 기입하면 그림 1−5와 같고, 토적곡선에 대한 절차는 다음과 같다.

〈표 1-3〉 토량계산서의 예

측점 [STA]	거리 [m]	깎기			쌓기					차인 토량 [m³]	누가 토량 [m³]	횡방향 토량 [m³]	비고
		단면적 [m²]	평균 단면적 [m²]	토량 [m³]	단면적 [m²]	평균 단면적 [m²]	토량 [m³]	C값	보정 토량 [m³]				
0	0	0	–	–	10	5	–	0.9	–	–	–		
1	20	40	20	400	20	15	300	〃	333.3	66.7	66.7	333.3	
2	20	60	50	1000	80	50	1000	〃	1111.1	-111.1	-44.4	1000	
2+15	15	80	70	1050	100	90	1350	〃	1500	-450	-494.4	1050	
3	5	20	50	250	60	80	400	〃	444.4	-194.4	-688.8	250	

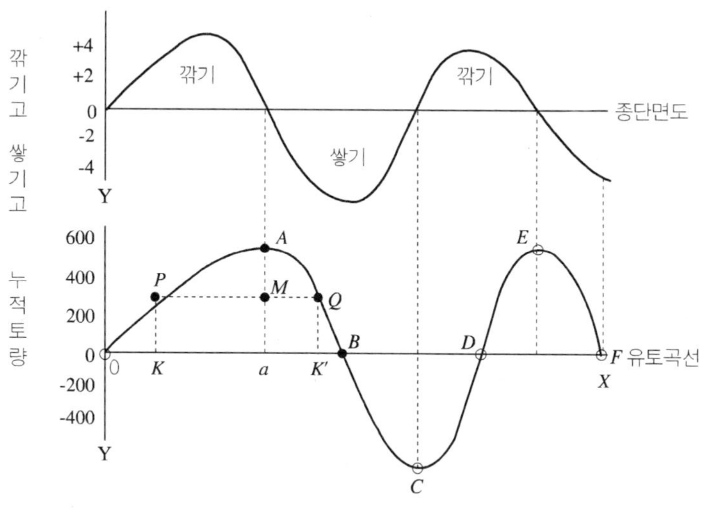

〈그림 1-5〉 토적곡선

(1) 작성순서

1) 도상계획 수립한다.
2) 답사(踏査, reconnaissance)를 실시한다.
3) 측량반 편성 : 종・횡단반, 지형조사반을 구성한다.
4) 내업
   ① 횡단도에서 깎・쌓기량을 계산한다.
   ② 토량계산서를 작성한다.

③ 종단면도를 그리고 그 밑에 토적곡선을 그린다.

④ 가로축에는 거리, 세로축에는 누가토량을 플롯트하여 완성하고 기선을 위, 아래로 조정한다.

㉠ 보정토량 = 쌓기 × $\frac{1}{C}$

㉡ 차인토량 = 깎기량 − 쌓기보정 토량

㉢ 누가토량 = 차인토량을 누가시킨 토량(도차인 토량)

㉣ 횡방향토량 = 단면내 토량이라고도 하며, 깎기량과 쌓기보정 토량중 적은 토량

(2) 토적곡선의 목적

① 토공의 합리적인 배분을 하여야 한다.
② 평균운반거리를 산출하여야 한다.
③ 운반거리에 따른 토공기계의 선정을 하여야 한다.
④ 시공방법을 결정한다.
⑤ 적정 토취장 및 사토장 선정하여야 한다.
⑥ 운반토량을 산출하여야 한다.

(3) 토적곡선의 성질

① 토적곡선의 Curve가 상향경사(+) OA, CE는 깎기, 하향경사(−) AC, EF는 쌓기

② 토적곡선의 정점(A) : 깎기에서 쌓기로 변하는 변곡점, 흙은 좌에서 우로 이동한다.
토적곡선의 지점(C) : 쌓기에서 깎기로 변하는 변곡점, 흙은 우에서 좌로 이동한다.

③ 토적곡선의 끝이 기선 위에 끝나면 깎기가 남아 사토장이 필요하고, 기선 아래 끝나면 흙이 부족하여 토취장이 필요하게 된다.

④ 토적곡선에서 평균운반거리는 폐합구간의 최대 Y값을 이등분하는 수평선을 그어 그 선분의 토적곡선과 교차하는 선분의 길이이다(KK′).

⑤ 기선 OX상의 점 B, D, F에서는 토량이 0이다. 즉 OB, BD, DF에서는 깎기, 쌓기량이 같다.

(4) 토적곡선의 이용방안(운반장비 선정요령)

1) 운반거리별 운반장비 선정

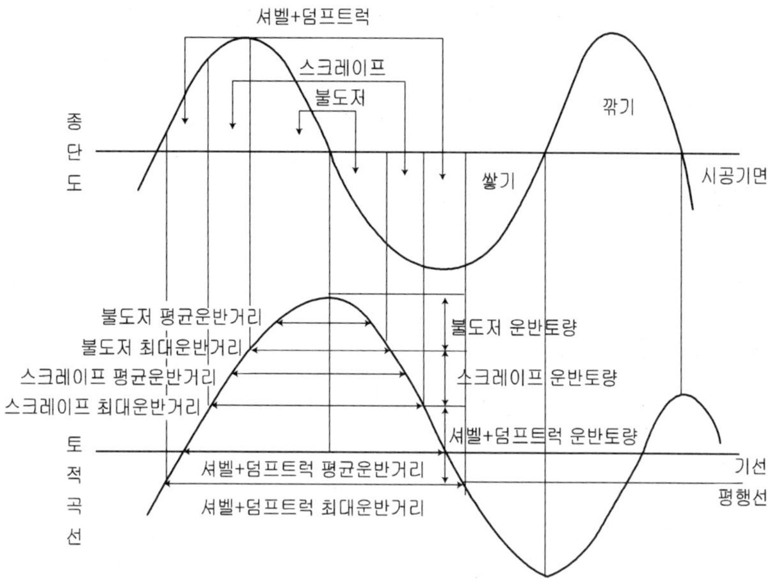

〈그림 1-6〉 토적곡선에 의한 토공기계 선정

(5) 토량배분 원칙

1) 운반거리와 시공성을 감안하며 최대한 짧게 한다.
2) 운반은 높은 곳에서 낮은 곳으로 옮기도록 한다.
3) 운반은 한곳에 모아서 일시에 처리한다.

1-1-7 토취장과 사토장 선정조건

(1) 서설

발주자의 특정한 목적에 의하여 지정되며, 대부분 시공자가 선정한다. 또한 수급인은 공사중 토사(암)의 반입·반출사항 발생시 착공전 공사감독자에게 통보하고, 공사감독자는 최근 토석 정보공유시스템(earth information system)은 발주처와 합동 현장조사를 거쳐 개발한 것으로,

발주자 또는 건설업체가 공사설계, 시공, 유지보수 단계에서 발생하는 쌓기 및 사토의 정보를 입력하면 누구든지 인터넷을 통해 토석의 양, 종류, 발생시기 등을 알 수 있게 된다. 그동안 서로 인접한 공사현장이더라도 토석을 운반하는데 많은 비용이 소비되었으며, 토석이 필요한 경우는 토취장 개발이나 먼 곳에서 토석을 운반해왔다. 또한 환경문제로 건설공사용 토취장 확보가 어려워 공사수행에도 어려움이 많았지만, 이 토석정보공유시스템이 활용되면 별도의 토취장 없이도 현장에서 발생하는 토석을 무상으로 사용할 수 있게 됨으로써 운반비용 절감과 환경훼손방지 효과는 물론, 원활한 공사 수행이 가능하다.

(2) 토취장

1) 조사

① 필요한 토량을 검토한 후, 후보지 선정(지형, 토질, 운반거리, 운반경로, 공사용 도로, 주변환경, 문화재 매장여부, 보상관계 등 고려)
② 측량, 항공사진, 보링에 의해 토취가능량 추정
③ 토질시험(흙분류, 비중, 입도, atteberg, 함수비 등)
④ 토취 완료후 용지사용계획 수립 비교 검토
⑤ 주택지역, 통학로, 교통량 등 파악후, 공사용 도로신설, 개수여부

2) 선정시 고려사항

① 토질이 양호할 것
② 토질이 풍부할 것
③ 쌓기장소로 향하여 하향경사 1/50~1/100
④ 운반로 양호, 장애물이 적고, 유지관리가 용이할 것
⑤ 싣기에 편리한 지형일 것
⑥ 용수, 산붕괴의 우려가 없고, 배수가 양호한 지형일 것
⑦ 건설장비 사용이 용이할 것
⑧ 보상비가 저렴하고, 용지매수가 용이할 것

3) 시공시 유의사항

① 경계외의 용지, 시설물 피해방지
② 강우에 대한 배수계획, 배수구, 침사지 설치
③ 발파 방호책, 지반활동 방호책 설치

④ 함수비 관리를 위한 배수계획
⑤ 토질의 변화에 주의 및 대책
⑥ 발파시 발파대피용 후방관장 준비
⑦ 법면붕괴 재해방지

(3) 사토장

사토장 조사사항은 토취장과 동일하게 계획하고 있다.

1) 선정시 고려사항

① 사토량을 충분히 수용할 수 있는 용량을 가질 것
② 사토장소로 향하여 하향경사 1/50~1/100
③ 운반로 양호, 장애물이 적고, 유지관리가 용이할 것
④ 신기에 편리한 지형일 것
⑤ 용수, 산붕괴의 우려가 없고, 배수가 양호한 지형일 것
⑥ 건설장비 사용이 용이할 것
⑦ 보상비가 저렴하고, 용지매수가 용이할 것

1-1-8 동결심도

(1) 개요

동결은 흙 중에 포화되어 있는 수분의 성질이 변화하여 일어나는 현상으로 비교적 입자가 작

〈표 1-4〉 동결심도 설계법

구분	완전방지법	노상동결 관입허용법	감소노상강도법
특징	◦ 동결작용에 의한 표면변위량을 제거하기 위해 충분한 두께의 비동결 재료층을 설치하여 포장융기와 지반약화를 감소 또는 억제하는 방법	◦ 노상상태가 수평방향으로 심하게 변하지 않거나 흙이 균질한 경우의 설계방법으로 동결깊이가 노상으로 어느 정도 관입되어도 동상으로 인한 융기량이 포장파괴를 일으킬만한 양이 아니라면 노상의 동결을 어느 정도 허용하는 경제적방법	◦ 해빙기간 중에 일어나는 노상강도감소를 근거로 동결에 대비한 포장두께를 결정하는 방법으로 동결지수가 직접함수가 아니므로 통상적으로 적용하지 않음

은 실트질 흙에서 일어나기 쉽다. 따라서 동결작용에 의한 과도한 노면의 변위발생을 방지하고 동결 해빙기간중 적절한 지지력을 보유토록 하여야 한다. 이 설계에서는 경제적이며, 보편적으로 사용하는 노상동결 관입허용법을 적용하도록 하고, 각 설계법에 대한 특징은 다음과 같다.

1) 동결심도를 결정짓는 수정동결지수는 국토교통부에서 최근 20년간 기상관측소에서 관측된 기상자료를 토대로 만들어진 「전국동결지수 선도」와 「지역별 동결지수 및 동결기간표」를 사용 산정한다.
2) 좌표별 전국동결지수 값의 적용은 다음과 같다.

(2) 수정동결지수의 산정

① 수정동결지수 = 동결지수 ± 0.5 × 동결기간 × $\frac{\text{표고차[m]}}{100}$ [℃ · 일] (1-6)

② 표고차 = 설계노선 표장계획면[m] - 측후소 지반고[m]

(3) 직선보간법 적용

수정동결지수[℃ × day] = $388 \pm 0.5 \times 76 \times \frac{(23.93-100.0)}{100}$ = 416.9[℃ · 일]

수정동결지수 산정은 표 1-5와 같고, 측후소별 동결지수 및 동결기간은 아래 표 1-6과 같다.

〈표 1-5〉 수정동결지수 산정

구분	지반고	최대계획고 [m]	동결지수 [℃×일]	동결기간 [일]	수정동결지수 [℃×일]	수정동결지수 [°F×일]
북위 36.81 동경 12.6	100.0	23.93	388	76	416.9	750

[주] 동결지수는 『동상방지층 두께산출』(국토교통부, 2012.8) 에 의거 작성(화씨[°F]=섭씨[℃]×1.8)

〈표 1-6〉 측후소별 동결지수 및 동결기간

지역	측후소 지반고[m]	동결지수 [℃ · 일]	동결기간 [일]	지역	측후소 지반고[m]	동결지수 [℃ · 일]	동결기간 [일]
속초	17.6	102.1	46.5	합천	32.1	108.8	49.0
대관령	842.0	697.0	121.5	거창	224.9	188.7	67.5
춘천	74.0	418.0	73.5	영천	91.3	127.3	39.0
강릉	26.0	85.2	31.0	구미	45.5	132.0	57.5
서울	85.5	218.9	68.0	의성	73.0	331.0	87.5
인천	68.9	203.4	55.5	영덕	40.5	72.6	29.6

〈표 1-6〉 측후소별 동결지수 및 동결기간(계속)

지역	측후소 지반고[m]	동결지수 [℃·일]	동결기간 [일]	지역	측후소 지반고[m]	동결지수 [℃·일]	동결기간 [일]
원주	149.8	340.9	84.5	문경	172.1	212.5	69.0
울릉도	221.1	117.1	23.0	영주	208.0	246.8	79.5
수원	36.9	272.4	66.0	성산포	17.5	0	0
충주	69.4	350.4	88.5	고흥	60.0	49.1	25.5
서산	26.4	195.7	55.0	해남	22.1	58.8	31.0
울진	49.5	65.3	28.5	장흥	43.0	63.6	33.5
청주	59.0	201.6	62.5	순천	74.0	117.4	40.5
대전	67.2	184.2	54.0	남원	89.6	224.7	66.0
추풍령	245.9	210.5	69.0	정읍	40.5	138.7	61.0
포항	2.5	57.6	27.0	임실	244.0	318.4	75.0
군산	26.3	139.0	61.0	부안	7.0	142.6	61.5
대구	57.8	72.0	30.5	금산	170.7	283.7	74.5
전주	51.2	95.8	46.0	부여	16.0	204.0	66.0
울산	31.5	59.5	27.0	보령	15.1	141.6	61.5
광주	73.9	82.5	38.0	아산	24.5	248.1	66.5
부산	69.2	53.2	5.0	보은	170.0	366.0	87.5
통영	25.0	43.2	19.0	제천	264.4	489.9	89.5
목포	36.5	51.6	20.0	홍천	141.0	464.3	89.0
여수	67.0	52.5	4.0	인제	199.7	475.3	96.5
완도	37.5	42.2	26.0	이천	68.5	356.7	69.5
제주	22.0	0	0	양평	49.0	381.5	87.0
남해	49.8	45.3	20	강화	46.4	355.2	68.0
거제	41.5	39.3	4.0	진주	21.5	83.2	39.0
산청	141.8	72.3	31.5	서귀포	51.9	0	0
밀양	12.5	93.2	38.5	철원	154.9	522.6	81.0
안동	140.0	203.4	60.5	봉화	320.0	401.9	91.0
태백	713.0	501.5	111.0	장수	406.0	337.4	87.0

(4) 동결심도 산정

최대동결깊이는 한국형 동결깊이 예측식에 의해 산정한다.

$$Z = C\sqrt{F} \tag{1-7}$$

여기서, Z : 최대동결깊이[mm]

F : 설계동결지수[℃·일]

C : 동결지수에 따른 보정상수

실제동결깊이는 노상동결관입허용법에 따라 최대동결깊이의 75%를 사용한다.

1-2 비탈면의 정의

1-2-1 개요

비탈면은 크게 (자연)비탈면과 인공비탈면으로 구분할 수 있다. 자연비탈면은 조산운동에 의해 형성된 자연지형이 오랜 세월에 걸쳐 침식, 붕괴, 산사태 등의 자연작용을 반복하여 안정적 구조를 갖는 경사지형을 말한다. 그리고 인공비탈면은 개발 혹은 보존 등을 목적으로 자연지반에 대해 또는 쌓기 혹은 깎기를 실시하고, 필요시 보호 및 보강시설 등 비탈면시설을 설치함으로써 인위적으로 안정적 구조를 갖도록 한 경사지형으로 시간이 경과함에 따라 노후화되어 비탈면 및 비탈면시설에 대해 보수·보강이 필요한 비탈면이다.

쌓기비탈면은 일정한 단면으로 길이방향에 연속하여 만들어진 특성상 깎기비탈면과 같이 시·종점부가 확연히 구별되지 않는다. 따라서 쌓기비탈면의 분할은 대상비탈면의 특성을 고려하여 일정한 간격으로 분할하여 유지관리 할 수 있도록 하여야 한다.

반면 깎기비탈면은 시·종점부의 계곡부를 기준으로 연속된 동일 깎기부로 구성되어 있을 때 단일 깎기비탈면으로 보고, 그림 1-7과 같이 깎기부내 계곡부가 위치하는 경우 깎기된 계곡부 높이가 5m 미만일 때는 계곡부를 경계로 비탈면을 분할하여 두 개의 깎기비탈면으로 하며, 그림 1-7의(우), 계곡부 높이가 5m 이상일 때는 그림 1-7의(좌)와 같이 단일 깎기비탈면으로 한다.

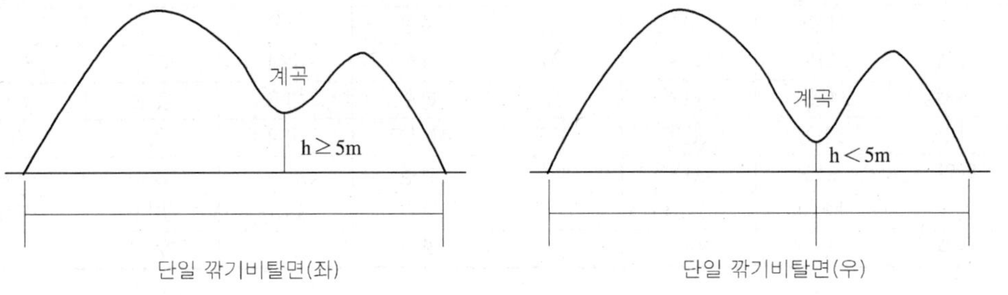

〈그림 1-7〉 깎기비탈면의 구분

1-2-2 비탈면의 분류

인공비탈면은 조성방법의 차이에 따라 쌓기비탈면과 깎기비탈면으로 구분할 수 있으며, 인공비탈면은 도로나 철도의 개설을 위한 도로비탈면과 철도비탈면, 터널입출구부 정지작업에 의한 터널갱구부 비탈면, 댐 좌우안 비탈면, 주택부지 등의 확보를 위해 깎기한 택지비탈면과 기타 비탈면 등으로 구분할 수 있고, 비탈면분류는 그림 1-8과 같다.

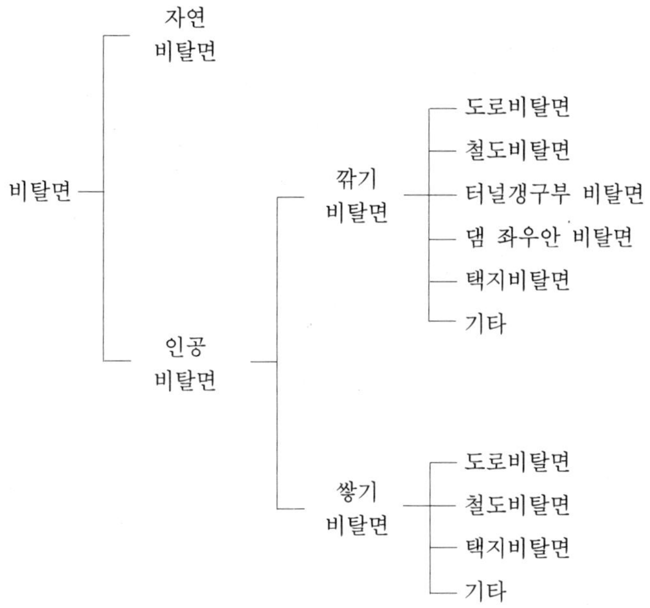

〈그림 1-8〉 비탈면의 분류

(1) 구성물질에 의한 비탈면분류

일반적으로 쌓기비탈면은 원지반위에 흙 또는 암버력을 쌓아서 부지를 형성할 때 쌓기경계부에 만들어지는 경사진 지반으로 비탈면 구성재료가 일정한 분포로 조성되어 있으며, 쌓기재료에 따라 흙쌓기비탈면과 암석쌓기비탈면으로 구분한다. 반면 깎기비탈면의 경우 단층, 지각운동 및 풍화, 침석에 의하여 오랜 기간에서 형성된 원지반을 깎아서 부지를 형성할 때 원지반의 지반을 깎아서 형성되는 경사진 지반면으로 구성재료를 정확히 분류하기에는 한계가 있으나, 비탈면 지반을 구성하는 물질과 이들의 공간적 구성에 따라 토사비탈면, 암반비탈면, 혼합비탈면으로 각각 분류할 수 있다.

1) 토사비탈면

토사비탈면은 비탈면의 주요 구성물질이 흙으로 이루어진 비탈면을 말하며, 지반포화 시와 불포화시 단위중량의 변화가 암반비탈면에 비해 큰 특징을 갖는다. 대규모 붕괴비탈면에서 토사비탈면이 차지하는 분포비율이 상대적으로 높으며, 암반비탈면에 비해 비탈면 붕괴전 건설공사 비탈면내 또는 상부자연비탈면 상의 인장균열, 수목의 기울어짐, 비탈면시설의 균열 등과 같은 붕괴징후를 뚜렷이 확인할 수 있으며, 대표적인 파괴유형으로는 세굴, 표층유실, 활동파괴 등이 있다.

2) 암반비탈면

비탈면의 주요 구성물질이 암반으로 구성된 비탈면을 말하며, 주로 불연속면에 의한 거동지배를 우세하게 받는다. 또한 불연속면이 매우 많이 발달된 암반비탈면의 파괴유형은 토사비탈면과 유사한 활동파괴를 보인다. 대표적인 붕괴유형으로는 낙석, 쐐기파괴, 평면파괴, 전도파괴 등을 들 수 있다.

3) 혼합비탈면

혼합비탈면은 투수율이 낮은 암반층과 토사지반이 상하 또는 좌우로 분포되어 있거나 풍화도 및 절리빈도가 높은 암반과 토사층이 혼재되어 있는 비탈면으로 단층대나 전단대의 영향으로 차별풍화가 진행된 형태 또는 지형적인 요인이나 지하수영향에 의해서 관찰된다. 그림 1-9는 혼합비탈면으로 암반층과 토사층이 상·하로 교차되어 있는 경우와 그림 1-10의 좌우대칭으로 혼재되어 있는 경우를 나타내고 있다.

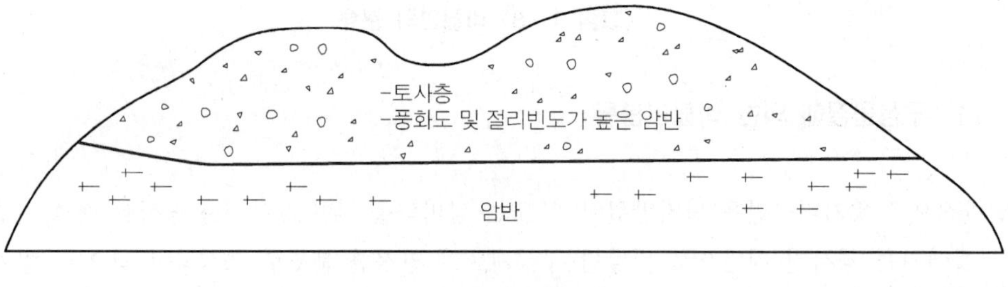

〈그림 1-9〉 혼합비탈면(상, 하)

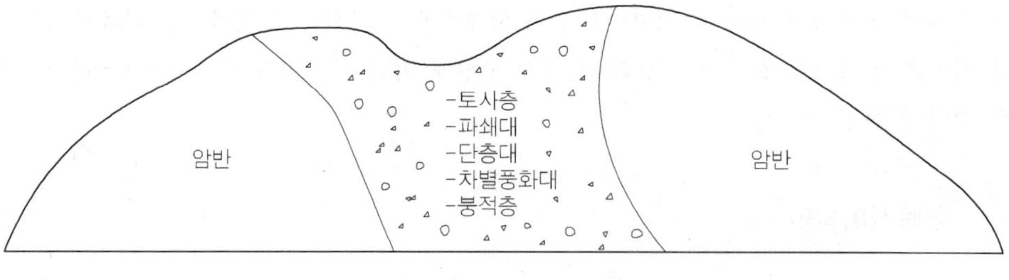

〈그림 1-10〉 혼합비탈면(좌, 우)

1-3 토공설계(土工設計)

1-3-1 흙깎기

흙깎기를 굴착이라고도 한다. 시공은 지형, 토질, 시공방법 등에 따라 다르며, 급경사면의 원지반의 굴착 때는 앞에서부터 깎아서 굴진(掘進)하는 방법이 채용되고, 완만한 경사나 수평한 지대에 있어서는 층층으로 깎는 방법을 취한다. 지반이 미끄러져 나올(滑出) 우려가 있는 경사면에서는 위에서부터 깎아 내려가는 것이 안전하다.

흙깎기공에 있어서는 시공중 배수의 배려가 필요하고 지반에 물이 고이지 않게 해야한다. 특히 점성토(黏性土)에 있어서는 함수비가 높아지면 깎기사면이 불안정하든지, 또한 건설기계의 주행성(走行性, trafficability)이 나빠지므로 주의할 필요성이 있다. 암반 등의 굳은 지반의 굴착에는 리퍼(ripper), Rock Blakar 등의 특수한 토공기계를 사용하며, 단단한 경암의 굴착에는 발파공법을 채용하기도 한다.

1-3-2 깎기비탈면의 경사

흙깎기비탈면의 경사는 지형, 지질, 토질의 종류 및 비탈면의 높이에 의해서 결정되나 붕괴 등에 대하여 충분한 안전을 기대하여야 한다. 지질조사나 토질시험 결과에 의하여 이론적으로 결정하는 것이 타당하나 깎기의 비탈면경사는 표 1-7과 같다.

〈표 1-7〉 쌓기비탈면의 표준경사

쌓기재료	비탈면 높이 [m]	비탈면 상하부에 고정 시설물이 없는 경우 (도로, 철도 등)	비탈면 상하부에 고정 시설물이 있는 경우 (주택, 건물 등)
입도분포가 좋은 양질의 모래, 모래자갈 암괴, 암버력	0~5	1 : 1.5	1 : 1.5
	5~10	1 : 1.8	1 : 1.8~1 : 2.0
	10 초과	별도검토	별도검토
입도분포가 나쁜 모래, 점토질 사질토, 점성토	0~5	1 : 1.8	1 : 1.8
	5~10	1 : 1.8~1 : 2.0	1 : 2.0
	10 초과	별도검토	별도검토

*1) 상기표는 기초지반의 지지력이 충분한 경우에 적용함.
2) 비탈면높이는 비탈어깨에서 비탈끝까지 수직높이 임.

(1) 깎기비탈면의 경사 결정시 고려사항

① 대상지역의 자반특성을 파악하고 위험한 비탈면구간은 안정해석을 실시한다.

② 암반은 불연속면, 절리의 방향, 암반의 주향과 경사가 비탈면경사와 어떻게 교차하는지를 판단하여야 하고, 경사에 따라서 암반깎기면에서의 파괴형태가 달라질 수도 있다.

(2) 소단을 붙이는 방법

깎기높이가 7~10m 이상 또는 암질이 변화하는 경우에는 각층에 적합한 경사를 두며, 아울러 소단(小段, side berm)의 설치기준은 표 1-8과 같다. 깎기면에서는 그림 1-11과 같이 높이 7m 마다 폭 1.0~1.5m의 소단을 두는 것이 보통이다. 소단을 두는 이유는 강우, 용수 등이 비탈면 표면을 유하하는 유수(流水)의 수세를 약화시키는 목적과 비탈면 전체의 안정을 높이기 위해서 설치한다. 소단을 설치하는 경우에는 그림 1-11과 같이 비탈면 전체의 경사가 점선과 같이 완만하게 된 것으로 생각되며, 같은 토질인 비탈면의 경우에는 소단을 일률적으로 높이 6~7

〈표 1-8〉 암반 표준비탈면경사 및 소단설치기준

암구분	파쇄 상태		경사	소단설치
	T.C.R (Total Core Recovery)	R.Q.D (Rock Quality Designation)		
리핑암	5% 이하	0%	1 : 1.0	H=5m 마다 소단 1m
발파암	10~20%	0~5%	1 : 0.8	H=10m 마다 소단 1~2m
	30% 이상	10~20%	1 : 0.7	H=10m 마다 소단 1~2m
	50% 이상	30% 이상	1 : 0.5	H=20m 마다 소단 3m

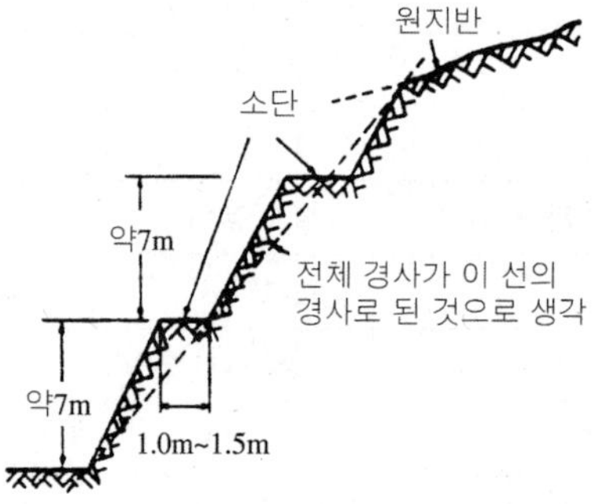

〈그림 1-11〉 소단의 안정상의 예

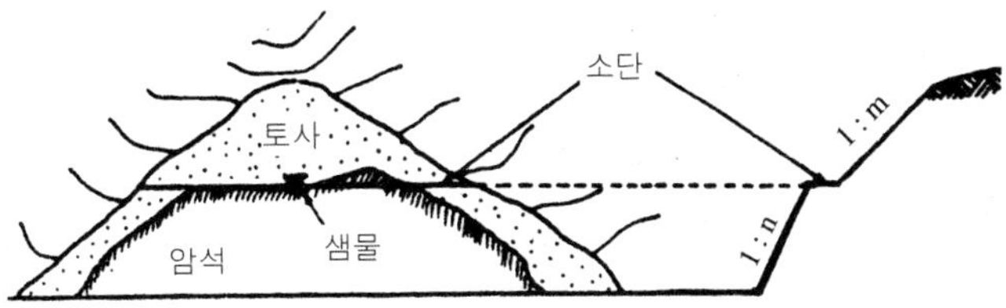

〈그림 1-12〉 소단의 위치

m 간격마다 설치하면 되지만 토층이 다른 경우에는 용수를 고려하여 그림 1-12와 같이 토사의 암반, 투수성 토층과 불투수성 토층과의 경계 등에 될 수 있는 한 일치시키는 것이 좋다.

소단에는 그림 1-13(a), (b)와 같이 5~10%의 횡단경사를 두는 것이 보통이며, 소단하부의 비탈면이 유수에 의한 침식(浸蝕)을 받기 어려운 토질인 경우에는 수세를 약화시켜 유하시켜도 되므로 (a)의 방법이 좋다. 그러나 하부의 비탈면이 침식을 받기 쉬운 토질인 경우에는 반대로 비탈면 위로 물을 유하시키지 않아야 되므로 그림 1-13(b)의 방법이 좋다. 또한 소단에 물이 고여서 붕괴의 원인이 될 우려도 있으므로 소단에 물의 투수를 막도록 그림 1-13(c)의 경우와 같은 배수설비를 하고, 종단방향에도 충분한 경사를 두어서 배수가 잘 되도록 하여야 한다.

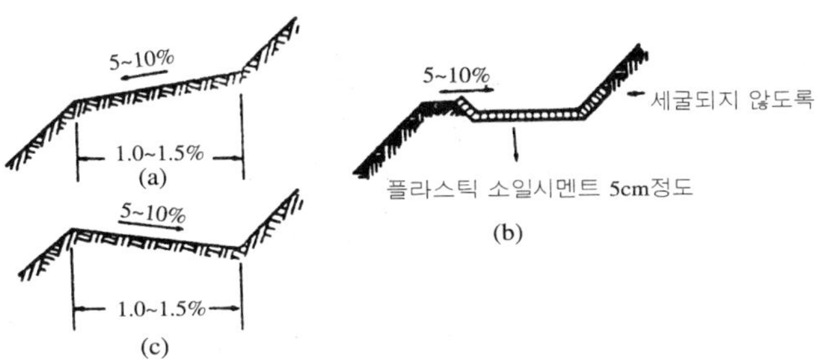

〈그림 1-13〉 소단의 횡단경사

(3) 한 쪽깎기, 한 쪽돋기의 접속부

1) 한 쪽깎기(片切), 한 쪽돋기(片盛)의 접속부

깎·쌓기를 시공하는 경우나 도로 폭을 확장할 경우에도 깎·쌓기의 접속부가 생기며, 이런 부분에서는 대부분 균열(龜裂)이 생긴다. 그 원인으로서는 다음과 같다.

① 깎기부의 노상(路上)의 지지력과 쌓기부의 노상의 지지력에는 현저한 차이가 있어서 접속부에 지지력의 불연속이 생긴다.

② 용수, 침투수 등이 깎·쌓기의 경계부에 집중하기 쉬우므로 쌓기부가 연약하게 되어 쌓기부의 침하가 생기기 쉽다.

③ 쌓기부의 다짐부족에 의한 압축침하(壓縮沈下)가 일어나서 부등침하(不等沈下)가 생기기 쉽다.

④ 원지반과 쌓기부의 접착이 불충분하여 활동(滑動), 또는 단차(段差)가 생기기 쉽다.

원인별로 살펴보면 ①의 대책으로서는 그림 1-14와 같이 1 : 4 정도의 완화구간을 설치하며, ②의 경우에는 접속부의 깎기면에 맹암거(盲暗渠)를 설치하면 좋다. 공사 중에 용수가 없는 경우에 설치해두는 것이 좋으며, 맹암거 구조로서는 용수의 상태, 지형, 토질 등을 고려하여 정하지만 용수가 많은 경우에는 유공관(有孔管)을 설치하는 것이 좋으며 ③의 경우에는 시공하자이므로 재시공이 요구된다. ④의 활동에 대해서는 원지반을 벌개제근(伐開制根)한 후 표토(表土)를 제거하여 그림과 같이 층따기(段切)를 하면 좋다. 층따기의 표준으로서는 원지반이 토사일 경우 최소 높이 50cm, 최소폭 100cm이며, 암반일 경우에는 층따기 깊이를 암표면에 수직으로 최소 40cm로 하고, 또한 시공 중의 배수를 생각하여 층따기에는 3~5% 정도의 횡단경사를 두는 것이 좋다.

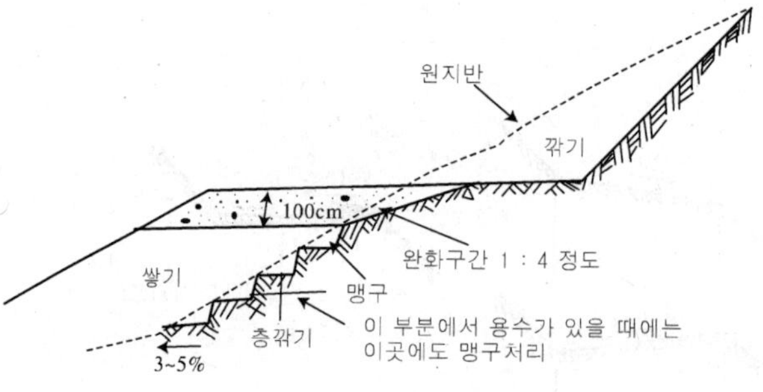

〈그림 1-14〉 한 쪽깎기, 한 쪽돋기의 완화구간

2) 깍·쌓기의 접속부

깎기와 쌓기의 종단방향의 접속부에서도 균열이 생기기 쉬우므로 깎기부 노상과 쌓기부 노상의 지지력의 불연속성을 적게 하기 위해서 완화구간을 설치하지만 원지반이 토사(土砂)인 경우 25m 이상으로 하고, 깎기부의 원지반에 치환(置換)이 있는 경우에는 약 17m 이상이 되면 좋다. 이들의 경우 종단방향에는 4% 정도의 경사를 둔다. 그림 1-15(a), (b)와 같이 원지반의 암석인 경우에는 깎기부와 쌓기부의 지지력의 차이가 크므로 완화구간은 더욱 길게 하고 또는 깊게 하여야 될 것이지만 공사비의 관계상 그림 1-15(c)와 같이 1 : 5 이상의 경사를 두는 완화구간을 설치하는 경우가 많다.

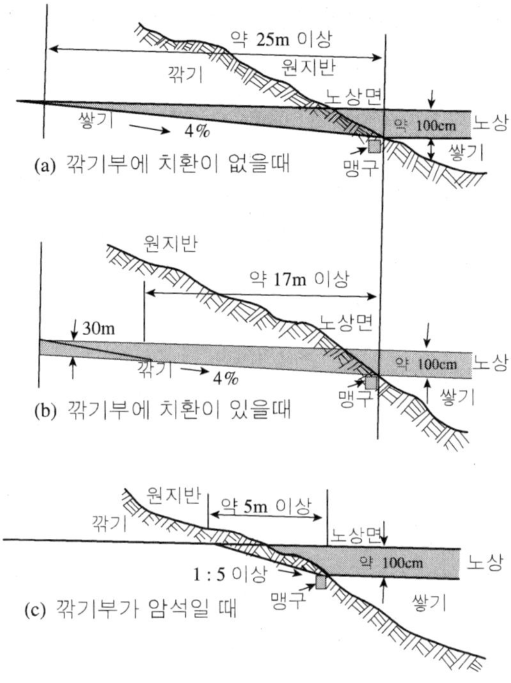

〈그림 1-15〉 깎 · 쌓기의 접속부와 완화구간

3) 구조물 연결부의 뒷채움 다짐방법

구조물에 접속된 토공은 구조물과 토공이 이질적인 재료로 인하여 설계, 시공상으로 면밀하게 검토하지 않으면 완공 후에 침하를 일으켜 포장파손으로 평탄성이 나빠져 사용성이 저하되고 교통사고의 원인이 되므로 침하에 의한 단차를 예방하기 위하여 시방규정에 적합한 뒤채움 재료 및 배수시설을 시공하고 다짐을 철저히 하여야 하며, 구조물과 토공 사이의 부등침하 원인 및 방지대책은 표 1-9와 같다.

〈표 1-9〉 구조물과 토공 사이의 부등침하 원인 및 대책

원 인	① 비압축성 구조물과 압축성인 흙 사이에 상대 침하가 발생 ② 구조물과 뒤채움 흙의 지지력 차이 ③ 배수처리 불량, 지표수침투, 지하수용출에 의한 쌓기부의 연약화 및 다짐장비선정 오류 ④ 다짐장소가 협소하여 뒤채움 흙의 다짐이 불충분 ⑤ 흙쌓기의 기초지반이 경사가 있는 경우 부등침하 발생

〈표 1-9〉 구조물과 토공 사이의 부등침하 원인 및 대책(계속)

<table>
<tr><td colspan="2">대 책</td><td colspan="2">① 연약지반 처리후 시공한다.
② 뒤채움의 다짐을 충분히 하여야 한다.
③ 대형 다짐장비를 사용할 수 있는 부지를 확보하여야 한다.
④ 소형 다짐장비를 사용할 경우 얇은 층쌓기를 하여야 한다.
⑤ 구조물과 흙쌓기 접속부에 접속슬래브(Approach slab), 배수공시설 누락 및 오류
⑥ 포장체의 강성을 증가시킨다.
⑦ 뒤채움에 여성토하여 침하를 조기에 완료한다.</td></tr>
<tr><td rowspan="6">뒤채움흙</td><td>구비조건</td><td colspan="2">① 토압이 적은 재료
② 다짐이 양호한 재료
③ 투수성이 잘되는 재료 : 수침 CBR>10
④ 강도감소가 적은 재료
⑤ 비압축성인 재료</td></tr>
<tr><td rowspan="5">품질관리기준</td><td>굵은골재 최대치수</td><td>100mm</td></tr>
<tr><td>No.4체 통과율</td><td>25~100%</td></tr>
<tr><td>No.200체 통과율</td><td>0~15%</td></tr>
<tr><td>소성지수</td><td>10 이하</td></tr>
<tr><td>수정 CBR</td><td>10 이상</td></tr>
</table>

1-3-3 흙쌓기

(1) 기초지반

흙쌓기의 기초지반은 흙쌓기의 자중을 충분히 지지하여야 한다. 특히 도로 흙쌓기와 같은 경우는 다시 교통하중에 대한 안전을 고려하여야 하며 흙쌓기, 기타의 하중에 의하여 생기는 지반의 침하가 완성 후의 노면 등에 악영향을 줄 우려가 있으므로 주의하여야 한다.

일반적으로 기초지반이 소위 연약지반이 아닌 보통의 지반인 경우에는 큰 문제는 없으나, 연약지반인 경우는 쌓기의 안정과 침하가 문제된다. 연약지반으로서의 검토가 필요한가 아닌가를 판단할 때는 표 1-10과 같다. 기초지반이 연약지반이 아니라 할지라도 다음과 같은 경우에는 문제가 될 우려가 있으므로 검토를 요한다.

논(畓)이나 지표에 얇은 연약층이 있는 지반에서는 시공 시에 건설기계의 주행성(走行性, trafficability)이 문제되므로 배수(排水)도랑의 계획이 필요하고, 투수성이 높은 재료를 깔 필요성이 있다.

〈표 1-10〉 세립토의 자연함수비에 의한 구분

자연함수비 [%]	일축압축강도 [MPa]	적 용 토	흙쌓기의 안정 및 침하
40 이하	0.06 이하	깊은 위치에 있는 압밀이 진행된 충적 점토, 건조한 표토, 홍적 점토(화산회토는 제외)	침하, 안정에 대하여 거의 문제는 없다.
40~70	0.04~0.06	일반적인 충적 점토	침하에 대하여 검토가 필요, 쌓기고가 높아지면 안정성이 문제가 된다.
70~100	0.04 이하	비교적 얕은 위치에 있는 충적 점토(유기물이 혼입되어 있는 경우가 많다)	침하대책이 문제가 된다. 안정성에 대해서도 주의가 필요하다.
100~300	0.04 이하	유기물이 많은 충적 점토	안정대책에는 충분한 검토가 필요하다. 전침하량, 잔류침하량 모두 크다.
300 이상	0.03 이하	유기토	안정대책에는 충분한 검토가 필요하다. 전침하량, 잔류침하량 모두 대단히 크다

또한 설계상 쌓기높이 1m 이하의 낮은 도로쌓기의 경우 자동차하중이 기초지반에 반복하중이 되어 작용하므로 포장(鋪裝)에 악영향을 줄 우려가 있고 기초지반의 일부 치환이나 투수성이 높은 양질재(良質材)를 깔아야 한다.

(2) 쌓기의 비탈면경사

쌓기의 비탈면경사는 현지의 지형, 지질, 지하수의 상태, 세굴(勢掘), 관수(冠水)의 유무, 기상조건, 인접한 건물, 시공법 등을 고려한 연후에 표 1-11과 같은 경험적 표준경사로 정하는 것이 보통이다.

표 1-11의 경사는 그림 1-16과 같이 비탈어깨, 비탈 밑을 연결한 평균경사를 표시한 것이다. 그림 1-16(a)와 같이 많은 소단을 가질 경우와 (b), (c)와 같이 오목경사와 같은 단면으로 할 때가 있다. 또한 소단은 보통 쌓기가 높아지면 비탈면에 적절히 설치하나 폭 1~2m, 높이 6m 정도가 많다. 이것은 쌓기비탈면경사가 완화될 뿐만 아니라 긴 비탈면을 짧게 끊음으로써 비탈면을 유하하는 양수(雨水)의 유속을 저하시키고 침식이 심해지는 것을 방지하는 효과가 있으나, 그 반면 소단부근에 침식, 붕괴가 생기는 예도 있으므로 식생(植生) 등으로 소단면을 보호하거나 배수도랑을 만드는 등의 배려도 필요하다.

〈표 1-11〉 쌓기재료 및 쌓기높이에 대한 표준경사

쌓기재료	쌓기높이[m]	비탈경사
입도분포가 좋은 모래 입도분포가 좋은 약질토	0~5 5~15	1.5~1.8 1.8~2.0
입도분포가 나쁜 모래	0~10	1.8~2.0
암괴, 호박돌	0~10 10~20	1.5~1.8 1.8~2.0
사질토 굳은 점질토, 굳은 점토	0~5 5~10	1.5~1.8 1.8~2.0
연한 점질토, 연한 점토	0~5	1.5~2.0

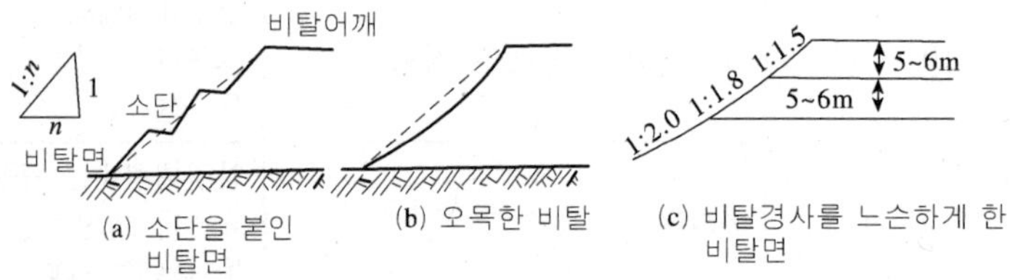

〈그림 1-16〉 쌓기비탈경사

이상과 같이 일반적으로 표준비탈면경사가 사용되나 다음과 같은 경우에는 쌓기비탈면의 안정을 검토할 필요가 있다.

① 쌓기높이가 특히 10m를 넘을 경우
② 쌓기재료가 고함수비인 점토, 점성토 등 특히 전단강도가 낮은 토질인 경우
③ 연약지반 상의 쌓기
④ 지반활동, 산붕(山崩) 등이 발생할 우려가 있는 불안정한 지반, 급한비탈면에 설치하는 쌓기인 경우

쌓기는 재료가 균일한 경우가 많고 깎기와 같이 복잡하지 않으므로 안정계산에 의하여 안정을 검토할 수 있다.

(3) 쌓기재료

쌓기재료는 시공이 용이하고 전단강도가 크고 압축성이 작은 성질을 가진 흙이다. 따라서 쇄석, 자갈 및 자갈과 모래를 혼합한 것이 좋다. 또한 사용할 재료의 좋고 나쁨이 바로 시공이 어렵고 쉬움을 나타내며, 최종적으로는 완공후 안정성도 좌우됨으로 되도록 양질의 흙을 사용하

도록 한다. 쌓기재료의 다짐에 있어 최대밀도를 얻을 수 있는 입도분포는 다음의 Talbot공식을 이용하는 경우가 많다.

$$P=\left(\frac{d}{D}\right)^{n} \tag{1-8}$$

여기서, P : 어떤 체눈금을 통과하는 토립자양의 전체 양에 대한 비
d : 체눈금의 크기[mm]
D : 최대입자 지름(입경)[mm]
n : 지수(일반적으로 0.25~0.50 적당함)

1) 쌓기에 사용되는 흙의 조건

① 안정성을 가질 것
② 불투수성일 것
③ 다루기 쉬울 것

2) 쌓기재료로서 요구되는 흙의 성질

① 시공기계의 주행성이 확보되는 등 시공이 용이할 것
② 쌓기비탈면의 안정에 필요한 전단강도를 가지고 있을 것
③ 쌓기의 압축침하가 노면에 나쁜 영향을 미치지 않도록 압축성이 적어야 할 것
④ 완성 후의 교통하중에 대하여 큰 변형을 일으키지 않고, 지지할 수 있는 지지력을 가지고 있을 것
⑤ 투수성이 낮은 재료일 것(하천 제방, earth dam의 core 등의 경우)
⑥ 수중매립은 사질토, 모래, 모래 섞인 자갈, 기타 수중에서 안전한 토사를 사용할 것

3) 쌓기재료로서 부적합한 흙

① 벤토나이트(bentonite : 점토의 일종으로 Na-Mont-Monillonite가 주성분이며, 약간의 석영, 장석 등을 포함한 것이 많다. 발견지는 미국 와이오밍주의 지층(표토벤토층)에 연유하며 백색, 회색, 담록색, 담갈색을 띄고 있고, 물을 흡수하여 팽창하고 양이온 교환성이 뚜렷하다. 또한 온천여토, 산성백토, 유기상 등 흡수성이 크고 압축성이 큰 흙
② 동토이거나 빙설, 초목, 기타 다량의 부식성을 함유한 흙
③ 함수비가 액성한계를 넘는 흙

4) 고함수비의 점토쌓기의 대책

기계의 주행성확보가 문제가 되는 쌓기에서 사토의 대상이 되는 흙이 다량으로 있거나, 근처에 적당한 재료가 없을 경우에는 다음과 같은 대책을 세운다.

① 습지불도저를 사용한다.
② 건조시켜서 함수비를 저하시킨다.
③ 안정처리로 흙의 성질을 개선한다.
④ 양질재료(모래, 자갈)로 별도의 운반로를 만든다.

5) 필터(filter)의 효과

① 압축침하가 촉진된다.
② 작업주행성의 확보가 향상된다.
③ 비탈면의 얕은 활동이 방지된다.
④ 강우에 의한 우수의 침투가 경감된다.
⑤ 쌓기의 깊은 활동에 대한 안전성을 높인다.
⑥ 시공 중에 간극수압의 저하를 기대할 수 있다.

(4) 쌓기비탈면의 다짐

쌓기비탈면의 세굴과 붕괴를 방지하기 위하여 노체와 함께 비탈면을 충분한 다짐을 하여야 하며, 그 일반적인 사항은 다음과 같다.

1) 일반사항

① 쌓기비탈면은 본체다짐과 동일하게 시공관리를 하여야 한다.
② 흙의 포설과 다짐 시에 폭원을 충분히 확보하고, 노폭 부족으로 별도의 쌓기를 하지 않도록 하여야 한다.
③ 쌓기가 일정한 높이에 도달하면 비탈면 다짐을 철저히 실시하여 향후 비탈면다짐이 곤란한 경우가 발생하지 않도록 하여야 한다.
④ 길어깨 측에는 측구를 비탈면 가배수로와 함께 설치하고, 비닐, 가마니 등으로 덮어서 유수(流水)에 대한 비탈면보호를 실시하여야 한다.

(5) 시공방법

1) 일반 쌓기구간

① 비탈면 덧돋음설치하는 방법은 재료가 점착성이 없고, 우수에 씻겨 내리기 쉽거나 식생이 힘든 토질은 비탈면을 점착성이 좋은 흙으로 덧돋음을 하여야 하며, 덧돋음은 흙쌓기 본체와의 층따기가 필요하고 대형장비의 사용이 어려워서 부실시공이 되기 쉬우므로 쌓기 본체와 일체로 시공하는 것이 유리하다.

② 덧돋음을 설치하지 않는 방법으로서는 점착성이 좋은 흙을 사용하고 쌓기가 어느 정도 진행되면 다짐장비(그림 1－17(b) 참조)로 비탈면 다짐을 한다. 또한 진동롤러로 비탈면을 내리막으로 다지면 흙이 느슨해져 무너져 내릴 우려가 있으므로 끌어 올리면서 다짐을 하여야 하고, 비탈면의 경사가 급하거나 쌓기높이가 높은 경우에는 다짐장비를 윈치로 끌어 올리면서 다지는 것이 효과적이며, 그림 1－17(a)와 같다.

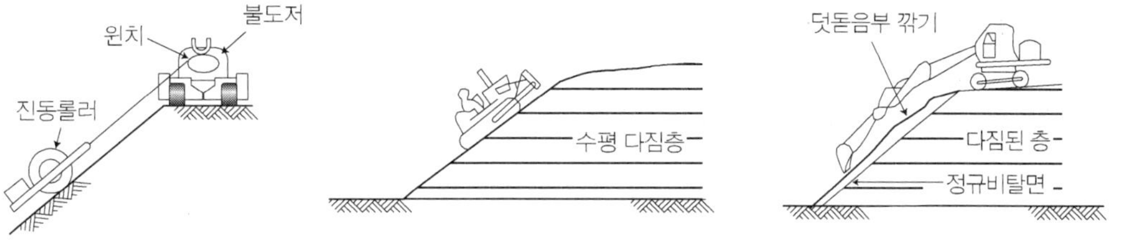

(a) 진동롤러에 의한 다짐　(b) 불도저에 의한 다짐　(c) 덧돋음후 깎기

〈그림 1－17〉 쌓기비탈면 다짐방법

③ 비탈면을 덧돋음한 후에 깎기를 하는 방법으로서는 흙쌓기를 정해진 높이보다 0.5~1.0m를 여분으로 하여 쌓기가 완료된 후에 덧돋음부를 굴삭기로 깎아내고 다짐장비로 재다짐하며 덧돋음 폭 만큼의 공사비와 용지비가 소요되며, 그림 1－17(c)와 같다.

2) 쌓기구간

일반 쌓기구간과 동일하게 비탈면 부위의 양질토사와 쌓기부의 암쌓기재료가 일체가 되도록 다짐을 하고 덧돋음은 층따기를 하면서 쌓고 다짐장비로 층다짐을 하며, 그림 1－18과 같다.

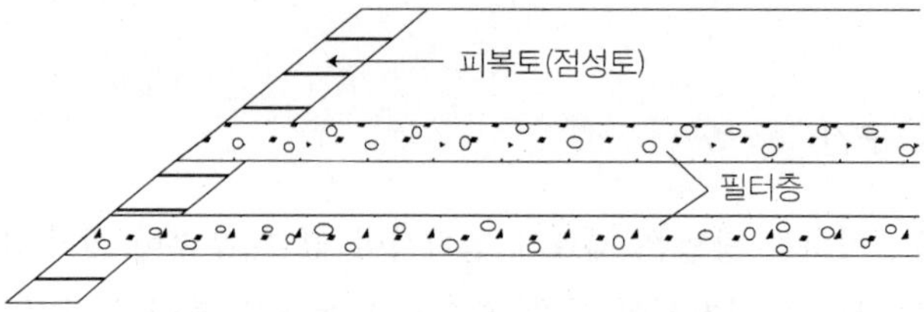

〈그림 1-18〉 쌓기구간의 피복토 시공

1-4 비탈면보호 및 보강공법

1-4-1 비탈면표면보호공

(1) 개요

비탈면붕괴의 주원인은 강우나 용수에 의한 것이 대부분이다. 이를 방지하기 위해서는 배수공, 식생공, 구조물 보호공, 맹구 등을 설치하여야 한다. 이중 비탈면보호공법은 식생에 의한 비탈면 보호공과 구조물에 의한 비탈면보호공이 있으며, 비탈면보호공의 선정은 식생공을 원칙으로 하고 식생공이 경제성, 안정성 확보가 곤란한 경우에는 구조물에 의한 보호공을 실시한다.

비탈면보호 및 보강공법의 종류는 크게 비탈면 표면보호공법, 옹벽공법, 비탈면보강공법, 비탈면배수시설, 비탈면안전시설, 기타공법으로 구분된다. 그러나 이 장에서는 표면보호공법, 비탈면보강공법, 비탈면배수시설, 비탈면 안전시설에 대해 공법을 제시하고자 하며 그 공법의 종류는 그림 1-19와 같다.

(2) 식생공법

암반이나 인공비탈면에서의 식생공은 작은 암편이나 토사 등이 유출하여 불안정해 지는 것을 방지하거나 풍화로 인하여 비탈면 표면이 손상되는 것을 방지하기 위하여 설치한다. 따라서 성장이 빠른 목초 등의 종자를 뿌리거나 기계로 살포하여 토사 등의 유출을 방지하며, 식생공만으로는 억지력을 기대할 수 없는 경우에는 대형 식생블록의 옹벽이나 식생블록 등을 설치하고 있다.

- 비탈면보호·보강공법
  - 비탈면표면보호공법
    - 식생공법
    - 격자블록
    - 돌(블록)붙이기
    - 콘크리트 뿜어붙이기
    - 비탈면 녹화 등
  - 옹벽공법
    - 콘크리트옹벽
    - 보강토옹벽
    - 돌망태옹벽
    - 기대기옹벽
    - 돌(블록)쌓기옹벽
  - 비탈면보강공법
    - 시멘트 그라우팅
    - 앵커
    - 네일
    - 록볼트
    - 억지말뚝
  - 비탈면배수시설
    - 지표수배수시설
    - 지하수배수시설
  - 비탈면안전시설
    - 낙석방지망
    - 낙석방지울타리
    - 낙석방지옹벽
    - 피암터널
  - 기타공법
    - 깎기
    - 압성토
    - 응급복구
    - 비탈면돌망태

〈그림 1-19〉 비탈면보호 및 보강공법

1) 식생공법의 시공법 및 특징

① 씨앗 살포공 시공법은 씨앗, 비료 등의 뿜어붙일 재료에 물을 가해서 흙탕물 모양의 혼합물로서 뿜어붙이기 건(gun)을 사용하여 비탈면에 살포하는 방법이다. 또한 특징으로서는 깎기비탈면에 적당하며, 높은 곳 급경사의 비탈면에 시공이 가능하고 도랑객토와 병용도 가능하다(그림 1-20 참조).

② 씨앗 뿜어붙이기공 시공법은 씨앗, 비료, 섬유소(접착제) 등의 뿜어붙일 재료를 물로 분산시키고, 펌프 등의 뿜어붙이기 기계를 사용 비탈면에 뿜어붙이는 공법이다. 또한 특징으로서는 시공능률이 좋고 낮은 곳, 비탈면이 완만한 곳에 적합하며, 도랑객토와 병용도 가능하다(그림 1－21 참조).

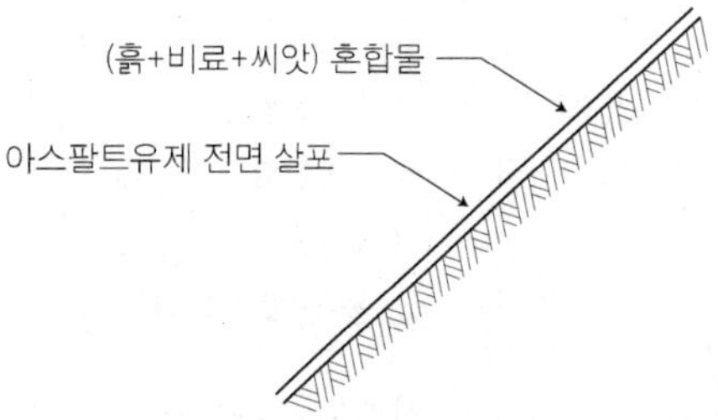

〈그림 1－20〉 씨앗 살포공(뿜어붙이기)

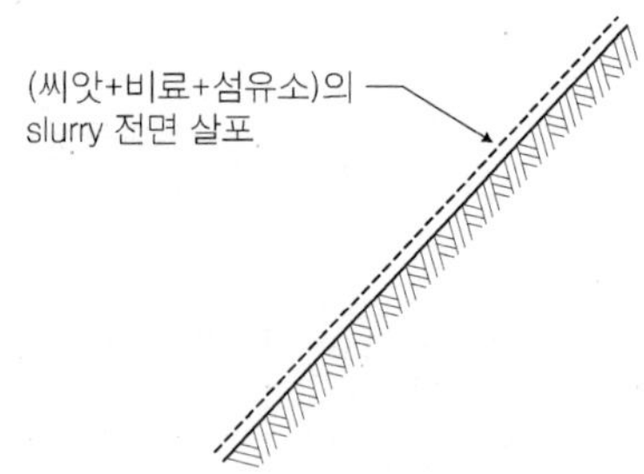

〈그림 1－21〉 씨앗 뿜어붙이기공

③ 식생매트공(seed mat) 시공법은 평활하게 마무리된 비탈면에 고정핀, 고정줄을 사용하여 종자, 비료 등을 넣은 매트가 떨어지지 않도록 고정하여 비탈면을 피복하며, 매트재료는 부직포, 종이, 가마니 등을 사용하고, 시공 후에 즉시 부식을 방지하는 보호효과가 있다(그림 1－22 참조).

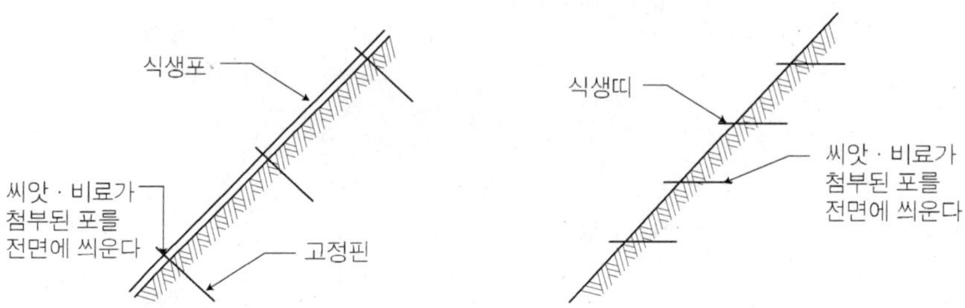

(a) 식생포 (b) 식생띠

〈그림 1－22〉 식생포공법

또한 특징으로서는 식생완성까지 매트에 의한 직접적인 보강효과가 있다. 그리고 겨울, 여름에 시공이 가능하다.

④ 식생망태공 시공법은 망태에 종자나 비료를 섞은 흙을 넣고 비탈면에 일정한 간격 50cm으로 수평 골을 파서 붙이는 공법이고, 망태는 폴리에틸렌 등을 사용한다. 식생망태는 6개/m^{2}을 기본으로 시공한다. 또한 특징으로서는 씨앗, 비옥토의 유실이 적으며, 유연성이 있

으므로 지반에 밀착이 용이하고 급비탈의 비탈면에 적합하고 겨울, 여름의 시공이 가능하다.

⑤ 평떼공 및 줄떼공 시공법은 쌓기비탈면에 객토를 하면서 약 30cm의 일정간격으로 단을 만들어 수평으로 15cm~20cm 정도의 치수로 줄떼를 지어가면서 시공하는 방법으로 비탈 아래쪽부터 줄떼의 장변을 비탈면에 수평으로 펴서 골고루 심는다. 또한 비탈면에 잔디를 붙일 때에는 뗏장 1매당 1개의 고정핀으로 잔디가 움직이지 않게 고정한다.

그리고 평떼공의 경우 비탈면보호공법으로 정해진 규격대로 채취한 잔디를 면고르기가 된 비탈면에 식재하는 방법으로 주로 토사깎기부의 비탈면에 시공을 한다. 비탈부에서 30 cm 크기의 뗏장을 수평으로 나열하고 잔디가 비탈면에 밀착할 수 있도록 대나무 등을 이용하여 고정시키며 시공한다(그림 1－23 참조).

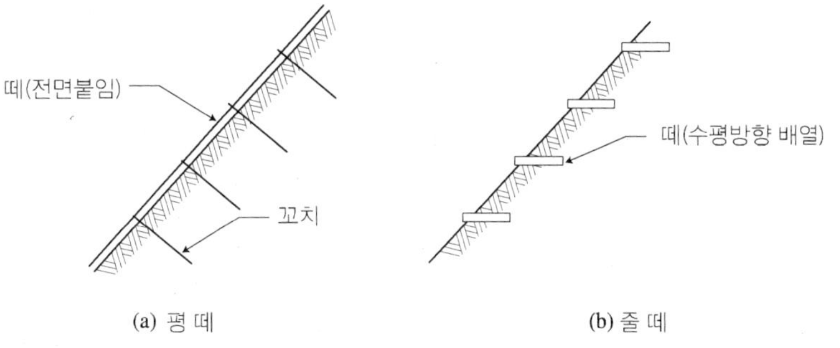

〈그림 1－23〉 평떼 및 줄떼공법

⑥ 비탈면녹화

비탈면녹화는 식물의 생육을 유발시켜 식물에 의한 빗물의 차단과 강우시 빗방울에 의한 비탈면의 충격력 완화, 지표수유하에 의한 수류속도 감소, 식물뿌리에 의한 토양의 결속력 강화, 표층수의 유입억제 등 비탈표면의 침식방지 목적으로 한다. 식물을 주재료로 사용하여 주변 환경과 조화를 이루는 친환경적공법이나 식물뿌리의 생육깊이에는 한계가 있으며, 심층부까지 보강효과가 미치지 못한다. 비탈면녹화는 본래 비탈면의 침식방지 목적으로 초본식물을 주로 사용하였으나, 최근에는 자연환경보전과 유지관리비용의 경감목적 등으로 목본을 사용하기도 한다.

비탈면녹화는 식재를 사용하기 때문에 생육기반이 침식·붕괴에 대하여 안정해야 하며 선정한 식물이 비탈면의 지질, 비탈면 경사, 주변 기후환경에 적합하여야 하고 식물이 정착하여 충분히 번성할 때까지 침식을 받지 않고 생육할 수 있도록 해야 한다. 또한 식물이 발아·생육하여 침식을 받지 않을 정도로 성장할 때까지 온도, 수분, 빛 등이 확보될 수 있는 충분한 기간이 있어야하는 등 이상과 같은 조건을 만족시키지 못하는 비탈면에서 비탈면 녹화를 적용하게 될 경우에는 격자블록 등과 병용하여 새로운 생육기반을 조성하는 등의 방안을 검토해야 한다.

(3) 격자블록

쌓기 또는 깎기작업으로 외부로 노출된 비탈표면을 보호하기 위해 격자모양의 틀 부재를 비탈면에 설치하고 격자블록 사이를 돌, 콘크리트블록, 식생 등으로 피복하여 비탈면의 침식을 방지하여 안정을 도모하는 공법이다. 격자블록의 재료로는 콘크리트, 플라스틱류, 합성수지류 등이 대표적이며 격자 사이를 채우는 재료로는 토사, 마대쌓기, 자갈, 식재 등이 사용된다. 격자블록은 프리캐스트 격자블록, 현장타설 콘크리트 격자블록, 뿜어붙이기 격자블록 등으로 분류할 수 있다.

1) 프리캐스트 격자블록

프리캐스트 격자블록은 2차 제품으로 격자블록 한 변의 길이가 1.0~1.5m의 틀 부재를 비탈면의 침식, 붕락방지에 사용한 것이다. 비탈면의 경사는 일반적으로 1 : 1 보다 완만한 지반에 사용되며 격자블록 안을 채우기 위해서는 식생, 블록 및 돌 등을 깔아 비탈면의 침식을 방지한다. 프리캐스트 격자블록의 재료와 형상은 표 1-12와 같다. 그러나 현장에서 조립하여 시공속도가 빠르나 현장타설 격자블록에 비해 지반과의 결속력이 떨어지는 특징을 보인다.

〈표 1-12〉 프리캐스트 격자블록의 재료와 형상

<table>
<tr><th>종 류</th><th>격자블록의 재료</th><th>격자블록의 형상</th><th>시공법</th></tr>
<tr><td>프리캐스트
격자블록</td><td>프리캐스트
콘크리트</td><td>격자, 다각, 원,
기타 등</td><td rowspan="4">공장제품인
격자블록 부재를
현장에서 조립</td></tr>
<tr><td rowspan="3">경량 격자블록</td><td>강관</td><td>격자, 다각 등</td></tr>
<tr><td>철망</td><td>격자, 다각, 원 등</td></tr>
<tr><td>플라스틱</td><td>격자, 기타 등</td></tr>
</table>

2) 뿜어붙이기 격자블록

뿜어붙이기 격자블록은 표면에 철근을 골격부재로 사용하여 교점에 앵커나 록볼트 등을 시공하고 콘크리트나, 모르타르를 뿜어붙여 격자블록과 지반을 일체화하는 구조로 지반과 결속력을 경화시키는 공법이다. 프리캐스트 격자블록과 같이 격자블록 안을 채우는 재료에 따라 주변 환경과 조화를 이룰 수 있으며, 비탈길이가 긴 장대비탈면에서 요철이 심하여 정형이 곤란한 비탈면이나 절리나 균열이 있는 암반비탈면의 장기간 안정성에 불안 요소가 우려되는 비탈면을 대상으로 사용한다.

3) 현장타설 콘크리트 격자블록

현장타설 콘크리트 격자블록은 비탈면에 격자 모양으로 철근을 배치시킨 틀에 콘크리트를 타설하여 설치하는 공법이다. 뿜어붙이기 격자블록과 유사한 구조이나 강도가 뿜어붙이기 격자블록보다 높아 토압에 대한 억지효과가 더욱 크며, 절리나 균열이 많은 암반비탈면에서 뿜어붙이기 격자블록 보호공으로는 불충분한 경우 또는 지반이 프리캐스트 격자블록으로는 불안정한 경우에 그림 1-24와 같이 현장타설 콘크리트 격자블록이 사용된다.

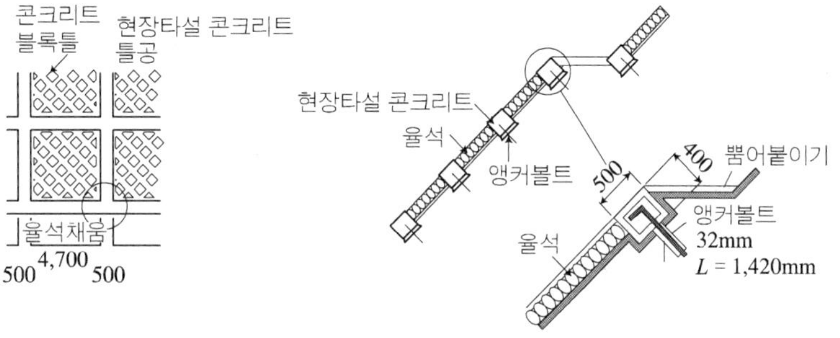

〈그림 1-24〉 현장타설 콘크리트 격자공

(4) 돌(블록)붙이기

돌(블록)붙이기의 구조는 기초 및 지지재, 지지 콘크리트상부에 블록 또는 돌을 붙이는 공법으로 비탈면 경사가 1 : 1 이상의 완만한 경사에 적용하며, 점착력이 없는 토사로 풍화나 침식방지에 불충분하다고 여겨지는 경우에 블록붙임공법 혹은 돌붙임공법을 적용하고, 격자블록의 속채움재로 사용하기도 한다. 비탈면에 용수가 있어서 토사가 유출될 위험성이 있는 경우 또는 붕괴한 곳을 복구할 경우나 동상으로 비탈면이 붕괴할 위험성이 있는 경우, 음습지에서 식생의 활착이 잘 안되는 경우 혹은 쌓기비탈면이 수로와 인접하여 있는 경우, 유수에 의한 침식방지 목적으로 비탈면 돌 및 블록붙임을 적용은 그림 1-25와 같다.

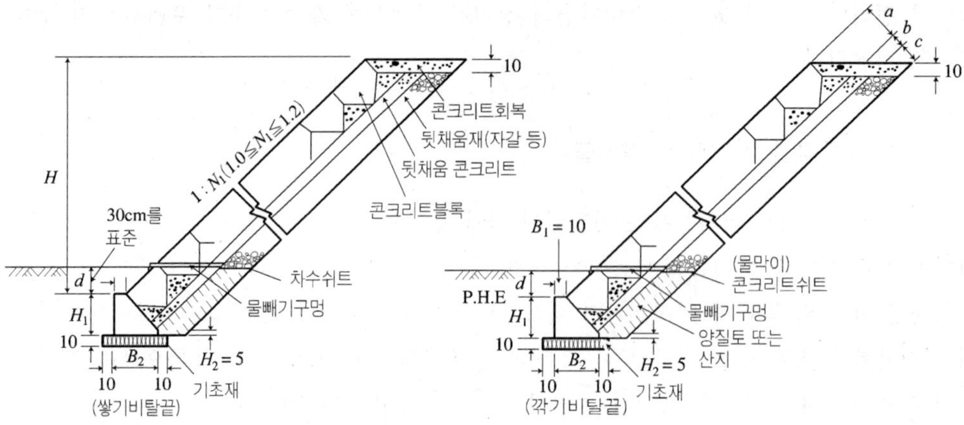

(a) 찰붙이기

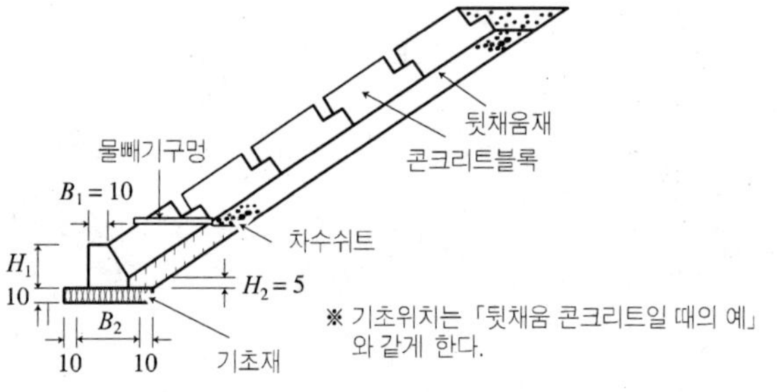

(b) 메붙이기

〈그림 1-25〉 돌(블록)붙이기공법의 적용 예(단위:mm)

(5) 콘크리트 뿜어붙이기

콘크리트 뿜어붙이기는 식생이 곤란한 비탈면을 빗물과 같은 외적 요인으로부터 차단하는 효과가 뛰어나 암반의 풍화나 이탈방지 등의 목적으로 시공하는 공법으로 지반이 연암 이상으로 고결도가 높은 사질지반이나 자갈섞인 토양에도 계획할 수 있으며, 기계설비가 간단한 소형기계를 이용하기 때문에 좁은 장소에서도 시공이 용이하고 신속히 시공할 수 있다. 풍화암 또는 암반면에 콘크리트 뿜어붙이기를 시행하는 경우 암반절리면 사이의 지하수로 인한 간극수압 상승으로 콘크리트 뿜어붙이기면의 탈락과 비탈면 배면수압의 상승으로 비탈면의 불안정을 초래할 수 있으므로 콘크리트 뿜어붙이기 적용시 배수에 대한 대책을 수립하여야 한다.

1) 모르타르 뿜어붙이기

지반이 연암 이상으로서 비탈면 자체가 충분히 안정되어 있고, 기상조건도 좋으며, 용수처리가 가능한 곳에 적용한다. 일반적으로 뿜어붙이기의 두께는 100mm 이내로서 비교적 얇게 뿜어 붙여 설계상 토압은 고려하지 않는다.

2) 콘크리트 뿜어붙이기

콘크리트 뿜어붙이기공법은 비탈면에 용수가 없고 풍화되기 쉬운 암석 또는 풍화해서 박리될 우려가 있는 암석이나 호박돌이 섞인 토사 등에서 식생이 적당하지 않은 비탈면에 적용하는 공법으로 비탈면의 형상, 경사, 요철 등에 관계없이 간단하게 시공할 수 있다. 지반이 연암 이상이어야 하는 것이다. 그러나 풍화의 정도나 용수, 기상조건, 비탈면길이 등에서 뿜어붙이기 두께를 결정한다(그림 1－26 참조).

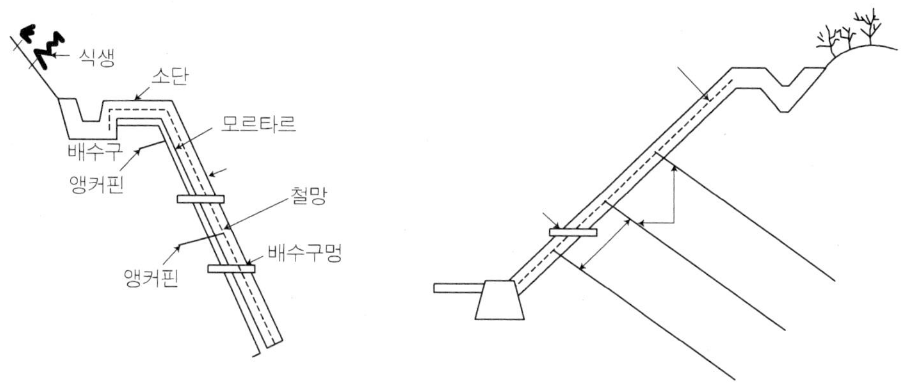

〈그림 1-26〉 콘크리트 뿜어붙이기 예

(6) 콘크리트 붙임공

절리가 많은 암석, 하천호안의 수세, 낭떠러지 등에서 붕낙의 위험이 있는 경우, 급경사 비탈

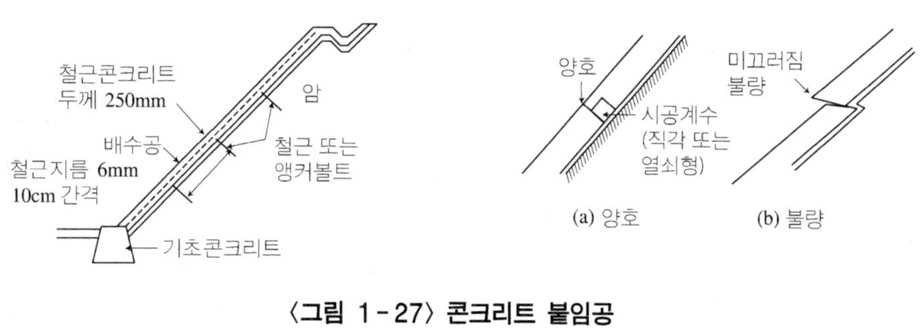

〈그림 1-27〉 콘크리트 붙임공

면의 경우 철근, 철망, 앵커로 보강하여야 한다. 그리고 철근콘크리트 붙임공의 경사 1 : 0.5, 무근콘크리트 붙임공의 경사 1 : 1로 한다(그림 1-27 참조).

(7) 돌망태설치공

비탈면에 용수가 있어 토사가 유출할 위험성이 있는 경우, 흙쌓기 비탈면이 수로와 접하는 경우에 돌망태공이 많이 사용되고 있다. 그리고 아연도철선 또는 PVC융착 철선을 사용해 그물형 망태로 제작하여, 그 철망 안에 돌을 넣어 시공하는 것을 공법으로 주로 하천제방보호에 많이 사용되는 돌망태의 형태는 그림 1-28과 같다.

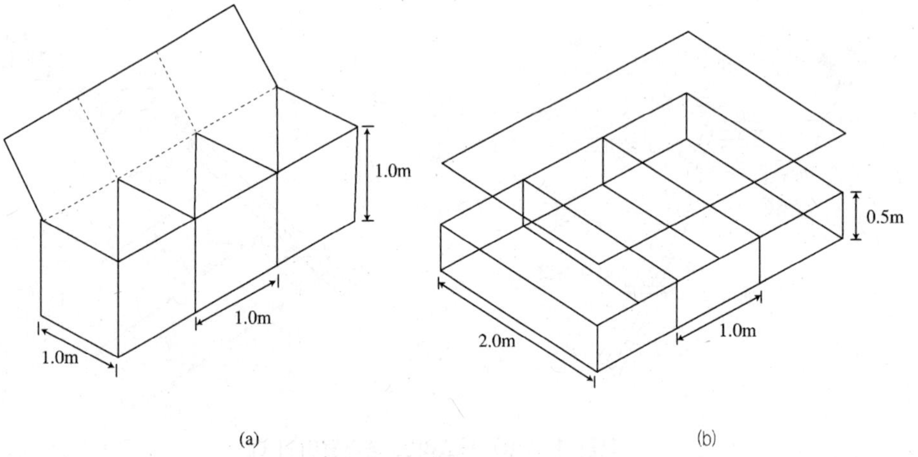

〈그림 1-28〉 돌망태의 형태

1-4-2 비탈면사면보강공법

(1) 개요

보강토옹벽공법은 우리나라에서 1990년대 초에 도입된 공법이다. 사면보강공법은 도로제방 등 인공사면 축조시 보강재를 포설하여 사면의 경사를 급하게 함으로써 토공량과 점용부지를 현저히 줄일 수 있도록 하는데 주안점을 두고 있다.

보강사면은 전면의 경사가 70°이내인 쌓기사면의 구조체에 평면보강재를 포설하는 역학적 보강토(mechanically stabilized earth, MSE)의 일종으로 간주할 수 있으며, 보강사면의 설계 및 시공개념을 기술하면 다음과 같다.

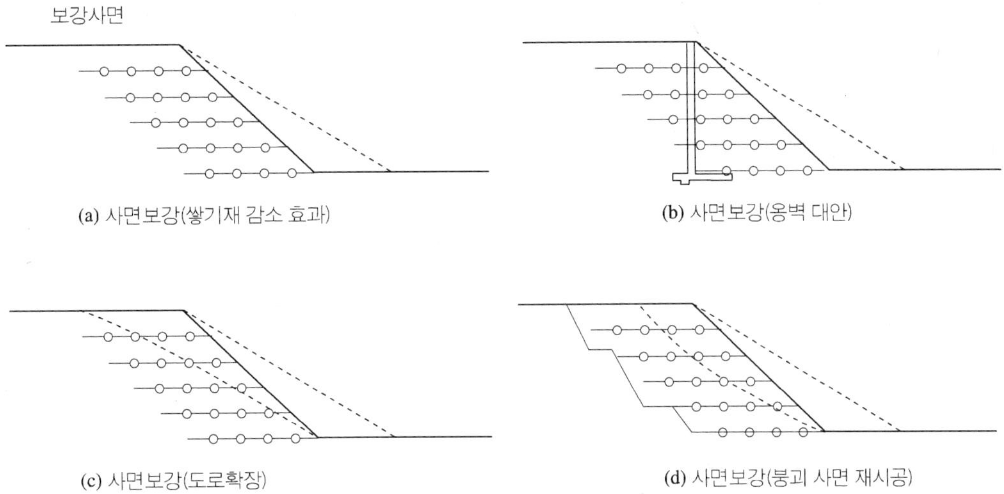

〈그림 1-29〉 보강사면의 적용 예

보강사면은 그림 1-29와 같이 쌓기시 지오그리드나 지오텍스타일 등 토목합성재료(geosynthetics)를 사면보강재로 사용하며, 이때 토목합성재료는 다음과 같은 역학을 통해 경제성을 제공한다.

① 사면의 정상 혹은 선단에서 사용 가능한 공간을 제공한다.
② 쌓기량을 줄일 수 있다.
③ 역학적으로 다소 미흡한 쌓기재를 사용할 수 있다.
④ 보강토옹벽에서 필요한 전면벽체(facing panel)의 사용이 필요하지 않다.

1) 보강사면의 주 적용분야

① 새로운 도로제방 건설
② 옹벽의 대안으로 적용
③ 기존의 도로제방 확장
④ 붕괴된 사면의 보수

2) 보강사면의 기타 적용분야

① 댐의 상·하류 전면보강 및 댐의 높이를 증가 필요시
② 임시 홍수조절 구조물 건설시
③ 교량의 교대보강 및 지간을 감소시

④ 임시 우회도로 건설시

⑤ 수분을 포함한 세립분으로 제방 건설시

(2) 사용재료 특성

1) 쌓기재료

일반적으로 제방쌓기재의 요구조건을 만족하는 흙은 보강사면의 쌓기재로도 사용될 수 있다. 그러나 보강 측면만을 고려할 경우에는 질이 다소 떨어지는 흙을 쌓기재로 사용할 수도 있으나 내구성 및 작업성을 고려할 경우 양질의 쌓기재를 사용하는 것이 공사기간을 단축시킬 수 있으며, 쌓기재의 각종 요구특성은 다음과 같다.

① 입도분포 : 보강사면의 쌓기재로는 다음과 같이 200체 통과율이 50% 이하이고, 소성지수(PI)가 20 이하인 흙이 적당하다.

〈표 1-13〉 쌓기재료의 입도분포

입 경[mm]	통과율[%]
100	100 - 75
4.75	100 - 20
0.425	0 - 60
0.075	0 - 50

*PI ≤ 20(AASHTO T-90)

한편 쌓기재의 최대입자 크기는 보강재의 파손을 고려하여 20mm 이하인 것을 원칙으로 한다. 또한 입자의 크기 및 가장 큰 입자의 형상을 고려하여 보강재의 현장포설시 손상으로 인한 강도감소계수를 결정한다.

② 화학성분 : 쌓기재의 화학적 성분이 보강재의 내구성에 미치(pH, 염화물, 산화제 등)는 영향에 평가가 이루어져야 하고, 일반적으로 pH≥12 또는 pH≤3인 흙은 보강사면의 쌓기재로 바람직하지 않으며, 3≤pH≤9의 범위를 보이는 흙이 좋다.

③ 다짐 : 쌓기재는 최대건조단위중량의 95% 또는 최적함수비의 2% 내외로 다짐되어야 하며, 쌓기재의 세립분 함유정도에 따라 점성토와 사질토의 경우 각각 150~200mm와 200~300mm의 다짐두께로 쌓기하는 것이 좋다.

④ 전단강도 : 보강사면 설계/해석에서 필요한 쌓기재의 전단정수설정 시에는 최대전단강도(peak shear strength)를 토대로 결정된 전단강도정수를 사용하여야 한다. 또한 200번체

통과율이 15% 이하인 사질토에는 유효응력에 근거한 배수전단강도정수를 사용하여야 하며, 이러한 강도정수는 직접전단 혹은 압밀-배수 삼축압축시험을 수행하여 결정한다.

⑤ 단위중량 : 시공중 다짐관리와 안정해석에 필요한 쌓기재의 건조 및 습윤, 포화단위중량을 결정하여야 한다.

2) 토목합성섬유

보강사면에 적용되는 토목합성섬유의 설계강도는 토목섬유 자체의 장기적 안정성(long-term dimensional stability)과 보강토 구조물의 전체적인 내구성을 고려하여 결정하여야 한다. 일반적으로 지오그리드는 격자의 가로방향 요소의 수동저항과 흙과 수평방향 요소 사이의 마찰을 통해 응력을 흙에 전달하며, 지오텍스타일의 경우에는 마찰만을 통해 응력을 흙으로 전달한다.

토목합성섬유의 장기적 안정성은 토목합성섬유의 과도한 크리프변형 없이 장기하중을 지탱하는 능력으로 특정지어진다. 토목합성섬유의 기대 수명은 1000년 이상이 되기도 하나 강재와 마찬가지로 일반적인 흙이라 할지라도 특정 환경조건에서의 분해 가능성을 고려하여 강도특성을 결정하여야 한다. 토목합성섬유의 인장강도 설정방법은 다음과 같다.

(가) 허용인장강도

토목섬유의 허용인장강도(T_a)는 부분 안전율개념에 입각하여 극한인장강도(T_{ult})를 감소계수(R_F)로 나눈 값을 취한다. 감소계수는 설치시 손상, 화학적 및 생물학적 조건을 고려하고 폴리머의 발생가능한 크리프변형을 조절하기 위하여 적용된다. 따라서 허용인장강도 T_a는 아래 식 (1-9)와 같이 표현할 수 있다.

$$T_a = \frac{T_{ult}}{R_f} \tag{1-9}$$

여기서, $R_f = FS_{CR} \times FS_{ID} \times FS_{CD} \times FS_{BD} \times FS_{JNT}$

T_a : 토목섬유의 허용인장강도(kN/m)

T_{ult} : 토목섬유의 극한인장강도

FS_{CR} : 크리프변형의 부분 안전율

FS_{ID} : 설치시 손상에 대한 부분 안전율

FS_{CD} : 화학적 손상에 대한 부분 안전율

FS_{BD} : 생물학적 손상에 대한 부분 안전율

FS_{JNT} : 봉합부와 접합부에 대한 부분 안전율

일반적으로 적용되는 안전율은 아래 표 1-14와 같다. 상기의 안전율은 일반적인 경우에 대한 것이므로 매우 보수적이라 할 수 있다. 또는 두 항목에 대한 안전율이 필요로 할 경우 선택하여 적용하도록 제시된 값이다. 따라서 해당 보강재에 대한 실험을 통해 안전율을 결정하는 것이 경제적이고 안전하다고 할 수 있다.

〈표 1-14〉 안전율

FS	설치시 손상	크리프[①]	화학적 손상[②]	생물학적 손상	접합/봉합선[③]
	3.0	5.0	2.0	1.3	2.0

주)
① 이 수치는 예비설계시 사용되는 안전율이며, 이 설계를 위해서는 각 제품에 대한 실제 실험결과를 적용하여야 한다.
② 화학적 손상에 대한 안전율은 토목섬유에 유해하지 않는 흙에 대한 수치이며, 이 설계를 위해서는 각 제품에 대한 실제 실험결과를 적용하여야 한다.
③ 접합부 또는 봉합부가 존재하지 않을 경우에는 1.0의 값을 사용한다.

(Holtz et al, 1995)

미연방도로국(FHWA)은 사면의 높이가 15m 이하이며, 장기적 사면보강의 경우에 있어서 사용하는 쌓기재가 다음과 같은 조건을 만족할 경우에는 $R_f = 10$을 취할 것을 제안하고 있다.

① 모래질 흙
② $5 \leq pH \leq 9$
③ 생물학적으로 불활성
④ 쌓기재의 최대입자 크기=20mm

(나) 지반-보강재 상호작용

보강사면의 설계를 위해서는 인발계수와 직접전단계수와 같은 두 가지 형태의 지반-보강재 상호작용계수를 결정하여야 한다. 인발계수는 안정해석시 각 보강재의 정착부에서 발현되는 인발저항력을 계산하는데 사용되며, 직접전단계수는 보강토체의 바깥쪽으로의 활동에 대한 안전율을 검토하는데 사용된다. 보강재의 단위폭당의 극한인발저항(P_r)은 다음과 같이 주어진다.

$$P_r = F^* \cdot \alpha \cdot \sigma'_v \cdot L_c \cdot C \qquad (1-10)$$

여기서, $L_c \cdot C$: 파괴면 후방의 저항 영역에서의 보강재의 단위폭당 표면적
L_c : 파괴면 후방의 저항 영역에서의 정착길이

C : 보강재의 유효단위 원주길이
(지오그리드나 지오텍스타일의 경우, $C=2$)
F^* : 인발저항계수
α : 치수보정계수
σ'_v : 지반-보강재 경계면에서의 유효연직응력

1-5 보강토공법

1-5-1 앵커공법

앵커(anchor)는 활동면의 연직응력을 증가시켜 전단활동력을 감소시킴으로써 불안정한 비탈면의 안정성을 높여준다. 여기서 전단활동력의 감소는 보강앵커의 긴장시 비탈면의 활동방향과 반대방향으로 분력이 생기기 때문에 발생하며, 전단활동력을 감소시키기 위해서는 앵커보강 방향이 전단면에 직각인 방향보다 위쪽을 향해야 한다.

앵커는 프리스트레스를 도입하여 지반이 변형하기 전에 큰 억지효과를 기대할 수 있으며, 비교적 간단한 구조로 되어 있어 말뚝에 비해 소규모임에도 불구하고 큰 인발저항력을 갖는다. 또한 설치된 모든 앵커에 대해 설계앵커력을 확인할 수 있고, 비교적 소형기계로 시공이 가능하여 지형의 제약을 받는 협소한 장소에서도 설치할 수 있다.

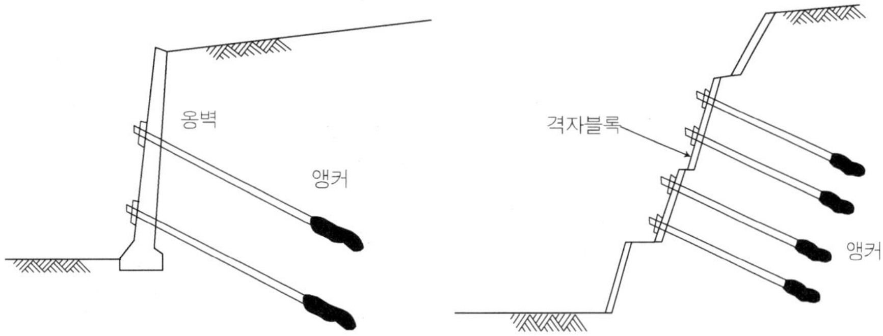

〈그림 1-30〉 앵커시설의 적용

반면 앵커는 시공기술에 따라 품질의 차이가 생기기 쉬우며, 특히 부식에 큰 영향을 받으므로 방식처리를 요한다. 앵커(체)의 부식은 파단이나 긴장력의 저하(이완)를 초래하며, 이는 비탈면

안정에 큰 영향을 줌으로 유지관리에 있어 특히 유의하여야 한다. 설계 이외의 외력에 대해 파괴가 급격하게 일어난다는 큰 단점을 가지고 있으나 최근에는 앵커의 방식처리와 시공기술의 발달로 건설공사 비탈면에 여타공법(억지말뚝, 옹벽 등)과 병용하여 적용되고 있다.

(1) 내적안정해석과 설치 앵커력의 결정

앵커가 최종한계상태에서 파괴를 일으킬 때 발생하는 앵커력을 극한앵커력이라고 한다. 앵커의 파괴상태는 그림 1-31에서 나타낸 것처럼 긴장재 자체의 파괴, 앵커체가 지반에서 뽑히는 파괴, 긴장재가 앵커체에서 뽑히는 파괴로 구분할 수 있으며, 앵커에 긴장력이 가해지면 이러한 세 가지 파괴모드 중에서 가장 약한 부분에서 파괴가 먼저 발생하게 된다.

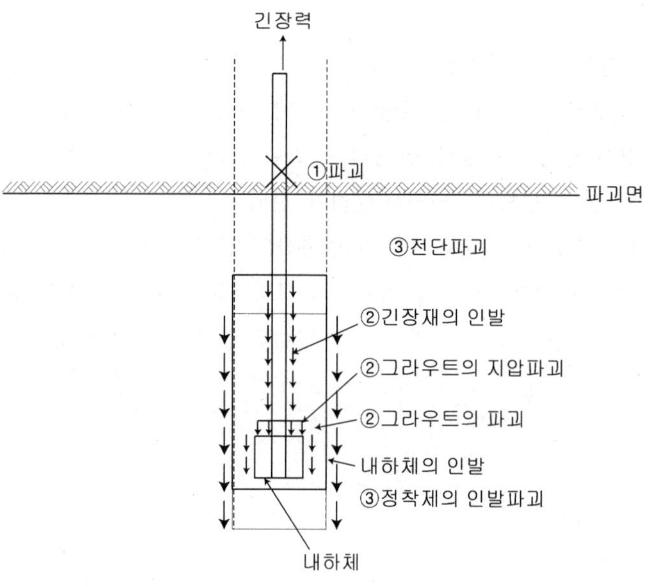

〈그림 1-31〉 앵커의 내적파괴 모드

저항력을 상실한 앵커는 더 이상 외력을 지지하지 못하며, 가해지는 외력은 주변앵커에 전가되어 주변앵커의 긴장력을 증가시키게 되므로 전체적으로 안정성은 감소하게 된다. 설계앵커력은 앵커의 내적파괴가 발생하지 않도록 하기 위하여 세 가지 파괴모드로 계산된 허용앵커력에서 최소값을 설계앵커력으로 사용한다.

(2) 앵커의 내적파괴형태에 따른 검토

1) 앵커긴장재 자체의 파단

앵커긴장재의 파단은 긴장재가 파괴되는지를 검토하는 것이며, 긴장재의 극한인장력(T_{us})에 안전율을 고려한 긴장재의 허용인장력(T_{as})과 긴장력은 다음 식 (1-11)과 같다.

$$T_{as} = \frac{T_{us}}{FS} \geqq P \qquad (1-11)$$

여기서, T_{as} : 긴장재의 허용인장력

T_{us} : 긴장재의 극한인장력

P : 긴장력

2) 앵커정착부에서 그라우트와 주면지반 사이의 파괴

앵커정착부에서 그라우트와 지반사이의 인발파괴에 대한 검토에서는 주면 마찰저항력에 의해 발휘되는 인발저항력과 앵커긴장력은 식 (1-12)와 같다.

$$T_{ag} = \frac{T_{ug}}{FS} \geqq P \qquad (1-12)$$

여기서, T_{ag} : 그라우트와 지반사이에서 발휘되는 허용인발저항력

T_{ug} : 그라우트와 지반사이에서 발휘되는 극한인발저항력

P : 긴장력

극한인발저항력은 앵커정착장와 앵커 구멍뚫기(穿孔) 지름 그리고 그라우트와 지반사이의 단위극한주면 마찰저항력을 이용한 식 (1-13)과 같다.

$$T_{ug} = \tau_u \cdot \pi \cdot D \cdot l_e \qquad (1-13)$$

여기서, τ_u : 단위극한주면 마찰저항력

D : 앵커의 구멍뚫기 지름

l_e : 앵커정착장

지반과 그라우트 사이의 단위극한주면 마찰저항력은 표 1-15와 같이 앵커의 극한주면 마찰

저항력 값이나 실제 인발시험에서 측정한 값을 사용할 수 있다.

〈표 1-15〉 앵커의 극한주면 마찰저항

지반의 종류			극한주면 마찰저항[τ_u, kN/m²]
암반	경 암		1500 ~ 2500
	연 암		1000 ~ 1500
	풍화암		600 ~ 1000
	파쇄대		600 ~ 1200
모래자갈	N값	10	100 ~ 200
		20	170 ~ 250
		30	250 ~ 350
		40	350 ~ 450
		50	450 ~ 700
모래	N값	10	100 ~ 140
		20	180 ~ 220
		30	230 ~ 270
		40	290 ~ 350
		50	300 ~ 400
점성토			1.0c (c는 점착력)

3) 긴장재와 그라우트 사이의 파괴

긴장재와 그라우트 사이의 파괴에 대한 검토는 허용부착응력에 의해 발휘되는 구속저항력을 앵커긴장력과 비교하여 검토하면 식 (1-14)와 같다.

$$T_{ab} = c_b \cdot U \cdot l_e \geq P \tag{1-14}$$

여기서, T_{ab} : 긴장재와 그라우트와 부착력

c_b : 긴장재와 그라우트 사이의 부착응력

U : 긴장재의 원주면 길이

긴장재와 그라우트와의 허용응력은 철근콘크리트의 허용부착응력은 표 1-16의 값을 사용할 수 있다. 또한 실제 시험데이터를 근거로 한 값으로서는 표 1-17의 값을 사용할 수 있으며 설계앵커력은 허용앵커력을 사용하고 허용앵커력은 허용인발력, 허용인장력, 허용부착력 중에서 최소값을 사용한다.

〈표 1-16〉 철근콘크리트의 허용부착응력(kN/m²)

긴장재 종류 \ 그라우트 설계압축강도		15000	18000	24000	30000	40000 이상
일시앵커	PS강선	800	1000	1200	1350	1500
	PS강연선					
	이형 PS강봉	1200	1400	1600	1800	2000
영구앵커	PS강선	-	-	800	900	1000
	PS강연선					
	이형 PS강봉	-	-	1600	1800	2000

〈표 1-17〉 시험으로 측정된 허용부착응력(kN/m²)

긴장재의 종류	일시앵커		영구앵커	
	그라우트의 압축강도(f_{28})		그라우트의 압축강도(f_{28})	
	15000 이상 25000 미만	25000 이상	20000 이상 35000 미만	35000 이상
PS강선, PS강봉	500	700	500	700
PS강연선	800	1100	800	1000
이형 PS강봉	1100	1500	1000	1200

1-5-2 소일네일링공법

철근이나 강봉, 합성섬유보강재를 지반에 적절하게 배치하고 보강재가 지니는 인장저항력, 전단저항력, 휨저항력 등으로 지반의 약점을 보완하여 전단강도 증대와 안정성을 개선하는 공법이다. 네일은 비탈면을 급경사로 안정시킬 수 있어 토지이용률이 높아지며 따라서 깎기에 따른 토량을 절감할 수 있고, 네일시공에 있어 대형 중장비를 필요로 하지 않기 때문에 시공조건이 나쁜 곳이라도 적용할 수 있다. 또한 경량의 보강재를 사용하므로 운반이나 타설작업이 용이하고 천공하며 시공이 이루어져 지반상태를 직접 확인할 수 있어 보강재의 개수, 배치, 길이 등을 용이하게 변경할 수 있다. 특히 네일로 보강된 공용 중인 비탈면에 안정성이 저하한 경우라도 보강재의 개수를 늘려 간단하게 보강할 수도 있다. 소일네일링(soil nailing) 설치순서는 천공, 공내 청소, 네일 삽입후 시멘트밀크 주입으로 시행하며 그림 1-32와 같다.

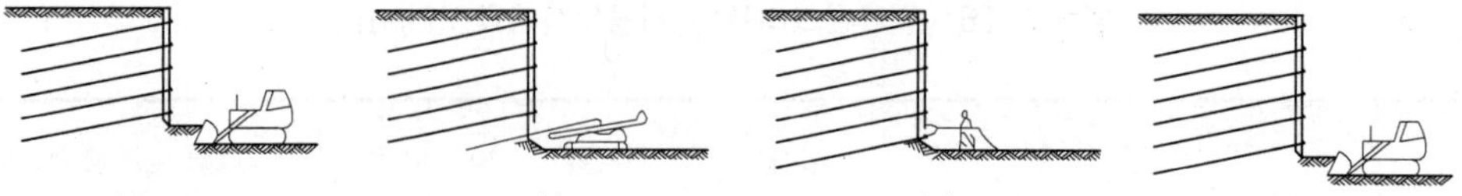

〈그림 1-32〉 Soil Nailing시공

〈표 1-18〉 소일네일링공법과 어스앵커공법의 차이점

구　분	소일네일링	어스앵커
보강재의 응력	일반적으로 긴장력을 가하지 않아서 미소한 벽체변위를 허용한다.	주변지반의 변위억제와 안정성 확보를 위하여 설치 후에 즉시 긴장력을 가하여 벽체의 변위를 미연에 방지
전면판 지지구조	숏크리트(shotcrete)와 와이어메쉬(wire mesh) 이외의 별도 지지구조가 필요 없음.	앵커에 작용하는 긴장력을 벽체에 등분포시키기 위하여 띠장이나 철판이 필요하다.
보강재 파손 영향	보강재를 3~10m 간격으로 배치함으로 파손 가능성이 낮고 보강재 하나의 파손이 구조물 전체안정에 미치는 영향이 적다.	보강재 하나의 파손이 구조물 전체안정에 심각한 영향을 미칠 수 있다.

(1) 소일네일링의 내적안정해석

소일네일링의 내적안정해석은 보강비탈면 내부의 소일네일링에 작용하는 인장하중에 대하여 파괴 가능한 모드를 검토하고, 파괴면 바깥쪽에 근입되는 부분에서 발휘되는 인발저항력은 식 (1-15)와 (1-16)을 이용하여 계산한다. 또한 보강재의 허용인장강도는 장기인장강도에 안전율을 고려하여 식 (1-17)을 이용하여 계산하고, 네일보강토체의 안정해석에서 파괴면에서 발휘되는 보강재의 저항력은 계산된 값 중에서 최소값(T_{min})을 적용한다.

$$T_{ug} = \pi \cdot D \cdot L_e \cdot \frac{\tau_u}{FS} \text{(그라우트와 지반사이의 저항력)} \quad (1-15)$$

$$T_{ug} = \pi \cdot d \cdot L_e \cdot \frac{\tau_f}{FS} \text{(그라우트와 보강재 사이의 저항력)} \quad (1-16)$$

$$T_{la} = \frac{T_l}{FS} \quad (1-17)$$

내적안정해석 결과는 보강비탈면에 대한 안정해석에서 보강재에 의해 발휘되는 저항력으로 파기쐐기에 작용시키고, 일반적으로 한계 평형해석을 이용하여 안정해석을 수행하면 각각의 소일네일링에서 발생하는 저항력을 입력하여야 하며, 이로부터 파괴쐐기의 평형조건을 고려하여 안정율을 계산한다. 또한 일발저항력은 그라우트-지반사이에서 발휘되는 극한주면 마찰저항력(τ_u)에 의존하며, 그라우트의 물-시멘트비, 시공방법, 지반의 종류에 따라 매우 차이가 많이 난다. 소일네일링의 주면 마찰저항력은 네일의 설계에 있어서 가장 변화의 범위가 크고 상황에 따라서 차이가 많이 발생하는 항목이므로 이 부분에 대한 안전율을 더 크게 줄 수 밖에 없으며,

〈표 1-19〉 시공방법 및 지반종류에 따른 극한단위주면 마찰저항력

시공방법	지반종류	극한단위주면 마찰저항력[kN/m²]	
		소일네일링 (Elias and Juran, 1988)	영구앵커 (Cheney, 1984)
로터리 천공 (Rotary drilled)	실트질 모래 실트 풍화잔류도	100 ~ 200 60 ~ 80 70 ~ 120	240 ~ 440
타입식 (Driven casing)	모래 조밀한 모래자갈 Dense moraine 모래질 붕적층 점토질 붕적층	290 390 390 ~ 590 100 ~ 200 50 ~ 100	340 ~ 630 490 ~ 980
고압 그라우트 (Jet grouted)	세립질 모래 모래 모래자갈	 390 980	170 ~ 220 220 ~ 420 420 ~ 560
오거 굴착 (Augered)	연약한 점토 굳은점토 점토질 실트 모래질 점토 실트질 모래	20 ~ 30 40 ~ 60 50 ~ 100 200 ~ 290 20 ~ 30	 100 ~ 200 70

지반조건에 따른 극한단위주면 마찰저항력의 값은 표 1-19와 같다.

그리고 소일네일링에 발생하는 인장력과 전단력은 트레스카(Tresca) 파괴기준을 고려하여 소일네일링에 발생하는 응력에 대해 Mohr원의 해석은 인장력과 전단력의 타원체로 표현된다.

$$\left(\frac{T}{R_n}\right)^2 + \left(\frac{V}{R_c}\right)^2 \leqq 1 \qquad (1-18)$$

여기서, T : 파괴면에서 소일네일링에 발생하는 인장력

V : 파괴면에서 소일네일링에 발생하는 전단력

R_n : 소일네일링의 인장강도

R_c : 소일네일링의 전단강도($=R_n/2$)

여기에 최대일의 원리를 적용하면 그림 1－33과 같이 소일네일링에 발휘되는 저항력(인장력과 전단력의 합력)의 벡터방향(OP)을 구할 수 있으며, 트레스카 파괴기준인 타원체와 만나는 위치가 파괴면에서 발휘되는 전단력과 인장력이 된다. 이때 전단력과 인장력은 식 (1－19)와 식 (1－20)과 같이 이용하여 계산할 수 있다.

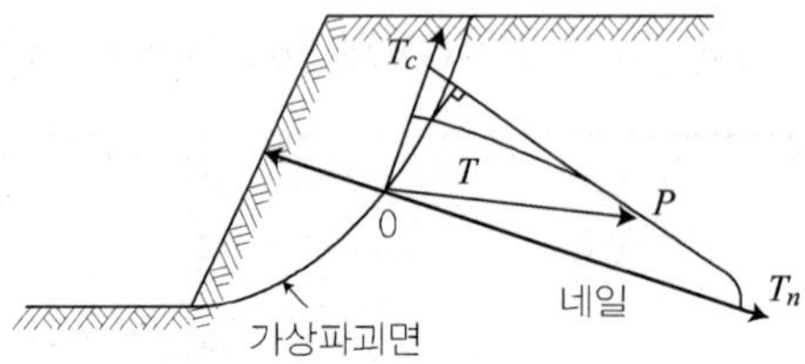

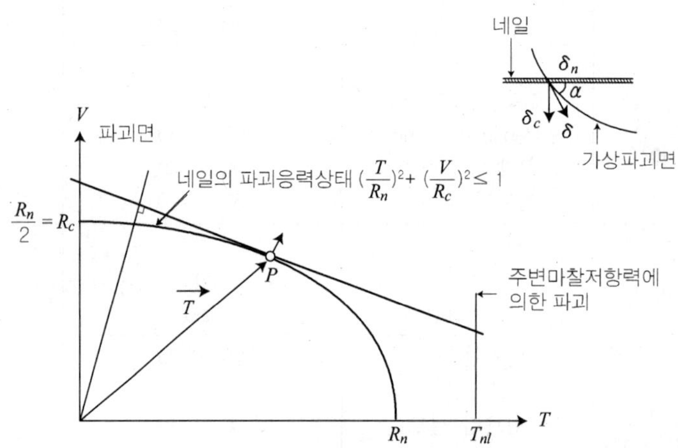

〈그림 1-33〉 파괴면에서 소일네일링에 의한 전단력과 인장력의 계산

$$V_f = \frac{T_{\min}/2}{\sqrt{1+4\tan^2\left(\frac{\pi}{2}-\alpha\right)}} \qquad (1-19)$$

$$T_f = 4\,V_t \tan\left(\frac{\pi}{2}-\alpha\right) \qquad (1-20)$$

여기서, $T_{\min}$: 소일네일링 인발저항력과 소일네일링 인장강도중 작은 값

V_f : 파괴시 소일네일링에 발생하는 전단력

T_f : 파괴시 소일네일링에 발생하는 인장력

V : 파괴면에서 소일네일링에 발생하는 전단력

α : 파괴면과 소일네일링 사이의 각도

또 파괴면에서 각 소일네일링에 발생하는 인장력과 전단력은 각각 소일네일링의 설치방향과 직각방향으로 발휘되고 있으므로 이 합력을 다시 파괴면의 방향과 파괴면에 직각방향 분력으로 나누어 소일네일링 위치에서의 힘의 평형계산에 이용한다. 그림 1-34는 절편법을 이용하여 비탈면의 안정계산을 수행할 때 I번째 절편에 설치된 소일네일링에서 발휘되는 소일네일링의 인장력(T_n)과 전단력(T_c)의 합력을 다시 파괴면에 수직인 힘(N_i)과 파괴면에 나란한 힘(T_i)으로 나누어 발휘시키는 것을 나타내고 있다.

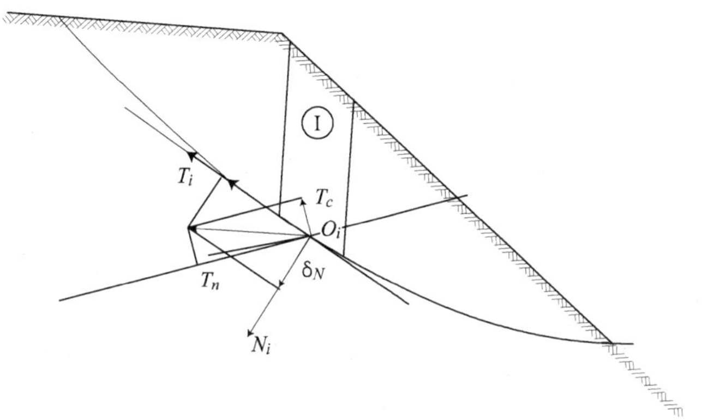

〈그림 1-34〉 파괴면에서의 힘의 재분배

(2) 전면벽체의 설계

벽체부근에서 소일네일링에 작용하는 인장력(T_o)은 식 (1-21)로 구한다.

$$T_o = \min \begin{cases} q_s \cdot \pi \cdot D \cdot L_e \\ R_n \end{cases} \tag{1-21}$$

여기서, D : 구멍뚫기(穿孔) 홀의 지름

q_s : 소일네일링의 허용단위주면마찰력

R_n : 소일네일링의 설계허용인장강도

실제 계측자료에 의하면 전면벽체 가까이에서 소일네일링에 발생하는 인장력의 크기는 식 (1-21)로 계산한 인장력보다 작은 것으로 나타나는데, 이는 소일네일링 설치 시에 벽체부근의 지반에 하중제하현상이 발생하기 때문이며, 실제 소일네일링 근처의 인장력의 크기는 지반의 연경도, 전면벽체의 강성, 소일네일링의 설치 깊이나 간격 등에 의해 영향을 받고, 이 중 가장 크게 영향을 미친는 요소는 소일네일링 사이의 간격이 된다. 또 전면벽체의 설계는 소일네일링이 벽체와 연결된 것으로 간주하고, 파괴토체에 의해 전면벽체에 인장력과 동일한 크기의 토압이 작용하는 것으로 가정한다. 분포시키는 토압의 크기는 소일네일링의 인장력에 소일네일링 1본이 지지하는 구간에 해당하는 면적으로 나누어 구한다.

$$p = \frac{T_o}{A} \tag{1-22}$$

여기서, p : 벽체에 작용하는 등분포 토압의 크기

A : 소일네일링 1본이 지지하는 면적

(3) 배수시설

소일네일링의 설계에 있어서 배수시설을 고려하는 것은 매우 중요하다. 이는 보강된 비탈면의 안정성을 증대시키고, 소일네일링보강 효과를 극대화시키기 위해서 반드시 필요하다. 특히 지하수에 의해 소일네일링의 주면마찰저항력이 감소함으로 소일네일링보강 토체 내에 지하수위가 형성되지 않도록 설계하는 것이 필요하다.

또한 소일네일링 전면벽체에 가장 기본적으로 설치하는 배수시설은 배수구멍이며, 비탈면내 지하수위가 높지 않더라도 최소 $10m^2$에 1개 정도 설치한다. 배수구멍은 전면벽체배면에 설치하는 토목섬유배수재와 연결시킨다.

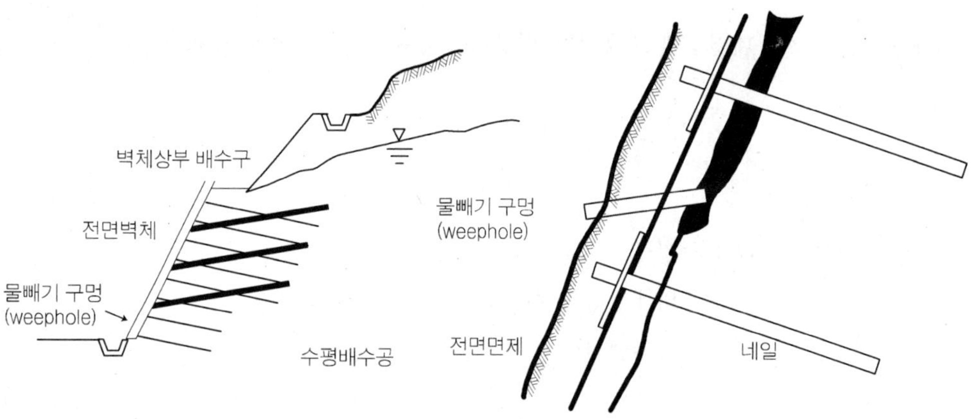

〈그림 1-35〉 소일네일링공법의 배수시설

비탈면 표면에 용수가 발생하거나 강우시 흐르는 지하수가 많은 경우는 전면벽체배면에는 토목섬유배수재를 이용하여 배수시키기도 하며, 지하수위가 높거나 용수가 많이 발생하는 구간에

서는 수평배수공을 설치한다. 또한 수평배수공은 상향으로 약 5° 구멍뚫기하여 부직포를 둘러싼 배수재료(유공관, 다발관 등)를 삽입하며, 사용하는 유공관은 PVC나 금속재료를 이용하며 공장에서 구멍을 뚫은 제품을 사용한다. 유공관의 구멍크기는 5mm~20mm 정도이며, 개수와 간격은 지하수 흐름해석으로부터 결정할 수 있고, 금속 유공관의 경우는 부식의 우려가 있으므로 유의한다.

1-5-3 록볼트

(1) 개요

비탈면보강을 위한 록볼트의 역할은 소규모의 암괴 또는 쐐기구간을 보강하기 위해 적용한다. 층리 및 절리가 발달된 암반비탈면의 경우에는 암석자체의 강도에 상관없이 절리의 방향성에 의해 파괴가 발생할 수 있으며, 이 경우 록볼트는 암괴의 초기변형을 억제하고 암반을 보다

〈표 1-20〉 록볼트의 종류

<table>
<tr><th>정착에 의한 분류</th><th colspan="3">시공방식에 의한 분류</th></tr>
<tr><td rowspan="3">선단정착형</td><td colspan="3">쐐기형</td></tr>
<tr><td colspan="3">확장형</td></tr>
<tr><td colspan="3">선단접착형</td></tr>
<tr><td rowspan="9">전면 접착형</td><td rowspan="4">충전형</td><td rowspan="2">수지형</td><td>보통수지형</td></tr>
<tr><td>발포수지형</td></tr>
<tr><td rowspan="2">시멘트
모르타르형</td><td>보통포틀랜드 시멘트 그라우트형</td></tr>
<tr><td>초조강 시멘트 그라우트형</td></tr>
<tr><td rowspan="5">주입형</td><td rowspan="2">삽입형</td><td>보통포틀랜드 시멘트 그라우트형</td></tr>
<tr><td>급결 시멘트 그라우트형</td></tr>
<tr><td rowspan="2">타입형</td><td>램 인젝션형</td></tr>
<tr><td>얼루비얼형</td></tr>
<tr><td>천공형</td><td>자천공형</td></tr>
<tr><td rowspan="2">혼합형</td><td colspan="3">확대형 + 시멘트 그라우트형</td></tr>
<tr><td colspan="3">선단 정착형 + 시멘트 그라우트형</td></tr>
<tr><td>마찰형</td><td colspan="3">스웰렉스형</td></tr>
</table>

일체화시키는 작용을 기대할 수 있다.

또한 록볼트의 종류와 형태는 다양하지만 설계기준에서 이러한 다양한 내용을 모두 포함하지 않는다. 세부적인 설계기법에 관한 사항은 록볼트와 관련된 모든 지침, 시방서를 준용하여 사용할 수 있다.

(2) 재료의 특성

1) 록볼트 및 정착판

원형봉강은 이형봉강에 비하여 인발저항력이 매우 작기 때문에 록볼트재료로는 이형봉강이 통상적으로 사용되고 있으며, 이형봉강 중에서 강도 및 인장 특성을 고려할 때 KS D 3504에 규정되어 있는 SD300 이상으로 한다.

록볼트는 소요강도 이상을 가지는 이형봉강으로 제작하는 것을 원칙으로 하나 강관, 팽창성 강관 또는 이와 동일한 강도와 기능을 가지는 기타 소재의 록볼트도 사용할 수 있으며, 재질 및 강도는 KS에 적합한 것이어야 한다.

또한 정착판 면적은 150×150mm 정도의 규격이 적당하며, 두께는 통상 6mm 정도가 적당하나, 팽창성 지반의 경우는 9mm 정도의 두께로 한다. 그러나 지반의 변형이 큰 경우는 록볼트에 발생하는 축력이 매우 클 수도 있으므로 이 경우에는 정착판의 두께와 강도에 대하여 별도의 검토가 필요하다.

그러므로 록볼트의 작용효과를 장기적으로 기대하는 경우에는 부식되지 않는 것으로 해야 하며, 특히 강산성 지반(온천, 산성 용수 등이 존재하는 지반) 및 해수의 영향을 받는 지역에서는 내 부식성재료 등을 사용하여야 한다.

2) 그라우트

수지형 그라우트는 인발에 대한 저항력이 규정된 볼트의 강도보다 20% 이상 크다는 것을 확신할 수 있는 충분한 강도특성을 가진 것을 사용하며, 조기에 접착력을 발휘할 수 있어야 한다. 발포성을 가한 수지를 사용하는 경우는 발포배율에 따른 주면마찰저항의 감소여부를 검토할 필요가 있다.

시멘트 그라우트의 배합은 강도보다 시공성에 중점을 두어 결정하는 것이 일반적이다. 배합비율은 365kg$_f$, 모래 1,176kg$_f$, 혼화제 1.4kg$_f$, 급결재 4.3kg$_f$의 비율로 하면 적당하다. 모래는 지름 2mm 이하로 입도분포가 좋아야 하며 모래의 표면수량에 따라서 수량을 조정하여야 한다.

사용하는 시멘트는 KS L 5201에 규정된 보통포틀랜드 시멘트와 조강 시멘트 등을 사용할 수 있으며, 보통포틀랜드 시멘트 사용시 반드시 초기에 접착능력을 발휘할 수 있도록 급결작업을 할 수 있는 캡슐형 급결재 또는 동등 이상의 품질을 가진 급결재를 사용해야 한다.

또한 조강 시멘트 사용시는 첨가제로서 지연제를 사용하여 모르타르 경화시간을 조정하되 시공관리에 특별히 유의하여야 한다. 모르타르에 의한 그라우트는 용수, 염수, 산, 알카리성에 대하여 영향을 받지 않아야 한다. 표 1-21에는 록볼트에 사용하는 그라우트의 특징을 나타내었다.

〈표 1-21〉 록볼트 그라우트의 특징

구 분	개 요
수지형	수지와 경화제가 혼합된 갭슐 형태 보통 수지와 발포성 수지로 구분
시멘트 그라우트형	천공 → 그라우트 충전 → 록볼트 타입 순으로 시공 보통포틀랜드시멘트를 사용하는 SN 록볼트와 초조강 시멘트를 사용하는 AS볼트가 있다.
	시멘트 페이스트와 급결제를 혼합후 주입 SN볼트의 시공이 어렵거나 불가능한 경우로써 갱 내로 유입되는 용수량이 많을 경우 또는 공 내에 암파편으로 인해 주입호수를 삽입하기 어렵거나 함몰되기 쉬운 경우 등에 적용

(3) 록볼트보강 비탈면의 안정해석

1) 안전율기준

록볼트로 보강된 비탈면의 안정해석에 적용하는 안전율기준은 아래 표 1-22와 같다.

〈표 1-22〉 록볼트보강 비탈면의 안전율

구분	검토항목		평상시	비고
외적 안정	안정성	건기시	1.5	비탈면 안전율과 동일
		우기시	1.2	
내적 안정	보강재의 인장강도		2.0	

2) 록볼트설계

록볼트의 설계는 불연속면의 간격, 길이, 크기에 의해 암체의 붕괴가능성을 산정하고 붕괴가 발생하지 않도록 록볼트의 본수, 간격을 결정하는 경우와 1본의 록볼트에 의해 지보 가능한 하중 및 지보하여야 할 하중의 관계로부터 본수, 간격을 결정하는 경우가 있다. 록볼트로 보강하는 비탈면의 안전율은 식 (1−23)과 같다.

$$FS = \frac{c \cdot A + (W\cos\theta - U)\tan\Phi}{W\sin\theta - T\cos\alpha} \tag{1-23}$$

여기서, FS : 기준안전율
T : 암괴 또는 파괴쐐기를 지지하기 위한 전체보강력
c : 파괴면의 점착력
Φ : 파괴면의 마찰각
A : 파괴면의 면적
W : 파괴암괴중량(γV)
U : 파괴면에 작용하는 수압
θ : 파괴면이 수평면과 이루는 각도
α : 록볼트와 파괴면 사이의 각도

이로부터 암괴 또는 파괴쐐기를 지지하기 위한 전체보강력은 식 (1−24)로 구할 수 있다.

$$T = \frac{1}{\cos\alpha} \times \left\{ W\sin\theta - \frac{c \cdot A + (W\cos\theta - U)\tan\Phi}{FS} \right\} \tag{1-24}$$

위 식 (1−24)에서 계산된 전체보강력을 미리 정한 볼트의 수평배치간격 s_h와 록볼트 1개의 허용인장강도(T_a)를 고려하여 보강에 필요한 록볼트 개수의 결정은 아래 식 (1−25)와 같다.

$$n = \frac{T}{T_a / s_h} \tag{1-25}$$

여기서, n : 단면에 필요한 록볼트의 개수
T_a : 허용인장강도(인장강도/안전율)

1-5-4 억지말뚝보강 비탈면의 설계

(1) 검토항목

일반적으로 비탈면 안정을 위한 억지말뚝의 설계는 비탈면 전체의 안정과 말뚝자체의 안정에 대하여 검토하고, 활동토체에 의하여 말뚝에 작용하는 횡방향 토압을 알 수 있다면 그림 1−

36(a)와 같이 말뚝의 안정은 수평하중을 받는 말뚝의 해석법을 응용하여 검토할 수 있다. 횡방향 토압에 대한 말뚝의 안정성이 확보되면 그림 1−36(b)와 같이 말뚝에 의해 발휘되는 수평저항력을 고려하여 비탈면안정해석을 수행할 수 있다. 따라서 말뚝에 작용하는 횡방향 토압의 산정은 억지말뚝으로 보강된 비탈면안정해석과 설계에 있어서 가장 중요한 요소이다.

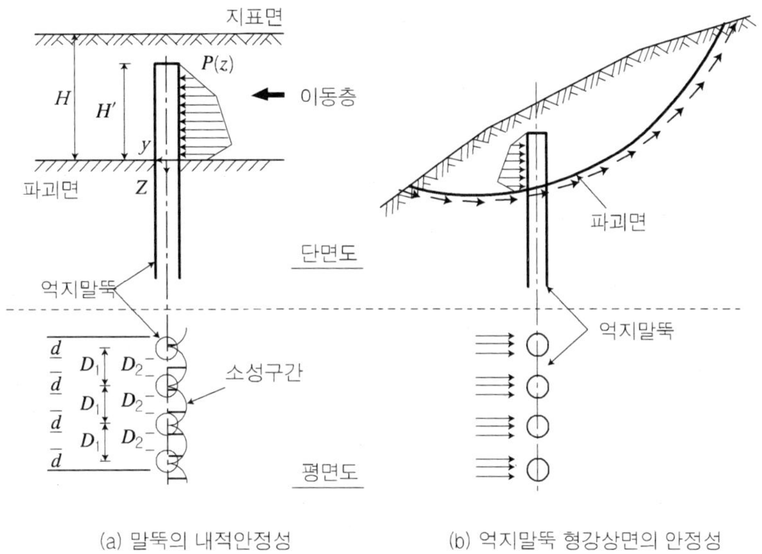

〈그림 1-36〉 억지말뚝의 비탈면안정해석 개념도

(2) 안전율기준

억지말뚝으로 보강된 비탈면의 안정해석에 적용하는 안전율기준은 다음과 같다. 지진 시의 안정성은 보강되기 전의 비탈면의 내진설계기준은 아래 표 1−23에 따른다.

〈표 1-23〉 억지말뚝보강 비탈면의 안전율

구분	검토항목		평상시	지진시	비고
외적 안정	보강토체의 안정성	건기시	1.5		비탈면 안전율 적용기준과 동일
		우기시	1.2		
		지진시	1.1		
내적 안정	모멘트에 대한 안정성		2.0	1.5	
	전단력에 대한 안정성		2.0	1.5	
	수동파괴에 대한 안정성		2.0	1.5	

또한 내적안정에서 모멘트에 대한 안전율은 말뚝에 발생하는 모멘트가 말뚝의 공칭휨모멘트보다 작아야 한다. 이때 공칭휨모멘트로부터 허용모멘트를 계산하기 위해 적용하며, 전단력에 대한 안전율은 허용전단응력을 계산에 사용한다.

(3) 억지말뚝의 내적안정해석

억지말뚝의 내적안정해석은 모멘트와 전단력에 대한 안정성을 검토하며 다음 식을 만족해야 한다.

$$\frac{M_n}{M_{\max}} \geq FS, \qquad \frac{S_n}{S_{\max}} \geq FS \tag{1-26}$$

여기서, M_n : 저항모멘트

S_n : 전단저항력

$M_{\max}$: 억지말뚝 내에 발생하는 최대모멘트

$S_{\max}$: 억지말뚝 내에 발생하는 최대전단력

억지말뚝해석은 탄성지반 상의 보에 대한 지배방정식인 다음의 방정식의 해를 이용한다.

$$EI\frac{d^4y}{dx^4} + E_s y = 0 \tag{1-27}$$

여기서, x : 수직방향의 위치(좌표 원점으로부터의 거리[m])

y : 억지말뚝의 수평변위[m]

E : 말뚝의 탄성계수[kN/m^2]

I : 말뚝의 단면 2차 모멘트[m^4]

E_s : 지반의 변형계수[kN/m^2]

또한 억지말뚝의 저항은 말뚝의 설치위치에 따라 매커니즘의 차이가 있으며, 일반적으로 파괴토체의 중간부분에 말뚝을 설치하는 경우에는 억지말뚝 배면지반의 횡방향 반력이 발휘되는 것으로 간주하고, 반면 파괴토체의 아래쪽 끝부분이나 정점부에 억지말뚝을 설치하는 경우는 억지말뚝배면 지반의 횡방향 반력이 발휘되지 않는 것으로 간주한다.

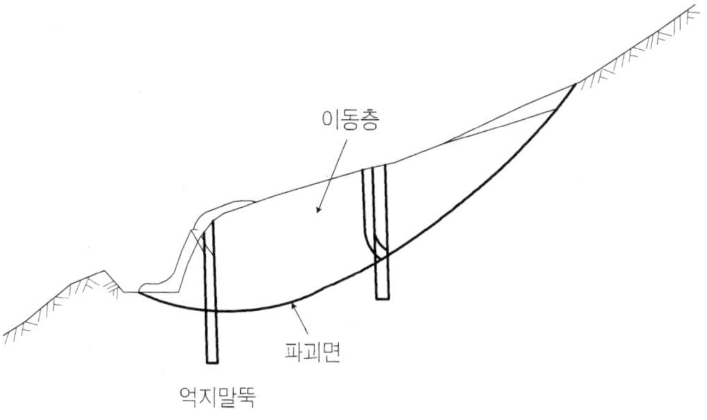

〈그림 1-37〉 억지말뚝위치별 적용 해석방법

1) 억지말뚝 배면지반의 횡방향 반력이 발휘되는 경우

파괴면 하부의 지지층뿐만 아니라 억지말뚝 배면파괴 토체의 횡방향 반력을 고려하는 경우, 지배방정식을 풀기위한 경계조건은 그림 1-38과 같이 말뚝의 길이방향을 x, 횡방향 변위의 크기를 y, 말뚝머리쪽을 x_1, 말뚝선단 방향을 x_2, 파괴면의 위치를 $x=0$로 두고, 파괴면에서 수평력 H가 작용한다고 가정한다.

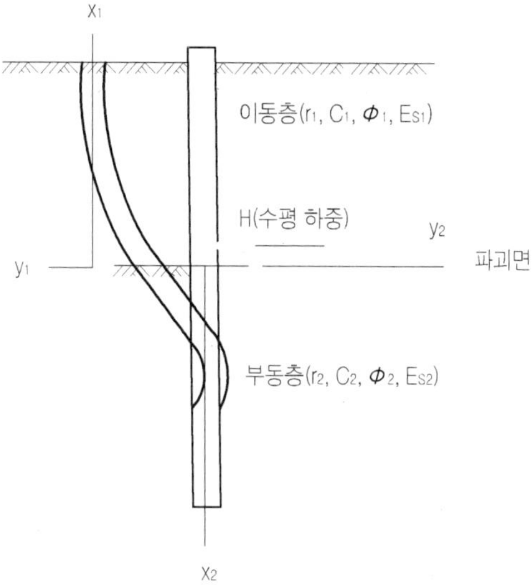

〈그림 1-38〉 횡방향 저항력이 있는 경우

주어진 경계조건에 대하여 이론해를 구하면, 말뚝길이(x)에 따른 횡방향 변위는 파괴면 위(y_1)

와 아래(y_2)의 변위는 지반과 말뚝의 상대적인 강성차이를 고려하여 서로 다르게 계산된다.

말뚝 내에 발생하는 모멘트는 변위를 두 번 미분한 값에 휨강성을 곱한 값으로서 파괴면 위와 아래에서 식 (1−28)로 구할 수 있다.

$$M_1 = EI\frac{d^2y_1}{dx_1^2}$$
$$= \frac{H}{2}\cdot e^{-\beta_1\cdot x_1}\cdot\left\{\left(-\frac{1}{\beta_1}+\frac{1}{\beta_2}\right)\cos(\beta_1\cdot x_1)+\left(\frac{1}{\beta_1}+\frac{1}{\beta_2}\right)\sin(\beta_1\cdot x_1)\right\} \qquad (1-28a)$$

$$M_2 = EI\frac{d^2y_2}{dx_2^2}$$
$$= \frac{H}{2}\cdot e^{-\beta_2\cdot x_2}\cdot\left\{\left(-\frac{1}{\beta_1}+\frac{1}{\beta_2}\right)\cos(\beta_2\cdot x_2)+\left(\frac{1}{\beta_1}+\frac{1}{\beta_2}\right)\sin(\beta_2\cdot x_2)\right\} \qquad (1-28b)$$

이때 말뚝 내에서의 전단력은 모멘트를 미분한 값으로서 식 (1−31)을 이용하여 구할 수 있다. 전단력의 최대값은 $x=0$(활동면)에서 발생하며, 그 크기는 H와 같다.

$$S_1 = \frac{dM_1}{dx_1} = H\beta_1\cdot e^{(-\beta_1\cdot x_1)}\cdot\left\{\frac{1}{\beta_1}cos(\beta_1\cdot x_1)-\frac{1}{\beta_2}sin(\beta_1\cdot x_1)\right\} \qquad (1-29a)$$

$$S_2 = \frac{dM_2}{dx_2} = H\beta_2\cdot e^{(-\beta_2\cdot x_2)}\cdot\left\{\frac{1}{\beta_2}cos(\beta_2\cdot x_2)-\frac{1}{\beta_1}sin(\beta_2\cdot x_2)\right\} \qquad (1-29b)$$

또한 모멘트가 최대가 되는 지점은 전단력이 0이 되는 지점으로서 $dM/dx=0$이 되는 지점을 구하면 다음과 같다.

$$x_{1,\max} = \frac{1}{\beta_1}tan^{-1}\left\{\frac{\beta_2}{\beta_1}\right\},\ x_{2,\max} = \frac{1}{\beta_2}tan^{-1}\left\{\frac{\beta_1}{\beta_2}\right\} \qquad (1-30)$$

여기서 α_1, α_2를 다음과 같이 두고, 모멘트 식에 대입하면 최대모멘트 값을 구할 수 있다.

$$\alpha_1 = x_{1,\max}\beta_1 = \tan^{-1}\left\{\frac{\beta_2}{\beta_1}\right\},\ \alpha_2 = x_{2,\max}\beta_2 = \tan^{-1}\left\{\frac{\beta_1}{\beta_2}\right\} \qquad (1-31)$$

여기서, y_1, y_2 : 각각 이동층 및 지지층에서 억지말뚝의 횡방향 변위[m]

M_1, M_2 : 각각 이동층 및 지지층에서 억지말뚝의 휨모멘트[kN · m]

S_1, S_2 : 각각 이동층 및 지지층에서 억지말뚝의 전단력[kN]

H : 말뚝 1개당 수평 부담력[kN]

$\beta_1 = \sqrt[4]{E_{s1}} / 4E_pI_p$, $\beta_2 = \sqrt[4]{E_{s2}} / 4E_pI_p$

E_{s1} : 이동층의 평균변형계수

E_{s2} : 지지층의 평균변형계수

E : 말뚝의 탄성계수[kN/m^2]

I : 말뚝의 단면 2차 모멘트[m^4]

위의 계산식은 다음과 같은 가정조건을 만족해야 한다.

① 이동층과 지지층은 모두 균일하며, 파괴면을 경계로 서로 다른 탄성계수를 갖는다.
② 이동층은 강체로 이동하고 이동속도는 일정하다.
③ 활동면에서 말뚝에 작용하는 하중은 말뚝배면 이동층의 유효저항력 이하이다.
④ 이동층, 지지층 내에서의 말뚝길이는 각각 무한하다.
⑤ 억지말뚝 강성(EI)은 전체길이에 걸쳐 일정하다.
⑥ 활동면, 지표면의 경사는 고려하지 않는다($P_u = H_u$).

2) 억지말뚝 배면지반의 횡방향 반력이 발휘되지 않는 경우

파괴토체 내에서 말뚝배면지반의 횡방향 반력을 고려하지 않는 경우에는 말뚝이 지지층 내에 근입되어 있는 캔틸레버로 간주할 수 있으며, 이때의 하중분포는 그림 1－39와 같다. 주어진 경계조건을 고려하여 지배방정식을 풀면 앞의 경우와 동일하게 횡방향 변위가 계산된다. 이로부터 모멘트와 전단력을 계산한다.

최대휨모멘트는 식 (1－30)으로 계산할 수 있으며, 최대모멘트의 발생위치는 지지층 내부로 이동하여 위치하게 된다. 파괴면에서 최대모멘트 발생위치까지의 거리는 식 (1－33)을 이용한다.

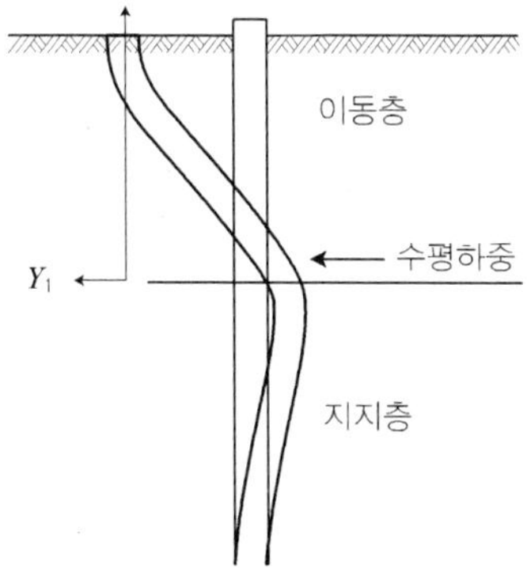

〈그림 1 - 39〉 억지말뚝에 작용하는 수동토압

$$M_{\max} = \frac{-H}{2\beta}\sqrt{(1+2\alpha\beta l_e)^2+1} \cdot \exp\left(-\tan^{-1}\frac{1}{1+2\alpha\beta l_e}\right) \quad (1-32)$$

$$x_{M_{\max}} = \frac{1}{\beta}tan^{-1}\left\{\frac{1}{1+2\alpha\beta l_e}\right\} \quad (1-33)$$

또한 최대전단력도 식 (1−34)로 계산할 수 있으며, 최대전단력 발생위치도 지지층 내부로 이동하여 위치한다. 파괴면에서 최대전단력 발생위치까지의 거리는 식 (1−35)를 이용한다.

$$S_{\max} = H\sqrt{2(\alpha\beta l_e)^2+2\alpha\beta l_e+1} \cdot \exp\left(-\tan^{-1}\frac{\alpha\beta l_e+1}{\alpha\beta l_e}\right) \quad (1-34)$$

$$x_{S_{\max}} = \frac{1}{\beta}tan^{-1}\left\{\frac{1+\alpha\beta l_e}{\alpha\beta l_e}\right\} \quad (1-35)$$

여기서, $x_{M_{\max}}$: $M_{\max}$가 발생하는 위치[m]

$x_{S_{\max}}$: $S_{\max}$가 발생하는 활동면에서 지지층까지의 거리

$M_{\max}$: 말뚝에 생기는 최대휨모멘트[kN · m]

H : 말뚝 1개당 수평부담력[kN]

$H=H_u D$

$H_u = P_u \cos\Theta$

H_u : 비탈면활동 단위폭당 수평부담력[kN/m]

D : 말뚝간격[m]

P_u : 비탈면활동 단위폭당의 필요 억지력[kN/m]

θ : 말뚝설치 지점에서의 활동면의 경사[°]

α : 말뚝의 유효길이 비율

$\alpha = 1/3 \sim 1/2$

l_e : 말뚝의 유효길이, 활동면에서 지표면까지의 길이[m]

αl_e : 활동면에서의 힘의 작용점까지의 높이[m]

β : 말뚝의 특성값[m^{-1}]

$\beta = \sqrt[4]{E_s/4E_pI_p}$

E_s : 지지층의 평균지반변형계수[kN/m^2]

$E_s = k_h/d$

k_h : 지반반력계수[kN/m^3]

d : 말뚝의 지름[m]

E : 말뚝의 탄성계수[kN/m^2]

I : 말뚝재료의 단면 2차 모멘트[m^4]

(4) 수동파괴에 대한 안정해석

억지말뚝은 말뚝주변지반의 수동토압으로 저항함으로 주변지반이 항복상태에 도달하는지 여부를 검토한다. 또한 안정해석은 말뚝에 작용하는 최대전단력보다 수동토압이 크면 안정한 것으로 간주하며, 다음 식을 만족해야 한다.

$$\frac{Q_p}{H_{\max}} \geqq FS \tag{1-36}$$

여기서, Q_p : 억지말뚝 주변의 수동토압

H : 말뚝의 최대수평력

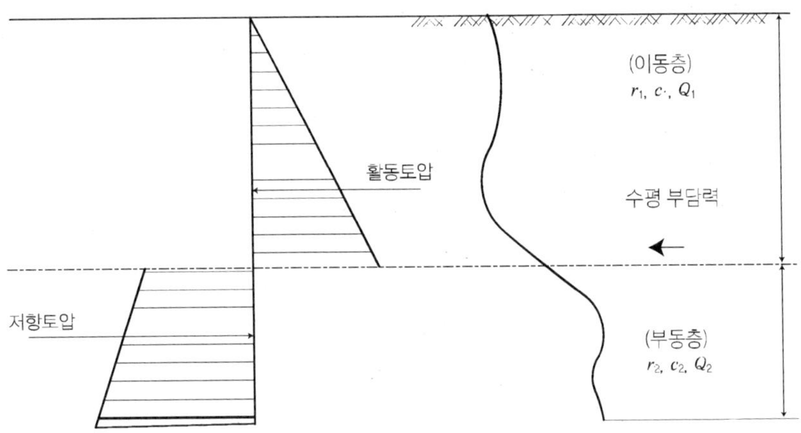

〈그림 1-40〉 억지말뚝에 작용하는 수동토압

억지말뚝의 변형에 따라 주변지반에 발생하는 토압은 수동토압으로서 파괴면 상부의 이동층과 파괴면 하부의 지지층에서 발생하는 수동토압은 각각 식 (1-37), 식 (1-38)을 이용하여 계산한다.

$$Q_{p1} = 3d\left(\frac{1}{2}\gamma_1 h_1^2 K_{p1} + 2c_1 h_1 \sqrt{K_{p1}}\right) \tag{1-37}$$

$$Q_{p2} = 3d\left\{\left(\frac{1}{2}\gamma_2 h_2^2 K_{p1} + \gamma_2 h_2\right) K_{p2} + 2c_2 h_2 \sqrt{K_{p2}}\right\} \tag{1-38}$$

여기서, γ : 지반의 단위중량[kN/m^3]

d : 말뚝의 지름[m]

K_p : 지반의 수동토압계수, $\tan^2(45° + \frac{\Phi}{2})$

파괴면에 작용하는 수평력보다 수동토압 Q_{p1}, Q_{p2}가 크면 지반은 안전한 것으로 간주할 수 있다.

(5) 억지말뚝보강 비탈면의 안정해석

그림 1-40과 같이 파괴토체를 n개로 분할한 후 억지말뚝을 I번째 파괴토체에 설치하고, 이때 말뚝과 파괴면이 이루는 각도를 θ 하고 하면, 억지말뚝보강 토체의 안전율은 억지말뚝의 억지력을 고려하여 식 (1-39)와 같이 수행할 수 있다.

$$FS = \frac{\sum\{(N_k - U_k)\tan\Phi + c \cdot L_k\} + R_p}{\sum T_k} \qquad (1-39)$$

여기서, N_k : k번째 절편 파괴면에서의 연직하중

U_k : k번째 절편 파괴면에서의 부력

c : 파괴면에서의 점착력

L_k : k번째 절편의 파괴면 길이

T_k : k번째 절편의 활동력

R_p : 억지말뚝의 파괴면에서의 저항력

파괴면에서의 억지말뚝에 의한 저항력은 억지말뚝의 허용전단력을 파괴면에 투영시킨 힘으로 하며 식 (1-40)과 같이 계산한다.

$$R_p = S_n \cdot \cos\theta \qquad (1-40)$$

여기서, R_p : 억지말뚝의 저항력(수평설치간격 고려)

S_n : 억지말뚝의 허용전단력

θ : 억지말뚝과 파괴면 사이의 각도

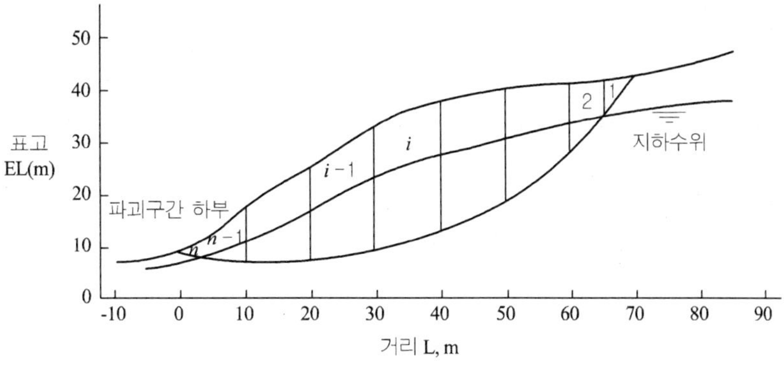

〈그림 1-41〉 안정해석을 위한 파괴토체 분할도

(6) 말뚝간격과 근입길이

억지말뚝의 설치간격은 식 (1－41)과 식 (1－42)로 계산된 값중 적은 값을 선정한다.

$$D_s \leq S_a / S_{max} \qquad (1-41)$$

$$D_m \leq M_a / M_{max} \qquad (1-42)$$

억지말뚝의 근입심도가 짧으면 지지층 상부에 비탈면활동으로 인한 힘이 집중되며, 지반의 파괴로 인하여 말뚝이 전도하거나 파괴될 위험이 있다. 따라서 억지말뚝의 근입심도는 파괴면 하부의 단단한 지지층에 횡방향 하중의 영향이 없어지는 깊이까지 충분히 근입시켜야 한다. 최소근입심도는 식 (1－43)을 이용하여 계산한다.

$$L_R \geqq (1.0 \sim 1.5)\pi / \beta \qquad (1-43)$$

여기서, L_R : 억지말뚝의 근입심도

$1/\beta$: 말뚝의 특성길이(characteristic length, m)

$$\beta = \sqrt[4]{\frac{E_s}{4E_p I_p}}$$

E_s : 파괴면 하부지반의 횡방향 변형계수

E_p : 말뚝재료의 변형계수

I_p : 말뚝단면 2차 모멘트

1-6 배수시설

1-6-1 지표수배수시설

(1) 개요

일반적으로 비탈면에서의 대부분의 문제는 물이 직접적인 원인으로 작용하는 경우가 대부분이다. 지하수의 용수, 자연비탈면에서 흐르는 지표수, 강우시의 표면수에 의한 비탈면 표면이 침식되거나 유실되고, 심한 경우는 침투수에 의한 붕괴까지 유발하는 경우도 있다. 따라서 비탈면의 장기적인 안정성을 확보하기 위해서 비탈면 표면으로 유입되는 지표수와 표면수를 신속하고 원활하게 배수처리하는 것은 비탈면의 설계에 있어서 매우 기본적인 부분이다.

배수시설은 쌓기비탈면과 깎기비탈면에 공통적으로 적용할 수 있는 배수시설이며, 각각의 비탈면에 국한되어 사용하는 배수시설은 다음과 같다.

(2) 지표수배수시설의 종류

지표수배수시설은 비탈면 표면에 내린 우수와 비탈면 상부에서 유입되는 지표수를 효과적으로 배수시키기 위해 설치하며, 지표수배수시설의 종류는 다음과 같다.

① 비탈어깨배수구
② 소단배수구
③ 비탈끝배수구
④ 종배수구
⑤ 산마루배수구
⑥ 도로의 측구 등

비탈면 지표수배수공의 종류와 그에 따른 기능을 나타내면 표 1-24와 같다.

〈표 1-24〉 비탈면 지표수배수시설의 종류와 기능

배수공의 종류	기능
비탈어깨배수구	쌓기비탈면에서 쌓기 표면에서 흐르는 물이 쌓기비탈면 표면으로 흐르는 것을 방지하는 역할을 한다.
소단배수구	비탈면 표면에서 흐르는 물을 비탈면 중간에서 모아 종배수관 또는 산마루측구로 배수시키는 역할을 한다.

〈표 1-24〉 비탈면 지표수배수시설의 종류와 기능(계속)

배수공의 종류	기능
비탈끝배수구	비탈면 표면에서 흐르는 물을 비탈면 끝에서 모아 부지로 유입되지 않게 하는 역할을 한다.
종배수구	산마루배수구, 소단배수구 또는 계곡부의 물을 신속하게 비탈면 하부로 유도하여 배수시키는 역할을 한다.
산마루배수구	깎기비탈면에서 자연비탈에서 유입되는 지표수가 깎기비탈면 표면으로 흐르는 것을 방지하는 역할을 한다.
도로측구	도로의 측면에 설치하는 배수구로 도로에서 흐르는 물을 배수시키고, 비탈면에서 흘러내리는 물을 배수시키는 역할을 수행하기도 한다.

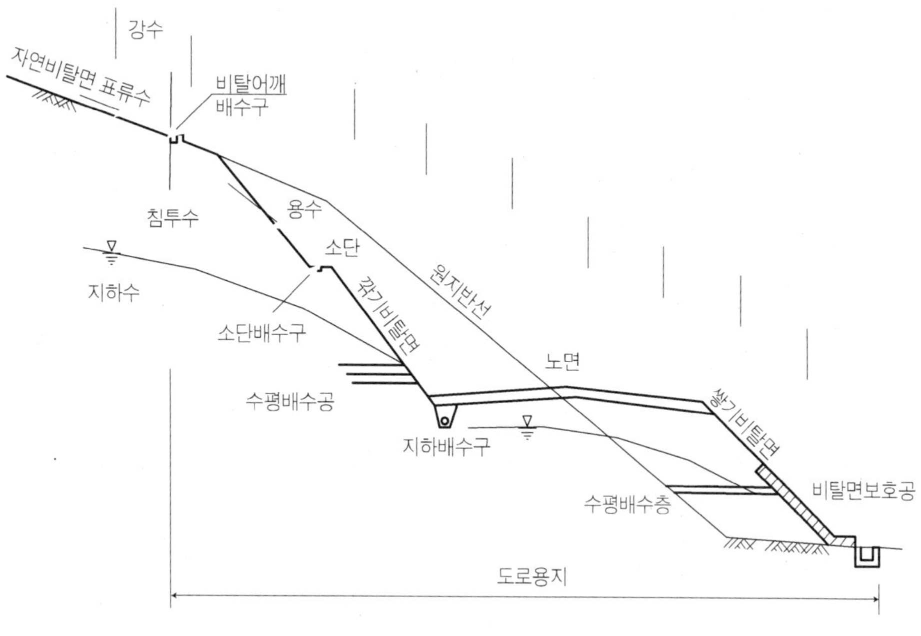

〈그림 1-42〉 비탈면 지표수배수시설

비탈면 배수시설의 개요를 나타내면 그림 1-42와 같다.

(3) 지표수배수시설 적용기준

① 비탈면 지표수배수시설은 비탈면의 지형조건, 지반조건, 지하수의 상태, 계곡부의 상태를 고려하여 지표수배수시설을 조합하여 설치한다.

② 대규모 쌓기비탈면에는 10m 높이마다, 대규모 깎기비탈면은 20m 높이마다 기본적으로

소단배수구를 설치하며, 비탈면 지반조건 및 지반상태를 감안하여 소단배수구를 추가로 설치할 수 있다.

③ 쌓기비탈면의 상부에서 비탈면 표면으로 유입되는 지표수유량이 많은 경우에는 비탈어깨 배수구를 설치한다.

④ 깎기비탈면에서 상부 자연비탈면에서 유입되는 지표수유량이 예상되는 경우에는 산마루 배수구를 설치한다.

⑤ 소단배수구의 연장이 100m를 초과하는 경우에는 종배수구를 설치하여 소단배수구를 흐르는 물을 신속히 배수시킨다.

⑥ 부지가 계곡부를 가로지는 경우는 쌓기토체 내부에 배수구를 설치하여 계곡에서 흐르는 물을 배수시키며, 쌓기비탈면의 가운데 계곡부가 있는 경우는 계곡부를 흐르는 유량에 적합한 규격의 종배수구를 설치한다.

⑦ 배수시설은 배수용량을 만족시키는 범위 내에서 장기적인 유지관리가 쉽고, 배수구 주변 지반에 해로운 영향을 주지 않는 구조를 갖도록 단면을 설계한다. 기본적인 조건은 다음과 같다.

㉠ 비탈면에 설치하는 배수구의 최소경사는 0.3% 이상 확보한다.

㉡ 기본적으로 소단배수구의 폭은 3m로 한다.

㉢ 급류가 발생하는 종배수구의 경사가 변화하는 곳에는 뚜껑을 설치한다.

㉣ 배수구의 연결부는 흐르는 물이 상호간섭하지 않고 원활한 배수가 되는 구조를 갖도록 설계한다.

(4) 비탈어깨배수구와 산마루배수구

비탈어깨배수구와 산마루배수구는 상부비탈면에 내린 우수와 용출수를 비탈면에 유입시키지 않도록 하기 위해 각각 쌓기비탈면의 비탈어깨와 깎기비탈면의 비탈어깨에 설치하는 것이며, 비탈어깨배수구와 산마루배수구의 종류는 비탈면이 존재하는 지형, 유하량 및 토질 등을 검토하여 결정하여야 한다.

또한 일반적으로 비탈어깨배수구와 산마루배수구는 유지관리가 어렵고 배수구에 토사가 퇴적되어도 청소하기가 어려운 위치에 있는 경우가 많다. 그러나 토사가 퇴적되면 비탈면에 미치는 영향이 크기 때문에 배수구 단면은 크게 해 둘 필요가 있으며, 배수구의 끝부분은 지형을 잘 고려하여 비탈면의 안정에 영향이 없도록 설계하여야 한다.

비탈어깨배수시설과 산마루배수구로서는 다음과 같은 종류를 사용한다.

1) 일반파기 배수구

유출량이 적고 횡방향으로 이어진 자연비탈면과 다른 수로에 유출량을 용이하게 배수할 수 있는 경우나 원지반의 투수계수가 낮고 세굴우려가 없는 경우에는 그림 1-43과 같이 간단한 제방을 쌓고, 잔디 등의 떼붙임을 시공하는 것이 좋다. 그러나 물이 침투하기 쉬운 토질에서 침투한 물이 비탈면 붕괴원인이 될 우려가 있는 경우에는 그림 1-44와 같이 콘크리트 또는 시멘트 모르타르를 이용하거나 철근콘크리트 U형 등을 설치해야 한다. 단 흙 시멘트를 이용한 배수구는 풍화와 동해에 대한 내구성이 없고 단기간에 균열이 생겨 우수 등이 지하에 침투하거나 잡초 등에 의해 배수불량을 일으키기 쉽다. 따라서 흙 시멘트 배수구는 일반적으로 임시배수구로 이용된다.

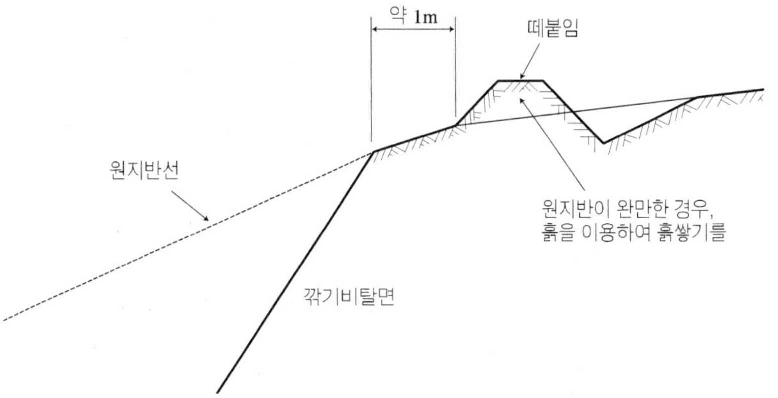

〈그림 1-43〉 일반파기 배수로

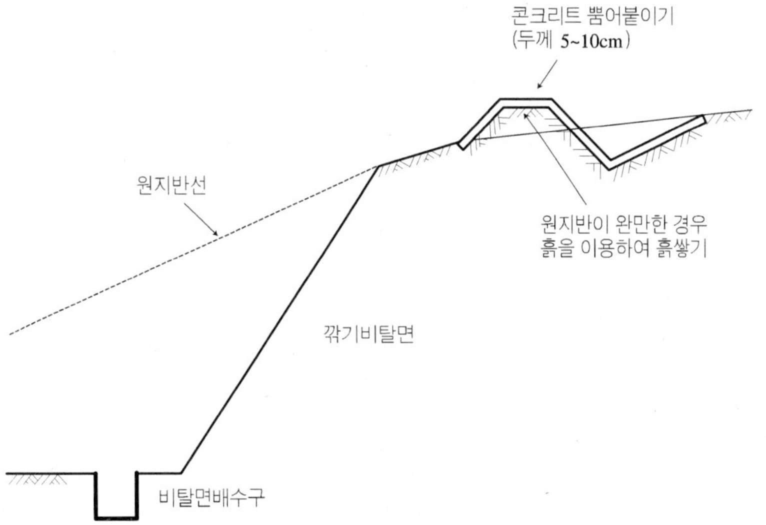

〈그림 1-44〉 콘크리트 등에 의한 배수구

2) 철근콘크리트 U형

배수구에 유집된 강우량이 많고, 그 연장도 길어지는 경우는 그림 1－45와 같이 프리캐스트 철근콘크리트 U형과 원심력철근콘크리트 반원관 등을 사용하는 것이 바람직하다. 집수면적, 지표면 상태에 따라 배수구의 크기가 결정되지만 300×300mm의 프리캐스트 철근콘크리트 U형을 사용하는 경우가 많다. 또한 산마루배수구는 보통경사가 급하기 때문에 상당한 배수능력을 가지도록 설계하지만 만약 프리캐스트제품과 원지반이 충분히 흡수하지 못하면 배수구를 흐르는 물의 속도가 증가되어 경사 변화점과 임의의 장애물에 닿아 튀어나가 측면을 세굴하기도 한다. 따라서 배수구의 뒤채움시공을 충분히 해야 하며, 산측에는 침식방지책으로 하고 배수구경사 변화점에는 뚜껑을 설치할 수 있다.

〈그림 1－45〉 프리캐스트제품에 의한 비탈어깨배수구

3) 현장타설 콘크리트측구

비탈어깨배수구와 산마루배수구에서 떼붙임, 콘크리트 뿜어붙이기, 프리캐스트제품 등을 사용할 경우 시 하자가 우려될 경우 현장타설 콘크리트배수구를 적용할 수 있다. 현장타설 콘크리트 배수구의 경우 시공시 콘크리트타설의 어려움이 따르지만 유지관리나 기능면에서는 효과적일 수 있으므로 현장여건에 따라 적용할 수 있다.

(5) 종배수구

종배수구는 시공성, 경제성, 유지관리 용이함 등이 뛰어난 철근콘크리트 U형을 가장 많이 사용하고 있으며, 종배수구를 흐르는 물의 유속이 빨라 배수구 내의 약간의 장해물에 의해서도 물이 배수구 밖으로 튀어 나가 배수구의 측면과 세굴시켜 종배수구 측면 붕괴원인이 되는 경우가 있으므로 이러한 경우는 뚜껑을 반드시 설치하여야 한다.

또한 그림 1－46과 같이 비탈면의 오목한 부분을 횡단하여 흙깎기를 하는 경우가 있다. 이와 같은 곳에서는 집중호우에 의해 토석을 포함한 우수가 직접 도로에 흘러들어갈 우려가 있으므로 집수구역 내의 지형, 지질, 지표상태 등을 잘 조사하여 필요시에는 콘크리트, 돌쌓기, 돌망태 등의 벽체를 설치하여 계곡부에서 흘러들어오는 지표수의 유속을 감소시키고 종배수구로 유도하여 신속히 배수시켜야 한다.

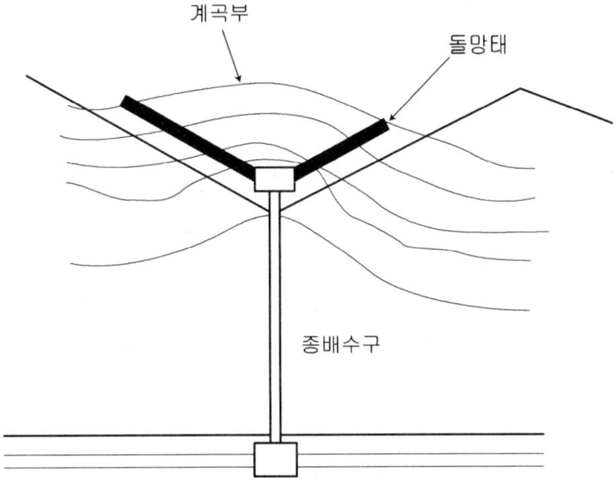

〈그림 1-46〉 비탈면 계곡부의 배수시설

1) 현장타설 콘크리트

종배수구는 원칙적으로 현장타설 콘크리트로 설치한다. 종배수구의 주변은 콘크리트로 보호하고, 세굴이나 이물질 등의 유입에 의한 통수능 저하를 방지한다. 또한 추운지방에서 동결위험이 있을 때는 붙임콘크리트 밑에 기초재료 등으로 시공한다.

또한 종배수구가 다른 수로와 합류하는 곳과 경사가 변화하는 곳 그리고 흐름 방향이 급하게 변하는 곳에는 홈통을 설치하고 홈통에는 깊이 150mm 이상의 토사가 적치되는 곳을 설치하며 반드시 뚜껑을 설치한다. 그리고 경사가 1 : 1 보다 급한 곳과 비탈꼬리에서 1~2m의 구간, 경사 변화점 등의 종배수구는 물이 튀어오를 우려가 있으므로 뚜껑을 부착한다.

또 소단 홈통의 토사청소가 곤란하기 때문에 소단에 홈통을 설치하지 않는 경우도 있다. 이와 같은 경우에는 홈통이 없기 때문에 유속도 빠르고 월류도 심하므로 하류측 배수구의 상부뚜껑은 견고하게 해 두어야 한다.

2) 철근콘크리트관 등

비탈면경사가 급하고 연장이 길다는 이유로 유량·유속과 도수가 커지는 경우에는 종배수구로 철근콘크리트관 등을 사용하는 경우도 있다. 이와 같은 암거구조는 U형 구 등의 개거구조에 비해 유지관리가 용이하지 않기 때문에 적당한 간격으로 홈통을 설치해야 한다. 그리고 다른 수로와의 합류점, 경사 변화점, 흐름방향 변화점에도 홈통을 설치할 필요가 있다.

(6) 소단배수구

소단배수구의 경우는 여러 가지 형태가 있지만 그림 1-47과 같이 약 4%~10%의 횡단방향 역경사를 두어 아래쪽 비탈면 표면으로 물이 넘치지 않도록 한다. 횡단경사는 소단배수구 상부의 비탈면 높이가 10m 이상이고 소단배수구의 연장이 긴 경우에 최대 10%까지 설정하며, 소단배수구 상부의 비탈면 높이가 높지 않고 연장이 짧은 경우에는 최소 4%의 소단경사를 둔다. 때로는 소단 바깥쪽 가장자리에 콘크리트 월류방지턱을 설치하여 소단배수구를 흐르는 물이 넘치지 않도록 하는 것이 필요하다. 특히 표면유실이 예상되거나 침식에 약한 토질조건의 비탈면에는 소단부에 토사가 쌓여 배수로 역할을 상실하기 쉬우므로 월류방지턱의 설치가 필요하다.

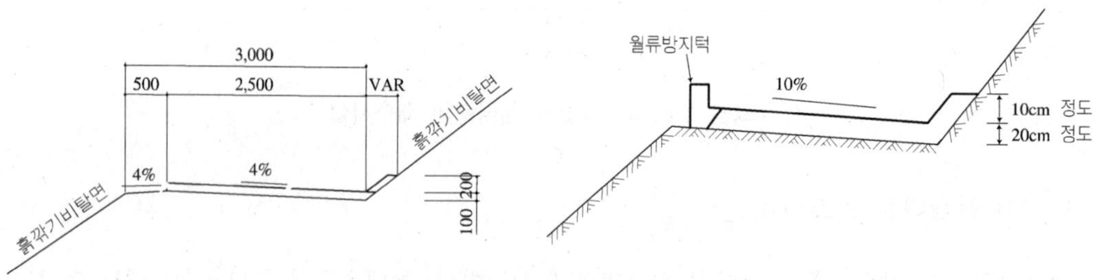

〈그림 1-47〉 깎기비탈면의 소단배수구 단면(배수경사 4% 또는 10%)

(7) 비탈끝배수시설

깎기부에서의 비탈끝배수는 원칙적으로 길어깨 배수시설을 설치하지 않지만 비탈면 용출수가 많은 장소 및 콘크리트 뿜어붙이기 등을 시공한 특수한 비탈면으로 소단배수를 설치하지 않는 대규모 비탈면 등에서는 비탈끝배수구설치를 검토할 필요가 있다.

1-6-2 지하수배수시설

(1) 지하수배수시설의 종류

지하수배수시설은 쌓기토체 내부로 유입되는 지하수, 깎기비탈면 내부의 지하수를 신속히 배수시켜 비탈면의 안정성을 높이고자 설치한다.

지하수배수시설의 종류는 다음과 같은 것들이 있으며, 종류와 기능은 표 1－25와 같다.

① 지하배수구(암거)
② 수평배수층
③ 돌망태배수공
④ 수평배수공
⑤ 수직배수공(집수우물)
⑥ 배수터널

비탈면 지하수배수시설의 종류와 그에 따른 기능을 나타내면 표 1－25와 같다.

〈표 1-25〉 비탈면 지하수배수시설의 종류와 기능

목적	배수공의 종류	기능
지하수배수 (비탈면으로의 침투수, 지하수의 배수)	지하배수구	비탈면으로의 지하수, 침투수를 배수한다.
	돌망태배수공	지하배수구와 병용하여 비탈끝을 보강한다.
	수평배수공	용수를 비탈면 밖으로 뺀다.
	수직배수공	비탈면 내의 침수루를 집수정에서 배수한다.
	수평배수층	흙쌓기내 또는 자연 지반으로부터 흙쌓기로의 침투수를 배수한다.
	배수터널	대규모 지하배수를 위한 통로

(2) 비탈면의 용출수의 배수방법

비탈면의 용출수는 비탈면을 침식할 우려가 있거나, 경우에 따라 용출수가 유출되는 지층을 따라 활동면이 형성되어 비탈면이 붕괴되는 경우도 있으므로 주의해야 한다. 일반적으로 깎기부와 쌓기부의 경계는 지하수위가 높고 지표면에서 침투수가 모이기 때문에 용출수 양이 많다. 특히 붕적토지역은 높은 깎기를 실시할 경우, 호우시 침투수에 의해 비탈면의 붕괴가 발생하는 경우가 많으므로 특히 주의해야 한다.

또한 비탈면에서 용출수 유무, 양을 평가하기 위해 깎기에 있어서 지하수위 위치와 침투층이 깎기비탈면에 나올 가능성 유무와 그 경사를 조사한다. 그러나 사전조사에 의해서만 지하수 상태를 완전히 파악하기는 어려우며, 또한 깎기를 진행하면서 예기치 못한 곳에서 용출수가 발생할 수 있으므로 시공 중에 충분히 주의하여 공사를 진행하여야 하고, 비탈면의 용출수는 지하수와 지중에 침투한 우수가 원인이고 쌓기비탈면의 용출수는 노면과 원지반에서 흙쌓기부에 침투한 물이 원인이 된다.

비탈면에서의 용출수를 배수시키는 시설에는 그림 1－48과 같이 편책, 돌망태배수공, 지하배수공, 수평배수층, 수평배수공 등이 있다.

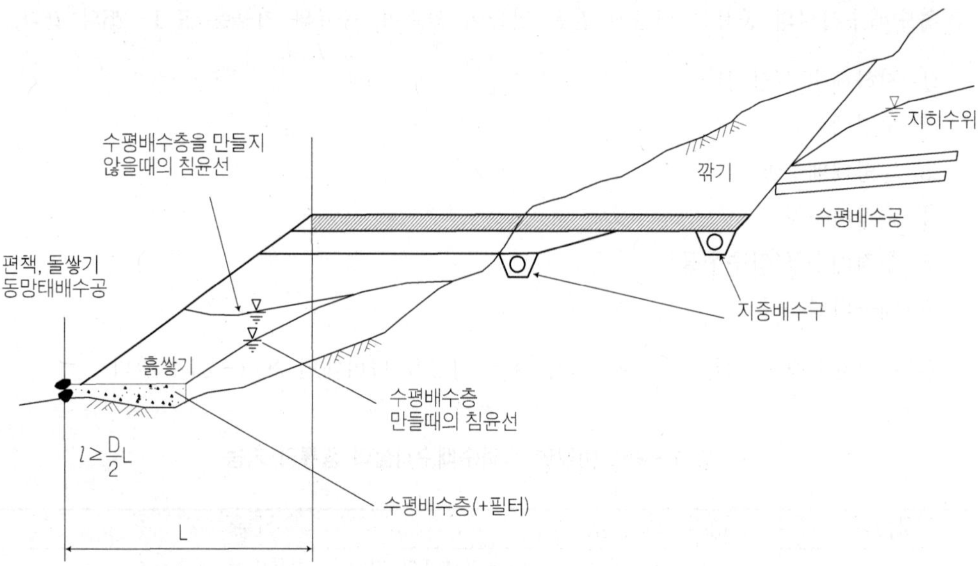

〈그림 1-48〉 비탈면에서 용출수배수시설(예)

(3) 비탈면에서 지하수의 처리방법

1) 지하배수구

지표면 부근의 침투수를 모아 배수시키기 위해 지하배수구를 설치한다. 지하배수구의 역할은 조립재료의 투수성을 이용하여 지중 물을 배수시키는 것이기 때문에 재료는 투수성이 좋고 잘 막히지 않는 것을 선정해야 한다. 또한 깎기비탈면에서 용출수 상황에 따라 지하배수구를 그림 1-49와 같이 화살형과 W형 등으로 배치하는 동시에, 용출수에 의한 비탈면 붕괴에 대처하기

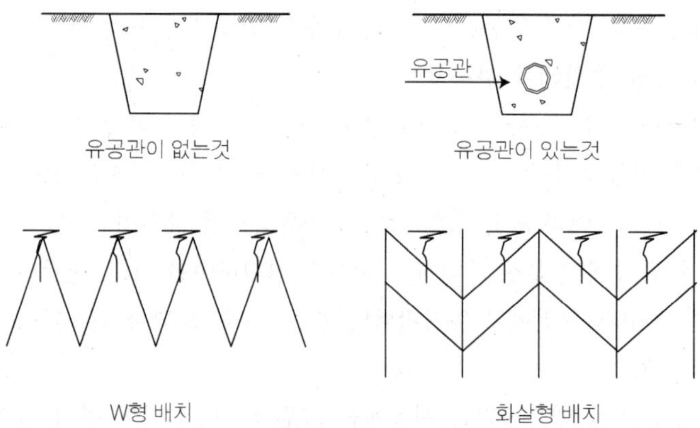

〈그림 1-49〉 지하배수구의 배치

위해 각종 필터매트와 비탈거푸집공 등을 병용하는 경우가 있다. 또 용출수량이 많은 곳에서는 유공관을 넣은 지하배수구를 시공하는 편이 좋다.

2) 돌망태배수공

돌망태배수공은 용출수가 많은 비탈면에서 지하배수구와 병용하고 비탈꼬리에 나란히 깔아 배수와 비탈면의 붕괴방지에 병용한다. 또 소규모 비탈면에서는 지하배수구 대신으로 사용할 수 있다.

돌망태에는 원형, 선형 등 여러 가지 형상이 있으며, 두께, 길이, 눈금간격 등에도 어느 정도 자유롭다. 돌망태가 사용되는 장소, 채취된 돌의 크기 등을 고려하여 그 형상을 결정하면 좋다.

3) 수평배수공 등

흙쌓기비탈면의 붕괴를 방지하기 위하여 흙쌓기의 일정 두께마다 모래배수층을 사용하는 경우도 있으며, 특히 함수비가 높은 흙으로 높은 흙쌓기를 시공하면 흙쌓기 내부의 간극수압이 상승하고, 비탈면의 돌출이나 붕괴가 발생하는 경우가 있으므로 모래배수층을 사용하여 간극수압을 저하시켜 흙쌓기의 안정성을 향상시킨다.

최근에는 배수재료로서 높은 배수기능을 가진 토목섬유를 사용할 수 있으며, 자연지반으로부터 침투수가 흙쌓기 내로 침투하는 경우의 흙쌓기부 붕괴방지에도 효과를 기대할 수 있다. 그 외에 자연지반에서 흙쌓기로 침투하는 것을 방지하기 위하여 자연지반 표면에 모래층의 배수층을 설치하는 경우도 있다. 배수층의 두께는 침투유량의 대소에 따라서 다르지만, 일반적으로는

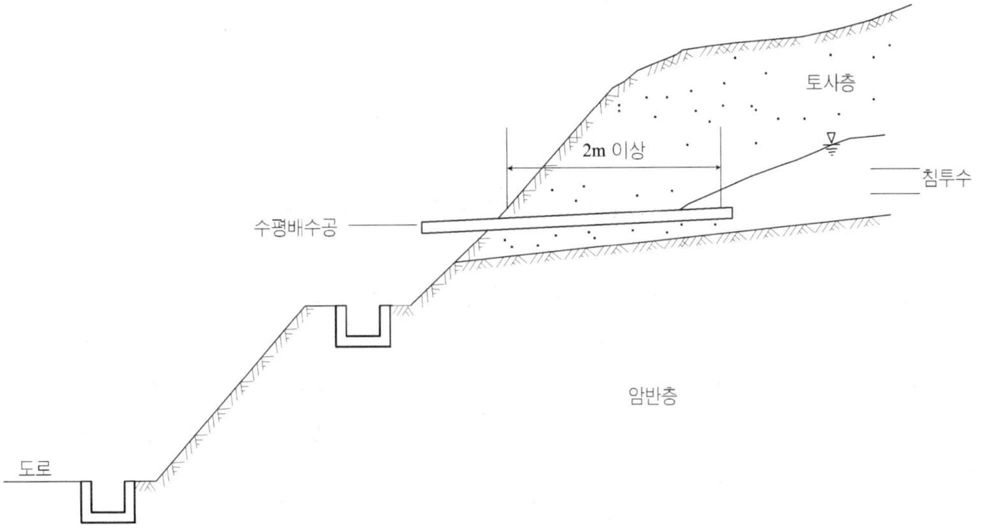

〈그림 1-50〉 수평배수공

20~30cm 정도로 한다. 특히 침투수가 많을 때에는 배수층 안에 유공관을 매설하는 것도 효과적이다.

깎기비탈면의 경우 수평배수공 설치 예는 그림 1−50과 같다.

4) 기타 용출수처리

용출수발생이 예상되는 비탈면은 콘크리트 비탈격자, 돌붙임, 블록붙임 등의 구조물에 의한 보호공을 시공한다. 이러한 구조물에는 수발공으로 조치하나 경우에 따라서 지하배수구 등과 겸하는 것도 고려해야 하고, 수발공은 비탈격자공의 격자 내의 돌붙임 등을 실시해도 되며 콘크리트 붙임으로 하는 경우에는 지름 50mm 정도의 배수구멍을 $2m^2$마다 1개소 설치한다.

또한 콘크리트 또는 모르타르 뿜어붙임은 보통 용출수가 있는 비탈면에 사용하지 않는다. 뿜어붙이는 면 일부에 용출수가 있을 때는 이 부분에 돌붙임을 실시하거나 지름 20~50mm 정도의 배수구멍을 삽입하고 그 위에 콘크리트 또는 모르타르를 뿜어붙여야 한다. 배수구멍은 뿜어붙이는 과정에서 추가로 설치해야 하는 경우도 많으나 용출수가 비탈면 바깥에 튀기 쉬우므로 관의 경사에 유의해야 한다.

비탈면의 용출수발생을 억제하기 위해 그림 1−51과 같이 비탈마루에서 침투수를 처리하는 경우도 있다. 이때는 표면수와 침투수처리시설을 따로 설치, 처리하는 것이 경제적이다.

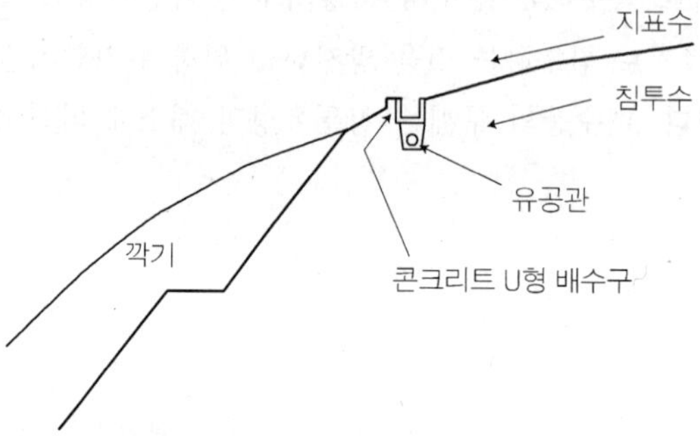

〈그림 1-51〉 비탈어깨의 지하배수구

우수가 침투하기 쉽고 우수에 의해 강도저하가 큰 토질이나 높은 함수비의 점성토부에 높은 흙쌓기를 해야 할 때는 흙쌓기비탈면 내에 배수층을 만들어 비탈면의 안정을 도모한다. 그림 1−52와 같이 불투수성 재료의 흙구조물 위에 투수성 재료를 쌓을 때는 쌓기표면에서 침투한 물이 하부의 불투수성 흙을 연약하게 하여 비탈면의 붕괴를 일으키는 수가 있으므로 불투수층 위에 미리 지하배수구를 설치한다.

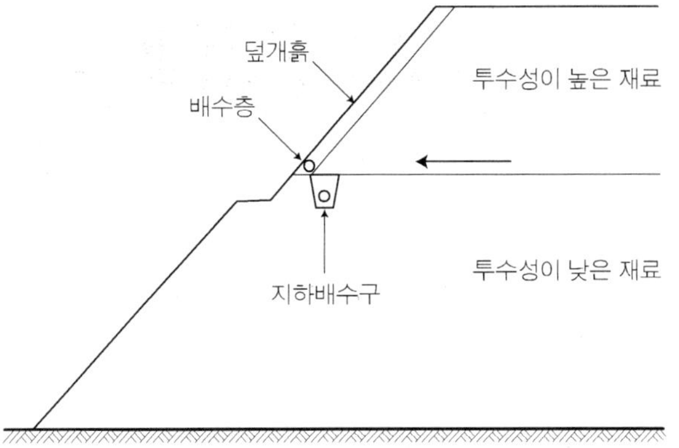

〈그림 1-52〉 쌓기재료가 서로 다른 경우의 배수시설

(4) 배수시설 설계

지하수배수시설의 설계는 지층 내부의 투수층을 흐르는 지하수를 지표면으로 신속히 유도 배수하여 비탈면의 함수비나 간극수압을 저하시키고 비탈면을 안정시키는 것이 목적이다. 지하수배수시설의 설계는 배수용량을 산정하고 이를 효과적으로 배수시키기 위한 공법의 선정과 규격을 선정하는 과정이다. 배수용량의 산정은 지하수분포상태와 지층별 투수계수를 이용한 유한요소해석을 수행하며 단위시간당 단위면적을 흐르는 유량을 산정한다.

또한 산사태 방지공사에서 지하수배수시설은 주요한 공법으로서, 배수 대상이 되는 지하수의 깊고 얕음에 의해 얕은 층 지하수배수시설법과 깊은 층 지하수배수시설로 구분된다. 얕은 층 지하수배수시설은 돌망태 등과 같은 암거(暗渠)공법, 수평배수공법이 주요 공법 종류며, 심층 지하수배수시설은 수평배수공법, 수직배수공법, 터널 배수공법 등이다. 암반비탈면 붕괴에서는 지하수배수시설이 단독으로 시공되는 경우가 매우 적으며, 다른 시설과 동시에 시공되는 경우가 많다. 주로 지표수 침투가 많고 연약한 곳 혹은 용수가 많은 곳에서 암거공법이 지표수배수시설과 병용되거나 지하수위가 높은 곳은 수평배수공이 사용된다.

연 습 문 제

1-1 토량변화율에 대하여 기술하시오.

1-2 구조물 뒷채움의 시공원칙에 대하여 기술하시오.

1-3 쌓기재료로서 구비하여야 할 흙의 성질을 도로 노상 및 제방(堤防) 제체(諸體)로 구분하여 설명하시오.

1-4 유토곡선(mass curve)의 성질과 이용방안에 대하여 기술하시오.

1-5 가상종단도와 연관하여 유토곡선(mass curve)의 개략을 작도하고 유토곡선의 이용방법과 성질을 설명하시오.

1-6 구조물 연결부의 뒷채움 다짐방법에 대하여 기술하시오.

1-7 도로공사에서 구조물 접속구간의 부등침하의 원인과 방지대책에 대하여 기술하시오.

1-8 도로구조물과 토공 사이에 일어나는 부등침하(不等沈下)의 원인과 방지대책에 대하여 설명하시오.

1-9 한 쪽깎기, 한 쪽쌓기 구간의 경계부에 균열등의 하자가 발생시 그 원인과 대책을 기술하시오.

1-10 쌓기사면의 안정을 해치는 중요한 원인을 열거하고 설명하시오.

1-11 쌓기재료로서 사질토와 점성토의 공학적 특징에 대하여 기술하시오.

1-12 토공법면을 계획하는데 있어서 ① 일반적인 법면경사의 기준을 깎기 및 쌓기, 토질 및 암질, 침투류의 유무로 나누어 예시하시오. ② 법면 보호공법을 열거하고 각 공법의 특징 및 적용에 대하여 요약 설명하시오.

1-13 점질토의 사질토의 특성과 특히 높은 함수비를 갖는 점성토의 경우 대책을 기술하시오.

1-14 토공법면이 붕괴되었을 때의 응급대책과 강구대책(講求對策)에 대하여 기술하시오.

1-15 노선공사 최대 깎기구간에서 1) 조사와 현장시험 2) 선택할 공법과 그 이유를 설명하시오.

1-16 흙쌓기비탈면의 붕괴원인과 대책을 설명하시오.

1-17 대규모단지 토공에서 착공전에 조사하여할 사항에 대하여 기술하시오.

1-18 굴착비탈면의 토류(土留)공사시 주변지반의 침하원인과 대책에 대하여 기술하시오.

1-19 토공사에 필요한 토질조사 및 시험에 대하여 기술하시오.

1-20 흙쌓기공의 품질관리 요령을 기술하시오.

1-21 쌓기사면의 안정을 해치는 중요한 원인을 열거하고, 설명하시오.

1-22 비탈면보강공법에 있어서 사면보강에 대해 설명하시오.

1-23 앵커공법(anchor method)에 대해 설명하시오.

1-24 소일네일링(Soil nailing)공법에 대해 설명하시오.

1-25 록볼트공법에 대해 설명하시오.

1-26 억지말뚝보강 비탈면 설계에 대해 설명하시오.

1-27 지표수배수시설에 대해 설명하시오.

1-28 지하수배수시설에 대해 설명하시오.

제2장 연약지반개량공법

2-1 연약지반의 개요

2-1-1 연약지반의 정의

일반적으로 연약지반(軟弱地盤, soft ground)이란 연약토로 이루어진 지반을 말한다. 연약한 점토, 느슨한 실트와 같은 미세한 입자의 흙이나 간극이 큰 유기질토, 이탄, 느슨한 모래 등으로 이루어진 토층이 이에 속하며, 강도가 약하고 압축되기 쉬운 흙을 말한다.

느슨한 사질토의 경우에는 지진이나 폭파와 같은 진동이 전달될 때 갑작스런 침하 또는 활동이 생길 수 있으며, 최근에는 쓰레기로 매립된 지반도 원활한 활용은 어렵지만 도로 또는 건축물의 기초로 이용되고 있다. 이러한 지반에서도 과도한 침하와 지지력의 부족이 예상되므로 연약지반으로 분류되고 있다.

연약지반의 정의는 일반적인 개념에 의한 것으로 지반조사위치, 지형 및 지질자료 등에 의하여 연약지반을 판정할 수 있으나, 공학적 개념의 연약지반 정의는 대상지반위에 축조될 구조물의 규모, 하중강도에 따라 변하기 때문에 지반특성을 고려하는 상대적 개념의 판정이 이루어지는 것이 바람직하다. 연약지반의 판단기준은 일반적으로 쌓기 또는 구조물 기초설계시 필수적으로 고려되는 지반의 지지력과 허용침하량에 의해서도 결정된다.

2-1-2 연약지반의 판단기준

연약지반의 판정은 이론적 정의에 불과하며, 대부분의 경우 연약지반의 판정은 쌓기 또는 구조물의 설계에 앞서 지반조사 단계에서 지반조건에 적합한 조사방법 및 장비선택을 위해 개략적인 연약지반 판단기준(N치)이 많이 사용되고 있다. 또한 연약지반을 구성하는 흙의 종류는 매우 다양하며, 토층이나 토질에 따라 정량적으로 구분하기는 어려우나 표 2-1은 한국도로공사의 도로설계요령을 기준한 것이고, 표 2-2는 연약지반을 개략적으로 구분한 것이며, 구조물 종류에 따른 연약지반 판정기준은 표 2-3과 같다.

〈표 2-1〉 연약지반 판정기준

구분	연약층 두께[m]	N치	q_c[MPa]	q_u[MPa]	비고
점성토 및 유기질토	D ≤ 10	4 이하	0.8 이하	0.06 이하	
	D ≥ 10	6 이하	1.2 이하	0.1 이하	
사질토		10 이하	4.0 이하	-	

〈표 2-2〉 토질 특성에 따른 연약지반 판정기준

지반 구분	토층 및 토질 구분			토질정수			
				Wn[%]	eo	q_u[MPa]	N치
이탄질 지반	높은 유기질토 [P_t]	이탄 (peat)	섬유질 고압축토	300 이상	7.5 이상	< 0.04	< 1
		흑니	분해가 진척된 높은 유기질토	300~200	7.5~5.0		
점토질 지반	세립토	유기질토	소성도 A선 이하의 유기질토	200~100	5.0~2.5	< 0.1	< 4
		화산회질 점토	소성도 A선 이상, 화산회질 2차 퇴적 점성토				
		실트 (silt)	소성도 A선 이하 Dilatancy대	100~50	2.5~1.25		
		점토 (clay)	소성도 A선 위 및 부근 Dilatancy대				
사질지반	사질토	SM, SC	#200번체 통과량 15-50%	50~30	1.25~0.8	≒ 0	< 10
		SP-SC SW-SM	#200번체 통과량 15% 이하	<30	<0.8		

주) 도로설계 「실무편람」(토질 및 기초편)

〈표 2-3〉 구조물의 종류에 따른 개략적인 연약지반 판정기준

구조물의 종류	지반상태						판정
	토질	두께	N치	q_u[MPa]	q_c[MPa]	함수비 [%]	
도로			2 이하	0.025 이하	0.125 이하	-	초연약
			2~4	0.025~0.05	0.125~0.25	-	연약
			4~8	0.05~0.1	0.25~0.5	-	보통
고속도로	이탄층	-	4 이하	0.05 이하	-	-	연약지반
	점성토	-	4 이하	0.05 이하	-	-	
	사질토	-	10 이하	-	-	-	
철도	-	2m 이하	0		-	10 이상	연약지반
		5m 이하	2 이하		-	50 이상	
		10m 이상	4 이하		-	30 이상	
		30m 이상 (하부에	30 이상 연약층이	없을 때)	-	-	지지층
신간선	-		2 이하	-	0.2 이하	-	정밀조사 필요
			2~5	-	0.2~0.5	-	연약층이 두꺼우면 추가조사 필요
			5 이상	-	0.5 이상	-	연약지반이 아님
건축	-		10 이하	-	-	-	연약지반
필댐	-		20 이하	-	-	-	연약지반

주) 일본 「연약지반판정기준

2-1-3 연약지반의 문제점

연약지반위에 건축구조물, 도로, 교량 및 기타 구조물 등을 설치하고자 할 때 여러 가지 공학적인 문제가 발생되며 가장 중요한 문제점은 안정과 침하문제이다.

비탈면이나 흙쌓기 제체의 활동(sliding)파괴, 기초의 지지력, 옹벽의 토압, 말뚝의 수평저항 등에서 흙의 전단강도가 약해져 지지력 부족과 비탈면 파괴의 문제가 발생되며 즉시침하, 압밀침하, 침하에 의한 수평방향 유동 등은 흙의 압축성이 커져서 과도한 침하가 발생하여 구조물의 안정성에 영향을 미친다.

또한 연약지반에 말뚝을 설치한 경우에는 주위지반이 말뚝보다 더 많이 침하하여 발생하는

부마찰력에 의한 구조물의 변위와 침하의 문제가 발생된다. 느슨한 모래나 실트와 같은 포화된 연약지반이 진동을 받으면 순간적으로 다져지면서 체적이 감소하여 간극수압이 유발되고, 이 값이 상재하중과 동일하게 되면 유효응력이 소실되어 전단강도를 잃고 액체와 같은 거동을 하는 액상화(liquefaction)현상이 발생할 수 있다.

2-2 연약지반개량공법

2-2-1 공법의 선정절차

지반조사결과로 부터 연약지반으로 판정이 되면 지반조건에 적합한 개량공법을 선정하여야 한다. 적절한 개량공법을 선정하기 위해서는 지반조건, 축조 구조물의 특성, 현장여건 등을 고려하여 적용할 수 있는 공법을 선정한 후 각 공법별로 개량효과, 공사기간, 공사비, 친환경성 등을 비교하여 최적의 공법을 선정한다. 그림 2-1은 연약지반개량공법의 선정과정을 나타낸 것이다.

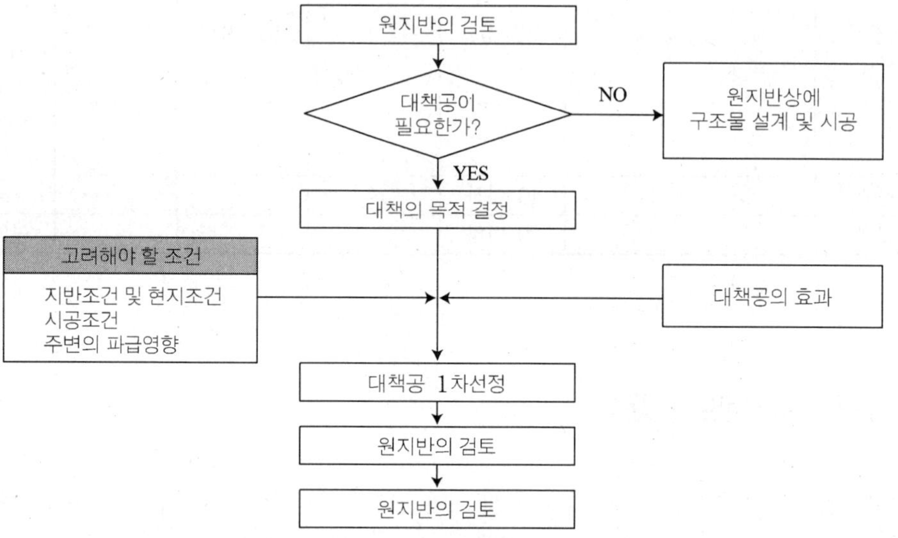

〈그림 2-1〉 연약지반개량공법의 흐름도

2-2-2 개량공법 분류

연약지반개량공법은 대상지반의 특성, 개량후 사용목적에 따른 기대되는 개량정도 등에 따라

〈표 2-4〉 개량목적과 적용지반에 의한 개량공법 분류

<table>
<tr><th>개량원리</th><th colspan="2">공법의 명칭</th><th>개량목적</th><th>적용지반</th></tr>
<tr><td rowspan="6">다짐</td><td colspan="2">모래다짐말뚝공법</td><td rowspan="3">◦ 액상화방지
◦ 침하저감
◦ 지반의 강도증가</td><td rowspan="2">점성토, 사질토, 유기질토</td></tr>
<tr><td colspan="2">로드컴팩션공법</td></tr>
<tr><td colspan="2">바이브로 플로테이션공법</td><td>사질토</td></tr>
<tr><td colspan="2">중추낙하다짐공법</td><td rowspan="3">◦ 침하감소
◦ 액상화방지</td><td rowspan="3">사질토</td></tr>
<tr><td colspan="2">폭파공법, 전기충격공법</td></tr>
<tr><td colspan="2">동다짐공법</td></tr>
<tr><td rowspan="5">고결
열처리</td><td colspan="2">표층 혼합처리공법</td><td>◦ 도로의 노상
◦ 노반의 안정처리</td><td rowspan="5">점성토, 사질토, 유기질토</td></tr>
<tr><td colspan="2">심층 혼합처리공법</td><td rowspan="4">◦ 활동파괴방지
◦ 침하감소
◦ 전단변형방지
◦ 히빙방지</td></tr>
<tr><td colspan="2">약액주입공법</td></tr>
<tr><td colspan="2">소결공법</td></tr>
<tr><td colspan="2">동결공법</td></tr>
<tr><td rowspan="2">보강</td><td colspan="2">복토공법</td><td>◦ 도로의 노상
◦ 노반의 안정처리</td><td rowspan="2">점성토, 유기질토</td></tr>
<tr><td colspan="2">표층피복공법
(시트, 매트, 필터)</td><td>◦ -국부파괴
◦ 국부침하방지</td></tr>
<tr><td>경량화</td><td colspan="2">경량자재</td><td rowspan="6">◦ 지반의 지지력향상
◦ 전단변형억제
◦ 지반의 침하억제
◦ 활동파괴의 방지
◦ 시공기계의 주행성확보</td><td rowspan="6">점성토, 유기질토</td></tr>
<tr><td>하중균형</td><td colspan="2">압성토공법</td></tr>
<tr><td rowspan="4">하중분산</td><td colspan="2">침상공법</td></tr>
<tr><td colspan="2">시트, 네트공법</td></tr>
<tr><td colspan="2">샌드매트공법</td></tr>
<tr><td colspan="2">표층 혼합처리공법</td></tr>
<tr><td rowspan="3">치환공법</td><td colspan="2">굴착치환공법</td><td rowspan="3">◦ 활동파괴방지
◦ 침하의 감소
◦ 지반 전단변형억제</td><td rowspan="3">점성토, 유기질토</td></tr>
<tr><td colspan="2">강제치환공법</td></tr>
<tr><td colspan="2">폭파치환공법</td></tr>
<tr><td rowspan="11">압밀배수</td><td colspan="2">프리로딩공법</td><td rowspan="6">◦ 잔류침하감소
◦ 지반의 강도증가</td><td rowspan="4">점성토, 유기질토</td></tr>
<tr><td rowspan="3">지하수위
저하공법</td><td>샌드드레인공법</td></tr>
<tr><td>팩드레인공법</td></tr>
<tr><td>플라스틱 보드드레인공법</td></tr>
<tr><td rowspan="2">연직
배수공법</td><td>웰포인트공법</td><td rowspan="2">사질토</td></tr>
<tr><td>심정호공법</td></tr>
<tr><td colspan="2">진공압밀공법</td><td rowspan="3">◦ 압밀촉진
◦ 잔류침하감소
◦ 지반의 강도증가</td><td rowspan="3">점성토, 유기질토</td></tr>
<tr><td colspan="2">생석회말뚝공법</td></tr>
<tr><td colspan="2">전기침투공법, 반투막공법</td></tr>
<tr><td colspan="2">쇄석말뚝공법</td><td>◦ 액상화방지</td><td>사질토</td></tr>
<tr><td colspan="2">표층배수공법</td><td>◦ 표층지반 강도증가</td><td>점성토, 유기질토</td></tr>
</table>

다양한 원리의 공법이 사용되며, 표 2-4는 개량목적과 적용지반에 따라 분류하여 나타낸 것으로 각 공법마다 적용의 한계성 및 장·단점을 설명하면 다음과 같다.

2-3 치환공법

2-3-1 개요

치환공법은 연약층을 양질의 재료로 대체시켜 지반의 지지력을 증가시키며, 쌓기사면의 활동에 대한 전단저항력을 증가시키고, 연약층의 압밀침하량 감소 및 압밀시간을 단축시키는데 목적이 있다. 시공방법에 따라 연약층을 굴착·제거하는 굴착치환공법, 연약층 내에 폭발을 야기하여 연약층을 제거하고 치환하는 폭파치환공법, 그리고 쌓기하중에 의해 연약층을 수평방향과 전방으로 밀어내고 치환하는 강제치환공법 등이 있다.

2-3-2 굴착치환공법

(1) 공법의 개요

굴착치환은 연약층 전체를 굴착하여 치환할 경우 매우 만족한 결과를 얻을 수 있지만 일정깊이 이상으로 굴착하는 것은 경제적인 부담이 커지고 시공상의 한계를 가지고 있다. 이 공법은 폭파치환공법, 강제치환공법에 비하여 효과면에서 우수하지만, 경제성면에서는 반드시 유리하다고는 할 수 없다.

이 공법은 시공범위에 따라 연약층을 일부 또는 전부 제거한 후, 양질(良質)의 재료로 치환하여 전단파괴나 침하를 완전히 방지하는 전체굴착치환공법과 연약층의 깊이가 깊고, 경제적인 측면에서 전체굴착공법을 적용하는 것이 무리한 곳에 적용하는 부분굴착치환공법이 있다.

(2) 굴착장비 및 공법의 한계

굴착치환공법이 적용되는 연약지반은 지지력이 충분치 않기 때문에 시공장비의 선택에 있어서 신중한 고려가 필요하다. 일반적으로 굴착치환공법에 사용되는 장비로는 드래그라인, 드래그쇼벨(drag shovel) 및 클램셸이 있으며, 매립지나 수중굴착시공에서는 준설선이 사용된다.

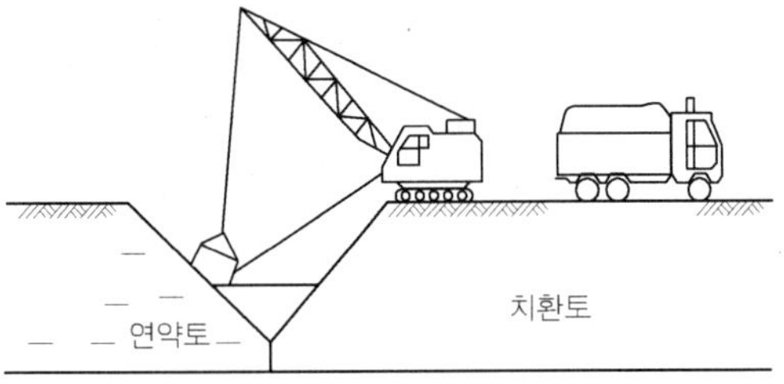

〈그림 2-2〉 드래그라인에 의한 굴착

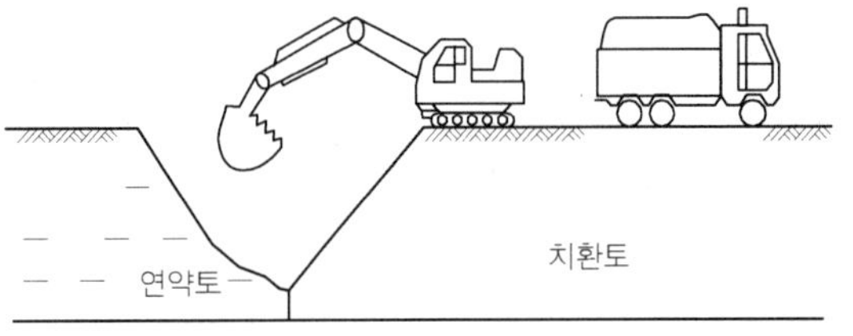

〈그림 2-3〉 드래그쇼벨에 의한 굴착

굴착장비의 치환 가능한 시공깊이는 10m 정도이나, 신뢰할 수 있는 작업 한계는 5~6m 정도이며, 그 이상 깊은 곳은 일반적으로 굴착을 할 수 없고, 굴착깊이가 깊어지면 비경제적인 공법이다. 또한 지하수위보다 낮은 곳을 굴착할 때는 치환재료의 다짐이 어려우므로 다짐이 필요한 재료로 치환할 경우에는 충분한 고려가 필요하다.

(3) 굴착치환의 시공순서

굴착치환의 시공순서는 다음과 같다.

① 드래그쇼벨이나 드래그라인 등의 굴착기계를 사용하여 연약토를 굴착제거 한다.
② 굴착부분을 모래 등의 양질재로 되메우기를 한다.
③ 치환부분을 정리하여 쌓기 등을 시공한다.

2-3-3 제거치환공법

(1) 공법의 개요

연약한 토층(土層)을 제거하여 양질토사로 대치하는 공법으로 원리적으로 가장 간단하면서 효과적이다. 연약토층을 치환하는 범위에 따라 다음과 같다.

① 연약토층 부분을 전면(全面)에 걸쳐서 제거하는 방법[그림 2-4(a)]
② 연약토층의 전 두께를 부분적으로 제거하는 방법[그림 2-4(b)]
③ 연약토층의 상부를 기초전면에 걸쳐 제거하는 방법[그림 2-4(c)]
④ 연약층의 상부를 부분적으로 제거하는 방법[그림 2-4(d)]

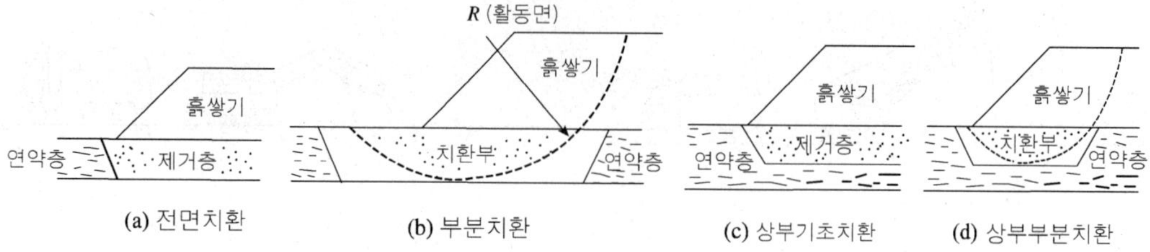

〈그림 2-4〉 치환공법

위의 분류 중 ①이 가장 좋은 방법이며, 토층의 높이가 약 3m 정도이면 가장 좋은 효과를 나타낼 수 있고 ②는 기초의 활동파괴가 문제가 되는 부분만 제거하는 것이며 ③은 연약지반이 얕을 때 병용하는 방법이다. ④는 ②의 경우와 같이 활동에 위험한 부분만 제거하는 것이다.

또한 치환공법은 연약층을 양질의 재료로 치환함으로써 구조물의 안정을 증가시킴과 동시에 연약층의 깊이가 축소되고 따라서 침하량(沈下量)도 감소시키게 된다. 이 공법에는 굴착치환공법과 폭파치환공법 및 자중강제치환공법이 있다.

2-3-4 폭파치환공법

폭파치환공법은 양질토를 쌓기한 후 미리 연약지반 내에 설치된 폭약을 폭파시켜 연약층을 밀어 양질토로 치환하는 공법으로 일반적으로 강제치환공법을 용이하게 시공하기 위해 적용된다. 폭파치환공법은 폭약에너지의 활용방법에 따라 폭파에너지만을 이용하여 연약층을 제거하는 방법과 쌓기에 의한 하중을 폭파에너지와 같이 이용하여 쌓기하부의 연약층을 주위로 이동시키는 방법이 있다. 폭파치환공법은 다음과 같이 분류한다.

(1) 트렌치슈팅공법

트랜치슈팅공법(trench shooting method)은 이탄(peat)층의 두께가 6m를 넘지 않는 경우 적용하며, 이 공법은 쌓기가 진행되는 선단에서 폭파시켜, 이 폭파에 의하여 생긴 공간을 쌓기하는 방법이며 그림 2-5와 같다.

(2) 토우슈팅공법

토우슈팅공법(toe shooting method)은 연약토층의 치환선단부 속에 폭약을 장전하고 폭파시켜 연약토를 제거하는 공법이다. 이 방법은 연약토층이 3~5m 정도로 비교적 얇을 때 효과적이다. 또한 쌓기의 횡단폭이 10m 이상인 광범위한 경우에 효과적이며, 그림 2-6과 같다.

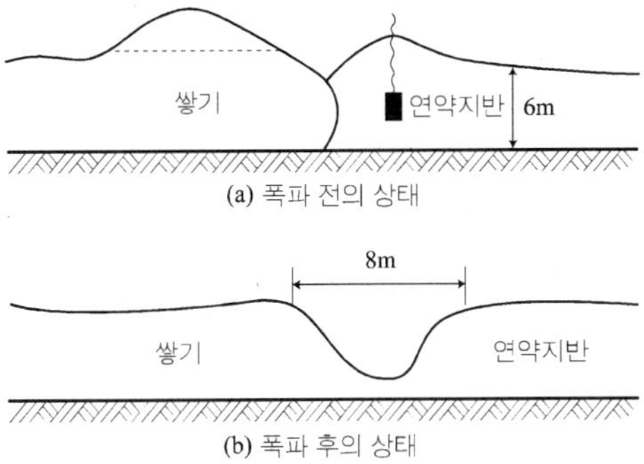

〈그림 2-5〉 트렌치슈팅공법

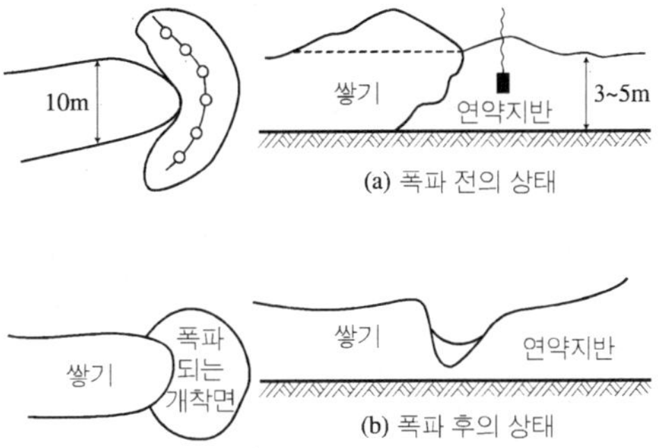

〈그림 2-6〉 토우슈팅공법

(3) 릴리프슈팅공법

릴리프슈팅공법(relief shooting method)은 연약토층위에 쌓기를 하고 그 쌓기 양측의 연약토층 밑에 폭약을 장전, 폭파하여 도랑을 만들어서 쌓기를 양쪽으로 밀어내고 확폭하는 방법이다. 이 공법은 1회 뿐인 폭파로는 효과가 없고, 쌓기높이를 높여가면서 반복적인 시공이 필요하며 그림 2-7과 같다.

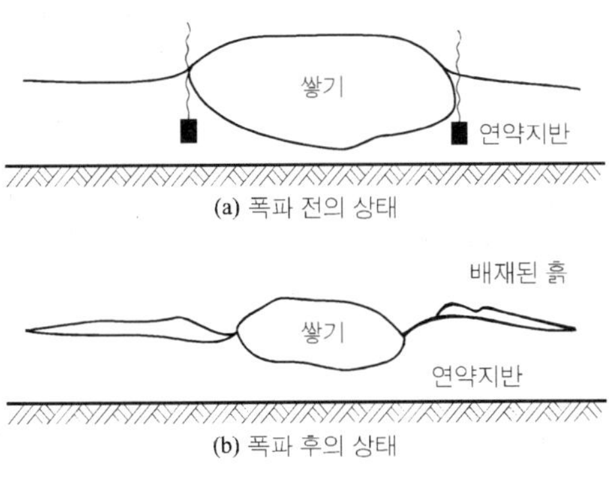

〈그림 2-7〉 릴리프슈팅공법

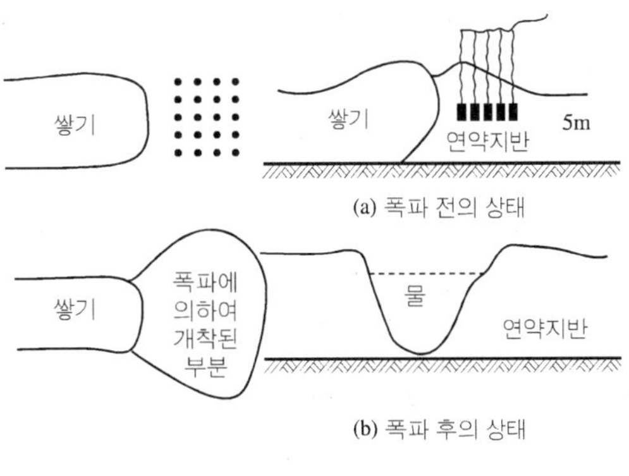

〈그림 2-8〉 토페도슈팅공법

(4) 토페도슈팅공법

토페도슈팅공법(torpedo shooting method)은 토우슈팅공법과 유사하나 연약층의 두께가 15 m 정도인 경우에 가장 효과적인 공법이며, 쌓기부 선단면 연약층에 다량의 폭약을 분산 장약하여 일시에 폭파시킴으로써 다량의 연약토를 제거하고 치환하는 공법이다. 이 공법은 쌓기선단에 더돋기(여성토)를 해놓고 폭파진동에 의하여 개착부분으로 흙을 밀어 떨어뜨리는 방법을 병행하면 더욱 효과적이며, 그림 2-8과 같다.

(5) 쌓기하부폭파공법

쌓기하부폭파공법(under shooting method)은 폭이 넓은 쌓기 밑의 깊은 연약토층을 치환하는 경우에 이용되는 방법이다. 쌓기 밑에 케이싱 파이프를 타입하고, 케이싱 파이프를 통해 폭약을 장전하여 폭파하는 방법이다. 일반적으로 이 케이싱 파이프는 폭약장 전·후에 제거한다. 또한 깊은 연약토층에서 쌓기재료를 지지기반에 이르게 하기 위해 반복하여 폭파할 필요가 있으며, 1회의 폭파로 30~100cm 정도의 침하를 일으키고, 그림 2-9와 같다.

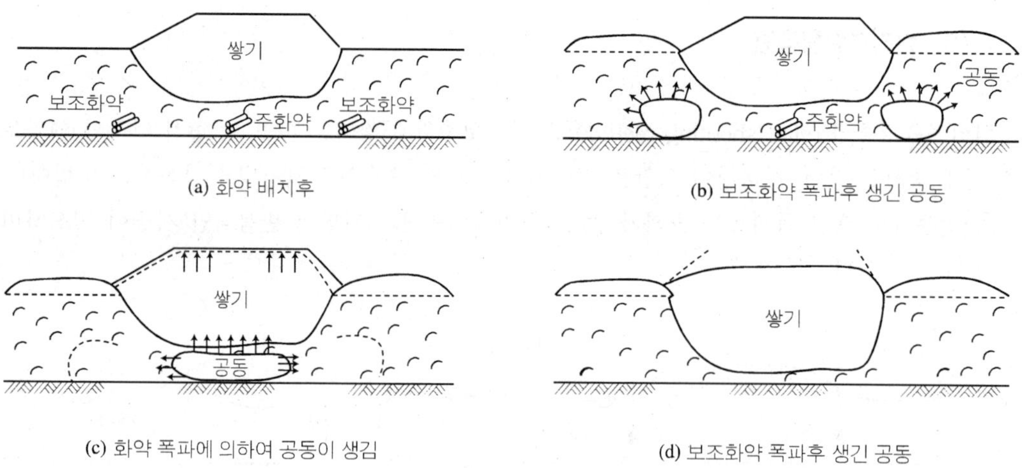

〈그림 2-9〉 쌓기하부폭파공법

2-3-5 자중강제치환공법

자중강제치환공법은 쌓기의 자중에 의하여 연약층을 강제적으로 파괴하고 연약지반을 측방(側方)으로 압출(壓出)하여 치환하는 공법이며, 그 시공순서는 그림 2-10과 같다.

① 연약지반상에 과도한 쌓기를 한다.

② 쌓기의 자중에 의하여 지반을 강제적으로 파괴시킨 후에 연약지반을 치환한다.

③ 치환이 완료된 후에 쌓기의 표면을 고른다.

자중강제치환의 보조 수단으로서 사수(射手, water jet)를 병용할 때가 있다.

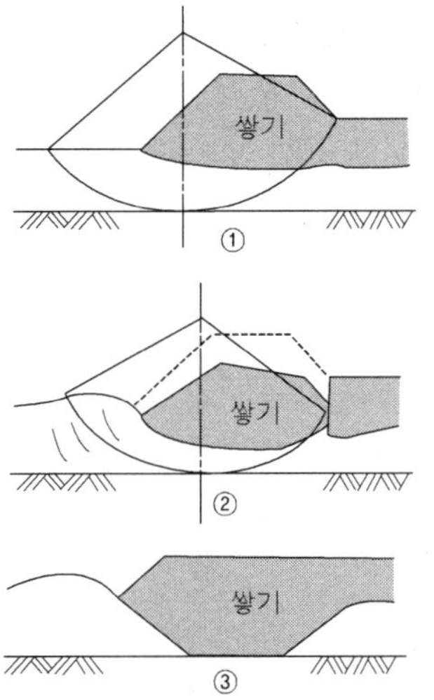

〈그림 2-10〉 자중강제치환공법의 시공순서

2-4 압성토 및 재하중공법

2-4-1 개요

압성토(counterweight fill) 및 재하중공법은 연약층의 상부에 압력을 가하여 연약층의 압밀침하를 시키는데 목적이 있다. 또한 압밀된 연약층은 저항모멘트가 증가하여 활동파괴를 방지할 수 있게 된다. 쌓기용지의 구입이 용이하고 저렴한 쌓기재료의 구입이 가능하다면 가장 경제적인 공법이다. 하지만 대기시간이 오래 걸려 충분한 시공기간의 부재시 기타 다른 공법의 추가적용이 필요할 때도 있다.

2-4-2 압성토공법

(1) 공법의 특징

연약지반 상에 쌓기할 때 기초의 활동파괴를 방지할 목적으로 쌓기비탈면에 그림 2-11과 같이 본체 쌓기의 외측에 소단모양의 압성토를 시공하여 쌓기의 중량을 활동에 대한 저항모멘트 ($\Delta M = W \cdot L$)로 작용시켜 안정을 유지시키는 방법이다.

이 공법은 압밀촉진에는 큰 효과는 없으나, 그 필요가 있다면 이 압성토공법에 샌드드레인공법을 병용하는 것이 좋으며, 도로면에 근접한 쌓기라든가 흙댐과 같은 큰 쌓기의 소단은 바로 압성토의 역할을 충분히 하게 되므로 이런 경우에는 압성토의 대응이 되는 것이다. 압성토의 높이는 한계 쌓기높이를 초과해서는 안되며, 일반적으로 개략 쌓기본체의 1/3를 넘어서는 안된다.

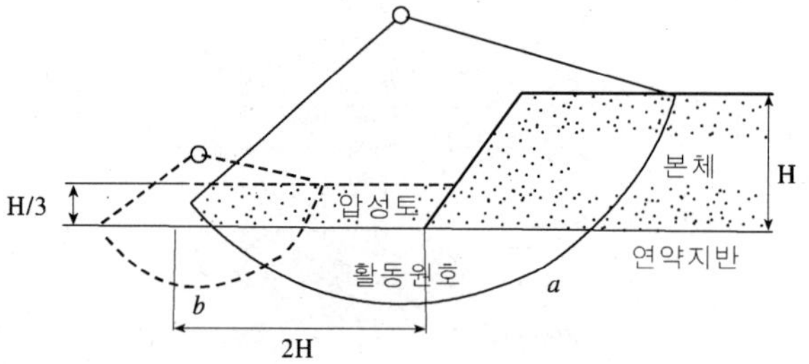

〈그림 2-11〉 압성토공법

시공법으로서는 안정한 설계가 이루어지면 특수한 배려는 필요 없으나, 시공순서로서 쌓기속도는 본체보다 늦어서는 안 된다. 압성토를 장래 측도(測道)로서 사용한다면 장비의 주행하중으로 연약층의 제거와 압밀촉진이 되어 견고한 노상을 얻을 수 있다. 압성토부에 더돋기를 할 때 더돋기를 쌓기 본체보다 선행시켜서 압성토의 기초지반의 압밀을 진행시키고 전단강도의 증가를 확인한 후 그림 2-12와 같이 규정된 높이까지 제거하여 그 재료를 쌓기본체에 사용하고, 쌓기본체는 층마다 다지기 위하여 압성토의 더돋기(여성토)부는 다지기할 필요가 없다.

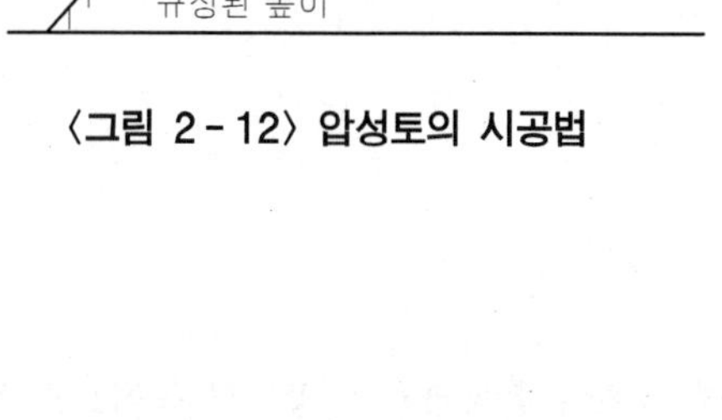

〈그림 2-12〉 압성토의 시공법

2-4-3 재하중공법

(1) 완속시공법

1) 재하의 속도와 안전율

완속시공법은 도로의 쌓기나 하천제방의 축조에 많이 사용된다. 일반적으로 그림 2-13과 같이 실선으로 표시된 제1차 재하를 한 후 일정기간동안 지반의 안정을 기다린 후 제2차 재하를 하고, 제3차의 재하를 하는 등 단계재하를 하면 그림 2-13에서 파선으로 표시한 바와 같이 연속적으로 서서히 점증재하(漸增載荷)하는 경우가 된다.

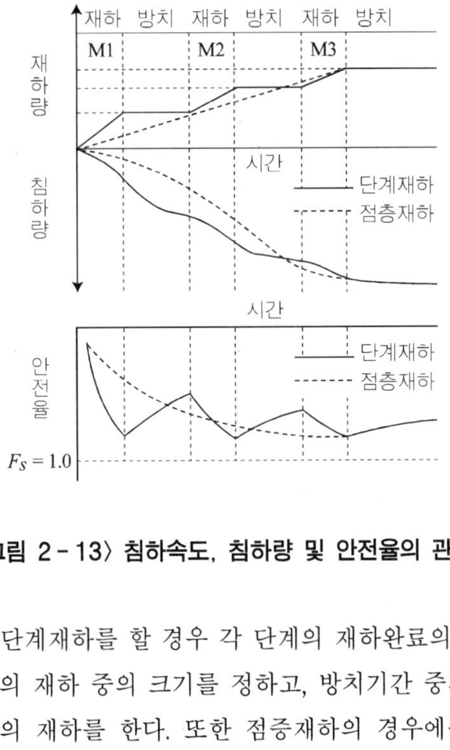

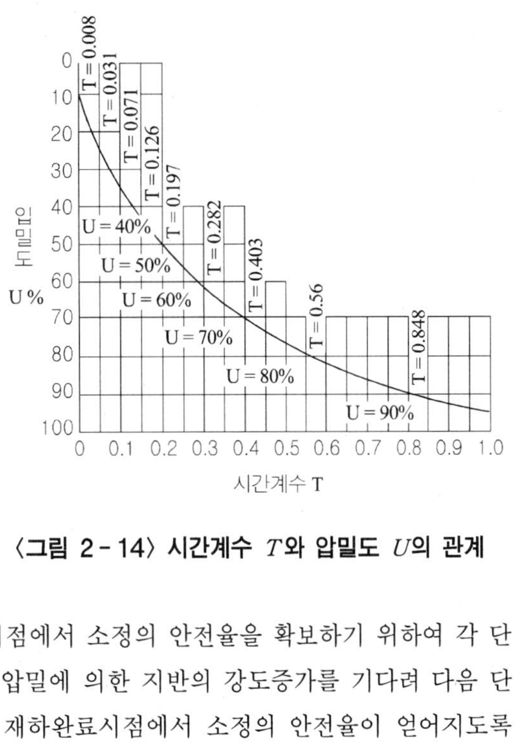

〈그림 2-13〉 침하속도, 침하량 및 안전율의 관계 〈그림 2-14〉 시간계수 T와 압밀도 U의 관계

단계재하를 할 경우 각 단계의 재하완료의 시점에서 소정의 안전율을 확보하기 위하여 각 단계의 재하 중의 크기를 정하고, 방치기간 중의 압밀에 의한 지반의 강도증가를 기다려 다음 단계의 재하를 한다. 또한 점증재하의 경우에는 재하완료시점에서 소정의 안전율이 얻어지도록 재하속도를 조절한다.

2) 압밀에 필요한 시간

단계재하의 방치기간이나 점증재하의 재하속도, 시간과 침하의 관계, 혹은 압밀에 의한 강도증가를 계산할 경우에 Terzahghi의 압밀이론이 사용된다. 보통재하에 의하여 발생하는 간극수압은 깊이방향으로 일정하다고 가정하여 계산하는 것이 일반적이지만 이 경우의 시간계수 T와 압밀도 U의 관계는 그림 2-14와 같다.

시간계수 T는 흙이 연직방향만으로 압밀할 때 다음 식으로 표시한다.

$$T = \frac{C_v \cdot t}{H^2} \tag{2-1}$$

여기서, C_v : 흙의 압밀계수

t : 시간

H : 최대배수거리

연약층의 상하에 배수층이 있을 때는 H는 층두께의 1/2로 하면 되고, 압밀에 요하는 시간 T는 배수거리의 2승에 비례한다.

그리고 도중에 배수층이 존재하지 않는 지반에서는 장시간 방치가 필요하고, 점증재하를 할 경우는 아주 천천히 재하를 하여야 한다. 일례로 연약층 두께 10m, 압밀계수 $C_v = 1.0 \times 10^{-3}$ cm²/sec와 같은 점토층에서 그 하부가 사층지반으로서 표면에 샌드매트(sand mat)를 시공하여 쌓기 등의 재하를 할 경우 압밀도 $U = 80\%$에 도달하는데 요구되는 시간은 오래 걸린다.

3) 점증재하에 대한 시간과 압밀도의 관계

압밀하중이 순간적으로 재하되고, 그 후에 압밀하중에 변화가 없을 때의 계산이지만 실제의 재하는 서서히 진행해지며, 시간과 압밀도 관계의 보정방법은 그림 2-15와 같이 나타낼 수 있다.

그림 2-15는 재하중이 시간과 함께 직선적으로 증가하여 시간 $t = t_1$에 있어서 하중 $P = P_1$이 되고, 그 후에 방치된 경우이다. 이 방법은 어떤 시간 $t(0 < t < t_1)$에 있어서 압밀도는 그 시점의 하중 P가 순간적으로 재하되어 $t/2$ 시간 경과하였을 때의 압밀도와 같다고 가정하여 행하는 것이고, $t > t_1$에 있어서 시간과 압밀도의 관계는 하중 P_1이 순간 재하되었을 경우의 시간-압밀도곡선을 $t_{1/2}$만큼 늦추어지게 한 곡선과 일치한다.

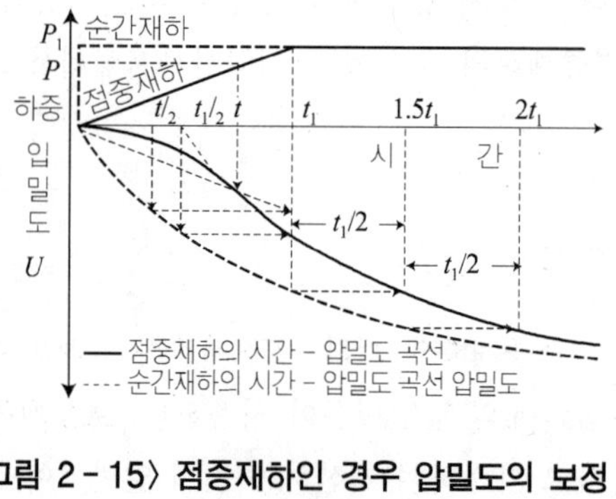

〈그림 2-15〉 점증재하인 경우 압밀도의 보정

(2) 프리로딩공법

1) 프리로딩과 방치기간

구조물을 축조하려는 곳에 미리 프리로딩(事前壓密, preloading method)을 시공하여 어떤 기간동안 방치한 후 프리로딩을 철거하여 구조물을 재하할 경우 프리로딩의 크기와 방치기간은 구조물이 허용하는 침하량 ΔS에 의하여 결정되는 것이 보통이다.

그림 2-16은 몇 가지 크기의 프리로딩을 시공하여 일정한 기간동안 방치한 후 구조물을 재하할 경우 시간과 침하 및 구조물 재하 후의 잔류침하(殘留沈下)의 관계를 표시한 것이다.

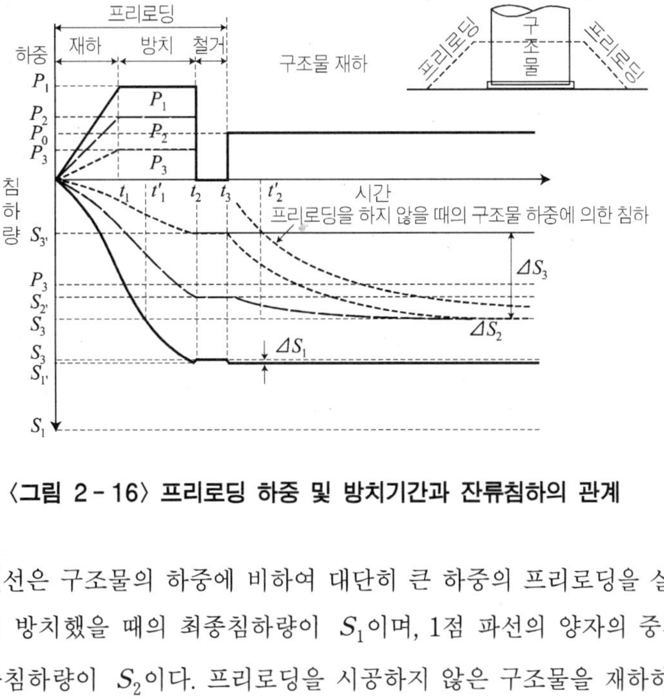

〈그림 2-16〉 프리로딩 하중 및 방치기간과 잔류침하의 관계

그림 2-16의 실선은 구조물의 하중에 비하여 대단히 큰 하중의 프리로딩을 실시할 경우이고 기성하중을 영구히 방치했을 때의 최종침하량이 S_1이며, 1점 파선의 양자의 중간 정도 규모의 프리로딩으로 최종침하량이 S_2이다. 프리로딩을 시공하지 않은 구조물을 재하하면 최종적으로 S_0의 침하가 생긴다.

각각의 크기의 프리로딩을 시간 t_1까지 재하하고 시간 t_2까지 방치한 후 프리로딩을 철거하여 구조물을 재하하면 프리로딩 P_1, P_2, P_3에 대하여 구조물 재하 후의 잔류침하는 각각 ΔS_1, ΔS_2, ΔS_3이 된다.

구조물 하중보다 큰 하중의 프리로딩 P_1을 시공하였을 경우는 시간 t_2의 시점에서의 침하량 S_1는 프리로딩을 하지 않을 경우의 구조물 하중에 의한 최종침하량 S_0보다 커지고 잔류침하량은 하중제거에 의하여 지반이 팽창하는 양을 무시하면 거의 없다는 것이 된다. 따라서 프리로딩 P_1은 시간 t_2가지 방치할 필요가 없고 시간 t_1까지 방치하면 잔류침하는 ΔS_1이 되어 시간 t_2까지 방치한 것과 동일한 결과가 얻어진다. 프리로딩 P_2의 경우는 잔류침하량은 ΔS_2가 되나 시간 t_2에서 철거하지 않고 방치기간을 시간 t_2까지 연장하면 프리로딩 P_1과 동일하여 잔류침하는 ΔS_1이 된다. 또 프리로딩 P_3에서는 시간 t_2까지 방치하면 잔류침하는 ΔS_3이 되나 이 경우에는 방치기간을 얼마간 연장해도 잔류침하를 P_1, P_2의 경우와 같이 거의 없어지게 할 수는 없고 방치를 대단히 장기간을 취해도 최소한도($S_0 - S_3$)의 잔류침하가 남게 된다.

2) 프리로딩의 규모

이상과 같은 구조물에 의하여 허용되는 침하량 ΔS가 결정되면 그에 대응하는 프리로딩의 크기와 방치기간을 여러 가지로 선택할 수 있으나 프리로딩의 규모는 침하의 조건 ΔS 외에 프리로딩 하중에 의하여 기초지반이 파괴되지 않는 한계, 프리로딩 재료의 인수, 경제성, 공사기간 및 철거 후의 프리로딩의 처리 등의 조건을 고려하여 결정할 필요가 있다.

3) 프리로딩에 의한 최종침하량의 추정

프리로딩공법을 시공할 때는 침하판 등에 의하여 지반의 상태를 관측하면서 철거시기를 검토하지 않으면 안된다. 프리로딩의 침하가 현재 어느 정도 진행되어 있는 가를 알기위하여 실측침하에서 프리로딩의 최종침하를 추정할 필요가 있으며, 최종침하를 추정하는 방법으로 비교적 잘 이용되는 것이 완곡선법이다.

이 방법은 쌍곡선법으로 침하속도가 완곡선에 따라 시간과 함께 감소한다고 가정하여 최종침하량을 구하므로 어떤 시간 t에 있어서 침하량은 다음 식과 같이 나타낼 수 있다.

$$S_t = S_0 + \frac{t}{(\alpha + \beta t)} \tag{2-2}$$

여기서, S_t : 시간 t에 있어서 침하량, S_0 : 기준이 되는 검사 개시의 시점을 $t=0$로 할 때 그 시점의 침하량, $\alpha \cdot \beta$: 계수이다.

실측의 침하에서 Y축에 $\left(\frac{t}{S_t - S_0}\right)$를 취하고 X축에 t를 취하여 다시 그린 후 직선에서 α는 Y축과 절편, β는 직선의 경사로서 구한다. 이와 같이 구한 $\alpha \cdot \beta$를 식 (2-2)에 대입하면 임의의 시간 t의 예상 침하가 구해지고, 또 $t=\infty$라고 하면 식 (2-3)과 같다.

$$S_{t=\infty} = S_0 + \frac{t}{\beta} \tag{2-3}$$

에서 최종침하량 $S_{t=\infty}$를 구할 수 있으며, 완곡선법에 의하여 프리로딩의 최종침하량을 추정한 것을 나타내면 그림 2-17과 같다.

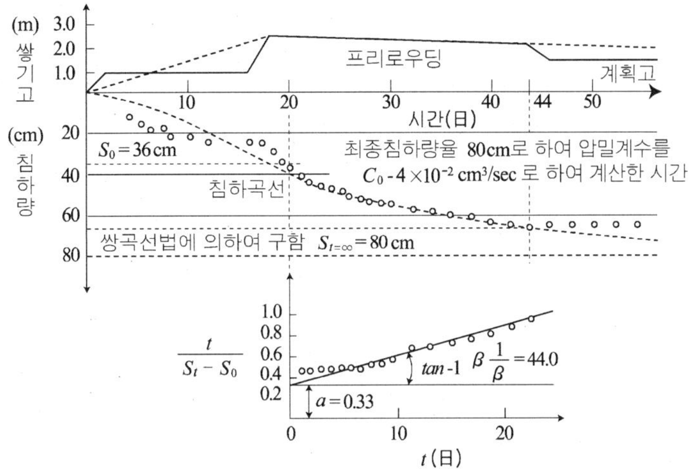

〈그림 2-17〉 쌍곡선법에 의한 최종침하량의 추정

이것은 연약지반 상하에 구조물을 건설함에 있어서 조업개시 후의 구조물 상면의 침하를 될 수 있으면 적게 하기 위하여 계산하는 것이므로 압밀촉진공법으로서 샌드드레인(sand drain)공법이 병용된다.

쌓기개시 후 20일 시점을 검사개시의 시점 $t=0$으로 하면 그 시점에서의 침하량은 36cm이므로 식 (2-3)에 있어서 $S_0=36$cm가 된다. 20일 시점 이후 44일까지의 실측침하를 보면 시간 t와 각 t에 있어서의 침하량, S_t에서 t와 $(S_t - S_0/t)$의 관계를 도시한 그림에서 α 및 β를 구하여 프리로딩의 하중에 의한 최종침하량 $S_{t=\infty}$를 계산하면 $S_{t=\infty}=80$cm로 구할 수 있다. 따라서 쌓기 개시후 44일째 67cm의 침하가 발생하고, 프리로딩 하중에 의한 침하의 80% 이상이 되어 있으므로 이 시점에서 프리로딩을 계획 쌓기높이까지 철거하여 구조물을 건설하면 된다.

2-4-4 진공압밀공법

(1) 개요

매우 연약한 점성토층에 원형 연성주름관(menard drain)을 타입, 지표에 진공보호막을 덮은 후 진공펌프와 연결하여 지중을 진공상태로 만들면 대기압(大氣壓)이 깊은 심도까지 동일한 등방하중(等方荷重)으로 작용하여 강제탈수가 되게 하는 강제압밀촉진공법이며, 그림 2-18은 시공 표준단면원리이며, 진공하중 작용시 지중전단파괴가 발생치 않은 원리는 그림 2-19와 같다.

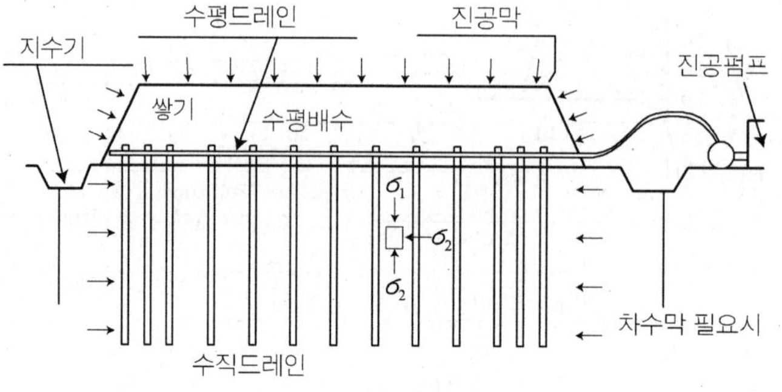

〈그림 2-18〉 진공압밀공법의 단면도

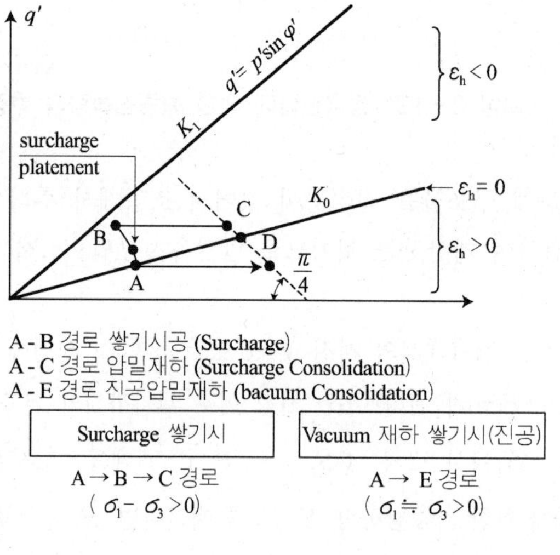

〈그림 2-19〉 지중전단파괴가 발생치 않은 원리

(2) 공법의 특징

진공압밀공법(眞空壓密工法, menard vacuum consolidation)의 특징은 다음과 같다.

① 진공으로 인해 대기압이 하중 약 80kN/m^2으로 작용하여 쌓기높이 4.5m 높이의 쌓기효과로 사토가 필요없다.

② 진공하중이 지중에 등방하중으로 작용하므로 매우 연약한 지반에서는 압밀중 전단파괴(剪斷破壞)의 발생이 생기지 않는다.

③ 타 재래식공법에 비하여 압밀기간이 2~3배 정도 빠르다.
④ 원형 연성주름관을 사용하므로 깊은 심도 약 50m에서도 최종까지 원활히 배수가 되므로 잔류침하가 없다.

(3) 공법의 용도

진공압밀공법의 용도는 다음과 같다.

① 깊은 연약점토 지반상 높이쌓기(高盛土)시 예상되는 사면 전단파괴와 공사기간 단축
② 연약 점토층에 설치된 교량 교대부의 유동토압(流動土壓) 방지를 위한 급속지반개량에 양호하다.
③ 초기 준설토(浚渫土, hydraulic fill) 지역은 장비주행성 확보 및 공사기간 단축
④ 연약지반 전단파괴 발생지역에서 간단하고 경제적이며, 신속한 복구대책공법으로 적용성이 양호하다.
⑤ 잔류침하(殘留沈下)를 허용치 않은 구조물, 기계기초를 위한 지반개량에 양호하다.

(3) 시공순서 및 고려사항

이 공법의 시공순서는 다음과 같다.

① 연약지반의 압밀촉진을 목적으로 연직배수재를 설계간격으로 개량목표심도까지 타입하며, 타설은 리더(leader), 케이싱, 슈(shoe) 등을 사용하여 유압이나 윈칭에 의한 압입 또는 진동해머로 한다.
② 지반표면 침하에 적응하면서 배수 및 공기배출을 목적으로 연직배수재와 수평배수재를 타설하고 진공펌프에 연결하여 지중의 진공상태를 만든다.
③ 개량 예정지역의 지표에 기밀성 진공보호막을 설치하고, 가장 자리는 벤토나이트 트렌치를 설치하여 공기차단막을 설치한다.
④ 진공압밀시에 개량지역 외부로부터 공기차단 및 차수목적으로 널말뚝, 격막(membrane), 슬러리 벽체(slurry wall) 등을 설치한다.
⑤ 진공펌프를 사용하여 지중을 진공상태로 만든다.

2-5 연직배수공법

2-5-1 개요

두꺼운 점성토지반위에 샌드매트(sand mat)를 깔고 배수재료를 지중에 일정한 간격으로 삽입한 후 지반의 파괴가 발생하지 않도록 다단계의 재하 쌓기를 시행한다. 배수재료간의 수평방향의 과잉간극수를 배수하여 침하를 촉진시켜 지반의 압밀침하를 조기에 일으키고, 지반의 전단강도를 증대하는 것을 연직배수공법(vertical drain method)이라 한다.

연직배수공법은 Porter(1936)가 샌드드레인(sand drain)공법을 소개한 이래 1940년 후반부터 이론 및 시공기술의 급진전이 이루어졌다. 또한 Kjellman(1937) 등은 카드보드(card board)라는 지제판을 이용한 플라스틱 보드드레인(plastic board drain)공법을 제안한 바 있으며, 최근 1978년에 일본에서 소구경 샌드드레인(12cm)을 그물망과 같이 설치하여 지반을 개량하는 팩드레인(pack drain)공법이 개발되어 있다.

2-5-2 샌드매트공법

(1) 개요

이 공법은 표층처리공법으로써, 연약지반 위에 두께 0.5~1.2m 정도의 모래를 깔아서 지반을 개량하는 공법이다. 샌드매트의 역할은 다음과 같다.

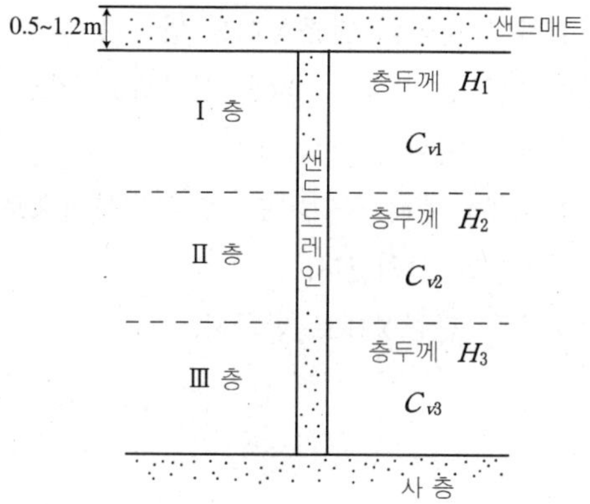

〈그림 2-20〉 샌드매트

① 연약층의 압밀을 위한 상부배수층을 형성한다.
② 쌓기 내에서 지하배수층이 되어 쌓기 내의 수위를 저하시킨다.
③ 쌓기 및 지반개량 작업에 필요한 중장비의 주행에 도움이 된다.
④ 연약층이 지반상부에 있으며, 두께가 얇은 경우는 샌드매트만으로 지반개량의 목적을 달성하는 경우도 있다.

연약지반의 표층처리를 위한 샌드매트의 두께는 배수층으로써 보다는 장비의 주행성에 따라 결정되는 일이 많고, 시공기계의 중량, 접지압 등과 연약지반의 표층강도를 고려하여야 한다.

샌드매트가 두꺼우면 비경제적이고, 모래말뚝 등의 시공이 곤란하게 되며, 두께가 얇으면 점토 등의 세립재의 침투로 투수성이 나빠지는 것에 주의해야 한다. 또한 건설현장에서 샌드매트의 두께는 표 2-5와 같다.

〈표 2-5〉 샌드매트의 두께

시공기계의 접지압[MPa]	토층의 콘지지력[MPa]	샌드매트의 두께[cm]
0.07 이하	0.2 이상	50
0.70~0.1	0.2~0.1	50~80
0.1~0.15	0.1~0.08	80~100
0.15~0.25	0.08~0.05	100~120
0.25 이상	0.05 이하	120 이상

(2) 유공관 및 집수정

샌드매트를 통하여 배수되는 물을 원활히 배수시키기 위한 집수정의 위치는 최대침하가 발생

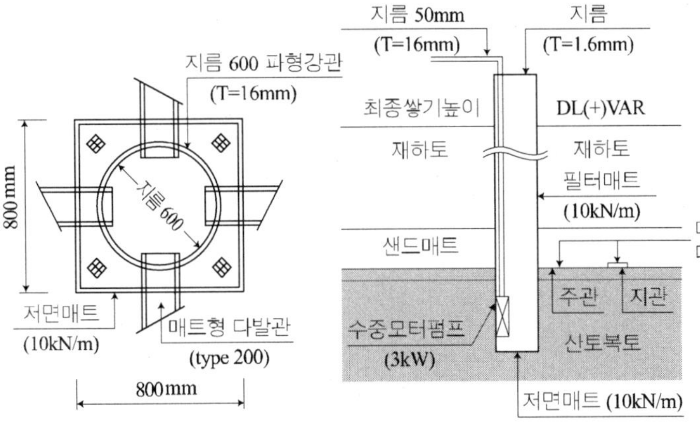

〈그림 2-21〉 집수정의 개념도

되는 위치에 설치하여야 된다. 또 유공관은 초기에 효과적이나 침하량이 클 경우에는 시간의 경과에 따라 효과가 감소할 수 있다는 점에 유의하여야 하고, 유공관과 집수정의 접합부의 침하 단차가 클 경우에는 별도의 대책을 세워야 한다.

2-5-3 샌드드레인공법

(1) 개요

샌드드레인공법(sand drain method)은 연직배수공법(vertical drain method)이라고도 한다. 프리로딩공법이 적용되는 점성토층의 두께가 두꺼워 지면 압밀에 많은 시간이 필요하게 되므로 압밀을 촉진하기 위하여 기둥모양(주상, 柱狀)으로 투수층을 설치하는데 이 모래기둥(砂柱)을 샌드드레인이라 한다. 또한 지표면에 상재하중을 재하시켜 압밀을 촉진시키는 공법으로는 대표적인 드리븐 맨드렐(driven mandrel)방법과 오픈 맨드렐(open mandrel)방법이 사용되고 있다.

(2) 특징

① 장비의 주행성(trafficability)을 확보하기 위해 복토를 할 경우나 또는 상부에 매립토층이 있을 경우 관입저항을 극복할 수 있다.
② 설치시 지반교란영역(smear zone)이 크며, 유효경을 축소해서 해석하거나 압밀계수를 작게 평가해서 해석한다.
③ 쌓기시 소성유동 등으로 배수로가 절단될 가능성이 있다.
④ 설치시 자연적으로 형성된 배수로(sand seam)를 절단시킬 우려가 있다.
⑤ 장비중량이 상대적으로 커서 주행성 확보가 어렵다.
⑥ 모래말뚝(sand pile)이 활동에 대한 저항효과가 있다.
⑦ 일반적인 적용 한계심도는 30m이다.
⑧ N치가 20~30 이상인 경우 압입이 곤란하다.

(3) 샌드매트

샌드매트(sand mat)는 그림 2-20과 같이 배수층으로서 유효한 것이며, 종방향의 배수를 촉진함과 동시에 샌드드레인에서 배수된 물을 횡방향으로 유도하여 배수하는 역할을 가지고 있다.

또한 샌드드레인을 시공하는 기계의 주행을 용이하게 하며, 이 위에서 쌓기를 하는 경우에도 제1층에서 충분한 전압(電壓)을 하고, 그 후의 작업을 용이하게 하는 부차적인 효과가 있다. 그러므로 그 두께가 정해지고, 일반적으로는 30cm~50cm의 두께로 시공하는 수가 많고, 때로는 침하가 심할 때에는 두께 100cm의 샌드매트를 시공하는 경우도 있다.

샌드매트의 시공은 보통 덤프트럭 등으로 운반해 온 것을 5~15ton_f급의 불도우저로 펴고르지만, 지반상황에 따라 이러한 기계가 들어가지 못하는 경우에 벨트컨베이어나 모노레일 트랜스포터 등과 같은 극히 경량인 기계로 펴고르는 수가 있다.

샌드매트에 사용되는 모래는 특히 그 품질을 조사할 필요는 없지만 배수가 좋은 모래를 사용하는 것이 좋고, 경우에 따라서는 흙과 모래가 섞어진 자갈이나 산모래 등을 사용하는 수도 있다.

(4) 모래말뚝

지름은 0.3~0.5m가 이용되고 간격은 좁을수록 배수효과가 양호하지만 보통 2~6m 간격으로 시공하고, 길이는 15m 이하일 때에 제기능이 발휘되며, 모래말뚝(sand pile)은 그림 2-22와 같이 나타낼 수 있다.

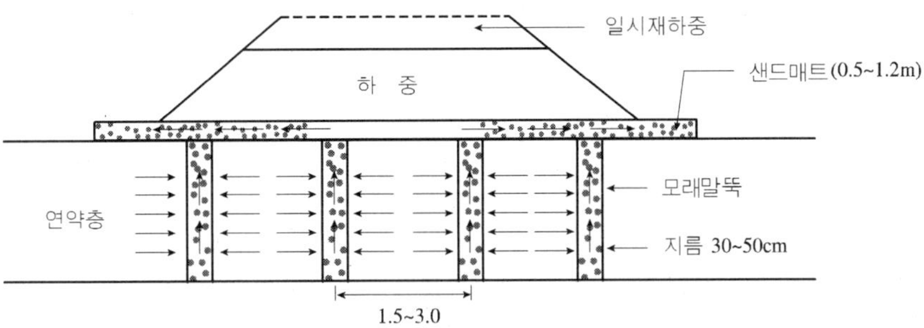

〈그림 2-22〉 모래말뚝 모식도

(5) 모래말뚝의 배열

샌드드레인공법에 의한 압밀속도는 모래말뚝 간격의 2승에 반비례하고 말뚝의 지름에 비례한다. 즉 압밀속도를 v_c, 모래말뚝 간의 간격을 D, 모래말뚝의 지름을 d라고 하면 $v_c \propto d/D^2$가 된다.

또한 영향원의 지름을 d_e, 모래말뚝의 간격을 d라고 하면 식 (2-4)와 같이 나타낼 수 있으며, 모래말뚝의 배열은 그림 2-23과 같다.

① 정삼각형 배열 $d_e = 1.05d$

② 정사각형 배열 $d_e = 1.13d$ (2-4)

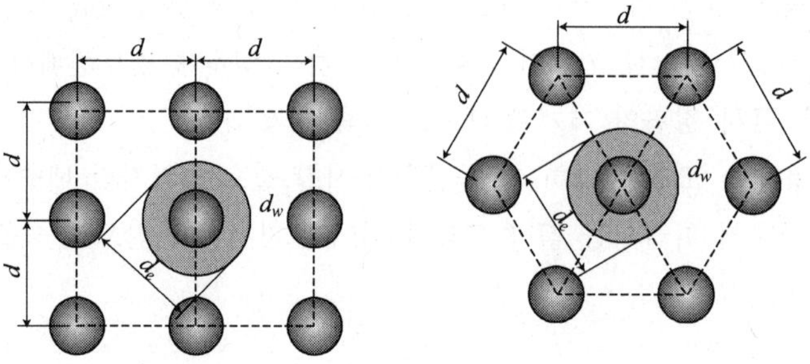

(a) 사각형 배치 (b) 삼각형 배치

〈그림 2-23〉 모래말뚝의 배열($d = 2R$)

(6) 샌드드레인공법의 시공

샌드드레인의 시공방법은 케이싱을 설치하는 방법과 케이싱을 설치하지 않는 방법이 있다. 케이싱을 설치하는 방법에는 타입식, 오거(auger)식 및 물 제트식이 있으며, 타입식 케이싱방법의 시공순서는 다음과 같다.

① 선단슈를 닫고 필요한 위치에 놓는다.

② 해머로 필요한 깊이까지 박는다.

③ 케이싱 속에 모래를 채워 넣는다.

④ 모래 투입구를 밀폐하고 모래가 잘 낙하하도록 압축공기를 보내면서 케이싱을 뽑아 올린다. 이때 진동을 가해 케이싱을 뽑아 올린다.

타입식 샌드드레인은 다음과 같은 특징이 있다.

① 케이싱 타입 때 지반이 흐트러진다.

② 지층 중간에 비교적 단단한 층이 있어도 타설이 가능하다.

③ 작업요령이 보편적이므로 30m 정도 깊이에서도 비교적 쉽게 시공할 수 있다.

④ 소음, 공해로 시가지 작업에는 곤란하다.

(7) 모래말뚝의 타입

모래말뚝 타입시 주위지반의 교란으로 $C_v \fallingdotseq C_h$로 본다. 모래말뚝의 타입에 사용되는 압축공기식과 사수(water jet)식 및 오거식 타입은 그림 2-24와 같다.

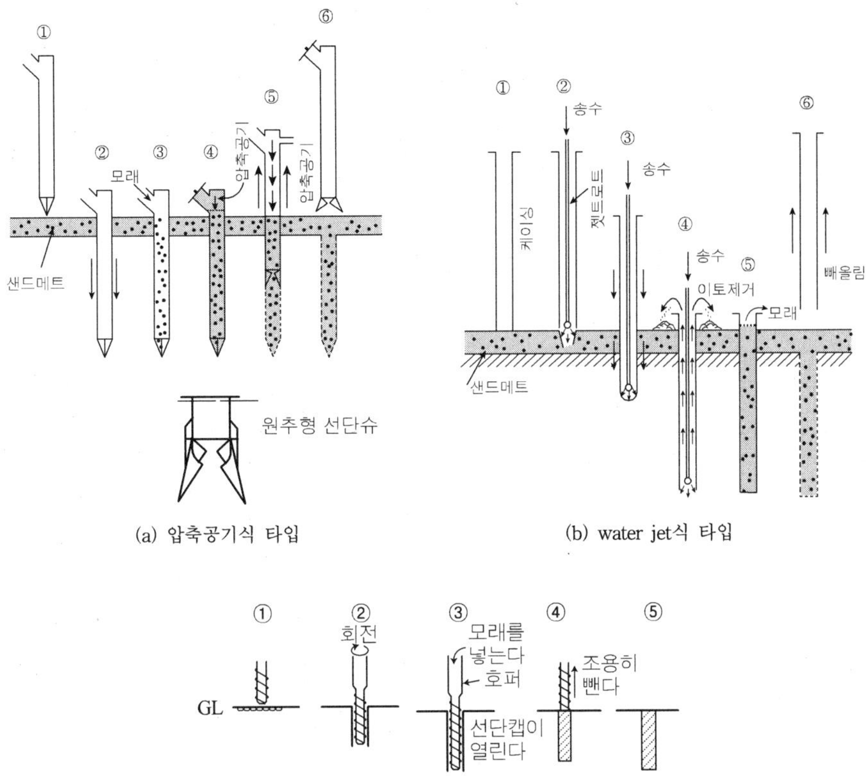

(a) 압축공기식 타입

(b) water jet식 타입

(c) 오거식 타입

〈그림 2-24〉 샌드드레인공법

예제 2-1 불투수층 위에 놓인 8m 두께의 연약점토지반에 지름 40cm의 샌드드레인(sand drain)을 정사각형으로 배치하고, 그 위에 상재유효압력 100kN/m^{2}인 제방을 축조하였다. 축조 6개월 후에 제방의 허용압밀 침하량을 25mm로 하려고 한다. 다음에 답하시오(단 연약점토지반의 체적변화계수 $m_v = 2.5\times10^{-4}$m^2/kN이다).

(1) 축조 6개월 후에 압밀도는 몇 %까지 해야 하는가?

(2) 축조 6개월 후 연직방향 압밀도가 20% 이었다면 이때의 수평방향 압밀도는 얼마인가?

(3) 배수영향 반지름이 샌드드레인 반지름의 10배라면 샌드드레인 간의 중심간격은 얼마인가?

[풀이] 1) 축조 6개월 후에 압밀도는 몇 %까지 해야 하는가?

① 압밀침하량(ΔH)

$$\Delta H = m_v \cdot \Delta\sigma \cdot H = (2.5\times10^{-4})\times100\times8 = 0.20\ (\mathrm{m}) = 200[\mathrm{mm}]$$

② 압밀도(U)

6개월까지 200−25=175mm의 압밀침하가 일어나야 하므로

$$U=\frac{\Delta H_t}{\Delta H}\times 100=\frac{175}{200}\times 100=87.5[\%]$$

2) 축조 6개월 후에 연직방향 압밀도가 20% 이었다면 이때의 수평방향 압밀도는?

$U=1-(1-U_v)\cdot(1-U_h)$에서

$$U_h=\left[1-\frac{1-U}{1-U_v}\right]=\left[1-\frac{1-0.875}{1-0.2}\right]=0.8438=84.38[\%]$$

3) 수평영향 반지름이 샌드드레인 반지름의 10배라면 샌드드레인 간의 중심간격은?

$D_e=2R_e=1.13S$이므로

$$R_e=\frac{1.13S}{2}=10\times\frac{40}{2}=200 \text{ 에서}$$

$S=353.98[\text{cm}]$

(8) 평균압밀도

수평방향의 압밀계수 C_h는 수직방향의 압밀계수 C_v보다 일반적으로 크지만 모래말뚝 타입 시 지반이 교란되므로 $C_h \fallingdotseq C_v$로 된다. 또한 배수는 주로 수직방향으로 이루어지고 있다. 수평 및 연직방향의 투수를 고려한 평균압밀도는 식 (2−5)와 같다.

$$U=1-(1-U_v)(1-U_h) \qquad (2-5)$$

여기서, U_v : 연직방향의 평균압밀도

U_h : 수평방향의 평균압밀도

단 모래말뚝의 간격이 길이의 1/2 이하인 경우에는 연직방향의 배수는 무시한다.

2-5-4 플라스틱보드 드레인공법

(1) 개요

플라스틱보드 드레인(plastic board drain, PBD)공법은 1937년에 Kjellman에 의해 판상으로 된 마분지(card board drain)가 개발된 것이 시초이며, 1948년에 Barron과 Kjellman이 각각 설계 계산식을 발표했다. 플라스틱보드 드레인재의 유용성이 주목되어진 것은 1960년 경이며, 지금까지 전 세계적으로 50여종의 PBD재가 개발되어 있다.

최근에는 시공기계의 발달과 함께 해상시공도 이루어지고 있으며, 타설심도도 점차적으로 증가하여 약 40m 깊이까지 타설하여 성공적으로 지반개량을 수행되고 있다. 일반적으로 PBD재에 기본적으로 요구되는 사항으로는 타설시 손상이 발생하지 않아야 하며, 타설심도에 상응한 토압과 압밀진행에 따른 변형이 발생하여도 충분한 통수능력을 유지하여야 하고, 세립토 등의 이동특성에 의한 악영향에 대해서도 필터(filter)의 투수계수가 유지되어야 한다. 또한 지반의 압밀도 증진에 따라 간극수압이 낮아짐과 동시에 PBD재의 꺾임부분에 지반 내에 용존되어 있는 공사기간이 누적되어 통수능력 저하에 끼치는 영향도 고려할 필요가 있다.

(2) 공법의 목적 및 원리

플라스틱보드 드레인(PBD)공법은 연직배수공법의 일종으로 연약한 점성토지반의 압밀에 요하는 시간이 배수거리의 제곱에 비례한다는 압밀이론과 수평방향 투수계수(K_h)가 연직방향 투수계수(K_v)보다 큰 특징에 근거하여 지반 중에 일정간격으로 연직방향의 PBD재를 설치한다. 이 공법은 지반의 압밀촉진, 강도증가를 유발시켜 지지력 증대, 압밀침하의 조기종료를 목적으로 한다.

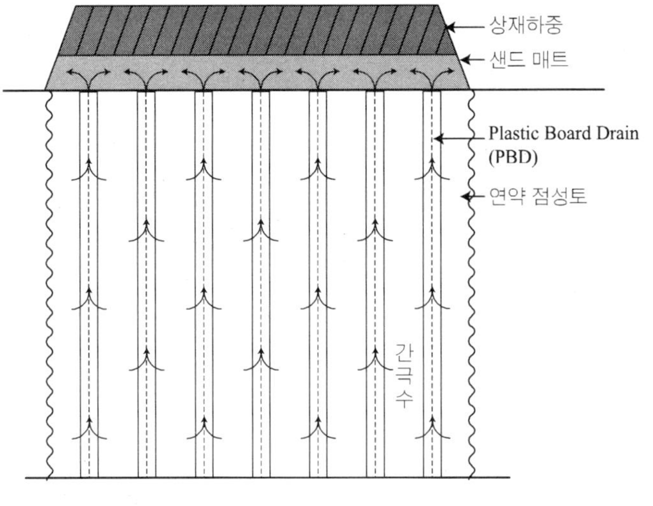

〈그림 2-25〉 배수원리 개략도

배수원리는 그림 2-25에 나타낸 바와 같으며, 구체적으로 설명하면 다음과 같다.

지표면에 수평배수재를 설치한 후 개량 대상지반 속에 PBD를 타설하고, 그 상부에 쌓기 등에 의한 재하중을 적용시켜 연약지반 토층 내의 과잉간극수압을 발생시킨다.

토층 내의 간극수는 쌓기하중에 의해 발생한 과잉간극수압의 영향으로 수평으로 이동하여 타설된 PBD의 표면(필터)을 통하여 PBD 내부에 침투하여 연직으로 설치된 코어(core)의 홈을 따라 지표면까지 상승한 후 샌드매트를 통하여 수평으로 배출된다.

(3) 공법의 특징

기존 샌드드레인공법은 주재료인 모래의 공급에 한정이 있으며, Terzaghi의 필터규준에 적합한 양질의 모래를 운반하는 경비가 과다하게 소요될 뿐만 아니라 대상 지반구간 운반시에 별도의 공사용 도로설치 등의 제약이 따른다. 이에 반하여 PBD공법은 공장생산제품이기 때문에 필요시 안정적 공급이 가능할 뿐만 아니라 다음과 같은 특징을 가지고 있다.

① 제품이 공장생산이기 때문에 품질관리가 용이하며, 배수효과가 일정하다.
② 중량이 가벼워 운반 및 취급이 용이하다.
③ 타설기가 가벼워 샌드드레인 시공이 불가능한 초연약지반 상에서의 시공도 가능하다.
④ 드레인 단면이 일정하여 불균일한 초연약지반에서도 드레인이 형성된다.
⑤ 샌드드레인보다 시공관리가 용이하다.
⑥ 시공속도가 빠르다.
⑦ 타설간격을 줄일 수 있어 압밀시간의 단축이 가능하다.
⑧ 공사비가 저렴하다.

또한 PBD재료 자체의 장점으로서 다음과 같은 사항이 있다.

① 드레인재 자체의 투수성이 높다.
② 토압의 영향 및 압밀에 의한 변형 후에도 손실수두가 적다.
③ 내산, 내알카리성으로 토중의 박테리아에 의해 부식되지 않는다.

(4) PBD공법의 설계

1) 개요

PBD공법은 PBD재를 적절한 간격으로 설치하여 연직배수기둥을 점토지반 중에 형성함으로써 지중 간극수의 이동거리를 짧게하여, 연약한 점토지반을 압밀촉진시켜 단기간에 지반의 지지력을 증가시키는 공법이다. PBD는 주로 정삼각형 또는 정방형 배치로 타설하며, 이 경우 육각형(정삼각형 배치) 또는 정방형 속의 간극수는 각각의 중앙에 있는 드레인재 속으로 유입된다.

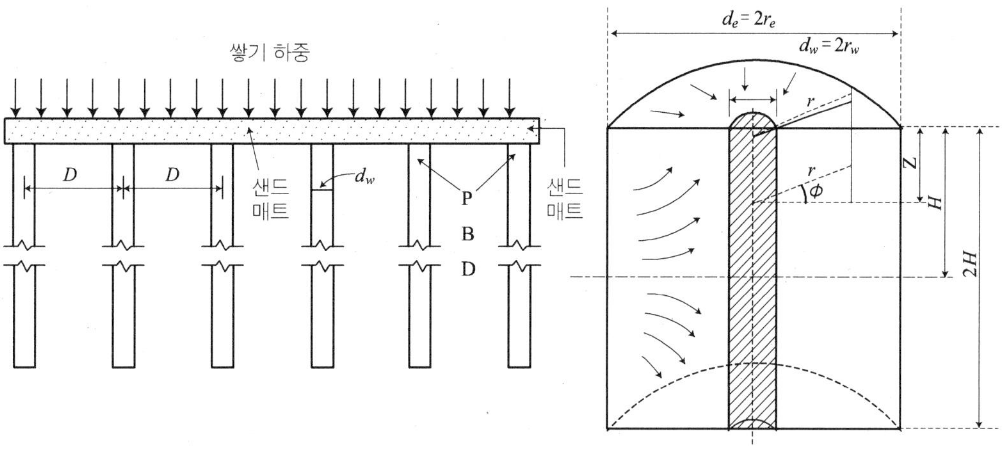

(a) 연직배수공법의 구성도　　(b) 연직배수공법에 의한 압밀배수의 이론식

〈그림 2-26〉 연직배수공법의 개요도와 압밀배수 이론식

연직배수공법의 일종인 PBD공법의 설계이론은 점성토의 압밀이론 발전과 불가분의 관계를 가지고 있으며, 1925년 Terzaghi에 의해 확립된 압밀이론을 기초로 그림 2-26에 나타내는 중공원주의 압밀문제로서 취급하는 것으로서 Barron의 자유변형론에 기초한 방정식 해를 가지고 계산하는 방법을 적용하고 있다. 즉 PBD공법의 선조격인 Card Board Drain(paper drain)공법에 대해서 이론적인 기초를 정립한 스웨덴의 Kjellman의 띠 모양의 마모지(card board)를 이용하여 판상의 PBD를 등가원형으로 환산하여 계산한다.

2) PBD 선정조건

PBD재는 대상 지반 내에서 받는 압력 및 변형이 발생한 경우에도 유로를 확보하고 배수성능을 충분히 가져야만 한다. 또한 타설시 파손방지를 위하여 충분한 인장강도와 신도를 가져야 한다.

3) PBD의 환산지름

PBD는 일반적으로 폭 10cm, 두께 3mm 정도의 판형 제품이 많으며, 이와 같은 판형의 PBD를 설계할 경우에는 등가원형 단면으로 환산한다. 환산지름(d_w)은 Hansbo(1979)가 유한요소해석을 실시하여 제안한 식 (2-6)과 Rixner et al.(1986)이 제안한 식 (2-7)을 이용한다.

$$d_w = \frac{2(ab)}{\frac{1}{4}} \qquad (2-6)$$

$$d_w = \frac{(a+b)}{2} \quad (2-7)$$

여기서, a, b는 각각 PBD재의 폭과 두께이다.

현재까지 설계에서는 폭 10cm, 두께 3mm의 PBD를 등가 환산지름으로 5cm를 채택하는 경우가 많았다. 이 결과에 의하면 식 (2-6)은 안전율 $F_s \fallingdotseq 1$을 나타내는 것으로 된다.

PBD의 환산지름(d_w)은 Hansbo(1979)가 제안한 값의 90%인 $d_w = 1.8(a+b)/\frac{1}{4}$를 취하는 것이 합리적인 것으로 제시하고 있다.

4) 타설배열

PBD의 타설시 배열은 정삼각형과 정방형으로 대별된다. 양자의 차이는 거의 없으며, 타설 PBD 1본에 대한 집수범위를 원형으로 환산한 등가영향원(d_e)은 타설종류에 따라 식 (2-8), (2-9)로 산정한다.

① 정삼각형 배열의 경우, $d_e = 1.05D$ (2-8)

② 정방형 배열의 경우, $d_e = 1.128D$ (2-9)

여기서, d_e : 집수범위를 원으로 환산한 등가영향원

D : PBD의 타설간격(그림 2-27 참조)

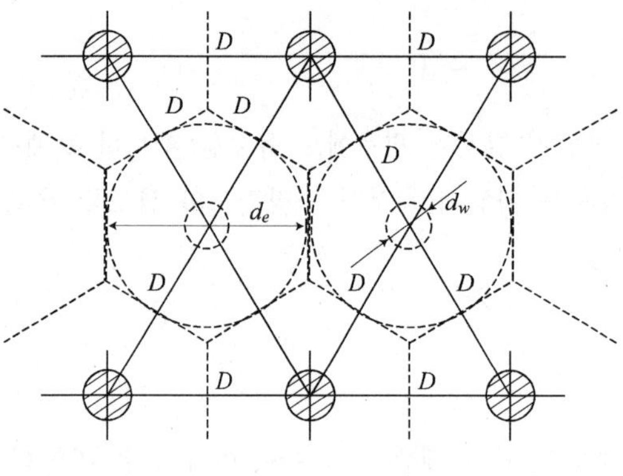

(a) 정삼각형 배열($d_e = D \times 1.05$)

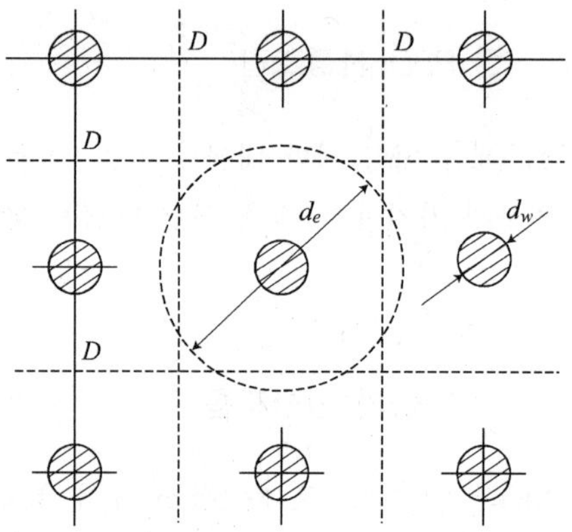

(b) 정방형 배열($d_e = D \times 1.128$)

〈그림 2-27〉 PBD재의 타설 배열도

예제 2-2 폭이 10cm, 두께 0.3cm인 PBD을 이용하여 점토지반에 0.6m 간격으로 정삼각형 배치로 설치하였다면, PBD 이론의 등가환산원(등가원)의 지름과 유효지름을 각각 구하시오.

[풀이] 1) 등가환산원(등가원)의 지름(D)

$$D = \alpha \cdot \frac{2(t+b)}{\pi} = 0.75 \times \frac{2 \times (10+0.3)}{\pi} = 4.92[\mathrm{cm}]$$

2) 유효지름(D_e)

$$D_e = 1.05S = 1.05 \times 0.6 = 0.63[\mathrm{m}]$$

5) 타설간격

PBD의 타설간격은 소요의 공사기간 내에 소정의 압밀도(U)가 얻어질 수 있도록 각종의 토질조건, PBD 조건 등으로 부터 시행착오법에 의해 계산을 실시하여 구한다.

PBD의 타설간격은 다음과 같이 결정한다.

① 공사기간에 적정한 경과 일수에 대한 압밀도(U)의 값을 정한다.

② 타설간격을 1.0~2.0m 범위에서 가정한다.

③ 타설배열을 결정하여 등가영향원의 지름(d_e)을 산정한다.

④ 예상 사용 PBD재의 규격에 맞추어 배수재의 등가 환산지름(d_w)을 구한다.

⑤ 산출한 d_e와 d_w의 비(n)를 식 (2-10)에 의하여 소수점 2위까지 산출한다.

$$n = \frac{d_e}{d_w} \qquad (2-10)$$

⑥ 토질조건 중에서 대상토층의 수평방향 압밀계수(c_h)를 정한다. 수평방향의 압밀계수(c_h)가 없는 경우, 연직방향 압밀계수(c_v)를 취한다.

⑦ 현장 및 실내시험을 통하여 멘드럴 관입에 따른 주위지반의 교란범위(스미어 존, 지름 : d_s)의 설정과 스미어 존에 있어서 투수계수 k_s를 취한다. 현장에서 스미어 존의 범위 및 교란투수계수를 직접 구하지 않은 소규모의 현장인 경우에는 d_s를 멘드럴 지름의 2~3배, k_s는 불교란 점토 투수계수의 1/3~1/5의 범위에서 적용하면 합리적일 것이다.

⑧ 소요압밀도(U)에 이르는 시간(t)은 식 (2-11)에 의해 산정한다.

$$t = (d_e)^2 \times \frac{T_h}{c_h} \qquad (2-11)$$

여기서, t : 소요압밀도에 달하는 필요 시간[일]

T_h : 수평방향의 압밀 시간계수(T_h값 산정은 후술하는 압밀도 계산방법 항 참조)

c_h : 수평방향의 압밀계수[cm^2/day]

⑨ 식 (2-11)에 의해 산정된 시간(t)가 필요로 하는 공사기간에 맞도록 타설간격(D)의 값을 바꿔 수회 반복계산하여 소요의 t를 얻을 수 있는 경제적인 타설간격을 결정한다.

6) 타설심도

PBD를 타설하는 심도는 개량대상 연약 점성토층의 하단부로부터 1m 위까지 타입하는 것이 기본이다. 그러므로 대상토층의 하부에 모래층 등의 투수층이 있을 때 경우에 따라 피압대수층으로 되어 있을 수 있다. 하부 모래층이 피압대수층일 경우, 이 층까지 타설된 PBD재는 피압대수층의 배수정으로의 역할을 할 가능성이 있으므로, 연약 점토층의 간극수압 배출효과를 저해할 우려가 있다. 또한 PBD 기둥은 타설길이가 간격에 비하여 매우 길며, 유입되는 간극수가 수평방향으로 흘러 모관작용에 의해 상부로 배출되기 때문에 하층의 모래층까지 PBD재를 도달시키는 것은 의미가 없는 것으로 판단된다.

7) 압밀침하량 산정

압밀침하량 및 침하속도의 계산과정은 그림 2-28에 나타내는 바와 같이 기본적으로 각각 따로 산정하여 최종적으로 합성하는 과정이 취해진다.

8) 샌드드레인에 비해서 PBD공법의 장점

① 시공속도가 빠르다.

10m 타설에 이동시간까지 포함해서 2분 내외이며, 샌드드레인공법에서는 개당 20분 정도 소요된다. 40cm 지름의 샌드드레인과 같은 효과를 얻기 위해서는 PBD는 2~3배의 타설 개수가 필요하므로 결국 PBD는 3개가 샌드드레인의 1개에 해당된다고 볼 수 있다.

② 타설에 의해서 주변지반을 교란하지 않는다.

③ 드레인 단면이 깊이 방향에 대해서 일정하다.

샌드드레인은 도중에서 전달되어 시공하는 경우도 많지만, PBD의 경우는 이런 점이 없으므로 확실히 시공할 수 있다.

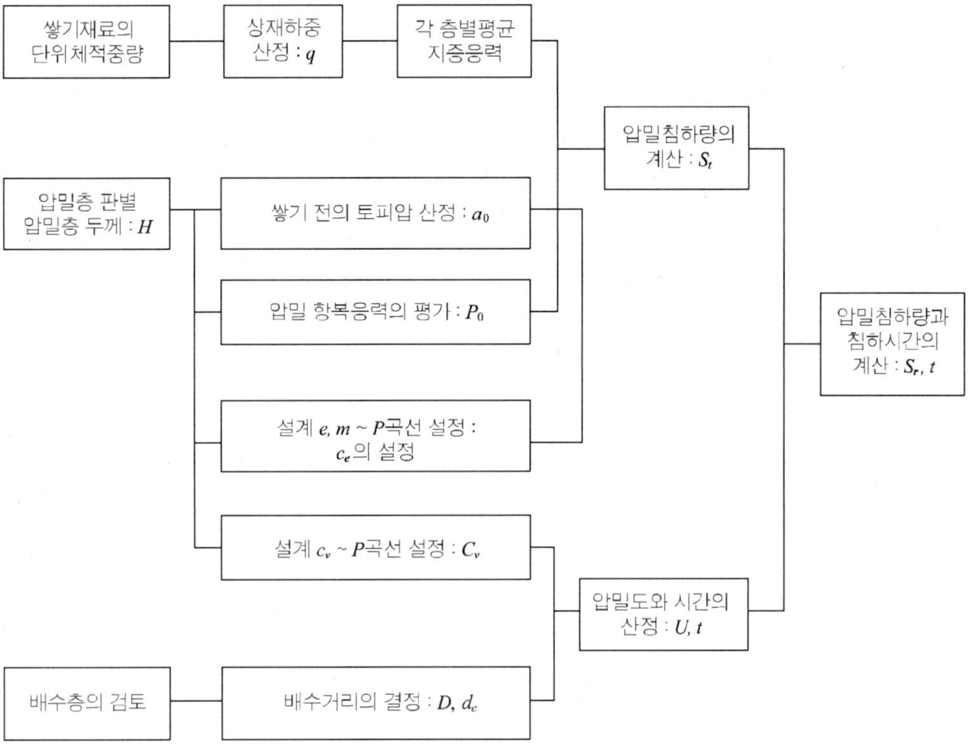

〈그림 2-28〉 압밀침하량과 침하시간 계산의 흐름도

④ 배수효과가 양호하다.

샌드드레인의 경우는 간격을 작게는 할 수 없지만 PBD의 간격은 얼마든지 작게 시공할 수 있으므로 배수거리를 짧아져 압밀효과를 촉진시킬 수 있다.

⑤ 공사비가 저렴하다.

PBD는 장기간 사용하면 품질이 저하되어 배수효과가 감소하므로 장기간에 걸친 대규모 드레인공법에 있어서는 샌드드레인이 확실하다.

2-5-5 팩드레인공법

(1) 개요

샌드드레인 압밀촉진효과는 드레인 지름과 간격의 두 요소에 의해 좌우되며, 동일한 효과를 요구할 경우, 사용하는 모래의 양에 의해 타설본수는 약 1.8~2.0배로 증가되나 간격이 좁고 지름을 작게 하는 것이 원칙이다.

그러나 일정한도 이하의 지름으로 시공할 때 배수모래말뚝이 절단될 위험이 있다. 팩드레인 공법은 이러한 문제점을 해결하기 위하여 강인한 합성섬유 망대에 모래를 채워 넣어 연약지반 속에 연속된 배수모래말뚝을 형성함으로서 쌓기하중에 의한 압밀배수를 촉진시키는 공법이다. 팩드레인은 전용 타설기에 부착된 지름 12 cm의 케이싱 4본(또는 6본)을 지중에 동시에 압입할 수 있으므로 시간, 경제, 품질면에서 타공법에 비하여 좋은 장점을 가지고 있다.

또한 샌드드레인과 PBD공법의 단점을 보완하는 것으로 설치 심도는 35m 까지 가능하고 설치지름 12cm로 시공성이 양호하다.

(2) 팩드레인의 특징

4본의 모래말뚝을 동시에 설치하는 것을 기본으로 하며, 장비제작은 1.2m×1.2m의 정사각형 배치를 갖는 모래말뚝이 지반에 설치되므로 공사의 효율성이 크며, 4본을 동시에 타입함에 따른 제한 사항이 있다.

1) 팩드레인 간격 선정의 제한성

① 가장 이상적인 팩드레인(pack drain)의 설치간격은 1.2m이다.

② 팩드레인공법은 설치간격이 1.2m 이하도 설계가 가능하게 되어 있으나, 이는 개략적인 평균간격으로 설계된 것으로 설치간격 1.2m 이하일 경우 1.2m×1.2m의 구역 내에는 압밀이 소요 압밀도에 이르지 못한다(그림 2-29 참조).

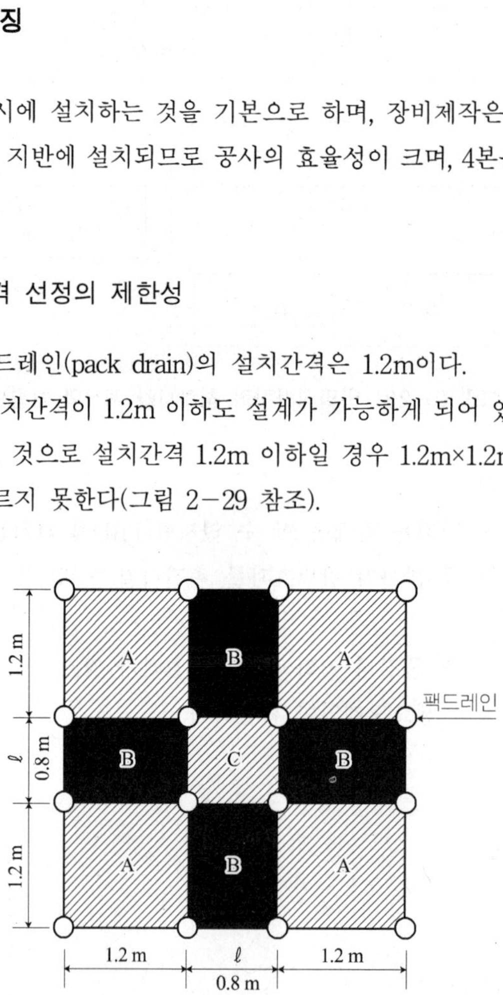

A 구역 : 1회 타입시 동시에 모래말뚝이 설치되는 지역으로 압밀도가 설계압밀도에 이르지 못하는 지역
B, C 구역 : 팩드레인 간격이 1.2m 이내로 소요압밀도에 이르거나 불필요하게 팩드레인이 가까운 지역

〈그림 2-29〉 팩드레인 배치도

③ 팩드레인 간격이 넓어질 경우에는 엄밀하게 계산된 경우에 비하여 오차가 있다.

2) 토층의 변화에 다른 적응성 결여

플라스틱보드 드레인공법이나 샌드드레인공법 처럼 연직배수의 설치가 단 1본으로 시행되지 않고 4본을 동시에 설치함으로써 다음과 같은 문제점이 발생된다(그림 2-30 및 그림 2-31 참조).

① 맨드렐(mandrel) 길이의 조절이 용이하지 않아서 평균토층 또는 이 값 이하 길이를 갖는 맨드렐을 사용함으로써 미개량 토층이 발생되어 구조물 공용 개시후 하자가 발생될 수 있다.
② 샌드드레인공법보다는 지반교란이 작으나 플라스틱 보드드레인공법보다 지반교란이 크다.
③ 장비의 중량이 커서 접지압이 크므로 주행성 확보를 위한 공사비가 높아진다.
④ 맨드렐 내에 팩을 낙하시킬 때 팩의 교란을 확인할 수 없다. 따라서 모래말뚝이 형성되지 않는 경우를 확인할 수 없다.
⑤ 일반적인 적용 한계심도는 샌드드레인과 동일하게 30m이다.
⑥ N치 10 이상인 경우에는 압입이 곤란할 경우가 있다.

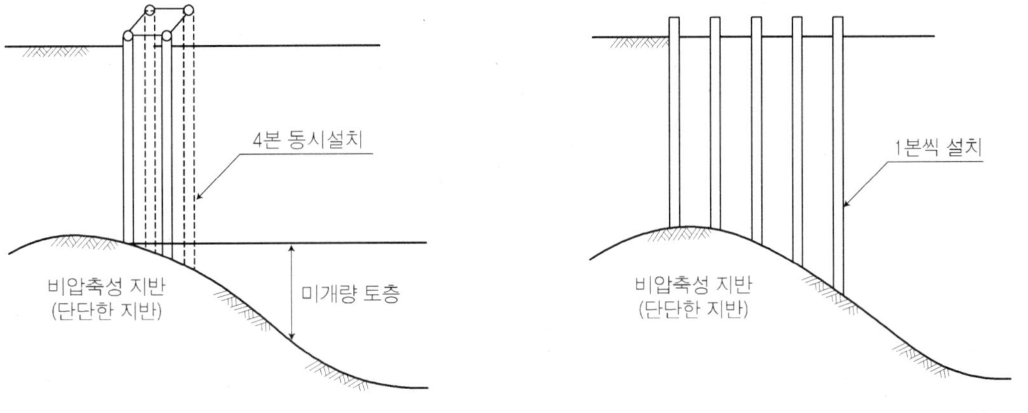

(a) 팩드레인공법 (b) 플라스틱 보드드레인 및 샌드드래인공법

〈그림 2-30〉 연직배수재의 설치방법

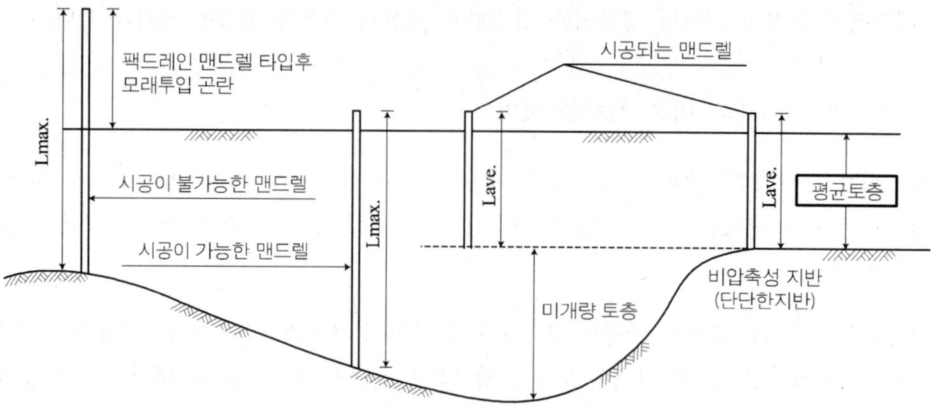

〈그림 2-31〉 맨드렐 길이의 조절곤란으로 인한 문제점

(3) 팩드레인의 시공효과

1) 배수효과 증대

강인한 망대 속에 모래를 채워 넣으므로 작은 지름에도 불구하고 절단이 거의 안되는 연속된 배수모래말뚝을 유지할 수 있다.

2) 시공관리 용이

타설후 일정길이 드레인 망대가 지면에 노출(50~100cm)되므로 육안으로 품질확인이 가능하다.

3) 시공기간 단축

지름이 작아서 시공본수가 샌드드레인보다 약 1.8~2배 증가하나 4본을 동시에 시공함으로 전체적인 시공기간은 단축된다.

4) 공사비 절감

모래말뚝의 지름이 작으므로 샌드드레인에 비해 모래 사용량이 약 1/6 정도이므로, 배수기능에 적합한 양질의 모래구입이 어렵거나 고가인 지역에서는 월등히 경제적이다.

① 샌드드레인 : $V_s = \{\pi \times (0.406)^2\}/4 = 0.129[m^3/m]$

② 팩드레인 : $V_p = \{\pi \times (0.12)^2\}/4 \times 1.9$(시공본수 증가분)$= 0.021[m^3/m]$

$$\therefore \frac{V_s}{V_p} = 6.14$$

(4) 팩드레인의 시공순서

시공순서는 그림 2-32와 같다.

① 기계를 소정의 위치에 고정하고 케이싱 아래 마개를 닫은 후에 케이싱을 관입한다.
② 포대 선단에 소량의 모래를 넣어 팩을 케이싱 안으로 투입한다.
③ 모래 투입구 마개를 열고 호퍼에 채워진 모래를 팩 안에 진동을 주어 충진한다.
④ 모래가 상단까지 충진되면 케이싱 내의 팩을 누르면서 진동을 가해 케이싱을 인발한다.
⑤ 인발이 완료되면 1m 정도 팩망을 샌드매트위에 노출시키면 시공이 완료되고 기계를 다음 장소로 이동시킨다.

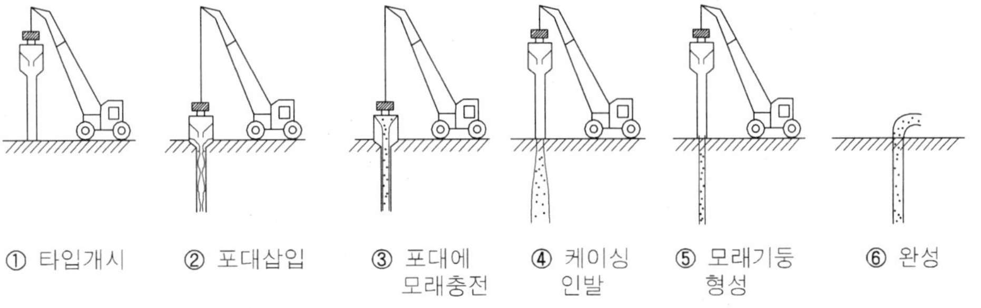

〈그림 2-32〉 팩드레인의 시공순서

(5) 타공법과 비교

샌드드레인공법, 플라스틱보드 드레인(PBD)공법 및 팩드레인공법을 구분하여 설명하면 표 2-6과 같다.

〈표 2-6〉 타공법의 비교

구 분	팩드레인	샌드드레인	PBD	비 고
개 요	지름 12cm의 망대 속에 채워진 자루형태의 모래말뚝을 만들어 배수압밀 촉진	연약지반 속에 지름 40~50cm의 모래말뚝을 만들어 배수압밀 촉진	9.5×0.3cm의 케미칼 보드를 지반 속에 투입하여 배수압밀 촉진	
배 수 효 과	양호	완전한 모래말뚝 시공시 양호	보통	
배수말뚝의 절단 가능성	거의 없음	있음	있음	
시 공 본 수	1.0	÷0.55	÷1.6	동일 면적당 비율
모 래 사 용 량	1.0	÷6.0	-	〃
시 공 속 도	1.0	÷1.3	÷1.0	〃
공 사 비	1.0	÷(1.0~1.5)	÷(0.7~1.0)	〃
시 공 관 리	용 이	곤 란	용 이	
시공 깊이 조정	곤 란	용 이	용 이	
국내 시공 실적	적 음	많 음	많 음	

예제 2-3 투수계수 $k_c=3.1\times10^{-7}$cm/s인 점토층에 지름 $d_w=40$cm, $H=20$m의 샌드드레인을 $d=2.5$m의 간격으로 삼각형으로 배치하였다. 사용된 배수용 모래의 투수계수는 $k_w=10^{-3}$cm/s이다. 이 경우 압밀과정은 이상적인 드레인($k_w=\infty$)에 비해 몇 배 정도의 지연이 일어날까?

[풀이] 삼각배치시 유효지름 d_e는 식 (2-8)로부터 $d_e=1.05D=1.05\times250=263$cm이다.

유효지름과 드레인 지름비 n은, $n=\dfrac{d_e}{d_w}=\dfrac{263}{40}=6.6$

따라서 웰 레지스턴스계수 L은 다음과 같다.

$$L=\frac{32}{\pi^2}\frac{k_c}{k_w}\left(\frac{H}{d_w}\right)^2=\frac{32}{3.14^2}\times\frac{3.1\times10^{-7}}{10^{-3}}\times\left(\frac{2000}{40}\right)^2=2.5$$

웰 레지스턴스가 있을 경우($L\neq0$) U와 T_h 관계는 근사적으로 구하면 다음과 같다.

$U = 1 - \exp\left\{-\frac{8}{F(n)+0.8L} T_h(L \neq 0)\right\}$ 이며, 위의 식을 변형하면 다음과 같다.

$$T_h(L \neq 0) = -\frac{F(n)+0.8L}{8} \log_e(1-U)$$

웰 레지스턴스가 없는 경우($L=0$) U와 T_h 관계는 상기 식에서 $L=0$으로 놓으면,

$$T_h(L=0) = -\frac{F(n)}{8} \log_e(1-U)$$

가 된다. 따라서

$$\frac{T_h(L \neq 0)}{T_h(L=0)} = \frac{F(n)+0.8L}{F(n)}$$ 되고,

아래 식으로 부터

$$F(n) = \frac{n^2}{n^2-1} \log_e n - \frac{3n^2-1}{4n^2}$$

$$= \frac{6.6^2}{6.6^2-1} \log_e 6.6 - \frac{3 \times 6.6^2 - 1}{4 \times 6.6^2} \fallingdotseq 1.19$$ 이므로,

$$\frac{T_h(L=2.5)}{T_h(L=0)} = \frac{1.19+0.8 \times 2.5}{1.19} \fallingdotseq 2.7$$

즉 이상적인 드레인의 경우에 비해 2.7배의 압밀지연이 발생한다.

2-6 다짐공법

2-6-1 개요

다짐공법은 느슨한 지반에 에너지를 가하여 지지력증와 침하량을 감소시키는 공법이다. 다짐말뚝의 경우 지반의 지지력 증가뿐만 아니라 말뚝의 지지력까지 포함되어 지반의 강화가 이루어지며, 말뚝을 통한 침출수의 배출로 압밀을 촉진한다. 지반에 에너지를 가할 때 주입되는 재료에 따라 모래다짐말뚝과 쇄석다짐말뚝 등으로 구분되며, 에너지를 가하는 방법에 따라 진동다짐공법과 동다짐공법으로 구분된다. 모래다짐말뚝공법, 진동다짐공법, 동다짐공법은 다음과 같다.

2-6-2 모래다짐말뚝공법

(1) 개요

모래다짐말뚝(sand compaction pile)공법은 지반을 다짐과 함께 지중에 단단한 모래말뚝을 형성할 수 있다. 이 공법을 느슨한 사질지반에 사용하면 다짐에 의하여 N치를 20정도 까지 개량할 수 있다. 점성토층에서는 사질토처럼 다짐효과는 없으나 모래의 압입(壓入)에 의하여 지반의 강도가 증가하고 주변의 점성토를 균질화하게 하고, 동시에 모래의 압입분 만큼 점성토가 치환되어 모래말뚝에 쌓기하중을 집중시키는 효과가 있다.

모래다짐말뚝공법은 샌드드레인공법과 같이 소정의 말뚝이 확실하게 설치되었는가를 확인하는 것이 매우 중요하다. 이 때문에 말뚝의 타설위치(打設位置)나 타설의 심도(深度), 지름, 모래의 사용량 등을 조사해 둘 필요가 있다. 또 만약 시공후 모래의 밀도, 다져진 정도 등을 관리시험에 고려하여야 한다.

모래다짐말뚝공법은 해머(hammer)의 타격을 이용하는 것과 진동을 이용하는 것이 있다. 전자는 퍼커션식모래다짐(percussion type sand compaction)공법이라 하고, 후자는 바이브로컴포저(vibro compozer)공법이다.

(2) 공법의 특징

느슨한 사질토지반에 대해서는 진동 및 충격하중으로 모래를 압입하여 상대밀도를 증가시키며, 그 특징은 다음과 같다.

진동 또는 충격에 의하여 모래를 지중에 압입시켜 사질토 지반을 한계 간극비 이하로 다져 지진시 및 진동시의 유동화를 방지하여야 하며, 잘 다져진 모래말뚝의 조성으로 지반의 전단강도나 수평저항력을 증대시키고, 압밀침하를 현저하게 저감시킴으로써 다짐에 의한 지반의 균일화를 기대할 수 있다. 또한 점성토지반의 경우는 지반에 혼합지반(clay sand column system)을 형성하여 기초지반 전체의 안정성 개선을 목적으로 하며, 그 특징은 다음과 같다.

잘 다져진 큰 모래말뚝이 일정한 간격으로 점성토 중에 조성되어 지반전체의 전단저항이 증대하고 지지력 증가와 활동파괴를 방지하면서 상재하중이 모래말뚝으로 집중되는 응력집중 효과로 압밀침하를 저감시키고, 밀실한 드레인 효과에 의하여 잔류침하를 조기에 침하하게 하여야 한다.

또한 혼합지반의 기능으로 부등침하를 저감시켜야 하며, 그림 2-33과 같다.

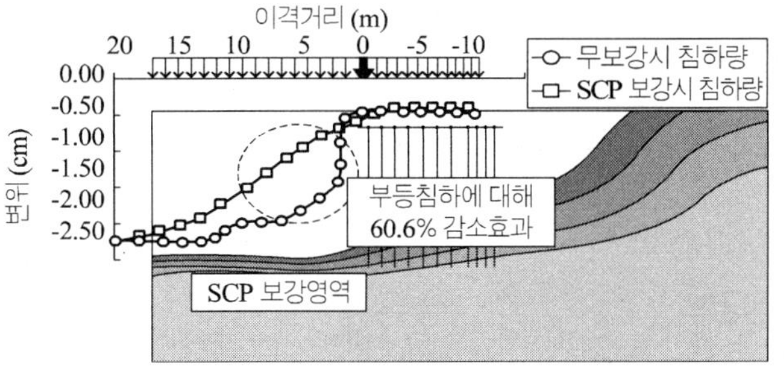

〈그림 2-33〉 모래다짐말뚝 부등침하 예

(3) 시공순서

① 케이싱 상단에 진동해머를 부착하여 소요의 심도까지 진동관입 한다.

② 모래를 관 내로 투입한다.

③ 케이싱을 인발하면서 압축공기로 관내 모래를 충진한다.

④ 케이싱으로 진동다짐하면 모래다짐말뚝이 형성된다.

⑤ 그 단면이 확대된다.

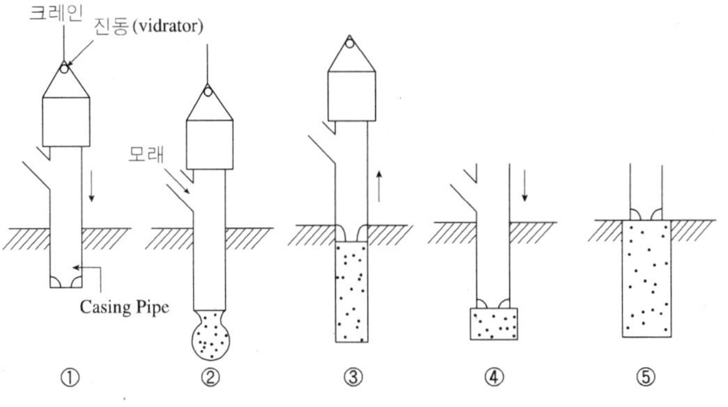

〈그림 2-34〉 모래다짐말뚝공법

(4) 설계 및 시공시 유의사항

① 표층 1~1.5m 부분은 구속성이 작아 표층다짐이 필요하다.

② 소음 및 진동에 대한 대책이 필요하다.

③ 점성토 함유율이 20~40%의 흙으로는 다짐효과가 저감되므로 강도 평가시 주의하여야 한다.

④ 시공시 교란이 되었어도 재 압밀할 수 있으면, 그 강도는 적어도 원지반 강도로 회복되기

때문에 재하직 후에 유의해 두면 지장이 없다.

⑤ 모래말뚝의 구속이 매우 작은 연약한 점성토에서는 전단저항각이 큰 재료를 사용하든지 단계타설 또는 강제치환방식으로 처리한다.

2-6-3 진동다짐공법

(1) 공법의 개요

진동다짐공법은 사질토지반에 대한 물다짐, 진동다짐의 효과를 지중에서 이용한 공법으로 수직으로 메달은 바이브로플로트(vibro flotation)라고 부르는 봉상의 진동체를 노즐로부터 물을 분사시키면서 동시에 횡방향으로 진동을 가하여 지중에 공간을 만들고 여기에 모래나 자갈을 채워 느슨한 사질지반을 개량하는 공법이다.

바이브로플로트는 일반적으로 지름 350~450mm, 길이 5m이며, 수직축에 대해 편심을 갖는 속이 빈 강관으로 되어 있으며 분당 1~2m의 속도로 관입시킬 수 있다.

(2) 모래지반을 다지는 방법

① 물을 가하여 모래지반을 움직이기 쉽게 하는 물다짐공법
② 진동롤러를 사용하여 진동을 주면서 다지는 롤러공법
③ 말뚝에 의하여 흙을 측방으로 움직이는 컴팩션파일링(compaction piling)공법
④ 단순 진동을 주는 방법 등이 있다.

이 진공다짐공법은 물다짐과 진동의 효과를 동시에 이용하는 것이며, 그림 2-35와 같은 장치를 가지고 있다. 시공장치의 주요부로서는 진동다짐, 크레인, 벨트컨베이어, 계량장치 등이 있다.

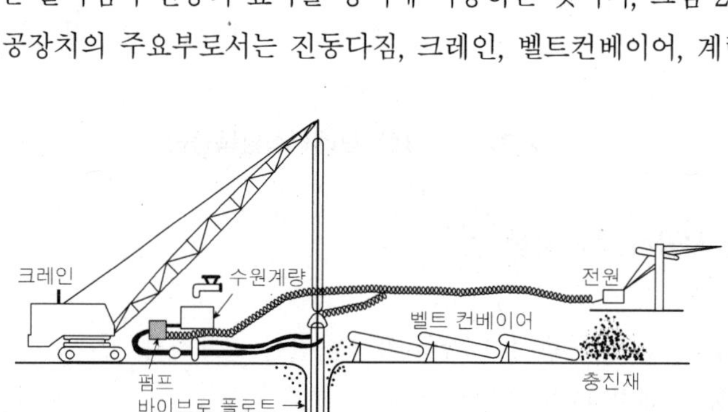

(a) 바이브로 플로테이션공법의 장치

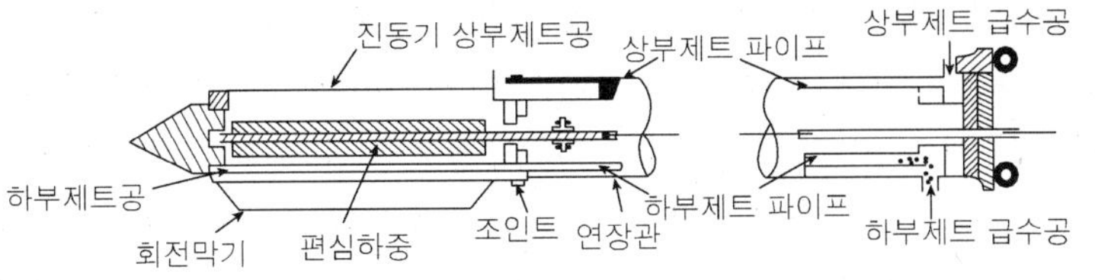

(b) 바이브로플로트

〈그림 2-35〉 진동다짐공법

(3) 시공순서

시공순서는 진동다짐을 3각 비계(크레인 등)에서 연직으로 지반 상에 달아내려 선단의 노즐(nozzle)의 마개를 열어 분사(jet)를 작동시켜 사수하면서 모터를 회전시켜 진동을 주면 진동과 제트와 진동다짐의 중량에 의하여 지반에 관입된다. 이와 같이 하여 진동다짐의 주위에 사수에 의하여 천공을 하면서 소정의 깊이까지 관입시켜 잠시 동안 분사를 계속하여 진동다짐 주위의 세립토를 지상에 배출시킨다. 시공순서는 그림 2-36과 같다.

다음에 선단의 제트를 정지시키고 횡방향으로 사수만을 분사시키면서 진동다짐의 주위에 충진재를 넣어 점차적으로 진동다짐를 끌어올리면서 지상까지 충진재를 메운다. 이와 같이 하여 시공된 충진재 및 원지반의 모래는 수평방향의 제트에 의하여 포화상태가 되어 진동다짐의 진

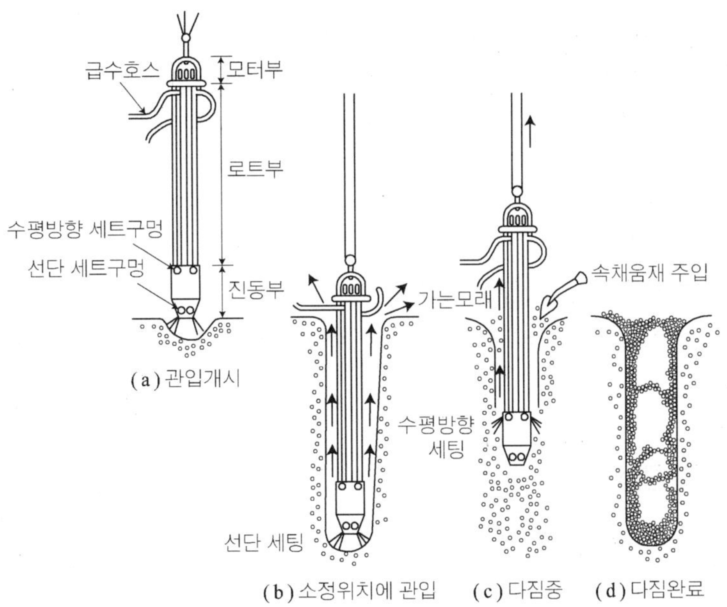

〈그림 2-36〉 진동다짐공법의 시공순서

동에 의하여 하·측방으로 배출되어 치밀하게 다져진다. 사용하는 수량은 여러 가지의 조건에 따라 다르나 진동다짐의 시공길이 1m에 대하여 0.2~0.5m^3이며, 지하수위의 고저에 따라 약간의 증감이 있다. 급수압은 평균 3기압, 최대 7기압 정도로 한다. 충진재는 막자갈, 부순돌, 모래 등이 사용되나 가는 실트를 포함한 경우에는 사수에 의하여 잘 충진이 되지 않는다.

이 충진은 종래에는 인력에 의하였으나, 그 양이 크고 연속작업을 하기 때문에 벨트컨베이어를 사용하게 된다. 또한 시공에 요하는 토질, 시공깊이 등에 의하여 다르나, 6~7m 정도라면 이동시간을 포함하여 30분 정도이다.

(4) 다른 공법과의 비교

1) 모래말뚝과의 비교

모래말뚝공법은 외관을 사용하여 말뚝을 만들게 되므로 관외 부분은 재래의 밀도 이상은 되지 않으나, 이 방법은 주위의 지반을 포화시켜 진동을 가하여 로드(rod)의 지름보다 넓은 범위가 다져지고 균일한 지반이 된다.

2) 롤러전압과 비교

롤러에 의한 전압은 좁은 구역이나 협소한 장소를 다짐할 때 어려운 점이 있다. 또한 유효전압 두께가 작으므로 공사기간이 필요로 하고, 지하수위 이하의 다짐은 불가능하다. 이 공법은 좁은 구역이나 협소한 장소에도 쉽고 확실한 다짐을 가질 수 있다. 그리고 다짐의 층두께로 진동다짐의 전장 만큼 1회에 시공되므로 공사기간은 짧고 지하수위 이하의 다짐에도 용이하게 시공된다.

3) 사용기계의 규모

이 공법은 말뚝박기공법, 모래말뚝공법에 비교하여 타입기 등의 큰 기계는 불필요하고 진동다짐을 달아 올리는 설비만으로 좋으므로 시공이 간단하고 용이하다.

2-6-4 동압밀공법

(1) 개요

동압밀공법은 1969년 프랑스의 Louis Henard에 의해 개발되어 널리 이용되고 있다. 이 방법은 무거운 탬핑을 응용한 것이며, 어느 깊이까지 압축하려고 하는 지층에 대해서 높은 에너지의 충격을 지반에 줌으로써 밀도를 증대시키는 방법이다.

이 에너지는 10~40ton_f의 무거운 추를 5~40m의 높이에서 낙하시킴으로써 지반에 전달된다. 이 에너지의 크기는 밀도를 증가시키려고 하는 지반의 두께, 개량하려고 하는 정도에 따라 다르며, 적용은 모든 지반에 유효하지만, 특히 암괴(岩塊)·자갈·쓰레기 지반에 유효하며, 개량심도(改良深度)는 폐기물지반에서 10m, 모래섞인 준설토(浚渫土)에서는 8m의 실적을 보이고 있다.

(2) 공법원리와 설계

그림 2-37은 동압밀에 의해 개량되는 현상이며, 충격 하중으로 작용시킨 에너지의 파동효과에 의해서 P파로 간극수압이 증가하여 흙의 골격이 붕괴되고, 이어서 S파로 흙의 입자가 조밀한 배열로 정돈된다.

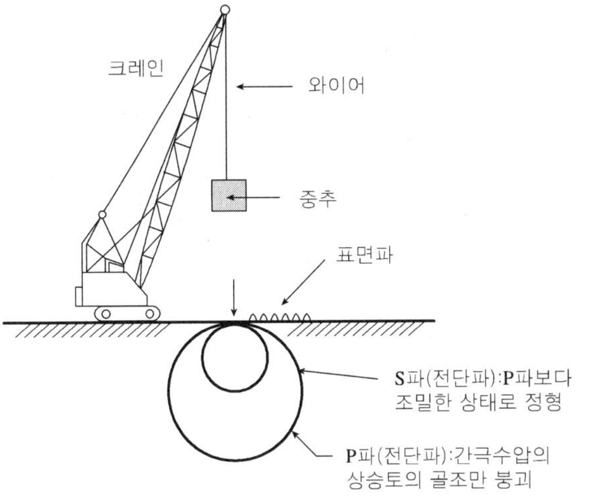

〈그림 2-37〉 동압밀공법 개요도

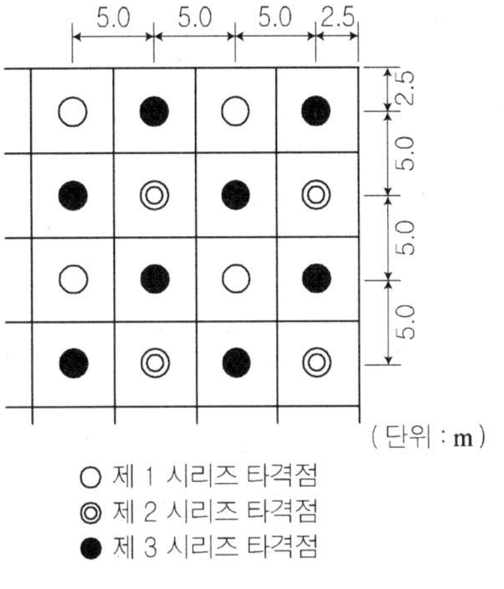

〈그림 2-38〉 타격공 패턴의 예

추는 철재 또는 콘크리트재로 무게 M과 낙하높이 h의 $M \cdot h$로 나타낸 에너지로 150~500 $ton_f \cdot m$의 경우도 있으며, 개량 깊이를 H[m]라고 하면 다음과 같은 식으로 표시할 수 있다.

$$M \cdot h > H^2 / \alpha \qquad (2-12)$$

여기서, α는 와이어의 저항이나 지반의 작업상에서 오는 계수로 0.4~0.7 정도이며, 동압밀의 공법 개요도 및 타격패턴은 그림 2-37과 그림 2-38과 같다.

(3) 시공법

시공에는 100~180ton$_f$의 크롤러 크레인을 사용하여, 무거운 중추(重錐)를 낙하시킬 수 있는 전용기가 개발되고 있다. 동압밀의 시공은 일차 탬핑과 마무리 탬핑으로 진행되며, 1차 탬핑에서는 개량심도중 깊은 곳을 개량하기 위한 것이며, 마무리 탬핑은 1차 탬핑 종료후 지표층부근을 조밀하게 다지기 위한 것이다. 그림 2-39는 동압밀의 시공순서이며, 그림 2-40은 동압밀의 시공을 나타낸 것이다.

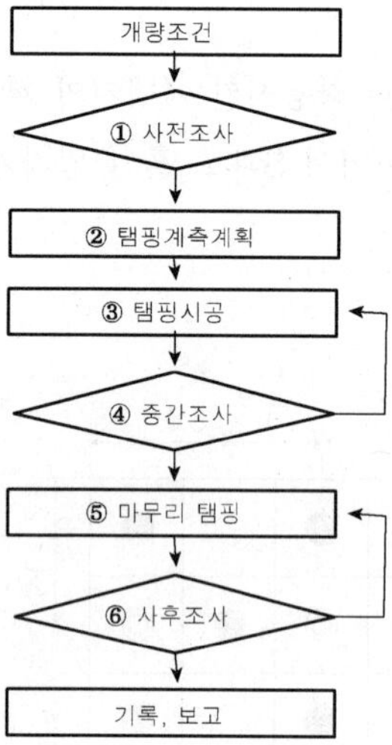

〈그림 2-39〉 시공순서

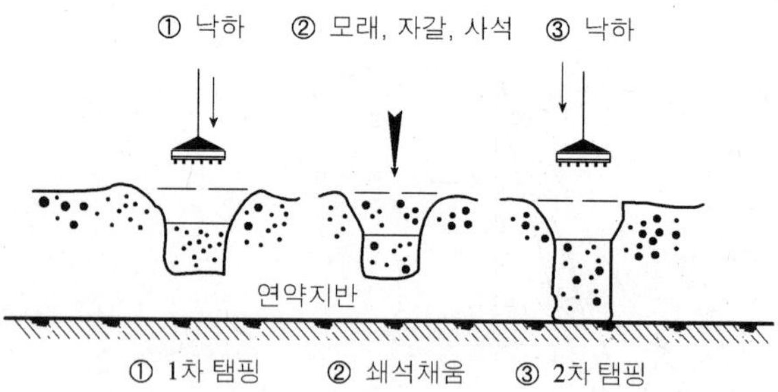

〈그림 2-40〉 동압밀의 시공

시공방법의 순서를 나타내면 다음과 같다.

① 사전조사에서는 표준관입시험·콘관입시험·수준측량을 실시한다.

② 탬핑계획에서는 사전조사의 결과를 기초로 시공방법을 결정하여 1차 탬핑에 앞서 시험타설을 하고, 계획의 적부(適否)를 검토한다.

③ 계획된 1차 탬핑에서 통상 수 m로부터 수 십 m의 간격으로 설치되는 타격점을 정하여 타격한다. 이 목적은 최심부(最深部)를 개량하며, 총에너지를 수 회로 나누어서 단계적으로 실시하는 것이 중요하다.

④ 도중에 지표면의 침하량을 측정하며, 타격구멍 속에 되메워서 정지(整地)한다.

⑤ 중간조사에서 콘관입시험으로 개량 정도를 평가하여 검사의 결과가 합격이면, 마무리 탬핑을 실시한다.

⑥ 마지막으로 지반의 개량 효과를 확인한다.

2-7 고결공법 및 주입공법

2-7-1 개요

고결공법은 지반을 구성하는 토립자 사이를 고결시켜 지반을 개량하고자 하는 공법이다. 고결시키는 방법은 경화성 물질을 흙에 첨가 혼합하는 방법, 토립자의 간극에 경화성 물질을 충진하는 방법, 가열에 의해 점토광물 중에 고용체를 생성시켜 토립자 사이의 결합을 도모하는 방법 등으로 대별할 수 있다.

2-7-2 전기침투 탈수법(알루미늄 전극법, 약액전해 고결법)

흙입자는 일반적으로 음극에 대전(帶電)되어 있고, 그 둘레에 나트륨이나 칼슘 등의 양(陽)이온을 끌어 당기고 있다. 이들의 양이온은 둘레의 수분자와 수소결합이라고 부르는 약한 힘으로 결합되어 있다. 여기에 직류전류를 흐르게 하면 양이온, 즉 수분자는 음극(陰極)에 향하여 흐르게 하며 그림 2-41과 같다.

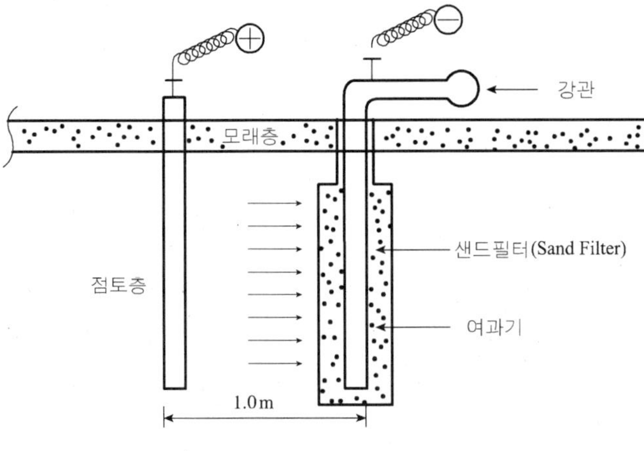

〈그림 2-41〉 전기침투압공법

이 현상을 전기침투(電氣浸透, electro-osmosis)라고 한다. 토중(土中)의 간극수는 음극에 집합한다. 또 그 때의 전기침투의 유속은 전압에 비례하고 전압간의 거리에 반비례한다. 실제로는 샌드드레인 2점간의 한 쪽에 웰포인트(well point)를 넣어 음극으로 하고, 다른 한 쪽에는 철, 알루미늄, 동이 사용된다. 이 공법은 하중을 가하면서 탈수해 가는 것이 중요하고, 특히 점성토에 효과가 있다.

2-7-3 생석회말뚝공법

(1) 공법의 개요

생석회말뚝(chemico pile)공법은 강력한 탈수, 팽창력을 가진 생석회(CaO)를 연약지반 속에 말뚝모양으로 타설하여, 흙 속의 물을 급속하게 탈수함과 동시에 말뚝자체의 체적이 2배로 팽창하여 지반을 강제압밀시키는 공법이다. 이 공법은 생석회의 소화, 흡수에 의한 탈수효과, 말뚝의 팽창에 의한 압밀효과 및 말뚝효과에 의한 강도증가, 침하저감 등의 지반개량을 도모한다. 말뚝사이의 연약지반은 쌓기재하 없이 압밀이 촉진되며 또 생석회 자신도 잠재적으로 수경성을 지니고 압밀이 촉진된 중간지반과의 복합지반을 형성한다.

(2) 시공방법

생석회말뚝공법은 최근 도심지에서 건설공사가 증가함에 따라서 말뚝타설시 무공해 시공을 고려하여 케이싱 오거방식이 채용되는 경우가 많으며, 케이싱 선단부근에 스파이럴을 붙여 정적인 회전구동으로 관입하는 저진동, 저소음 상태의 시공이 가능하며, 지반의 교란도 최대한 저감되는 것이 장점이다.

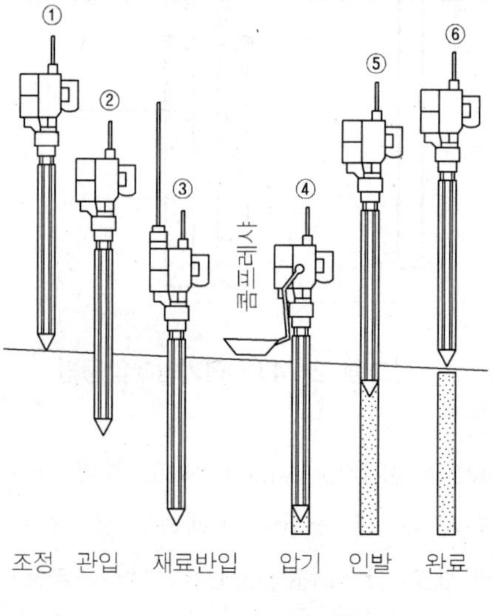

〈그림 2-42〉 생성회말뚝공법의 시공순서

생석회말뚝공법의 시공순서는 다음과 같다(그림 2-42참조).

① 소정의 위치에 타설기를 설치하고 수직으로 조정한다.
② 케이싱을 회전하여 소정의 심도까지 관입한다.
③ 관입 완료후 케이싱의 회전을 정지하고, 호퍼로 생석회계 재료를 투입한다.
④ 케이싱을 내압이 소정의 값에 도달한 후, 케이싱을 회전(역회전)하면서 인발한다.
⑤ 내압을 서서히 내리면서 케이싱을 인발하여 시공을 완료한다.

2-7-4 동결공법

(1) 공법의 개요

동결(freezing)공법은 지중에 동결관을 삽입하고, 이 속에 액체질소 같은 냉각제를 흐르게 하여 주위의 흙을 일시적으로 동결시켜 동결토의 큰 강도와 불투수성의 성질을 이용하는 일시적인 가설공법이다. 적용이 가능한 지반은 사력층, 연약토층, 피압수층 등을 포함하여 모든 토층이다.

(2) 공법의 특징

① 동토(凍土, frozen soil)의 역학적 강도가 우수하다.
② 동토의 차수성이 완전하고 부착력도 크다.
③ 동토의 해동속도가 느리므로 냉각정지에서도 충분히 안전하다.
④ 지하수오염과 같은 환경피해의 우려가 없다.
⑤ 동토의 형성에는 어느 정도 기간을 요한다.
⑥ 동결로 인한 팽창과 해동으로 인한 침하로 주변에 영향을 주는 경우가 있으므로 설계・시공에는 신중한 배려가 필요하다.
⑦ 지하수의 유속이 빠른 경우에는 지하수가 열을 흡수하기 때문에 목적한 동토벽이 완성되지 않는 경우가 있다.

(3) 동결방식

동결방식은 냉각재의 종류와 열교환 형식 등에 따라서 저온액화 가스방식과 브라인방식이 있다. 저온액화 가스방식은 액체질소(비동점 -196℃)를 직접 동결관으로 유입하여 그 기화열로 지반을 냉각한다. 대상이 되는 동결토량이 200m^3 이하에서는 단기간의 소규모공사에만 이 방식이 사용된다. 브라인방식은 브라인(염화칼슘용액 -비중 1.268로 빙점 -55℃)을 압축기, 응축기, 냉각기로 냉매 사이클에 의해 -20~30℃로 냉각하고, 이를 순환펌프를 이용하여 동결관에 주입하여 지반을 냉각시킨다. 이 공법은 대규모공사에 적합하며, 그림 2-43과 같다.

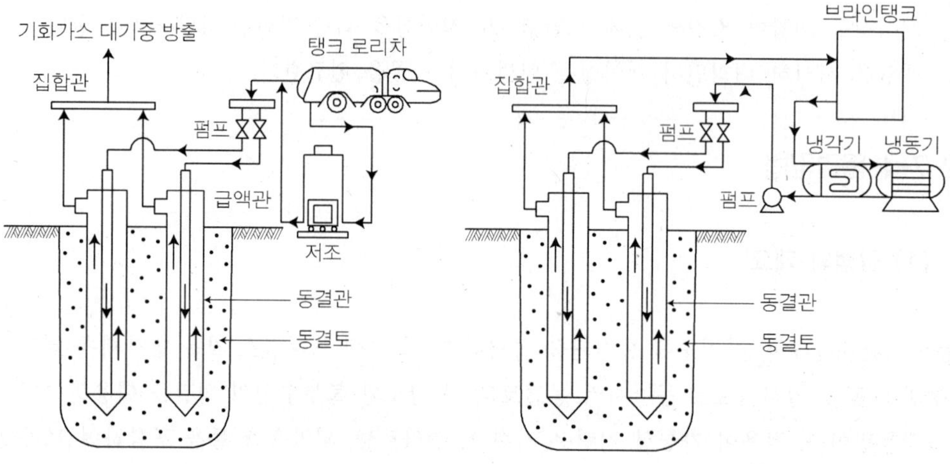

(a) 저온액화가스방식 (b) 브라인방식

〈그림 2-43〉 동결방식 구조

(4) 설계 및 시공시 유의사항

① 동결된 흙의 두께는 지반강도의 증가가 목적일 경우는 강도계산을 실시해서 안전율을 결정하고, 지수가 목적일 경우는 각 동결관에 의해 조성된 동결된 흙이 상호결합해서 동토벽을 조성하는데 필요한 두께로 한다.

② 동결된 흙의 굴착은 가능한 피하도록 동결범위를 결정하고, 동결된 흙의 강도정수는 적용지반에 대해 동결된 흙의 강도시험을 실시해서 결정한다.

③ 동결관의 설치간격은 일반적으로 브라인방식은 80~120cm, 저온액화가스방식은 50~80 cm 정도가 적당하다.

④ 시공관리에는 동결관리와 변상측정이 있다. 동결관리는 지중 온도측정에 의해 이상 유무를 꾸준히 측정하고, 시공주변에 지하매설물 등이 있을 경우 그 변상정도에 따른 영향정도를 파악하여 적절한 조치를 취한다.

2-7-5 LW공법

(1) 개요

LW(labies wasser glass)공법은 시멘트 중량의 10% 이하의 물유리(규산소다, water glass)가 관입하였을 때 고결하는 성질을 이용한 것으로 불안정 물유리공법이라고도 한다. 양자의 혼합액을 지반 중에 주입함으로써 흙 중의 거친 간극은 시멘트 입자로 메워짐과 동시에 시멘트 입자가 주입되지 않은 미세간극에는 물유리계액의 겔(固結, gel) 화합물을 충전하여 흙 입자간의 결합을 단단하게 만든다. LW공법의 시공 모식도는 그림 2-44와 같다.

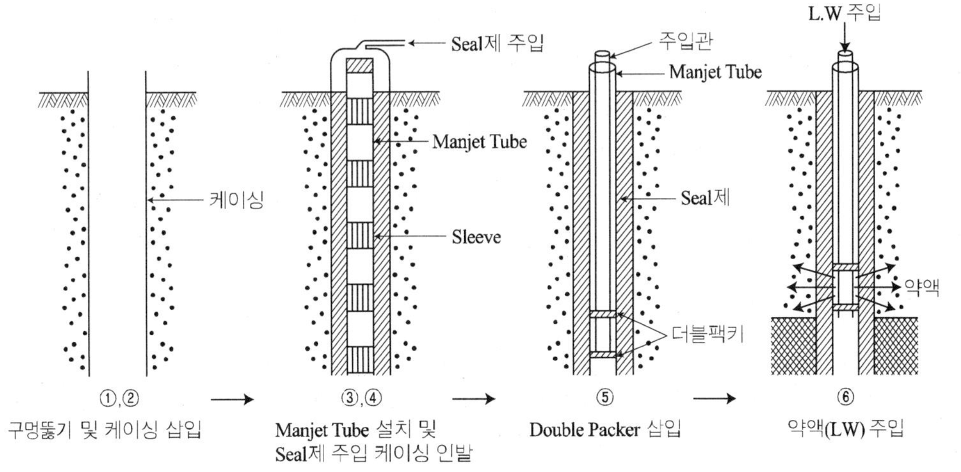

〈그림 2-44〉 LW공법 시공의 모식도

(2) 적용목적

이 공법의 적용목적은 다음과 같다.

① 개착공사(開鑿工事, open cut work)에 있어서 히빙(heaving) 또는 보오링(boiling)의 방지
② 시트파일(sheet pile)박기를 할 수 없는 지반의 지수(止水)
③ 지중 또는 지상의 기설구조물(既設構造物)에 근접하여 시행하는 공사에 있어서 기설구조물의 침하방지
④ 연약지반, 파쇄지대(破碎地帶)에 있어서 터널의 굴진(掘進) 혹은 지반을 굴착할 때의 붕괴방지와 함께 지수
⑤ 기초지반의 지지력의 증강

⑥ 하천 또는 해중교각(海中橋脚)의 세굴방지(勢掘防止)
⑦ 실드(shield)공사에 있어서 실드 발진(發進)을 위하여 무기압(無氣壓) 굴착을 하는 지반부분 및 여기에 접한 발진입갱 주변의 물막이와 붕괴방지, 아울러 실드 굴진부의 누기방지(漏氣防止)

(3) 장 · 단점

1) 장점

① 약액재료로서는 가장 취급하기 쉽고 가격이 저렴하다.
② 주입액의 고결시간(gel time : 2~3분)은 시멘트 현탁수(縣濁水, A액이라 칭함) 중의 시멘트량을 가감하여 자유로이 조절할 수 있다.
③ 입자크기가 다른 흙이 불규칙적으로 분포하고 있는 지반이라도 합리적으로 주입이 가능하다.
④ 장비가 간단하고, 주입압력은 0.5MPa 정도이다.
⑤ 구멍뚫기중 진동 및 소음이 적고, 작은 구멍뚫기가 용이하다.

2) 단점

① 적용할 수 있는 토질에는 제한이 있으며, LW주입공법에 적합한 토질은 단단하지 않은 사력층(砂礫層)에서 세사층(細砂層)까지이며, 이보다 흙 입자가 가는 경우에는 층이 약한 곳을 뚫어 맥상(脈狀)으로 주입하는데 불리하다.
② 토사층에 주입된 경우 고결 후의 일축압축강도는 0.05~0.4MPa 정도로 상승한다.
③ 지반보강으로 부적합하며, 자립식이 불가능하다.
④ 공사기간이 길다.

2-8 지하수위 저하공법

2-8-1 개요

원지반에서의 용수에 의한 굴착면의 붕괴를 방지하기 위해 원지반 중의 지하수를 배수하여 수위를 저하시키는 공법을 말한다. 지하수위 저하공법(dewatering method)은 중력배수공법인 심정호(deep well)공법과 강제배수공법인 웰포인트(well point)공법 등이 있으며, 대상지반의 범위, 투수성, 깊이 등을 고려하여 선정한다. 또한 물빼기보링, 물빼기공, 파일럿 터널 등을 터널굴착에 앞서 시공하고 수위저하를 꾀하는 경우도 많으며, 표 2-7과 그림 2-45와 같다.

〈표 2-7〉 지하수위 저하공법 분류

- 지하수위 저하공법
  - 중력배수공법
    - 집수공법
    - 심정호공법
    - 암거공법
  - 강제배수공법
    - 웰포인트공법
    - 리브 · 웰포인트공법
    - 전기삼투공법
    - 진공배수공법

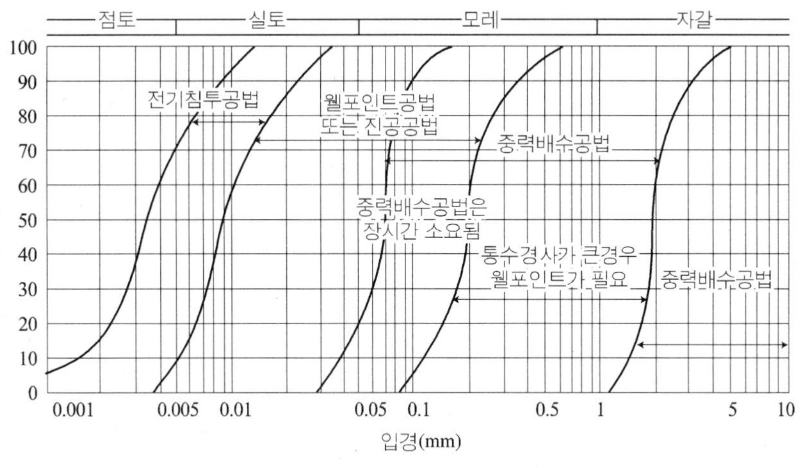

〈그림 2-45〉 토립자의 입경과 배수공법의 적용범위

2-8-2 웰포인트공법

그림 2-46과 같이 굴착하려는 사질토층 표면 부분에 웰포인트공법(well point method)이라고 부르는 지름 5cm, 길이 1m 정도의 흡수기구(吸水器具)를 라이저 파이프(riser pipe)라고 하는 지름 3.8cm, 길이 5~7m의 강관에 연결한다. 그러고 나서 1~2m 간격으로 설치하여 헤더 파이프(header pipe)를 통하여 진공펌프에 연결시키고 진공상태에서 강제적으로 배수시키는 공법이다.

양수(揚水)할 때는 계속적으로 운전할 수 있도록 정전, 기계의 고장, 웰포인트의 막힘 등이 없게 주의할 필요가 있으며, 웰포인트펌프(well point pump)는 기수분리조(氣水分離槽, separater tank), 와권펌프(渦券, fugal pump) 및 진공펌프를 총칭하여 웰포인트펌프라고 한다.

탱크 내에 흡입되는 지하수는 일반적으로 약간의 공기를 포함하고 있으므로 진공펌프로 공기를 흡입하고 다음에 와권펌프로 지하수를 배출시키는 기구로 되어 있으며, 각 펌프의 능력과 마력수는 각각 표 2-8, 2-9와 같다.

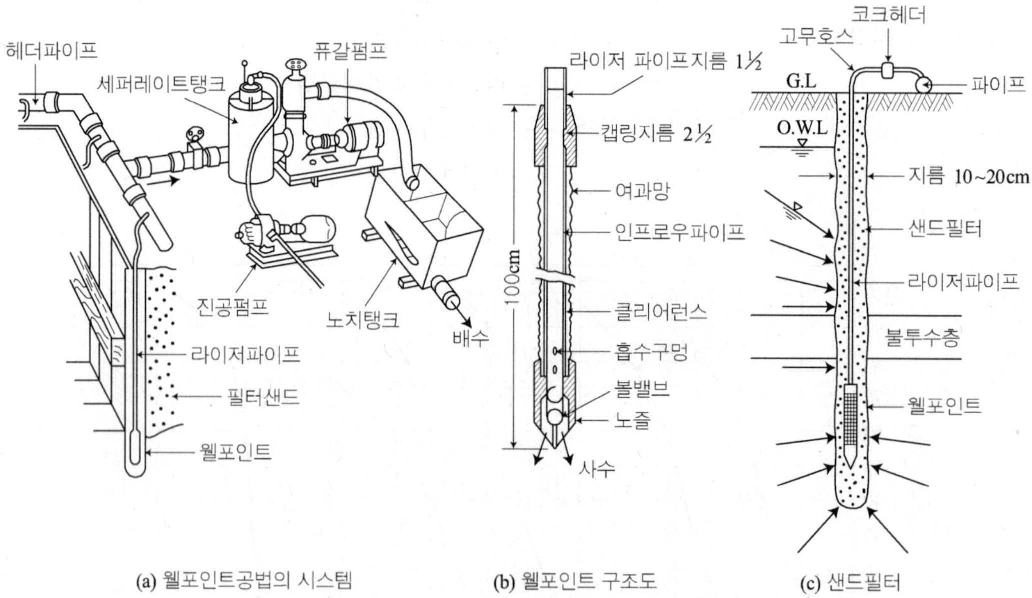

〈그림 2-46〉 웰포인트의 설치도

〈표 2-8〉 와권펌프의 배수량과 마력수

구경[cm]	배수량[m³/분]	마력[HP]
7.35	0.5	5.0
9.80	1.0	7.5
14.70	15.0	15.0

〈표 2-9〉 진공펌프의 배기량과 마력수

형식	배기량[m³/분]	마력[HP]
건식	2.0	5.0
	3.0	7.5
습식	2.0	10.0
	3.0	16.0

2-8-3 심정공법

(1) 개요

심정(深井, deep well)공법은 깊은우물공법이라고 하기도 하며, 지름 0.9~1.2m 정도의 우물을 파서 수중펌프로 배수하여 지하수위를 강제적으로 저하시키는 공법이다. 이 공법은 PBD와 병용할 때가 많으며, 이 공법을 그림으로 나타내면 그림 2-47과 같다.

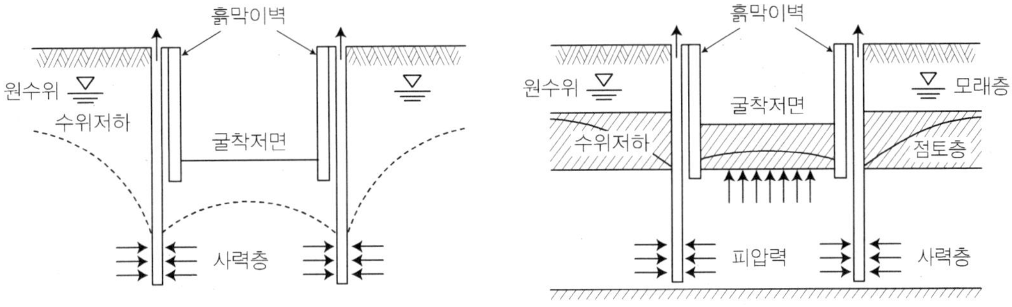

〈그림 2-47〉 심정공법

(2) 적용범위

① 넓은 지역의 지하수위 저하에 적합하다.
② 투수성이 크고, 배수량이 많은 지역에 적합하다.
③ 굴착 바닥면에 히빙과 보일링 위험이 있을 때 적합하다.
④ 피압토층 있는 경우 굴착도중 바닥면이 부풀어 솟아 오른다.
⑤ 우물 설치수, 필요 양수량은 지하수위, 투수계수, 토층구성에 따라 결정된다.
⑥ 스트레인의 구멍이 막히지 않는 조건은 다음과 같다.

$$\frac{D_{15}}{D_{85}} < 5,\quad \frac{D_{15}}{D_{85}} > 5,\quad \frac{D_{85}}{D} < 2$$

모래지반과 같이 투수성이 좋고 대수층이 비교적 두꺼우며, 깊은 지반의 지하수위를 대량으로 저하시켜야 할 경우에 효과적이다. 투수성이 낮은 대수층에서는 진공펌프와 병용하는 진공심정공법을 적용하는 경우도 있으며, 다음과 같은 조건일 경우는 심정공법이 웰포인트공법보다 유효하다.

① 지반의 투수계수가 커서 양수량이 많을 경우
② 굴착면적이 커서 지하수를 저하시키는 범위와 소요저하량이 클 경우
③ 히빙이나 보일링 등의 방지를 위하여 심층지하수대의 감압을 꾀할 경우
④ 배수를 필요로 하는 지역에서 주변상황이나 공사의 여건을 고려하여 웰포인트공법이 적용되지 못할 경우

연 습 문 제

2-1 연약지반을 통과하는 지하철 노선의 굴착공사에 적합한 흙막이(土留工)공법을 1개 선택하여 논술하시오.

2-2 Vertical Drain 및 Preloading공법의 원리와, Vertical Drain공법의 압밀시간이 단축되는 이유를 설명하시오.

2-3 연약지반개량공법에 대하여 설명하시오.

2-4 연약지반처리공법에 있어서 웰포인트공법의 적용에 대하여 설명하시오.

2-5 연약지반 상의 쌓기공사에 있어서 시공계획상 유의할 사항을 설명하시오.

2-6 연약지반 쌓기에서 제거치환공법에 대하여 설명하시오.

2-7 토질에 따른 전단강도의 특성을 설명하고 현장 적용시 고려하여야 할 사항에 대하여 설명하시오.

2-8 연약지반 지역에 교량교대의 측방이동 억제공법에 대하여 설명하시오.

2-9 흙의 동상 및 연약지반 특히 점토층에 있어서 1차, 2차 압밀에 대하여 설명하시오.

2-10 흙의 강도측정의 개념을 간단히 설명하고, 또 각 방법에 대한 시공시에 적용해야 할 시험방법을 예를 들어 설명하시오.

2-11 연약지반처리공법 적용에 따른 방법에 대한 침하량 밀도관리방법에 대하여 설명하시오.

2-12 연약지반 동다짐공법을 서술하고, 시공관리상의 유의사항을 설명하시오.

2-13 연약지반 점토층 두께에 따른 경제성을 고려한 지반개량공법의 종류와 장 · 단점을 설명하시오.

2-14 샌드드레인공법, PBD공법, 팩드레인공법의 장 · 단점을 설명하시오.

2-15 점성토 연약지반의 개량공법을 열거하고, 이 특징에 대해 설명하시오.

2-16 연약지반 쌓기작업의 시공관리에 대해 설명하시오.

2-17 사질토 지반의 개량공법에 대해 설명하시오

제3장 건설기계

3-1 토공기계

3-1-1 토공기계의 선정

토목공사를 실시함에 있어서 작업의 종류, 규모, 공사기간 및 현장조건 등에 의하여 적합한 기계를 선정해야 한다. 표 3-1은 작업 종류별공사에 적합한 건설기계(建設機械)의 종류를 나타낸 것이다. 또 흙의 운반작업에서의 적합한 기계는 운반거리나 운반로의 상황에 좌우되고 운반거리에서의 적용기계는 표 3-2와 같다. 운반로의 상황을 정확하게 파악하기 위하여, 즉 건설기계의 트래피커빌리티(走行性, trafficability)을 콘지수로 표시한다. 또한 굴착작업과 작업기계의 선정은 표 3-1과 같다.

그림 3-1은 일반적인 토공작업의 흐름과 적합한 기계의 조합이며, 각 기계종류를 정하였을 때 작업능력의 선정에서 말하는 단체로서의 기계의 작업능력을 각각 구하고, 조합함으로써 조합 기계의 작업능력을 산정한다.

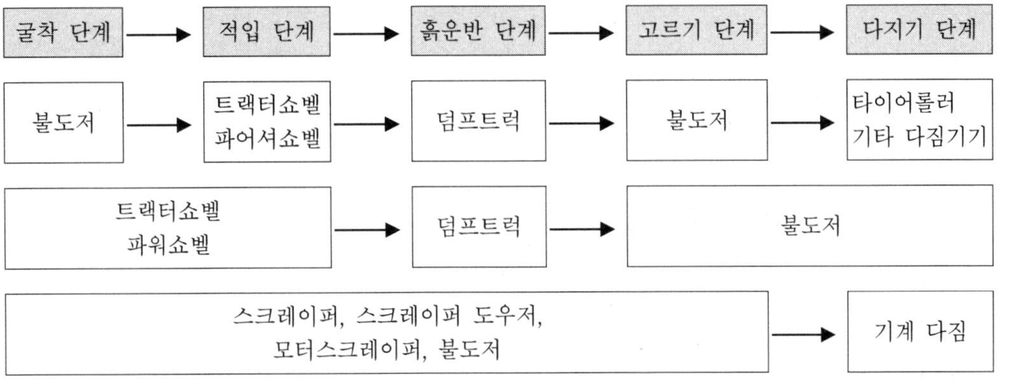

〈그림 3-1〉 기계의 조립과 시공

〈표 3-1〉 작업종별로 본 적정 토공기계

작업의 종류	적 정 기 계 의 종 류
벌 개	불도저(bulldozer), 레이크 도저(rake dozer)
굴 착	파워쇼벨(power shovel), 드래그쇼벨(일명 : 백호), 클램셸(clam shell), 트랙터쇼벨(tractor shovel), 불도저, 리퍼(ripper), 브레이커(breaker)
신 기 (적 입)	쇼벨계 굴착기(파워쇼벨, 드래그쇼벨, 클램셸), 트랙터쇼벨, 벨트컨베이어(belt conveyer), 기타 연속식 적입기
굴 착 · 신 기	쇼벨계 굴착기, 트랙터쇼벨, 준설선(dredger)
굴 착 · 운 반	불도저, 스크레이퍼 불도저(scraper dozer), 스크레이퍼(scraper), 트랙터쇼벨, 준설선
운 반	불도저, 덤프트럭(dump truck), 벨트컨베이어, 토운차, 가공삭도(aerial cableway)
땅 마 무 리	불도저, 모터그레이더(motor grader), 스크레이퍼
함 수 비 조 절	스태빌라이저(stabilizer), 프라우(prow), 하로우(harrow), 모터그레이더, 살수차
다 지 기	로드롤러(road roller), 타이어롤러(tire roller), 탬핑롤러(tamping roller), 진동롤러, 콤팩터(compactor), 램머(rammer), 불도저
정 지	불도저, 모터그레이더
도 랑 파 기	트랜처(trencher), 드래그쇼벨

〈표 3-2〉 운반거리에서 본 적용 기계의 표준

구 분	거 리	건 설 기 계 의 종 류
단거리	50m 이하	불도저, 트랙터쇼벨, 스크레이퍼 도저, 버킷도저
중거리	50~500m	스크레이퍼 도저, 버킷도저, 스크레이퍼, 모터스크레이퍼, 쇼벨계 굴착기(파워쇼벨, 드래그쇼벨(백호우), 드레그라인, 클램셸)와 덤프트럭의 조합, 트랙터쇼벨과 덤프트럭의 조합
장거리	500m 이상	모터스크레이퍼, 쇼벨계 굴착기(파워쇼벨, 드래그쇼벨, 드레그라인, 클램셸)와 덤프트럭의 조합, 트랙터쇼벨과 덤프트럭의 조합

3-1-2 기계화 시공의 장 · 단점 및 방향

(1) 장 점

① 건설현장 시공속도가 빠르므로 공사기간단축을 가져온다.
② 공사규모의 확대시킬 수 있다.
③ 시공가능성의 확대로 노동력이 적게 소요되어 중노동이 해방된다.
④ 공사의 질이 우수하다.
⑤ 공사에서 위험이 해소되고 안전을 기할 수 있다.
⑥ 공사비절감 등의 효과 등이다.

〈표 3-3〉 굴착작업과 작업기계의 선정

작 업 구 분		사 용 기 계	적 요
벌개	① 잔디, 잡초의 예취 ② 관목, 입목, 전석의 제거	모터그레이더, 소형 불도저, 불도저, 레이크불도저, 쓰리 불도저 파워쇼벨, 트랙터쇼벨 착암기, 콤프레서	잔디·잡초 및 토사깎기 보통의 벌개 작업 큰 나무뿌리의 제거, 전석의 폭파 등 화약류 사용
깎기	① 가벼운 깎기 ② 경토의 깎기	모터그레이더 불도저 스크레이퍼 불도저, 유압립퍼	광장의 정지 단거리 깎기운반 중거리 깎기운반 연암, 전석 혼입의 깎기
굴착·적재	① 토사의 굴착 ② 고결한 재료, 암석, 혼입토사, 암석	불도저, 트랙터쇼벨 스크레이퍼 스크레이퍼불도저 휠 엑스카베이터 파워쇼벨 드래그쇼벨, 클램셀 드래그라인 래더 엑스카베이터 유압립퍼, 로우더 착암기, 콤프레서	운반거리 100m 미만 운반거리 500m 미만 운반거리 300m 정도 대규모의 굴착·적재 지면보다 높은 곳의 굴착 지면보다 낮은 곳의 굴착 하천 등의 낮은 곳의 굴착 하천 굴착과 같이 일정한 단면을 길게 굴착하여 다른 곳에 쌓기 축제할 경우에 사용 연암의 굴착 화약류 사용
구조물 기초 굴착		불도저, 파워쇼벨 드래그쇼벨, 클램셀 착암기, 콤프레서	대형 기초인 경우에 안에 들어가서 굴착 지상 위치에서 굴착이 가능 전석, 암잔 등의 제거
도랑 굴착		모터그레이더 불도저, 드래그라인 드래그쇼벨, 트랜처	도로의 측구, 광장의 배수구 막파기 배수구 상·하수도·가스관 등의 매설구 등에 정밀도 높게 굴착 가능하다.
되메움		불도저, 모터그레이더	
지중 굴착	① 수평방향의 구멍 굴착 ② 수직방향의 구멍 굴착	터널굴착기 점보굴착기, 콤프레서 록커쇼벨 수평오거 어스, 오거, 어스드릴, 리버스 서큘레이숀 드릴 보링머신, 왜건드릴, 크롤러 드릴	회전식 컷터로 전단면의 굴착을 함 발파공 암석의 적재 도로 등을 횡단하는 파이프의 설치공 굴착 현장타설 말뚝용 구멍의 굴착 시추공·발파공
수중 굴착		펌프선 그래브선 버킷선 딥퍼선 래더 액스카베이터, 타워 엑스카베이더 리서브 서큘레이숀드릴, 에어리프트드릴	연토 및 모래 굴착, 대량 장거리 수송가능 연토에서 경토까지 굴착 점토에서 경암까지 굴착 단단한 점토, 모래자갈, 연암에도 사용가능 육상에서 굴착가능 수중구조물의 기초공사에 적합

(2) 단 점

① 기계의 구입 및 설비비가 비싸다.
② 동력 연료, 기계부품, 수리비 등이 필요하다.
③ 숙련된 운전사 및 정비원이 필요하다.
④ 기계화 시공에 따른 투자비 및 운영비가 많이 든다.
⑤ 소규모공사에는 인력보다 경비가 많이 든다.

(3) 건설기계화의 방향

① 구조물의 표준화, 규격화
② 건설재료의 표준화, 규격화
③ 건설재료의 공장생산화
④ 설계, 적산, 관리의 합리화
⑤ 공사규모의 대형화
⑥ 공사기간의 적정화
⑦ 공사의 표준화

(4) 건설기계의 작업능률 저해요인

① 숙련되지 못한 운전미숙일 때
② 불량한 지질조건 및 악천후일 때
③ 건설기계 배치 및 장비조합의 불균형일 때
④ 건설기계 정비 및 주의환경의 조건이 좋지 못할 때
⑤ 시공준비의 미비사항 등에 대해서 작업능률이 저하된다.

3-1-3 건설기계 시공능력의 산정

(1) 기본식

$$Q = r \cdot q \cdot f \cdot E \qquad (3-1)$$

여기서, Q : 시간당 작업량(m^3/hr 또는 ton_f/hr)
n : 시간당 작업사이클 수
q : 1회 작업사이클 당 표준작업량(m^3 또는 ton_f)

f : 토량환산계수
E : 작업효율

(2) 기계의 작업시간

기계의 시간당 작업량은 기계의 운전시간당 작업량으로 하고, 이 운전시간은 기계의 주 기관이 회전하거나 주작동부가 가동하는 시간을 말한다. 또한 주목적의 작업을 하는 실작업시간 외에 작업 중의 기계이동, 기관 또는 주작동부의 예비가동, 운전시간 중의 점검 또는 조정, 주유, 조합기계 때의 대기 등이 포함된다.

(3) 시간당 작업량(Q)

토공에 있어서의 작업능력은 일반적으로 m^3/hr로 표시되고 자연상태의 토량, 흐트러진 상태의 토량, 다져진 후의 토량 세 가지 표시방법이 있으며, 기계종류에 따라서 (ton_f/hr), (m^2/hr), (m/hr) 등으로 작업량을 표시할 때도 있다.

(4) 1회 작업사이클 당 표준작업량(q)

기계는 일련의 동작을 되풀이하는 작업을 하게되고 이때의 1회 사이클의 동작으로 이루어지는 표준적인 작업조건과 작업관리 상태에 있어서의 작업량을 1회 작업사이클 당 표준작업량이라고 하며, 토량인 경우에는 흐트러진 상태에서 취급되는 것이 일반적이고 보통 (m^3) 또는 (ton_f)으로 표시한다.

(5) 시간당 작업사이클 수(n)

$$n = \frac{60}{C_m(\min)} \text{ 또는 } \frac{3,600}{C_m(\mathrm{s})} \qquad (3-2)$$

여기서, C_m : 사이클 타임으로서 기계의 작업속도나 주행속도에 따라 분(min) 또는 초(s)로 표시한다.

(6) 작업효율(E)

기계의 시간당 작업량은 그 기계 고유의 일정한 값이 아니고 작업현장의 제반조건에 따라 변화하는 것이므로 표준적인 작업능력에 작업현장의 여러 가지 여건에 알맞은 효율을 고려하여 산정함이 필요하며, 이 작업효율은 일반적으로 능력적 요소와 시간적 요소로 구분된다.

$$작업효율(E) = 현장\ 작업능력계수 \times 실작업시간\ 율 \qquad (3-3)$$

(7) 현장 작업능력계수

기계의 표준적인 작업능력에 영향을 미치는 기상, 지형, 토질, 공사규모, 시공방법, 기계의 종류, 기계 조종원의 기능도, 해상에서는 파도 및 풍향 등의 작업현장여건을 고려한 계수를 말한다.

(8) 실 작업시간율

기계의 상태, 공사규모, 시공방법 등에 의하여 변화하며 다음과 같이 표시한다.

$$실작업시간\ 율 = \frac{실작업시간}{운전시간} \qquad (3-4)$$

3-1-4 불도저

불도저(bulldozer)는 트랙터(tractor) 앞에 배토판(排土板, blade)을 부착하여 흙을 깎아서 밀어 운반하는 토공기계로서 가장 많이 사용되는 기계이다. 배토판이 불도저의 진행방향에 직각

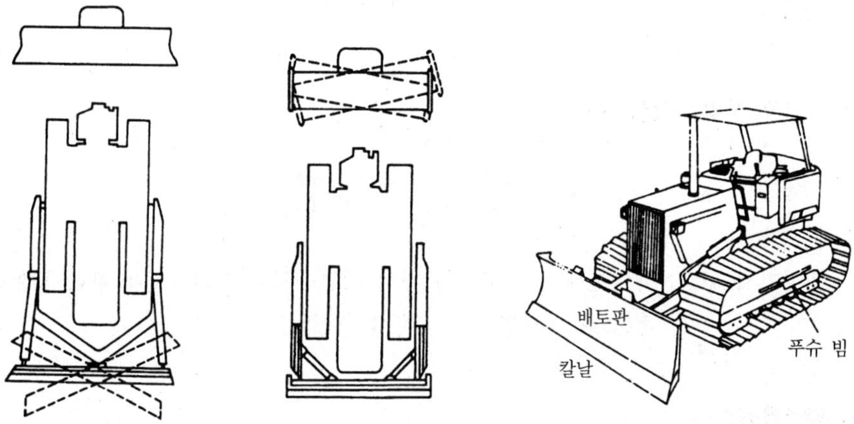

(a) 앵글도저(angell dozer) (b) 틸트도저(tilt dozer)

〈그림 3-2〉 불도저

으로 고정되어 있는 것을 스트레이트도저(straight dozer)라 하고, 각도를 가지고 전진하는 것을 앵글도저(angle dozer)라고 하며, 이것은 그림 3－2와 같다.

그림 3－2(b)와 같이 배토판이 수평으로 약 10°정도의 각도로 경사진 것을 틸트도저(tilt dozer)라 하고, 배토판의 칼날은 도랑파기나 동결된 흙의 굴착에 사용한다.

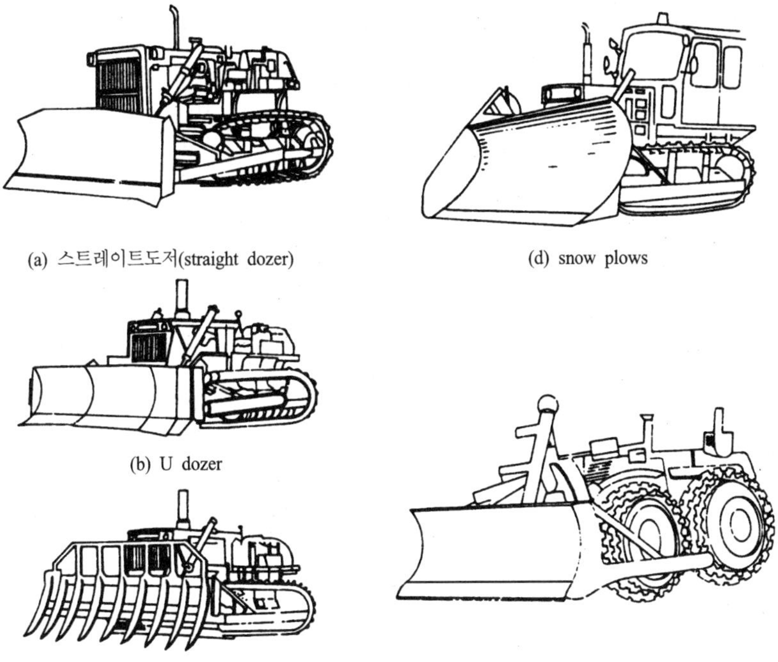

(a) 스트레이트도저(straight dozer)

(d) snow plows

(b) U dozer

(c) 레이크도저(Rake dozer)

(e) 타이어도저

〈그림 3 - 3〉 각종 도저

그림 3－3(c)는 레이크도저(rake dozer)로 배토판 대신에 갈퀴(rake)를 부착한 것으로 나무뿌리 뽑기, 뿌리제거 및 굳은 지반의 파헤치기 등에 사용된다.

불도저의 배토판 조작에는 트랙터의 앞부분 또는 뒷부분에 장치된 위치로 배토판을 장착하여 와이어 로프를 감든지 풀든지 하는 것이다. 즉 와이어식 불도저와 배토판을 직접 유압(油壓) 펌프로 작동하는 유압식 등이 있다. 전자의 것이 배토판의 조작이 빠르고 고장도 적으나 배토판은 자중으로 지반에 박혀서 굴착하는 것이므로 지반이 단단(硬)할 때는 배토판이 흙에 박히지 않는 결점이 있다.

보통 불도저는 주행에 무한궤도(cater pillar)를 사용하며, 이것을 크롤러(crawler)형이라고 한다. 습지(濕地)에서 사용하는 습지 불도저는 무한궤도의 폭이 넓고 접지압(接地壓)이 보통 불도저의 약 1/2(0.02MPa) 정도로 되어 있다. 배토판은 습지용 배토판을 사용한다.

또한 주행장치에 타이어(tire)를 사용한 것도 있으며, 타이어 도저는 주행속도가 캐터필러형의 약 3~4배(30km/hr) 정도되는 특징을 가지고 있으며, 그림 3-3(e)와 같다. 불도저의 제원은 표 3-4와 같다.

〈표 3-4〉 불도저의 제원

형 식	규 격 [ton$_f$]	규격 [PS]	중량 [ton$_f$]	배토판의 치수 L×H[m]	배토판 용량 (q_o)[m^3]	접지압 [MPa]	배토판 형식	주행속도 [km/hr]
보통형	3급	35	3.3	2.28×0.57	0.80	0.03	앵 글	2.8~ 7.4
	6급	55	5.8	2.66×0.68	0.85	0.05	〃	2.4~ 9.8
	8급	76	8.2	3.13×0.71	1.50	0.06	〃	2.8~ 8.8
	11급	93	11.4	3.43×0.89	1.89	0.06	〃	2.4~ 9.4
	15급	140	15.5	3.71×1.08	3.00	0.06	〃	2.5~10.3
	21급	181	21.3	3.63×1.28	4.13	0.07	스트레이트	2.4~10.0
	32급	313	32.6	4.09×1.56	6.91	0.09	〃	
	43급	410	43.1	4.32×1.84	10.15	0.11	〃	3.7~14.8
습지형	3.5급	35	3.6	2.20×0.59	0.53	0.02	스트레이트	
	7급	55	6.8	2.75×0.57	1.01	0.03	〃	
	9급	76	9.5	3.07×0.85	1.54	0.03	〃	
	13급	94	12.8	3.39×0.92	1.99	0.03	〃	
	16급	140	16.8	3.93×1.05	3.01	0.03	〃	
	20급	144	21.1	4.2×1.06	2.80			2.4~ 9.5
	27급	200	27.4	4.6×1.1	3.20			2.5~10.3
	42급	328	41.9	4.2×1.8	7.00			

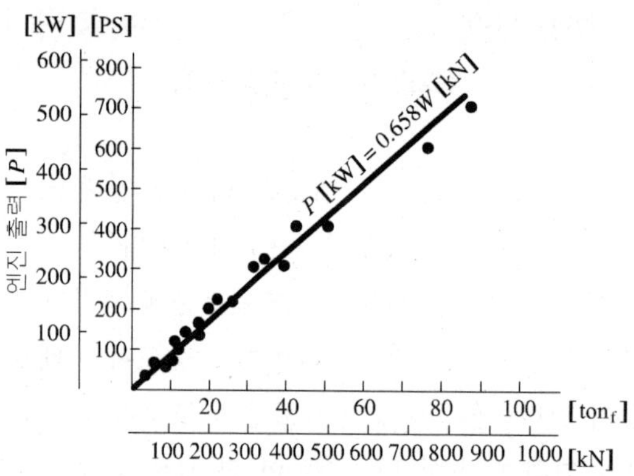

〈그림 3-4〉 불도저의 전중량과 엔진출력

트랙터 중량과 엔진출력은 매우 밀접한 관계가 있으며, 그림 3-4는 불도저 전 장비중량과 엔진출력과의 관계를 표시한 것이다. 트랙터의 크기에 상관없이 불도저 장비의 경우 주행속도

1m/s(3.6km/s)일 때 엔진 최대견인력은 대개 자중의 0.658배가 된다.

궤도의 폭이 넓은 습지(濕地), 초습지(草濕地), 초초습지(超草濕地) 불도저라고 하는 연약지반용 불도저가 제작되고 있고, 그 접지압은 보통 불도저가 50~60kPa인데 비하여 습지 불도저는 30kPa 전후이고, 초습지, 초초습지 불도저는 12~20kPa 전후인 것이 많다. 따라서 트래피커빌리티도 표 3-4와 같이 보통 불도저에 비하여 충분히 개선되고 있으며, 불도저의 종류와 기능은 다음과 같다.

(1) 불도저의 종류와 기능

불도저는 단거리 흙깎기운반에 적합하고, 그 유효 평균거리는 60~70m 이내가 가장 이상적이다. 불도저는 무한궤도 형식(크롤러형)과 타이어 형식(휠형)이 있으며, 경사지나 습지 및 연약지반에는 무한궤도형을, 평탄하고 운행에 지장이 없는 지형에는 휠형을 사용한다.

1) 앵글도저(angle dozer)

배토판의 장착 핀위치를 전후로 바꾸어 놓음으로써 배토판이 진행방향의 중심축에 대하여 좌우 30~60°정도로 장착할 수 있고, 수평에 대한 삽날의 경사도 가능한 불도저는 신설도로의 흙깎기작업에 적합하다.

2) 틸트도저(tilt dozer)

불도저의 전면에 배토판을 달고 있으나 이것을 좌·우밑으로 기울게 하여 작업하는 것으로 사면의 굴착과 옆도랑 파기, 가로경사의 조성 등에 많이 사용한다.

3) 스트레이트도저(straight dozer)

트랙터 앞에 장치된 배토판의 상부를 전후로 경사지게 조작할 수 있으며, 일반적으로 많이 사용되는 불도저로서 중굴착 및 압토용에 유용하다.

4) 습지도저

보통불도저의 접지압이 0.06~0.08MPa로서 가벼운 불도저를 말하고, 연약한 습지의 굴착압토에 많이 사용하고, 특히 함수비가 높은 토질에 적합하다.

5) 레이크도저(rake dozer)

트랙터 앞에 배토판 대신에 레이크형으로 생긴 부착물이 장치된 불도저는 굳은 땅, 자갈층, 농지개간 시에 나무 뿌리의 제거작업에 적합하다.

(2) 불도저의 작업방법

1) 병렬압토법(竝列壓土法)

병렬압토는 불도저 2대 이상을 병렬로 배치하여 배토판을 같은 속도로 전진시켜 배토판에서 흙이 흩어지지 않게 하면서 밀고나가는 공법이며, 그림 3-5와 같다.

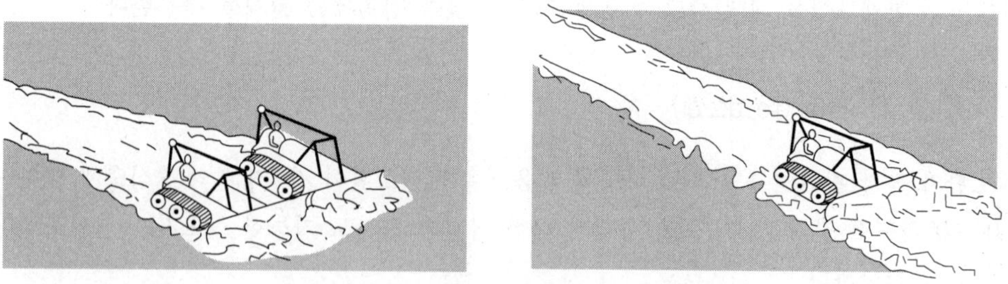

〈그림 3-5〉 병렬압토법과 도랑식 압토법

2) 도랑 파기식(slot method)

이 방식은 같은 통로를 반복해서 굴착운반하여 도랑바닥으로 내려가 그 도랑 속에서 불도저를 운전하여 배토판 주위에서 흙이 옆으로 흩어지지 않게 하는 압토법이다.

3) 흙쌓기법

흙쌓기작업은 다짐(rolling)과 동시에 하고, 1회 다짐두께(盛土量)는 20~30cm로 한다. 다짐은 불도저의 궤도로 눌러서 다짐하는 것이 보통이고, 경사지는 제초(除草)한 다음 계단상으로 층따기를 하고 그 위를 불도저로 흙을 밀어서 쌓기하며, 그림 3-6과 같다.

4) 효율적 작업방법

① 하향 절삭, 하향운반한다.

② 단거리작업 진행(거리 100m 이상은 작업효율이 저하)

③ 병행작업을 행한다.

④ 점성토, 연약지반에는 습지용불도저를 사용한다.

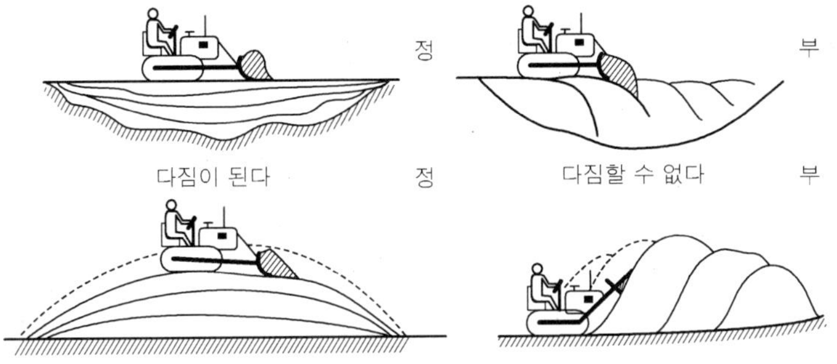

〈그림 3-6〉 쌓기작업과 다짐

5) 마무리작업

세밀한 마무리는 불도저를 낮은 속도로 하고, 거치른 마무리는 중속(中速)으로 하는 것이 보통이다. 배토판은 흙이 없을 때보다 절반 이상 흙이 채워 있을 때 마무리작업이 용이하다.

(3) 불도저의 작업능력 산정

불도저에 의한 굴착은 운반을 겸하여 작업한다. 배토판으로 깎기하여 굴착한 흙은 소정의 장소까지 밀어 운반한다. 불도저를 2대로 병렬배치하여 배토판의 끝을 가지런히 하면서 흙을 밀어가면 작업능률이 크게 향상된다. 일반적으로 굴착을 위한 전진은 대량의 토량을 운반하기 위한 것이므로 저속으로 운행하고 후진은 고속으로 작업한다. 불도저의 시간당 토공량의 산정은 식 (3-5)와 같다.

$$Q = \frac{60 \cdot q \cdot f \cdot E}{C_m} \qquad (3-5)$$

여기서, Q : 1시간당의 토공량[m^3/hr]

q : 1회의 굴착압토량[m^3] ($q = q_0 \times \rho$), 또한 표준작업조건에서 1 사이클 작업 중에서 행한 기계의 이상적인 작업량을 말한다.

f : 토량환산계수[-]

E : 작업효율[%]

C_m : 사이클 타임[min]

q는 느슨해진 토량을 표시하고, 표 3-4의 토공판 용량(q_0)에 압토거리와 그 경사에 관한 계수(ρ) (표 3-5)를 곱해서 구한다.

위의 식 (3-5)의 작업효율(E)의 고려 사항은 세 가지로 산정할 수 있다.

첫 번째 작업효율(E) $= E_1$(작업능률계수) $\times E_2$(작업시간 율)로 나타낼 수 있으며, $E_1 = \frac{\text{실 작업량}}{\text{표준작업량}}$, $E_2 = \frac{\text{실 운전시간}}{\text{운전시간}}$으로 나타낼 수 있다.

두 번째 작업효율(E)는 실작업시간 율×작업능률로서 실작업시간은 기계의 운전시간에 대한 실작업시간의 비율을 말한다. 기계의 엔진이 회전하고 있는 시간 1시간당 실작업시간 율은 일반적으로 작업이 순조롭게 진행될 때 약 55분, 작업이 보통으로 진행될 때 약 50분, 작업이 순조롭지 않을 경우는 약 45분 정도로 추정하기도 한다.

〈표 3-5〉 압토거리, 운반로의 경사에 관한 계수(ρ)

경사[%] \ 운반거리[m]		10까지	20	30	40	50	60	70	80
평 탄	0°	1.0	0.96	0.92	0.88	0.84	0.80	0.76	0.72
하향	5°	1.12	1.08	1.03	0.99	0.94	0.90	0.85	0.81
	10°	1.28	1.23	1.18	1.13	1.08	1.02	0.97	0.92
	15°	1.47	1.41	1.35	1.29	1.23	1.18	1.12	1.06
상향	5°	0.89	0.85	0.82	0.78	0.75	0.71	0.68	0.64
	10°	0.80	0.77	0.74	0.70	0.67	0.64	0.61	0.58
	15°	0.73	0.70	0.67	0.64	0.61	0.58	0.56	0.53

세 번째 작업능률은 수치로서 취급하는 것은 곤란하여 기상, 지형, 토질, 시공법, 기계의 정도, 운전원의 숙련도, 작업의 난이성, 성능의 저하 등의 비율로 정하며, 아래 표 3-6과 같다.

〈표 3-6〉 불도저 작업효율(E)

토질명 \ 현장조건	자연상태			흐트러진상태		
	양호	보통	불량	양호	보통	불량
모래, 사질토	0.80	0.65	0.50	0.85	0.70	0.55
자갈 섞인 흙, 점성토	0.70	0.55	0.40	0.75	0.60	0.45
파쇄암	—	—	—	—	0.35	0.25

사이클 타임 C_m은 반복으로 주행하는 작업의 1사이클에 필요한 시간을 말하며, 불도저의 경우는 다음 식으로 구한다.

$$C_m = \frac{l}{V_1} + \frac{l}{V_2} + t_g \tag{3-6}$$

여기서, C_m : 불도저의 사이클 타임[min]

l : 평균굴착 압토거리[m]

V_1 : 전진속도[m/min], 1~2속,

V_2 : 후진속도[m/min], 2~4속,

t_g : 기어변속 시간은 0.25분이다.

V_1, V_2 및 경험적인 값은 다음 식과 같다.

$$C_m = 0.037l + 0.25[\text{min}] \tag{3-7}$$

예제 3-1 8ton$_f$급의 불도저를 사용하여 사질토로 된 원지반을 정지하고자 한다. 토공량(土工量)을 산정하시오(단 압토거리 : 30m, 운반로는 평탄하다).

[풀이] 표 3-4에 의하여 , $q_0 = 1.5\text{m}^3$, $\rho = 0.92$(표 3-5), f는 Q를 원지반 토량으로 산정하므로 $f = 1/L = (1/1.25)$, E는 보통작업으로서 $E = 0.6$을 취한다. $l = 30$m이므로 v_1, v_2 및 경험적인 C_m은 식 (3-7)과 같고, 1시간당 토공량(Q)는 식 (3-5)에서 계산하면 다음과 같다.

$$C_m = 0.037 \times 30 + 0.25 = 1.36[\text{min}]$$

$$\therefore Q = \frac{60 \times 1.5 \times 0.92 \times (1/1.25) \times 0.6}{1.36} = 29.2[\text{m}^3/\text{hr}]$$

예제 3-2 작업량 25,000m^{3}의 깎기, 쌓기작업을 불도저 6대로 시공할 때 시간당 작업량과 소요일수를 구하시오(단 평균운반거리 : 50m, C_m : 3분, 1회 굴착압토량 q : 2.0m^3, 작업효율(E) : 0.75, 토량환산계수(f) : 0.8, 1일 작업시간 : 8시간, 실제가동률 : 50%).

[풀이] ① 1시간당 작업량 $Q = \dfrac{60 \cdot q \cdot f \cdot E}{C_m}$

$$= \frac{60 \times 2 \times 0.8 \times 0.75}{3} = 24[m^3/hr]$$

② 6대 작업량 $= 6 \times 24 = 144[m^3/hr]$

③ 소요 공사기간 $= \dfrac{\text{작업량}}{\text{6대 작업량} \times \text{1일 작업시간} \times \text{가동률}}$

$$= \frac{25{,}000}{144 \times 8 \times 0.5}$$

$\fallingdotseq$ 44일

(4) 유압리퍼에 의한 암석의 파쇄능력의 산정

리퍼(ripper)란 불도저의 뒤 또는 트랙터의 뒤에 장치하는 일종의 칼날(刀)과 같은 쟁기를 말한다. 작업능률이 떨어지는 경점토, 연암, 수성암류, 풍화토 등은 유압 리퍼로 파쇄하여 굴착한다. 이것은 암석의 탄성파속도에 따라 정해지고 리핑(ripping)에는 토질이 연질이면 3개날, 중질이면 2개날, 경질인 경우에는 1개날로 작업을 한다.

리퍼도저(ripper dozer)는 불도저 뒤에 그림 3-7과 같이 칼날과 같은 리퍼를 달아 굳은 지반 또는 연암(軟岩)지반 등을 파헤치는 장치로서 경질의 원지반을 리퍼로 미리 파헤쳐 놓으면 후속작업인 불도저작업이 쉬워진다.

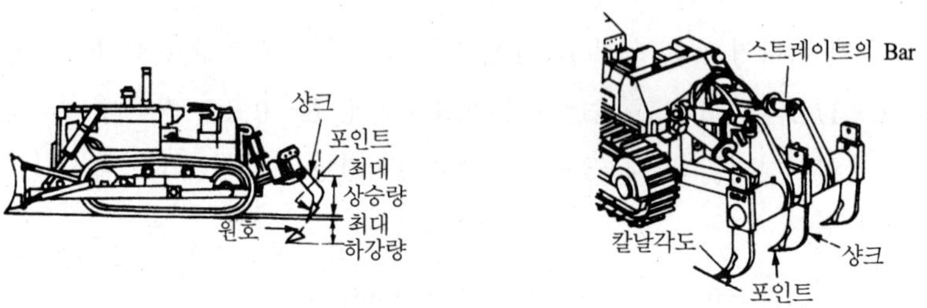

〈그림 3-7〉 리퍼도저의 구조

리퍼는 다소 단단한 곳에서는 보통 3개 날로 파헤치고 그보다 더 단단한 곳은 중심날을 없애고 2개의 날로 파헤친다. 또한 매우 단단한 곳은 양쪽 날을 떼어 중심날 1개로 파헤친다.

리퍼 불도저는 보통 19~27ton_f 정도를 사용하며, 탄성파속도와 리퍼작업의 가부는 그림 3-8과 같으며 1시간당 경질토(硬質土)의 파쇄량 산정은 식 (3-8)과 같다.

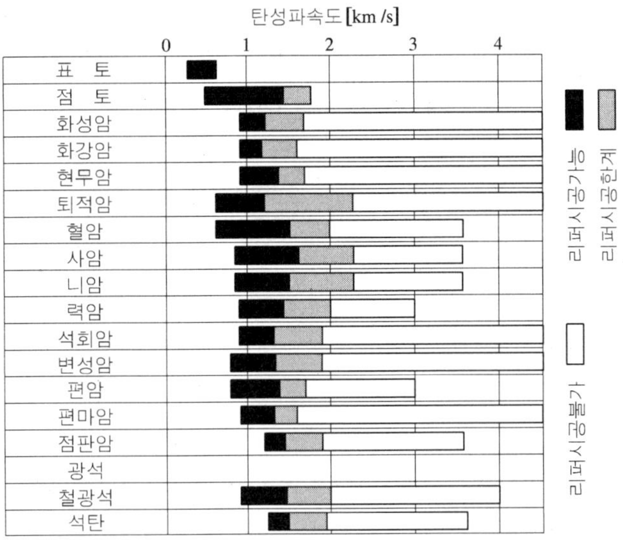

〈그림 3-8〉 탄성파속도와 리퍼작업의 가부(불도저 $8ton_f$)

$$Q=\frac{60\cdot A_n\cdot l\cdot f\cdot E}{C_m} \tag{3-8}$$

여기서, Q : 1시간당의 파쇄량[m^3/hr]

A_n : 리핑 유효단면적[m^2]

l : 1회의 작업거리[m]

f : 토량환산계수[−]

E : 리핑의 작업효율[%]

C_m : 사이클 타임[min]

1) 리핑 단면적(A_n)

트랙터의 규격, 리핑날의 개수, 암석의 암질 등에 의하여 다르며 다음의 식으로 계산한다.

$$A_n=\frac{1}{2}H\cdot B\cdot n \tag{3-9}$$

여기서, H : 리퍼가 땅 속에 박힌 깊이[m]

B : 리퍼에 의한 파쇄폭[m]

n : 리퍼의 날수

또한 리핑 단면적은 실적조사에 의하면 아래 평균적인 값은 표 3-7과 같다.

〈표 3-7〉 리핑 단면적 A_n

규 격[ton_f]	1회당 리핑 단면적[m^2]		
구 분	1 개날	2 개날	3 개날
20급 30급	0.15 0.20	0.30 0.40	0.45 0.60

2) 1회의 작업거리

1회의 작업거리는 보통 10~50m이나, 평균운반거리는 30m 정도이다.

3) 토량환산계수

① 작업량 Q를 원지반 토량으로 표시할 경우 $f=1.0$이다.
② 작업량 Q를 파쇄하여 느슨한 토량으로 표시할 경우 $f=L$이다.
③ 작업량 Q를 다짐 토량으로 표시할 경우 $f=C$이다.

4) C_m의 값

$$C_m = \frac{1}{V_1} + \frac{1}{V_2} + t_g \qquad (3-10)$$

여기서, C_m : 불도저의 사이클 타임[min]
l : 1회 작업거리[m]
V_1 : 리핑속도[m/min], 전진속도(1속) 0.6~0.7[m/min]
V_2 : 후진속도[m/min], (1~2속)
t_g : 기어변속, 리퍼승강 등에 소요되는 시간[min]

계획단계에서 C_m값은 보통 다음 식을 사용하여 정한다.

$$C_m = 0.05l + 0.25[\text{min}] \qquad (3-11)$$

5) E_R의 값

E_R의 값은 암질과 암석의 탄성파속도를 대응시킨 표 3-8과 표 3-9의 값을 사용한다. 또 리퍼로 암석을 파쇄하면서 불도저작업을 할 때의 1시간당 토공량은 다음 식 (3-12)를 적용한다.

$$Q = \frac{Q_1 \times Q_2}{Q_1 + Q_2} \tag{3-12}$$

여기서, Q : 시간당의 리퍼 도저의 작업량[m^3/hr]

Q_1 : 1시간당의 리핑 작업량[m^3/hr]

Q_2 : 1시간당의 도저 압토작업량[m^3/hr]

〈표 3-8〉 리퍼 작업효율(E_R)

구 분	날의 개수	탄성파속도[m/s]		표준 작업효율 [E_R, %]	
		20ton$_f$급	30ton$_f$급	20ton$_f$급	30ton$_f$급
연 암	3	500 700 900	600 800 1,000	0.85 0.65 0.50	0.85 0.65 0.45
중 암	2	700 900 1,200	900 1,200 1,400	0.80 0.60 0.40	0.70 0.50 0.40
경 암	1	1,000 1,300 1,600	1,200 1,500 1,800	0.70 0.50 0.30	0.80 0.50 0.30

〈표 3-9〉 암질별 리퍼빌리티

암석의 종류	탄성파속도[m/s]		
	연암(軟岩)	중암(中岩)	경암(硬岩)
사 암	1,000 이하	1,000~1,500	1,500~2,000
점 판 암	1,000	1,000~1,500	1,500~2,000
석 영 반 암	900	900~1,200	1,200~1,500
석회암, 혈암	600	600~1,000	1,100~1,500
화 강 암	600	600~1,000	1,100~1,500

예제 3-3 탄성파속도 1,200m/s 정도의 사암인 수평한 지반을 32ton$_f$의 불도저($q_0 = 4.8m^3$) 로 리핑하면서 불도저작업을 할 때의 1시간당 작업량을 1개날의 경우와 2개날의 경우에 대하여 각각 원지반의 토량으로 구하라. 단 작업거리는 30m로 한다.

[풀이] 리퍼의 작업량 Q_1은 식 (3-8)에서 구한다.

1개의 날 $A_n=0.2m^2$, 2개의 날 $A_n=0.4m^2$

$l=30m$, $f=1$, $C_m=0.05l+0.25=0.05\times30+0.25=1.75$[분]

1개 날일 때 $E=0.8$, 2개 날일 때 $E=0.5$

$$Q_{1.1}=\frac{60\times0.2\times30\times1\times0.8}{1.75}=165[m^3]$$

$$Q_{1.2}=\frac{60\times0.4\times30\times1\times0.5}{1.75}=206[m^3]$$

불도저의 작업량 Q_2는

1회의 압토량 $q=q_0\times\rho=4.8m^3\times0.92=4.4[m^3]$

또 표 3-8에서 $E=0.5\left(f=\frac{1}{L}=\frac{1}{1.6}\right)$로 하고, $C_m=1.47$분($l=30$ m)이다.

$$Q_2=\frac{60\times4.4\times1/1.6\times0.5}{1.47}=56.1[m^3/hr]$$

그러므로 $Q=\frac{165\times56}{165+56}=41.8[m^3/hr]$, 또는 $Q=\frac{206\times56}{165+56}=52.2[m^3/hr]$

3-1-5 스크레이퍼

(1) 개요

스크레이퍼는 굴착, 적재, 사토운반, 다짐, 정지 등의 작업을 1사이클 동안에 대량의 토량을 고속으로 원거리에 운반할 수 있으므로 택지조성, 공항건설, 고속도로건설 등의 대규모공사에 사용된다.

스크레이퍼(scraper)는 그림 3-9와 같다. 지면(地面)을 긁어서 굴착한 흙을 상자(bowl) 속에 담아 운반하는 기계로서 상자(箱子)의 용량은 6~20m^3 정도이다. 트랙터에 의하여 견인하는 견인식인 것도 있고 자주식인 것도 있다. 이것을 모터스크레이퍼라고도 한다.

① 상자(bowl)의 전면에 붙은 에이프론(apron)의 끝이 칼날같이 되어 있어 이것을 내려놓은 상태(그림 3-9(a))에서 스크레이퍼가 앞으로 주행하면서 굴착이 행해지고, 긁어 넣은 흙

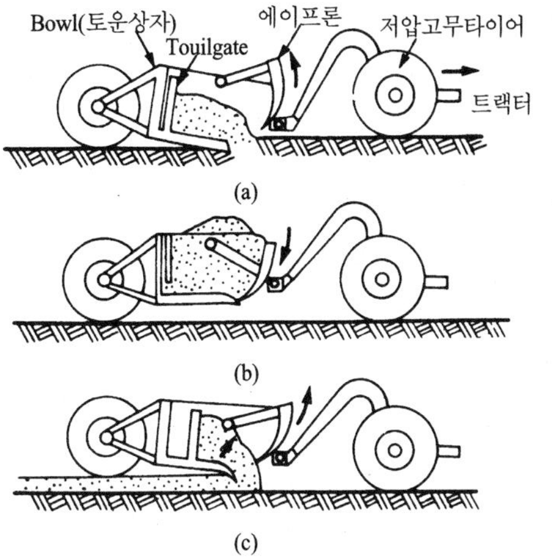

〈그림 3-9〉 스크레이퍼의 구조

이 그대로 상자에 들어간다.

② 흙이 상자에 가득 채워지면 에이프론을 올린채 스크레이퍼를 주행시켜서 흙쌓기 장소까지 흙을 운반하게 된다(그림 3-9(b)).

③ 흙을 깔 때는 다시 에이프론을 내려 꼬리부분 상자에 담긴 흙을 밀어내면서 흙을 포설(布設)한다(그림 3-9(c)).

자주식은 30~50km/hr의 고속도로 주행할 수 있으므로 견인식보다 장거리 토공에 적합하며, 현장조건에 따라 작업거리가 편도 1,500m를 넘는 경우도 있다.

또한 이밖에 특수용도에 사용하는 굴착기로서는 관로(pipe line)의 매설, 배수로의 굴착 등을 위하여 도랑파기(trencher) 등이 있다.

(2) 종류 및 특성

스크레이퍼는 스스로 움직일 수 있는 자주식과 트랙터에 의하여 끄는 견익식이 있다.

1) 자주식 스크레이퍼

① 모터스크레이퍼(morter scraper)라 한다.
② 운반거리는 300~500m 정도에서 가장 능률적이다.
③ 많은 토량을 빠른 속도로 깎고, 운반할 수 있다.
④ 별도의 정지작업이 필요없다.

2) 견인식 스크레이퍼

① 무한궤도의 트랙터로 견인한다.
② 모터스크레이퍼를 사용할 수 없는 지형조건에 좋지 못한 곳에 적합하다.
③ 하천개수공사, 재해복구공사 등에 사용한다.
④ 운반거리는 50~300m 정도가 능률적이다.

(3) 스크레이퍼작업

깎기된 흙을 중·장거리로 운반하는데 스크레이퍼를 사용한다. 또 스크레이퍼는 불도저와 같이 내리막 경사에서 굴착이 유리하나 방향전환이나 선회(旋回)에는 넓은 장소가 필요하고, 대규모 토공에 사용한다. 스크레이퍼의 토공량 산정은 다음 식으로 할 수 있다.

$$Q=\frac{60\cdot q\cdot f\cdot E}{C_m} \qquad (3-13)$$

여기서, Q : 운전 1시간당 작업량[m^3/hr]
f : 토량환산계수
q : 적재함 용적×적재계수 1회의 굴착운반량[m^3] : $q=q_0\times K$
E : 작업효율
C_m : 사이클 타임[min]

1) 상자의 적재계수(K)

상자 속에 토량이 담기는 양을 나타내는 계수 및 적재용량은 표 3-10 및 3-11과 같다.

〈표 3-10〉 보울의 적재계수(K)

토질상태	적재계수(K)
조건이 좋은 보통 흙	1.13
조건이 좋은 모래, 보통 흙	1.00
역질토, 모래, 사력이 섞인 점질토, 점토	0.90
조건이 좋은 점질토, 점토	0.90
조건이 나쁜 점질토, 점토, 암괴, 호박돌, 력	0.80

1. 30cm 이상의 호박돌이 있을 때에는 사용하지 않는 것이 좋다.
2. 좋은 조건이란 적재함에 산적(山積)이 되고, 간극이 적은 경우
3. 나쁜 조건이란 함수비가 극히 높고, 적재된 토질이 덩어리가 되는 간극이 많은 경우

〈표 3-11〉 스크레이퍼 적재용량(q_0)

형 식	규 격[ton_f]	보통 담기[m^3]	가득 담기[m^3]
피 견 인 식	6급 9급 12급	6.1 9.2 11.9	7.7 11.5 15.3
자 주 식	6급 11급	6 11	8 16

(4) 스크레이퍼의 작업효율(E)

작업효율은 현장의 넓이, 토질, 운반로의 양부, 기상 등에 의하여 다르다. 스크레이퍼 작업효율 및 주행속도는 표 3-12 및 3-13과 같다.

〈표 3-12〉 스크레이퍼의 효율

형 장 조 건	E
작업현장이 넓으며 지형과 토질조건이 좋고, 어느 정도 모여 있으므로 작업이 순조롭게 될 때	0.85
작업현장이 넓으나 함수비로 토질의 변화가 일어나기 쉬운 때 등으로 작업이 보통으로 진행될 때	0.80
작업현장이 넓지 않고 다른 작업기계와의 교차가 많으며, 토질조건도 좋지 않아 작업이 순조롭지 못할 때	0.70
작업현장이 좁고 작업이 복잡할 때, 또는 토질조건이 나쁘므로 작업진행이 불량할 때	0.60

〈표 3-13〉 스크레이퍼의 주행속도(V_1 및 V_2)

구분 / 도로 상태	적재시 주행속도 [m/min]	공차시 주행속도 [m/min]
노면이 단단하고 안전한 도로로서 주행시 타이어가 노면에 침투되지 않고 살수 등으로 잘 유지된 도로	400	600
노면상태가 별로 좋지 않고 주행시 타이어가 노면에 약간 침투되며 살수된 도로	300	400
노면상태가 잘 정비되어 있지 않으므로 다소 정비는 하나 주행시 타이어가 노면에 심하게 침투되는 도로	200	300
노면이 차량에 의하여 요철(凹凸)이 잘 정비되어 있지 않아 주행시 타이어가 노면에 심하게 침투되는 도로	150	200
흐트러진 모래 또는 자갈	100	150
노면이 매우 불량한 상태	80	100

(5) 사이클 타임(C_m)

스크레이퍼 사이클 타임은 주행거리와 노면상태에 따라서 달라지며, 스크레이퍼의 사이클 타임은 다음 식으로 구할 수 있다.

$$C_m = \frac{D}{V_d} + \frac{H}{V_h} + \frac{S}{V_s} + \frac{R}{V_r} + t_g \qquad (3-14)$$

여기서, D : 흙을 깎아 싣는데 필요한 거리[m]
H : 운반거리[m]
S : 흙깔기에 필요한 거리[m]
V_d : 흙깎아 싣는 속도[m/min]
V_h : 싣고 운반하는 속도[m/min]
V_s : 흙깔기 속도[m/min]
V_r : 돌아가는 속도[m/min]
t_g : 기어의 변환시간[min]

또한 스크레이퍼의 기본작업 동작과정은 그림 3-10과 같다.

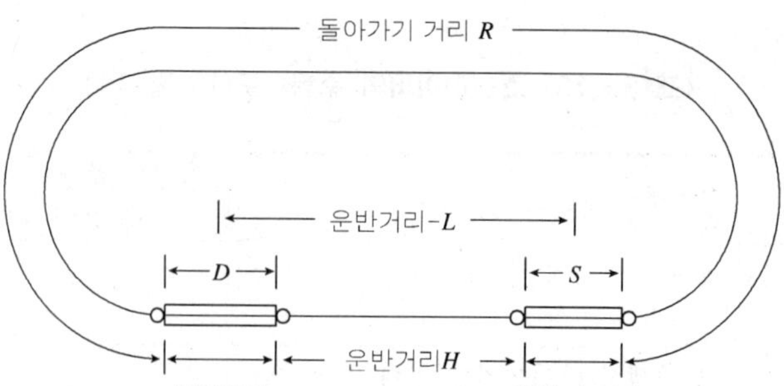

〈그림 3-10〉 스크레이퍼 기본작업 동작

일반적으로 스크레이퍼의 흙깎아 싣는 거리는 40~60m 정도이고, 소요되는 시간은 1.5~2.0분이다. 흙깔기 거리는 일반적으로 20~40m 정도이고, 흙을 깔기하는데 소요되는 시간은 흙깔기 두께, 흙깔기 폭에 의하여 결정된다. 즉 흙깔기 시간 t는 다음과 같다.

$$t = \frac{S}{V_s} = \frac{q}{V_s \times H_s \times B_s} \qquad (3-15)$$

여기서, H_s : 흙깔기 두께[m], V_s : 속도[m/min], q : 1회 운반토량[m³/min]

B_s : 흙깔기 폭[m], S : 거리[m]

3-1-6 그레이더

그레이더(grader) 기계의 중앙하부에 배토판(blade)이라는 길이 2~3m 정도의 판이 붙어 있어 주행 중에 판을 상, 하, 좌우 및 선회 작동함으로써 정지(整地), 제설(除雪), 비탈면 끝마무리 등의 작업을 하는 만능 마무리 기계이다. 배토판의 전면 밑에 스캐리파이어(scarifier)라는 갈고리(hook)가 붙어 있어 경질토(硬質土)를 긁어낼 수 있다.

주행에는 저압(低壓) 타이어를 사용하고 요철(凹凸)이 있는 장소에도 주행할 수 있는 구조로 되어 있다. 그레이더에도 자주식과 견인식이 있다.

(1) 그레이더 작업

그레이더라고 하면 보통 모터그레이더(motor grader)를 말한다. 그 용도는 도로면의 마무리, 정지작업, 옆도랑 파기, 광장의 정지작업, 비탈 끝손질(sloping), 잔디 벗기기(sod stripping) 등에 많이 사용한다.

모터그레이더의 크기는 일반적으로 외형, 차체 무게, 엔진출력, 작업능력 등을 종합하여 초대형, 대형, 중형, 소형으로 분류하고, 관습적으로는 날판의 길이에 따라 대형은 3.7m, 중형은 3.1m, 소형은 2.5m로 나눈다. 그레이더의 작업속도의 범위는 4km/hr~35km/hr이며, 그림 3-11에 나타내고 있다.

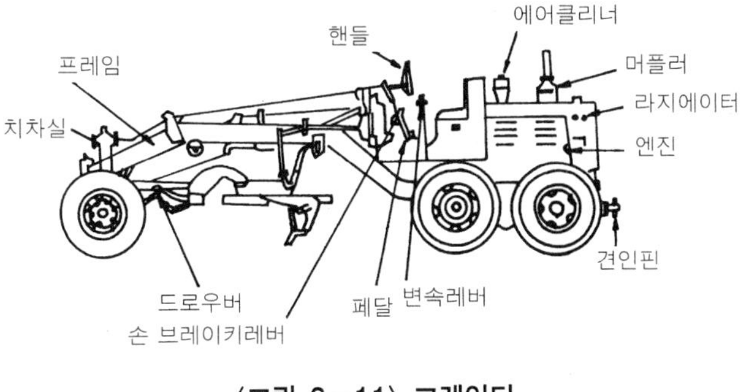

〈그림 3-11〉 그레이더

그레이더의 1시간당의 작업량은 다음과 같다.

$$Q=\frac{60\times l\times D\times H\times f\times E}{P\cdot C_m},\quad A=\frac{60\times D\cdot W\cdot E}{P_1C_{m1}+P_2C_{m2}+\cdots+P_iC_{mi}} \tag{3-16}$$

여기서, A : 1시간당 작업량[m^3/hr]

Q : 1시간당의 작업량[m^3/hr]

l : 배토판의 길이[유효 폭, m]

D : 1회의 작업거리[편도, m]

H : 굴착깊이 또는 고르기 두께[m]

W : 작업장 전체의 폭[m]

P_i : 작업장 전체의 폭을 V_i속도로 행하는 작업 횟수

P : 부설 횟수

f : 토량환산계수

E : 작업효율

C_{mi} : 작업속도 V_i때의 사이클 타임[min]

여기서, 작업방향으로 왕복작업을 할 때

$$C_m=0.06\frac{D}{V_1}+t \tag{3-17}$$

전진시 작업하고 공행으로 돌아올 때

$$C_m=0.06\left(\frac{D}{V_1}+\frac{D}{V_2}\right)+2t \tag{3-18}$$

여기서, D : 작업거리 또는 돌아오는 거리[편도, m]

t : 기어변속 시간[min]

V_1 : 전진속도[km/hr]

V_2 : 후진속도[km/hr]

$$\therefore \text{ 작업소요 시간}=\frac{(\text{통과 횟수})\times(\text{주행 구간거리})}{(\text{평균작업속도})\times(\text{작업효율})}$$

그 표준은 다음과 같다.

① b의 표준치는 표 3-14에 나타나 있다.

② E는 흙을 깔아서 고르기작업인 경우는 0.35~0.7, 거치른 땅을 고르는 작업에는 0.35~

0.85 정도이다.

③ n은 노반재료를 깔아서 고르기 횟수 8회, 거치른 지면을 정지할 때 긁어 일으키기 2회, 깔아고르기에 4회 등 모두 6회가 표준이다.

〈표 3-14〉 모터그레이더의 유효 폭(b)

기 종	날판의 폭 [m]	날판의 유효 폭 [m]	스캐리파이어의 긁어 일으키는 폭[m]	스캐리파이어의 유효 폭[m]
2.5m급	2.5	1.9	0.90	0.7
3.1m급	3.1	2.4	1.07	0.9
3.7m급	3.7	2.9	1.23	1.1

예제 3-4 모터그레이더의 유효길이 2.8m로서 폭 514m, 거리 230m의 쌓기를 1회 정리하는데 몇 시간이 소요로 되는가(단 작업계수 : 0.8, V_1 : 4km/hr, V_2 : 6km/hr이다)?

[풀이] ① $\text{통과횟수} = \dfrac{514}{2.8} = 183.5[\text{회}] ≒ 184[\text{회}]$

② $\text{소요시간} = \dfrac{\text{통과횟수} \times \text{주행 구간거리}}{\text{평균작업속도} \times \text{작업효율}} = \dfrac{184 \times 230}{4{,}000 \times 0.8} + \dfrac{184 \times 230}{6{,}000 \times 0.8} ≒ 22[\text{hr}]$

3-2 쇼벨계

3-2-1 운반

운반작업은 운반토량은 물론 운반거리와 지형 등에 따라 작업계획이 세워지고 단거리운반에는 불도우저, 중거리운반에는 스크레이퍼, 장거리운반에는 덤프트럭을 많이 사용한다.

덤프트럭의 작업은 보통 쇼벨과 조합하여 이루어진다. 그 때문에 굴착과 싣기 그리고 운반은 쇼벨의 작업능력을 고려하여 계획하지 않으면 안 된다. 여기서는 주로 쇼벨과 덤프트럭의 조합에 의한 굴착작업을 다룬다.

그림 3-12의 트랙터쇼벨은 굴착·싣기 전용의 기계이다. 그림 3-13은 트랙터쇼벨의 크롤러타입과 휠 타입에 의한 작업자세이다. 파워쇼벨이 강력한 굴착력을 가지는 굴착전용의 기계인데 비하여, 트랙터쇼벨은 비교적 좋은 주행작업이 가능하며, 파워쇼벨의 본체와 버킷의 용량보다 버킷용량(backet capacity)이 더욱 큰 것이 특징이다. 이런 점에서 트랙터쇼벨은 기동성이 크

고 흙이나 자갈의 굴착·싣기에 대단히 편리한 기계이며, 이 기계를 일명 페이로더(pay loader) 라고도 한다.

〈그림 3-12〉 트랙터쇼벨

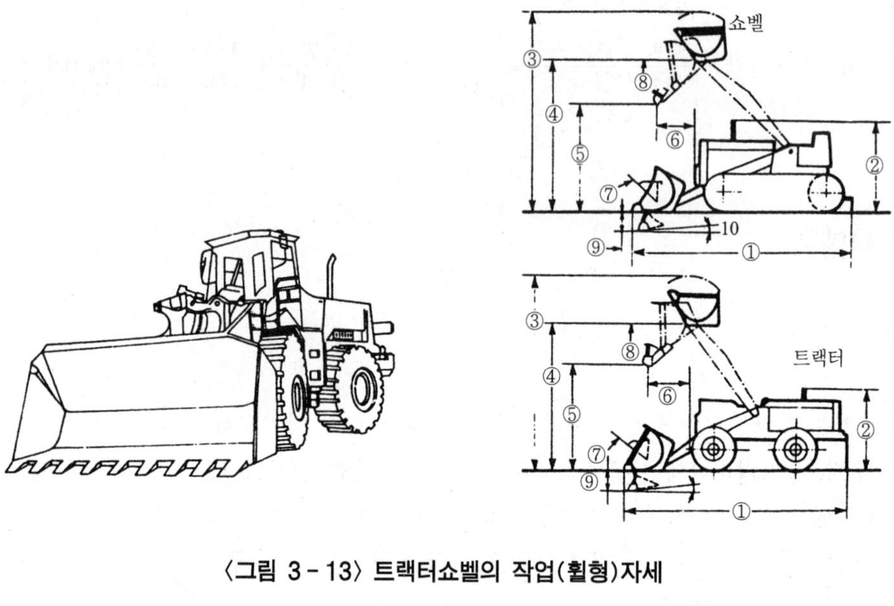

〈그림 3-13〉 트랙터쇼벨의 작업(휠형)자세

트랙터쇼벨에 의한 싣기방식에는 I형 싣기방식과 V형 싣기방식이 있다. 그림 3-14(b)와 같이 V형 싣기방식은 덤프트럭의 위치를 고정하고 트랙터쇼벨이 그림의 화살표와 같이 전진, 후퇴 및 방향전환하여 싣기작업을 하는 것이고, 트랙터쇼벨의 주행노면이 배수가 잘되고 대단히 굳은 지반으로서 방향전환의 반복에 대해서도 손상·침하가 되지 않는 경우에 사용한다.

그림 3－14(a)와 같이 I형 신기방식의 경우 트랙터쇼벨은 전진·후퇴를 반복하고 그 통로를 따라 덤프트럭이 직각으로 출입하면서 싣기하는 것이고, 이 경우에는 쇼벨의 주행 노면의 손상이 대단히 적다. 따라서 이 방식은 노면이 연약할 때 사용한다.

덤프트럭의 반복주행으로 노면이 손상될 때에는 노면에 시트(sheet) 및 모래를 깔든지, 말목이나 강판 등을 깔아 노면보호를 하지 않으면 작업능률이 저하된다.

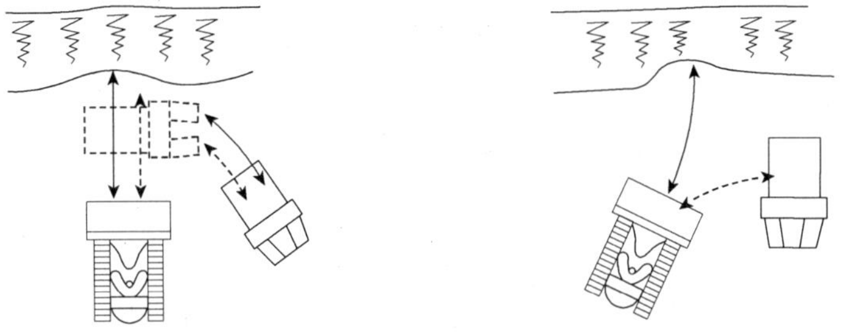

(a) I형 적입방식　　(b) V형 적입방식

〈그림 3－14〉 트랙터쇼벨의 작업방식

3-2-2 쇼벨계 굴착기

(1) 쇼벨

쇼벨(shovel)은 굴착 및 싣기하는 기계로서 보통 사용하는 것은 버킷용량인 0.3~2.0m^3 정도이다. 기계본체는 부속물(attachment)을 교체하여 각종 작업에 필요한 것으로 교체 사용할 수 있다. 부속물에 따라 그 명칭이 그림 3－15와 같이 구별되며, 각종 작업에 대한 쇼벨계 굴착기의 명칭은 표 3－15와 같다.

주행장치는 무한궤도의 크롤러(crawler)형이 많으나 버킷(backet)용량이 0.6m^3 정도까지는 기동성이 좋은 차륜식(車輪式, wheel type)이 있다. 또한 쇼벨의 규격은 버킷용량 또는 붐의 용량으로 정하고 있다. 사이클 타임이 짧고 굴착범위가 넓으며 운전경비가 저렴하다.

(2) 작업장치의 종류와 기능

1) 말뚝 항타기

기제(旣製)말뚝, 콘크리트말뚝, 강관말뚝, 시트말뚝 등을 항타하는데 사용된다. 종류에는 디젤

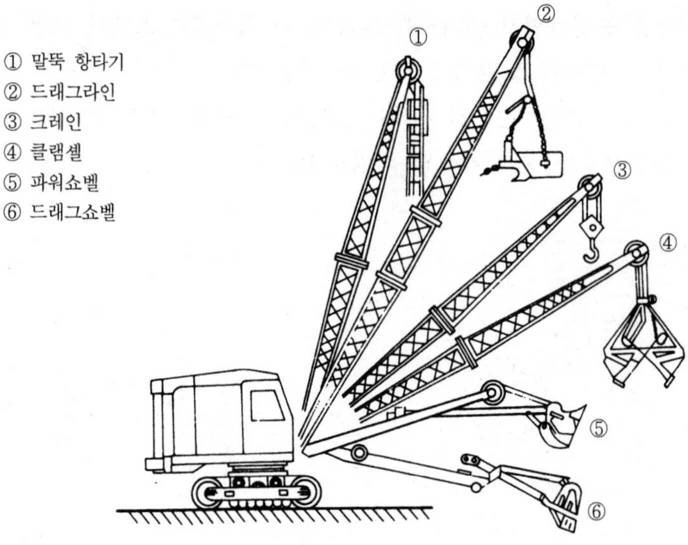

〈그림 3-15〉 쇼벨계 굴착기

〈표 3-15〉 각종 작업에 대한 쇼벨계 굴착기의 적부

작업내용	파워쇼벨	드래그쇼벨	드레그라인	클램셸
일반 굴착작업	최적 상태	적 당 함	적 당 함	적 당 함
땅 파해치기, 정지	적당함	가 능 함	최적 상태	적 당 함
산비탈 깎기	최적 상태	가 능 함	가 능 함	가 능 함
단거리운반 및 굴착	최적 상태	적당(덤프트럭 운반)	적당(덤프트럭 운반)	최적(덤프트럭 운반)
중거리운반과 굴착	최적 상태	적당(덤프트럭 운반)	적당(덤프트럭 운반)	최적(덤프트럭 운반)
사면정형	가 능 함	가 능 함	가 능 함	가 능 함
되메움작업	가 능 함	가 능 함	적 당 함	적 당 함
달아 올리기작업	가능(로프사용)	가능(로프사용)	가능(로프사용)	가능(로프사용)
초목등의 벌개작업	가 능 함	–	–	가 능 함
윈치작업	–	–	가 능 함	가 능 함
포장파쇄작업	–	–	–	–
적재(hopper 등)	–	–	가 능 함	최적 상태
도랑굴착	적당(조정곤란)	최적 상태	가 능 함	적 당 함
건축물의 기초파기	적당(대규모인 경우)	최적 상태	적 당 함	적 당 함
뿌리제거 및 교반토	가 능 함	가 능 함	–	–

햄머, 스팀햄머, 드롭햄머, 바이브로햄머 등이 있다.

2) 드래그라인

드래그라인(drag line)은 버킷을 와이어 로프로 달아내린 형식으로 토사를 긁어 굴착하는 형식의 굴착기계이다. 버킷의 자중과 버킷을 앞으로 끄는 힘에 의하여 굴착하게 되어 있다. 또한 드래그 라인은 지면보다 낮은 곳의 굴착에 접합하며, 정확한 굴착작업을 기대할 수는 없지만 굴착 지름이 크므로 굴착지역이 넓고 연한 지반의 단순한 굴착에 사용되고, 모래채취 및 배치플랜트(batch plant)의 골재 투입에도 사용된다. 드래그라인의 구조는 그림 3−16에 보이고 있으며, 작업방향은 그림 3−17과 같다.

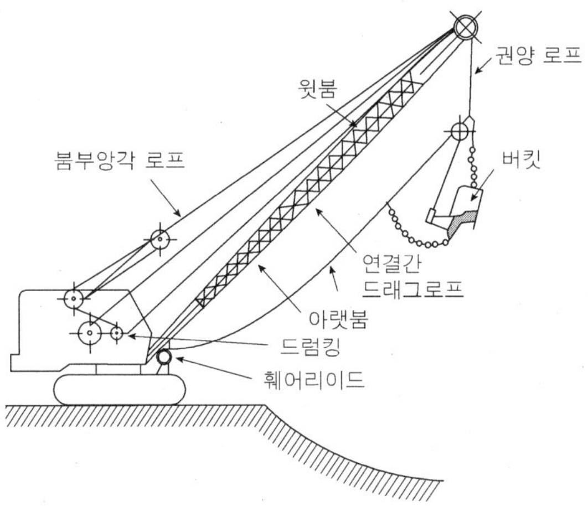

〈그림 3 - 16〉 드래그라인의 구조

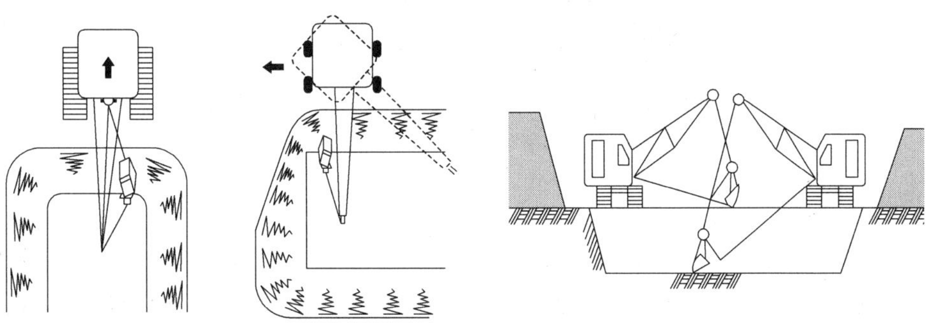

(a) 후진굴착방식 (b) 평형굴착방식 (c) 폭이 넓은 곳의 굴착방법

〈그림 3 - 17〉 드래그라인의 작업

3) 크레인

화물의 하역 및 적재, 기계 설치 또 특수 기구를 취부하여 파쇄작업 등을 하는데 이용되며 토목, 건축, 플랜트공사 등에 많이 이용된다.

4) 클램셀

클램셀(clamshell)은 버킷이 조개껍질과 같이 양쪽으로 개방되는 구조의 굴착기로서 와이어로프를 달아서 조작한다. 양쪽으로 조개껍질과 같이 벌어진 상태로 버킷을 낙하시켜 흙을 긁어 담으면서 달아올린다.

클램셀은 지면보다 낮은 곳의 굴착에 적합하며 수중굴착, 교량기초, 호퍼작업, 건축물의 지하실 등 좁고 깊게 굴착하는데 적합하다. 또한 자갈 등의 신기에는 적합하고 덤프트럭과 조합하여 작업을 하며, 클램셀의 버킷은 그림 3-18과 같고, 작업의 광경은 그림 3-19에 보이고 있다.

〈그림 3-18〉 클램셀버킷

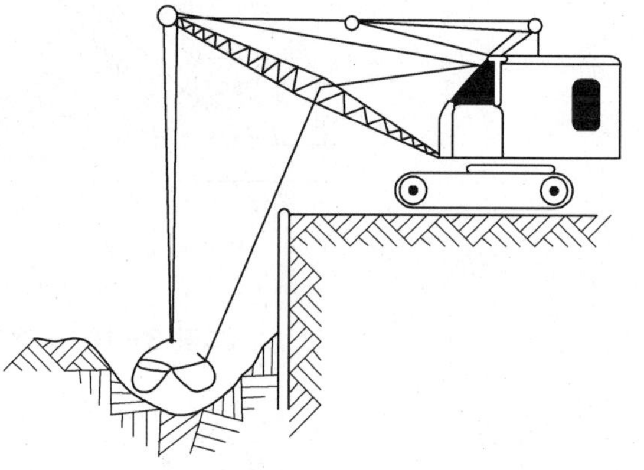

〈그림 3-19〉 클램셀작업

5) 파워쇼벨

디퍼쇼벨(dipper shovel)이라고 하며, 쇼벨계 굴착기중 가장 기본적인 형으로 디퍼의 위치를 정확하게 정하여 단단한 붐(boom)으로 흙, 풍화토, 연암까지도 굴착할 수 있다. 마력과 중량, 작업능력은 버킷용량에 비례한다. 파워쇼벨은 지면보다 높은 곳의 굴착에 적합하며, 비교적 단단한 토질의 굴착에 용이하고, 운반기계에 적재하는데 편리하다. 또한 운반거리가 1,000m 이상 되면 토운차(trolley)나 덤프트럭과 조합하여 사용하면 유리하다.

6) 드래그쇼벨

그림 3-20은 드래그쇼벨 일명 별명을 백호우(back hoe)라고 한다. 쇼벨용량 0.4~1.0m^{3}인 것과 대형은 3.0 m^{3}급도 있다. 이 기계는 그림 3－15와 같으며 ① 기계의 위치보다 낮은 장소(약 6m)의 흙을 굴착하여 기계보다 높은 위치에 있는 덤프트럭에 적재할 수 있으며 ② 좁은 곳에서 작업을 쉽게 할 수 있고 ③ 수송이 편리하여 널리 사용되고 있고 디퍼암(dipper arm) 끝의 장치만 바꾸면 ⓐ 제형수로 ⓑ 비탈의 성형 ⓒ 리퍼(ripper) ⓓ 브레이커(breaker) ⓔ 클램셸(clam shell) 역할도 할 수 있어서 가장 다목적으로 사용할 수 있는 기계이다.

〈그림 3 - 20〉 드래그쇼벨의 자세

7) 스쿠퍼

쇼벨의 버킷을 대형으로 만들어서 유압으로 전방으로 압출해서 들어 올리기와 싣기를 할 수 있는 것으로 트랙터쇼벨 모양으로 전진, 후진, 방향 변환을 하지 않고, 그 자리에서 굴착하여 적재할 수 있는 것으로 적재능력이 크다. 버킷용량은 표준 0.6m^{3}급의 차체에 대해서 1.5~2.0m^3, 표준 1.2m^{3}급의 차체에 대해서 0.3m^{3}의 대형버킷을 부착하여 사용하고 있다.

3-2-3 쇼벨계의 작업

파워쇼벨(power shovel)은 높은 곳의 땅깎기에 적합하고 대규모 토공작업으로써 굴착 높이가 대단히 높은 경우에는 전굴착 높이를 2~3단으로 나누어 상부에서 순차로 계단상으로 굴착하는 벤치컷(bench cut)식으로 굴착한다. 1단의 높이(bench 높이)는 최적 굴착높이는 2~5m로 한다. 벤치컷방법에는 그림 3−21에 보인 것과 같이 사이드 힐(side hill)방식과 박스컷(box cut)방식이 있다. 쇼벨계 굴착기의 제원은 표 3−16에 보이고 있으며, 쇼벨계 굴착기의 작업능력의 산정은 식 (3−19)와 같다.

$$Q=\frac{3,600 \cdot q_0 \cdot K \cdot f \cdot E}{C_m} \tag{3-19}$$

여기서, Q : 1시간당 토공량[m^3/hr]

q_0 : 버킷용량[m^3]

K : 버킷계수

f : 토량환산계수

E : 작업효율(보통 0.55, 우수한 경우 0.6~0.8)

C_m : 사이클 타임으로서 파워쇼벨인 경우는 쉬운 굴착에 14~23초, 중정도인 굴착에 16~27초, 다소 곤란한 굴착에 19~32초, 매우 곤란한 굴착에서는 21~35초 등의 값이 된다. 붐(boom)의 선회각도, 굴착깊이가 클 때는 위의 값 중에서 큰 값을 취한다.

트랙터쇼벨의 작업능력도 쇼벨계 굴착기에 대하여 주어진 식 (3−19)와 동일한 식을 사용하

〈표 3-16〉 쇼벨계 굴착기의 제원

<table>
<tr><th>종 별</th><th>형 식</th><th>규 격
[ton_f]</th><th>출력
[PS]</th><th>중량
[ton_f]</th><th>버킷용량
[평적, m^3]</th><th>접지압
[kPa]</th></tr>
<tr><td rowspan="4">드래그쇼벨</td><td rowspan="4">유압식 크롤러형</td><td>0.3급</td><td>59</td><td>10.1</td><td>0.30</td><td>0.0039</td></tr>
<tr><td>0.4급</td><td>76</td><td>13.0</td><td>0.40</td><td>0.0038</td></tr>
<tr><td>0.6급</td><td>91</td><td>16.4</td><td>0.60</td><td>0.0045</td></tr>
<tr><td>0.9급</td><td>143</td><td>26.1</td><td>0.94</td><td>0.0061</td></tr>
<tr><td rowspan="3">클램셸</td><td rowspan="2">유압식 크롤러형</td><td>0.3급</td><td>59</td><td>10.2</td><td>0.30</td><td>0.0036</td></tr>
<tr><td>0.6급</td><td>91</td><td>16.6</td><td>0.59</td><td>0.0042</td></tr>
<tr><td>기계식 크롤러형</td><td>0.8급</td><td>100</td><td>25.0</td><td>0.80</td><td>0.0058</td></tr>
<tr><td>파워쇼벨</td><td>기계식 크롤러형</td><td>0.6급</td><td>100</td><td>19.9</td><td>0.60</td><td>0.0049</td></tr>
</table>

지만, 이 때의 버킷용량이나 각 계수의 값은 트랙터쇼벨에 주어진 것을 사용하며, 각각 표 3－16과 표 3－17과 같다.

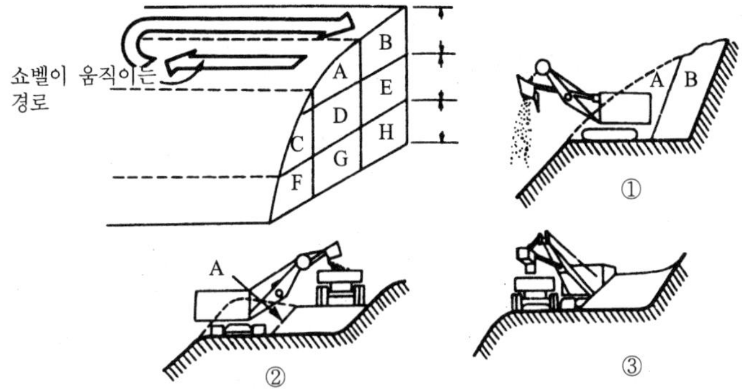

(a) Sidehill방식(A, B, C…의 순으로 깎기한다)

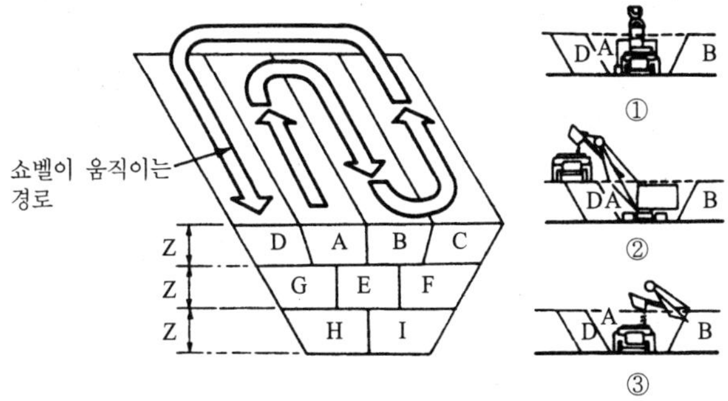

(b) Box cut방식(A, B, C…의 순으로 깎기한다)

〈그림 3-21〉 파워쇼벨의 벤치컷방식

〈표 3-17〉 버킷계수(K)

흙의 종류	드래그쇼벨	클램셀	파워쇼벨	비　고
바위덩어리 · 호박돌	0.45～0.75	0.40～0.70	0.50～0.80	가득 쌓기 쉽고
돌 섞 인 흙	0.50～0.90	0.45～0.85	0.60～1.00	간극이 적은 것
모 래	0.80～1.20	0.75～1.10	0.90～1.30	굴착하기 쉬운 것 등은 큰 계수
보 통 흙	0.60～1.00	0.55～0.95	0.70～1.10	를 사용한다.
점 성 토	0.45～0.75	0.40～0.70	0.50～0.80	

예제 3－5 파워쇼벨로 굴착할 때의 토공량을 산정하시오. 토질의 사질토, 버킷용량은 0.6m^3

으로 하고 원지반 토량이며, 땅깎기 높이는 3m로서 쉬운 굴착으로 본다.

[풀이] $q_0 = 0.6\text{m}^3$, $f = (1/L) = (1/1.25)$, $E = 0.55$, $C_m = 19\text{sec}$, $K = 1.20$(표 3-17)이다.

$$Q = \frac{3,600 \times 0.6 \times 1.20 \times (1/1.25) \times 0.55}{19} = 60.0[\text{m}^3/\text{hr}]$$

3-3 운반기계

3-3-1 덤프트럭

덤프트럭(dump truck)을 대별하면 보통 도로를 주행하는 보통 덤프트럭과 장기적으로 작업장에 사용되는 전용 덤프트럭으로 분류된다. 보통 덤프트럭은 일반적으로 적재량이 6~11ton_f, 공로 주로 주행이 가능하여 많이 사용된다.

(a) 후방 덤프트럭

(b) 사이드 덤프트럭 (c) 리프트 덤프트럭

〈그림 3-22〉 덤프트럭 방식

점용 덤프트럭은 주행 기능면에서는 보통 덤프트럭과 동일하나 일반적으로 건설현장에서 사용하는 덤프트럭은 $15ton_f$ ($10m^3$), $24ton_f$ ($16m^3$), $25ton_f$ ($17m^3$), $27ton_f$ ($18m^3$)로 설계 및 제작되어 있으므로 작업조건이 나쁜 곳에서도 가동할 수 있는 장점을 가지고 있다.

덤프트럭의 하대는 후방 또는 측방으로 60°~70°정도 기울이면서 흙을 자동적으로 부리게 되어 있으며, 후방 부리기를 리어 덤프트럭(rear dump truck), 측방 부리기를 사이드 덤프트럭(side dump truck)이라고 한다. 리프트 덤프트럭식 등 그림 3-22에 보이고 있다. 리어 덤프트럭은 가장 보편적인 것으로 모든 공사에 사용된다. 사이드 덤프는 콘크리트의 운반이나 도로의 한쪽에 흙을 버리는데 사용하면 편리하다.

덤프트럭을 사용할 때는 적재하중을 엄수하여 사용하지 않으면 안 된다. 이것은 기계에 무리가 생기지 않게 하는 동시에 도로구조물의 손상을 피하기 위함과 교통장해가 발생하지 않게 하기 위한 것이다.

(1) 경제적인 운영

1) 적재기계의 선정

덤프트럭의 사이클 타임을 단축방법은 여러 가지가 있으나, 그 중에서 중요한 것은 적재시간의 단축이며, 적재시간의 단축을 위해서는 적재 횟수를 적게 하면 가능하나 덤프트럭의 사용 대수 및 적재기계 등의 문제가 일어나기 쉬우므로 적재 횟수는 일반적으로 쇼벨의 경우 4~5회, 로더의 경우 3~4회에 적재되도록 선정하는 것이 경제적이다.

2) 운반도로

공공도로 사용은 도로의 폭, 노면 상태, 곡률반지름, 경사, 허용하중, 관계법 등을 충분히 검토하여야 한다. 또한 공사용도로 사용은 공사용도로 구축 시에는 아래 조건을 만족하도록 하여야 한다.

① 노면은 평탄하고 단단해야 한다.
② 곡률반지름이 크고 경사가 적을 것
③ 최대 종단경사는 ±10% 이하, 전용 덤프트럭의 경우 ±8% 이하가 좋다.
④ 배수를 좋게 하기 위하여 횡단경사를 만든다.
⑤ 주항로를 넓게 하고 타 운반기계와 벨트의 일방통행이 가능하게 한다.

(2) 덤프트럭 작업능력 산정

$$Q = \frac{60 \cdot q \cdot f \cdot E}{C_m}, \quad q = \frac{T}{\gamma_t} \cdot L \tag{3-20}$$

여기서, Q : 1시간당 작업량[m^3/hr]

q : 흐트러진 상태의 덤프트럭 1회 적재량[m^3]

γ_t : 자연 상태에서의 토석의 단위중량(습윤밀도)[kN/m^3]

T : 덤프트럭의 적재중량[ton_f]

L : 토량환산계수에서의 토량변화율

$$L = \frac{\text{흐트러진 상태의 토량}[m^3]}{\text{자연 상태의 토량}[m^3]}$$

f : 토량환산계수

E : 작업효율[0.9]

C_m : 1회 사이클 타임[min]

$$C_m = t_1 + t_2 + t_3 + t_4 + t_5$$

1) 적재시간(t_1) : 적재방법에 따라 산출한다.

2) 왕복시간(t_2)

$$\text{왕복시간(분)} = \frac{\text{운반거리}}{\text{적재시 평균주행속도}} + \frac{\text{운반거리}}{\text{공차시 평균주행속도}}$$

〈표 3-18〉 덤프트럭의 운반도로와 평균주행속도[km/hr]

도 로 상 태	평균속도	
	적재	공차
토취장 또는 토사장 등의 운행	5	7
쌓기장 내의 미 정비된 불량한 노면 1차선의 미개수된 교차대기가 필요한 산간지 도로	7	10
1차선의 교차가 힘든 산간지 도로 1차선의 교차대기가 필요한 공사용 가설도로 1차선의 제방 등의 도로	10	10
교차가 가능한 제방 등의 도로 2차선의 미개수된 산간지 미포장도로	12	12

〈표 3-18〉 덤프트럭의 운반도로와 평균주행속도[km/hr](계속)

도 로 상 태	평균속도	
	적재	공차
2차선 이상의 개수된 산간지 미 포장도로 2차선 이상의 공사용 가설도로	15	15
2차선 이상의 교통량 및 교통 대기가 많은 시가지 포장도로(7,000대/일 이상) 2차선 이상의 미 포장도로	20	20
2차선 이상의 시가지 포장도로(7,000~2,000대/일) 2차선 이상의 유지관리 상태가 극히 양호한 공사용도로	25	25
2차선 이상의 교외 포장도로(2,000대/일 이상) 2차선 이상의 극히 양호한 미포장도로	25	30
2차선 이상의 노면이 고르지 못한 포장도로(2,000대/일 미만)	30	35
2차선 이상의 포장도로(2,000대/일 미만)	35	35
2차선 고속도로 또는 교통량(편도) 1일 40,000대 이상의 4차선 고속도로	50	50
4차선 고속도로(편도 교통량 1일 40,000대 미만)	60	60

3) 적하시간(t_3)

적재한 토량을 내리는데 소요되는 시간으로 차례를 기다리는 시간이 포함되며, 적하시간(t_3)은 표 3-19와 같다.

〈표 3-19〉 덤프트럭의 적하시간[t_3]

토질	작 업 조 건[분]		
	양호	보통	불량
모래, 역, 호박돌 점질토, 점토	0.5 0.6	0.85 1.05	1.1 1.5

[주] ① 양호 : 사토장이 넓고 정지된 상태에서 일시에 적하하는 경우
② 보통 : 사토장이 넓으나 움직이는 상태에서 적하하는 경우
③ 불량 : 사토장이 넓지 않고 천천히 움직이는 상태에서 적하하는 경우

4) 적재장소에 도착한 때로부터 적재작업이 시작될 때까지의 시간(t_4)

적재장소가 넓어서 덤프트럭이 자유로이 목적장소에 진입할 수 있을 때 0.15분이며, 적재장소가 넓지는 않으나 목적장소에 불편없이 진입할 수 있을 때 0.42분이고, 적재장소가 좁아서 목적장소에 진입하는데 불편을 느낄 때는 0.70분이다.

5) 적재함 덮개설치 및 해체시간(t_5)

인력에 의한 경우는 3.77분이며, 자동덮개시설의 경우에는 0.5분으로 한다.

6) 적재기계를 사용하는 경우에는 사이클 타임의 산정은 다음에 의한다.

$$C_{mt} = \frac{C_{ms} \cdot n}{60 \cdot E_s} + (t_2 + t_3 + t_4 + t_5) \tag{3-21}$$

여기서, C_{mt} : 덤프트럭의 1회 사이클 타임[분]

C_{ms} : 적재기계의 1회 사이클 타임[초]

E_s : 적재기계의 작업효율

n : 덤프트럭 1대의 토량을 적재하는데 소요되는 적재기계의 사이클 횟수

$$n = \frac{Q_t}{q \cdot k} \tag{3-22}$$

Q_t : 덤프트럭 1대의 적재토량[m³]

q : 적재기계의 디퍼 또는 버킷용량[m³]

k : 디퍼 또는 버킷계수

7) 인력 적재를 하는 경우에는 사이클 타임 및 적재비는 토사류인 경우 10분이며, 석재류는 12분으로 산정한다.

예제 3-6 토취장(土取場)에서 원지반 토량 2,000m³를 굴착한 후 8ton$_f$ 덤프트럭으로 아래와 같은 단면의 도로를 축조하고자 한다. 이 토취장 흙의 40%는 점성토이고 60%는 사질토이다. 이때 다음 물음에 답하시오.

구분	토량환산계수		자연상태 단위중량
	L	C	
점성토	1.3	0.9	1.75kN/m³
사질토	1.25	0.87	1.80kN/m³

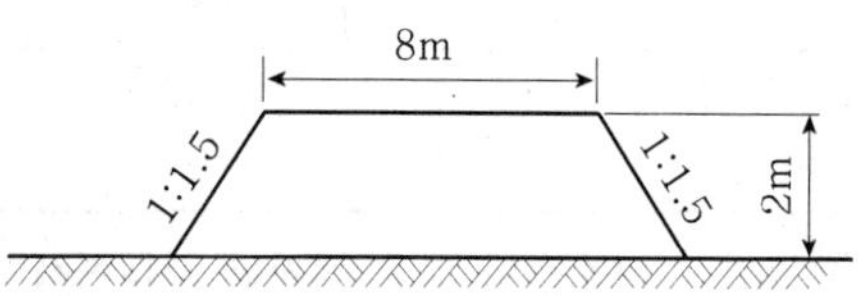

1) 운반에 필요한 8ton$_f$ 덤프트럭의 연대수를 구하시오(단 덤프트럭은 적재 중량만큼 싣는 것으로 한다).
2) 시공 가능한 도로의 길이(m)를 산출하시오(단, 도로의 시점 및 종점의 끝단은 수직으로 가정한다).
3) 전체 토량을 상차하는데 소요되는 장비의 가동시간을 계산하시오(사용장비 : 버킷용량 0.9m³

의 굴삭기, 버킷계수 0.9, 효율 0.7, 사이클 타임 2초).

[풀이] 1) ① 운반토량

㉠ 점토량 $= 2000 \times 0.4 \times L = 2000 \times 0.4 \times 1.3 = 1040[m^3]$

㉡ 사질토량 $= 2000 \times 0.6 \times L = 2000 \times 0.6 \times 1.25 = 1500[m^3]$

② 덤프트럭의 대수

㉠ 점토의 운반에 대한 대수

$$\frac{1040}{\frac{T}{\gamma_t} \cdot L} = \frac{1040}{\frac{8}{1.75} \times 1.3} = 175[\text{대}]$$

㉡ 사질토의 운반에 필요한 대수

$$\frac{1500}{\frac{T}{\gamma_t} \cdot L} = \frac{1500}{\frac{8}{1.8} \times 1.25} = 270[\text{대}]$$

∴ 덤프트럭의 연대수 $= 175 + 270 = 445[\text{대}]$

2) ① 다짐토량 $= (2000 \times 0.4 \times C) + (2000 \times 0.6 \times C)$

$= (2000 \times 0.4 \times C) + (2000 \times 0.6 \times C) = 176[m^3]$

② 도로의 단면적 $= \frac{8 + (8 + 6)}{2} \times 2 = 22[m^2]$

③ 도로의 길이 $= \frac{1764}{22} = 80.18[m]$

3) ① 굴삭기 작업량

$$Q = \frac{3600 \cdot q \cdot k \cdot f \cdot E}{C_m}$$

$$= \frac{3600 \times 0.9 \times 0.9 \times \left(\frac{1}{1.3 \times 0.4 + 1.25 \times 0.6}\right) \times 0.7}{21} = 76.54[m^3/h]$$

② 장비의 가동시간 $= \frac{2000}{76.54} = 26.13[hr]$

예제 3-7 $6ton_f$ 덤프트럭(적재용량 $Q = 4m^3$)에 점성토를 싣는데 $10ton_f$급 트랙터쇼벨(crawler식 버킷용량 $1m^3$)을 사용할 경우 덤프트럭 1대당 싣기시간[min]과 1시간당 싣기대수를 구하시오. 단 덤프트럭은 연속적으로 공급하기로 한다(단 C_m : 40초, 교대시간은 0.33분으로 한다).

[풀이] 트랙터쇼벨 1회당 신기량 $= q \times f \times E_s \times K_T$이고, 소요되는 시간은 C_m이다. 따라서 덤프트럭 1대당 신기시간은,

$$T = \frac{Q}{q \times f \times E_s \times K_T} \times \frac{C_m}{60}$$

이므로,

$$f = \frac{1}{L} = \frac{1}{1.3} \fallingdotseq 0.77, \quad E_s = 0.80, \quad E_T = 0.95$$

$C_m = 40$초, 따라서 덤프트럭 1대당 신기시간 T는,

$$T = \frac{4}{1 \times 0.77 \times 0.80 \times 0.95} \times \frac{40}{60} \fallingdotseq 4.56[\text{min}]$$

덤프트럭 교체에 20초가 필요하다면, 1대의 신기와 짐부리기에 요하는 시간은 4.56+0.33≒4.9[min]이 된다.

예제 3-8 예제 3-6에서 쇼벨 굴착토를 6ton$_f$의 덤프트럭으로 5km의 거리를 운반할 경우의 덤프트럭의 필요대수를 구하라.

[풀이] $q_s = 0.6\text{m}^3$, $K = 1.20$, $q_0 = 4.0\text{m}^3$(보통 신기)라고 하면,

$$n = \frac{q_0}{q_s K} = \frac{4}{0.6 \times 1.20} = \frac{4}{0.72} = 5.6[\text{회}]$$

n의 값은 정수이어야 하므로 $n = 6$이라고 하면,

$$q_0 = n \cdot q \cdot K = 6 \times 0.6 \times 1.20 = 4.3[\text{m}^3]$$

가 된다. 즉 1대의 덤프트럭에 4.3m^{3}의 신기토량을 고려하여 계획을 세운다.

덤프트럭의 왕복주행시간 T_1, T_2를 각각 구한다. 덤프트럭의 주행속도는 운반시 25 km/hr, 돌아오기 30km/hr라고 한다.

$$T_1 = 60 \times \frac{5}{25} = 12[\text{min}]$$

$$T_2 = 60 \times \frac{5}{30} = 10[\text{min}]$$

$t_1 = 1.0$분, $t_2 = 0.5$분 $t_3 = 5$분, $E_s = 0.7$, $E_t = 0.9$, $C_{ms} = 19$초라고 하면, 식 (3-21)에서

$$C_{mt} = \frac{C_{ms} \cdot n}{60 \cdot E_s} + (T_1 + t_1 + T_2 + t_2 + t_3)$$

$$= \frac{19 \times 6}{60 \times 0.7} + (12 + 1 + 10 + 0.5 + 5) = 31.2[\text{분}]$$

여기서, 식 (3－20)에서,

$$Q_1 = \frac{60 \cdot q_0 \cdot f \cdot E_t}{C_{mt}} = \frac{60 \times 4 \times \left(\frac{1}{1.25}\right) \times 0.9}{31.2} = 5.54[\text{m}^3/\text{hr}]$$

예제 3-9에서 $Q_s = 62.54[\text{m}^3/\text{hr}]$이므로 아래에 값을 사용하면,

$$M = \frac{Q_s}{Q_t} = \frac{62.54}{5.54} = 11.28[\text{대}] \doteqdot 12\text{대}$$

즉 덤프트럭의 소요대수는 12대로 한다.

예제 3-9 사질토사 50,000m^3(자연 상태)를 굴착하여 2km 지점에 토사를 운반할 때 장비조합 및 1일 8시간 동시 실작업일수는 얼마인가? [단 불도저 : 1사이클당 작업량(흐트러진 토량) : 3m^3, 작업효율(E) : 0.5, 토량변화율(C) : 0.9, L : 1.25, 불도저 사이클 타임 1.1분, 쇼벨 1사이클당 작업량(흐트러진 토량) : 1.9m^3, K : 0.8, E : 0.6, 사이클 타임 42초, 덤프트럭 : 8ton$_f$ 덤프트럭의 적재함 용량 : 5.25m^3(실적재함 용량), E : 0.9, 사이클 타임 C_m은 18분이다].

[풀이] ① 불도저 : $Q_D = \frac{60 \cdot q \cdot f \cdot E_t}{C_m} = \frac{60 \times 3 \times \left(\frac{1}{1.25}\right) \times 0.5}{1.1} = 65.45[\text{m}^3/\text{hr}]$

② 쇼벨 :

$$Q_s = \frac{3,600 \cdot q_0 \cdot k \cdot f \cdot E}{C_m} = \frac{3,600 \times 1.9 \times 0.8 \times \left(\frac{1}{1.25}\right) \times 0.6}{42} = 62.54[\text{m}^3/\text{hr}]$$

③ 덤프트럭 :

$$Q_t = \frac{60 \cdot q \cdot f \cdot E}{C_m} = \frac{60 \times 5.25 \times \left(\frac{1}{1.25}\right) \times 0.9}{18} = 12.60[\text{m}^3/\text{hr}]$$

④ 덤프트럭의 소요대수 : $M = \frac{Q_s}{Q_t} = \frac{62.54}{12.60} = 4.96 \doteqdot 5[\text{대}]$

⑤ 작업일수 $= \frac{50,000}{62.54} \div 8 = 99.9 \doteqdot 100[\text{일}]$

⑥ 장비조합 : 불도저 1대, 쇼벨 1대 및 덤프트럭 5대로 100일 운반하면 된다.

3-4 컨베이어

건설공사의 각 분야에서 이용되고 있는 컨베이어(conveyor)는 용도와 조건에 따라서 물량을 단기간 내에 경제적으로 운반하는데 필요한 장비로서 대형 토목공사의 운반수단 뿐만 아니라 소규모공사 또는 인력을 요하는 공사에서도 컨베이어가 많이 이용되고 있다. 특히 벨트컨베이어는 자갈, 모래와 같은 골재채취운반에 있어 매우 중요한 기계이다.

(1) 종류와 특성

1) 벨트컨베이어(belt conveyor)

광석, 골재 등의 운반에 있어서 작업상의 안정성과 동력의 소비가 적으며, 운반노선 경사는 운반수송량에 따라 다르지만 일반적으로 약 30°의 경사까지 운반이 가능하고, 운반길이에 있어서도 1대가 수 m에서 수 km까지 설치가 가능하다. 특히 구조가 간단하고 고장이 적으며, 유지보수가 용이할 뿐만 아니라 집중제어가 되고 협소한 좁은 장소와 또 터널과 같은 통로에도 장거리 운반에도 가능하다.

2) 스크루컨베이어(screw conveyor)

하상부의 단면이 반원형으로 된 운반로 또는 관 중에 나사모양으로 된 회전체를 회전시켜 나사면에 따라 운반할 물체를 운반하는 장치로서 입상(粒狀) 또는 분말의 재료를 운반하는데 적합하고 또한 운반물의 입상, 중량, 비중 및 상태 등에 따라서 나사모양 및 각도가 다르고 경사는 약 30°까지 허용할 수 있다.

3) 스크레이퍼컨베이어(scraper conveyor)

체인에 각 판을 붙여 움직이게 하여 물건을 운반하는 장치로서 이 형식도 마찰계수가 크므로 효율이 나쁘지만 구조가 간단하고 입상의 물건을 운반하는데 적합하다.

4) 버킷컨베이어(bucket conveyor)

버킷을 체인 또는 벨트에 일정간격으로 정착하고 체인 또는 벨트를 회전시켜 운반할 물체를 높은 장소에 연속운반하는데 사용하는 장비로서 30° 이상 수직에 가까운 경사운반에 적합하다. 또한 버킷 엘리베이터는 설비비용은 적게 들지만 동력소비가 비교적 많으며, 입도가 큰 재료는 걸려서 운반이 곤란한 단점도 있다.

5) 에프론컨베이어(apron conveyor)

체인 또는 로프(rope)에 강판, 목판 등을 붙여 그 위에 운반물을 적재하여 운반하는 장치이다.

(2) 운반능력 산정

$$Q = A \cdot v \cdot \gamma \cdot 60 \qquad (3-23)$$

여기서, Q : 벨트컨베이어 운반능력[m^3/hr]
v : 벨트속도[m/min]
γ : 운반물의 겉보기 비중[kN/m^3]
A : 운반면적[m^2]

3-5 삭 도

(1) 개요

건설공사에 사용되는 삭도(索道)는 지형적으로 덤프트럭 또는 컨베이어 등의 운반기계를 사용할 수 없는 현장에 설치하여 사용한다.

삭도는 스틸와이어(steel wire)를 가설하고 이에 양 지주 사이 운반용기를 장착하여 용기 내에 재료를 적재하여 운반하므로 다른 제약을 받지 않고 고장도 적으며, 계획량을 안전성 있게 운반할 수 있기 때문에 댐 건설현장에서의 골재 또는 시멘트의 수송에 많이 이용된다.

(2) 삭도의 장점

① 지형에 관계없이 최단 직선거리로 선로를 설치할 수 있다.
② 도로, 철로와 같이 노면(路面)이나 교량같은 운반로 공사가 필요치 않다.
③ 적설, 홍수 등에 따를 피해를 받을 염려가 없다.
④ 삭도는 공중에 설치되기 때문에 용지의 매수비 또는 임차료가 거의 없고 철로, 도로 등의 교차점에서도 필요에 따라 간단한 보안 장치로서 대책이 가능하다.
⑤ 건설비가 저렴하고 운반비도 저렴하다.

(3) 종류와 특성

삭도는 주행방식에 따라 단송식, 교주식, 순환식으로 대별된다.

1) 단송식 삭도

1본의 지삭을 가설하고 지삭의 한 쪽경사의 자중을 이용하여 재료를 수송하는 방식으로 경비가 적게 드는 이점이 있으나 파쇄되는 운반물 수송에 부적당하며 신탄 등의 수송용으로 소규모이며, 그림 3-23과 같다.

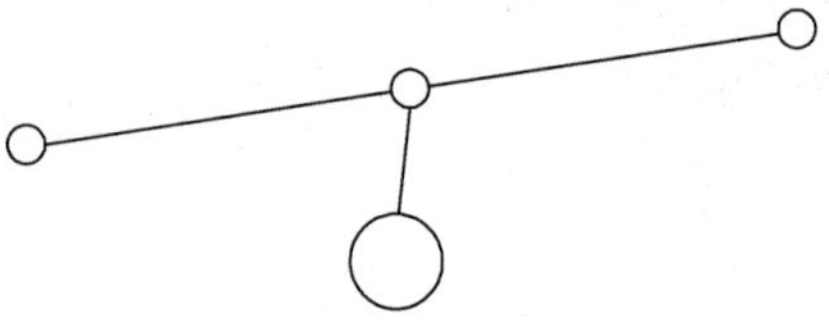

〈그림 3-23〉 단송식 삭도

2) 교정식

지삭(支索)과 예삭(曳索)을 겸한 스틸와이어에 운반용기를 고정하고 동력으로 왕복수송을 하는 방법이며, 그림 3-24와 같다.

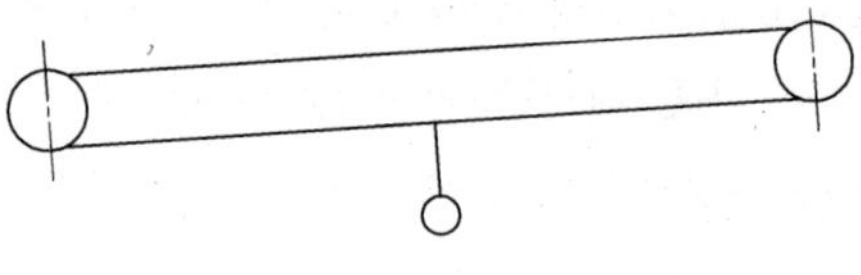

〈그림 3-24〉 교정식 삭도

3) 순환식

순환식은 연속식이라고도 한다. 지삭 또는 예삭을 로프(loop)식으로 일정간격을 두고 운반용기를 장착, 연속적으로 운반작업을 하는 것으로 그림 3-25와 같다.

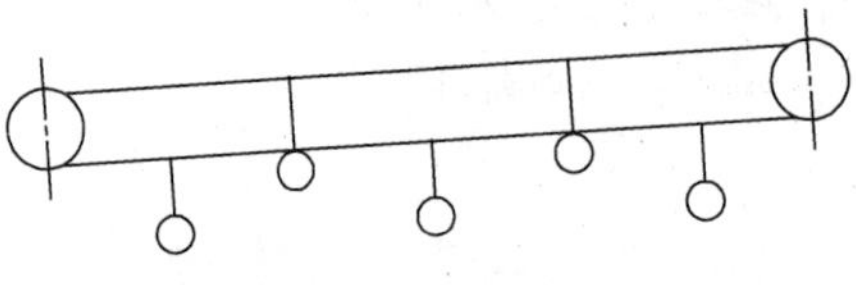

〈그림 3-25〉 순환식 삭도

(4) 삭도의 작업능력

$$Q = \frac{nq}{1,000} \tag{3-24}$$

여기서, Q : 1시간당 운반량[ton_f/hr]
n : 1시간중 발송하는 운반용기 수
q : 운반용기의 적재중량[kg_f]

3-6 다짐기계

다짐기계는 흙쌓기나 도로의 아스팔트포장을 한 다음 또는 쇄석포장(碎石鋪裝), 기층 등의 장비주행성(trafficability)을 좋게 하기위하여 밀도를 증대시키는데 사용된다. 따라서 흙이나 기층 등을 다지기 위하여 다짐기계(roller machine)를 사용한다. 다짐기계의 종류는 다음과 같다.

〈표 3-20〉 다짐기계의 종류

- 롤러(roller)
  - 로드롤러(road roller)
    - 머캐덤롤러(macadam roller)
    - 탠덤롤러(tandem roller, 2축, 3축)
  - 타이어롤러(tire roller)
  - 탬핑롤러(tamping roller)
    - 턴풋롤러(turn foot roller)
    - 시프스풋롤러(sheeps foot roller)
    - 그리드롤러(grid roller)
    - 테퍼풋롤러(tapper foot roller)
  - 진동롤러(vibration roller)
- 평판식 다짐기계
  - 진동콤팩터(vibration compactor)
  - 탬퍼(tamper)
  - 램머(rammer)

토공작업의 경우 흙으로 쌓기한 다음에는 반드시 롤러로 다져야 하며, 다지는 방법에 따라 다음의 세 가지 종류로 나누게 된다.

1) 전압식(轉壓式, Rolling Type) : 주로 기계의 자중(自重)으로 롤러 등으로 다진다.
2) 충격식(衝擊式, Impact Type) : 기계가 튀어 오르든지 낙하하든지 할 때의 충격력에 의하여 다지는 것이다.
3) 진동식(振動式, Swinging Type) : 기계를 진동시켜 그 가진력(加振力)에 의하여 다진다.

각 다지기 기계는 각각 특징이 있어 토질이나 사용목적에 적합한 기계를 선택하여 사용한다.

3-6-1 다짐기계의 종류

(1) 로드롤러

로드롤러(road roller)는 도로공사에서 노반의 다짐 등에 사용하는 다짐기계이다. 대개 평평한 쌓기면을 다시 다지는데 사용한다. 일반적으로 흙쌓기와 같이 요철(凹凸)이 많고 침하가 큰 초기의 다짐에는 부적당하다.

그림 3-26과 같이 뒷바퀴의 형태에 따라 머캐덤(three wheel roller)형과 탠덤형(tandem roller type)으로 분류한다.

로드롤러는 전압식이 다짐기계이므로 자중이 큰 것이 다짐효과가 크며, 보통 자중이 6~15 ton_f인 것이 일반적으로 사용되고 있다.

머캐덤롤러는 파쇄작업에 적합하고 물다지기 머캐덤(water bound macadam), 타르 머캐덤(tar bound macadam) 등의 1차 전압 및 다짐질 전압에 사용한다. 탠덤롤러는 전후륜의 무게 배분이 변하지 않으므로 주로 상층노반의 마무리 및 아스팔트포장의 평탄한 정밀마무리에 사용할 때는 물 또는 발라스트를 가감하여 적당한 무게로 하여 사용하여야 한다.

표 3-21은 탠덤롤러의 기체의 무게와 A, B바퀴에 물을 가득 채웠을 때, 또는 C바퀴까지 물을 채워 최대무게 19.5ton_f일 때의 각각의 접지압을 작용형태에 따라 구분한 것이다. 이것은 전압에 대한 설계기준이 된다.

〈표 3-21〉 토질 및 다짐조건, 기계 선정

다짐기계의 종류	암 괴 호박돌 역	역질토	모래	사질토	점토 및 점질토	역이 섞인 점토 및 점질토	연약한 점토 및 점질토	단단한 점토 및 점질토
로드롤러	B	A	A	A	B	B	C	C
자주식 타이어 롤러	B	A	A	A	A	A	C	B
견인식 타이어 롤러	B	A	A	A	A	A	C	B
탬핑롤러	C	C	B	B	B	B	C	A
진동롤러	A	A	A	A	C	B	C	C
콤 팩 터	A	A	A	A	C	B	C	C
램 머	B	A	A	A	B	B	C	C
불 도 저	A	A	A	A	B	B	C	A
습지 불도저	C	C	C	C	B	B	A	C

1. 여기서 A는 효과적이고 적당한 방법이며, B는 따로 적당한 기계가 없을 때 사용하여야 하고, C는 부적당하다.
2. 로드롤러(머캐덤, 탠덤)는 노면 등의 마무리에 사용한다.

3. 타이어롤러로 하는 흙쌓기부분의 다짐에는 일반적으로 자주식을 사용하는 것이 경제적이나 지형이 복잡하고 여러 공구를 동시에 작업할 경우 등에는 견인식을 사용하는 것도 검토할 필요가 있다.
4. 견인식 타이어롤러를 흙쌓기 비탈면의 다짐에 사용할 때에는 비탈면의 길이가 5~6m 정도일 경우에는 작업이 능률적이다.
5. 불도저를 흙쌓기 비탈면의 다짐에 사용할 때에는 비탈면의 경사가 1 : 1.8보다 낮아질 경우에 능률적이다.
6. 램머, 콤팩터는 구조물의 뒤채움 등 국부적인 장소의 다짐에 사용한다.
7. 습지 불도저를 흙쌓기 비탈면의 다짐에 사용할 경우에는 q_c(콘지수)=4 이하의 대단히 연약한 점질토, 점토 등에 적용한다.

(a) 머캐덤롤러 (b) 탠덤롤러 (c) 3축 탠덤롤러

〈그림 3-26〉 로드롤러

(2) 탬핑롤러

그림 3-27의 탬핑롤러(tamping roller)는 롤러드럼(roller drum)의 표면에 양 발굽과 흡사한 돌기물(突起物)이 붙어 있다. 그림 3-28은 시프스풋롤러(sheeps foot roller)라고도 하고 일반적으로 흙쌓기 다짐에 사용되고 비교적 함수비가 많은 점질토(粘質土)의 다짐에 적합하다. 트랙터에 견인되어 사용되고 자중의 조절은 드럼 속에 모래 또는 물을 넣어 조절한다.

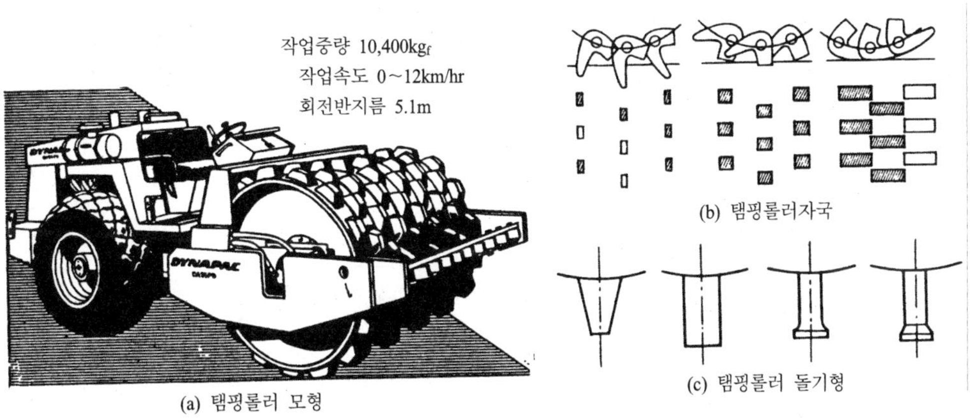

(a) 탬핑롤러 모형

〈그림 3-27〉 탬핑롤러

〈그림 3-28〉 시프스풋롤러

견인식과 자주식이 있으며, 자중은 1드럼급 2~4ton_f, 2드럼급 4~9ton_f이나 중량을 가감하여 정지압을 0.1~0.3kPa로 바꿀 수 있다. 탬핑롤러의 다짐을 지배하는 요소는 전중량, 돌기 끝의접지면적, 접지하고 있는 돌기의 수 등을 들 수 있고, 건조한 점토나 실트질 점토 등의 다짐에 사용하고 있다. 그런데 함수비가 높은 점토는 돌기물 사이에 부착하게 되어 이 점을 개량한 양족식(sheeps foot) 롤러(그림 3-28)는, 그리드(grid)롤러, 테퍼풋(tapper foot)롤러와 같은 종류가 있다.

(3) 타이어롤러

발라스트(ballast) 밑에 다수의 타이어(tire)를 달아서 공기타이어의 특성을 이용하여 다짐하는 것으로 넓은 면적에 접지하기 때문에 비교적 연약한 지반에도 다짐가능하다. 견인식과 자주식이 있으며, 타이어의 배열은 1축식과 2축식이 있고 한 축에 2~6개의 타이어를 배치하고 있으

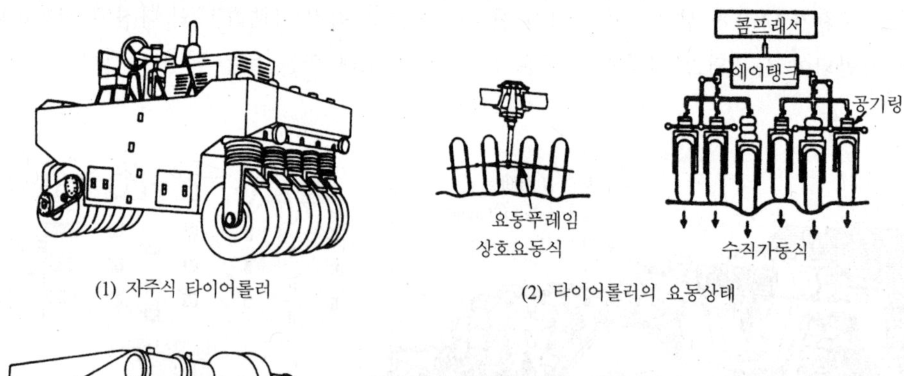

(1) 자주식 타이어롤러

(2) 타이어롤러의 요동상태

(3) 피견인식 타이어롤러 (1축식)

(4) 피견인식 타이어롤러 (2축식)

〈그림 3-29〉 각종 타이어롤러

며 타이어 2륜을 1조로 한 1개의 자축과 구동축에 의하여 지지되어 있다.

전압중량이 6~10ton$_f$ 까지의 큰 것도 있다. 타이어롤러는 하중을 조절할 때마다 타이어의 공기압을 변경해야 하며, 각종 타이어롤러는 그림 3-29와 같다.

타이어롤러는 실트질, 자갈 및 모래나 혹은 입도분포가 불량한 자갈 및 모래, 점토 섞인 흙으로 소성이 낮은 흙에 적합하고, 한층의 두께가 10~15cm 정도의 얇은 층을 최적함수비 아래에서 2~8회 다짐하여 최대건조밀도의 95%까지 다짐할 수 있다. 그러나 함수비가 많은 점토질에는 부적합하며, 양족식롤러(자주식)는 다진표층토의 끝마무리 다짐에 사용되고 있다.

(4) 램 머

램머(rammer)는 그림 3-30과 같은 1기통 2사이클의 가솔린 엔진의 폭발력을 이용하여 지반에 충격을 주면서 다지는 기계이다. 자중은 100kg$_f$ 이하로서 인력으로 조작한다.

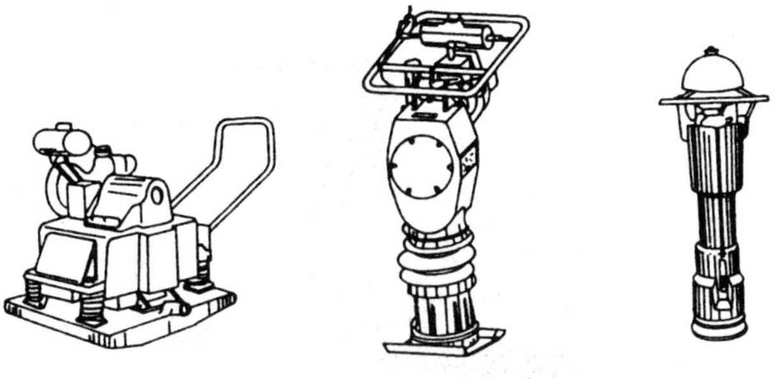

(a) 진동식 콤팩터 (b) 램퍼 (c) 램머

〈그림 3-30〉 각종 램머(충격식)

(5) 프로그램머

프로그램머(frog rammer)는 대형의 램머이고 일반적으로 토공에 많이 사용되며, 기구나 형태는 램머와 같다. 인력에 의하여 조작하나 튀어 오르면서 자동적으로 전진하게 되어 있다. 자중은 500~1,000kg$_f$으로 대형인 만큼 충격력이 소형 램머보다 대단히 크므로 다짐능력이 커서 휠 댐공사에 많이 사용된다.

(6) 진동식롤러

로드롤러 또는 타이어롤러에 진동장치를 탑재한 것이고, 전압 시에 진동을 가함으로써 다짐효과를 크게 한 것이다.

다짐기에는 불평중(不平重) 중량을 장치한 2축을 반대방향으로 회전시켜 상하진동시키는 장치를 이용한 것이 많다. 진동에 의한 다짐효과는 점질토에는 효과가 적고 사질토에는 크므로 사질토의 흙쌓기 등에 사용한다.

이 종류의 롤러는 일반적으로 소형으로 자중 300~400kg_f 정도이고, 진동수는 3,000rpm 전후가 많이 사용되고 있으며, 그림 3-31과 같다.

탬핑롤러에는 돌기의 형태에 따라 테퍼풋롤러(taper foot roller), 펙풋롤러(peg foot roller), 클럽풋롤러(club foot roller), 시프스풋롤러(sheeps foot roller), 턴풋롤러(turn foot roller), 메시롤러(mesh roller) 등이 있다. 턴풋롤러는 전진하면서 3종류의 돌기형상으로 변화하게 되어 있고, 메시롤러는 격자형의 특수메시를 가진 롤러이다.

진동롤러(vibratory roller)는 그 가진력이 롤러 중량의 1~2배 정도, 진동수가 1,500~4,500(rpm) 정도인 것이 많다. 그림 3-32는 턴풋롤러를 보이고 있으며, 그림 3-33은 다짐작업 상태를 나타낸 것이다.

〈그림 3-31〉 진동롤러

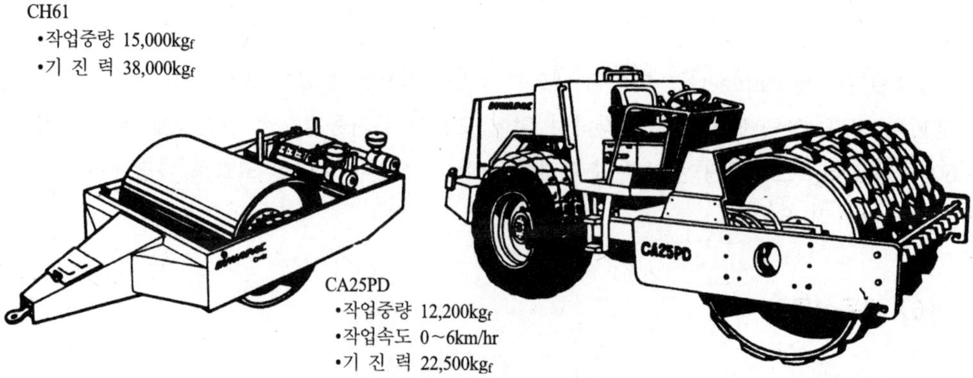

〈그림 3-32〉 턴풋롤러

(a) 심층부의 다짐　(b) 중간층의 다짐　(c) 표층부의 다짐 및 예비다짐

〈그림 3-33〉 턴풋롤러와 다짐상태

(7) 진동콤팩터

진동콤팩터(vibratory plate compactor)는 가진력이 기계중량의 10~75배 정도이나 이중에는 65~75배 정도, 진동수가 2,500~6,400(rpm) 정도인 것이 있어 기체가 완전하게 지상에서 튀어 올랐을 때에 충격력에 의하여 다진다.

1) 소일콤팩터

소일콤팩터(soil compactor)는 일반적으로 핸드가이드식으로 소형은 자중 100~150kg_f이며, 중대형은 500~1,500kg_f까지 있다.

3-6-2 다짐기계의 작업

(1) 다짐

흙쌓기를 다짐할 때는 공사기간, 공정, 시공단가, 토질 및 현장조건 등을 고려하여 적합한 다짐기계를 선정해야 한다. 특히 토질에 따른 다짐기계의 선택은 중요하며 표 3-22는 그 표준을 보인 것이다.

대규모의 흙쌓기할 때는 1회 깔기 두께, 다짐기계의 종류, 다짐횟수, 시공시의 함수비 등을 결정하기 위하여 현장 다짐시험을 한다.

다짐에는 원칙적으로 흙쌓기의 길이 방향으로 시행하고, 옆부분부터 시작하여 순차적으로 중앙부를 향하여 시행하고, 규정된 다짐도가 얻어질 때까지 다짐기계의 운행을 되풀이 한다. 보통 되풀이 횟수는 8~20회 정도이다. 구조물 뒤의 뒤채움이나 그에 유사한 흙쌓기의 시공은 램머나 기타 적당한 다짐기계를 선택하여 다짐을 완성한다.

〈표 3-22〉 토질별 다짐기계

기계명 \ 토질	사질토 모래·자갈 섞인 흙	사질토·자갈 섞인 점성토	점토·점성토 쌓기	점토질·실토질에 유사한 것	호박돌 섞인 토사	가벼운 돌·자갈, 연암·경암	고함수비의 토사·점성토
로드롤러	B	B	–	–	B	B	–
메시롤러	B	B	B	–	–	B	–
타이어롤러(자주식)	A	A	–	–	B	A	–
타이어롤러(견인식)	B	B	A	–	A	A	B
진동롤러(자주식)	A	B	–	–	B	B	–
진동롤러(견인식)	B	B	–	–	A	A	–
콤 팩 터	A	A	–	–	A	A	–
램 머	B	B	A	–	A	A	–
탬 퍼	B	B	A	A	B	B	A
불 도 저	–	–	A	B	–	–	A
습지불도저	–	–	–	A	–	–	B

[주] A, B는 적용기계를 식별하는 것인데 A가 B보다 좋다.

흙에 최적함수비를 감안하여 시공 시의 함수비 설정에 충분한 배려가 필요하고, 특시 강우 시나 강설(降雪)시에는 시트(布)나 비닐 등을 덮어 함수비의 증가를 방지한다. 표 3-23은 최적함수비와 최대건조밀도에 따른 다짐기계의 종류이다.

〈표 3-23〉 최적함수비와 최대건조밀도의 다짐기계의 종류

다짐기계 \ 시공결과 \ 토질	점 토		실트질 점토		사질 점토		모 래		자갈섞인 점토질 모래	
	MC	D	MC	D	MC	D	MC	D	MC	D
개정 AASHTO법	17	18.1	14	19.2	11	20.5	9	20.8	7	22.1
2 3/4ton$_f$ 로드롤러	21	15.2	17	17.6	16	18.3	10	20.4	8	21.4
8ton$_f$ 로드롤러	20	16.7	16	17.8	14	18.6	8	21.1	7	22.1
타이어롤러	25	15.7	20	16.7	19	17.3	11	20.4	7	20.2
시프스풋롤러	16	17.1	14	18.6	12	19.0	-	-	6	20.6
프로그램머	17	17.1	15	17.6	13	18.6	10	20.5	7	21.8

[주] MC=최적함수비(%), D=최대건조밀도[kN/m^3]

흙쌓기의 다짐에는 비탈면의 다짐이 힘들고 강우시에 표류수에 의하여 세굴되어 비탈면이 붕괴될 우려가 있으므로 타이어롤러나 진동롤러, 불도저 등을 이용하여 비탈면에서 올라갔다 내려갔다 하면서 다짐을 한다. 또 쌓기재료가 점착성이 없는 경우는 식생(植生)에 적합한 토질이나 점착성이 있는 흙을 사용하여 30~50cm 두께로 비탈면을 덮어 비탈면다짐(slope tamping)

하여 램머나 진동콤팩터로 다짐한다.

(2) 다짐기계의 작업능력 산정

전압기계의 1시간당 토공량의 산정에는 다음 식이 사용된다.

1) 작업량을 다진 토량으로 표시하는 경우

$$Q = \frac{1,000 \cdot V \cdot W \cdot H \cdot f \cdot E}{N} \tag{3-25}$$

2) 작업량을 다진 면적으로 표시한 경우

$$A = \frac{1,000 \cdot V \cdot W \cdot E}{N} \tag{3-26}$$

여기서, Q : 운전 1시간당의 작업량[m^3/hr]
V : 작업속도[km/hr]
W : 1회의 유효다짐 폭[m]
H : 흙깔기 두께 또는 1층의 마무리 두께[m]
f : 토량환산계수
N : 다짐횟수(표 3－25 참조)
E : 다짐기계의 효율(표 3－26 참조)
A : 운전 1시간당의 마무리 면적[m^2/hr]

이 중에서 V, W의 표준치는 표 3－24에 나타나 있다. E는 토질조건에 따라 다르지만 일반적으로 0.8이 표준이다.

〈표 3-24〉 다짐기계의 유효다짐 폭(W)과 다짐속도(V)

구 분 / 다짐기계	규격 [ton_f]	유효다짐 폭 [m]	표준다짐속도[km/hr]		
			노체, 축제, 노상	기층, 보조기층	표 층
머캐덤롤러	6～8 8～10 10～12 12～15	0.7 0.8 0.8 0.9	2.0	2.5	3.0

〈표 3-24〉 다짐기계의 유효다짐 폭(W)과 다짐속도(V)(계속)

구분 / 다짐기계	규격 [ton$_f$]	유효다짐 폭 [m]	표준다짐속도[km/hr]		
			노체, 축제, 노상	기층, 보조기층	표 층
탠덤롤러	6~8 8~10 10~13	1.1 1.1 1.2	2.0	–	3.0
타이어롤러	5~8 8~15 15~25	1.4 1.8 2.0	2.5	4.0	4.0
불도저	12 19	0.7 0.8	4.0	–	–
자주식, 양족식롤러	19	1.8	4.0	–	–
견인식, 양족식롤러 (드럼 2개 기준)	3~6 7~10 11~20	2.7 3.1 3.4	4.0	–	–
진동롤러 (자주식)	2.5 4.4 6.0 10.0	0.7 0.8 1.5 1.9	1.0 1.0 3.0 4.0	1.0 보조기층 1.0 3.0 4.0	–

〈표 3-25〉 다짐두께와 다짐횟수

공 종		다짐두께[cm]	다짐기계	규격[ton$_f$]	다짐 횟수	다짐도[%]
노 체		30	진동롤러 타이어롤러	10 8~15	6 4	90 이상
노 상		20	진동롤러 타이어롤러	10 8~15	6 4	95 이상
보조기층		15~20	진동롤러 타이어롤러	10 8~15	8 4	95 이상
기 층 (아스팔트 안정처리)		7.5~10	머캐덤롤러 타이어롤러 탬덤롤러	10~12 8~15 10~14	4 10 4	96 이상
표 층		5	머캐덤롤러 타이어롤러 탬덤롤러	8~12 8~15 10~14	2 10 4	96 이상
저수지	심벽 (점토)	20	양족식롤러 (자주식)	19	10	95 이상
	쌓기	30	양족식롤러 (자주식)	19	8	95 이상
축 제		30~50	불도저	12~19	6	80 이상

〈표 3-26〉 롤러의 작업효율(E)

공 종	현장조건 / 다짐기계	양 호	보 통	불 량
표 층	머캐덤롤러 타이어롤러 탠덤롤러	0.75 0.65 0.60	0.56 0.45 0.45	0.35 0.25 0.30
기 층 보조기층	진동롤러 머캐덤롤러 타이어롤러	0.80 0.70 0.60	0.60 0.50 0.40	0.40 0.30 0.20
노 체 축 제 노 상	불도저 타이어롤러 진동롤러 양족식롤러(자주식, 견인식)	0.80	0.60	0.40

작업효율의 결점은 다음 사항을 고려하여 조건이 보통보다 높으면 양호로, 나쁠 때는 불량 값을 택한다.

1. 쌓기재료 또는 노반재료의 공급능력과 다짐작업과의 균형(평형 또는 공급능력이 상회하였을 때에는 작업효율은 양호)
2. 쌓기재료 또는 노반재료의 토질, 함수비, 입도, 배합 등의 적정
3. 작업현장에서의 작업방해의 정도
4. 작업현장의 요철(凹凸)굴곡 등 지형 상황

3) 램머와 같이 충격식 다짐기계의 토공량 산정은 식 (3-27)과 같다.

$$Q = \frac{V \cdot W \cdot H \cdot f \cdot E}{P} \tag{3-27}$$

여기서, Q : 운전 1시간당의 작업량[m^3/hr]

A : 1회 유효 다짐면적[m^2] (보통 램머는 A : 0.034m^2)

N : 1시간당의 다짐횟수[회/hr] N=3,600[회/hr]

P : 되풀이 다짐횟수

E : 0.7~0.3, 보통 P는 3회 정도이다.

예제 3-10 흙쌓기공사에서 다짐에 타이어롤러를 사용하려고 한다. 각 규격의 롤러에 대한 1시간당 마무리 토공량을 구하시오. 다짐횟수는 8회로 하고, 토질은 양호한 사질토로서 1층의 깔기 두께는 30cm로 한다.

[풀이] ① 5~8ton_f급 타이어롤러를 사용할 경우

표 3-24에 의하여 W=1.4m, V=2.5km/hr, N=8, 사질토이므로 L=1.25, C=

0.90이다. 이 경우의 f는 Q를 다짐 후의 토량으로 산정할 경우가 q가 흐트러진 토량이 되므로 $f=C/L$로 표시한다.

E는 일반적으로 0.8을 취한다.

$$Q=\frac{1,000\cdot V\cdot W\cdot H\cdot f\cdot E}{N}=\frac{1,000\times2.5\times1.4\times0.3\times\left(\frac{0.90}{1.25}\right)\times0.8}{8}$$

$$=75.6[\mathrm{m^3/hr}]$$

② 8~15$\mathrm{ton_f}$급을 사용할 때

표 3-24에서 $W=1.8\mathrm{m}$, $V=2.5\mathrm{km/hr}$이 되고, 다른 값은 동일하므로

$$Q=\frac{1,000\times2.5\times1.8\times0.3\times\left(\frac{0.90}{1.25}\right)\times0.8}{8}=97.2[\mathrm{m^3/hr}]$$

③ 12~22$\mathrm{ton_f}$급을 사용할 때

표 3-24에서 $W=2.0\mathrm{m}$, $V=2.5\mathrm{km/hr}$이 되고, 다른 값은 동일하므로

$$Q=\frac{1,000\times2.5\times2.0\times0.3\times\left(\frac{0.90}{1.25}\right)\times0.8}{8}=108.0[\mathrm{m^3/hr}]$$

3-7 포장용 기계

포장은 일반적으로 아스팔트 포장과 콘크리트포장의 2종류로 대별한다. 포장은 노상을 제거하고 하층노반(下層路盤)에서 표층 또는 콘크리트 상면까지의 부분을 말하고 각각 각층의 시공에 사용하는 전용기계를 포장용 건설기계라고 한다. 일반적으로 아스팔트포장공사나 시멘트 콘크리트포장공사에 사용하는 대표적 기종(機種)은 표 3-27과 같다.

〈표 3-27〉 포장용 공종과 사용기계

포장공종	작 업 내 용	사 용 기 계
노 반 공	노반재 혼합	모터그레이더, 아스팔트 플랜트(asphalt plant), 믹싱플랜트, 로드 스태빌라이저(road stabilizer)
	다 짐	탠덤롤러, 타이어롤러, 진동롤러
	부 설	불도저, 모터그레이더, 아스팔트 피니셔, 아그리게이트 스프레더(aggregate spreader)

〈표 3-27〉 포장용 공종과 사용기계(계속)

포장공종	작업내용	사 용 기 계
노 반 공	프라임 코트	아스팔트 스프레이어, 아스팔트 디스트리뷰터(asphalt distributor), 칩스프레더
아스팔트 포 장 공	가열 혼합물 제조	아스팔트 믹싱플랜트, 리사이클 플랜트
	운 반	덤프트럭, 아스팔트 피니셔(asphalt finisher)
	다 짐	탠덤롤러, 타이어롤러, 진동롤러
	택 코 트 시 일 코 트	아스팔트 스프레이어, 아스팔트 디스트리뷰터 아그리게이트 스프레더, 칩스프레더
	기 타	아스팔트 커터, 아스팔트 커버
시 멘 트 콘크리트 포 장 공	시 멘 트 콘크리트 제조	콘크리트 플랜트, 페이버
	운 반	덤프트럭, 벨트프레셔
	부 설	콘크리트 스프레더
	다짐 마무리	콘크리트 피니셔, 콤팩터 피니셔, 슬립폼 페이버
	조 인 트	진동 조인트기, 콘크리트 커터
	기 타	살수차, 큐어링 머신

3-7-1 작업의 분류

1) 노반재료의 혼합플랜트 혼합방식에는 믹싱플랜트(mixing plant), 노상혼합방식(路上混合方式)에는 도로 안정관(rod stabilizer)이 있다.
2) 노반재료의 펴기 끝손질 : 쇄석을 펴는 기계, 기층에 까는 지류(base paper)가 있다.
3) 골재깔기 : 뒤집어 펴는 기계(tip spreader)
4) 역청재료 깔기 : 배포기(distributor), 아스팔트 분무기(asphalt sprayer)
5) 아스팔트 혼합물의 제조 : 아스팔트 제조공장(asphalt plant)
6) 콘크리트 펴기 끝손질 : 콘크리트 펴는 기계(concrete spreader)
7) 콘크리트의 다짐 : 콘크리트 마무리기(concrete finisher), 활출(滑出)을 포장기 등으로 나눌 수 있다.

(1) 아스팔트 포장기계

1) 아스팔트 믹싱플랜트

아스팔트 믹싱플랜트(asphalt mixing plant)는 재료의 공급, 가열, 혼합까지 일관된 작업을 기계적으로 넣는 혼합 제조장치이다.

아스팔트 플랜트는 계량 및 혼합방식에 따라 배치식과 연속식이 있다. 우리나라에서는 배치식이 많이 사용되고 있으며, 배치식은 1회 합제 생산시마다 각 재료를 계량, 혼합, 배출하는 것이고 연속식은 각 재료를 일정 배합비로 연속하여 계량, 혼합, 배출하는 것을 말한다.

2) 아스팔트 피니셔

아스팔트 피니셔(asphalt finisher)는 가열 혼합물을 부설하는 포장기계로서 가열 혼합물을 받는 호퍼, 부설장치, 혼합물을 다짐하고 포장면을 평활하게 하는 스크리드(screed)장치로 구성되어 있으며, 그림 3-34와 같다.

$$Q = V \times W \times t \times d \times E \tag{3-28}$$

여기서, Q : 시간당 포설량[kN/hr]
V : 아스팔트 피니셔의 평균작업속도[m/hr]
W : 아스팔트 피니셔의 시공 폭[m]
t : 포설마무리 두께[m]
d : 다져진 후의 밀도[kN/m^3]
E : 작업효율

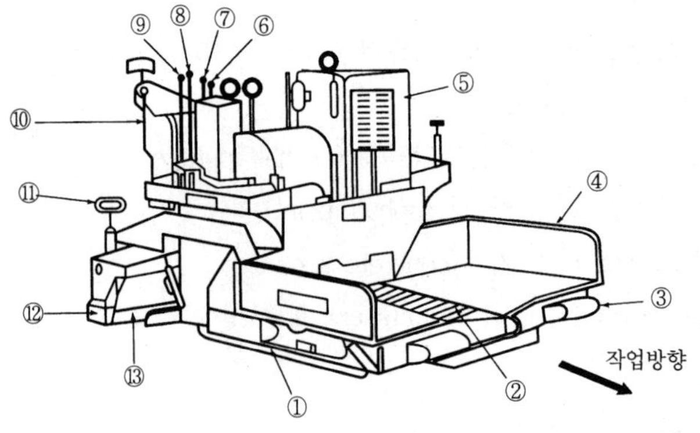

① orawler ② bar-feeder
③ push roller ④ 호퍼
⑤ 엔진 ⑥ 변속기 레버
⑦ screw spreader cruch lever
⑧ 좌전진후퇴 lever
⑨ 우전진후퇴 lever
⑩ screw spreader cruch lever
⑪ thickness controller
⑫ screed ⑬ 탬프

〈그림 3-34〉 아스팔트 피니셔의 개략도

3) 아스팔트 디스트리뷰우터

아스팔트 디스트리뷰우터(asphalt distributor)는 아스팔트를 보온탱크에 채운후 재료를 증유 버너로 가열 용해하여 주행하면서 아스팔트를 노면에 일정한 폭으로 균일하게 살포하는 기계로서 시공능력이 크므로 대규모작업에 용이하며, 그림 3-35와 같다.

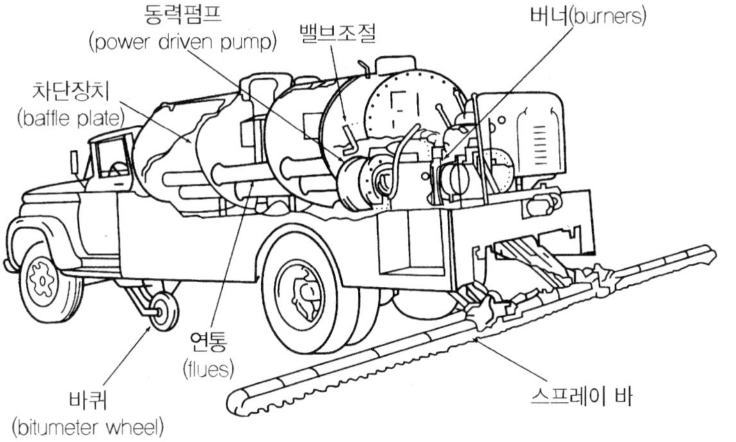

〈그림 3-35〉 아스팔트 디스트리뷰우터의 개략도

4) 골재 살포기(aggregate spreader)

골재, 혼합 노반재 등을 일정한 두께로 부설할 수 있도록 이동하면서 살포하는 기계이다.

5) 아스팔트 스프레이어(asphalt sprayer)

역청재를 살포하는 소형기계로서 소형엔진과 Gear Pump 또는 콤프레서를 장비탱크 내에 수용되어 있는 역청재를 노즐을 통하여 살포하는 기계이다.

6) 아스팔트 쿠커(asphalt cooker)

아스팔트 쿠커는 구스 아스팔트와 매스틱 아스팔트를 적당한 점토를 얻을 때가지 가열 교반하는 기계이다.

3-7-2 콘크리트 포장기계

(1) 콘크리트 피니셔(concrete finisher)

배쳐플랜트(batcher plant)에서 생산된 신 콘크리트를 덤프트럭으로 호퍼(hopper) 또는 노면에 부리면 스크루 스프레이더(screw sprayer)로 넓게 펴고, 제일 스크루드로서 고저를 조절하며, 바로 뒤의 진동기로 다짐하면서 피니싱 스크류드로 마무리되므로 1회 진행에서 포장이 완성되는 것이다. 작업량은 아스팔트 피니셔와 같다.

① 종류 : 콘크리트 플랜트종류는 계량방식, 조작방식에 의하여 분류한다.
② 계량방식에 의한 분류 : 개별계량식, 누계계량식
③ 콘크리트 조작방식에 의한 분류 : 전자동식, 자동식, 반자동식, 수동식

(2) 콘크리트 피니싱 스크루드(concrete finishing screwed)

콘크리트 피니셔는 콘크리트의 다짐과 마무리를 하는 포장기계이며, 형틀에 설치된 레일상을 주행하면서 콘크리트 스프레이더에 의하여 타설된 콘크리트를 다시 평탄하고 균일하게 다짐하는 동시에 피니싱을 하는 기계이다.

(3) 콘크리트 커터(concrete cutter)

노면의 보수, 줄눈의 시공 및 경화된 콘크리트 깎기용 등으로 절단하는데 사용하는 기계이다.

3-7-3 포장작업상 주의사항

포장시의 끝손질면에 균열발생 원인은 다음과 같다.

(1) 피니셔의 취급

1) 스크리드(screed)의 유압승강 레버(lever)를 중립으로 놓고 작업을 한다.
2) 스크리드 하면(下面)이 식어 있으며, 스크리드 밑면에 혼합물이 부착해 있다.

(2) 기계 자체의 불량

① 찍어 메꾸는 막대기(tamper)로 찍는 양의 부적정 ② 한번 찌르는(stroke)시의 물방울처럼 낙하(gutta) ③ Tamper york 파손 ④ Deflector tamper, 미장판(screed plate) 간의 간격이 크며 ⑤ 미장판의 변형 ⑥ 미장판 앞뒤의 천단(天端, crown)을 잡는 방법이 부적당하고 ⑦ 막대기 타격면의 파손 ⑧ 쳐서 여는(strike off) 곳의 위치불량 ⑨ 확대부(extension)의 취급불량 ⑩ 까는 스크류(spreading screw) 조정불량 등이다.

(3) 아스팔트 혼합물에 의한 경우

① 혼합물의 온도저하 ② 유동성이 불량 ③ 아스팔트의 혼합시에 온도가 너무 상승 ④ 배합의 불량 ⑤ 혼합물의 불량 등이다.

3-8 압축기

3-8-1 고정식 압축기

압축기(compressor)는 대기압보다 2~3기압 이상의 압축공기를 만들고 이것을 수신기(receiver)에 보내는 기계이다. 형식에는 횡형(橫型), 종형(縱型) 및 1단 압축, 2단 압축 등이 있다. 보통 기계에 의하여 구동되고 2단 압축식은 저압부와 고압부로 나누고 저압 압축한 후에 내부 냉각기(inter cooler)로 수냉(水冷)시켜서 다시 고압압축이 된다.

공기는 압축되면 고온이 되므로 실린더는 물로 냉각되어 수신기 내에 소정의 공기가 충만되면 안전밸브가 작동하여 자동적으로 압력이 조정된다. 운전 중의 안전사고에 대한 보안장치는 잘 되어 있으며, 용도는 배쳐 플랜트(batcher plant), 잠함(潛函)공법, 착암기, 공기모터 등의 기계조작용, 공기기계의 동력원으로서도 많이 사용되고 있다. 출력은 50~60kW, 토출(吐出)압력 0.85MPa, 수신기 용적 2.26m^3 정도이며, 그 성능도 제작에 따라서 다르다.

3-8-2 가반식 포터블 압축기

가반식(加搬式)은 트랙터 또는 트럭으로 자유로이 목적지에 운반할 수 있고 게이지 압력 0.7 MPa~2MPa, 엔진 회전수 1,200~1,500(rpm) 정도이다. 용도는 배쳐플랜트, 아스팔트 플랜트 등의 각종 공기조작용의 동력원, 도로 보수공사, 건축철골공사, 산간부공사 등 다방면에 이용되고 비교적 소량의 공기량으로 좋을 때 사용된다.

콤프레서 대수결정 식을 표시하면 다음과 같다.

$$N = \frac{(A+B+C+D)\gamma}{E} \tag{3-29}$$

여기서, N : 소요공기 압축기 대수[100PS],

A : 송기 본관의 누출 압축공기량[m³/min], 지름 : 100mm인 경우 $A=0.08$ [m³/min]

B : 록 샤프트 이음의 누출 압축공기량[m³/min], 이음 개소당 평균 0.04m³/min으로 한다.

C : 날의 누출 압축공기량[m³/min],

$D=\frac{5.4}{t}$, t : 로크의 개폐 평균간격시간(5시간). 여기서는 $t=5$로 한다.

γ : 공기압축비 $=\gamma\,\frac{1+P}{1}$,

P : 작업기압 압력강하,

E : 공기압축기 100PS 1대당 토출자동 공기이다.

연습문제

3-1 건설기계 선정시 고려해야할 토질조건에 대하여 설명하시오.

3-2 도로공사에 사용되는 건설기계의 종류와 특성 및 관리상의 문제점을 논하시오.

3-3 굴삭기의 종류를 들고 그 특성과 경제성을 논하시오.

3-4 토목공사용 굴착운반기계를 운반거리에 따라 분류하여 설명하시오.

3-5 흙다짐기계의 종류와 특성에 대하여 기술하시오.

3-6 건설계의 작업효율에 영향을 미치는 요소를 열거 · 설명하시오.

3-7 건설기계의 성능 및 작업능력을 산정하는 요령을 설명하시오.

3-8 모터그레이더에 대하여 구조의 특징과 작업방법, 작업량 선정에 대하여 논하시오.

3-9 유압 드래그쇼벨과 크램셸의 특성을 비교하시오.

3-10 건설공사의 기계경비 산정요령 및 기계손료의 의의를 서술하시오.

3-11 보통 토사의 흙쌓기시 현장다짐 관리를 설명하고 사용되는 다짐기계를 설명하시오.

3-12 콘크리트 배쳐플랜트(batch plant)에 대하여 서술하시오.

3-13 건설기계에 활용되는 자동화에 대하여 서술하시오.

3-14 0% 정도의 하강경사에서 21ton_f급의 불도저로 굴착작업을 한다. 압토(壓土) 평균거리는 40m, 토질은 자갈섞인 흙이다. 운전시간 1시간당 작업토량을 계산하시오. (힌트) 67.4m^3/hr(토공량을 원지반 토량으로 환산하였다.)

3-15 단지조성공사의 토공작업에 있어서 시공장비 선택의 기본적인 고려사항을 설명하시오.

3-16 100만m^3의 콘크리트 시공시 주요작업 공정 및 관련 장비의 규격과 대수를 구하시오. (단 공사기간 10개월, 1일 8시간, 월 25일, 운반시간 1시간, 규격은 자유선택함)

3-17 골재생산시설에 대해 기술하시오.

3-18 배토판 길이 3.7m인 모터그레이더 1대를 사용하여 표토 제거작업을 할 때 편도작업 거리 80m, 전진 작업속도 12km/hr, 후진 작업속도 20km/hr, 굴착깊이 0.2m로 보면 1시간당 작업량은 얼마인가? (단 토량변화율 0.75, 기어변속시간 1.5분, 유효 배토판 길이 2.3m, 작업효율 0.6이다.)

3-19 10ton_f 머캐덤롤러(macadam roller)에 있어서 작업속도 1.8km/hr, 유효다짐 폭 0.8m, 마무리 두께 0.15m, 다짐횟수 3회일 때 운전 1시간당 작업량은 얼마인가? (단 토량환산계수 0.8, 작업효율 0.5이다.)

3-20 9ton_f 탠덤롤러(tandem roller)의 다짐토량이 15.3m^3/hr일 때 다짐속도 2.0km/hr, 다짐두께 20cm라 하면 다짐횟수를 얼마로 하면 되는가? (단, 1회 유효다짐 폭 1.1m, 토량환산계수 0.3, 작업효율 0.5이다.)

3-21 흙쌓기에서 다짐에 사용하는 롤러의 유효폭은 3m, 평균속도는 4km/hr이며, 시방에서 규정된 바로는 다짐횟수는 4회, 1층의 다짐후 두께는 20cm이다. 이 롤러는 시간당 유효작업시간이 55분이며, 덤프트럭 1회전 시간(상차－운반－덤프덤프－복귀)이 15분이라면, 최소한 몇 대의 덤프트럭을 동원해야 다짐장비와 균형이 되겠는가? (단 토량환산계수(L) : 1.3, C : 0.9, 덤프트럭 적재용량은 12m^3이다.)

3-22 버킷용량 3.0m^3의 쇼벨과 1.5ton_f 덤프트럭을 사용하여 토공사를 하고자 한다. 다음 조건에 따라 물음에 답하시오.

· 흙의 단위중량 : 1.8kN/m^3	· 토량변화율(L) : 1.2
· 쇼벨의 버킷계수 : 1.1	· 사이클타임 : 30초
· 쇼벨의 작업효율 : 0.5	· 덤프트럭의 사이클 타임 : 30분
· 30분 중 상차시간 : 25분	· 덤프트럭의 작업효율 : 0.8
· 덤프트럭 1대를 적재하는데 필요한 쇼벨의 사이클 횟수 : 3회	

1) 쇼벨의 시간당 작업량은 얼마인가?

2) 덤프트럭의 시간당 작업량은 얼마인가?

3) 쇼벨 1대당의 덤프트럭의 소요대수는 얼마인가?

3-23 토취장에서 원지반 토량 2,000m^{3}를 굴착해서 15ton$_f$ 덤프트럭으로 운반하여 도로를 축조하고자 한다. 이 토취장 흙의 40%는 점토이고 60%는 사질토이다.

① 운반에 필요한 15ton$_f$ 덤프트럭의 대수를 구하시오.

② 시공가능한 도로의 길이를 구하시오.
(단 도로의 시점 및 종점의 끝은 수직으로 가정한다.)

③ 전체 토량을 상차하는데 소요되는 장비의 가동시간을 계산하시오.
(단, 드래그의 버킷용량 0.9m^3, 버킷계수 0.9, 작업효율 0.7, 사이클 타임 21초)

3-24 준설선의 선정에 대하여 설명하시오.

3-25 우리나라 준설공사시 장비선정과 시공상 주의 사항을 기술하시오.

3-26 준설선의 종류와 선정시 유의사항에 대하여 설명하시오.

3-27 대규모 공단 조성시 토공사의 장비계획에 관하여 설명하시오.

3-28 쇄석기 장비조합에 대해 설명하시오.

제4장 암석굴착공

4-1 개 요

암반굴착(岩石掘鑿)은 도로의 흙깎기, 댐 및 기타 구조물의 기초암반의 굴착, 원석채취(原石採取), 전석(轉石)의 제거 등 암석굴착, 터널굴착 및 선로의 개착(開鑿), 수중구조물의 기초굴착, 수중굴착 등의 목적에 따라 각각 굴착공법이 다르다.

그러나 기본적으로는 화약(火藥)의 폭파력(爆破力)을 이용한 굴착방법과 화약을 사용하지 않고 굴착기계에 의한 기계굴착공법, 수력에 의한 수력굴착공법, 연력, 기타 전기력에 의한 굴착방법으로 대별된다.

암석이 폭파에 의하지 않으면 굴착을 할 수 없는 지의 여부는 암석의 경도(硬度), 풍화(風化)의 정도, 균열(龜裂)의 상태 등 암석의 성질에 따라 정하는 경우와 현장조건으로는 소음, 진동, 비산(飛散) 등의 건설공해나 작업 안전성 등에 따라 정하는 경우가 있다. 시공에 있어서 책임기술자나 현장기술자의 기술적 판단과 재해 및 사고방지에 대해 특히 고려해야 할 문제가 많으므로 신중하게 공사를 진행시켜야 한다.

4-2 암석의 분류와 지질조사

4-2-1 암석의 분류

(1) 지질시대

원지반 지질의 변동상태나 암석의 굳기를 알기 위해서 지질시대를 나타내면 표 4-1과 같다.

(2) 암석의 생성원인에 의한 분류

암석은 형성과정에 따라 화성암(火成岩, igneous rock), 퇴적암(堆積岩, sedimentary rock), 변성암(變成岩, metamorphic rock)으로 분류되며 암석의 생성은 그림 4-1과 같다.

〈표 4-1〉 지질시대의 분류

대	기	세	년대 [백만년]	고생물의 변화	환경과 지각변동
신생대	제 4 기	홀로세	.01	인류문화 출현	최근 빙기가 끝남
		플라이스토세	2	타르 핏트 동물	
	제 3 기	플라이오세	12	올드바이 죠지 화석	서늘한 기후, 산맥형성
		마이오세	26	초원 전개	산안드레아스 단층
		올리고세	37	거대한 포유류	알프스 산맥의 형성
		에오세	53	모든 포유류 등장	인도가 아시아와 충돌
		팔레오세	65	작은 원시 포유류	로키산맥 형성
중생대	백악기		136	공룡과 많은 생명체 사멸	온화한 기후
	쥬라기		190	식물, 초기 포유류, 시조새	지중해 형성, 대륙이 갈라짐
	트라이아스기		225	공룡시대 전개	건조 기후
고생대	페름기		280	많은 생물들이 전멸	팡게아 형성
	석탄기(펜실베니아기)		320	파충류, 석탄 숲	남반구 빙하
	미시시피기		335	산호초, 양서류 출현	에팔레치아 산맥 형성
	데본기		395	페어, 육상 식물	원시 대서양이 좁아짐
	실루리아기		430	질족 동물이 바다를 이탈	–
	오도비스기		500	초기 물고기	–
	캠브리아기		570	해저무척추 동물번성	해양식물 산소 방출
원생대	–		2,500	해저동물과 연체동물 출현, 해조류	유독한 대기 빙하의 흔적 다이아몬드 광산 형성
시생대	–		3,400 3,800 4,600	가장 오래된 생명체	가장 오래된 암석 유독 대기층 형성, 지각형성 태양계와 지구 형성

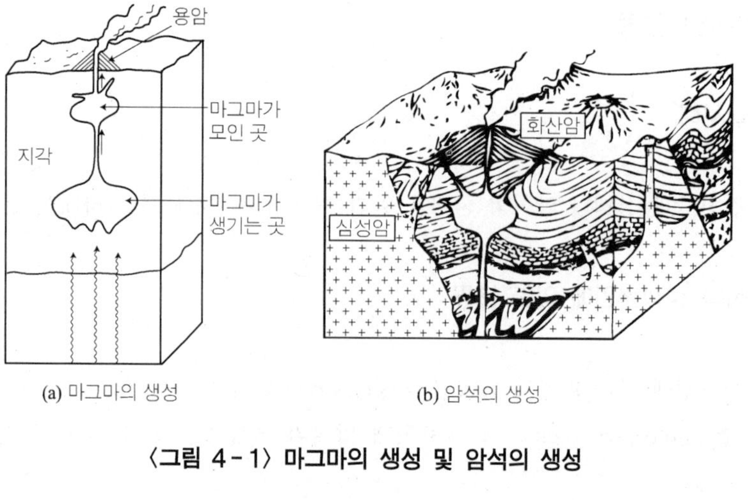

(a) 마그마의 생성 (b) 암석의 생성

〈그림 4-1〉 마그마의 생성 및 암석의 생성

가. 화성암

암장(岩漿)이 지반 사이에 관입하고 있거나 지표에 유출되어 냉각한 후에 암석이 된 것이며, 냉각된 장소에 따라 심성암(深成岩), 반심성암, 화산암으로 분류된다.

또 산성이면 백색이 되고, 염기성(鹽基性)이면 흑색이 되고, 우리나라의 제주도는 염기성을 띤 흑색현무암이 분포된 예이다.

1) 심성암

① 화강암, 섬록암, 반려암 등이 있다.
② 마그마가 지하 깊은 곳에서 서서히 냉각 고화되어 형성된 암석이며, 일반적으로 거대한 암체를 형성하여 산출된다.
③ 절리빈도가 작고 밀착된 경우 양호한 암반이다.
④ 구성광물의 열전달률 및 팽창계수의 차이로 풍화를 받기 쉽다.
⑤ 암체의 생성시대가 오래되어 지각변동의 이력을 받아 전단절리가 발달한 경우가 많다.
⑥ 등방성 조직이며, 구성광물이 입자들이 크고 서로 엇물리고 입자가 공극이 적어서 신선한 경우 강도가 크다.
⑦ 넓은 범위에 걸쳐 심층풍화를 받는 경우가 있다.

2) 반심성암

① 화강반암, 빈암, 휘록암 등이 있다.
② 심성암과 분출암의 중간적이며, 지하 깊은 곳에서 급격히 냉각되거나 지하 얕은 곳에서 천천히 냉각됨으로써 산출된 암석이다.
③ 암편은 견고하지만 절리 등의 균열이 잘 발달된 경우가 많다.
④ 절리의 틈이 밀착된 경우에는 양호한 암반에 속하나 암맥으로서 산출되는 경우에는 관입 후의 지각운동에 의하여 파쇄되며 취약하게 되어 파쇄대가 있는 경우가 있으므로 투수성 및 역학적 성질에 주의가 필요하다.

3) 화산암(분출암)

① 유문암, 안산암, 현무암 등이 있다.
② 마그마가 지표 또는 지표가까이 상승하여 그곳에서 비교적 짧은 기간에 냉각 고결하여 형성된 암석으로, 급격히 냉각된 경우에는 유리질 또는 세립으로 되지만 일반적으로는 반상조직을 나타낸다.

③ 냉각시 수축에 의하여 규칙적인 주상, 판상절리가 발달하는 경우가 많고 이방성이 강하며, 투수성이 크다.
④ 구조물 기초암반으로는 절리분포 빈도가 작고 밀착되어 있는 경우에는 문제가 없지만, 절리가 발달된 경우에는 이방성 및 투수성에 주의할 필요가 있다.
⑤ 암맥으로서 분포하는 경우는 절리가 발달되고 높은 투수성인 경우가 많으므로 주의가 필요하다.
⑥ 화산암은 현무암이 많으며 경상도, 제주도, 울릉도 일원에 분포하고 있다.
⑦ 암석 중에 공극이 존재하며, 신선한 경우 강도는 크지만 화산지대에 많이 분포하기 때문에 풍화가 많이 진행되어 취약하게 되는 경우가 많다.
⑧ 사면에서는 절리로 둘러싸인 블록이 암체로부터 박리되고 붕락되기 쉬우므로 주의가 필요하다.

나. 퇴적암

기성의 암석이 붕괴된 파편(破片), 용해된 물질 또는 화산분출물이 물 또는 바람에 운반되어 퇴적경결(堆積硬結)한 암층이다.

1) 퇴적암의 생성과 지층형성

(가) 퇴적암의 생성

① 퇴적물의 운반 : 진흙, 모래, 자갈 등이 흐르는 물이나 바람에 의해 운반된다.
② 지층의 형성 : 흐르는 물, 바람, 빙하의 작용으로 운반된 퇴적물이 쌓여서 두꺼운 층을 형성한다.
③ 지층의 굳어짐 : 지층이 두껍게 쌓이면 아래에 있는 지층이 압력을 받아 퇴적물이 굳어진다.
④ 퇴적물이 두껍게 쌓이면 퇴적물의 알갱이가 다져져서 굳어진다.
⑤ 물에 용해되어 있던 석회질 물질이나 규산과 같은 물질이 침전되어 퇴적물의 알갱이들을 붙게하여 굳게 된다.

(나) 지층과 층리

① 퇴적물이 연속적으로 차곡차곡 쌓여 만들어진 암석의 층을 지층이라고 한다.
② 장소에 따라 지층의 모양이 수평인 지층, 기울어진 지층, 구부러진 지층, 끊어져 있는 지층 등이 있다.
③ 지층은 점토, 모래, 자갈, 석회질 물질 등이 바다나 강 등 얕은 곳으로 운반된 후 쌓여서 만들어진 것이다.
④ 지층의 평행한 줄무늬를 층리라 한다.

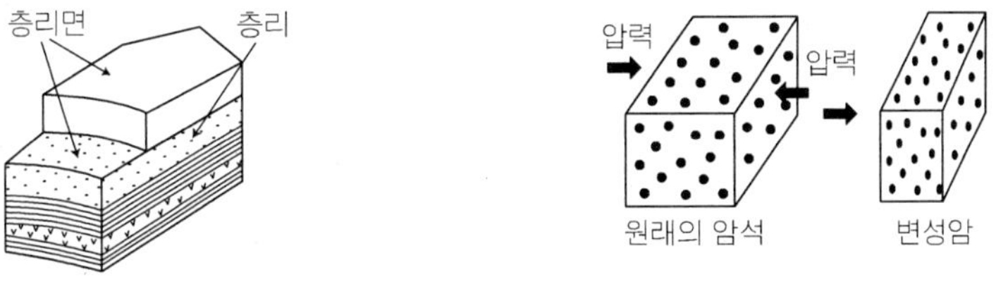

〈그림 4-2〉 층리 및 편리 구조

2) 퇴적암의 특성

(가) 쇄실성 퇴적암(clastic sedimentary rocks)

① 지표면에 노출된 암석의 풍화 파쇄에 의하여 생성된 쇄설물질(점토, 실트, 모래, 자갈)이 물, 바람, 빙하 등에 의해 운반되어 해저, 호저, 하저 등과 육상에 퇴적·고화되어 생성된 암석이다.
② 이암, 셰일, 점판암, 석판, 사암 등이 있다.
③ 점토 및 실트로 되어 있는 세립암석으로 속성작용의 진행 정도나 박리성 정도에 따라 낮은 것부터 이암, 셰일, 점판암으로 분류된다.
④ 암판은 경질이지만 지질구조가 복잡하고 균열이 많다.
⑤ 지각응력에 의하여 지층 중의 암석이 변형되어 습곡구조를 보이는 경우가 많다.
⑥ 역암, 사암, 괴상, 석영(chert)은 견고하여 탄성거동을 보이는 특성이 있다.
⑦ 셰일이나 점판암과 같은 가소성이 큰 암석이 호층상태를 이루고 있으면 변형상태가 다르기 때문에 셰일이나 점판암층에서는 파쇄된 상태를 나타낸다. 이 부분은 풍화되기 쉽고 단층파쇄대와 비슷한 약층을 형성하게 된다. 그리고 이와 같은 열화부의 균열에 후생적인 석영맥이나 방해석맥이 관입되어 있는 경우가 많다.
⑧ 셰일, 점판암, 응회암은 그들의 얇은 호층이 세편화되기 쉽고 풍화가 진행되어 연질화 되는 경우가 많다.
⑨ 구조물 기초암반으로 역암, 사암, 괴상, 석영과 같은 괴상암의 경우 절리빈도가 작고 밀착되어 있으면 양호한 암반이나 셰일, 점판암, 층상, 석영은 편리(암석이 압력을 받아 압력과 수직방향으로 광물이 배열하여 생긴 줄무늬를 말한다)나 층리 등이 발달되어 결정 편암류와 같이 암반의 이방성에 대해 고려하여야 한다.

(나) 화산 쇄설암

① 화산이 폭발할 때 화산 분출물 중 화산쇄설물(화산회, 화산력, 화산암괴)이 운반되어 쌓여서 퇴적된 암석의 경우이다.
② 응회암, 화산응회암, 응회각력암, 용결응회암 등이 있다.

③ 화산쇄설암류는 각력과 역 사이를 메우는 기질에 의하여 구성되며, 각력 및 기질이 충분히 단단하며 양호한 암반에 속한다.
④ 점토광물이 다량으로 포함되는 경우에는 팽창성 암반이 되는 경우가 많으므로 주의해야 한다.

(다) 화학적 퇴적암

① 해수, 호수 및 온천이나 광천 등의 지하수에 용해되어 있는 물질이 화학적으로 침전되어 생성된 암석이다.
② 암염, 석고, 석영, 소결(sinter) 등이 있다.

(라) 유기적 퇴적암

① 생물의 유해가 퇴적되어 생성된 암석으로 칼슘, 탄소 등의 유용성분이 농집되어 광상을 형성하고 있는 경우가 많아 지하자원으로서 중요한 것이 많다.
② 석회암, 석탄, 이회암, 규조토 등이 있다.
③ 석회암은 비교적 단단하고 균질한 암반이지만 공동이 암반 내부에 존재하는 경우가 있으며, 전체적으로 공극률이 매우 크다.

다. 변성암

퇴적암이나 화성암이 지하 깊은 곳에서 고온, 고압의 환경에 오랫동안 있게 되면 알갱이들의 크기와 모양, 성분이 변하여 원래의 암석과는 특징이 다른 암석으로 변하게 되는데 이러한 과정으로 만들어진 암석을 변성암이라 한다.

1) 변성작용

암석은 어떤 범위 내의 온도와 압력하에서는 안정되지만 그 범위를 넘어서면 불안정하게 되어 암석은 새로운 온도와 압력의 조건에 적합하도록 변하는 과정에서 암석을 구성하고 있는 광물의 조직과 성분이 변하게 되는데 이를 변성작용이라 한다.

2) 광역 변성작용 및 변성암의 특성

압력과 열에 의해 변성되는 작용이다. 자갈과 모래가 섞여서 굳어진 암석이다.

① 암석이 압력에 의한 변성작용을 받으면 평행한 줄무늬가 생긴다.
② 넓은 지역에 걸쳐 변성작용이 일어난다.
③ 셰일이 주로 압력에 의한 변성작용을 받아서 점판암, 편암, 편마암으로 된다.

④ 단층과 습곡의 발달이 심하다. 단층을 따라서 변형이 크고 대규모 암반붕괴로 발전한다.
⑤ 이암이 점판암과 결정 편암괴의 중간정도로 변성된 천매암은 편리가 발달한 암석으로 박판으로 깨지기 쉽다.
⑥ 결정 편암은 원암의 재결정이 진행되고 변성광물이 평행으로 배열되어 있기 때문에 편리가 발달되어 있다.

3) 접촉변성 작용

이미 존재하고 있는 암석을 뚫고 마그마가 솟아 오르면 마그마의 열에 의해 그 주위의 암석이 변성되는 작용이다.

① 높은 열에 의해 녹았다가 다시 굳어지는 암석의 재 결정작용이 일어난다.
② 규암의 암반 내에 규칙적인 절리가 발달되거나 파쇄가 심한 경향이 있다.

4) 변성암의 특성

① 점판암 : 셰일이 비교적 낮은 온도나 압력을 받으면 잘 쪼개지는 점판암으로 된다.
② 편암 : 셰일이 압력과 온도가 높아짐에 따라 변성작용을 받아서 생긴 평행구조가 있는 변성암이다.
③ 편마암 : 편암이 더욱 심한 변성작용을 받으면 편마암으로 변한다.
④ 규암 : 사암이 열에 의한 변성작용을 받아서 재 결정되면 규암으로 된다.
⑤ 대리암 : 석회암이 열에 의한 변성작용을 받아서 만들어진 암석이다.

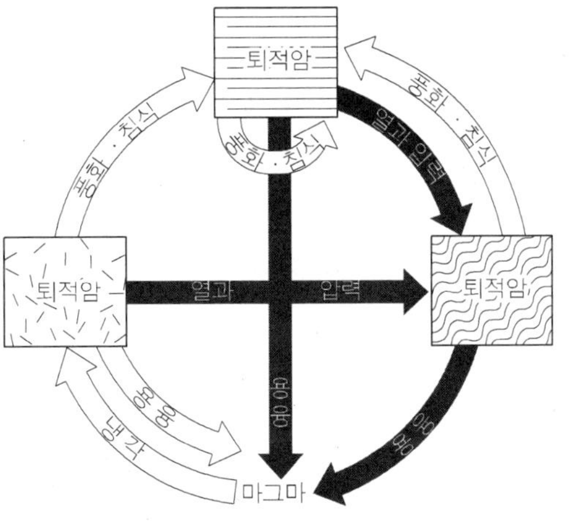

〈그림 4-3〉 암석의 순환

(3) 시공난이에 의한 암석의 분류

암석의 발파, 깎기, 굴착 등 시공의 난이도에 따라 암석을 분류하고 있다. 표 4−2는 탄성파속도 및 강도에 따른 암석분류이며, 표 4−3은 암석의 풍화상태(decomposition)의 분류기준이다. 암석의 절리간격(fracturing) 분류기준은 표 4−4와 같으며, 암석의 육안강도 판정분류기준은 표 4−5와 같다.

〈표 4-2〉 탄성파속도 및 강도에 따른 암석분류

암석의 구분	자연상태의 탄성파속도 V[km/s]	암편 탄성파속도 V_c[km/s]	암편 내압강도 [MPa]	비고
풍화암 A B	0.7~1.2 1.0~1.8	2.0~2.7 2.5~3.0	30.6~71.4 10.2~20.4	*내압강도 ① 시편 : 5cm 입방체 ② 노건조 : 24hr ③ 수중침윤 : 2일 ④ 시험방향(가압방향) Z축(결면에 수직)(탄성파속도가 가장 느린 방향) *암편 탄성파속도 ① 시편 : 두께 15~20cm 상하면이 평행면 ② 측정방향 X축(탄성파속도가 가장 빠른 방향) (결면에 평행)
연 암 A B	1.2~1.9 1.8~2.8	2.7~3.7 3.0~4.3	71.4~102 20.4~51	
보통암 A B	1.9~2.9 2.8~4.1	3.7~4.7 4.3~5.7	102~132.6 51~81.6	
경 암 A B	2.9~4.2 4.1 이상	4.7~5.8 5.7 이상	132.6~163.2 81.6 이상	
극경암 A	4.2 이상	5.8 이상	163.2 이상	

암석그룹의 구분

구분	A	B
대표적 암명	편마암, 사질편암, 녹색편암, 각암, 석회암, 사암, 휘록응회암, 력암, 화강암, 섬록암, 감람암, 사교암, 유교암, 현암, 안산암, 현무암	흑색편암, 녹색편암, 휘록응회암, 혈암, 이암, 응회암, 집괴암
함유물 등에 의한 시각판정	시질분, 석영분을 다량 함유하고 암질이 단단한 것. 결정도가 높은 것	사질분, 석영분이 거의 없고 응회분이 거의 없는 것, 천매상의 것
0.5~1kg_f 햄머의 타격에 의한 판정	타격점의 암은 작은 평평한 암편으로 되어 비산되나 거의 암분을 남기지 않는 것	타격점에서 암자신이 부서지지 않고 분상이 되어 남으며 암편이 별로 비산되지 않는 것

〈표 4-3〉 암석의 풍화상태의 분류기준

구 분		용 어	풍화정도	분류기호
토사		완전풍화 (completely weathered, CW)	암석 전체가 완전히 풍화되어 흙으로 변화되었으나 모암의 원조직과 구조를 지니며, 간혹 풍화를 받지 않은 암편을 함유하는 상태	D5
풍화암		심한풍화 (highly weathered)	암석 내부까지 풍화가 진행 중이며, 점토물질이 협재되어 있어 부분적으로 쉽게 부스러뜨릴 수 있는 상태	D4
연암		보통풍화 (modereately weathered)	전 암석표면에서 풍화가 진행 중이며, 색조는 변하였으나 손으로 부스러뜨릴 수 없는 상태	D3
경암	보통암	약간풍화 (slightly weathered, SW)	기반암 중에 발달된 불연속면을 따라 이미 약한 풍화작용이 시작되고 있으나, 암석자체에는 아무런 풍화작용이 일어나지 않은 상태	D2
	경암	신선(fresh, F)	풍화작용 흔적이 없는 상태	D1

〈표 4-4〉 암석의 절리간격의 분류기준

구분		용어	조이트의 간격	분류기호
연암		매우 좁은 간격(very close spacing)	6cm 미만	F5
경암	보통암	좁은 간격(close spacing)	6~20cm	F4
		보통 간격(moderate spacking)	20~60cm	F3
	경암	넓은 간격(wide spacing)	60~200cm	F2
		매우 넓은 간격(very wide spacing)	200cm 이상	F1

〈표 4-5〉 암석의 육안강도 판정에 따른 분류기준

구분		용어	암반상태	분류기호
토사		매우 약함(very weak)	손가락 또는 엄지 손가락의 압력으로 눌러 으스러지는 정도	S5
풍화암		약함(weak)	해머로 눌러 으스러지는 정도	S4
연암		보통 강함 (moderately strong)	1회의 약한 해머타격으로 쉽게 깨지거나 모서리의 각이 날카로운 정도	S3
경암	보통암	강함(strong)	한 두번 정도의 강한 해머타격으로 깨지며, 각이 날카로운 정도	S2
	경암	매우 강함(very strong)	여러 번의 강한 해머타격으로 깨지며, 조개 껍데기모양(conchoidal)의 조각과 각이 날카로운 정도	S1

4-2-2 지질조사

암석굴착공을 시공하기 위하여 시행하는 지질조사의 항목은 다음과 같다.

① 예비조사(자료수집, 지질도, 지형도, 항공사진, 공사기록, 재해기록 등의 수집과 검사) ② 현지답사 ③ 물리탐사 ④ 보오링(boring)조사 ⑤ 시굴(試掘)조사 ⑥ 암석시험 ⑦ 용수조사 등이며, 표 4-6에 보인 것과 같다.

암석굴착공의 조사에서 가장 중요한 물리탐사와 보오링조사에 대하여 기술하면 다음과 같다.

〈표 4-6〉 토목공사에 따르는 지질조사 방법

목 적	일 반 지 질 조 사							특 수 지 질 조 사					
	항 공 사진의 이 용	지질 답사	탄성파 조 사	전기 조사	시추 조사	암석 시험	시굴 조사	전기 심층	탄성파 검 층	수압 측정	투수 계수 측정	지압 측정	음파 탐사
지 질 개 요	◎	◎	○		○								
단 층	○	○	○		○				○				
기 초 심 도			○	○	◎		○						
성 층 상 태		◎			○	○	○						
암 석 균 열		○	◎		◎	○	◎	○			○		○
풍 화 변 질		○	○	○	○	○	○						
용 수 량					○		◎	○		○	◎		
낙 반 부 석		○					○					◎	

(단 ◎ : 적당한 조사, ○ : 다소 적당하다고 보는 것)

(1) 물리탐사

물리탐사는 인위적 또는 자연적으로 생기는 물리현상을 지표에서 관측하여 그 자료를 검토함으로써 지하의 상태를 추측하는 방법으로 지질탐사(탄성파탐사), 음파탐사, 전기저항탐사, 중력탐사, 자기탐사, 방사능탐사, 지온탐사 등이 있다. 보통 탄성파탐사가 많이 사용되고 산사태(land slide)와 지하수조사 등에는 전기탐사가 이용될 때가 있다.

보오링조사에서는 물리탐사를 보조수단으로 사용하면 대단히 경제적이며, 탄성파탐사와 전기저항탐사에 대하여 기술하면 다음과 같다.

1) 탄성파탐사

그림 4-4에 보인 탄성파탐사는 지상 또는 지중에서 다이너마이트 등의 발파로 충격을 주어

지반의 진동에 의한 탄성파를 발생시키고 그 반사파를 지표에서 관측하며, 그 때의 전파속도(電波速度)가 지질의 경연(硬軟), 균열의 유무에 따라 다른 것을 이용하여 지층의 경계선이나 단층, 암맥의 위치를 검측하는 방법이다.

그러나 전파속도가 비슷한 정도의 상이한 지층이 접하고 있는 경우와 하층에서 전파속도가 느린 지층을 끼고 있는 경우에는 구분이 힘들다. 측선(側線)을 취하는 방법은 조사 목적과 정도, 범위에 따라 다르나 일반적으로 1개의 주측선과 이에 평행 또는 직교하는 여러 개의 부측선을 만들어 측선의 양단이나 또는 적어도 60~100m 간격으로 폭파점을 설치하고 관측점의 간격은 5m 정도로 한다.

또한 측선길이가 짧을 경우에는 빠른 전파속도를 나타내지 못할 경우가 있으므로 1개의 측선 길이는 추정 기초지반 깊이의 7배 이상을 취하는 것이 좋으며, 측선을 연장해 갈 때 적어도 100 m 이상 중복되게 해야 한다. 암석의 탄성파속도는 일반적으로 지질시대가 고대일 수록, 또 경질일 수록 속도가 빠르고 같은 암석이라도 신선하고 치밀할 수록 빠르다.

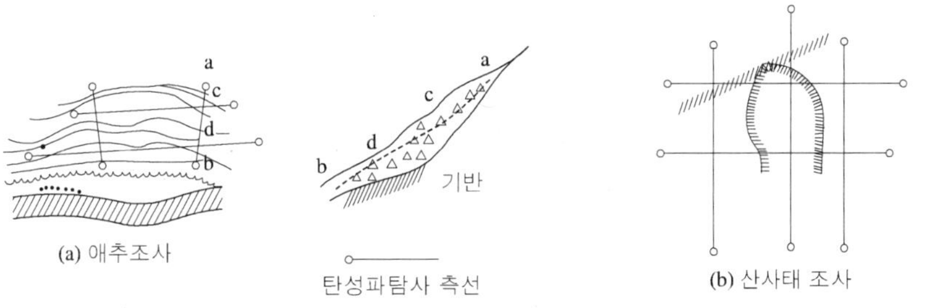

〈그림 4-4〉 탄성파탐사의 예

2) 전기탐사

암석이나 지층의 전기적 성질이 다른 것을 이용하여 조사하는 방법이며, 전기적 성질 중에서 지반의 저항치를 측정하는 방법을 비저항법이라고 하고, 지하수조사 등에 사용되고 있다.

(2) 보오링조사

보오링조사의 장점은 원지반의 지질구성이 명백하다는 것과 보오링에 의해 얻어진 시료(sample)로 원지반 암석시험을 하며 물리적, 역학적 성질을 조사 및 보오링공을 이용하여 직접 암석의 물리적 성질을 측정하여 지하의 지질을 판단하는 물리적인 검측이나 용수량과 용수압의 실측이 행해지는 것이다.

보오링기계(boring machine)는 조사의 목적과 방법에 따라 기계의 형식이나 구조가 다르므로 그 목적과 지질에 적합한 기계를 선정하는 것이 중요하며, 보오링기계의 장치는 그림 4-5에 나타나 있다. 시추의 방법에는 충격식, 회전식, 회전충격식이 있다.

1) 충격식

일반적으로 퍼커션 보오링(percussion boring)방법으로 우리나라에서 많이 사용하고 있다. 원지반에 무거운 추를 낙하시켜 충격력으로 암석을 분쇄하여 굴진시키므로 코어(core)를 채취할 수는 없고 구멍뚫기(穿孔, drilling)를 목적으로 할 때 사용한다.

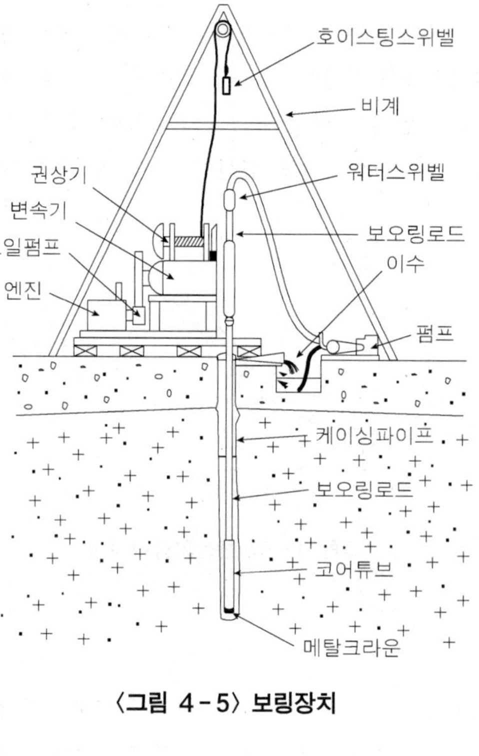

〈그림 4-5〉 보링장치

2) 회전식

일반적으로 회전식(rotary) 방법이며, 회전막대(rod)의 끝에는 여러 가지 크라운형(그림 4-7 참조) 또는 비트(그림 4-6 참조)를 달고 동력에 의하여 회전시켜 구멍뚫기 한다.

크라운의 날 끝에 다이아몬드(diamond)를 붙인 것을 다이아몬드 크라운(diamond crown), 텅스텐 카바이드(tangsten carbide), 합금의 티프(tip)를 붙인 것을 메탈 크라운(metal crown)이라고 부른다. 또 쇼트(錐粒, shot)라고 부르는 지름 2~4mm의 열처리한 세미스틸 보울(semi steel ball)을 로드(rod)의 선단에 단 쇼트 크라운의 끝에서 적량 사출하면서 크라운을 회전시켜 암석을 굴착하여 굴진해 가는 소위 쇼트법 등이 있다. 다이아몬드 크라운 및 쇼트는 경암에 적합하고 메탈 크라운은 연암층에 많이 사용된다.

〈그림 4-6〉 텅스텐 카바이드 비트

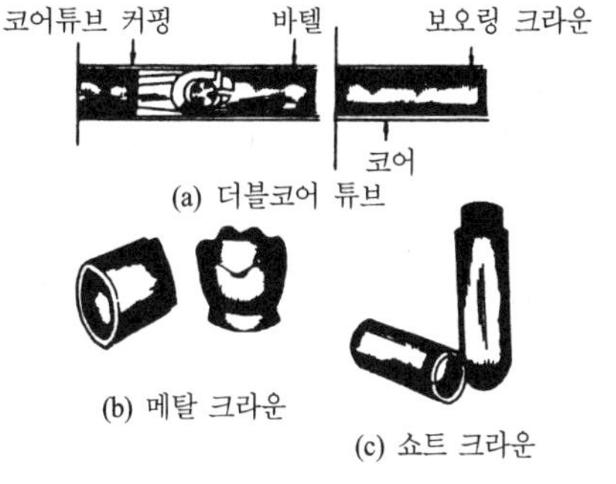

〈그림 4-7〉 크라운의 형

3) 회전충격식

유니버살 보오링(universal boring)법으로 원지반의 암층의 변화에 순응할 수 있게 되어 있어 능률적이다.

4-3 폭파에 의한 암석의 굴착

발파에 의한 암석의 굴착은 일반적으로 착암기를 사용하여 암석을 구멍뚫기하고 폭약을 구멍속에 장약(裝藥, charge)하여 폭발시켜 암석을 파쇄한다.

발파작업에는 위험을 동반하므로 철저한 안전관리가 요구되며, 발파작업의 계획에는 주위의 민가, 공공시설의 영향 유·무와 문제점을 조사하여 필요에 따라 충분한 전석, 비석의 방호책, 보호망을 설치하여야 한다. 또한 자격을 갖춘 화약취급 책임자를 두어 화약류 단속법 등 관련법규를 지켜 발파작업의 안전관리를 해야 한다.

4-3-1 구멍뚫기

(1) 구멍뚫기방법과 착암기

암석을 구멍뚫기하는 방법으로는 다음과 같다.

① 타격에 의한 구멍뚫기방법
② 회전절삭에 의한 구멍뚫기방법
③ 회전타격에 의한 구멍뚫기방법
④ 수력, 열 등에 의한 구멍뚫기방법이 있다.

또 착암기의 동력으로는 압축공기, 전기, 엔진 등이 사용된다.
착암기의 형식은 다음과 같다.

1) 타격식(piston type)

타격력에 의해 암석을 파괴하여 구멍뚫기하는 형식은 옛날부터 사용해오고 있다. 초경질 합금의 비트(bit)를 특수강의 로드(rod)의 끝에 달아 피스톤(piston)으로 타격력을 준다. 브레이커(braker)가 이에 속한다.

2) 회전식(rotary type)

로드에 회전력과 압력을 동시에 주어 암석을 구멍뚫기하며, 연암에 적합하다. 대구경 구멍뚫기나 원석채취에 사용되는 자주식의 회전식 드릴이 이에 속한다.

〈그림 4-8〉 레그드릴과 드리프터 착암기

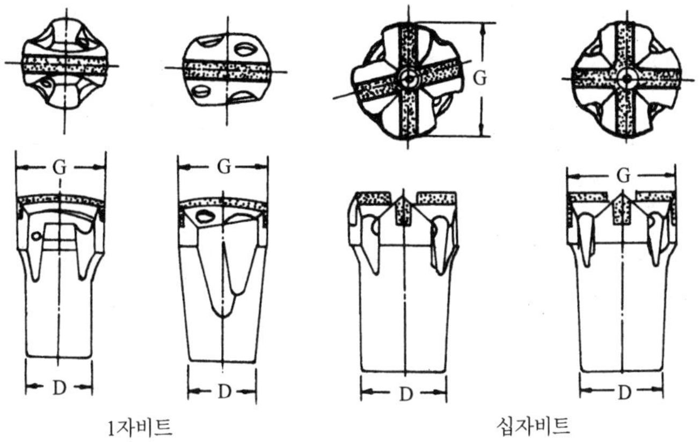

〈그림 4-9〉 비트의 형상

3) 타격회전식(hammer type)

암석의 구멍뚫기용으로 많이 사용되며, 로드 끝에 분리가 가능한 디테쳐블 비트(detachable bit, 그림 4−9 참조)를 사용한다. 일자(一字)비트는 소구경(小口徑) 사용이 되고, 십자비트는 대구경 사용이다.

착암기의 주요기종은 다음과 같다.

① 잭해머

잭해머(jack hammer)는 하향으로 구멍뚫기하는데 사용된 착암기로 사람이 손에 들고 작업하며 공기에 의해 작동된다. 이것이 아래를 향해 작업한다 하여 가라앉는 다는 뜻의 싱커(sinker)라 불리기도 한다. 중량에 의해 몇 가지 규격으로 분류되며 해머 부분과 로드(rod) 및 비트(bit)로 구성되고 있다. 잭해머의 작동은 압축공기를 이용하여 피스톤 작용을 일으켜 분당 2,200회까지의 타격을 가하도록 되어 있다.

또한 에너지가 로드를 통해 착암기 비트로 전달되어 암석에 타격을 가하게 되어 일부의 공기는 로드와 비트 가운데의 구멍을 통해 나아가 구멍 내의 암석 부스러기와 먼지를 불어 내며

〈표 4-7〉 잭해머의 대표적인 규격

모 델	S 33	S 55	S 73
전장[cm]	51.10	23.4	63.5
실린더 지름[cm]	6.03	6.67	6.98
중량[kg_f]	78.70	143.5	170.2
적절한 로드 규격[cm]	2.22	2.22~2.54	2.22~3.18
적절한 공기구멍 크기[cm]	1.91	1.91~2.54	1.91~2.54
적절한 물구멍 크기[cm]	1.27	1.27	1.27

또한 비트의 열을 식히는 역할도 하게 된다. 습식 착암기에서는 공기 대신 물이 주입되어 공기의 역할을 하게 된다. 잭해머의 대표적인 규격은 표 4-7과 같다.

② 왜건 드릴(wagon drill)

대형 착암기로서 왜건 드릴은 이동이 가능한 바퀴 위에 드리프터를 장착한 착암기를 말한다. 이것은 약 11.5cm까지의 지름으로 9m 깊이까지 구멍뚫기를 할 수 있다. 이 장비는 경사면에서도 작동이 가능하여 경사진 지형에서 사용이 될 때는 잭해머보다 성능이 양호하다. 이것은 하향부터 수평방향보다 약간 높은 곳까지 작동이 가능하며, 그림 4-10과 같다.

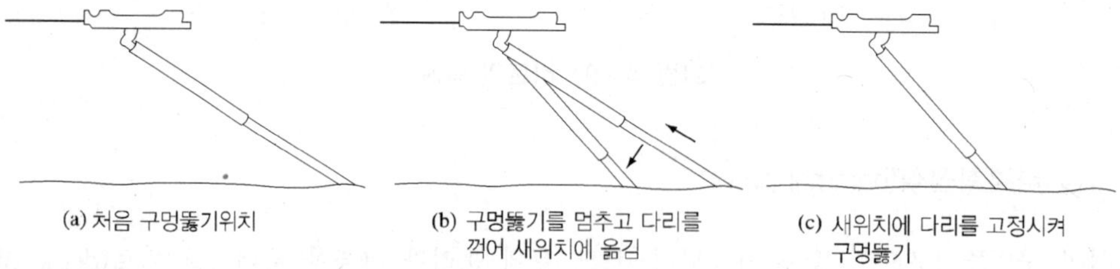

〈그림 4-10〉 왜건 드릴과 자세

③ 드리프터(drifter)

잭해머와 비슷한 기계이나 좀 더 커서 장치에 안착되어 있으며, 하향은 수평이고 상향으로도 구멍뚫기를 할 수 있다. 중량은 다소 차이가 있으나 약 30~120kg$_f$ 정도이며, 구멍뚫기 지름도 약 11cm 정도까지 뚫을 수 있다. 광산이나 터널공사 등에 많이 사용되고 있다.

④ 스토퍼(stopper)

드리프터와 비슷하며, 고압공기로 작동되는 충격식 착암기로서 주로 위를 향한 구멍뚫기에 사용된다. 주로 터널공사와 같이 위쪽을 구멍뚫기하는데 많이 이용되고 있다.

⑤ 피스톤 드릴(piston drill)

피스톤의 가운데에 빈드릴 튜부가 장착된 충격식 착암기로 타격과 회전을 조절할 수 있어 해당 암석에 맞도록 적절히 조절하여 사용할 수 있도록 되어 있다. 이것은 텅스텐 카바이드 비트(tungsten carbide-insert bits)를 사용하여 15cm 지름의 구멍뚫기를 할 수 있으며, 구멍뚫기 깊이는 약 20m 정도로 제한되어 있다.

⑥ 샷 드릴(shot drill)

회전 마모식 착암기로 비트는 긴 로드의 끝을 거칠게 하여 만들어져 있으며, 이 로드가 압력을 가하며 회전하는 동안 강철 샷을 비트 밑으로 가하여 바위를 부서뜨리고, 물을 공급하여 암석 부스러기를 제거해 낸다. 중요 부분은 샷비트, 코어배럴(core barrel), 슬래그배럴, 드릴로드, 펌프, 동력회전 장치 등이다. 이것으로 구멍뚫기를 할 때는 일정 기간마다 코어를 잘라 내면서 구멍뚫기을 계속 진행한다.

일반적으로 샷 드릴은 지름 6~30cm로 약 180m 깊이까지 구멍뚫기한다. 또한 지름 150cm까지도 구멍뚫기가 가능하며 이 경우 시간당 구멍뚫기 깊이는 약 30cm이다. 특수 장치를 이용하여 15cm 지름은 약 300m 깊이까지 구멍뚫기한 기록도 있으며, 어떤 종류의 암석도 굴착이 가능하다.

⑦ 블래스트홀 드릴(blast-hole drill)

로드 밑에 회전을 통해 암석을 파쇄하는 롤러비트가 달려 있는 회전식 착암기로 구멍 내부의 부스러기는 공기로 제거한다. 이것은 주로 트럭이나 궤도트럭에 장착되어 자체동력으로 회전한다. 구멍뚫기는 트라이 콘롤러 타입비트를 이용해서 하는데, 비트가 구멍 내에서 회전할 때 압축공기가 계속 들어가 부스러기 제거와 냉각 기능을 한다. 이 드릴은 비교적 연하거나 중질의 현무암이나 석회암에는 적합하나 경질의 화강암 등에는 부적합하다.

⑧ 다이아몬드 드릴(diamond drill)

비트 끝에 여러 개의 작은 다이아몬드를 박은 회전마모식 드릴이다. 비트가 회전하면서 암석을 마모시키며, 주로 코어를 채취하는데 많이 쓰인다. 이 장비는 다이아몬드 비트, 코어배럴(채취 로드), 조인트 튜브, 회전토크를 전달하는 회전식 헤드(rotary head) 등으로 이루어져 있으며, 코어배럴의 길이는 약 60~450cm까지 있다. 비트가 코어배럴의 깊이까지 들어가면 코어를 잘라 내고 드릴을 제거한다.

⑨ 트랙/휠 마운트 드릴(track/wheel mount drill)

대형 착암기로서 트랙(궤도)이나 차륜에 장착한 드릴은 자체적으로 이동이 가능하기 때문에 왜건 드릴보다 편리하므로 건설현장에서 많이 사용되고 있다. 또한 유압식 파워에 의한 작동되고, 왜건 드릴보다 효율성이 3~4배 높으며, 다각도에서의 구멍뚫기능력 등을 가지고 있다. 실제로 트랙마운트 드릴들은 수직으로부터 15°의 각도와 수평 및 상향의 구멍뚫기도 가능하다.

(2) 구멍뚫기방법과 능률

착암기의 선택은 구멍뚫기의 능률을 좌우하는 중요한 요인이 된다. 따라서 사용자는 장비의 현장 적용성, 유지관리성, 이동성, 운전용이성, 부품의 활용성, 경제성 등을 고려하여 착암기를 선택해야 한다.

1) 착암기의 선정

구멍뚫기장비를 선정할 때에는 다음 사항들이 반드시 고려되어야 한다.

① 지형의 형태 ② 소요 구멍뚫기 깊이 ③ 암석의 경도 ④ 암석의 파괴되는 상태 ⑤ 공사의 규모 ⑥ 암석을 옮기거나 파쇄할 때 부서지는 정도 ⑦ 구멍뚫기할 때 물의 소요량 ⑧ 구멍의 용도(발파용, 탐사용, 그라웃 주압용 등).

일반적으로 바닥이 거친 곳에서는 다른 요소에 관계없이 잭해머가 적합하며, 탐사용이라면 필요한 코어의 지름이 작은 경우에는 다이아몬드 드릴을 사용하고, 지름이 큰 경우에는 샷 드릴(shot-drill)이 적합하다.

2) 구멍뚫기방법의 선정

구멍뚫기방법을 선정하는 것은 매우 다양한 요소에 영향을 받게 된다. 만일 골재의 생산을 위한 발파를 하는 구멍뚫기인 경우, 구멍의 패턴은 암석이 로더나 파워쇼벨 등으로 다루기 좋을 만한 크기로 하며 또한 2차 발파로 부수지 않아도 크러셔에 바로 들어갈 수 있어야 할 것이다. 그러나 이러한 방법이 구멍뚫기를 너무 깊게 한다거나 폭약의 소모가 너무 많아 좀더 큰 덩어리로 생산하여 2차 처리하는 비용이 증가한다면 어떤 방법을 선택할지를 고려해 보아야 한다.

구멍을 크게 하면 보다 많은 폭약을 구멍마다 장진할 수 있고, 그러므로 구멍간격을 줄일 수 있어 구멍뚫기 비용을 줄일 수는 있지만 한 구멍당 구멍뚫기 비용과 화약비용이 비교적 작은 두 구멍보다 더 많이 들 수도 있다. 따라서 구멍뚫기와 발파작업에 따른 분석은 다음과 같은 3가지 요소를 반드시 고려해야 할 것이다.

① 구멍의 단위길이당 채석(採石)체적
② 단위채석 체적당 폭약의 소요중량
③ 구멍의 단위길이당 폭약의 소요중량

3) 구멍뚫기속도

압축공기를 동력으로 이용한 착암기의 구멍뚫기률은 다음 사항이 영향을 준다.

① 착암기는 공기압이 높을 수록 타격에너지, 타격횟수, 공기소비량, 기계효율 등이 높아져 구멍뚫기속도가 향상된다.
② 로드의 길이가 길어지면 구멍뚫기속도는 저하한다.

③ 구멍뚫기 속도는 비트의 2승에 반비례한다.

구멍뚫기속도를 추정할 때 표준이 되는 암석을 구멍뚫기하는 순 구멍뚫기 속도는 대상이 되는 암석의 암석 저항계수와 작업조건을 고려하여 다음 식을 사용한다.

$$T = \alpha \ (C_1 \times C_2) \times V \tag{4-1}$$

여기서, T : 구멍뚫기속도[cm/min]

C_1 : 표준암석에 대한 구멍뚫기 대상암의 암석 저항계수(표 4－8 참조)

C_2 : 암석의 상태에 의한 작업조건계수(표 4－9 참조)

V : 표준암(화강암)을 구멍뚫기하는 순속도[cm/min]

α : 작업시간 효율의 표준치 0.65

〈표 4 - 8〉 암석의 저항력계수(C_1)

암석의 종류	C_1	암석의 종류	C_1
사암	1.35	석회암	1.25
안안암	1.15	점판암	1.40
혈암	2.00	극경규암	0.45
규암·경화강암	0.75	경석회암	0.85
경사암	0.95	화강암	1.00
편마암	1.00	경점판암	0.95

〈표 4 - 9〉 작업조건에 의한 계수(C_2)

판정규준	암종별	C_2
육중한 암반의 경우, 대괴상을 하고 있고 균열의 간격이 크고 연속하여 안정한 것	규암, 각암 등 석영질 암석 및 경사암, 신선하고 견경한 것	1.0
고결 정도가 양호하고 균열도 있는 견경한 것	안산암, 화강암, 현무암 등의 화성암류, 중·고생대 층의 사암, 점판암 등 경질, 신삼기층	0.85
고결 정도가 비교적 양질이고 보통으로 경질하거나, 또는 다소 연질인 것, 풍화작용을 받은 연질이고 균열이 많고 절리가 보이는 것	풍화된 중·고생대 층, 화성암류, 제3기층	0.75
풍화 파쇄작용을 받아 연질이고 균열이 극히 많은 것, 파쇄대	연질의 제3기층, 풍화가 심한 화강암, 점토가 석인 파쇄대	0.60
토사 및 대단위 파쇄대	토사, 애추 등 점토질 또는 그에 가까운 대규모의 파쇄대	0.50

〈표 4-10〉 암석의 종류에 따른 비트의 수명과 구멍뚫기 속도

암석의 종류	비트의 수명	구멍뚫기속도[m/hr]
혈암 · 석회암	1,000~2,000m	20
경석회암	500~1,000m	10~15
현무암	400~1,400m	6~10
섬록암	200~400m	3~6
화강암	200~300m	3~5

예제 4-1 착암기로 표준암을 구멍뚫기한 결과 55cm/min의 구멍뚫기 속도이며, 고결정도는 양호하고, 균열이 있는 견경(堅硬)한 안산암으로 된 원지반에 같은 지름의 구멍뚫기를 하고자 한다. 구멍뚫기 깊이가 3m일 때 1시간에 몇 개의 구멍뚫기를 할 것인가?

[풀이] 식 (4-1)의 $T=\alpha(C_1\times C_2)\times D$에 있어서

$C_1=1.15$(표 4-8), $C_2=0.85$(표 4-9), $D=55$[cm/min]

$\alpha=0.65$

$T=0.65\times1.15\times0.85\times55\fallingdotseq35$[cm/min]

1개 구멍뚫기하는데 필요한 시간 t는

$$t=\frac{\text{구멍천장}}{T}=\frac{300}{35}=8.6[\text{min}]$$

따라서, 1시간당 구멍뚫기 개수는

$$\therefore n=\frac{60}{t}=\frac{60}{8.6}=7[\text{개}]$$

4) 착암기의 작업량

착암기의 작업량은 다음과 같이 산출한다.

$$Q=\frac{L\cdot N\cdot E}{B\cdot H} \tag{4-2}$$

여기서, Q : 시간당 작업량[m^3/hr]

B : $1m^3$당 구멍뚫기 수(발파구멍수 및 뇌관수)

H : 1회 발파구멍의 깊이(보통 1.2m)

N : 착임기 투입대수

L : 암질별 시간당 구멍뚫기 깊이[m]
T : 1일 가동시간[hr]
E : 작업효율 $E=(T-a)/T$
a : 가동시간 중의 손실시간[hr]

4-4 발파재료

화약류의 종류는 다양하다. 이를 법규에 따라 대별하면 화약(흑색화약, 무연화약 등), 폭약(니트로글리세린, 다이너마이트, 초안폭약 등) 및 화공품(뇌관, 신관, 도화선, 도폭선 등)으로 분류된다. 이 외에도 화약은 성능에 따라, 조성(성분)에 따라 또는 용도에 따라 다양하게 분류할 수 있으며, 암석발파 등에 사용되고 있는 산업용 화약을 성분에 따라 분류하면 다음과 같다.

4-4-1 산업용 화약(explosive)

이 화약은 소요의 조건에서 발파에 의해 순간적으로 높은 압력을 발생시키는 화학제품으로 매우 다양한 종류가 있다.

(1) 폭약

일반 토목공사용으로는 표 4-11과 같이 사용되며, 암석발파공에는 다이너마이트가 주로 사용되어 왔으나 최근에는 ANFO(ammonium nitrate fuel oil) 폭약, 슬러리 폭약이 많이 사용되고 있다. ANFO 폭약은 초안유제 폭약의 약칭이며, 연암에서 용수가 없는 갱외용에 사용하면 경제적이다.

슬러리 폭약은 초안(硝安), TNT, 물을 미음장으로 혼합한 것으로 ANFO 폭약에 비교하여 강력하고 내수성이 있으며, 또 일반적으로 ANFO 폭약의 사용이 어려운 경암이나 용수개소에 많이 사용한다.

슬러리 폭약을 일명 함수폭약이라고 하며, 유동성의 이상(泥狀)물질이다. 이 폭약의 특징은 다음과 같다.

① 충격 등에 대하여 대단히 둔감(鈍感)하다.
② 폭파후 가스는 비교적 적게 발생한다.

③ 내수성이 대단히 좋다.

④ 다이너마이트에 비하여 위력이 약하고 비중은 낮다.

〈표 4-11〉 토목공사용 폭약과 용도

종류 \ 구분	교질폭약					초안폭약		함수폭약	초유폭약	정밀폭약		미진동파쇄기
	고성능 Ⅰ호	고성능 Ⅱ호	다이너마이트	수중폭약	탄광용폭약	갱내용	갱희용			Ⅰ호	Ⅱ호	
최경암발파	◎		○	○								
경암발파	○	◎	◎	△								
중강암발파		○	△									
연암발파		○	○			△	○					
장공발파		○	○					◎				
노천발파							◎	○	◎			
수중발파	○			◎								
통기불량시					○			△				
대발파								○	△			
소할발파		△	△			○						○
터널발파										◎	◎	
진동, 충격제어발파										○	○	◎
모암보호										◎	◎	△
시가지발파										○	○	◎
채탄발파					◎	◎						

◎ : 최적, ○ : 적당, △ : 사용가능

(2) 혼합 화약류

1) 흑색화약(black powder)

일명 감초라고도 한다. 초석, 유황, 목탄의 미세분말의 혼합물로 그 배합비율은 각국마다 조금씩 다르나 일반적으로 40~80%, 3~30%, 10~40% 정도가 적용된다. 수중에서는 발파하지 않으며, 보존 및 취급에 위험이 적다. 이의 용도는 분말이면 도화선용, 구상(球狀)이면 암석 발파용, 입상(粒狀)이면 발사용으로 이용된다.

2) 초안폭약

초안(硝安)을 기폭제로 사용하며, 예감제(銳感濟)로 니트로글리세린을, 감열 소염제로 식염염화가리를, 그리고 가연물로 전분(澱粉) 또는 목분이 사용된다. 폭발 온도는 약 2,000℃이며, 고화(固化) 경향과 흡수성이 크고 주로 채석장 또는 탄광에서 사용된다.

3) 초유폭약

이 폭약은 건설공사에서 매우 많이 쓰이는 종류 중의 하나로서 1갤런의 디젤연료유(diesel fuel oil)와 100파운드의 질산암모늄(NH_4NO_3)을 혼합하여 제조한다. 따라서 이것의 이름도 질산암모니아(amonium nitrate)와 연료유(fuel oil)의 약자를 써서 ANFO라고 명명하였고 초유(硝油)폭약(ANFO)이라 한다. 이것은 가격이 저렴하여 다이너마이트의 약 20% 정도가 사용되고 있으며, 또한 이것은 특수 뇌관을 이용해야 발파되므로 다이너마이트보다 매우 안전한 편이다.

질산암모니아는 물에 저항성이 없으므로 만일 젖은 구멍에 사용할 때는 비닐주머니나 기타 방수재료를 이용해서 물의 접촉을 막아야 한다. 그리고 구멍의 중간 정도까지가 젖어 있다면 젖은 부분까지는 다이너마이트나 비닐에 넣은 ANFO 등으로 채우고 그 위로부터는 ANFO로 채운다. 이것의 폭발은 맨 밑과 그리고 경우에 따라 중간 정도에 설치된 다이너마이트에 뇌관을 설치하고 이 뇌관으로 다이너마이트로부터 전체를 발파시킨다.

4) 액체폭약

이것은 젤과 질산암모니아, 알루미늄 가루 등과 물을 섞어서 잘 흐르도록 만든 물에 저항성이 있는 폭약으로 구멍에 바로 부어 넣거나, 비닐에 넣어 집어넣을 수도 있다. 그리고 이것은 물보다 밀도가 커서 물에 부어 넣으면 밑으로 가라앉는다. 이 폭약 역시 다이너마이트나 TNT 등을 뇌관으로 터트려 발파시키므로 비교적 안전한 편이다.

(3) 화합 화약류

1) 니트로글리세린

니트로글리세린(nitroglycerine, NG)은 글리세린($C_3H_5(CH)_3$)을 황산 및 질산($3HNO_3$)의 혼산으로 초화하여 만든 액상의 발파물이다. 순수 니트로글리세린은 무색, 무취의 투명하고 무거운 발파성의 액체로 약간의 충격 및 마찰에도 발파하므로 매우 예민하여 위험한 재료이다. 따라서 이는 강력한 발파력을 내며 발파속도는 8,000m/s, 발파온도는 약 4,000℃이다.

2) 니트로글리콜

니트로글리세린 제조법과 같으며 외형도 그와 비슷한 유상액체로서 점도는 낮고 휘발성이 높다. 응고점은 −22.8℃이고 난동(難凍) 다이너마이트를 제조하는데 사용된다.

3) 면약(nitrocellulose)

면을 질산과 황산의 혼산으로 초화하여 만든 것으로 충격, 마찰에 예민하고 점화시키면 폭발한다. 자연분해성이 있으며 다이너마이트의 원료로 사용되며 면질에 따라 강면약, 약면약, 취면약 등으로 구분한다.

4) 펜트리트(pentrit : PETN)

이것은 Penta Erithit를 혼산하여 초화해 만들며 백색 분말의 결정형으로 발화점이 185~200℃로서 니트로글리세린에 비해 충격 마찰에 둔감하나 뇌관에 의해 발파된다. 도폭선 및 뇌관 등에 사용된다.

(4) 다이너마이트(dynamite)류

이 폭약은 1876년 알프레드 노벨이 개발한 것으로 주원료인 니트로글리세린(nitroglycerine)에 규조토를 혼합하여 만든 진흙 반죽같은 고성능 발파물로 주로 작은 구멍에 많이 사용된다. 발파력은 전체 무게 중에 니트로글리세린의 함량으로 나타내는데, 각 카트리지는 지름 2.5~20 cm, 길이 20~60cm 정도이다. 이것을 구멍에 넣을 때는 진흙 반죽같이 나무 꼬챙이로 구멍 내

〈표 4-12〉 국내 생산폭약의 제원과 규격

품목		약상	내수성	가비중 [gf/cc]	S-T [%]	순폭도	낙추감도 [cm]	후가스	폭속 [m/s]	화약력 [kgf/cm³]	포장 규격			
											약 경	길이 [m/m]	중량 [gf/tonf]	단위 [gf/tonf]
다이너마이트	고성능	교질	양호	1.4	80	4배 이상	15	우수	5,500	10,200	지름25㎜	218	125	200
											지름50㎜	400	1,000	25
	일반용	교질	우수	1.3	70	4	15	양호	5,500	9,000	지름25㎜	218	125	200
											지름28㎜	271	200	125
											지름36㎜	400	500	50
											지름50㎜	400	1000	25
	수중용	교질	우수	1.4	80	4					25kgf/개/상자, 6.25kgf/개/상자			

〈표 4-12〉 국내 생산폭약의 제원과 규격(계속)

초안폭약	일반용	분상	보통	1.0	65	2	15	양호	3,500	7,500	지름28㎜	261	s 156.25	160
	탄광용	분상	보통	1.0	65	2	15	우수	3,500	7,500				
함수폭약	K-100	Gel	우수	1.1	65	1	100	Class 1	4,500	7,600	지름25㎜	433	250	100
											지름28㎜	350	250	100
											지름32㎜	560	500	50
	K-300	Gel	우수	1.0	55	1	100	Class 1	3,500	8,500	지름28㎜	390	250	100
	K-700	Gel	우수	1.2	70	1	100	Class 1	4,500	7,700	지름50㎜	523	1250	20
ANFO		입상	불량	0.9	65	-	-	Class 3	2,800	9,600	Bag : 25kg$_f$, Bulk : 10M/T			
정밀폭약	I	반교질	양호	1.2	47	-	15	우수	3,700	4,400	지름17㎜	510	125	2200
	II	분상	양호	1.05	65	-	15	양호	3,300	8,200	지름22㎜	340	125	200
											지름28㎜	665	390.63	64

에 채운 다음 이것을 발파시킬 때는 도화선을 통해 뇌관을 터트려 발파시킨다.

다이너마이트는 다양한 종류로 발전되어 왔다. 그 순서에 따라 규조토 다이너마이트, 암모니아 다이너마이트, 교질(膠質) 다이너마이트(gelatine dynamite), 암모니아 교질 다이너마이트 등으로 구분한다. 국내에서는 교질 암모니아 다이너마이트를 생산하고 있다. 국내 생산되는 폭약류 제원과 규격은 표 4-12와 같다.

(5) 기타 폭약

1) 트리니트로 톨루엔(trinitrotoluene, TNT)

이것은 고성능 폭약성의 화학물질로 화학식은 $C_7H_5N_3O_6$이며, 1863년 독일 화학자 요제프 빌브란(Joseph Wilbrand)이 최초로 제조하였고, 1891년 독일에서 대량생산을 시작하였다. 그리고 TNT 폭발력은 폭탄이나 기타 폭발물의 폭발력에 대한 기준으로 사용되며, RE계수(relative effectiveness factor)는 1.00이다.

2) 소제과염소산 혼합 화약류

과염소산($KClO_4$, NH_4ClO_4 등)을 제조로 한 폭약으로 칼릿(carlit)이 이에 속한다. 칼릿은 과염소산 암모니아를 주체로 한 무기염류 분말상의 초화제로서 충격에 둔감하고 자연폭발이 없으므로 취급에 위험이 적다. 그러나 염산가스가 발생하여 갱 내에서의 사용은 부적당하다.

4-4-2 화공품

폭약을 폭발시키기 위해서 사용되는 도화선, 도폭선, 뇌관, 전기뇌관 등을 총칭하여 화공품(火工品)이라 한다.

(1) 도화선 및 도폭선

도화선(導火線, safety fuse)은 흑색화약의 점화 또는 뇌관을 발파시키기 위해 사용한다. 이는 보통점화용과 전기점화용이 있고 또한 수중용과 일반용이 있다. 흑색화약의 기폭용으로는 픽포드 도폭선(導爆線, detonation fuse)이 사용된다. 이 도화선의 연소 속도는 120~140s/m이므로 길이에 따라 점화 후 발파까지의 시간을 조절할 수 있으며, 천천히 타므로 완속도화선이라고도 한다.

고속의 도화가 필요한 경우 선화약을 쓸 수 있는데 이는 3,000~6,000m/s의 속도로 연소하므로 여러 개소의 폭약을 동시에 발파시킬 때 사용한다. 도화선의 규격은 표 4-13과 같다. 도폭선은 긴구멍(長孔)의 발파나 갱도식(坑道式) 발파에 사용하기 편리하며, 규격은 표 4-14와 같다.

〈표 4-13〉 도화선

구분 \ 종류	제 1 종	제 2 종	제 3 종
색	백색	백색	흑색
외경	5.0mm	4.8mm	4.6mm
연화속도	100~140s/m		
내수시험	2hr 이상	2hr 이상	1hr 이상
용도	수굴, 채암	채광, 토목	채 석

〈표 4-14〉 도폭선

	제 1 종	제 2 종	제 3 종
약 선	TNT	PETN	PETN
피 복	연 관 (鉛管)	사지류 (絲紙類)	제 2 종에 내수성을 부가
폭 속	5,000~7,000m/s		

(2) 뇌관

흑색화약은 직접 점화로 발파되지만 다이너마이트는 심한 충격과 고열을 주어야 발파하므로 뇌관(雷管)을 사용한다. 뇌관은 일반뇌관과 전기뇌관(electric detonator)의 2종류가 있다. 일반뇌관을 공업뇌관이라고도 한다. 이것은 기폭약과 첨장약으로 되어 있다. 도화선으로 열이 전달되어 기폭약이 발파하면 첨장약(添裝藥)의 폭발을 거쳐서 폭약이 폭발한다.

전기뇌관은 공업뇌관에 전기점화장치를 조합시킨 것으로 순발(瞬發) 전기뇌관과 지발(遲發) 전기뇌관이 있다. 전자는 점화와 동시에 기폭약이 발파되지만 후자는 점화선과 기폭약 사이에 지연장치가 있어서 점화후 일정시간이 지난후 발파하게 된다.

(3) 공업뇌관

공업뇌관(blasting cap)은 폭약을 발파시키기 위한 것으로 동관체에 뇌홍(雷汞, 수은을 초산으로 처리한 것으로 $Hg(CNO)_2$로 표시한다), 질화연(窒化鉛), DDNP 등의 기폭약(起爆藥)에 Detoreel이나 Hekythoghen 등의 첨장약(添裝藥)이 충전되어 있으며, 표 4-15와 그림 4-11과 같다.

〈표 4-15〉 뇌관 일람표

- 뇌관
  - 공업용뇌관
    - 6호 뇌관(일반용)
    - 8호 뇌관(심수용, 둔감 폭약용)
  - 전기뇌관
    - 순발전기 뇌 관
    - 지발전기 뇌 관
      - 단발전기 뇌 관
        - 무가스 단발전기 뇌관(HSD) (#1~#5 단차 0.5초)
        - 고정 도무가스 단발전기 뇌관(DSD) (#1~#10 단차 0.5초)
      - millisecond 전기뇌관
        - 고정도 MS 단발전기 뇌관(PN-MSD) (#1~#10 단차 25 millisecond)
    - 특수전기 뇌 관

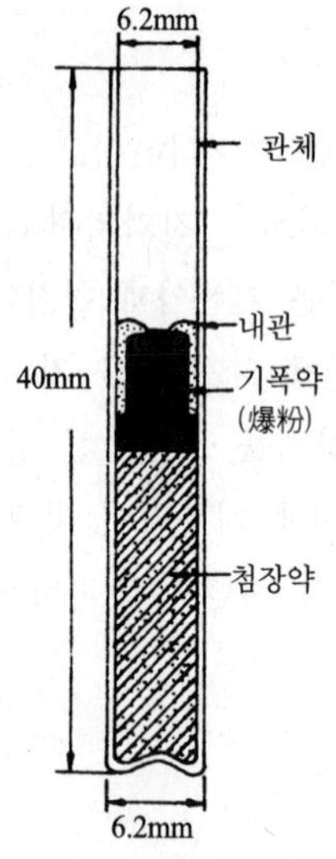

〈그림 4-11〉 공업뇌관 단면도

(4) 전기뇌관

전기뇌관(electric detonator)에는 순발전기뇌관과 지발전기뇌관이 있다. 어느 것이든 전류에 의해 백금선이 발열, 점화하여 발화한다.

폭 력	4mm 두께 연반시험…11mm
내수성	0.01MPa 수압에서 2시간 이상

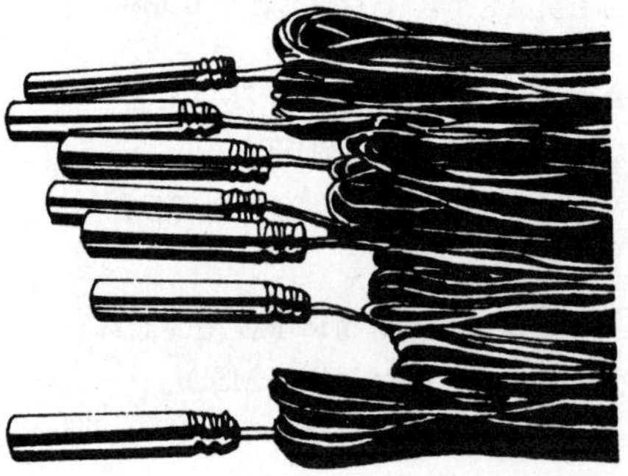

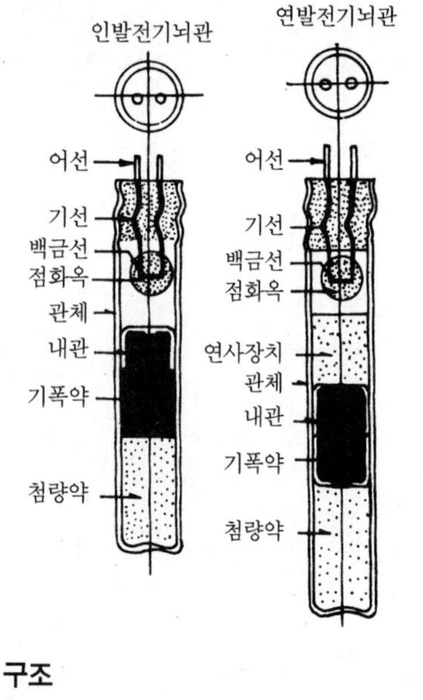

〈그림 4 - 12〉 전기뇌관의 구조

〈표 4-16〉 발파기의 성능

구 분 ＼ 종 류	T-50	T-50
발 파 능 력	전기뇌관 50발(각선 2m 기준)	전기뇌관 100발(각선 2m 기준)
충 전 용 량	300V	800V
콘 텐 서	30μF	10μF
규 격	15.4×11.2×17cm^3	
중 량	2.45kg$_f$	3.1kg$_f$

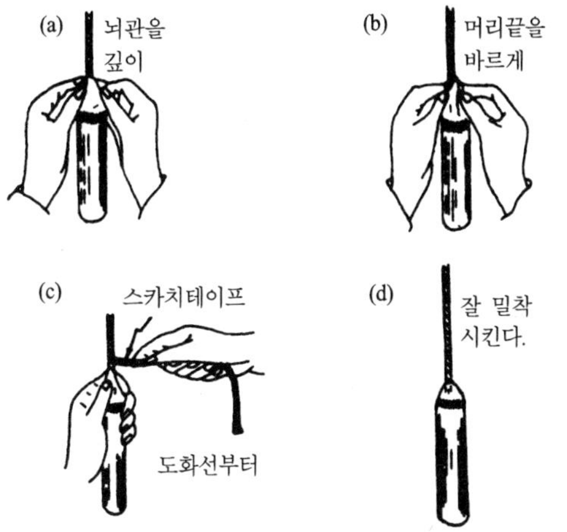

〈그림 4-13〉 다이너마이트의 방수포장방법(재래식)

이 때 직접 기폭약이 폭발하는 것이 순발전기뇌관이다. 지발전기뇌관은 점화옥(點火玉)과 기폭약 사이에 연시약(延時藥)을 삽입하여 기폭약의 발파, 즉 뇌관의 발파를 지연시킨 것이며, 그림 4-12와 같다.

이 때 시간적인 지체가 0.1초 이상인 것을 DS(decisecond) 전기뇌관이라고 하고, 0.01초 이상인 것을 MS(millisecond) 전기뇌관이라고 한다.

그림 4-12는 다이너마이트 속에 도화선을 삽입하는 순서를 보이고 있으며, 이 장전이 완료되면 그림 4-13과 같이 방수포장을 한다.

(5) 발파기

안전하고 확실한 전기발파를 위해서는 정확한 계기(計器), 양질의 모선(母線), 기능이 좋은 발파기가 필요하며, 표 4-16과 같다.

1) 사용방법

그림 4-14에 보인 것과 같이 상부의 보턴(button)을 누르고 모선 삽입 후에 키(key)를 충전점까지 돌리고, 네온램프가 점등되면 키를 발파점으로 돌린 다음 정지점에서 키를 빼면 된다.

2) 주의할 점

네온램프에 불이 10초 내에 안 켜지면 전지를 교환해야 한다.

(6) 도통 시험기

1) 사용방법

금속 추정단자를 회로의 양단을 접속시켜 광전지에 빛을 비추면 계기침이 움직이며, 단선시에는 계기침이 움직이지 않는다(그림 4-15 참조).

2) 주의사항

① 사용 전에 도통기의 작동여부를 확인해야 한다.
② 어두운 곳에서는 회중전등으로 빛을 비추어야 한다.

광전지를 전원으로 하고 있어 측정시 전관에 흐르는 전류가 1mA 이하이므로 매우 안전하며, 전지교환이 필요없다.

〈그림 4-14〉 발파기

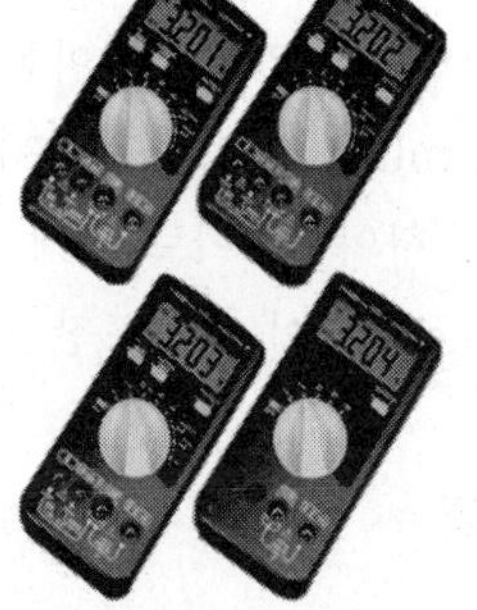

〈그림 4-15〉 광전식 도통기

4-4-3 윗채움

구멍에 필요한 높이까지 폭약으로 장약한 후 나머지 윗부분은 채움재료로 채운다. 이를 윗채움(stemming), 진충 또는 진색이라 하는데 이것의 재료로는 부순돌이나 모래, 물 등 다양하다. 윗채움을 하는 이유는 발파에너지의 발산을 막고 발파력을 향상시킬 수 있기 때문이다. 또한 하나의 구멍의 밑부분에 폭약을 넣고 중간부분은 띄우고 윗부분에 폭약을 넣는다면 이때 중간부분은 채움재로 채울 수 있다. 이 경우 위아래의 폭약에는 각각 뇌관을 사용하여야 하며, 윗채움의 효과를 보면 다음과 같다.

① 밀폐에 의한 구멍 내의 폭약의 완폭
② 발파에너지의 밀폐에 의한 효과를 상승시킬 수 있다.
③ 광산 같은 곳에서는 가스 등에 의한 안전성의 향상을 도모할 수 있다.

4-4-4 기폭약

기폭약(起爆藥, primer)은 다량의 폭약을 폭발시키기 위해서 기폭제 역할을 하는 소량의 매우 예민한 화약으로 만들어진 것이다. 이것은 매우 민감하므로 외부로부터 어느 정도의 충격 또는 극소량의 화력이나 전기 스파크에도 터지므로 캡슐 같은 것에 들어 있으며, 전체 폭발의 발단이 되는 부분이라 하여 뇌관이라고도 한다. 이것은 도화선(primacord)으로 연결되어 화력을 전달받거나 방전을 일으키도록 되어 있는 전선으로 연결되어 터진다.

이 기폭약의 재료는 뇌홍(雷汞)과 질화연(窒化鉛)이 있다. 뇌홍은 수은을 초산(硝酸)으로 처리한 것으로 대단히 민감하다. 질화연은 질화나트륨과 초산을 화합시켜 만든 것으로 감도가 매우 높은 폭약이다.

4-4-5 발파

(1) 발파의 원리

발파(blasting)란 폭약의 발파시 발생하는 높은 에너지를 이용하여 물체를 파괴하는 작업을 말한다. 그림 4-16에서 파괴되는 물체가 공기와 물에 접해 있으며, H, H'을 자유면이라고 한다. 장약의 중심에서 자유면까지의 최단거리 W를 최소저항선 길이라고 한다. 발파가 이루어졌을 때 보통 자유면 방향에 원추형의 구멍이 생기는데 이것을 발파누두공(漏頭孔, crater)이라고 한다. 이 누두공의 반지름 R을 누두반지름이라 하고 발파누두공의 형상을 나타내는데 누두지수 $n\,(=R/W)$가 사용된다.

지름 Lkg$_f$의 화약이 되어 NON′의 부분이 발파되고 누두반지름 R이 대체로 최소저항선 W와 같을 때($R=W$), 즉 $n=R/W=1$인 경우 표준발파라고 하며, 이때 장약량은 표준장약이라고 한다. 하우저(hauser)는 실험에 의해서 표준 장약량 L과 최소저항선과의 사이에 다음의 관계를 나타내고 있다.

1) 하우저의 발파식

① 채합량(V)

하우저(hauser)는 실험적으로 채합량과 최소저항선, 누두반지름과의 사이에 다음과 같은 관계가 있다는 것을 말한다.

$$V=\frac{1}{3}\cdot\pi\cdot R^2\cdot W$$
$$=R^2\cdot W$$
$$=W^3$$

② 장약량(L)

표준장약일 경우의 장약량은 다음과 같다.

$$L=C\cdot V=C\cdot W^3 \qquad (4-3)$$

여기서, L : 장약량[kg$_f$]
C : 발파계수
W : 최소저항선[m]

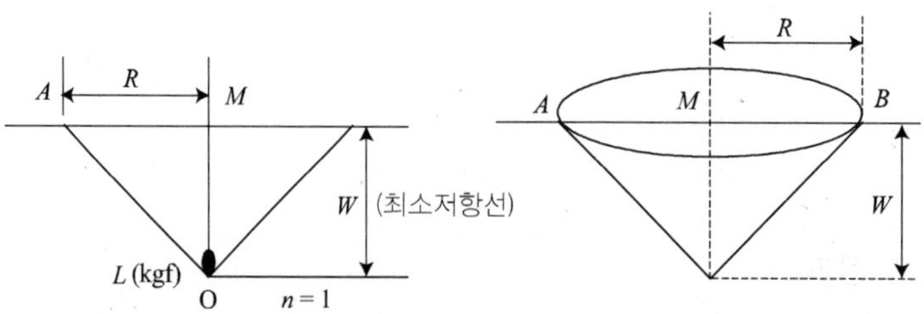

〈그림 4-16〉 누두공의 체적

또 최소저항선의 길이에 대해 장약량이 너무 많으면 누두공이 크게 되는 상태로서 $R>W$, 즉 $n>1$ 되었을 때의 장약을 과장약이라고 한다. 과장약인 경우 발파에너지는 암석의 비산 등에 소비되어 유효하게 작용하지 않는다는 것이 된다. 반대로 장약량이 너무 적으면 누두공이 생길 때, 즉 $R > W$, $n > 1$이 되었을 때의 장약을 약장약이라고 한다. 극단적인 경우는 약실(藥室)이 확대될 뿐이고 자유면에 누두공이 생기지 않는 경우도 있고 발파 효과는 적다.

예제 4-2 터널굴착을 위하여 장약량 7kg$_f$으로 시험발파한 결과 누두지수가 1.2이며, 발파반지름(R)이 3m이다. 최소저항선 길이를 2m로 할 때 필요한 장략량은 몇 kg$_f$인가?

[풀이] 1) 누두지수 $n=R/W$에서

$$1.2=3/W$$

$$\therefore W=2.5[\mathrm{m}]$$

2) $L=C\cdot W^3$에서

$$7=C\times 2.5^3$$

$$\therefore C=0.448$$

3) $L=C\cdot W^3$

$$=0.448\times 2^3$$

$$=3.58[\mathrm{kg_f}]$$

(2) 장약량의 추정과 누두공 실험

장약량을 추정할 경우 Hauser의 식 (4-3)이 많이 이용되고 있으며, 이 식에 있어서 발파계수 C는 여러 가지 요소가 영향을 주고 있어서 다음 식으로 나타낼 수 있다.

$$C=g\cdot e\cdot d\cdot f(n) \tag{4-4}$$

여기서, C : 발파계수
g : 암석의 저항계수
e : 폭약의 저항계수
$f(n)$: 약량수정계수
d : 진쇄(塡塞)계수(항상 1보다 크며, d=1일 때는 완전한 진쇄가 된다)

1) 암석의 저항계수(g)

암석의 저항계수는 암석발파에 대한 저항성을 나타내는 계수이며, 암석 약 1m^{3}를 발파할 때 필요한 폭약량을 말한다. 이때 표준암인 화강암의 값은 1로 했을 때 기준으로 한다.

폭파에 저항하는 정도로서 암석의 인성(靭性)이나 경도에 영향을 받으며, 표 4－17(a, b)와 같다.

〈표 4-17(a)〉 암석의 저항계수(g)

암반의 종류	암석의 저항계수			
	아오야마	스즈끼	Lares	Weichelt
극강인규암	3.25	19	1.3~1.5	1.4~1.6
섬녹암 현무암	-	16	1.2	1.3
규암·경화강암	2.68	14	1.1	0.9~1.2
경석회암	2.46	-	0.8	0.6
경사암	2.26	-	0.8	0.6
화강암	2.09	12	0.7~0.9	0.6
편마암	2.07	-	0.6~0.7	-
경점판암	2.16	-	0.6	-
사암	1.44	-	0.7	0.5
석회암	1.62	8	0.5	0.5
안산암	1.80	6	0.7	-
점판암	1.33	6	-	-
혈암	1.00	4	-	-
응회암	1.28	3	-	0.3
점토편암	-	2	0.2	0.2
갈탄(褐炭)	-	1	0.1	0.1

〈표 4-17(b)〉 암석의 저항계수(g)

암석의 종류	저항계수[g]	암석의 종류	저항계수[g]
충적토·고결도	0.11	중경석회암, 점판암, 석영조면암	0.36
연질석회암	0.20	경질점판암, 입상석회암, 현무암	0.42
연질의역암편암	0.26	석영조면암질 응회암, 안산암	0.45
연질의운모·사암	0.28	보통경도의 화강암, 편마암, 반암	0.57
결질의역암·사암	0.30	경질의 화강암 및 석영암	0.65
중경운모편암	0.32		
부식화강암	0.34		

2) 발파 저항계수(爆破抵抗係數, e)

폭약의 저항계수(e)는 NG 60% 스트레이트 다이너마이트(No.1)를 기준으로 하여 다른 폭약과 발파위력을 비교하는 계수이다. 따라서 강한 폭약일수록 e값은 작아지고, 약한 폭약일수록 e값은 커진다.

또한 특정의 폭약(No.1 다이너마이트, 니트로 글리세린 60% 함유)을 표준으로 하여 이것과 다른 폭약과의 발파저항을 비교한 계수이며, 표 4-18과 같다.

3) 전색계수(塡塞係數, d)

전색계수(d)는 구멍뚫기된 구멍에 폭약을 장전하고 모래나 점토를 다짐한 정도를 나타내는 계수이다. 일반적으로 폭약을 장전하고, 밀폐된 상태로 다짐이 완전히 이루어진 상태를 1로 하며, 불완전하게 다져짐에 따라 전색계수 값은 커진다.

구멍뚫기 내에 폭약을 장전한 후 공간을 점토, 모래 등으로 메우는데 이 전색상황에 의한 영향을 전색계수 d로 하며, 완전전색의 경우 $d=1.0$, 전색하지 않은 지름과 깊이의 경우 $d=1.25$, 전색하지 않은 얕은 구멍의 경우 $d=2.0$ 정도로 한다.

〈표 4-18〉 발파의 저항계수(e)

구분 / 폭약 종류	가비중	순폭도	폭속(m/s)	위력계수(e)
gelatine dynamite	1.3~1.4	4~5	5,000~5,500	1.0
함수폭약	1.1~1.2	2	3,900	1.1
초안폭약	1.0~1.1	2~3	3,000~3,500	1.1

〈표 4-19〉 전색계수(d)

전색의 상태		전색계수
적당히 깊은 장약공	완전전색 불완전전색 전색하지 않음	$d=1.0$ $1.0<d<1.25$
장야간이 장약실에 있음	장약실 위로 성토 쌓기하지 않음	$d=1.5$ $d=2.0$
외부 장약	일반적인 경우 특별한 경우	$2.0<d<4.5$ $d=9.0$

4) 약량 수정계수 $f(n)$

많은 실험식이 있으나 Dambrun의 식이 많이 사용된다.

$$f(n)=\left(\sqrt{1+\frac{1}{W}}-0.41\right)^3 \quad (4-5)$$

여기서, W: 최소저항선 길이[m]

위의 방법으로 암석발파에서 장약량을 추정할 수 있으나 C의 값은 실제로는 암반의 주향(走向)·절리(節理) 등의 영향을 받고, 특히 대규모 암석발파공에는 누두공 실험(crater test)으로 가장 효율이 좋은 장약량, 최소저항선 길이를 확인할 수 있다.

예제 4-3 시험발파에서 최소저항선(W)을 1m로 할 때의 표준장약량이 $0.80kg_f$라면 발파계수(C)는 얼마인가? 또한 동일한 장소에서 최소저항선을 4m로 하여 발파하려면 표준장약량은 몇 kg_f가 되는가(단 Dambrun의 약량수정계수 $f(W)=(\sqrt{1+1/W}-0.41)^3$을 적용하여 계산하시오)?

1) 발파계수
2) 표준장약량

[풀이] 1) 발파계수

① $f(n)=\left(\sqrt{1+\frac{1}{W}}-0.41\right)^3=\left(\sqrt{1+\frac{1}{1}}-0.41\right)^3=1.01$

② $L=C\cdot W^3 f(n)$, $0.8=C\times1\times1.01$

$\therefore C=0.79$

2) 표준장약량

$L=C\cdot W^3=0.79\times4^3$

$=50.56[kg_f]$

4-4-6 벤치발파

벤치컷(bench cut)공법은 평탄하게 깎은 암반면위에서 대개 연직(鉛直)으로 구멍뚫기하여 이 구멍(孔)에 장약하여 발파하는 공법이며, 그림 4-17과 같이 암반면을 계단상으로 아래로 이동하면서 굴착을 진행해 간다.

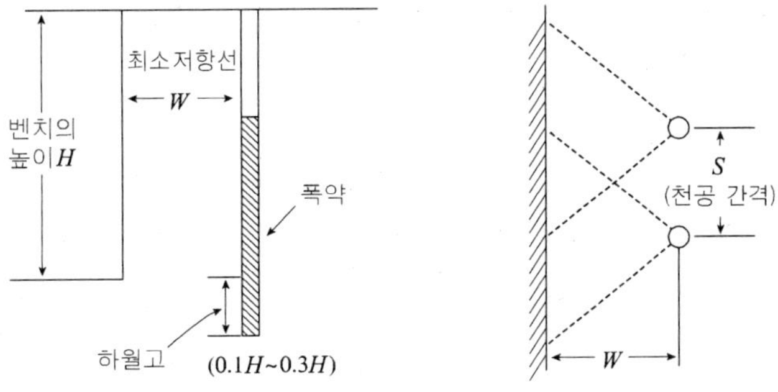

〈그림 4-17〉 벤치컷공법

장약량은 다음 식으로 계산할 수 있다.

$$L = C \cdot W^2 \cdot H \quad (4-6)$$

또는, $$L = C \cdot W \cdot S \cdot H \quad (4-7)$$

여기서, L : 장약량[kg_f]
C : 폭파계수 $= g \cdot e \cdot d \cdot f(n)$
W : 최소저항선 길이[m]
S : 구멍뚫기 간격[m]
H : 1계단의 높이[m]

이 경우의 발파계수 C는 식 (4-4)에서 추정할 수는 있으나 실제로는 암반의 상태, 구멍지름 등에 따라 달리하고 일반적으로 $C=0.30\sim0.35$ 정도이며, 1계단의 높이는 7~8m가 많으나 고성능의 착암기를 사용하여 1계단 높이를 15~20m로 할 때가 많다.

토목공사에서 일반적으로 사용되는 착암기는 충격과 회전을 동시에 또는 독립으로 주면서 구멍뚫기하는 안지름 80mm 정도의 크로울러 드릴이다.

석산(石山) 등의 대규모 굴착에는 비트지름이 100mm 이상인 대규경 착암기가 사용된다.

구멍뚫기 간격과 구멍뚫기의 열 수는 암반의 성질이나 폭약의 종류에 따라 달리하나 구멍뚫기 지름이 80 mm 정도일 경우에는 (구멍뚫기 간격)×(최소저항선 길이)는 2m×2~2.5m×2.5m를 표준 톤으로 한다. 또 대구경의 구멍뚫기는 표 4-20과 같다.

구멍뚫기의 깊이를 계단의 높이와 같게 하면 구멍바닥의 폭파가 불완전하므로 보통 계단높이 H의 10~30% 정도 과다 구멍뚫기를 한다. 또 장약은 구멍뚫기 깊이의 60~70% 높이까지 채운다.

〈표 4-20〉 벤치컷공법에 있어서 구멍뚫기 간격(안지름 152mm 기준)

자유면높이 [m]	암질의 종류와 구멍뚫기 중심간의 거리[m]					
	화강암 편마암 규 암	석회암 또는 백운암 [경하고 두꺼운 층]	석회암 [보통 두께의 층]	석회암 [얇은 층]	사 암	혈 암 [중정도의 경에서 연한 것]
7.5	3.1m×3.7m	3.1×3.7	3.7×4.3	3.7×4.3	3.7×4.3	4.6×5.5
9.0	3.7m×4.3m	3.7×4.6	3.7×4.6	3.7×4.9	4.0×4.6	4.6×5.5
10.5	3.7m×4.3m	3.7×4.6	4.3×4.9	3.7×4.9	4.5×5.2	4.9×5.5
12.0	3.7×4.3	3.7×4.9	4.3×5.5	4.3×5.5	4.3×5.5	5.2×6.4
13.5	4.0×4.6	3.7×4.9	4.3×5.8	4.3×6.1	4.6×5.5	5.5×6.7
15.0	4.3×4.6	4.3×5.2	4.3×6.1	4.3×6.1	4.6×6.1	5.8×7.3
16.5	4.3×4.9	4.3×5.5	4.6×6.4	4.6×6.7	4.6×6.1	5.8×7.3
18.0	4.3×4.9	4.6×6.1	4.6×6.7	4.9×7.6	4.9×6.7	6.1×7.9
21.0	4.6×5.5	4.9×6.1	4.9×7.0	4.9×7.9	6.1×7.3	6.7×8.2
24.0	4.9×6.1	5.5×6.7	4.9×7.6	5.5×8.5	5.5×7.6	6.1×8.5
27.0	4.9×6.4	5.5×6.7	5.5×7.9	5.5×8.8	5.5×7.6	6.1×8.8
30.0	4.9×6.7	5.5×7.3	6.1×8.5	6.1×9.1	6.1×9.1	6.1×9.1
33.0	4.9×7.6	6.1×7.6	6.1×8.8	6.1×9.1	6.1×9.1	6.1×9.7

예제 4-4 벤치컷의 계단높이가 10m이며, 구멍뚫기 간격이 1.8m, 최소저항선이 1.8m인 중경 화강암의 암석굴착을 시행할 경우 장약량을 산출하시오.

[풀이] 1구멍당 굴착량은 10m×1.8m×1.8m=32.4m^3(원지반 굴착량), 1구멍당 장약량은 식 (4-7)에서 다음과 같이 계산할 수 있다.

$$L = C \cdot W \cdot S \cdot H = 0.62 \times 32.4 = 20.09[\mathrm{kg_f}]$$

단, $C = g \cdot e \cdot d \cdot f(n)$식 중에서 표 4-17에서 g=1.2, 표 4-18에서 젤라틴과 다이너마이트 No.1의 중간으로 e=0.73을 취하고 d=1.0, 식 (4-4)에서 $f(n)$=0.61을 취했을 때, 화약은 젤라틴 다이너마이트를 사용하기로 한다. 암석 단위체적당 화약사용량은 20.09/32.4=0.62[kN/m^3]가 된다.

예제 4-5 벤치컷으로 계단높이 8m로 하고 구멍뚫기 간격을 5.0m, 최소저항선을 4.0m로 할 때, 사암굴착에 필요한 장약량을 구하시오.

[풀이] 폭파계수 C의 계산은 식 (4-4)에서 $C=g\cdot e\cdot d\cdot f(n)$, 여기서 $g=0.6$ 표 4-17에서 Lares의 값과 Weichelt의 값 0.7과 0.5의 평균치를 취하고, $e=0.87$, (표 4-18, 삼다이너마이트를 사용), $d=1$완전진쇄로 한다. $W=4.0$m이다. 그러므로 식 (4-4)에서 구하면 다음과 같다.

$$C=0.6\times0.87\times1\times0.355=0.185$$

식 (4-6)에서 장약량 L은,

$$L=CHW^2=0.185\times8\times4^2=23.7[\mathrm{kg_f}]$$

암석 단위체적당 0.148kN/m^{3}이다.

4-4-7 심발공의 폭파

심빼기(深拔孔) 폭파는 일반적으로 터널공사에서 막장면의 암굴착을 하는데 사용되는 방법이다. 암굴착은 그림 4-18 중앙 쐐기부의 폭파를 먼저 시행한다. 이 부분은 소위 1자유면이고, 구멍뚫기 방법도 여러 가지 있으나 쐐기판으로 잘 폭파하지 못하면 이후의 폭파는 성공하지 못한다. 다음에 심빼기 주변의 폭파를 하는데 외주부는 2자유면이 되어 장약량도 심빼기에 비해 적어도 된다. 이 선행폭파를 심빼기라고 하고, 후속하는 폭파를 확대폭파라고 부른다.

심빼기 대신에 중심부에 대공경(보통 75mm)의 빈구멍(空孔)을 1~4개 막장면에 직각으로 구멍뚫기하고, 그 주위에 적당한 간격으로 확대공을 구멍뚫기하며 폭약은 중심부의 구멍뚫기에는 장약하지 않고 확대공에만 장약하는 소위 번컷(burn cut)법이 있다. 이것은 막장면에 직각으로 구멍뚫기하므로 심빼기의 구멍뚫기에 비하여 숙련이 필요없다. 또한 MS 단발전기뇌관 등으로 중앙부에서 차례로 외주부를 향하여 폭파를 진행시키면 효과가 커진다.

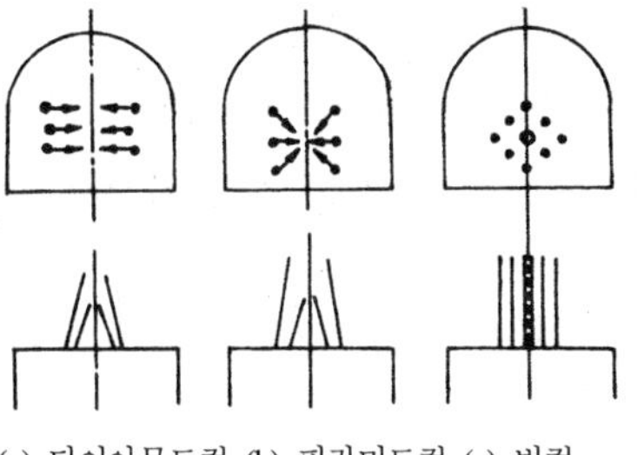

(a) 다이아몬드컷 (b) 피라미드컷 (c) 번컷

〈그림 4-18〉 심폐기공의 배치

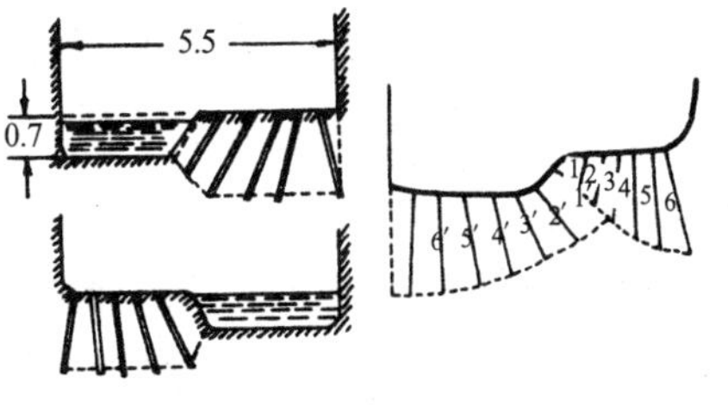

〈그림 4-19〉 스윙컷방법

그림 4-18에서 다이아몬드컷(diamond cut, vcut), 피라미드컷(pyramid cut), 번컷(burn cut), 스윙컷(swing cut), 노컷(no cut) 등을 보이고 있으며 V컷은 일명 웨지컷(wedge cut)이라고도 한다.

(1) 스윙컷

스윙컷은 버력이 너무 비산하지 않게 심빼기 하는데 유효하다. 수직도갱 밑의 발판에 스윙컷을 사용할 때가 있고, 특히 용수가 많을 때 편리하며, 그림 4-19에 보이고 있다.

(2) 번컷

번컷방법은 빈 구멍을 자유면으로 하여 평행폭파를 하는 것이므로 버력의 비산거리는 짧으며, 좁은 도갱에서의 긴 구멍발파에 편리하다.

빈 구멍은 장약공과 같은 정도의 구멍을 여러 개 뚫는 방법과 큰 구멍을 1~4개 뚫는 방법이 있다.

번컷의 장약량 L은 다음과 같은 Langforls의 공식을 사용하며 계산할 수 있다.

$$L = 1.59 \times 10^3 \left(\frac{a}{d}\right)^{\frac{3}{2}} \left(a - \frac{d}{2}\right) \tag{4-8}$$

여기서, a : 각 구멍 상호간의 거리[mm]
d : 빈 구멍발파 지름[mm]

이 식은 지질이 연질이고 구멍뚫기 길이가 짧은 2.5m 이하에 적당하다.

(3) 노컷

노컷은 심빼기부분에 수직한 평행공을 다수 구멍뚫기하여 장약량을 집중시키고, 순발뇌관으로 폭파시켜 폭파충격에 의하여 심빼기를 하는 방법이며, 그림 4-20에 보이고 있다.

심빼기는 단면의 중앙에 뚫는 것이 보통이나 이것을 약간 아래에 두면 앞밟기의 폭파를 도와주고 버력의 비산을 적게 한다.

심빼기 구멍의 위치가 정해지면 다른 구멍은 순서에 따라 단계적으로 배치하면 되지만 여기서 주의해야 할 것은 구석부(隅角部)와 앞밟기이다.

이 부분은 자유면이 적고 부하가 크므로 보조공을 두거나 장약량을 증가시켜 소정의 효과를 올릴 필요가 있다. 또 윗부분은 더파기(餘掘)가 생길 우려가 있으므로 과한 장약량이 되지 않게 해야 한다.

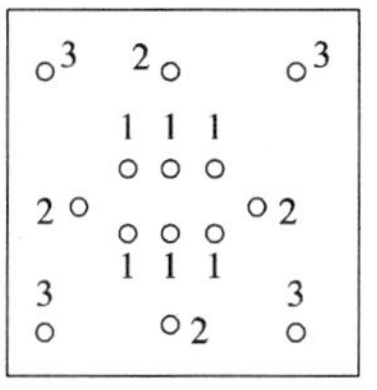

〈그림 4-20〉 노컷 라운드

4-4-8 갱도식 발파

갱도식(坑道式) 발파는 석산에 소단면의 갱도를 굴착한 다음, 계획에 따라서 약실(藥室)을 설치하고 집중발파법으로 발파하여 대량의 암석을 채취하고자 할 때 사용하는 방법으로 두터운 풍화대의 제거, 중기계의 반입이 불가능한 지형 등에 사용된다. 갱도약실은 T자형이 원칙이며, 단면형상은 높이 1.5~1.6m, 폭 0.9~1.3m 정도가 표준으로 되고, 그림 4-21과 같다.

일반적으로 약실위에서 지표까지의 높이 H를 최소저항선(W)의 1.5배를 표준으로 정하며, 절리, 균열이 많은 원지반은 H를 $3W$까지 적용하되 W는 30m 이하로 한다.

약실에 인접해서 설치할 경우에 약실의 간격(S)는 최소저항선(W)을 기준으로 하여 일반적으로 1.0~1.2W, 채석의 경우는 1.8~2.2W를 취한다. 1식 200kg_f 이상을 사용하는 폭약에는 대발파용 폭약, ANFO가 사용되는데 그 사용량은 연암에서 0.002~0.003kN/m^3, 경암에서 0.004~0.005kN/m^3 정도이며, 표 4-21과 같다.

장약량은 자유면의 수에 따라 다른데 2자유면이면 1자유면일 때의 90%, 3자유면이면 80%가 사용된다.

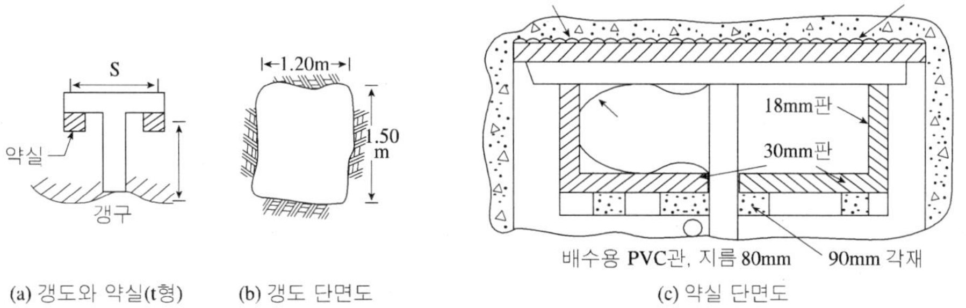

(a) 갱도와 약실(t형) (b) 갱도 단면도 (c) 약실 단면도

〈그림 4-21〉 갱도 약실의 구조

〈표 4-21〉 갱도 폭파계수(C)

암 질	C 값
매우 연질인 암석(충적토), 단단한 모래	0.11
연질석회암	0.20
연질역암 또는 사암	0.26
연질운모편암	0.28
중경질역암 또는 사암	0.30
중경질운모편암	0.32
중경질석회암, 점판암, 석용조면암	0.35
중경질현무암	0.36
경질점판암, 입상석회암, 현무암	0.40
석영조면암, 응회암, 안산암	0.42
화강암	0.45
편마암, 반암	0.45
경질화강암, 석영조면암	0.57

4-4-9 계단식 발파

이 발파는 벤치컷(bench cut)이라 한다. 기본원리 및 규모는 지형 및 주변 제약조건에 따라 차이는 있다. 외형적으로 계단모양을 하도록 공사가 진행되며 안전하고 계획적인 조업이 가능하여 대규모 부지조성, 재개발 택지조성, 간척지, 골재 채석장 등에서 가장 널리 사용된다.

지형의 조건, 암질에 따라 계단의 높이가 달라지고 그에 따라 구멍뚫기 지름, 구멍뚫기 길이, 구멍뚫기 간격, 열 간격, 공당 장약량 등 구멍뚫기 패턴이 달라진다. 일반적인 계단식 발파의 단면은 그림 4

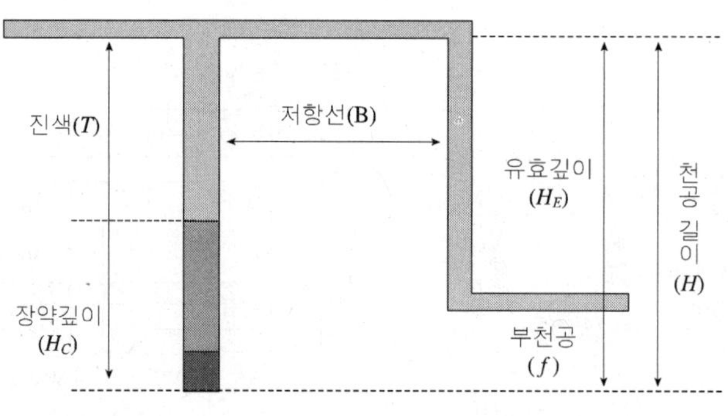

〈그림 4-22〉 계단식 발파의 단면

−22와 같으며, 일반적인 계단식 발파의 경우 채석량은 다음과 같이 구한다.

1) 저항선(burden, B)

저항선 비(burden ratio)는 $R_B = \frac{B \times 100}{D_e}$ 으로 구하며, 범위는 $20 < R_B < 40$으로 주어지고, 만일 구멍뚫기 지름 D_e를 알면 $B = \frac{R_B D_e}{100}$ (m)이다.

2) 구멍뚫기 간격(spacing, S)

구멍뚫기 간격 비는 $R_S = \frac{S}{B}$, $1.0 < R_S < 2.0$로 주어지며 $S = R_S B$이다.

3) 구멍뚫기 깊이(depth, H)

구멍뚫기 깊이 비(depth ratio)는 $R_D = \frac{H}{B}$, $1.5 < R_D < 4.0$로 주어지며 $H = R_D B$이다.

4) 부 구멍뚫기(subdrilling, J)

발파후 형성된 다음 계단의 바닥을 편편하게 형성하기 위하여 형성될 계단바닥면보다 더 깊게 구멍뚫기하는 부분이라 하며, 부 구멍뚫기 비(subdrilling ratio)는 $R_J = \frac{J}{B}$, $0.2 < R_J < 0.5$로 주어지며 $J = R_J B$이다.

5) 전충(윗채움)깊이(stemming, T)

전충 비는 $R_T = \frac{T}{B}$, $0.5 < R_T < 1.3$으로 주어지며 $T = R_T B$이다.

6) 채석량 $V = B \cdot S \cdot H_E$

4-4-10 조절발파공법

조절발파(controlled blasting)란 장약공 주변에 미치는 파괴력을 제어함으로써 특정 방향에만 파괴 효과를 주고자 하는 방법이다. 일반 발파의 경우는 암반파괴가 목적이므로 장약공 내에 강력한 폭약을 조밀하게 장전하여 발파한다. 강력한 폭발에너지를 암반에 가하고 현저한 파괴를 일으키는 것이 바람직하지만, 터널굴진이나 도로개설, 노천 채굴, 막장의 사면 등에서는 잔여 암반에 파괴가 일어나지 않도록 하고 여굴을 적게 하는 것이 필요하다. 이와 같은 목적으로 고안된 것이 조절발파이다.

예를 들면 터널발파에서 심빼기 부분의 장약공에 비교적 대량의 폭약을 장약하고 주변구멍과 같이 발파후 벽면을 형성하는 굴착 예정선에 가까운 발파공에는 소량의 폭약을 장약하는 방법 등이다. 이와 같은 조절발파법에는 라인드릴링, 스무스블라스팅, 프리스플리팅과 쿠션블라스팅 공법 등이 있다.

(1) 라인드릴링공법

라인드릴링(line drilling)은 인접한 주 발파에 의해 깨뜨려질 수 있도록 굴착 예정선을 따라 적은 구멍지름(孔徑)으로 조밀하게 구멍뚫기하여 인위적으로 약한 부분을 만들어 주는 것이다(그림 4－23). 주로 더파기 방지와 진동의 전파를 차단하는 방진구 역할을 한다. 더파기 방지를 위해서는 작은 구멍지름을 다수 굴착한다. 이때 구멍뚫기 간격은 작을수록 효과적인데 대체로 구멍지름의 3~4배 간격으로 구멍뚫기한다. 인접한 발파공들은 다른 발파구멍보다 구멍뚫기 간격, 주변구멍과의 간격, 장약량을 적게 설계한다.

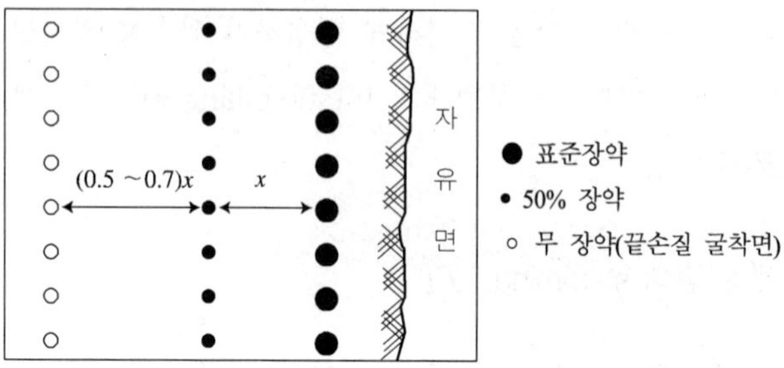

〈그림 4-23〉 라인드릴링공법

반면에 방진구 역할을 목적으로 할 때는 가능한 한 큰 구멍지름을 다수 구멍뚫기하는 것이 효과적인데 이들 라인드릴링공법은 대부분 노천발파에 응용되고 있다.

한편 이 방법은 장약을 하더라도 굴착선에 영향을 줄 수 있는 암반에 적용시 효과적이지만 매우 균일한 암반을 제외하고는 발파결과를 예측할 수 없다. 또한 다수의 구멍을 조밀하게 구멍뚫기해야 되므로 시간과 비용이 많이 소요될 뿐만 아니라 아주 작은 구멍뚫기 편차에도 나쁜 결과를 초래하는 결점이 있다.

(2) 스무스블라스팅공법

스무스블라스팅(smooth blasting)은 약어로 SB공법이라고도 한다. 장약구멍 내에 폭약을 낮은 밀도를 장약하고 폭발시 장약구멍내 공극을 채우고 있는 공기에 의하여 충격력을 약화시키는 방법으로 장약구멍의 간격, 최소저항선의 길이 등에 좌우된다. 이 공법의 특징은 주변 암반의 손상이 적고 더파기가 적어 굴착벽면의 마무리가 원활하고 뜬돌(浮石)이 적은 이점이 있다(그림 4-24 참조).

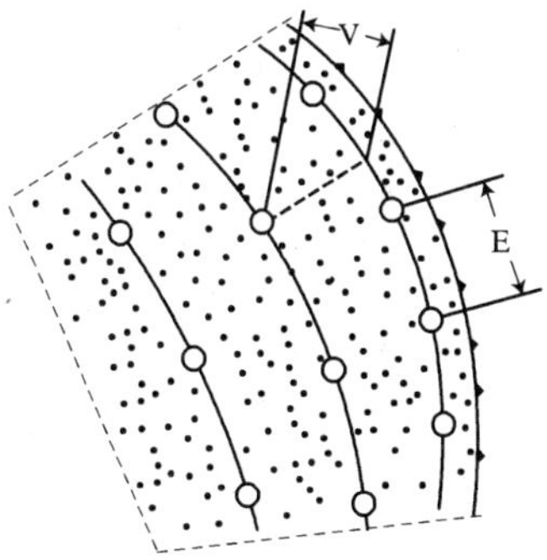

〈그림 4-24〉 스무스블라스팅 구멍뚫기

최소저항선(W)과 주변구멍과의 간격(D)과의 비가 이 공법에서는 매우 중요한데 $D/W=0.5\sim0.8$의 경우 양호한 결과가 얻어지며 0.8 이상이 되면 굴착면의 요철이 커진다. 탄성파속도가 커질수록, 1발파당 굴진장을 크게 할수록 주변구멍의 간격은 줄어드는데 대체로 0.4~0.7m 정도가 보통이다. 한편 장약량에 대해서는 현장여건에 따라 조정하여 결정해야 할 것이다.

(3) 프리스플리팅공법

프리스플리팅(presplitting)은 마무리면의 암반보호 및 원활한 벽면을 형성시키기 위하여 발파에 앞서서 계획법면의 선상에 미리 절단면을 만드는 제어발파의 일종으로 기본적으로는 스무스블라스팅 이론의 연장이다. 장약구멍의 지름에 비해 작은 지름의 폭약을 장약하면 폭약과 장약구멍 사이에 공극이 형성되어 이때 충격압이 공기층에 의해 폭파의 차이가 발생하여 충격의 감쇄 효과가 크게 된다. 여기에 가스압은 장약구멍내 체적에 영향을 주기 때문에 공극이 크면 가스압은 작게 된다. 이와 같은 이유로 장약구멍 벽에 작용하는 충격압 및 가스압은 조밀 장전에 비해 훨씬 벽면을 덜 손상시키게 된다.

프리스플리팅은 스무스블라스팅에 비해서 균열 수의 발생을 작게 하고 암석을 날리지 않는 발파를 하기 때문에 폭약에너지가 균열발달에 소비되는 효율이 높다. 하지만 암반에 절리가 있으며, 그 절리에 직각방향으로 균열을 일으키고자 할 때는 구멍뚫기간격을 보다 좁게 하든가 장약구멍 사이에 공간을 설치하여 균열이 구멍뚫기 선상에 발생되도록 할 필요가 있다.

프리스플리팅은 암반상태에 따라서 구멍간격 및 장약량을 결정해야 하므로 시험발파를 시행하고 프리스플리팅 효과를 확인할 필요가 있다. 또한 프리스플리팅 효과는 구멍뚫기 정밀도에 크게 좌우되므로 될 수 있는 한 구멍뚫기 정밀도를 높인 구멍뚫기 배치를 하는 것이 필요하며, 그림 4-25와 같다.

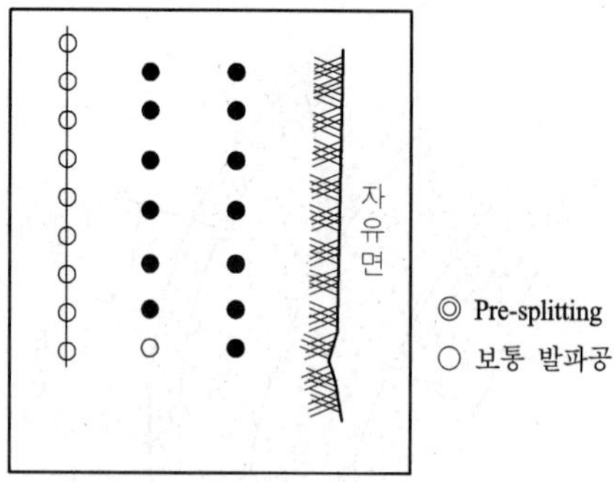

〈그림 4-25〉 프리스플리팅공법

(4) 쿠션블라스팅공법

쿠션블라스팅(cushion blasting)은 완충발파라 한다. 대구경(大口徑의) 긴 구멍발파시 파쇄입도를 조정할 목적으로 쓰인다. 즉 폭약의 순폭도를 고려하여 그림 4-26과 같이 장약구멍 내에 일정한 간격으로 띄어서 폭약을 장약함으로써 폭력을 분해시키는 방법이다. 완충발파는 주발파가 이루어진 다음 점화시키는 것이 일반적이며, 시차는 아주 짧게 해야 한다. 폭음과 소음이 문제가 되지 않는 곳에서는 도폭선으로 하는 것이 좋은 방법이다.

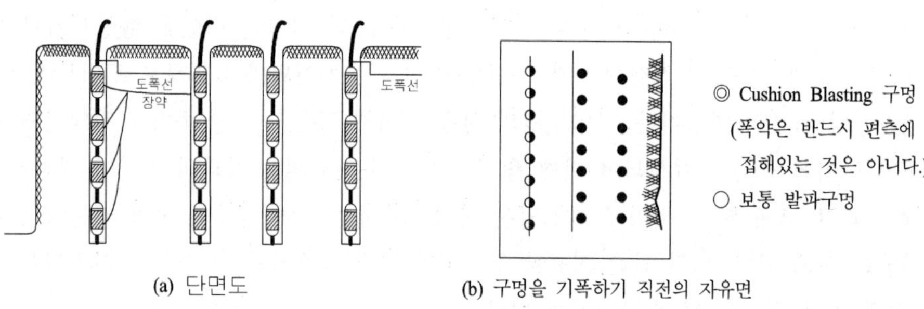

(a) 단면도 (b) 구멍을 기폭하기 직전의 자유면

〈그림 4-26〉 쿠션블라스팅공법

굴착하부에 턱이 없도록 하고 하부에 위치한 각 구멍들 사이에 전단파괴를 증진시키기 위해 발파구멍의 하부에 장약 밀도를 높여야 한다. 구멍뚫기의 정밀도는 중요하며 이론적인 계획보다 15cm 이상 편차가 생기면 좋지 않은 결과가 발생한다. 쿠션의 발파가 직각의 구석부분에 이용될 때는 프리스프리팅과 조합한다면 좋은 결과를 얻을 수 있다.

4-5 팽창성파쇄공법

4-5-1 파쇄제의 개요

암반층에 팽창제를 주입하면 암석이 팽창하여 파쇄된다. 파쇄제는 특수한 석회계 무기화합물을 주체로 한 분말이고, 여기에 반응의 제어나 시공법의 개선을 위한 특수한 유기 혹은 무기화합물이 첨가된다. 일반적으로 파쇄제에 물을 가하면 서서히 수화반응이 진행되어 수화물이 생성된다. 이것이 팽창압의 주원인이 된다. 이 수화물은 무구속 하에서는 팽창하여 3배 정도로 증대하나 피파쇄체에 의해 구속되면 24시간에서 30MPa 이상의 팽창압이 발생한다.

그림 4－27에서 그림 4－30은 파쇄제(S－Mite)를 충진한 강관의 스트레인(strain)에서 팽창압을 측정한 결과이며, 일반적으로 파쇄제 슬러리(slurry)의 수비(水比)가 작을수록 발파원의 지름(孔徑)이 클수록, 온도가 높을수록 팽창압의 발현속도가 빨라진다.

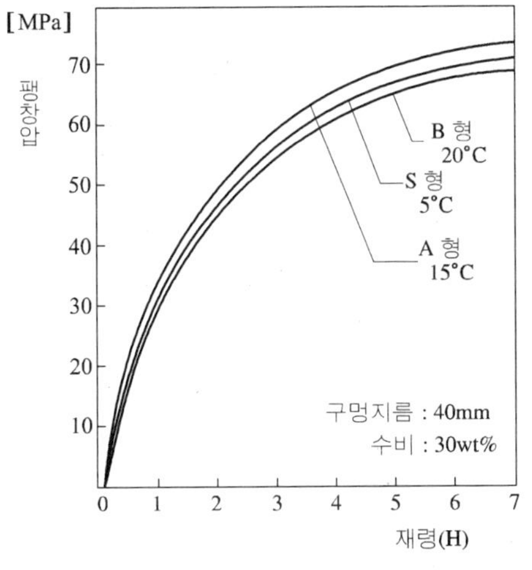

〈그림 4－27〉 팽창압의 시간변화

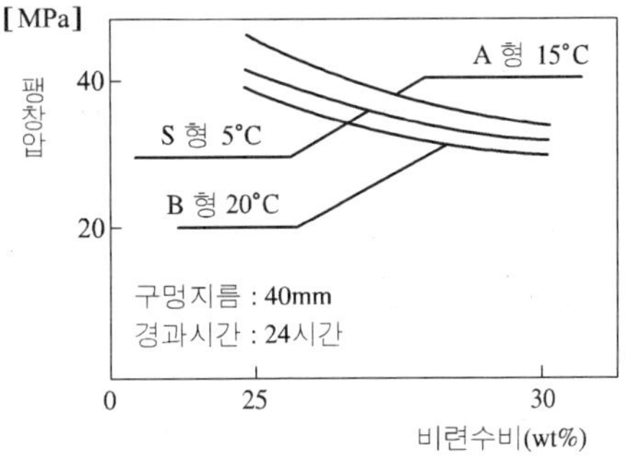

〈그림 4－28〉 팽창압에 대한 혼련수비의 영향

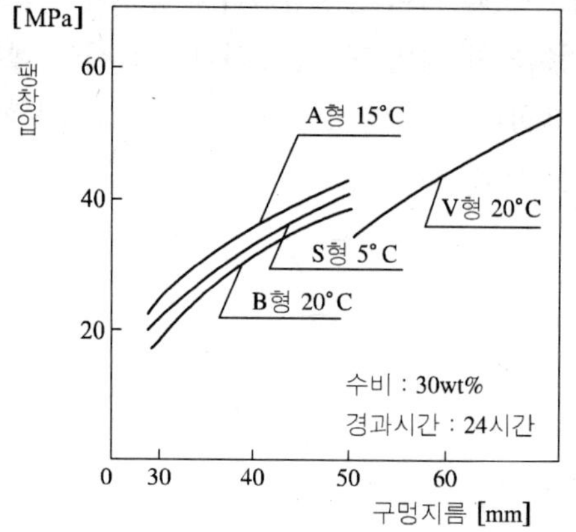

〈그림 4-29〉 팽창압과 빈구멍과의 관계

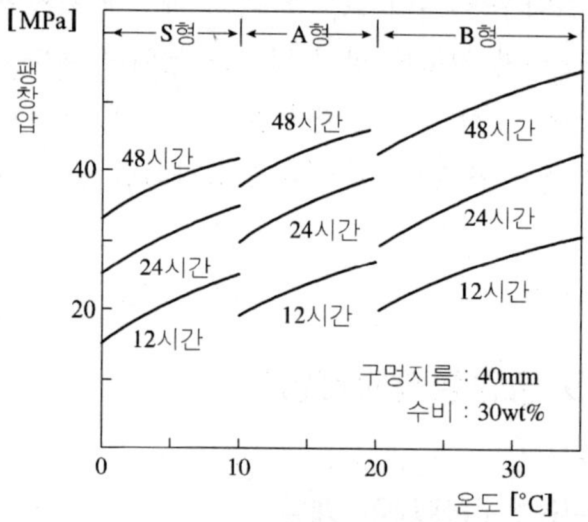

〈그림 4-30〉 팽창압에 대한 온도의 영향

그러나 수비를 너무 지나치게 작게 하면 수중에의 충진성이 나빠지므로 수비는 작업성을 검토하여 결정할 필요가 있다. 또 발파구멍이 규격보다 크거나 온도가 높아지면 수화반응이 촉진되어 분출(噴出)현상을 일으키는 원인이 된다. 따라서 이들에 대처하기 위해서 피파쇄체의 온도 및 발파원 지름에 의하여 표 4-22와 같은 종류의 형태가 있다.

〈표 4-22〉 S-Mite의 종류와 적용조건

종 류	적용 표준발파원 지름	피파쇄체의 온도
〈S-Mite〉 S 형 〈S-Mite〉 A 형 〈S-Mite〉 B 형	30mm~50mm (최적 빈구멍 40mm)	10℃ 이하 동기용 10℃~20℃ 춘추용 20℃~35℃ 하기용
〈S-Mite〉 V1 형 〃 V2 형 〃 V3 형 〃 V4 형	50mm 이상 (최적 빈구멍 65mm)	10℃ 이하 10℃~18℃ 18℃~26℃ 26℃ 이상

4-5-2 파쇄공법의 특징 및 장점

팽창성 파쇄제에 의한 파쇄공법의 특징 및 장점은 다음과 같다.

① 파쇄제는 화약류와 같이 위험물이 아니고, 유해성분도 없으므로 법적인 규제나 시공할 때 사용허가를 받을 필요가 없다. 또 화약류와 같이 탬핑할 필요도 없으며, 파쇄제 슬러리를 구멍에 충전함으로써 피파쇄체(被破碎體))에 균열이 발생하게 된다.

② 이 공법은 파쇄구멍의 수화반응에 동반하여 서서히 발생하는 팽창압을 이용하여 균열이 진행되므로 화약류나 기타류를 사용할 때와 같이 소음, 진동, 비석 등은 발생하지 않는다. 또 팽창이 지속되므로 시간의 경과에 따라 균열의 폭이 증대한다는 특징을 가지고 있다.
③ 파쇄에 의한 균열의 특징은 공간을 결부시키면서 발생하므로 구멍뚫기 형태(孔徑, 孔間幅, 抵抗, 孔角度, 孔配置 등)를 적절히 설계하는 것이 중요하며, 그에 의한 계획파쇄도 가능하다.
④ 수중파쇄 등의 특수조건 하에서의 파쇄시공도 가능하다.
⑤ 이 공법은 다른 공법과의 조합도 가능하고 해체효율의 개선이나 소음, 진동 등의 발생시간을 감소시킬 수도 있다. 또 이 공법은 파쇄할 때 인명대피 등의 필요가 없음으로 파쇄작업과 다른 작업을 병행할 수 있어 효율적으로 할 수 있다.

4-6 완제파쇄제와 미진동파쇄기

4-6-1 완제파쇄제의 개요

완제파쇄제는 칼마이트(calmmite : 황화안티몬제, 일종의 팽창제) 이외에 블리스터(發泡膏, blister), S-마이트(S-mite), CRS 등이 시판되고 있으나 어느 것이든지 석회계 규산염화물을 주체로 한 것이다. 팽창압은 24시간에 약 31MPa 이상이고, 모든 콘크리트와 암석을 파쇄할 수 있다.

완제파쇄제를 사용하는 파쇄공법은 다른 공법에 비하여 다음과 같은 특징이 있다.

① 유해성분을 함유하지 않거나 위험물이 아니므로 화약류와 같은 법적규제가 없으므로 취급책임자, 인허가가 불필요하고 보관·취급도 간편하다.
② 파쇄 시에는 소음이 적고 진도, 비석(飛石), 분진(粉塵), 가스의 발생이 없으므로 안전하고 공해가 없다.
③ 시공할 때는 화약류의 사용시에 실시하는 탬핑 등의 구속뚜껑을 설치할 필요가 없고, 완제파쇄제의 충진만으로 작업이 매우 간단하게 진행된다.
④ 발파구멍, 구멍길이, 구멍간격, 구멍각도를 적절하게 설계하면 계획적인 파쇄가 가능하다.
⑤ 완제파쇄제의 시공과 다른 작업을 병행하여 실시하므로 중기나 화약류 사용시의 대치, 격리, 작업시간의 제한을 받지 않으므로 작업이 효율적으로 시행된다.
⑥ 민가의 밀집지대나 환경상의 제약이 큰 곳에서 중기나 화약류의 사용이 불가능한 경우에 적합하다.

이 공법을 다른 파쇄, 해체공법과 비교한 것은 표 4-23과 같다. 이 공법은 시가지, 주택지, 도로, 철도, 하천부근, 원자력발전소, 잠함공법 등에 있어서 다이너마이트와 같은 화약류나 대형해체 기계류의 사용이 곤란할 경우에 특히 유용하고 안전한 공법이다.

〈표 4-23〉 파쇄, 해체공법과의 비교

공 법	사용기기 재료	소 음	진 동	비석·분진	안전성	공 기	경제성
기계적 충격에 의한 공법	braker 중추해머	×	△	×	△	○	△
유압에 의한 공법	재키 압쇄기	○	◎	◎	◎	○	△
연삭에 의한 공법	다이어몬드 커 터	△	◎	없음	◎	○	△
폭발에 의한 공법	화 약	×	×	×	×	◎	◎
팽창압력에 의한 공법	팽 창 성 파 쇄 제	○	◎	◎	◎	○	△

단 × : 공해가 크다 △ : 다소 불안정하다 ○ : 양호하다 ◎ : 대단히 양호하다

4-6-2 캄마이트의 기본성능과 종류

캄마이트의 시공에 있어서 캡슐을 물에 적시는데 물과의 혼합비가 이론 수량이 되게 조절하고 있으므로 캄마이트는 다른 완제파쇄제에 비하여 같은 장약량으로 팽창력이 10~50% 높다.

(1) 온도의 팽창압

캄마이트 뿐만 아니라 모든 완제파쇄제의 공통된 점이지만 그림 4-31과 같이 팽창압의 온도의 의존도가 크다.

(2) 발파구멍 지름과 팽창압

그림 4-32에 보인 것과 같이 팽창압은 발파구멍에 비례하여 증가한다. 따라서 발파구멍을 크게 하면 작업은 효율적이지만, 50mm 이상에서는 분출현상(噴出現象)이 생기기 쉬우므로 피해야 한다.

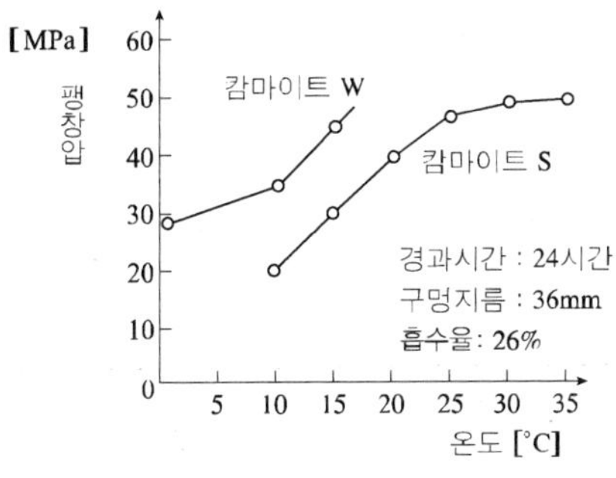

〈그림 4-31〉 온도와 팽창압의 관계

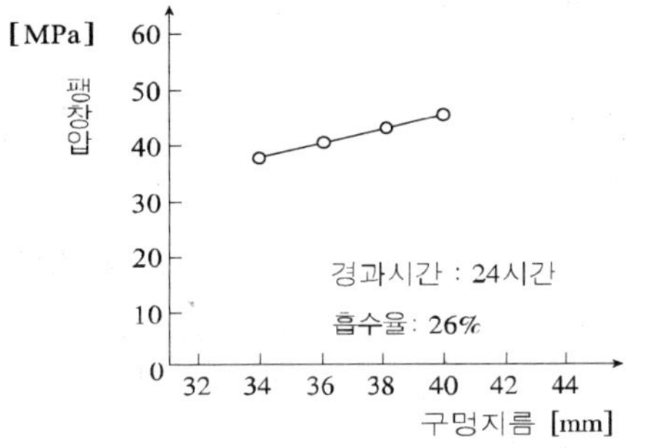

〈그림 4-32〉 발파원지름과 팽창압의 관계

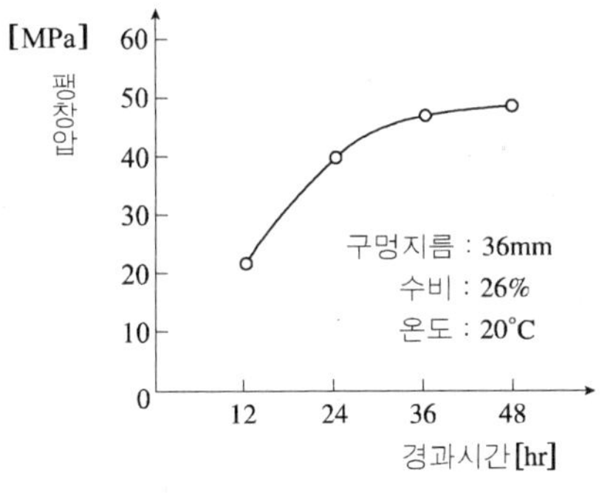

〈그림 4-33〉 경과시간과 팽창압의 관계

(3) 경과시간과 팽창압

20℃에서 캄마이트의 충진 후의 구멍과 시간과 팽창압의 관계는 그림 4-33과 같고, 표 4-24와 같다.

〈표 4-24〉 경과시간과 팽창압의 관계

구 분	종 류	피 파쇄체 온도	상한 침지수온도	혼 연 수 량
캡슐(capsule)	S	15~35℃	25℃ 이하	-
	W	0~20℃	15℃ 이하	-
분상(bulk)	S	15~35℃	-	30~35℃
	W	0~20℃	-	30~35℃

(4) 캄마이트의 종류

표 4－22는 캄마이트의 종류를 보이고 있으며, 캡슐의 규격은 표 4－25와 같다.

〈표 4-25〉 캄마이트 캡슐의 규격

캡슐의 구분	규격 (바깥지름×길이)	무 게	부 피
K－3025	30×250mm	300g/개	175cc/개

주) 캡슐의 구분의 표시 *K* : 캡슐, 30 : 캡슐 바깥지름[mm], 255 : 캡슐 길이[m], δ : 종류의 약칭(*S* 또는 *W*)

4-6-3 캄마이트에 의한 파쇄공법

(1) 시공순서

캄마이트 시공순서는 캄마이트 종류의 선택과 캄마이트의 충진을 제외하고는 다른 완제파쇄제와 거의 동일하다.

(2) 파쇄대상과 조건의 확인

우선 피파쇄 콘크리트 또는 암석의 치수, 부피, 철근의 유무, 배근상태 등과 크기, 2차 파쇄수단 등의 파쇄조건을 조사 확인한다.

(3) 캄마이트의 침지

침지(沈漬)된 캄마이트는 흡수율(吸收率, absorption factor)이 일정하므로 팽창압의 산란(散亂)이 없으며, 캄마이트의 캡슐을 물에 적시면 4~5분 내에 기포의 발생이 끝난다. 그림 4－34에서 보인 것과 같이 흡수율이 약 26% 일 때 일정하게 된다. Bulk의 경우는 계량오차 등 변동이 크다.

흡수율 26%는 대개 이론치이므로 충진율이 높고 파쇄력이 크다. 그림 4－35는 흡수율과 팽창압의 관계를 나타내고 있으며, 흡수율 26% 일 때 가장 팽창압이 높다.

분상(bulk type)의 완제파쇄제는 슬러리(slurry) 상으로 충진하므로 유동성이 필요하고 흡수율 30~35% 에서 사용된다. 캡슐의 일일 팽창압이 10~15% 높다.

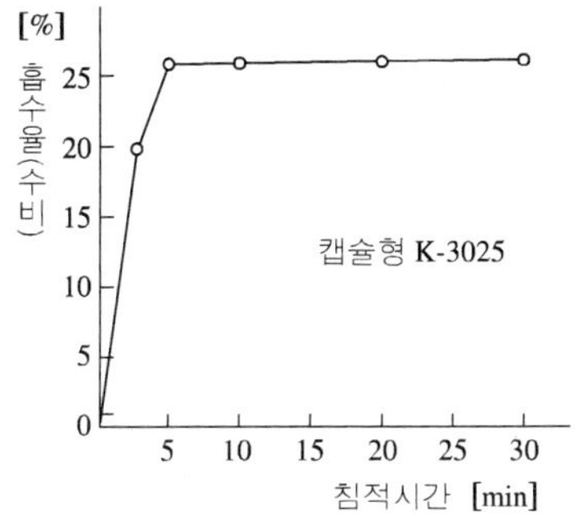

〈그림 4-34〉 캄마이트의 침지시간과 흡수율의 관계

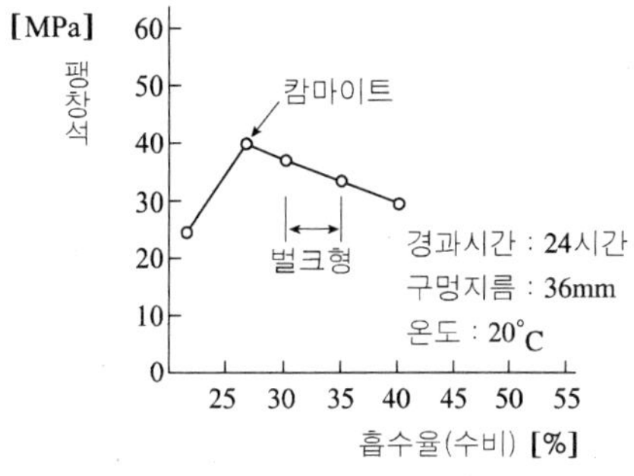

〈그림 4-35〉 흡수율과 팽창압의 관계

(4) 파쇄설계

파쇄설계는 파쇄 대상물에 효율이 좋게 균열을 발생시키는 것이 중요하다.

1) 파쇄대상물의 용적

$$V = \text{세로} \times \text{가로} \times \text{높이}[\mathrm{m}^3] \qquad (4-9)$$

2) 캄마이트의 사용량 W

$$W = V \times C[\mathrm{kN/m^3}] \qquad (4-10)$$

여기서, C : 캄마이트 단위사용량이며, 표 4-26에서 구한다.

〈표 4-26〉 캄마이트의 단위사용량

종	류	캄마이트의 단위사용량[kN/m³]
전석	연암	0.02~0.03
	중경암	0.03~0.05
	경암	0.05~0.08
콘크리트	무근	0.05~0.08
	유근	0.10~0.20
벤치	연암	0.05~0.08
	중경암	0.08~0.10
	경암	0.10~0.15

3) 구멍뚫기 조건의 결정

구멍뚫기 조건을 구하는 척도로서는 표 4-27에 보이고 있다.

4) 발파구멍 지름의 선정

비트지름 34~40mm의 사이에서 적절히 선택하며(표 4-28 참조), 캄마이트 시공의 최적 발파구멍은 34~38mm이다.

〈표 4-27〉 구멍뚫기의 조건

종류		구멍뚫기 조건		
		빈 구멍[mm]	빈 간격[mm]	천장
전석	연암 중경암 경암	34~40	50~60 40~50 30~40	파쇄 대상물고의 70~90%
큰크리트	무근	30~40	40~60	파쇄 대상물고의 70~90%
	유근	34~40	20~30	파쇄 대상물고의 100%(반대측에 돌발하지 않을 정도로서 될 수 있으면 깊게)
벤치	연암 중경암 경암	34~40	40~60 30~50 20~30	파쇄고의 105%

[주] 구멍깊이는 30cm 이상이며 그 이하는 사공으로 구멍뚫기를 하고 될 수 있으면 길게 한다.

〈표 4-28〉 구멍뚫기 지름별 캄마이트의 사용량

빈 구 멍 [mm]	구멍뚫기 길이 1m당의 사용량 [kN/m]	캄마이트의 개수 [개]
34	0.015	5
36	0.018	6
38	0.0195	6.5
40	0.021	7

5) 구멍뚫기 개수 P의 계산

다음의 순서에 의하여 산출한다.

① 전체 구멍뚫기 길이 L[m]은 아래 식과 같다.

$$L = \frac{W}{\omega} \qquad (4-11)$$

여기서, ω = 구멍뚫기 길이 1m당 사용량[kN/m]이며, 표 4−28에 보이고 있다.

② 구멍뚫기 개수 P의 계산은 아래 식과 같다.

$$P = \frac{L}{l} \qquad (4-12)$$

여기서, l = 구멍길이(m)이며, 표 4−27에서 주어진다.

6) 구멍뚫기 배치

구멍뚫기 배치는 파쇄목적, 파쇄대상물의 구조·크기·자유면, 철근의 유·무, 배근상태, 파쇄 후의 크기, 2차 파쇄의 수단 등을 고려하여 다음과 같은 사항을 종합적으로 결정한다.

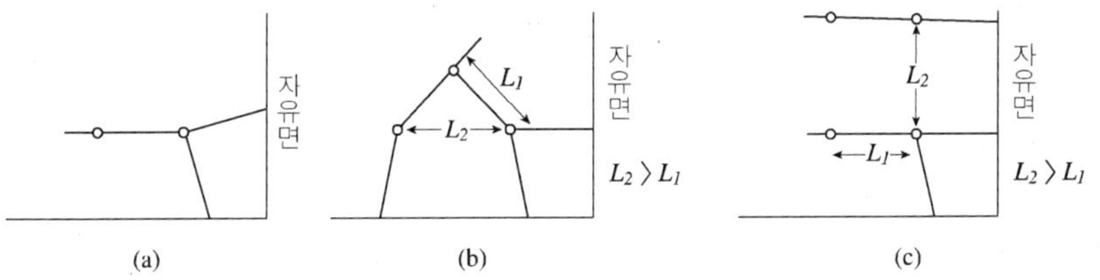

〈그림 4-36〉 구멍뚫기 수와 간격에 의한 균열의 발생

① 구멍뚫기 수, 구멍간격에 의한 균열발생의 일반적 현상
  ㉠ 2개 구멍의 경우는 그림 4−36(a)와 같다.
  ㉡ 3개 구멍의 경우는 그림 4−36(b)와 같다.
  ㉢ 4개 구멍의 경우는 그림 4−36(c)와 같다.

② 기본적인 구멍뚫기 위치 : 대표적인 구멍뚫기 위치는 다음과 같다.
  ㉠ 기반형 구멍뚫기, 그림 4−37(a) : 구멍간격 방향으로 균열이 생기는 경향이 있다.
  ㉡ 지그재그형 구멍뚫기, 그림 4−37(b) : 불규칙하게 균열이 생기고 비교적 작게 쪼개지는 경향이 있다.
  ㉢ 대수형 구멍뚫기, 그림 4−37(c) : 자유면에서 떨어짐에 따라서 구멍간격을 짧게 하고 파쇄효과를 높인다.
  ㉣ Burn Cut형 구멍뚫기, 그림 4−37(d) : 자유면을 의식적으로 만들어 균열발생을 용이하게 하는 방법이며, 시간차를 설정하여 충진하면 더욱 효과가 있다(A를 충진하고 10~20시간 후에 B를 충진한다).
  ㉤ 하향 피라미드형 구멍뚫기, 그림 4−37(e) : 지반을 파쇄할 때 사용하는 구멍뚫기법이

며, a는 60°이하가 좋다.

④와 동일하게 시간차 충진을 하면 효과가 크다.

이 공법은 무공해 공법으로 터널공사, 압축케이슨공사, 시가지 기반의 파쇄, 노천굴착 등에 이용하면 좋은 성과를 얻을 수 있다.

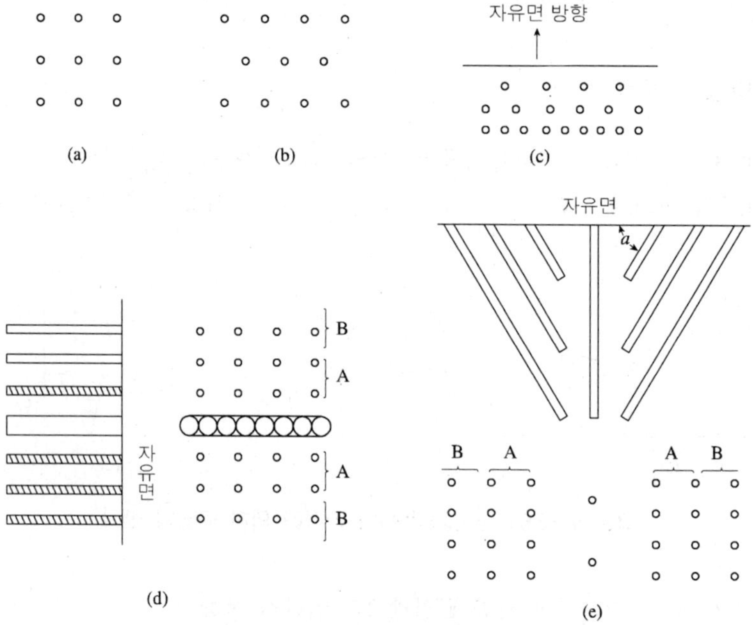

〈그림 4-37〉 기본적인 구멍뚫기 배치

4-7 발파의 진동과 폭음

발파에 있어서 진동과 폭음은 매우 중요한 부분이며, 폭약이 폭발할 때 그 가스 압력은 주변 암반 전체에 큰 응력을 발생시키게 한다. 진동은 폭원을 중심으로 퍼져 나가며, 특히 지반을 따라 전파된다. 가까운 지점에서는 인간과 동물에게 위험과 두려움을 일으키고 건물과 설비 등의 손상을 일으킬 수도 있다. 또한 폭음은 환경에 영향을 미치는 요소로 폭풍압(air blast)이라 한다. 발파작업은 이러한 인간과 동물, 건물과 설비 등의 영향을 고려하고, 경제적인 측면에서도 효과적인 작업을 위해 진동과 폭음문제를 최대한 저감시켜야 한다.

4-7-1 발파진동과 폭음에 영향을 미치는 주요변수

(1) 발파원에 관련된 변수

① 사용화약의 종류, 비중, 강도
② 장약량
③ 폭속(velocity of detonation : VOD)
④ 동적 및 준정적 에너지 방출 특성

(2) 암반에 관련된 변수

진동이 전달되는 매질로서 암반에 관련된 변수로는 물리적, 역학적 특성에 관한 것으로

① 암반의 밀도, 강도, 탄성계수
② 탄성파 전파속도
③ 암반 내에 있는 절리 등 불연속면 분포상태
④ 불연속면의 성질

(3) 발파패턴에 관련된 변수

① 구멍(孔)의 지름, 간격, 깊이
② 전색(stemming)
③ 장약방법, 점화방법
④ Decoupling

4-7-2 발파진동 저감대책

(1) 발파원의 조절

1) 발파방법의 조절

① 최소저항선이 너무 크거나 공저장약이 많을 경우 진동이 크게 발생되는 원인이 된다.
② 대구경 발파에서 장약밀도가 높으면 소구경 발파보다 진동의 크기가 크다.

③ 지발뇌관을 사용하여 연속적으로 발파할 경우 지발이 진행되는 방향에서의 진동의 수준이 반대방향에서보다 크게 나타나는 경향이 있으므로, 가능하면 기폭순서의 조절이 필요하다.

④ 전색을 완전히 하여야 한다.

2) 환산거리의 조절

주어진 환산거리(SD)를 만족시키기 위하여 충분한 거리(D)가 확보되거나 장약량이 조절되어야 한다.

3) 진동감쇠를 위한 화약의 선택과 화약량

연암에는 폭속이 낮은 화약을 택하며 경암에는 폭속이 높은 화약을 택하는 것이 발파 효과도 높이며 진동수준도 낮게 할 수 있다.

(2) 자유면과 구멍뚫기 위치에 의한 조절

자유면의 수와 구멍뚫기 위치는 암반에서 진동의 크기에 큰 영향을 미친다. 따라서 자유면의 수를 증가시키고 구멍뚫기 위치를 그림 4-38과 같이 할 경우 표 4-29는 일반 벤치발파의 2자유면일 때 각각 다른 경우 비교 장약량을 나타낸 것이다.

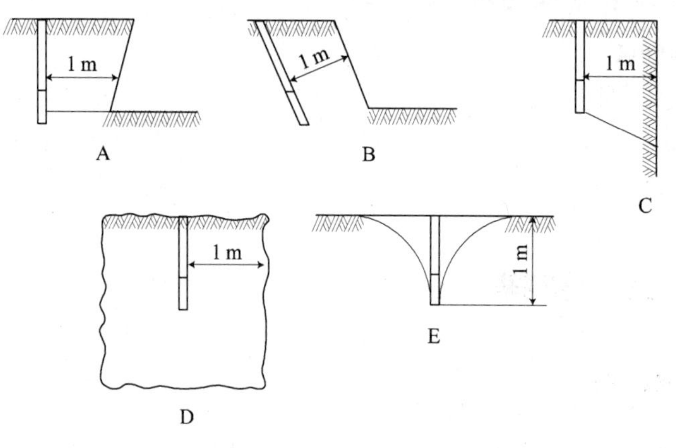

〈그림 4-38〉 구멍뚫기 위치 예

〈표 4-29〉 구멍뚫기 위치와 자유면의 증가에 의한 장약량 비교

구멍뚫기위치 \ 구 분	자유면 수	비교 장약량	비교
일반 벤치발파	2	1	A
경사 구멍뚫기	2	0.85	B
하부에 자유면만 있을 경우	2	0.75	C
전색	6	0.25	D
누두공 발파	1	2~10	E

(3) 진동전파 경로의 차단

발파진동을 저감시키는 또 하나의 방법은 발파진동이 전파되는 경로를 조절하는 것이다. 이 방법은 다음과 같은 것이 있다.

① 프리 스프리팅(presplitting)
② 슬롯 드릴(slot drill)

4-7-3 폭음의 감소대책

폭음의 감소는 발파진동과 동일한 것으로 대단히 복잡하며 장약량, 폭약의 종류, 발파방법, 발파지점의 지형, 발파원으로부터의 거리, 자유면의 방향을 비롯하여 발파당일의 풍향과 풍속에 따라서도 변한다. 발파로 인한 폭음을 경감시키는 방법으로는 다음과 같은 것을 생각할 수 있다.

① 지발당 장약량을 감소시킨다.
② 1회 총화약량을 감소시킨다.
③ 차음벽을 설치한다.

차음벽은 발파장소에서 근접지역에 설치하는 것이 효과적이다.

4-7-4 소음 · 진동에 대한 기준

소음 · 진동 · 분진에 대한 국내환경기준은 다음과 같다.

① 환경정책기본법 시행령 제2조 관련 환경기준으로 대기중 유해가스와 먼지에 대한 기준
② 동 조항에 지역구분 및 낮과 밤을 구분하여 표시한 소음에 대한 기준
③ 소음 ③진동규제법 57조 생활소음규제기준 등이 있다.

국내에서 발파진동에 대한 구체적인 규제조항은 국토교통부와 고용노동부에서 규정하고 있으나 주무부서인 환경부에는 일반적인 생활진동규정을 적용하고 있으며, 발파진동 허용기준은 표 4－30과 같다.

〈표 4-30〉 발파진동 허용기준(국토교통부 및 고용노동부)

구 분	문화재 등 진동 예민 건물	주택, 아파트	상 가	철근콘크리트 건물 및 공장
허용치[cm/s]	0.2	0.5	1.0	1.0~4.0

국내 공공기관의 발파진동 허용기준은 표 4－31과 같은 소음·진동규제 기준을 적용하고 있다. 환경부의 진동규제 기준안은 인체영향에 대한 공해측면에서 소음과 일반진동을 제시하고 있으나 발파진동에 적용하기에는 여러 가지 문제점이 있다.

〈표 4-31〉 국내 공공기관의 발파진동 허용기준

구 분	진동속도에 따른 규제기준	
	건 물 종 류	허용진동속도(kine)
서울시 지하철 시방기준	문화재, 정밀기기 설치건물	0.2
	주택, 아파트	0.5
	상가, 사무실, 공공건물	1.0
	철근콘크리트, 철골조 공장	4.0
고용노동부 (노동부고시 94-26호)	문화재, 컴퓨터 등 정밀기기	0.2
	결함 또는 균열이 있는 건물	0.5
	균열이 있고 결함없는 빌딩	1.0
	회벽이 없는 공업용 콘크리트 구조물	1.0~4.0
한국토지주택공사 시방기준	가축(소, 닭, 돼지 등)	0.09
	문화재, 진동 예민 시설물	0.2
	주택, 아파트	0.5
	상가건물	1.0
	철근콘크리트 건물	1.0~4.0
국토교통부 터널표준시방서 (2015)	진동에 예민한 구조물(문화재 등)	0.3
	조적식 벽체와 목재 천정 구조물(재래가옥 등)	1.0
	조적식 중소형 건축물(저층양옥, 연립주택 등)	2.0
	철근콘크리트 중소형 건축물(중, 저층아파트 등)	3.0
	철근콘크리트 대형 건축물(고층아파트)	5.0

연 습 문 제

4-1 발파의 누두공에 대하여 기술하시오.

4-2 발파의 기본식을 나열하시오.

4-3 발파구멍의 지름과 깊이에 대하여 기술하시오.

4-4 착암기에 있어서 운동방정식에 의한 분류를 서술하시오.

4-5 암석발파법에 대하여 기술하시오.

4-6 폭파약에 대하여 전반적으로 기술하시오.

4-7 암반의 파쇄대에 대하여 기술하시오.

4-8 착암기로 구멍뚫기 중 구멍 밑에 압력수를 분출시키는 이유에 대하여 기술하시오.

4-9 R.Q.D에 대하여 기술하시오.

4-10 수직갱에 있어서 물이 고였을 경우 발파공법에 대하여 기술하시오.

4-11 규암(quartzite)의 시공상 특징을 설명하시오.

4-12 구멍뚫기 발파에 대하여 설명하고, 발파의 순서에 대하여 기술하시오.

4-13 암석발파 시의 자유면에 대하여 기술하시오.

4-14 조절폭파공법의 종류에 대하여 기술하시오.

4-15 지발뇌관(MS와 DS)에 대하여 기술하시오.

4-16 암반굴착시 제어발파(smooth blasting)를 실시하는 이유에 대하여 기술하시오.

4-17 폭파에 의하지 않는 암석굴착공법(기계식 굴착공법)에 대하여 기술하시오.

4-18 스무스 블라스팅(smooth blasting)과 프리 스프리팅(presplitting)의 차이점을 기술하시오.

4-19 균열과 절리가 발달된 암석사면의 안정을 위한 대책공법을 설명하시오.

4-20 캄마이트(calmmite)에 대하여 기술하시오.

4-21 전기뇌관발파의 장점에 대하여 기술하시오.

4-22 Milli-Second(MS) 단발전기뇌관의 이점에 대하여 기술하시오.

4-23 표준암의 구멍뚫기 속도 45cm/min인 착암기를 사용하여 경질인 점판암을 벤치컷 하고자 한다. 이 때 1시간당의 구멍뚫기 개수를 계산하시오.
(단 벤치의 높이는 7m이고, 최소저항선은 3m, $C_1=0.95$, $C_2=0.85$이다.)

4-24 전자유면의 3.0m 길이에 8.5kg_f의 폭약량을 사용하여 내부장약량으로 시험발파를 해본 결과 누두반자름 $R=3.6$m이다. 아래 식을 이용하여 표준장약량을 구하시오.

$$f(n)=\frac{(1+7^2)^{\frac{3}{2}}}{2\sqrt{2}}$$

4-25 지불선(ply line)과 여굴관계를 설명하시오.

4-26 도폭선에 대해 설명하시오.

제5장 기초공

5-1 기초의 정의

구조물은 기초에 의하여 지지되고 기초의 시공상태는 구조물의 안정을 좌우한다. 불안전한 설계와 시공이 이루어질 경우 기초공(基礎工)은 구조물의 침하, 기울어짐, 때로는 전도(轉倒), 활동(滑動)을 일으키게 된다. 기초공은 대부분의 경우 지중에 설치되어 시공 중이나 시공 완료 후 대부분 기초의 형상이 보이지 않으므로 지반조사, 설계, 시공 등에 있어서는 충분한 주의가 필요하다.

5-1-1 기초의 중요성

기초공의 시공은 침하, 기울어짐, 전도 및 활동에 대한 안정조건을 구비하여야 하며, 교량의 교각이나 하천의 호안(護岸)고 같은 기초 구조물에서는 유수로 인한 기초전면의 세굴에 대해서도 면밀히 검토가 되어야 한다. 이와 같이 기초는 구조물 축조에서 대단히 중요한 부분을 차지하며, 다음과 같은 구조적인 조건을 구비하여야 한다.

(1) 최소의 근입(根入)깊이를 가질 것

기초는 가급적 지반표층의 연약한 면을 지나 견고한 지지층(支持層)까지 도달시켜서 다음과 같이 설치한다.

① 동결융해, 건습의 반복에 의한 계절적 체적변화를 받는 지반범위보다 깊은 위치에 기초를 설치한다.

② 교량, 교각의 기초는 하천의 준설이나 장래에 있을 굴착, 하상(河床)토의 이동 심도보다 깊게 설치한다.

③ 도심지의 건물이 밀집해 있는 지역에서는 인접구조물 기초에 영향을 미치지 않도록 고려해서 설치한다.

④ 지하수위가 높을 경우

(2) 안전하게 하중을 지지할 수 있을 것

구조물 기초 밑의 토층은 상부에서 작용하는 하중을 안전하게 지지할 수 있어야 하며, 토층이 전단에 의해서 파괴되지 않도록 극한지지력에 대해서 충분한 안전율을 가지고 있어야 한다.

(3) 침하가 허용치를 넘지 않을 것

구조물을 축조했을 때 기초를 지지하는 토층은 대부분 침하가 발생되는 것이 일반적이다. 이때 침하는 그 구조물이 요구하는 허용침하량 이하이어야 한다.

(4) 기초공의 시공이 가능할 것

설계된 기초구조물이 공사시기와 공사기간 및 공사현장 조건하에서 기술적으로나 경제적으로 시공이 가능해야 한다. 따라서 이러한 기초구조물을 축조할 때는 현장조사 및 시험이 이루어져야 한다.

(5) 내구적이고 경제적일 것

기초공은 대부분 지하에 설치되고, 중요한 구조물이므로 공사비가 많으며, 보수나 개축이 어렵다. 따라서 기초는 내구성이 커야하며 가급적 경제적으로 시공되어야 한다.

5-1-2 기초공의 선정

축조하고자 하는 구조물에 대하여 가장 알맞은 기초공의 형식을 선정하여야 한다. 기초공을 선정할 때, 구조물의 안정성과 경제성, 기초공의 시공과도 관련하여 다음 사항을 고려해서 그 형식을 선정하여야 한다.

(1) 구조물의 기능

구조물의 기능은 강성(剛性)이라든가 연성(軟性)이라든가 하는 구조상의 성질, 사용목적 및 사용조건에 대한 성질을 가리키며, 특히 기초형식을 선정할 때는 주로 상부구조물과의 상대적인 연성에 대해서 충분히 고려하여야 한다.

(2) 구조물의 하중

기초지반에 요구되는 지지력 및 예상침하량은 상부구조물에 작용하는 각종 하중의 종류와 크기에 의해서 결정되며, 이 중에서 기초설계 시에 고려해야 할 하중은 다음과 같다.

① 구조물의 사하중과 활하중 및 진동하중 등을 고려하여야 한다.
② 터파기 전에 기초밑면보다 위에 있었던 유효하중을 검토하여야 한다.
③ 풍하중과 토압과 같은 수평방향의 활하중을 검토한다.

(3) 지반상태

기초가 설치되는 지반과 그 하부지반의 토질상태, 즉 지반의 평탄성과 관입 가능성, 지층구조, 토질종류, 지지력, 지하수위 및 투수성 등을 조사하여 지반의 지지력과 침하량을 고려한 기초공의 형식을 선정한다.

(4) 시공조건

시공위치(육상, 수상), 시공심도, 기초공의 단면적, 작업공간, 소음 및 진동에 대한 제한의 유무 등을 고려해야 한다.

(5) 상부구조물과 기초공의 공사비 비교

구조물의 기초공사비는 가급적 최소여야 하며, 상부구조물의 공사비와 잘 조화 되는 형식을 선정해야 한다.

(6) 공사시기 및 공사기간

기초공의 공사기간은 일반적으로 짧을수록 경제적이지만, 지반의 토질조건, 기상조건 및 주위 환경조건 등에 따라서 크게 좌우되므로 가능한 한 주어진 공사기간 내에서 시공가능한 형식을 선정하는 것이 좋다.

5-1-3 기초공의 분류

구조물을 축조하는 장소에 따라 분류하면 육상 기초공, 물막이 기초공 및 수중 기초공으로 크게 나눌 수 있다.

육상 기초공은 기초를 축조하는 장소가 육상이며, 소요 굴착심도가 지하수위보다 높은 장소에서 기초공을 시공하는 것이다. 물막이 기초공은 기초를 축조하고자 하는 장소가 육상이지만 지하수위 이하에 기초를 축조하는 경우이거나 또는 수중이라도 물막이공을 한 다음 물을 배제하여 육상과 같은 조건으로 기초공을 시공하는 것이다. 그리고 수중 기초공은 물막이 기초공법에 의하지 않고 직접 수중에서 기초를 축조하는 것으로서 지반이 불량한 곳이나 수심이 깊은 곳은 이 방법이 주로 선택된다.

기초공의 선정은 각 기초공의 특색을 충분히 살리도록 노력해야 하며, 그 선정과정에서는 표 5−1과 같은 내용 검토가 유용하다.

〈표 5 - 1〉 기초공 선정을 위한 검토사항

항 목	검 토 내 용
하중조건	연직하중의 크기, 수평하중의 크기, 허용변위량
시공심도	각 기초공법의 일반 시공심도와의 비교
기초공의 단면	각 기초공법의 일반적인 적용단면(말뚝의 경우는 지름)과의 비교
지지지반의 상태	평탄성, 경사, 요철, 관입의 가능성
지질, 토질의 상태 등	중간층의 상황(연약, 보통, 대단히 단단한 자갈층, 가는 모래층 등), 토질 상황(막돌의 크기, 조약돌의 크기 등), 매목 등
지하수의 상태	지하수위(높고 낮음), 투수성(크고 작음), 피압 지하수위의 상황, 지하수의 흐름
시공조건	시공위치(육상, 수상), 소음 · 진동 제한의 유 · 무, 근접구조물의 유 · 무, 작업공간(평면적, 입체적), 유독가스, 산소결핍의 유 · 무
작업조건	공사기간, 기술자의 경험, 작업량의 정도

이 기초공에서는 얕은기초는 독립기초, 깊은기초는 말뚝기초에 대해 각각에 대한 기초의 종류, 시공방법, 지지력 등에 대해 설명하기로 한다.

5-2 얕은기초(직접기초)

5-2-1 얕은기초의 종류

얕은기초(shallow foundation)는 형식이나 기능에 따라서 독립기초(footing foundation)와 전면기초(mat foundation)로 대별하며 표 5-2와 같다.

〈표 5-2〉 얕은기초의 분류

- 얕은기초(직접기초)
  - 후팅기초
    - 독립(후팅)기초(individual footing)
    - 복합후팅(combined footing)
    - 캔틸레버식 후팅(cantilever or strip footing)
    - 연속후팅(continuous footing)
  - 전면기초

후팅기초는 상부구조의 하중을 전달하는 기둥이나 벽 등을 기초판으로 지지하는 형식이며, 전면기초는 상부구조의 전하중을 단일기초판으로 지지하는 형식인 것을 말한다. 또한 후팅기초는 단일기둥을 지지하는 독립기초(individual footing), 두 개 또는 그 이상의 기둥을 지지할 수 있는 복합후팅(combined footing), 일련의 기둥의 수가 많은 경우이거나 벽 등의 하중을 기초판에 대상(帶狀)으로 분포한다고 생각하는 연속후팅(continuous footing)으로 나눈다(그림 5-1 참조). 복합후팅의 일종으로 많이 사용하는 것은 캔틸레버(cantilever)식 후팅이 있다. 이것은 두 개 이상의 독립후팅을 보(beam)로 연결한 것과 같은 형식이다.

전면기초는 상부구조물의 하중을 전구역으로 넓혀진 복합후팅기초라고 할 수 있다.

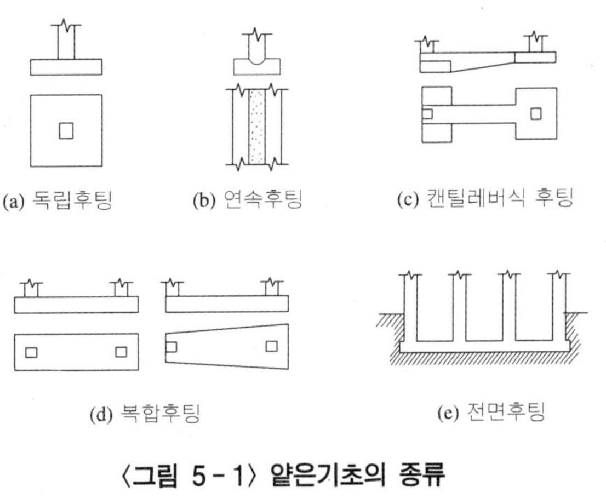

(a) 독립후팅 (b) 연속후팅 (c) 캔틸레버식 후팅

(d) 복합후팅 (e) 전면후팅

〈그림 5-1〉 얕은기초의 종류

5-2-2 얕은기초의 시공

얕은기초는 터파기 깊이가 비교적 얕기 때문에 시공이 쉬운 반면 지반상태의 변화 등에도 관계가 없어 시공이 조잡해지기 쉽다. 시공에 있어서 특히 주의할 점은 다음과 같다.

1) 기초바닥은 지지지반에 밀착시켜 충분한 활동저항을 기대할 수 있게 시공해야 한다. 흙지반의 경우에는 조약돌을 깔고 버림콘크리트를 타설하는 방법이 취해진다. 이것은 모래의 표면이 느슨하게 떠 있는 상태가 되는 것을 피하고, 응력의 분포상태를 좋게하기 위한 것이다. 또 후팅의 저면에 돌기(突起, key)(그림 5-2(e))를 설치하여 활동(滑動)에 저항하게 하는 구조인 경우와 같이 돌기를 조약돌 층에 관통시켜 원지반에 충분하게 관입시켜야 한다. 단

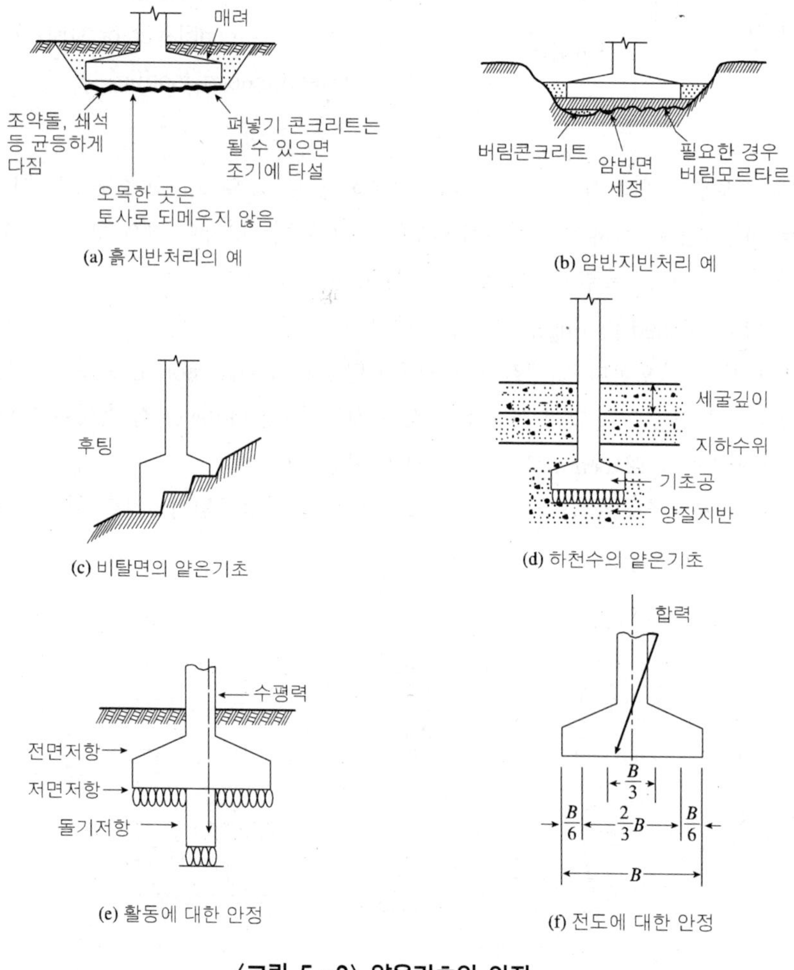

〈그림 5-2〉 얕은기초의 안정

용수나 굴착이 조잡해져 원지반을 이완시키지 않게 주의하여야 한다. 다져진 사력, 암반 등은 조약돌로 처리할 필요는 없으나 버림콘크리트로 표면을 고르게 할 필요가 있다.

2) 기초의 굴착은 건식작업(dry work)의 상태로 시공할 때가 많고 배수를 위한 도랑은 지하수위 강하의 영향을 고려하여 항상 충분한 깊이를 유지할 수 있도록 파 내려가고, 집수(集水)도랑은 바닥면보다 낮게 설치해서는 안 된다.

3) 되메우기를 한 지반은 잘 다져야 하며 압축을 받는 지반의 두께의 차, 깎기, 쌓기에 의한 압축침하의 차가 부등침하를 일으키는 원인이 되므로 특히 세심한 주의가 필요하다.
모래지반의 경우 모래층의 다짐방법이나 층두께가 평면적으로 불균일할 때가 많아 부등침하의 우려가 있으므로 주의를 요한다.

4) 실트(silt)나 롬(loam)층으로 된 지반의 경우는 하중에 의한 지반변형이 크고 굴착할 때 기초바닥이 이완되면 대단히 연약해지므로 기초지반 굴착시는 물처리에 특히 주의해야 한다.

5) 후팅의 굴착부분에서 수평저항을 기대하려 할 때는 되메우기 토사를 충분히 다져서 기초바닥면보다 느슨한 상태가 되지 않게 다져야 한다.

5-3 지반의 지지력

기초의 주위 및 저면(底面)하에 있어서 구조물의 하중을 지지하는 부분을 지지지반(支持地盤) 또는 지지층(支持層)이라고 한다. 지지지반의 지지력(支持力, bearing capacity)은 사전조사에 의하여 예측되어야 한다.

지반의 지지력은 허용지지력으로 그 안정을 판단하며 지반의 최대지지력, 즉 극한지지력(極限支持力, ultimate bearing capacity, q_u)을 일정한 안전계수(安全係數 : 보통 2~3)로 나눈 값이다. 허용지지력(q_a)은 파괴강도와 지반의 허용침하량에 대하여 결정된다.

전자는 지반이 파괴를 일으키지 않기 위한 허용지지력을 표시하고, 후자는 침하가 허용치 이내에서 멈추는 허용지지력(許容支持力) 값을 말한다. 최근에는 구조물에 따라 허용침하량을 설정하지 않으면 안되는 경우가 많으므로 허용지지력에 요구되는 값은 감소하고 있다. 허용하중 Q_a는 허용지지력 q_a에 기초바닥의 면적(A)을 곱한 값이다.

5-3-1 기초지반의 파괴형태

지반에 구조물이 설치되어 하중이 작용하게 되면 지반은 이 하중에 의해서 생기는 파괴나 침하에 저항할 수 있어야 한다. 이때 기초에 대한 지반의 전단파괴형태는 작용압력과 침하량의 관계로 부터 그림 5−3과 같이 전반전단파괴(general shear failure), 국부전단파괴(local shear failure) 및 관입전단파괴(punching shear failure) 등으로 나눌 수 있다.

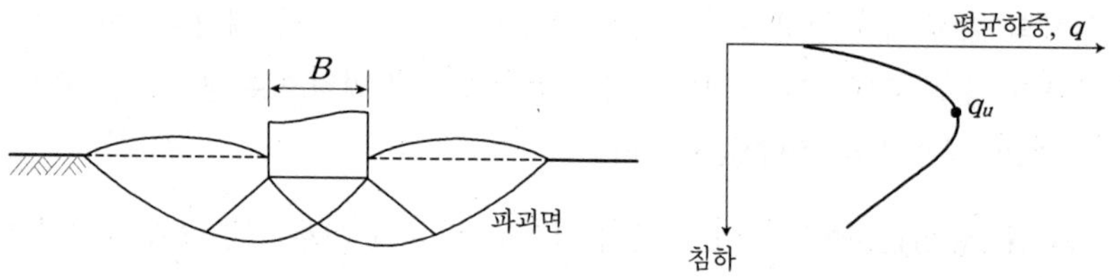

(a) 전반전단파괴

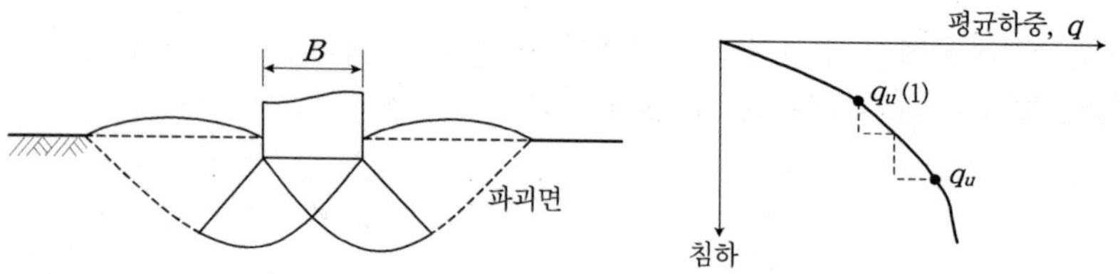

(b) 국부전단파괴

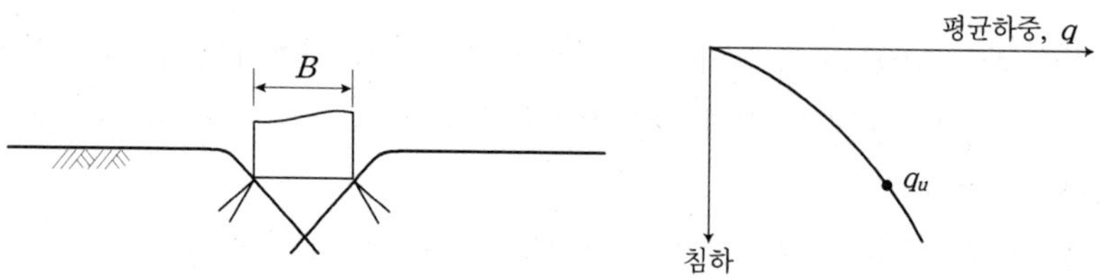

(c) 관입전단파괴

〈그림 5 - 3〉 기초지반의 전단파괴

전반전단파괴는 조밀한 모래나 단단한 점성토와 같이 압축성이 작은 흙에서 발생하며 그림 5−3(a)와 같이 작용하중이 점차 커지면 기초의 침하도 증가하고, 하중이 어느 단계에 도달하면 기초를 지지하는 흙에서 갑작스러운 파괴가 일어나게 되고, 흙의 파괴면은 지표면에까지 확장되며 기초 양쪽의 지반에 융기가 일어난다. 이때의 압력을 기초의 극한지지력(q_u)라고 한다.

국부전단파괴는 중간정도 다짐상태의 모래나 점성토에서 발생하며 그림 5−3(b)와 같이 기초에 작용하는 하중이 어느 정도 커지면 침하가 크게 증가하지만 뚜렷한 정점은 나타나지 않는다.

이 경우에는 기초의 침하량이 상당히 크게 일어나야 흙의 파괴면이 지표면까지 확장된다.

관입전단파괴는 매우 느슨한 흙에서 발생하며 그림 5−3(c)와 같이 기초의 압력−침하량곡선은 경사가 급하게 되어 직선에 가깝게 된다. 이 경우 흙의 파괴면은 지표면까지 확산되지는 않는다.

모래지반에 설치한 기초의 근입깊이와 전단파괴 종류에 대한 관계를 Vesic(1973)은 그림 5−4와 같이 설명하고 있다.

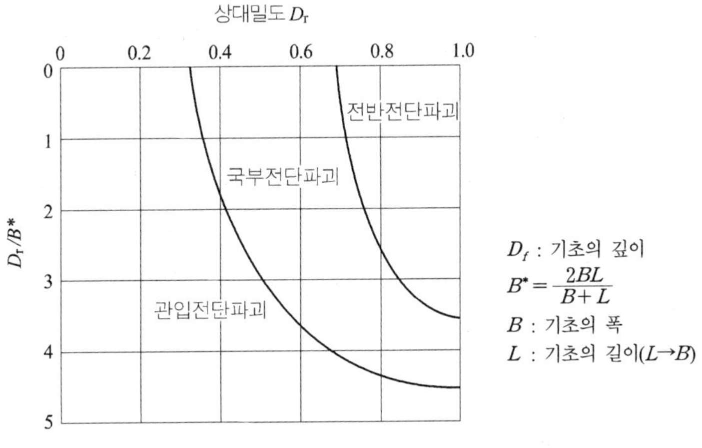

〈그림 5-4〉 모래지반기초의 전단파괴

5-3-2 얕은기초의 지지력

얕은기초의 지지력공식은 일반적으로 Terzaghi의 공식이 많이 사용되지만 기초에 작용하는 하중의 작용방향, 기초의 형식, 설치된 기초깊이 등과 같이 조건이 다양하게 작용되는 경우는 Meyerhof공식이나 Brinch-Hansen공식이 사용되기도 한다.

(1) Terzaghi의 지지력공식

Terzaghi(1943)은 지반의 전반전단파괴시 파괴면을 그림 5−5와 같이 가정하였다. 기초아래 지반의 파괴영역은 ① 주동상태영역(흙쐐기경계) ② 소성영역(대수나선형경계) ③ 수동영역으로 구분하였다. 즉 기초에 작용하는 하중은 기초바닥을 통해 ab, be 영역의 수동토압과 접착면 성분에 의해 저항하게 된다.

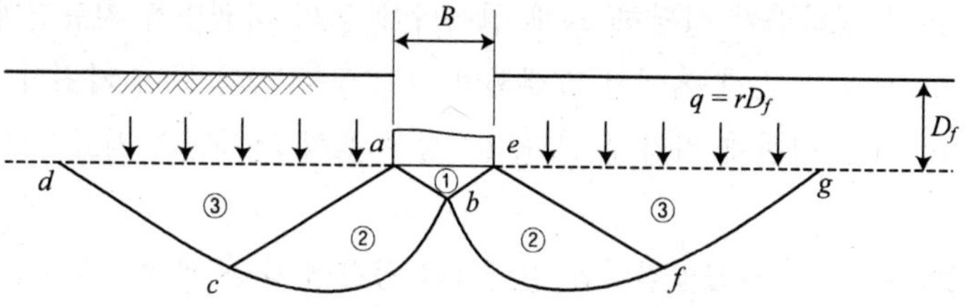

〈그림 5-5〉 Terzaghi의 극한지지력 상태

이때 극한지지력공식을 기초형식에 따라 구하면 다음과 같다.

① 연속기초 : $q_u = cN_c + \frac{1}{2}\gamma BN_\gamma + qN_q$ (5-1)

② 직사각형 기초 : $q_u = (1+0.3B/L)cN_c + (0.5-0.1B/L)\gamma BN_\gamma + qN_q$ (5-2)

③ 정사각형 기초 : $q_u = 1.3cN_c + 0.4\gamma BN_\gamma + qN_q$ (5-3)

④ 원형기초 : $q_u = 1.3cN_c + 0.3\gamma BN_\gamma + qN_q$ (5-4)

여기서, c : 흙의 점착력

γ : 흙의 단위중량

q : 상재하중($= rD_f$)

D_f : 기초의 깊이

B : 기초의 폭(원형 기초에서 B는 기초의 지름)

N_c, N_γ, N_q : 흙의 내부마찰각 ϕ의 함수인 지지력계수

이때 지지력계수 N_c, N_γ, N_q는 다음과 같으며 표 5-3 및 그림 5-6에서도 구할 수 있다.

$$N_q = \frac{e^{2(3\pi/4-\phi/2)\tan\phi}}{2\cos^2(45+\frac{\phi}{2})} \quad (5\text{-}5)$$

$$N_c = (N_q - 1)\cot\phi \quad (5\text{-}6)$$

$$N_\gamma = \frac{1}{2}\left(\frac{K_{pr}}{\cos^2\phi} - 1\right)\tan\phi \quad (5\text{-}7)$$

여기서, K_{pr} : 수동토압계수(passive pressure coefficient)

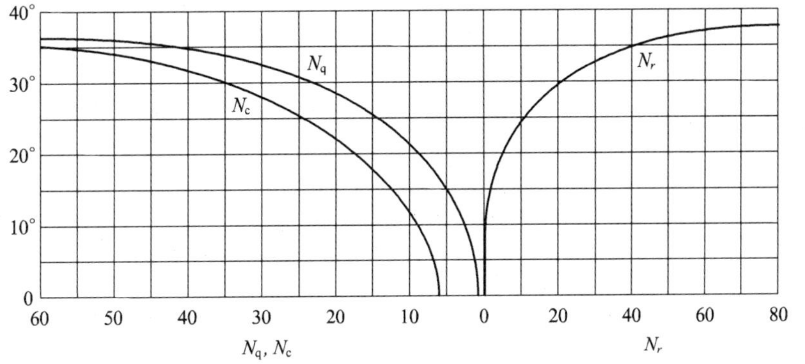

〈그림 5-6〉 Terzaghi의 지지력계수

한편 국부전단파괴가 일어나는 지반에서의 극한지지력은 점착력 c와 $\tan\phi$를 2/3만 취하여 구하게 된다. 즉 수정점착력 c'와 수정마찰각 ϕ'를 사용하여 지지력을 구한다.

$$c' = \frac{2}{3}c \tag{5-8}$$

$$\tan\phi' = \frac{2}{3}\tan\phi \tag{5-9}$$

(2) Meyerhof의 지지력공식

Meyerhof(1963)는 Terzaghi의 극한지지력공식과 유사하면서 기초의 형상, 기초의 설치, 깊이 및 작용하중, 경사를 고려하여 다음 그림 5-7과 같은 조건에 대해 극한지지력공식을 제안하였다.

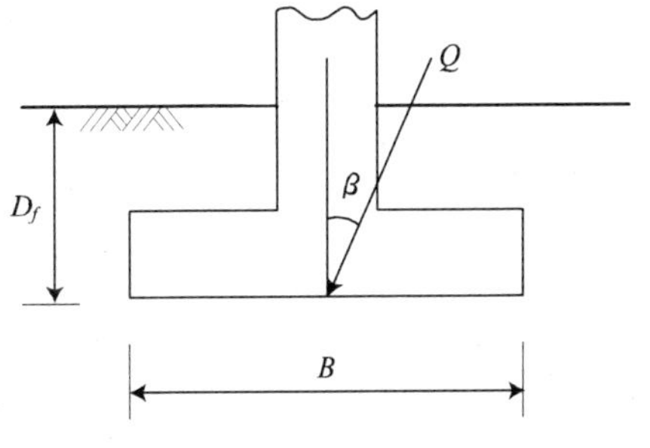

〈그림 5-7〉 Meyerhof의 지지력공식

$$q_u = cN_c F_{cs} F_{cd} F_{ci} + \frac{1}{2}\gamma B N_\gamma F_{\gamma s} F_{\gamma d} F_{\gamma i} + qN_q F_{qs} F_{qd} F_{qi} \tag{5-10}$$

여기서, N_c, N_γ, N_q : 지지력계수(bearing capacity factor)

F_{cs}, $F_{\gamma s}$, F_{qs} : 형상계수(shape factor)

F_{cd}, $F_{\gamma d}$, F_{qd} : 깊이계수(depth factor)

F_{ci}, $F_{\gamma i}$, F_{qi} : 하중경사계수(load inclination factor)

여기서 사용한 지지력계수는 Terzaghi공식에서 사용한 지지력계수와는 다른 값으로, 표 5-3과 같다.

〈표 5-3〉 Meyerhof의 지지력계수

$\phi°$	N_c	N_γ	N_q
0	5.14	0.00	1.00
2	5.63	0.01	1.20
4	6.19	0.04	1.43
6	6.81	0.11	1.72
8	7.53	0.22	2.06
10	8.34	0.37	2.47
12	9.28	0.60	2.97
14	10.37	0.92	3.59
16	11.63	1.37	4.34
18	13.10	2.00	5.26
20	14.83	2.87	6.40
22	16.88	4.07	7.82
24	19.32	5.72	9.60
26	22.25	8.00	11.85
28	25.80	11.19	14.72
30	30.14	15.67	18.40
32	35.49	22.02	23.18
34	42.16	31.15	29.44
36	50.59	44.43	37.75
38	61.35	64.08	48.93
40	75.32	93.69	64.20
42	93.71	139.32	85.38
44	118.37	211.41	115.31
46	152.10	329.74	158.51
48	199.27	526.47	222.31
50	266.89	873.89	319.07

여기서, 지지력계수는

$$N_q = \tan^2\left(45 + \frac{\phi}{2}\right) e^{\pi \tan\phi} \quad (5-11)$$

$$N_c = (N_q - 1)\cot\phi \quad (5-12)$$

$$N_\gamma = (N_q - 1)\tan(1.4\phi) \quad (5-13)$$

이며 형상계수, 깊이계수, 하중경사계수는 각각 다음 식과 같다(Cernica, 1995).

1) 형상계수(shape factor)

$$F_{cs} = 1 + 0.2K_p \frac{B}{L} \quad (5-14)$$

$$F_{\gamma s} = F_{qs} = 1 + 0.1K_p \frac{B}{L} \quad (5-15)$$

$\phi = 0$이면 $F_{qs} = F_{\gamma s} = 1$

여기서, $L =$ 기초의 길이($L < B$)이고, $K_p = \tan^2\left(45 + \frac{\phi}{2}\right)$이다.

2) 깊이계수(depth factor)

지지력은 기초의 깊이에 따라 달라지며, 이를 고려하기 위하여 다음과 같은 깊이계수는 다음과 같다.

$$F_{cd} = 1 + 0.2\sqrt{K_p}\frac{D_f}{B} \quad (5-16)$$

$$F_{\gamma d} = F_{qd} = 1 + 0.1\sqrt{K_p}\frac{D_f}{B} \quad (5-17)$$

이때 $\phi = 0$이면 $F_{\gamma d} = F_{qd} = 1$

3) 경사계수(inclination factor)

기초에 작용하는 하중이 수직이 아닐 경우에는 수직하중일 때에 비하여 기초의 지지력이 감소하며, 이를 고려하기 위한 경사계수는 다음과 같다.

$$F_{ci} = F_{qi} = \left(1 - \frac{\beta}{90}\right)^2 \quad (5-18)$$

$$F_{\gamma i} = \left(1 - \frac{\beta}{\phi}\right)^2 \qquad (5-19)$$

이때 $\phi=0$이면 $F_n = 1$이며, β는 기초에 작용한 하중의 연직방향에 대한 경사(그림 5-7 참고)이다.

5-3-3 허용지지력

기초의 설계법, 극한지지력, 침하 등은 앞장에서 설명제시 하였다. 기초 설계시 고려해야 할 허용지지력(q_a, allowable bearing capacity), 안전계수 등에 대하여 기술하면 다음과 같다.

기초의 설계에서 극한지지력을 구하면 그 구조물의 종류, 중요도, 기능, 토질 등을 고려하여 안전계수를 정하고 기초에 가해지는 힘과 허용지지력을 비교 검토한다.

(1) 안전계수

일반적으로 안전계수 F_s의 값으로는 평상시 $F_s=3$, 지진시 $F_s=2$가 채용된다. 이들 값이 다른 구조물에 적용되는 안전계수의 값보다 훨씬 큰 값이 되는 것은 다음과 같은 이유들 때문이다.

① 토질정수(c, ϕ, γ)의 값을 정확하게 얻을 수 없다.

② c, ϕ, γ의 값은 지반 내에서 균일하지 않다.

③ 지지력 계산식에는 다수의 가정이 포함되어 있다.

(2) 허용지지력

일반적으로 기초의 재하중 P, 지반의 극한지지력 q_u, 안전계수 F_s의 관계는 식 (5-20)과 같다.

$$q_u \geq F_s \times P \qquad (5-20)$$

이 때 $q_u/F_s = q_a$라고 놓으면 위의 관계는 식 (5-21)과 같으며,

$$P \leq q_a \qquad (5-21)$$

이 때 q_a를 허용지지력이라고 하며, 필요에 따라 원위치에서 재하시험을 통하여 확인한다.

(3) 허용지내력

허용지지력의 침하에 대한 어느 정도의 허용치를 정하여 침하량이 한도를 넘지 않는 것을 전제로 하여 고려한 것을 허용지내력(許容地耐力, permissible soil pressure)이라 부르며, 이들의 관계는 다음과 같다.

지반 { 강도-지지력 - [허용지지력] / 변형-침하량 - [허용침하량] } 허용지내력

〈표 5-4〉 지반의 허용지내력 표

지반의 종류		허용지내력[KPa]
암 반		1,000 이상
사 암 반		500
경 점 토 반		250
역 층	치 밀 한 것	600
	느 슨 한 것	300
사 층	치 밀 한 것 중 정 도 느 슨 한 것 아 주 느 슨 한 것	300 150 50 0
점 토 질 지 반	경 한 것 보 통 연 한 것	100~200 50 0~20

지반의 종류로 부터 판단하여 설계시의 허용지내력을 간편하게 결정할 수 있는 허용지내력은 표 5-4와 같다. 이것은 옹벽, 기타 간단한 구조물에 사용되어 설계상의 척도는 되지만 본질적인 것은 아니므로 사용에는 주의해야 하며, 토질조사, 토질시험을 하여 지지력, 침하량의 양면에서 검토하는 것이 중요하다.

예제 5-1 한변길이 1.5m의 정방형 후팅기초가 있다. 근입깊이 2.0m, 지반은 사질토로서 그 내부마찰각은 30, 점착력은 5KPa이다. 허용지지력을 구하시오.

[풀이] 위의 조건에 의하여 전반전단파괴 조건이다. 흙의 단위체적중량($\gamma_1=\gamma_2$)은 15kN/m^3, c=5kN/m^2, B=1.5m, D_f=2.0으로 그림 5-6에서 N_c=37, N_q=22, N_r=19를 얻는다. 식 (5-3)을 사용하여 계산하면,

$$\begin{aligned} q_u &= 1.3cN_c + q \cdot N_q + 0.4\gamma_2 BN_r \\ &= 1.3cN_c + \gamma_1 D_f N_q + 0.4\gamma_2 BN_r \\ &= 1.3\times5\times37 + 15\times2.0\times22 + 0.4\times15\times1.5\times19 = 1,071.5[\text{KPa}] \end{aligned}$$

안전율을 3이라고 생각하면 허용지지력은 357KPa이다.

예제 5-2 예제 5-1에 있어서 지반이 점토질, 내부마찰각이 15, 점착력이 12KPa인 경우의 지지력을 구하시오.

[풀이] 이 때는 전반전단파괴인가, 국부전단파괴인가의 판단이 어려우므로 양방에 대하여 계산을 하고 그 평균치를 취하면,

c=12KPa, $\gamma_1=\gamma_2=15$kN/m^3, B=1.5m, D_f=2.0m로 하고,

전반전단파괴로 하여 그림 5-3에서 N_c=13, N_q=4, N_r=1.5

$$\begin{aligned} q_u &= 1.3cN_c + q \cdot N_q + 0.4\gamma_2 BN_r \\ &= 1.3cN_c + \gamma_1 D_f N_q + 0.4\gamma_2 BN_r \\ &= 1.3\times12\times13 + 15\times2.0\times4 + 0.4\times15\times1.5\times1.5 \\ &= 202.8 + 120 + 13.5 = 336.3[\text{KPa}] \end{aligned}$$

국부전단파괴로 하여 $C' = \frac{2}{3}C$, $C' = \frac{2}{3}\times12 = 8[\text{KPa}]$

$\phi' = \tan^{-1}(\frac{2}{3}tan\phi) = 10°$, $N_c = 10$, $N_q = 3$, $N_r = 0.5$

$$\begin{aligned} q_u &= 1.3\times8\times10 + 15\times2.0\times3 + 0.4\times15\times1.5\times0.5 \\ &= 104 + 90 + 4.5 = 198.5[\text{KPa}] \end{aligned}$$

q_u의 평균치는 $\frac{1}{2}(336.3 + 198.5) = 267.4[\text{KPa}]$

안전율을 3으로 하면 허용지지력은 89[KPa]

5-3-4 평판재하시험

기초지반의 지지력이 문제가 되는 것은 보통 연약한 지반에 대한 경우가 많다. 이와 같은 지반의 지지력을 단지 공식으로 계산하여 판단한다는 것은 현장조건을 고려하지 못하는 단점을 가지고 있어 그대로 적용하는데 문제가 있다. 그러므로 직접지반에 하중을 가하는 재하시험을 하여 그 결과로부터 지반의 지지력을 결정하는 방법이 취해진다.

평판재하시험(載荷試驗)의 요령은 그림 5－8과 같이 적당한 크기의 재하판(載荷板, 30cm×30 cm의 넓이)에 중량물을 가중하거나 오일(oil)잭을 사용하여 측정한다. 하중재하방법은 예상되는 극한하중의 1/5씩 하중강도를 단계적으로 증가시키면서 재하하고, 24시간 후에 침하량의 증가가 없는 것이 확인되면 다음의 하중을 재하한다.

침하량(沈下量)은 재하후 6시간까지는 1시간마다, 그 다음은 12시간마다 하중을 재하하면서 측정하며, 평판재하시험으로 부터 그림 5－9와 같은 하중－침하곡선을 얻을 수 있다.

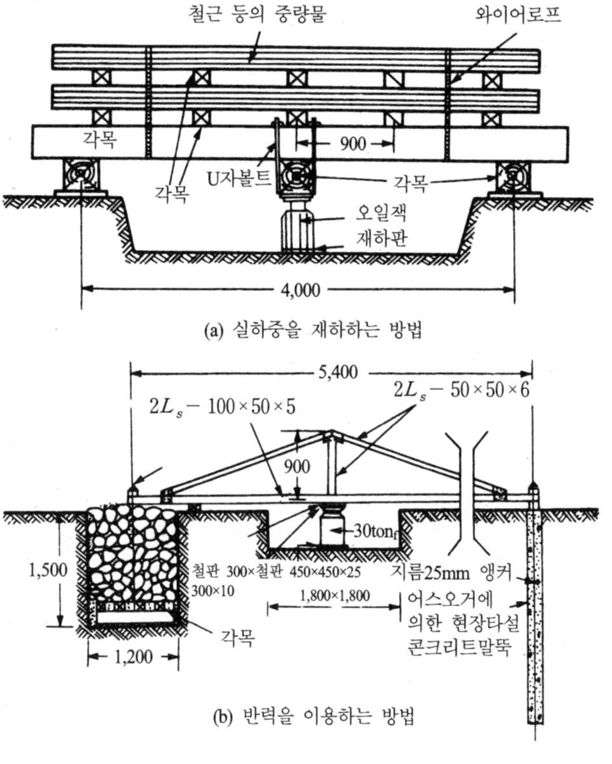

〈그림 5-8〉 평판재하시험 장치

재하시험결과로부터 항복하중 및 극한지지력을 판정하는 방법은 다음과 같다.

① $S-\log P$ 곡선법

② $\log P-\log S$ 곡선법

③ $S-\log T$ 곡선법

④ $P\dfrac{ds}{d(\log T)}$ 곡선법

여기서, S : 침하량, P : 하중법, T : 시간

상기 방법들은 그림 5-9의 하중-침하곡선 그래프에서 작성된 곡선값을 판독하면 비교적 쉽게 판단할 수가 있다. 재하시험 결과 하중 P [ton_f], 침하량 S [mm], 시간 T [hr], 탄성변형 σ [mm]의 상관곡선이다.

Ⓐ 곡선은 전침하 Ⓑ 곡선은 소성침하의 곡선이다. 이것을 별도로 $S-\log P$ 곡선(편대수지에 작도 : 그림 5-10 참조)과 $\log P-\log S$곡선(전대수지에 작도 : 그림 5-11 참조)으로 하면 더욱 명백하게 판단할 수 있다. 어느 것이든 80ton_f 부근에서 급격한 변화가 보인다. 따라서 80ton_f을 항복하중(降伏荷重)이라고 생각하고 그 값의 1/2의 40ton_f을 장기 허용지지력(許容支持力)이라 결정할 수가 있다(극한지지력). Ⓑ 곡선이 얻어지는 지반에서는 하중이 적은 범위에서 보이는 것이고, 직선부에서 곡선으로 변하는 변위점 40ton_f이 극한지지력(極限支持力)이 된다. 또 Ⓐ 곡선의 극한지지력은 침하량이 재하판의 지름 또는 모장(母長)의 20%에 달하는 점의 하중을 극한지지력이라고 한다.

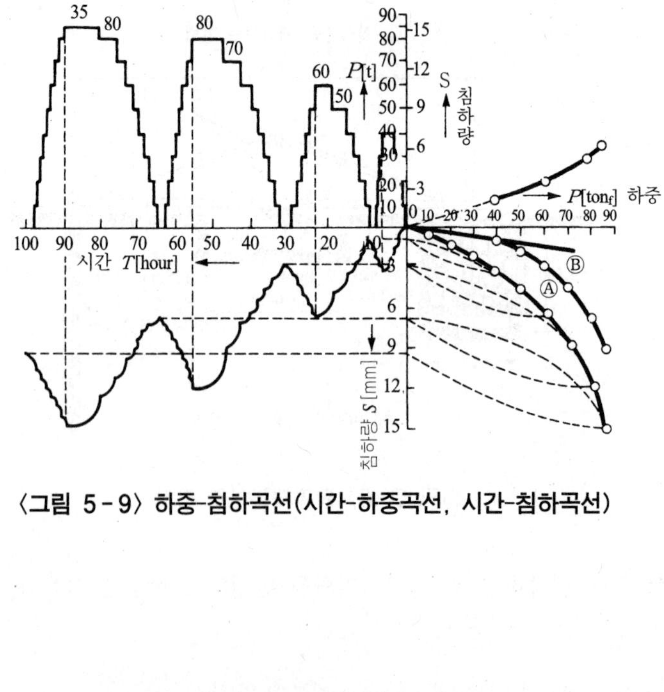

〈그림 5-9〉 하중-침하곡선(시간-하중곡선, 시간-침하곡선)

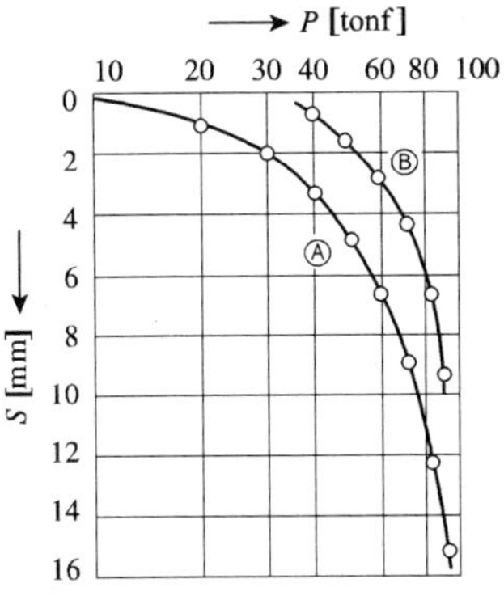

〈그림 5-10〉 편대수의 하중-침하곡선의 도시에 의한 방법

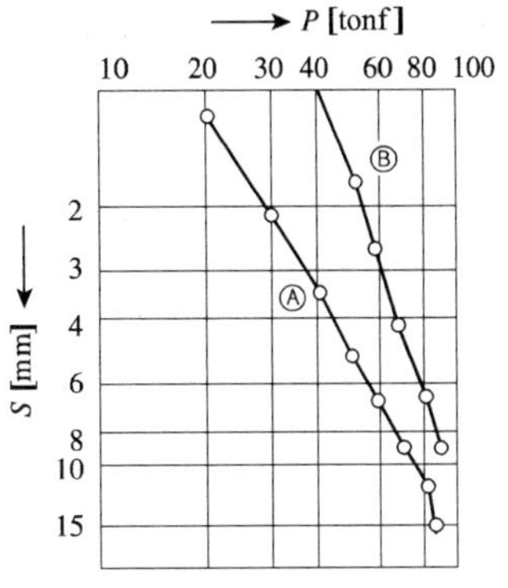

〈그림 5-11〉 양대수의 하중-침하곡선의 도시에 의한 방법

5-4 말뚝기초

(1) 개요

말뚝기초는 기초공 밑의 지반이 상부구조물을 충분히 지지할 수 없으므로 얕은기초로 시공하기 곤란한 경우에 사용되는 기초공법이다. 이 공법은 피어나 케이슨기초에 비하여 공사비가 적게 들고, 시공도 쉬우며 공사기간을 단축하는 이점이 있으나, 기초지반의 토질상태가 복잡하고 균일하지 못하므로 말뚝기초의 설계 및 시공상에 불명확한 점이 많기 때문에 현장 토질조건을 고려하여 안정하고 경제적인 시공이 되도록 하여야 한다. 즉 말뚝기초를 설계할 때는 충분한 현장조사를 실시해서 흙과 말뚝사이의 역학적 관계를 구하고 하중의 전달 및 분포상태 등을 검토해서 말뚝의 종류와 시공방법을 결정해야 한다.

5-4-1 말뚝기초의 분류

말뚝의 지지기구, 재료 그리고 시공법 등에 따라 명칭은 다음과 같다.

(1) 지지력 전달기구와 사용법에 의한 분류

말뚝의 지지력 전달상태에 따라 크게 지지말뚝(bearing pile)과 마찰말뚝(friction pile)으로 구

〈표 5-5〉 기초공의 분류 예

- 깊은 기초
  - 말뚝기초
    - 기성말뚝 (나무말뚝, RC말뚝, PSC말뚝, 강말뚝)
      - 타입공법
        - 드롭해머공법
        - 디젤해머공법
        - 스팀해머공법
      - 진동공법
        - 바이브로해머공법
      - 압입공법
      - 매입공법
        - 프리보링공법
        - 제트공법
        - 중굴공법
        - 현장말뚝굴착공법
    - 현장타설말뚝 (콘크리트말뚝, 철근콘크리트말뚝, 철근모르타르말뚝)
      - 기계공법
        - 올케이싱공법
          - 베노토공법
          - TAP공법
          - 호크스트라셀공법
        - 소굴공법
          - 어스 드릴공법
          - 리버스 서큘레이션드릴공법
          - 드릴공법
      - 인력굴착공법
        - 심초공법
      - 관입공법
        - 레이몬드공법
        - 페데스탈공법
        - 심플렉스공법
        - 프랭키공법
      - 특수공법
        - 치환공법
          - MIP(mixed in place pile)
          - PIP(past in place pile)
          - CIP(cast in place pile)
        - ICOS말뚝
        - 솔렌턴슈말뚝
      - 흙막이공법
        - 자립식 흙막이공법
        - 버팀대식 흙막이공법
        - 아일랜드
        - 강널말뚝공법
        - 어스앵커공법
        - DWM공법
        - 소일네일링공법
  - 케이슨기초
    - 오픈케이슨(우물통 기초)
    - 뉴매틱케이슨(공기케이슨 기초)
    - 박스케이슨

별되지만 지지력 전달기구는 지반상태에 따라 다양하게 나타나므로 이들에 따라 각각의 말뚝에 대한 명칭 및 정의를 다음과 같이 구분하였다.

1) 선단지지말뚝(end bearing pile)

말뚝의 선단부는 하부의 견고한 지지층에 지지시킨다(그림 5−12(a)).

2) 하부지반에 의한 지지말뚝

하부에 있는 굳은 지반에 어느 정도 관입시켜 관입된 부분의 마찰력과 선단지지력에 의하여 지지시킨다(그림 5−12(b).

3) 마찰말뚝(friction pile)

지반 중에 설치한 말뚝의 전 길이(全長) 또는 그 대부분의 주변마찰력에 의하여 지지시킨다(그림 5−12(c)).

4) 다짐말뚝(compaction pile)

말뚝을 설치할 때 지반의 다짐효과에 의해 주변마찰력을 향상시킨다(그림 5−12(d)).

5) 억지말뚝(stabilizing pile)

흙의 활동을 방지할 목적으로 설치되는 활동방지(滑動防止)말뚝이다(그림 5−12(e)).

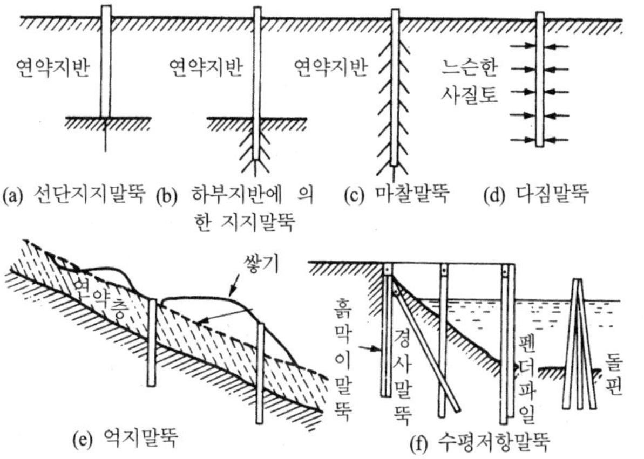

〈그림 5-12〉 단일말뚝의 지지력 기구

6) 경사말뚝(batter pile)

경사말뚝, 팬더(흙받이, 완충장치, fender), 돌핀(dolphin) 등에서 횡방향의 하중에 저항하는 지지재로서 사용된다(그림 5-12(f)).

(2) 말뚝재료와 제작형상에 의한 분류

나무말뚝, 기성말뚝, RC말뚝, 원심력 철근콘크리트말뚝, 프리스트레스콘크리트말뚝(prestressed concrete pile, PSC), 고강도 프리스트레스콘크리트말뚝(prestressed high-strength concrete pile, PHC), 현장타설말뚝 등이 있다. 이중에서 현장타설말뚝은 다음과 같은 것이 있다.

1) 현장말뚝의 종류

① 관입식 : 레이몬드말뚝, 페데스탈말뚝, 심플렉스말뚝, 프랭키말뚝
② 굴착식 : 베노토(benoto)말뚝, 어스드릴(earth drill)말뚝, 리버스 서큘레이션(reverse circulation)말뚝, 오거(auger)말뚝, 이코스(ICOS)말뚝, 심초말뚝

2) 강말뚝

① 강관말뚝(steel pile)
② H형 강말뚝(HS말뚝)
③ 고강도 프리스트레스콘크리드말뚝(PHC말뚝)

(3) 타입방법에 의한 말뚝

1) 충격식 타입말뚝

드롭해머(drop hammer), 스팀해머(steam hammer), 디젤해머(diesel hammer) 등

2) 진동식 타입말뚝

진동식 말뚝박기(vibro type hammer), 고주파 말뚝박기, 음파 말뚝박기 등

3) 타입 또는 나사말뚝

제트리프터(jet lifter), 압입기 등

4) 타입공을 이용한 현장말뚝

페데스탈말뚝, 프랭키말뚝 등

5) 굴착공을 이용한 현장말뚝

베노토굴착기, 어스드릴, 리버스 서큘레이션드릴, 이코스파일공법, HW공법(호크스트라셀, Hochstrasserwesise), 윌리엄스디거(williams digger)공법, PIP공법(past in place pile), CIP(cast in place pile), MIP(mixed in place pile), 에어리프트(air lift)법, BW공법(boring wall method) 등

5-4-2 말뚝기초의 종류와 시공

1. 기성콘크리트말뚝의 변천과 특성

현재까지 사용되고 있는 기성콘크리트말뚝은 표 5-6과 같다. 말뚝은 나무말뚝의 사용을 시작으로 하여서 RC말뚝, PSC말뚝, PHC말뚝의 순서로 발달되어 왔다. RC말뚝은 철근콘크리트말뚝, PSC말뚝은 PSC말뚝, PHC말뚝은 Pretension방식에 의한 고강도 PSC말뚝이다.

콘크리트말뚝은 원심력을 활용하여 제작 여부에 따라 원심력 성형말뚝과 비원심력 성형말뚝의 두 가지로 구분된다. 비원심력 성형말뚝으로는 진동채움 말뚝을 들수 있으나, 현재는 모든 콘크리트말뚝이 원심력의 원리를 활용하여 제작되고 있다. 이 원심력 성형말뚝은 프리스트레스를 도입하는가 여부에 따라 RC말뚝과 PSC말뚝으로 구분된다. 이들 말뚝은 말뚝단면 형상에 따라 중공원통형이 일반적으로 제작되고 있다.

양생방법으로는 보통의 증기양생과 압력을 가한 상태에서 양생하는 상압증기양생의 두 가지 방법에 의하여 제작된다. RC말뚝은 압력이 적용되지 않은 상태에서의 증기양생으로 제작된 것이 일반적으로 사용되고 있다. 한편 PSC말뚝 중에 0.1MPa의 압력하에서 180℃의 온도에서 증기양생을 하여 제작된 PSC말뚝을 특히 PHC말뚝이라 한다.

현재 사용되는 콘크리트말뚝은 원심력을 적용하여 제작된 RC말뚝, PSC말뚝 및 PHC말뚝이 처음 제작 사용되었다. 그러나 RC말뚝은 운반중 혹은 시공 중에 균열이 발생하기 쉬운 결점이 있다. 따라서 프리스트레스를 도입하여 RC말뚝의 단점을 개량하였다. 더욱이 구조물의 하중이 커짐에 따라 PSC말뚝의 압축강도를 50MPa에서 80MPa까지 증대시킨 PHC말뚝을 개발하여 사용하게 되었다. 이와 같이 압축강도를 증대시킨 PHC말뚝이 사용되면서 점차 PSC말뚝은 PHC말뚝으로 대체되어 사용되고 있다. 현재 PSC말뚝에 의한 규정은 폐지되고 대신 PHC말뚝의 규

정이 PSC말뚝을 대신하여 가는 경향을 보이고 있다.

〈표 5-6〉 기성콘크리트말뚝의 분류

- 콘크리트말뚝
  - 원심력성형 말뚝
    - RC말뚝 (선단폐쇄형)
      - 중공원통형 말뚝
        - 증기양생 RC말뚝
        - 상압증기양생 RC말뚝
      - 특수형상 말뚝
    - PSC말뚝
      - 중공원통형 말뚝
        - 증기양생 PSC말뚝
        - 상압증기양생 PHC말뚝
      - 특수형상 말뚝
  - 비원심력성형 말뚝 (진동채움)
    - RC말뚝
      - 공장제작 말뚝
      - 현장제작 말뚝
    - PSC말뚝

(1) 나무말뚝

말뚝은 나무말뚝(wooden pile)부터 시작한 것으로 그 역사가 깊다. 해외에서는 기원전에 이미 사용했다는 기록이 있으며, 목재는 옛날부터 토목재료의 주종이었으므로 말뚝이라 하면 나무말뚝이었다. 우리나라는 조선후기에 이르러 철근콘크리트가 토목재료로서 등장될 때까지 소나무를 이용한 나무말뚝이 주류가 되었다.

제2차 세계대전 이후 1945년부터 1955년대까지는 옹벽이나 작은 교량의 기초에는 나무말뚝이 사용되었으나 콘크리트말뚝의 보급에 의하여 현재는 사용되고 있는 곳은 아주 적으며, 장단점은 다음과 같다.

1) 장점

① 무게가 가볍고 취급이 용이하다.
② 가격이 저렴하다.
③ 운반 및 말뚝설치 작업이 용이하다.
④ 완전히 수중에 잠겨 있으면 오랜 기간동안 썩지 않는다.

2) 단점

① 건습이 반복되면 썩기 쉬우므로 지하수위 이하에 용이하다.
② 강도가 작다(압축강도 약 5.0MPa).

③ 허용지지력이 작다(콘크리트말뚝의 $\frac{1}{2}$정도).
④ 말뚝길이에 제한을 받는다.

(2) 철근콘크리트말뚝

철근콘크리트말뚝(reinforced concrete pile, RC)이 여기에 속한다. 원심력을 이용하여 제작되고 형상과 치수 등에 대해서는 KS F에 규정되어 있다. 사용할 때는 적당한 끝과 이음을 만들어 지반조건 등 현지의 상태에 따라 제작되며, 장단점은 다음과 같다.

1) 장점

① 말뚝재료를 구하기 쉽다.
② 강도가 크므로 지지말뚝에 적합하다.
③ 말뚝제작시 형상과 치수가 자유롭고 재질이 균질하므로 신뢰할 수 있다.
④ 건습에 썩지 않으므로 지하수위 이하에도 관계없이 사용할 수 있다.
⑤ 말뚝길이 15m 이하는 비교적 경제적인 공법이 될 수 있다.

2) 단점

① 무게가 무거워서 운반 및 취급이 불편하다.
② 지지말뚝으로서 사용할 경우 지지층의 깊이가 평탄하고 균일하지 않으므로 비경제적이다.
③ 이음의 신뢰성이 적어서 2곳 이상의 이음에는 사용하지 못한다.
④ 표준관입시험의 N치가 30~35 정도인 단단한 층이 존재할 경우는 관통하기 어렵다.
⑤ 말뚝을 설치할 때 압축 및 인장력이 작용하여 말뚝머리에 균열이 발생하게 되고, 철근 부식의 원인이 된다.
⑥ 15m 이상의 긴 말뚝은 이음을 하여야 하며, 이음에 대한 신뢰성이 작다.

(3) 프리스트레스콘크리트말뚝(PSC)

일반적으로 고강도 강선을 미리 인장시켜 놓고 그 주변에 콘크리트를 타설하여 경화 후, PSC 강선의 인장장치를 늦추어 콘크리트에 프리스트레스를 주는 프리텐션(pretension)방식과, 콘크리트에 미리 세장공을 만들어 놓고 콘크리트의 경화 후 구멍 내에 PS강선 또는 PS강봉을 삽입하여 긴장(緊張)시키고, 그 한 쪽을 콘크리트에 정착시킴으로서 콘크리트에 프리스트레스를 가하는 포스트텐션(post-tension)방법이 있다.

특히 관입장비의 성능이 향상되면서 고강도의 말뚝이 사용될 수 있게 되어 고강도 PHC말뚝이 건축, 토목공사 현장에서 기초말뚝으로 사용되고 있다. 이들 말뚝의 사용은 일반적으로 큰 지지력을 발휘할 수 있으므로 매우 무거운 교량의 하부구조 등에 많이 사용된다. PHC말뚝의 장·단점은 다음과 같다.

1) 장점

① 균열의 발생이 적으므로 강재(鋼材)의 부식 우려가 없고 내구성이 크다.
② 타입 시에 인장응력을 받을 경우 프리스트레스가 유효하게 작용하여 인장파괴를 방지할 수 있다.
③ 휨을 받을 때의 변형량이 적다.
④ 자중에 의한 휨에 대하여 강하므로 운반에 지장이 없다.
⑤ 이음의 시공이 쉽고 신뢰성이 크다.
⑥ 대구경말뚝의 제조와 시공이 가능하다(지름 1~2m).

2) 단점

① 원심력콘크리트말뚝에 비하여 고가이다.
② 말뚝길이가 15m 이하이거나 작은하중을 지지하는 말뚝 등은 원심력철근콘크리트말뚝에 비하여 강도가 과대하므로 비경제적이다.

가. PSC말뚝 지지력 산정시 문제점

1) PSC말뚝 지지층 선정의 부적적성

지지층 선정이 부적당하게 될 가능성이 있는 경우로는 크게 세 가지로 분류된다.

① 지지층의 급격한 변화나 요철이 지반조사단계에서 충분히 파악되지 못한 경우
② 중간층의 두께 및 단단함에 대하여 지반조사시 충분히 인식되지 못한 경우
③ 경험이 부족한 기술자에 의하여 지층판정 실수가 발생된 경우

2) 지중장애물의 파악 불충분

지중장애물은 전석, 호박돌 등과 같은 자연적 장애물과 기와, 벼력, 기존구조물 등과 같은 인위적 장애물의 두 가지로 구분된다. 즉 지반조사 결과에는 표현되지 않은 큰지름의 자갈, 전석등이 존재하는 경우이다. 이는 지반조사 그 자체에 문제가 있거나 현단계에서의 지반조사 한계

에 문제가 있는 경우가 있다.

3) N치에 과잉 의존

말뚝의 지지력 산정시 표준관입시험에 의한 N치로 계산되는 Meyerhof공식 등이 많이 사용되고 있다. 말뚝설계와 지반관련 모든 설계에서도 N치에 너무 많이 의존하는 경우도 있다.

표준관입시험은 매우 단순한 시험법으로 지반의 강도정보와 교란시료가 얻어질 수 있으며, 거의 모든 지반에 실시될 수 있고 그 동안의 많은 경험이 축적되어 있다는 이점이 있다.

나. PSC말뚝 지지기능의 불충분한 검토

현재 PSC말뚝 뿐 아니라 말뚝기초 설계에 있어서는 거의 N치 50 이상의 지지층에 선단지지시키는 경향이 있다. 실제 지층의 특성을 세밀하게 조사검토하면 직접기초나 마찰말뚝 기초로 설계를 하여도 만족한 경우도 상당히 존재하고 있는 실정이다. 즉 표토층의 지지력과 침하량에 따라서는 직접기초나 지하층의 깊이에 따라서는 보상기초(compensated foundation)로도 실시할 수 있다. 또한 지반이 다소의 전단저항을 가지고 있는 경우는 짧은 마찰말뚝으로도 충분히 상부구조물의 하중을 지지시킬 수 있으므로 이에 대한 검토가 필요하다.

다. PSC말뚝 설치공법 선정의 부적합

PSC말뚝을 사용한 설계시에 충분히 검토되어야 할 사항 중에 또 하나는 말뚝설치공법이다.

지반에 전석, 호박돌 등의 장애물이 있거나 단단한 중간층이나 잔류토층을 통과하여야 할 경우는 무조건 항타공법을 선정하여 말뚝에 손상을 유발시키거나 관입불능 상태에서 설계변경을 할 것이 아니라, 처음부터 이에 대한 대처방법으로 매입공법 등을 선정할 수 있다.

따라서 현장타설 말뚝공법과도 비교 검토하여 보다 안전하고 충분한 지지성능을 기대할 수 있는 공법을 선정하여야 한다. 이러한 비교검토에 있어서는 지반조건이나 시공조건에 적합한 공법을 선택하여야 한다.

라. 시공상의 문제점

PSC말뚝을 항타공법에 의하여 시공하는 현장에서 많이 발생하는 주요 문제점을 열거하면 다음과 같다.

1) 말뚝의 파손

말뚝의 파손은 주로 말뚝의 두부, 중간부 및 선단부에서 발생되고 있다. 이 중 말뚝두부의 파손은 육안으로 확인할 수 있으나 중간부와 선단부의 파손은 직접 확인이 불가능하다.

그러나 중간부의 파손은 말뚝공내 관찰로 가능한 경우도 있다. 즉 말뚝의 파손상태를 말뚝두부에서의 압축파손과 전단파손, 말뚝중간부에서의 횡방향 혹은 종방향 균열 및 말뚝선단부의 파손으로 구분할 수 있으며 파손 예는 그림 5-13과 같다.

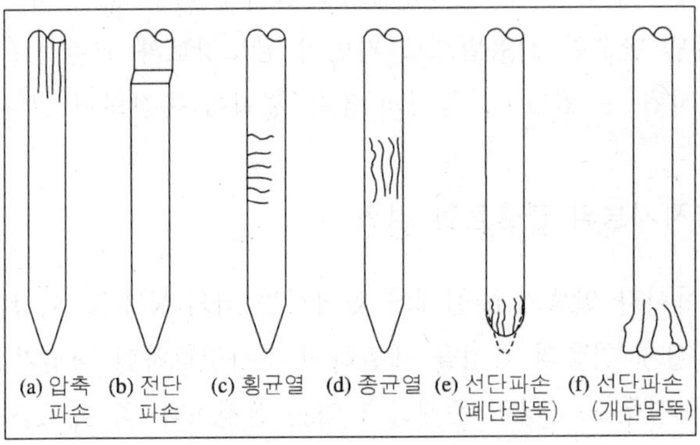

〈그림 5-13〉 말뚝의 파손 예

2) 말뚝두부 파손

말뚝두부의 파손은 말뚝파손 사례중 가장 많이 발생되는 파손형태로 말뚝항타 현장에서 자주 나타나며 과다한 타격력에 의한 압축응력 및 전단응력이 PSC말뚝의 재료강도를 넘게 되어 발생되는 파손형태이다.

3) 말뚝중간부 파손

현장에 말뚝을 세우고 말뚝에 타격에너지가 가하여 지면 말뚝내부에 인장응력과 휨응력이 발생하게 되어 이로 인한 균열이 발생되기 쉽다.

말뚝이 지중에 관입되는 초기단계에서는 말뚝이 선단과 두부에서만 지지되고 측면에서는 지지가 되지 않은 상태에서 축하중이 작용하여 좌굴이나 휨에 의한 휨응력이 발생되게 된다. 휨응력 중 인장측의 응력이 커지면 이 인장응력도 말뚝에 횡방향 균열을 유발시킬 수 있다.

이러한 인장응력이나 휨응력은 주로 말뚝의 중간부에 제일 크게 발생되므로 이러한 응력에 의한 균열 내지 파손은 말뚝의 중간부위에서 발생되기가 쉽다.

말뚝중간부에서의 파손은 그림 5-13의 (c)와 (d)와 같이 횡방향 균열 혹은 종방향 균열의 형태로 나타나며 중간부 균열이 발생되기 쉬운 지반은 다음과 같다.

① 표토층에 장애물이 많이 혼재되어 있는 지반
② 매립층 하부 연약지반

③ 단단한 지반

상기와 같은 지반에 대한 PSC 항타 시에는 수평방향 균열을 유발시켜 종방향 균열이 발생되게 된다. 따라서, 이러한 파손을 방지하기 위하여는 다음과 같은 노력이 필요하다.

① 파동방정식에 의한 해석 실시 : 이 해석으로 말뚝종류와 항타장비의 적절성을 사전에 평가할 수 있다.
② 표토부의 지중장애물은 제거 시킬 것 : 표토층의 두께가 얇을 경우는 전석이나 호박돌과 같은 장애물을 제거시킨 후 말뚝을 매입 시킬 것.
③ 타격에너지를 조절할 것 : 해머의 선정 및 낙하고를 조절하므로써 축방향 응력을 적절히 조절한다.
④ 쿠션을 중첩 사용할 것 : 쿠션을 중첩사용하면 인장응력을 상당히 감소시킬 수 있다.
⑤ 말뚝제원을 조절할 것 : 말뚝의 길이를 짧게 할수록 유리하며, 프리스트레스트가 큰 PHC 말뚝을 사용하면 효과적이다.

4) 말뚝선단부 파손

그림 5-13(e) 및 (f)는 PSC말뚝 선단부의 파손형태를 개략적으로 도시한 그림이다. 즉 그림 5-13(e)는 폐단 PSC말뚝이 선단지지층에서 과잉타격으로 인하여 파손된 상태이며, 그림 5-13(f)는 개단 PSC말뚝이 파손된 상태이다.

① 말뚝슈의 파손
② 지지층의 경사로 인한 선단부의 활동
③ 과잉타격

이러한 파손은 주로 지중장애물이나, 단단한 중간층 및 선단지지층에 말뚝이 도달하였을 때 무리한 타격에너지가 가하여 지게 되면 발생되기 쉽다.

마. 말뚝두부 정리부실

1) 프리스트레스의 감소

PSC말뚝을 절단하게 되면 절단위치로 부터 어느 구간에 걸쳐 프리스트레스가 감소하게 된다.

프리스트레스의 감소범위는 PS지름의 20~30배 정도가 된다. 현재 일본의 원심력 PSC말뚝 설계지침에서는 PS의 감소범위를 PS강재의 종류, 시공의 상태 등에 따라 다르나 일반적으로 PS강재 지름의 50배 범위로 하고 있다.

이와 같이 말뚝두부 절단에 의한 두부부근의 PS가 감소한다고 하는 것은 이 감소범위 내에서는 PSC말뚝으로서의 기능을 상실하고 RC말뚝의 기능밖에 지닐 수 없음을 의미한다. 따라서

PSC말뚝은 되도록 절단을 하지 않고 후팅에 결합시키는 것이 바람직하다.

2) 두부절단 PSC말뚝의 말뚝재하시험

두부를 절단한 PSC말뚝에 대하여 현재 말뚝재하시험을 많이 실시하고 있다. 그러나 이 말뚝재하시험은 PSC말뚝에 대한 재하시험이라 하기가 곤란하다.

위와 같이 두부를 절단하면 PSC말뚝은 절단부에서 RC말뚝으로 강도가 떨어지게 되기 때문이다.

3) 두부절단방식

두부절단방식으로는 외압방식, 내압방식 및 다이아몬드방식의 세 가지가 있다. 외국에서는 일반적으로 외압방식이 많이 활용되고 있다.

두부절단작업을 주의하지 않으면 절단부에 커다란 종방향 균열이 발생할 수 있다. 이 종방향 균열을 최대한 방지하기 위하여는 다음과 같은 요령으로 작업을 실시한다.

① 말뚝절단위치에 소정의 밴드를 채우고 PS강재의 위치를 피해 말뚝에 구멍을 뚫는다. 이 구멍의 수는 가능한 많게 한다.

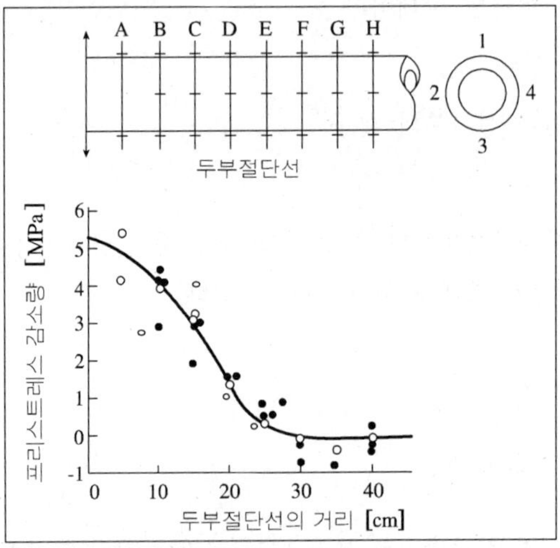

〈그림 5-14〉 말뚝두부 절단에 의한 PSC 감소

② 가벼운 해머(한손으로 작업이 가능할 정도의 중량)로 가볍게 두드리면서 말뚝을 절단한다.

③ 끝 마감용 해머는 소형해머를 사용하며, 이때도 소정의 밴드를 풀지 않는다.

④ 전 절단작업과정 중에 PS강재는 두드리지 않으며, PS강재를 남겨둔 채 말뚝의 절단부를

넘어 뜨려서는 안된다.

바. 말뚝품질의 문제점

1) KSF 4303의 증기양생규정

이 규정에 의하면 양생실 온도를 서서히 증가(20℃/hr)시키고 외부 온도와 같을 때까지 서서히 감소시킨 후 꺼낸다. 콘크리트를 비벼서 2시간 경과 시킨후 증기양생 하고, 증기양생 후에 3일간 수중양생하도록 규정되어 있다.

2) KSF 4303 규정의 미비점

이 규정에는 가장 중요한 총양생시간이 명시되어 있지 않으므로 대부분의 업체가 4~6시간씩만 양생하고 있는 실정이다. 이는 일본규정이나 최신콘크리트공학(콘크리트협회) 등 관련자료에 의한 총양생시간 18시간과 비교할 때 매우 낮은 수준이 된다.

3) 국내업체의 양생실태

우리나라 전국 37개 KS표시 허가업체의 양생실태조사 결과는 다음과 같다.

① 대부분 업체의 양생시간은 4~6시간이며, 전업체가 수중양생을 실시하고 있지 않다.
② PSC말뚝의 입·출고시 온도조정 불량으로 온도응력에 의한 잠재균열을 가능성이 크다.
③ KSF 규정에 말뚝의 제조년도, 제조월, 제조일자가 정확히 명기되어야 한다. 따라서 공기중 양생이 어느 정도 되어 있는지도 알 수 있도록 하여야 한다.

(4) 강말뚝

강말뚝(steel pile)은 여러 가지 종류가 있으나 강관과 H형이 많이 사용된다. H-말뚝의 이점은 강관말뚝에 비해 가격이 20~30% 정도 저렴하며, 흙의 배제량이 적기 때문에 자갈층이나 좁은 곳에 조밀하게 시공할 수 있는 이점이 있다.

강말뚝은 무거운 구조물의 기초, 교각, 잔교 등 광범위하게 사용된다. 단단한 흙층이나 자갈층에 타입하여 매입시킬 경우는 말뚝선단부를 보강하며, 말뚝머리의 보강도 여기에 준하여 실시한다.

강말뚝은 부식문제가 있으나 그 결점을 보충하기 위하여 콘크리트를 뿜어붙이거나 도장, 전기방식을 적용하며, 설계할 때 미리 부식두께 만큼 여분의 두께를 두는 방법도 있다.

강말뚝의 단면형은 그림 5-15와 같으며, 장·단점은 다음과 같다.

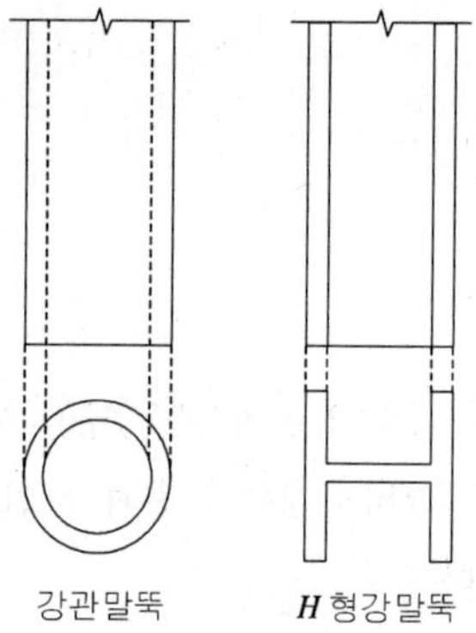

〈그림 5-15〉 강말뚝의 단면형

1) 장점

① 재질에 대한 신뢰성이 크다.
② 재료의 강도가 크고 지지층(N=50 이상)에 깊게 매입할 수 있어 지지력이 크다. 따라서 적당한 강도를 가진 지지층에 도달하였을 때 2~3m 정도 더 타입함으로써 침하량도 적고, 완전한 지지말뚝으로서 기능이 발휘된다.
③ 압축, 인장강도가 같은 정도로 강하고 수평하중, 충격력에 대해서도 저항이 크다.
④ 이음에는 현장용접이 가능하고 모재(강말뚝 자체)와 동일한 강도를 발휘할 수 있다.
⑤ 운반, 취급이 쉽다.
⑥ 임의의 길이로 절단할 수 있다.
⑦ 대구경 강관말뚝의 제조가 가능하다(지름 1~1.6m).

2) 단점

① 부식되기 쉽다.
② 지지층의 지지력이 그다지 크지 않을 때는 길이가 길어지고 비경제적이다.
③ 마찰말뚝이나 다짐말뚝으로는 유용하지 않다.

3) 부식의 방지대책

① 두께를 증가시키는 방법(약 2mm 정도)
② 도장에 의한 방법
③ 콘크리트로 피복하는 방법
④ 전기방식법

(5) 외각 강관결부 콘크리트말뚝

프리스트레스로 보강된 콘크리트말뚝이라도 강말뚝의 재료 특성에 미치지는 못하므로 강관과 콘크리트말뚝과의 결합으로 보강된 것이 SC(steel concrete)말뚝이며, 그림 5-16과 같다.

SC말뚝의 제조방법은 제작자에 따라 다소 차이는 있으나 강관 중에 팽창제를 첨가한 콘크리트를 원심력을 이용하여 성형(成形)하고 AC(autoclave concrete pile, 고압솥)말뚝과 같이 고온·고압으로 증기양생을 하여 제작하는 것이다. 이 말뚝은 콘크리트말뚝의 단점을 보완하고 강관말뚝의 축방향 단면을 증가시키는 특징이 있다.

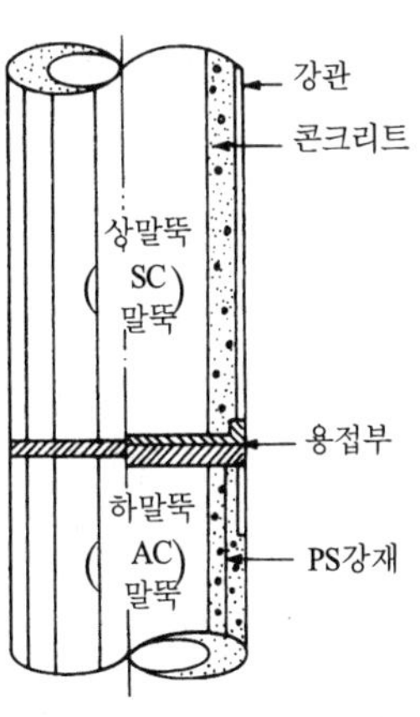

〈그림 5-16〉 SC말뚝

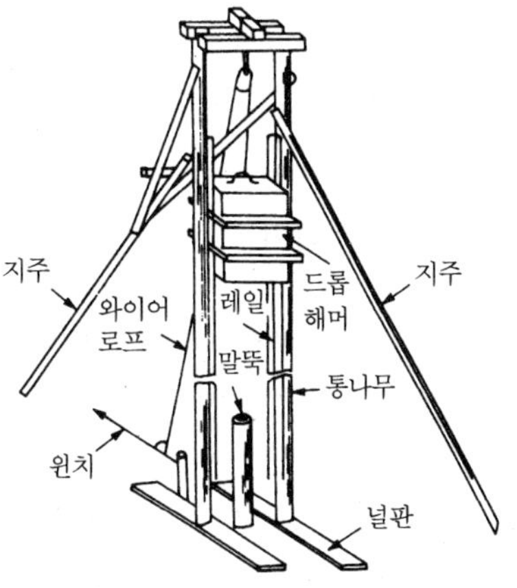

〈그림 5-17〉 드롭해머

(6) AC말뚝

이것은 PHC말뚝과 동일하고 압축강도가 80MPa 이상인 콘크리트를 사용한다. 고강도 콘크리트는 고압, 고온의 압력솥 속에서 말뚝을 양생하거나 고강도 혼합재를 섞어서 상압증기양생을 해서 만들어 진다.

말뚝을 설계하면 말뚝 머리부근의 휨모멘트는 다른 부분에 비해 상당히 커진다. 이 문제에 대치하도록 고안된 것이 SC말뚝이다. 이것은 강관의 내측에 고강도 콘크리트($f_{ck} \geq 80\text{MPa}$)를 원심력으로 포장하는 것으로 말뚝머리 부분에 사용하고 그 밑부분은 보통의 PSC말뚝이 된다.

2. 말뚝설치 장비

(1) 충격식 말뚝설치

1) 드롭해머(落鐘式, drop hammer)

그림 5－17은 철추(鐵錘, monkey)를 윈치(winch)로 끌어 올린 후 낙하시켜 그 때의 타격력에 의하여 말뚝을 타입하는 장비이다. 철추의 무게(0.75～3.0ton_f 정도)는 타입하는 말뚝의 종류, 지름, 길이, 지질, 말뚝의 지지력 등에 따라 정해지는 것이지만 일반적으로 말뚝중량의 1～3배인 것(200～3,000kg_f)이 많이 사용되며, 낙하높이는 1.2～1.5m이고 1분에 10～20번 낙하시킨다.

말뚝을 설치할 때 말뚝머리에 작용하는 충격력은 해머의 낙하높이 h에 비례하므로 h를 너무 크게 하면 말뚝머리가 손상될 우려가 있으므로 2m 이하로 하는 것이 좋다.

2) 기동(氣動)해머

스팀해머(steam hammer), 에어해머(air hammer) 등은 실린더 내에 증기 또는 공기를 보내어 피스톤의 상하동작을 반복하여 피스톤로드(piston rod)에 부착시킨 램(重錐, ram)을 낙하시켜 말뚝에 타격을 준다.

여기서 단동식과 복동식이 있고, 단동식은 피스톤을 올릴 때만 피스톤의 하부에 증기나 공기를 보내는데 비하여 복동식은 낙하할 때도 피스톤의 상부에 증기를 보내게 되어 있어 램의 낙하속도가 빠르다. 따라서 성능은 복동식이 우수하나 내구성, 가격, 소음에는 단동식이 우수하다. 해머의 총무게는 2～15ton_f이며, 1분에 타격횟수는 36～75회이고, 말뚝을 설치하는 해머머리의 폭은 52～122cm이다.

이 기종은 토질에 따라 타격력의 저하는 없고 수중말뚝설치, 경사각이 큰 사항(斜杭)의 시공에는 적합하지만 기동성이나 매연, 소음이 커서 시가지에서는 부적당하다.

3) 디젤해머

강말뚝이 많이 사용된 후부터는 타격력이 큰 말뚝설치가 요구되어 현재에는 디젤해머(diesel hammer)가 말뚝설치 공사의 주류가 되고 있다(그림 5－18). 작동원리는 2사이클 디젤기관과 같고 실린더 속을 상하로 운동하는 램이 낙하하기 직전에 발화실 내에서 분무상의 중유와 공기를 뿜어 들어가 램이 낙하할 때 발화실 내의 기압이 급상승하고 고온이 되어 폭발을 일으킨다. 이 폭발의 압력에 의하여 램은 상방향으로 튀어 올라 낙하 타격력과 폭발력이 말뚝에 타격을 주어 타입력이 되어 작용한다. 램의 중량 2.2ton_f인 것을 22형이라고 부르고, 12형에서 42형이 일반적으로 사용되는데 대형에는 72형까지 있고 총높이는 3.7～4m이고, 앤빌(anvil)의 폭이 59～70cm,

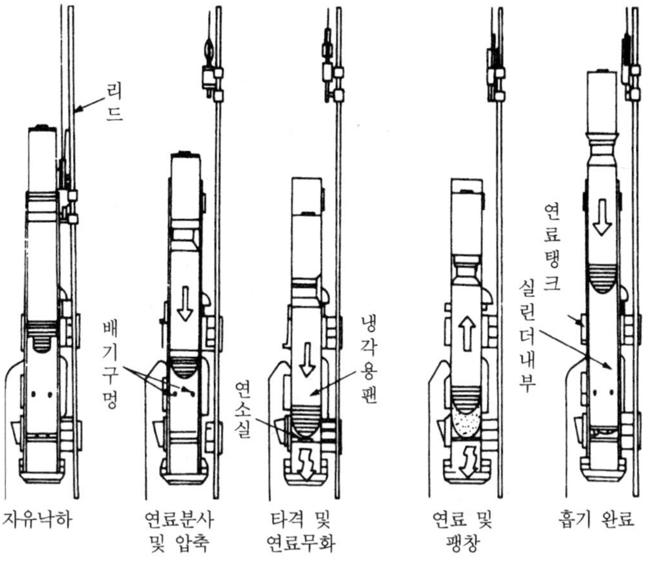

〈그림 5-18〉 디젤해머의 작동원리

〈표 5-7〉 해머 종류와 그 특징

	드롭해머 (drop hammer)	스팀해머 (steam hammer)	디젤해머 (diesel hammer)	바이브로해머 (vibro hammer)
장점	◦ 설치가 간단하다. ◦ 낙하고를 자유롭게 조정할 수 있다. ◦ 고장이 적고 공사비가 싸다.	◦ 능률이 좋다. ◦ 경사로 박을 수 있고 수중에서도 박을 수 있는 종류가 있다. ◦ 두부의 손상이 적다. ◦ 인발에도 이용할 수 있는 기종도 있다.	◦ 기동성이 우수하다. ◦ 큰 타격력을 얻을 수 있다. ◦ 능률이 좋다. ◦ 연료비가 싸다.	◦ 정확한 위치에 박을 수 있다. ◦ 비교적 소음이 적다. ◦ 두부의 손상이 적다. ◦ 박기, 인발에 겸용할 수 있다.
단점	◦ 두부가 손상하기 쉽다. ◦ 타입길이에 한도가 있다. ◦ 기울어 지기 쉽다. ◦ 타입속도가 늦다. ◦ 배에서 타입하는 것은 위험하다.	◦ 대형보일러(압축기)가 필요하다. ◦ 호스가 방해가 된다. ◦ 낙하고 조절이 불가능하다. ◦ 타격음이 크고 연기가 나고, 압축기의 소음이 발생한다.	◦ 중량이 무겁고, 설비가 커진다. ◦ 연약지반에서는 능률이 낮다. ◦ 타격음이 크고, 또 기름 비산이 동반한다.	◦ 대용량의 전력이 필요하다. ◦ 토질변화에 대한 순응성이 낮다.
적응력	◦ 토질에는 무관하다. ◦ 비교적 단면이 적을 때. ◦ 조금씩 가감하면서 타입하려 할 때.	◦ 모든 토질에 좋다. ◦ 경사말뚝에 적당하다.	◦ 굳은 지반에 최적이며, 여하한 토질에도 좋다.	◦ 느슨한 지반에 적합하다. ◦ 인발에 사용한다.

타격횟수는 1분에 40~60회 정도이다.

디젤해머는 기동해머보다 취급도 간단하고 부대설비도 적어 작업성, 기동성 뿐만 아니라 타입력도 대단히 크다. 그러나 관입저항이 작은 연약지반의 시공에는 말뚝의 관입이 지나쳐서 소요의 고온압축이 얻어지기 힘들어 램이 반발하지 않고, 반복폭발을 하지 않을 때가 있다. 또 배기가스, 소음의 공해도 많으며, 해머의 종류 및 그 특징은 표 5-7과 같다.

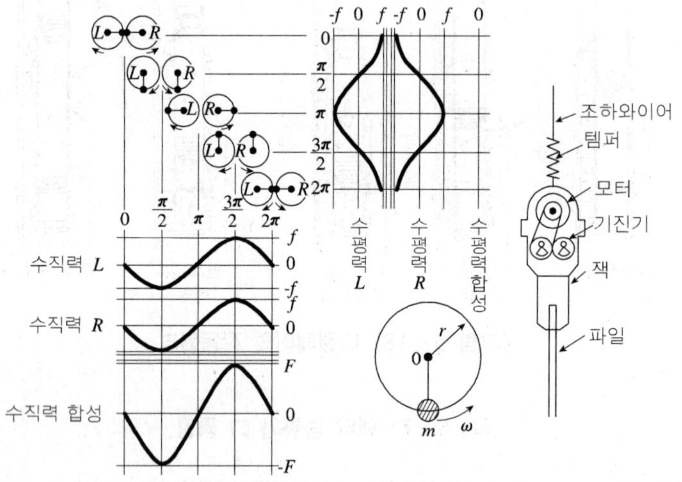

〈그림 5-19〉 진동식 해머

(2) 진동식 말뚝설치

이 장비의 원리는 그림 5-19에 보인 것과 같이 질량 m인 램을 축 중심 0의 둘레에 편심거리 r인 위치에서 각속도 w로 회전시키면 원심력 $f = mr\omega^2$이 작용하게 된다.

그러므로 동일 기구 내에 2개의 회전체를 서로 다른 방향으로 회전시키면 좌우방향의 원심력은 서로 소멸되고 상하 방향만이 합성된 힘이 생긴다. 이 합성력(최대치 $F = 2f = 2mr\omega^2$)이 진동식 말뚝설치(vibro pile driver)의 진동타입력이 된다.

1) 장점

① 타입할 때의 타격음이 없다.

② 말뚝머리를 손상시키지 않는다.

③ 타입속도가 빠르다.

④ 모래층, 사력층의 타입에 유효하다.

⑤ 말뚝의 인발에도 이용할 수 있다.

2) 단점

① 기동전류가 크므로 전력설비가 커진다.
② 지반에 진동이 발생하여 시가지나 주택지에서의 시공이 곤란하다.
③ 다른 공법으로 타입된 말뚝에 비하여 지지력이 적다.

현재 대구경 강관말뚝의 타입에 적합한 대형기계(지름 1~1.5m)도 제작되고 있으나 콘크리트 말뚝의 타입에는 적합하지 않다. 그 이유는 콘크리트말뚝은 중량이 무겁고 진동력이 자중에 영향받아 유효하게 작용하지 않을 뿐만 아니라 말뚝본체에 균열이 생기거나 좌굴파괴를 일으켜 타입이 불가능한 경우가 발생할 가능성이 있기 때문이다.

이 장비는 연약지반의 개량을 위한 모래말뚝(sand pile), 다짐모래말뚝(sand compaction pile), 진동다짐말뚝(vibro-flotation pile) 등의 공법에 널리 이용되고 있다.

(3) 기타 기성말뚝용 기계

타격과 진동 이외에 다음과 같은 방법에 의한 시공장비가 있으나 널리 보급되어 있지는 않다.

1) 압입공법

유압 또는 수압잭을 이용하여 말뚝을 지반에 압입하는 방법으로 소음이나 진동에 의한 공해가 없다. 따라서 무진동, 무소음공법으로서 기대가 크다. 그러나 압입반력을 얻은 방법에 어려움이 있고 장비 자체로서 반력을 취하기 위하여 대형의 기계설비가 필요하고 기동성이 적다.

2) 사수를 병용하는 공법

굴착에 사수(jet water)를 사용하여 말뚝의 압입시에 선단저항을 경감시켜 보다 빠르게 대형 말뚝을 압입할 목적으로 개발된 것이고, 굴착토사를 배제하기 위한 석션펌프(suction pump) 또는 제트펌프(jet pump) 등이 설치한다.

5-4-3 말뚝의 연직지지력

1. 말뚝의 지지기구

말뚝의 지지력은 말뚝을 설치할 때의 말뚝의 관입저항과 침하량에서 구할 수 있으며, 말뚝타설 방법에 여러 가지 말뚝설치 공식이 제안되어 있다.

지지말뚝에 작용하는 주변마찰력은 일반적으로 상향으로 작용한다고 생각하면 되지만 연약한 점토층에 흙쌓기할 경우나 지하수위의 저하 등에 의하여 점토층에 압밀침하가 생길 경우에는 말뚝과 지반의 상대적인 변위로 주변마찰이 하향으로 작용하고 말뚝에 전달하는 하중을 다시 크게 하는 결과가 된다. 이와 같은 마찰력을 부마찰력(negative skin friction)이라고 한다.

연직방향 말뚝의 지지기구는 개념적으로 그림 5-20과 같다. 그림에서 Q_p를 말뚝의 선단지지력, Q_f를 말뚝의 마찰저항(또는 주면저항)이라고 할 때 일반적으로 다음과 같은 관계가 있다.

$Q_p > Q_f$ ⟶ 지지말뚝 $Q_p < Q_f$ ⟶ 마찰말뚝

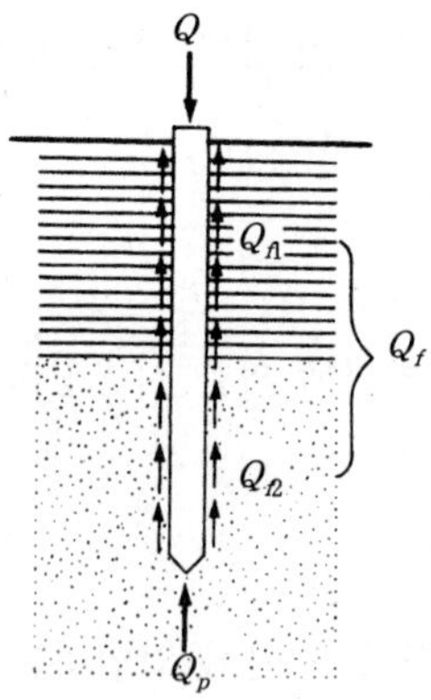

〈그림 5-20〉 단일말뚝의 지지력 기구

말뚝의 지지력 계산에는 많은 공식이 제안되어 있으나 일반적으로 동역학적 공식과 정역학적 공식으로 대별된다. 전자는 말뚝타설에 요하는 타격에너지의 크기에 의하여 지지력을 구하는 것이고, 타격할 때의 에너지손실 등이 고려되고 있다. 후자는 흙의 강도정수를 사용하여 말뚝의 지지력을 구하는 것이다.

양자는 서로가 많은 불확실성을 가지고 있고, 또 불명확한 요소가 내포되고 있으나 이 중에서 정역학적 공식이 보다 실제에 가까운 지지력을 나타내고 있다. 따라서 말뚝의 지지력은 다음과 같은 여러 조건을 고려하여 결정한다.

① 말뚝재료의 허용하중
② 말뚝 이음에 의한 지지력의 감소
③ 세장비에 따른 지지력의 감소
④ 무리말뚝(group pile) 효과
⑤ 말뚝의 침하량

⑥ 부마찰력

2. 말뚝의 연직지지력

(1) 선단지지력

말뚝기초의 선단에서의 단위면적당 극한지지력 q_p는 얕은기초의 극한지지력 공식과 유사하게 다음 식과 같이 나타낼 수 있다.

$$q_p = CN_c* + DN_\gamma* + q'N_q* \tag{5-22}$$

여기서, D는 말뚝선단의 폭 또는 지름이고, N_c*, $N_\gamma*$, N_q*는 형상계수와 깊이계수를 고려한 지지력계수이다.

말뚝의 폭 D는 상대적으로 매우 작기 때문에 $DN_\gamma*$항을 생략하여도 큰 차이가 생기지 않으므로 식 (5-22)는 다음과 같이 된다.

$$q_p = cN_c* + q'N_q* \tag{5-23}$$

따라서 말뚝의 선단지지력 Q_p는 다음과 같이 된다.

$$Q_p = A_p q_p = Q_p(cN_c* + q'N_q*) \tag{5-24}$$

여기서, A_p: 말뚝선단의 면적
q_p : 단위면적당 선단지지력
c : 말뚝선단 주위 흙의 점착력
q' : 말뚝선단 깊이에서의 유효연직응력
N_c*, N_q* : 지지력계수

H형강 말뚝이나 개단강관 말뚝의 단면적 A_p나 둘레길이(潤邊) p를 계산할 때는 흙마개(soil plug)의 영향을 고려하여야 한다. 강관말뚝에서는 다음과 같이 된다.

$$A_p = \pi D^2/4 \tag{5-25}$$

$$p = \pi D \tag{5-26}$$

마찬가지로 H형강 말뚝에서는 다음과 같이 된다.

$$A_p = d_1 \times d_2 \tag{5-27}$$

$$p = 2(d_1 + d_2) \tag{5-28}$$

(2) 말뚝의 주면마찰력

말뚝주면의 마찰지지력 Q_s는 다음과 같이 나타내고 있다(표 5-9 참조).

$$Q_s = \sum f p \Delta L$$

여기서, f : 임의 깊이 z에서의 단위면적당 마찰지지력

p : 말뚝단면의 둘레길이(윤변)

ΔL: 말뚝길이(그림 5-21(a))

임의 깊이에서의 말뚝의 단위면적당 마찰지지력 f는 다음과 같이 나타내고 있다.

$$f = K\sigma_v{}'\tan\delta \tag{5-29}$$

여기서, K : 토압계수

$\sigma_v{}'$: 임의 깊이에서의 유효연직응력

δ : 흙과 말뚝 사이의 마찰각

토압계수 K값은 깊이에 따라 변하지만 근사적으로 말뚝상부에서는 Rankine의 수동토압계수 K_p와 거의 같고, 말뚝선단에서는 정지토압계수 K_o보다 작은 값이 되며, K값은 말뚝의 설치방법에 따라서도 달라진다. 평균적으로 다음과 같은 K값을 사용하는 것이 좋다.

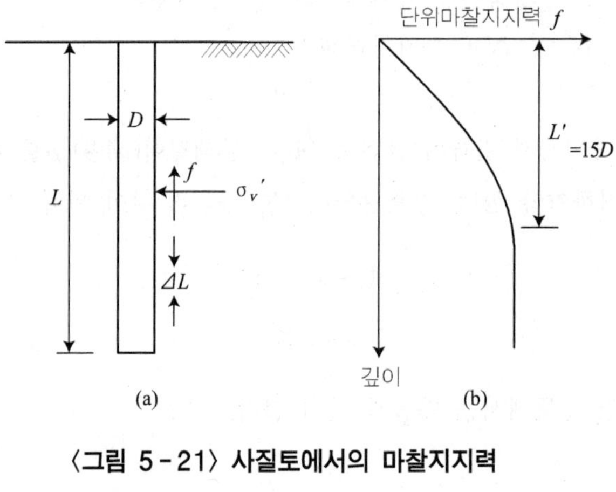

〈그림 5-21〉 사질토에서의 마찰지지력

① 굴착말뚝 : $K = K_o = 1 - \sin\phi$

② 타입말뚝(소배토말뚝) : $K = K_o \sim 1.4K_o$

③ 타입말뚝(배토말뚝) : $K = K_o \sim 1.8K_o$

일반적으로 토압계수 K값은 1~2의 값을 사용하는 것이 좋다.

식 (5－29)의 유효연직응력 σ_v'는 말뚝깊이에 따라 증가하지만 말뚝지름의 15배 되는 깊이까지만 증가하며, 그 아래의 깊이에서는 일정한 값이 되는 것으로 판단하고(그림 5－21(b)), 흙과 말뚝사이의 마찰각은 흙의 내부마찰각의 0.5~0.8의 범위에서 선택하여 사용한다.

(3) 정역학적 지지력공식

말뚝의 연직방향 지지력은 정역학적 평행조건을 고려해서 구하며 극한지지력 Q_u는 다음과 같은 형식이 된다.

$$Q_u = Q_f + Q_p = f_s \cdot A_f + q \cdot A_p \tag{5-30}$$

여기서, Q_u : 말뚝의 극한지지력[KPa], Q_f : 말뚝의 주면마찰력[KPa]

Q_p : 말뚝의 선단지지력[KPa], f_s : 말뚝과 흙과의 마찰력[KPa]

A_f : 말뚝의 주변마찰력[m²] : $A_f = UL$

q : 말뚝의 선단부지반의 지지력[KPa]

A_p : 말뚝의 선단면적[m²], U : 말뚝의 주변장[m]

L : 지반내 타입된 말뚝의 길이[m]

일반적으로 이용되는 말뚝의 정역학적공식은 다음의 세 가지 형태로 분류할 수 있으며, 지반조건에 따라 상이한 지지력이 구해질 수 있다.

① 토압론에 따른 고전적 지지력공식(예 : Dörr의 공식 등)

② 얕은기초의 지지력 이론에 따른 지지력공식(예 : Terzaghi의 공식 등)

③ 표준관입시험 결과 (N치)에 의한 지지력공식(예 : Meyerhof의 공식 등)

1) Dörr의 말뚝지지력공식

제1항은 말뚝주변에 작용하는 수평토압에 의한 주변마찰저항(제1항)이고, 제2항은 점착력에 의한 주변점착저항이며, 제3항은 말뚝선단에 작용하는 수동토압이다. 이 식은 주로 마찰말뚝에 적용하며 현장타설말뚝과 같이 주변지반을 압축하지 않는 말뚝에는 적용하지 않는다.

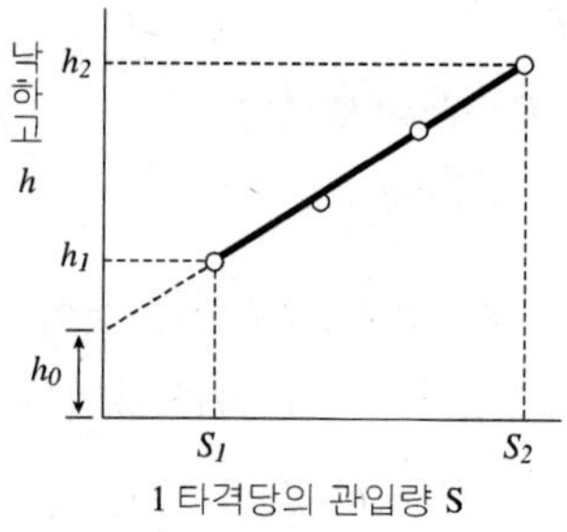

〈그림 5-22〉 관입량과 낙하높이와의 관계

〈표 5-8〉 흙과 말뚝의 마찰계수

토 질	마찰계수[μ]
연약지반	0.1
습한 롬, 점토	0.2
포화된 모래, 롬(loam)	0.3
습한 모래, 자갈	0.4
건조한 롬, 점토	0.4
건조한 모래, 막돌	0.5~0.7

〈표 5-9〉 말뚝의 주면마찰력

	토 질	f_s [KPa]
세립토	뜬 진흙탕	12.5±10
	실트	15±10
	연약점토	20±10
	실트질 점토	30±10
	사질 점토	30±10
	중점토	35±10
	사질 실트	40±10
	굳은 사질 점토	45±10
	치밀한 실트질 점토	60±15
	굳은 다져진 점토	75±20
조립토	실트질 모래	30±10
	모래	60±25
	모래 및 막돌	100±50
	막돌(礫)	125±50

$$Q_u = Q_f + Q_p \quad (5-31)$$

$$Q_f = \frac{1}{2}\gamma UL^2\mu(1+\tan^2\phi) + C'UL$$

$$Q_p = \gamma LA_p\tan^2(45+\frac{\phi}{2}) \quad (5-32)$$

ɣ : 흙의 단위체적중량[kN/m³], 지하수위 아래는 수중단위중량

μ : 말뚝과 흙사이의 마찰계수($\mu = 0.75\tan\phi \sim \tan\phi$)

c': 흙과 말뚝과의 부착력[KPa]

$c < 0.22$MPa일 때, $c' = 0.45c$

$c \geq 0.22$MPa일 때, $c' = 0.1$MPa

2) Terzaghi의 말뚝지지력공식

말뚝을 얕은기초로 간주하고 기초 폭을 말뚝의 지름 또는 폭, 근입깊이를 말뚝의 관입길이로 하여 얕은기초에 대한 지지력공식으로부터 말뚝지지력을 구하였다.

$$Q_u = q \cdot A_p + f_s UL \quad (5-33)$$

$$q = (\alpha CN_c + \beta\gamma_1 BN_r + \gamma_2 LN_q)$$

$$Q_u = (\alpha cN_c + \beta\gamma_1 BN_r + \gamma_2 LN_q)A_p + ULf_s$$

Q_u : 말뚝의 극한지지력[kN]

U : 말뚝의 둘레[m]

B : 말뚝의 지름 또는 폭[m]

L : 말뚝의 관입길이[m]

A_p : 말뚝의 선단지지면적[m²]

α, β : 기초의 형상계수

N_c, N_r, N_q : 말뚝선단 하부지반의 수정지지력계수

c : 말뚝선단 하부지반의 점착력[kN/m²]

γ_2 : 말뚝선단 하부지반의 단위중량[kN/m³]
(지하수위 이하에서는 수중단위중량)

γ_1 : 말뚝주변지반의 단위중량[kN/m³]
(지하수위 이하에서는 수중단위중량)

f_s : 평균주변마찰력 $= \frac{\sum C_{ai} + K_{si} q_i \tan\delta)l_i}{L}$

C_{ai} : i층에서의 흙과 말뚝 사이의 부착력[kN/m²]

K_{si} : 말뚝에 작용하는 수평토압계수

q_i : i층에서의 평균 유효상재하중[kN/m^2]

δ : 말뚝과 지반사이의 마찰각

l_i : i층의 두께[m]

흙과 말뚝사이의 부착력 C_a는 지반의 점착력의 크기에 따라 다르다(표 5−10). 말뚝에 작용하는 수평토압계수 K_s와 말뚝과 지반사이의 마찰계수 $\tan\delta$의 값은 모두 조밀한 모래에서는 0.8, 느슨한 모래에서는 0.5 정도를 사용하면 된다.

〈표 5 - 10〉 점토의 점착력과 부착력의 관계(tomlinson)

	점착력 c [kN/m^2]	부착력 C_a [kN/m^2]
콘크리트말뚝	0~37	0~34
나 무 말 뚝	37~74	34~49
	74~147	49~64
강 말 뚝	9~37	0~34
	37~74	34~49
	74~147	49~59

(4) Meyerhof의 말뚝지지력공식

표준관입시험결과(N치)를 이용하여 말뚝의 지지력공식을 구하는 경험적 방법을 제시하였다. Meyerhof의 말뚝의 지지력공식에서는 제1항은 말뚝선단의 지지력을 제2항은 사질토층의 주변마찰력을 제3항은 점착력을 나타낸다. 말뚝주변에 점성토층이 있는 경우에도 적용할 수 있다.

$$R_u = 40 \cdot NA_P + \frac{1}{5}\overline{N}UL \quad \cdots\cdots\cdots(\text{사질지반}) \qquad (5-34)$$

N : 말뚝선단부의 N치

$\overline{N}$: 말뚝 근입부분에 대한 지반의 평균 N치

A_P : 말뚝의 선단면적[m^2]

U : 말뚝의 주변장[m]

L : 말뚝의 근입심도[m]

$$R_u = 40\,NA_P + \frac{1}{5}N_s A_s + \frac{N_c}{2}A_c \quad \cdots\cdots\cdots (\text{비점착성 지반}) \tag{5-35}$$

R_u : 말뚝의 극한지지력[kN]

A_p : 말뚝의 선단면적[m^2]

N : 말뚝선단지반(모래지반)의 N치 $[N = (N_1 + N_2)/2]$

N_1 : 말뚝선단 부분의 N치(단 말뚝선단하부에서 깊이에 따라 N치가 감소하면 말뚝선단 아래 $2B$깊이 범위 내의 평균 N치)

N_2 : 말뚝선단에서 위로 $10B$의 범위 내의 평균 N치

N_s : 말뚝주변 모래층의 평균 N치

A_s : 모래층 내의 말뚝의 주변면적[m^2] $A_s = Ul_s$

U : 말뚝의 주변장[m]

l_s : 모래층 내에 말뚝깊이[m]

N_c : 말뚝주변 점토층 N치의 평균치

A_c : 점토층 내의 말뚝의 주변면적[m^2]

l_c : 점토층 내의 말뚝길이[m] $A_c = Ul_c$

(5) 동역학적 지지력공식

동역학적공식(dynamic equation)은 일반적으로 다음과 같은 형으로 표시한다.

$$W_H \cdot h = R_u \cdot S + Q \tag{5-36}$$

여기서, W_H : 해머중량[kN]

R_u : 말뚝의 극한지지력[kN/m^2]

h : 해머의 낙하고[m]

S : 해머 1회의 낙하에 의한 말뚝의 관입량[m]

Q : 타입할 때의 에너지손실[kN · m]

이 에너지손실은 해머와 말뚝과의 충격, 말뚝머리 및 말뚝에 생기는 탄성압축, 지반에 생기는 압축 등에 의한 손실이고, 이 양의 평가는 각 제안자에 따라 다르다.

여기서 에너지손실을 무시하고 안전계수 8을 취하면 아래 샌더(sander)공식을 얻는다.

$$R_a = \frac{R_u}{8} = \frac{W_H \cdot h}{8S} \tag{5-37}$$

여기서, R_a : 허용지지력[kN/m^2]

다른 기호는 전과 같다. 단 S와 h의 단위는 [m], 분모의 숫자 8은 안전율이다.

말뚝의 동적공식 중에서 가장 일반적인 것은 Hiley의 공식이다. 이 공식은 말뚝타격 시의 에너지손실, 말뚝이나 지반의 탄성변형에 의한 손실 등을 고려하여 만든 것으로 모래, 자갈층 등이 지지층인 경우 재하시험결과와 잘 일치하고 있다. 또한 최종관입량의 S가 적어도 5mm 이상인 경우 비교적 정확한 적용이 가능하다. 또한 관입량에 대한 낙하고를 높이기 위한 범위는 말뚝무게의 1.5~2.5배가 적당하다.

동역학적공식으로 자주 사용되는 동역학적 지지력공식은 Hiley공식, Weisbach공식, Engineering News공식, 덴마크항타공식 등이 있다.

1) Hiley 항타공식

$$Q_u = \frac{e_f F}{s + 0.5(C_1 + C_2 + C_3)} \frac{W_H + e^2 W_p}{W_H + W_p} \tag{5-38}$$

Q_u : 말뚝의 극한지지력[kN]

W_H: 해머의 무게[kN]

W_p : 말뚝의 무게[kN]

e_f : 해머의 효율

e : 반발계수[$e=1$: 완전 탄성, $e=0$: 완전 비탄성]

s : 최후의 5~10회의 타입에 대한 1회 타격당 말뚝의 평균관입량[cm]

C_1 : 말뚝의 탄성변형량[m]

C_2 : 지반의 탄성변형량[m]

$$C_2 = \frac{Q_u L}{AE} \text{ [m]}$$

L : 말뚝의 길이[m]

E : 말뚝의 탄성계수[kN/m^2]

A : 말뚝의 단면적[m^2]

C_3 : 캡쿠션의 탄성변형량[cm]

F : 타격에너지[kN/m]

① 드롭해머

- 단동식 스팀해머 → $F = W_H \cdot H$
- 복동식 스팀해머 → $F = (a \cdot p + W_H)H$

② 디젤해머

$F = 2W_H \cdot H$

H : 해머의 낙하고[m]

a : 실린더의 단면적[m^2]

p : 증기압, 공기압[KPa]

해머의 효율 e_f는 해머의 종류에 따라 다르며 표 5-11과 같다.

〈표 5-11〉 해머의 효율

해머의 종류	효 율
드롭해머	1.0
디젤해머	1.0
증기해머	0.9
윈치해머	0.7

여기에서 C_1, C_2는 항타시험시 리바운드량으로 부터 측정되는 값이며, 말뚝의 탄성변형량 C_1은 말뚝의 종류에 따라 다르고 개략적인 값은 표 5-12와 같다.

캡, 쿠션의 탄성변형량 C_3는 말뚝선단에 작용하는 지반응력에 따라 표 5-13에서 값을 선택해야 한다. 말뚝선단이 견고한 지지층에 도달하면 C_3의 값을 무시할 수 없으며, C_3의 값을 적절히 가정하여 계산해야 한다.

〈표 5-12〉 말뚝의 탄성변형량 C_1[단위 : cm]

말뚝의 형상	말뚝두부의 압력[KPa]			
	3500	7000	10500	14000
나무말뚝 머리	1.3	2.6	4.0	5.1
기성콘크리트말뚝에 두께 8~1cm 나무를 대고 타격	2.0	4.0	5.7	7.6
기성콘크리트말뚝에 두께 1.3~2.6cm 나무를 대고 타격	0.6	1.3	2.0	2.6
콘크리트말뚝에 철제 캡을 씌우고 타격	1.0	2.0	3.0	4.0
철판과 철제 캡 사이에 두께 5mm 보호천을 대고 타격	0	0	0	0

〈표 5-13〉 캡, 쿠션의 탄성변형량

말뚝선단 작용응력[kN/m²]	3500	7000	10500	14000
C_3 [mm]	0.7~2.5	2.5~5.1	2.5~7.1	1.3~5.1

2) Weisbach 항타공식

앞의 Hiley 식에서 $C_1 = C_3 = 0$, $e_f = e = 1$, $C_2 = \frac{Q_u L}{AE}$ 라 놓으면, 다음과 같은 Weisbach의 공식이 구해진다. 이 경우 말뚝의 허용지지력 $Q_a = 0.15 Q_u$ 로 정한다.

$$Q_u = \frac{AE}{L}\left[-s + \sqrt{s^2 + F\left(\frac{W_H + e^2 W_P}{W_H + W_P}\right)\frac{2L}{AE}}\right] \tag{5-39}$$

Q_u : 말뚝의 극한지지력[kN]

A : 말뚝의 실제단면적[m²]

E : 말뚝 재료의 탄성계수[kN/m²]

L : 말뚝의 길이[m]

3) 엔지니어링 뉴스의 항타공식(Wellington)

① 드롭해머

$$Q_u = \frac{W_H H}{s + 2.54} \tag{5-40}$$

② 단동식 증기해머의 경우

$$Q_u = \frac{W_h H}{s + 0.254} \tag{5-41}$$

③ 복동식 증기해머의 경우

$$Q_u = \frac{H(W_H + A_p P)}{s + 0.254} \tag{5-42}$$

Q_u : 말뚝의 극한지지력[kN]

W_H : 해머의 무게[kN]

H : 해머의 낙하고[m]

A_p : 피스톤의 면적[m²]

P : 해머의 작용하는 증기압[kN/m²]

s : 타격당 말뚝의 평균관입량[m]

(6) 덴마크 항타공식의 경우

$$Q_u = \frac{e_f W_H H}{s + \sqrt{\frac{e_f W_H H L}{2AE}}} \tag{5-43}$$

Q_u : 말뚝의 극한지지력[kN]

e_f : 해머의 효율(표 5-10 참조)

W_H : 해머의 무게[kN]

H : 해머의 낙하고[m]

L : 말뚝의 길이[m]

A : 말뚝의 면적[m²]

E : 말뚝재료의 탄성계수[kN/m²]

s : 타격당 말뚝의 평균관입량[m]

(7) 무리말뚝의 지지력

1) 지지력의 계산

일반적으로 기초말뚝은 무리말뚝(group pile)으로 사용한다. 각 개의 말뚝으로부터의 응력은 지반 내에서 중복되므로 말뚝 1개당 지지력은 감소하게 된다. 연직하중에 대한 무리말뚝의 지지력으로서는 무리말뚝의 선단면에서의 지반의 지지력과 그 무리말뚝의 외주면의 흙의 전단저항을 고려한다. 그림 5-21에서 계산한다.

$$Q = q \cdot A + \mu \cdot l \cdot f_s \tag{5-44}$$

여기서, q : 지반의 극한지지력[kN/m²]

A : 무리말뚝의 외주로 둘러싸인 부분의 면적 [m²] $= b_1 \times b_2$

μ : 무리말뚝 외주길이 [m] $= 2(b_1 + b_2)$

l : 말뚝길이[m]

f_s : 흙의 전단저항[kN/m²]

이때 Q의 값을 말뚝개수로 나누어 말뚝개당 극한지지력으로 한다.

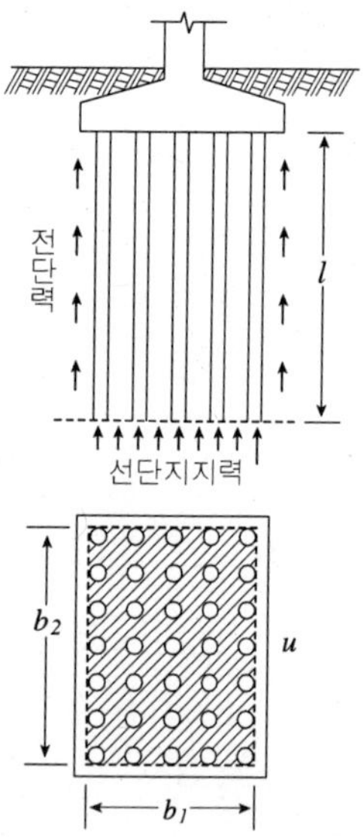

〈그림 5-23〉 무리말뚝의 응력상태

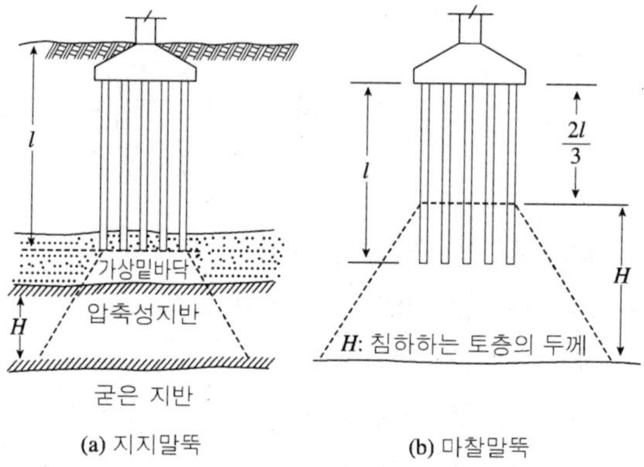

〈그림 5-24〉 무리말뚝의 침하

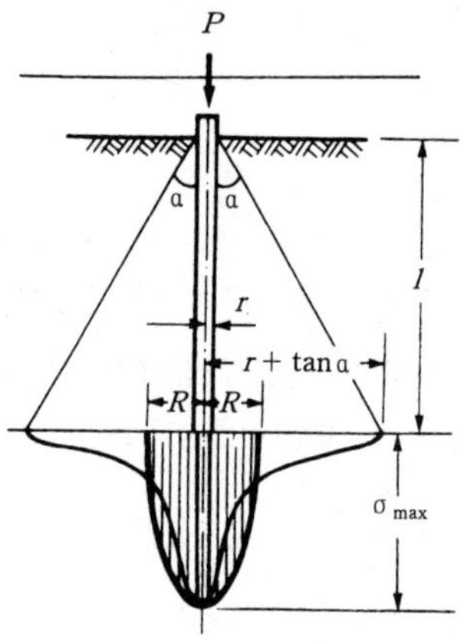

〈그림 5-25〉 단항의 응력분포

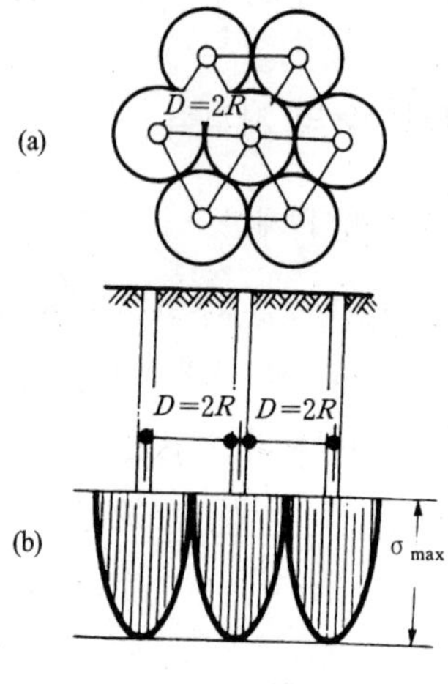

〈그림 5-26〉 무리말뚝의 응력분포

일반적으로 적당한 말뚝의 간격으로서는 $2.5d$(d : 말뚝지름) 이상이며, 또 $4d$ 이상이 되면 비경제적이다. 표준적인 말뚝간격은 표 5-14와 같다.

〈표 5-14〉 말뚝간격

	외력에 대한 방향	말뚝의 중심간격
사질토	가로방향 세로방향	말뚝지름의 1.5배 말뚝지름의 2.5배
점성토	가로방향 세로방향	말뚝지름의 3.0배 말뚝지름의 4.0배

2) 지지력의 저감률

마찰말뚝에서 말뚝의 간격이 식 5-44 또는 식 5-48로 구한 값보다 좁게 되는 경우에는 마찰말뚝에 대해서는 Converse-Labarre는 다음과 같은 저감식을 제안하였다.

$$\left.\begin{aligned} & Q' = Q \cdot E \\ & E = 1 - \psi \frac{(n-1)m + (n-1)n}{90mn} \\ & \text{단, } \psi = \tan^{-1}\frac{D}{S}[\text{도}] \end{aligned}\right\} \qquad (5-45)$$

여기서, E : 무리말뚝의 효율

S : 말뚝의 간격[m]

D : 말뚝의 지름[m]

m : 각 열의 말뚝 수

n : 말뚝 열의 수

무리말뚝의 영향은 지지력뿐만 아니라 침하에 대해서도 생각하여야 한다.

3) 침하량 계산

무리말뚝의 침하는 그림 5-24와 같다. 지지말뚝에 대해서는 말뚝선단에, 그리고 마찰말뚝에 대해서는 말뚝선단에서 말뚝길이의 1/3의 위치에 가상 기초저면이 있는 것으로 가정하여 계산한다.

(8) 말뚝간격의 결정법

1) 해석법

지반반력이 사다리꼴로 분포한다고 가정하고, 각 분할면적의 중심에 말뚝을 박는다고 하여 배열을 구한다.

$$A = \frac{(a_1 + a_2 d)}{2}$$

$$A_n = \frac{(2a_2 + x_n \tan\theta)\, x_n}{(a_1 + a_2)\, d}$$

$$K_n = \frac{A_n}{A} = \frac{(2a_2 + x_n \tan\theta)\, x_n}{(a_1 + a_2)\, d}$$

$$x_n = a_2 + \frac{\sqrt{a_2^2 + K_n d\,(a_1 + a_2)\tan\theta}}{\tan\theta} \tag{5-46}$$

여기서, d : 기초밑면의 폭

a_1 : 기초밑면 앞 끝에서의 압축강도

a_2 : 기초밑면 뒷 끝에서의 압축강도

A_n : 0점과 x_n거리 사이에 있는 압축면적

$$\tan\theta = \frac{(a_1 + a_2)}{d}$$

2) 도해법

그림 5−27과 5−28에 있어서 사다리꼴 044′0′의 변 40과 4′0′를 연장하여 그 교점을 A로 하고 A4를 지름으로 하는 반원을 그린다. 다음에 A를 중심으로 하여 A0를 지름으로 하는 원을 그려서 큰 원과 0″에서 A4와 평행한 평행선을 그려서 44′와의 교점을 4″로 한다. A를 중심으로 하여 A1″, A2″를 지름으로 하는 호를 그려서 A4와의 교점을 1, 2, 3으로 하면 11′, 22′, 33′가 각각 사다리꼴을 등분하는 선들이며, 이들 각 구간의 중심이 말뚝의 중심위치가 된다.

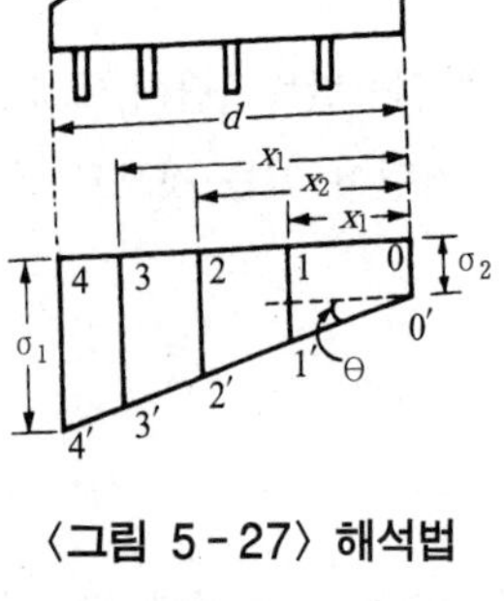

〈그림 5-27〉 해석법

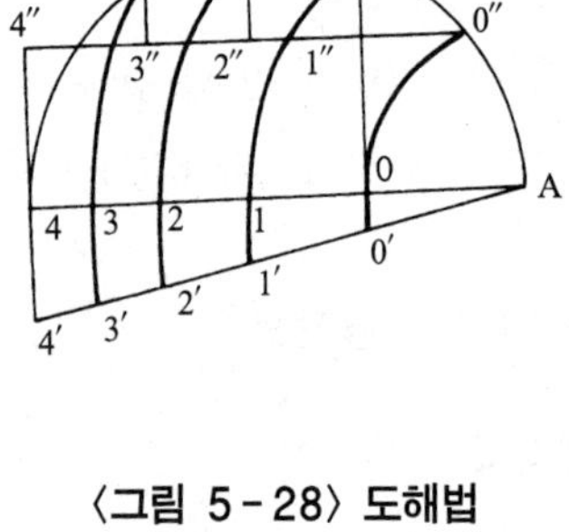

〈그림 5-28〉 도해법

(9) 말뚝간격의 추정공식

Bierbaumerd의 최소 중심간격은,

$$D = 2\sqrt{rl\tan\alpha} \qquad (5-47)$$

일본건축학회에서는 분포각 α＝30 로 하여 다음 식을 제안하고 있다.

$$D = 1.5\sqrt{rl} \qquad (5-48)$$

(10) 말뚝설치 순서 및 주의 사항

말뚝설치공사에 있어서 많은 말뚝을 설치해야 할 때에 말뚝을 어떠한 순서로 설치할 것인가는 시공의 난이, 말뚝기초의 성능, 공정의 속도 등에 가장 큰 영향을 미친다.

일반적으로 중앙부의 말뚝부터 먼저 설치한 다음 차례로 외측으로 향해서 설치해 나가야 한다. 주위의 말뚝을 먼저 박으면 중앙부의 흙이 다져져서 말뚝설치가 곤란하게 되어 항타기를 대형으로 바꾸지 않으면 소정의 깊이까지 말뚝을 설치하지 못하는 경우가 발생할 수 있다. 중앙부에서 외측으로 향하여 말뚝을 설치하면 흙의 다짐효과가 그다지 크지 않고 거의 균일하므로 정확한 말뚝설치를 할 수 있다. 또 주위의 말뚝설치를 먼저 하면 말뚝상단이 돌출되어 있을 때에는 항타기가 중앙부에 들어가지 못하는 경우도 있다(그림 5－29(a) 참조).

1) 말뚝설치 순서

기존구조물 부근에서 말뚝을 설치하거나 또는 지반조건이 같지 않은 장소에서 설치하는 경우, 그 때의 상황에 따라 말뚝설치 순서를 합리적으로 정하여야 한다. 기존구조물의 인근에서 무리말뚝을 중심부터 설치하기 시작하여 기존말뚝기초 쪽으로 접근해 가면(그림 5－29(b)) 이 부분의 흙이 외측으로 밀리므로 기존말뚝을 옆으로 밀어서 측방이동을 일으킬 수 있고, 또는 최후

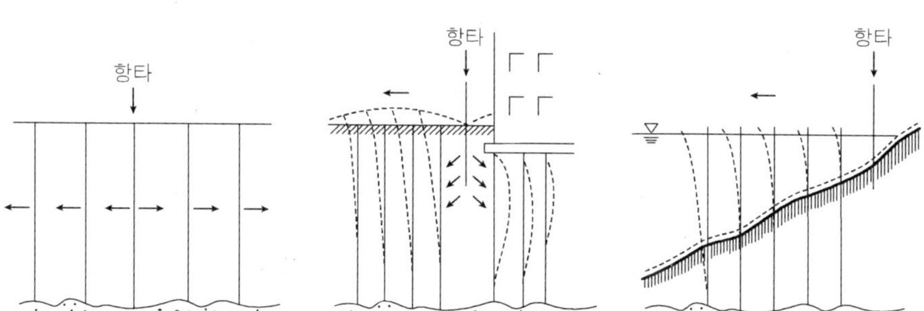

(a) 평지는 중앙에서 바깥쪽으로 (b) 건물에서 멀어지는 쪽으로 (c) 육지에서 바다쪽으로

〈그림 5－29〉 항타순서의 일례

열의 말뚝은 흙이 너무 다져지기 때문에 말뚝설치가 힘들어진다.

또 잔교나 부두(그림 5-29(c))와 같이 지표면이 한 쪽으로 향해서 경사되어 있는 곳에 말뚝을 설치하려면 육지쪽부터 먼저 말뚝을 박기 시작하여 바다쪽으로 진행하면 좋지만 반대로 하면 말뚝을 하나 설치할 때마다 흙이 바다쪽으로 밀려서 먼저 설치한 말뚝은 대단히 큰 횡방향력을 받아 기울어 지든가 꺾어 지든가 한다. 또 이와 같은 곳에서 항타선을 사용하여 말뚝을 설치할 때는 말뚝 때문에 방해가 되어 배가 해안에 접근하지 못하게 되어 육지쪽의 말뚝은 설치하지 못하게 된다.

2) 말뚝설치시 주의 사항

말뚝기초를 시공할 때는 지반의 토질조건과 주위의 구조물에 따라 적합한 순서로 말뚝을 설치하여 하며, 말뚝을 설치하는 도중이나 종료 때는 다음과 같은 사항에 주의해야 한다.

① 해머를 말뚝 가장자리에 낙하시키지 않아야 한다.
② 말뚝의 머리가 손상하면 타격의 효과가 작으므로 그 부분을 절단해야 한다.
③ 말뚝박기에서 말뚝이 반발할 경우는 말뚝의 중간이 파손되어 있는 것이므로, 이것은 새로운 말뚝을 박아야 한다.
④ 먼저 설치한 말뚝이 올라오는 현상은 말뚝이 짧거나 간격이 너무 좁은 경우
⑤ 일과 종료 때 타입이 중단되는 말뚝이 없도록 해야 한다.
⑥ 각 말뚝의 최종관입량을 반드시 기록한다.

(11) 말뚝의 허용지지력

외말뚝의 극한지지력을 구하는 방법에는 정적지지력공식에 의한 방법, 현장시험결과를 이용하는 방법, 항타공식(동적지지력공식)에 의한 방법, 재하시험에 의한 방법 등이 있다.

외말뚝의 허용지지력은 극한지지력을 안전율(2.5~4)로 나눈 값이다.

$$Q_a = \frac{Q_u}{FS} \tag{5-49}$$

여기서, Q_a : 외말뚝의 허용지지력

FS: 안전율

지표면에서 하중 Q가 점차 증가하면 말뚝주면의 최대마찰저항 Q_s는 말뚝의 크기나 길이에 관계없이 흙과 말뚝 사이의 상대변위가 5~10mm 정도일 때 완전히 발휘된다. 그러나, 최대선단저항 Q_p가 발휘되기 위해서는 말둑선단의 변위가 타입말뚝에서는 말뚝지름의 10%, 구멍뚫기 말뚝에서는 25%가 필요하다. 이것은 마찰지지력 Q_s가 선단지지력 Q_p에 비해 매우 작은 말

뚝변위에서 유발된다는 것을 의미한다.

1개 말뚝의 축방향 허용압입지지력은 다음 식에서 구한다.

$$q_a = \frac{1}{n}(q_u - W_s) + W_s - W \qquad (5-50)$$

여기서, q_a : 말뚝머리에 말뚝의 축방향 허용압입지지력[kN]

n : 상시 지지말뚝 3, 마찰말뚝 4, 지진시 지지말뚝 2, 마찰말뚝 3의 안전계수

q_u : 지반에서 결정하는 말뚝의 극한지지력[kN]

W_s : 말뚝으로 치환되는 부분의 흙의 유효중량[kN]

W : 말뚝 및 말뚝 내부의 흙의 유효중량[kN]

식 (5−50)에 있어서 q_a를 산정하는 것이 중요하다. 이 지반의 극한지지력은 재하시험 또는 정역학적공식에 의하여 추정되어야 하며, 지지력을 계산에 의하여 추정할 경우 사전에 실시된 적절한 지반조사의 결과를 기본으로 다음과 같은 정역학적공식에 의하여 선단지지력과 주면지지력의 합으로 산출한다.

$$q_u = q_p \cdot A + U \cdot \sum t_i \cdot f_i \qquad (5-51)$$

여기서, A : 말뚝선단면적[m^2]

U : 말뚝의 주변길이[m]

q_p : 말뚝 선단에서 지지하는 단위면적당의 극한지지력도[kN/m^2]

t_i : 주변마찰을 고려하는 제 i층의 층두께[m]

f_i : 주변마찰을 고려한 제 i층의 최대 주면마찰력도[kN/m^2]

현재 교량의 기초로 사용되는 말뚝을 그 지지력의 발휘기구에 따라 구분하면 ① 타입말뚝 ② 현장말뚝 ③ 중굴말뚝으로 나눌 수 있다. 이들은 각각 선단지지력, 주면지지력의 발현 방법이 다르므로 q_p, f_i의 산정에는 위의 종류마다 산정해야 한다.

지지층에서 환산 근입깊이의 결정법은 그림 5−30과 같다. 말뚝선단지반의 설계 N치, 즉 N치의 평균 $\overline{N}$는 다음 식과 같다.

$$\overline{N} = \frac{N_1 + N_2}{2} \quad (\overline{N} \leqq 40) \qquad (5\text{-}52)$$

여기서, N_1 : 말뚝선단위치의 N치

N_2 : 말뚝선단에서 상부에 N=40의 범위에 있어서는 N치

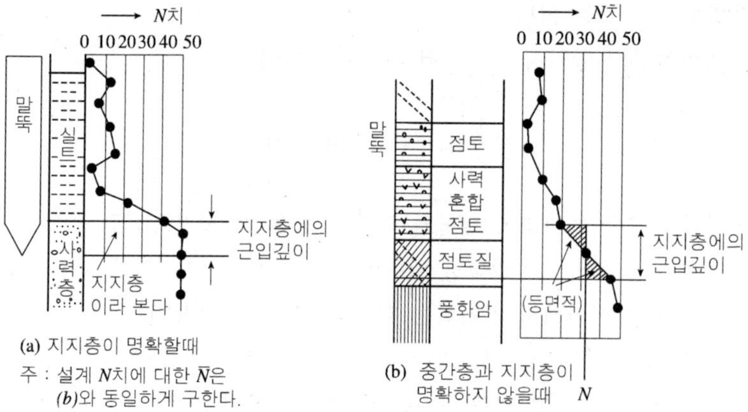

〈그림 5-30〉 지지층에서의 환산 근입깊이의 결정법

또한 지반의 N치 분포곡선과 N과의 선으로 둘러싼 부분의 면적이 같게 되는 점에서 말뚝선단까지의 거리를 근입깊이로 한다.

중굴말뚝공법에 의한 PSC말뚝의 선단지지력 q_p의 산정방법은 다음과 같다.

$$q_p = \begin{cases} 10N \ (\leq 400) \ \text{사층} \\ 15N \ (\leq 600) \ \text{사력층} \end{cases}$$

여기서, N은 말뚝선단위치의 N치이다.

〈표 5-15〉 현장말뚝의 q_p 추정표〔KPa〕

지반의 종류	선단극한지지력
사력층 및 사층($N \geq 30$)	3000
경질점성토층	$30q_u$

단, q_u는 일축압축강도[KPa]

〈표 5-16〉 주면마찰력〔KPa〕

지반의 종류 \ 시공법	타입말뚝공법	현장말뚝공법	중굴말뚝공법
사 질 토	$2N(\leq 10)$	$5N(\leq 20)$	$1N(\leq 5)$
점 성 토	C 또는 $N(\leq 15)$	C 또는 $N(\leq 15)$	$5C$ 또는 $5N(\leq 15)$

[주] $N \leq 2$의 연약층은 신뢰성이 적으므로 주면마찰저항을 고려해서는 안된다.

(12) 1개의 말뚝 축방향 허용인발력

말뚝반력의 계산법으로서 변위법을 채용하므로 말뚝의 두부반력을 정확하게 산출하는 것이 가능하기 때문에 상시의 인발력과 안전계수를 크게하여 확인하고 있다. 1개 말뚝의 축방향 허용인발력은 다음과 같다.

$$P_a = \frac{1}{n} P_u + W \tag{5-53}$$

여기서, P_a : 말뚝머리에서 말뚝의 축방향 허용인발력[kN]으로서 말뚝의 축방향 허용인장력을 넘어서는 안 된다.

n : 안전계수(평상시 6, 지진시 3)

P_u : 지반에서 결정되는 말뚝의 극한인발력[kN]

W : 말뚝의 유효중량[kN]

P_u는 지반조사결과를 기준으로 표 5-15에 나타낸 최대마찰력도는 식(5-54)와 같다.

$$P_u = U\sum_i l_t \cdot f_i \tag{5-54}$$

(13) 부마찰력

연약층을 관통하여 지지층에 도달한 지지말뚝에는 연약층의 침하에 의해서 하향의 마찰력이 작용하여 말뚝을 아랫쪽으로 끌어 내리려는 현상이 생긴다. 이와 같이 하향으로 작용하는 마찰력을 부마찰력(負摩擦力, negative skin friction)이라 한다. 이 부마찰력 Q_{nf}는 식 (5-55)와 같다.

$$Q_{nf} = f_s l u \tag{5-55}$$

여기서, f_s : 말뚝의 평균마찰력 또는 일축압축강도 $f = \frac{1}{2} q_u$

l : 연약층의 두께[m]

u : 말뚝의 주변길이[m]

1) 부마찰력이 발생하는 중립점의 깊이

① 부의 주면마찰력은 중립점 위에서 발생한다.

② 중립점이란 압밀층 내의 한 점에서는 지반침하와 말뚝의 침하가 같으므로 상대적 이동이 없다.

③ 부마찰력이 작용하는 중립점까지의 두께는 nH이다(여기서, n : 말뚝종류에 따른 계수, H : 압밀층두께).

④ 마찰말뚝, 불완전 지지말뚝 n : 0.8, 보통모래, 모래 자갈층에 지지된 말뚝 n : 0.9, 암반, 굳은 지층에 완전지지된 말뚝의 경우 n : 1.0이다.

2) 부마찰력이 생기는 원인

① 말뚝의 매입지반이 압밀 진행중인 경우
② 상재하중이 말뚝과 지표에 작용하는 경우
③ 지하수위의 감소로 체적이 감소하는 경우
④ 점성토가 사질토위에 놓일 때와 점착력이 있는 압축성 지반일 경우

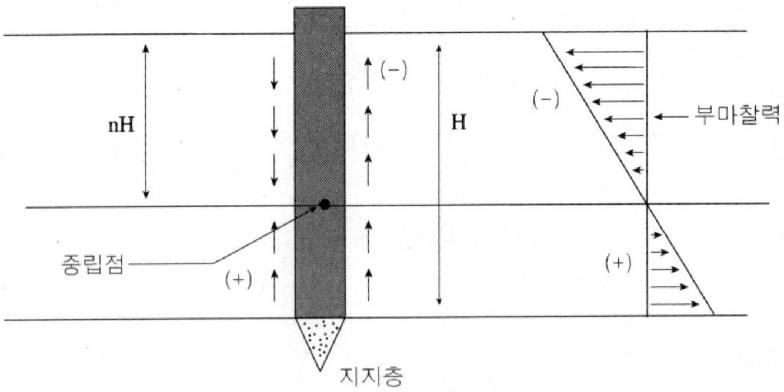

〈그림 5-31〉 부마찰력 발생도

(14) 말뚝재하시험

말뚝의 지지력을 구하는 방법 중 가장 신뢰할 수 있는 방법은 말뚝재하시험(pile load test)이며, 이는 말뚝을 설계깊이까지 설치한 후 일련의 하중을 가하여 말뚝의 극한하중이나 허용침하량 이내에서 지지할 수 있는 하중의 크기를 구하는 시험이다.

말뚝재하시험에는 설계하중의 2~3배 크기의 재하하중이 필요하다. 재하방법으로는 그림 5-32(a)와 같이 재하장치 위에 콘크리트 블록이나 철근을 설치하는 사하중재하방법과 그림 5-32(b)와 같이 반력말뚝의 인발저항력을 이용하여 유압잭(hydraulic jack)으로 하중을 가하는 반력말뚝방법이 있다. 말뚝의 침하량은 다이알 게이지(dial gage)를 사용하여 측정한다.

사질토지반에 설치한 말뚝의 재하시험은 말뚝타입 후 즉시 실시할 수 있으나 점토지반에 설치한 말뚝의 재하시험은 말뚝매입 후 30~60일 이상 경과한 후에 실시해야 한다. 이는 말뚝타입시 교란된 점토의 강도가 원래대로 회복되는데 상당한 시간이 걸리기 때문이다.

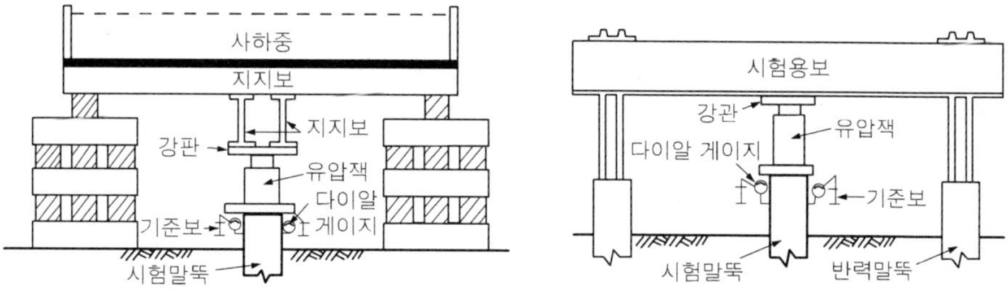

(a) 사하중재하방법 (b) 반력말뚝사용방법

〈그림 5-32〉 말뚝재하시험 장치

1) 압축재하시험방법

표준재하시험방법인 완속재하시험방법은 다음과 같다.

① 하중을 8단계로 나누어, 즉 설계하중의 25%, 50%, 75%, 100%, 125%, 150%, 175% 및 200%로 나누어 재하한다.

② 각 하중단계에서 말뚝머리의 침하율이 0.25mm/hr 이하가 되거나 2시간이 될 때까지 재하하중을 유지한다.

③ 마지막 하중단계, 즉 설계하중의 200%에서 24시간 동안 하중을 유지한다. 단 침하율이 0.25mm/hr 이하일 경우에는 12시간 동안 유지한다.

④ 전체 시험하중을 1시간 간격으로 설계하중의 25%씩 나누어 하중을 제거한다.

2) 극한지지력의 결정

말뚝재하시험에서 재하(loading) 및 제하(unloading)에 따른 하중－침하량 곡선으로 부터 순침하량(net settlement)은 다음과 같이 구한다.

$$S_{net} = S_t - S_e \tag{5-56}$$

여기서, S_{net} : 순침하량

S_t : 전침하량

S_e : 말뚝자체의 탄성압축량(탄성반발량 : rebound)

3) 전침하량을 기준으로 한 극한지지력의 결정

말뚝의 침하량은 하중에 따라 증가하다가 어느 값에 도달하면 침하량이 급격히 증가하게 된다. 하중－침하량 곡선이 수직으로 변할 때가 극한상태이고, 이때의 하중이 말뚝의 극한지지력 Q_u이다.

그러나 대부분의 말뚝재하시험에서는 이러한 극한상태가 확인이 되지 않는다. 또한 어느 정도의 침하량에 도달할 때의 하중을 극한지지력으로 인정하는 방법이 많이 사용되고 있다.

BS규정(영국)에서는 전침하량이 말뚝지름의 10%일 때의 하중을 극한지지력으로 보며, Terzaghi-Peck은 전침하량 25mm를 극한지지력의 기준으로 제안하였다.

4) 순침하량을 기준으로 한 극한지지력의 결정

하중제거 시의 탄성압축량을 배제한 순침하량이 지반의 특성을 보다 잘 반영하므로 순 침하량을 기준으로 극한지지력을 결정하는 방법이 많이 사용된다.

극한지지력의 기준이 되는 순침하량의 크기를 독일의 DIN규정에서는 말뚝지름의 2.5%, 미국의 COE규정에서는 0.63cm, 또 다른 여러 규정에서는 0.25mm/kN으로 사용하고 있다.

예제 5-3 연약지반 지중의 길이 15m, 지름 0.3cm의 콘크리트말뚝을 박았다. 흙의 내부마찰각 $\phi=12°$, 점착력 $c=12\text{kN/m}^2$로서, 단위체적중량은 $\gamma=15\text{kN/m}^3$일 때 극한지지력을 Dörr의 공식으로 구하시오.

[풀이] 제의에 따라 $\mu=0.1$(표 5-8 참조), $c'=0.45c$ 일 때 $c'=5.4\text{kN/m}^2$이다.

$$R_u=\pi r^2\gamma_t L\tan^2\left(45+\frac{\phi}{2}\right)+\mu(1+\tan^2\phi)\frac{1}{2}\gamma_t 2\pi r L^2+c'2\pi r\cdot L$$

$$R_u=3.14\times0.15^2\times15\times15\times\tan^2\left(45+\frac{12}{2}\right)+0.1(1+\tan^2 12)$$

$$\times\frac{1}{2}\times15\times2\times3.14\times0.15\times15^2+0.45\times12\times2\times3.14\times0.15\times15$$

$$=266[\text{kN}]$$

예제 5-4 표준관입치가 다른 3개의 층으로 지지되어 있는 길이 15m의 콘크리트말뚝이 있다. 말뚝지름은 30cm이다. Meyerhof의 식에 의해 극한지지력을 계산하시오.

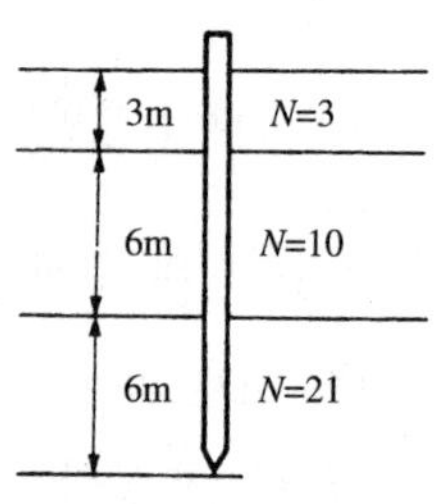

[풀이] 각 층의 표준관입치를 N_1, N_2, N_3라 하고, 각각의 층에 있는 말뚝의 길이를 h_1, h_2, h_3라고 하면 N는 다음 식에서 구한다.

$$\overline{N} = \frac{N_1h_1 + N_2h_2 + N_3h_3}{h_1 + h_2 + h_3} = \frac{3\times3+10\times6+21\times6}{3+6+6} = 13$$

$$A_p = \pi r^2 = 3.14 \times 0.15^2 = 0.07[\mathrm{m}^2]$$

$$A_f = 2\pi rl = 6.28 \times 0.15 \times 15 = 14.13[\mathrm{m}^2]$$

식 (5−34)에서

$$R_u = 40NA_p + \frac{\overline{N}A_f}{d} = 40 \times 21 \times 0.07 + \frac{13\times14.13}{5}$$

$$= 58.80 + 36.74 = 95.54[\mathrm{ton_f}] = 955[\mathrm{kN}]$$

5-5 현장타설말뚝

(1) 개요

최근 토목구조물이나 건축구조물이 대형화되어 큰 지지력을 가지는 말뚝이 필요하게 되고 말뚝지름, 말뚝길이 등이 점점 크고 길어져 가고 있다.

기성말뚝을 사용하는 공법도 말뚝의 제작, 운반에 많은 제약이 있고 말뚝설치에도 주위 환경의 제약이 있다. 또 진동, 소음으로 인한 민원이 발생하여 공사의 추진이 어렵게 되고 있다. 이 때문에 이들의 결점을 보완하기 위하여 현장말뚝공법이 급속하게 발전되고 있으며 무소음, 무진동 등 여러 가지 장점이 있지만 선단지반이 이완이 발생할 우려가 있으므로 철저한 시공관리가 이루어져야 한다.

또한 현장타설말뚝공법은 원지반의 소정의 위치에서 지중에 구멍을 뚫어 필요한 철근을 조립하여 세워 놓은 후 콘크리트를 타설하여 말뚝을 지중에 만드는 공법이다.

5-5-1 매입공법

이것은 매입구멍을 만들어 놓고 콘크리트를 타설하여 말뚝을 만드는 공법으로서 관의 사용유무에 따라서 무각식과 유각식이 있다.

무각식으로는 페데스탈말뚝, 프랭키말뚝, 심플렉스말뚝 등이 있고, 유각식으로는 레이몬드말뚝이 대표적인 공법이다.

(1) 페데스탈말뚝(pedestal pile)

외관(外管)과 내관(內管)을 소정의 깊이까지 설치한 후 내관을 빼내고 외관 내에 콘크리트를 타설하면서 점차로 외관도 빼올려 끝에 구근부(球根部)를 만들면서 지중에 말뚝을 형성하는 방법이다. 내・외관 사이에 철근을 넣을 수 있고, 다소 굳은 지반도 뚫을 수 있으므로 충분한 지지층까지 달할 수 있으며, 구근이 있어 지지력이 크므로 가장 널리 이용된다(그림 5-33 참조).

(2) 프랭키말뚝

프랭키말뚝(franky pile)은 케이싱(casing)을 설치한 후 콘크리트를 타설하는 점은 페데스탈말뚝의 시공과 같으나 강판의 머리를 타격하는 것이 아니라 관 내에 비빔콘크리트를 채워 이것을 마개(栓)로 하고 이 마개에 타격을 가한다는 것이 다르다. 따라서 해머도 케이싱 내에서 상하의 타격만을 하게 되므로 설비의 높이도 낮고 소음과 진동이 적어 시가지 부근의 시공에 적합하다.

1) 시공법

① 370~470mm 철관을 원하는 위치에 세우고 자갈을 60~90cm 높이 되게 넣는다(그림 5-34(a)).

② 디젤해머(토질과 철관의 크기에 따라 2~3ton_f)로 철관 속의 자갈을 다진다. 자갈이 어느 정도 다져지면 철관은 자갈과의 마찰저항력에 의하여 따라 설치하게 된다(그림 5-34(b)).

③ 철관이 원하는 깊이까지 설치되면 철관은 강선(cable)에 매달아 고정시키고 자갈이 철관 속에 약 30cm 정도 남게 자갈만을 해머로 밀어낸다. 철관 속에 남은 자갈은 철관 속으로 스며드는 물이나 흙의 침투를 막기 위한 것이다.

④ 거의 마르개 비빔콘크리트를 철관 속에 넣고 다짐을 되풀이하여 땅 속의 단단한 지층에 큰 구근을 만든다(그림 5-34(c)).

⑤ 철근망태를 철관 속에 내리고 콘크리트를 채운 다음 철관을 약 30cm씩 뽑아 올리면서 다짐을 되풀이 한다. 디젤해머는 철근망태 속을 오르내리면서 콘크리트를 다지게 된다(그림 5-34(d)).

⑥ 이와 같이 하면 표면이 울퉁불퉁하고 약 60~90ton_f을 지지할 수 있으며, 지름 400~600 mm의 말뚝이 만들어지게 된다(그림 5-34(e)).

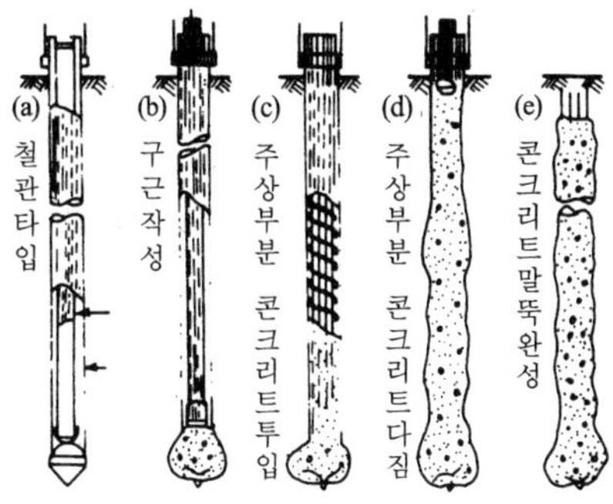

〈그림 5-33〉 페데스탈말뚝

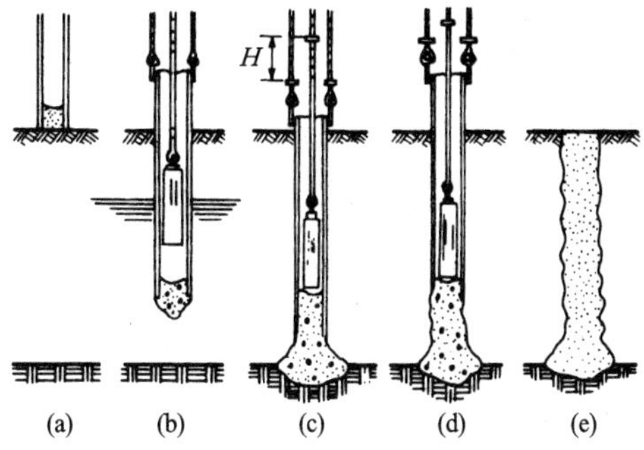

〈그림 5-34〉 프랭키말뚝

(3) 레이몬드말뚝

레이몬드말뚝(raymond pile)은 유각(有殼) 현장타설콘크리트말뚝이다. 얇은 철판을 사용한 외관(外觀)에 여기에 잘 맞는 강제(鋼製) 내관을 삽입(揷入)하여 내외관을 동시에 설치하고, 적당한 깊이에 도달하면 내관을 뽑아 올린 다음 외관 속에 콘크리트를 채우는 공법이다.

즉 외각은 지중에 남겨두는 유각식으로서 진흙이나 지하수의 침투를 방지하여 큰 자중에 견딜 수 있고 또한 시공속도는 빠르나 공사비가 커지는 것이 결점이다.

말뚝본체에는 약 30cm 길이에 1cm의 경사가 붙여져서 내관을 뽑아 올리기 쉽게 되어 있고 말뚝주변의 저항을 크게 하였다는 점이 특징이다(그림 5-35 참조).

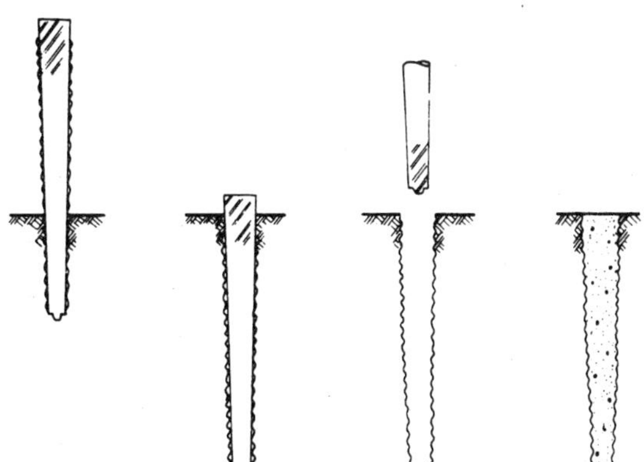

(a) 내·외관 설치 (b) 내·외관 삽입 (c) 외관인발 (d) 콘크리트채움

〈그림 5-35〉 레이몬드말뚝

(4) 심플렉스말뚝

단단한 지반에 콘크리트제 또는 철제의 신(shoe)으로 된 외관을 박고 무거운 추로 다지면서 외관을 뽑아올려 말뚝을 형성한다. 연약한 지반은 얇은 내관을 외관과 같이 설치하여 이것을 지중에 남겨 두고 외관만 뽑아 내기도 한다(그림 5－36).

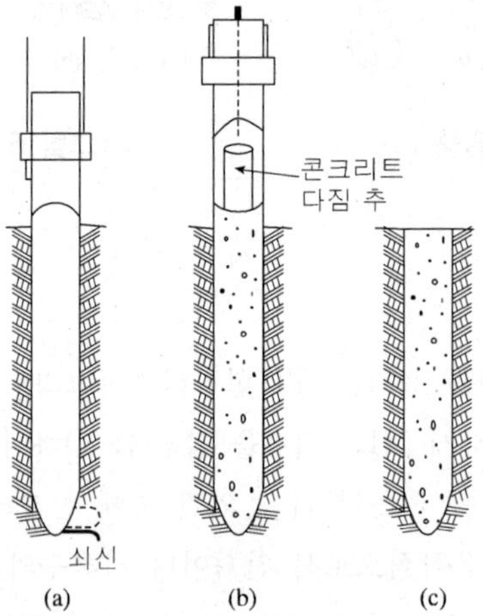

〈그림 5 - 36〉 심플렉스말뚝

5-5-2 대구경 굴착기에 의한 공법

(1) 베노토말뚝

베노토말뚝(benoto pile)은 요동운동에 의하여 케이싱(casing)을 압입하면서 해머그래브(hammer grab)라는 특수한 굴착장치로 대구경의 구멍을 굴착한다. 케이싱은 공벽의 붕괴를 방지해 준다. 그림 5－38은 베노토공법의 시공순서를 보인 것으로 이 때 케이싱튜브(casing tube)의 끝에 커팅에지(cutting edge)를 만들어 지반의 굴진을 쉽게 하고 있다. 또 해머그래브는 보통의 클램셸(clam shell)보다 무게가 무겁고 밑부분(孔底)의 지반을 강력하게 파괴하여 굴착하는 장치이며, 지반의 토질에 따라 재질, 형상이 다른 종류가 있다. 콘크리트의 타설에는 지름 25~30cm 정도의 트레미(tremi)관이 사용되고 경우에 따라서는 프리팩트콘크리트(prepacked concrete)의 시공도 가능하며, 프랑스의 베노토사가 개발한 베노토공법의 특징은 다음과 같다.

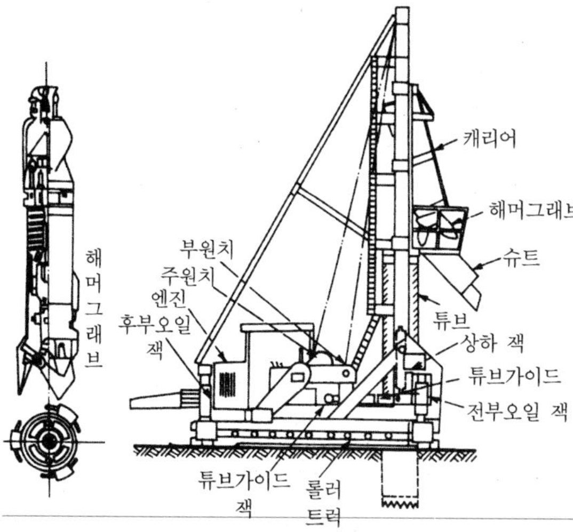

〈그림 5 - 37〉 베노토굴착기

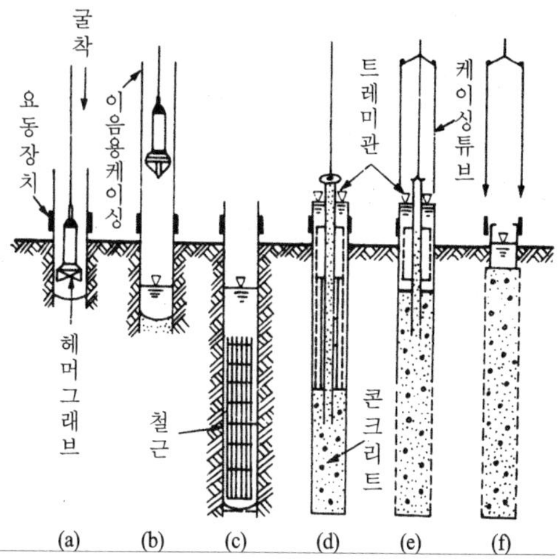

〈그림 5 - 38〉 베노토굴착기의 시공순서

1) 장점

① 토질의 종류에 관계없이 굴착할 수 있다. 특히 조약돌이나 나무가 매몰된 경우 등이 있을 때에도 시공이 가능하다.
② 케이싱을 사용하기 때문에 연약지반에서도 공벽붕괴의 우려가 없고 모래층의 굴착에 있어서도 퀵샌드(quick sand) 현상 없이 굴착할 수 있고, 또 케이싱튜브의 압입을 선행시킴으로써 더파기(餘掘)을 방지할 수 있다.
③ 지층의 변화에 따라서 시공의 준비를 바꿀 필요가 없다.
④ 굴착 중에 배출되는 토사에 의하여 시공 도중에 지질의 조사나 지반 등을 확인할 수 있다.
⑤ 저소음, 저진동으로 시가지공사에 적합하다.
⑥ 경사말뚝(12°)이나 연속벽의 시공이 가능하다.

2) 단점

① 전용장비이므로 가격이 비싸고 기구도 복잡하므로 취급이나 보수관리에 고도의 기술이 필요하다.
② 기계가 대형이므로 운반, 작업현장의 넓이 등에 제한을 받을 때가 있다.
③ 케이싱의 인발에 한계가 있다.
④ 특히 ③항의 경우에는 케이싱을 인발할 때 삽입된 철근을 빼 올릴 때가 있다.

3) 시공순서

베노토공법의 시공순서는 다음과 같다.

기계의 설치→굴착→케이싱 압입→굴착완료→물푸기→조립철근 내림→트래미관 삽입→콘크리트타설→케이싱 인발→말뚝머리 완료→말뚝머리 처리

(2) 칼웰드 말뚝

미국의 Calweld사가 개발한 공법으로 칼웰드말뚝(calweld pile)은 정방형 단면의 케리바(carry bar)라고 부르는 회전축의 선단에 드릴버킷(drill bucket)을 연결하여 굴착하는 기능을 가지고 있다(그림 5-40 및 5-41 참조). 드릴버킷의 선단에는 날끝이 있어 지반을 파헤쳐 토사를 버킷 내에 긁어 넣어 가득 채워지면 지상까지 끌어올려서 토사를 배출시킨다. 운반, 장치, 설비 등에 따라 여러 가지 종류가 있다. 또한 베노토공법과 차이점은 케이싱튜브를 사용하지 않는 것이며, 주벽이 무너질 우려가 있을 때에는 부분적으로 케이싱을 삽입하는 경우도 있다. 그림 5-39는 칼웰드공법의 작업순서이다.

1) 장점

① 다른 대구경 굴착기에 비교하여 가격이 저렴하고 소형이다.
② 대부분이 크롤러식의 주행장치로 되어 있고 기동성이 높다.
③ 소음 및 진동이 타공법에 비해 적다.
④ 굴착속도가 빠르다.
⑤ 굴착 중에 배출되는 토사로 지지층을 확인할 수 있다.

2) 단점

① 드릴버킷의 구조상 전석(轉石)이나 나무가 매몰된 경우가 있을 때는 굴착이 곤란하다.
② 케리바의 연결에 시간이 걸린다.
③ 과다하게 굴착할 우려가 있으므로 콘크리트의 손실이 많다.
④ 약액(벤토나이트 유액 등)으로 굴착하면 공벽의 붕괴를 방지하지만 버킷이 상하운동을 할 때 공벽을 손상시키거나 붕괴할 우려가 있다.
⑤ 슬라임(slime)처리가 불확실하므로 말뚝의 침하에 대해 주의해야 한다.
⑥ 케이싱튜브의 인발이 곤란하고 매몰될 우려가 있다.

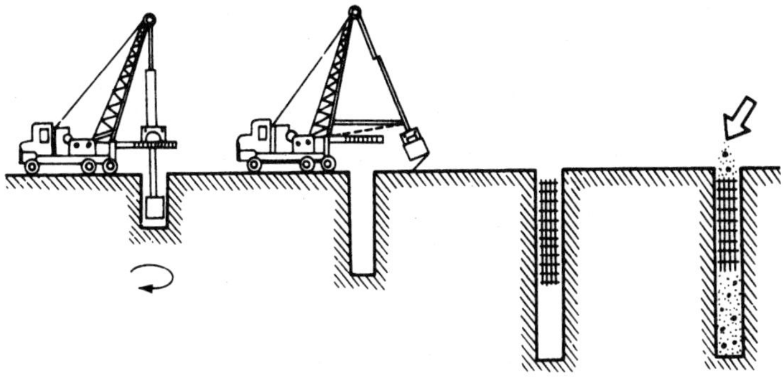

(a) 버킷을 회전시켜 흙을 굴착한다.
(b) 버킷에 흙이 차면 올려서 버린다.
(c) 굴착이 끝난 다음 토질상태와 치수를 확인한 후에 철근을 넣는다.
(d) 콘크리트를 투입한다(지름 1m, 길이 15m를 3시간에 완성).

〈그림 5-39〉 칼웰드공법의 시공순서

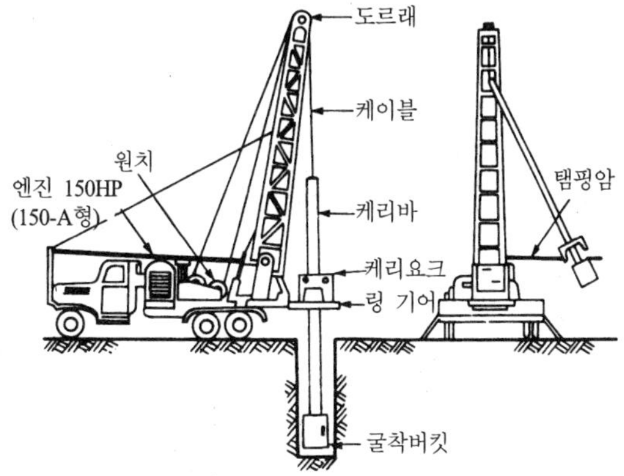

〈그림 5-40〉 칼웰드말뚝 굴착기

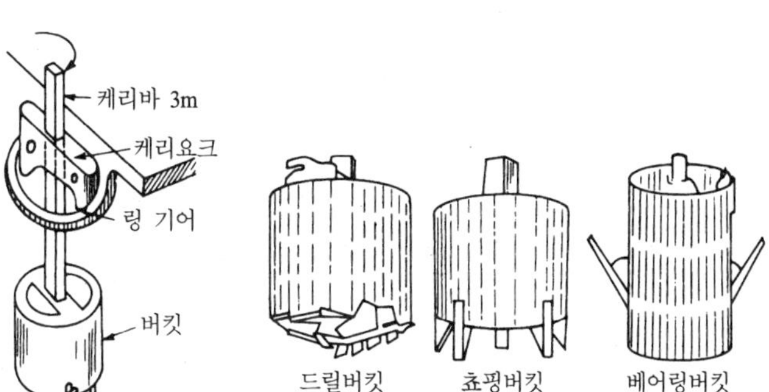

(a) (b) 버킷의 종류

〈그림 5-41〉 회전식 버킷

(3) 어스드릴공법

어스드릴공법(earth drill method)은 각종 버킷과 오거(auger)를 회전시켜서 흙을 파 내어 배출하는 공법이다. 점토와 같이 붕괴성이 없으면 인력굴착으로 하지만 지하수가 있을 때는 공벽을 이수압(泥水壓)으로 보호한다.

그림 5-42는 어스드릴공법의 시공순서를 나타낸 것이다. 토질은 연약지반에서부터 견고한 점토지반까지 굴착이 가능하고 *N*치가 3~5인 롬, 실트, 점토는 가장 파기 쉬우나 견고한 점토나 전석 및 다져진 사력층은 초핑버킷(전단버킷, chopping bucket)에 의하여 파쇄하고 조약돌 등은 록버킷(rock bucket, 또는 해머그래브를 사용하여 긁어내지만 능률이 좋지 않다. 또 공벽이 붕괴되기 쉬운 사층, 큰 막돌이 섞인 토층은 좋지 않고 자갈, 조약돌층은 굴착이 곤란하다.

구멍밑(孔底) 처리는 이토(泥土)를 말뚝지름에 맞춘 버킷을 사용하여 2회 이상 신중히 씻어 긁어 내고 이수를 적절하게 관리하면, 이토를 대부분 제거할 수 있다.

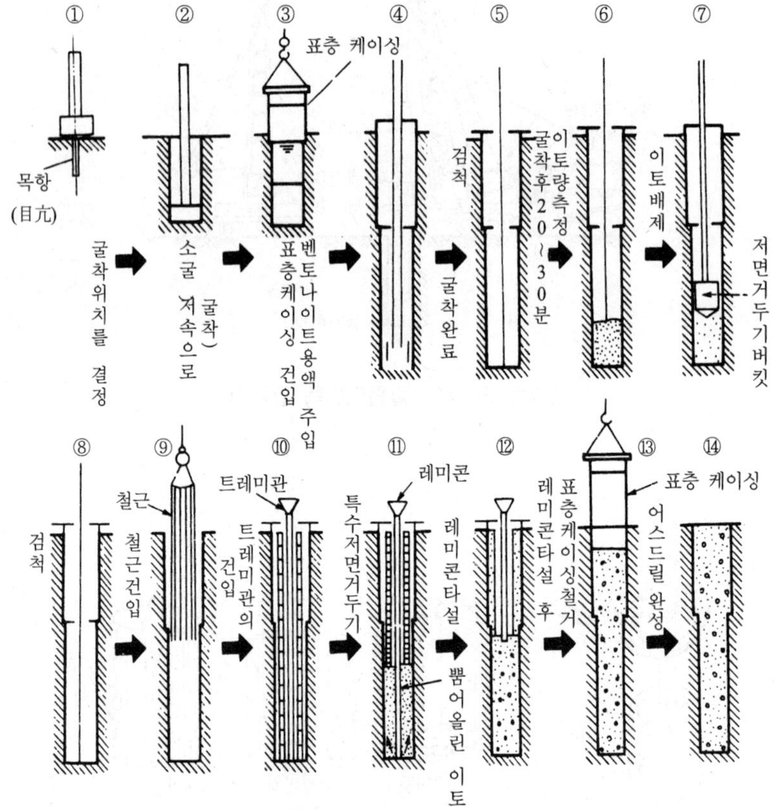

〈그림 5-42〉 어스드릴공법의 시공순서

1) 장점

① 굴착기 1대로 전체의 작업이 가능하다.
② 비교적 소형인 기계로 지름 2m 또는 43m의 깊은 심도의 말뚝의 시공이 가능하다.
③ 안정액을 사용하기 때문에 붕괴방지 효과가 높다.
④ 드릴링 버킷을 사용하기 때문에 견고한 점토층의 굴착이 가능하다.
⑤ 다른 현장타설말뚝에 비하여 시공속도가 빠르고 공사비가 저렴하다.
⑥ 올케이싱공법에 비하여 소음 및 진동이 적다.

2) 단점

① 버킷 바닥의 토사 수납구에 약 12cm 이상의 자갈이 있으면 굴착이 곤란하다.
② 안정액의 관리가 어렵고 이것이 적절치 않으면 지지력, 콘크리트의 강도저하, 공벽붕괴를 발생시킬 수 있다.
③ 굴착 시의 관리가 불충분하면 굴착공의 연직도를 확보하기 어렵다.

(4) 심초공법

심초공법은 지반 중에 지름 1.2~4.6m 정도의 원형구멍을 흙막이를 설치하면서 인력으로 굴착하는 공법이다.

그림 5-43은 심초공법의 시공 상세도를 보이고 있다. 토질은 점성토, 모래, 사력 조약돌층 및 암반까지 굴착이 가능하나 지하수가 높고 용수가 200l/분을 넘을 것이 예상될 때는 구멍 내에 웰포인트(well point)를 설치하거나, 깊은 우물(深井戶)을 심초공 주변에 굴착하여 지하수위 저하시키거나 지수그라우트를 하면서 굴착하기도 한다.

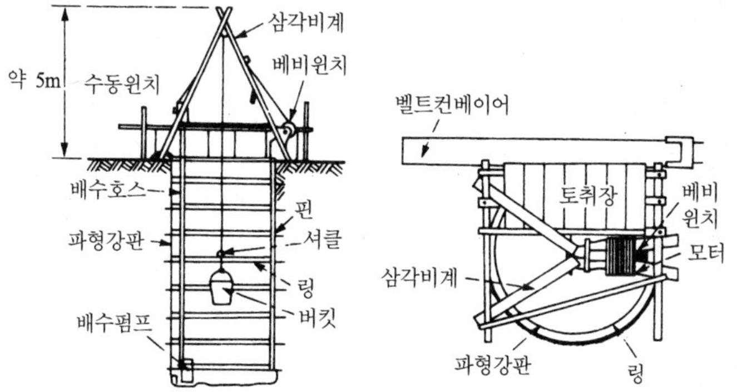

〈그림 5-43〉 심초공법

토사유출, 히빙(heaving) 등의 우려가 있을 때는 강판을 넣은 후 굴착한다(끼움판공법). 심초공법의 특징은 다음과 같다.

① 시공설비가 간단하고 작업공간이 좁다.
② 지지층의 확인이 확실하다.
③ 지하수위가 높고 용수량이 많을 경우, 유해가스의 우려가 있을 경우는 인력굴착이므로 시공이 곤란하다.
④ 마찰지지에 대해서는 주면마찰을 크게 기대할 수 없으므로 부적당하다.

(5) 윌리엄즈디거말뚝

윌리엄즈디거말뚝(williams digger pile)은 트럭에 탑재된 스크류식의 오거 또는 버킷을 회전시켜서 굴착한다(그림 5-44 참조). 단 이 장비는 가격이 고가이지만 다음과 같은 장점이 있다.

① 트럭위에 탑재하므로 기동성이 좋다.
② 토질에 따라 오거의 회전수나 삽입력을 변화시킬 수 있으므로 능률적이다.
③ 경사말뚝(40까지)의 시공이 가능하다.
④ 굴착한 토사를 단시간에 방출한다. 단점은 대부분 칼웰드말뚝과 동일하다.

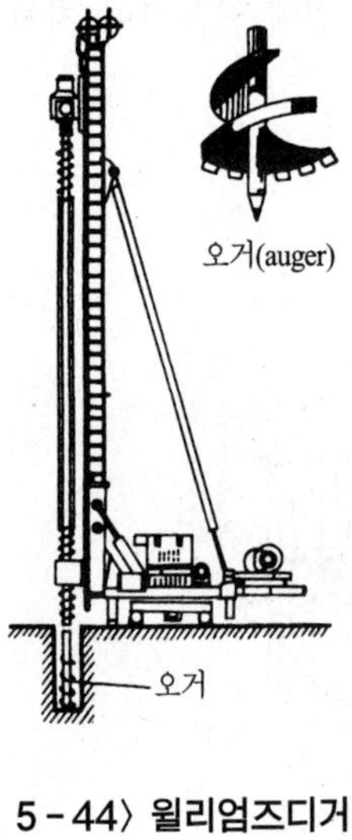

〈그림 5-44〉 윌리엄즈디거말뚝

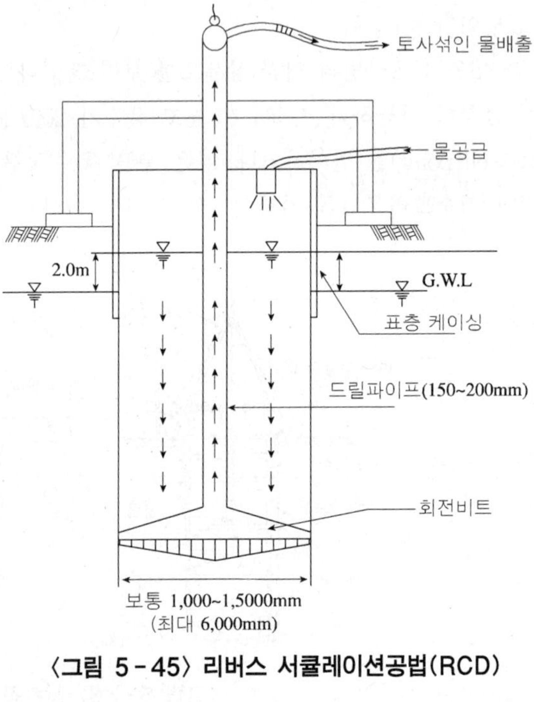

〈그림 5-45〉 리버스 서큘레이션공법(RCD)

(6) 리버스 서큘레이션공법(RCD)

그림 5−45에서 보통의 회전굴착(rotary boring)기로서 드릴파이프(drill pipe)에 압력수를 주입하여 드릴파이프와 공벽과의 사이에 상승하는 월류수(越流水)와 굴착토사가 배출되는 정순환 방식이다. 그러나 독일에서 개발된 리버스 서큘레이션공법(reverse circulation method)은 드릴파이프 내에 물과 함께 토사를 흡입하여 배출하는 역순환방식이기 때문에 리버스 서큘레이션이라 명명한 것이다(표 5−17 참조).

이 굴착토사의 흡입·배출방법은 그림 5−46에 보인 시공순서로 굴착한다. 단 흡입방법은 세 가지 방법이 있다. 즉 흡입펌프(suction pump)방법, 에어리프트펌프(air lift pump)방법, 제트펌프(jet pump)방법 등이 있다.

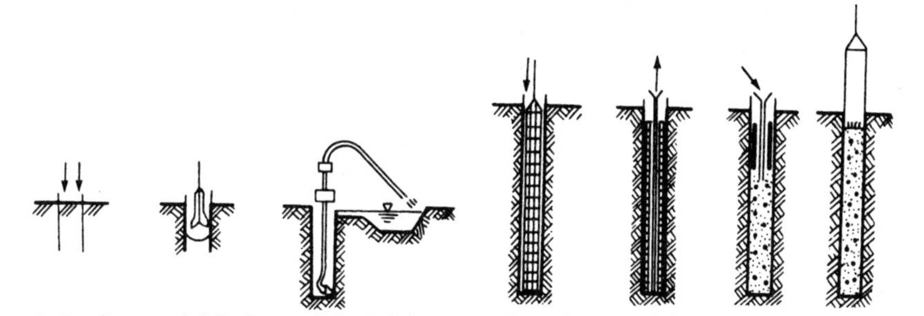

(a) 스탠드파이프 건입 (b) 버킷에 의한 파이프 내 굴착 (c) 리버스공법에 의한 굴착 (d) 철근근입 (e) 트레미관 건입 (f) 콘크리트타설 (g) 스탠드파이프 인발

〈그림 5-46〉 리버스 서큘레이션 시공순서

〈표 5-17〉 리버스 서큘레이션 드릴

굴착지름[cm]	45.7	61.0	76.2	101.6	127.0	150.0
최대굴착심도[m]	200					
석션펌프	용 량	4,000l/분	통과 허용지름(徑)		150~200mm	
버큠펌프	용 량	1,500l/분	탱크용량		500l	
드릴파이프	개당 3m		안지름		150ml	
주기계마력	56PS		회전수		180rpm	
트레일러[20km/hr]	폭 2.5m	길이 11.0m	높 이		3.58m	
본체(本體) 총중량	약 $14ton_f$					

굴착작업은 비트(bit)에 주어지는 추력과 굴착 토크(torque) 및 회전속도에 의하여 행해지고 굴착된 토사는 비트중심에 있는 흡입구에 수류와 함께 모아져 드릴파이프를 통하여 외부에 배출된다. 또 구멍 내에서 순환하는 물이 지하수위보다 약 2m인 이상의 수두(水頭)로 공벽에 작

용하고, 또 공벽의 붕괴를 방지할 목적으로 토질에 따라서 벤토나이트(bentonite)를 사용하여 공벽을 보호한다. 이 공법의 특징은 다음과 같다.

1) 장점

① 벤토나이트로 공벽의 붕괴를 방지하면서 굴착함으로 케이싱튜브가 필요없다.
② 대구경, 깊은 심도의 굴착이 가능하고 그 깊이가 깊을수록 유리하다(독일은 200m, 일본은 100m 실적이 있다).
③ 모래층의 굴착에 용이하다.
④ 로터리 테이블과 리버스기 본체가 분리되어 기계가 다짐하고 경량이기 때문에 높이가 제한된 곳이나 부지가 좁은 장소 등에서도 시공이 가능하고 응용범위가 넓다.
⑤ 잔교 등에 의한 수상시공이 가능하다.
⑥ 슬라임의 침전이 적고 역순환식 굴착방식이기 때문에 슬라임도 흡상하면서 굴착이 가능하다.
⑦ 저소음, 저진동공법이다.

2) 단점

① 용수, 침전지, 누수대책 등의 설비가 필요하다.
② 드릴파이프 안지름(150~200mm) 이상의 옥석, 목편 등과 지중장해물이 있는 경우 시공이 곤란하다.
③ 매목, 조약돌층 등의 굴착 등이 곤란하다.
④ 순환수의 환류설비(저수지, 저수조)에 필요한 넓은 작업 스페이스를 필요로 하고, 시설비를 요한다.
⑤ N치 50 이상의 고결된 자갈층에서는 굴착능력이 저하하기 때문에 비트와 드릴파이프에 웨이트(weight)를 취부하는 등의 대책이 필요하다.
⑥ 배출토사는 다량의 수분을 함유하고 있기 때문에 그 처리에 특별한 주의를 요한다. 이수에 대해서도 직접 하수도 등으로 방류하는 것은 금지되어 있기 때문에 특별한 이수처리가 필요하다.

(7) 중굴압입공법(중굴공법)

이 공법은 강관말뚝의 내부공간을 이용하여 굴착기를 장착한 Shaft Screw Augger를 사용하여 말뚝 선단부의 토사를 연속적으로 깎아 배토하면서 말뚝의 자중을 반력으로 한 압입장치에 의하여 압입(壓入)하는 공법이다. 이 공법은 소정의 깊이까지 말뚝 중공부를 통해서 삽입하고 말뚝 선단부에 시멘트밀크를 고속분사하여 밑다짐 존(zone)을 조성하고 구근을 만들어 지지력을 확보한다. 그림 5-47은 중굴압입(中掘壓入)공법의 시공공정을 보인 것이다.

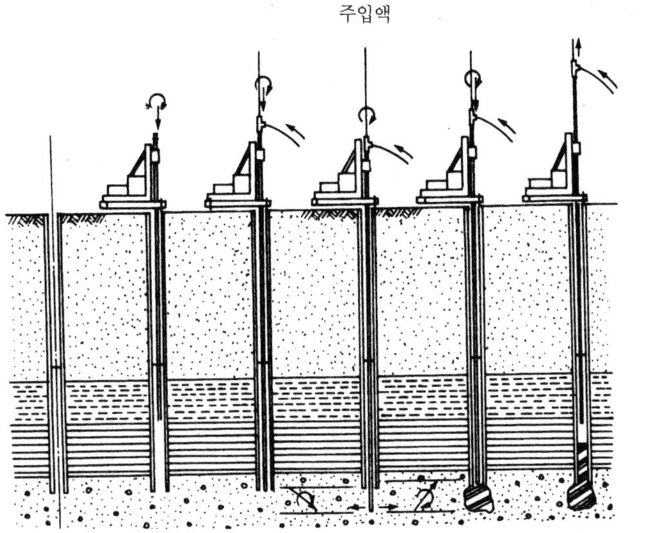

(a) 굴착압입 완료의 상태 (b) 주입로드의 삽입 (c) 로드선단이 말뚝 선단에 도착 후 로드를 회전하면서 물을 분사하여 예비굴착한다. (d) 소정깊이에 달하면 곧 주입액으로 바꿔 로드를 회전시키면서 열상한다. (e) 주입액의 분사를 말뚝 중공부에도 행한다. (f) 소정량을 주입한 후 로드를 인상하여 시공을 완료한다.

〈그림 5-47〉 중굴압입공법의 밑다짐 주입공정

〈표 5-18〉 각 공법별 굴착깊이(지름 1m 이상인 경우)

공법	기종	말 뚝 지 름 [단위 : m]								
		1.0	1.1	1.2	1.3	1.4	1.5	2.0	2.5	3.0
리버스	PS-150	86					83			
	S-200	86					83	80		
	S-300	86					83	80	78	75
	S-320	86					83	80	78	75
베노토	BT2S	35	33	30						
	MT 130	60	50	40	35					
	MT 150		58	57	53		40			
	MT 200				54		50	35		
어스드릴		40	40	40	33	30	35			
심초		일반 말뚝지름 1.2~4.6m, 깊이 20~30m가 한계								

[주] 토질은 일반토질로서 중간경질 토층이 없는 경우
(일본 토질공학회편, 「굴착용 기계, 특수한 굴착」)

5-5-3 고결식말뚝

이 공법은 지반을 굴착하지 않고 지중에 경화재를 주입시켜 소일-시멘트말뚝을 만드는 방법으로 지름이 2~3m의 초대형 말뚝도 만들 수 있으며, 말뚝을 연속으로 배치하여 지하연속벽으로 사용될 수도 있다.

(1) JSP(Jumbo Special Pile)공법

이 공법은 지하철공사에서도 많이 사용하고 있는 방법으로 이중로드 선단에 분사노즐(jetting nozzle)을 장착하여 소정의 깊이까지 굴착한 후 노즐을 통해 경화재를 20MPa의 고압으로 분사시켜 소일-시멘트말뚝을 만드는 것이다. 모르타르 분사 때 노즐은 회전하면서 자동적으로 상승하여(1바퀴 회전에 2.5cm 상승)지반 중에 원기둥 모양의 고결체가 형성된다. 이 공법의 특징은 다음과 같다.

① 토층 구성이나 토질에 의한 영향을 받지 않으며, 필요한 곳에 필요량의 경화재를 계획적으로 주입할 수 있다.

② 보통의 주입방법으로는 주입이 곤란한 세립토 지층에도 적용이 가능하며, 암반에는 부적합하다.

③ 다른 약액주입공법처럼 인근 건물이나 지하매설물에 영향을 미치는 일이 거의 없다.

이 JSP공법(그림 5-48 참조)은 일반적으로 지름 5~10cm 정도의 보링을 하는 것만으로 유효경 80~120cm 정도의 말뚝을 만들 수 있다. 그리고 이 공법은 지수벽이나 흙막이벽으로 사용될 뿐 아니라 구조물 기초지반의 안정을 위한 지반강도, 사면보호, 기존구조물보호 및 보수 등

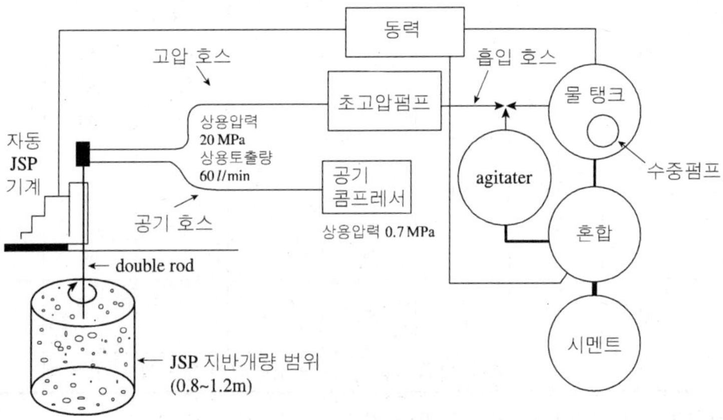

〈그림 5-48〉 JSP공법의 구조

의 목적으로 적용하기도 한다.

(2) RJP(Rodin Jet Pile)공법

이 공법은 그림 5-49와 같이 다중관(多重管) 로드 선단에 특수 노즐을 정착하여 소정 깊이까지 관입시킨 후에 상단의 노즐을 통하여 초고압(3~6KPa/m^2)으로 물을 분사하며 지반을 1차 절삭 교반시킨다.

동시에 하단의 노즐로 시멘트밀크를 초고압으로 분산(100±10l/min)하여 지반을 2차 절삭교반하면서 로드를 회전상승시켜 2~3m의 원형말뚝을 지중에 만드는 공법이다.

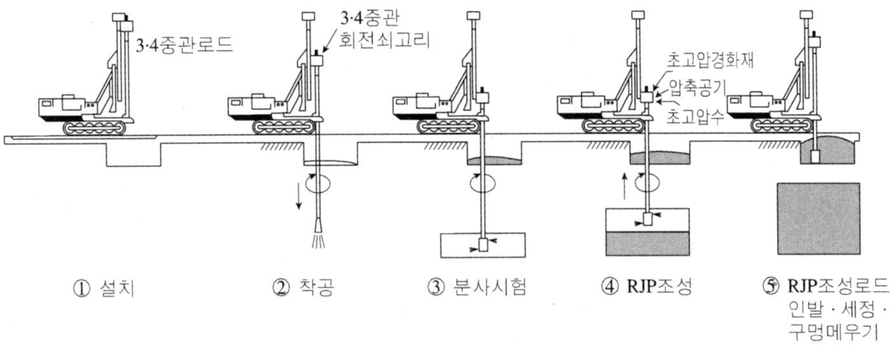

〈그림 5-49〉 RJP공법의 시공순서

이 공법의 특징은 다음과 같다.

① 다중 모니터에 의해 여러 번 지반을 파쇄 교반하므로 파쇄에너지의 효율이 극대화된다.
② 초고압 이수펌프를 사용하여 대단면의 개량을 단시간 내에 할 수 있다.
③ 다중관 로드의 회전, 상승속도의 조정 등으로 개량할 면을 자유롭게 선택할 수 있다.
④ 일반적으로 경제적이며 공해가 없다.

5-5-4 기타 공법

(1) 프리팩트말뚝공법

프리팩트말뚝공법(prepacked pile method)은 다음의 세 가지 형식이 있으나, 어느 것이든지 프리팩트모르타르(prepacked mortar)를 사용하고 있다.

1) CIP(Cast in Place Pile)공법

이 공법은 어스드릴(earth drill)기로 말뚝구멍을 굴착하여 굵은골재를 채우고 그 속에 주입관으로 프리팩트모르타르를 주입하여 프리팩트콘크리트말뚝을 형성하는 공법이다. 철근콘크리트말뚝인 경우에는 철근을 미리 조립하고 굵은골재를 채운다(그림 5-50 참조).

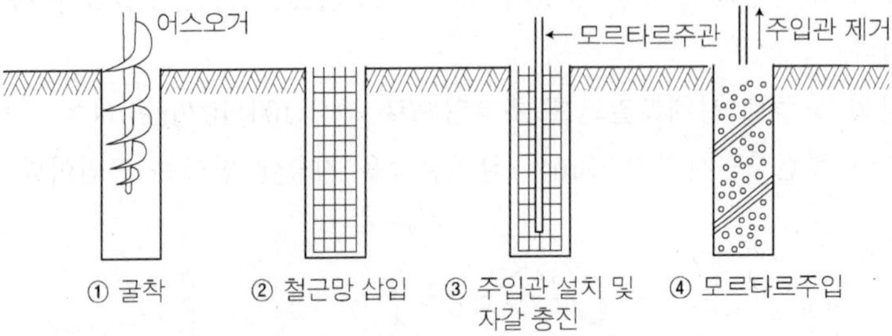

〈그림 5-50〉 CIP공법의 시공순서

2) MIP(Mixed in Place Pile)공법

이 공법은 지반을 굴착한 토사와 프리팩트모르타르를 구멍 내에서 혼합하여 프리팩트 소일콘크리트말뚝을 형성하는 공법으로 소일콘크리트말뚝을 지중에 연속적으로 맞겹쳐서 시공한다. 즉 속이 빈 회전축 선단에 날개 모양의 커터를 붙인 드릴을 회전시켜 굴착하면서 프리팩트모르타르 그라우트(prepacked mortar grout)를 분사하고 혼합용 날개로 지중의 토사와 함께 교반혼합하여 소일콘크리트를 만든 후, 드릴을 끌어 올리고 철근망을 삽입하여 MIP말뚝을 완성하여서 차수벽 또는 간편한 흙막이벽을 조성하는 공법이다. 작용 토질은 사질토가 가장 바람직하다(그림 5-51 참조).

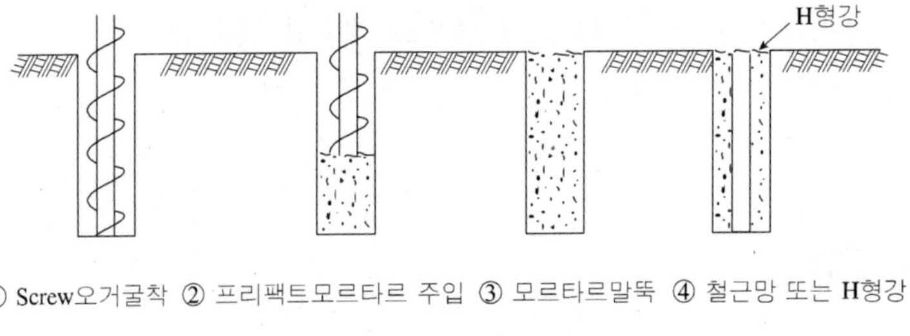

〈그림 5-51〉 MIP말뚝의 시공순서

3) PIP(Packed in Place Pile)

이 공법은 RGP공법(Raito Grout Pile)이라고도 하고 연속날개를 붙인 어스오거기로 지중에 천공을 하고 소정의 깊이까지 구멍뚫기하여 중공(中空)이 되어 있는 오거샤프트(augger shaft)의 선단에서 프리팩트모르타르를 0.3~0.7MPa로 압출하면서 오거를 인발(引拔)하여 모르타르 말뚝(mortar pile)을 시공한다. RGP공법은 압입재료로서 독자적인 RGA모르타르(raito grout aid)를 사용한다(그림 5-52 참조).

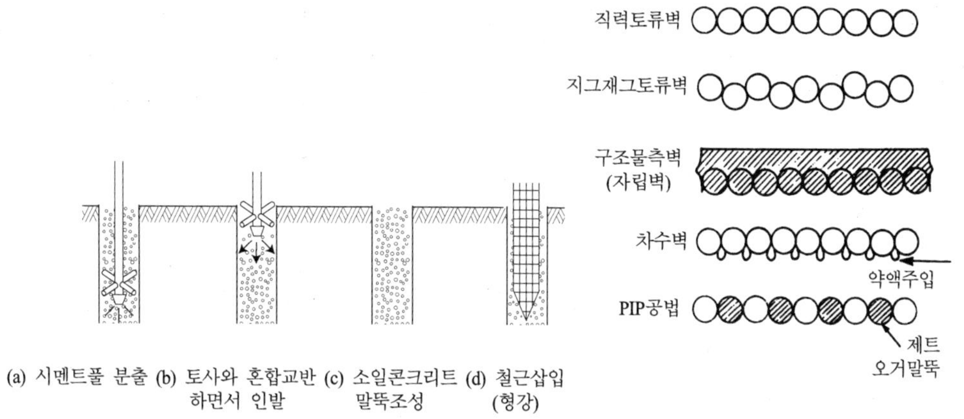

(A) PIP말뚝의 시공순서 (B) PIP말뚝의 배치도

〈그림 5-52〉 PIP말뚝의 시공순서

이 RGA(모르타르 첨가제=Raito공법의 특허)모르타르에는 주입 보조제로서 RGA제가 사용된다. 만들어진 모르타르말뚝 중에 별도로 준비한 철근망태를 삽입하여 현장타설 철근모르타르 말뚝을 완성한다.

PIP공법, RGP공법의 장점은 다음과 같다.

① 오거만으로 굴착하므로 저진동, 저소음이다.

② 장치가 간단하고 취급이 용이하다.

③ 연속적으로 시공하여 흙막이 지수벽으로 이용한다.

④ RGA제를 사용하면 모르타르 콜로이드(colloide)상이 되어 조기경화를 방지한다.

⑤ 주입이 쉽고 시멘트가 알칼리와 화합하여 다소 팽창하므로 부착을 확실하게 한다. 또 수중시공(水中施工)에도 모르타르의 분리가 없다.

(2) 지하연속벽공법

지하연속벽공법(slurry wall)은 클램셸(clam shell)로 최대깊이 130m, 폭 60~80cm 도랑(trench)을 소정의 깊이까지 굴착하고 굴착공간의 벽면을 안정액(bentonite)으로 지지시키면서 철근망태를 설치한 후 트레미관을 이용하여 콘크리트를 타설하여 팬널(panel)형의 벽체를 형성하는 공법이다. 이탈리아에서 1983년 최초로 고안되어 1950년 이탈리아 산타마리아 댐의 차수벽(遮水壁) 시공을 시작하여 획기적인 기술개발이 이루어졌다.

트랜치를 굴착할 때 사용되는 안정액은 주로 벤토나이트(bentonite)용액이 사용되고 이것은 물보다 비중(1:1 정도)이 크므로 굴착면의 토사 간극에 침투하여 차수막을 형성하여 지하수의 침투방지나 차수효과를 크게 한다. 그림 5-53은 지하연속벽공법의 시공공정을 보이고 있다.

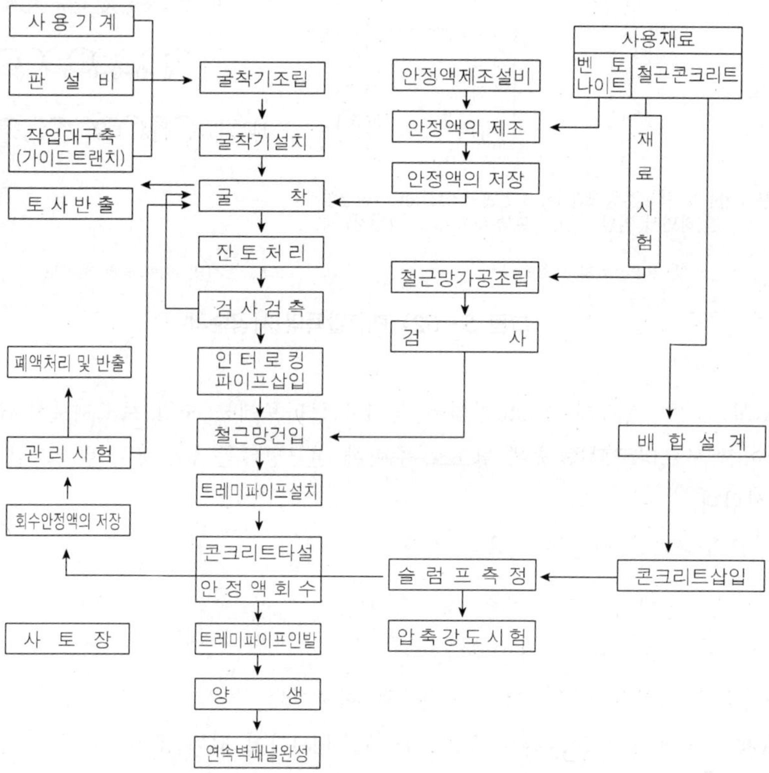

〈그림 5-53〉 지하연속벽공법의 시공공정

지하연속벽의 시공은 먼저 설계된 두께와 벽의 위치에 따라 보호벽(guide wall)을 현장콘크리트로 설치한 후 안정액을 채워 넣음과 동시에 길이 2.5~6m의 벽체깎기를 하는 것으로 시작된다(그림 5-55 참조). 보호벽의 형태와 구조는 여러 가지가 있다.

안정액의 주입방식은 에어리프팅(air lifting)방식으로 디센더(desander)에 보내어 안정액에 섞여 있는 흙입자를 제거해 낸다(그림 5-54 참조). 굴착한 트랜치 속에 조립한 철근망태를 삽

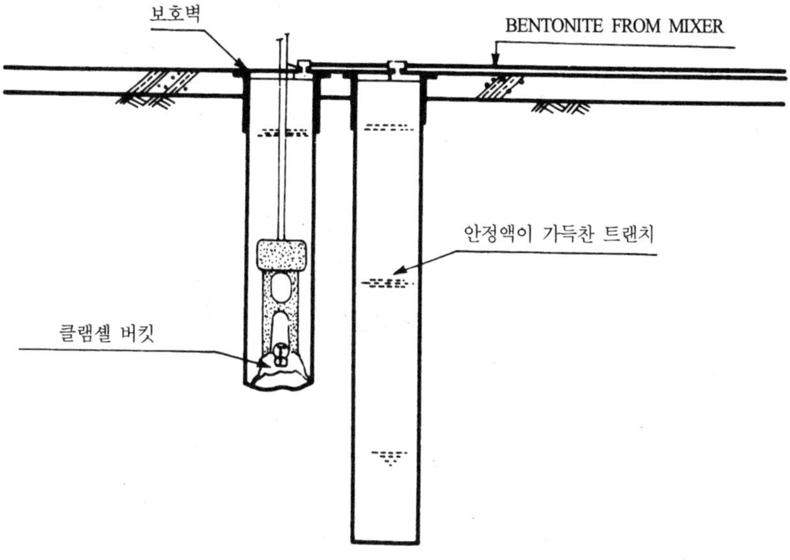

〈그림 5-54〉 클램셀에 의한 굴착 및 안정액주입

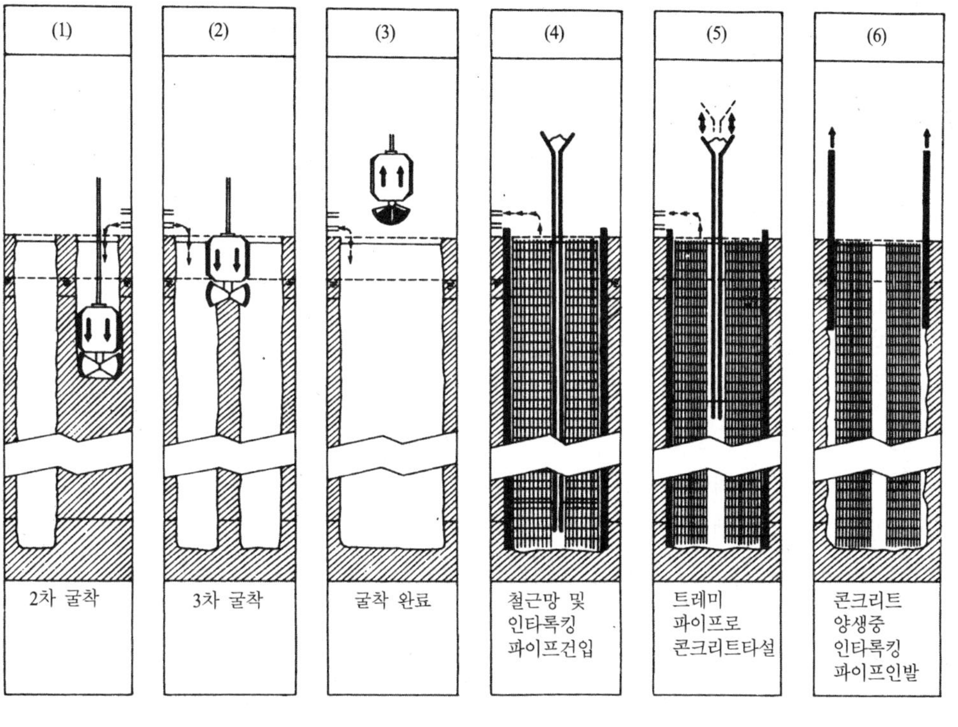

〈그림 5-55〉 지하연속벽공법의 시공순서

입하기 전에 인접한 지하연속벽과의 시공이음을 만들기 위하여 인터로킹(inter locking) 파이프, 또는 Stop－End－Tube를 굴착부분 양단에 설치한다(그림 5－56(a)). 지하연속벽의 각 패널(panel)간의 연결 형태 및 조인트의 상세는 그림 5－56(b)에 보이고 있다.

마지막으로 굴착부분 하단부터 콘크리트를 타설해 올라오면서 안정액을 회수한다(그림 5－55(4)). 전형적인 철근망의 상세도는 그림 5－55(4, 5, 6)에 보이고 있다.

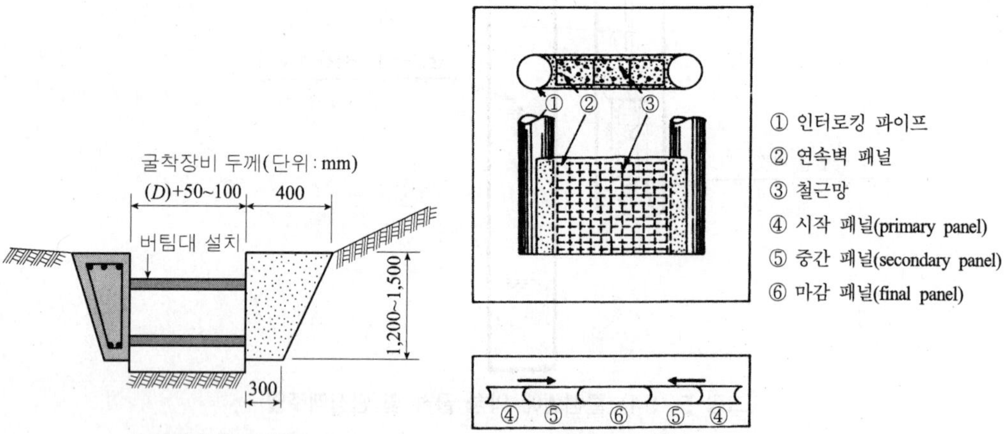

(a) 안내벽 설치 단면도 (b) 벽체의 세부구조

〈그림 5-56〉 안내벽 및 벽체의 세부구조

【장점】

① 소음, 진동이 없다.

② 벽체의 강성이 높다.

③ 지수성이 우수하다.

④ 임의의 치수와 형상을 선택할 수 있다(두께 40～120cm까지).

⑤ 지반조건에 좌우되지 않는다.

【단점】

① 시공비가 비교적 비싸다.

② 트렌치의 붕괴는 벤토나이트 용액으로 방지할 수 없다.

③ 슬라임(slime)의 퇴적을 방지하기 위해서는 안정액 속에 부유상태로 혼합된 흙입자를 제거하여야 한다.

1) 이코스공법

그림 5-57에 보인 이코스말뚝공법(icos pile method)은 이탈리아의 이코스사의 특허공법으로서 1950년이래 여러 나라에서 구조물의 기초말뚝, 댐, 제방의 누수방지벽, 흙막이벽, 지수벽 등에 사용하고 있다. 이 공법은 벤토나이트 용액을 사용하여 굴착벽면의 붕괴를 방지하면서 굴착한 구멍에 조립된 철근망을 삽입한 후 콘크리트를 타설하여 원형이나 사각의 말뚝으로 지하연속벽(diaphragm or slurry wall)을 만든다. 이것을 이코스 또는 슬러리웰(slurry wall)공법이라고 한다.

이코스공법은 크게 나누어 특수한 보링(boring)기계를 사용한 비트공법(bit method)과 슬러리웰 또는 클램셸공법(특수한 버킷을 사용, clam shell method)이 있다. 비트공법은 큰 전석(轉石)이나 암반에 많이 사용한다. 또 슬러리웰공법(slurry wall method)은 토사층의 경우에 사용되고 일반토목, 건축공사의 기초, 흙막이벽 등에 사용된다.

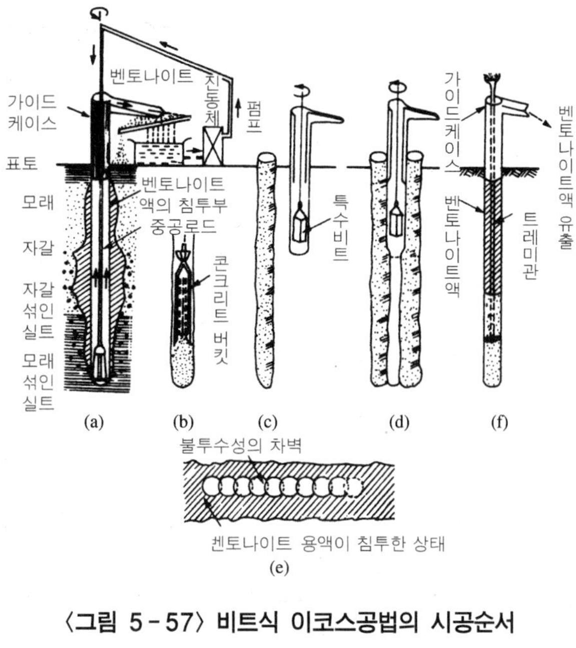

〈그림 5-57〉 비트식 이코스공법의 시공순서

이코스공법의 특징은 다음과 같다.

① 무진동, 무소음으로 시공할 수 있다.

② 완전한 지수벽이 만들어지므로 인접구조물에 근접한 위치에 지하옹벽을 설치해도 외주지반에 침하가 생기지 않는다.

③ 이코스벽은 구조벽으로서도 사용할 수 있고 구조물 본체의 강결(剛結)이 용이하다. 예를

들면 지름 600~1,000mm, 깊이 94m인 것이 시공되고 있다.

이코스공법의 시공에 있어서 비트식 이코스공법의 시공순서는 그림 5-57과 같이 벤토나이트용액을 펌프에 의하여 파이프로드를 거쳐 비트선단에서 보급한다. 굴착은 로드선단에 붙인 특수비트를 윈치로 50cm 정도 상하시켜 충격에 의하여 굴진한다. 콘크리트는 트레미관으로 타설하고 이코스말뚝의 시공을 완료한다. 또 이코스말뚝을 주열(柱列)로 시공하여 지수벽으로 한다.

2) 엘스공법

이 공법은 엘스(else) 굴착기를 사용해서 굴착하는 방법으로서 보호벽(guide wall)을 따라 굴착을 하게 되므로 치수가 일반적으로 정확하다고 알려져 있다. 엘스기를 이동시키지 않고 굴착할 수 있는 골의 길이는 3.6m 정도이고, 벽의 두께는 45~100cm이며, 시공심도는 20~30m 정도이다. 모빌마스트(mobil mast)는 고정주(柱)를 중심으로 하여 ±90°의 회전이 가능함으로 부지경계에 대해서 여유가 없을 때에는 굴착방향과 직각으로 엘스기(그림 5-58)를 설치해서 굴착할 수 있으며, 고정주의 경사각을 조정함에 따라 5°전후까지의 경사구의 굴착도 가능하다.

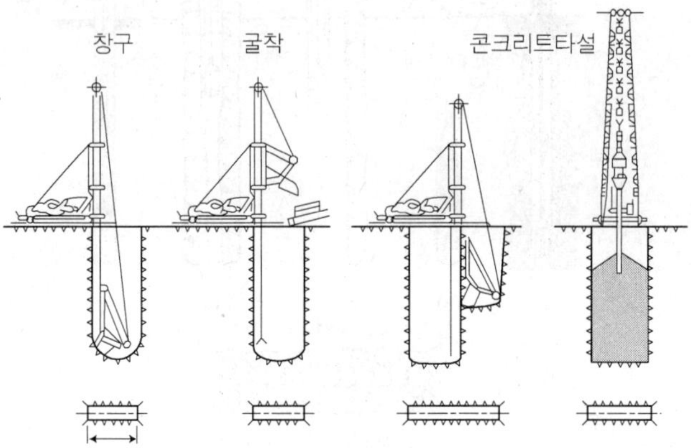

〈그림 5-58〉 엘스공법의 시공순서

대상토질은 연약점토로 부터 자갈섞인 사질토까지가 적당하며, 자갈층의 경우도 버킷 폭의 60% 정도까지의 자갈(알맹이)에 대해서도 쓰여지고 있다.

특히 각 함체의 콘크리트 사이의 줄눈(joint) 부분에는 인터로킹 파이프를 사용하는 방법과 프리캐스트(precast concrete) 블록기둥, 프리캐스트 구주(溝柱)를 삽입하는 방법 등도 적용된다.

(3) PC판 차수벽

그림 5-59에 보인 프리캐스트판 차수벽공법은 굴착한 도랑에 프리캐스트 강판을 넣고 이들을 연결하여 차수벽을 형성하는 것이며, 시공공정은 다음과 같다.

① 슬러리웰일 때와 같이 안내벽을 이용하여 소정의 깊이까지 굴착하는데 순수한 벤토나이트 용액 대신 벤토나이트와 시멘트 및 시멘트 응결을 느리게 하는 완결제(石灰)를 혼합한 용액을 넣어서 굴착한다.

② 조작된 프리캐스트판을 도랑 속에 내린다. 프리캐스트판은 지수가 잘되므로 제형이음(tongue and groove)이나 (그림 5-59(a) 참조), T형 기둥(그림 5-59(b) 참조)을 이용하여 이음을 한다.

③ 프리캐스트판이나 T형 기둥의 안정성을 더하기 위하여 이들을 어스앵커(earth anchor)로 고정시킨다.

이 공법에서 공장제품인 벽체는 믿을 수 있으나 현장타설콘크리트처럼 융통성 있는 설계는 못된다.

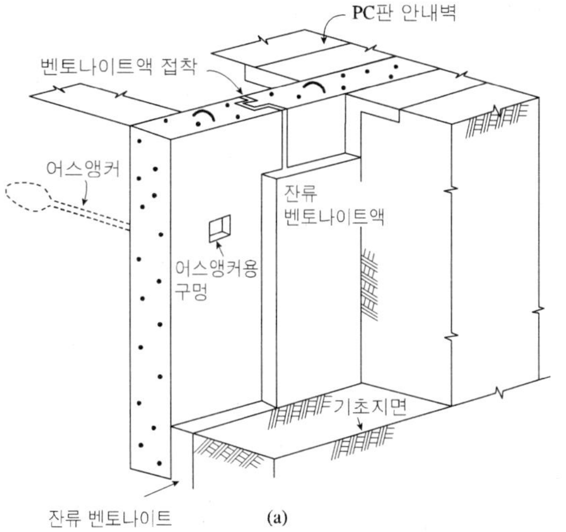

(a)

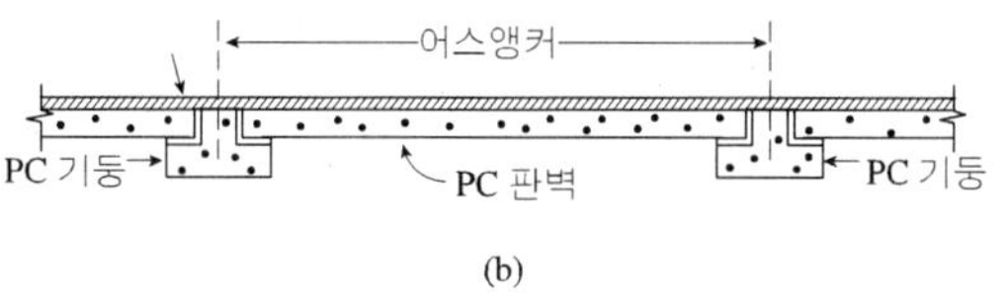

(b)

〈그림 5-59〉 프리캐스트판 차수판

(4) 역타공법

역타공법(top down method)은 바닥슬래브로 흙막이를 지지하면서 지하구조물을 밑으로 파 내려가면서 구축하는 공법이다. 지하층을 구축하면서 동시에 지상층도 시공할 수 있어, 공사기간을 단축시킬 수 있는 이점이 있다.

1) 역타공법의 시공순서

① 구조물의 기초가 될 지하옹벽을 PC(precast)판이나 슬러리월로 구축한다. 이 옹벽은 지반 상태에 따라 접속 말뚝기초로도 할 수 있다.

② 그림 5-60(a)에 보인 것 같이 필요에 따라 중간기둥 계획을 감안한 보조말뚝기둥을 설치한다.

③ 표토를 제거하고 1층 철근콘크리트 바닥슬래브를 그림 5-60(b)와 같이 타설한다.

④ 개구부 구멍을 통해서 슬래브 밑을 굴착한다. 굴착된 흙은 그림 5-60(c)에 보인 것과 같이 배출한다.

⑤ 지하 1층 바닥슬래브를 그림 5-60(d)와 같이 친다.

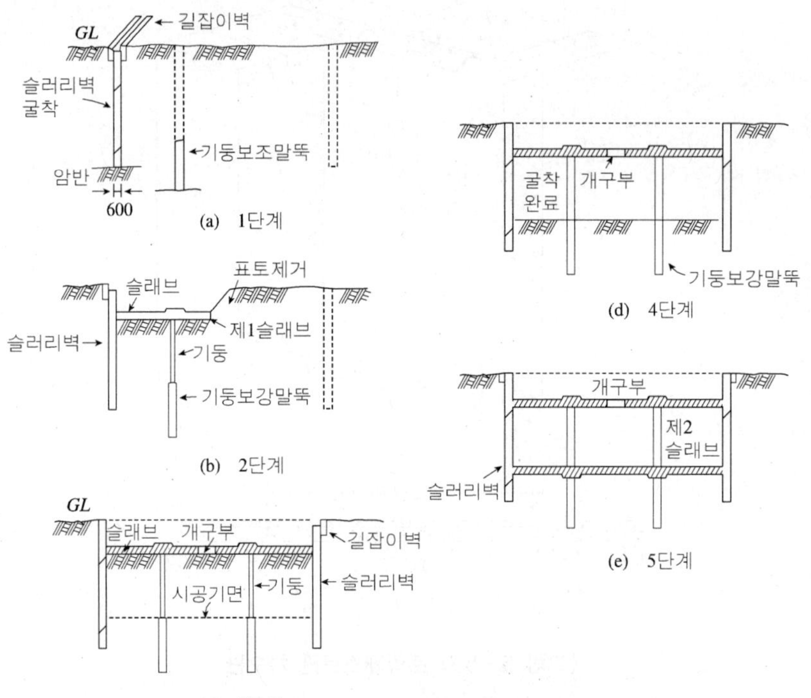

〈그림 5-60〉 역타공사 시공순서도

⑥ 이를 되풀이 하여 지하층을 만들어 내려가고 지상층은 지하옹벽과 보조말뚝기둥이 완성되면 지하층 구축과 동시에 시공해 올라간다.

2) 역타공법의 장단점

【장점】

① 지상, 지하층의 병행시공이 가능하여 전체적인 공사기간이 단축된다.
② 인접건물이나 인접지역에 영향을 주지 않는 지하굴착공법이다.
③ 대지의 활용도를 극대화할 수 있으므로 도심지에서 유리한 공법이다.
④ 지하주벽을 먼저 시공하므로 지하수 차단이 쉽다.
⑤ 지하층 슬래브를 타설하기 위한 거푸집 및 동바리공이 필요없다.

【단점】

① 굴착작업과 장비의 종류에 제한을 받으며, 굴착된 흙의 배출이 어렵다.
② 지하층 슬래브와 지하벽체 및 기초말뚝기둥과의 연결작업이 어렵다.
③ 지하작업시 환기처리, 안전관리 및 조명관리를 철저히 하여야 한다.
④ 슬러리웰의 수직도 및 차수에 유의를 하여야 한다.
⑤ 지하외벽 및 지하 내부기둥의 시공이 선행되어야 하므로 일반적으로 공사비가 상승된다.

(5) BW공법

BW공법(boring wall method)은 벽체의 수직정도(垂直精度)와 지수성(止水性) 및 강성이 뛰어난 가장 최신의 지하연속벽공법이다.

BW공법이란 지하를 굴착하여 도랑(trench)을 만들고, 그 측면의 붕괴를 막기 위하여 벤토나이트 용액을 주입하면서 굴착한다. 굴착이 끝나면 어느 깊이의 패널(panel)을 만들어 이것에 철근망을 조립·삽입하여 콘크리트를 타설한 후 패널을 연속시켜 지하벽을 일련의 공정으로 연속적으로 건설하는 공법이다. 또한 굴착심도는 50m까지, 벽두께 40~120cm를 굴착할 수 있다.

지하연속벽에 사용되는 공법을 지하층의 굴착방식에 따라 분류하면 다음의 3종류가 있다.

① 드릴(drill)방식(BW공법)
② 버킷(bucket)방식(earth wall, iscus, O.W.S공법)
③ 비트(bit)방식(솔레단슈, K.C.C, S.H.V.T공법)

굴착토의 배토(排吐)방식에 따라 분류하면 다음 2종류가 있다.

① 버킷방식(클램셸버킷을 사용하여 상하운동으로 배토한다).

② 순환방식(循環式, 펌프로서 안정액의 순환과 함께 배토한다).

이상에서 BW공법은 깎기방식에서 ①의 배토방식에서 ②의 순환방식의 혼합으로 되어있다. 순환방식은 RCD공법(reverse circulation drill)에 준한 공법이다. 도랑(trench)벽면의 붕괴를 막기 위하여 사용하는 안정액, 즉 벤토나이트는 토질에 따라 배합비가 조정된다. 그 배합기준은 다음 표 5-19와 같다.

또 이 공법은 1일 8시간 작업으로 굴착속도는 표 5-20과 같다. 단 지반의 압축강도 q_u= 15~20MPa, N치 =7 · q_u로 본다. 벤토나이트는 물 속에서 비중을 증가시키고 그 미립자의 팽윤작용으로 액체를 콜로이드 상태가 되게 한다.

C.M.C는 벤토나이트 농도에서 점성과 젤화 경향을 증가시킨다.

F.C.L(또는 후민산소다) 등의 첨가물질은 안정액의 기능을 개선하는 역할을 한다.

〈표 5-19〉 안정액의 흡합비율

성 분	혼합비
물	100%
벤토나이트	2~8%
C.M.C	0.05~0.2%
F.C.L	0.10~0.30%

〈표 5-20〉 공정별 굴착속도

굴착방법과 기계	공법명	굴착속도[지하벽 m²/1일/8시간]			비 고
		연약층 또는 경질층	강한 점토성 및 지층	연약모래층과 점토층	
드릴방식	B.W	9~35	20~90		q_w= 15~20 MPa $N= q_w \times u$
버 킷 방 식	아스윌	6~17	17~60		
	이코스	14~80	14~80		
	O.W.S	2~17	17~80		
비 트 방 식	솔래땅쉬	7~33	17~70		
	K.C.C	6~29	17~60		
	S.H.V.T		17~50		

5-6 흙막이공

얕은기초를 시공할 때 지하굴착에 동반하여 굴착 벽면의 붕괴를 방지하기 위하여 흙막이공을 시공한다.

흙막이공은 지하굴착시 굴착면의 변형이나 붕괴를 방지하기 위하여 많이 사용된다. 이 흙막이벽에 작용하는 토압은 모래지반에는 제형(梯形)의 토압분포를, 점토질지반에는 삼각형의 토압분포를 고려하는 등 강성옹벽과는 다른 형상의 토압분포가 된다. 또 가설물(架設物)은 토질조사, 안정성 등을 충분히 검토하지 않고 계획, 설계를 할 때가 많으며, 굴착으로 원지반을 이완시키거나 배수 등 현장의 시공관리의 부주의에서 큰 사고를 일으킬 때가 많으므로 주의해야 한다.

5-6-1 흙막이공법의 종류

(1) 자립식(Self Type) 흙막이

이 공법은 지반이 양호하며, 굴착면의 붕괴가 발생할 염려가 없고, 굴착깊이가 비교적 얕은 경우에 사용한다. 흙막이의 안정이 문제가 될 경우는 널말뚝을 깊게 설치하여 조절한다. 또 체절공(締切工)에는 목제나 강제의 이중 흙막이 체절공이 사용되는데 그 사이에 점토를 채워서 수밀성을 항상 유지시켜야 한다. 자립식 흙막이 유형은 그림 5-61과 같다.

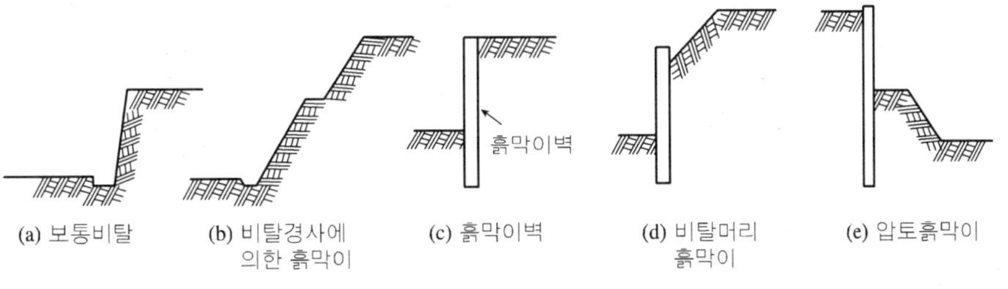

〈그림 5-61〉 자립식 흙막이공의 종류

(2) 버팀대식 흙막이

기초부분의 범위가 넓고 기초의 깊이가 얕으며 굴착한 바닥이 견고한 경우는 아일랜드공법을 이용하여 지반을 굴착하고 널말뚝을 기초의 바닥면에서 버티도록 한 버팀대식 흙막이를 그림 5-62와 같이 사용한다. 그러나 기초부분의 범위가 좁고 길며, 기초의 바닥면이 연약한 경우는 트렌치공법을 이용하여 지반을 굴착하고, 양쪽에 널말뚝을 박고 그 사이에 약 3m 간격으로 수평버팀대로 버티는 수평버팀대식 흙막이를 설치한다. 수평버팀대는 널말뚝에 작용하는 토압과 버팀대 밑의 작업의 난이 등을 고려해서 설치해야 한다.

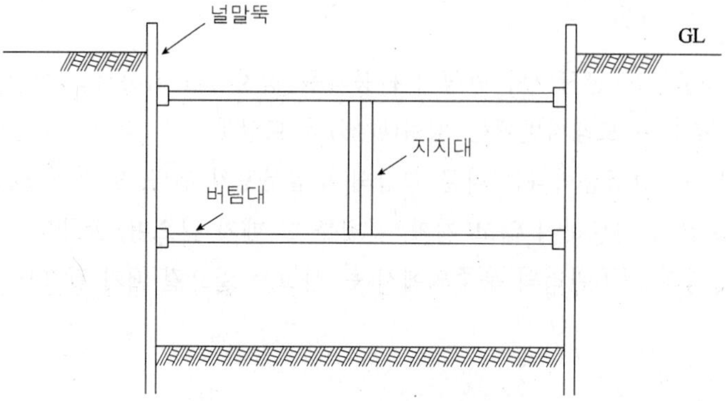

〈그림 5-62〉 버팀대식 흙막이

(3) 아일랜드방식

아일랜드(island process)방식은 외주에 널말뚝벽을 설치하고, 그 내부에 비탈을 부분적으로 남기면서 내부를 굴착한다. 그리고나서 중앙부에 구조물의 기초부분을 구축하고 기초부분부터 경사지게 버팀대를 세워 흙막이를 하면서 비탈부분을 굴착하여 건물의 나머지 부분을 축조한다(그림 5-63). 또 흙막이벽의 재료에 의하여 분류하면 다음과 같다.

① 나무널말뚝공법
② 간이 강널말뚝공법
③ 강널말뚝공법(강관 등)
④ 엄지말뚝 흙막이공법
⑤ 연속지중벽공법
⑥ 케이슨(caisson)공법
⑦ 역권식공법 등이 있다.

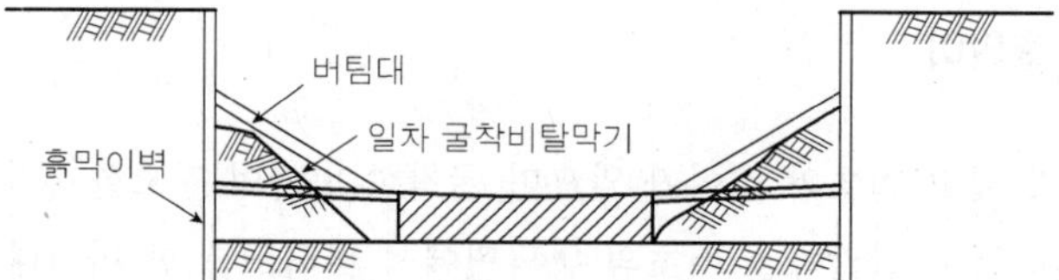

〈그림 5-63〉 아일랜드방식

(4) 강널말뚝(sheet pile)공법

흙막이공의 선정은 인접한 지역의 상황, 해안의 안벽, 가체절공(假締切工), 각종 보수공사 혹은 도로, 철도 등의 노면 비탈막기 옹벽 등에 많이 사용하는데 그 재료는 무판도 있으나 최근에는 강말뚝을 많이 사용한다. 이와 같은 지형, 현장조건을 감안한 후에 노측(路側)의 흙막이의 형식을 선정한다.

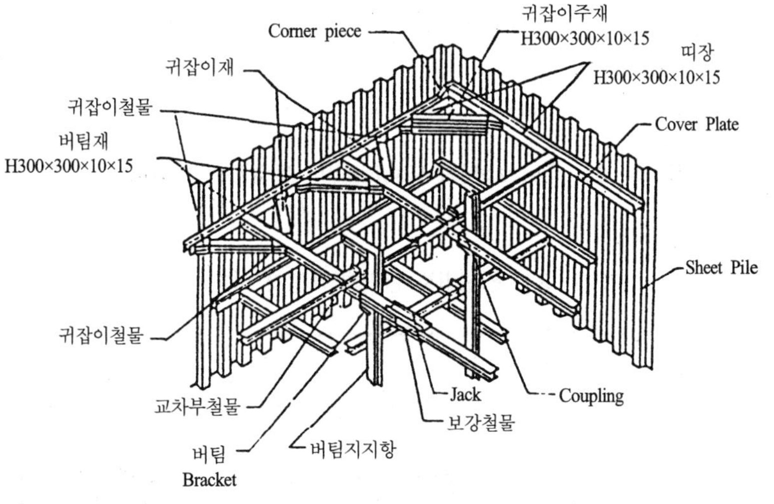

〈그림 5-64〉 강널말뚝의 상세도

지하매설물의 시공에 제약을 받으나 타이어 로드식 강널말뚝공법이 시공성, 공사기간, 경제성의 점에서 유리하며, 강널말뚝의 상세도는 그림 5-64와 같다. 강널말뚝의 규격에 따라 치수는 다른데 타이어로드는 대개 지름 25mm, 길이 10.8m를 사용하고 그 설치 간격은 대개 2.4m 정도이다.

그리고 강널말뚝의 머리에 0.6m×0.5m의 콘크리트를 타설하며, 앵커부는 공벽(控壁, anchor pile · anchor wall)을 설치하여 머리부분(頭部)에는 0.6×0.6×0.6m의 철근콘크리트판을 만들어 타이어로드를 정착시킨다. 공벽의 위치는 비탈활동면의 뒤의 원지반에 설치해야 안정되고 인장력에 대하여 저항할 수 있다.

이들의 설계토압은 Terzaghi-peck이나 Coulomb의 토압공식을 사용하고, 그 토압계수를 비교하면 그림 5-65와 같다.

토압을 구하는 방법이 다르면 산출토압에 차이가 생기는 것은 물론이다. Coulomb과 Terzaghi peck을 비교하면 그림 5-65와 같이 ① 흙은 $\phi=35°$, ②는 $\phi=30°$, ③은 $\phi=25°$로 가정하여 Coulomb의 토압을 계산한 것이다.

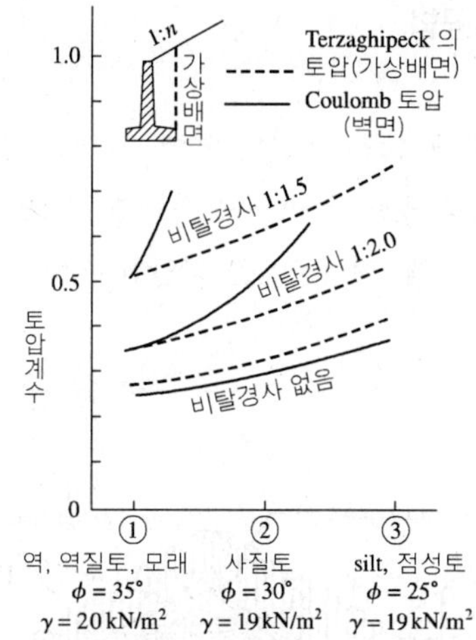

〈그림 5-65〉 Terzaghi와 Coulomb의 토압계수의 비교

〈표 5-21〉 강널말뚝 안벽의 특징과 비교

형 식	강널말뚝식 안벽		셀식 안벽
구조 예	(널말뚝식) 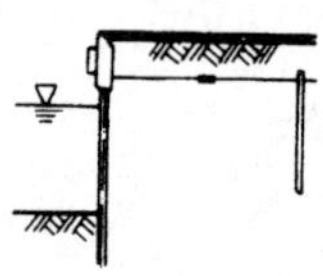	(봉식) 	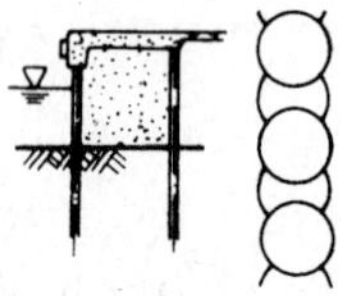
종 류	• 보통의 널말뚝식 • 자립널말뚝식 • 봉식	• 경사기대임 널말뚝식 • 2중 시판식	• 강판 셀식 • 강널말뚝 셀식
특 징	• 시공설비가 비교적 간단하고 공사비가 싸다. • 많은 경우 기초공사로서의 수중공사가 필요하지 않으므로 급속시공이 가능하다. • 벽체는 대단히 가볍고 탄성이 크므로 지진에 대하여 강하고, 어느 정도의 부등침하를 허용할 수 있다. • 현 지반수심이 깊을 때, 널말뚝 이음의 시공 도중에는 파도에 대하여 약하다. • 부식 때문에 내구성은 중력식 구조에 떨어진다. 이 때문에 전기방식, 또는 경비를 보아 단면을 크게 사용해야 한다.		• 구조가 단순함으로써 급속시공(prefab cell 등)에 적합, 지반이 좋고 수심이 9m~11m 정도의 안벽에는 경제적이다. • 중력식 구조라고 해석하면 지반 지지력이 적은 곳, 현 지반이 깊고 대량의 뒤채움재가 없는 곳은 불가능하다.

(5) 어스앵커

어스앵커(earth anchor, ground anchor)는 인장재를 통하여 구조물을 지반에 정착시키는 것으로 구조물의 변위를 억제하기 위해 미리 인장력을 가하여 벽체를 고정시키는 방법이다. 어스앵커의 설치각도는 수평에 대하여 보통 30~40 정도로 하는데 각도가 커질수록 벽체에 작용하는 연직력이 커지며, 그림 5-66과 같다.

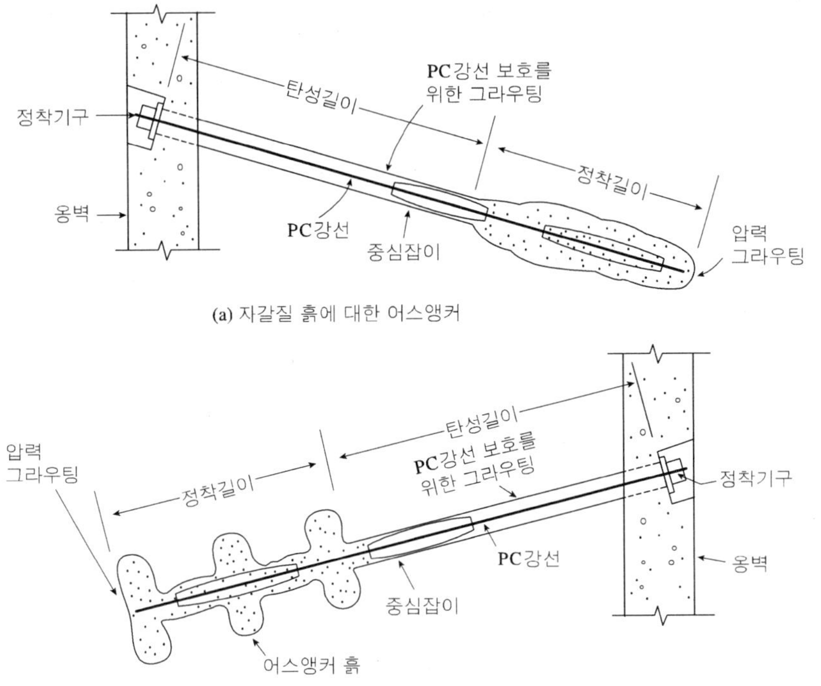

(a) 자갈질 흙에 대한 어스앵커

(b) 점착성 흙지반에 대한 어스앵커

〈그림 5-66〉 어스앵커

앵커를 설치할 경우에는 공사부지의 주변에 상당한 여유가 필요한데 부지의 여유가 없을 경우에는 앵커가 인접토지로 경계를 침범하고, 근접매설물이나 구조물 그리고 인근도로에 지반침하를 일으킬 수 있기 때문이다. 특히 지하수위가 높은 사질토에서는 앵커의 설치가 곤란하며, 깎기심도가 깊어지면 앵커의 시공이 불가능한 경우가 있다. 그러나 외주지반의 지반이 인발저항을 기대할 수 있는 견고한 사질토 또는 점성질토인 경우에는 이 방식이 매우 효과적일 수 있다.

또한 앵커로 지보공을 할 경우에는 버팀보로 할 경우와는 달리 내부의 작업공간에 제약을 받지 않으며, 기계화 시공도 비교적 자유로이 계획할 수 있다. 본체 구조물의 축조시 버팀보의 해체 및 교체작업이 없으므로 작업능률을 향상시킬 수 있다.

그리고 인장재로서 사용되는 PC강재의 종류에 의해 PC강연선, PC강선, PC강봉, 이형 PC강봉, 다중 PC강연선으로 분류할 수 있다.

어스앵커의 설계순서는 지반조건, 하중조건, 흙막이 구조, 앵커의 배치를 검토하여 1개의 앵커가 지지하여야 할 설계하중을 계산한다. 안전율을 고려하여 외력을 지지할 수 있는 앵커체의 길이와 깊이를 결정한 후, 흙막이 구조와 앵커를 포함한 전체 토피의 안정에 대하여 검토한다. 그리고 나서 앵커본체, 인장부 등 앵커의 세부를 설계하고 팩커 및 앵커체의 주입압력을 결정한다. 마지막으로 프리스트레스를 위한 긴장하중과 정착하중을 확인 결정한다.

다음 식 (5−56)에서부터 식 (5−60)까지는 어스앵커의 지지력을 구하는 식이다.

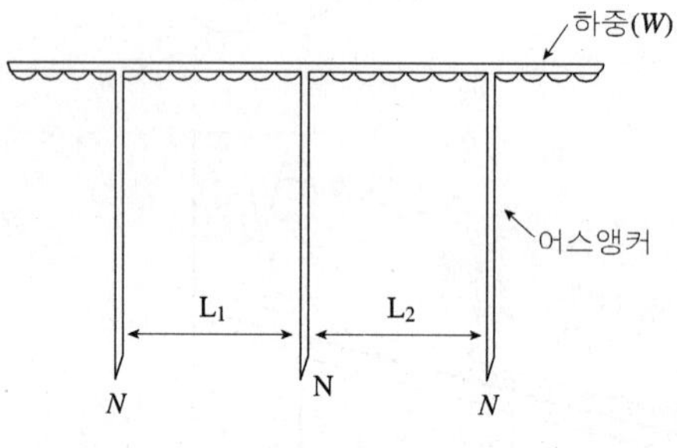

(a) 수직앵커

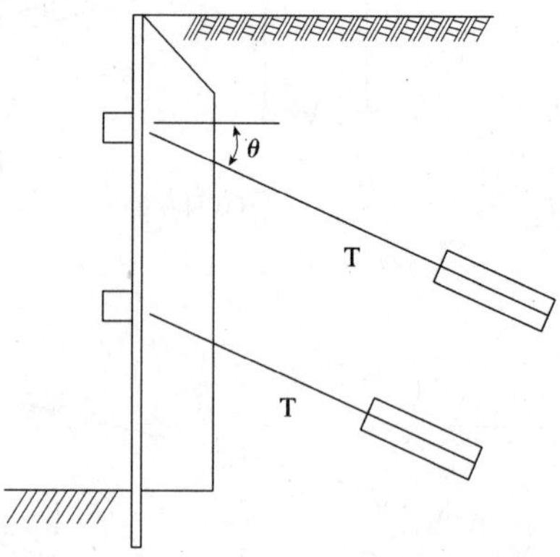

(b) 경사앵커

〈그림 5 - 67〉 어스앵커의 인발력

1) 어스앵커의 인발력

$$T = \frac{N}{\cos\theta} \tag{5-56}$$

여기서, N: 띠장에 걸리는 토압하중의 어스앵커 분담력[kN](그림 5−67(a) 참조)

$$N = \frac{W(L_1 + L_2)}{2}$$

W: 띠장의 단위길이당 하중으로 하중분담법에 의해 구한다[kN/m]

L_1, L_2 : 어스앵커의 간격[m]

θ : 어스앵커의 경사(그림 5-67(b) 참조)

2) 앵커의 정착위치

앵커의 정착토층은 그림 5-68에 보인 것 같이 지반의 가상활동면 바깥의 양질의 지층에 정착시켜야 한다.

$$\theta = 45 + \frac{\phi}{2} \tag{5-57}$$

여기서, θ : 지반의 자유활동면이 수평선과 이루는 각

φ : 흙의 내부마찰각

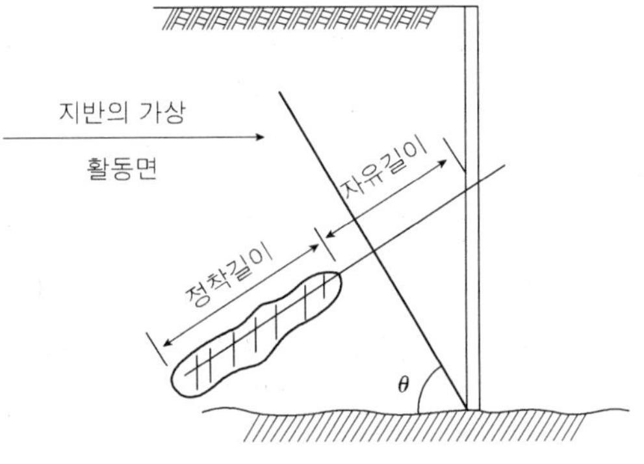

〈그림 5-68〉 앵커의 정착위치

3) 마찰저항 및 부착저항의 길이

앵커의 정착길이는 식 (5-58)에서 구한 마찰저항 길이와 식 (5-59)의 부착저항 길이 중 큰 값을 사용한다.

$$\text{마찰저항길이} \quad l = \frac{T \cdot F_s}{\pi \cdot D \cdot \tau} \tag{5-58}$$

$$\text{부착저항길이} \quad l = \frac{T}{\mu \cdot \tau_{ab}} \tag{5-59}$$

여기서, T : 설계축력[kN]

F_s : 안전율

D : 앵커의 유효최저 지름[m]

τ : 주변마찰 저항력[kN/m²]

l : 정착길이[m]

μ : 앵커의 주변길이[m]

τ_{ab} : 허용부착응력[kN/m^2]

4) 앵커의 길이와 내력

$$T = \frac{\pi D l \tau}{F_s} \tag{5-60}$$

여기서, T : 앵커의 내력[kN/EA]

l : 앵커의 정착길이[m]

D : 앵커몸체의 최소유효 지름[m]

τ : 앵커몸통과 지반과의 인장 및 전단저항력[MPa]

F_s : 안전율 { 가설구조물 : $F_s=1.5$
영구구조물 : $F_s=2.0$

τ값은 시험에 의하되 부득이 할 경우에는 다음 표 5-22의 값을 적용한다.

〈표 5-22〉 인장 및 전단저항력(τ)의 기준값

지 반 의 종 류		τ[MPa]
암 반	경 암	0.15 ~ 0.25
	연 암	0.10 ~ 0.15
	풍 화 암	0.60 ~ 0.10
	풍 화 토	0.5 ~ 0.8
모 래 자 갈 층	N=10	0.10 ~ 0.20
	20	0.17 ~ 0.25
	30	0.25 ~ 0.35
	40	0.35 ~ 0.45
	50	0.45 ~ 0.70
모 래 층	N=10	0.10 ~ 0.14
	20	0.18 ~ 0.22
	30	0.23 ~ 0.27
	40	0.27 ~ 0.35
	50	0.30 ~ 0.40
점 성 토		0.10 ~ 0.13

4) PC강선의 허용인장력

PC강선의 허용인장력은 다음의 식 (5−61)과 (5−62)로 구한 값중 작은 것으로 하고 앵커의 설계하중보다 큰 내력을 갖는 재료를 선택한다.

$$P_a = 0.6A_S \times u \tag{5−61}$$

$$P_a = 0.75A_S \times y \tag{5−62}$$

여기서, u : 인장강도[kN/m²]
y : 항복강도[kN/m²]
A_S : PC강선의 단면적[m²]

예제 5−5 그림과 같은 널말뚝이 앵커에 의해 지지되어 있다. 자유단 지지법에 의하여 산정된 널말뚝의 깊이 d는 약 몇 m인가(단, 수동토압에 대한 안전율을 $S=2$라고 가정하고, 지반은 지하수위와 관계없이 φ′=30°인 모래지반으로 이루어져 있다.)?

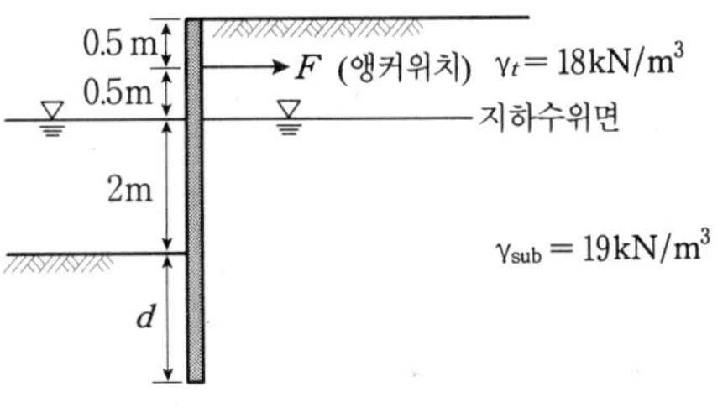

[풀이] 1) 토압계수

① $K_a = \tan^2\left(45° - \frac{\phi}{2}\right) = \tan^2\left(45° - \frac{30°}{3}\right) = \frac{1}{3}$

② $K_P = \tan^2\left(45° + \frac{\phi}{2}\right) = \tan^2\left(45° + \frac{30°}{3}\right) = 3$

2) 토압

① $P_{a1} = \frac{1}{2}\gamma_t h_1^2 K_a = \frac{1}{2} \times 18 \times 1^2 \times \frac{1}{3} = 3$[kN/m]

② $P_{a2} = \gamma_t h_1 h_2 K_a = \gamma_t h_1 (2+d) K_a = 18 \times 1 \times (2+d) \times \frac{1}{3} = 6(2+d)$[kN/m]

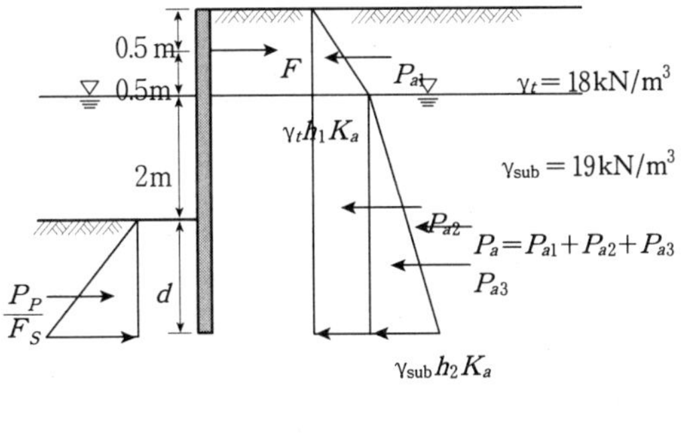

③ $P_{a3}=\frac{1}{2}\gamma_{sub}h_2^2K_a=\frac{1}{2}\gamma_{sub}(s+d)^2K_a$

$$=\frac{1}{2}\times(19-9.8)\times(2+d)^2\times\frac{1}{3}=1.53(2+d)^2[\text{kN/m}]$$

④ $P_P=\frac{1}{2}\gamma_{sub}d^2K_P=\frac{1}{2}\times(19-9.8)\times d^2\times 3=13.8d^2[\text{kN/m}]$

3) $\Sigma M=0$(정착점에서 모멘트합이 0이다.)

$$P_{a1}\left(\frac{2}{3}\times 1-0.5\right)+P_{a2}\left(0.5+\frac{2+d}{2}\right)+P_{a3}\left\{0.5+\frac{2}{3}\times(2+d)\right\}$$
$$-\frac{P_P}{F_S}\left(0.5+2+\frac{2}{3}\times d\right)=0$$

식을 정리하면 $d^3+2.06d^2-8.46d-8.3=0$

반복법으로 계산하면 $d \fallingdotseq 2.25[\text{m}]$

5-6-2 흙막이공의 안정성

흙막이공의 설계를 할 경우 고려해야 할 문제는 흙막이에 작용하는 토압이나 원지반에 생기는 파괴력에 대한 해석이며, 여기에 대하여 기술하면 다음과 같다.

(1) 토압

버팀대식 흙막이벽에 작용하는 토압(土壓, earth pressure)은 강성옹벽을 설계할 때와 같이 삼각형분포의 토압과는 달리 제형(梯形)이나 대형(臺形)분포이며, 이들 토압은 Terzaghi나 Tschebotarioff 등이 실측결과를 토대로 이와 같이 제안하고 있다.

기초설계기준에는 이것을 고려하여 그림 5-69와 같은 토압분포를 정하고 있고 보통의 흙막이공의 설계에 사용하고 있다.

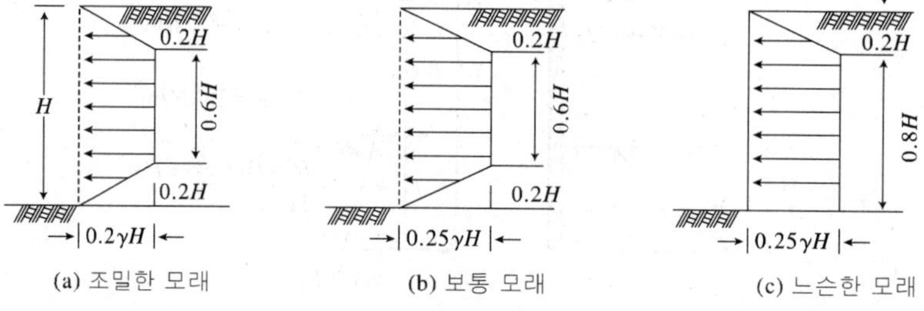

(a) 조밀한 모래 (b) 보통 모래 (c) 느슨한 모래

(1) 사질지반

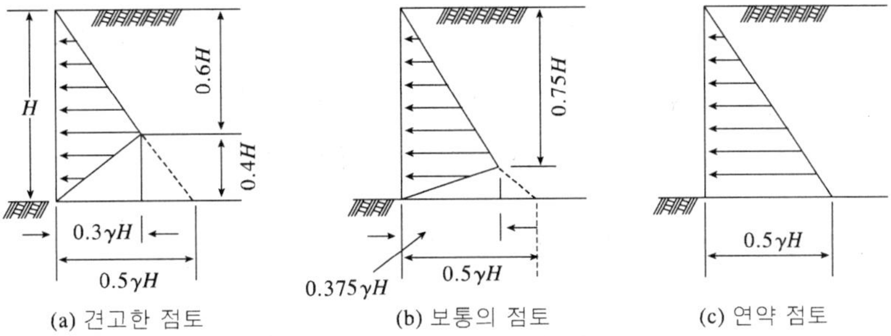

(2) 점토지반

〈그림 5-69〉 흙막이벽에 작용하는 토압분포

예제 5-6 느슨한 모래지반에 폭 2m, 깊이 3m의 도랑을 굴착하기 위하여 그림과 같은 흙막이벽을 시공하려 한다. 버팀보에 작용하는 힘을 구하시오. 단 흙의 단위체적중량은 15kN/m^{3}이다.

[풀이] 이 흙막이 벽에 작용하는 토압분포는 느슨한 모래지반이므로 그림의 오른쪽 그림과 같이 된다. 지금 계산을 간단하게 하기 위하여 널말뚝이 B점에서 상하로 나누어진 단순보로서 반력 R_a, R_b를 구한다.

우선 B점 둘레의 모멘트의 평형에서,

$$R_a = \frac{1}{1.3}\left\{11.25 \times 0.6 \times \frac{1}{2}(1.7+0.2) + 11.25 \times 1.7 \times \frac{1.7}{2}\right\}$$

$$= \frac{1}{1.3}(6.4+16.3) = 17.4[\text{kN/m}]$$

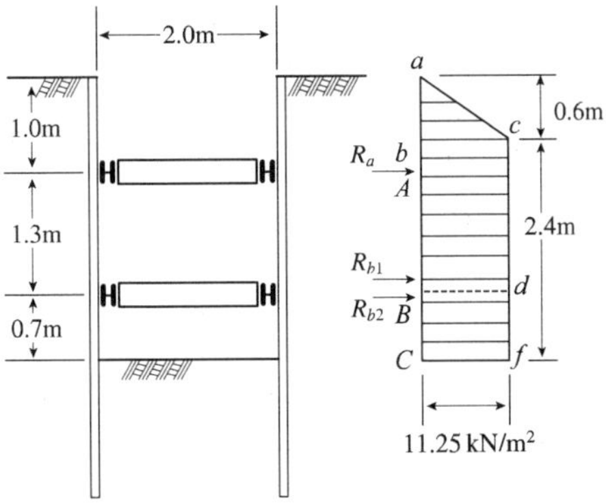

B점에서의 반력은 R_{b1}과 R_{b2}와의 합이 된다. R_a가 구해지므로,

$$R_{b1} = (11.25\times0.6\times1/2)+(11.25\times1.7)-17.4$$
$$= 3.4+19.1-17.4=5.1[\text{kN/m}]$$

또, C점 둘레의 모멘트의 평형을 고려하여,

$$R_{b2} = \frac{1}{0.7}(11.25\times0.7)\times\frac{0.7}{2} = 3.9[\text{kN/m}]$$
$$R_b = 5.1+3.9 = 9[\text{kN/m}]$$

그러므로 나머지 반력은 지반에 작용한다. 버팀보를 길이 방향으로 2m에 1개를 설치하면 다음과 같다.

$$R_a = 17.4\,\text{kN/m}\times2.0\text{m} = 34.8[\text{kN}]$$
$$R_b = 9\,\text{kN/m}\times2.0\text{m} = 18[\text{kN}]$$

(2) 근입부분의 토압과 근입깊이

흙막이벽에 필요한 근입깊이의 산정은 지반의 극한파괴상태를 가정하여 다음과 같이 구한다. 즉, 지표면에 수평인 경우 널말뚝의 좌우에 작용하는 주동토압(主動土壓) 및 수동토압(受動土壓)의 합력 P_A, P_P는 다음 식으로 구한다.

$$P_A = \left(qh_1+\frac{1}{2}rh_1^2\right)K_A - 2ch_1\sqrt{K_A}$$
$$P_P = \left(qh_2+\frac{1}{2}rh_2^2\right)K_P + 2ch_2\sqrt{K_P}$$

여기서, q : 지표면의 재하중강도[kN/m²]
c : 점착력[kN/m²]
K_A : 주동토압계수
K_P : 수동토압계수
r : 흙의 단위체적중량[kN/m²]

그림 5-70과 같이 각 버팀보의 허용압축력을 A_1, A_2, A_3 최하단의 버팀보(여기서는 A_3)에서 P_A, P_P의 착력점까지의 거리를 l_a, l_p라고 하면, 널말뚝의 안정은 다음과 같다.

$$\left.\begin{aligned} P_A &= A_1 + A_2 + A_3 + P_P \\ \frac{l_p P_P}{l_a P_A} &\geq F_s \end{aligned}\right\} \qquad (5-63)$$

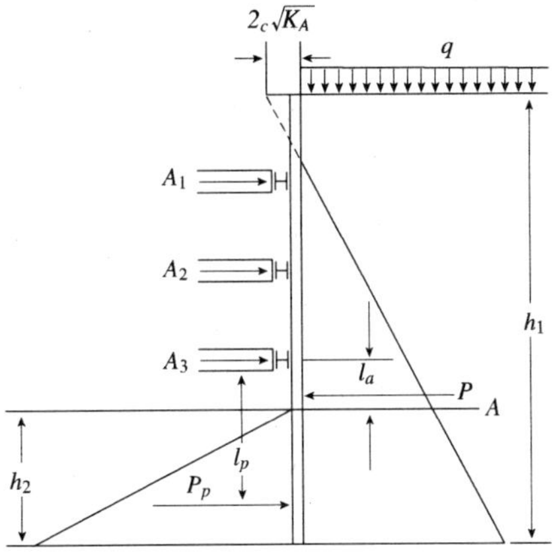

〈그림 5-70〉 근입깊이의 계산

F_s는 안전율로서 보통 1.2 이상으로 취한다. 식 (5-63)에서 필요한 근입깊이를 구할 수 있다. 또 더파기 깊이가 커지면 굴착면이 부풀어 올라와 파괴를 일으킬 때가 있으므로 주의하여야 한다.

(3) 히빙 검토

연약한 점토지반을 굴착할 때 흙막이벽 배면의 흙의 중량이 굴착면 이하 지반의 극한지지력보다 크게 되면 배면토사가 흙막이벽의 내측을 향해서 유동하기 시작한다. 이때 저면이 부풀어 오르는 현상을 히빙(heaving)이라 한다.

그림 5-71과 같은 파괴활동면에서 히빙에 대한 안전율 F_s는 다음 식과 같다.

$$\text{굴착깊이가 깊을 때 } F_s = \frac{5.7C}{\gamma_t H - \dfrac{CH}{0.7B}} \quad (\text{보통 } F_s > 1.4) \qquad (5-64)$$

여기서, C : 점착력[kN/m^2]

γ_t : 흙의 단위체적중량[kN/m^2]

H : 굴착깊이[m]

F_s는 보통 1.2~1.4 이상이면 좋다.

그림 5-71에서 히빙을 일으키려 하는 활동모멘트 M_d는 다음과 같다.

$$M_d = \frac{1}{2} W \cdot R + \frac{1}{2} q \cdot R = \frac{1}{2} R(\gamma_t HR + q) \tag{5-65}$$

히빙에 저항하는 저항모멘트 M_r는,

$$M_r = \frac{1}{2} \pi R \cdot R \cdot C_2 + R \cdot R \cdot C_1 = \pi \cdot C_2 \cdot R^2 + H \cdot C_1 \cdot R$$

$$\text{안전율} F_s = \frac{M_r}{M_d} (\text{보통} \quad F_s > 1.2)$$

여기서, M_r : 히빙에 저항하는 저항모멘트[kN · m]

M_d : 히빙을 일으키려는 활동모멘트[kN · m]

F_s : 안전율

π : 임의의 반지름[m]

S_u : 굴착면보다 하부의 흙의 비배수 전단강도[kN/m²]

$$W = \gamma_t \cdot H \cdot R$$

H : 굴착깊이[m]

q : 적재하중[kN/m²]

γ : 흙의 단위체적중량[kN/m²]

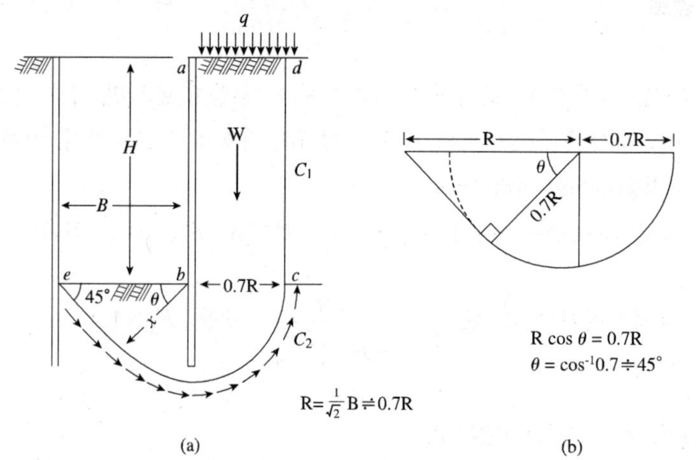

〈그림 5-71〉 히빙현상

식 (5−65)에서 굴착면보다 하부인 지반의 상태, 굴착면의 단면현상, 시공방법 등을 고려하여 몇개의 가상활면의 반지름 x에 대한 각각의 안전율을 구하여 안전성을 검토한다.

예제 5−7 그림과 같은 널말뚝의 흙막이벽이 있다. 지반은 점토이고 점착력은 13kN/m^2, 단위중량은 16kN/m^{3}이다. 히빙에 대한 안정성을 검토하시오.

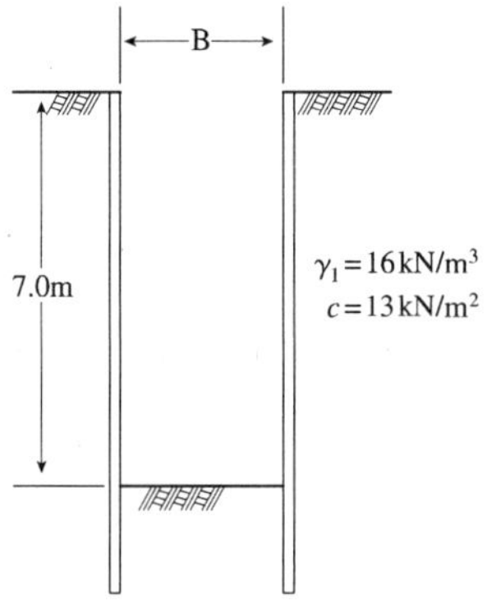

[풀이] γ_t =16kN/m^3, c =13kN/m^2, H=7.0m이다. B=2.5m라고 하면 식 (5−64)에서

$$F_S = \frac{5.7c}{\gamma_t H - \dfrac{cH}{0.7B}} = \frac{5.7 \times 13}{16 \times 7.0 - \dfrac{13 \times 7.0}{0.7 \times 2.5}} = \frac{74.1}{112 - 52} = 1.24$$

보통의 안전율 1.4보다 작으므로 불안전하다. 그러므로 B=2.0m라고 하면,

$$F_S = \frac{5.7 \times 13}{16 \times 7.0 - \dfrac{13 \times 7.0}{0.7 \times 2.0}} = \frac{74.1}{47} = 15.8$$

도량의 폭이 2.0m 이하이면 안전하다.

예제 5−8 그림과 같은 널말뚝의 하단을 통하는 활면에 대한 히빙을 검토하시오.

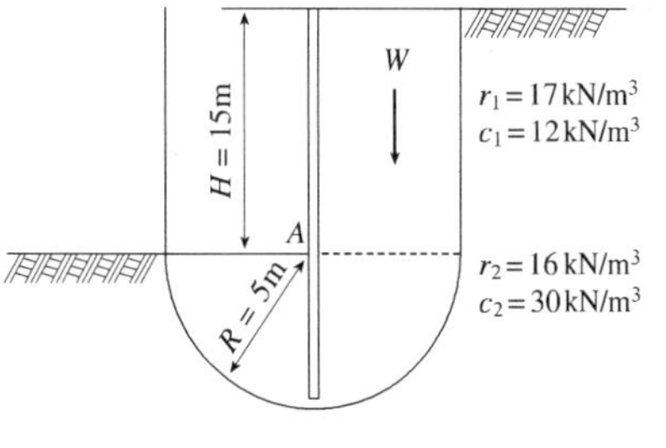

1) 히빙현상의 검토

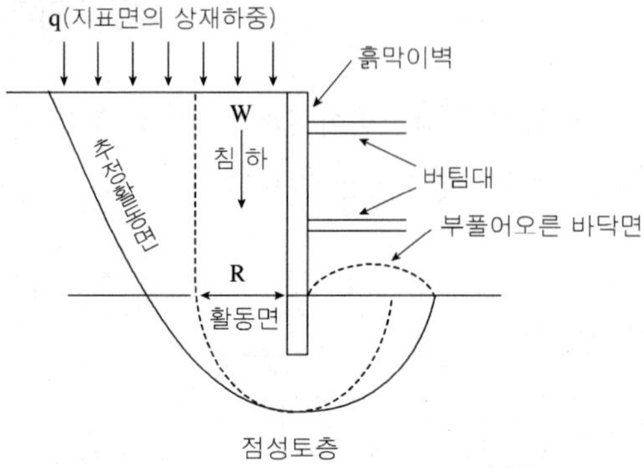

① 연약한 점토지반에서 배면의 활동 토괴의 무게가 연약토의 지지력보다 큰 경우에 토착저면에 팽창하여 굴착저면이 부풀어 오르거나 파괴되는 현상을 말한다.
② 굴착저면 폭×0.707 이내에서 발생한다.

2) 역학적 해석

① 활동모멘트(A지점)

$$M_d = q \times R \times \frac{R}{2} + H \times R \times \gamma \times \frac{R}{2}$$

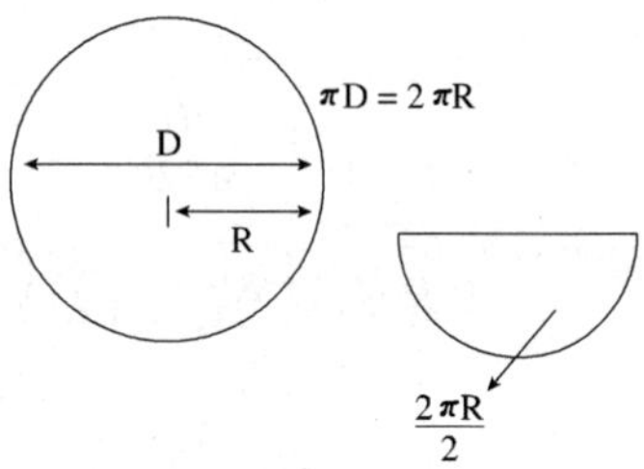

② 저항모멘트(A지점)

$$M_r = C_1 \times H \times R \times C_2 \times \frac{2\pi R}{2} \times R$$

③ 안전율

$$F_s = \frac{M_r}{M_d} > 1.2$$

[풀이] A점에 관한 활동모멘트는 다음과 같다.

$$M_d = \frac{WR}{2} = \frac{\gamma_1 H R^2}{2}$$

$$= \frac{17 \times 15 \times 5^2}{2} = 3,187[\mathrm{kN \cdot m}]$$

저항모멘트는,

$$M_r = \pi c_2 R^2 + Hc_1 R = 3.14 \times 30 \times 5^2 + 15 \times 12 \times 5$$
$$= 2{,}355 + 900 = 3{,}255[\mathrm{kN \cdot m}]$$

그러므로 안전율,

$$F_s = \frac{M_d}{M_r} = \frac{3{,}187}{3{,}255} = 0.98 < 1.2$$

따라서 히빙이 발생할 가능성이 있다.

(4) 보일링 검토

보일링은 주로 모래지반에서 생기는 현상이다. 지반 중에 상향의 흐름이 있을 때 모래입자는 유수의 투수압력에 의하여 정수상태 중일 때보다 큰 부력을 받는다. 이 투수압력이 부력을 받은 모래알의 중량보다 커지면 모래알이 유수 중에 떠있는 상태가 된다. 이 현상을 보일링 현상(boiling or quick sand)이라고 하고, 느슨하게 퇴적한 모래지반으로 모래입자가 가늘면 이 현상이 생기기 쉽다. 또 이 현상이 흙막이벽의 내부에서 발생하면 밑넣기 부분의 흙의 저항이 없어져 흙막이벽의 붕괴를 일으키게 된다(그림 5-72 참조).

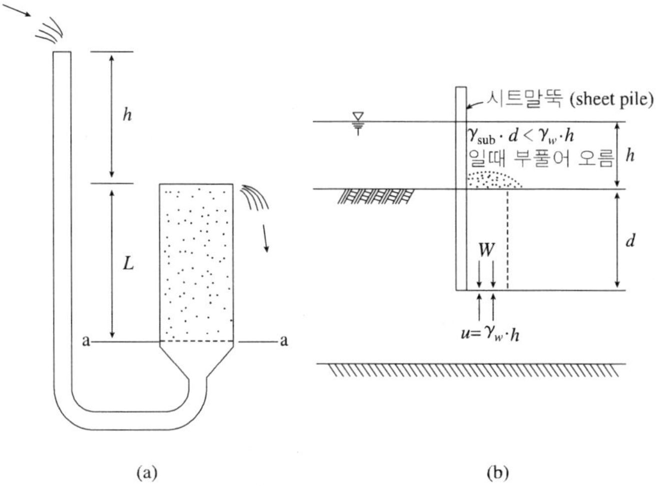

〈그림 5-72〉 보일링현상 설명도

$$\gamma_w \cdot h = \gamma_{\text{sub}} \cdot d = \frac{G_s - 1}{1+e} \gamma_w \cdot d \tag{5-66}$$

식 (5−66)에서 h/d는 동수경사이고, 특히 보일링의 한계일 때의 값이므로 이 동수경사를 한계동수경사(限界動水勾配 ; critical hydraylic gradient)라 한다.

$$i_c = \frac{G_s - 1}{1+e} \tag{5-67}$$

식 (5−66)에서,

$$\text{보일링이 일어나는 조건은 } i > \frac{G_s - 1}{1+e} \tag{5-68}$$

$$\text{보일링이 일어나지 않는 조건은 } i < \frac{G_s - 1}{1+e}$$

이 된다.

보일링 현상에 있어서 안전율 F_s은 다음과 같다.

$$F_s = \frac{W}{F} = \frac{\gamma_{\text{sub}} d}{\frac{1}{2} \gamma_w h} \text{(보통 } F_s \geq 1.20 \sim 1.50) \tag{5-69}$$

여기서, r' : 흙의 수중 단위체적중량

d : 근입깊이

따라서, F_s가 1보다 작게 되면 보일링현상이 일어난다.

F_s에 대해서는 여러 가지 의견이 있다.

일본 토질공학회편의 굴착지점에서는 $F_s = 3 \sim 4$, 건설성 하천 국제정의 강널말뚝 이중식공법 물막이설계 지침안에서는 $F_s > 3.5$, 수도고속도로공단의 가설구조물 설계기준에서는 일시적인 물막이에 한하여 적용하는 때는 $F_s = 2$로 적용하고 있다.

1) 히빙・보일링 부재에 대한 검토

① 연직말뚝에 대한 검토
② 흙막이판에 대한 검토
③ 띠장에 대한 검토
④ 버팀대에 대한 검토
⑤ 중간말뚝

2) 히빙 · 보일링현상의 방지대책

① 설계계획을 변경한다.
② 표토를 제거하여 하중을 작게 한다.
③ 흙막이벽의 관입깊이를 깊게 한다.
④ 굴착면에 하중을 가한다.
⑤ 연약지반을 개량한다.
⑥ 배면의 배수처리를 잘 한다.
⑦ 근입깊이가 너무 깊으면 비경제적이다.
⑧ 외적에너지를 가한다(기초굴착 밑면 그라우팅, 동결, 약액주입).
⑨ 노면배수시설을 하여 배면의 자유수가 침투하는 것을 방지한다.
⑩ 지하매설물(상수도관, 가스관) 유지관리를 철저히 한다.
⑪ 양질의 토사로 뒷채움 한다.
⑫ 바닥굴착시 아일랜드공법을 채용해서 널말뚝 전면에 중량을 부여한다.
⑬ 목재, 버팀목 등을 설치하고 되메우기를 점진적으로 실시한다.
⑭ 구조물 시공후 되메우기 실시한다.
⑮ 굴착된 상태를 오래방치하지 않도록 연속시공한다.

예제 5-9 사질토 지반시 H : 10m, D : 3m의 H-pile의 보일링에 대하여 안정검토를 하시오.

[해설]

(1) 개요

보일링이란 지하수위가 높은 모래 혹은 자갈층과 같은 투수성이 큰 지반을 차수성이 큰 벽으로 차단하고, 굴착부지 내부를 배수하면서 굴착하면 벽의 배면과 굴착면의 지하수위 차에 의해서 생기는 상향의 삼투압에 의해, 모래의 유효응력이 감소 또는 소멸되어 굴착한 부분을 다시 메우는 현상을 말한다.

① 규모가 Boiling보다 작으면 Quick Sand현상이 나타난다.
② 규모가 Boiling보다 크면 유로가 형성되어 Piping현상이 나타난다.

(2) 안정검토

보일링에 대한 검토는 유선망으로부터 해석해야 하지만 복잡하므로 실제로는 Terzaghi이론이나 한계동수경사법을 사용하고 있다. 여기서는 Terzaghi 이론에 중심으로 해석한다.

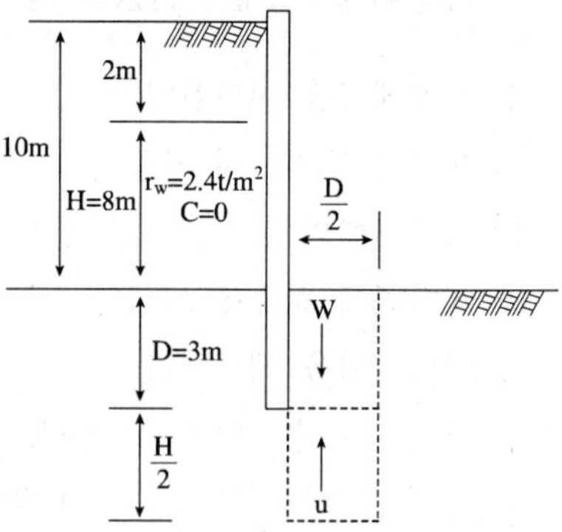

1) $W \geq U \cdot F_s$

2) $F_s \geq \frac{W}{U}$(보통 $F_s \geq 1.2 \sim 1.5$)

3) $W = \frac{D}{2} \times D \times \gamma = \frac{3}{2} \times 3 \times (2.4-1) = 6.3$

4) $U = \frac{D}{2} \times \frac{H}{2} \times \gamma_w = \frac{3}{2} \times \frac{8}{2} \times 1 = 6$

5) $F_s = \frac{6.3}{6} = 1.05 < 1.2 \sim 1.5$

∴ 약간 불안정

(3) 대책

1) 근입깊이를 약간 깊게 할 필요가 있다.
2) Well Point, Deep Well 등 적당한 배수공법을 채용한다.
3) 밑넣기 깊이 이하로 적당한 차수재를 주입한다.

5-6-3 버팀대 유효선행하중(EPL)공법

(1) 개요

주변구조물(지하철 터널과 BOX, 통신터널, 지하매설물, 인접건물 등)에 근접굴착시 선행하중 전달체를 설치하여 띠장의 강성을 대폭 증가시키면 기존의 선행하중(약 50ton_f)보다 훨씬 큰 유효선행하중(effective preloading on braced wall, 250ton_f 이하)을 가할 수 있다. 버팀대에 유효선행하중(250ton_f 이하)을 굴착단계별로 가하면 흙막이벽체의 부재력과 배면지반의 침하가 감소되기 때문에 지하 구조물 공사가 완료될 때까지 흙막이벽체와 주변구조물의 안정성을 유지시키면서 공사비를 절감시키고, 공사기간을 단축시킬 수 있다. 이와 같이 버팀대에 선행하중을 가하는 방법을 버팀대 선행하중재하공법이라 하며, 근래에 많은 현장에서 적용되고 있다.

기존 선행하중공법에서 가하는 버팀대 선행하중은 크기가 작아도 선행하중을 가하지 않을 때보다 안정성을 증가시킬 수 있으나 흙막이벽체의 수평변위가 굴착단계별로 누적되고 굴착완료 후 버팀대 해체시 길어지는 시간에 의해 추가로 발생하여 배면지반이 느슨해져 흙막이벽체의 부재력이 증가하고, 배면지반의 침하가 발생하므로 흙막이벽체와 주변구조물의 안정성을 유지하기가 쉽지 않다. 흙막이벽체의 수평변위를 충분히 억제시키기 위해서 큰 선행하중을 가하면 버팀대가 연결된 띠장이 전단파괴 되어 흙막이벽체에 국부적인 변형이 발생하므로 흙막이벽체와 주변구조물이 위험해질 수 있다. 따라서 선행하중재하공법에서 큰 선행하중을 가할 때에는 버팀대가 연결된 띠장이 전단파괴 되지 않도록 강성을 대폭 증가시켜야 한다.

유효선행하중 공법의 핵심기술은 선행하중 전달체와 유효선행하중이다. 선행하중 전달체를 설치하여 띠장의 강성을 증가시키면 유효선행하중은 분포하중형태로 변경되어 흙막이벽체에 전달되는 전달율이 작아지므로 전단력이 감소하고, 토압과 반대방향으로 유효선행하중을 가하면 모멘트가 감소하므로 흙막이벽체의 강성을 증가시키지 않고도 버팀대 간격은 일반 버팀대공법(2.5~3.0m)보다 넓어(3.5~4.5m) 진다. 따라서 굴착시 버팀대를 지하층 슬래브(지하층고 3.6~4.0m) 상부 1.2~1.5m 위치에 설치하면 굴착완료 후 버팀대 해체시 지하층 벽체의 중간을 끊지 않고 지하벽체와 슬래브를 한 번에 시공할 수 있다.

유효선행하중은 지반을 굴착할 때 발생하는 흙막이벽체의 수평변위를 영(0)이거나 거의 영(0)이 되도록 복원시킬 수 있는 선행하중의 70%~80% 크기이다.

(2) 버팀대 유효선행하중(EPL)공법의 특징

① 흙막이벽체의 수평변위를 억제시키기 위해서 유효선행하중을 가하면 흙막이벽체의 부재력(최대모멘트, 최대전단력)과 배면지반의 침하가 감소되므로 일반 버팀대공법이나 기존의 버팀대 선행하중공법보다 안정성이 증가한다.

② 유효선행하중은 토압과 반대방향으로 가하여 감소시킨 모멘트만큼 버팀대를 3.5m~4.5m 간격으로 설치할 수 있다. 따라서 흙막이벽체의 강성을 거의 증가시키지 않고도 버팀대 설치단수가 감소되므로 공사기간을 단축할 수 있으며, 공사비도 절감할 수 있다.

③ 근접굴착이나 굴착심도가 깊으면서 공사기간이 짧은 경우에 큰 효과를 기대할 수 있으며, 지하구조물의 형태(철근콘크리트, 강구조(S.R.C))에 관계없이 적용할 수 있다.

④ 안정성 검토는 기존에 사용하고 있는 공식으로 검증할 수 있으며, 시공방법이 일반 버팀대공법과 유사하여 특별한 기술이 필요 없고, 선행하중 전달체는 반복해서 사용할 수 있다. 또한 지반조건과 주변여건에 맞게 버팀대 유효선행하중의 크기를 조절할 수 있고, 축력이 크지 않는 버팀대 1단, 2단 등에는 작은 선행하중을 가하므로 띠장의 강성을 증가시키지 않아도 구조상의 문제는 발생하지 않는다.

⑤ 변형에 매우 민감한 특수 구조물에 근접하여 굴착할 경우에도 선행하중의 크기를 관리하여 구조물에 변형이나 부등침하가 거의 발생하지 않도록 시공관리를 할 수 있다. 하천이나 강 주변, 바다주변 등 지하수위가 높거나 변화가 심한 지역에서는 작용수압의 크기에 따라 시공 중에도 선행하중 크기의 조절이 가능하다.

⑥ 대지모양(정사각형, 직사각형, 다각형 등)에 관계없이 적용할 수 있고, 기존구조물(지하철 터널과 Box, 통신터널, 상·하수도관, 가스관, 주변건물 등)의 안정성 유지가 절대적으로 필요한 경우와 변형이나 부등침하에 민감한 구조물에 근접굴착하는 경우와 굴착심도가

깊은 반면에 공사기간 단축을 필요로 하는 현장 등에 유용하게 적용할 수 있어 가치(value engineering, VE)효과가 매우 크다.

(3) 설계순서

① 지반조사와 현장조사를 실시하여 흙막이벽체의 공법 결정
② 지하구조물의 슬래브(slab)위치를 고려한 버팀대의 설치위치와 수치해석결과로 유효선행하중의 크기 결정
③ 선행하중 전달체의 시공위치 결정
④ 유효선행하중을 가하는 조건으로 굴착과 해체에 대해서 수치해석 수행
⑤ 수치해석 결과로 흙막이벽체와 구조물(버팀대, 띠장 등)의 안정성 검토
⑥ 시공도면과 구조계산서 및 시방서작성

(4) 시공순서

① 흙막이벽체 시공
② 계측기 설치
③ 중앙말뚝(center pile)시공
④ 1단계 굴착후 정해진 위치에 띠장설치
⑤ 도면에 표시된 위치에 제작된 선행하중 전달체 부착
⑥ 버팀대와 연결시킨 후 유압잭으로 유효선행하중 가압
⑦ 버팀대와 중앙말뚝의 연결부분 고정
⑧ 2단계 굴착부터 굴착완료까지 동일한 방법으로 굴착완료
⑨ 계측 빈도수는 주변구조물의 위험 정도에 따라 정함(필요시 자동계측 실시)

(5) 선행하중 전달체

그림 5-73은 충분히 큰 선행하중을 가하더라도 띠장과 흙막이벽체의 연결부에 국부적인 변형과 응력이 집중되는 것을 방지할 수 있도록 개발된 선행하중 전달체의 상세도이다.

일반 버팀대공법(기존의 선행하중공법 포함)과 유효선행하중 공법의 비교는 그림 5-74와 같다.

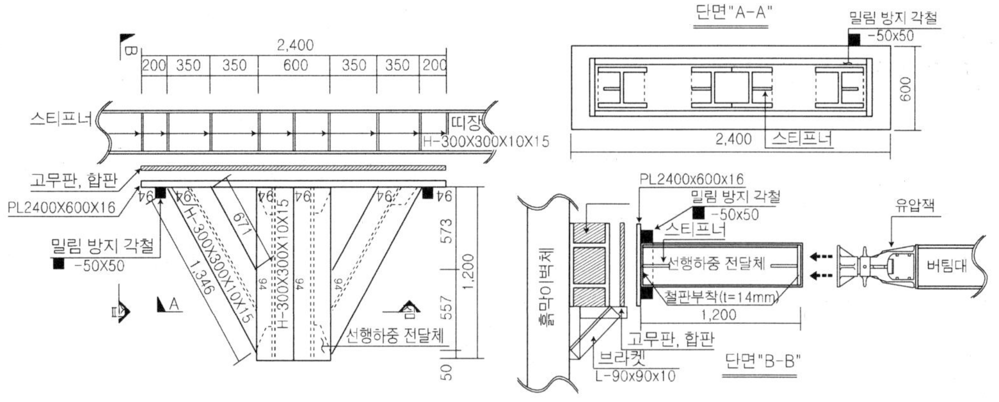

〈그림 5-73〉 선행하중 전달체 상세도

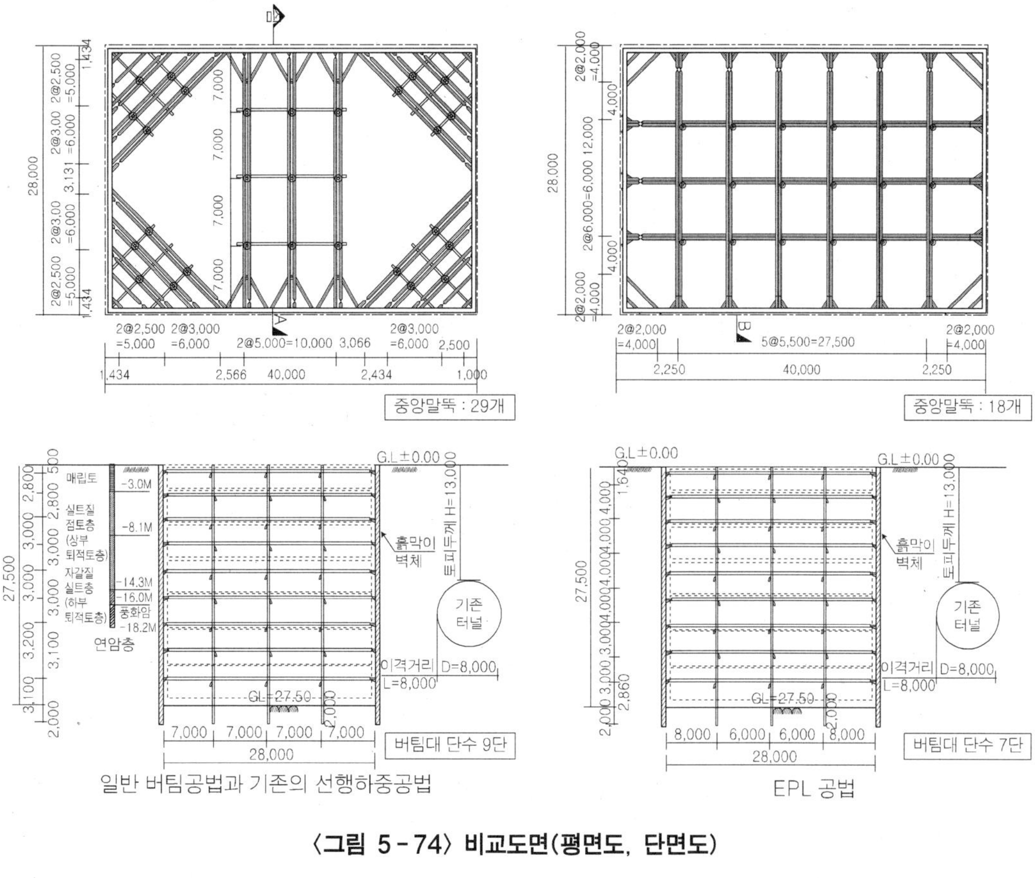

〈그림 5-74〉 비교도면(평면도, 단면도)

5-7 케이슨기초공

5-7-1 케이슨의 종류

케이슨도 말뚝이나 교각과 같은 목적으로 사용되지만 시공방법에 큰 차이가 있다. 즉 케이슨은 육상 또는 수상에서 건조된 것을 케이슨 자중 또는 적재하중(積載荷重)에 의하여 소정의 깊이까지 침하시키는 방법이다. 케이슨은 깊은기초중 지지력과 수평저항력이 가장 큰 기초형식이며, 시공방법에 의하여 다음 3가지로 분류된다.

1) 개방형케이슨(open caisson)
2) 공기케이슨(pneumatic caisson)
3) 박스케이슨(box caisson)

또한 깊이가 깊어짐에 따라 침하가 곤란하면 침하촉진을 위하여 하중을 재하하거나 분사, 발파 및 감압공법 등을 적용한다.

① 적재하중공법 : 레일, 철괴, 콘크리트 블록, 흙가마니 등의 적재하중을 가하여 침하를 촉진시키는 공법
② 분사공법 : 케이슨 하부의 절삭날 부근에서 공기, 물 또는 그 외 혼합물을 분사시켜 주변 마찰저항을 감소시키는 공법이며, 일반적으로 점성토에서는 물을 사용하고, 사질토에서는 물과 공기의 혼합물을 사용하는 것이 효과적이다.
③ 물하중공법 : 케이슨 하부에 수밀한 선반을 설치하고 물을 넣어서 침하하중으로 사용하는 공법
④ 발파공법 : 케이슨 저부의 아래 방향에 화약을 설치하고 발파시켜서 케이슨에 진동과 충격을 가하여 마찰저항을 감소시키는 공법
⑤ 감압공법 : 공기케이슨 작업실 내의 압축공기의 압력을 일시적으로 낮추어서 양압력을 감소시키는 방법

5-7-2 오픈케이슨

이 공법은 우물통공법 또는 웰공법(well method)이라 부르고, 안벽(岸壁) 등의 기초에 많이 사용되며, 기초공법은 그림 5-75와 같다.

웰 본체의 재료는 목재, 콘크리트, 철근콘크리트, 벽돌, 강재 등이 있으나 콘크리트 및 철근콘크리트웰이 가장 많이 사용되고 있다. 또 형상은 기초로서의 목적에 따라 교각에는 원형·타원

형이, 안벽에서는 장방형이 많이 사용되며, 그림 5-76과 같다.

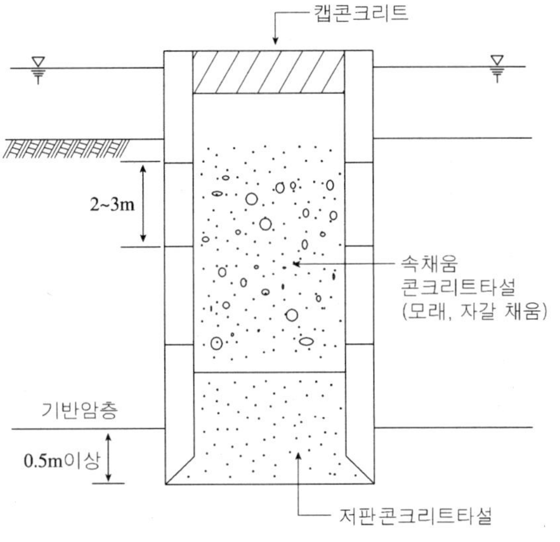

〈그림 5-75〉 오픈케이스 기초공법

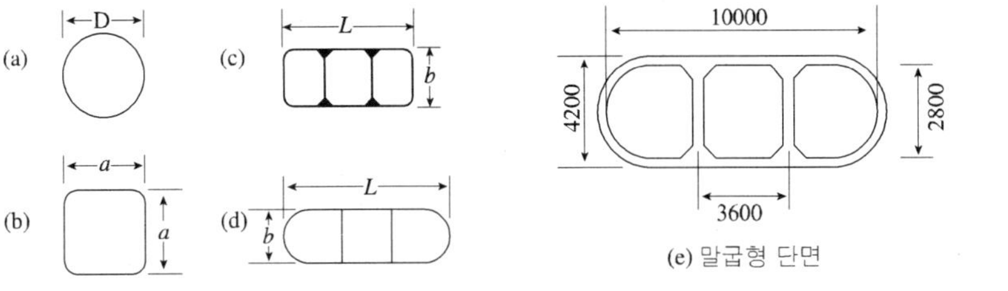

〈그림 5-76〉 각종 케이슨 단면형의 예

(1) 웰의 제자리 놓기

웰은 보통 2~4m 정도인 로드로 구분하는데 우선 제1로드를 설치하고 내부를 굴착하여 침하시킨다. 계속하여 제2로드를 제1로드의 위에 올려 놓고 차례로 이 작업을 되풀이한다.

제1로드는 직접지반에 닿는 부분이므로 특히 강고한 구조로 함과 동시에 하단에는 커브슈(curve shoe, 그림 5-77 참조)라고 부르는 쐐기형의 강제(剛製)의 날 끝(刀先)을 붙인다. 이것은 침하할 때 콘크리트가 마모나 파손되지 않게 하기 위한 것이다.

육상에 거치할 때는 보통 날끝의 위치에 길이 1m 정도의 목재 밑판을 깔고 그 위에 커브슈를 설치하고 굴착, 침하에 동반하여 밑판을 제거하고 위치의 조정이나 부등침하(不等沈下)를 방지한다.

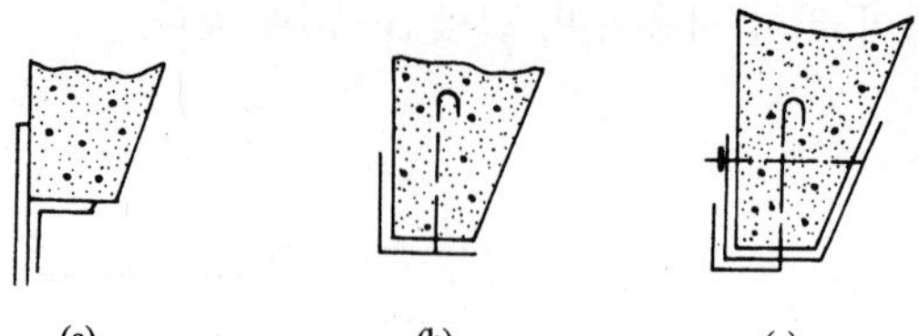

〈그림 5-77〉 커브슈의 구조

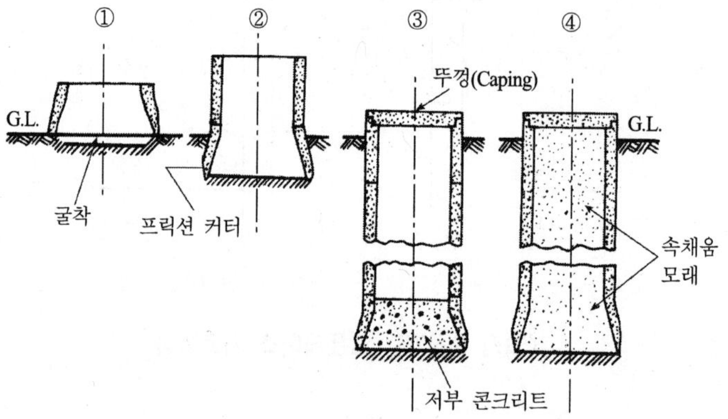

〈그림 5-78〉 오픈케이슨의 시공순서

1) 축도법

수심이 5m 정도까지는 축도(築島)를 한다. 축도를 하는 방법은 수심에 따라 흙가마니, 나무널말뚝, 강널말뚝 등에 의하여 물을 막고 그 내부를 토사로 채운다. 그 위에서 육상의 경우와 같이 정통(井筒)을 놓아 침하시키는 방법을 축도법(築島法, Island method)이라고 하며 가장 안전하고 일반적인 공법이다. 물막이의 수밀성은 매립토사가 유실하지 않을 정도면 좋다. 축도면은 공사 중에 예상되는 최고수위의 0.5~1.0m 정도로 하며, 우물통 주위의 여유는 0.5~1.5m 정도로 한다. 축도법으로 시공하는 경우 가장 주의할 점은 신속히 구조물을 물밑까지 침하시키는 것이다.

그렇지 않으면 예상하지 못한 출수(出水) 때문에 밑이 용해되어 우물통을 전도시키는 원인이 되며 이와 같은 예는 적지 않다(그림 5-79 참조).

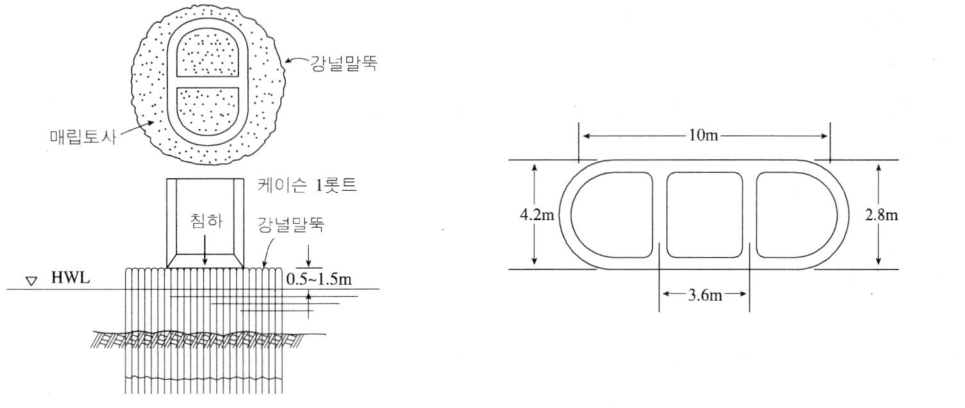

(a) (b)

〈그림 5-79〉 축도공법의 예

2) 비계식

그림 5−80의 비계식은 비교적 소형의 우물통에 사용된다. 우물통은 가라 앉았을 때 정부가 수면상에 50cm 이상 나오는 정도의 높이로 비계위에서 만들어 일단 달아 올려서 가설물을 빼낸후 서서히 잡아 내린다. 우물통을 내리는 지반은 미리 잠수부에 의하여 수평이 되도록 다듬질 한다.

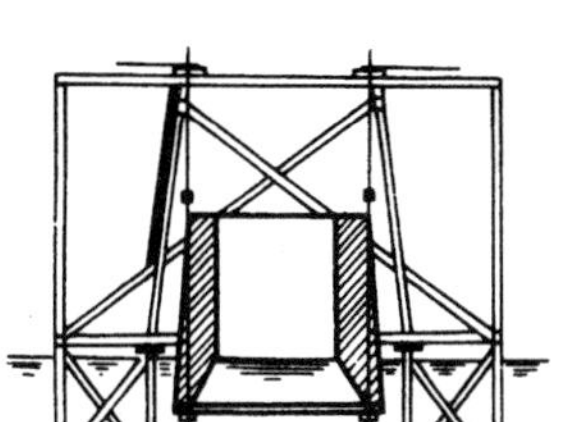

〈그림 5-80〉 비계식 침설법

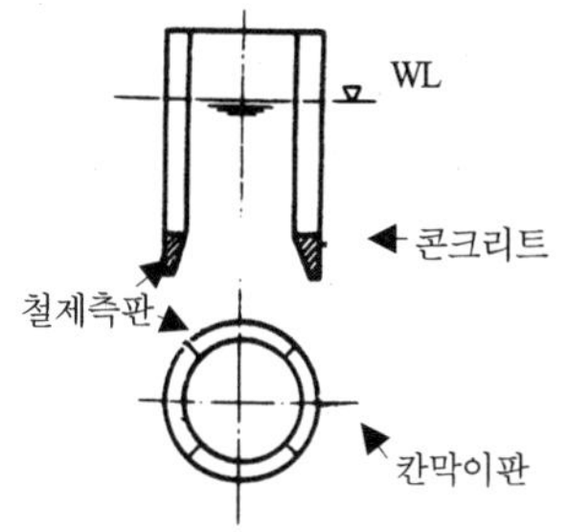

〈그림 5-81〉 부유우물통

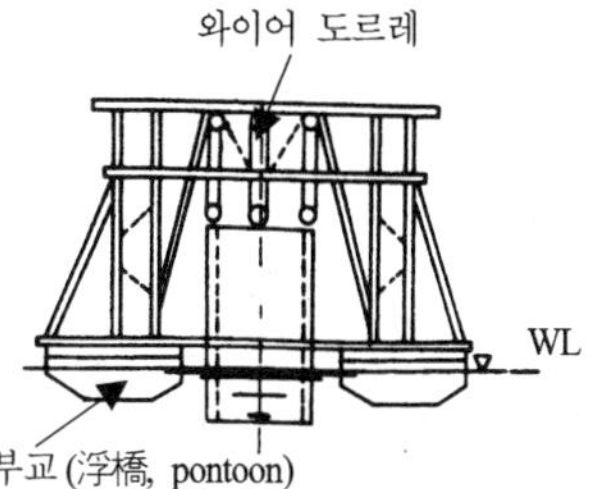

〈그림 5-82〉 우물통의 예선법

3) 부동식(浮動式)

수심이 깊은 곳 등에서는 우물통의 측벽을 강제(剛製)로 만들어서 우물통(그림 5−81)을 현장의 소정의 위치까지 물에 띄워서 예인한 후 콘크리트를 타설하여 침설시키는 방법이 있다. 이 경우 부유우물통의 부심이 중심(重心) 이하가 되지 않으면 전도되므로 이 점을 유의하여야 한다. 중심(重心)을 내리기 위하여 우물통의 선단부에만 콘크리트를 타설하여 물에 띄워서 끌고가는 방법 등이 취해진다. 또 우물통 내에 물을 넣을 때에는 우물통 측벽이 되는 부분은 칸막이를 하여 세분하지 않으면 경사할 때 물이 이동하여 복원력이 없어져서 전도하게 되므로 특히 주의하여야 한다.

물에 띄워서 끌고 가는 설비에는 여러 가지가 있지만 부상(浮箱) 위에 가구(架構)를 조립하여 위에서 말한 바와 같이 부유우물통이나 프리캐스트에 우물통을 매달아서 끌고가는 경우가 많으며, 우물통을 매다는 방법에는 3점법이 좋다.

(2) 우물통의 침하

그림 5−80에서 우물통의 침하작업은 내부의 토사굴착과 하중재하가 주된 일이며, 우물통의 경사이동이 없도록 하는 것이 가장 중요하다.

우물통이 침하하려면,

$$W > F + B \tag{5-69}$$

가 성립되어야 한다.

여기서, W : 우물통의 수직하중(자중+재하중)[kN]

F : 총 주변마찰력, $F = f_s \cdot s \cdot h$

f_s : 단위면적당의 주변마찰력[kN/m²]

s : 우물통의 주길이[m]

h : 우물통의 매입깊이[m]

q_u : 지반의 극한지지력[kN/m²]

B : 우물통의 선단부지지력[t], $B = q_u \cdot A$

A : 날끝 면적[m²]

따라서 우물통은 침하의 조건에서 볼 때 무거울수록 좋지만 너무 자중이 크면 초기의 콘크리트를 타설할 때 20~30m 정도까지 침하하는 경우가 생긴다. 또 자중이 너무 가벼우면 각 로드에 재하중이 필요하게 되는데 재하의 설비, 철거는 대단히 번거로우며, 공사비도 증가하므로 좋지 않다.

토질이 점성토일 때는 이것을 입상토로 보고 붕괴성 주변마찰력은 Coulomb의 주동토압공식에 의하여 주변마찰력 f_s를 다음과 같이 계산한다.

$$f_s = \mu \frac{1}{2} \gamma h (K_a - K_d) \tag{5-70}$$

여기서, K_a : 주동토압계수, $K_a = \tan^2\left(45 - \frac{\theta}{2}\right) = 0.41$

θ : 흙의 수중에 있어서의 식각(息角), $\theta = 25$

K_d : Dörr의 느슨한 지반에 있어서 기둥모양기초의 토압계수,

$K_d = \cos^2\theta = 0.82$

μ : 수중에서의 사력과 콘크리트의 마찰계수, μ=0.35

γ : 흙의 수중단위중량=11.33[kN/m³]

$$\therefore\ f_s = \frac{0.35 \times 11.33 \times 16.7}{2}\ (0.4 \sim 0.8) = 13 \sim 26[\text{kN/m}^2]$$

이상의 계산식으로 상기 토질에서 실제 측정한 결과를 보면 모래층에서 13~14kN/m^2 사력층에서 23~31kN/m^2 정도이므로 입상토로서는 다소 많은 감이 있다. 그리고 직접재하시험에서는 22kN/m^{2}를 얻었으므로 이것을 감안하여 추정한다.

(3) 우물통의 굴착

우물통을 침하시키는 공정은 내부 토사의 굴착속도에 좌우된다. 손으로 굴착할 수 있을 때에는 버킷으로 토사를 실어 올린다. 대형우물통인 경우는 기계를 사용하여 굴착한다. 굴착기로서는 클램셸버킷이 주로 사용되며 커트멜 등도 사용된다.

수체(水替)가 가능하고, 공중굴착을 할 수 있으면 확실하고 능률도 좋다. 그러나 수체를 무리하게 하면 외부의 토사를 내부로 유입시켜서 주위 지반을 이완하게 하며, 우물통경사를 유발케 한다. 수체를 하여 공중굴착을 하는 경우, 생각하지 못한 용수층(湧水層)에 부딪쳐서 지하수가 용출하여 인부가 사망한 예도 있으므로 주의하여야 한다. 수체가 불가능 한 곳에서는 수중굴착을 하여야 한다.

우물통의 굴착은 침하에 따라 용수가 많아지므로 거의 수중굴착이 이루어진다. 굴착능률로 보

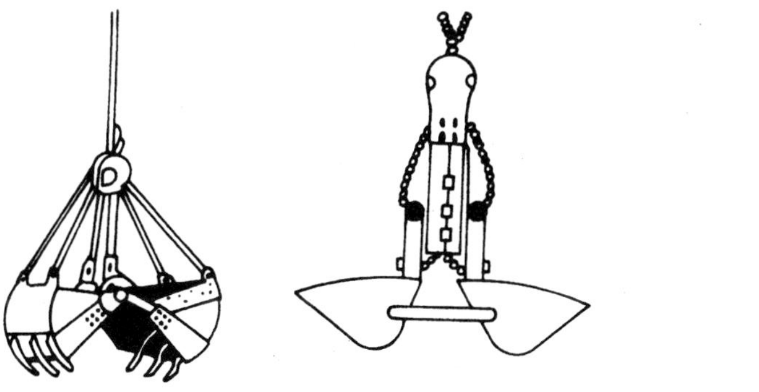

(a) 클램셸 (b) 커트멜

〈그림 5-83〉 클램셸과 커트멜

면 공중굴착보다 훨씬 못하지만 공사의 위험성이 적다. 수중굴착에는 샌드펌프(sand pump)를 사용할 때도 있는데 이것은 능률은 좋지만 사질토에 한한다(그림 5-83 참조).

또 처음의 3m 정도 까지의 침하에 있어서는 특히 위치의 이동과 경사가 일어나기 쉬우므로 주의하여야 하며, 대형우물통에서는 침하의 초기에 2차 응력이 생기지 않도록 균등침하시켜야 한다.

(4) 우물통위의 재하중

초기에는 자중으로 쉽게 침하하지만 심도가 깊어짐에 따라 침하가 곤란해지면 재하(載荷)하여야 한다. 재하재로서는 레일, 철괴, 콘크리트블록, 흙가마니 등이 사용된다.

재하에 의한 침하촉진은 대단히 어려운 작업이며 우물통을 이을 때마다 일단 하중도 제거하여야 한다. 그리고 새로운 로드가 만들어져서 그의 양생기간이 지난 다음에 다시 하중을 실어서 침하를 촉진시켜야 하며, 그림 5-84와 같다.

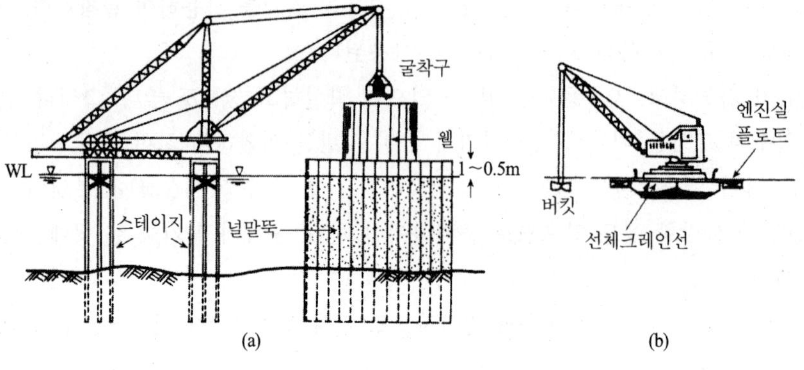

〈그림 5-84〉 우물통 침하의 굴착설비

(5) 특수침하공법

고압수나 공기를 노즐(nozzle)로 분사시켜 측벽면과 토층과의 사이의 주변마찰력을 감소시키는 분기식(憤氣式, 그림 5-85 참조)공법이 있다. 이외에도 물을 우물통 내에 가득 채워 그 하중으로 침하시키는 물하중식공법과 우물통본체를 진동시키는 진동공법 또는 폭파에 의한 충격, 진동에 의하여 우물통의 침하를 촉진시키는 발파침하공법 등이 있다.

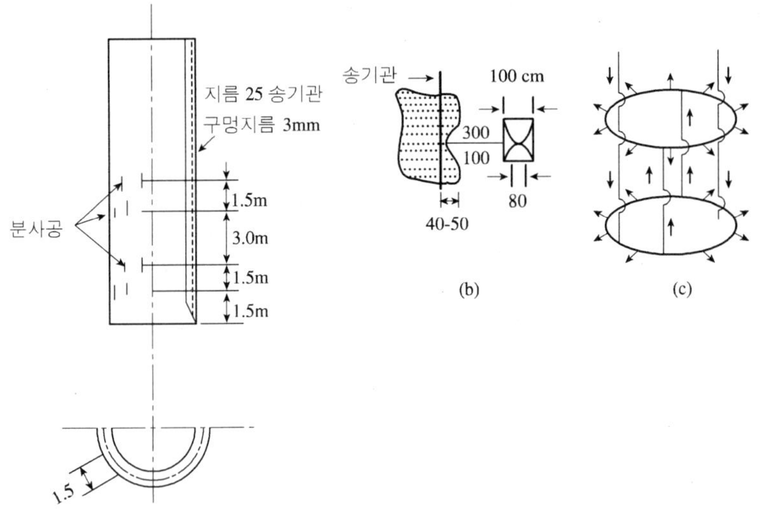

〈그림 5-85〉 분기식 우물통침하공법

(6) 시공상의 주의사항

1) 날끝 하부의 토사의 저항을 적게 하기 위하여 많은 더파기를 한 경우 급격한 침하가 생겨 우물통이 경사지게 되거나 원지반을 손상시키므로 주의하여야 한다.
2) 침하하는 힘을 증가시키기 위한 간단한 방법으로 배수침하를 할 때가 있으나 중량의 증가는 적어질 뿐만 아니라 날 끝 부근의 지반의 파괴를 일으켜 다량의 토사가 우물통 내에 유입할 때가 있으므로 주의하여야 한다.
3) 분사노즐(jet nozzle)을 사용할 때, 조작을 실수하면 노즐이 막힐 때가 많으므로 충분한 숙련자가 필요하다.
4) 저결(抵結)콘크리트는 될 수 있으면 강제배수를 피하고 수중콘크리트의 처리를 잘해야 한다. 강제배수는 지반을 파괴하는데 그 원인이 있다.

(7) 지지력의 확인

1) 직접재하에 의한 방법

재하시험은 많은 비용과 시간을 필요하는 것이며, 또 시험하중으로서는 침하하중과 같이 레일을 사용하는 것이 가장 편리하지만 레일 이외에도 토사, 물 등이 이용된다.

하중은 서서히 증가시키며, 그 때마다 침하량을 측정한다. 그 사이에도 정기 또는 임시로 침하를 측정하여 하중의 변화와 더불어 침하의 시간적 변화를 기록한다. 지지력의 안전율은 다음 식으로 산출한다.

$$nP = W_f + (W_t - W_f)\frac{A}{A - A_i} \qquad (5-71)$$

여기서, P : 설계하중

W_f : 우물통 외벽의 유효마찰저항

W_t : 시험하중

A : 우물통바닥 면적

A_i : 우물통중공부 면적

W_t 적재 후의 침하량의 대소에 따라 n의 값은 적당히 정할 것이며, 재하후 곧 침하가 끝나는 경우에는 n값은 1.2정도로 하여도 좋지만 그렇지 않은 경우는 2.0 이상으로 한다.

2) 평판재하시험에 의하는 방법

우물통이 수체가 가능한 경우에는 직접 지내력을 측정하며, 수체가 불가능한 경우는 긴 로드를 사용하여 수면상에서 지내력(地耐力)을 측정한다(그림 5-86 참조). 재하판의 크기는 0.1m² 정도의 것을 사용하며, 재하와 침하관계를 그래프에 그려서 항복점을 측정하여 지반지지력을 판정한다.

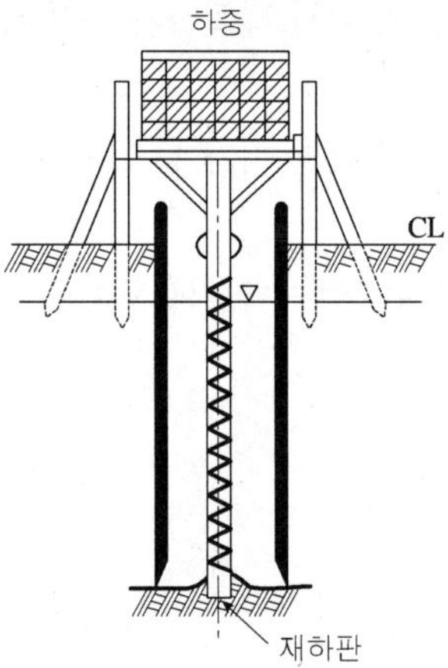

〈그림 5-86〉 재하시험방법

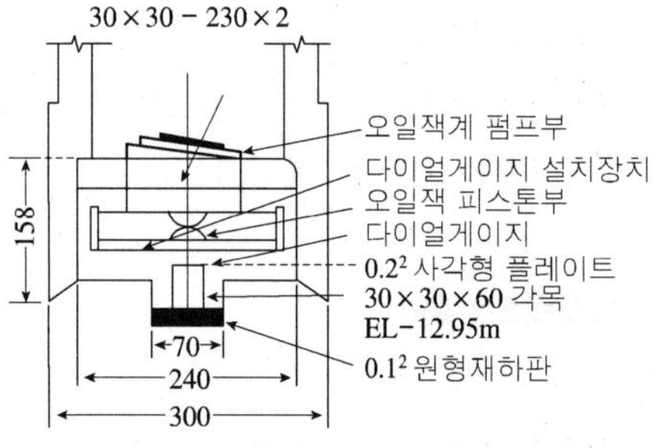

〈그림 5-87〉 0.1m² 원판재하시험

그림 5-87은 우물통에서의 지내력 시험장치이다. 여기서는 우물통 침하후 지반을 교란시키지 않도록 굴착한 후, 다시 중심위치를 70×70×40cm 크기로 파내서 이 면상에 재하판을 설치

하였다. 재하에는 500kN 분리식 잭에 의해서 가압하였으며, 그리고 각재 소나무 2개를 겹쳐 볼트로 긴결(緊結)한 것을 반력으로 하여 날 끝 부근의 헌치(haunch)에 지지시켰다. 반력보에 침하 측정장치를 고정시켜 네 곳의 침하량을 1/100mm 다이얼 게이지로 측정하여 평균치를 취하였다.

재하단계(載荷段階)는 하중강도 2,000kN/m^2까지는 200kN/m^2마다, 또 2,200kN/m^2~3,400kN/m^2사이는 300kN/m^3마다 하였으며, 각 하중단계의 특정시간은 평균 10분 정도로 하였다.

하중침하곡선에 나타난 바와 같이 시험하중 범위 내에서 항복하중이 나타나지 않았으며, 최대하중강도 3,300kN/m^2까지의 침하량은 73mm, 하중을 제거할 때의 영구변형량은 약 50mm였다. 이것은 재하시험에 의한 침하곡선을 그려 판단한다(그림 5－88 참조).

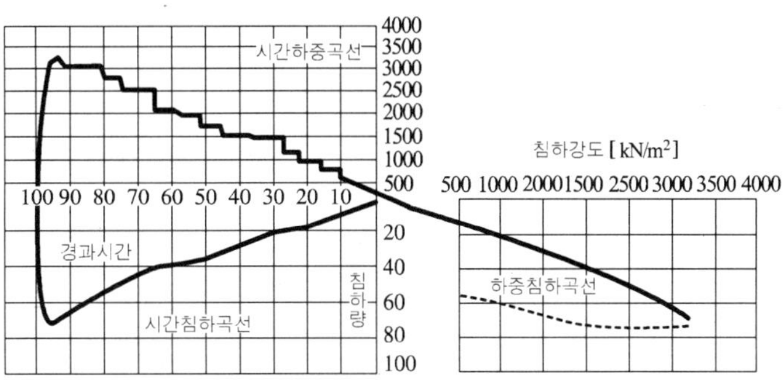

〈그림 5-88〉 재하시험에 의한 침하곡선

(8) 케이슨의 경사 및 편심의 원인과 방지대책

1) 케이슨의 원인

케이슨의 경사 원인으로서는 연약지반에서의 급격한 침하, 굴착을 시행할 때 아래 그림 5－89와 같은 위치로 굴착이 대칭으로 실시되지 않을 때 경사의 원인이 된다. 또한 히빙 · 보일링

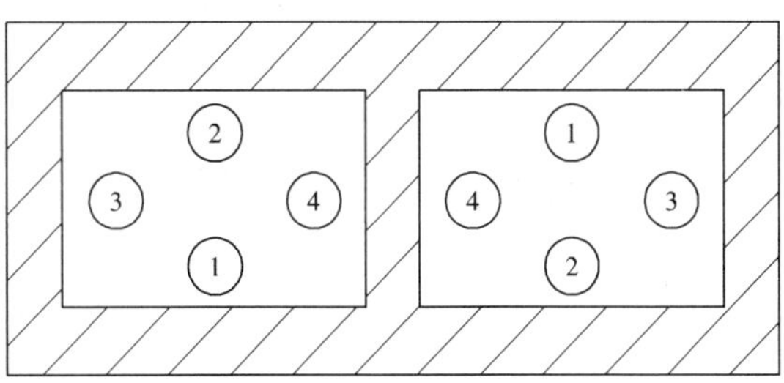

〈그림 5-89〉 케이슨의 내부 굴착순서

현상으로 인한 큰 침하발생시, 케이슨 주위에 편토압 상태시, 커브슈의 끝에 전석 및 유목 등의 장애물, 용수로 수압을 받아 세굴현상이 일어날 때, 지층이 경사되어 커브슈의 끝의 지지력이 불균일할 때 케이슨의 주 원인이 된다.

2) 방지대책

케이슨의 경사와 편심의 방지는 허용한도 이내로 하기 위해서는 사전의 지반조사 및 시공관리가 이루어져야 하며, 케이슨의 경사허용치는 침하깊이의 1/100 정도이고, 발생 시는 그림 5-90와 같이 적정한 방법으로 수정실시해야 한다.

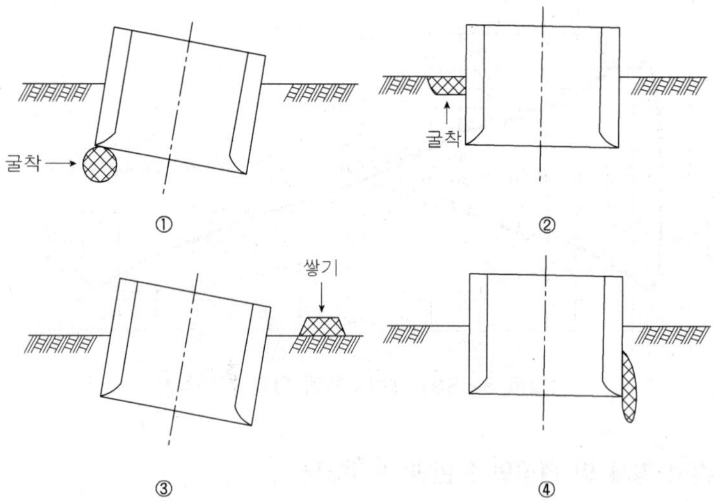

(a) 큰 경사의 수정

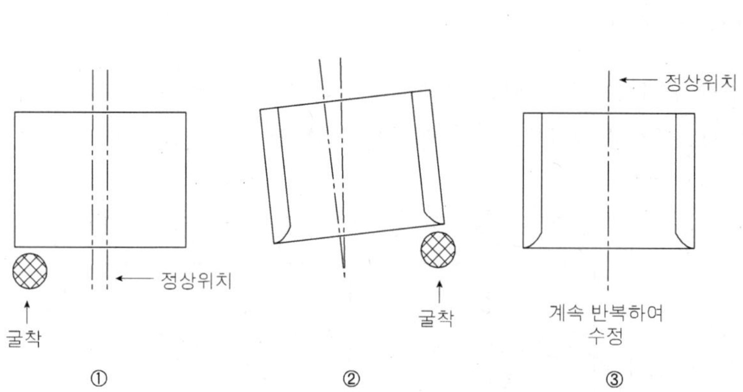

(b) 위치의 수정

〈그림 5-90〉 경사 및 위치의 수정

5-7-3 공기(뉴매틱)케이슨공법

이것은 공기케이슨(air caisson) 또는 뉴매틱케이슨(潛函, pneumatic caisson)이라 부른다. 교각이나 안벽(岸壁)의 기초공 뿐만 아니라 건축기초에도 많이 사용하고 있다. 최근에는 하저(河底)횡단의 지하철 부분이나 지수벽을 겸한 지하구조물, 쉴드공법(shield method)의 발진부의 입갱(入坑) 등에 종종 사용하게 되었다.

이 공법의 원리는 그림 5-91과 같이 물탱크 내에 버킷을 거꾸로 삽입하면 버킷 내의 공기의 압력과 수압이 서로 같게되는 수면이 생긴다. 이런 원리에서 지하수위 이하의 유효수압이 같거나 다소 높은 압축공기를 작업실에 보내 주면 그곳의 물을 배제할 수 있고 원지반을 건식작업의 상태로 작업을 할 수 있다.

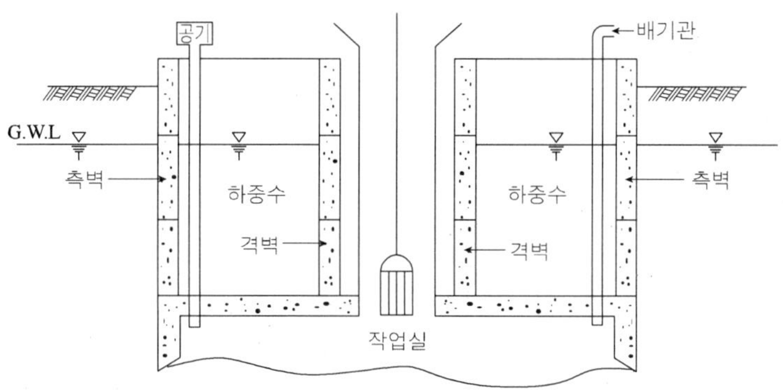

〈그림 5-91〉 공기케이슨의 시공도

(1) 공기케이슨의 적용범위와 장 · 단점

1) 적용범위

일반적으로 이 공법의 적용범위 또는 심도는 수면 아래 10~40m 정도이며, 그 이하에서는 우물통공법을 적용한다.

【장점】

① 배수를 하지 않고 시공함으로 지하수위에 변화를 주지 않으며, 인접지반에 침하가 발생하지 않는다.

② 용수가 많은 기초굴착에 특히 우수하다.

③ 굴착시 주위 지반을 확인할 수 있고, 지내력 평가가 가능하다.

④ 수중콘크리트를 하지 않으므로 신뢰성이 높은 콘크리트 시공을 할 수 있다.

⑤ 장애물 제거가 쉽다.
⑥ 경사나 위치 수정이 용이하다.
⑦ 케이슨의 중심이 비교적 밑에 있으므로 경사, 전도 등의 위험이 적다.
⑧ 콘크리트타설 후 2차 침하가 거의 없다.

【단점】
① 굴착심도의 제한을 받고, 소규모공사나 심도가 얕은 기초공사에는 비경제적이다.
② 기계설비가 대형으로 복잡하다.
③ 작업원의 건강과 케이슨병에 주의를 요한다.
④ 유휴시간이 많아 작업시간이 짧아지므로 노무비 부담이 크다.
⑤ 노무작업조건 불량으로 노무관리가 어렵고, 노무비가 고가이다.

(2) 공기케이슨의 침하

케이슨이 침하하는데 필요한 조건 식은 다음과 같다.

(구체자중＋재하하중) ＞ (함내 기압양압력＋주변마찰력＋날끝 지지력＋부력) (5－72)

이며, 좌변의 하중과 우변의 양압력 및 날끝 압력을 조절하여 케이슨을 침하시키게 된다. 윗식의 범위 내에서 날끝 아래를 굴착만 하여서 생기는 침하는 자연침하이지만 침하가 진행하면 침하에 대한 저항이 점차로 증대하여 날끝 아래의 굴착만으로서는 침하가 일어나지 않을 때가 있다.

이런 경우 함내(函內)의 양압력을 일시적으로 감소시켜서 침하시키는 방법을 쓰는데 이것을 감압침하(減壓沈下)라고 한다. 또 함내 기압을 완전히 없게 하고 침하시키는 것을 배기침하(排氣沈下)라 한다. 또한 주면마찰력을 없애기 위해서 케이슨 주변에 사수법(射手法) 등을 실시할 때도 있지만 Air Blow의 길을 만드는 원인이 되므로 이 공법은 피해야 한다.

다음에 위 침하하는 조건은 케이슨중량에 대해서는 지질에도 관계되지만 중량이 큰 경우에는 작업실 내의 양압력이 높아지기 때문에 케이슨병 발생의 위험과 공기소비량이 크게 되기 때문에 비경제적이다. 또 중량이 가벼운 경우에는 침하가 곤란하므로 할 수 없이 감압침하를 하게 되어 토층교란의 원인이 되므로 설계 시에는 토질조건을 상세하게 조사·검토하여 단면을 결정할 것이다.

케이슨의 설계가 합리적인가의 조사를 위해서 표면마찰력과 지지력을 추정하고 날끝 심도에 대한 이론기압과 양압력을 산출하여 케이슨 중량과의 관계도를 만들어서 실시한다. 이것을 이론침하도(理論沈下圖, theoretical sinking chart)라 한다(그림 5－92 참조).

일반적으로 케이슨 크기로 볼 때 대형일수록 마찰력의 비율이 적어서 침하는 용이하지만 굴착량이 증대하여 공사비가 커진다. 육상케이슨에서는 지하수위까지는 육상굴착으로 하지만 지하수위에 달하면 송기(送氣)를 시작하는데 최초에는 0.02~0.04MPa 정도로 송기하기 시작한다. 최소의 침하공정이 가장 중요함으로 최초의 굴착침하는 특히 주의하여 위치의 이동경사가 생기지 않도록 만전을 기하여야 한다.

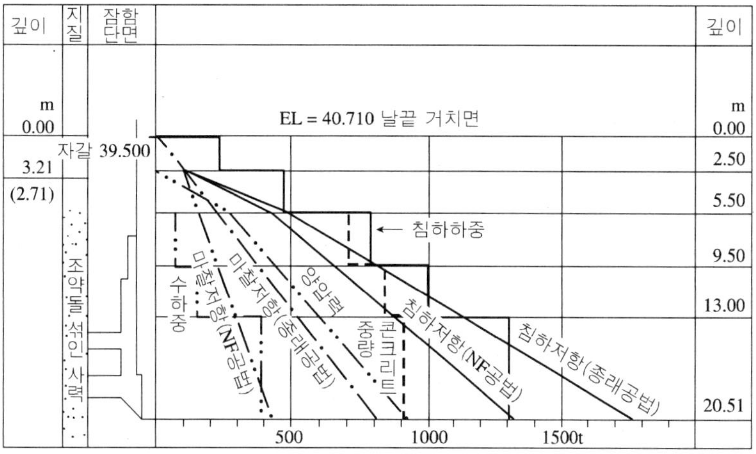

〈그림 5-92〉 이론침하도

기갑(氣閘, air lock) 1기당 표준 소요 인원수는 표 5-23과 같다. 굴착품셈은 반출버력의 능률에 좌우되는 것이며, 일반 외업과 같이 단순하지는 않다. 실적에 의하며 $0.5m^3$ 버킷을 사용하는 경우 6~8명이 한도이며, 8시간에 모래층에서는 평균 $30 \sim 40m^3$ 정도가 된다.

〈표 5-23〉 기갑 1기당 소요인원

위 치	인원[명]	작 업
윈 치	1	토사반출용 윈치맨
로 프	1	외업 버킷계
게 이 지	1	케이슨내 기압조정
기 갑	3	기갑문 개폐조작
케이슨내	-	굴착작업 면적 $8 \sim 10m^2$ 당 1인

(3) 작업실 내의 콘크리트 채우기

지내력시험에 의해서 기초의 지지력이 확인되면 작업실 내에 콘크리트를 타설한다. 일정량의 콘크리트를 기갑실(氣閘室)에 보내서 뒷문을 닫고 아래문을 열어 작업실에 견관(堅管)을 통해서 낙하시킨다. 작업실 내의 케이슨부는 이것을 날끝 주변에 고르게 채워지도록 하여 다진다. 콘크리트가 천장에 달했을 때쯤 되어 때때로 배기관에서 단속적으로 배기하여 콘크리트를 주변 및 천장에 고루 차도록 한다. 배기관으로부터 처음에는 물, 다음에 모르타르, 최후에 콘크리트가 배출하게 되면 작업이 끝난다. 속채우기 콘크리트의 종료후 24시간은 송기(送氣)해 둔다.

(4) 지내력시험

케이슨의 침하가 종료된 후, 기초지반의 지지력을 설계심도에 달한 시점에서 조사한다. 지내력시험은 케이슨 작업실 천장을 반력으로 하여 오일잭(oil jack)에 의하여 가압하여 소정의 압력이 일정하게 작용하도록 조작한다.

시험순서는 KS F2444 규정에 의하여 실시한 평판재하시험의 특기사항은 다음과 같다.

재하판의 크기는 지름 30cm의 원형판을 사용하여 두께는 하중에 의해 변형이 되지 않도록 25mm 이상의 철재판을 사용한다. 침하의 특징은 다이얼 게이지로 1/100까지 측정한다.

시험에 앞서 기초저면의 토질조건을 충분히 검토하여 시험위치를 결정한다. 시험위치는 지반교란의 영향을 없애기 위하여 20cm 정도 더파기를 하여 수평으로 끝손질한다. 시험에 있어서 우선 초기하중을 주어 하중장치의 수직도를 점검하여 다이얼 게이지를 0으로 고정한다.

재하는 설계하중의 3배 이상의 하중을 8단계로 나누어 단계적으로 재하하며, 침하량 측정은 하중을 가한 후 0, 1, 2, 3, 4, 10, 15…분의 간격으로 각 단계의 침하를 측정한다. 침하량은 좌우 2개의 다이얼게이지(dial gauge)로 측정하여 평균치를 결과에 반영한다.

재하시험은 침사속도가 일정한 속도가 되게 잭(jack)하중을 올린다. 재하장치의 세트는 그림 5-93과 같으나 재하판의 잭, 하중지주(荷重支柱)의 중심을 맞추어 연직성에 유의하여야 한다.

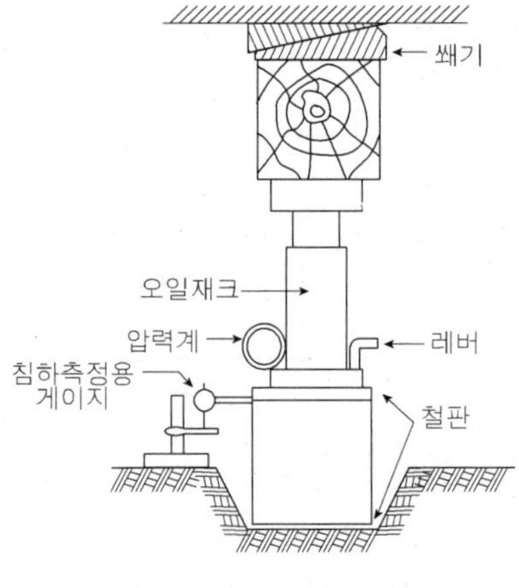

〈그림 5-93〉 재하시험 모식도

(5) 공기케이슨의 시공순서

케이슨공법의 일반적 시공순서를 도시하면 그림 5-94와 같다.

① 지표면에 작업실 설치한다.
② 작업실위에 제1회 구체콘크리트를 잇고 그 속에 입관과 기갑을 연결한 다음 공기굴착한다.
③ 공기굴착 진행, 이 그림에서는 구체콘크리트는 3개가 이어져 있다.
④ 입관 이음작업(구체가 침하함에 따라)은 입관의 최하단에 밑바닥 문을 붙여서 작업실 내의 압축공기가 새어 나가지 않도록 한다.
⑤ 공기 굴착침하작업 진전(구체콘크리트를 이어가면서) 날끝이 굳은 지반에 달하면 여기서 지내력 시험을 한다.
⑥ 케이슨침하 작업종료

작업실 내에 속채움콘크리트가 채워져서 견고한 기초가 구축된다.

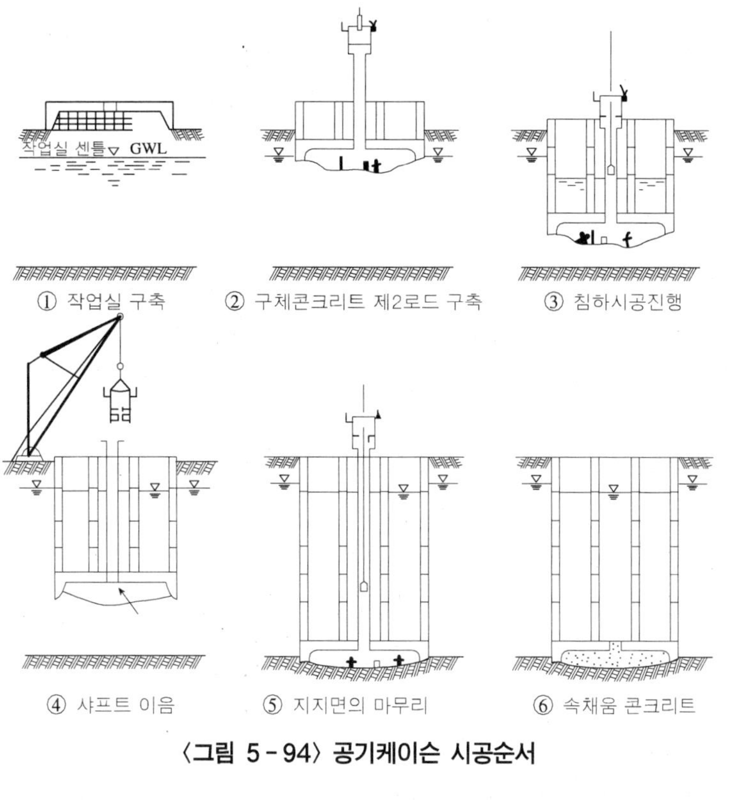

〈그림 5-94〉 공기케이슨 시공순서

(6) 지중가스와 케이슨병

1) 지중가스

작업실의 공기는 작업원의 호흡으로 산소가 고갈되어 탄산가스가 증가한다. 또 황화수소, 메탄 등 인체에 해로운 가스가 지반 속에 존재할 때는 허용치 이내에 있는가를 안전관리상 점검해야 한다.

지중가스는 모래, 자갈층에서는 큰 문제가 없으나 충적지대나 유기물이 퇴적된 지층에서는 주의할 필요가 있다. 이와 같은 가스에 의한 사고를 방지하기 위해서는 다음과 같은 조치가 필요하다.

① 가스점검기에 의한 유해가스의 점검을 정기적으로 실시해야 한다.
② 화기 등의 사용은 원칙적으로 금한다.
③ 조명설비는 합선으로 인한 정전방지에 유의한다.
④ 송기중단 후의 입실은 작업실 환기를 충분히 한 후에 한다.
⑤ 입실은 항상 동행한다.
⑥ 요양갑(療養閘)과 산소공급 마스크를 상비한다.
⑦ 인공호흡방법을 습득해 두어야 한다.

2) 케이슨병

케이슨병은 케이슨증이라고도 한다. 높은 기압하에서 작업할 때에 생기는 특수한 직업병이다. 이 병은 높은 기압하에서 작업후 감압해서 외기로 나올 때 압력의 차이에 의하여 인체 내에 용해되었던 질소가스가 배출되지 않고 자유하는 것이 원인이라고 하므로 감압과 가압에 특별한 주의를 하여야 한다.

케이슨병의 증상을 보면 외적으로는 코나 귀로 출혈현상이 나타나고, 내적으로는 심하게 가렵고 관절통, 근육통, 두통이 있고 맥박이 빨라지고 땀이 많이 나오는 현기증이나 구토증이 나타난다. 이러한 케이슨병을 예방하는 것으로는 다음과 같은 조치를 취하여야 한다.

① 유년자, 고령자, 비만자, 고혈압자, 심장호흡기환자, 음주자, 이비인후질환자 등의 부적격자를 작업시켜서는 안된다.
② 작업규정을 엄격하게 지키도록 한다.
③ 가압과 감압을 서서히 할 것.
④ 작업실 내에서 폭파작업을 하였을 경우에는 실내의 공기가 폭파 전의 상태로 될 때까지 작업원의 출입을 금할 것.

⑤ 작업후 신체에 이상을 느꼈을 때는 진단을 받고, 감압증일 때는 치료를 받을 것.

5-7-4 박스케이슨

박스케이슨은 밑이 막혀 있는 박스(box)형으로 되어 있으며, 오픈케이슨공법과 공기케이슨공법은 주로 교량기초에 사용되는데 비해 이 공법은 항만구조물에 많이 사용된다.

박스케이슨(box caisson)공법은 보통 철근콘크리트로 만든 상자형의 구조물을 육상에서 만들어 경사로를 통하여 해상에 띄워서 소정의 위치에 예인한 다음 내부에 모래, 자갈, 콘크리트 또는 물을 채워서 침하시키는 공법이다.

방파제와 같이 수평하중이 수직하중에 비해 큰 경우는 중력식 구조물이 유리하나 중량구조물을 해중에 축조할 때는 파랑, 해류 등으로 현지에서의 작업은 매우 곤란하다. 이 때문에 현지 이외의 위치에서 제작하여 해상으로 예인해서 미리 설치한 기반위에 축조하는 공법을 채용하고 있다.

수심이 비교적 얕고 기초지반이 굴착할 수 있는 정도의 암반이나 비세굴성의 조밀한 모래지반일 때는 표면을 평탄하게 한 후 그 위에 케이슨을 설치할 수 있으나 세굴되어 기초부가 무너지는 곳은 이 공법이 적당하지 못하다. 수심이 깊은 경우는 그림 5-95 및 5-96과 같이 사석마운드(mound)나 말뚝을 설치하여 만든 슬래브(slab)위에 설치하도록 한다.

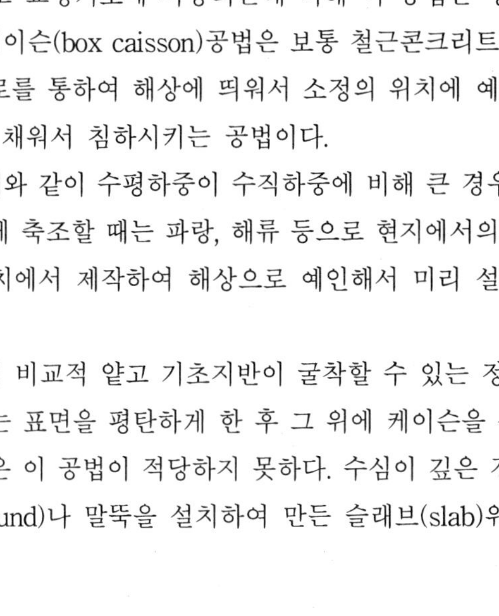

〈그림 5-95〉 마운드위의 케이슨

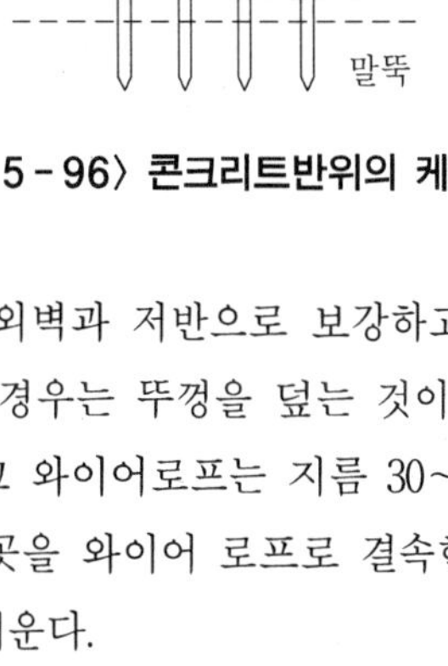

〈그림 5-96〉 콘크리트반위의 케이슨

박스케이슨은 보통 수 개의 격실이 만들어져 있으며, 이를 외벽과 저반으로 보강하고 있다. 해상에 진수시킨 케이슨은 선박으로 예인하며 운반거리가 먼 경우는 뚜껑을 덮는 것이 좋다.

예인선은 케이슨 크기에 따라 80~200 마력인 것을 사용하고 와이어로프는 지름 30~40mm 정도의 것이 사용된다. 케이슨을 소정의 위치에 놓으면 4~6 곳을 와이어 로프로 결속한 다음 주수(注水)를 하여 가라 앉히고 내부를 돌이나 기타 재료로 채운다.

(1) 박스케이슨의 특징

① 지상에서 박스구조체를 제작함으로서 품질확보가 쉽다.
② 설치하기가 쉽다.
③ 지지기반의 요철에 영향을 받기 쉽다.
④ 시공기계가 대형이므로 운반이 불편하다.
⑤ 방파제공사 및 항만공사에 많이 사용된다.

5-7-5 안벽의 안정성검토 예

(1) 설계조건

1) 설계외력

① 수평력 : 토압, 잔류수압, 견인력, 크레인 수평하중
② 연직력 : 케이슨 자중, 상재하중, 크레인 하중

(2) 작용외력 산정

1) 외력 작용도

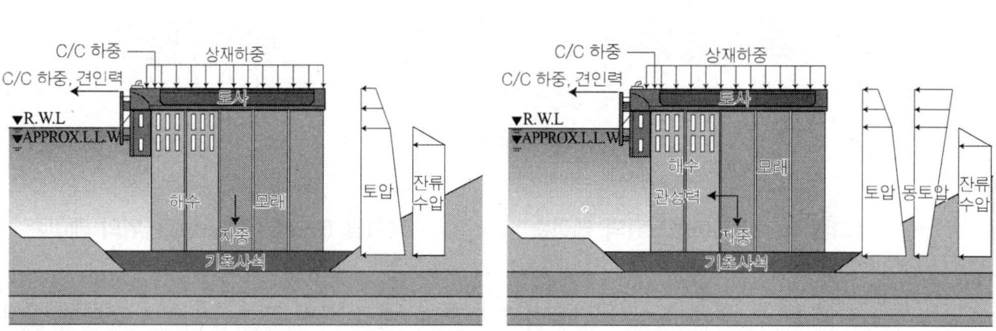

〈그림 5-97〉 외력 작용도 모식도

2) 외력 산정기준

구 분		상 시	지 진 시
수평력	토 압	· 상시(Rankine식 적용) $Kai = \tan^2\left(45 - \frac{\phi}{2}\right)$ · 지진시(Mononobe Okabe식 적용) $Kai = \frac{\cos^2(\phi i - \theta)}{\cos\theta \cdot \cos(\delta+\theta)\left(1+\sqrt{\frac{\sin(\phi i+\delta)\cdot\sin(\phi i-\theta)}{\cos(\delta+\theta)}}\right)^2}$	
	수 압	· 잔류수압 : (H.W.L - App.L.L.W)×2/3 ➡ 적용 : 인근현장 계측결과 잔류수압계수 2/3 적용	· 동수압 : $Pdw = \pm\frac{7}{12}k\gamma_w H^2$
	견 인 력	· 1,500kN/개소	· 견인력 제외
연직력	제체중량	· 케이슨, 상치콘크리트, 크레인하중, 상재하중	· 케이슨, 상치콘크리트, 크레인하중, 상재하중
	부 력	· 정수면(잔류수위)이하 수중체적으로 계산	· 정수면(잔류수위)이하 수중체적으로 계산
	상재하중	· 케이슨 상부 : 14.7kN/m^2	· 상시의 1/2 적용

(3) 안정검토

1) 활동

$$\cdot\ Fs = \frac{\Sigma P_v}{\Sigma P_h} \times \mu$$

여기서, ΣP_v : 연직력의 합(kN)

ΣP_h : 수평력의 합(kN)

μ : 마찰계수

2) 전도

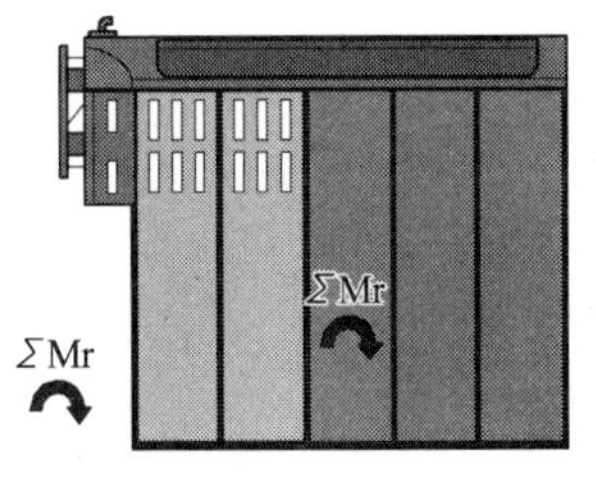

$$\cdot\ Fs = \frac{\Sigma M_r}{\Sigma M_o}$$

여기서, ΣM_r : 수평력에 의한 모멘트(kN · m)

ΣM_o : 연직력에 의한 모멘트(kN · m)

3) 지반지지력(사석마운드)

- $x = \dfrac{(\Sigma M_r - \Sigma M_o)}{\Sigma P_v}$

- $e = \dfrac{B}{2} - x < \dfrac{B}{6}$ 일 경우 $q = \left(1 \pm \dfrac{6 \cdot e}{B}\right) \times \dfrac{\Sigma P_v}{B}$

  →사다리꼴 분포

- $e = \dfrac{B}{2} - x \geq \dfrac{B}{6}$ 일 경우 $q = \dfrac{2}{3} \times \dfrac{\Sigma P_v}{(B/2 - e)}$

  →삼각형 분포

여기서, B : 케이슨 저판폭(m)

4) 직선활동

- $\theta = \tan^{-1}\left(\dfrac{D}{L}\right)$

- $Fs = \dfrac{\Sigma W \cdot \cos\theta - \Sigma H \cdot \sin\theta}{\Sigma W \cdot \sin\theta + \Sigma H \cdot \cos\theta} \times \tan\phi$

여기서, ϕ : 흙의 내부마찰각()

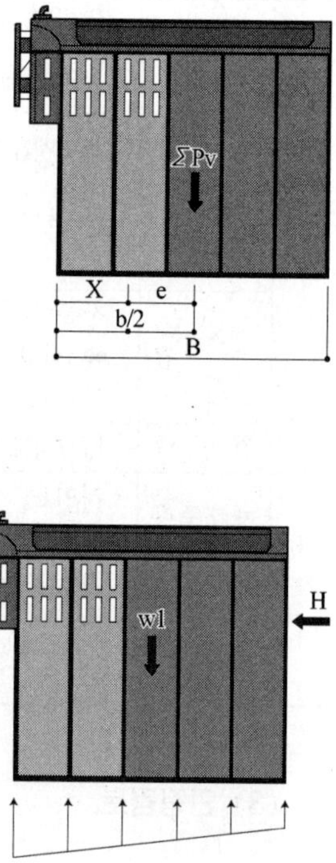

〈그림 5-98〉 안정검토

연 습 문 제

5-1 $\phi=0$이고, $C=0.048$MPa, $\gamma_t=18$kN/m^{3}인 단단한 점토지반 위에 근입깊이 1.5m의 정방형 기초가 놓여 있다. 이 때 이 기초의 도심에 1,500kN의 하중이 작용하고 지하수위의 영향은 없다고 한다. 이 기초의 기초 폭 B는 얼마인가?(단 Terzaghi의 지지력공식을 이용하고, 안전율 =3, 형상계수 α : 1.3, β : 0.40 ϕ : 0일 때 지지력 계수는 $N_c=5.14$, $N_r=0$, $N_q=1.0$이다.)

5-2 추의 중량이 600kN, 추의 낙하 높이 5m, 1회 타격으로 인한 말뚝의 침하량이 5cm일 때 이 말뚝의 허용지지력을 Sander공식을 이용하여 구하시오.

5-3 말뚝의 지름이 30cm, 길이가 5m인 말뚝을 해머 무게가 2ton$_f$, 추의 낙하높이 2m, 1회 타격으로 인한 말뚝의 침하량이 1cm일 때 이 말뚝의 허용지지력을 구하시오(단 엔지니어링 뉴스공식 단동식 증기 해머임).

5-4 그림과 같이 표준관입치가 다른 3종의 지층으로 되어 있는 기초지반에 지름 35cm, 길이 15m인 콘크리트의 말뚝을 박았다. 이 때 말뚝의 허용지지력을 Meyerhof공식을 이용하여 구하시오(단 안전율은 3이다).

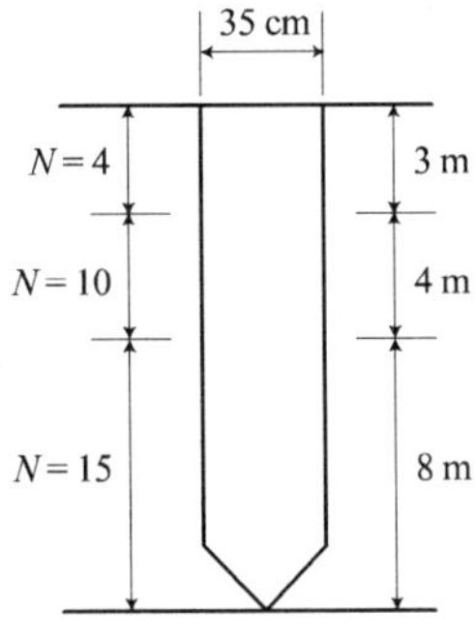

5-5 그림과 같은 복합후팅(footing)에 있어서 L 및 B를 결정하시오. 기초지반의 허용지내력은 10kN/m^{2}이다.

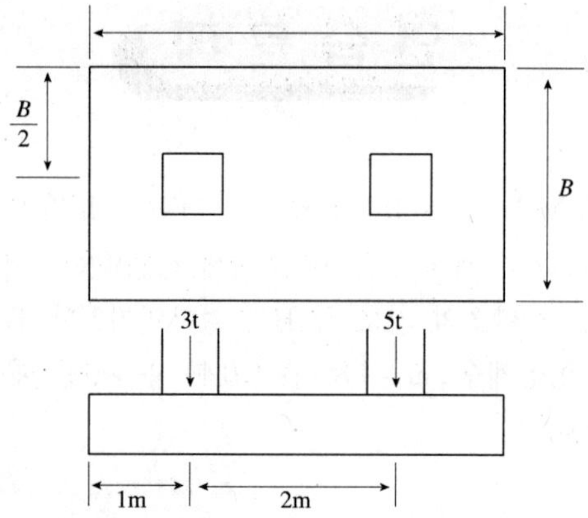

5-6 아래 그림에서와 같이 9개의 말뚝으로 구성된 무리말뚝에서 A점에서 450kN의 힘이 가해지고 있다. 1, 6, 8번의 말뚝에 가해지는 하중은 얼마인가?

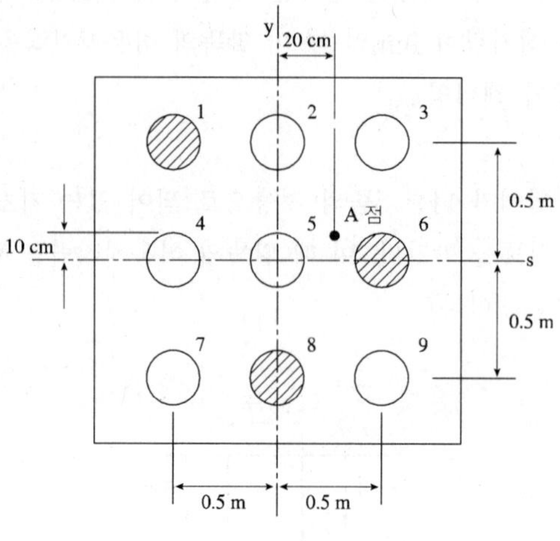

5-7 연약점성토층을 관통하여 철근콘크리트말뚝을 박았을 때 부마찰력을 구하시오(단 이 때 지반의 일축압축강도 $q_u = 20\text{kN/m}^2$, 파일 지름 $D = 50\text{cm}$, 관입깊이 $l = 10\text{m}$이다).

5-8 지하철공사를 위하여 지반을 수직으로 굴착하면서 흙막이벽을 설치하고자 한다. 토질은 견고한 사질토이며, 지반에 설치한 흙막이벽에 작용하는 토압은 0.2γH로 본다고 한다. 다음 시공자료에 따라 흙막이 판의 두께를 결정하시오(단, 시공자료 : 굴착깊이 12m, 엄지말뚝 순간격 1.8m 흙의 단위중량 18kN/m^3 흙막이 재료는 미송, 허용휨응력 10MPa이다).

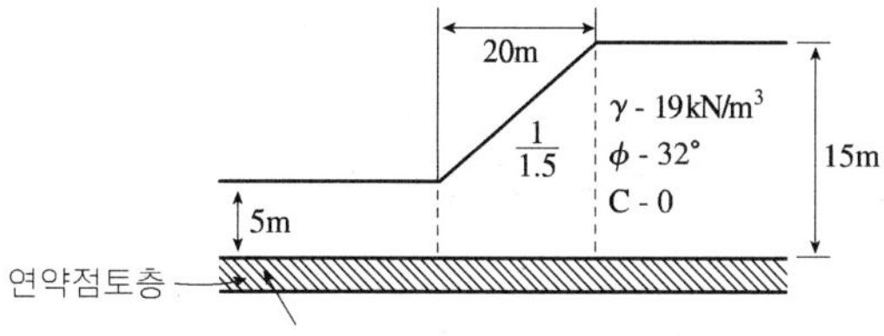

5-9 위 그림과 같은 조건하에 있는 복합활동파괴면에 대한 안전율 구하시오.

5-10 강널말뚝(steel sheet pile) 단면의 역학적 특성과 띠장(wale)의 역할에 대하여 간단히 설명하시오.

5-11 직접기초의 터파기를 위한 흙막이공법을 열거하고 토질 및 지하수 등의 현장조건에 따른 공법선정에 대하여 설명하시오.

5-12 연약지반을 통과하는 지하철 노선의 굴착공사에 적합한 흙막이공법을 1개 선택하여 논술하시오.

5-13 말뚝이음의 종류를 쓰고 각각 특징에 대하여 기술하시오.

5-14 말뚝의 허용지지력을 추정하는 방법에 관하여 기술하시오.

5-15 말뚝박기해머의 종류와 특징을 기술하시오.

5-16 사질토지반 중에 말뚝을 박을 때 발생하는 토질변화에 대하여 쓰고, 말뚝을 설계심도까지 박기위한 설계시공시의 장치에 대하여 기술하시오.

5-17 콘크리트말뚝과 강말뚝의 차이점을 설명하시오.

5-18 스트러트방식과 어스앵커방식의 공법에 대한 장·단점 및 시공의 유의사항을 설명하시오.

5-19 히빙(heaving) 현상에 대하여 설명하고, 그 대책방법에 대하여 기술하시오.

5-20 보일링(boiling) 현상에 대하여 기술하시오.

5-21 말뚝의 허용지지력을 추정하는 방법에 관하여 기술하시오.

5-22 기초말뚝박기에 있어서 부마찰력에 대해서 기술하시오.

5-23 올케이싱(all casing)공법에 대하여 기술하시오.

5-24 각종 현장타설콘크리트말뚝을 열거하고, 그 적용에 대하여 기술하시오.

5-25 BW에 대해서 시공방법 및 특징, 지하구조물 사용예를 설명하시오.

5-26 기초말뚝 및 토류공사 시공에 있어 소음·진동의 저감을 고려한 공법의 예를 열거하고, 그 특징 및 시공상 유의할 점에 대하여 기술하시오.

5-27 기초지반이 대부분 자갈층인 곳에 대구경파일을 설치하고자 한다. 시공가능한 공법에 대해서 논의하시오.

5-28 가물막이공법중 대표적인 3개 이상의 종류와 특징 및 선정시 유의점을 기술하시오.

5-29 우물통기초작업 시에 Shoe설치, 콘크리트타설, 침하, 속채움 등으로 구분 기술하시오.

5-30 방파제공사에 있어서 케이슨거치 방법의 종류와 거치시 일반 유의사항을 기술하시오.

5-31 구조물의 침하원인을 열거하고 이에 대한 대책을 수립하여 설명하시오.

5-32 지하매설관을 설치할 때 기초형식과 공법을 설명하시오.

5-33 흙막이공에서 시공계획과 시공시 주의해야 할 사항을 설명하시오.

5-34 지하연속벽(slurry wall)시공 시에 예상되는 사고요인을 중심으로 시공시 유의 사항을 설명하시오.

5-35 지하수위가 비교적 높은 위치에 구조물을 축조할 때 지하수에 대한 처리대책을 설명하시오.

5-36 자립형 가물막이공법을 설명하시오.

5-37 강널말뚝을 이용한 안벽 시공시 작업순서 및 시공관리 사항에 대하여 설명하시오.

5-38 Open Caisson공법에서 마찰저항을 줄이는 방법에 대하여 기술하시오.

5-39 Open Caisson을 하천수위 아래 교각의 배합과 타설, 시공상 지켜야할 사항을 설명하시오.

5-40 뉴매틱케이슨(phneimatic caisson)공법 1에 대해 기술하시오.

5-41 압축공기 중에서 작업할 때 필요한 설비에 대하여 설명하시오.

5-42 우물통기초의 침하 시에 정위치에서 편차가 생긴다. 편차의 허용범위에 대해 설명하고, 허용범위를 벗어날 경우 대처방안에 대하여 기술하시오.

5-43 대구경말뚝에 정지 연직재하시험을 실시할 때 시험방법 및 성과분석방법에 대해 설명하시오.

5-44 압축공기 중에서 작업을 할 때 필요한 설비에 대해 설명하시오.

5-45 SIP(soil cement injected precast pile method)에 대해 기술하시오.

5-46 모래섞인 자갈과 연암층으로 구성된 하천상에 대규모교량의 기초를 현장타설 철근콘크리트말뚝으로 시공하려 한다. 시공방법을 기술하시오.

5-47 비점착성 흙에서 강관외 말뚝의 침하에 대하여 기술하시오.

5-48 Sounding에 대해 설명하시오.

제6장 콘크리트공

6-1 개 설

콘크리트(concrete)가 소요의 강도, 내구성, 수밀성을 가지고 품질의 변동이 적으며, 최소의 경비로 만들어지면 좋은 콘크리트라고 할 수 있다. 좋은 콘크리트를 시공하자면 재료의 선택, 배합설계, 계량(計量), 비비기, 운반, 타설, 다지기, 양생 등의 모든 작업이 양호한 관리상태하에서 진행되어야 한다.

콘크리트의 품질변동이 크면 구조물의 안전도를 확보하기 위하여 큰 증가계수를 사용하여 배합설계를 하지 않으면 안 된다. 그 결과 경제성은 떨어지지만 이와 같이 품질관리의 양부는 콘크리트 공사비에 직접적인 영향을 미치게 된다.

좋은 콘크리트의 조건은 굳은 후에 소요강도(所要强度), 내구성(耐久性) 및 수밀성(水密性)을 가져야 하고, 굳지 않은 상태에서는 시공이 용이하고 경제성이 있어야 한다. 그리고 콘크리트의 특징은 임의의 구조물을 만들 수 있고 내화, 내수성(耐水性)이 크다. 또한 수중공사도 가능하지만 인장력이 약하며 균열이 발생하기 쉽고, 완성된 콘크리트는 개조(改造)가 어렵기 때문에 콘크리트공사는 면밀한 사전계획과 공정 및 품질관리가 잘 되도록 시방서의 규정에 따라 시공하여야 한다.

건설재료로서의 콘크리트는 일반적으로 시멘트, 물, 잔골재, 굵은골재 및 필요에 따라 혼화재료를 적당한 비율로 하여 만든 것으로서 시간이 경과됨에 따라 시멘트와 물의 화학적 결합, 즉 수화작용(水和作用, hydration)에 의하여 굳는 성질(硬化)을 가지는 것을 말한다. 콘크리트에 잔골재, 굵은골재를 사용하지 않은 것을 시멘트풀(cement paste), 굵은골재를 사용하지 않은 것을 모르타르(mortar)라고 한다.

일반적으로 사용되는 콘크리트의 재료구성 비율은 용적으로 약 70%가 골재이고, 나머지 약 30%가 시멘트풀이다. 시멘트풀은 골재 사이의 공극을 채우고, 굳지않은 콘크리트(fresh concrete)에서 유동성을 갖게 하며, 수화한 후에는 골재와 결합하여 강도를 발휘한다. 경화한 콘크리트(hardened concrete)의 성질은 시멘트풀의 품질에 의해서도 지배되지만, 콘크리트용적의 대부분을 차지하는 골재의 성질에 의하여 영향을 받는다. 균질의 좋은 콘크리트를 제조하기 위한 조건으로서는 강도, 내구성 및 경제성의 3가지 조건을 동시에 만족시켜야 한다. 이와 같은 균질의 좋은 콘크리트를 만들기 위해서는 재료의 배합을 적절히 선정하고, 혼합, 운반, 타설, 다지기, 양생 등의 시공을 알맞게 실시함으로써 전공정(全工程)이 잘 마무리 될 수 있도록 세심한 주의가 필요하다.

6-2 시멘트

6-2-1 시멘트의 종류와 특징

시멘트(cement)의 어원은 그리스어의 쇄석(碎石, caeder)에서 나온 말이다. 시멘트는 5000년 이전부터 결합재로서 석회(石灰, line)나 석고(石膏, gypsum)가 사용되었다.

포틀랜드시멘트(portland cement)는 1824년에 영국의 J. Aspdin에 의하여 발명되어 여러 가지 개량을 거듭하여 오늘날의 시멘트로 발전되어 왔다.

시멘트의 주원료는 석회석, 점토, 광재(鑛滓)이고 시멘트 1ton$_f$당 석회석 약 1.2ton$_f$, 점토 약 0.27ton$_f$, 철재(鐵滓) 25kg$_f$이 필요하고 그 제조법을 대별하여 건식과 습식이 있다. 이 차이는 원료를 건조후 미분쇄하여 킬른(乾燥室, kiln)에 인도하거나, 원료에 물을 가하고 미분쇄하여 킬른에 인도한다. 원료는 킬른에서 소성(燒成)하여 클링커(燒塊, clinker)가 된다. 이 클링커는 급냉되어 끝손질 밀(제분기, mill)에서 석고와 함께 미분쇄되어 포틀랜드시멘트가 된다.

6-2-2 시멘트의 분류

시멘트는 물과 반응하여 경화하는 광물질의 미분말을 의미하는데 M. Spindel에 의하면 공기중에서 경화하는 기경성(氣硬性) 시멘트(소석회 · 소석고 등)와 공기중 및 수중에서 경합하는 수경성(水硬性)시멘트(보통시멘트)로 분류하고 있다. 그러나 시멘트는 조성 화합물의 결합상태와 함유량에 따라 경화상태가 달라지고 그 성질과 용도에 따라 종류가 다양하며, 또한 최근에도 새로운 계통의 시멘트가 출현하고 있으나 현재 KS에서는 다음과 같이 분류하고 있다.

(1) 포틀랜드시멘트(portland cement)

1) 1종 : 보통포틀랜드시멘트(ordinary portland cement)
2) 2종 : 중용열포틀랜드시멘트(moderate heat portland cement)
3) 3종 : 조강포틀랜드시멘트(early strength portland cement) (KS L 5201)
4) 4종 : 저열포틀랜드시멘트(low heat portland cement)
5) 5종 : 내황산염포틀랜드시멘트(sulfate resisting portland cement)
6) 백색포틀랜드시멘트(white portland cement, KS 1 5204)

(2) 혼합시멘트(blended or mixed cement)

1) 고로슬래그시멘트(blast-fernace portland cement, KS L 5210)
2) 플라이애쉬시멘트(fly-ash cement, KS L 5211)
3) 포틀랜드포졸란시멘트(portland pozzolan cement, KS L 5401)

(3) 특수시멘트(special cement)

1) 알루미나시멘트(KS L 5205)
2) 단열시멘트(KS L 5214)
3) 마그네시아단열시멘트(KS L 5214)
4) 팽창질석을 사용한 단열시멘트(KS L 5216)
5) 팽창성수경시멘트(KS L 5217)
6) 메이슨리(masonry)시멘트(KS L 5219)

이밖에도 KS에는 규정되어 있지 않으나 특수시멘트로서 초분말시멘트, 초속경시멘트, 유정(oil well)시멘트, 초조강시멘트, 알루미나시멘트, 컬러(color)시멘트 등이 개발되어 있다.

우리나라에서는 대부분이 보통포틀랜드시멘트를 생산하고 있는데, 일반적으로 시멘트라하면 보통포틀랜드시멘트를 가리키며, 최근에는 중용열포틀랜시멘트, 조강포틀랜드시멘트, 초조강포틀랜드시멘트, 내황산염시멘트가 생산되고 있으며, 고로슬래그시멘트도 많이 생산되고 있다.

6-2-3 시멘트 품종별 특성

(1) 포틀랜드시멘트

포틀랜드시멘트는 보통, 중용열, 조강, 저열 및 내황산염포틀랜드시멘트로 구분하여 그 외에도 백색포틀랜드시멘트 등이 있다.

1) 보통포틀랜드시멘트

중용열포틀랜드시멘트와 조강포틀랜드시멘트의 중간적인 성질을 가진 것으로서 가장 많이 쓰이는 보편화된 시멘트이다. 우리나라 시멘트 생산량의 약 90%가 보통포틀랜 시멘트이며, 토목구조물, 콘크리트제품 등 다양하게 사용되고 있는 시멘트이다. 일반적으로 시멘트 또는 포틀랜드시멘트라고 말할 때는 이 보통포틀랜드시멘트를 말한다.

보통포틀랜드시멘트가 다른 시멘트보다 우위를 차지하게 된 원인은 원료가 석회석과 점토로 구하기가 쉽고 제조공정이 간단하며, 그 성질이 대단히 우수하기 때문이다.

2) 중용열포틀랜드시멘트

수화열을 적게하기 위하여 화학조성중 알루민산삼석회(C_3A)의 양을 적게하고 그 대신 장기강도를 발현하기 위하여 규산이석회(C_2S)량을 많게 한 시멘트이다. 또한 수화열도 7일에 70 cal/g 이하, 28일에 83cal/g 이하로 정하고 있다.

이 시멘트의 특성과 용도는 다음과 같다.

① 수화열이 보통시멘트에 비해 작으나 장기강도는 보통시멘트와 같거나 약간 크다.

② 조기강도는 보통시멘트에 비해 작으나 장기강도는 보통시멘트와 같거나 약간 크다.

③ 건조수축은 포틀랜드시멘트 중에서 가장 작다.

④ 화학저항성이 크고 내산성이 우수하다.

3) 조강포틀랜드시멘트

조강포틀랜드시멘트란 조기에 강도를 발현시키는 시멘트이다. 보통포틀랜드시멘트가 재령 28일에 나타내는 강도를 재령 7일 정도에서 나타내지만, 장기강도는 보통포틀랜드시멘트와 큰 차이가 없다. 화학성분은 보통포틀랜드시멘트와 거의 차이가 없으나, 실리카(SiO_2), 알루미나(Al_2O_3), 산화철(Fe_2O_3)의 비율에 대한 석회(CaO)의 비율이 2.20~2.27 정도로 비교적 크다. 한편 조기강도를 발현하기 위하여 원료의 엄선과 배합에 유의하며, 분말도를 크게한 시멘트이다. 조강포틀랜드시멘트의 특성과 용도는 다음과 같다.

① 조기에 고강도를 발현하고 장기에 걸쳐 강도가 증진하며 보통포틀랜드시멘트와 비교해서 1일 강도는 약 3배, 3일 강도가 약 2배 정도이므로 거푸집 회전율이 좋아 양생기간 및 공사기간의 단축이 가능하다.

② 수화속도가 빠르고 수화열이 커서 저온 시에도 강도발현이 크므로 동절기공사(冬節期工事)에 유리하다.

③ 수화열이 크므로 큰 콘크리트 구조물에는 부적당하다. 주로 긴급공사, 시멘트 2차 제품, 프리스트레스트콘크리트 등에 사용된다.

4) 저열포틀랜드시멘트

시멘트의 수화에 의해서 발생하는 열 때문에 매스콘크리트의 경우 내부에서의 온도 상승이 심각하여 균열을 일으킬 수 있다. 이러한 이유로 댐과 같은 매스콘크리트 구조물에 사용되는 시멘트의 수화열 발생을 적절하게 분산시키고, 온도를 낮게 할 목적으로 개발되었다. 저열포틀랜드시멘트는 중용열포틀랜드시멘트보다도 수화열을 5~10% 정도 적게 한 것으로서 규산삼석회(C_3S)와 알루민산삼석회(C_3A)는 수화열이 높기 때문에 보통 시멘트보다 적게하고 규산이석회(C_2S)는 수화열을 적게 발생시키기 때문에 양을 많은 시멘트이다. 대략 C_3S 최대 35%, C_3A는 최대 7%가 한계이고, C_2S는 최소 4%가 요구되고 있다.

5) 내황산염포틀랜드시멘트

토양 중의 황산염이나 해수 및 공장폐수 중의 황산염에 대한 화학적 저항성을 높이기 위해 C_3A의 함유량을 줄이고 알루민산철사석회(C_4AF)의 함유량을 증가시켜 만든 시멘트이다. 황산염은 시멘트 수화물과 반응하여 시멘트경화제 내부에 팽창성 물질을 생성하여 콘크리트의 표면 부분에서부터 서서히 균열, 박리, 붕괴 등의 현상을 일으켜 결국에는 전체적으로 열화하게 된다. 이 시멘트는 해양콘크리트 구조물이나 화학적 작용을 받는 콘크리트 구조물 등의 축조에 적합하다.

6) 백색포틀랜드시멘트

원료로서 철분, 마그네시아가 적은 백색점토와 석회석을 원료로 하고, 소성연료는 석탄 대신 중유를 사용해서 만든다. 보통포틀랜 시멘트의 산화철(Fe_2O_3)가 3% 정도인데 비하여 이 시멘트는 0.3% 이하가 되도록 극히 소량화 함으로써 특유의 회록색을 가진 순백의 시멘트를 만들게 된다. 또 소량의 연료를 가하면 원하는 색채를 얻을 수도 있으며, 시멘트의 성질은 보통포틀랜드시멘트와 거의 같고 주로 건축물의 미장, 장식용, 채광용, 표식용, 인조대리석 제조용 등에 쓰이며 경우에 따라서는 구조용으로 쓰인다.

(2) 혼합시멘트

혼합 시멘트는 포틀랜드시멘트 클링커에 적당한 포졸란재료를 조합하여 분쇄한 것으로서 포틀랜드시멘트의 결점을 보강하여 특유의 성질을 부여하여 특유의 성질을 부여한 것이며, 고로시멘트, 실리카시멘트, 플라이애쉬시멘트 등이 있다.

1) 고로시멘트

고로시멘트는 포틀랜드 시멘트 클링커에 급냉한 고로슬래그를 적당히 혼합하고, 다시 석고를 가하여 미분쇄한 시멘트이다. 고로슬래그는 자신은 경화하지 않으나 포틀랜드시멘트는 수화에 의하여 생성되는 수산화칼슘 또는 석고 등의 화학작용을 의하여 수화하며 경화하는 성질, 즉 잠재수경성(潛在水硬性)을 가지고 있다.

고로시멘트에 이용되는 고로슬래그는 수재(水滓)이고, 그 화학성분으로서 염기도[鹽基度, $(CaO+MgO+Al_2O_3)/SiO_2$]가 크고 유리질량이 많을수록 자재 수경성이 우수하다.

고로시멘트의 특성은 다음과 같다.

① 초기강도는 약간 낮으나 장기강도는 보통시멘트와 거의 비슷하거나 약간 크다.
② 내화학 약품성이 좋으므로 해수, 공장폐수, 하수 등에 접하는 콘크리트에 적당하다.
③ 수화열이 비교적 작다.
④ 내열성이 크고 수밀성이 좋다.
⑤ 건조수축은 약간 크다.
⑥ 콘크리트의 블리딩이 적어진다.

이 시멘트는 주로 댐, 하천, 항만 등의 토목공사에 사용된다.

2) 실리카시멘트

천연산이나 인공 실리카질 혼화재료를 총칭하여 포조란(pozzolan)이라 한다. 포졸란을 포틀랜드 시멘트 클링커에 조합하여 적당량의 석고를 가해 만든 시멘트를 실리카시멘트(silica cement)라 한다. 실리카시멘트의 가용성 이산화규소(SiO_2) 등은 수화시 생기는 수산화칼슘($Ca(OH_2)$)와 결합하여 불용성 규산칼슘 수화물 등을 생기게 한다. 이 작용을 포졸란반응(pozolanic reaction)이라 한다. 이로 인하여 시멘트의 성질이 개선되고 수밀성이 증가하여 장기강도가 증진된다. 실리카시멘트의 특성은 다음과 같다.

① 콘크리트의 워커빌리티를 증가시키고 블리딩을 감소시킨다.
② 초기강도는 약간 작으나 장기강도는 약간 크다.
③ 수밀성이 좋고 내구성이 풍부하다.
④ 보통포틀랜드 시멘트보다 화학저항성이 크다.

이 시멘트는 토목·건축공사의 구조용 시멘트 또는 도장 모르타르용 등으로 사용된다.

3) 플라이애쉬시멘트

플라이애쉬란 석탄을 원료로 하는 화력발전소에서 미분탄을 약 1,400~1,500℃의 고온으로 연소시킬 때 탄분이 용융되어 고온의 연소가스와 함께 굴뚝에 이르는 도중에 급격히 냉각되어 표면장력에 의해 구형(求刑)으로 생성되는 1~150㎛ 정도의 미세한 분말이며, 집진장치를 사용하여 포집한 것이다. 플라이애쉬를 포틀랜드시멘트 클링커에 혼합하여 분쇄한 것을 플라이애쉬 시멘트라 한다.

플라이애쉬시멘트의 특성은 다음과 같다.

① 콘크리트의 워커빌리티를 증대시키며, 단위수량을 감소시킬 수 있다.
② 수밀성이 좋으므로 수리구조물에 적합하다.
③ 수화열이 적고 건조수축도 적다.
④ 해수에 대한 내화학성이 크다.

이 시멘트는 댐공사를 위시하여 일반토목·건축공사에 널리 사용된다.

(3) 특수시멘트

시멘트의 제조방법이나 화학조성 등이 포틀랜드시멘트와는 매우 다르며, 특수한 목적을 위하여 사용되는 시멘트를 말한다.

1) 알루미나시멘트

알루미나 시멘트(aluminous cement) 보오크사이트(bauxite)와 석회석을 원료로 분쇄, 조합하여 전기로 또는 반사로에서 응용, 냉각하여 미분쇄하는 용융법과 회전로에서 소성하여 제조하는 방법, 즉 소성방법이 있다. 포틀랜드시멘트는 Calicium Silicate($CaO \cdot SiO_2$)를 주성분으로 하는데 비하여 알루미나시멘트는 Calicium Aluminate($CaO \cdot Al_2O_3$)를 주성분으로 한다.

알루미나시멘트에 물을 주입하여 혼합하면 급속히 반응을 시작하여 수 시간 내에 경화하여 물을 가한 후 6~12시간 정도에서 보통포틀랜드시멘트의 재령 28일 강도에 해당하는 강도를 발현한다. 단 알루미나시멘트는 온도가 높으면 경화시간이 지연되고 수화물이 전이(conver- sion)에 의하여 장기강도가 저하될 가능성이 있으며, 알카리성이 낮은 점 등에 주의할 필요가 있다.

① 초조강성을 가지므로 1일에 약 41~51MPa 정도에 압축강도를 얻을 수 있다.
② 발열량이 크기 때문에 긴급을 요하는 공사나 한중공사 시의 시공에 적합하다.
③ 응결, 경화속도는 20℃ 이상의 온도에서 매우 지연된다. 고온에서 양생한 경우 강도저하가 현저하다.
④ 물-시멘트비가 크면 전이에 의한 강도저하가 크므로 물-시멘트비를 40% 이하로 함이 바람직하다.
⑤ 산, 염류, 해수 등의 화학적 침식에 대한 저항성이 크다.

⑥ 포틀랜드시멘트와 혼합하여 사용하면 순결성이 나타내므로 주의를 요한다.
⑦ 내화성이 우수하므로 내화물용으로 사용된다.

2) 초속경시멘트(regulated set cement)

미국에서 개발된 시멘트로 응결, 경화시간을 임의로 바꿀 수 있는 시멘트를 말하며, 일명 제트시멘트(jet cement)라고도 부른다. 이 시멘트는 강도발현이 매우 빠르기 때문에 물을 가한 후 2~3시간에 압축강도가 약 10~20MPa에 달하므로 거푸집을 빨리 제거할 수 있다. 재령 1일에 41MPa의 강도를 발현하며 이후에도 장기에 걸쳐 종래의 조강, 초조강 시멘트와 같이 안정된 강도 증진을 나타내므로 긴급을 요구하는 공사, 동절기공사, 시멘트 2차 제품, 숏크리트(shotcrete), 그라우트용으로 사용된다.

이 시멘트의 특성은 다음과 같다.

① 응결시간이 짧고 경화시 발열이 크다.
② 2~3시간에 큰 강도를 발휘한다.
③ 알루미나시멘트와 같은 전이현상이 없다.
④ 포틀랜드시멘트와 혼합하여 사용하지 않도록 주의할 필요가 있다.

3) 팽창시멘트

일반포틀랜드 시멘트를 사용한 콘크리트는 경화건조에 의해 수축하고 이것이 균열의 원인이 된다. 이 수축성을 개선할 목적으로 개발된 것이 팽창시멘트(expansive cement)이다. 팽창 시멘트는 초기재령에서 팽창하여 그 후의 건조수축을 제거하고 균열발생을 방지하는 수축보상용(收縮補償用)과 크게 팽창을 일으켜 프리스트레스콘크리트로 이용하는 화학적 프리스트레스(chemical prestress)도입용으로 구분된다.

팽창시멘트의 종래 시멘트 경화제에 함유되어 이상 팽창을 일으키고, 붕괴의 원인이 되었던 시멘트 바실러스(cement bacillus : $3CaO \cdot SiO_2 \cdot 3CaSO_3 \cdot 32H_2O$)의 침상결정(針狀結晶)을 다량으로 생성시켜 그때의 팽창을 이용한 것이다.

팽창 시멘트를 사용한 팽창성 콘크리트의 특성은 다음과 같다.

① 응결, 뜬물(bleding) 및 워커빌리티는 보통콘크리트와 비슷하다.
② 팽창성 콘크리트나 보통콘크리트의 자유팽창, 단 팽창성 콘크리트의 수축률은 보통콘크리트에 비하여 20~30% 작다.
③ 팽창성 콘크리트에서 양생은 매우 중요하며, 또 믹싱시간이 길어지면 팽창율이 감소하므로 주의할 필요가 있다.

(4) 시멘트의 저장

시멘트는 풍화하기 쉬우므로 저장기간을 짧게 하여야 하며, 창고의 방습(防濕)에 특히 주의해야 한다. 시멘트는 현장 창고에서 저장하면 풍화에 의하여 1개월에 압축강도가 약 5% 감소한다.

3개월 이상 창고에 저장한 포대시멘트나 습기를 받았을 우려가 있다고 생각되는 시멘트는 사용하기 전에 품질시험을 하여 시멘트를 사용해야 한다.

포대시멘트는 지상 30cm 이상의 마루에 쌓아 올려서 검사나 반출(搬出)에 편리하도록 배치하고, 입하(入荷)한 순서대로 시멘트를 사용해야 한다. 또한 시멘트는 13포대 이상 쌓아올려서는 안 되며, 갓벽에 닿지 않게 해야 하고, 시멘트 창고의 필요한 면적은 다음 식으로 산출할 수 있다.

$$A = 0.4\frac{N}{n} \tag{6-1}$$

여기서, A : 창고의 면적[m²]
N : 저장 시멘트 포대수[포]
n : 쌓아올리는 포대수[포]

한편 시멘트의 온도가 저하되기 전에 시멘트를 사용하면, 특히 여름에는 콘크리트의 응결(凝結)이 너무 빠르고 공기량발생에 변화를 일으키는 일이 있으므로 주의해야 한다.

6-2-4 물

물은 맛, 냄새, 색도(色度), 탁도(濁度) 등이 없는 깨끗한 물이라야 한다. 오염된 하천수, 호소수(湖沼水), 저류수(貯溜水) 등에는 황산염, 유화물, 인산염, 탄산염, 아연, 동, 주석, 망간 등의 미량과 같은 물질이 함유된 물을 혼합수로 사용하면 콘크리트의 경화, 강도의 발현, 체적변화, 워커빌리티 등에 나쁜 영향을 미치는 수가 있다. 이와 같은 오염의 염려가 있는 물을 사용하고자 할 경우에는 물을 화학적으로 분석하여 유해물의 함유량을 조사하여 적부를 판정하는 것이 좋다.

특히 해수는 철근 또는 PS강재를 부식시킬 염려가 있으므로 콘크리트의 혼합수로 사용해서는 안된다. 특히 누설전류(漏泄電流)가 있는 곳에서는 전식작용(電蝕作用)에 의하여 철근 등의 부식이 심하며, 해안근처의 우물에는 해수가 혼합되어 있으므로 주의해야 한다. 물 속에 함유되어 있는 염소이온의 양이 3,000mg/ℓ 정도를 넘으면 철근이 녹슬 염려가 많다. 수소이온농도

(pH)값이 낮은 산성의 물도 철근 등을 부식시키므로 경험 또는 적절한 결과에 따라 사용의 여부를 결정해야 한다. 무근콘크리트에는 해수를 사용해도 좋지만, 장기강도의 증가를 적게 하고 내구성을 저하시키며 백화현상(白花現像, efflorescence)이 생기므로 주의할 필요가 있다.

6-2-5 골재

(1) 골재의 종류

콘크리트에 사용하는 골재(骨材, aggregate)란 콘크리트 또는 모르타르를 만들기 위하여 시멘트 및 물과 비비는 모래, 자갈, 부순돌 등을 말하나 현재는 석질의 인공골재 이외에 플라스틱(plastic)과 같은 것도 개발 사용되고 있다.

골재에는 보통 잔골재(모래)와 굵은골재(자갈)로 구별한다. 정확하게는 10mm체를 전부 통과하고 5mm체를 중량으로 85% 이상 빠지는 골재를 잔골재라 하고, 5mm체를 중량으로 85% 이상 남는 것을 굵은골재라고 한다.

굵은골재는 최근까지 대부분 강자갈(하천자갈)이 사용되어 왔으나 콘크리트의 수요가 많아져 다량의 골재가 요구되는 반면에 하천보호 등의 이유로 강자갈의 채취 가능량은 오히려 감소해 가는 경향이다. 최근 암석이나 조약돌을 기계적으로 파쇄한 부순돌, 구하천에서 굴착해 낸 산자갈, 혹은 어떤 종류의 암석을 소성 팽창시킨 인공경량골재 등이 상당히 사용되고 있다.

골재의 비중은 콘크리트의 배합설계, 실적률, 공극률 등의 계산에 사용된다. 보통 잔골재의 비중은 2.50~2.65 정도이며, 굵은골재의 비중은 2.55~2.70 정도이다.

또한 콘크리트골재(KS F 2526)에서는 절대건조비중을 2.5 이상으로 규정하고 있다. 일반적으로 비중이 큰 골재는 다음과 같은 성질을 가지고 있다.

① 공극률이 작다.
② 흡수율이 작다.
③ 내구성이 크다.
④ 조직이 치밀함으로 강도가 크다.

(2) 골재의 성질

콘크리트골재로서 요구되는 성질중 보통골재의 경우 다음 사항을 들 수 있다.

① 강고한 석질이어야 하며, 특히 매석(埋石) 등은 약하다. 또 석질이 경고해도 절리(節理), 균열이 있어 취급중 믹서(mixer)에서 비비기 도중 파쇄되는 자갈은 사용이 용이하지 못

하다.

② 내구적이며 풍우, 한서, 동결융해, 화학적 작용에 의하여 긴 시간이 흐르면서 콘크리트는 서서히 부식된다. 골재에 내구성이 없으면 골재 때문에 콘크리트의 내구성이 떨어진다. 이런 점에서 다공질이고 흡수량이 큰 골재는 문제가 있다.

③ 골재의 표면이 깨끗하고 유해한 물질이 섞여 있거나 부착되지 않아야 한다. 최근 소량이라도 시멘트의 응결이나 경화를 방해하는 공장폐수나 농약이 골재에 포함될 우려가 있으므로 주의하여야 한다.

④ 입자(粒子)의 형상은 구상 또는 입방체에 가까운 모가나지 않은 것이 좋다. 모가나고 편평한 것일 수록 콘크리트의 워커빌리티(workability)가 나빠진다.

⑤ 대소립(大小粒)이 적당한 비율로 혼합되어 있어야 한다. 일정한 크기만 있고 다른 크기의 입자의 비율이 적은 골재는 경제적으로 좋은 콘크리트를 만드는데 적합하지 않다.

이상은 일반적인 조건에 대하여 반드시 만족할 수는 없으면 현재로서는 골재사정으로도 무리한 면이 있다. 단 골재가 문제가 되는 것은 콘크리트강도가 41MPa 이상 필요할 때나, 특히 마모저항이 큰 콘크리트를 생산하고 있다.

또 골재의 입경(粒徑)이 다소 고르다 해도 배합(配合)으로 조절할 수 있으므로 골재를 선택할 때는 구조물의 성질과 상기의 여러 조건을 고려하면서 경제적인 입장에서 종합적으로 판단하면 좋은 것이다.

(3) 잔골재

잔골재는 깨끗하고, 강하고, 내구적이고, 적당한 입도(粒度)를 가지며 먼지, 흙, 유기불순물, 염분 등의 유해량을 함유하지 않은 것을 사용해야 하며, 실험을 통하여 경제적인 콘크리트를 제조하기 위하여 표 6-1과 같은 잔골재 입도의 표준을 사용한다.

잔골재는 10mm체를 전부 통과하고 5mm체를 거의 다 통과하며, 최대립(最大粒)으로부터 미

〈표 6-1〉 잔골재 입도의 표준

체눈의 치수[mm]	체를 통과한 것의 중량 백분율[%]
10	100
5	95~100
2.5	80~100
1.2	50~85
0.6	25~60
0.3	10~30
0.15	2~10

립(微粒)까지 대소의 알이 적당히 혼합되어 있는 입도가 좋다. 같은 반죽질기를 가지기 위해서는 세립이 많은 모래일수록 다량의 시멘트풀을 사용해야 하므로 단위수량 및 단위시멘트량은 모래의 세립률에 반비례한다.

일반적으로 잔골재의 조립률(組立率)은 2.3~3.1 것이 좋다. 조립률이 이 범위를 벗어난 잔골재를 사용할 경우에는 2종 이상의 잔골재를 혼합하여 입도조정을 해서 사용해야 한다.

잔골재의 조립률이 콘크리트의 배합을 정할 때 사용한 조립률에 대하여 0.20 이상 변화할 경우에는 슬럼프값이 변동하기 때문에 콘크리트의 배합을 바꾸어야 한다.

염화물의 허용한도의 이온량은 잔골재 절대건조중량의 0.02% 이내이며, 허용한도를 넘는 해사(海砂)는 물로 씻거나, 기타의 방법을 사용하여 허용한도 이하로 사용하거나 또는 염화물 함유량의 정도에 따라 감독관의 지시에 의하여 적당한 조치를 하여 사용해야 한다.

(4) 굵은골재

굵은골재란 5mm체에 중량으로 85% 이상 남는 것을 말한다. 그 이하 5mm체를 통과한 골재를 잔골재로 취급한다.

굵은골재는 깨끗하고, 강도를 가져야 하며 내구적이고 적당한 입도가 혼합되어 있어야 하고, 얇은 석편(石片), 유기불순물, 염분 등의 유해량을 함유해서는 안된다. 특히 내화성을 요구할 경우는 내화적인 굵은골재를 사용해야 하며, 내화적 골재에는 슬래그(slag), 석탄재(cinder), 벽돌조각 등 다공질(多孔質)의 것은 강도가 작다. 내화, 강도, 수밀성 및 내구성이 요구되는 경우는 경질(硬質)의 응회석(凝灰石), 트랩(trap) 등을 사용해야 하며, 표 6−2와 같은 입도를 표준으로 한다.

〈표 6-2〉 굵은골재 입도의 표준

골재번호	체의 공칭치수 / 골재의 공칭치수[mm]	각 체를 통과하는 것의 중량 백분율[%]												
		100	90	75	65	50	40	25	19	13	10	5	2.5	1.2
1	90~40	100	90~100		25~60		0~15		0~5					
2	65~40			100	90~100	35~70	0~15		0~5					
3	50~25				100	90~100	35~70	0~15		0~5				
357	50~5				100	95~100		35~70		10~30		0~5		
4	40~19					100	95~100	20~55	0~15		0~5			
467	40~5					100	95~100		35~70		10~30	0~5		
5	25~13						100	90~100	20~55	0~10	0~5			
56	25~10						100	90~100	40~75	15~35	0~15	0~5		
57	25~5						100	95~100		25~60		0~10	0~5	
6	19~10							100	90~100	20~55	0~15	0~5		
67	19~5							100	90~100		20~55	0~10	0~5	
7	13~5								100	90~100	40~70	0~15	0~5	
8	10~2.5									100	85~100	10~30	0~10	0~5

1) 굵은골재의 최대치수

압축강도가 큰 콘크리트를 경제적으로 만드는 경우 가능한 크고 굵은골재를 사용하는 것이 일반적으로 유리하다. 그러나 너무 큰 골재를 사용하면 완전한 비비기가 되지 않을 우려가 있고, 콘크리트를 타설할 때 재료의 분리가 되기 쉽다.

또 철근콘크리트는 철근이 배근되어 있으므로 입자가 큰 자갈을 사용하면 콘크리트타설 중에 자갈이 철근에 방해되어 구석구석까지 콘크리트가 균등하게 타설되지 않는다. 따라서 굵은골재가 전체중량의 90% 이상이 통과되는 체 중에서 최소의 체눈의 크기로 굵은골재의 크기를 표시하고 이것을 굵은골재의 최대치수라 부른다. 구조물의 종류, 부재(部材)의 치수, 철근의 간격 등에 의하여 제한이 되어 있으며, 국토교통부제정 콘크리트표준시방서에는 다음과 같이 규정되어 있다.

① 무근(無筋)콘크리트의 경우 굵은골재의 최대치수는 100mm 이하를 표준으로 하고, 부재 최소치수의 1/4을 넘지 않아야 한다.

② 철근콘크리트의 경우 굵은골재의 최대치수는 50mm 이하로 부재 최소치수의 1/5 또는 철근의 최소간격의 3/4을 넘어서는 안된다.

굵은골재의 최대치수는 일반적인 경우 25mm, 단면이 큰 경우는 40mm를 표준으로 한다.

③ 포장콘크리트의 경우 굵은골재의 최대치수는 40mm 이하로 한다.

〈표 6-3〉 굵은골재의 최대치수

구분	종류	최대치수
일반	무근콘크리트	100mm 이하, 부재 최소치수의 1/4을 넘지 않는다(개략 표준치 40mm).
일반	철근콘크리트	5mm 이하, 부재 최소치수의 1/5 또는 철근의 최소수평간격의 3/4을 넘지 않는다(개략 표준일반구조물 25mm, 단면이 큰 구조물 40mm).
일반	수밀콘크리트	부재 최소치수의 1/5 이하
일반	포장콘크리트	40mm 이하
일반	댐콘크리트	150mm 이하, 될 수 있으면 크게 한다.
부재 및 구조물	철근콘크리트 판, 벽, 기둥	50mm
부재 및 구조물	철근콘크리트의 후팅	40mm
부재 및 구조물	철근콘크리트의 지하벽, 후팅	50mm
부재 및 구조물	무근콘크리트의 두꺼운 판	40~50mm
부재 및 구조물	크게 매시브한 무근콘크리트의 교각, 두꺼운 벽, 기초, 큰 아치	50~80mm
부재 및 구조물	매시브한 무근콘크리트의 큰 교각, 큰 기초	80~100mm

(5) 표면수와 흡수량

콘크리트 배합수(配合水) 양이 콘크리트의 성질을 좌우한다. 골재가 습윤상태에 있으면 배합수는 그만큼 감소해야 하며, 또 골재가 속까지 건조되어 있으면 계량(計量)한 물의 일부가 골재에 흡수되어 예정량보다 적은 물밖에 콘크리트에 사용할 수 없게 된다. 따라서 골재에 함유된 수량은 시험에 의하여 정확히 구해 놓고 그에 따라 계량수량을 보정할 필요가 있다.

골재에 함유된 수량은 시험에 의하여 정확히 구해 놓고 그에 따라 계량수량을 보정할 필요가 있다. 골재에 함유된 물의 상태는 일반적으로 그림 6-1과 같다.

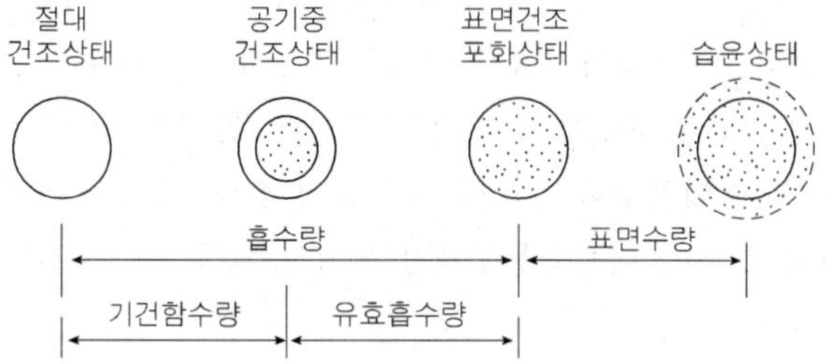

〈그림 6-1〉 골재의 함수상태

습윤상태에 있는 골재의 함수량을 W_1, 표면건조(表乾狀態) 상태에 있는 골재의 함수량을 W_2라고 하면, 표면 W_S는 다음과 같다.

$$W_S = W_1 - W_2 \tag{6-2}$$

또 표면건조포화 상태와 절대건조포화 상태의 차를 흡수량(吸水量)이라 부른다. 골재의 표면상의 대체적인 값은 표 6-4와 같다.

〈표 6-4〉 골재의 표면상의 근사값

골재의 상태	표면수량[%]
습한자갈 및 부순돌	0.5~2
매우 심하게 젖은 모래	5~8
보통 젖은 모래	2~4
습한모래	0.5~2

예제 6-1 습윤상태의 모래 806.0g의 시료를 절대건조하면 767.5g이 된다. 한편 이 모래의 별도의 시료를 표면건조포화 상태로 하여 850.1g을 절대건조하면 834.7g이 된다. 표면수율(surface moisture rate)과 흡수율을 계산하라.

[풀이] $\text{흡수율} = \dfrac{850.1 - 834.7}{834.7} \times 100 \fallingdotseq 1.84[\%]$

$$표면수율 = \frac{806.0 - 767.5 - 767.5 \times 0.0184}{767.5 + 767.5 \times 0.0184} \times 100$$

$$= \frac{24.38}{781.62} \times 100 = 3.119 \fallingdotseq 3.12[\%]$$

[별해] 습윤상태인 모래의 함수율(절대건조상태에 대하여)

$$\frac{806.0 - 767.5}{767.5} \times 100 = \frac{38.5}{767.5} \times 100 = 5.0162 = 5.02[\%]$$

표면수율(표면건조상태에 대하여)

$$\frac{5.02 - 1.84}{1.0184} = \frac{3.18}{1.0184} = 3.121 \fallingdotseq 3.12[\%]$$

(6) 골재의 비중, 절대용적, 단위용적 중량

콘크리트 배합설계를 할 때 단위수량이나 골재의 비중은 골재가 표면건조 상태에 있을 때를 기준으로 하고 있다. 일반적으로 잔골재의 비중은 2.63~2.65, 굵은골재의 비중은 2.65 정도이다.

주어진 골재의 중량을 고체단위중량(비중×1,000kg_f)으로 나눈 것이 그 골재량의 절대용적이다. 또 골재의 단위용적중량 혹은 단위중량은 골재 1m^3의 중량인데 골재의 비중, 입도, 다지기의 정도, 함수상태 등에 따라 다르며 각종 골재간의 단위중량을 비교하자면 표준방법으로 시험한 값에 의하지 않으면 안된다.

(7) 골재의 함유 유해물질

골재에 함유된 유해한 물질은 보통 먼지, 흙탕, 점토, 운모, 석탄, 부식물질, 기타 유기물질, 화학염류 등이지만 최근에는 농약, 공장폐수로 인해 극심하게 오염된 것이 있으므로 주의하여야 한다. 골재의 유해물 함유량에 대해서는 국토교통부의 콘크리트표준시방서에 다음과 같이 되어 있다.

잔골재의 유해물 함유량의 한도는 표 6-5의 값으로 하고, 굵은골재의 유해물 함유량의 한도는 표 6-6의 값을 취한다. 또한 책임기술자의 지시를 받아야 한다.

〈표 6-5〉 잔골재의 유해물 함유량의 한도(중량백분율)

종류		최대치
점토덩어리		1.0
No.200체(0.08mm) 통과량	콘크리트 표면이 마모작용을 받을 경우	3.0
	기타의 경우	5.0
석탄, 갈탄 등으로 비중 2.0의 액체에 뜨는 것	콘크리트의 외관이 중요한 경우	0.5
	기타의 경우	1.0

〈표 6-6〉 굵은골재의 유해물 함유량의 한도(중량백분율)

<table>
<tr><th colspan="2">종 류</th><th>최대치</th></tr>
<tr><td colspan="2">염화물(염화물 이온량)</td><td>0.02</td></tr>
<tr><td colspan="2">점토덩어리</td><td>0.25</td></tr>
<tr><td colspan="2">연한석편</td><td>5.0</td></tr>
<tr><td colspan="2">No.200체(0.08mm) 통과량</td><td>1.0</td></tr>
<tr><td rowspan="2">석탄, 갈탄 등으로 비중 2.0의 액체에 뜨는 것</td><td>콘크리트 표면이 마모작용을 받을 경우</td><td>0.5</td></tr>
<tr><td>기타의 경우</td><td>1.0</td></tr>
</table>

(8) 부순돌

부순돌(碎石)은 석회암, 규석, 경질사암, 안산암 등이 적합하고, 부술 때 평평한 모양이 되는 편암 등 결정 간에 균열이 남을 우려가 있는 연약한 사암, 응회암, 풍화된 암석, 화강암 등은 적합하지 않다. 표면건상태 비중이 2.5 미만인 것은 너무 연질인 것이 많고, 그 이상의 비중인 것은 원석(原石)으로서 적당하다.

부순돌을 만들자면 석산의 표토를 제거하고 폭파를 하여 암석을 파쇄하거나 강자갈을 체가름한 나머지의 조약돌을 원재료로 한다.

〈그림 6-2〉 쇄석기

굵은골재는 쇄석기(碎石機), 즉 크러셔(crusher)를 사용하여 원석을 파쇄(破碎)하고 제조한다. 굵은골재의 제조에 사용되는 크러셔에는 조 크러셔(jaw crusher), 자이레토리 크러셔(回轉粉碎機, gyratory crusher), 콘 크러셔(圓錐形粉碎機, cone crusher), 자이레스피어 크러셔(旅回動, gyrasphere crusher), 롤 크러셔(粉碎機, roll crusher), 스윙해머 플베라이저(回轉粉碎機, swing hammer pulverizers), 롤러 베어링 프라이머리 크러셔(최초분쇄기 조 크러셔, roller bearing primary crusher), 로드 밀 크러셔(桿粉碎機, rod mill crusher) 등이 있고 파쇄공정에 의하여 적당한 형식의 크러셔를 선택해야 하며, 그림 6-2와 같다.

부순돌을 사용한 콘크리트는 보통강자갈의 콘크리트에 비하여 물-시멘트비가 같을 때 강도가 높다. 이는 부순돌이 각형이므로 활출(滑出)저항이 크고 파면이 거칠어 부착력이 크기 때문이다.

한편 부순돌콘크리트의 배합에는 같은 이유에서 콘크리트의 워커빌리티가 떨어지므로 강자갈콘크리트의 배합보다 단위수량이나 잔골재율을 크게 할 때가 많다.

골재의 제조는 골재플랜트(aggregate plant)에 의하여 제조되고 크러셔를 제1크러셔, 제2크러셔, 최종마무리 크러셔 순으로 배치하여 쇄석한다. 생산된 자갈은 플랜트에서 서지파일(surge pile)을 형성하여 저장된다. 예로 제1차 파쇄는 자이레토리, 제2차 파쇄는 자이레스피어, 제3차는 조 크러셔 등 파쇄의 크기에 따라 적당히 크러셔를 배치하고 체눈의 크기에 따라서 스크린(screen)을 이용하여 체가름하며 자갈을 제조한다.

(9) 경량골재

경량골재는 천연경량골재와 인공경량골재로 구분한다. 천연경량골재(天然輕量骨材)에는 용암, 경석 등이 있고, 인공경량골재(人工輕量骨材, artificial aggregate)는 종류가 많아서 구조용골재와 비 구조용골재(단열용, 방음용 등)로 분류하며, 표 6−7과 같다.

〈표 6-7〉 경량골재의 종류

- 경량골재
  - 천연경량골재 — 용암, 경석 등
  - 인공경량골재
    - 비구조용 인공경량골재 (단열용, 방음용 등)
      - 소성규소토
      - 팽창휘석
      - 팽창진주석
      - 팽창흑요석
      - 팽창합성수지
      - 미네랄률
    - 구조용 인공경량골재
      - 팽창혈암
      - 팽창점토
      - 팽창스레트
      - 소성 플라이애쉬

- 구조용 인공경량골재
  - 비조립형 팽창혈암(메사라이트, 세이라이트)
  - 조립형(페레타이즈 타입 혹은 익스톨드 타입)
    - 팽창혈암(빌톤, 라이오나이트, 메사라이트)
    - 팽창점토
    - 소성 플라이애쉬
  - 파쇄형
    - 팽창혈암
    - 팽창스레트

일반적으로 사용하는 경량골재는 구조용 인공경량골재이므로 이하 경량골재라고 하는 것은 구조용 인공경량골재를 말한다.

경량골재도 제조방법에 따라 비조립형, 조립형 및 파쇄형으로 분류하고, 또 원료도 팽창혈암(泥板岩), 팽창점토, 팽창스레트 및 소성 플라이애쉬가 있다.

(10) 골재의 저장

균등질의 콘크리트를 만들기 위해서는 사용하는 골재가 균등해야 하므로 자갈, 모래, 부순돌, 인공경량골재 등 종류가 다른 골재, 입도나 최대치수가 다른 골재, 미리 체가름한 골재 등은 서로 섞이지 않도록 적당하게 구획을 하여 따로따로 저장해야 한다. 골재의 수입 및 저장 장소로부터 혼합장소까지의 취급에 있어서도 같은 주의가 필요하다.

최대치수가 큰 굵은골재는 수입(受入), 저장, 취급에 있어서 대소의 알이 분리하기 쉬우므로 최대치수 60mm 이상의 굵은골재는 미리 적당한 체로 2종 이상으로 체가름하여 따로따로 저장하고 이들을 일정한 비율로 따로따로 계량하여 사용해야 한다.

분리를 방지하기 위해서는 골재가 높은 곳으로부터 낙하하게 되거나, 사면을 따라 구르게 되는 장소를 피해야 한다. 먼지, 혼합물 등의 혼입을 방지하기 위해서는 저장장소의 바닥을 콘크리트로 하고, 그 둘레에 도랑이나 담을 설치하는 것이 좋다. 골재를 운반하는 덤프트럭의 타이어에 묻어 오는 흙이 골재에 섞이는 일이 없도록 주의해야 한다.

균등질의 콘크리트를 만들자면 입도가 일정한 골재를 사용함과 동시에 단위수량이 일정하도록 골재의 표면수량에 따라 가해지는 물의 양을 가감해야 한다. 골재의 표면수량이 일정하지 않을 때는 각 배치(batch)마다 물의 양을 가감해야 하는데 이것은 불가능한 일이므로 골재의 표면수량이 균등하게 되도록 저장해야 한다.

입하된 골재를 즉시 사용하면 입도나 표면수량의 변동에 대하여 배합을 변경하는 등의 대응조치가 곤란하다. 그러므로 저장설비는 적당한 용량으로서 표면수가 균등하게 되고, 입도시험 등을 여유를 가지고 할 수 있도록 하는 동시에 입하의 순서대로 사용할 수 있도록 설비하고 운영하는 것이 좋다.

겨울에 동결(凍結)된 골재나 빙설(氷雪)이 혼입되어 있는 골재를 그대로 사용하면 비빈콘크리트의 온도가 저하하여 콘크리트가 동결하거나, 단위수량이 증가할 염려가 있다.

여름에 장시간 염열(炎熱)에 쪼인 골재를 그대로 사용하면 콘크리트의 온도가 높아져서 운반이나 취급 중에 워커빌리티(workability)에 심한 변화를 일으키거나 응결이 몹시 빨라져 만족스러운 시공을 할 수 없게 될 염려가 있다. 그러므로 직사광선을 피할 수 있도록 가리거나 살수를 하는 등 적당한 시설을 하여 저장할 필요가 있다.

6-2-6 혼화재료

좋은 품질의 혼화재료(混和材料)를 적절하게 사용했을 경우 효과가 크며, 혼화재료는 그 사용량의 다소에 따라 혼화제와 혼화재로 나눌 수 있는데 이들을 용도별로 대별하면 다음과 같다.

혼화재료를 적당히 콘크리트에 혼화하면 워커빌리티, 내구성, 수밀성 등이 개선된다. 혼화재료중 콘크리트에 소량 첨가하는 것을 혼화제(混和劑)라고 하고, 또 다량으로 혼화하는 것을 혼화재(混和材)라고 나누어 부른다. 혼화제(시멘트 중량의 5% 이하 사용시)의 대표적인 것은 AE제(air entrained agent) 및 감수제이다. 혼화제는 취급 중에 변질하거나 불순물이 혼입되지 않도록 주의하여야 한다.

혼화재로서 널리 사용되는 것은 플라이애쉬이다. 그러나 플라이애쉬는 비산되기 쉽다.

(1) 혼화제

① 워커빌리티와 내동해성을 개선시키는 것은 : AE제, AE감수제

② 워커빌리티를 향상시켜 소요의 단위수량이나 단위시멘트량을 감소시키는 것은 : 감수제, AE감수제

③ 배합이나 경화 후의 품질을 변치 않도록하고, 유동성을 대폭으로 개선시키는 것은 : 유동화제(流動化劑)

④ 큰 감수효과로 강도를 크게 높이는 것은 : 고성능 감수제

⑤ 응결, 경화시간을 조절하는 것은 : 촉진제(促進劑), 지연제, 급결제, 초지연제

⑥ 방수효과를 나타내는 것은 : 방수제

⑦ 기포의 작용에 의해 충진성(充塡性)을 개선하거나 중량을 조절하는 것은 : 기포제, 발포제

⑧ 염화물에 의한 철근의 부식을 억제시키는 것은 : 철근의 방청제

⑨ 유동성을 개선하고, 적당한 팽창성을 주어 충진성과 강도를 개선하는 것은 : 프리팩트콘크리트용 혼화제, 고강도 프리팩트콘크리트용 혼화제, 공극 충진모르타르용 혼화제

⑩ 소요의 단위수량을 현저히 감소시켜 내동해성을 개선시키는 것은 : 고성능AE감수제

⑪ 점성을 증대시켜 수중에서의 재료분리를 억제시키는 것은 : 수중불분리성 혼화제

⑫ 응집작용에 의해 재료분리를 억제시키는 것은 : 수중콘크리트용 혼화제, 펌프압송조제(壓送助劑)

⑬ 기타 : 보수제(保水劑), 방동제(防凍劑), 건조수축 저감제, 수화열 억제제, 분진방지제(粉塵防止劑)

(2) 혼화재

① 포졸란 작용이 있는 것은 : 플라이애쉬, 규조토, 화산회, 규산백토
② 주로 잠재수경성이 있는 것은 : 고로슬래그 미분말
③ 경화과정에서 팽창을 일으키는 것은 : 팽창재
④ 오토클레이브 양생에 의하여 고강도를 나타내게 하는 것은 : 규산질 미분말
⑤ 착색시키는 것은 : 착색재(着色材)
⑥ 기타 : 고강도용 혼화재, 포리머, 증량재(增量材) 등

(3) 혼화재료의 저장

1) 혼화제의 저장

혼화제는 일반적으로 액체상태로 사용되는 일이 많으므로 저장 중에 먼지 기타의 불순물이 혼입되면 수송펌프나 계량기밸브의 고장의 원인이 되므로 저장에 주의해야 한다. 분말상태의 혼화제는 습기를 흡수하기 쉽고 어떤 종류의 혼화제는 조해(潮解)하는 것도 있다. 이러한 혼화제는 방습적인 창고에 통풍을 피해서 저장해야 한다. 여러 종류의 혼화제를 저장할 경우에는 그들의 저장용기를 잘 구분 표시하여 섞이는 일이 없도록 주의해야 한다.

액체상태의 혼화제는 장기간 저장하면 분해·분리되거나 철제의 용기를 사용하면 철이 녹슬어 혼화제를 변질시키는 경우도 있다. 혼화제의 저장에는 이러한 것에 주의하여 일광의 직사를 피해야 하며, 불의 용기를 가까이 하지 않는다든지, 동결하지 않도록 세심한 주의가 필요하다.

2) 혼화재의 저장

혼화재는 일반적으로 습기를 흡수하는 성질이 있으며, 습기를 흡수하면 덩어리가 생겨 성능이 저하된다. 특히 플라이애쉬는 함유되어 있는 극히 미량의 석고가 습기를 흡수함으로써 굳어진다.

또한 콘크리트용 팽창재는 다량의 유리(遊離)된 산화칼슘을 함유하고 있기 때문에 시멘트에 비하여 풍화되기 쉬운 재료이므로 혼화재는 품종별로 구분해서 서로가 섞이지 않도록 방습적인 사일로나 창고 등에 저장하고 입하의 순서대로 사용하는 것이 좋다.

그러므로 포대로 된 것이나 통에 든 것 등의 혼화재는 포대가 찢어지거나 통이 파손되지 않도록 하고, 잘 식별되도록 하여 검사하기 쉽도록 저장해야 한다.

저장기간이 아주 오래된 경우에는 각별히 주의해서 저장하더라도 혼화재의 품질에 변화가 생길 수 있으므로 이 경우에는 다시 시험하여 콘크리트에 미치는 영향의 정도를 확인한 후에 사

용 여부를 결정해야 한다.

혼화재는 일반적으로 미분말(微粉末)로 되어 있으며, 비중이 작기 때문에 포대를 푸는 곳이나 사일로의 출구에서는 미분말이 공중으로 날려서 계기류(計器類)의 고장 원인이 되며, 또 습도가 높은 시기에는 사일로나 수송설비 등의 벽에 붙게 된다. 그래서 혼화재를 취급할 때는 이런 점에 주의를 해야 하고, 필요에 따라서는 방진설비를 하지 않으면 안 된다.

6-2-7 골재의 계량

재료의 계량오차는 콘크리트품질의 변동에 직접영향을 주는 것이므로 공사의 중요도에 따른 정도(精度)로서 정확하게 계량하여야만 한다(표 6-8 및 6-9 참조). 각 재료는 한 배치씩 중량(重量)으로 계량하지만 물 및 혼화제 용액은 용적(容積)으로 계량해도 좋다.

계량은 현장에서 시행하며, 시방배합(示防配合)에서 골재는 표면건조 상태이다. 굵은골재는 5 mm 이하인 것을 혼합하지 않고, 잔골재는 5mm 이상인 것을 함유하지 않는다고 생각하지만 현장에서의 골재는 이들의 조건을 만족시키기가 곤란하다. 그러므로 결과적으로 시방배합이 되는 재료의 배합률(配合率), 즉 현장배합(現場配合)을 결정한다. 이것을 기본으로 재료의 계량을 한다.

〈표 6-8〉 계량의 허용오차

재료의 종류	허용오차[%]
물	1
시멘트 및 혼화재	2
골 재	3
혼 화 제 용 액	3

〈표 6-9〉 계량방법의 적용 범위

총 계 량 규 모	적 용 방 법
1,500~4,000m^3	수동계량방법
2,000~8,000m^3	적산식 수동계량방법
8,000~20,000m^3	적산식 자동계량방법
20,000m^3 이상	자동계량방법

6-3 콘크리트의 배합

콘크리트의 배합(配合, mix proportion)은 콘크리트 각 재료의 비율을 말하며 가장 경제적으로 소요의 워커빌리티, 내구성 및 강도를 얻을 수 있도록 시멘트, 잔골재, 굵은골재 및 혼화재료 등의 혼합비율을 선정하는 것이다. 주로 중량배합이 사용되고 있으며, 콘크리트 1m^{3}를 만드는데 필요한 재료의 양을 단위량(單位量)이라 하고 단위수량, 단위시멘트량으로 표시한다.

또한 작업에 적합한 워커빌리티를 가지기 위해 콘크리트는 부재의 크기와 형상, 콘크리트의 다지기방법 등에 다라서 거푸집의 콘크리트다짐이 충분히 채워지도록 타설하고 다지는 작업이 용이하며, 재료분리가 생기지 않는 콘크리트이어야 한다.

6-3-1 배합설계의 기본방침

(1) 소요의 강도를 가질 것

소요의 강도와 균일한 콘크리트를 만들기 위해서 타설 가능한 범위 내에서 최소단위수량, 즉 최소슬럼프의 콘크리트로 하여야 한다.

(2) 내구성을 가질 것

기상작용, 화학적 작용 등으로 인한 파괴, 침식에 충분히 저항할 수 있는 내구성을 가져야 한다.

(3) 경제적일 것

설계시공상 허용되는 범위 내에서 가능한 한 굵은골재의 최대치수가 큰 골재를 사용하여야 한다.

6-3-2 배합비의 표시방법

(1) 용적배합비

시멘트 1에 대하여 모래, 자갈의 비율로 나타낸다. 시멘트, 잔골재, 굵은골재를 용적으로 계산하여 1 : 2 : 4 또는 1 : 3 : 6과 같이 표시한다.

(2) 중량배합비

모든 재료를 중량으로 계량하는 것으로 실험실에서만 사용하였으나 근래에는 실제작업에도 사용되고 있다.

(3) 복식 배합비

잔골재 400*l*, 굵은골재 800*l*를 기준으로 하여 이에 대한 시멘트량을 300kg_f 또는 350kg_f 등과 같이 중량으로 계량하는 방법이다.

6-3-3 배합의 종류

콘크리트의 배합(配合)은 시방배합(示方配合)과 현장배합(現場配合)이 있다. 시방배합은 설계 계산에서 기초로한 시방서 또는 책임건설사업관리자에 의하여 지시된 배합이며, 현장배합은 시방배합이 되도록 현장의 재료상태에 따라 모래의 자갈량 또는 자갈의 모래량을 측정하여 수정하고 모래, 자갈의 표면수 만큼 사용수량을 감하여야 하며 시방배합과 현장배합의 비교는 표 6－10과 같다.

(1) 시방배합(示方配合)

시방서 또는 책임건설사업관리자가 지시한 배합이며, 이때 골재는 표면건조포화 상태에 있고, 잔골재는 5mm체를 다 통과하고, 굵은골재는 5mm체에 남는 것으로 한다. 골재는 표면건조포화 상태의 것을 사용한다.

〈표 6－10〉 시방배합과 현장배합의 비교표

	시방배합	현장배합
골재의 입도	자갈은 5mm 이상 모래는 5mm 이하	자갈 5mm 이하를 몇 % 포함 모래 5mm 이상을 몇 % 포함
골재의 상태	표면건조포화상태	습윤상태 또는 표면건조상태
골재의 계량	중량으로 표시	용적계량일 때도 있다.
단위량의 표시	1m^3당	믹서용량에 의해 배치량으로 결정

(2) 현장배합

시방배합을 현장조건에 맞도록 현장에서 재료의 상태와 계량방법에 따라 정한 배합을 말한다. 즉 현장에서 사용하는 골재의 함수상태와 잔골재 중에서 5mm체에 남는 양, 굵은골재 중에서 5mm체를 통과하는 양을 생각하며, 시방배합을 현장의 골재의 상태에 따라 고친 것이다.

6-3-4 시험배합의 설계

콘크리트의 배합을 결정하는 방법에는 계산에 의한 방법, 배합표에 의한 방법, 시험배합에 의한 방법 등이 있다.

이 중에서 일반적으로 가장 합리적이고 실용적인 방법이 시험배합에 의한 것이며, 이 방법은 실제로 사용할 재료에서 채취한 대표적인 시료를 사용하여 시험비비기를 하여 구한다.

(1) 배합강도

현장 콘크리트의 품질은 골재, 시멘트 등의 품질변동, 계량오차, 비비기 작업 등에 따라 공사기간 중 상당히 변동하는 것이 보통이다. 따라서 구조물의 어떤 부분에 사용된 콘크리트의 압축강도도 구조물의 설계기준압축강도보다 적어지지 않도록 현장콘크리트의 품질변동을 고려하여 콘크리트의 배합강도를 설계기준압축강도보다 충분히 크게 정하여야 한다. 설계기준압축강도 확보에 필요한 콘크리트의 배합강도는 레디믹스트콘크리트를 주문하는 경우와 현장에 배치플랜트를 설치하는 경우 각각의 조건에 따라 정할 수 있다.

구조물에 사용된 콘크리트의 압축강도가 설계기준압축강도보다 작아지지 않도록 현장 콘크리트의 품질변동을 고려하여 콘크리트의 배합강도(f_{cr})를 설계기준압축강도(f_{ck})보다 충분히 크게 정하여야 한다.

표준편차를 이용하는 경우 배합강도는 설계기준압축강도 35MPa 이하의 경우 식 (6-3) 및 식 (6-4)에서 35MPa 초과의 경우 식 (6-5) 및 식 (6-6) 각 두 식에 의한 값 중 큰 값으로 정하여야 한다.

1) $f_{ck} \leq 35\,\text{MPa}$인 경우

$$f_{cr} = f_{ck} + 1.34s\,(\text{MPa}) \qquad (6\text{-}3)$$

$$f_{cr} = (f_{ck} - 3.5) + 2.33s\,(\text{MPa}) \qquad (6\text{-}4)$$

2) $f_{ck} > 35\,\text{MPa}$인 경우

$$f_{cr} = f_{ck} + 1.34s\,(\text{MPa}) \qquad (6\text{-}5)$$

$$f_{cr} = 0.9f_{ck} + 2.33s\,(\text{MPa}) \qquad (6\text{-}6)$$

여기서, s : 압축강도의 표준편차(MPa)

또한 콘크리트 압축강도의 표준편차는 실제 사용한 콘크리트의 30회 이상의 시험실적으로부터

결정하는 것을 원칙으로 한다. 그러나 압축강도의 시험횟수가 29회 이하이고, 15회 이상인 경우는 그것으로 계산한 표준편차에 표 6-11의 보정계수를 곱한 값을 표준편차로 사용할 수 있다.

〈표 6-11〉 시험횟수가 29회 이하일 때 표준편차의 보정계수

시험횟수	표준편차의 보정계수
15	1.16
20	1.08
25	1.03
30 이상	1.00

주) 위 표에 명시되지 않은 시험횟수는 직선 보간한다.

그리고 콘크리트 압축강도의 표준편차를 알지 못할 때, 압축강도가 시험횟수가 14회 이하인 경우 콘크리트의 배합강도는 표 6-12와 같이 정할 수 있다.

표 6-12 압축강도의 시험횟수가 14회 이하이거나 기록이 없는 경우의 배합강도

설계기준압축강도 f_{ck} (MPa)	배합강도 f_{cr} (MPa)
21 미만	$f_{ck}+7$
21 이상 35 이하	$f_{ck}+8.5$
35 초과	$f_{ck}+10$

(2) 물-시멘트비의 결정

물-시멘트비는 소요의 강도와 내구성을 고려하여 정하여야 한다. 수밀을 요하는 구조물에서는 콘크리트의 수밀성에 대해서도 고려해야 한다.

1) 압축강도를 기준으로 해서 정하는 경우

압축강도를 기준으로 해서 물-시멘트비를 구할 때에는 시험에 의하여 정하는 것이 원칙이나, 시험 할 수 없는 경우에는 정해진 관계식을 사용해서 구한다.

① 시험에 의하여 정하는 경우 : 알맞은 3종류 이상의 서로 다른 물-시멘트비(W/C)를 가진 콘크리트 시험체를 2개 이상 만들어 재령 28일의 압축강도(f_{28})시험을 하여 시멘트-물비(C/W)와 f_{28} 과의 관계도를 만든다. 이것으로부터 필요한 배합강도(f_{cr})에 해당하는 C/W를 구하고, 그 역수를 W/C로 한다.
일반적으로 시멘트-물비와 콘크리트의 28일 압축강도는 식 (6-7)과 같다.

$$f_{28} = A + B\left(\frac{C}{W}\right) \qquad (6-7)$$

여기서, f_{28} : 재령 28일에서의 콘크리트의 압축강도[MPa]

A, B : 시험에 의하여 정하는 상수

$\frac{C}{W}$: 시멘트-물비

② 시험할 수 없는 경우 : 큰 강도를 필요로 하지 않는 소규모공사에서 보통포틀랜드 시멘트를 사용하고, 혼화제를 쓰지 않은 보통콘크리트에 대해서는 다음의 C/W와 f_{28}과의 관계식으로 구한 값 중에서 작은 것을 적용한다.

$$\left.\begin{aligned} \frac{W}{C} &= \frac{215}{f_{28}+210} \\ \frac{W}{C} &= \frac{61}{f_{28}/K+0.34}[\%] \end{aligned}\right\} \qquad (6-8)$$

여기서, K : 시멘트의 강도[MPa]

③ 내동해성을 기준으로 해서 정하는 경우 : 내동해성을 기준으로 하여 물-시멘트비를 정하는 경우, 일반콘크리트에서는 표 6-13의 값에 따른다.

④ 수밀성을 기준으로 해서 정하는 경우 : 수밀성을 기준으로 해서 물-시멘트비를 정하는 경우에는 일반콘크리트에서는 50% 이하를 표준으로 한다.

〈표 6-13〉 일반콘크리트의 내동해성을 기준으로 하여 물-시멘트비를 정하는 경우의 AE콘크리트의 최대 물-시멘트비[%]

구조물의 종류 및 노출상태 \ 기상조건 / 단면		기상 작용이 심한 경우 또는 동결 융해가 종종 반복되는 경우		기상 작용이 심하지 않은 경우나 빙점 이하의 기온으로 되는 일이 드문 경우	
		얇은경우	보통경우	얇은경우	보통경우
무근 및 철근콘크리트	(1) 연속해서 또는 종종 물로 포화되는 부분	45	50	50	55
	(2) 보통의 노출상태에 있으며 (1)에 해당하지 않는 경우	50	55	55	60

[주] ① 다면이 두꺼운 경우에도 보통의 경우와 같다.
② 표중의 단면이 얇은 경우에는 단면의 두께가 20cm 정도 이하의 구조물의 부분, 두꺼운 경우에도 보통의 경우와 같다.
③ 무근 및 철근콘크리트의 (1)의 부분은 수로, 고대, 교각, 옹벽, 터널의 라이닝공 등으로서 수면에 가까워 물로 포화되는 부분 및 이들 구조물 외에 보, 슬래브 등으로 수면으로부터 떨어져 있기는 하나 융설(融雪), 유수(流水) 등 때문에 물로 포화되는 부분.

(3) 굵은골재의 최대치수의 선정

굵은골재의 최대치수는 부재의 최소치수의 1.5 및 피복두께 및 철근의 최소수평, 수직 순간격의 3/4을 초과해서는 안되며, 굵은골재의 최대치수는 표 6-14와 같다.

〈표 6-14〉 굵은골재의 최대치수의 표준

콘크리트의 종류		굵은골재의 최대치수[mm]	
무근콘크리트		40 부재 최소치수의 1/4 이하	
철근콘크리트	일반적인 경우 단면이 큰 경우	25 40	부재 최소치수의 1/5 이하 피복두께, 철근 순간격의 3/4 이하
포장콘크리트		40	
댐콘크리트		150	

(4) 슬럼프값의 선정

콘크리트의 슬럼프는 워커빌리티 그 자체를 나타내는 것은 아니지만 대부분 슬럼프에 의해서 작업의 난이도를 추정한다. 슬럼프는 작업이 적합한 범위 내에서 가능한 한 작은 슬럼프로 하면 좋지만, 슬럼프값이 너무 작게 되면 콘크리트타설이 곤란할 때도 있고, 다짐이 부족하면 공동(空洞)과 같은 중대한 결함이 생기기 쉽다. 또한 슬럼프값이 너무 큰 콘크리트를 사용하면 콘크리트의 작업은 쉽지만, 뜬물현상이 많아지고 굵은골재가 모르타르로부터 분리되는 경향이 심해진다.

특히 슬럼프값은 타설장소에서의 값을 지칭하는 것이 보통이므로 배합설계에서는 운반 중의 슬럼프변화에 대해서도 고려하여야 한다. 콘크리트타설 시에 진동기의 내용여부 등 다짐방법에 의해서도 슬럼프값은 매우 다르게 되므로 이를 잘해야 한다. 일반적으로 콘크리트의 운반시간이 긴 경우 또는 기온이 높은 경우 슬럼프값보다 다소 큰 슬럼프값을 사용하여야 한다.

각종 시방서에서 규정된 슬럼프의 표준값은 표 6-15와 같다.

〈표 6-15〉 슬럼프값의 표준

콘크리트의 종류		슬럼프값[cm]
무근콘크리트	일반적인 경우 단면이 큰 경우	8~18 6~15
철근콘크리트	일반적인 경우 단면이 큰 경우	5~15 5~10
포장콘크리트		2.5(침하도 30초)

(5) 공기량의 선정

적당량의 AE연행공기(entrained air)를 가지고 있는 콘크리트는 기상작용에 대한 내구성이 대단히 우수하므로 심한 기상작용을 받는 경우에는 AE콘크리트를 사용하는 것이 좋다. 심한 기상작용을 받을 경우에 적당한 AE공기량은 콘크리트용적의 3~6% 정도가 일반적인 표준이다. 콘크리트의 공기량은 운반, 진동다짐 등에 의하여 1/4~1/6 정도 감소됨을 주의해야 하며, 표 6−16과 6−17을 표준으로 한다.

〈표 6-16〉 콘크리트의 단위굵은골재 부피, 잔골재율 및 단위수량의 대략의 값

굵은 골재의 최대 치수 [mm]	단위 굵은골재 용적[%]	AE제를 사용하지 않는 콘크리트			AE콘크리트				
		갇힌 공기 [%]	잔 골재율 S/a [%]	단위 수량 W[%]	공기량 [%]	양질의 AE제를 사용하는 경우		양질의 감수제를 적당히 사용하는 경우	
						잔골재율 S/a[%]	단위수량 W[%]	잔골재율 S/a[%]	단위수량 W[%]
15	58	2.5	49	190	7.0	47	180	48	170
20	62	2.0	45	185	6.0	44	175	45	165
25	67	1.5	41	175	5.0	42	170	43	160
40	72	1.2	36	165	4.5	39	165	40	155

[주] ① 위 표에 나타낸 값은 골재로서 보통 입도의 모래(조립률 2.80 정도) 또는 자갈을 사용한 물-시멘트비 0.55 정도, 슬럼프 약 8cm의 콘크리트에 대한 것이다.
② 사용재료 또는 콘크리트의 품질이 위의 ①의 조건과 경우에는 위 표의 값을 다음에 의해 보정한다.

〈표 6-17〉 잔골재율(S/a)와 물(W)의 보정법

구 분	S/a[%]의 보정	단위수량 W[g]의 보정
·모래의 조립률이 0.1만큼 클(작을) 경우	·0.5만큼 크게(작게) 한다.	·보정하지 않는다.
·슬럼프의 값이 1cm만큼 클(작을) 경우	·보정하지 않는다.	·1.2%만큼 크게(작게) 한다.
·공기량이 1%만큼 클(작을) 경우	·0.5~1.0만큼 작게(크게) 한다.	·3%만큼 작게(크게) 한다.
·물-시멘트비가 0.05만큼 클(작을) 경우	·1.0만큼 크게(작게) 한다.	·보정하지 않는다.
·S/a가 1% 클(작을) 경우	·보정하지 않는다.	·1.5kg_f만큼 크게(작게) 한다.
·부순 굵은골재를 사용할 경우	·3~5만큼 크게 한다.	·9~15만큼 크게 한다.
·부순 잔골재를 사용할 경우	·2~3만큼 크게 한다.	·6~9만큼 크게 한다.

(6) 단위수량의 보정

소요의 슬럼프를 얻는데 필요한 단위수량은 굵은골재의 최대치수, 굵은골재의 입도 및 모양, 혼화 재료의 종류나 양, 콘크리트의 공기량 등에 따라서 달라지므로 사용재료에 따라 시험해서 정한다.

1) 일반콘크리트

작업할 수 있는 범위 내에서 되도록 적게 시험에 의해 정하는 것을 원칙으로 한다.

2) 포장콘크리트

작업할 수 있는 범위 내에서 되도록 적게 시험에 의해 정하되 1.5kN/m^3 이하로 한다.

3) 댐콘크리트

내부 콘크리트에서는 1.2kN/m^3 이하, 외부 콘크리트에서는 단위시멘트량과 소요의 물-시멘트비로부터 정한다.

(7) 잔골재율 및 단위굵은골재 부피의 산정

1) 잔골재율

콘크리트 속의 잔골재와 굵은골재의 비는 잔골재율로 정하는 것이 일반적이다. 잔골재율은 다음 식에 따라 구한다.

$$\text{잔골재율}\left(\frac{S}{a}\right)=\frac{S}{S+G}\times 100=\frac{S}{a}\times 100[\%] \qquad (6-9)$$

여기서, S : 잔골재의 절대부피
G : 굵은골재의 절대부피
a : 전체골재의 절대부피

골재의 절대부피는 골재의 공극을 제외한 골재가 순수하게 차지하고 있는 부피를 말한다.

굵은골재와 잔골재의 가장 알맞은 비율, 즉 최적 잔골재율은 필요한 워커빌리티를 얻을 수 있는 범위 내에서 단위수량이 적게 되도록 시험에 의해 정한다.

일반콘크리트 배합설계를 할 때 잔골재율의 대략의 표준으로 표 6-17의 값을 사용하면 편리하다.

2) 단위굵은골재 부피

단위굵은골재 부피는 콘크리트 $1m^3$에 사용되는 굵은골재의 겉보기 부피를 말한다.

단위굵은골재의 부피는 다음 식으로 나타낸다.

$$\text{단위굵은골재 부피} = \frac{\text{콘크리트 } 1m^3\text{에 사용되는 굵은골재의 무게}}{\text{KS F 2505에 의해 구한 굵은골재의 단위무게}} \qquad (6-10)$$

단위굵은골재 부피는 소요의 워커빌리티 및 피니셔빌리티를 얻을 수 있는 범위 내에서 단위수량이 최소가 되도록 정해야 한다.

콘크리트의 배합을 표시하는데 단위굵은골재 부피를 사용하면 굵은골재의 최대치수, 단위시멘트량, 단위수량, 공기량 및 반죽질기가 변화하더라도 단위굵은골재 부피를 변화시킬 필요가 없으므로 배합의 보정이 쉽게 된다.

(8) 단위시멘트량의 선정

1) 일반콘크리트

단위수량과 물-시멘트비로부터 정하며, $300kg_f$ 이상으로 하는 것이 좋다.

2) 포장콘크리트

소요의 휨강도를 얻는데 필요한 물-시멘트비와 단위수량으로부터 정하며, $280 \sim 350kg_f$ 정도로 하는 것이 좋다.

3) 댐콘크리트

내부 콘크리트에서는 콘크리트의 온도상승을 억제하기 위하여 소요의 워커빌리티, 강도 및 단위무게가 얻어지는 범위 내에서 될 수 있는 대로 작게 하며, $140kg_f$으로 하는 경우가 많다.

외부 콘크리트의 단위시멘트량은 단위수량과 물-시멘트비로부터 구한다.

(9) 단위혼화 재료량의 선정

혼화 재료를 사용하는 경우 단위혼화 재료량은 그 종류에 따라 알맞은 양을 선정하고, AE제의 경우에는 최종적으로 시험비비기를 하여 필요한 공기량을 얻도록 정한다.

(10) 각 재료의 단위량의 계산

1) 잔골재에 의한 경우

$$\text{단위시멘트량}[kg_f] = \frac{\text{단위수량}}{\text{물}-\text{시멘트비}}$$

단위골재량의 절대부피[m^3]

$$= 1 - \left(\frac{\text{단위수량}}{1,000} + \frac{\text{단위시멘트량}}{\text{시멘트의 비중}\times 1,000} + \frac{\text{단위혼화재량}}{\text{혼화재의 비중}\times 1,000} + \frac{\text{공기량}}{100} \right) \quad (6-12)$$

단위잔골재량의 절대부피[m^3] = 단위골재량의 절대부피×잔골재율 (6-11)

단위잔골재량[kg_f]

= 단위잔골재량의 절대부피×잔골재의 비중×1,000

단위굵은골재량의 절대부피[m^3]

= 단위골재량의 절대부피 - 단위잔골재량의 절대부피

단위굵은골재량[kg_f]

= 단위굵은골재량의 절대부피×굵은골재의 비중×1,000

2) 단위굵은골재의 부피에 의한 경우

$$\text{단위시멘트량}[kg_f] = \frac{\text{단위수량}}{\text{물}-\text{시멘트비}}$$

단위굵은골재량[kg_f]

=(단위굵은골재 부피)×(굵은골재의 단위무게)

단위잔골재의 절대부피[m^3]

$$= 1 - \left(\frac{\text{단위수량}}{1,000} + \frac{\text{단위시멘트량}}{\text{시멘트의 비중}\times 1,000} + \frac{\text{단위혼화재량}}{\text{혼화재의 비중}\times 1,000} + \frac{\text{단위굵은골재량}}{\text{굵은골재의 비중}\times 1,000} + \frac{\text{공기량}}{100} \right)$$

단위잔골재량[kg_f]

=(단위잔골재의 절대부피)×(잔골재의 비중)×1,000

예제 6-2 콘크리트 1m^3를 만드는데 필요한 잔골재 및 굵은골재량을 구하시오. (단, 단위시멘트량 = 220kgf, 물 · 시멘트 = 55%, 잔골재율(S/a) = 34%, 시멘트 비중 = 3.15, 모래의 비중 = 2.65, 자갈의 비중 = 2.70, 공기량 = 2%).

1) 잔골재량

2) 굵은골재량

[풀이] 1) 잔골재량

① 단위수량 : $W/C = 0.55$, $W/220 = 0.55$, $\therefore W = 121[\text{kg}_\text{f}]$

② 단위골재량 절대체적

$$V_a = 1 - \left(\frac{\text{단위수량}}{1000} + \frac{\text{단위시멘트량}}{\text{시멘트 비중} \times 1000} + \frac{\text{공기량}}{100} \right)$$

$$= 1 - \left(\frac{121}{1000} = \frac{220}{3.15 \times 1000} + \frac{2}{1000} \right) = 0.79[\text{m}]$$

③ 단위잔골재량 절대체적 : $V_s = V_a \times S/a = 0.79 \times 0.34 = 0.2[\text{m}^3]$

④ 단위골재량

$= V_s \times$ 잔골재 비중 $\times 1000 = 0.27 \times 2.65 \times 1000 = 715.5[\text{kg}_\text{f}]$

2) 굵은골재량

① 단위굵은골재량 절대체적 : $V_G = V_a - V_s = 0.79 \times 0.27 = 0.52[\text{m}^3]$

② 단위굵은골재량

$= V_G \times$ 잔골재 비중 $\times 1000 = 0.52 \times 2.7 \times 1000 = 1404[\text{kg}_\text{f}]$

예제 6-3 재령 28일 강도가 $f_{ck} = 28\text{MPa}$일 때 30회 반복 압축강도시험을 했을 때 표준편차가 2.0MPa인 경우의 f_{cr}의 값은 얼마인가?

[풀이] ① $f_{cr} = f_{ck} + 1.34S = 28 + 1.34 \times 2 = 30.68\text{MPa}$

② $f_{cr} = (f_{ck} - 3.5) + 2.33S = (28 - 3.5) + 2.33 \times 2 = 29.16\text{MPa}$

①, ② 중에서 큰 값이므로 $\therefore f_{cr} = 30.68\text{MPa}$

6-3-5 현장배합으로의 수정

시방배합에서 골재는 표면건조포화 상태의 것으로서, 잔골재는 5mm체를 다 통과하고, 굵은 골재는 5mm체에 다 남는 것으로 한다.

그러나 현장골재의 상태는 그렇지 않으므로 현장골재의 상태에 따라 시방배합으로 고쳐야 한다.

(1) 입도에 대한 보정

현장골재에서 잔골재 속에 들어 있는 굵은골재량(5mm체에 남는 양)과 굵은골재 속에 들어 있는 잔골재량(5mm체 통과량)에 따라 입도를 보정한다.

골재의 입도에 대한 보정은 다음 식에 따라 한다.

$$\left.\begin{aligned} &x+y=S+G \\ &ax+(100-b)y=100G \\ &by+(100-a)x=100S \end{aligned}\right\} \qquad (6-13)$$

위의 방정식을 풀면, 다음 식을 얻을 수 있다.

$$\left.\begin{aligned} x&=\frac{100S=b(S+G)}{100-(a+b)} \\ y&=\frac{100G-a(S+G)}{100-(a+b)} \end{aligned}\right\} \qquad (6-14)$$

여기서, x : 실제 계량할 단위잔골재량[kg_f]

y : 실제 계량할 단위굵은골재량[kg_f]

S : 시방배합의 단위잔골재량[kg_f]

G : 시방배합의 단위굵은골재량[kg_f]

a : 잔골재 속의 5mm체에 남는 양[%]

b : 굵은골재 속의 5mm체를 통과하는 양[%]

(2) 표면수에 대한 보정

현장골재의 함수상태에 따라 콘크리트의 함수량이 달라지고 골재량도 달라진다. 따라서 골재의 함수상태에 따라 시방배합의 물의 양과 골재량을 보정해야 한다.

골재의 표면수량에 대한 보정은 아래 식 (6−15)와 같다.

$$\left.\begin{aligned} S'&=x\left(1+\frac{c}{100}\right) \\ G'&=y\left(1+\frac{d}{100}\right) \\ W'&=w-x\cdot\frac{c}{100}-y\cdot\frac{d}{100} \end{aligned}\right\} \qquad (6-15)$$

여기서, S' : 실제계량할 단위잔골재량[kg_f]

G' : 실제계량할 단위굵은골재량[kg_f]

W' : 계량해야 할 단위수량[kg_f]

c : 현장잔골재의 표면수량[%]

d : 현장굵은골재의 표면수량[%]

W : 시방배합의 단위수량[kg_f]

예제 6-4 단위시멘트 320kg_f, 단위수량 165kg_f, 단위잔골재 650kg_f, 단위굵은골재 1200kg_f이 얻어졌다. 이 골재의 현장 야적상태가 아래 표 6-18을 이용하여 현장배합 설계를 수행하여 단위수량, 현장 잔골재량, 현장 굵은골재량을 구하시오.

〈표 6-18〉 현장 야적상태

잔골재		굵은골재	
체	잔류량(g)	체	잔류량(g)
No.4	20	40mm	10
No.8	55	30mm	120
No.16	120	25mm	150
No.30	145	19mm	160
No.50	110	15mm	180
No.100	35	10mm	220
No.200	15	No.4	140
팬	0	팬	20
표면수 = 3%		표면수 = −1%	

[풀이] 1) No.4체 잔류 잔고재량 $= \frac{20}{500} \times 100 = 4[\%]$

2) ① No.4체 잔류 굵은골재량 $= \frac{980}{1000} \times 100 = 98[\%]$

② No.4체 통과 굵은골재량 $= 100 - 98 = 2[\%]$

3) 골재량의 수정 : 잔골재량을 $x(kg_f)$, 굵은골재량을 $y(kg_f)$이라 하면,

$x + y = 650 + 1200 = 1850$ ①

$0.04x + (1 - 0.02)y = 1200$ ②

식 ①, ②에서 $x = 652.13[kg_f]$, $y = 1197.87[kg_f]$

4) 표면수량 수정

① 잔골재 표면수량 $= 652.13 \times 0.03 = 19.56[kg_f]$

② 굵은골재 표면수량 $= 1197.87 \times (-0.01) = -11.98[kg_f]$

5) 현장배합

① 단위수량 $= 165 - (19.56 - 11.98) = 157.42[kg_f]$

② 잔골재량 $= 652.13 + 19.56 = 671.69[kg_f]$

③ 굵은골재량 $= 1197.87 - 11.98 = 1185.89[kg_f]$

6-4 콘크리트의 시공

6-4-1 계량

콘크리트재료의 계량오차는 콘크리트품질의 변동원인이 되므로 공사의 중요도에 따라 필요한 정밀도로 계량할 수 있는 방법으로 각 재료를 정확하게 계량하여야 한다. 재료는 시방배합을 현장배합으로 고친 다음 현장배합에 의해 계량하고 골재가 건조되어 있을 때의 유효흡수율의 값은 골재를 적절한 시간에 흡수시켜서 구한다. 유효흡수율의 시험에서 골재에 흡수시키는 시간은 공사현장의 실상에 따라 다르나 실용상으로 보통 15~30분 간의 흡수율로 보아도 좋다.

각 재료는 1회의 비비기 양마다 중량으로 계량한다. 다만 물과 혼화제의 용액은 용적으로 계량해도 좋으며, 1회분 비비기의 양은 공사의 종류, 콘크리트타설의 양, 비비기설비, 운반방법 등을 고려하여 정한다.

6-4-2 비비기

(1) 개요

재료의 비비기(mixing)는 믹서에서 반죽된 콘크리트가 플라스틱하고 균등한 상태가 될 때까지 비비기를 한다. 그러나 비비기 시간이 너무 길면 골재가 부서지거나 AE콘크리트에서는 공기량이 감소하거나 워커빌리티에 변화가 생긴다. 그러므로 콘크리트 표준시방서에서 비비기는 소요시간의 3배 이상을 해서는 안 된다고 규정하고 있다. 비비기가 소요시간의 3배에 달하면 믹서를 일시 정지시켜 콘크리트의 배출이 곤란하지 않을 정도로 때때로 믹서를 회전시켜야 한다.

적절한 비비기 시간은 여러 가지 조건에 따라 다르다. 비비기를 믹서로 할 경우는 불경식(不傾式)과 가경식(可傾式) 믹서 또는 강제비비기식(强制練) 배치믹서(batch mixer : 최신형으로 여러 가지 종류가 있음)를 사용하여 비비기시간을 결정한다.

(2) 작업시 유의사항

① 재료를 믹서에 투입하는 순서는 믹서의 형식, 비비기시간, 골재의 종류 및 입도, 단위수량, 시멘트량, 혼화재료의 종류 등에 따라 다르므로 KS F 2455에 의한 시험, 강도시험, 블리딩 시험 등의 결과 또는 실적을 참고로 해서 정한다.
② 비비기시간은 믹서 안에 재료를 투입한 후 가경식 믹서일 경우에는 1분 30초 이상, 강제혼합식 믹서일 경우에는 1분 이상을 표준으로 한다.
③ 비비기는 미리 정해 둔 비비기 시간의 3배 이상 계속해서는 안된다.
④ 비비기를 시작하기 전에 미리 믹서 내부를 모르타르로 부착시켜야 한다.
⑤ 믹서 안의 콘크리트를 완전제거 후가 아니면 믹서 안에 다음 재료를 넣어서는 안된다.
⑥ 믹서는 사용 전·후에 청소해야 한다.

(3) 거듭비비기와 되비비기

1) 거듭비비기

콘크리트 또는 모르타르가 굳기 시작하지는 않았으나, 비빈후 상당한 시간이 지났을 경우나 또는 재료가 분리된 경우 다시 비비는 작업을 말한다. 그리고 거듭비비(remixing)를 하면 슬럼프, 철근과의 부착강도 등이 커지며 초기의 침하 및 경화수축이 작아진다.

2) 되비비기

콘크리트 또는 모르타르가 굳기 시작하였을 경우에 다시 비비는 작업을 말한다. 그리고 되비비기(retempering)를 하면 콘크리트의 수화열로 물의 일부가 없어지고, 물-시멘트비가 작아진다.

6-4-3 레디믹스트콘크리트

(1) 개요

정비된 콘크리트 제조설비를 갖춘 공장에서 생산된다. 굳지 않은 상태로 운반차에 의하여 구입자에게 배달될 수 있는 굳지 않은 콘크리트를 레디믹스트콘크리트(ready mixed concrete)라고 말하며, 레미콘이라 약칭하기도 한다. 콘크리트의 재료, 시험, 검사, 저장, 계량 및 혼합장치 운반 등의 번거로움을 간소하게 할 수 있어 콘크리트의 시공이 간편하게 되었다.

(2) 장단점

1) 장점

① 엄격한 품질관리를 할 수 있다.
② 고강도의 균질한 제품을 공급한다.
③ 현장관리가 용이하고 시공능률이 향상된다.
④ 공사비의 절감 및 시공계획이 확실하다.
⑤ 균질하고, 양질의 콘크리트를 얻을 수 있다.

2) 단점

① 운반 및 공급이 한정된다.
② 운반중 품질저하의 우려가 있다.
③ 워커빌리티를 조절하기 어렵다.
④ 원활한 수급대책이 필요하다.

(3) 공장의 선정

① 공장은 KS F 표시허가 공장으로써, 재료시험기사 자격을 가진 기술자 또는 이와 동등 이상의 지식, 경험이 있는 기술자가 상주하는 공장을 선정해야 한다.
② 사용재료, 제설비, 품질관리상태 등을 조사하여 지정한 콘크리트의 품질을 설제로 얻을 수 있다고 인정되는 공장을 선정해야 한다.
③ 공장을 선정할 때에는 현장까지의 운반시간, 배출시간, 콘크리트의 제조능력, 운반차의 수, 공장의 제조설비, 품질관리상태 등을 고려해야 한다.

(4) 품질에 대한 지정

1) 레디믹스트콘크리트의 종류는 보통콘크리트, 경량콘크리트로 한다. 구입자는 굵은골재의 최대치수, 슬럼프(표 6－19 참조) 및 호칭강도를 조합한 표 6－20에 표시한 ○표를 한 범위 내에서 종류를 지정한다.

2) 강도시험을 한 경우 다음 규정을 만족시켜야 한다.
① 1회 시험결과는 구입자가 지정한 호칭강도의 85% 이상이어야 한다.
② 3회의 시험결과의 평균치는 구입자가 지정한 호칭강도의 100% 이상이어야 한다.

〈표 6 - 19〉 슬럼프의 허용오차[단위 : cm]

슬럼프	슬럼프 허용오차
2.5	±1.0
5 및 6.5	±1.5
8 이상 18 이하	±2.5
21	±3.0

〈표 6 - 20〉 레디믹스트콘크리트의 종류

콘크리트 종류	굵은골재의 최대치수 [mm]	슬럼프 [cm]	호칭강도[MPa]									
			16	18	21	24	27	30	35	40	휨 4.0	휨 4.5
보통 콘크리트	20, 25	8, 10, 12	○	○	○	○	○	○	○	○	-	-
		15, 18	-	○	○	○	○	○	○	○	-	-
		21	-	-	○	○	○	○	-	-	-	-
	40	2.5, 6.5	-	-	-	-	-	-	-	-	○	○
		5	○	○	○	○	○	○	-	-	-	-
		8	○	○	○	○	○	○	-	-	-	-
		12, 15	○	○	○	○	○	○	-	-	-	-
경량 콘크리트	15, 20	8, 12, 15, 18, 21	-	○	○	○	○	○	-	-	-	-

[주] ( )안의 호칭강도의 단위는 N/mm^2

3) 공기량은 보통콘크리트의 경우 4.5%이며, 경량콘크리트의 경우 5%로 하되, 그 허용오차는 ±1.5%로 한다.

4) 구입자는 다음 사항에 대하여 생산자와 협의하여 지정한다.
   ① 시멘트의 종류는 시공할 구조물의 종류, 시공방법 등을 고려하여 시멘트의 종류를 지정한다.
   ② 골재는 자갈, 모래, 부순돌, 부순모래, 고로슬래그 굵은골재, 고로슬래그 잔골재 및 경량골재 등의 구별을 지정한다.
   ③ 굵은골재의 최대치수를 지정한다.
   ④ 혼화재료의 종류는 콘크리트 및 강재에 해로운 영향을 주지 않는 것이어야 한다.
   ⑤ 염화물함유량의 한도는 배출지점에서 염화물이온(CI)량에 대한 0.003kN/m^3 이하로 해야 한다. 다만, 구입자의 승인을 얻은 경우에는 0.006kN/m^3 이하로 할 수 있다.
   ⑥ 경량콘크리트의 경우는 굳지 않은 콘크리트의 단위체적중량을 지정한다.
   ⑦ 한중콘크리트, 서중콘크리트 및 매스콘크리트 등의 경우에 콘크리트의 최고온도 또는 최저온도를 지정한다.
   ⑧ 물-시멘트의 상한치
   ⑨ 단위수량의 상한치
   ⑩ 단위시멘트량의 하한치 또는 상한치
   ⑪ 유동화콘크리트는 유동화하기 전 베이스콘크리트에서 슬럼프의 증대량

5) 받아들이기
   ① 콘크리트타설을 원활하게 하기 위해서는 콘크리트타설에 앞서 납품일시, 콘크리트의 종류, 수량, 배출장소 및 트럭 에지데이터의 반입속도 등을 생산자와 충분히 협의해 두어야 한다.
   ② 콘크리트타설 중에도 생산자와 긴밀하게 연락을 취하여 콘크리트타설이 중단되는 일이 없도록 해야한다.
   ③ 콘크리트를 배출하는 장소는 운반차가 안전하고 원활하게 출입을 할 수 있으며, 배출하는 작업이 쉽게 될 수 있는 장소이어야 한다.
   ④ 콘크리트를 배출하는 작업은 재료분리가 일어나지 않도록 해야 한다.
   ⑤ 콘크리트의 비빔시작부터 부어넣기 종류까지의 시간의 한도는 외기기온이 25℃ 미만의 경우에는 120분, 25℃ 이상의 경우에는 90분을 한도로 한다.

6-4-4 운반

콘크리트 플랜트로부터 콘크리트를 타설(打設)하는 장소까지 콘크리트를 운반할 때는 운반도 중에 콘크리트가 분리되지 않도록 하고, 가능한 한 짧은 시간 내에 운반해야 한다.

콘크리트의 운반방법은 구조물의 모양과 종류, 지형, 콘크리트의 양, 상태, 운반비 등에 따라 결정된다. 어떤 운반방법을 취하더라도 콘크리트를 타설했을 때 소요(所要)의 품질을 얻어야 한다.

믹서에서 비빈콘크리트가 재료분리(材料分離), 손실, 슬럼프의 감소 및 AE콘크리트의 경우는 공기량의 변화가 없도록 운반에 주의해야 하며 항상 같은 조건하에서 연속적으로 콘크리트를 시공할 수 있도록 공사의 규모, 속도, 종류, 배합 및 운반거리 등을 고려하여 가장 좋은 방법을 택하도록 해야 한다. 콘크리트는 빨리 운반하여 즉시 타설하여 충분히 다져야 하며, 즉시 타설할 수 없는 경우에는 비비기부터 타설이 끝날 때까지의 시간을 온난하고 건조한 경우는 1시간 그리고 저온이고 습윤한 경우는 2시간을 넘어서는 안되며 레미콘(ready mixed concrete)의 경우는 1시간 30분 이내로 해야 한다.

6-4-5 콘크리트타설

콘크리트의 타설 준비나 거푸집은 미리 깨끗하게 청소해 놓고 콘크리트에 접하여 흡수할 우려가 있는 곳은 충분하게 물로 습하게 해놓는다.

콘크리트타설에는 재료가 분리되지 않게 하고, 철근의 배치와 조립은 흩어져서는 안된다. 타설 완료 시의 콘크리트표면은 대개 수평이 되게 끝손질하고 1구획 내의 콘크리트는 연속적으로 타설하여야 한다.

타설의 한층 높이는 다짐기계의 성능을 고려하여 1층 두께가 40cm 이하로 정해져 있으나 2층으로 나누어 타설할 필요가 있을 때에는 타설한 하층콘크리트가 굳어지기 전에 상층콘크리트를 타설하여야 한다. 타설작업중 재료분리를 방지하여야 하고, 거푸집이 높을 때는 투입구를 만들거나 세로슈트(vertical chute)를 사용한다(그림 6-3 참조). 또 버킷이나 호퍼(hopper)를 사용할 경우는 타설면까지의 높이를 1.5m 이내로 한다. 벽이나 말뚝과 같이 높이가 높은 콘크리트를 타설할 경우는 콘크리트의 컨시스턴시(consistency)를 조정하거나 타설하는 속도를 다소 늦게 하여, 30분에 1m 정도로 함으로써 재료분리를 막을 수 있다.

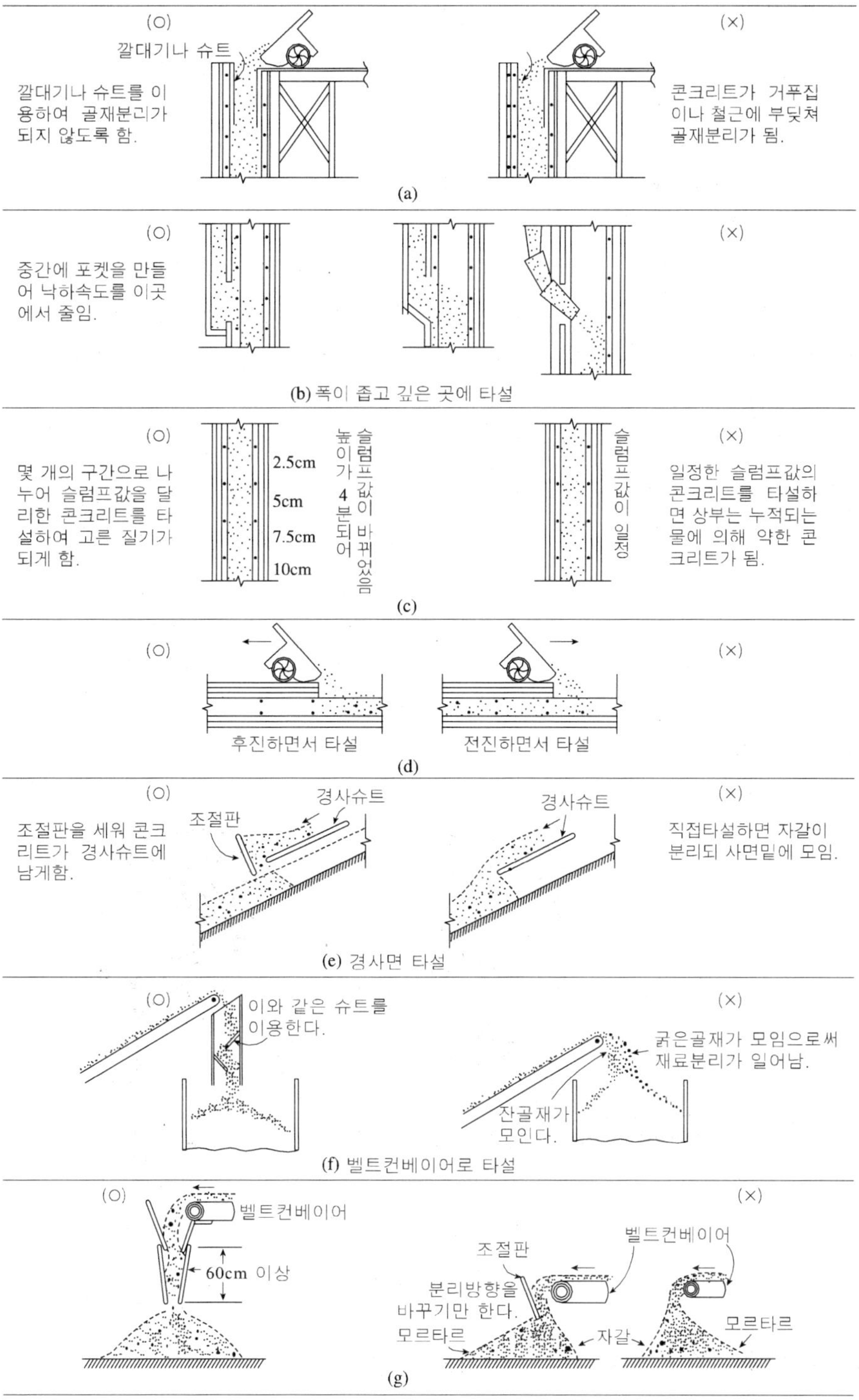

〈그림 6-3〉 콘크리트재료 분리방지방법

6-4-6 다지기

(1) 개요

콘크리트 다지기(tamping)의 목적은 콘크리트 중의 공기, 물을 추출하여 콘크리트가 철근사이와 거푸집의 구석구석에 고르게 채워지게 하여야 한다. 다지기에 의하여 여분의 물을 추출하면 물-시멘트비가 감소되어 강도와 수밀성이 크며, 내구성이 큰 콘크리트가 된다.

다지기의 방법으로는 ① 봉다짐법(rodding) ② 진동법(振動法, vibrating compaction) ③ 거푸집을 두드리는 법 ④ 흔들거나 충격을 가하는 법 ⑤ 가압법(加壓法) ⑥ 원심력법(遠心力法) ⑦ 진공법(眞空法) 등이 있다.

진반죽의 콘크리트인 경우 너무 강하게 또는 너무 장시간 거푸집을 두드리면 재료가 분리되며, 거푸집을 떼면 그 면에 골재만이 모여 있고 또는 응결(setting)을 시작한 콘크리트에 좋지 못하다. 콘크리트를 흔드는 법, 충격을 주는 법, 가압법, 원심력법 등은 대개 콘크리트제품 제조에 이용된다.

콘크리트의 다지기는 보통 봉형 내부진동기(棒型內部振動機, rigid internal vibrater, 그림 6-4 참조)를 사용하나 얇은 벽 등에 내부진동기를 사용하기에 곤란한 경우는 거푸집 진동기를 사용한다. 또 콘크리트포장과 같이 얇고 넓은 콘크리트의 다지기에는 표면진동기(external vibrater)를 사용한다.

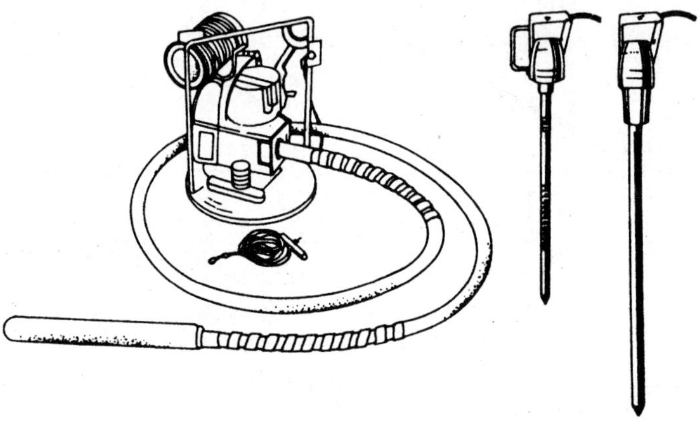

(a) Flexible Type (b) Rigid Type

〈그림 6-4〉 내부진동기의 종류

(2) 내부진동기를 사용할 때의 주의 사항

① 진동기는 콘크리트중 연직으로 찔러 하층콘크리트 중에 10cm 정도 삽입시킨다.

② 진동기의 차입간격은 진동의 유효반지름이 최대 60cm 정도 이하로 한다.

③ 진동기의 인발은 후에 구멍의 흔적이 남지 않게 천천히 행한다.

진동다지기가 충분히 되어 있는가는 다음에서 판단하면 된다. 즉 거푸집과 콘크리트의 접촉면에 시멘트풀의 선이 나타나 콘크리트의 용적 감소가 보이지 않게 되고 콘크리트표면이 빛이 나서 전체가 매끈하게 풀어져 있는 것처럼 보이는 것이다. 실제작업에는 진동기의 삽입간격 및 1곳당 진동시간을 정해 놓고 이것을 작업원에 주지하여 실행시키게 한다.

1대의 내부진동기로 다지는 용적은 소형으로 4~8m³/hr, 2인용의 대형은 30m³/hr 정도이다. 내부진동기의 진동수는 다음과 같은 식이 성립된다.

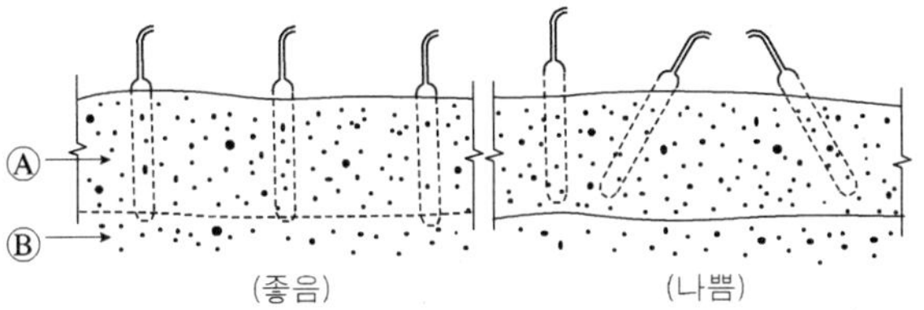

〈그림 6-5〉 내부진동기의 찌르기방법

$$\text{진동가속도} \quad \alpha = \omega^2 a = 4\pi^2 f^2 a, \quad f^2 = \frac{\alpha}{a}\frac{1}{4\pi^2}, \quad f = \sqrt{\frac{\alpha}{a}} \cdot \frac{1}{2\pi} \tag{6-13}$$

여기서, ω : 각속도 $= 2\pi f$

f : 진동수

a : 콘크리트 중의 진폭

단 진동기의 진동봉이 콘크리트에 물리적인 접촉을 한다고 생각하는 최소진폭은 $a = 0.004$m 이다.

또 콘크리트를 다지는 최소의 가속도는 $\alpha = 1.5$g(중력의 가속도 980cm/s²의 1.5배)이다. 그러므로 위의 식에서 소요진동수 f는,

$$f = \frac{1}{2\pi}\sqrt{\frac{\alpha}{a}}$$

$$= \frac{1}{2\times 3.14}\sqrt{\frac{1.5\times 980}{0.004}} = 94\times 60 = 5,640[\text{회/min}]$$

이 되어 진동봉의 진동수는 일반적으로 적어도 6,000rpm 이상이 필요하다.

슬럼프 1.3cm일 때의 소요다지기 시간은 진동수 6,000rpm일 때 25초 정도이다.

일반적으로 진동수가 10,000~12,000rpm 정도까지는 다지기도가 대단히 증진한다. 그러나 이

이상의 진동수는 그다지 효과가 없다.

6-4-7 콘크리트의 이음

(1) 개요

콘크리트는 구조물 전체가 일체가 되어 약점이 생기지 않게 하려면 전체를 연속으로 타설하는 것이 좋다. 그러나 1일에 타설할 수 있는 콘크리트의 양, 철근의 조립, 거푸집의 반복사용, 콘크리트가 거푸집에 미치는 측압(側壓), 매스콘크리트 내의 온도상승, 콘크리트의 검사 등 여러 가지 문제 때문에 몇 개의 구획으로 나누어 콘크리트를 타설하지 않으면 안 된다. 경화한 콘크리트에 신콘크리트를 이어서 타설할 때 생기는 이음을 시공이음(construction joint)이라 한다.

타설한 콘크리트는 온도나 습도의 영향을 받아서 신축하는데, 부재의 길이의 변화가 구속되어 있는 경우에는 내부에 큰 응력이 생긴다. 따라서 구조물에는 부재의 신축이 될 수 있는 한 자유롭도록 신축이음(expansion joint)을 두어야 한다. 이 신축이음에 의하여 기초의 부등침하, 진동 등에 의한 균열을 방지할 수도 있다.

이들의 줄눈의 위치 및 구조는 설계자가 시공의 안전, 구조물의 외관, 소요의 안전도 등을 고려하여 정하므로 현장의 형편에 따라 임의로 변경해서는 안 된다. 시공상의 특별한 사정으로 시공이음이 생길 때는 그 위치, 방향, 구조 등은 구조물의 강도, 외관을 해치지 않도록 정하여야 한다.

(2) 시공이음

1) 철근콘크리트에서의 시공이음

철근콘크리트에 있어서 콘크리트의 배합과 수량에 상당한 주의를 해도 콘크리트를 타설한 후에 표면에 물이 생긴다. 이것은 레이턴스(laitance)가 생기는 주 원인이 되므로 이것을 곧 제거해야 한다. 또 콘크리트를 타설한 후에 콘크리트가 수축하며, 이 수축량은 콘크리트를 타설한 높이가 높을수록 크다.

벽콘크리트 등을 타설한 직후에 보 또는 슬래브콘크리트를 타설하면 벽, 기둥 등의 콘크리트가 수축하므로 벽과 기둥, 보와 슬래브 간에 균열이 생길 염려가 있다. 그러므로 벽이나 기둥콘크리트를 타설한 후 2~4시간 경과하여 벽이나 기둥이 완전히 수축완료한 후에 보, 슬래브콘크리트를 타설하여야 한다.

시공이음의 위치는 구조물 강도에 영향이 작게 미치는 위치에 정하고, 방향은 압축력에 직각방향으로 하여야 한다. 이음에서의 시공은 구콘크리트 표면의 레이스턴스를 제거하고, 표면을 거칠게 하여야 하며, 또 깨끗이 청소하여야 하는 것이므로 이러한 작업에 지장이 없는 위치로 정하여야 한다.

이음에서 전단력에 대해서 충분한 저항력을 가질 수 있게 할 필요가 있을 경우에는 쐐기(wedge)나 장부(tenon)를 설치한다. 시공이음에서 충분한 강도를 가지도록 하기 위하여 면 직각방향으로 원형철근을 삽입하는 경우도 있다. 이 경우에 원형철근의 길이는 지름의 40배 이상으로 하고 양쪽에 갈고리(hook)를 만들며, 사용량은 시공이음 단면적의 0.5% 이상이다.

연직시공이음에 있어서 수밀성을 요할 때는 지수동판(止水銅版)을 사용하며, 아래 그림 6-6 및 6-7에 시공이음의 예를 나타내었다.

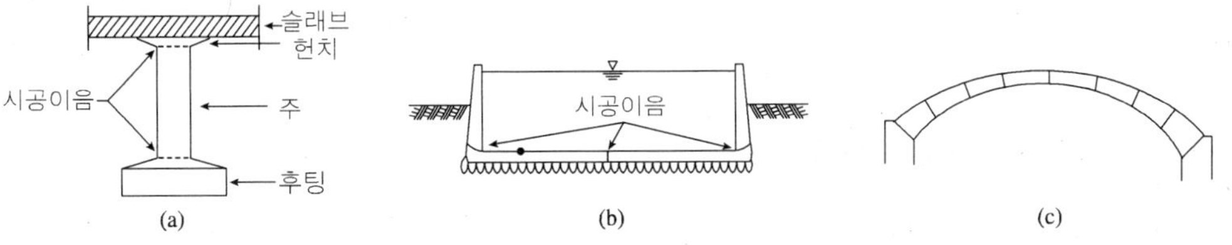

〈그림 6-6〉 시공이음의 예

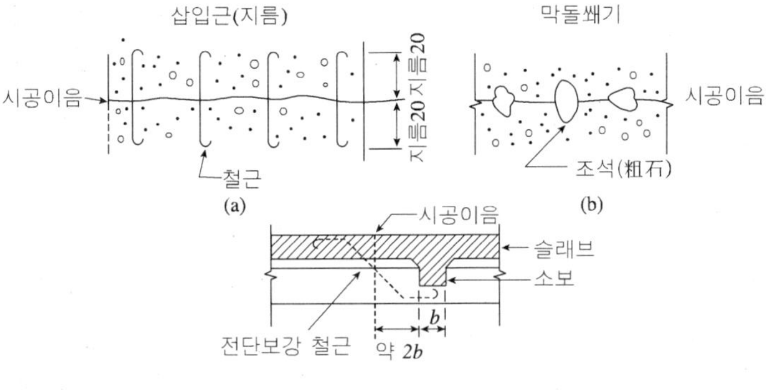

〈그림 6-7〉 철근에 의한 시공이음의 보강 예

또한 수평 혹은 여기에 가까운 시공이음으로 신(新)콘크리트를 일체시키기 위해서는 다음과 같이 신중하게 시공해야 한다.

① 구콘크리트 상부의 레이턴스(laitance, 뜬물에 동반하여 표면에 부출하여 침전한 물질), 느슨해진 골재, 나쁜 품질이 콘크리트를 제거한다. 이 처리에는 경화 전 처리와 경화후 처리가 있다.

② 구콘크리트에 충분히 물을 흡수시킨다.

③ 신콘크리트를 타설 직전에 구콘크리트 표면에 남아 있는 물을 뿜어 내고 깨끗한 면에

시멘트풀 또는 모르타르를 10~20mm 정도로 바른다. 다음에 곧 신콘크리트를 타설하고 충분하게 다지기한다.

연직(鉛直) 혹은 여기에 가까운 시공이음에 있어서 신구콘크리트가 일체가 되게 하는 것은 비교적 곤란한 일이다.

① 와이어 브러시(wier brush), 습사(濕砂) 뿜어붙이기 등으로 구콘크리트 면을 거칠게 함과 동시에 기름 등의 오염을 제거한다.
② 구콘크리트에 충분하게 물을 흡수시킨다.
③ 시멘트풀 또는 모르타르를 바른 다음 곧 신콘크리트를 타설하고, 충분하게 진동다지기를 한다. 또 적당하게 간격두기(spacing)를 하고 재진동을 해서 양호한 시공이음을 만드는 것이 유효하다.

2) 수평시공이음의 시공

수평시공이음(horizontal construction joint)이 거푸집에 접하는 선은 될 수 있는 대로 수평한 직선이 되도록 해야 하며, 콘크리트를 이을 경우는 구콘크리트 표면의 레이턴스, 품질이 나쁜 콘크리트 등을 완전히 제거하고 충분히 흡수시켜야 한다.

신콘크리트를 타설하기 전에 거푸집을 바로 잡고, 신콘크리트를 타설할 때 구콘크리트와 밀착되게 다짐을 잘 해야하고 역방향 타설 콘크리트의 시공시에는 콘크리트의 침하를 고려하여 시공이음이 일체가 되도록 콘크리트의 재료, 배합 및 시공방법을 선정해야 한다.

3) 연직시공이음의 시공

연직시공이음(vertical construction joint)의 시공에 있어서는 시공이음면의 거푸집을 견고하게 지지하고 이음부분의 콘크리트를 진동기를 사용하여 충분히 다져야 한다. 시공이음면의 거푸집에 철망 등을 사용하고, 이것을 콘크리트 속에 묻어 넣는 수가 있는데 이때의 철망은 5mm 정도 눈의 것을 사용하여 철근 등으로 격자형(格子形)으로 지지하는 것이 좋다.

구콘크리트의 시공이음면은 와이어 브러시로 그 표면을 제거하든지 또는 쪼아내기(chipping) 등에 의하여 거칠게 하고, 충분히 흡수시킨 후에 시멘트풀, 모르타르 또는 습윤면용 에폭시 수지 등을 바른후 신콘크리트를 타설하여 이어 나가야 한다.

신콘크리트를 타설할 때는 신구콘크리트가 충분히 밀착되도록 잘 다져야 하며, 신콘크리트를 타설한 후 적당한 시기에 재 진동다지기를 하는 것이 좋다.

4) 바닥틀과 일체로 된 기둥, 벽의 시공이음

바닥틀과 일체로 된 기둥 또는 벽의 시공이음은 바닥틀과의 경계부근에 설치하는 것이 좋다.

헌치(haunch)는 바닥틀과 연속해서 콘크리트를 타설하여야 한다. 돌출부분을 가진 구조물의 경우에도 마찬가지로 시공해야 한다.

5) 바닥틀의 시공이음

바닥틀의 시공이음은 슬래브 또는 보의 지간(支間) 중앙근처에 두어야 하며, 보가 그 지간 중앙에서 작은 보와 교차하는 경우에는 작은 보 폭의 약 2배의 거리를 떨어져서 보의 시공이음을 설치하고, 시공이음을 통하는 경사진 인장철근을 사용하여 전단력에 대하여 보강해야 한다.

6) 아치의 시공이음

아치(arch)의 시공이음은 아치축에 직각이 되도록 설치해야 하며, 아치의 폭이 넓을 때는 책임기술자의 지시에 따라 지간방향의 연직시공이음을 설치해야 한다(그림 6-6(c) 참조).

(2) 신축이음

콘크리트는 온도변화 및 습윤, 건조에 의하여 신축하므로 팽창 때문에 여유와 균열이 생기고 그것을 방지하기 위하여 신축이음을 만든다. 또 구조물의 진동, 기초의 부등침하(不等沈下), 부재의 접합이나 단면의 급변 등에 의해 예기치 않은 균열이 생기는 것을 방지하기 위하거나 또는 인공균열로서 미리 설치한 이음도 신축이음의 일종이다.

신축이음의 구조는 그림 6-8과 같고, 이음의 틈을 확보하고 여기에 토사(土砂)가 매입(埋入)되는 것을 방지하기 위하여 틈메우기재(joint filler)를 넣고 다시 전단력에 저항시키기 위하여 돌기(突起, key)나 쪽매(얇은 판재를 연결하는 이음)를 설치하고 또는 콘크리트펌프 압송장치(Sliper)를 설치한다. 틈메우기판은 두께 10~30mm의 널판이고 아스팔트나 타르를 주원료로 한 것을 바른다. 또 합성수지제, 삼나무판 등이 있고, 주입(注入) 틈메우기 재에는 아스팔트, 아스팔트 모르타르, 합성고무 등이 사용된다. 신축이음 중에서 콘크리트의 수축에만 대응시킬 수 있는 이음을 수축이음이라고 하며, 그림 6-9와 같다.

신축이음의 간격은 균열의 원인이 되는 기상조건이나 외력, 구조물의 종류, 부재의 치수, 이

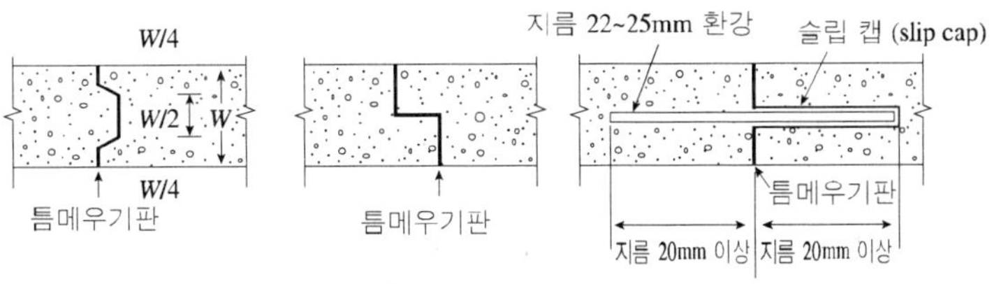

〈그림 6-8〉 신축이음의 구조

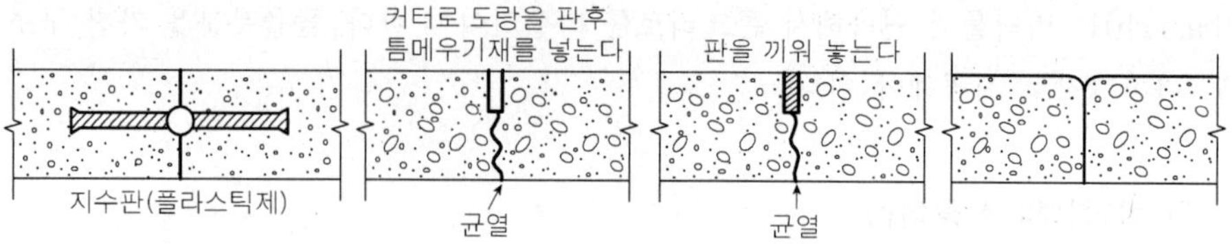

〈그림 6-9〉 수축이음의 예

음의 구조에 따라 다르다. 두꺼운 벽은 15~18m, 얇은 벽은 6~9m가 대개 간격의 척도이다. 포장판 등은 팽창 틈메우기를 50~150m 간격으로 설치하고, 그 사이에 5~10m 간격으로 수축 틈메우기를 설치하는 것이 표준이다.

(3) 표면 끝 손질

콘크리트표면 또는 막음널에 접하지 않은 면의 끝 손질은 면상의 뜬물(bleeding)을 제거한 다음 쇠손 기타 기구를 사용하여 매끈하게 한다. 지나친 끝 손질은 수축균열이나 레이턴스를 초래하기 쉬우므로 주의를 요한다. 매끈하고 치밀하게 표면을 끝 손질하기 위해서는 콘크리트표면을 손가락으로 눌러도 자국이 나지 않는 정도로 굳어졌을 때 쇠손을 누르면서 끝 손질한다.

막음널에 접한 면이 노출면이 되는 콘크리트는 외관을 손상시키지 않게, 또 수밀성이 있게 하기 위하여 모르타르를 표면에 바른 다음 매끈하게 끝 손질한다. 이러기 위해서는 표면이 매끈한 막음널을 사용하고 막음널의 이음 마디에서 모르타르가 새어 나오지 않게 주의하고, 또 적당한 간격으로 한다.

콘크리트표면에 생긴 돌기나 줄금 등은 쇠손으로 제거하고 자갈 등이 노출된 콘크리트 면은 동일 색상의 모르타르를 발라 본래의 면과 같이 매끈하게 끝 손질한다. 이것을 패칭(patching)이라고 한다.

통로나 바닥면과 같은 활면(滑面)은 물-시멘트비 및 슬럼프가 적은 콘크리트를 사용하여 다지기를 충분하게 하고 끝 손질한다.

6-4-8 콘크리트의 균열 및 형태

(1) 균열의 원인과 특징

콘크리트는 성질이 서로 다른 여러 가지 재료로 이루어진 복합재료이므로 균열이 발생한다. 이 균열은 강도, 내구성, 수밀성의 저하뿐만 아니라 표면결합과 구조물의 용도 저하도 가져오므로 최대한으로 방지하여야 하며, 균열발생원인과 특징은 표 6-21과 같다.

〈표 6-21〉 콘크리트균열의 원인과 특징

균열의 원인			균열의 특징
재료적 성질에 의한 것	시멘트의 이상응결		폭이 크며, 길이가 짧은 균열이 비교적 조기에 불규칙하게 발생
	시멘트의 이상팽창		방사형의 망상균열
재료적 성질에 의한 것	콘크리트의 침하 및 뜬물		타설후 1~2시간 지나 철근의 윗부분이나 벽과 바닥의 경계선 등에 불연속적으로 발생
	골재에 포함된 부분		콘크리트표면의 건조에 따라 불규칙적으로 망상균열이 발생
	시멘트의 수화열		단면이 큰 콘크리트에서 1~2주간 지나서부터 직선의 균열이 같은 간격으로 규칙적으로 발생
	콘크리트의 경화, 건조수축		2~3개월 지나서부터 발상하며 차차 성장 개구부와 기둥, 보에 둘러 쌓인 구석부분에서는 경사지게 그리고 세장한 슬래브, 벽, 보 등에는 등간격으로 수직으로 발생
	반응열 골재와 풍화암 사용		콘크리트 내부로부터 볼록볼록하게 폭열도나 모양으로 발생 또는 다습한 곳에 많음
시공상의 원인	장시간 혼합		전체 면에 망상의 균열과 길이가 짧은 불규칙한 균열발생
	펌프압송 시의 시멘트량과 수량의 증가		앞의 콘크리트의 침하 및 블리딩에 의한 균열 또는 콘크리트의 경화, 건조수축에 의한 균열과 같은 균열이 발생
	철근의 혼란, 철근 피복두께의 감소		바닥슬래브에서는 주변을 따라 Circle 모양으로 발생 철근배관의 표면에 연하여 발생
	급속한 타설속도		앞의 콘크리트의 침하 및 블리딩에 의한 균열 또는 뒤의 거푸집의 배부름에 의한 균열과 같은 균열이 발생
	불균등한 타설 곰보		각종 균열의 기점이 되기 쉽다.
	거푸집의 배부름		거푸집이 이동한 방향에 평행하게 국부적으로 발생
	시공이음처리의 불량		콘크리트 시공이음 장소나 콜드조인트가 균열로 된다.
	경화전의 진동과 재하		뒤의 외력에 의한 균열과 같음
	초기양생의 불량	급격한 건조	타설직후 표면의 각 부분에 짧은 균열이 불규칙적으로 발생
		초기동결	작은 균열발생, 탈형하면 콘크리트면이 흰빛을 띠며 떨어져 나온다.
	동바리의 침하		바닥과 보의 단부 위쪽 및 중앙부 하단 등에 발생

〈표 6-21〉 콘크리트균열의 원인과 특징(계속)

균열의 원인			균열의 특징
환경상의 원인	환경온도, 습도의 변화		앞의 콘크리트의 경화, 건조수축에 의한 균열과 유사 발생한 균열은 온도, 습도의 변화에 따라 변동한다.
	콘크리트부재 양면의 온도, 습도의 차이		저온인 쪽 또는 습도가 낮은 쪽의 표면에 경사진 방향과 직각으로 발생
	동결융해의 반복		표면이 스케일링을 일으키며, 푸석푸석하게 된다.
	화재, 표면가열		표면전체에 거북 등 모양의 균열이 발생
	내부철근의 녹발생으로 인한 팽창		철근에 연하여 큰 균열이 발생, 덮개 콘크리트가 떨어져 나가거나 녹이 흘러나온다.
	산, 염류의 화학작용		콘크리트표면이 침해되거나 팽창성 물질이 형성되어 전체면에 발생
구조요인의 원인	과하중 (지진, 적재하중)	휨	보와 슬래브의 인장측에 수직으로 균열이 발생
		전단	기둥, 보, 벽 등에 45°방향으로 균열이 발생
	단면, 철근량 부족		앞의 과하중에 의한 균열과 같다. 바닥과 차량 등에서는 아래 방향으로 평행하게 발생
	구조물의 부등침하		45°방향으로 큰 균열이 발생
사용환경 원인	콘크리트의 재료, 시공, 환경, 구조적인 원인을 제외한 자연발생적인 균열의 발생		콘크리트 구조물의 특성상 자연적으로 발생되는 각종 균열 및 구조물의 손상(파손, 변형, 훼손 등)

(2) 균열의 형태

콘크리트 구조물은 균열발생 시기 및 균열발생 형태에 대한 네 가지 균열요인에 의해 콘크리트 구조물에 발생되는 전형적인 균열형태는 그림 6-10에서 6-13에 나타내었다.

1) 재료조건에 의한 균열형태

① 재료배합요인에 의한 균열형상

ⓐ 시멘트의 이상응결
짧고 불규칙한 균열이 비교적 빨리 발생한다.

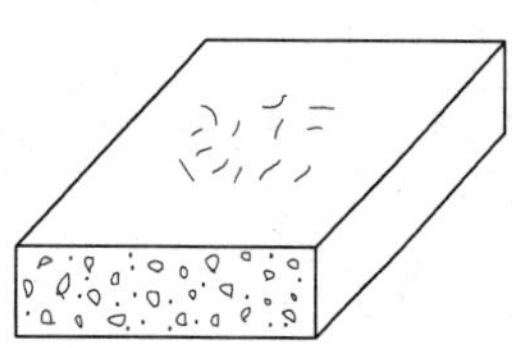

ⓑ 점토분이 많은 골재
콘크리트의 건조에 동반하여 불규칙한 그물눈 모양의 균열이 발생한다.

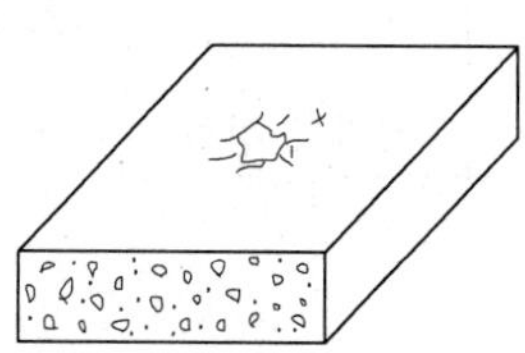

ⓒ 콘크리트의 침하/뜬물

상부철근위에 발생하는 것으로서 콘크리트를 타설한 다음 1~2시간에 철근에 따라 발생한다.

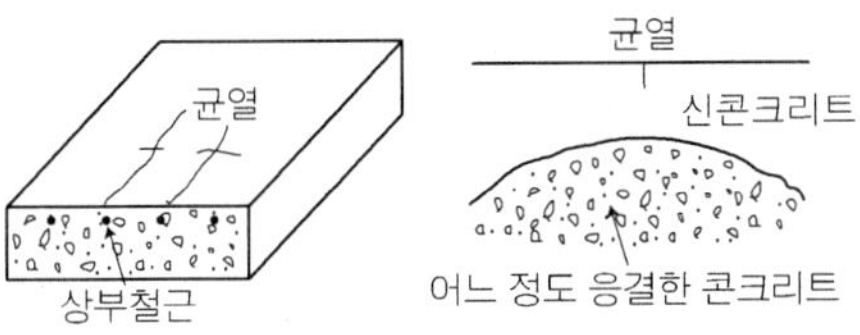

ⓓ 건조수축

건조수축이 내부철근 및 외부 구조부재(보/벽체/바닥판)에 의해 구속되어 균열이 발생한다.

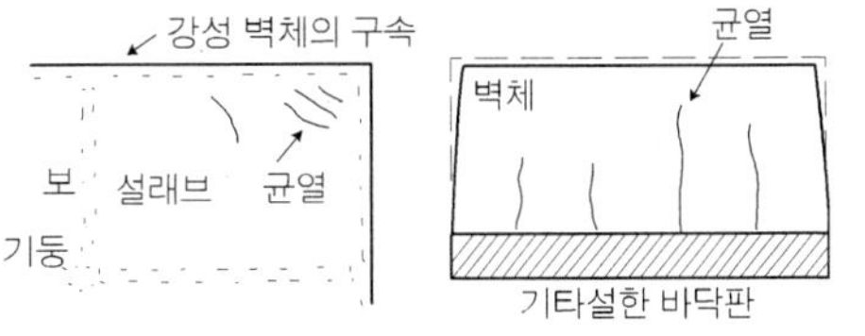

ⓔ 철근의 부식

콘크리트 내에 염화물이 함유되었을 경우 철근의 부식으로 균열이 발생한다.

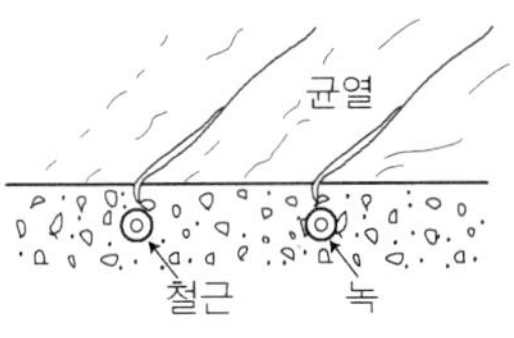

ⓕ 알칼리-골재 반응

기둥/보에서는 재축에 평행하게, 벽/옹벽에서는 방향없이 마구 갈라지는 형으로 나타난다.

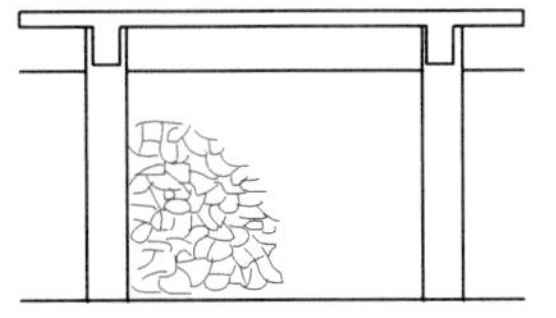

〈그림 6 - 10〉 재료배합요인에 의한 균열형상

2) 시공조건에 의한 균열형태

① 시공요인에 의한 균열형상

ⓐ 급속한 타설속도

급속히 콘크리트를 타설하면 콘크리트의 침강으로 균열이 발생한다.

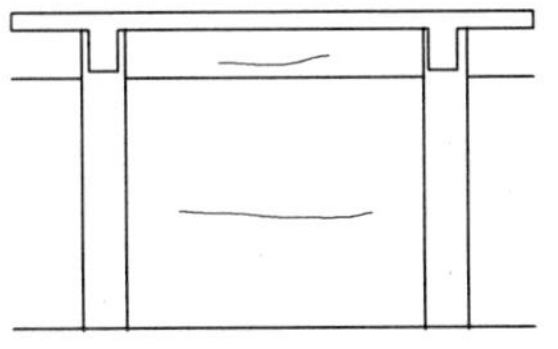

ⓑ 거푸집의 부풀음

급속히 콘크리트를 타설하면 콘크리트의 침강으로 균열이 발생한다.

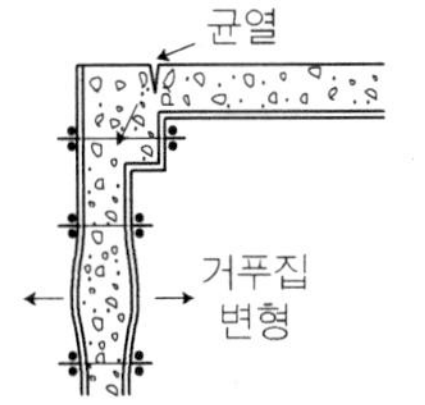

ⓒ 동바리의 침하

동바리가 침하하면 수평부재에 굽힘응력이 작용하여 균열이 발생한다.

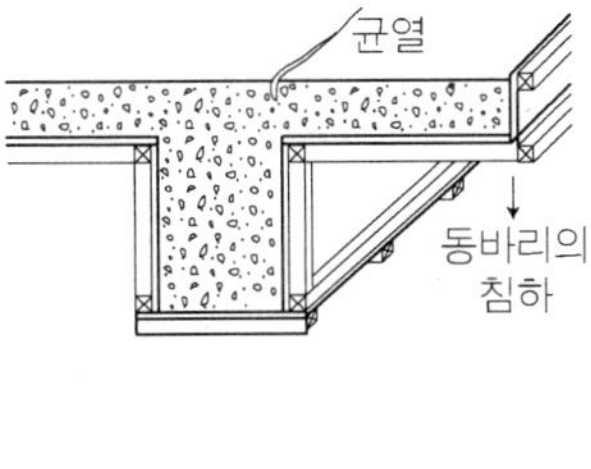

ⓓ 급속한 건조

콘크리트타설 직후 건조한 바람이나 고온저습한 외기에 노출될 경우 급격한 습윤의 손실로 소성수축 균열이 발생한다.

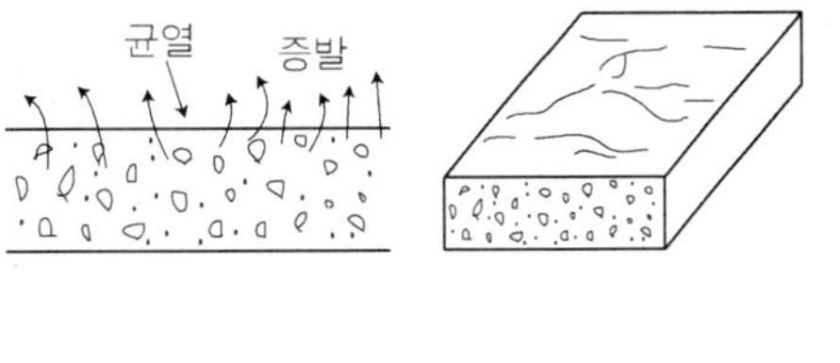

ⓔ 양생의 불량

조기건조나 습윤양생이 부족하면 짧고 불규칙한 균열이 발생한다.

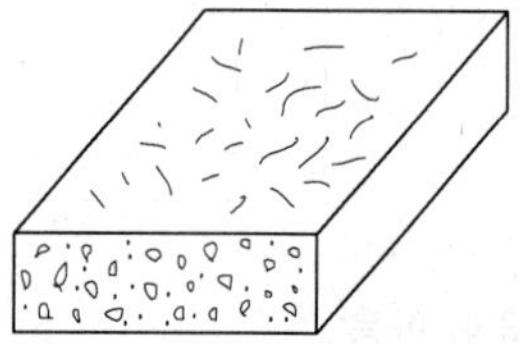

ⓕ 거푸집/동바리의 조기제거

콘크리트가 상당히 경화하기 전에 거푸집 및 동바리를 조기에 제거하면 해로운 균열이 나타난다.

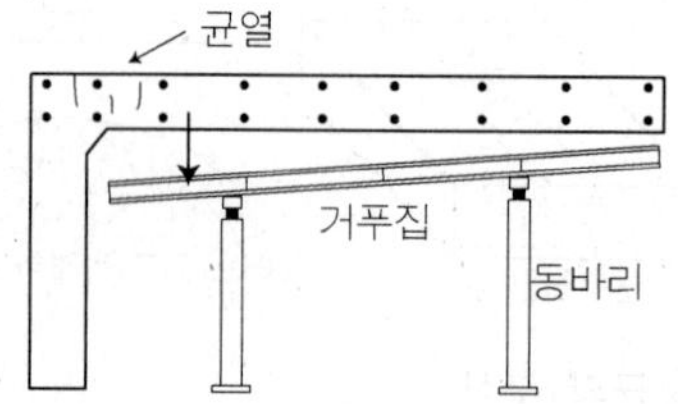

ⓖ 콘크리트 경화중 재하/진동

콘크리트가 경화중 공사자재의 적재 및 공사용 기계의 진동에 의해 균열이 발생할 수 있다.

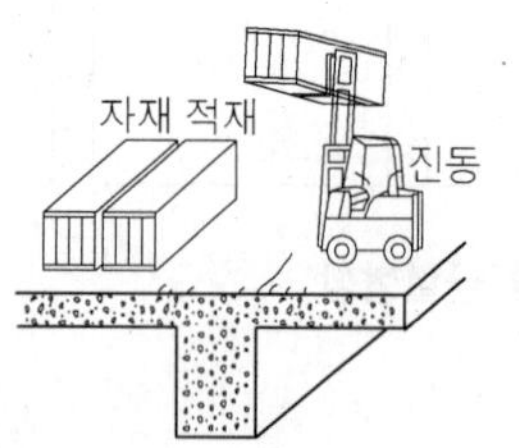

ⓗ 콜드조인트(부적당한 이어타설)

콘크리트타설시 기온이 높거나 이어치기의 시간이 지연되면 이어치기 부분이 밀실하지 못하여 균열이 발생한다.

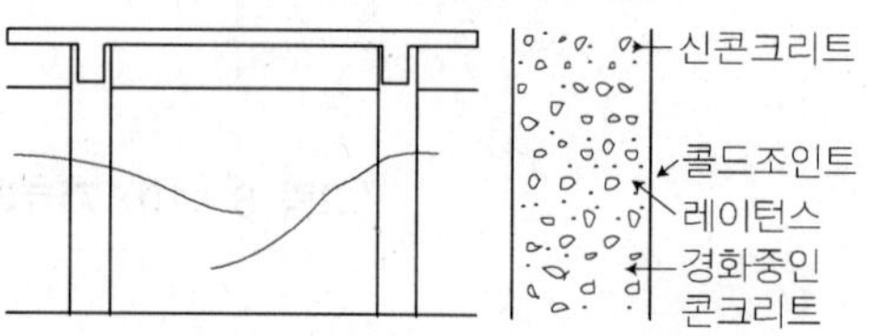

ⓘ 배근/배관의 피복두께 부족

전선관 및 설비배관의 편심배치시 피복두께가 부족하여 배관의 배치선을 따라 균열이 발생한다.

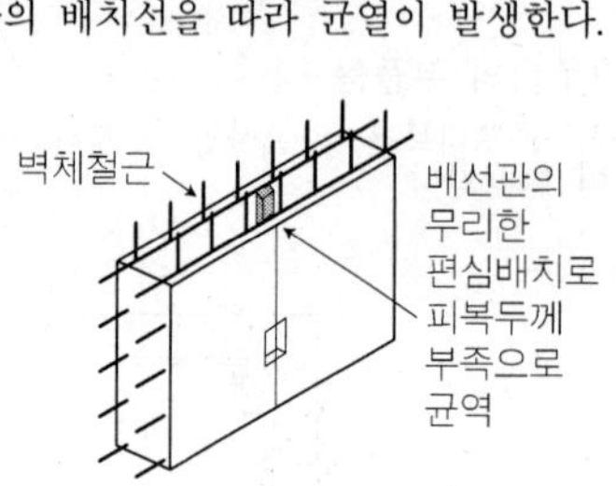

ⓙ 철근의 피복두께 부족

피복두께가 부족하면 내부철근이 녹슬기 쉽고 철근에 따라 균열이 발생한다.

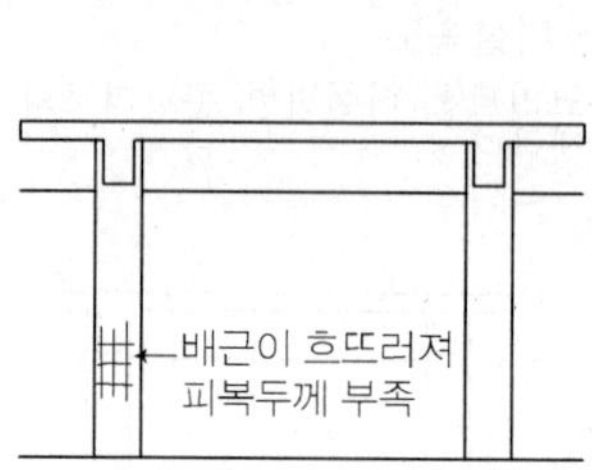

ⓚ 슬래브 상부철근의 피복

슬래브 윗면 등에서는 피복두께가 부족하면 경화초기에 철근에 따라 균열이 발생한다.

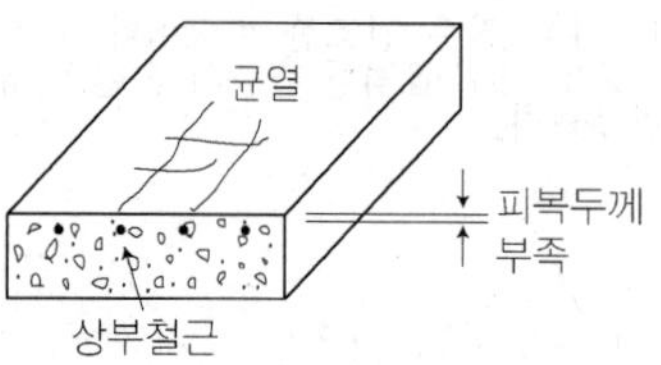

ⓛ 매스콘크리트의 수화열

큰 단면(한 변이 80cm 이상인 부재)의 지중보/두꺼운 지하외벽 등에 발생하기 쉽다.

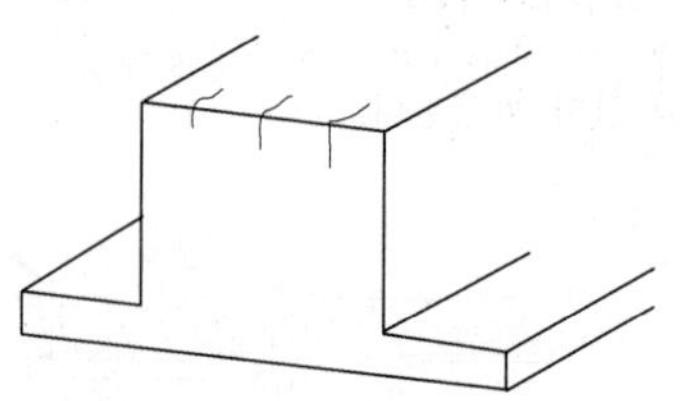

〈그림 6-11〉 시공요인에 의한 균열형상

3) 구조요인에 의한 균열형태

① 구조요인에 의한 균열형상

ⓐ 부등침하

부정정구조물에서는 지지점의 부등침하에 따라서 균열이 발생하는 일도 있다.

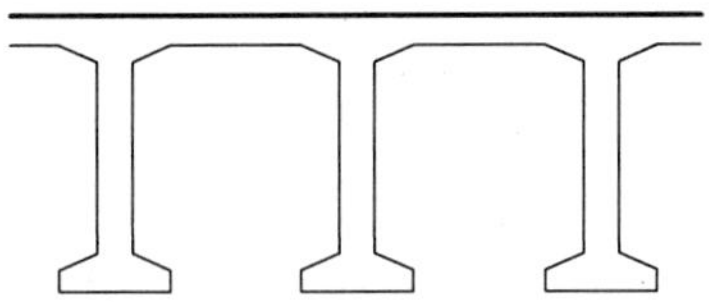

ⓑ 단면/철근량의 부족

배력철근량의 부족으로 균열이 발생하는 일도 있다.

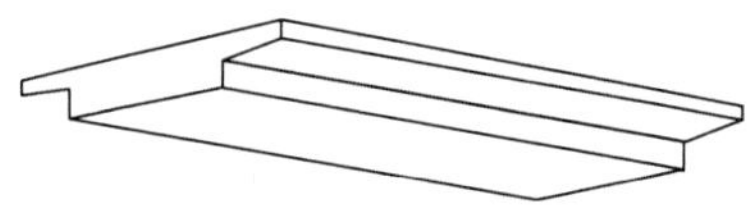

ⓒ 모서리 부분의 응력집중

벽부재에 있어서 개구부의 유무/구속정도에 따라 균열이 발생현상인 달라진다.

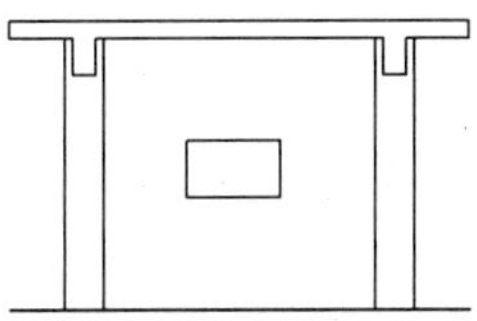

ⓓ 단면의 대와 소의 경계부분

단면의 크기가 갑자기 변화하는 곳에서는 응력집중에 의해 균열이 발생하기 쉽다.

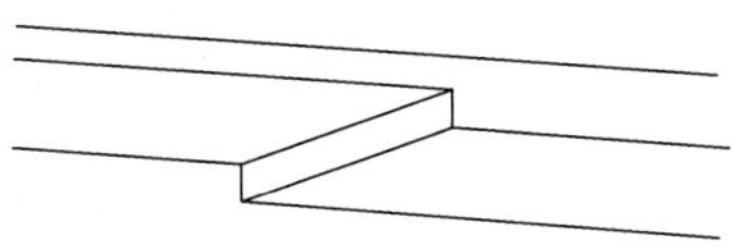

ⓔ 형상이 복잡한 구조물

건물이 평면구조가 복잡한 경우는 단면이 급격히 변화하는 곳에서 균열이 발생한다.

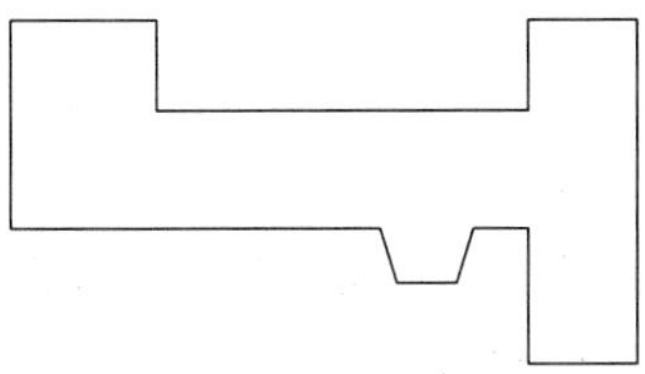

ⓕ 익스팬션조인트의 부적당한 위치

익스팬션조인트의 위치나 간격이 부적당하면 조인트 중간의 취약부위에서 균열이 발생한다.

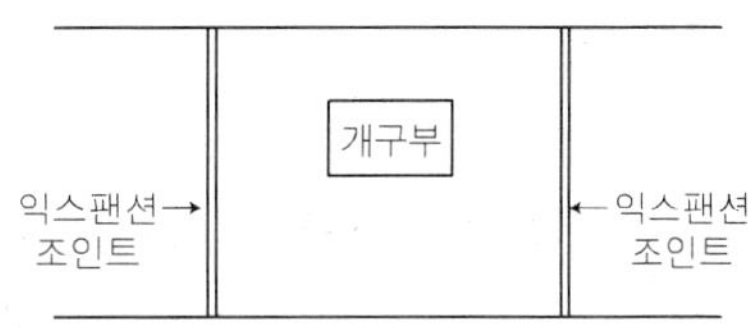

〈그림 6-12〉 구조요인에 의한 균열형상

4) 사용 환경조건에 의한 균열형태

① 사용 환경요인에 의한 균열형상

ⓐ 설계하중을 초과하는 하중

설계하중을 초과하는 하중이 재하되면 허용균열폭을 넘는 휨균열 혹은 전단균열이 발생할 수 있다.

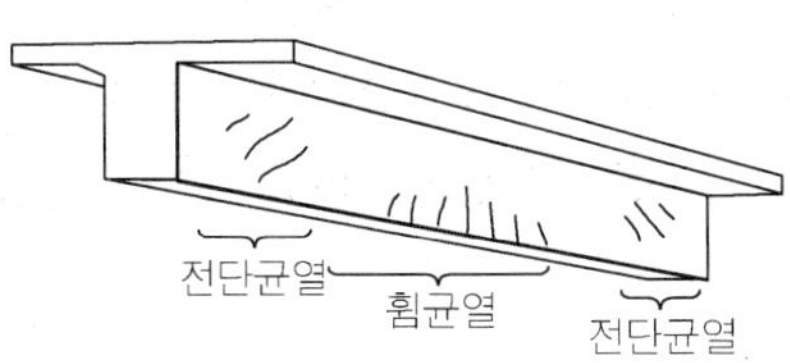

ⓑ 구조물의 온도응력

기상작용으로 건물이 신축하여 옥상슬래브 및 외벽면에 균열이 생긴다.

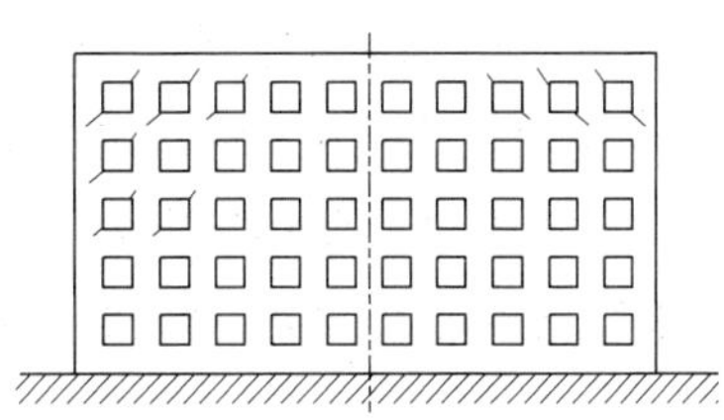

ⓒ 옥상슬래브의 신축

옥상슬래브의 팽창시 파라펫의 연결부에 횡방향 균열이 발생할 수 있다.

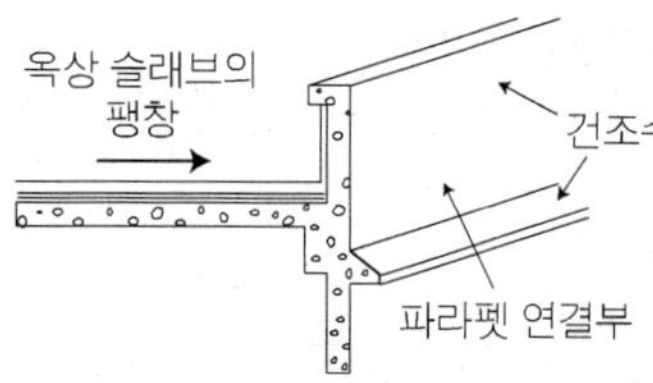

ⓓ 산/염류의 화학작용

콘크리트표면이 침식되어 대부분을 철근위치에 균열이 생기고 일부 균열표면이 떨어지기도 한다.

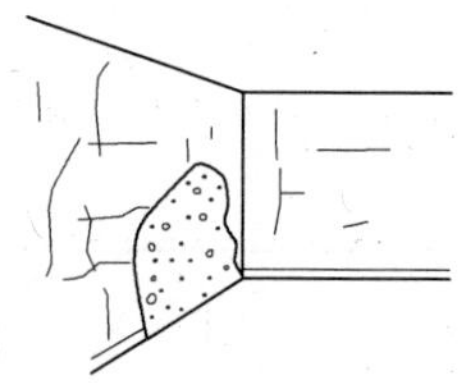

ⓔ 진동하중

슬래브교의 바닥면과 같이 설계하중 이내의 진동하중을 받을 경우 휨균열폭이 확대되는 수도 있다.

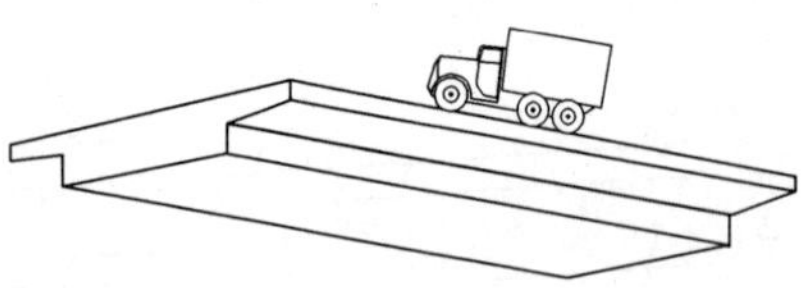

ⓕ 동결융해작용

습기에 노출이 심한 부재의 모서리부분에서 망상균열이나, 박리/박락 등의 현상이 나타난다.

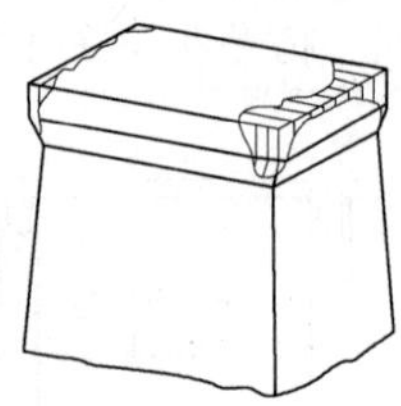

〈그림 6-13〉 사용 환경요인에 의한 균열형상

6-5 양 생

콘크리트에 적당한 양생(養生, curing)온도는 15~30℃ 정도이다. 일반적으로 30℃ 이하의 양생온도에서 연속적으로 습윤양생을 하면 온도가 높을수록 재령에서의 강도는 크다. 그러나 4℃ 정도의 저온도에서 장기간 양생하면 상당한 강도를 얻을 수 있다. 0℃ 이상의 저온도에서 습윤양생을 한 것을 다시 보통온도로 양생하면 강도가 다시 크게 증가한다.

콘크리트의 동결온도는 물-시멘트비, 혼화재료의 종류 및 양에 따라 다르나 약 -0.5℃~-2℃이다. 동결온도 이하의 온도는 굳지 않은 콘크리트에 대단히 나쁜 영향을 주며, 물이 얼 때 팽창하여 재료간의 부착성을 해친다. 35℃ 이상의 온도는 수화작용을 급히 촉진시키며, 조기강도를 크게 되나 장기강도에는 나쁜 영향을 준다. 콘크리트 공장제품에는 300℃ 이상으로 증기양생을 하는 경우도 있다. 여기서 도시(度時)란 양생온도(℃)와 양생시간(hr)을 서로 곱한 값이다.

증기양생을 하면 거푸집을 짧은 기간 내에 제거할 수 있고, 장기간 양생으로 인한 불편을 막을 수 있다. 콘크리트 공시체의 실험실양생은 일반적으로 21℃의 포화습도의 공기 또는 수중에서 하며, 이것을 표준양생이라 한다. 콘크리트의 양생방법에는 습윤양생(moisture curing), 막양생, 증기양생, 전기양생 등의 설명은 다음과 같다.

6-5-1 습윤양생

콘크리트는 타설후 경화를 시작할 때까지 직사광선이나 바람에 의해 수분이 증발하지 않도록 방지하여야 하며, 콘크리트의 표면을 해치지 않고 작업이 될 수 있을 정도로 경화하면 콘크리트의 노출면은 양생용 가마니, 양생포 등을 적셔서 덮거나 또는 살수를 하여 습윤상태로 보호해야 한다. 습윤상태의 보호기간은 보통포틀랜드시멘트를 사용한 경우 5일 이상, 조강포틀랜드시멘트를 사용한 경우 3일 이상을 표준으로 하여야 하며, 소요의 압축강도를 얻는 양생일수의 표준은 표 6－22와 같다.

〈표 6 - 22〉 콘크리트 습윤양생기간

일 평균기온	보통포틀랜드시멘트	고로슬래그시멘트, 플라이애쉬시멘트 B종	조강포틀랜드시멘트
15℃ 이상	5일	7일	3일
10℃ 이상	7일	9일	4일
5℃ 이상	9일	12일	5일

(1) 습윤양생방법

① 가마니, 마대, 양생포 등을 덮고, 그 위에 살수하는 방법
② 거푸집에 살수하는 방법
③ 막양생제를 살포하는 방법
④ 콘크리트에 직접살수하는 방법

6-5-2 막생(피복양생)

콘크리트표면의 끝손질이 끝났을 때, 혹은 거푸집을 떼어 냈을 때 될 수 있으면 빠른 시기에 막양생(membrane curing)제를 뿜어붙여서 콘크리트의 표면에 수밀(水密)한 막을 만들어 수분의 증발을 방지한다. 여기에 사용되는 재료는 비닐유제(乳劑), 아스팔트 유제 등이 사용되고 여름에는 백색이, 겨울에는 흑색이 직사광선에 의한 온도상승을 연하게 하며, 이용하기도 좋다.

도포량(塗布量)이 적으면 수밀효과가 떨어지므로 4~5l/m^2 이상 도포하는 것이 좋다. 도포 24시간 후에 모래층으로 덮으면 막의 보호와 수분증발방지에 효과가 크다.

6-5-3 기타 양생방법

콘크리트를 보온(保溫)하거나 수화(水和)의 진행을 촉진시키기 위하여 가열(加熱) 등을 하는 데는 다음의 방법이 있다.

(1) 온도제어 양생

온도제어 양생이란 콘크리트를 타설후 일정기간 콘크리트온도를 제어하는 양생이다. 콘크리트는 경화가 충분히 진행될 때까지 경화에 필요한 온도조건을 유지하여 저온, 고온, 급격한 온도변화 등에 의한 유해한 영향을 받지 않도록 해야 한다. 온도제어 양생을 실시할 경우에는 온도제어방법 및 양생일수를 콘크리트의 종류 및 형상, 치수를 고려하여 적절히 정해야 한다.

1) 증기양생(steam curing)

높은 온도의 습윤상태가 확보되어야 하므로 보일러 등의 증기발생장치가 설비되어 있는 공장에서 유리한 방법이다. 프리케스트콘크리트 제품(PC)의 생산, PC교량, 한중콘크리트 등에 주로 사용되며 증기양생방법은 표 6-23과 같다.

〈표 6-23〉 증기양생방법

단 계	방 법
제 1단계 (전 양생)	· 거푸집과 함께 증기양생실에 넣어 온도를 균등하게 한다.
제 2단계 (온도상승)	· 비빈후 2~3시간 경과된 이후부터 증기양생을 실시한다. · 온도상승속도는 시간당 20℃ 이하이다. · 최고온도는 65℃이다.
제 3단계 (고온유지)	· 온도상승후 4~10시간 정도 고온을 유지한다.
제 4단계 (후 양생)	· 증기양생실의 온도를 외부 온도 정도까지 서서히 내린다. · 증기양생실에서 제품을 꺼내 실외 저장 장소로 옮겨 보관한다.

2) 전열양생(electric heat curing)

전열저항선을 이용하여 콘크리트표면에서 보온, 가열하는 방법이다.

3) 전기양생(electric curing)

콘크리트에 저압(100~200V 이하)의 전류를 보내 콘크리트의 전기저항으로 생기는 열을 이용하여 양생하는 방법이다.

4) 온도제어양생

① 콘크리트가 충분한 경화가 진행될 때까지 필요한 온도조건을 일정하게 유지하여, 저온, 고온 등의 급격한 온도변화에 의한 유해한 영향을 받지 않도록 하는 양생을 말한다.
② 종류에는 습윤양생, 증기보온양생, 파이프쿨링, 단열양생, 가열보온양생이 있다.

(2) 유해한 작용에 대한 보호

경화되지 않은 콘크리트는 충격이나 과대한 하중, 진동 등에 의해 손상을 받기 쉬우므로 유해한 작용으로부터 그 영향을 받지 않도록 보호할 필요가 있다.

① 충격, 과대하중, 진동은 피해야 한다.
② 콘크리트의 타설 도중의 강우에 대해 대책을 강구하여야 한다.
③ 양생수의 수질은 양호하여야 한다.
④ 급열양생시 히터의 과열은 피해야 한다.

6-5-4 냉각법

(1) 콘크리트 냉각법

매스콘크리트가 되면 열의 불량도체(不良導體)이므로 시멘트의 수화열이 내부에 축적되어 댐 내부의 온도는 상승하고 균열이 발생할 가능성이 있다. 이 때의 최고온도는 시멘트의 사용량이나 타입(打入) 온도에 따라 다르나 30~50℃ 정도이다. 이렇게 높은 온도의 콘크리트가 자연히 방열하여 그것이 차차 식어져 안정한 상태로 될 때 균열(crack)이 발생한다. 이런 우려를 없애기 위한 목적으로 콘크리트의 냉각이 시행된다.

이와 같이 온도규정은 콘크리트의 수화열(水和熱)에 의한 온도상승 및 콘크리트 내의 온도경사를 될 수 있으면 적게 하고, 또 아치댐에서는 Joint Grout 후의 온도응력을 적게 할 목적으로 시행되나 ① 자연열 발산 ② 방열량의 저감 ③ 인공냉각 등의 방법이 행해진다. 보통 소규모 댐에서는 ① 및 ②의 방법을 택할 때가 많으나 대규모 댐에서는 인공냉각을 사용하게 된다.

인공냉각에는 프리쿨링(pre cooling)과 파이프쿨링(pipe cooling)의 두 가지 종류가 있다. 콘크리트 최고온도의 억제에는 이들 방법을 단독으로 사용하거나 병용하기도 하며, 또 타입된 콘크리트의 소요온도까지의 냉각에는 파이프쿨링을 사용한다.

1) 프리쿨링

프리쿨링(pre cooling)은 콘크리트 재료의 일부 또는 전부를 비비기 전에 냉각하여 콘크리트의 타설온도를 저하시키는 공법이다.

① 혼합용수의 냉각 : 반죽하려는 물을 냉각하여 1~5℃로 하여 사용한다. 기술적으로는 가장 간단한 방법이다. 콘크리트는 1~2℃ 온도저하를 한다.

② 얼음을 혼합용수에 넣는 방법 : 냉각수(冷却水, coolant)탱크 속에서 드럼(drum)을 회전시켜서 그 표면에 붙은 얼음(氷, flake ice)을 이용하는 방법이며, 원통형의 얼음을 일정한 혼합시간 중에 용해할 수 있는 크기로 끊어서 사용하는 방법이다. 이들 방법은 혼합수의 일부를 작은조각(細片)의 얼음으로 치환하므로 특별한 제빙기를 설치한다. 이 방법에서 얼음의 사용량은 혼합용수의 10~40%, 콘크리트의 온도강하는 3~7℃ 정도이다.

③ 냉풍송입법 : 굵은골재의 저장조(bin)의 밑부분(低部)에서 1~4℃의 냉풍을 송풍하여 굵은골재를 냉각하는 방법이고, 콘크리트의 온도저하는 6~9℃ 정도이다.

④ 골재침지(浸漬)법 : 굵은골재를 냉각수탱크에 투입하여 냉각하는 방법이나 탈수가 곤란하기 때문에 사용하지 않는다.

2) 파이프쿨링

파이프쿨링(pipe cooling)은 콘크리트를 타설할 때 매입한 파이프에 냉각수를 통과 시킴으로써 수화열을 없애고, 콘크리트의 온도상승을 규제하는 방법으로 가장 경제적 냉각수로는 자연하천수를 사용할 때가 많으나 냉각효과가 적을 때는 냉동설비에 의하여 냉각한 물을 사용하기도 한다.

파이프쿨링은 지름 25mm 정도의 강관(鋼管)을 사용하나 관내 유속은 0.6m/sec가 표준이다. 파이프쿨링은 누수(漏水)가 없게 충분한 검사가 필요하다. 콘크리트타설 전부터 통수(通水)를 개시하고 콘크리트의 탄성계수의 증가가 거의 끝날 시기(약 4주간)까지는 완료할 필요가 있다. 대개 2~3주간 통수하는 것이 보통이다.

또 수온과 콘크리트의 온도차를 20℃ 이내로 하지 않으면 역으로 균열의 원인이 되므로 주의를 요한다. 파이프의 포설(布設)은 수평이음으로 하고 간격은 1.5m 리프트에서 0.75~2.0m 정도로 한다.

6-6 거푸집과 동바리공

거푸집가 동바리공은 콘크리트가 경화될 때까지의 사이에 사용하는 가설물(假說物)이나 완성된 구조물의 형상이나 치수에 비틀림이 생기지 않고 안전성에 결점이 생기지 않게 설계, 시공하지 않으면 안 된다. 특히 거푸집 사이의 틈의 규정이 잘 되어야 거푸집을 떼어 냈을 때 콘크리트면이 깨끗하고 보기 좋게 된다.

6-6-1 거푸집

거푸집(form)은 일반적으로 콘크리트에 접하는 막음널(面板)과 이것을 지지하는 버팀보, 가로띠장, 세로띠장, 긴결재(緊結材) 등으로 되어 있다. 목제(木製)거푸집 이외에 최근에는 강제(鋼製)거푸집이 널리 사용하고 있으며 아래 그림 6-14에서 그림 6-16과 같다.

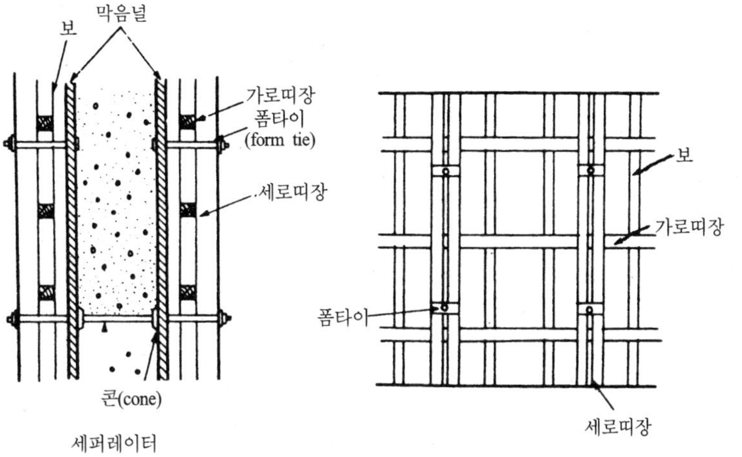

〈그림 6 - 14〉 거푸집의 일례

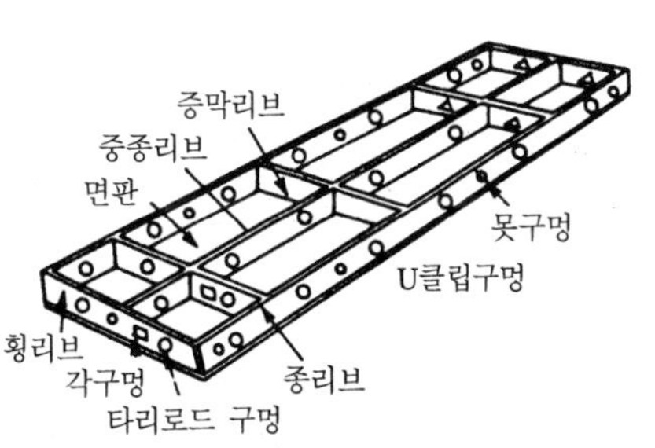

〈그림 6 - 15〉 강제거푸집의 패널

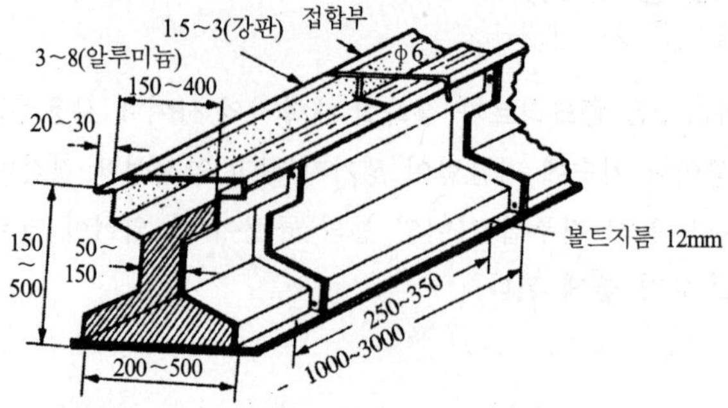

〈그림 6-16〉 강제 PC 거푸집(빔용)

(1) 거푸집에 작용하는 연직하중

콘크리트, 철근의 중량, 거푸집의 자중(自重), 작업하중, 타설시의 충격 등이 거푸집 내의 콘크리트의 연직하중이 된다.

① 철근콘크리트의 단위중량 : 25kN/m^3
② 무근콘크리트의 단위중량 : 23.5~24.0kN/m^3
③ 거푸집의 자중 : 0.1~0.2KPa, 일반적으로 무시한다.
④ 작업하중 : 1.5KPa(노동안전 위생규칙), 2.5KPa(일본건축학회, ACI)

등의 규정이 있으나 일본 노동성 활하중제안 식에 의하면 다음과 같다.

$$\left.\begin{array}{ll} l \leqq 1 & 3.5[\mathrm{KPa}] \\ 1 < l < 5.5 & \dfrac{3.5}{\sqrt{l}}[\mathrm{KPa}] \\ l \geqq 5.5 & 1.5[\mathrm{KPa}] \end{array}\right\} \qquad (6-14)$$

단, l : 지주(支柱) 또는 보 1개의 부담영역의 장변의 길이[m], 여기에 의하면 대개 막음널, 보통 고르기 재(材)에는 2.5KPa를 고려하고 있다.

또 동력이 붙은 콘크리트 운반기를 사용할 때는 그 크기에 따라 4KPa 이상 필요하다.

(2) 충격하중

콘크리트 투하시 하중 $F\,[\mathrm{kg_f}]$은 다음 식으로 표시한다.

$$F = \frac{W}{T}\sqrt{\frac{2h}{g}} \tag{6-15}$$

여기서, W: 버킷내 등의 콘크리트의 중량[kg_f]

T : 콘크리트의 투입시간[s]

h : 콘크리트의 낙하높이[cm]

g : 중력의 가속도[9.8cm/s^2]

여기에 의하면 손수레(cart)로 낙하높이 1.5m 정도로서 충격력이 40~50kg_f이 되고 투하면적을 0.5m^2라고 하면 1KPa, 콘크리트중량에 대한 충격계수로는 4% 정도이다.

6-6-2 거푸집 작용의 하중

거푸집과 동바리공에 작용하는 하중은 다음의 네 가지로 생각할 수 있다.

① 연직하중(거푸집, 동바리공, 콘크리트, 작업원 등에 의함)
② 횡방향 하중(작업시의 진동, 시공오차, 풍압 등에 의함)
③ 콘크리트의 측압(아직 굳지않은 콘크리트에 의함)
④ 특수하중(편재하중(偏載荷重) 등에 의함) 등이다.

이들 중에서 아직 굳지않은 콘크리트에 의한 측압은 보통포틀랜드시멘트를 사용하여 단위중량 24kN/m^3, 슬럼프 10cm 이하의 콘크리트를 내부진동기로 다졌을 때에 있어서는 다음의 식으로 구할 수 있다.

1) 기둥의 경우

$$p_{\max} = 0.8 + \frac{80R}{T+20} \leqq 150[\text{KPa}], \text{ 또는 } 24H[\text{KPa}] \tag{6-16}$$

2) 벽의 경우로서 $R \leqq 2\,\text{m/hr}$일 때

$$p_{\max} = 0.8 + \frac{80R}{T+20} \leqq 100[\text{KPa}], \text{ 또는 } 24H[\text{KPa}] \tag{6-17}$$

3) 벽의 경우로서 $R > 2\,\text{m/hr}$일 때

$$p_{\max} = 0.8 + \frac{120+25R}{T+20} \leqq 100[\text{KPa}], \text{ 또는 } 24H[\text{KPa}] \tag{6-18}$$

여기서, p_{max} : 최대측압[KPa]

R : 타설하여 올라가는 속도[m/hr]

T : 거푸집 내의 콘크리트 온도[℃]

H: 아직 굳지않은 콘크리트의 높이[m]

그림 6-17은 콘크리트의 측압력도를 나타내고 있다.

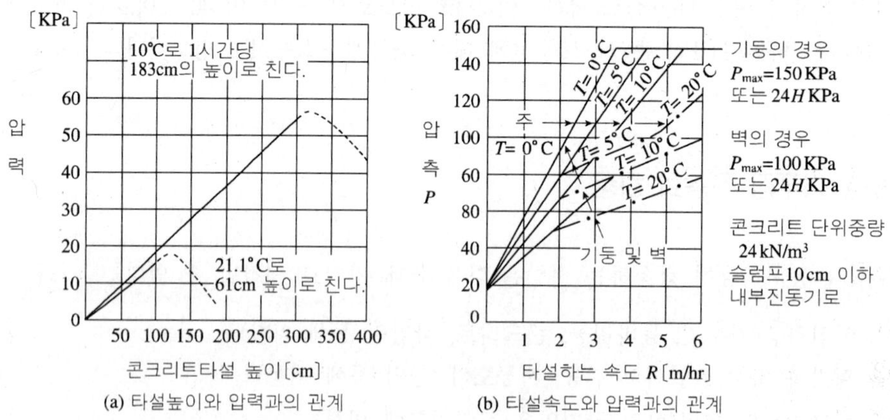

〈그림 6 - 17〉 콘크리트의 측압력도

예제 6-5 높이 4.0m의 벽을 시공할 때 거푸집에 대한 아직 굳지않은 콘크리트의 측압을 구하시오. 단 타입하는 속도는 2.0m/hr, 콘크리트의 온도는 20℃이다.

[풀이] 1) 측압계산

식 (6-17)에 $R=2.0$, $T=20$℃를 대입하면 최대측압 P_{max}는 아래와 같다.

$$P_{max}=0.8+\frac{80R}{T+20}=0.8+\frac{80\times2.0}{20+20}=0.8+\frac{160}{40}=4.8[\text{ton}_f/\text{m}^2]=48[\text{KPa}]$$

2) 최대측압 위치

$h=\frac{P_{max}}{W}=\frac{48}{24}=2.0$[m], W= 콘크리트의 단위중량(24kN/m^3), 따라서 측압분포는 아래와 같다. $R=1.83$~2.14 사이에서 45KPa~51KPa~51KPa(벽체 거푸집)

6-6-3 동바리공

동바리공(timmbering)은 일반적으로 최근에는 강제(鋼製)동바리공이 많이 사용된다. 강제동바리공에는 그림 6-18과 같은 강관지주, 틀짜기지주 이외에 조합강주(組合鋼柱), 매달기동바리공 등이 있다. 또 동바리공을 설치하는 지반은 잘 정지하고 부등침하(不等沈下)의 우려가 있으면 잘 전압하고, 또 동방리공의 근원이 물에 세굴이 되지 않게 배려해야 한다.

콘크리트를 타설하면 그 중량에 의하여 거푸집은 압축변형 등이 생기고 동바리공은 이음이나 접속부의 간격이 수축되어 지반에 침하가 생긴다. 이와 같은 원인으로 생기는 동바리공의 변형은 계산, 실적, 예비적 시험 등에 의하여 미리 추정해 놓고 그만큼 거푸집을 떠올려 놓는다.

콘크리트를 타입하기 중에 동바리공이 과도한 이동, 침하, 접속부의 처짐이 생기지 않는가를 점검하고 필요하면 적당한 조치를 하여 위험방지에 노력해야 한다.

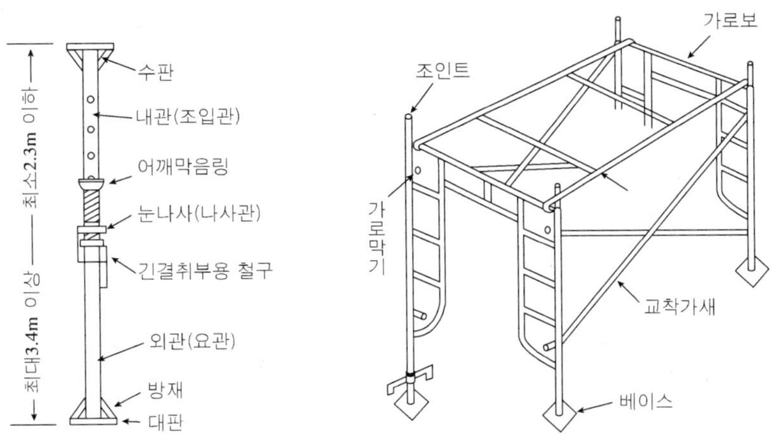

(a) 강관지주 (b) 틀짜기지주

〈그림 6-18〉 강제동바리공의 예

6-6-4 거푸집의 떼어내기

거푸집 및 동바리공은 콘크리트가 자중 및 시공 중에 가해지는 여러 하중에 충분히 견딜 수 있는 강도에 달하면 차례로 거푸집을 떼어 낸다.

떼어내기 시기는 시멘트의 성질, 콘크리트의 배합, 구조물의 종류와 중요도, 부재의 크기와 종류, 하중, 기상조건 등에 따라 다르므로 일률적으로 말할 수 없다. 그러나 철근콘크리트에 대해서는 거푸집을 떼어 내어도 좋은 시기의 콘크리트 압축강도의 참고치는 표 6-24와 같으며, 압축강도시험을 하지 않을 경우는 표 6-25와 같다.

〈표 6-24〉 콘크리트의 압축강도를 시험할 경우

부 재	콘크리트 압축강도[f_{cu}]
확대기초, 보옆, 기둥, 벽 등의 측벽	5[MPa] 이상
슬래브 및 보의 밑면, 아치 내면	설계기준강도×2/3($f_{cu} \geq f_{ck}$) 다만 14[MPa] 이상

〈표 6-25〉 콘크리트의 압축강도를 시험하지 않을 경우(기초, 보옆, 기둥 및 벽의 측벽)

시멘트의 종류 / 평균기온	조강포틀랜드 시멘트	보통포틀랜드시멘트 고래슬래그시멘트(특급) 포틀랜드포졸란 시멘트(A종) 플라이애쉬시멘트(A종)	고래슬래그시멘트 포틀랜드포졸란 시멘트(B종) 플라이애쉬 시멘트(B종)
20℃ 이상	2일	4일	5일
20℃ 미만 10℃ 이상	3일	6일	8일

전 설계하중(全設計荷重)에 점하는 사하중의 비율이 클 때는 거푸집과 동바리공을 떼어내면 설계하중의 대부분이 작용하게 되므로 추정된 시간보다 다소 긴 시간동안 거푸집과 동바리공을 방치해 놓을 필요가 있다.

거푸집을 떼어낼 때의 순서는 작용하중이 적은 부분부터 먼저 떼어낸다. 특히 슬래브(slab)나 보 등의 수평부재의 거푸집은 벽 등의 연직부재의 거푸집보다 긴 기간동안 남겨 두는 것이 좋다.

6-6-5 특수거푸집과 특수동바리공

(1) 슬립폼

슬립폼공법은 슬라이딩폼(sliding form)공법이라고도 한다. 수직적 또는 수평적으로 반복된 구조물을 시공이음이 없이 균일한 형상으로 시공하기 위하여 거푸집을 연속적으로 이동시키면서 콘크리트타설을 하여 구조물을 시공하는 거푸집공법이다. 이 공법은 사일로(silo), 곡물창고, 전단벽 건물, 굴뚝, 교각 등과 같이 수직적으로 연속된 구조물에 사용되며, 하천 라이닝(lining), 수로, 고속도로 포장 등 수평적으로 연속된 구조물에 사용한다. 아래 그림 6-19는 수직 슬립폼을 중심으로 나타내고, 슬립폼 예는 그림 6-20과 같다.

1) 수직슬립폼의 종류

수직슬립폼을 거푸집의 상승방식에 따라 구분하면 다음과 같다.

- 수직슬립폼공법
  - 로드, 잭에 의한 상승방식
    - 알켈로그식공법
    - GSB공법
    - 스웨이트공법
    - 심크리트공법
    - 플렉슬립공법
  - 체인블록에 의한 상승방식
    - 러스트점프폼공법

〈그림 6-19〉 수직슬립폼공법 예

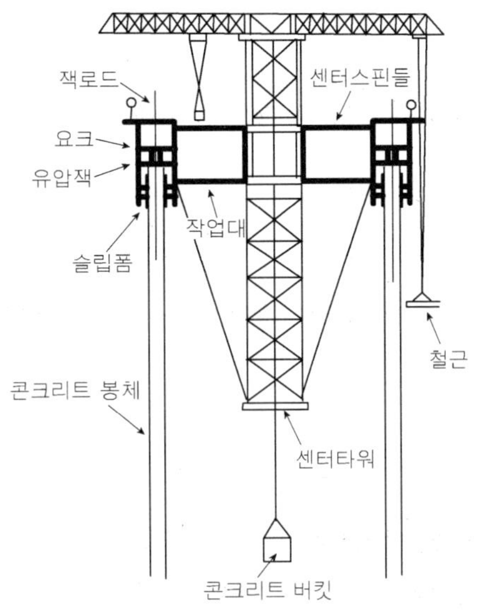

〈그림 6-20〉 슬립폼의 일례

2) 주요 부재의 특성

① 잭

거푸집 및 작업 데크를 이동시키는 동력원으로는 보통 유압잭이 사용되며, 잭(jack)의 용량은

1개당 3~5ton_f 정도이다.

② 요크

요크(yoke)는 강재 또는 목재가 사용되는데 거푸집의 자중, 거푸집 작업을 위한 작업대, 마감 작업자를 위한 비계틀, 작업으로 인한 충격하중 등을 모두 부담하여야 하므로 충분히 안전하게 제작되어야 한다.

③ 요크빔

요크와 요크를 연결하여 주며, 잭의 힘이 전달될 수 있도록 한다. 보통 C-형강(C-channel)이 사용된다.

④ 잭로드

유압잭이 이동하는 레일과 같은 역할을 하는 것으로서 잭의 용량에 따라 지름이 달라지며, 이 로드를 내부에 있는 톱니가 물고 상승한다. 참고로 잭의 용량이 3ton_f인 경우에는 지름 22mm 파이프가 사용되며, 6ton_f인 경우에는 지름 32mm 원형철근이 사용된다.

⑤ 거푸집판

거푸집판의 크기는 높이 1.0m~1.8m, 폭 60cm~120cm 정도가 사용되며, 거푸집판의 재질로는 대부분 합판이 사용된다.

⑥ 유압펌프

유압펌프(oil pump) 1대는 수개 이상의 잭에 인양동력을 전달한다.

3) 특성

① 구조물의 성능향상

시공이음이 없으므로 수밀성, 차폐성이 높은 구조물의 시공이 가능하며, 형상 및 치수가 정확하여 시공오차가 적다. 작업대와 비계틀이 동시에 상승하므로 안전성이 높다.

② 공사기간단축

1일 3~10m 정도 시공이 가능하므로 시공속도가 매우 빠르며, 마감작업이 동시에 진행되므로 공정이 단순하다.

③ 원가절감

자재의 소모량이 적으며, 시공기간이 단축되어 간접비가 절감된다.

(2) 자동상승거푸집

토목 건축공사에는 거푸집, 비계작업을 한층 더 합리적으로 하여야 한다. 유럽의 유명한 오스트리아 DOKA사의 "비계가 붙은 자동상승거푸집(self climbing form) 시스템"을 이용해 보면, 이 시스템의 특징은 다음과 같다(그림 6-21 참조).

① 전동 자동상승기구에 의하여 거푸집, 비계의 상승을 크레인이 없이 행한다. 철거에 사이저 스핀돌(sizer spindol, 치수를 재면서 돌리는 돌대)로 자동적으로 수평방향으로 해체된다.

② 풍속 20m/s에도 안전하고, 또 용이하게 상승한다. 장치고정 후는 50m/s까지 가능하다.

③ 거푸집의 탈형, 케론(장식 꼬리, 상하반부, kem)작업 등을 비계상에서 할 수 있다.

④ 장치상승 1회당 최대 1.75m까지 가능하다.

⑤ 거푸집계획을 자유롭게 할 수 있다(거푸집 최대 폭 6m×높이 4.5m).

⑥ 장치의 경사는 ±20°까지 가능하다.

⑦ 장치기구가 시스템화되어 소인원과, 단시간으로 거푸집공사를 할 수 있다.

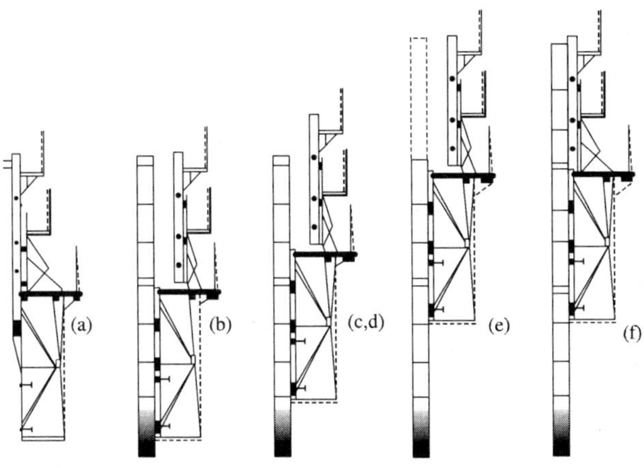

(a) 콘크리트타설 완료 (b) 경화된 콘크리트면부터 거푸집을 탈형
(c,d) 1회, 2회 장치의 상승을 시행 (e) 3회 상승후 철근조립
(f) 다음회 타설위치에 거푸집을 세트

〈그림 6-21〉 자동상승거푸집의 예

⑧ 역(逆)타설, 기타에도 적용이 가능하다.
⑨ 높은 교각, 양생탑, 원자력 건물벽 등 광범위하게 적용할 수 있다.

(3) 이동식거푸집

트래블링거푸집(travelling form)이라고 불리는 비계틀 또는 가동골조(movable frame)에 지지된 이동거푸집공법으로서, 한 구간의 콘크리트를 타설한 후 거푸집을 낮추고 다음에 콘크리트를 타설하는 구간까지 구조물을 따라 거푸집을 이동시키면서 콘크리트를 계속적으로 타설하며, 수평적으로 연속된 구조물에 적용한다.

1) 적용

토목분야에서는 터널, 배수암거, 호안, 방파제, 세그먼트 돔, 옹벽, 지하철, 교량 등에 적용한다.

2) 제작방법

트래블링폼은 기성품화된 것은 없으며, 구조물의 형상에 따라 가동골조 및 이동방식을 설계하여 제작하는데 공장에서 제작하여 현장에서 조립한다.

3) 목적 및 장단점

① 최대한의 거푸집의 전용 가능하다.
② 공사기간단축 가능 및 공사비의 절감을 가져올 수 있다.
③ 시공정밀도가 향상된다.
④ 관리의 용이성 및 안전성 제고

6-6-6 표면마무리

콘크리트표면을 원하는 외관과 성질을 가지도록 하기 위한 콘크리트의 비비기, 타설, 다루기 및 표면처리 등의 수단방법을 표면마무리라고 한다. 균일한 노출면을 얻으려면, 같은 공장제품의 시멘트, 같은 입도의 골재, 같은 배합의 콘크리트를 사용해야 한다.

표면마무리는 거푸집판에 접하는 면의 마무리와 거푸집판에 접하지 않는 면, 즉 콘크리트를 타설한 수평한 면의 마무리로 나눌 수 있다. 마무리하는 방법은 시공하기 전에 미리 정하고 이것에 편리하도록 공사를 진행해야 한다. 콘크리트의 표면을 특수한 마무리를 하지 않을 경우에는 노출면이 되는 콘크리트의 표면은 자갈과 모래가 나타나지 않는 평활(平滑)한 모르타르의 표면이 되어야 한다. 이것은 미관상 매우 좋으며, 구조물의 내구성과 수밀성을 크게 한다. 이렇게 하려면 거푸집 판의 표면을 평활하게 해야 하며, 거푸집판의 이음부로부터 모르타르가 새어나오지 않도록 해야 하고, 콘크리트타설, 다지기 등에도 주의해야 한다.

(1) 마모를 받지 않는 표면마무리

콘크리트면이 노출되는 표면은 작업에 알맞는 워커빌리티와 소요의 강도와 수밀성을 가지도록 필요한 잔골재율을 크게 하고, 표면마무리에 용이한 정도로 모르타르양을 많게 하여 콘크리트 윗면에 물이 스며 올라오지 않도록 시공을 잘 해야 한다.

표면에 스며 올라온 물이 많을 때는 이 물을 제거해야 하며, 만일 제거하지 않으면 레이턴스가 생기고, 또 마무리한 후에 표면에 실균열이 나타난다. 콘크리트의 표면은 나무 흙손, 쇠 흙손, 자막대(screed) 등을 사용하여 마무리한다.

(2) 거푸집을 떼어 낸 표면마무리

거푸집제작, 콘크리트의 배합, 운반, 타설 및 다지기 그리고 거푸집 떼어 내기 등에서 주의를 해도 구조물의 종류 및 크기에 따라서 콘크리트표면에 못 자국, 이음줄, 돌출부 및 공극 등이 생긴다.

이러한 콘크리트표면에 생긴 결점에는 외관이 불량할 뿐만 아니라 구조물의 내구성에도 나쁜 영향을 주게 되므로 콘크리트가 소요의 강도에 도달하면 가급적 빨리 거푸집을 떼어 낸후 곧바로 표면을 마무리하는 것이 작업에도 용이하고 효과도 크다.

(3) 마모를 받는 표면마무리

마모를 받는 면이란 통로, 교량의 노면, 공장의 바닥면, 수로 배사로(排砂路), 댐의 월류부 등을 말하며, 이러한 콘크리트의 표면은 수밀성이 크고 내구적이며 균열이 없어야 한다. 즉 바닥면은 교통, 통행에 의한 마모에 충분히 저항을 해야하며, 수밀성이 커서 더러워지거나 물, 기타 유체(流體)가 침입하지 않아서 미관상 좋고 청소가 용이해야 한다.

마모를 받는 콘크리트표면을 만들려고 할 때, 콘크리트 전체를 한 번에 타설하여 표면을 완성하는 경우, 즉 1층식과 상하의 2층으로 나누어서 타설하되 하층이 경화하기 전 또는 경화한 후에 상층의 콘크리트를 타설하여 완성하는 경우, 즉 2층식이 있다. 1층식은 지반위에 만드는 바닥 슬래브의 경우에 사용된다. 콘크리트마무리의 평탄성 표준값은 표 6-26과 같다.

〈표 6-26〉 콘크리트마무리의 평탄성 표준값

콘크리트면의 마무리	평탄성[mm]	기둥, 벽의 경우	바닥의 경우
마무리 두께 7mm 이상 또는 바탕의 영향을 많이 받지 않은 마무리의 경우	1m당 10 이하	바름바탕 띠장바탕	바름바탕 이중마감바탕
마무리 두께 7mm 이하 또는 양호한 평탄함이 필요한 경우	3m당 10 이하	뿜칠바탕 타일압착바탕	타일바탕 융단갈기바탕 방수바탕
제물치장 마무리 또는 마무리 두께가 얇은 경우	3m당 7 이하	제물치장 콘크리트 도장바탕 천붙임바탕	수지바름바탕 내 마모마감바탕 쇠흙손 마감마무리

상층콘크리트를 하층콘크리트가 경화하기 전에 타설하는 경우에는 하층콘크리트를 타설하고 나서 45분 이내에 시공한다. 상층콘크리트는 나무 흙손, 쇠 흙손 또는 기계 마무리로 평활하게 마무리해야 한다.

경화된 하층콘크리트에 상층콘크리트를 시공하는 경우에는 하층콘크리트의 면을 처리한 후에 상층콘크리트를 타설하고 롤러, 탬퍼(tamper) 또는 진동기로 다진다. 표면은 나무 흙손 또는 기계로 마무리하여야 한다. 상층콘크리트가 양생작업으로 경화하면 10일 이상 습윤상태로 양생하여야 한다. 그러나 조강포틀랜드 시멘트를 사용하는 경우에는 3일 이상 양생해야 한다.

특히 마모에 대한 저항을 크게 하기 위한 목적으로 철분(鐵粉)이나 철립골재(鐵粒骨材)를 사용하거나 수지(樹脂)콘크리트(resin concrete), 폴리머콘크리트(polymer concrete), 강섬유 보강콘크리트, 폴리머 함침(含浸)콘크리트(polymer-impregnated concrete) 등의 특수콘크리트를 사용할 경우는 각각의 특별한 주의 사항에 의하여 시공해야 한다.

(4) 특수마무리

특수마무리란 제물치장, 갈아 내기, 씻어 내기, 모래 뿜어붙이기, 쪼아 내기, 모르타르 바르기, 테라조(terrazzo), 모르타르 뿜어붙이기, 도장(塗裝) 마무리 등을 말한다.

특수마무리는 구조물 본체의 표면을 특수한 방법으로 마무리하는 것으로서, 이로 인하여 단면의 결손, 조직의 이완 등 구조물 본체에 나쁜 영향을 미치지 않도록 주의해야 한다.

6-7 특수콘크리트

6-7-1 AE콘크리트

(1) 개요

AE콘크리트는 공기연행(空氣連行, Air entrained concrete) 콘크리트라고 한다. 혼화제를 콘크리트 속에 혼합하면 지름 0.025~0.05mm 정도의 무수한 미세기포(微細氣泡)가 발생하여 기포가 콘크리트를 비비기할 때 볼 베어링(ball bearing)의 작용을 하게 되므로 수량을 줄여도 슬럼프가 줄지 않고 유동성이 좋아 믹서에서 혼합이 잘 되고 경사가 완만한 슈트(chute)에서도 잘 흐르며, 거푸집 속에서 콘크리트가 골고루 구석구석까지 잘 퍼진다. AE콘크리트는 동결, 융해에 대한 내구성, 내산성이 증가하는 반면 강도의 감소가 발생할 수 있으나, 보통콘크리트보다 다음과 같은 장점을 가지고 있다.

(2) 장단점

1) 장점

① 워커빌리티가 좋아진다.
② 단위수량을 15% 정도 감소시킬 수 있다.
③ 재료분리가 적고, 뜬물이 감소한다.
④ 건조수축, 균열이 감소한다.
⑤ 수밀성이 증대된다.
⑥ 동결융해에 대한 내구성이 증대된다.
⑦ 골재의 알칼리 골재반응을 감소한다.

2) 단점

① 철근과 부착강도가 작아진다.
② 워커빌리티가 좋아진다.
③ 사용수량을 감소시킬 수 있다.

이와 같은 장점 외에 공기량이 1% 증가될 때 콘크리트강도가 5% 감소되는 단점이 있고 철근과의 부착력이 감소되는 경향이 있다.

AE제의 종류는 많으며 미국제의 빈졸레진(vinsol resin), 다렉스(darex), 리그날(lignal), 세메졸(semesol), 포졸리스(pozzolith), 추폴(choopol) 등이 있다. 이들 AE제의 사용량은 사용 시멘트 중량의 0.04~1.5%로 AE제 종류에 따라 사용량에 큰 차이가 있으므로 AE제 종류를 확인하고 그에 맞는 적량을 사용해야 한다.

또한 AE제를 사용치 않는 보통콘크리트라도 자연발생하는 기포가 있는데 이 공기를 갇힌공기(entrapped air)라고 하며, AE제를 사용하여 인위적으로 혼입한 공기를 AE공기(entrained air)라고 한다. 보통 AE제를 사용하지 않은 콘크리트의 공기량은 진반죽(軟練)의 철근콘크리트에 사용되는 콘크리트에서는 대략 용적의 1% 정도이며, 된반죽(硬練)의 것은 1.52% 정도이다. AE제를 사용한 경우에는 갇힌공기를 포함하여 공기량이 4~7% 정도일 때가 가장 이상적이며, 공기량이 6~7%를 초과하면 공기량이 과다하여 보통 구조물에서는 그 목적을 달성할 수 없게 된다.

6-7-2 매스콘크리트

콘크리트댐을 제외하고 교대나 옹벽과 같이 단면 두께가 1m를 넘는 구조물을 콘크리트로 시공할 때는 매스콘크리트(mass concrete)로 시공하고 온도상승에 의한 균열의 발생을 방지하기 위하여 특별한 주의가 필요하다.

매스콘크리트의 시공에 대한 일반적 주의 사항은 다음과 같다.

단위시멘트량을 적게 하면 온도상승은 어느 정도 억제할 수가 있다. 이 때문에 허용범위 내에서 콘크리트의 슬럼프를 적게 하고 굵은골재의 최대치수를 크게 하면 좋다. 중용열(中庸熱) 포틀랜드 시멘트나 혼합시멘트의 사용은 권장할 수 있으나 조강포틀랜드 시멘트는 사용하지 않는 것이 좋다.

콘크리트의 타입은 25℃ 이하의 온도에서 시행해야 한다. 이보다 높은 온도 하에서 타입을 실시할 때는 파이프쿨링(pipe cooling) 등의 방법으로 온도상승을 적게 해줄 필요가 있다. 양생에 있어서는 콘크리트표면의 온도강하가 늦을수록 균열이 발생하기 쉬우므로 천천히 온도를 강하시키도록 배려해야 한다.

예제 6-6 매스콘크리트의 주의에서는 방열을 하지 않는다고 할 때 시멘트의 수화열에 의한 온도상승의 크기를 추정하라.

[풀이] 단열상태에 있어서 콘크리트의 온도상승 θ는 다음 식으로 구한다.

$$\theta = \frac{W_c \cdot q_c}{C_c \cdot \rho}$$

여기서, W_c : 단위시멘트량[kN/m^3]

q_c : 시멘트 1kg$_f$의 발열량[kcal/kg$_f$]

C_c : 콘크리트의 비열[kcal/kg$_f$]

ρ : 콘크리트의 단위중량[kN/m^3]

W_c=270[kN/m^3], q_c=80[kcal/kg$_f$], C_c=0.25[kcal/℃ kg$_f$],

ρ=2,400[kN/m^3]이면,

$$\theta = \frac{W_c \cdot q_c}{C_c \cdot \rho} = \frac{270 \times 80}{0.25 \times 2{,}400} = \frac{21{,}600}{600} = 36[℃]$$

실제로는 부재의 표면에서 방열하므로 온도상승은 이 값보다 적어야 한다.

6-7-3 한중콘크리트

(1) 개요

한중(寒中)콘크리트(cold weather concreting)는 대개 -0.5~-2.0℃의 온도조건 하에서 동결한다고 한다. 응결강화의 초기에 콘크리트가 동결하면 그후 강도, 내구성, 수밀성 등에 나쁜 영향이 나타난다. 그러므로 일평균온도가 4℃ 이하가 되는 한중콘크리트를 시공할 경우에는 다음 사항에 주의하여야 한다.

응결경화(凝結硬化)의 초기에 동결하지 않게 하고 양생 후의 동결작용에 대해서는 충분한 저항성을 가지게 한다. 또 공사의 각 단계에서 작용하는 하중에 대하여 충분한 강도를 가지게 하고, 콘크리트가 최종적으로 소요의 강도, 내구성, 수밀성을 가지게끔 배려하여야 한다.

사용 시멘트로서는 포틀랜드시멘트, 특히 조강포틀랜드시멘트가 좋다. 시멘트는 될 수 있으면 냉각되지 않게 저장방법의 주의가 필요하다. 시멘트를 가열할 수는 없으나, 골재나 물은 필요에 따라 가열한 다음 사용한다. 콘크리트배합은 AE제를 적량 사용하여 단위수량을 적게 한다.

(2) 한중콘크리트의 시공의 주의사항

① 응결경화의 초기에 동결하지 않도록 할 것

② 양생 종료후 봄까지 받는 동결융해작용에 충분한 저항성을 가질 것

③ 공사 중의 각 단계에서 예상되는 하중에 충분한 강도를 가질 것

④ 완성된 구조물로서 필요로 하는 강도, 내구성, 수밀성을 가질 것

(3) 재료

1) 시멘트

① 시멘트는 보통포틀랜드시멘트를 사용하는 것을 표준으로 한다.

② 매시브한 콘크리트의 경우에는 수화열에 의하여 균열이 발생할 염려가 있으므로 수화열이 낮은 중용열포틀랜드시멘트를 사용하는 것이 좋다.

③ 긴급공사용의 특수시멘트로서는 초속경시멘트, 알루미나시멘트가 있다.

④ 시멘트는 어떠한 경우라도 직접 가열해서는 안된다. 재료의 가열은 용이함과 열용량이 큰 점으로 보아 물의 가열이 유리하다.

2) 골재

① 골재가 동결(凍結)되어 있거나 골재에 빙설이 혼입되어 있는 골재를 그대로 사용해서는 안된다.

② 골재의 가열은 온도가 균일해야 하며, 과열시켜서는 안된다.

③ 골재가열법 : 증기가열법, 화기가열법, 증기분사법

또한 골재 등은 가열해서 사용한다(그림 6－22 참조). 잔·굵은골재를 가열하여 사용하는 것도 한중콘크리트의 한 방법이나 콘크리트를 타설할 때의 온도는 보통 10℃~20℃가 되도록 한다. 타설이 끝날 때의 콘크리트의 온도는 믹서에서 비비기 시의 온도보다 운반이나 타설 중의 열손실 때문에 저하한다. 또한 재료온도와 콘크리트와의 관계는 식 (6－19)와 같다.

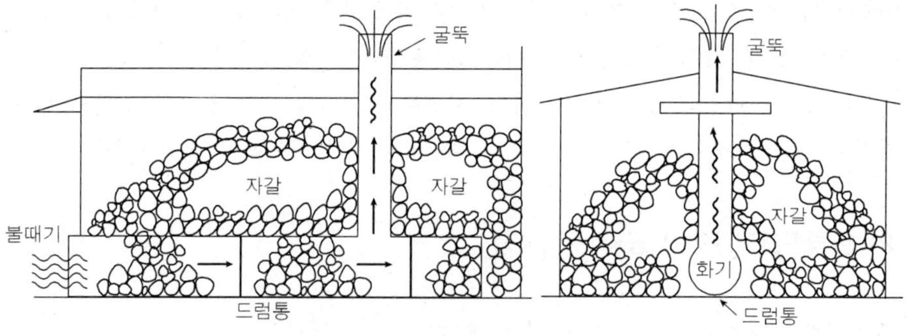

〈그림 6 - 22〉 골재가열장치의 일례

$$T=\frac{S(T_a\cdot W_a+T_c\cdot W_c)+T_f\cdot W_f+T_m\cdot W_m}{S(W_a+W_c)+W_f+W_m} \qquad (6-19)$$

여기서, W_a, T_a : 표면건조 상태의 골재중량과 그 온도[℃]

W_c, T_c : 시멘트의 중량과 온도[℃]

W_f, T_f : 골재표면 수량과 온도[℃]

W_m, T_m : 혼합용수의 중량과 온도[℃]

S : 건조재료의 비열, 0.2가 일반적으로 사용되고 있다.

T : 비비기할 때의 온도[℃]

3) 혼화제

① 고성능감수제 및 고성능 AE감수제는 단위수량이 감소되므로 물의 동결가능성이 작아지며, 연행공기에 의해 동결융해에 대한 내구성이 증가한다.

② 경화촉진제는 칼슘이나 나트륨의 염화물을 사용하며, 조기강도증진으로 보호기간 단축과 거푸집의 조기활용에 좋다.

(4) 배합

① AE콘크리트를 사용하는 것을 원칙으로 한다.

② 단위수량(單位水量)은 초기동해를 작게 하기 위하여 소요의 워커빌리티를 유지할 수 있는 범위 내에서 되도록 적게 정한다.

③ 물-시멘트비를 60% 이하로 한다.

(5) 시공

1) 재료가열

① 일평균기온이 4℃ 이상일 때 : 보통의 시공법한다.

② 일평균기온이 4~0℃일 때 : 타설한 콘크리트의 보호한다.

③ 일평균기온이 0~-3℃일 때 : 물 또는 골재를 가열한다.

④ 일평균기온이 -3℃ 이하일 때 : 물 및 골재를 가열하여 콘크리트온도를 높인다.

2) 비비기

① 콘크리트를 비빈 직후의 온도는 기상조건, 운반시간 등을 고려하여 타설할 때에 소요의 콘크리트온도가 얻어지도록 해야 한다.

② 가열한 재료를 믹서에 투입하는 순서는 시멘트가 급결하지 않도록 정해야 하고, 먼저 가열한 물과 굵은골재, 다음에 잔골재를 넣어서 믹서 안의 재료의 온도가 40℃ 이하가 된후 최후에 시멘트를 넣는 것이 좋다.

$$T_2 = T_1 - 0.15(T_1 - T_0)t \qquad (6-20)$$

여기서, T_0 : 주위의 온도[℃]
T_1 : 비벼진 온도[℃]
T_2 : 타설이 끝날 때의 온도[℃]
t : 비비기 시작부터 타설이 끝날 때까지의 시간[hr]

예로 주위의 온도 $T_0 = -4$℃, 콘크리트가 비벼졌을 때의 온도 $T_1 = 15$℃, $t = 1.0$hr라고 하면 $T_2 = 15 - 0.15(15-4)\times1 = 13.35$℃, 따라서 T_1(비벼진 온도)가 15℃이므로 15℃ − 13.35℃ = 1.65 ≒2.0℃ 저하되어 이것을 가열장치에 의하여 보온하면 된다.

3) 운반 및 타설

① 운반 및 타설은 열량의 손실을 가능한 한 줄이도록 하여야 한다.
② 타설 때의 콘크리트의 온도는 구조물의 단면치수, 기상조건 등을 고려하여 5~20℃ 범위에서 정한다.
③ 타설 때에는 철근이나 거푸집 등에 빙설이 부착해 있어서는 안된다.
④ 시공이음부에서 구콘크리트가 동결되어 있는 경우에는 적당한 방법으로 녹이고 완전한 시공이음을 얻도록 하여야 한다.
⑤ 기상조건이 가혹하거나 부재의 두께가 얇을 경우에는 콘크리트의 최저온도는 10℃를 확보한다.

4) 양생

① 한중콘크리트의 양생방법으로는 보온양생과 급열양생이 있다.
② 콘크리트는 초기동해를 받으면 그후 양생을 계속하더라도 강도의 증진은 적으므로 타설 후 초기에 동결하지 않도록 잘 보호하고, 특히 구조물의 모서리나 가장자리부분은 보온하기 어려운 곳이어서 초기동해를 받기 쉬우므로 양생에 주의해야 한다.
③ 콘크리트에 열을 가할 경우에는 콘크리트가 급격히 건조하거나 국부적으로 가열되거나 하지 않도록 한다.

④ 한중콘크리트는 보온 또는 급열양생이 끝난 후에는 저온에 노출되어 그후의 강도증진이 완만하므로, 초기동해에 대하여 저항하는데 필요한 강도를 얻은 후에도 양생을 계속하여, 예상되는 하중에 대하여 필요한 강도를 얻을 때까지 실시한다.

⑤ 보온양생 또는 급열양생을 끝마친 후에는 콘크리트의 온도를 급격히 저하시켜서는 안된다.

또한 양생일수로는 표 6-27의 값을 참고로 한다. 콘크리트 타설후 곧 동결하는 경우에는 그 부분을 제거하지 않으면 안 된다.

〈표 6-27〉 한중콘크리트 양생일수의 개략치

단면 / 시멘트의 종류 / 구조물의 노출상태		보통의 경우		
		보통포틀랜드 시멘트	조강+보통 +촉진제	혼합시멘트 B종
(1) 계속하여 또는 자주 물로 포화되는 부분	5℃	9	5	12
	10℃	7	4	9
(2) 보통의 노출상태에 있고 (1)에 속하지 않는 부분	5℃	4	3	5
	10℃	3	2	4

(6) 거푸집 및 동바리

① 거푸집은 보온성이 좋은 것을 사용하는 것을 원칙으로 한다.

② 목재거푸집이 강제거푸집에 비하여 열전도율이 적어 보온효과가 크다.

③ 동바리의 기초는 지반의 동상이나 동결된 지반의 융해에 의해 변위를 일으키지 않도록 지반의 동결을 막거나, 말뚝기초로 시공하여야 한다.

④ 거푸집은 콘크리트가 급냉하지 않도록 제거하여야 한다.

예제 6-7 한중콘크리트를 시공하려고 한다. 시멘트, 조골재 및 잔골재, 물의 온도가 아래 표와 같으며 조골재 및 잔골재의 표면수는 각각 1%, 4%이고, 표면수의 온도는 4℃이다. 콘크리트 타설시 온도를 10℃ 이상으로 하기 위해 물의 온도는 얼마로 해야 하는가(단 건조재료의 비열은 0.2, 비비기 중의 콘크리트온도 저하는 2℃로 가정한다)?

구 분	시멘트	조골재	잔골재	물
단위 재료량(kg_f)	310	1,160	700	135
온도(℃)	2	4	3	-

[풀이] 1) 전체 골재량의 중량(W_a)

$W_a = 700 + 1,160 = 1,860[\text{kg}_\text{f}]$

2) 표면수량의 중량(W_f)

$W_f = 700 \times 0.04 + 1,160 \times 0.01 = 39.6[\text{kg}_\text{f}]$

3) 비비기에 사용한 물의 중량(W_w)

$W_w = 135 - 39.6 = 95.4[\text{kg}_\text{f}]$

4) 콘크리트의 온도(T)

T= 타설시 온도＋온도저하＝10＋2＝12[℃]

5) 혼합용수의 온도(T_w)

$$T = \frac{S \cdot (T_a \cdot W_a + T_c \cdot W_c) + T_f \cdot W_f + T_w \cdot W_w}{S \cdot (W_a + W_c) + W_f + W_w}$$ 에서

$$T_w = \frac{1}{W_w} \cdot [\,T \cdot \{S \cdot (W_a + W_c) + W_f + W_w\}$$
$$- S \cdot (T_a \cdot W_a + T_c \cdot W_f) - T_f \cdot W_f\,]$$
$$= \frac{1}{95.4} \times [12 \times \{0.2 \times (700 + 1,160 + 310) + 39.6 + 95.4\}$$
$$- 0.2 \times (3 \times 700 + 4 \times 1,160 + 2 \times 310) - 4 \times 39.6]$$
$$= 54.48[℃]$$

6-7-4 서중콘크리트

(1) 개요

서중(暑中)콘크리트(hot weather concreting) 타설시(打入時)의 콘크리트온도가 30℃를 넘으면 소요수량의 증가, 슬럼프의 저하, 빠른 응결, 온도의 상승, 장기강도의 저하 등의 나쁜 영향이 나타난다. 타입시의 콘크리트온도는 일반적으로 기온보다 높아지므로 1일평균기온이 25℃를 넘는 시기에는 서중콘크리트의 시공을 할 수 있게 준비해 놓는 것이 좋다.

시멘트는 고온상태로 공장에서 출하될 때가 있으므로 주의하지 않으면 안 된다. 골재는 염천(炎天) 하에서 직접 열을 받을 수 없게 하고 살수 등을 하여 온도를 낮추어서 사용한다. 사용수(使用水)는 될 수 있으면 저온인 것을 사용하게 한다.

기초지반 등은 충분히 흡수시켜서 콘크리트를 타설한다. 콘크리트는 비빈 후 1시간 이내에 30℃ 이하의 온도로 타설한다. 타설이 끝난 콘크리트는 직사일광을 피하기 위하여 단열보호를

하고 적어도 24시간은 표면을 습윤상태로 보호하는 것이 필요하다. 양생 중에는 콘크리트가 건조하지 않게 주의하고 거푸집에 접하는 부분은 콘크리트가 어느 정도 경화되면 거푸집에 틈을 내어 내측에 물을 유입시켜 준다.

(2) 서중콘크리트이 문제점

1) 굳지않은 콘크리트에 미치는 영향

① 소요수량이 증가한다.
② 수송 중에 슬럼프가 저하한다.
③ 응결, 수화열로 인한 온도상승으로 워커빌리티에 나쁜 영향을 미친다.
④ 연행공기량이 감소하여 워커빌런티가 나빠진다.

2) 굳은 콘크리트에 미치는 영향

① 표면수분의 급격한 증발로 인한 균열이 발생한다.
② 콜드조인트(cold joint) 발생한다.
③ 건조수축으로 인한 내구성 및 강도가 저하된다.

(3) 재료

1) 시멘트

① 시멘트는 되도록 낮은 온도가 되도록 저장하고 온도가 낮은 시멘트를 사용한다.
② 수화열에 의한 온도균열을 방지하기 위해 댐이나 포장콘크리트에서는 중용열포틀랜드시멘트를 사용한다.
③ 보통시멘트 온도 ±8℃에 대하여 콘크리트의 온도가 ±1℃ 변화한다.

2) 골재

① 골재는 그늘진 장소에 저장하거나 보호(shelter)를 설치하여 보관하여야 한다.
② 골재에 살수하는 경우 냉수가 효과적이며, 골재의 표면수가 균일하게 되도록 살수를 하여야 한다.
③ 골재온도 ±2℃에 대하여 콘크리트의 온도가 ±1℃ 변화한다.

또한 서중콘크리트의 성상은 콘크리트온도에 의하여 좌우되나 이 온도는 주로 재료에 의하여 결정된다.

3) 물

① 냉수를 사용하여야 한다.
② 얼음을 넣어 온도를 낮추기도 한다.
③ 물의 온도 ±4℃에 대하여 콘크리트의 온도가 ±1℃ 변화한다.

4) 혼화제

① 지연제, AE감수제 등을 사용한다.
② 지연제는 응결시간을 지연시키고, 슬럼프저하를 일으키지 않는다.
③ 감수제는 온도증가에 따른 단위수량의 증가를 줄일 수 있다.

(4) 배합

① 소요의 강도 및 워커빌리티를 얻을 수 있는 범위 내에서 단위수량 및 단위시멘트량을 될 수 있는데로 적게 해야 한다.
② 온도 10℃의 상승에 대하여 단위수량은 2~5% 증가한다.
③ 단위수량을 감소시키기 위하여 감수제, AE감수제, 유동화제를 사용하는 것이 좋다.

(5) 운반

① 비빈콘크리트는 가열되거나 건조해져서 슬럼프가 저하하지 않도록 적당한 장치를 사용하여 되도록 빨리 운송하여 타설한다. 덤프트럭 등을 사용하여 운반할 경우에는 콘크리트의 표면을 덮어서 일광의 직사나 바람으로부터 보호하는 것이 바람직하다.
② 펌프로 수송할 경우에는 수송관을 젖은 천으로 덮는 것이 좋다. 레디믹스트콘크리트를 사용하는 경우에는 에지데이터트럭을 햇볕에 장시간 대기시키는 일이 없도록 사전에 배차계획까지 충분히 고려하여 시공계획을 세워야 한다.

(6) 타설

① 콘크리트를 타설하기 전에는 지반, 거푸집 등 콘크리트로부터 흡수할 우려가 있는 부분을 습윤상태로 유지해야 한다. 또 거푸집, 철근 등이 직사일광을 받아서 고온이 될 우려가 있

는 경우에는 살수, 덮개 등의 조치를 해야 한다.

② 비빈후 되도록 빨리 타설하는 것이 바람직하며, 지연형 감수제를 사용하는 등의 일반적인 대책을 강구한 경우라도 90분 이내에 타설하여야 한다.

③ 콘크리트를 타설할 때의 온도는 35℃ 이하여야 한다.

④ 콜드조인트가 생기지 않도록 적절한 계획에 따라 실시해야 한다.

⑤ 슬럼프가 줄어서 타설이 곤란한 경우는 시멘트풀의 양을 증가시켜야 한다.

⑥ 낮에 콘크리트타설이 위험하다고 판단되는 경우 야간에 타설을 하는 것도 좋다.

(7) 양생

① 콘크리트타설을 끝냈을 때에 즉시 양생을 시작하여 콘크리트표면이 건조하지 않도록 하여야 한다.

② 타설이 끝난 후에 적어도 24시간은 일시적이라도 노출면이 건조하지 않도록 습윤상태로 유지해야 하고, 또 양생은 5일 이상 실시하는 것이 바람직하다.

③ 거푸집이 건조하여지는 경우 거푸집에도 살수를 하여야 한다.

④ 넓은 면적의 슬래브, 도로 등의 경우 살수 또는 덮개 등에 의한 양생이 곤란한 경우에는 막양생을 실시한다.

6-7-5 수밀콘크리트와 수중콘크리트

(1) 수밀콘크리트

수밀(水密)콘크리트(watertight concrete)는 누수(漏水), 콜드조인트(cold joint), 불균등성 이음부의 결함 등이 생기는 것을 방지할 목적으로 실시하는 것으로서 작업에 알맞은 워커빌리티를 가지도록 하고, 된반죽인 경우는 다지기를 잘해야 한다. AE제, 감수제를 사용하고, 물-시멘트비는 55% 이하, 단위시멘트량 30kN/m^3 이상, 공기량 4% 이하, 슬럼프는 12~18cm 이하로 하고, 잔골재율은 다소 크게 하는 것이 좋으며, 굵은골재의 최대치수는 철근콘크리트의 경우에 부재 최소치수의 1/5, 무근콘크리트인 경우에 1/4 이하로 하도록 한다.

콘크리트를 타설할 때 콜드조인트부분에 취약성이 있으므로 신중히 연속시공을 해야 하며 시공이음을 될 수 있는 대로 피하고, 수평, 연직이음에는 지수판 설치, 재진동 다지기 등 특별한 주의를 하고, 장기간 습윤양생이 되도록 한다.

수밀콘크리트 시공시에는 타설하여 넣은 콘크리트에 누수의 원인이 되는 결점이 생길 염려가 없도록 콘크리트의 재료 및 배합을 충분히 검토하고, 특히 작업에 알맞는 워커빌리티의 콘크리트를 사용해야 한다.

비교적 된반죽의 콘크리트를 사용할 경우에는 특히 다지기를 충분히 하여 경화 후의 콘크리트는 될 수 있는 대로 장기간 습윤상태로 치밀한 조직이 되도록 유지하고, 건조에 의한 균열이 생기지 않도록 주의해야 한다.

수밀을 요하는 콘크리트 구조물에는 콘크리트 자체를 수밀성이 큰 것으로 하고, 균열이 생기지 않도록 하는 외에 이음이 누수의 원인이 되므로 이음을 확실히 수밀하게 만들어야 한다.

(2) 수중콘크리트

수중(水中)에서 콘크리트를 시공하면 품질의 균일성, 시공이음의 신뢰성, 철근과의 부착성 등이 매우 떨어지므로 가능한 한 수중콘크리트(underwater concrete) 시공을 하지 않는 것이 좋다. 그러나 시공방법으로는 트레미(tremie), 포대(包袋)콘크리트, 밑열림 상자 및 밑열림 포대, 콘크리트펌프, 프리팩트(prepacked)콘크리트 등이 있다. 이 방법들 중에서 현장여건에 가장 알맞은 것을 선정하여 시공하도록 한다. 수중콘크리트 시공시, 물-시멘트비는 50% 이하, 단위시멘트량을 30% 가산하되 단위시멘트량을 370kg_f 이상으로 하고, 양질의 감수제(減水劑)를 사용하는 것이 좋으며 슬럼프값의 표준은 표 6-28과 같다.

수중콘크리트를 타설할 때는 다음 사항에 따라야 한다.

① 콘크리트는 정수중(靜水中)에 타설하는 것을 원칙으로 한다.
② 콘크리트는 수중에 낙하시켜서는 안 된다(트레미 사용).
③ 콘크리트면을 가능한 한 수평하게 유지하면서 소정의 높이 또는 수면상에 이를 때까지 연속해서 타설한다.
④ 레이턴스의 발생을 되도록 적게 하기 위하여 타설 중에 될 수 있는 대로 콘크리트가 흐트러지지 않도록 주의해야 한다.
⑤ 콘크리트가 경화될 때까지 물의 유동을 방지해야 한다.
⑥ 한 구획의 콘크리트타설을 완료한 후 레이턴스를 완전히 제거한 다음 다시 타설해야 한다.
⑦ 콘크리트는 트레미나 콘크리트펌프를 사용해서 타설하는 것을 원칙으로 하며, 부득이 한 경우에는 밑열림 상자나 밑열림 포대를 사용한다.

1) 트레미

수밀한 강제의 연직관(鉛直管)이고, 관의 안지름은 수심 3m 이하일 때는 25cm, 3~5m일 때 30cm이며, 5m 이상일 때는 30~50cm의 것을 사용한다. 길이는 수면상의 작업대에서 콘크리트를 치는 최하단까지 달하는 정도로 한다.

트레미(tremie)는 사용중 항상 콘크리트로 충만되게 하고 콘크리트가 전부 배출되었을 때에 트레미를 인양하여 다시 콘크리트를 충만 시킨후 타입하게 한다. 슬럼프는 15~20cm가 좋으며, 표 6−28과 같고, 트레미관의 예는 그림 6-23과 같다.

〈표 6-28〉 수중콘크리트의 슬럼프

시 공 법	슬럼프의 범위[cm]
트레미관, 콘크리트펌프 밑열림 상자, 밑열림 포대	15~20 12~17

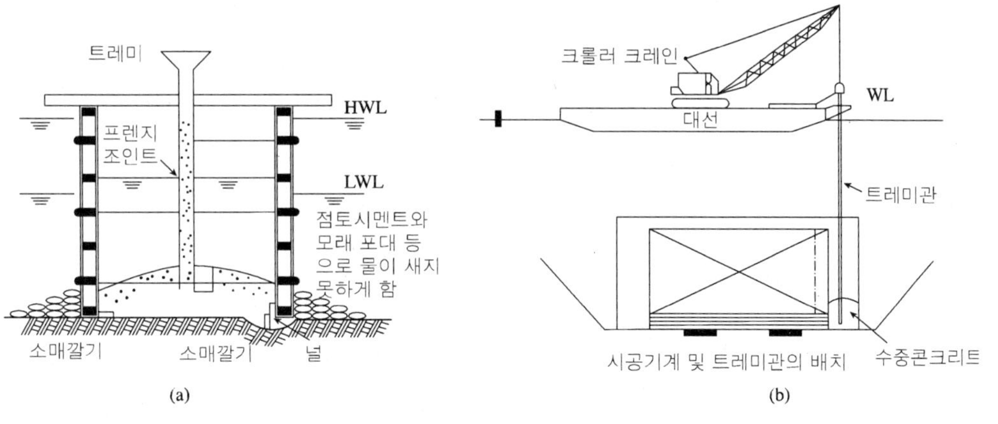

〈그림 6-23〉 트레미관의 가대 예

2) 콘크리트펌프

콘크리트펌프(concrete pump)의 배관은 수밀성이어야 하고, 타설방법은 트레미에 준한다. 콘크리트를 타설하는 도중 펌프의 연직관의 하단의 타설이 끝난 콘크리트면보다 30~40cm 아래에 두고 가볍게 상하로 움직이면 콘크리트를 원활하게 유하시킬 수 있다.

3) 밑열림 상자 및 밑열림 포대

밑열림 상자(drop bottom bucket) 및 밑열림 포대(drop bottom bag)는 밑바닥에 콘크리트를 쏟을 때 쉽게 열려야 하고 낮은 곳부터 콘크리트를 타설한다. 상자 및 포대에는 콘크리트가 가득 채워서 콘크리트를 배출한 후 천천히 끌어 올려야 한다(그림 6−24, 6−25, 6−26 참조).

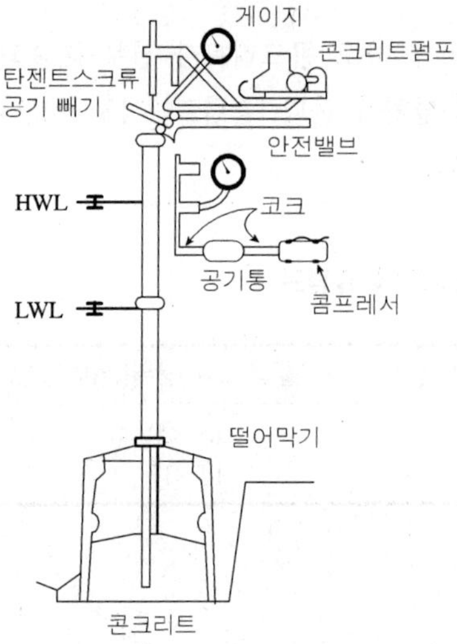

〈그림 6-24〉 콘크리트펌프장치

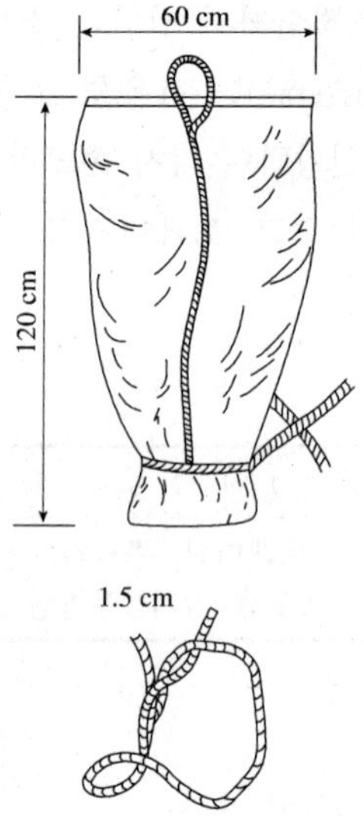

〈그림 6-25〉 밑열림 포대

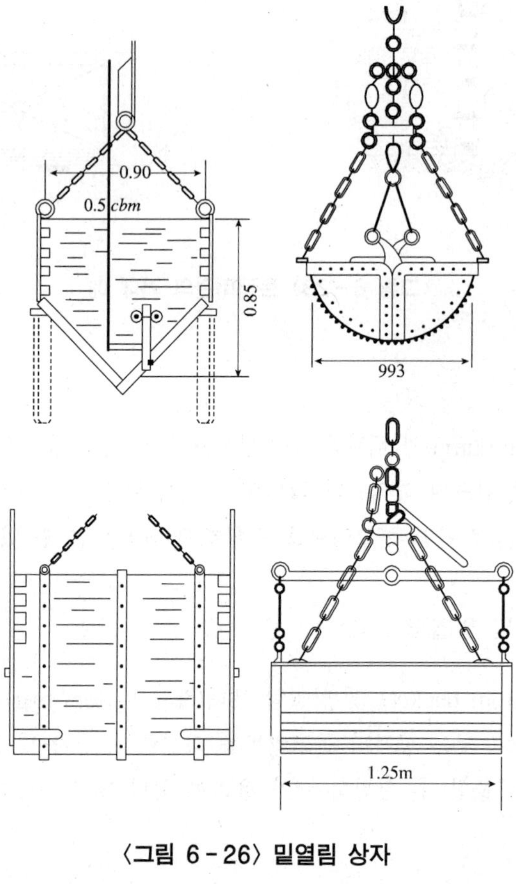

〈그림 6-26〉 밑열림 상자

6-7-6 프리팩트콘크리트

프리팩트콘크리트(prepact concrete)라 함은 미리 거푸집 내에 투입한 굵은골재(15mm 이상)를 충진(充塡)해 놓고, 그 공극에 특수모르타르를 주입하는 것인데, 댐, 교각, 하천의 호안, 항만의 안벽, 방파제 등의 수중콘크리트공사, 구조물기초 및 보수 등 폭 넓게 사용된다. 이 주입 모르타르는 시멘트, 플라이애쉬, 인트루죤에이드(intrusion aid), 모래 및 물을 적당한 비율로 혼합한 것이며 프리팩트 인트루죤모르타르(prepact intrusion mortar)라고 한다.

(1) 프리팩트콘크리트의 재료

프리팩트콘크리트의 재료는 인트루죤 에이드 이외는 보통콘크리트공사에 사용되고 있다. 즉 구조물의 종류, 수중의 경우, 산성(酸性) 혹은 염기성물질(鹽基性物質)이 섞여 있을 경우, 동해가 심한 추운지방 또는 초기강도가 필요한 경우 등의 여러 조건에 따라 배합을 다르게 한다. 최소입경 15mm 이상에서 공극을 최소로 할 수 있고, 물로 깨끗이 씻어야 한다. 따라서 매스・콘크리트(mass concrete)에서는 15mm 눈의 체가름과 물로 씻어내면 운반해온 대로 거푸집 내에 투입할 수 있고 프랜트 부근에 운반과 저장설비의 필요가 없다. 혼합설비도 극히 소규모이며, 혼합 타설시와 같이 일시에 많은 노무자가 필요하지 않고 간단한 설비로 다량의 콘크리트타설을 쉽게 할 수 있다.

잔골재의 입도는 표 6-29의 범위를 표준으로 하고, 조립률은 1.4~2.2 범위에 있는 것이 적당하다.

〈표 6-29〉 잔골재의 입도표준

체의 호칭치수[mm]	체를 통과하는 것의 무게비[%]
2.5	100
1.2	90~100
0.6	60~80
0.3	20~50
0.15	5~30

(2) 플라이애쉬

플라이애쉬는 미분탄(微粉炭)을 연료로 한 보일러(boiler)의 굴뚝에서 특별한 집회기(集灰機)로 채집(採集)한 재를 말하며, 일종의 포조란(pozzolan)질재이다. 다음의 적합한 규격이면 사용가능하다.

① 분말도는 44μ체를 88% 이상 통과하는 것으로 비표면적은 브레인(blain) 3,000cm^2/g 일 것.
② 열감량은 5% 이하일 것.
③ 이산화규소(SiO_2)를 40% 이상 함유한 것을 사용할 것.
④ 산화알미늄(Al_2O_3)의 함유량은 15% 이상일 것.
⑤ 산화마그네슘(MgO)의 함유량은 3% 이하일 것.
⑥ 유황(硫黃) 및 그 화합물 함유량은 3% 이하일 것.

(3) 인트루죤에이드

인트루죤 에이드는 미국의 콘크리트화학회사에서 제조공급하는 혼화재료다. 이것은 시멘트 광산재(擴散材, 수용성물질을 주성분으로 함), 공기연행제, 알미늄분말 등을 적당히 함유한 혼화제이다. 그 효과는 다음과 같다.

① 모르타르를 콜로이드(colide)상으로 유지시킨다.
② 모르타르의 응결을 어느 정도 지연시켜서 굵은골재의 공극에의 완전침투를 시킨다.
③ 콘크리트의 경화시에 수축팽창을 억제한다.
④ 연행공기제로서의 사용은 보통 AE제와 동일 혹은 그 이상이다.

인트루죤에이드의 혼화량은 사용 시멘트와 플라이애쉬의 합계량의 1% 정도이다.

(4) 물

물의 사용은 보통콘크리트와 다른 점이 없으나 보통콘크리트의 물-시멘트비가 프리팩트콘크리트에 있어서는 물-시멘트비+플라이애쉬 비가 된다.

(5) 프리팩트모르타르의 특성

주입모르타르는 이 공법을 위하여 만든 믹서로 비비고 재료투입의 순서는 다음과 같다.

물 → 인트루죤에이드 → 플라이애쉬 → 시멘트 → 물

모르타르주입에는 항상 굵은골재의 가장 하층에서 시작하여 점차 상층방향으로 충만하게 주입시킨다. 따라서 주입봉 파이프(지름 25mm 가스관)는 굵은골재의 투입전에 적당한 위치에 박아 놓는다. 프리팩트모르타르의 특성은 다음과 같다.

① 유동성이 높다.
② 침투도가 높다.
③ 모르타르의 구성재를 콜로이드 상으로 유지함으로 재료의 분리가 생기지 않는다.
④ 보통모르타르 보다 경화가 늦으며, 인트루존에이드 1% 혼입에 응결시작은 8~18시간, 최종시간은 24시간 이내다.
⑤ 프리팩트모르타르가 다소 팽창하므로 부착강도가 크다.
⑥ 시멘트량이 적어서 발열량이 적어지고 또 경화수축이 적다.
⑦ 물에 대한 화합력이 없기 때문에 수중에서도 육상과 동일하게 시공 가능하다.

(6) 프리팩트콘크리트의 특징

① 조기강도는 보통콘크리트보다 적으나 장기강도는 크다.
② 수축이 적고 구콘크리트, 암반과의 부착력이 크다.
③ 수밀성이 높다.
④ 건조수축이 적다. 보통콘크리트의 약 1/2이다.
⑤ 염류(鹽類)에 대한 저항력이 크다.
⑥ 동결, 융해에 대하여 저항성이 강하고, 내구성이 높다.
⑦ 침하수축이 적다.
⑧ 굵은골재는 미리 투입하여 놓으므로 콘크리트믹서 또는 대규모 프랜트가 필요없고, 간단한 소형믹서와 그라우트펌프(grout pump)만으로 주입 가능하므로 설비비 및 공사비가 절감된다.

(7) 프리팩트콘크리트 시공법

보통콘크리트공법과 동일하며 끝손질까지의 순서와 프리팩트콘크리트공 구성 예는 그림 6-27과 같다.

① 프리팩트모르타르의 배합결정한다.
② 각 사용 재료의 검사한다.
③ 굵은골재의 거푸집 내에의 투입한다.
④ 모르타르 혼합
⑤ 현장에 있어서 플로우콘(flow cone)시험 : 구라우트의 반죽질기 시험용이다.
⑥ 펌프에 의한 압송
⑦ 거푸집내 굵은골재 표면에 모르타르를 충분히 주입하여 완료한다.

⑧ 6~10시간 정도 후에 콘크리트표면 끝손질

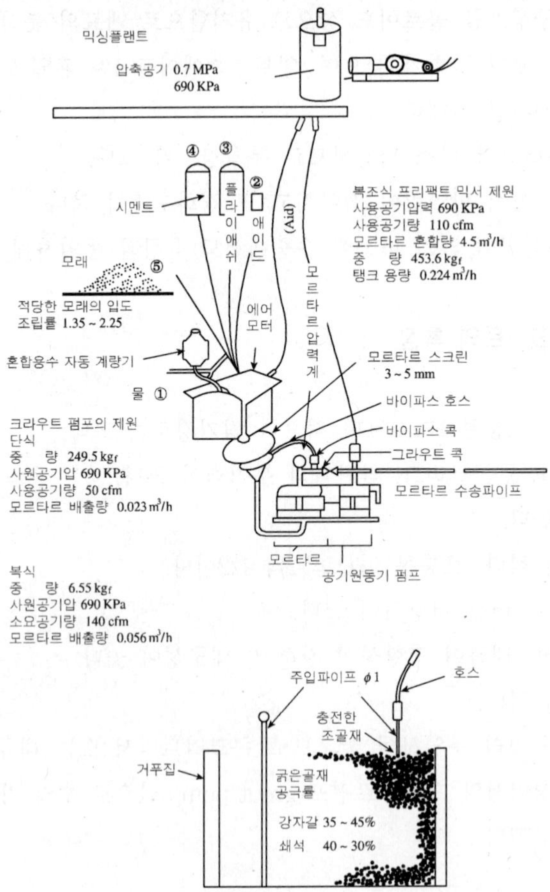

〈그림 6-27〉 프리팩트콘크리트공의 구성 예

6-7-7 특수한 고려가 필요한 콘크리트

(1) 프리스트레스트콘크리트

콘크리트의 인장강도는 압축강도의 1/10 정도에 지나지 않는다. 콘크리트의 이런 결점을 보충하기 위해서 고강도의 PC강재(鋼材)를 이용하여 미리 콘크리트에 압축응력을 주어 하중의 작용으로 생긴 인장응력을 상쇄하도록 하는 것을 프리스트레스트콘크리트(prestressed concrete, PSC)라고 한다. 그림 6-28은 프리텐셔닝 및 그림 6-29는 포스트텐셔닝방법이다.

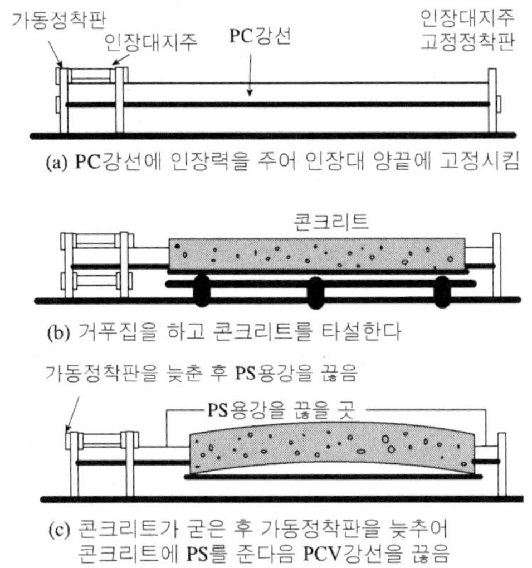

〈그림 6-28〉 프리텐셔닝방식

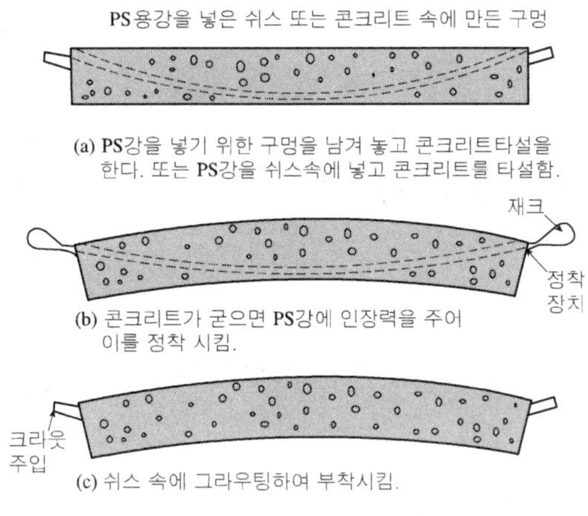

〈그림 6-29〉 포스트텐셔닝방식

프리스트레스트를 도입할 때 인장장치는 캘리브레이션(calibration)을 해야 하고, 특수한 PS 공법에 대하여 정해진 인장장치가 있는 경우는 이것을 사용해야 한다. 그리고 포스트텐셔닝방식은 그 공법에 프레시네(freyssinet)공법, 디뷔닥(dywidag)공법, 레온할트(leonhardt)공법, BBRV공법 등이 있으며, 우리나라는 포스트텐셔닝방식을 많이 사용하고 있다. 최근에는 PSC 말뚝, PSC전주, PSC침목, PSC빔 등의 프리캐스트(precast) 부재를 많이 생산하여 공사에 사용하고 있다.

프리스트레스트콘크리트를 시공할 때 굵은골재의 최대치수는 긴장재, 쉬스(sheath), 철근 등의 주위에 콘크리트가 충분히 채워질 수 있도록 정하고 있으며, 일반적으로 25mm를 표준으로 되어 있다.

프리스트레싱을 도입할 때 콘크리트의 압축강도는 최대도입 응력의 1.7배 이상이며, 프리텐션방식은 30MPa 이상, 포스트텐션방식은 25MPa 이상이다. PS강재의 종류는 다음과 같이 정하여 사용되고 있다.

1) PS강선

지름 8mm 정도의 고강도 강선으로 단선 또는 여러 개를 한 다발로 하여 긴장재(緊張材)를 구성한다.

2) 이형(異形) PS강선

PS강선과 강도 및 규격은 같으나 콘크리트와의 부착을 크게 하기 위하여 표면에 돌기, 홈 등을 만든 것으로 프리텐션에 사용된다.

3) PS스트랜드(strand)

강연선이라고 하며, 2개의 소선을 S자형으로 꼬은 2연선 1개의 소선주위에 6개의 소선을 S자형으로 감아 7연선으로 한 것이 있으며 프리텐션방식, 포스트텐션방식에 모두 사용된다.

4) PS강선

지름 9.2~32mm의 고강도의 것으로 포스트텐션방식에 사용된다.

5) 이형 PS강봉

지름 7.4~13mm로 강봉 표면에 돌기나 홈을 만든 것으로 프리텐션방식에 의한 PSC의 공장제품 생산에 사용된다.

6) 기타 PS강재

특수한 목적이나 용도에 쓰이는 강재로서 고강도 또는 굵은 지름의 PS강선, 낮은 리랙세이션(relaxation) PS강재, 특수 PS스트랜드, 이형 PS스트랜드, 굵은 이형 PS강봉, PS경강선(硬鋼線) 등이 있다.

PSC에 사용되는 단위시멘트량은 프리텐션방식의 경우 35kN/m^3, 포스트텐션방식의 경우 30 kN/m^3 이상으로 한다. 프리텐션방식의 시공은 PS강재의 부착을 해칠 염려가 있는 기름 등을 닦아 내고, PS강재를 스페이서(spacer)를 사용하여 정확히 배치시켜 긴장재를 인장할 때 마찰손실, 정착장치의 골동 등이 소정의 값이 되어야 하고, 프리스트레스를 줄 때는 인장력을 준 긴장재의 정착장치를 서서히 풀어 긴장재가 균일하게 늦추어지도록 해야 한다.

포스트텐션방식의 시공에 있어서 PS강재는 저장, 취급시 변형되지 않도록 하며, 표면의 잡물을 제거하고 쉬스(sheath) 안에 배치한다. 쉬스 및 정착장치는 소정의 방향과 위치에 배치하여 콘크리트를 타설할 때 위치가 틀리지 않도록 유지한다. 그리고 PSC 그라우트(grout)는 팽창률 10% 이하, 블리딩율 3% 이하, 물-시멘트비 45% 이하이며, 재령 28일의 압축강도는 21MPa 이상이어야 한다.

그라우트 믹서는 5분 이내에 충분히 비비기 할 수 있어야 하며, 주입작업을 계속할 만한 충분한 용량을 갖추어야 한다. 한중에 프리스트레스트콘크리트 그라우트를 주입할 때 주입 전에 50℃ 정도의 온수를 보내 덕트(duct)를 깨끗이 청소하고, 주입 때 그라우트의 온도는 10~25℃가 표준이다.

그리고 온도는 주입후 적어도 5일간은 5℃ 이상을 유지해야 하며, 서중에 프리스트레스트콘크리트 그라우트시공은 온도의 상승과 급결을 방지할 수 있도록 시공에 주의해야 한다.

6-7-8 유동화콘크리트

유동화콘크리트는 유동화제의 첨가에 의해 유동성을 크게 한 콘크리트로서 품질을 변화시키는 것이 아니라 타설 및 다짐 등의 시공성을 개선하는 방법으로 이용되며 콘크리트 펌프에 의한 압송성을 개선하기 위하여 유효한 수단이고, 단위수량 및 단위시멘트량을 절감시키는 것이 가능하게 되므로 온도균열의 방지 및 콘크리트의 고품질화에도 유용하다. 유동화콘크리트의 시공시에는 유동화 후 소요의 품질이 얻어지도록 사전에 베이스콘크리트(base concrete)의 재료, 배합, 유동화 방법, 타설, 양생 및 품질관리방법 등에 대해서 충분히 검토해야 한다.

(1) 혼화제

AE제, 감수제, AE감수제 및 고성능 AE감수제는 콘크리트용 화학혼화제에 적합하고 또한 유동화제와 병용할 경우에 유동화콘크리트에 나쁜 영향을 미치지 않아야 한다.

(2) 배합

베이스콘크리트의 배합은 소요의 강도, 내구성, 수밀성 및 작업에 적당한 워커빌리티를 가지며, 품질의 변동이 적어지도록 콘크리트의 배합 및 유동화제의 첨가량을 정해야 한다. 유동화콘크리트의 슬럼프는 작업에 적절한 범위로서 원칙적으로 21cm 이하로 한다. 슬럼프의 증가량은 10cm 이하를 원칙으로 하며 5~8cm를 표준으로 한다.

(3) 시공

1) 콘크리트의 유동화는 다음중 한 가지 방법에 의한다.

① 콘크리트 플랜트에서 운반한 콘크리트에 공사현장에서 유동화제를 첨가하여 균일하게 될 때까지 휘저어 유동화한다.
② 콘크리트 플랜트에서 트럭에지테이터에 유동화제를 첨가하여 즉시 고속으로 휘저어 유동화한다.
③ 콘크리트 플랜트에서 트럭에지테이터에 유동화제를 첨가하여 저속으로 휘저으면서 운반하고 공사현장 도착 후에 고속으로 휘저어 유동화한다.

2) 유동화콘크리트의 재유동화는 유동화제의 허용한도를 초과해서 첨가할 염려가 있을 뿐만 아니라 과잉첨가에 의한 재료분리 또는 응결, 지연, 내구성, 장기강도 등에 나쁜 영향을 미칠 수 있으므로 원칙적으로 해서는 안된다.

3) 유동화제는 원액으로 사용하고 미리 정한 소정량을 한 번에 첨가하며, 계량은 중량 또는 용적으로 계량하고 그 계량 오차는 1회에 3% 이내로 한다.

6-7-9 고강도콘크리트

(1) 개요

콘크리트로 이루어진 구조물이 고층화, 대형화함에 따라 건설의 기본재료인 콘크리트의 고강도화(高强度化)가 요구되고 있다. 1980년 초부터 선진 외국에 있어서 콘크리트의 강도수준은 현재까지 40MPa 정도의 실강도를 고강도콘크리트(high strength concrete), 60~100MPa 이상을 초고강도콘크리트로 증가시켜 사용하고 있다.

고강도콘크리트를 제조하기 위해 시멘트는 보통포틀랜드시멘트를, 혼화재료는 실리카흄, 고로슬래그 미분말, 플라이애쉬, 고성능 감수제, 유동화제를, 골재는 입형이 둥근 강자갈보다 쇄석이 좋으며 경질사암이나 안산암계를 사용하면 강도상 유리하다. 또한 콘크리트의 성능은 사용재료와 배합비율에 따라 결정되는 것이 일반적이며, 콘크리트의 배합강도를 결정하는 것은 콘크리트강도에 대한 허용불량률의 정도, 콘크리트제조의 공정능력 및 평가방법에 관한 자료를 수집분석하여 고려하여야 한다.

현재 선진 외국에서는 압축강도 120~150MPa의 콘크리트가 개발되어 실용화 단계에 있다.

(2) 고강도화의 방법

콘크리트의 고강도화에 대한 구체적인 방법은 표 6-30과 같다. 이 가운데 고강도콘크리트의 시공에 사용되고 있는 주된 방법은 고성능감수제를 사용하는 방법, 원심력다짐 등에 의한 방법, 오토클레이브양생 등에 의한 방법이 있다.

(3) 재료

1) 시멘트

시멘트에 대해서는 품질을 확인하고, 사용방법을 검토하여야 한다.

〈표 6-30〉 콘크리트고강도화의 방법

<table>
<tr><td rowspan="8">결합재
(시멘트페이트스)
강도개선</td><td rowspan="6">물-시멘트 비의
감소(공극의 감소)</td><td>배합검토</td><td>된비빔콘크리트</td></tr>
<tr><td>혼화제이용</td><td>고성능감수제</td></tr>
<tr><td>혼화재이용</td><td>고강도용 혼화제, 실리카퓸</td></tr>
<tr><td>비비기방법개선</td><td>고속교반믹서</td></tr>
<tr><td>다짐개선</td><td>진동다짐, 가압다짐, 원심력다짐</td></tr>
<tr><td>함침</td><td>폴리머 함침</td></tr>
<tr><td colspan="2">양생</td><td>오토클레이브양생</td></tr>
<tr><td colspan="2">결합재 이용</td><td>MDF 시멘트, 레진콘크리트</td></tr>
<tr><td colspan="3">골재강도개선</td><td>양질의 골재이용</td></tr>
<tr><td rowspan="2">골재와 결합재
부착성개선</td><td colspan="2">골재보강</td><td>골재의 프리코팅</td></tr>
<tr><td colspan="2">활성골재</td><td>클링커 골재</td></tr>
<tr><td colspan="3">3축효과 이용</td><td>나선철근 보강, 충전강관 구조</td></tr>
</table>

2) 고성능감수제

고성능감수제는 고강도콘크리트를 제조하는데 적절한 것인가를 시험배합을 거쳐 확인한 후 사용하여야 한다.

3) 혼화재

고강도콘크리트에 사용되는 플라이애쉬, 실리카흄, 고로슬래그 미분말 등의 혼화재는 시험배합을 거쳐 확인한 후 사용하여야 한다.

4) 잔골재

깨끗하고 강하며 내구적인 것으로서 적당한 입도를 가지며 먼지, 진흙, 유기불순물, 염분 등의 유해물질을 함유해서는 안된다. 잔골재는 대소의 입자가 알맞게 혼입되어 있어야 한다.

5) 굵은골재

① 굵은골재는 깨끗하고, 강하고, 내구적이며 알맞은 입도를 갖고 얇은 석편, 유기불순물, 염분 등의 유해량을 함유해서는 안된다.
② 고강도콘크리트에 사용하는 굵은골재가 콘크리트강도 및 워커빌리티 등에 미치는 영향이 크므로 선정에 세심한 주의가 요망된다.
③ 굵은골재의 입도분포는 굵고, 가는골재 등이 골고루 섞이어 공극률을 줄임으로써 시멘트풀이 최소가 되도록 하는 것이 좋다.
④ 굵은골재의 최대치수는 25mm 이하를 사용하도록 하며, 철근 최소수평간격의 3/4 그리고 부재 최소치수의 5/1 이내의 것을 사용하도록 한다. 콘크리트에 포함된 염화물량은 염소이온량으로서 0.03kN/m^3 이하가 되어야 한다.

(4) 설계 및 시공시 유의점

① 고강도콘크리트에 사용된 콘크리트 구조물설계를 위해서는 보통의 콘크리트에 비해 인장강도, 부착강도, 탄성계수가 작으며 건조수축 및 크리프가 콘크리트 제조방법에 따라 달라진다.
② 고강도콘크리트의 시공에 있어서 배합에서는 사용재료의 품질, 물-시멘트비와 압축강도와의 관계, 비비기에서는 잔골재의 표면수율 관리, 사용할 믹서, 비비기시간, 운반에서는 슬럼프의 저하, 다짐에서는 진동기 작동에 의한 재료분리 및 초기양생 등에 유의하여야 한다.

연 습 문 제

6-1 교량의 슬래브용 콘크리트를 배합설계한다. 배합설계의 각 조건 및 재료의 시험결과가 다음과 같을 때 물음에 답하시오.

[조건 및 실험결과]

- 설계기준강도 σ_{ck} : 30[MPa]
- 모래의 조립률 : 2.85
- 잔골재의 비중 : 2.65(하천모래)
- 골재의 최대치수 : 25[mm]
- 시멘트의 비중 : 3.15
- 굵은골재의 비중 : 2.61(강자갈)
- 공기량 : 3%(감수제 사용)

1) 배합강도 및 물-시멘트비(比)를 정정하시오.

[조건] · 사용 예정믹서의 변동계수 : 10[%]
· 교량슬래브의 활동계수 : 1.07
· 감수제 사용시 : $\sigma_{28} = -97 + 229\ C/W$

2) 골재 최대치수 및 감수제 사용에 의한 보정 결과 $S/a = 38\%$, $W = 157\text{kg}_f$이면 콘크리트 1m^3 중의 잔골재량과 굵은골재량을 구하시오.

6-2 굵은골재의 최대치수 50mm, 단위수량 160kg_f, 물-시멘트비 55%, 슬럼프는 약 8.0cm, 잔골재율 S/a 34%, 잔골재 비중 2.65, 굵은골재 비중 2.65, 시멘트 비중 3.15, 갇힌 공기 1%, 골재는 표면건조포화상태라고 할 때 콘크리트 1m^3를 만드는데 필요한 시멘트량, 잔골재량, 굵은골재량을 각각 구하시오.

6-3 관리정도가 좋고 콘크리트의 설계기준강도를 $f_{ck} = 23\text{MPa}$, 변동계수 $V = 0.15$라고 할 때 증가율을 계산하시오. 그리고 배합강도를 계산하고 그에 의한 물-시멘트비를 결정하시오(단 확률 $P_a = 1/20$이라 한다).

6-4 한중콘크리트를 타설하고자 한다. 시방서에는 타설시 콘크리트의 온도를 10℃ 이상으로 하며 양생기간 중에는 적절한 보온수단을 강구할 것을 규정하고 있다(현재 시멘트, 조골재 및 세골재의 온도는 −2℃이며, 배합비는 다음 표와 같다).

시 멘 트	조 골 재	세 골 재	물
30 kN/m^3	115 kN/m^3	65 kN/m^3	1.5 kN/m^3

혼합수를 미리 가열하여 콘크리트의 온도를 조절하려 할 경우 몇 ℃까지 가열해야 하는가?(단 소수 첫자리에서 반올림하고, 시멘트, 조골재 및 세골재의 비열은 0.22로 가정한다)

6-5 굵은골재의 최대치수가 클수록 콘크리트의 품질과 강도에 어떤 영향을 미치는지 기술하시오.

6-6 해상콘크리트 교각을 건조하고자 한다. 이 콘크리트의 특징을 감안한 시공상의 유의점을 기술하시오.

6-7 설계기준강도와 배합강도와의 관계를 설명하시오.

6-8 굳지않은 콘크리트의 초기균열의 원인과 대책을 설명하시오.

6-9 콘크리트에서 AE제의 역할과 AE제를 사용할 때 유의해야 할 점을 설명하시오.

6-10 배합설계에서 잔골재율(S/a)을 설명하고 잔골재율이 콘크리트의 성질에 미치는 영향을 설명하시오.

6-11 W/C비가 굳은 콘크리트에 미치는 영향을 답하시오.

6-12 내구성이 큰 콘크리트를 만들기 위하여 배합과 시공상 유의해야 할 사항을 설명하시오.

6-13 콘크리트 구조물의 열화의 원인과 대책을 설명하시오.

6-14 콘크리트의 재료분리와 블리딩방지에 대해 설명하시오.

6-15 콘크리트 구조물을 시공하는 현장소장으로서 시공계획과정에서 점검해야 할 사항을 설명하시오.

6-16 콘크리트배합설계(시방배합)에 관하여 기술하시오.

6-17 최근 건설현장에서 논란이 되고 있는 콘크리트용 잔골재로서의 해사(바다모래) 사용이 콘크리트 및 철근에 미치는 영향과 염분의 함량기준에 대하여 설명하시오.

6-18 콘크리트 구조물을 레디믹스트콘크리트로 시공하고자 한다. 레디믹스트콘크리트의 품질규정에 대하여 설명하고, 현장의 콘크리트 담당 책임자가 해야 할 검사 방법과 검사 결과 조치에 대하여 아는 바를 기술하시오.

6-19 매스콘크리트(mass concrete)에 있어서 온도 구제제어(龜製制御) 방법에 관하여 설명하시오.

6-20 레미콘과 콘크리트펌프로 콘크리트를 시공할 경우, 좋은 콘크리트 구조물을 만들기 위한 시공관리에 대하여 설명하시오.

6-21 콘크리트부재의 이음(joint)의 종류를 들고 그 기능 및 시공법에 대하여 설명하시오.

6-22 콘크리트 구조물을 시공하는 현장소장으로서 시공계획 과정에서 점검할 사항을 설명하시오.

6-23 콘크리트재료 분리방법에 대해 설명하시오.

6-24 콘크리트양생에 대하여 기술하시오.

6-25 거푸집을 제거한 후에 발생되는 곰보현상에 대하여 아래의 항목을 기술하시오.
① 발생원인
② 줄이는 방법
③ 보수방법

6-26 유동화(流動化)콘크리트의 사용 목적과 문제점에 대하여 기술하시오.

6-27 프리스트레스트콘크리트에 있어 현재 행해지고 있는 현장관리방법을 열거하고, 소요 프리스트레스를 도입하기 위한 유의점을 기술하시오.

6-28 구조물용 콘크리트타설 후의 균열발생원인과 대책에 대하여 설명하시오.

6-29 콘크리트 구조물에 생긴 온도응력의 원인과 대책에 대하여 기술하시오.

6-30 콘크리트 구조물의 시공요인으로 발생한 균열원인과 대책에 대하여 기술하시오.

6-31 RC구조물의 시공중 균열원인과 방지대책에 대하여 기술하시오.

6-32 프리팩트콘크리트가 항만공사에 유리한 점을 기술하시오.

6-33 레미콘공장에서 현장까지 운반하여 타설 전까지는 품질관리를 예시하여 설명하시오.

6-34 무근콘크리트포장의 주된 손상에 대하여 논하시오.

6-35 Ready Miked Conic운반시 유의사항을 기술하시오.

6-36 Mass콘크리트에서 온도균열 제어방법에 대하여 기술하시오.

6-37 정수장 콘크리트 구조물을 설치하기 위해 수밀성을 높이는데 필요한 시공상의 중요 사항을 기술하시오.

6-38 콘크리트 구조물의 품질과리(batch plant, 재료 운반, 타설, 다지기, 마무리) 등을 기술하시오.

6-39 아스팔트콘크리트 혼합물의 현장포설시 일반적인 다짐방법과 급경사지의 평면곡률 반지름이 작은 곳에서의 다짐시 문제점과 그 대책에 대하여 기술하시오.

6-40 지하철 본선 박스구조의 상부슬래브의 균열제어를 위한 시공대책에 관하여 기술하시오.

6-41 구조물 시공중 중대한 하자가 발생하였다. 현장의 건설사업관리자로서 대처방법에 대하

여 설명하시오.

6-42 콘크리트표준시방서에 규정된 시공상세도에 대하여 설명하시오.

6-43 반사균열(reflection crack)에 대하여 설명하시오.

6-44 강섬유보강콘크리트에 대해 설명하시오.

6-45 콘크리트 구조물의 유지관리 체계에 대하여 설명하시오.

6-46 콘크리트양생방법에서 냉각법에 대하여 설명하시오.

6-47 콘크리트온도 균열지수에 대하여 설명하시오.

6-48 콘크리트타설시 거푸집, 철근, 콘크리트 검사의 항목을 열거하고 설명하시오.

6-49 시멘트콘크리트 배합설계방법에 대하여 설명하시오.

6-50 콘크리트 구조물의 시공과정에서 발생하기 쉬운 경험과 그 방지대책에 대하여 설명하시오.

6-51 대규모 현장타설말뚝의 시공에서 철근의 겹이음과 나사이음을 비교하여 설명하시오.

6-52 콘크리트타설중 동바리의 점검항목과 처짐이나 침하가 있는 경우의 대책에 관하여 설명하시오.

제7장 터널굴착공

7-1 개 요

터널(tunnel)은 지중에 축조되는 통로나 공간으로 이용하는 지하구조물로, 단면적이 $2m^2$ 이상의 것을 말한다. 터널의 용도는 철도, 도로터널 등 교통용, 수력발전, 관개 등을 위한 수로용, 지하발전소, 지하주차장, 대규모 지하역, 지하도, 지하통로로 사용되고 있는 것을 말한다.

터널의 굴착방법은 NATM(new austrian tunnelling method)공법, TBM(tunnel boring machine method)공법, 개착공법, 침매(沈埋, floating)공법, 실드공법(shield tunnel method) 및 기타 특수공법 등이 있다.

터널지보의 표준방법으로 콘크리트 뿜어붙이기(숏크리트), 록볼트, 강재지보공은 토사지반에서 터널의 안정대책, 콘크리트 록볼트 시공, 강재지보공 등을 설계시공, 지질상태가 연약하고 지하수가 많은 구간의 안정대책, 특수 보조공법의 용수배제, 암반을 고결시키는 주입방법 등이 터널공사에 기초자료가 된다.

7-1-1 입갱의 종류

입갱(入坑, shaft)은 공사재료 운반 및 굴착재료 운반 등 터널공사의 진행을 위해 설치하며, 통풍용으로 사용하고, 입갱에는 다음과 같은 종류가 있다.

1) 가입갱(假入坑) : 공사용으로 임시로 설치한 것으로 준공후 매설하는 입갱
2) 본입갱(本入坑) : 준공후 통풍을 위해 영구히 남겨두는 입갱
3) 사갱(斜坑) : 공사용으로 지세의 관계에 따라 경사지게 설치하는 입갱
4) 시굴갱(試掘坑) : 지질을 조사, 탐사하기 위하여 굴착하는 입갱

7-2 지형 및 지질

7-2-1 지형 및 지질조사

지형조사에는 지표의 형태, 형상, 지형의 성인(成因)에 관한 조사가 있다. 전자는 터널갱구(坑口, portal)의 위치 선정, 공사용 기계설비의 설치 등의 제반계획의 자료가 필요하며, 후자는 지하의 지질상태와 지형에 대단히 관계가 깊으므로 지질조사의 보조자료로서 활용한다.

터널갱구의 위치는 터널의 편압(偏壓)을 피하기 위하여 지표면의 횡단면형을 될 수 있으면 터널 중심선에 대칭이 되도록 한다. 또 경제적인 면에서 보면 터널의 연장을 짧게 하는 경향이 있으며, 산악의 안부(鞍部)나 소택지(沼澤地)를 따라 굴착할 때가 있으나 이와 같은 장소는 대개 단층(斷層, fault)이나 습곡(褶曲, fold) 등이 있어 지질이 나쁠 때가 많고 지하수 등의 용수가 있으므로 주의해야 한다.

(1) 답사

답사(踏査)는 노선의 결정, 터널의 필요한 조사계획을 위해 지형, 지질 및 예정 터널의 갱구(坑口), 공사용 작업갱의 갱구, 토사장, 갱외 설비부지, 공사용 도로 및 지형, 지질 등을 파악해야 한다.

(2) 탄성파탐사

탄성파탐사(彈性波探査)는 굴절파방법과 반사파방법이 있다. 터널조사에는 보통 굴절파방법에 의한 종파(縱波) 측정이 이용되며, 이는 기진점(起震點)에서 타격을 하고 일정 간격을 두고 배치된 수진기(受震器)로 탄성이 다른 지층의 경계면에서 반사·굴절하여 도달한 탄성파의 도달시간을 기록하여 해석하고 지층의 구분, 지하의 구조 등을 판별하는 방법이다. 탄성파의 전달속도는 지층의 물리적 강도에 비례하므로 탄성파속도를 이용하여 지층의 고결, 균질, 풍화, 변질 등의 정도를 추정할 수 있다.

(3) 보링조사

답사, 탄성파탐사 등의 간접적인 방법으로 추정하여 터널 예정지점의 지하 상황을 정확하게 판단하기 어려우므로 특히 보링에 의하여 채취한 코어의 판별, 물리적 시험성과 등을 종합하여 보링지점의 지질과 지하수상태를 조사하며, 보링조사 결과에 따라 정확한 지질도를 작성하여 터널공사에 사용되어야 한다.

(4) 선진보링

여러 가지 조사에 의하여 지질상태와 용수량(湧水量) 등을 고려하여 굴착한 터널이 예상치 못한 지질의 변화와 용수 등에 의하여 사고나 재해가 일어나고 있다. 그러므로 선진수평(先進水平)보링(bolling)을 하여 굴착 전의 지질상태와 용수의 유무를 확인하고 필요시에는 지하수위를 저하시켜 안전하게 굴진하는 공법을 채용해야 한다.

(5) 전기탐사

전기탐사(電氣探査)는 지층에 따라 전기상황과 자연전위가 다른 것을 이용하여 지층의 상태를 파악하는 방법이다. 이것은 비저항법과 자연전위법이 있으며, 터널조사에는 일반적으로 비저항법이 많이 사용된다. 비저항법은 수직탐사법과 수평탐사법의 2가지중 수직탐사법이 주로 사용된다.

비저항법은 전극을 지반에 설치하고 이에 전압이 흐를 때의 전류를 측정하여 지하 수직방향의 지층변화에 따른 비저항의 차이를 구하여 지층의 구분한다. 함수비의 상태 등을 추정하는 조사법이나 20m 이내에서 정밀조사가 적합하다.

7-2-2 터널의 지질

터널의 계획, 설계, 시공에 있어서 원지반의 성질, 지질구조, 지하수의 상황 등을 될 수 있으면 정확하게 파악해 두어야 한다. 이 때문에 지질현상을 잘 이해하여 적절한 지형과 지질조사를 시행하는 것이 중요하다.

(1) 지질구조

1) 습곡층

지질작용으로 굴곡이 되어 형성된 것을 습곡이라고 한다. 이 부분의 지질은 복잡하고, 또 불안정하므로 습곡층에 터널을 구축하는 것은 될 수 있으면 피해야 한다. 즉 지각에 작용하는 횡압력으로 인하여 지층에 주름이 지는 층이며, 그림 7-1과 같다.

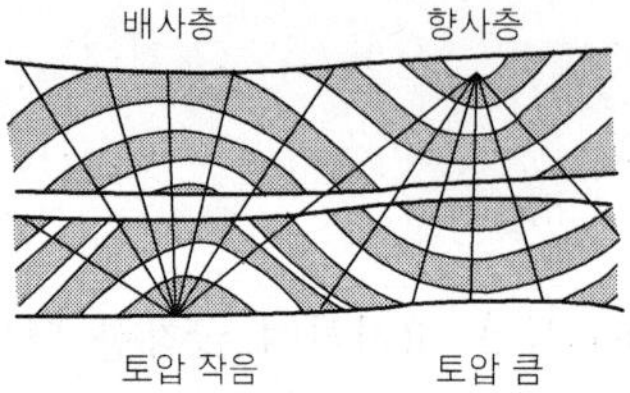

(a) 습곡과 토압의 관계

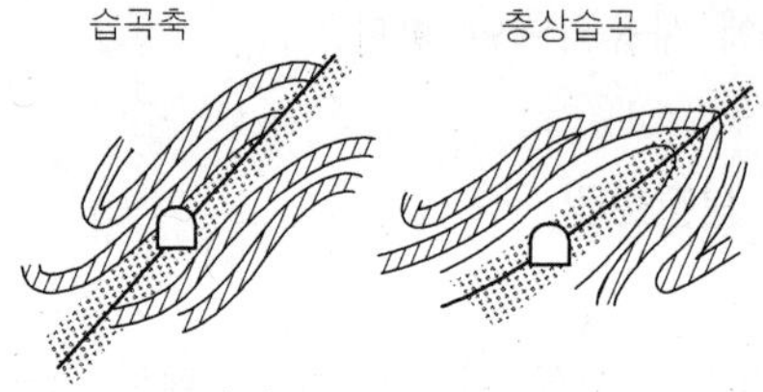

(b) 습곡 파쇄대의 터널

〈그림 7-1〉 습 곡

2) 단층

지각변동의 한 현상이고 지구 내부에서 움직이는 힘의 영향을 받을 때에 양쪽 토지가 한 쪽은 가라앉고 한 쪽은 솟아올라서 생기는 지층이다.

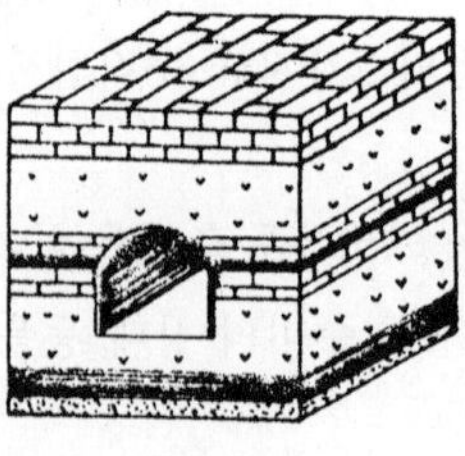

(a) 수평층

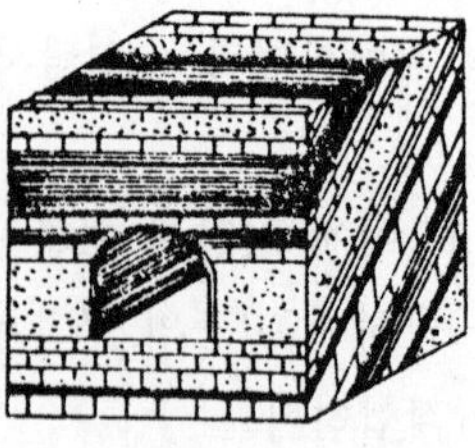

(b) 경사층

(c) 수직층

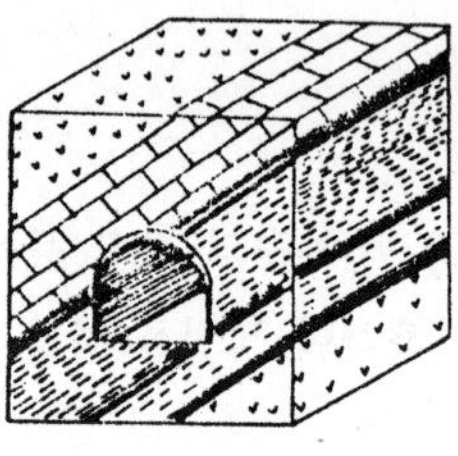

(d) 횡단경사층

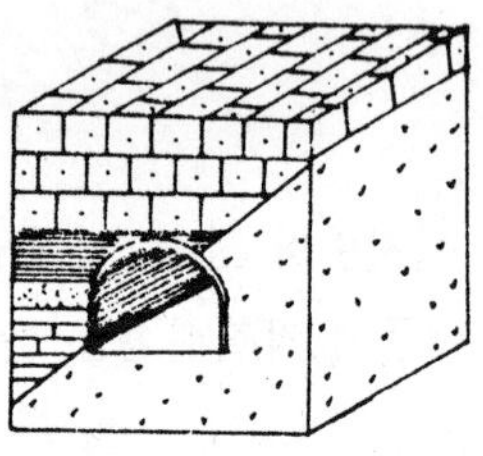

(e) 단층대에 위치한 터널

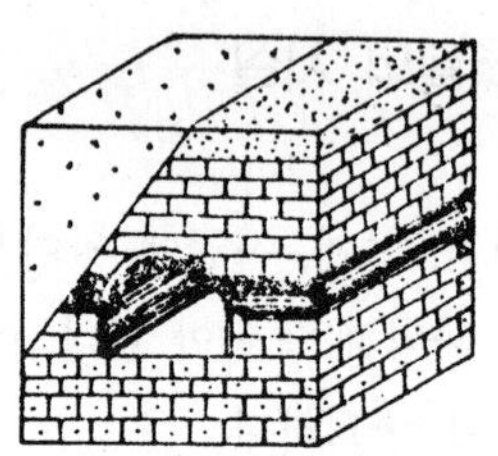

(f) Foot Wall에 위치한 터널

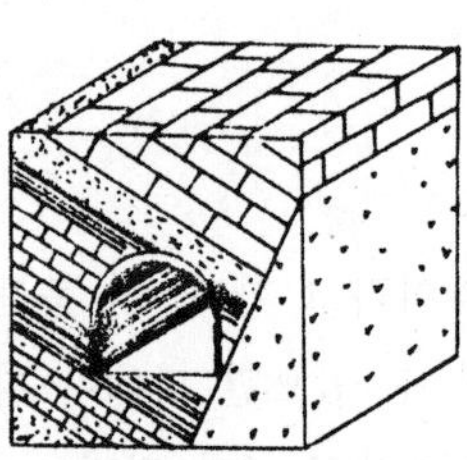

(g) 암석벽에 위치한 터널 연속 노출

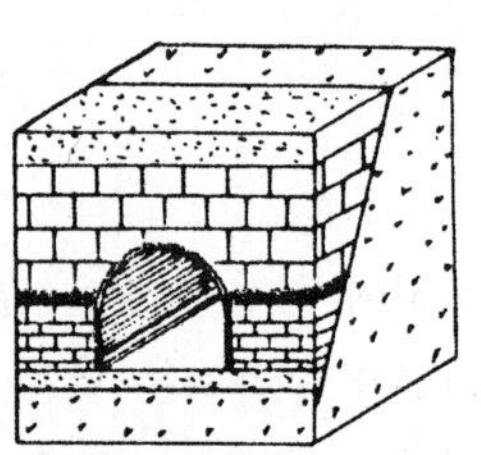

(h) 수직축에 비스듬한 단층

〈그림 7-2〉 단층선과 터널

단층(斷層, fault)의 대부분은 파쇄대가 되어 있으므로(그림 7-2 참조) 이 부분을 터널이 통과할 경우는 세밀한 조사와 대책이 필요하다.

3) 단구(段丘, bench)

원지반이 물에 쓸려간 흙이나 모래가 강과 해안에서 지층을 이루면서 쌓인 토지이다. 다시 말하면 하천이나 해안의 연한 암반위에 두껍게 사력층(砂礫層)이 퇴적해 있을 때가 있다.

이와 같은 지층인 곳에는 그림 7-3 (a), (b)와 같이 터널을 설치하면 굴착이 곤란하거나 용수가 어려우므로 주의해야 한다.

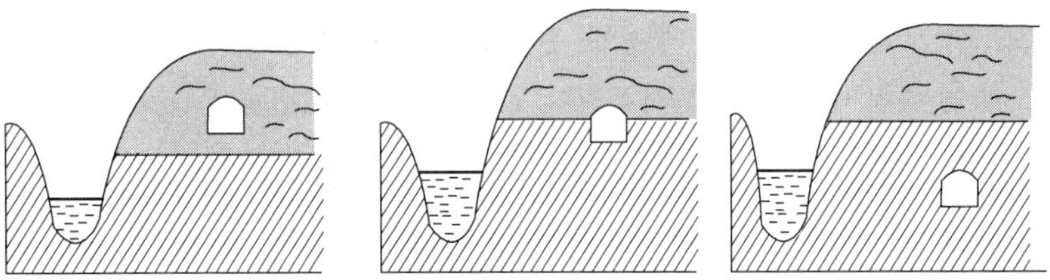

(a) 불량 (b) 불량 (c) 양호

〈그림 7-3〉 하안 단구의 터널

4) 편리, 층리

결정편암(結晶片岩), 혈암(頁岩), 또는 혈암과 사암(砂岩)은 상호 교대로 편리(片理, schistosity)나 층리(層理, stratification)가 발달한 암석이다. 지각운동으로 갈라진 틈이 생겨 점토화된 암석이 틈을 따라 활동을 일으키므로 버팀대나 라이닝공에 편압이 작용하여 붕괴될 우려가 있다. 따라서 층리·편리의 빈도, 주행경사(走行傾斜), 갈라진 틈의 상태, 안전성 등을 충분히 조사해야 한다.

5) 애추

풍화작용에 의하여 낭떠러지, 산허리에 쌓여 모인 바위의 부스러기이다. 애추(崖錐, talus

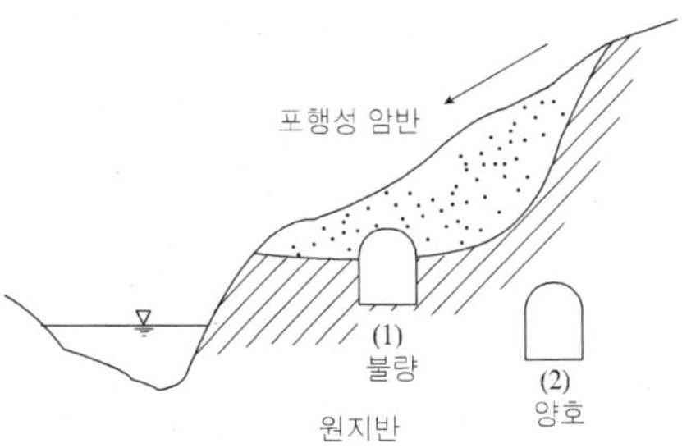

〈그림 7-4〉 애 추

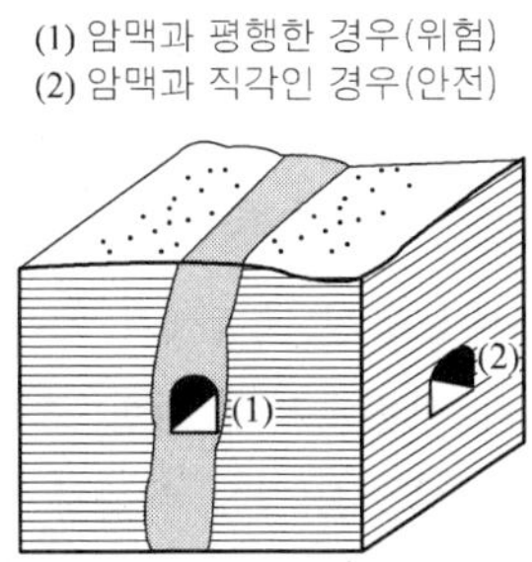

〈그림 7-5〉 암 맥

come)는 대단히 불안정한 지층이므로 이 부분에 터널의 설계는 피해야하며, 그림 7-4와 같다.

6) 암 맥

암맥(岩脈)은 암석의 틈에 암장이 고결한 것으로 암맥이 투수층의 억지(抑止)벽이 되어 한쪽 암벽에 균열이 생기며, 풍화가 심해져서 암맥 자신이 때로는 지하수의 통로가 되기도 한다. 특히 터널의 굴착시 암맥을 만나면 단층과 같이 용수가 발생된다(그림 7-5 참조).

7) 충적층 및 홍적층

일반적으로 흙, 모래, 자갈, 점토 등으로 된 충적지, 선상지(扇狀地), 사구지(砂丘地) 등의 노선을 결정할 때는 충분히 검토하여 시공해야 한다. 홍적층(洪積層)은 충적층(沖積層)의 경우보다 양호하다(그림 7-6).

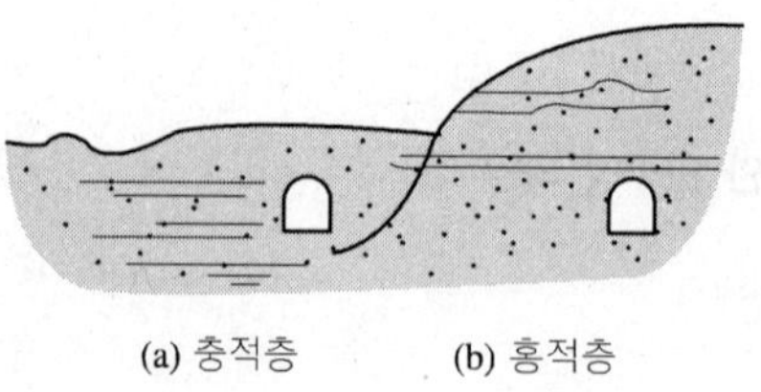

〈그림 7-6〉 충적층 및 홍적층의 터널위치

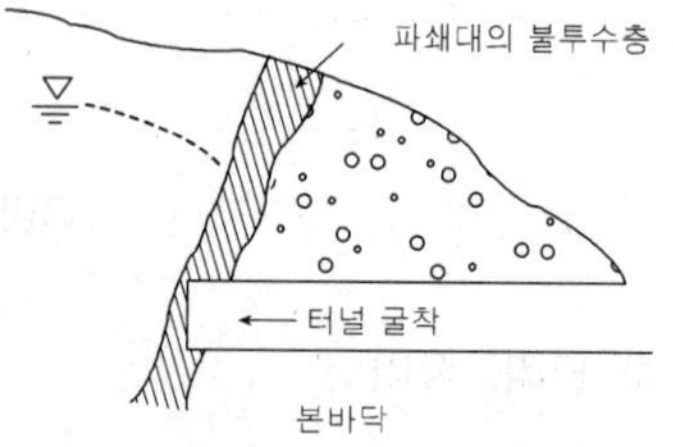

〈그림 7-7〉 터널의 불투수층

(2) 지하수와 대용수

터널굴착 중에 대용수(大湧水)를 만나게 되면 공사에 큰 지장을 주게 된다. 수저(水底)터널이나 도시터널과 같이 수압이 대개 일정할 경우에는 압기공법(壓氣工法)이나 쉴드공법, 지반개량 등으로 용수에 대처할 수 있으나 산악터널에 있어서는 고수압의 용수를 만나는 경우가 있어 그 처리는 대단히 곤란하다.

원지반의 지하수는 보통 중앙부에서 높은 수압분포가 되어 있다. 이 경우에는 산악의 중심을 향하여 터널을 굴착하면 막장(切羽, facing)에서 용수(湧水)되어 지하수면은 점점 저하한다. 그러나 그림 7-7과 같이 불투수층이 존재하는 경우 그 층을 터널이 관통하였을 때 고수압이 막장에 작용하여 대용수를 발생시키게 된다. 이와 같은 대용수는 때때로 큰 사고를 일으키게 되므로 선진보링이나 선진도갱에 의한 조사를 세밀하게 하여 사전에 대책을 세워야 한다.

대용수 대책으로는 ① 갱에 평행하게 수발(水拔)터널을 판다. ② 대구경의 수발보링을 설치한다. ③ 약액주입에 의하여 지수(止水)한다. ④ 동결공법으로 지수하는 등이다.

(3) 이상지압

이상지압(異常地壓)이 발생하면 동바리공이나 콘크리트 복공(覆工, lining)은 크게 변형하거나 파괴되는 경우도 있다. 이상지압의 원인으로는 편압, 원지반의 팽창, 잠재응력의 해방 등이 생각된다.

편압은 터널의 토피(土被)가 얕고 지형이 급경사인 경우에 생기기 쉽다. 대책공법으로서는 압성토공법(押盛土工法), 보호깎기, 갱구 부근에서는 라이닝 콘크리트의 시공등이 있다(그림 7-8 참조).

원지반의 팽창은 지질이 벤토나이트(bentonite), 연암, 사문암 등일 때 이들이 급속하게 풍화되어 생긴다. 이런 지질의 원지반에 터널을 설치할 때는 특별한 주의가 필요하다.

잠재응력의 해빙에 의한 이상지압은 지각운동에 의하여 생긴 원지반의 내부응력과 터널굴착에 의하여 생긴 응력과 합하여 터널에 작용하게 된다. 터널 내벽의 경암(硬岩)이 돌연 삐져나오는 파괴(破壞, failure)현상은 그 일례이다.

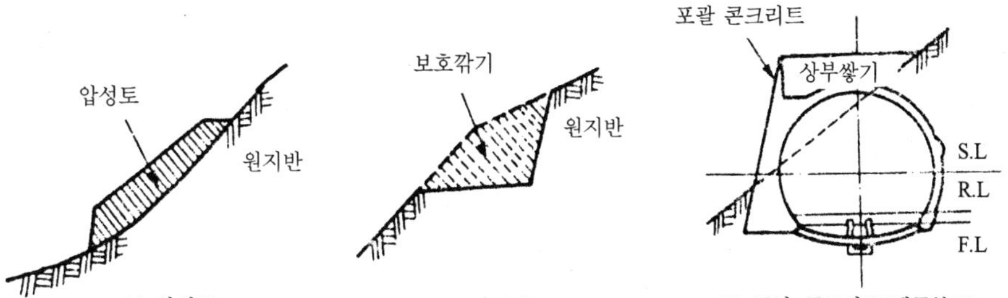

〈그림 7-8〉 편압에 대한 대책공법

(4) 팽창성 토압

일반적으로 암석터널의 경우 동바리공 및 라이닝공에는 원지반의 이완에 의하여 생기는 압력, 영향권 내의 원지반 중량 등이 토압으로 작용하게 된다. 이러한 팽창성 토압의 원인은 다음과 같다.

① 흡수에 의한 단순한 물리적 팽창
② 화학적 변화에 의한 팽창
③ 터널위의 하중에 의한 원지반의 소성변형과 파괴현상
④ 응력의 해방, 즉 지각변동시 선행하중의 해방에 의한 소성유동

(5) 지질조사

지형과 지질조사의 사항과 조사목적 및 조사방법은 표 7-1과 같이 하면 된다.

〈표 7-1〉 지형 · 지질조사의 목적과 방법(터널표준시방서 · 동해설)

조사사항	지질조사법 / 조사목적	기존자료조사	지질답사	탄성파탐사	전기탐사	자기탐사	보링조사	보링공내시험	암석등의 시료시험	수문조사	시험갱조사
표층퇴적물	갱구부근이나 토피가 적은 구간의 지할·붕괴 등의 유무 및 그 거동	◎	◎	◎	△		◎	○	○	○	△
암질	시공법(터널굴진기·발파공법)의 선정, 골재 등의 거부	○	◎	◎			◎	△	◎		
지질구조	단층 파쇄대·습곡구조·변질대 등의 성상파악	◎	◎	◎	△	△	◎	○		○	△
지표수 지하수	터널용수 및 갈수에 관한 조사	◎	◎	△	△		◎	◎		◎	△
지열 온천	고지열지대·온천용출의 유무	◎	◎	△	△	△	◎	◎			
가스 석유	석유·가스의 유무	◎	◎	△			◎		○		
원지반의 거동	팽창성 토압의유무 유사현상의 유무	◎	◎	○			◎	△	◎		△

[주] ◎ : 특히 유효한 조사법, ○ : 실시하는 편이 좋은 조사법, △ : 특수한 경우에 필요한 조사법

7-3 터널의 형상

7-3-1 선형 및 경사

터널의 선형은 지질이 양호하고 용수나 단층이 적은 노선을 선정하고 시공상 문제가 많은 갱구, 작업갱, 환기, 수직갱 등의 위치, 공사용 제 시설의 배치 등을 충분히 고려해야 한다.

터널의 선형은 가급적으로 직선으로 하는 것이 좋으나 지형상 곡선으로 설치할 경우가 있다. 이 경우 철도나 도로터널에서는 곡선 최소 반지름보다 완만한 곡선이 되어야 하며, 터널의 경사는 내부 배수환기에 지장이 없는 범위에서 완만하게 해야 한다. 일반적으로 종단경사는 0.3~2.0%의 사이의 경사로 완만하게 하는 것이 바람직하다.

7-3-2 터널의 단면

터널의 단면은 터널의 목적에 따라 그 형상이 다르므로 시공상의 난이, 라이닝에 미치는 외력 등에 의해서 변하며, 아무리 작은 터널이라도 시공할 수 있는 최소단면보다 작아서는 안 된다.

단면형상은 원형(圓形), 함형(函形), 제형(梯形), 마제형(馬蹄形), 난형(卵形) 등이 있으며, 시공목적과 지질조건을 고려하여 외압에 대응할 수 있는 형상을 선택함으로서 경제적으로 기대할 수 있다. 즉 경암의 경우는 그림 7−9(a)와 같이 측벽을 수직으로 시공할 수 있으나, 보통 지질조건으로는 (b)와 같이 3심원, 또는 5심원으로 된 마제형으로 하는 경우가 많다. 지질이 불량하고 큰 외압이 작용할 때는 (c)와 같이 역아치의 콘크리트바닥으로 시공하는 경우도 있고, 매우 큰 토압이 작용하는 터널은 (d), (e)와 같이 원형단면으로 선택해야 한다.

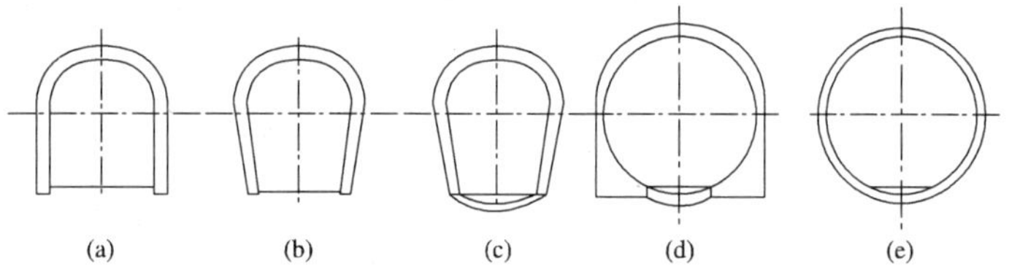

〈그림 7-9〉 지질에 따른 터널의 형상

그림 7−10은 터널 각부의 명칭을 표시한 것이다. 이 그림은 정설도갱으로서 번호 1, 2, 3, 4, 5 순으로 굴착 시행한다.

또 필요에 따라 조명, 통신, 환기, 배수 등 때문에 여분의 단면으로 설계되어야 하며, 그림 7−11은 도로터널의 예이다.

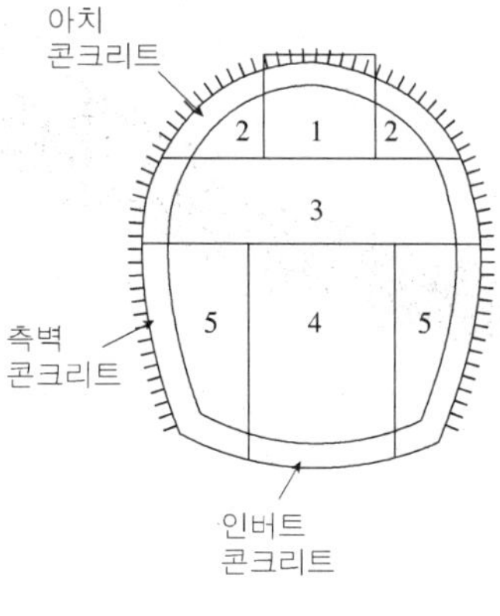

〈그림 7-10〉 터널의 굴착순서

수로터널의 경우는 소요 통수량(通水量)의 여유를 보아 단면적을 결정해야 한다. 그림 7-12에 있어서 통수량을 결정하면 수로터널의 경사에 따라 터널지름 2R을 결정할 수가 있다. 단 조도계수(粗度係數) $n = 0.015$인 경우이다.

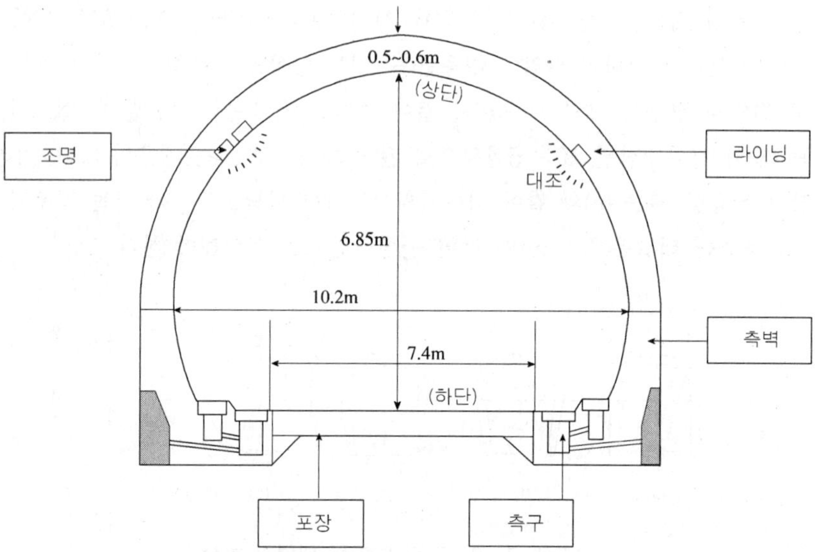

〈그림 7-11〉 도로터널의 표준단면도

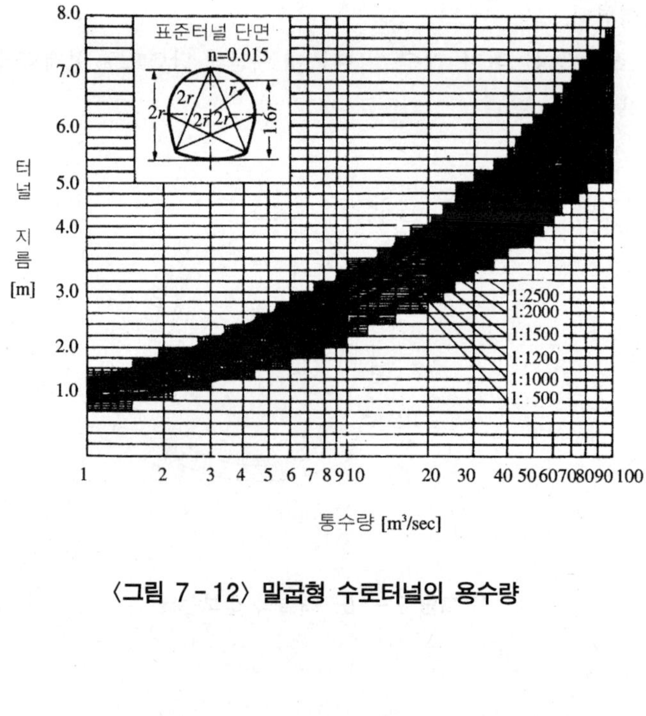

〈그림 7-12〉 말굽형 수로터널의 용수량

7-3-3 터널에 작용하는 토압

(1) 토피가 얇은 경우

터널상부의 흙의 두께가 얇고 지층은 사질토지반으로 점착력이 없는 경우는 마찰이론에 의하여 다음 식으로 토압을 구할 수 있다.

터널 위쪽의 압력 P, 원지반의 전중량 W에서 그 양측의 토압 P_a에 의한 마찰력 F를 감하여 구하면 아래 그림 7-13과 같이 나타낼 수 있다.

$$P = W - F = W - 2\mu P_a \qquad (7-1)$$

여기서, W : 터널위의 흙의 중량, $W = \gamma bH$

P_a : 주동토압, $P_a = \frac{1}{2}\gamma H^2 K_a$

μ : 흙의 마찰계수

γ : 흙의 단위중량

K_a : 토압계수, $K_a = \frac{1-\sin\psi}{1+\sin\psi} = \tan^2\left(45° - \frac{\psi}{2}\right)$

ψ : 흙의 안식각

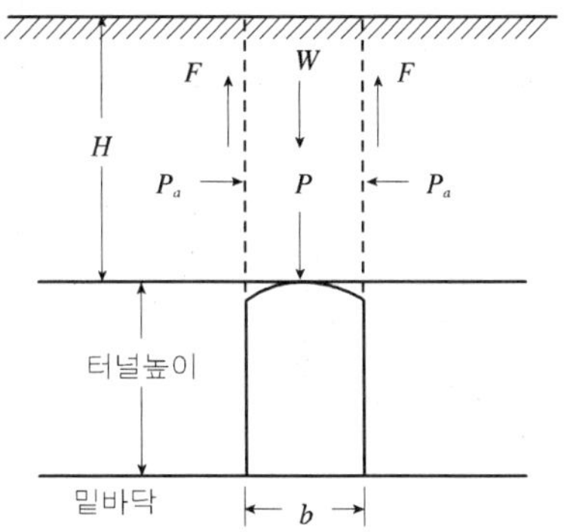

〈그림 7-13〉 터널의 마찰력

따라서 식 (7-1)은 다음과 같이 된다.

$$P = \gamma bH - \mu\gamma H^2 K_a = \gamma bH - \mu\gamma H^2 \tan^2\left(45° - \frac{\psi}{2}\right) \qquad (7-2)$$

이 식은 H가 어느 한계에 달하면 ψ는 0이 되고, 그 이상에서는 (−)가 되므로 그 사이에 최대가 되는 점이 있으므로 그 최대값을 H에 대해 미분해서 0으로 놓으면 F의 최대치는 다음 식으로 나타낼 수 있다.

$$P_{\max} = \frac{\gamma b^2}{4\mu K} \qquad (7-3)$$

(2) 토피가 두꺼운 경우

터널에 작용하는 토압은 지형, 지질, 터널의 크기, 형상, 시공방법 등 여러 가지 요인에 따라 달라진다. 그러므로 점착력이 없는 사질토지반의 경우는 터널굴착후 동바리공을 실시하지 않으면, 시공도중 상부가 붕괴된다. 터널굴착후 즉시 동바리공을 설치하면 터널상부 지반이 아치작용을 일으키므로 터널에 작용하는 상부하중은 아치작용의 아래 부분의 원지반 하중으로 생각하기 쉽다. 이 아치작용을 일으키는 깊이의 한계는 Terzaghi에 의하면, $H \geqq 1.5(B+Ht)$일 때 아치로 되어 압력 영향권이 생기게 되며, 그림 7−14와 같다.

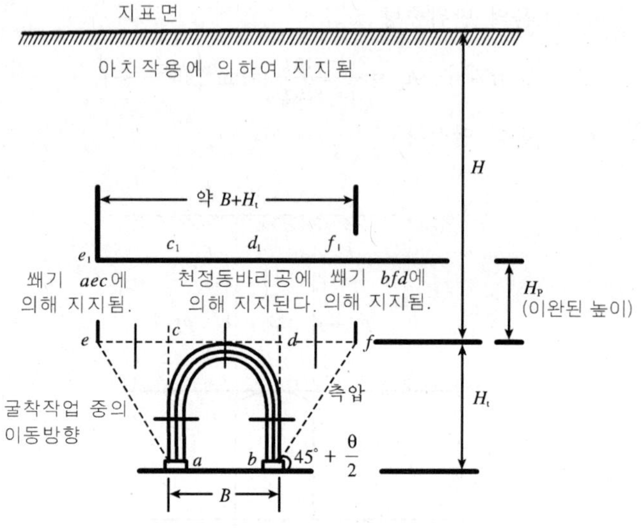

〈그림 7-14〉 터널동바리공에 미치는 하중

7-3-4 터널의 선형과 분배

터널의 선형은 그 사용 목적이나 시공면에서 보면 직선인 것이 경제적이나 지형조건이 나쁜 경우는 비교적 큰 반지름을 사용하는 것이 좋다. 또한 터널의 경사는 용수의 자연유하가 가능한

한 완만한 경사로 하는 것이 좋다.

터널의 양갱구(兩坑口)의 고저차가 없을 경우에도 수평을 피하여 0.5%(1/200)의 경사로 하는 것이 버력(muck, rock waste)운반이나 배수(排水) 등의 시공이 편리하다. 또 양갱구의 고저차가 심할 경우는 될 수 있는 대로 한 쪽경사(片勾配)로 한다(1방향 경사로서 하향경사).

터널의 단면형상, 치수, 시공법, 경제성 등에서 큰 폭원의 터널을 한 곳 굴착하는 것보다 두 곳 또는 그 이상 굴착하는 것이 좋을 경우가 있다. 그 경우 원지반을 완전 탄성체라 생각하면 굴착 폭의 2배, 점토 등 연약한 원지반이라도 5배 정도로 터널 상호간의 영향은 없다고 한다.

7-4 굴 착

터널굴착은 비교적 단면이 작을 때나 지질이 양호한 경우에는 단면 전체를 한번에 굴착하는 전단면 굴착이 가능하고 경제적이다. 그러나 많은 경우는 지질이 나쁘고 복잡하거나 단면이 커서 붕락(崩落)이 심하기 때문에 기계설비나 버력반출에도 문제가 생기고 복공작업의 능력 등 많은 제약이 있으므로 도갱이나 넓히기 방법 등의 굴착방법을 택한다.

도갱(導坑, heading)굴착 방법을 택하는 것은 터널전방의 지질을 미리 확인할 수 있고, 이외에도 도갱을 통한 용수의 배제와 굴착 넓히기를 쉽게 할 수 있으며, 또 도갱을 통하여 넓히기 부근에서의 버력을 반출하는데 대단히 편리하다는 점이다. 그림 7-15는 저설도갱에 토운차(土運車)를 대기시켜 놓고 위의 버력을 동력으로 싣는 방법이다.

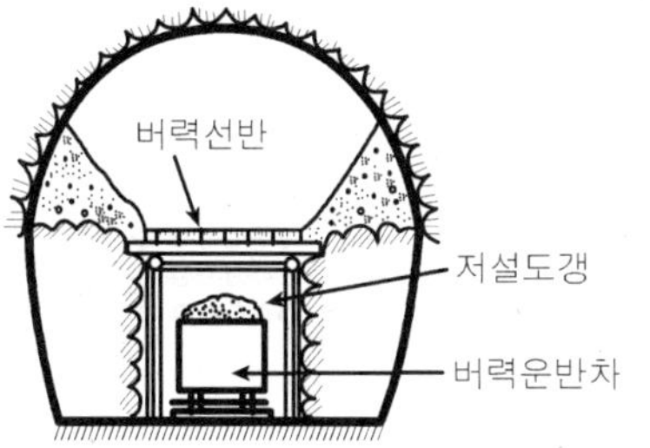

〈그림 7-15〉 버력선반

도갱단면의 크기를 가배(加背)라고 하고, 가배는 작업방법과 사용기계에 따라 다르나(폭×높이)는 보통 1.8m×2.1m~4.8m×3.3m 정도이다. 도갱의 위치가 그림 7-10에 있어서 1이라면 정설도갱(頂設導坑, top heading), 4를 굴착할 경우를 저설도갱(底設導坑, bottom heading), 5의 경우를 측벽도갱(側壁導坑, side drift)이라 부른다.

(1) 발파굴착공

발파작업의 공종(工種)을 분류하면 표 7-2와 같다. 터널 등 굴진발파로 중요한 것은 심빼기공으로 터널발파에서는 가장 필수적인 것이다. 이 심빼기는 여러 가지 형식이 있고 V컷 및 패럴랠(parallel)컷이 보통 많이 사용된다. 또 원주공(圓周孔)은 터널을 형성하는 최종 벽면의 발파공으로서 굴착의 더파기(over break)나 원지반의 지압을 제어할 목적에서 매끈한 벽면을 얻을

〈표 7-2〉 발파작업의 공종

작 업 종 별	발 파 방 법
1. 굴 진 발 파	
터널굴진발파	심발공・불발파・원활발파・제어발파
광산굴진발파	심발공・불발파・장공상향・하향발파, 벤치발파・가스유도발파・주수발파
대공동굴착발파	그롤리홀・벤티발파・원활발파
사갱, 입갱발파	심발공・불발파・스테이지 블라스팅
2. 채 석 발 파	계산식(벤티)・경사식・그롤리홀식 발파
3. 갱 도 식 발 파	
4. 트 렌 치 발 파	
5. 수 중 발 파	유선・무선기폭
6. 토 발 파	발근발파・토양발파
7. 제 어 발 파	도시발파・콘크리트발파

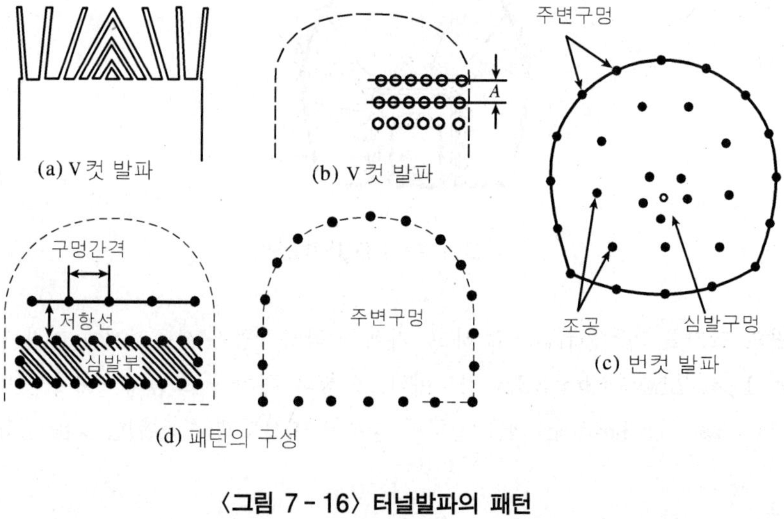

(a) V컷 발파 (b) V컷 발파 (c) 번컷 발파 (d) 패턴의 구성

〈그림 7-16〉 터널발파의 패턴

필요가 있고 이 의미에서 중요한 발파공이 된다.

일반적으로 사용하고 있는 터널발파의 패턴을 그림 7-16에 표시하였다. 또 벤치컷(bench cut)은 노천에서의 발파작업에 행하는 보통의 굴착이나 터널의 도갱굴착에도 많이 이용하고 있다.

(2) 도갱의 굴착계획과 발파의 진항

도갱의 굴착단면은 도갱식으로 9~13m^2 정도이고, 상부반단면공법은 20~40m^2 정도, 전단면공법은 9~90m^2 정도이다. 또 발파의 진행공정은 다음과 같다.

1) 1발파 진행

도갱식으로 연암(軟岩)은 0.9m(탄성파속도 2.6~1.0km/sec), 중경암(重硬岩)은 1.2m 정도(탄성파속도 4.8~3.0km/sec), 경암(硬岩)에서 1.5m(탄성파속도로 5~3.2km/sec), 상부반단면·전단면공법으로 연암은 0.9m, 중경암은 1.2~1.5m, 경암은 1.5~2.5m이다. 우리나라의 1발파 진행은 평균 1.5m, 유럽과 미국에서는 1.5~4.5m이다.

2) 1발파 굴착량＝굴착단면×1발파 진행

3) 1발파 버력 증가량＝1발파 굴착량×버력 증가율(표 7-3(b) 참조).

4) 구멍뚫기 개수는 다음과 같다(표 7-3(a) 참조).

〈표 7-3〉 암반의 구멍뚫기

(a) 구멍뚫기 개수

굴착단면	연 암	중경암	경 암
10㎡	3.5	4.3	5.8
20	3	4	5
30	2.2	3	4

(b) 버력 증가율

	도갱식	상부반단면·전단면
연 암	1.4	1.5
중경암	1.6	1.7
경 암	1.9	1.9

5) 착암기 1대당의 구멍뚫기 수(孔數)

착암기 1대당의 구멍뚫기 수(P, 孔數)는 작업능률을 고려하여 결정한다. 일반적으로 7~13개 정도이다.

6) 착암기 1대당의 구멍뚫기 길이

암석 폭파시에 있어서는 암석의 저항에 의하여 폭파되지 않는 구멍이 남아 있게 되므로 1발파 진행에 대하여 여분으로 구멍뚫기하여 깊게 폭약을 장전할 필요가 있고 다음의 기준을 사용한다.

① 연　암 : 1발파 진행×1.0~1.1
② 중경암 : 1발파 진행×1.3~1.6
③ 경　암 : 1발파 진행×1.7

도갱식인 경우는 같은 값을 취한다.

(3) 구멍뚫기 계획

구멍뚫기는 암석발파 작업을 위한 수단으로 구멍뚫기의 위치, 구멍뚫기 길이, 구멍뚫기 수량 등은 지질 및 굴착단면에 따라 결정된다. 그리고 이 구멍뚫기 계획은 발파능률을 향상시키기 위한 적정한 구멍뚫기 배치, 장약량에 의하여 더파기가 적고, 혹은 적은 폭파가 되게 계획해야 한다(표 7-4 참조).

암석폭파를 효율적으로 실시하기 위해서는 폭파이론에 따라 유효한 폭파계획을 적용하는 것이 필요하다. 폭파를 유효하게 하기 위해서는 다자유면(多自由面)의 폭파를 고려해야 하며, 여기에는 심발발파에 의하여 중심에 자유면을 최초로 만들어 다음에 그 주위를 순차 폭파하도록 하는 것이 경제적이다. 이와 같은 생각에서 다음과 같은 폭파방법을 고려할 필요가 있다.

〈표 7-4〉 사이클 타임의 계산표

구멍뚫기 시간	구멍뚫기 준비 구멍뚫기 시간 착암기 이동	20~30분 구멍뚫기 길이÷정쇄파기(분/개)×1대당 구멍뚫기개수 1.5×1대당 구멍뚫기 담당개수	
폭　파	장약시간 폭파, 환기시간	약 30분 약 30분	구멍뚫기와 병행하여 실시가능 환기선의 용량에 의함
버력반출	준　비 버력싣기 트롤리입환 선로연장	평균 20분 버력량÷(버력 싣기 용량×η×사이클 수) 평균 10분 평균 20분	} 덤프트럭의 경우는 0이다.
동바리공	혹의 떼어내기 동바리공 세우기	30분 연암 180분, 중경암 70분, 경암 60분	
손　실		40~30분	

1) 심발공의 발파

심발발파는 1자유면의 발파로 비교적 많은 폭약을 사용하게 되므로 될 수 있으면 폭약량을 적게 사용하는 방법이 고려되지만 폭약량을 적게하자면 구멍뚫기가 곤란하므로, 이들 공법의 채용은 작업원의 기능과 사이클 타임(cycle time)과의 관계를 고려하여 정할 필요가 있다.

2) 절확발파

심발 후의 절확발파(切擴發破)는 심발 부분부터 막장 주변을 걸쳐서 전기뇌관(DS)을 사용하여 자유면을 만들면서 절확(enlargement)을 진행시킬 필요가 있다.

3) 주변발파

주변발파는 터널측벽을 발파하는 것이고, 이 주변면의 발파의 양부는 굴착에 영향이 있으므로 구멍뚫기, 폭파에 주의를 요한다.

측벽의 끝 손질을 위하여 스무스블라스팅(smooth blasting)이 사용되는 구멍뚫기에는 시간을 요하므로 잘 쓰이지 않는다.

4) 벤치발파

상부반단면공법에 의한 터널굴착에 있어서 하부반단면의 굴착은 벤치컷공법에 의하여 실시된다. 또 지질이 나쁜 경우에는 아치부분의 복공을 완료한 후 실시하고 지질이 비교적 좋은 경우에는 상부반단면을 굴착한 후 곧 실시한다. 굴착방법은 크로울러드릴(crowler drill) 또는 드리프터(drifter)를 장치한 기계에 의하여 구멍뚫기하고 그 후 발파를 실시하는 것이나, 이 경우에는 2자유면의 발파가 되어 비교적 폭약을 경제적으로 사용함과 동시에 굴착능률을 대단히 높고 굴착작업이 용이하여 경제적으로 실시할 수 있다.

7-4-1 터널의 굴착방법

터널의 굴착방법은 터널의 연장, 단면의 형상과 크기, 지질, 지형, 공사기간 등에 충분히 적합한 방법을 채용할 필요가 있다.

(1) 굴착방법의 선정

굴착공법은 막장의 자립성, 원지반의 지보능력, 지표면 침하의 허용값 등을 충분히 조사한 다음, 시공성 및 경제성을 고려해서 선정하여야 한다. 또한 굴착공법에는 전단면굴착, 분할굴착이 있으며 분할굴착은 상·하 분할굴착과 좌·우 분할굴착으로 구분하며, 수평분할굴착은 통상 벤치의 길이 및 수에 따라 롱벤치굴착, 쇼트벤치굴착, 미니벤치굴착, 다단벤치굴착 등으로 구분한다.

굴착공법의 선정에 있어서는 원지반의 자립성을 중점적으로 고려하는 것이 타당하며, 원지반의 변화에 대하여 보조공법도 고려해서 결정하여야 한다.

1) 전단면굴착

이것은 터널의 전단면(全斷面)을 동시에 굴착하는 방법으로서 그림 7−17과 같다. 도갱을 굴착하지 않고, 점보드릴(jumbo drill)로 전단면에 구멍뚫기한 후 폭파하여 터널의 전단면을 일시에 굴착하는 공법이며, 단면이 작은 터널에 많이 사용되는 공법이다. 특징으로서는 도갱을 사용하지 않는 공법이며, 지반이 양호하고 경암일 때 적용한다. 또한 동바리가 필요하지 않은 지질일 때는 대형 공사용 장비를 사용하면 굴착속도가 빠르다.

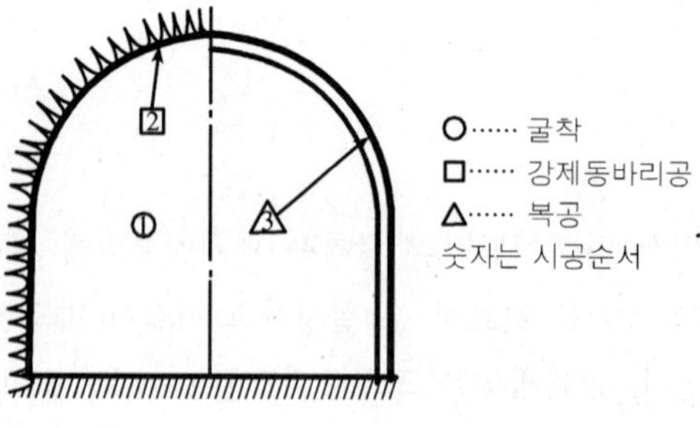

〈그림 7 - 17〉 전단면굴착

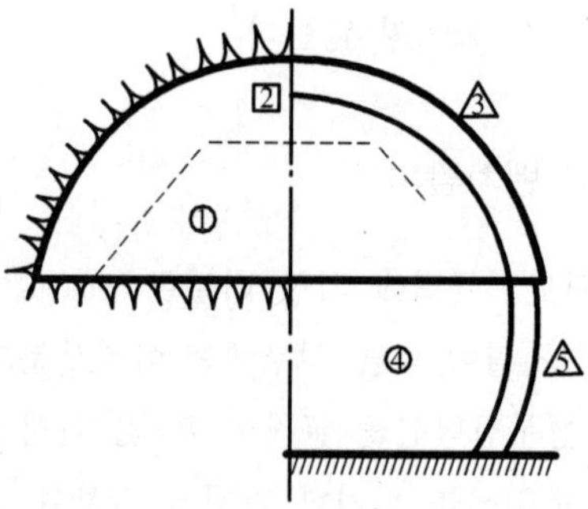

〈그림 7 - 18〉 상부반단면굴착

2) 상부반단면굴착

상부반단면을 굴착한 후 하반반단부의 굴착을 하는 방법이고(그림 7−18 참조), 비교적 지질이 좋고 용수량이 적은 터널이나 연장이 짧은 경우에 많이 적용된다. 부분적으로 지질이 나빠져도 상부반단면의 링(ring)부를 선진굴착하여 강제동바리공을 세우는 링굴착방법으로 대체하는 응급처치를 할 수 있다. 또 버력운반도 덤프트럭으로 할 수 있다.

가) 반단면굴착 공법의 특징

① 상부굴착부분에 대하여 하부굴착시까지 완전한 보강을 실시할 수 없어 공사기간이 길어진다.

② 굴착공정이 복잡하여 공사비가 증가하고, 상대적으로 품질관리가 어렵다.

③ 하부굴착시 상부 1차 보강의 파손우려가 있으며, 상·하부 보강연결 부분의 시공불량을 유발할 수 있다.

④ 단면이 협소하여 버력처리 작업이 어렵다.

⑤ 상부굴착시 점보드릴 투입이 난이한 점 등의 단점이 있으나 연약암반에서는 지보 목적상 유리하다.

굴착공법중 일반적으로 적용되고 있는 전단면 및 반단면굴착방법에 대하여 비교하면 표 7-5와 같다.

〈표 7-5〉 굴착단면 비교표

전단면굴착	반단면굴착
◦ 암질이 양호하여 암반자체가 가지고 있는 지보력이 크고 막장의 자립시간이 긴 경우에 주로 적용한다.	◦ 암질이 비교적 불량하여 막장의 자립시간이 상대적으로 짧은 경우에 주로 적용한다.
◦ 굴착에 따른 응력의 재배치가 한 싸이클에 완료되므로 이론적으로 NATM공법 지보의 특성에 가장 부합되는 공법이다.	◦ 지질이 양호하고 용수가 적은 지반에 적용한다.
◦ 막장이 단일하므로 작업이 단순하다.	◦ 굴착공법이 복잡하여 공사기간이 길어진다.
◦ 일시에 전단면을 보강하므로 연결부분의 시공불량을 방지할 수 있다.	◦ 상·하부보강연결 부분의 시공불량을 유발할 수 있다.
◦ 하단부 굴착시 발파로 인한 상부보강의 파손우려가 없다.	◦ 하부굴착시 상부 1차 보강의 파손우려가 있다.
◦ 기계화에 따른 급속시공에 유리하다.	◦ 버력처리작업이 어렵다.
◦ 버력처리작업이 용이하다.	◦ 복공(lining)은 역권이다.

3) 수평분할(bench cut)굴착

굴착단면을 수평방향으로 여러 단계로 분할하여 굴착하며 벤치의 단수나 길이는 굴착단면의 크기, 지반조건에 따른 인버트의 폐합 시기, 굴착설비 등에 의하여 결정된다. 주로 지반의 상태가 보통이고 단면적이 크거나 지반상태가 다소 불량한 경우에 막장의 자립성을 높이기 위하여 정용한다.

① 롱벤치(long bench)굴착

벤치길이가 터널 폭(D)의 3배 이상이며 지반이 양호하고 시공단계에서 인버트의 폐합이 필요하지 않은 경우에 채택한다. 상·하단면의 병행굴착작업이 가능하고 장비의 운용이 용이하며 버력적재에 경사로를 설치하여야 한다.

② 쇼트벤치(short bench)굴착

벤치길이가 터널 폭의 1~3배 정도이며, 모든 지반에서 적용이 가능하고 중단면 이상의 단면에서 주로 적용하며 굴진 도중에 지반 변화에 대한 적응성이 크고 장비의 운용이 용이하다. 상반굴착에서 작업공간의 여유가 적어질 수 있고 상·하반 중의 한 부분만 작업이 가능하므로 작업공정의 균형이 어려우며 버력적재를 위한 경사로가 필요하다.

③ 미니벤치(mini-bench)굴착

팽창성 지반이나 토사지반에서 인버트의 조기 폐합이 가능하고 침하를 최소로 억제할 수 있으며, 벤치길이는 터널 폭의 1배 이내로 한다. 상반굴착작업 공간의 여유가 적어질 수 있고 버력운반용 경사로가 필요하며, 상·하반 중의 한 부분만 작업이 가능하므로 작업공정의 균형을 맞추기 어렵다.

④ 다단벤치(multi-bench)굴착

벤치의 수가 3개 이상인 분할굴착공법으로 주로 막장의 자립성이 불량하여 분할굴착이 필요한 경우나 대단면 터널에서 채택한다. 버력처리가 각 막장에서 중복되고 벤치의 길이가 한정되면 굴착작업 공간이 협소해지며, 일반적으로 쇼트벤치굴착보다 변형과 침하가 카다.

4) 중앙도갱식(center heading)

중앙부에 도갱을 굴착하여 여기서부터 방사상으로 구멍뚫기(穿孔, drilling), 폭파하여 전단면을 굴착하는 방법이며(그림 7-19 참조), 지질이 대단히 양호한 곳에 적용된다. 최근에 이와 같은 암질에는 전단면굴착방법을 택하고 있다.

5) 선진도갱식(pilot drift)

도갱을 이 터널에 병행시켜 굴착하고 여기서부터 연락갱(坑)을 굴착하여 이 터널을 완성시키는 것으로, 도갱은 버력반출, 재료운반, 환기, 배수 등에 이용하고 해저터널이나 긴 터널 등에 많이 택한다(그림 7-20 참조).

6) 링컷공법(ring cut method)

연약한 지층인 경우 상부반단면의 굴착으로 막장의 압출이나 붕괴를 막기 위하여 아치동바리공을 시공한다. 이 때 막장의 높이는 아치동바리공의 삽입이 가능한 정도로서 될 수 있으면 낮게 굴착하는 것이 보통이다. 또 도갱은 저설식과 측벽식의 2종류이다. 현재 링컷공법(그림 7-21 참조)이 많이 사용되고 있으며, 안전성이 높은 공법이지만 공사비 면에서는 다소 고가이다.

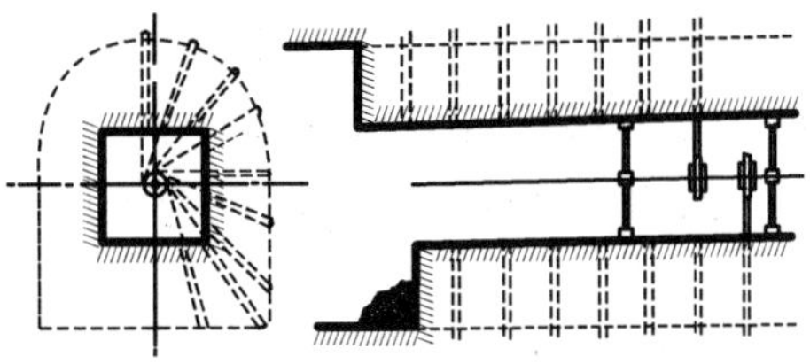

〈그림 7-19〉 중앙도갱식

〈그림 7-20〉 선진도갱식

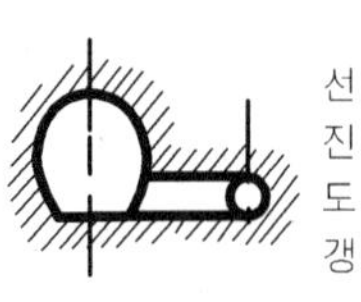

〈그림 7-21〉 링컷공법

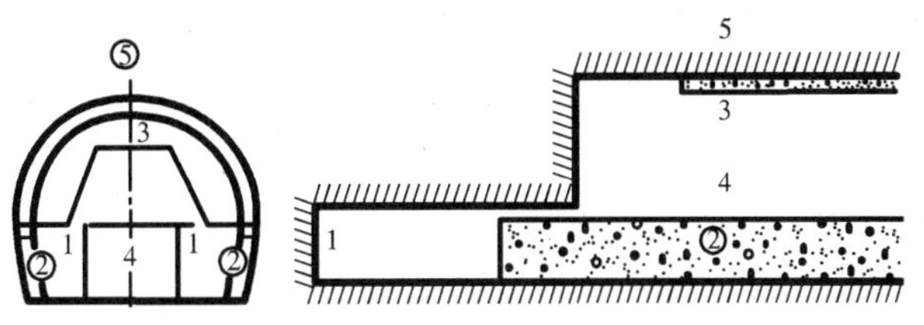

〈그림 7-22〉 저설도갱 선진반단면공법

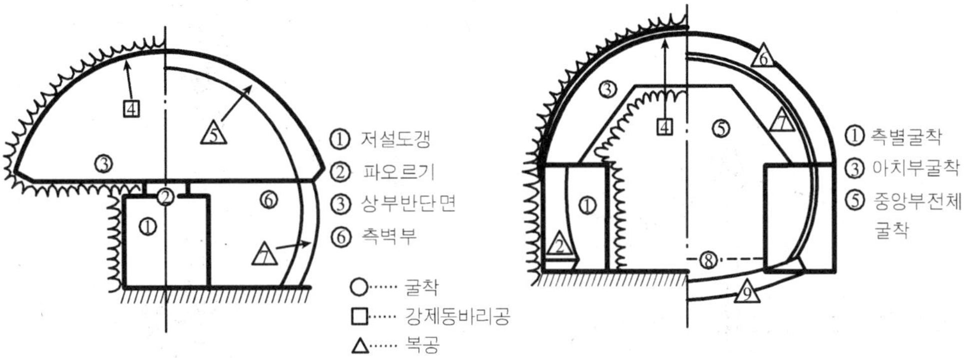

〈그림 7-23〉 측벽도갱 선진링굴착공법

산악터널의 굴착방법은 다종다양하나 현재 많이 사용되는 것은 다음과 같다. 표준적인 조건에서는 저설도갱 선진반단면공법(그림 7-22 참조), 용수가 적고 지질이 양호한 경우는 상부반단면공법, 지질이 대단히 양호하고 동바리공의 필요성이 없는 경우는 전단면공법, 팽창성의 지질 등에 의하여 측압이 많이 작용할 우려가 있는 경우나 지질이 연약한 경우에는 링컷공법이나 측벽도갱 선진링굴착공법이 채용된다.

상부반단면을 한번에 굴착하여 막장이 붕괴할 우려가 있을 경우는 우선 링모양으로 부분굴착을 하고 여기에 강(鋼) 아치동바리공을 세워 지지시킨후 굴진한다. 이 공법은 앞에서 말한 저설도갱 선진상부 반단면공법(그림 7-22 참조)이나 측벽도갱 선진링공법 등에서 사용되며, 그림 7-23과 같다.

7) 입갱의 굴착

입갱(入坑)의 굴착은 이 터널의 지질이 연약할 경우나 공사용 진입로, 환기, 공사용 기자재의 운반, 기타 등이 갱구에서부터 시작하기 곤란할 때는 터널의 적당한 장소, 즉 산위에서 부터 그림 7-24의 (a), (b)와 같이 입갱을 굴착한다. 이 예에서 삭공(削孔)은 9붐의 보행용(ambularar jumbo)을 반입하여 발판(scaffold) 중심부에 조하(吊下)세트 하고 인력으로 구멍뚫기한다. 하향 시공을 위하여 공벽부터의 붕락(崩落), 구멍입구(孔口)에서의 돌덩어리의 낙하, 용수에 의한 석분(石粉), 버력의 유입을 방지하기 위하여 하중재하관(loading pipe)으로 구멍에 양생하고 장약 완료후 하중재하관을 인발한다. 발파, 환기 후 $0.6m^3$ 굴삭기로 $5.5m^3$의 토사를 케이블로 버력을 운반한다. 1발파 진행은 0.8~1.2m 정도 이므로 2~3회 발파후 소정의 라이닝길이(l=2.4m)가 되었을 때 반정형(盤整形)을 하여 복공작업을 완료한다.

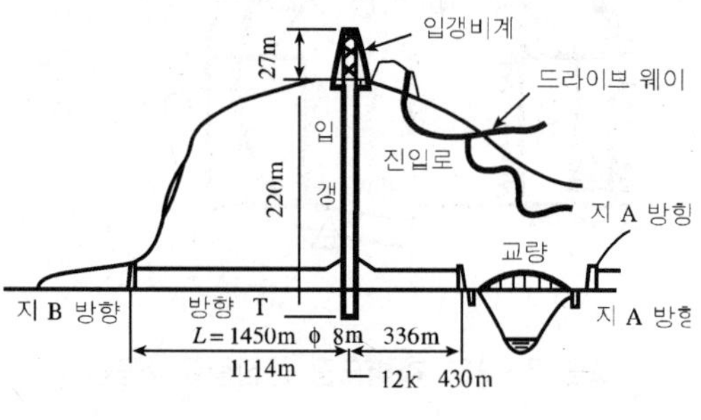

(a) 입갱전체도

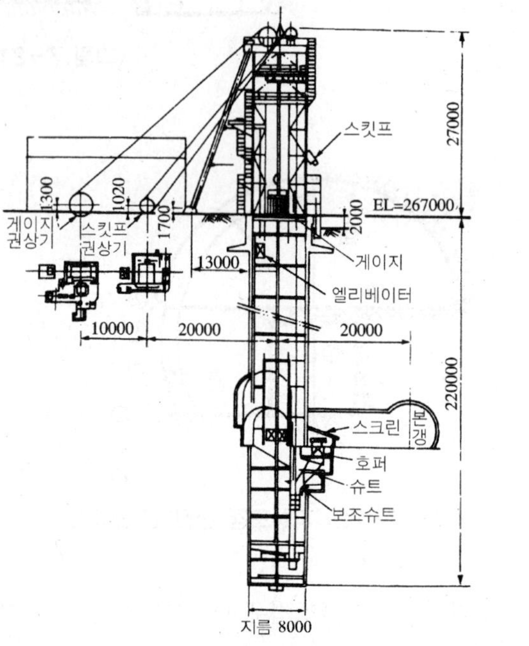

(b) 입갱의 설비도

〈그림 7-24〉 입갱설비

(2) 터널 내의 암석굴착

암석터널의 굴착방법은 폭파에 의한 굴착방법과 터널보링기(tunnel boring machine) 등 기계력에 의하여 굴착하는 방법이 있다.

1) 폭파에 의한 굴착방법

우선 막장에 화약을 장약하는 폭파공을 착암기에 의하여 구멍뚫기한다. 이 구멍뚫기의 방법도 전체공법, 지질, 연장(延長) 등에 따라 다르나 대형 착암기를 점보(jumbo)에 장치한 붐(boom)을 탑재하여 기계조작으로 구멍뚫기하는 방법과 소형 착암기를 인력조작하는 방법 등이 있다. 소형 착암기는 잭해머(jack hammer)라고 부르고 중량은 보통 12~37kg$_f$, 구멍뚫기 지름은 34mm 정도이다. 또, 대형 착암기는 드리프터라고 부르고 수평방향으로 구멍뚫기하며 중량도 27~137kg$_f$ 정도이다.

착암기에는 이 밖에는 상방향의 구멍뚫기 전용으로 스토퍼(stoper), 하향전용의 싱커(sinker) 등이 있다. 동력은 압축공기, 전력, 수압, 유압 등이 있으나 압축공기가 일반적이며, 점보 착암기가 많이 사용된다. 이것은 로드(中空鋼, rod)의 끝에 비트(刃, bit)의 타격력으로 암반을 파쇄하는 타격식 착암기와 암반에 회전력과 압력(押力)을 가하여 파쇄하는 회전식이 있다. 후자는 보통 연암에 적합하다. 비트는 경암에서는 십자비트(cross bit, 날이 십자로 되어 있다), 연암에서는 일자비트(날이 가로 일자로 되어 있다)가 사용된다.

구멍뚫기가 끝나면 화약이 장전되어 폭파가 이루어진다. 보통 심빼기 발파형식이 사용된다. 화약으로는 보통 다이너마이트가 사용되어 왔으나 최근에는 소안유제폭약(哨安油劑爆藥, ammo- nium nitrate fuel oil, ANFO)이 저렴하므로 많이 사용되고 있다.

7-4-2 더파기와 부딪치기

폭파굴착을 하기 위하여 구멍뚫기을 할 때 주변구멍(周邊孔)의 방향은 착암기의 구조상 다소 외측에 향하지 않으면 안 된다. 그 결과 그림 7-25와 같이 설계굴착선을 넘어서 여분으로 굴착하게 된다. 이것을 더파기(餘掘, over break)라고 부른다.

(1) 더파기의 원인

더파기의 원인은 발파의 집중적인 파괴력에 의한 원지반의 붕괴이다. 즉 약실주벽(藥室周壁)

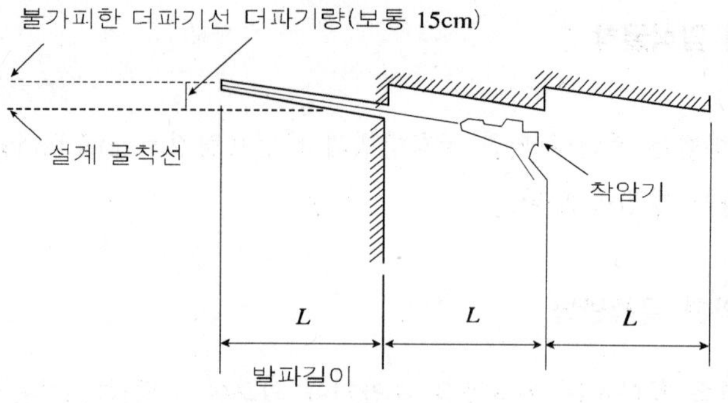

〈그림 7-25〉 더파기 예

에 국소적으로 작용하는 초충격력에 의하여 생기는 파괴현상이다. 이 국소적인 파괴를 발파에서는 백브레이크(back break)라고 부른다.

발파의 백브레이크를 방지하는 방법으로서는 다음과 같은 세 가지 방법이 있다.

① 장약(裝藥)길이를 길게 하여 보어홀(bore hole)을 구멍뚫기할 것, 길이의 60~70%의 범위에 등분포적으로 에너지를 작용시킨다.

② 폭발의 직령을 적게하여 폭력을 저하시킨다.

③ 보어홀 지름과 폭약 직령을 조절하여 공극을 만들어 공극내 공사기간의 순간적 압축변형에 의한 쿠션작용을 응용하여 에너지를 제어한다.

(2) 더파기 방지대책

터널공사에서 발생되는 더파기는 그 양이 증가함에 따라 버력반출량, 숏크리트 및 콘크리트 라이닝의 시공량이 증가하게 되어 공사비가 증가하게 되고, 터널지보에도 불리하므로 가능한한 더파기를 줄여야 한다. 더파기방지대책은 다음과 같다.

① 스무스블라스팅(smooth blasting)공법 채택

② 발파후 조속히 숏콘크리트 실시한다.

③ 적절한 장비의 선정

④ 숙련된 작업원의 활용 및 기능교육 실시

⑤ 백브레이크 발생방지

③의 경우 쿠션(cushion)효과는 일명 데카프링(decapring)효과라고 부르고 제어발파 이론의 주류가 되고 있다.

$$D_c = \text{Decapring 계수} = \frac{\text{발파구멍의 지름}[R_c]}{\text{폭약의 지름}[R_b]} \tag{7-4}$$

여기서, $D_c = \dfrac{R_c}{R_b} = 2$, 즉 폭약 지름의 2배인 발파구멍이 유효하다고 한다.

현장에서 25mm 지름의 다이너마이트에 대하여 50mm의 발파구멍을 구멍뚫기하고 장약길이를 길게 하기 위하여 다이와 다이 사이에 지통(紙筒)의 간격재(spaser)를 넣어서 유폭(誘爆)시키는 경우가 있다.

식 (7-4)에 대하여 구멍의 내벽에 주는 압력은 구멍의 지름이 작고 화약의 지름 또는 약량(藥量)이 많으면 폭파압력은 커지고 그 반대이면 압력은 대단히 작아지는 것을 알 수 있다(그림 7-26 참조).

유럽에서는 스웨덴제의 Gurit라고 하는 소경장(小徑長) 폭약으로 스무스블라스팅을 행한 예가 있다.

(3) ABS공법(水壓發破法, aqua blasting)에 의한 스무스블라스팅

비압축성의 물을 매체로 하여 이 속에서 폭굉(爆轟, detonation)을 일으키면 충격파는 공기중 진동의 전파 속도의 4배의 빠르기로 이것을 둘러싼 벽면에 직각으로 충돌한다. 이것은 공기의 압축효과를 응용하여 발파의 일으킴을 늦게함으로써 에너지를 제어하는 쿠션블라스팅(cushion blast- ing)과 정반대로 진행한다. ABS공법의 개략은 그림 7-27과 같다.

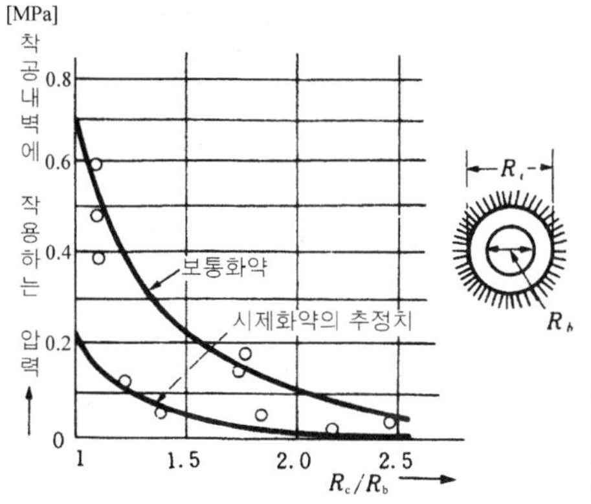

〈그림 7-26〉 보통화약의 공벽면의 압력과 R_c/R_b

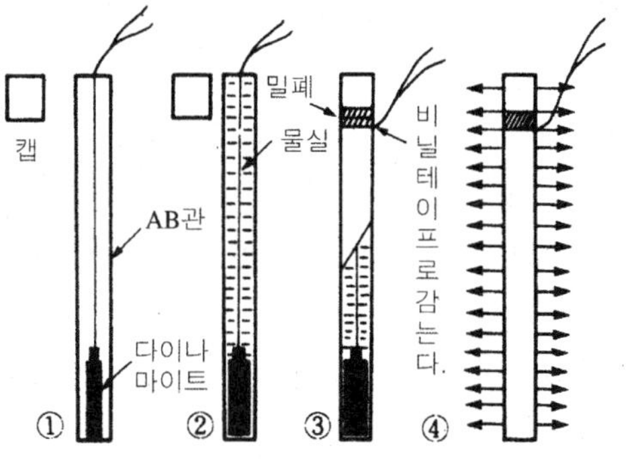

① AB관으로 다이나마이트를 넣는다.
② 물을 넣는다.
③ cap을 하여 궤맨 것은 1 자루의 폭약이라 생각해도 좋다.
④ 점폭과 동시에 수압에너지는 공축의 직각방향으로 균등히 전파한다.

〈그림 7-27〉 ABS공법의 순서

① 지름 30~35mm의 플라스틱 파이프(l=500~2,000mm)에 다이너마이트(slurry)를 증가하여 넣는다.

② 파이프의 길이는 발파길이의 약 $\frac{1}{2}$의 길이로, 나머지 부분은 모래나 점토를 섞어서 넣는다.

③ 파이프의 입구까지 물을 넣어 캡을 하여 셀(실로 꿰멘다)화 한다. 전기뇌관의 도화선(fuze)은 캡의 홈을 통해 바깥으로 빼낸다.

이 파이프를 AB관이라 부르나 장약된 AB관은 1개의 폭약이라고 생각할 수 있다. ABS공법과 재래발파를 비교하면, 표 7-6과 같다.

〈표 7-6〉 ABS공법과 재래발파의 비교

항 목 \ 공 법	재 래 발 파	ABS공법
충격파형	구 면 파	원 통 파
충격파의 진행방향	구멍축(孔軸)에 대하여 45°	90°
진동(Z 방향)	대(3.5)	소(1.0)
충격파의 작용 범위	협소하다	넓 다

스무스블라스팅의 파괴기구는 전문가들 사이에 여러 가지 연구가 되어 있으나 아직 정설은 없다.

ABS공법에 있어서 인접 2구멍(간격 50~60cm)이 순발발파(瞬發發破)를 점폭한 경우 각 구멍에서 발진한 원통파두(圓筒波頭)가 구멍축에 직각으로 원지반 내부를 진행한다. 이것은 압축파이다. 순발(瞬發)이라 하여도 다소의 지체시간(time lag)이 있으면 반드시 이들의 파는 중간점에서 충돌한다고 볼 수 없고 인접공의 구멍벽(면자유)에서 반사파가 되어 돌아오는 파가 당연히 있을 것이다.

즉 그림 7-28에 있어서 AB 2구멍에서 발진한 충격파 a, b는 서로 AB선에서 충돌하고 다시 반사파가 복합적으로 대향파(對向波)와 충돌한다고 생각한다.

이 때 AB선에 직각방향으로 인장파(引張波) C가 생겨 AB선에 따라 파단면이 형성한다고 생각한다.

재래법은 충격파는 구멍축(孔軸)에 45°방향으로 진행하므로 인접 2구멍간에 있어서 완전히 충돌간섭이 생기지 않고 따라서 완전한 파단현상은 기대할 수 없다.

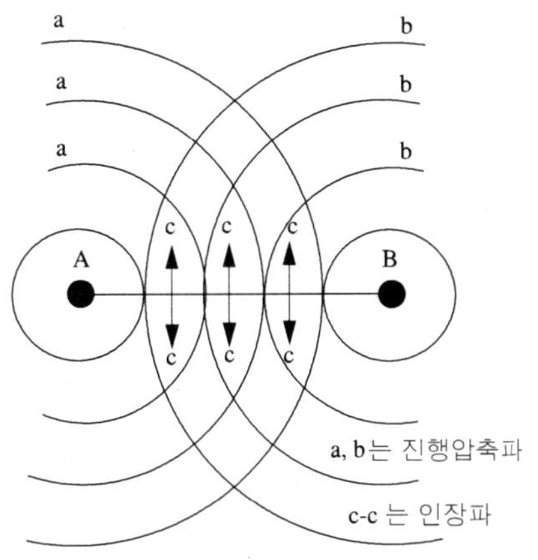

〈그림 7 - 28〉 충돌파의 형태

7-5 기계굴착

(1) 개요

기계에 의한 굴착은 발파공법에 비해서 여굴(餘掘)이 적고 보다 평활(平滑)한 굴착면을 얻을 수 있으며, 주변의 원지반에 미치는 영향이 적어서 안전성이 높고 지질에 따라서는 공사기간 면에서나 경제적인 면에서 유리하기 때문에 광범위하게 사용되고 있다.

굴착기계를 선정할 때는 다음 사항을 고려하여야 한다.

① 굴착하고자 하는 터널 원지반의 강도를 조사하고 경제성을 검토한다.
② 굴착단면과 굴착기계의 작동 범위를 고려하여 인력굴착이 적게 되는 기종을 채용한다.
③ 버력적재 반출기(搬出機) 및 기타 병용기(併用機) 등과의 작업성, 작업장소 등을 고려한다.
④ 예상되는 지질의 변화에 대처할 수 있는 조치를 사전에 고려하여 선정한다.
⑤ 발파공법의 병용 및 기타 공법 변경에도 대처할 수 있는 기종을 선정한다.
⑥ 분해조립이 쉬운 기종을 선택한다.

7-5-1 로빈스식

디스크커터(disk cutter)라고 부르는 주판 알과 같은 독자적인 커터를 다수 붙인 1매의 대원반(大圓盤, cutter head)을 막장면에 눌러 회전하면서 커터의 쐐기력으로 암석을 전단파괴하는 것이고, 압축강도 100~150MPa 정도까지의 암석에 적합하다.

7-5-2 월마이어식

막장면에 있는 경사각으로 커터를 눌러 암석을 굴착하는 방법이고, 압축강도 70~80MPa 정도까지의 연암에 적합하며 그 장·단점은 다음과 같다.

1) 장점

① 정확한 원형단면의 깎기가 가능하고 더파기가 적어진다.
② 진동이나 폭음이 적다.
③ 동바리공, 복공, 환기의 조치가 경감된다.
④ 갱내작업이 안전하다.

2) 단점

① 암질의 변화에 대한 적용성 범위의 예상이 곤란하다.
② 기계중량이 크므로 현장에의 반입반출이 많아진다.
③ 기계가격이 높다.

7-5-3 NATM공법

록볼트(rock bolt)나 뿜어붙이기 콘크리트를 주체로 한 NATM(new austrian tunnelling method)은 지질의 양부(良否)에 따라 막장을 전단면굴착 또는 2~3단으로 나눈 쇼트벤치(短段式工法, short bench)의 공법으로 굴착하는 것이다.

NATM은 록볼트나 원지반에 밀착시키는 뿜어붙이기 콘크리트의 기술로서 원지반 자체를 보강하여서 굴착지반을 안정화시키는 굴착공법으로 강제 동바리공이나 복공에 의한 원지반 지지의 본래의 공법과는 다르다.

또 원지반의 강도를 이용하므로 원지반의 변위(變位)나 지압(地壓) 등이 중요한 요소가 된다. 굴착 후에 그 변화를 계획하여 계통적으로 설계나 시공에 피드백(feed back)해야 한다.

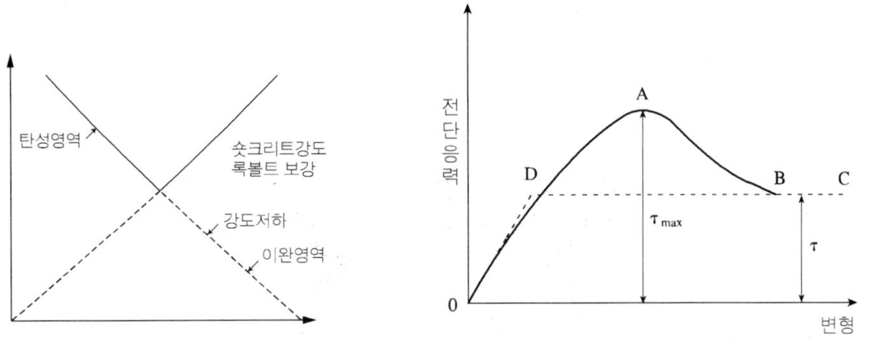

(a) 지반강도와 변위곡선 (b) 전단응력과 변형곡선

〈그림 7-29〉 NATM의 원리곡선

(1) NATM공법의 원리

암석을 압축하면 그림 7-29와 같이 전단응력-변형곡선이 그려진다. 일반적인 경향은 응력의 증가하면 변형도 증가하고(O-D 곡선) 최대응력 (A)에 달할 때 거의 탄성변형을 일으킨다. 또 최대응력을 넘어도 곧 내력(耐力)을 잃지 않고 서서히 강도가 약화되면서 변형이 증가되어 간다(A-B 곡선). 또 B점을 지나면 전단응력이 저하하지 않으나 변형만 증가하는 현상이 보인다(B-C 곡선). NATM는 이와 같은 암석의 응력-변형 특성을 고려한 굴착공법이다.

NATM은 도갱의 굴착개방에 따른 암반의 이완에 의해 생기는 응력을 뿜어붙이기 콘크리트에 의하여 균등하게 재배분시키는 동시에 록볼트의 삽입에 의하여 이완을 방지하고 암반아치를 형성시킨다. 여기에 의하여 암반은 평형상태를 유지하면서 어느 정도의 변형을 허락함으로써 안정상태가 된다. 또 2차 복공은 암반이 종국적인 안정상태가 되었음을 확인한 다음에 시공한다.

이상과 같이 NATM에 있어서는 원지반 거동의 파악과 뿜어붙이기 콘크리트와 록볼트의 지보효과(支保效果)의 파악 및 안정상태의 확인을 적절하게 시행하는데 큰 의미가 있다. 그러므로 다음과 같은 계측을 시행한다.

① 갱내 탄성파탐사 : 지층균열, 변질의 정도, 암반강도, 탄성파속도 등의 파악
② 암석시험 : 암반의 물리적 성질, 역학적 특성의 파악·해석, 설계의 기본자료를 얻는다.
③ 내공변위측정 : 갱벽변위의 상태, 변위의 최대치, 속도 등을 파악하고 원지반의 안정성, 설계패턴의 적성 등의 판단자료로 한다.
④ 지중변위측정 : 처짐의 영역을 파악하고 록볼트(길이, 간격 등)의 적성의 판단자료로 한다.

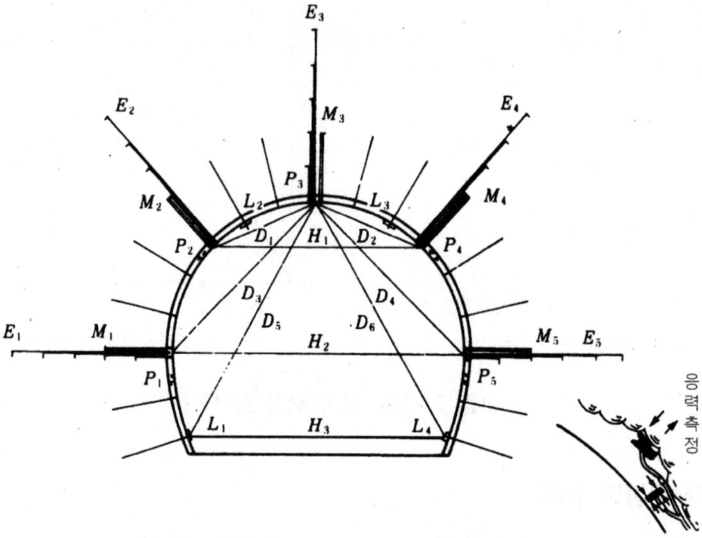

$E_1 \sim E_5$: 원지반 변위측정　　　$P_1 \sim P_5$: 뿜어붙이기 콘크리트 응력측정
$M_1 \sim M_2$: 록볼트 응력측정　　　$H_3 \sim H_3$: 수평 집중선
$L_1 \sim L_4$: 록볼트 축력측정　　　$D_1 \sim D_6$: 대각선 집중성

〈그림 7-30〉 계측 표준단면도

⑤ 록볼트 축응력 측정 : 록볼트의 축응력, 응력분포 상태를 파악한다.

⑥ 뿜어붙이기 콘크리트 내의 토압측정 : 터널주변의 암반응력 상태를 파악하고 뿜어붙이기 콘크리트의 효과, 2차 복공의 설계자료로 한다.

각종 계측기를 장치하여 측정하는 표준도는 그림 7-30과 같다.

(2) 시공순서

시공순서는 일반적으로 상반부(上半部)의 시공을 먼저 실시한 다음의 하반부를 실시하며, 시공패턴은 암반상태에 따라서 조정하며 실제 시공시에는 시공패턴의 설계와는 다르게 될 수도 있다. 터널 상반부의 동바리공, 즉 시공방법을 대별하면 다음과 같은 3패턴으로 나눈다.

시공패턴
- ① 숏크리트+동바리공
- ② 숏크리트+록볼트 ┐ 각각 볼트의 길이가 다를 경우
- ③ 숏크리트+록볼트 ┘

이와 같이 지질과 암석 및 터널의 환경이 달라지면 시공패턴을 다르게 할 수도 있으며, 아래 그림 7-31(①) 및 7-32(②, ③)은 한 예를 제시하였다.

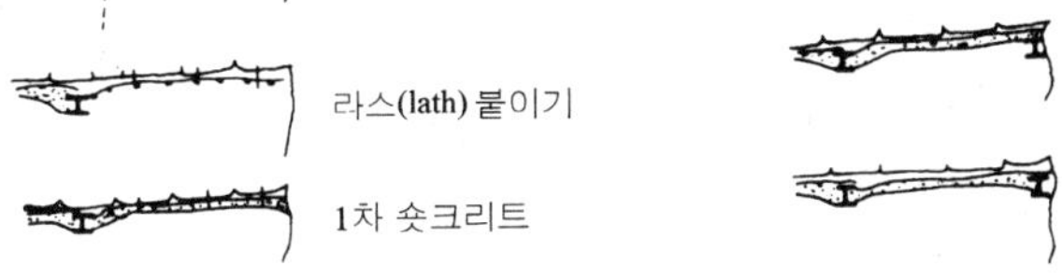

〈그림 7-31〉 시공패턴 ①(상단부)

〈그림 7-32〉 시공패턴 ②, ③(상단부)

다음에 터널 하단부의 동바리공, 즉 시공방법은 다음 두 가지 패턴으로 구분할 수 있으며, 그림 7-33(④, ⑤)와 같다.

시공패턴 ┌ ④ 숏크리트
└ ⑤ 숏크리트+록볼트

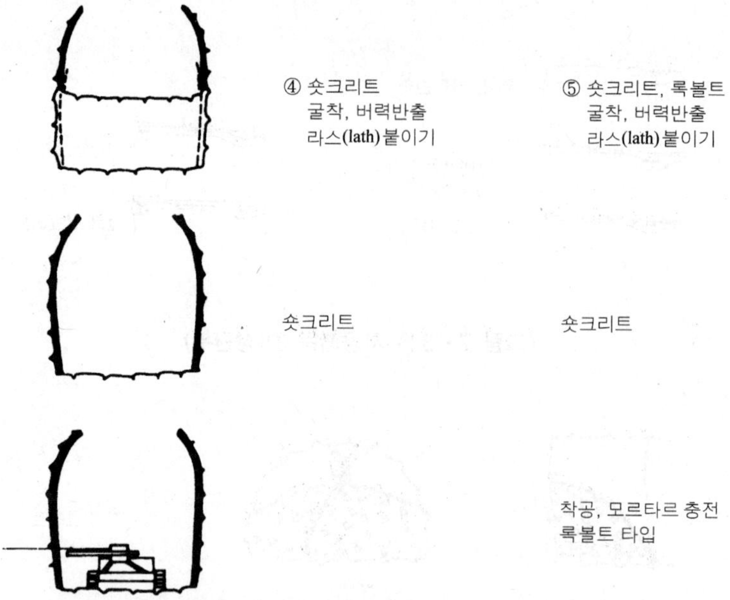

〈그림 7-33〉 시공패턴 ④, ⑤(하단부)

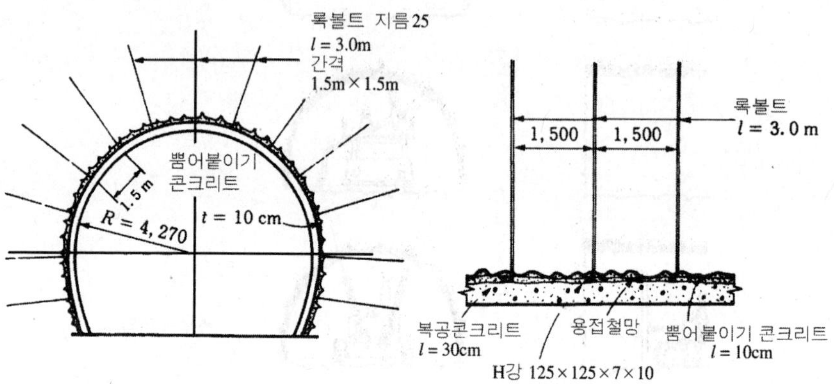

〈그림 7-34〉 1, 2차 복공 완성도(원지반)

NATM의 시험시공은 우선 막장부부터 상단부를 앞에서 설명한 시공 패턴 ①, ②, ③의 순서로 시행하고 관통 후에 시점측(전단면)에서 하단부를 다음 그림 7-33과 같은 시공 패턴 ④, ⑤로 나누어 실시한다. 상단부, 하단부 모두 시공패턴의 계측결과(內空變位)를 보아 시행한 것은 그림 7-34와 같다.

7-5-4 TBM공법

(1) 개요

TBM(tunnel boring machine)은 종래의 구멍뚫기 및 발파를 반복하는 시공과는 달리 저진동, 무발파로 전단면을 굴착하는 기계이다. TBM에 의한 터널시공은 굴착면에 상응하는 원형의 단면으로 굴착되므로 역학적으로 안정되고, 기계화 굴착이므로 지반변형을 최소화할 뿐 아니라 비발파작업으로 안전하고 청결한 갱내 작업환경을 확립한 최신 터널굴착공법이다.

최근 이 공법의 필요성은 국내건설 시장이 경제사회의 발전과 국민복지 시설확충에 따라 도로, 철도, 지하철 등 교통망의 확충, 수자원이용, 전력통신망 등 터널수요가 급격히 증가하고 있다. 그러나 용지보상비의 과다, 터널 노무인력 확보, 교통체증, 각종 민원발생 등으로 재래공법이 그 한계에 이르렀으며, 구미 선진국에서는 산업재해 및 자연보호 측면을 고려하여 TBM공법이 보편화되고 있다.

최근 발표된 국제터널협회(I.T.A)의 통계자료에 의하면 미국, 오스트리아, 독일 등지에서 시공된 터널중 30% 정도가 기계식 굴착방법인 TBM에 의해 시공되었으며, 국내에도 1985년 이 공법이 도입된 이래 다수의 터널공사에 적용하여 그 성과를 인정받았으며 재래공법과 병행하여 터널굴착공사에 많이 사용되고 있다.

(2) TBM 주요 장치의 구조 및 기능

TBM은 기계본체를 작동하기 위한 각종 실내 설비시설을 적제하고 있는 후속 트레일러, 버력반출을 위한 후속설비로 구성되어 있으며, 엄청난 토크나 트러스트에 견딜 수 있고, 그 힘을 터널 내벽으로 변화시켜 불안정하고 강한 암반구조를 굴착할 수 있도록 100~500tonf의 육중한 구조로 고안되어 있다. 주요구조는 아래의 그림 7-35와 같다.

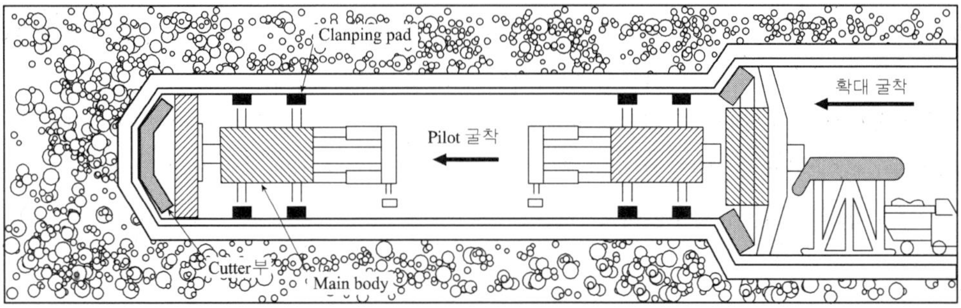

〈그림 7-35〉 TBM의 주요구조

(3) TBM굴착

1) TBM의 굴착원리

TBM의 굴착방식은 버튼커터(button cutter)의 회전력을 이용한 절삭식과 디스크커터(disc cutter)의 회전력과 압축력에 의한 압쇄식 굴착방식으로 구분되며, 압축강도 30~80MPa 정도의 풍화암 및 연암의 경우 절삭식을 사용한다. 암석의 경우 일축압축강도 100~200MPa에서 우수하며, 굴착능력의 한계는 350MPa 정도이다.

압쇄식의 원리는 커터해드(cutter head) 전면에 배열 정착된 각 커터들을 정착되는 위치에 따라 회전시키면 디스크커터의 가장자리(edge) 부분이 굴착단면에 수직력을 가해 그 힘이 암석의 강도를 초과할 때 암이 파쇄된다.

커터헤드의 회전력에 의해 정밀하게 배열 정착된 디스크커터가 외측으로부터 암을 압쇄, 순차적으로 암면에 자유면이 발생하며 굴진능력을 배가시켜주며, 커터의 간격과 투과 깊이에 따라 폭 60~80mm, 두께 10~50mm 정도의 골재상태로 파쇄된다.

2) TBM의 굴착작업 순서

전후, 산하 2단계의 클램핑시스템을 가진 TBM의 작업순서는 그림 7-36과 같다.

3) TBM 활용방법

TBM을 이용한 터널굴착방법에는 전단면 굴착기, 확대형 터널굴착기(TBE), TBM굴착후 발파공법을 이용한 굴착방법이 있다.

가) 전단면 굴착기(TBM)에 의한 굴착

전단면 터널굴착기(TBM)는 구멍지름 2.0m까지 터널공사시 사용하는 빈도가 매우 높으며 3 m 미만의 소구경 터널굴착에서의 적용빈도 감소와 TBM의 굴진속도는 빠르지만 이와 관련된 작업을 처리하기 위한 충분한 공간확보가 어려울 뿐만 아니라 높은 투자비용에 비해 TBM의 능력을 충분히 활용하기 위한 적절한 버력처리가 어렵기 때문이다.

지름 9.0m 이상의 대구경 터널굴착에서의 적용빈도는 순수한 TBM이 굴진 게이지커터(gauge cutter)의 허용가능속도 2.5m/s에 의해 제한될 뿐만 아니라 구멍의 지름이 클수록 커터헤드의 속도가 줄어 들어 감소된다.

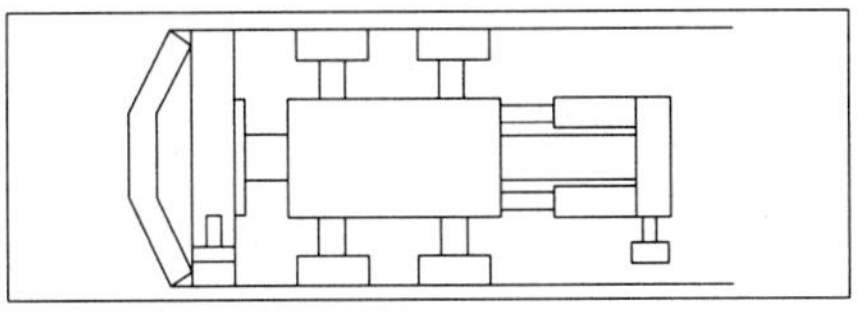

(1)

(1) 본체를 벽면에 클램핑하고 전후부 지지대를 풀고 난후 굴착을 개시한다.

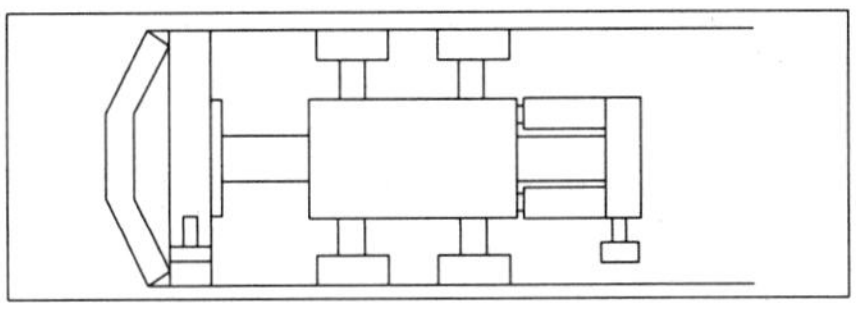

(2)

(2) 한 행정 굴진후(굴진완료)
· 1 STROKE : 0.9m~1.4m

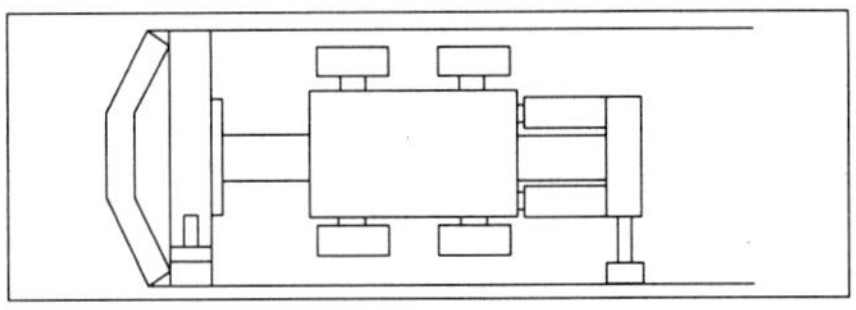

(3)

(3) 전후부 지지대를 내리고 클램핑을 푼 다음, 외부 켈리를 전진 이동시킨다.

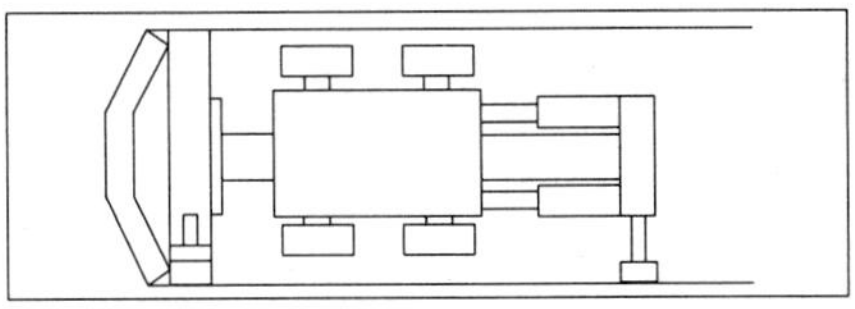

(4)

(4) 후부 지지대에 의해 굴진방향을 설정한다.

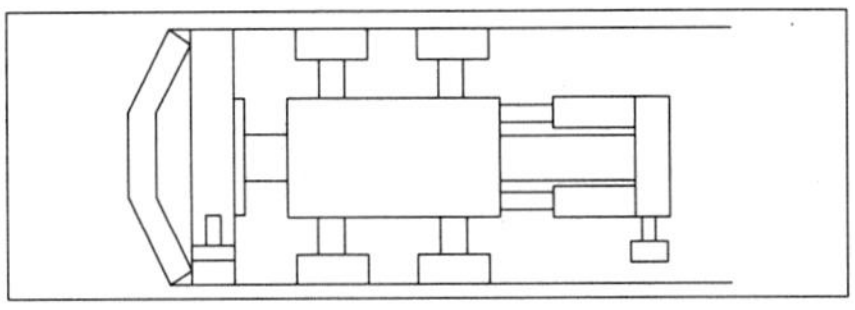

(5)

(5) 제1항과 같이 본체를 벽면에 클램핑하고 전후부 지지대를 올린뒤 새로운 굴진을 개시한다.

〈그림 7-36〉 TBM 작업순서

나) 확대 굴착기에 의한 굴착

TBM에 의한 전단면 터널굴착에서 지름 8.0m 까지는 굴착기로 굴착하지만 지름 8.0m 이상은 장비의 효율, 후속설비 증대 시공성 및 경제성이 저하되므로 지름 8.0m~15m까지 구멍의 지름의 터널은 먼저 소구경 TBM으로 도갱(pilot 터널)을 굴착한 후 확대 굴착기(tunnel boring enlarging machine, TBEM)로 굴착하는 것이 경제적이며, 아래 그림 7-37과 같다.

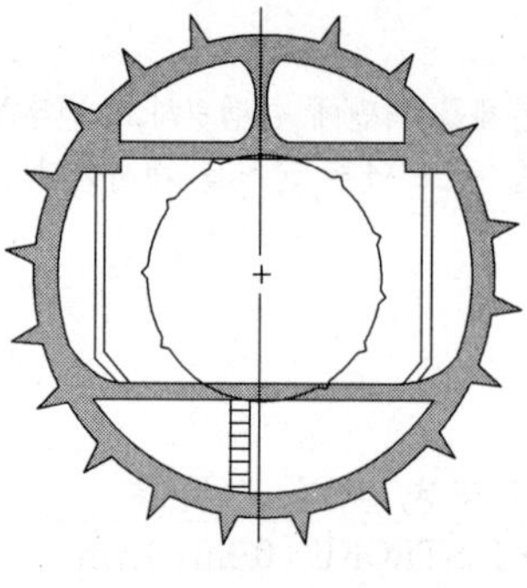

〈그림 7-37〉 TBM+TBEM굴착 예

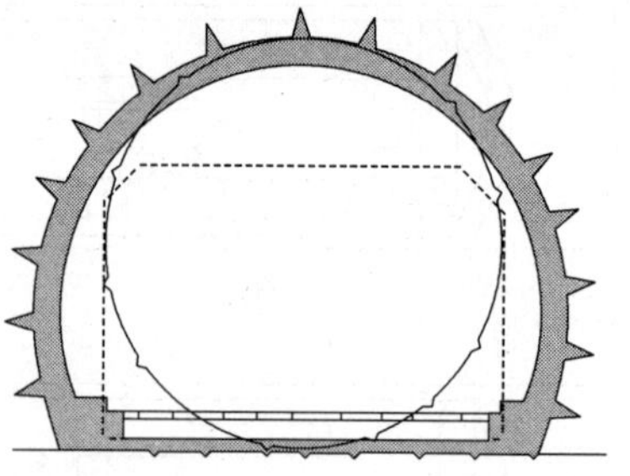

〈그림 7-38〉 TBM+NATM 확공발파

(4) TBM굴착과 발파공법을 이용한 굴착

도로 및 철도터널을 대구경의 TBM이나 TBEM으로 굴착하면 굴착단면이 원형으로 필요 이상의 단면굴착이 되므로 비경제적이며, 대단면의 화약발파굴착은 발파진동으로 인한 주민피해 발생 등의 문제점이 있다(그림 7-37 참조).

TBM굴착과 발파공법을 이용한 굴착방법은 TBM에 의한 파이롯(pilot) 터널굴착후 소요단면을 확공발파 굴착하는 것으로 TBM에 의한 자유단면 확보 후에 발파를 시행함으로 발파진동을 대폭 감소시키며, 완벽한 지질파악으로 확공발파시 경제적이고 적합한 대응책을 수립할 수 있는 공법이다. 선진외국에서도 다수의 실적이 있으며, 국내에서도 지하철공사 및 도로터널에 이 공법이 적용되고 있으며, 그림 7-38과 같다.

(5) TBM공법의 장점

TBM공법이란 발파에 의하지 않고 TBM을 이용하여 안전하고 신속하게 터널을 뚫는 최신공법이다. TBM은 시공상의 안전성 뿐만 아니라 경암에서 웰 400~250m 정도를 굴진하는 신속성으로 새로운 각광을 받고 있다.

TBM공법은 시공 속도가 빠르고 지표면의 자연환경을 그대로 보존할 수 있는 등 기존공법에 비하여 다음과 같은 장점이 있다.

1) 경제적 장점

① 기존공법보다 공사비가 10~20% 절감된다.
② 기존공법보다 공사기간을 10~30% 단축할 수 있다.
③ 지표면에 아무런 영향을 미치지 않고 지하굴착이 가능하다.

④ 공사에 따른 소음과 공해를 방지할 수 있다.
⑤ 굴착된 암석 크기가 8cm 이하 골재로 배출되어 뒤채움재로 이용 가능하다.

2) 기술적 장점

① 레이저 광선에 따라 굴진하므로 작업에 정확성을 기할 수 있다.
② 소요단면을 정확히 굴착하거나 과다 굴착으로 인한 손실을 최소화 할 수 있다.

3) 작업 안전도

① 무진동 발파로 인근 주민의 주거생활에 불편을 주지 않는다.
② 발파공법에서와 같은 인명, 재산피해를 없애고 안전시공을 기할 수 있다.
③ 작업장 주변의 자연환경 훼손이 전혀 없다.
④ TBM내 주요 부대설비로 설치되어 있는 집진장치에 의한 분진의 최소화로 작업환경을 개선할 수 있다.

(6) 터널공법의 비교

위에서 설명한 것과 같이 ASSM(american steel support method : 주변지반의 작용하중을 철재 아치지보와 콘크리트 라이닝을 주지보체로 활용하여 지지하는 재래식공법) NATM, TBM을 비교하면 다음 표 7-7과 같다.

(7) TBM공법 적용상의 문제점

TBM공법은 발파공법과 비교하여 보면 빠른 시공속도와 공사에 안정성이 높은 이점이 있지만 기계가 고가이고 기계의 설치 및 해체 기간이 긴 단점도 있다. 특히 이 공법을 채용할 때에는 지질적, 기계적 제약 요인은 다음과 같다.

① TBM공법은 발파공법에 비하여 특히 암질에 의한 제약을 받기 때문에 지질조사가 중요하다. 압축강도 300MPa 이상의 극경암에서는 작업효율이 떨어져서 발파공법에 비하여 비경제적일 수 있고, 대규모의 단층 파쇄대나 연약지반, 팽창성 지반을 통과하거나 대량의 용출수가 있는 경우에는 TBM 작업이 곤란하다.
② TBM은 굴착 도중에 굴착단면의 변경이 어려우며, 최소 회전반지름은 150m 이상이어야 하며, 경사가 20°이상에서는 굴착에 제한을 받는다.
③ 굴진에 필요한 전작업이 TBM 1대이므로 지질적, 기계적인 요인이나 장비조합의 불균형 등으로 인한 가동율 저하시의 장비의 대체 등 기타 다각적 대처가 어렵다.

④ TBM 장비가 고가이고 단면의 형상과 크기가 개개의 장비에 국한되기 때문에 장비의 활용에 제한을 받으며, 굴착단면에 죽은 공간(dead space가 커질 경우가 많아 일반적으로 타장비에 비하여 경제성이 떨어지고, 제작에 필요한 시간이 오래 걸리는 등 초기 투자가 크다. 현재 국내에서는 지름 4.5m, 7.0m, 11.3m 규격의 광폭 TBM이 사용되고 있다.

⑤ TBM의 비트(bit)와 절삭(cutting) 형식은 어느 특정한 암석의 종류(岩種)에만 적합하게 주문 제작되기 때문에 불균질한 암층이나 지질상태 변화가 심한 지층에서는 작업능률이 급격히 저하되므로 장비선택에 있어 많은 어려움이 있다.

⑥ TBM은 고압전력 사용에 따른 대용량 동력설비, 중량물 운반을 위한 도로확보, 배수를 위한 운반설비 등 발파공법에 비하여 대규모 공사용 가설비시설이 필요하다.

〈표 7-7〉 대표적인 터널공법의 비교

구분 \ 공법		A.S.S.M	N.A.T.M	T.B.M
공법개요		◦ 발파에 의한 굴착과 동시 강지보공설치 ◦ 주변지반의 하중을 강지보공에 의한 지지 ◦ 지반조건이 양호한 경우 효과적	◦ 발파에 의한 굴착후 주변지반의 지지력을 활용 록볼트, 숏크리트를 보조지보체로 사용 ◦ 암반역학을 기본으로 FEM 등에 의한 시공단계별 해석 ◦ 계측에 의한 피드백	◦ 전단면 기계굴착공법 ◦ 주변 암반지체를 지보체로 활용 ◦ 역학적으로 안정된 원형구조를 형성
굴착공정		◦ 구멍뚫기 및 발파 ◦ 버력처리 ◦ 강지보공설치	◦ 구멍뚫기 및 발파 ◦ 버력처리 ◦ 숏크리트타설 ◦ 록볼트설치 ◦ 강지보공설치	◦ 굴착 및 버력처리 ◦ 숏크리트타설 ◦ 록볼트설치 ◦ 강지보공설치
시공성	단면 및 선형	◦ 비정밀	◦ 비정밀	◦ 정밀
	더파기	◦ 20~30m	◦ 12~15m	−
	안전성	◦ 화약발파로 낙반사고 빈번	◦ 화약발파로 낙반사고 빈번	◦ 비발파로 낙반사고 최소
환경성	작업환경	◦ 구멍뚫기 분진 및 가스로 불량	◦ 구멍뚫기 숏크리트 분진 및 발파 가스로 불량	◦ 굴착분진 극소로 양호
	부대환경	◦ 발파진동으로 인한 주변 피해 발생 및 자연환경 훼손	◦ 발파진동으로 인한 주변피해 발행 및 자연환경 훼손	◦ 무진동, 무발파로 주변 피해 없음
경제성		◦ 더파기발생으로 비경제적 단면구성 ◦ 다량의 지보재 소요 ◦ 장대터널시 작용 터널 필요	◦ 더파기발생으로 비경제적 단면구성 ◦ 다량의 지보재 소요 ◦ 장대터널시 작업용 터널 필요	◦ 구조적으로 안정된 원형 단면으로 지보재 대폭 절감 ◦ 장대터널시 절대 유리

구분 \ 공법		A.S.S.M	N.A.T.M	T.B.M
장단점	장 점	◦시공 경험풍부 ◦공정이 단순 ◦소단면에 유리	◦굴착과 동시에 숏크리트로 지반이완을 방지하므로 대단면에 유리 ◦지질변화에 대한 대비책 및 연계성 양호 ◦광범위환 지질에 적용가능	◦비발파로 안전도 증대 ◦원형구조로 구조된 안정 ◦공정단순 ◦터널에 작업환경 양호 ◦공사기간단축
	단 점	◦연약지반일 경우 시공이 곤란 ◦지반이완 및 침하우려 ◦대단면일 경우 공사비가 고가 ◦장대터널시 공사기간 장기화	◦정확한 지질조사 요구 ◦계측 및 시공시 전문기능공 필요 ◦공정이 다소 복잡 ◦다수 장비의 필요로 소단면에 부적합 ◦장대터널 공사기간 장기화	◦정확한 지질조사 요구 ◦기계중량이 무겁고 고가이다. ◦전문기능공이 필요
시 공 예		◦도수터널, 도로터널 등 다수 ◦지하철 등 다수	◦도수터널, 도로터널 등 다수 ◦지하철 등 다수	◦도수터널, 도로터널 등 다수 ◦지하철 등 다수

7-5-5 실드

(1) 개요

실드(shield)는 원어로 방패, 보호물이라는 뜻으로 원래 연약지반에 대한 공법으로 개발된 기계이며, 지중에 실드를 추진시켜 굴착터널 주변지반 유지(붕괴방지)를 하면서 굴착 및 복공작업을 동시에 수행하며 터널을 구축하는 기계이다. 구체적으로 말하면 터널외경보다 약간 큰 안지름을 가진 견고한 강재의 통(실드)을 지층에 추진시켜 그 전단으로 굴착하고 후부의 레일 내에서 복공을 축조하는 것이다.

(2) 공법의 특징

1) 장점

① 공사 중에 지상에 영향을 거의 주지 않는다.
② 지하 깊은 곳까지 시공이 가능하다.
③ 도심지의 경우 교통에 지장을 주지 않으며, 소음 및 진동이 적다.

④ 공사기간단축이 가능한 경우가 많다.

2) 단점

① 지질조사에 시간과 비용이 많이 든다.
② 장소에 따라서는 압기를 이용하는 등 안전대책이 필요하다.
③ 지질에 따라 보조공법을 많이 사용하여야 한다.

(3) 실드의 구조

실드의 구조는 후두부, 링부, 레일부로 나눌 수 있다.

1) 후두부

후두부는 끝이 칼날통으로 되어 자연지반에 밀려 들어간다. 후두부의 길이는 추진의 스트록크(stroke)의 길이이며, 세그먼트의 폭과 같이한다. 후두부에는 훼이스잭이 설비되어 있어 막장을 누르는 역할을 한다.

2) 링부

링부는 실드기 본체이며 실드의 가장 중요한 기능인 추진용 잭은 링부의 외주에 배치되어 있다. 훼이스잭이나 추진잭 등의 조작장치, 전기관계의 제어장치는 전부 링부에 장치되어 있다.

3) 레일부

레일부는 굴착후 세그먼트를 조립하는 작업장이다. 길이는 세그먼트 폭의 2~3배 정도이다.

(4) 실드의 종류

실드의 종류는 단면형상, 굴착공법, 전면구조 등으로 분류한다.

① 단면형상 : 원형, 반원형(루프 실드), 마제형, 사각형 등
② 굴착방법 : 손굴착, 반기계굴착, 기계굴착, 이수 가압식, 이토가압, 브라인드 등
③ 전면구조 : 개방형, 폐쇄형 또는 브라인드형이 있다. 굴착면이 완전하지 않은 연약한 점토층 또는 모래지반에서 배토(배출토량/설계토량)가 1을 넘어 굴착면이 붕괴되거나, 지반침하를 일으키는 것을 막기 위하여 굴착면과 굴착실과의 사이에 격벽을 설치하고 필요에 따

라 조절이 가능한 개구부에서 토사를 넣는 형식을 폐쇄형 또는 브라인드형이라 부르고 이 격벽을 설치하지 않은 것을 개방형이라 한다(그림 7-39 참조).

④ 세그먼트 : 세그먼트는 굴착직 후 레일부에서 지보공(1차 라이닝)으로써 세그먼트를 조립한다. 실드가 추진할 때의 반력은 전부 세그먼트가 받으므로 세그먼트는 실드가 추진할 때의 반력에 지탱함과 동시에 자연지반의 토압에 지탱하도록 설계하여야 한다. 세그먼트에는 강재, 주철재, 철근콘크리트재 등이 있다(그림 7-40 참조).

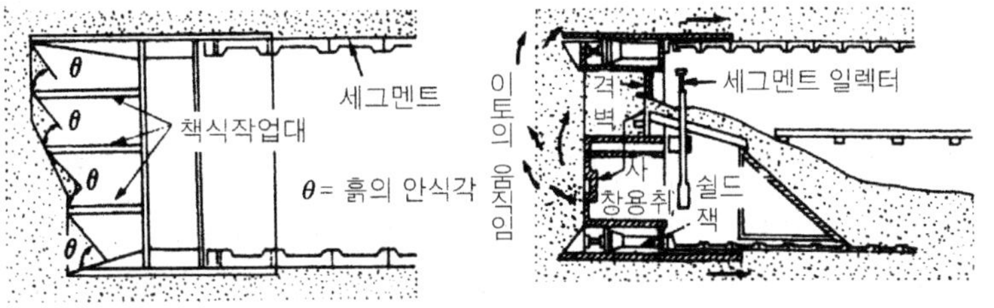

(a) 개방형 실드 (b) 폐쇄형 실드

〈그림 7-39〉 실드의 종류

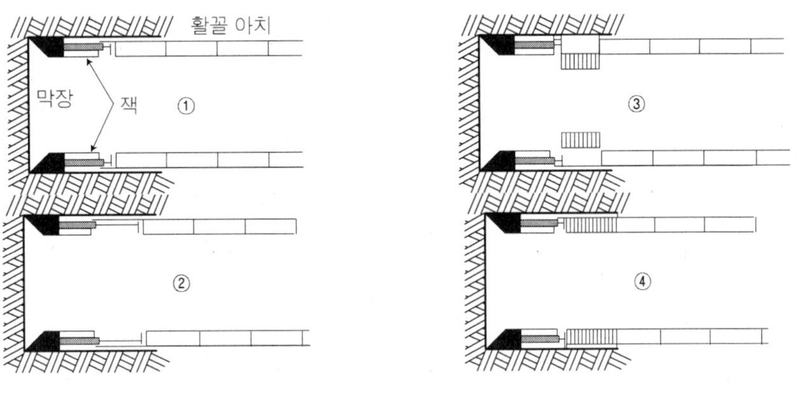

〈그림 7-40〉 실드공법의 시공순서

(5) 지반안정처리

실드공법은 지반의 안정처리를 할 필요가 없으며, 환경에 영향이 없는 시공법이다. 그러나 실드 통과 지역의 지반이 불안정하여 막장이 붕괴될 우려가 있을 때에는 지반의 자립성을 증대시키기 위하여 지반안정처리공법을 적용하며, 그 방법으로는 압기(壓氣)공법, 이수(slurry)공법 지하수위 저하공법, 약액주입공법, 동결공법 등이 있다. 약액주입공법은 밀폐식 실드의 발진・도달시나 급곡선부의 지반안정처리・기설구조물의 방호나 지반이 급변함에 대처하는 응급적 수단으로 사용되고 있다.

7-5-6 버력반출

폭파 또는 기계 구멍뚫기에서 생긴 암석덩어리, 암석조각, 토사 등을 버력이라 한다. 버력 실어내기는 터널공사에서 중요한 작업이며, 전 터널공정의 1/2~2/3가 된다. 그러므로 터널 구멍뚫기의 속도를 빠르게 하려면 버력 실어내기 작업을 잘 해야 한다. 버력 실어내기 작업은 싣기, 운반, 버리기의 3단계로 나누어 한다.

(1) 싣기

싣기에는 최근 거의가 버력 싣기장비를 사용하고 소규모로는 소형, 중형의 로커셔블(rocker shovel)을 사용하고, 대형에는 콘웨이쇼벨(conway tunnel mucking machine, 표 7−8 참조) 사용한다. 또 때로는 무궤도방식의 쇼벨 로더(shovel loader), 디퍼쇼벨(dipper shovel)이 사용된다.

〈표 7-8〉 콘웨이 쇼벨의 제원

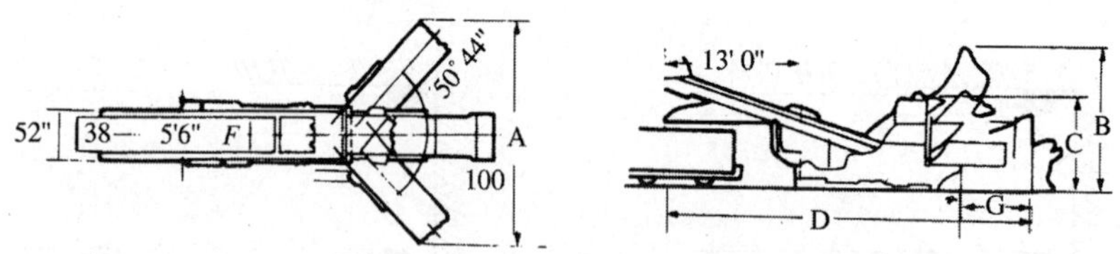

항목 / 형식	버력을 담을수 있는 폭 A[mm]	작업시 최대 높이 B[mm]	버킷을 내려놓을때의 높이 C[mm]	이동 시의 길이 D[mm]	붐 장길이 핀에서 E[mm]	최고 궤간 F[m]	기체에서 붐 최단길이 G[mm]	모터 마력[HP] 전압 [V]	중량 [tonf]	디퍼 용량 [m³]	싣기 능력 [m³/분]	1사이클의 시간 [min]	레일상 컨베이어 하면높이 [mm]
웅 곡 KR 68	6,400	4,050	2,690	10,498	2,305	914	2,100	100HP 30HP 400HP	25	0.76	4.5	6	2000
영국콘웨이 100	5,486 9,144	4,267 5,206	9,116	11,709		609 ~990	−	100HP	20	0.76	6.1	7.5	1,828
굿 맨 5~100	6,401	4,343	2,988	11,151	2,532	762~ 1,067	2,261	100HP 30HP 400HP	24	0.76	4.5	6	2,032

(2) 운반

운반은 운반용 차량의 형식에 의하여 레일(궤도)방법과 타이어방법이 있으나 일반적으로 레일(rail)방법이 많이 사용되고 있다. 운반에는 트롤리(trolley, 1.5~6.0m^3)를 연결시켜 배터리카(축전지차, battery car) 또는 디젤기관차(diesel car)로 견인시키는데 후자는 배기가스의 처리에 문제가 있다.

최근 전용의 덤프트럭 등 타이어(tire, wheel type)방법으로 버력반출을 하도록 되고 있다. 이것은 비교적 급경사에도 작업을 할 수 있고 레일의 부설이 불필요하지만 배기가스의 처리, 갱내에 있어서 방향전환이나 어긋나기 등이 고려되어야 한다.

어긋나기 장치는 그림 7-41과 같은 여러 가지 방법으로 되어 있고 그 중에서도 주머니선과 측선은 가장 일반적인 방법이다. 차량통행(car passer)은 빈차를 가로비켜 놓고 적재차를 통과시키려는 방법이고, 캘리포니아 스위치(california switch, 캘리포니아 개폐기)는 일종의 개폐기(開閉器)로 조작하는 엇비키기 기기이다. 또 트레인 컨베이어(열차운반장치, train conveyer)는 로커 셔블 등으로 굴착한 토사를 열차운반장치로 가대(架臺) 컨베이어 밑에 있는 토운차에 중력으로 실어 작업하는 시설을 말한다. 터널의 대소에 따라 어긋나기와 싣기장치가 달라진다.

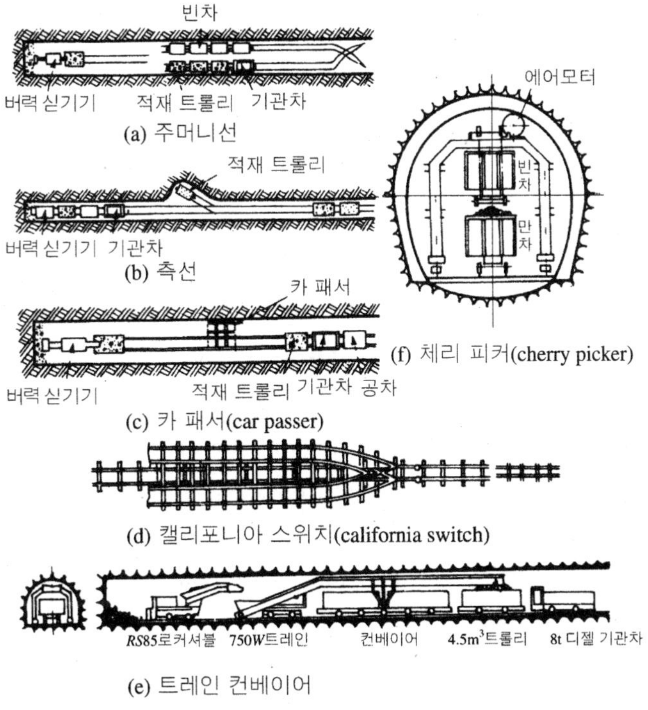

〈그림 7-41〉 레일의 각종 어긋나기 장치

더파기 대책(餘掘對策)은 NATM의 도입에 의하여 중요성이 증가하고 있다. NATM은 원지반 자체의 동바리 기구를 전제로 하여 성립되고 있다. 발파에 의하여 원지반을 교란시켜 그 결과로서 생긴 더파기는 당연히 원지반에 잔류변형을 남게 하고 회복하는데 시간이 걸린다.

(3) 버리기

버력은 갱구에 버리는 경우와 갱구에서 멀리 떨어진 사토장까지 운반하여 버리는 경우가 있다. 레일방식일 경우 사토장이 가까울 때에는 레일을 연장해서 버리고, 사토장이 멀 때에는 덤프트럭으로 운반한다.

7-6 동바리공

동바리공(timbering)은 터널의 굴착후 복공을 완성하는 동안 원지반의 붕괴를 방지하는 것을 목적으로 한 구조물이고, 지질, 터널단면의 크기, 형상, 굴착방법 등에 따라 구조가 다르다.

동바리공은 구조상 기둥식과 아치식이 있고, 재료에서 목제(木製)와 강제(鋼製)로 나눈다. 최근에는 작업성, 안전의 점에서 강제 동바리공을 많이 사용한다. 또 록볼트공도 최근 많이 사용하고 있다.

7-6-1 강제 동바리공

강제 동바리공은 보통 강아치 동바리공을 말한다. 강아치 동바리공은 토사(土砂)에서 중경암(中硬岩)의 사이의 원지반에 적용되는 동바리공이다. 그림 7-42와 같이 여러 가지의 형상이 있으나 가장 널리 사용하고 있는 것은 (a)의 2간격식(piece) 형이다. 상부반단면공법이나 저설도갱선진상부 반단면공법은 (c)형인 것이 사용된다. 큰 측압이 작용할 경우에는 인버트 스트러트(invert strut)을 한 (b)형을 사용하고 대단면공법은 터널에서는 4간격인 (d)형을 사용한다.

강아치 동바리공은 아치(arch)작용에 의하여 원지반을 지지하고 터널주변의 처짐을 적게 하려는 것이므로 동바리공은 원지반에 밀착시켜야 한다. 이 때문에 동바리공과 원지반 사이에 걸침판을 삽입하고 그 사이에 쐐기를 넣어 조인다(그림 7-44(a) 참조).

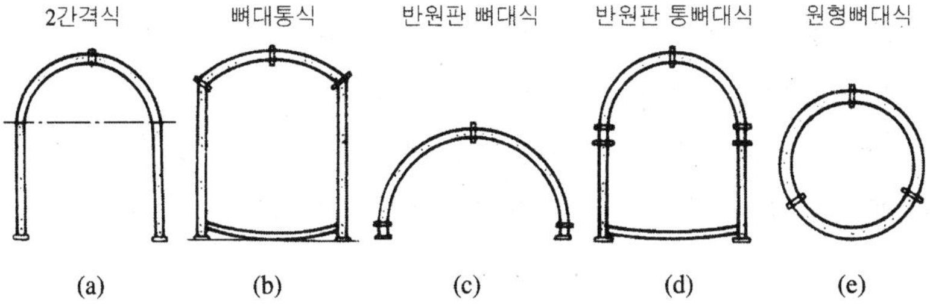

〈그림 7-42〉 강아치 동바리공

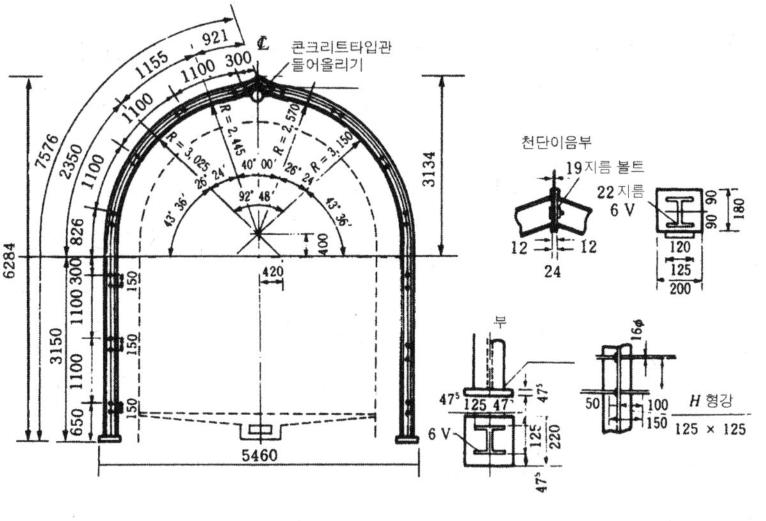

〈그림 7-43〉 강아치 동바리공의 설계 예

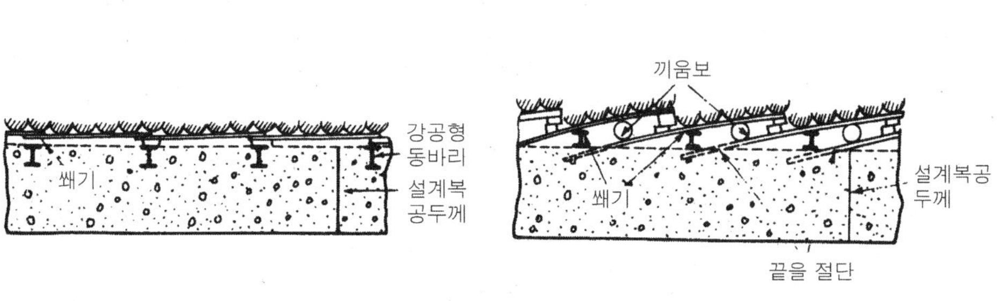

(a) 걸침판 (b) 끼움판

〈그림 7-44〉 흙막이 끼움판

또 동바리공과 원지반 사이에 끼움판을 삽입하여 뜬돌(浮石)을 방지하는 공법도 있다(그림 7－44(b) 참조). 쐐기의 타입간격은 120cm 정도 이하로 하고 폭파 등의 영향으로 쐐기가 탈락하지 않게 주의하여야 한다. 동바리공이 기초의 지내력(地耐力)이 불충분할 경우에는 그 각 부에 받침판을 깔거나 밑다짐 콘크리트를 시공하기도 한다.

강아치와 아치 사이에는 그림 7－44와 같이 막음널판(끼움판), 강널판(강끼움판), 라이너 플레이트(깔판, liner plate) 등을 삽입한다. 널판의 두께는 3~4cm, 버팀목은 9~12cm 정도의 통나무를 사용한다.

7-6-2 V형강 가축성 동바리공

I 및 H 형강 동바리공은 재료와 단면형의 제약에서 부재의 연결을 맞대기 이음으로 잇는 소위 강직한 틀이고 원지반이나 복공에 알맞게 확대 또는 축소를 조금이라도 할 수 없게 되어 있다. 그러므로 큰 하중에 견딜 수 없다.

여기서 말하는 V형강 동바리공은 그림 7－45와 같이 V형으로 되어 여러 편(보통 3편)으로 조인트를 50~60cm로 겹치게 하여 U볼트로 조인 것이다. 이 동바리공은 아치식의 이점을 가지며 동시에 역학적으로 다음과 같은 특징을 가진다.

① 토압을 받으면 겹친 이음부에 활동(滑動)이 생겨 아치공간을 약간 축소시키면서 토압을 완화시키고 일정한 저항력을 지속시킬 수 있다(원지반의 이완에 의하여 어느 정도의 변형(可縮緬生)을 허용함으로써 평형을 유지시킨다).

② 좌굴(挫掘)이나 전도(轉倒)에 의하여 급격히 지지력을 상실할 우려는 없다.

③ 편압(偏壓)이 걸려도 수동토압이 크면 아치 좌우지점 반력의 수직분력은 거의 같고 따라서 아치는 대칭형이라도 효과적인 역할을 한다.

④ 단면양축에 대하여 휨강도가 거의 같게 설계되어 있으므로 같은 무게의 레인이나 I형강에 비하여 횡좌굴(橫挫掘)이 생기지 않고, 또 겹치기 쉬우므로 이음의 구조가 간단하고 능률적이다.

V형강 가축성(可縮性, collapsibility) 동바리공에 대한 재하시험결과를 보면 동바리공을 조립한 직후에 U볼트로 조여 놓으면 약 10ton_f에서 축소가 시작된다. 또 다소 활동한 후에 다시 볼트를 조이면 15ton_f까지 향상되어 그 저항능력은 거의 일정해진다.

다소 고가(高價)이지만 이 V형강 동바리공의 강도(强度)를 복공에 이용하여 복공두께를 감소시키면 더욱 효과적이고 경제적이다. 또 이것을 NATM과 병용한 예도 있다.

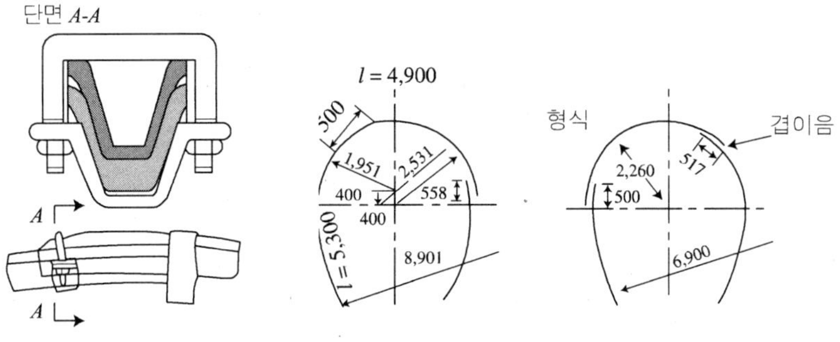

〈그림 7-45〉 V형강 가축성 동바리공의 형식

7-6-3 록볼트

최근 기계화 굴착의 진전으로 새로운 동바리공의 개발이 발전되어 숏크리트와 병용하면서 볼트공이 필요하게 되었으며, 강재 아치동바리공에 많이 사용되고 있다. 볼트공은 암석 터널주면(周面)의 암반자체를 동바리공으로 이용하여 굴착면 가까이 이완된 부분을 깊은 곳의 안정된 원지반에 앵커를 하거나 조여 터널주면에 원지반의 아치를 형성시켜 뜬돌(浮石)을 방지하고 터널 안의 공간을 존속시키는 공법으로 대단면의 터널, 토피가 두꺼운 터널에 사용된다.

(1) 록볼트의 종류 및 정착방법

중경암(中硬岩), 경암터널은 쐐기(wedge)형, 신축(expansion)형 및 캡슐형 등 선단접착형(先端接着型)과 수지(樹指 : resin), 시멘트 모르타르 등으로 원지반과 일체화되어 효과를 발휘시키는 전면접착형 록볼트(rock bolt)가 사용되고 있다.

시공은 우선 천장에 착암기로 구멍뚫기하여 여기에 소요길이의 볼트를 삽입하여 경암(硬岩)에 정착시켜 지지판(支持板, bearing plate)를 끼워 너트(nut)로 조인다.

록볼트는 그림 7-46과 같은 3종류가 있으며 원형으로 되어 있다. 웨지형(쐐기형, wedge type)은 볼트 선단의 확대를 위하여 쐐기를 가볍게 끼워 삽입하고 볼트의 다른 끝을 스토퍼(망치, stoper) 등으로 강타하여 선단의 확대부를 확대시켜 정착시킨다. 신축형은 테이퍼(taper)가 붙은 셀(shell)과 콘(cone)을 붙여 볼트를 회전시켜 셀을 확대한다. 접착형(接着型)은 볼트의 전부, 또는 일부를 시멘트 모르타르나 수지계 접착제를 써서 암석구멍(岩孔)에 정착시킨다.

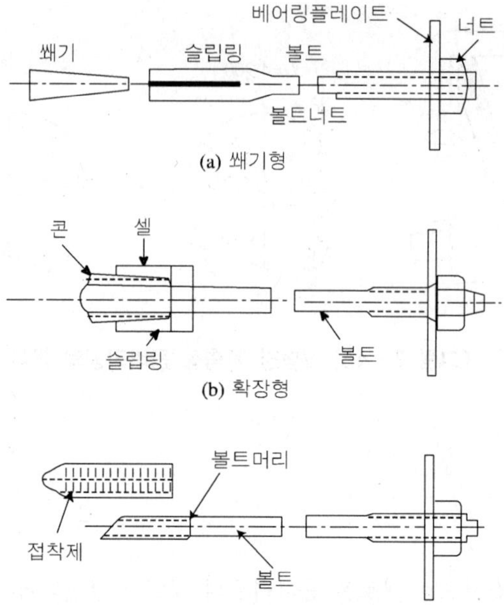

〈그림 7-46〉 록볼트형의 상세

(2) 록볼트의 작용과 효과

일반적으로 록볼트가 원지반을 지지하는 기구에 대하여 Panek, Lang 등의 연구에 의하면 다음과 같은 작용효과가 있다.

① 이완된 암반을 고정시키는 봉합작용을 한다.
② 절리 사이를 조여 합성보의 역할을 하게 하는 보 형성작용
③ 지반강도 혹은 내하력의 저하를 억제하는 내압작용
④ 아치형성작용
⑤ 지반보강작용

(3) 록볼트의 길이 및 간격

볼트의 치수는 지름 16~25mm, 길이는 삽입간격의 2배를 표준으로 하며, 볼트간격은 1.5m를 넘지 않게 한다. 지지판은 두께 10mm, 변길이 150~200mm의 판을 사용한다. 암반표면에 와이어메시(철사 그물, lath, wire mesh)를 붙이거나 볼트 사이에 대철(帶鐵)을 사용하여 암반의 붕락을 방지한다.

조이기는 임펙트 충격나사(impact rench)를 사용하고 볼트의 항복강도의 80% 정도의 초기장

력(初期張力)을 준다. 시공후 1주가 지나서 재차 조이고 그 후는 재크 등을 사용하여 정기적으로 장력을 조사하고 필요하면 재차 조이기를 한다.

그림 7−47은 록볼트의 작업도이며, 록볼트의 사용예는 표 7−9와 같다. 여기서 굴착 폭을 b, 볼트의 길이 l(지질에 따라)일 때 l과 t(착공 댐위), b와의 관계는 다음과 같다(경험적으로).

$$l = \left(\frac{1}{3}b \sim \frac{1}{5}b\right),\ 혹은\ l \geq t \qquad (7-5)$$

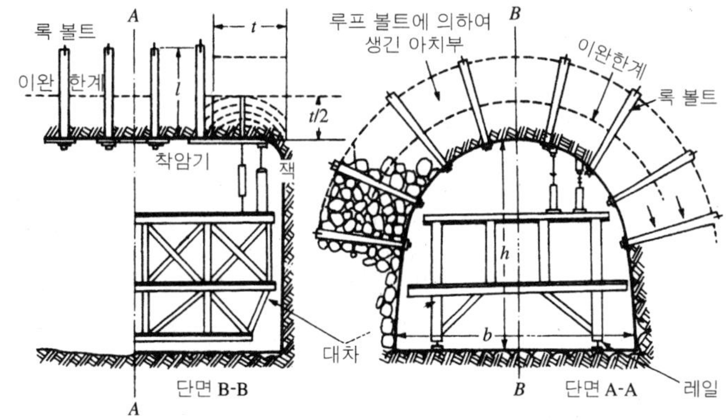

〈그림 7-47〉 록볼트의 작업방법

〈표 7-9〉 록볼트의 사용 예

터널형식	형식도	타설목적
일 반 형	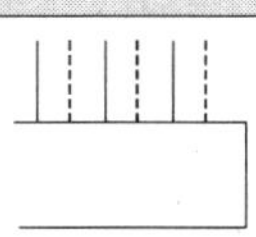	터널에서 사용하는 가장 일반적인 형식이다.
경사볼트	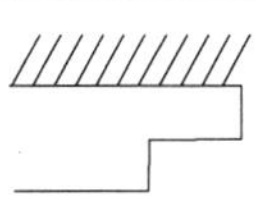	막장에 코어를 남겨 록볼트 작업공간이 부족하거나 록볼트를 조기에 시공할 필요가 있는 경우 등에 적용하며 경사각은 보통 45°~60°로 한다.
포아폴링	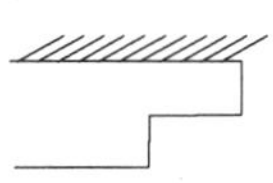	막장 천단부의 안정을 위하여 적용하며 경사각은 통상 15° 미만으로 한다.
막장볼트	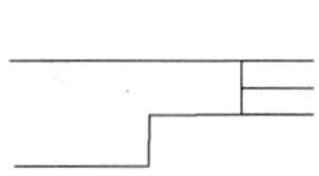	막장의 안정을 위하여 적용하며 유리섬유(glass fiber) 재질의 록볼트를 사용할 수도 있다.

또 횡단방향 간격을 D_1, 진행방향 간격을 D_2라고 하면,

$$D_1 = (0.5l \sim 0.7l),\ \ D_2 = (0.5 \sim 1.0)\text{개}/\text{m}^2\text{로 한다.}$$

이 식에서 $b = 4.0$m일 때 볼트길이 $l = 1.3 \sim 0.8$m 정도이고 그 간격은 $D_1 = 0.65 \sim 0.91$m 정도이다.

7-6-4 숏크리트

(1) 개 요

숏크리트(shotcrete) 콘크리트는 도갱을 굴착한 후 모르타르 또는 콘크리트를 호스로 보내서 압축공기에 의하여 시공면에 고속으로 뿜어붙이는 것이다. 뿜어붙이는 시공장치가 비교적 소형이고, 거푸집이 거의 필요 없으며, 타설개소의 시공이 호스 끝의 노즐만으로 가능하다. 또한 시공면에 밀착시킬 수 있는 이점이 있다.

현재 터널시공법으로서는 록볼트를 고정시킨 다음 뿜어붙이기 하여 이것을 1차 복공으로 하는 것이다. 암반의 표면에 밀착한 콘크리트는 표면의 암반과 협동하여 그보다 깊숙한 원지반을 이완시키지 않게 지지시켜서 크랙(crack)의 발달을 방지함과 동시에 암반표면의 풍화를 방지한다.

1) 숏크리트는 다음과 같은 기능을 발휘할 수 있도록 시공하여야 한다.

① 숏크리트에 작용하는 외력을 지반에 분산시키고, 터널주변의 붕락하기 쉬운 암괴를 지지하며, 굴착면 가까이에 지반아치가 형성될 수 있도록 한다.
② 강지보재 또는 록볼트에 지반압을 전달하는 기능을 발휘하도록 연속적으로 타설하여야 한다.
③ 굴착된 지반의 굴곡부를 메우고 절리면 사이를 접착시킴으로써 응력집중 현상을 피하도록 한다.
④ 굴착면을 피복하여 풍화, 누수 및 세립자 유출 등을 방지하도록 한다.

2) 숏크리트는 사용수의 혼합방법에 따라 건식과 습식으로 구분하며 강(鋼) 또는 기타 재질의 섬유도 혼합하여 사용할 수 있다.

3) 숏크리트는 일반 숏크리트와 고강도 숏크리트로 구분하며 숏크리트의 설치목적에 맞게 성능과 품질을 확보하여야 한다. 숏크리트의 재령 28일 설계기준강도는 일반 숏크리트의 경우 21 MPa 이상, 고강도 숏크리트의 경우 35MPa 이상이고 재령 1일 강도는 10MPa 이상이 되도록 하여야 한다.

4) 고강도 숏크리트는 일반 숏크리트 기능 이외에 다음과 같은 기능을 추가적으로 발휘할 수 있도록 하여야 한다.

① 고강도 숏크리트 자체가 마감면이 되는 경우 화재에 대한 숏크리트의 안정성을 확보할 수 있는 대책을 세워야 한다.
② 조명, 환기 등 기타 부대설비를 충분히 고정시킬 수 있을 만큼 숏크리트의 강도와 부착성능이 확보되어야 한다.

5) 고강도 숏크리트가 최종 마감재로 사용되는 경우에는 소요두께 및 층별기능을 위해 각 층별로 다른 성능의 숏크리트를 타설할 수 있다. 그러나 원지반이 불안하고 수 시간의 자립(自立)에 견딜 수 없을 경우나 용수가 많은 경우에는 부적당하다.

(2) 이론적 고찰

1) 분류

숏크리트공법에는 건식과 습식 및 그 중간적인 공법이 있으며, 건식공법은 사전에 시멘트와 건조상태의 골재를 혼합한 후, 급결제를 첨가하여 분사장치에 공급하여 압축공기로 호스를 통하여 압송하여 노즐에서 분사하는 것으로서 물은 개별의 압력호스를 통하여 노즐끝으로 공급되어 재료와 혼합되도록 하여 시공면에 고속으로 뿜어 붙여진다. 이와 같은 공법에 대한 작업상의

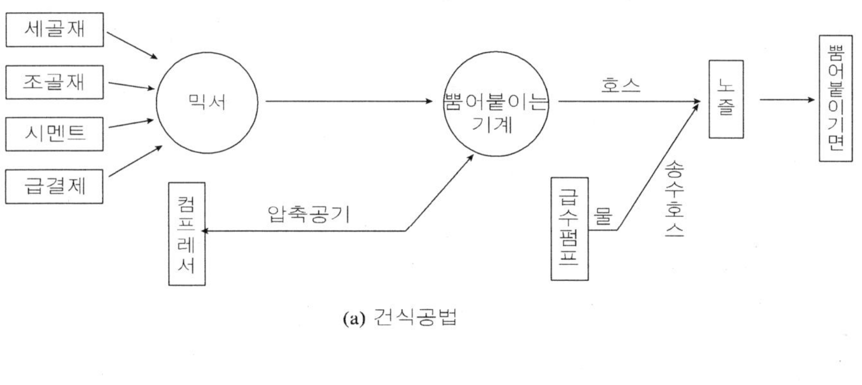

(a) 건식공법

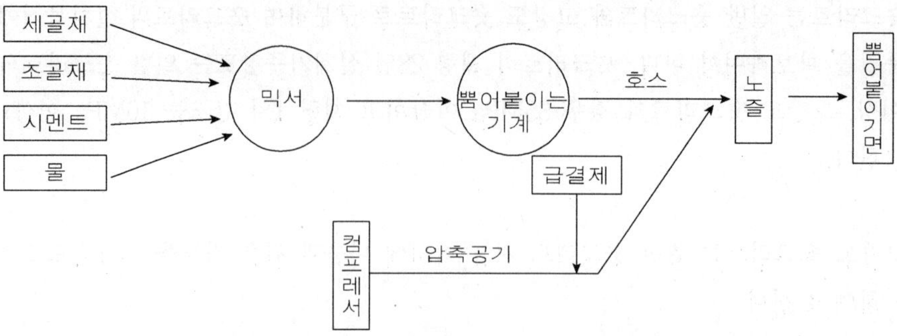

(b) 습식공법

〈그림 7-48〉 건식, 습식공법의 계통도

특성을 비교하면 표 7-10과 같고, 건식, 습식공법의 계통도는 그림 7-48과 같다.

〈표 7-10〉 건식공법과 습식공법의 비교

습식공법	건식공법
◦ 물을 포함하여 각 재료를 미리 정확히 계량하여 다시 충분히 혼합할 수 있으므로 품질관리가 쉽다. ◦ 재료의 공급에 제한을 받는다. ◦ 호스로 보내는 거리에 제한을 받는다(수평거리 100m 정도이며, 막히기 쉬움). ◦ 뿜어붙이기 작업에서 분진발생이 적다. ◦ 리바운드량이 적다. ◦ 시간당 토출량이 4~8m^2/hr 정도이다. ◦ 장비가 대형이므로 작업공간이 크다.	◦ 노즐에서 물을 공기 중에서 혼합된 재료와 배합함으로 품질은 작업원의 숙련도, 능력에 따라서 좌우된다. ◦ 공기 중에서 혼합된 재료를 공급하게 되므로 공급작업의 제한(운반용기, 운반시간)이 적다. ◦ 호스길이를 길게 할 수 있다. (수평거리 500m까지 가능함) ◦ 분진발생이 많다. ◦ 리바운드가 습식공법에 비하여 많다. ◦ 시간당 토출량이 2~5m^2/hr 정도이다. ◦ 장비가 소형이므로 작업공간이 작다.

2) 리바운드의 구조 및 역학

골재들의 크기와 사출속도에 따라 운동량의 차이로 이들이 벽면 또는 골재상호들 간의 충돌시에 반발력의 차이가 발생한다. 리바운드는 골재들의 충돌후 반발력과 시멘트풀의 점성력과 중력에 의한 자중 등의 역학적 상호작용, 숏크리트의 사출각도와 경화촉진제 투입량에 따른 숏크리트 경화속도 등 복잡한 메커니즘을 가지고 있다.

3) 리바운드 매개변수의 정의 및 해석

리바운드의 메커니즘은 리바운드의 구조 및 역학에서 설명한 결과가 리바운드의 주요인으로써 측정이 현실적으로 불가능함으로 인해 매개변수를 도입하여 총체적 결과를 이해하는데 필요하다.

① 재료 송출율 : 기본적인 매개변수의 하나는 재료 송출율이다. 사출된 총중량(total weight shot)을 그 중량을 산출하기 위한 순시간으로 나눈 것으로 정의된다. 이것은 노즐을 이탈하는 모든 재료의 중량율(weight rate)이다. 이것은 현장에서 근사치로 구할 수 있으며, 순시간을 구하기 위해서는 프러그현상 등으로 재료가 흐르지 않는 시간은 총사출 시간에서 배제되어야 한다. 재료 송출율의 정의는 다음과 같다.

$$MDR = \frac{Ssum}{Time} \tag{7-6}$$

여기서, MDR : 재료 송출율
Ssum : 사출된 총중량
Time : 사출 순시간

② 리바운드율 : 벽에서 리바운드되는 중량율은 리바운드율(Rebound Rate, RR)이라 하며, 이것은 전형적으로 초당 0.5~2.3kg_f 정도 범위의 순간율이다. 리바운드율은 1단계 중에서 높고, 최초 임계두께(critical thickness)가 형성된 후 점진적으로 감소한다. 또한 리바운드율은 지상에 낙하하는 재료의 비율이며, 산출율(Yield Rate, YR)은 재료 송출율과 리바운드율 사이의 차이로서 정의될 수 있다. 따라서 산출율은 초당 재료가 kg_f단위로 벽에 쌓이는 순간율이다. 통상적으로 일정한 재료분배율, 산출율은 1단계 중에 매우 낮고 다단계 중에 높고, 리바운드율은 다음과 같은 방법으로 산출한다.

$$RR = \frac{Rsum}{Ssum} \times 100 \tag{7-7}$$

여기서, RR : 리바운드율
Rsum : 리바운드된 총중량

③ MDR, RR 및 YR간의 상호관계 : 벽에 숏크리트가 두꺼워지고 리바운드가 시간에 따라 감소하는 점에 대한 관계는 그림 7-49와 같다. 가로 실선은 재료송출이며, 끊어진 곡선은 리바운드율이다. X축에서 실선까지의 수직선 길이는 초당 kg_f로 표시되는 재료송출의 수치의 값이며, X축과 점 곡선사이의 수직선의 길이는 초당 kg_f로 표시되는 리바운드율의 수치적인 값이다. 점 곡선에서 실선 재료송출까지의 곡선길이는 산출율의 수치적인 값 또는 잔류하는 숏크리트의 초당 kg_f 수이다. 그리고 가로의 재료송출선 아래의 전체면적은 Rsum+Ysum이며, 타설곡선의 리바운드율에 대한 시간 밑의 면적은 리바운드한 Rsum

재료의 총중량이다. 점 곡선가 가로의 재료송출 선사이의 면적은 Ysum과 같으며, 즉 산출율 YR=MDR−RR로 표시할 수 있다.

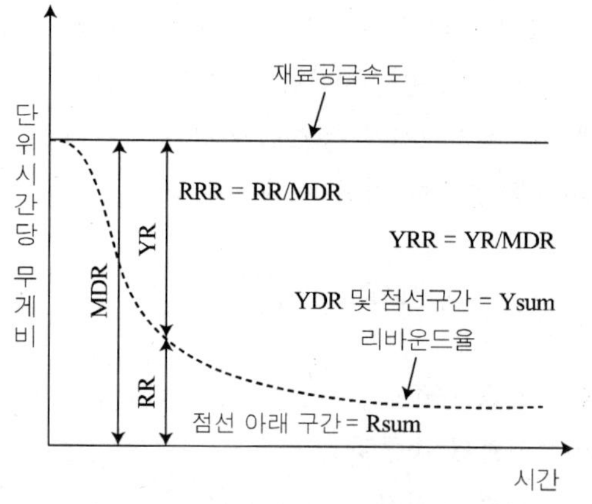

〈그림 7-49〉 시간에 따른 리바운드의 변동

(3) 숏크리트의 재료배합과 시공

1) 재료

① 골재 : 숏크리트에 이용되는 일반적인 잔골재율은 55~70%, 조립율 2.5~3.1 범위가 좋으며, 0.2mm 이하의 미분의 첨가는 조건이 나쁜 시공면에서도 잘 부착되도록 하며, 리바운드도 적어 비교적 두꺼운 층의 시공은 가능하지만 미분이 많으면 물의 소요량이 많아 건조수축량을 증대시키고 시공기계 내부나 호스 내부에서 막힘을 가져온다.
건식공법인 경우 표면수는 3~5% 정도가 적당하며, 7%가 넘으면 뿜어뿥이기 전에 시멘트와 수화작용이 시작되고, 특히 분말형 급결제를 사용하는 경우에는 시멘트와 급결제가 반응을 시작하여 호스 폐쇄 및 사고의 원인이 된다. 굵은골재의 최대치수는 10~15mm 이하로 시공하는 것이 호스 폐쇄가 적고 작업능률이 가장 좋다.

② 급결제 : 최근 터널의 아치부의 능률적인 시공은 급결제의 사용 없이는 성공하지 못하는 사례가 종종 있다. 그렇지만 급결제를 첨가한 숏크리트는 장기강도의 증가를 기대할 수 없으며, 최종강도를 저하시키고, 레인턴스(liatance)를 증대시키는 경향이 있다. 따라서 급결제는 최소한의 양을 사용하도록 하여야 하며, 일반적으로 분말급결제의 첨가량은 시멘트 중량의 2~4%가 적당하다.

2) 배합

① 습식공법 : 압축된 숏크리트에 대하여 골재함량을 보정하면서 배합은 기본적으로 일반 배합설계법에 의하여 실시될 수 있다. 이와 같은 배합설계법에서 굵은골재 함유량은 다소 높을 수 있으나 일반적으로 사용가능한 최소치가 되도록 하며, 이는 4~7.5cm의 슬럼프 범위가 적합하다. 또한 숏크리트가 수직 또는 상부표면에 타설되는 경우, 되도록 슬럼프는 약한 숏크리트 및 박리(剝離)를 초래하고, 습식배합 숏크리트는 공기가 연행될 수 있으며 펌프에서 전체 공기의 5~8% 정도의 범위가 좋다.

② 건식공법 : 현장골재의 입자규격 분포에 따라 입자가 크면 비례적으로 리바운드 손실이 크기 때문에 측정된 경우보다 미립자가 좋다. 시공 전에 골재의 시험이 필수적이며, 골재의 입도나 품질 및 철근의 수량과 간격의 영향 등에 관하여 문제점이 있는 경우 배합비를 결정하기 위한 시공전 시험이 필히 실시하여야 한다. 그러므로 건식공법 및 습식공법의 설계기준강도는 재령 28일의 압축강도를 기준으로 하며, 물-시멘트비 40~60% 범위, 단위시멘트량 30~40MPa로 한다.

3) 시공

① 노즐거리, 압력 : 노즐거리, 압력 : 표면도달 속도는 숏크리트의 최종 특성을 결정하는 중요한 요인이며, 1.0~1.5m의 표준 노즐거리가 이용되는 시공에 있어서 노즐에서의 재료속도 및 재료입자의 표면도달 속도는 거의 동일하다. 긴 노즐거리에서 이들 속도가 다를 수 있고 도달속도가 사용 요구조건에 부합되도록 노즐속도를 증가시킬 필요가 있으며, 속도 증가는 리바운드의 증가를 의미한다. 그러므로 속도를 결정하는 요인들은 공사기간의 양과 압력(건식 뿜어붙이기의 경우 공기압은 노즐 첨단에서는 0.15~0.25MPa 정도가 양호함), 호스의 지름과 길이, 재료의 종류 및 단위시간당의 유출량 등을 복합적으로 고려하여 결정하여야 한다.

② 리바운드 및 과잉분사 : 숏크리트 시공에 있어서 리바운드와 과잉분사는 바람직하지 않은 부산물로써, 이 양자는 노즐 담당자 숙련도에 따라 크게 좌우되므로 풍부한 경험과 적절한 노즐 전문지식으로 조정 또는 최소화해야 한다. 리바운드는 목적물에 부착되지 않고 탈락되는 것이지만, 과잉분사는 목표표면을 벗어나 주위에 타설되는 재료이다. 특히 시공하고자 하는 목표 면과 노즐의 타설각도, 타설거리는 리바운드 발생율에 크게 좌우하며 거리는 약 1m, 적정 각도는 직각방향을 유지하는 것이 중요하다. 굴착위치 및 노즐과의 거리에 따른 리바운드량의 범위는 그림 7-50 및 그림 7-51과 같다.

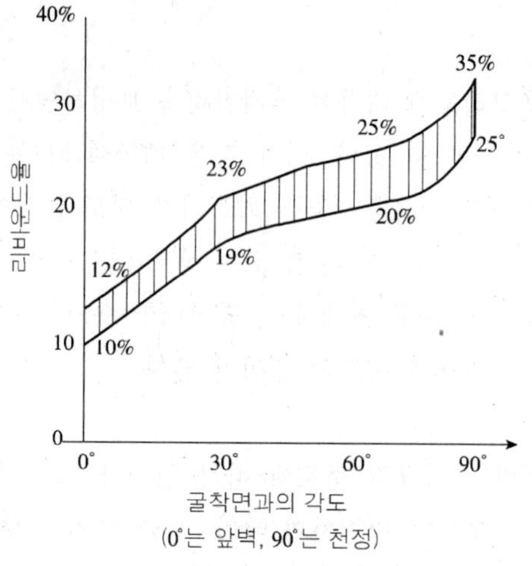

〈그림 7-50〉 굴착위치에 따른 리바운드율

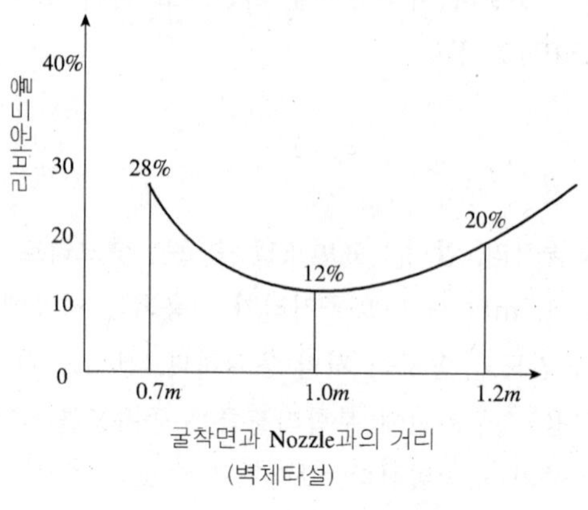

〈그림 7-51〉 노즐과의 거리에 따른 리바운드율

③ 양생 : 콘크리트처럼 숏크리트도 잠재강도 및 내구성이 충분하게 생성될 수 있도록 적절히 양생되어야 하며, 특히 얇은 단면, 결이 발생한 표면 및 숏크리트의 낮은 물-시멘트비가 될 경우에 특별한 양생이 요구된다. 또한 양생을 위한 최선의 방법은 5℃ 이상으로 온도를 유지하면서 7일간 숏크리트를 습윤상태로 유지해야 하며, 표면이 너무 건조하지 않아야 하고, 추가 숏크리트를 필요치 않을 경우 양생혼합물을 사용할 수도 있다. 표면이 자연 마무리 또는 프레쉬 마무리가 되어 있는 경우 액체피막 양생화합물은 곱게 마무리된 표면보다 더 많이 사용한다. 상대습도가 85% 이상인 경우 자연양생이 허용될 수 있다.

7-7 복 공

(1) 개 요

터널의 라이링(linining)은 도로 철도 및 수로 등에 사용된다. 사용 조건에 적합한 설계를 하여야 하며, 장기 토압 등의 작용하중에 견디어 균열(龜裂), 변형(變形), 붕괴(崩壞) 등을 일으키지 않는 것으로 누수(漏水) 등에 의한 침식이나 강도의 감소 등이 없는 내구성을 가져야 한다.

일반적으로 터널의 라이닝은 터널의 사용개시 후에 이것을 개수하는 것은 대단히 곤란함으로 장래, 개수(改修)의 필요가 없도록 충분하게 배려하지 않으면 안된다. 숏크리트, 록볼트, 강제지보공(鋼製支保工) 등의 지보공에 의해 터널의 안정이 보전되고 원지반이 경암으로 풍화될 염려가 없으며, 사용상 지장이 없는 경우에는 라이닝을 생략 또는 프리캐스트판 등으로 라이닝에 대신하는 경우도 있다(그림 7-52 참조).

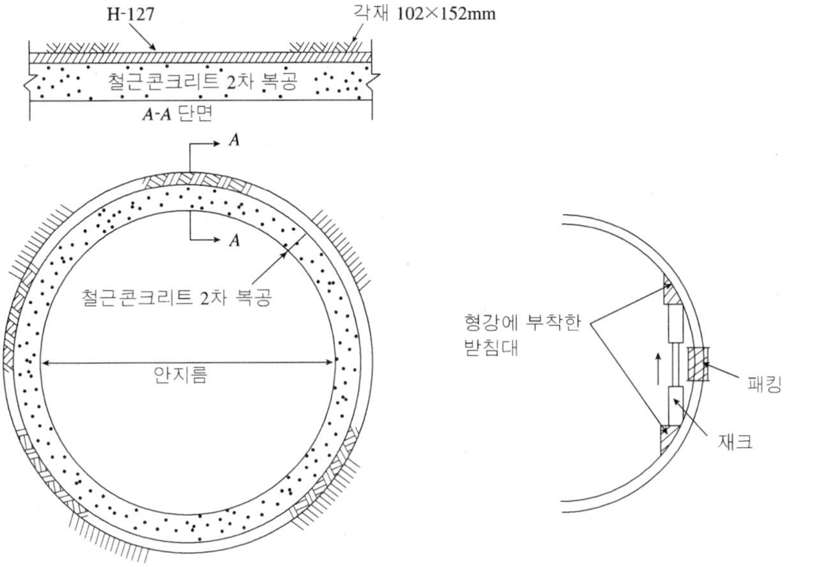

〈그림 7-52〉 복 공

라이닝은 다음과 같은 목적을 가지고 있음으로 설계에 있어서는 원지반조건, 하중조건은 구조물 등의 중요도 등 제조건(諸條件)을 충분히 검토하여야 하며, 공통성에 대해서는 다음과 같다.

① 지하수 등의 누수가 적고 수밀성(水密性)이 좋은 구조물로 한다.

② 사용중 점검, 보수(補修) 등의 작업성을 높인다.

③ 수로터널의 경우 조도계수를 향상시켜 사용의 효율을 높인다.

④ 터널 내의 가선, 조명, 환기 등의 시설을 보존한다.

1) 강도 특성

① 터널의 변형을 수렴(收廉)하지 않는 상태로 라이닝을 시공하는 경우에는 터널의 안정에 필요한 구속력을 준다.
② 라이닝을 시공한 후에 수압, 상제하중 등에 의해 외력이 발생할 경우 이것을 지지한다.
③ 지질의 불균일성, 지보공, 품질상의 록볼트의 부식 등의 불확정 요소를 수렴하고 구조물로서의 안전율을 증가시킨다.
④ 사용개시 후의 외력의 변화나 원지반, 지보공 재료의 노화에 대해서 구조물로서의 내구성을 향상시킨다.

(2) 복공두께

복공의 설계두께는 복공으로서의 강도가 확보되면 좋으나 현 상태로는 외력으로서의 하중의 크기, 작용상태 등 불명한 점이 많고 터널의 목적, 규모, 지질, 수압, 복공재료, 시공법 등을 고려하여 경험적으로 복공두께를 결정할 때가 많다. 복공두께 t를 결정하는 실험식으로는 Terzaghi의 공식이 있다. 즉 복공두께 t는 다음과 같다.

$$t = 0.19C \cdot r^{1/2} \qquad (7-8)$$

여기서, C : 암석에 의한 계수

r : 아치반지름[m]

따라서 암석의 탄성파속도 V에 의하여 C가 결정된다.

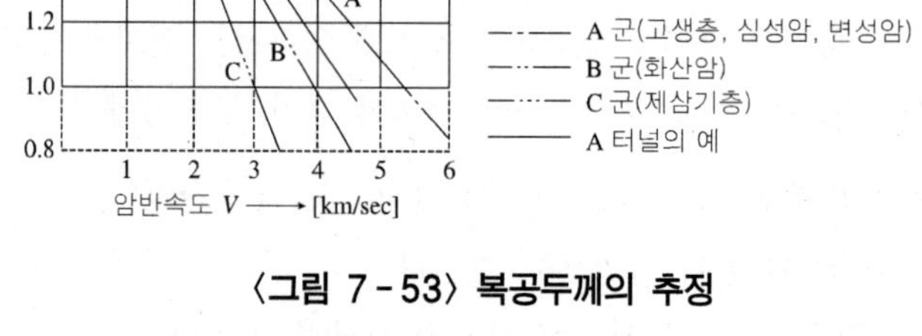

〈그림 7-53〉 복공두께의 추정

Ganda는 암반 중을 전파하는 탄성파속도를 이용하여 그림 7−53과 같이 V와 C의 관계를 구하였다. 이 때 암반을 A군, B군, C군으로 나누어 취급하여 표 7−11과 같다.

대한토목학회(터널공사표준시방서)의 강아치 동바리공을 사용한 콘크리트복공(concrete lining)의 설계두께의 표준을 표 7−12와 같다.

〈표 7 - 11〉 터널의 조사에 있어서 암반의 탄성파속도와 지질의 대비

경도의 표준	군 / 속도 [km/sec]	[A] 심성암·반심성암 고생층·중생층 변성암	[B] 화산암	[C] 제3기층	복선터널	
					복공두께 [cm]	동바리공 및 접촉방법
7	5.0~6.0	신선한 경암반, 붕락이 없음			40	동바리공 없음
6	4.0~5.0	신선한 경암반, 절리가 있음	신선, 견경절리 있음		50	〃 복공을 함
5	3.0~4.0	암석이 견경해도 파쇄되어 굴착 후 붕락이 있음	균열이 많고 암반, 또는 암질이 연한 것	층리가 있는 경암	602	고 rail 역권
4	2.5~3.0	파쇄 도중이고 간결한 파쇄대 및 사상각력암	좌 동	연암 또는 절리가 많은 암반	70	동 상
3	2.0~2.5	파쇄도가 큰 폭 10m 이상의 단층각력이 있는 파쇄대	〃	고결도가 낮은 암반, 또는 파쇄도중의 파쇄대	90	측벽고갱식 역권
2	1.5~2.0	파쇄도가 크고 고결도가 낮은 폭 10m 이상의 파쇄대	〃	파쇄도가 크고 고결도가 낮은 폭 10m 이상의 파쇄대	100	동 상
1	1.5~	폭 10m 이상이고 온천작용을 동반하고 파쇄대	〃	폭 10m 이상이고 점토화한 파쇄대	130	고 갱 식 끼 움 판

〈표 7 - 12〉 콘크리트복공의 설계두께

안지름 단면의 폭 B [m]	콘크리트복공의 설계두께 t [cm]
2	20~30cm
5	30~50cm
10	40~70cm

표준적인 복공설계두께이나 이것은 그림 7−54에 표시한 시공사례를 참고로 하여 정한 것이고 특수한 지질조건, 갱구 부근 등은 반드시 이 표준을 적용하지는 않는다. 또 표준은 강아치 동바리공을 사용한 경우이나 목제(木製) 동바리공을 사용할 때는 약간 두껍게 하여 설계하여야 한다.

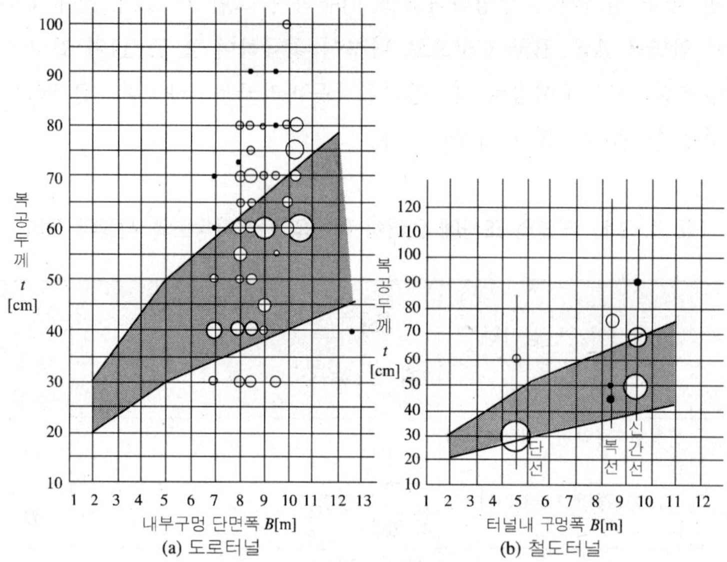

주 : 1. ○의 면적은 심시연장에 비례한다.
2. 도상의 흑색범위는 시방서의 수치의 범위

〈그림 7-54〉 터널 안지름 단면 및 안지름 폭파 복공두께와의 관계

(3) 라이닝 배면에의 주입

터널의 변형이나 붕괴요인은 대부분 터널시공에 라이닝 배면과 원지반의 공간을 남겼기 때문에 장기간에 걸쳐 원지반이 느슨해져 큰 편토압이 작용하기 때문이다. 이와 같은 경우에는 주동토압을 균등하게 분포시켜 수동토압이 유효하게 작용되도록 모르타르 충진에 의해 가능한 한 틈을 없애는 것이 좋다.

1) 주입은 주입재료, 사용기계, 주입압력 등에 따라 방식이 다르므로 공극이나 뒷면 원지반의 상태, 주입의 시공조건 등에 따라 적절한 것을 선정한다.
2) 주입재료로 사용되는 모르타르는 주입작업시의 분리, 특히 고형물의 침전이 적고 주입후의 체적신축이 될 수 있으면 작은 것이 좋으며, 이 때문에 배합재료중 무신축성의 혼화재를 첨가하는 것이 바람직하다.
3) 주입관은 라이닝 완성 후에 착암기로 구멍뚫기하여 설치하는 방법이 있으나 라이닝콘크리트 타설 시에 미리 매입해 두는 것이 주입효과를 높일 수 있으며, 작업능률도 좋다. 이때 주입관의 위치, 간격 및 배열 등에 따라 주입량, 더 나아가서는 주입의 효과에 차이가 생기게 된다. 주입관은 주입 확인용의 구멍으로도 필요함으로 장래 주입을 할 구멍 외에 될 수 있으면 많이 설치해 두는 것이 바람직하다. 주입관의 구조 예는 그림 7-55와 같다.

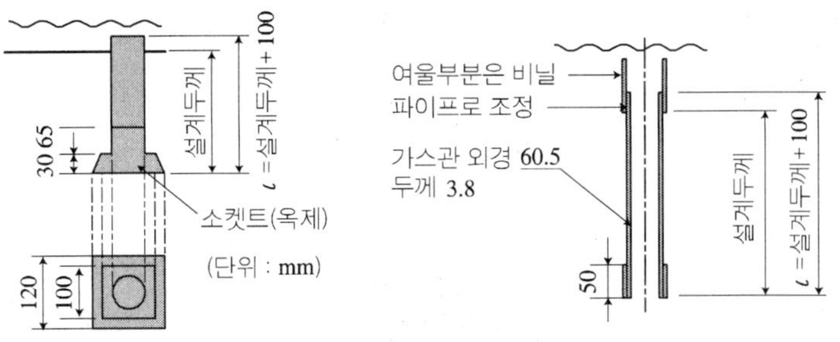

〈그림 7-55〉 주입관의 구조 예

(4) 균열방지 대책

1) 콘크리트 라이닝에 유해한 균열이 발생할 염려가 있는 경우에는 균열방지 대책을 강구하여야 하며, 외부 온도의 영향을 많이 받는 구간은 필요에 따라 콘크리트타설 시의 신축이음부를 두거나 균열방지 철근을 설치하는 것을 검토하여야 한다.

2) 콘크리트라이닝 균열의 요인은 콘크리트 경화온도 강하에 의한 온도신축, 터널내 온도변화에 의한 온도신축, 터널내 습도의 저하에 의한 건조수축 등이 있으며, 균열방지 대책으로는 다음의 사항이 검토되어야 한다.

① 숏크리트와 콘크리트 라이닝의 절연
② 콘크리트 배합시 팽창제의 첨가, 혼합시멘트, 유동화제 등을 사용하여 경화열과 건조수축량을 감소시킨다.
③ 콘크리트라이닝의 타설순서
④ 필요시 누수대책이 고려된 균열유발 줄눈의 설치
⑤ 균열방지용 철근배치

3) 균열방지 대책구간은 터널입구로부터 50m 이내로 설치하는 것이 바람직하다.

(5) 거푸집과 콘크리트타설

측벽 거푸집 및 아치콘크리트의 타설에는 이동식 거푸집(remove type form) 또는 조립식 거푸집(construction type form)이 사용된다.

최근 이동식 거푸집으로 많이 사용되고 있는 것은 비망원(非望遠, nontelescopic)형 이동식 거푸집이다(그림 7-56 참조). 이것은 10.5~15m 정도의 길이를 가지고 1구간의 콘크리트를 타설,

양생한 후에 거푸집을 떼어 내어 레일상에서 다음 위치까지 이동시키는 형식이다. 거푸집 중량은 큰 것은 45tonf 정도이므로 레일이 부등침하를 일으키지 않게 주의하여야 한다. 콘크리트타설 중에는 거푸집이 이동하지 않게 고정시켜 놓아야 한다.

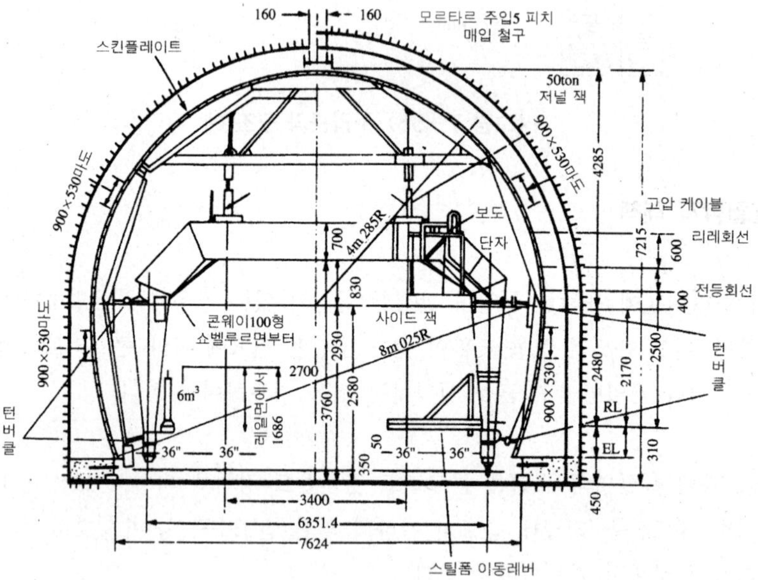

〈그림 7-56〉 **그린치식 이동거푸집**(비망원식)

1) 길 이

이동식 거푸집의 길이는 공사공정, 콘크리트타설의 타설능력에 따라 다르나 보통 단선단면용 7.2~12m, 복선단면용 7.2~15m로 한다.

2) 구조

1힌지(hinge) 구조와 2힌지 구조의 2가지 형식이 있으나 떼어내기에 무리가 없는 1힌지 구조를 최근 많이 사용한다.

3) 작업공

외판(skin plate)을 붙이는 구조에는 파이프축(pipe later)작업, 타설면의 청소에 쓰이므로 사람이 통과할 수 있는 크기(45×50cm 이상)로 될 수 있으면 많이 설치한다.

조립식 거푸집은 뼈대틀과 강제패널(steel panel) 또는 뼈대틀과 윗부분(上木), 막음널을 조립한 것이다. 조립식 거푸집을 사용할 경우는 강제패널, 윗부분의 끼움을 충분히 해야 한다.

콘크리트의 타설은 콘크리트 펌프나 콘크리트 프레서 등을 사용한다. 타설 때에는 재료가 분리되지 않게 구석구석까지 콘크리트가 퍼지도록 다져서 1구획을 연속하여 타설하여야 한다.

아치콘크리트, 측벽콘크리트, 인버트콘크리트 등의 시공이음 부분은 콘크리트의 경화수축 등으로 간격이 생기는 약점이 있다. 따라서 이들의 부분은 충분히 주의하여 시공해야 한다(그림 7－57, 그림 7－58 참조).

거푸집 떼어내기는 최후에 타설한 콘크리트(주로 아치마루부)의 강도가 적어도 자중에 견딜 수 있는 강도에 달한 다음 떼어내야 한다(그림 7－59 참조).

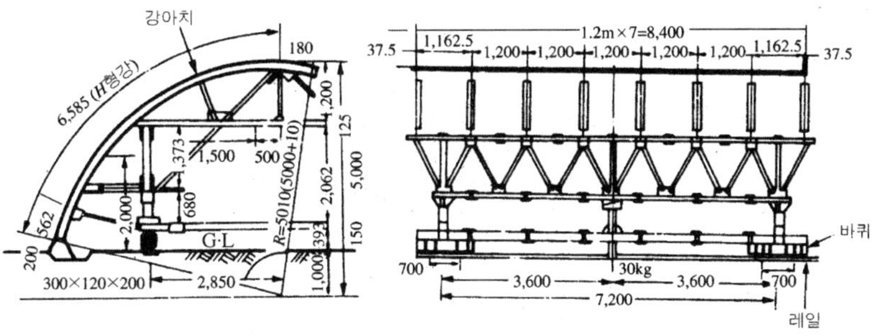

〈그림 7－57〉 이동식 거푸집(반단면형)

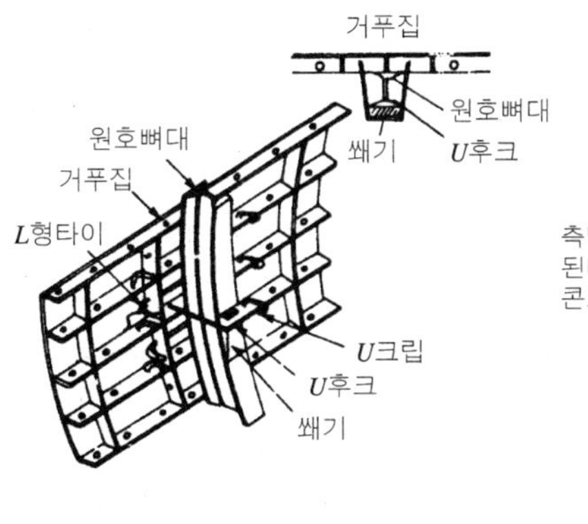

〈그림 7－58〉 측벽용 강제거푸집

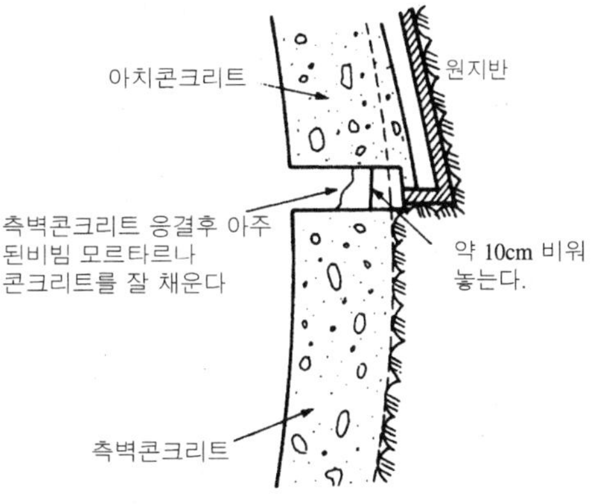

〈그림 7－59〉 역권인 경우의 측벽콘크리트타설

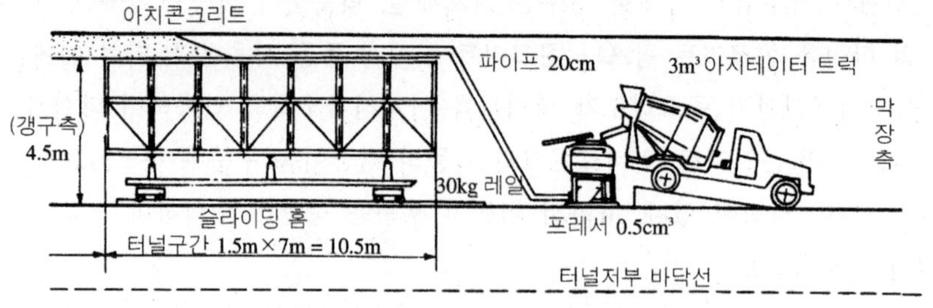

(a) 아치콘크리트 타설과 아지테이터

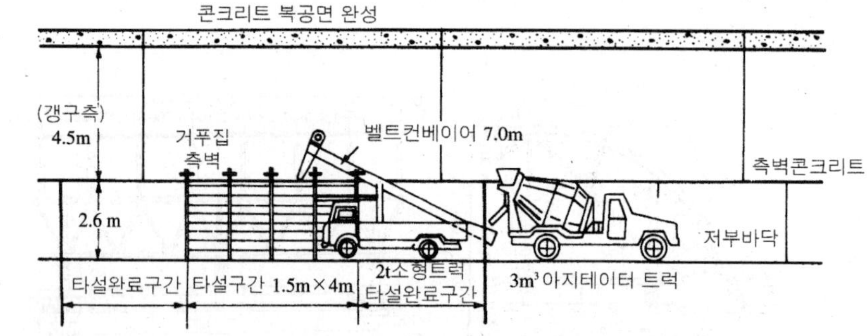

(b) 측벽콘크리트 타설과 아지테이터

〈그림 7-60〉 복공콘크리트 타설의 예

(6) 뒤채움 주입

아치 정부(項部)와 원지반의 사이에는 공간이 생길 때가 많고 특히 불량한 암질에는 흙막이공 등의 뒷면에 공간이 생긴다. 이 공간을 방치하면 편압(偏壓)이나 원지반이 이완되어 장기간에 걸쳐 그것이 진행되므로 토압이 증가한다. 이런 현상을 방지하기 위하여 공간에 막돌, 자갈 등을 충전하고 그 속에 그라우트(grout)를 한다.

그라우트의 주입공은 미리 복공할 때 매립해 놓고 복공콘크리트가 주입압력에 충분히 견딜 수 있는 강도(强度)가 생긴후 그라우트를 실시한다. 공간 또는 구멍간격이 아주 클 때는 미리 자갈, 모래 등의 재료를 그라우트 믹서(grout mixer)에 넣어 비빈 후에 그라우트를 하면 경제적이다.

7-8 터널 특수공법

7-8-1 개착공법

개착공법(open cut method)은 지상에서 큰 도랑을 굴착하여 그 속에 터널본체를 구축하고 그것이 완성후 매몰하여 원상태로 복구하는 공법이고, 도시터널(지하철)의 표준적인 공법으로써 널리 적용되고 있다. 평탄한 지형에 얕은 터널을 구축할 때는 시공성, 안전성, 경제성 등의 면에서 오픈컷공법이 가장 적합한 공법이라고 할 수 있다. 그림 7-61은 그 공법의 순서를 나타낸 것이다.

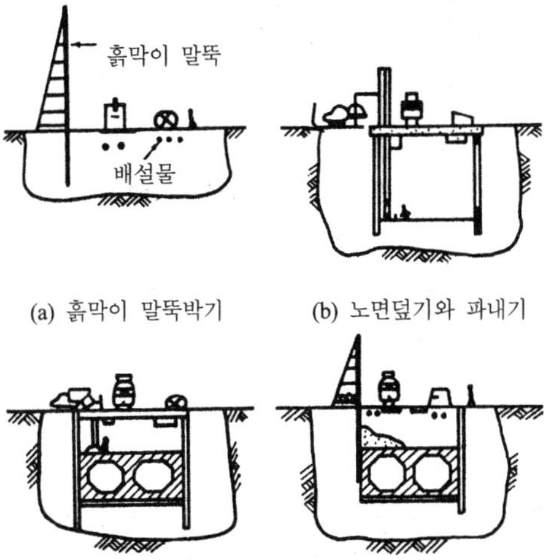

(a) 흙막이 말뚝박기 (b) 노면덮기와 파내기

(c) 콘크리트타설 (d) 메우기와 말뚝 빼기

〈그림 7-61〉 개착식 터널과 공법의 시공순서

이 공법은 굴착깊이가 커지면 공사비 및 공사기간이 증대하여 실드공법에 비하여 불리하다. 또 공사 중에 교통 및 연선(沿線)에 여러 가지 악영향을 주는 것이 개착공법의 결점이다.

개착공법은 굴착방법, 흙막이방법, 터널본체의 축조방법 등에 따라 여러 가지 시공방법이 있다. 굴착방법으로는 흙의 안정경사를 이용하여 굴착하는 소굴식(素掘式, 평소와 같은 굴착) 굴착공법(그림 7-62(a)), 수직흙막이를 사용하여 전단면(全斷面)을 동시에 굴착하는 전단면굴착공법(그림 7-62(b)), 부분적으로 굴착하는 부분굴착공법 등이 있다.

흙막이 방법에는 강(鋼)말뚝과 흙막이판의 병용, 강널말뚝, 강관널말뚝, 주열식(柱列式) 지하연속벽 등이 있다. 이 중에서 주열식 지하연속벽은 현장말뚝으로서의 모르타르말뚝 또는 콘크리트말뚝을 연속적으로 시공하여 전체를 하나의 벽이 되게 한 것이다.

또 지하연속벽은 수 m의 요소(element)마다 벽 모양으로 지반을 굴착하고, 철근콘크리트를 타설하여 지중벽(地中壁)을 만들고 인접 요소는 이음으로 전체를 접속하여 긴 지하연속벽을 구축하는 것이다. 이태리의 ICOS(impresa construzioni opere specializzate)공법, PIP(packed in place pile)공법 등은 여기에 속한다.

개착터널의 표준적인 공법은 전단면굴착공법으로 전단면을 굴착한 후 터널본체를 밑부분에서 차례로 시공하는 것이다. 이 표준적 공법으로 시공할 수 없을 경우는 트렌치(trench)공법, 아일랜드공법, 역권공법(逆卷工法) 등의 부분굴착공법에 의하지 않으면 안 된다.

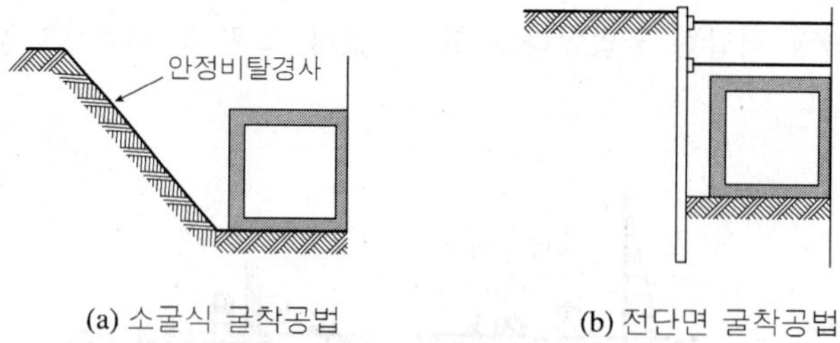

〈그림 7-62〉 개착터널공법

트렌치공법은 그림 7-63과 같이 처음에 벽이나 기둥의 부분을 굴착, 축조하여 다음에 잔여부분을 굴착, 구축하는 공법이다. 아일랜드공법은 흙막이의 안정을 유지할 수 없을 때 채용한다. 또 역권공법은 하상판(下床板)이나 측벽보다 먼저 상상판(上床板)이나 중상판을 시공하고 이들을 흙막이 동바리공으로 이용하는 공법이다.

터널본체가 완성된 후 되메우기하여 노면복공(교통을 의한 가설물)의 철거, 가설 흙막이말뚝(강말뚝, 강널말뚝 등)의 철거, 노면복구 등의 제공사를 실시한다.

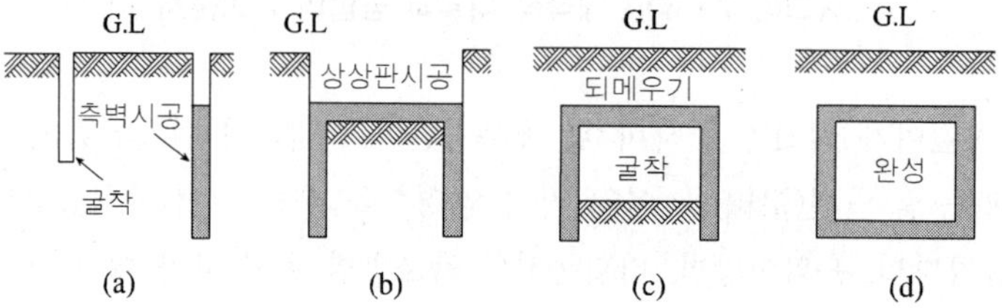

〈그림 7-63〉 트렌치공법의 시공순서

7-8-2 침매공법

침매공법(immersed tunnel method)은 수저(水底) 또는 지하수면하에 터널을 시공하기 위한 공법이다. 즉 터널의 일부를 케이슨(caisson)모양으로 육상에서 제작하여 이것을 물에 띄워 침설(沈設) 장소까지 예선(曳船)하여 소정의 위치에 침하시켜 기설부분과 연결한 후 되메우기한 다음 그 속의 물을 빼 터널을 구축하려는 것이다(그림 7-64 참조).

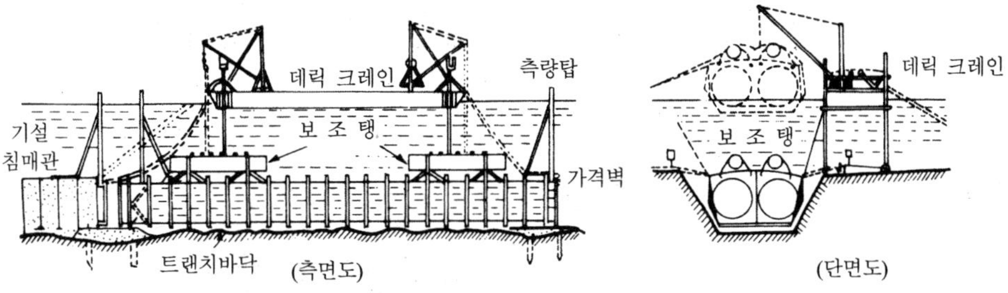

〈그림 7-64〉 침매터널의 침설작업도

(5) 침매공법의 특징

1) 장점

① 단면형상이 비교적 자유롭고 큰 단면을 만들 수 있다.
② 수심이 얕은 곳에 부설(敷設)하면 터널연장이 짧아도 되며, 수심이 매우 깊은 곳이라도 시공할 수 있다.
③ 육상에서 제작하므로 신뢰성이 높은 터널본체를 만들 수 있고, 시공기간이 짧아진다.
④ 수중에 설치하므로 부력작용으로 자중이 작아서 연약지반위에도 쉽게 시공할 수 있다.

2) 단점

① 유수가 빠른 곳은 강력한 작업기계가 필요하고, 침설작업이 곤란하다.
② 협소한 장소의 수로나 항행선박이 많은 곳에서는 장애를 많이 받는다.
③ 물밑에 암초(暗礁)가 있으면 트렌치의 굴착이 어렵다.

침매공법은 침매각(沈埋殼)의 형상과 재질에 의하여 원형강각(圓型鋼殼)방법과 정방형 콘크리트방법으로 대별한다(표 7-13 참조). 전자는 주로 미국에서 발달한 공법이고, 원형 또는 소판형(小判形)의 본체를 샌드매트 등으로 평탄하게 한 기초상에 직접침설하여 수중콘크리트, 또는 고무가스켓(rabber gasket)을 사용하여 수압접합(水壓接合)을 한다.

또 장방형 콘크리트방법은 유럽, 캐나다 등에서 많이 채용하는 공법이고, 침설방법은 침매각(沈埋殼)의 양단을 가토대위에 가설한 후 침매각과 기초의 공극 사이에 특수방법으로 모래를 뿜어서 진출하는 방법을 취하고, 침매각은 고무가스켓을 사용하여 수압접합을 한다. 이런 경우에는 그림 7−65와 같이 잠수부에 의하여 수중에서 작업을 한다.

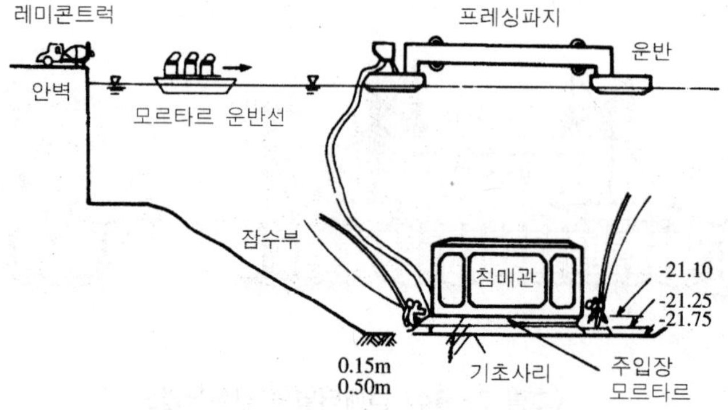

〈그림 7-65〉 수중 침매작업

〈표 7-13〉 침매공법의 2대 방법의 비교

항 목	원형강각방법	정방형 콘크리트방법
용 도	공사선 도로, 복선 철도, 하수관 등 지름 10m 정도 이내인 것	다차선 도로 등 광폭원의 것
기본단면	도형, 소판형, 8각형(외형)	자방형
구조주재	강각 및 철근콘크리트	철근콘크리트
침 매 각 제 작 소	조선대 및 의장 야드	Dry Dock
방수방법	강각	방수막
기 초	자갈을 깔고 기초면에 직접 침설	가지지대에 침설한 후 각저하(殼低下)에 모래를 뿜고, 또 모르타르도 압입(壓入)
침설하중	침매각 포켓에 자갈 또는 수중콘크리트 투입	각내 수조에 물 벨러스트를 가한다.

7-8-3 잠함공법

터널공사에서 보통공법이나 실드공법은 지중이나 물밑에서 터널을 수평으로 굴진하는 것이지만, 잠함공법은 그림 7−66과 같이 침매공법 등과 같이 수면상에서 터널의 일부분을 제조하여 이것을 터널위치에 설치하는 공법이다.

잠함공법(pneumatic caisson method)은 먼저 터널의 일부분이 되는 하부에 잠함(潛函)작업실(lock chamber)을 만들어 이것을 소정의 위치에 침하시켜 놓고 압축공기를 작업실에 보내어 외부에서의 침수를 막으면서 잠함부가 그 속에서 기초부분의 흙을 굴착한다. 이와 같이 하여 하저 지중에 몇 개의 잠함작업실을 침하시키고, 이를 연결하여 수저터널을 축조하는 방법이 잠함공법이다.

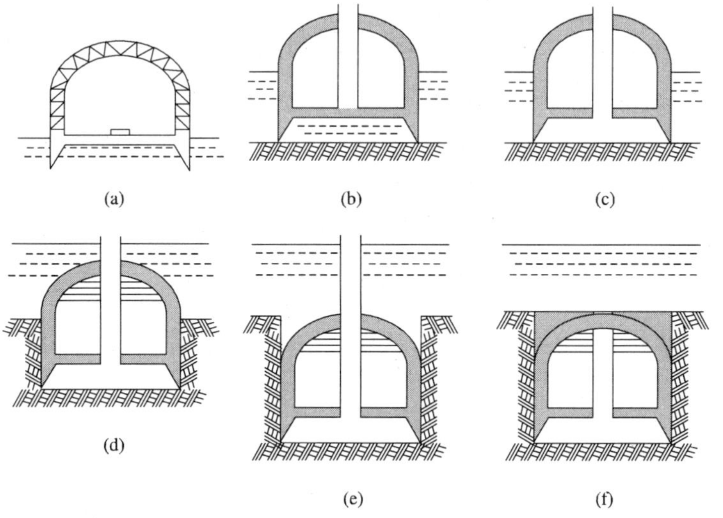

〈그림 7-66〉 잠함공법

7-8-4 체절공법(締切工法, coffer dam method)

지하수위 저하공법이라고도 한다. 주로 모래지반에 설치한다. 그림 7-67과 같이 터널굴착 위치의 주위에 다수의 흡수관을 박아 강력한 펌프로 지하수위를 저하시킨 다음 굴착하는 것으로 개착공법과 동일하게 시공한다.

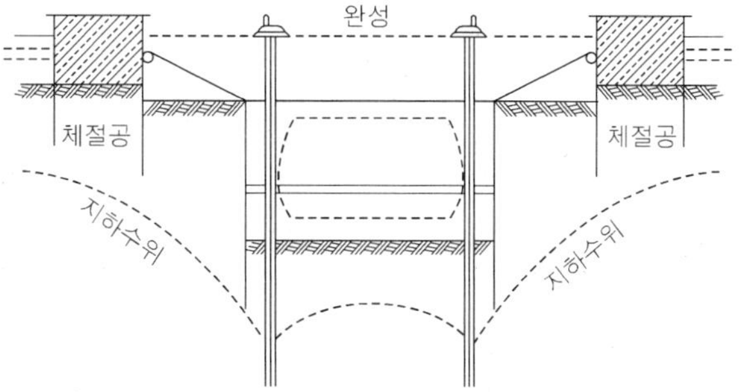

〈그림 7-67〉 체절공법

7-8-5 미니실드공법

미니실드공법(mini shield method)의 특징은 다음과 같다.

① 안전성 : 실드 갱 내의 동력원은 모두 갱 외에 설치된 콤프레서에 의한 압축공기를 사용하고 있으므로 안정성이 높다.

② 경제성 : 2차 복공의 필요성이 없으므로 공사비가 적고, 공사기간을 단축할 수 있다.

③ 조종성 : 기계구조가 간편하므로 고장이 적고 취급하기 쉽다.

④ 시공성 : 곡선시공을 할 수 있고 공법상으로 완전한 뒤채움을 주입하기 때문에 신뢰성이 높은 터널이 구축된다.

⑤ 합리성 : 3등분할 한 아치 토막은 구축된 터널에 기하학적인 안전성을 주고 결합볼트를 사용하지 않는 것이 큰 특징이다.

소구경으로 개발된 원격조작에 의한 굴진기이며, 주로 하수관로, 수도, 가스, 전력, 통신용 지하매설물 배관으로서 적용되며, 선진 외국에서 널리 채용하고 있다.

7-9 터널갱문

(1) 개요

갱문은 지표비탈면의 낙석 붕괴, 눈사태, 누수 등으로부터 갱문부를 보호하기 위한 것으로 역학적으로 안정하며 갱문자체의 미관과 주변 조경 등을 복합적으로 고려하여 설치해야 한다. 갱구부근은 대체적으로 경사지로서 토피가 얇아서 불안정하며 시공시에는 편토압이 작용하거나

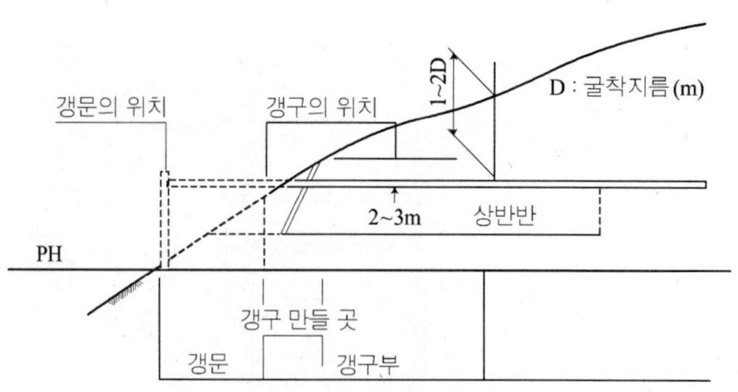

〈그림 7-68〉 갱구부

사면붕괴로 주변 지반이 약화되어 막장붕괴, 지표면 침하, 지내력의 부족 등이 발생하기 쉽다. 이러한 지역에 갱구설치계획을 세우는 것은 가능한 피하거나 최소한의 구간이 되도록 제한하는 것이 바람직하지만 계획이 결정되면 충분한 사전조사를 실시하여 굴착에 따른 지표면의 변위, 구조물기초의 침하, 지하수변화 등에 따른 보호대책과 보조공법을 검토하여 계획을 세워야 한다(그림 7−68 참조).

(2) 갱구부의 계획

갱구부는 기본적으로 경사면과 직교하는 위치에 만들며 공사용 설비의 배치에 대해서도 고려한다. 또한 갱구설치시 토피는 최소 2~3m 정도를 확보하며 깎기면은 숏크리트나 록볼트로 보강을 하여 충분한 안정성을 확보하여야 한다. 터널갱구부는 지형이나 기상의 영향을 크게 받으므로 지형과 터널 중심축선은 지형과 터널갱구의 위치 관계를 고려하여야 하며, 일반적인 특성은 다음과 같다(그림 7−69 참조).

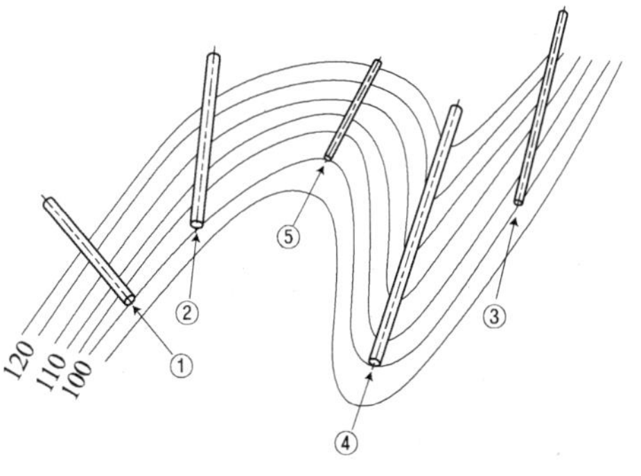

〈그림 7-69〉 지형에 따른 터널갱구의 위치

1) 경사면 직교형

가장 이상적인 터널축선과 경사면의 위치관계이며, 경사면 중간에 갱구부가 계획될 경우는 공사용 도로의 확보나 설치되는 도로구조와의 관계 등 시공상의 특별한 배려가 필요하다.

2) 경사면 경사교차형

터널축선이 경사면에 대해 비스듬하게 진입하기 때문에 비대칭의 깎기 경사면이나 갱문이 될 때가 있고, 유동암반인 경우는 편토압이 작용할 때가 있다. 때문에 편토압에 대한 검토가 필요하게 된다.

3) 경사면 평행형

경사교차가 극단적일 때이며, 긴 구간에 걸쳐 골짜기 쪽의 토피가 극단적으로 얇아질 때가 있어 편토압에 대해 특별한 배려가 필요하게 된다. 문제가 생길 때가 많아 될수록 피해야 할 위치이다.

4) 밑뿌리 진입형

일반적으로 애추의 미고결 퇴적층이 두텁게 분포하고 지하수위가 높을 때가 많다. 또한 토석류, 눈사태 등의 자연재해가 발생하기 쉬운 위치와 관계된다. 환경보전상 시공에 따르는 지표면 침하에 제약을 받을 때에는 대상 구조물의 설계조건을 충분히 파악하고 설계와 시공을 해야 한다.

(3) 갱문 종류

갱문의 종류는 중력형, 면벽형, 반돌출형, 돌출형이 있다. 중력형은 비교적 경사가 급한 지형에 많이 적용하고, 면벽형은 가장 일반적인 형식으로 면벽에 작용하는 외력은 터널축방향의 토압과 같으므로 흙막이 벽으로 설계한다.

〈표 7-14〉 갱문형식 비교표

구 분	면벽형(wing 식)	돌출형(원통절개식)
장 점	◦ 터널갱구부의 시공이 용이하다. ◦ 터널상부의 되메우기가 불필요하다. ◦ 터널상부에서의 유하 지표수에 대한 배수처리가 용이하다.	◦ 주변지형과의 조화로 미관이 양호 ◦ 갱문배후의 낙서, 붕괴토사 눈사태로 인한 갱문측 노면 보호한다. ◦ 자연경관을 최대한 보호한다.
단 점	◦ 운전자에게 위압감을 준다. ◦ 인위적 구조물의 노출로 주변경관과 조화를 이루기 어렵다. ◦ 정면벽의 휘도조화를 고려할 필요가 있다. ◦ 자연경관을 훼손시킬 우려가 있다.	◦ 갱구부 개착터널 길이가 길다. ◦ 갱구부 터널상부에 인위적인 흙쌓기가 필요하다. ◦ 원형거푸집이 필요하고 공사기간이 길다.
적 용 지 형	◦ 갱구부 지형이 횡당성 편측으로 경사진 경우 ◦ 갱문이 암층에 위치한 경우 ◦ 낙석, 토사붕괴, 눈사태 우려가 없는 경우	◦ 지형이 편측경사가 없고 갱구 전면흙깍기가 많고 완면하여 자연스럽게 조화를 이룰 수 있는 지형 ◦ 낙석, 토사붕괴, 눈사태의 우려가 있는 경우
시공성	◦ 갱구부 토공 및 옹벽 공사구간으로 시공이 간단하다.	◦ 개착 터널구간의 라이닝 공사구간으로 시공이 다소 복잡하다.

돌출형은 갱구의 지형, 지질, 기상 등에 따라 터널의 라이닝을 선정하고 갱문옹벽을 설치하지 않은 구조이므로 갱문부의 원지반을 이완시키는 일이 적고 안정성과 미관이 좋으며 공기압의 감소효과 등을 기대할 수 있다. 갱문형식은 그림 7-70과 같고, 갱문형식 비교는 표 7-14와 같다.

면 벽 형			돌 출 형			
중력식	날개식	아치 날개식	파라펫트식	돌출식	원통 절개식	벨마우스식

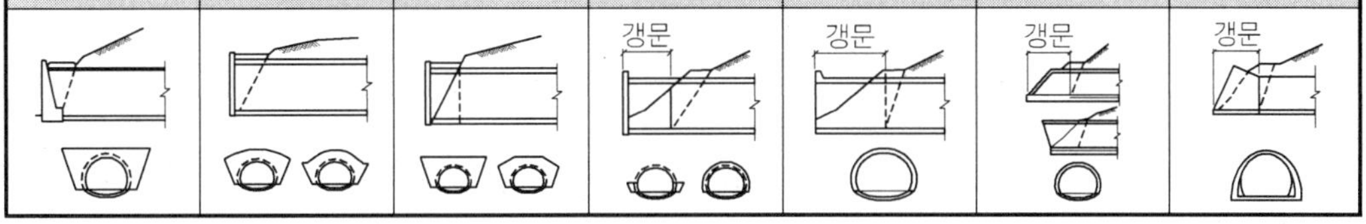

〈그림 7-70〉 여러 가지 갱문형식

(4) 갱구부 시공

갱구부의 시공은 원지반의 이완을 최소화 하도록 굴착하고, 안정성이 우려되는 지반에서는 원지반이 안정되도록 보강을 한다. 갱구부에서의 터널거동은 지반조건, 지질구조, 지하수 등과 함께 지형, 기상 등의 외적 조건의 영향을 받으므로 일반 터널과는 다르게 특별한 구조와 시공법이 필요하다.

터널갱구부의 굴착공법은 상·하반분할굴착을 하여도 원지반조건에 따라서는 상반의 지내력이 부족하므로 침하하거나 터널의 안정이나 원지반의 안정을 손상시키기가 쉽다. 또한 지형상 편토압이 심하게 작용할 때에는 상반 굴착시에 터널의 안정성 확보가 곤란하므로 토압에 저항할 수 있는 터널구조로 하여야 한다.

7-10 터널 내의 환기

터널의 환기(換氣, ventilation)는 공사 중의 환기와 공사 후의 환기가 있다. 공사 중에는 임시적인 환기장치이고, 공사 후에는 영구적인 환기장치를 한다. 특히 자동차 교통이 많은 도시터널은 배기가스가 큰 문제로 되어 있다. 도로터널의 연장이 500m 이상이면 환기설비가 필요하다.

7-10-1 착공 중의 환기

터널굴착 중의 현장에서는 다음과 같은 여러 가지 불량가스가 발생하여 작업할 때 큰 영향을 주어 작업불능인 경우가 생긴다. 따라서 환기설비가 필요하게 되고, 재해발생의 원인이 될 우려가 있다.

① 발파에 의한 후가스[CO, NO_2]
② 작업기계의 엔진 배기가스[CO]
③ 작업원의 호기(呼氣)[CO_2]
④ 지중(地中)에서 용출되는 유해가스[CO, NO_2, CO_2]
⑤ 먼지, 매연
⑥ 지열이나 작업기기에 의한 열기(熱氣)
⑦ 기타(악취, 산소결핍 등)

공사 중에 있어서 환기방법에는 집중방법과 직렬방법이 있다. 각각의 장·단점은 표 7-15와 같다. 공사중 발파 시에 후가스(나중에 생기는 가스)를 억제하기 위하여 소요환기 시간을 20분으로 정하고 이 때의 송기 필요량을 다음 식으로 구한다.

$$Q = 460 \times W \tag{7-9}$$

여기서, Q : 송기량[m^3/min]
W : 발파에 의한 CO가스 발생량[m^3]

다음에 송기관의 설계는 송기량을 Q라고 하면,

$$Q = 60 \times a \times v \tag{7-10}$$

여기서, a : 송기관 단면적[m^2]
v : 송기관내 풍속, 보통 15m/sec

〈표 7-15〉 공사 중의 환기방법

환기방법		장 점	단 점	비 고
집중방법	배기식	1. 공사의 진척에 따라 풍관만을 연장하면 된다. 2. 송풍기 등의 설비가 집중되므로 유지보수가 타에 비하여 쉽다. 3. 풍관은 경질관을 쓰면 누풍이 거의 없다.	1. 배기식이므로 갱내 도중에 배출되는 가스가 모두 막장에 흘러간다. 2. 풍관은 연한 관을 쓸 수 없다. 3. 터널의 진척에 맞추어 송풍기의 규모를 바꾸지 않으면 불경제적이다. 4. 막장부에는 Local Fan이 반드시 필요하다.	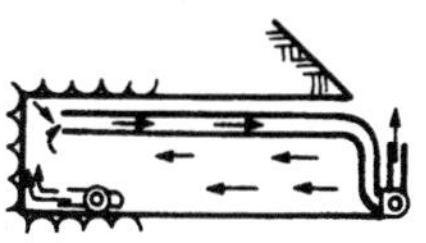
	송기식	배기식과 같다.	1. 오염공기가 전 갱 내를 통과한다. 2. 풍관을 연한 것을 사용하면 누풍이 커진다. 3. 터널 진척에 맞추어 송풍기를 변화시키지 않으면 불경제적이다.	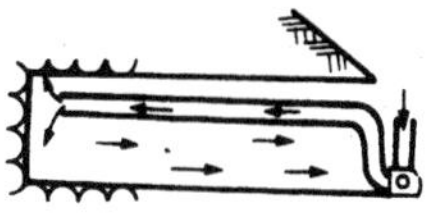
직렬방법	연속식	송풍기가 소규모로서 동력도 적고 경제적이다.	1. 관의 이음부분이 많으므로 누풍의 우려가 있다. 2. 풍관이 연질이면 부압을 받아 단면이 축소되어 저항이 커진다. 3. 1대의 송풍기가 고장이 나면 인접한 송풍기에 부담이 커진다.	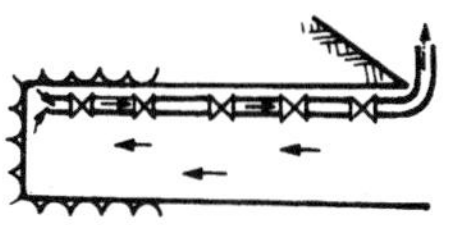
	단속식	연속식과 같다.	1. 단속되어 있으므로 누풍이 대단히 커진다. 2. 기타 연속식과 같다.	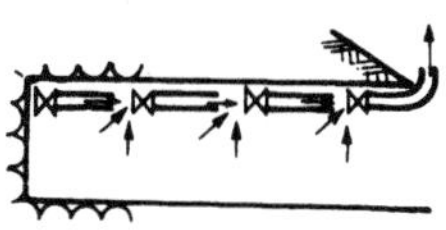

또, $a=\frac{\pi d^2}{4}$ 이고, 송기관의 지름 d[m]는,

$$d=\sqrt{\frac{Q}{706.5}}=\frac{\sqrt{Q}}{26.58}\fallingdotseq\frac{\sqrt{Q}}{26.6} \qquad (7-11)$$

후(後)가스 및 디젤기관에서 배출한 유해가스(표 7-16 참조)의 희석에 필요한 풍량의 산정에는 몇 가지 식이 있는데 Manual on Rock Blasting(1958)의 후(後)가스 경우 계산식은 다음과 같다.

$$A=\frac{d\cdot A}{t}log_e\frac{\epsilon_2 Ad}{\epsilon_1} \qquad (7-12)$$

여기서, ε : $\frac{\varepsilon_2}{\varepsilon_1}$

t : 희석에 요하는 시간(=환기시간) [min]

d : 풍관구에서 막장까지의 거리[m]

A : 터널의 단면적[m^2]

Q : 필요풍량[m^3/min]

ε_1 : 발파 직후의 막장 가스의 농도[mg/ℓ]

ε_2 : 유해가스의 허용농도[mg/ℓ]

디젤기관 경우의 계산은 식 (7-13)과 같다.

$$Q = \frac{V \cdot C}{\epsilon_2} \tag{7-13}$$

여기서, Q : 필요풍량[m^3/min]

V : 디젤기관에서 배출되는 유해가스 발생량[l/min/HP]

C : 디젤기관의 마력수[HP]

ε_2 : 유해가스 허용농도[mg/ℓ]

〈표 7-16〉 폭약 및 디젤기관에서 배출되는 유해가스 발생량

종류		CO	NO
폭약	갱 내용 다이너마이트 ANFO	1.7~21.2 ℓ/kgf 0.4~22.4 ℓ/kgf } 주 ①	3.7~ 8.5 ℓ/kgf 5.6~18.0 ℓ/kgf } 주 ①
디젤기관	셔블군 덤프트럭군 디젤 loco군	0.021~0.046 ℓ/분/HP 0.028~0.049 ℓ/분/HP 0.021~0.045 ℓ/분/HP	0.003~0.015 ℓ/분/HP 0.003~0.014 ℓ/분/HP 0.003~0.014 ℓ/분/HP } 주 ②

[주] ① Simamula : ANFO 폭제와 그 발파법
② 건설업 노동재해방지협회 환기기준소위원회 자료

7-10-2 완성된 터널의 환기

환기설비가 필요한 터널의 조건은 개개 터널의 기상조건, 선형(線形), 교통량 등에 의해서 결정되는 것이다. 통계적으로는 다음 식과 같은 관계가 성립된다고 한다(환기설비가 필요한 한계).

$$N \times L \geq 600 \tag{7-14}$$

여기서, L : 터널의 길이[km]

N : 교통량[대/hr]

그러나 이 관계는 여러 가지 요인으로 많은 변천이 생기고 있다. 얼마 전까지는 환기의 희석대상인 가스는 CO이고 그 허용농도는 400mg/l이었으나 그 후의 노동환경의 개선이나 공해문제의 대두와 함께 그 값도 점차 떨어져 250mg/l 정도이고, 최근에는 150~100mg/l 정도라고 한다.

최근 가솔린의 발달로 CO가스의 배출이 적어지고 디젤엔진의 증가에 의한 매연의 발생으로 환기대상도 CO에서 매연으로 변해가고 있다.

완성된 터널의 환기량 추정은 자동차의 배기가스에 대한 환기량을 계산하면 된다.

즉 $\text{환기량} = \dfrac{\text{유해가스량}}{\text{유해가스 허용농도}}$ 이고, Q를 환기량이라고 하면,

$$Q \geq \frac{N\mu}{3{,}600 \cdot K}[\mathrm{m^3/s \cdot km}] \tag{7-15}$$

여기서, N : 시간당 교통량[대/hr]

μ : 터널 1km당 자동차의 유해성분 발생량의 평균치[m^3/km]

K : 유해가스의 허용농도로서 추정한다.

도로터널의 환기방법은 기계환기방법과 자연환기방법이 있다. 자연환기방법의 한계는 식 (7-15)와 같다.

기계환기방법은 우선 환기소를 설치하는 동시에 터널 내에는 다음과 같은 방법을 경우에 따라 택한다.

① 종류식(縱流式, longitudinal system)
② 횡류식(橫流式, transverse system)
③ 반횡류식(半橫流式, semi-transverse system)

환기소에서 사용하는 송풍기의 마력계산은 다음의 식을 사용한다. HP 마력은 다음과 같다.

$$HP = \frac{QP}{6{,}120 \times \eta}[\mathrm{kW}] \tag{7-16}$$

여기서, Q : 송풍량[m^3/min], 풍압력은 $P = h + \dfrac{v^2}{2g \cdot r}$[mmAp]

$\dfrac{v^2}{2g} \cdot r$은 바람이 보유하는 동(動)에너지다.

η : 송풍기의 효율(기종에 따라 다르다)

h : 풍관 내의 마찰저항(마찰손실수두)

r : 공기의 비중[0.012kN/m^3]

자연환기방법은 전술한 바와 같다.

〈표 7-17〉 자동차의 표준배기량

차 종	형 식	배기량[m^3/kgf]
승 용 차	보 통 소 형	2.7 1.5
트 럭	보 통 가 솔 린 보 통 디 젤	2.7 4.8
버 스	소 형 가 솔 린 디 젤	1.5 5.5

[주] 허용농도 $K=100\sim250$mg/l 범위이다.

〈표 7-18〉 송풍기효율 η의 값

원 심 형 (圓 心 型)	납작한 선풍기(tabou fan)	55~75%
	방사상 선풍기(radial fan) 열(熱) 선풍기(sirocco fan)	45~55%
축 류 형 (縮 流 型)	안내 벤(guide ben) 안내 벤	45~55% 70~85%

〈표 7-19〉 Local Fan의 용량

구 경[mm]	500	600	700
사 이 클	50, 60	50, 60	60
풍량[m^3/min]	110, 145	185, 335	300
회전수[rpm]	3,000,000	3,000,000	1,800
motor[kW]	3.7	7.5	11.3

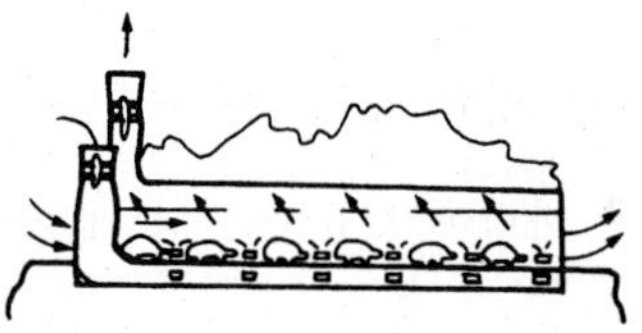

〈그림 7-71〉 횡기류 환기방식

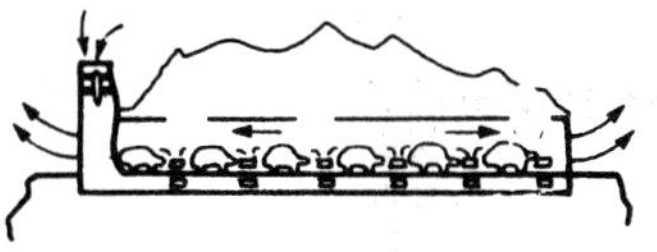

〈그림 7-72〉 송기식 반횡류

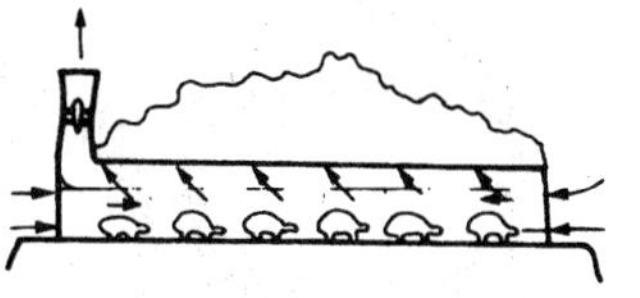

〈그림 7-73〉 배기식 반횡류

7-10-3 환기대책

환기설비에는 많은 예산이 들므로 다음과 같은 대응책을 강구하여야 한다.

① 터널의 교통량에 제한을 둔다.

② 터널의 선형을 그림 7-74와 같이 내리막경사가 되게 선정하고 엔진의 운전을 정지시켜 터널 내를 통행하게 함으로써 배기가스량을 적게 한다.

③ 철도터널과 도로터널 혹은 인도터널 등과 병설하고 어느 쪽 터널 하나가 환기 덕트(duct)로 이용되는 등의 계획을 세우면 경제적이다.

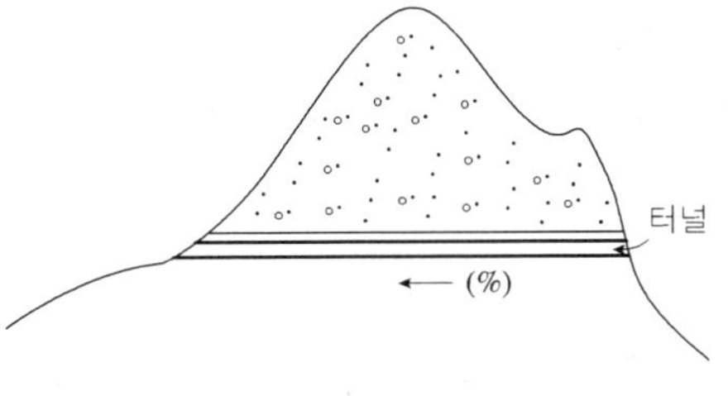

〈그림 7-74〉 배기를 위한 하강경사

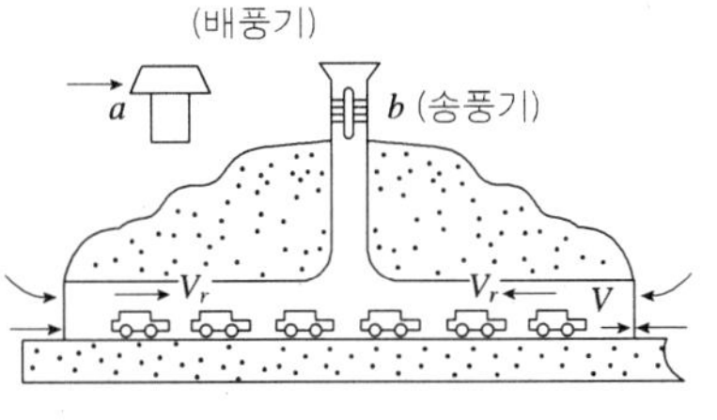

〈그림 7-75〉 종류식 환기방식

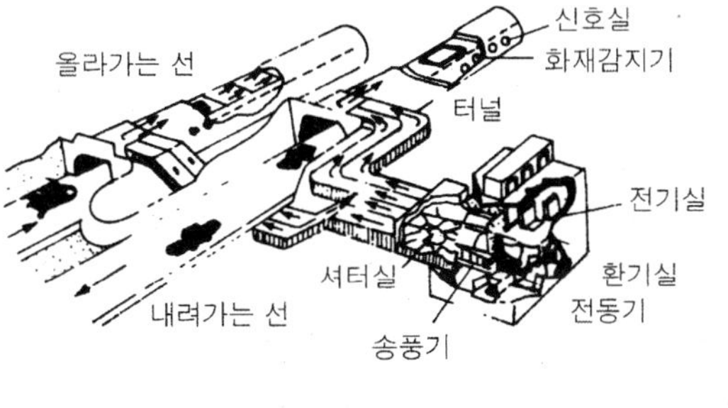

〈그림 7-76〉 환기탑의 일례

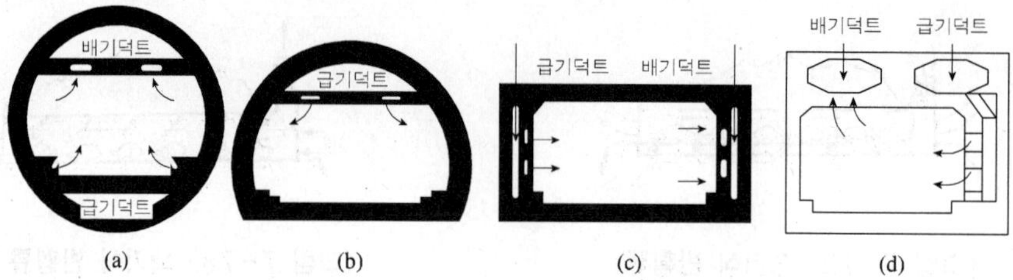

〈그림 7-77〉 터널 내의 덕트배치 예

7-10-4 터널 내의 조명

터널 내를 안전하게 자동차가 주행할 수 있도록 모든 터널에 조명(照明)설비를 해야 한다. 터널조명의 특징으로서 입구부, 출구부에서 터널 내외의 밝음의 경계가 생긴다는 점과 내부에서 배기가스 발생에 의한 가시성(可視性)의 저하, 벽에 둘러싸인 공간 내에서의 불안감 등을 들 수 있다. 따라서 터널의 설계시 이들 조건을 충분히 고려해야 한다.

(1) 터널조명의 구성

터널의 조명은 입구조명, 출구조명, 내부 기본조명, 비상조명 등으로 구성된다.

1) 입구의 조명

도로에서 주행하는 자동차 운전자의 눈은 야외의 밝음에 적응되어 있다가 터널에 접근해 오면 운전자는 터널 내가 어두움으로 되어 내부 상황을 식별하기가 어렵게 된다. 또 터널에 돌입한 후에도 내부의 밝기에 눈이 즉시 적응되지 않으므로 이에 대한 장애를 줄이기 위하여 입구부에 설치한 조명설비를 입구조명이라 한다.

2) 내부 기본조명

터널 밖에서 주행진입한 운전자가 입구완화조명을 통과하여 대략 정상적 시각상태에 도달한 후의 구간에 설치하는 소위 일반적인 조명설비이다.

최근 터널내 조명의 기법으로 선진 외국에서는 형광등의 연속조명을 채용하고 있으며, 터널내 노면의 평균 조도(照度) 환산계수는 콘크리트 13Lx/nt, 아스팔트 22Lx/nt를 기초로 하고 있다. 이런 점에서 휘도(輝度)에 대하여 조명을 환산하면 200Lx/nt 이상의 조도가 정해져 있고, 도로터널의 내부는 콘크리트포장으로 하는 것이 좋다.

3) 출구의 조명

주간에 출구갱문 부근에서 외부를 보면 대단히 밝게 보이고 출구부근에 있는 자동차를 따르는 내부의 자동차와 장애물의 그림자가 겹쳐서 장애물을 발견하기 어려우므로 위험한 상태로 되기도 한다. 이 장애 요소를 감소시키기 위하여 장애물 상호간에 휘도 대비를 주기위하여 출구부에 완화 조명설비를 하는 것을 출구조명이라 한다.

4) 비상용조명

터널 내부 조명이 어떠한 사고에 의하여 갑자기 정전되면 터널 내의 주행차는 순간적으로 위험을 받게 되므로 비상용 조명은 이와 같은 정전 때의 위험을 완화하기 위하여 설비하는 것을 비상용조명이라 한다.

(2) 조명기구 배열

조명 균제도(均濟度)란 조명차(照明差)에 의해 생기는 얼룩의 정도를 의미한다. 이것은 조명기구의 배열과 그 수에 따라 다르고 또 높이에도 관계된다.

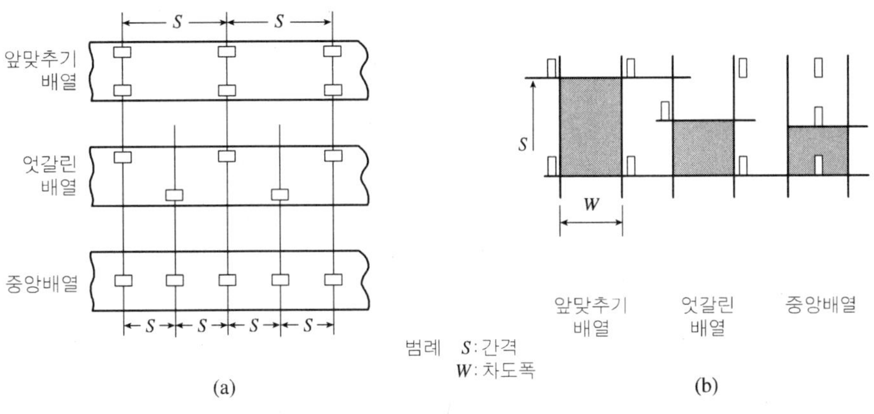

〈그림 7-78〉 조명기구의 배열

조명기구 배열에 의하여 최소한도의 균제도는 다음 조건을 갖추어야 하고, 즉 조명기구의 배열방법에 따라 그림 7-78과 같이 앞맞추기, 엇갈림 및 중앙배열의 3가지 방법이 있으며, 이때 광원의 간격은 다음과 같다.

$$앞맞추기\ 배열 : S \leqq 2.5H$$

$$엇갈림\ 및\ 중앙배열 : S \leqq 1.5H$$

여기서, S : 광원 간격, H : 광원 높이

조명기구의 배치는 기구의 배광(配光), 노면의 휘도분포, 분산도(分散度), 보수작업 등을 고려하여 결정해야 하며, 현재의 터널은 앞맞추기 배열방법이 가장 많이 사용되고 있다.

연 습 문 제

7-1 터널의 종류를 나열하고 선정시 고려할 사항을 기술하시오.

7-2 TBM의 고조를 설명하고, 그 적용조건에 대하여 기술하시오.

7-3 NATM 터널에서 2차 복공 Con'c에 나타나는 균열의 원인과 대책을 설명하시오.

7-4 NATM 터널의 원리와 안전관리 방법에 대하여 설명하시오.

7-5 NATM공법의 특성과 적용한계를 설명하시오.

7-6 터널굴착장비에 대해 기술하시오.

7-7 TBM공법의 장·단점을 열거하고, NATM공법과 비교 설명하시오.

7-8 지하철 본선 박스구조의 벽체와 접속부 슬래브의 균열제어를 위한 시공대책에 대하여 기술하시오.

7-9 터널의 보조공법을 설명하시오.

7-10 터널의 방수와 배수관계를 설명하시오.

7-11 터널의 지보공법에 대하여 설명하시오.

7-12 도시지하철공사를 개착식공법으로 시공시 유의사항을 기술하시오.

7-13 터널공법의 적합조건에 관하여 기술하시오.

7-14 도시터널 또는 산악터널의 시공법에 대하여 최초의 기술적 진보된 것을 논하고 장래 전망에 대하여 논하시오.

7-15 용수가 많은 원지반에 터널을 굴착하는 경우의 용수대책에 대하여 기술하시오.

7-16 유동통압의 계산방법에 대하여 설명하시오.

7-17 풍화암 지역에서 터널공사를 시공할 때 굴착공법의 종류를 열거하고 그 특징을 설명하시오.

7-18 해저터널에 가해지는 부력에 대하여 어떻게 대처하는가?

7-19 소구경관 추진공법의 선정방법에 대하여 기술하시오.

7-20 소구경관 추진공법에서 곡선시공이 가능한가?

7-21 터널 라이닝콘크리트의 누수원인과 대책을 설명하시오.

7-22 실드(shield)공사에서 침하에 의한 피해를 최소화하는 방법에 대하여 기술하시오.

7-23 실드의 입갱(入坑)으로부터 각종 발진공법을 열거하고, 그 특징에 관하여 의견을 기술하시오.

7-24 최근의 도시내 실드공사 시공상에서의 각종 환경대책에 대하여 기술하시오.

7-25 실드공법의 압기식과 이수식을 비교하여 장·단점을 논하시오.

7-26 실드공법의 종류를 들고, 그 특색에 대하여 기술하시오.

7-27 최근 숏크리트 기술에 대하여 설명하시오.

7-28 숏크리트의 특징 및 주의사항을 기술하시오.

7-29 숏크리트의 리바운드에 관하여 기술하시오.

7-30 숏크리트 이점을 열거하고, 재료, 기기, 설비의 개선에 대하여 설명하시오.

7-31 Tunnel공사에서 Shotcrete공법의 특징과 리바운드(Rebound)의 저감대책을 기술하시오.

7-32 하부공 구조물을 탐사하는 방법에 대하여 설명하시오.

7-33 전작지대에서 터널을 계획하는 경우의 누수대책에 대하여 기술하시오.

7-34 터널굴착시 제어발파공법의 종류를 들어 설명하시오.

7-35 하저 터널구간에서 NATM 시공중 연약지반 출연시 발생되는 문제점과 대책에 대하여 기술하시오.

7-36 도로교(길이 10m, 말뚝기초)교각기초 하부의 10m지점의 지하철 건설계획수립에 대하여 설명하시오.

7-37 NATM 터널의 굴착시공 관리계획에 대하여 설명하시오.

7-38 터널갱구부 시공시 예상되는 문제점을 열거하고, 그 대책공법을 설명하시오.

7-39 터널구조물 시공중 균열방생원인과 물처리공법에 대하여 설명하시오.

7-40 NATM의 방수공법과 배수처리공법에 대하여 설명하시오.

7-41 NATM 계측중 갱 내의 관찰조사의 적용요령과 필요성을 설명하시오.

7-42 단층대(fault zone)에 대하여 설명하시오.

제8장 매설관(埋設管)과 암거공(暗渠工)

8-1 개 설

홍수 시에는 배수불량으로 인하여 많은 재해를 입게 되므로 충분한 배수시설을 하여 인명 및 재산의 피해를 최소화 하는 것이 필요하다. 최근에는 농지의 범용화(凡用化)를 위하여 많은 배수사업이 시행되고 있다.

배수방법에는 지역에 따라 도시배수, 농지배수 및 산지배수로 구분하고 있으며, 배수계획 상으로는 지표배수와 지하배수로 나누고, 집수지역의 지형조건과 배수방법에 따라 자연배수와 강제배수로 구분된다.

8-1-1 배수계획

배수(排水)계획을 수립하기 위하여는 집수구역내 배수구의 제내지와 제외지 수위와 배수량을 고려하여 자연배수의 가능성을 검토한다. 자연배수의 가능성에 대한 검토 사항은 배수조직의 변경, 배수구역의 하천개수, 배수시설의 변경, 배수간선과 배수구의 합류점 및 배수갑문의 조작에 따른 토사의 퇴적 등이다.

(1) 배수불량의 원인

① 자연배수의 하천경사가 완만하고 단면이 부족할 때
② 하천의 수위가 배수로 바닥보다 높을 때
③ 표층토가 불투수성이고, 경사가 완만하거나 융기부분이 있을 때
④ 하층토가 불투수성이고, 지하수위가 높을 때
⑤ 배수로 주변 토지의 지반이 낮고, 평탄하며 면적이 클 때
⑥ 배수간선과 하천의 합류점에서 배수구의 위치가 불량할 때

(2) 배수방법

1) 지반의 높이를 높이는 방법

배수 대상구역의 지반을 쌓기하여 지반을 높이는 것은 넓은 부지면적으로 비경제적이다.

2) 저류수를 제거하는 방법

지표 또는 지하에 저류되어 있는 물을 개거 또는 암거에 의하여 하천, 바다 또는 호소로 방류하거나 펌프를 사용하여 강제배수한다.

3) 배수로의 정비

배수구역 내의 물을 제외지로 배제하기 위하여 배수로의 확장, 유수지(遊水池)의 설치 또는 펌프배수 등을 실시한다.

(3) 배수량 계산

배수량은 강우의 분포 및 지속기간(duration), 유역의 형상, 유로의 길이, 토질 및 경사 등을 고려하여 유출량을 수문학적방법으로 계산한다.

8-1-2 개거배수

개거배수(開渠排水)는 지표수를 배수하기 위하여 설치하지만 지하수를 배제하기 위하여 수로를 깊게 굴착하고, 암거배수를 겸하여 사용되고 있다.

(1) 배수로의 기능

배수로의 기능을 높이기 위한 조건은 다음과 같다.

① 배수지 외의 배수로에 연결되고 집수면적이 클 것
② 상류측보다 하류측에서 배수로 기능을 가지는 단면이 클 것
③ 침전 가능한 이토(泥土)는 유속이 빠르게 유하시킬 것

(2) 배수로의 종류와 조직

① 포수거(捕水渠) : 배수지거 외에서 유입하는 침투수를 차단하여 집수로로 유도하거나 직접 하천으로 유도하여 제내지로 유입하는 것을 방지한다.
② 배수간선(排水間線) : 집수구역의 물을 하천이나 바다로 인도하는 수로이다.
③ 배수지선(排水支線) : 배수간선과 배수지거의 중간에서 연결되는 배수로이다.
④ 배수지거(排水支渠) : 배수지역에서 물이 유입되는 최소의 배수로이다.

(3) 배수로의 단면의 위치와 경사

1) 배수로의 단면

배수로의 단면은 비탈면의 안정과 배수구와의 관계를 고려하여 배수간선은 1.0~1.5m, 배수지선은 0.8~1.2m , 배수지거는 0.4~1.0m 정도 설치한다.

배수로의 측면경사는 안정을 위하여 일반적으로 다져진 점토는 1 : 1.5, 느슨한 사질토는 1 : 2, 모래질 로움은 1 : 3 정도의 경사를 둔다.

〈표 8-1〉 배수로 단면크기의 표준

배수로의 윗폭[m]	깊이 1m에 대한 밑폭의 비
0.9 이내	0.5~2.0
0.9~1.8	1.0~3.0
1.8~3.6	2.0~4.0
3.6~9.0	3.0~6.0
9.0~18.0	4.0~8.0
18.0 이상	8.0 이상

2) 배수로의 경사

배수로의 경사는 배수로 바닥에 침전과 침식이 되지 않도록 배수로의 크기에 따라 대략 배수간선은 1/3,000~1/10,000, 배수지선은 1/1,000~1/3,000, 배수지거는 1/300~1/1,000의 값을 표준으로 한다.

8-2 매설관

매설관거(埋設管渠)는 보통 긴 연장에 걸쳐 매설하게 되므로 전장(全長)에 있어서 균질지반 중에만 매설하는 것이 아니라 오히려 여러 가지 굳은 지반에 각각 적응하는 매설공(埋設工)을 사용하는 것이 요구된다.

매설관의 시공을 위해 사용하는 것은 오픈컷(open cut)공법이지만 지반의 상태나 주변 구조물과의 관계에서 특수한 공법을 사용하는 경우가 있다. 또한 매설관을 부설할 때의 기초공, 매설관에 작용하는 흙하중, 시공 특수공법은 다음과 같다. 단 매설관의 목적은 배수하기 위한 것이며, 그림 8-1과 같다.

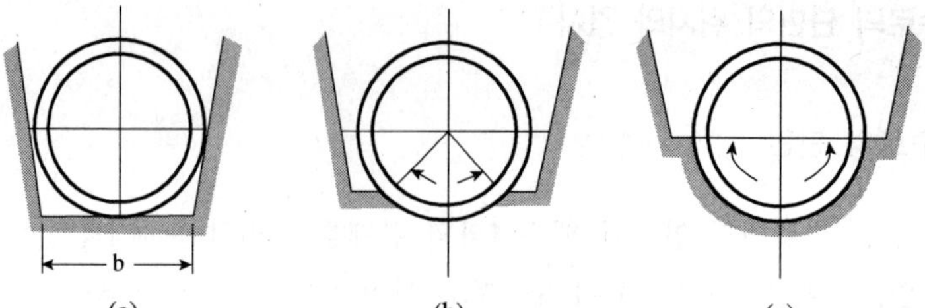

〈그림 8-1〉 오픈컷공법

8-2-1 암거의 시공

(1) 매설관의 기초

관거기초공(管渠基礎工)은 지반이 연약하고 부등침하를 일으킬 우려가 있는 곳에 시공하는 것이다. 지반이 굳고 단단하고 지내력(地耐力)이 100kN/m^2 이상(표준관입치 N> 12~15)의 지반이면 지반과 관로 사이에 공극이 생기지 않게 시공하고 되메우기할 때도 관의 하반분(下半分), 특히 관로의 이음인 곳은 충분하게 다짐하여 주의 깊게 시공하면 기초공은 필요없다. 그러나 하수관로의 간선(幹線)등의 매설지역은 일반적으로 저지대지반은 매우 좋지 않은 경우가 많다. 그 때문에 기초공이 없는 곳에는 침하의 우려가 많다.

침하를 피하기 위해서는 지반이 나쁜 곳은 미리 세밀하게 지반의 조사를 행하여 관로의 크기 도로하중, 되메우기 깊이 등을 고려해야 한다. 적절한 기초공은 하중을 균일하게 지반에 전하여 부등침하를 막고 관로에 파손이 생기지 않게 하여야 한다.

(2) 기초의 형식

1) 자갈기초

일반적으로 좋은 지반이고 다소의 용수(湧水)가 관로를 지반상에 직접 놓을 때 시공면을 정하기 어려운 곳에 사용한다. 자갈 대신에 모래 또는 절입(切入)자갈, 쇄석(碎石, crusher 로) 등이라도 좋다. 자갈층의 두께는 20~30cm 정도로 한다.

2) 침목(枕木)기초

보통지반으로 흄관(hume pipe) 등 칼라(ring) 이음(接續環)의 하수도관의 매설에 사용하는 가장 간단한 기초공이며, 그림 8－2와 같이 관 1개에 대하여 2~3 곳에 침목을 안치하고, 그 위에 관을 놓아 쐐기로 관을 안정시키는 공법이다.

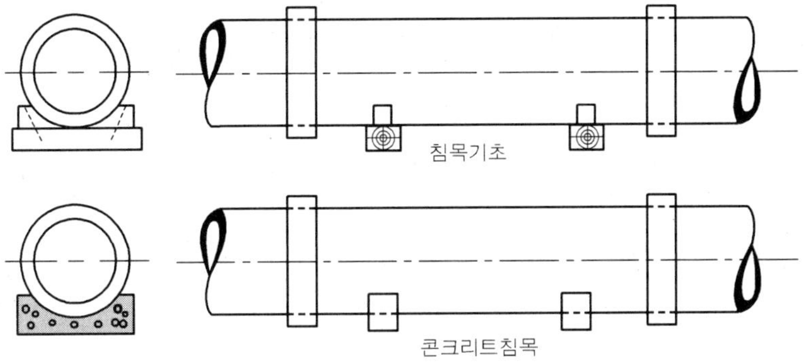

〈그림 8 - 2〉 침목기초공

3) 사다리(梯胴木)기초

매설지반이 연약하고 용수(湧水)가 있는 토질로서 침목기초에 침하의 우려가 있다고 볼때 이 기초가 사용된다.

이 기초의 구조는 동목(胴木), 침목 모두 생 통나무를 사용하고 동목의 양쪽에는 엇갈림 이음을 하고 볼트로 조여 연결하며, 침하되지 않도록 지반상에 안치하고 그 위에 침목을 안치하여 동목사이에 절입(切入)자갈을 넣어 기초로 하는 공법이다. 그림 8－4는 각종 칼라의 형태이다.

이 기초는 동목을 연속시킴으로써 부분적으로 부등침하를 막는 것을 주목적으로 하기 때문에 시공에 있어서는 동목의 연결에 충분히 주의하여 동목을 다진 지반에 잘 밀착시켜 그 위에 침목이 되는 횡목을 일정한 높이로 안치하여 고정시킨다.

관을 안치할 경우 동목에 밀착되지 않은 것이 1개라도 있으면 부등침하의 원인이 되므로 주의할 필요가 있다(그림 8－3 참조).

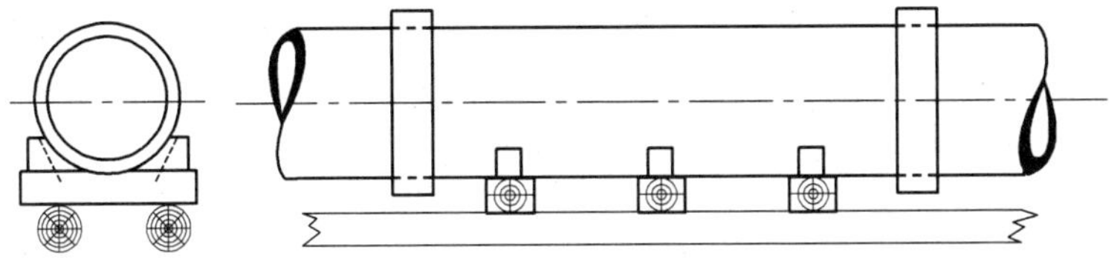

〈그림 8 - 3〉 사다리기초

4) 말뚝기초

대구경(大口徑) 또는 현장콘크리트 암거와 같이 자중(自重)이 매우 크고 지내력(地耐力)이 그것을 지지하는데 불충분하거나 또는 부등침하의 우려가 있을 때 말뚝을 박아 말뚝의 지지력에 의하여 관로의 하중을 지지하고 침하를 방지하는 기초공이다(그림 8-5 참조).

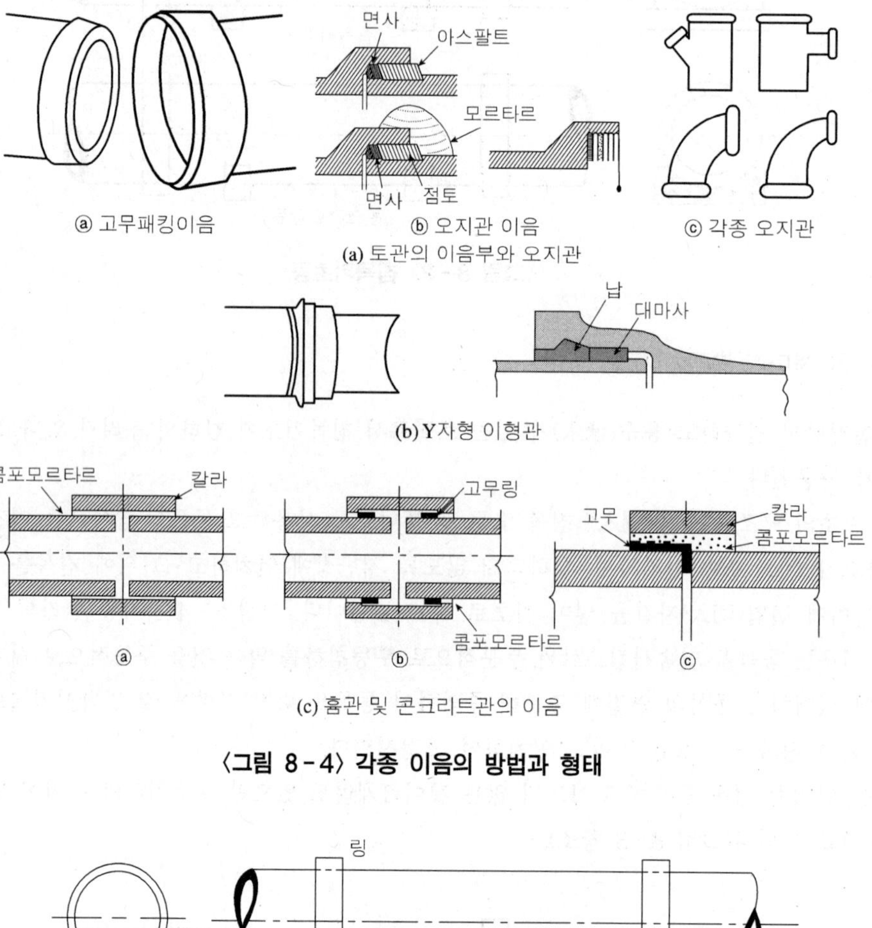

ⓐ 고무패킹이음 ⓑ 오지관 이음 ⓒ 각종 오지관

(a) 토관의 이음부와 오지관

(b) Y자형 이형관

ⓐ ⓑ ⓒ

(c) 흄관 및 콘크리트관의 이음

〈그림 8-4〉 각종 이음의 방법과 형태

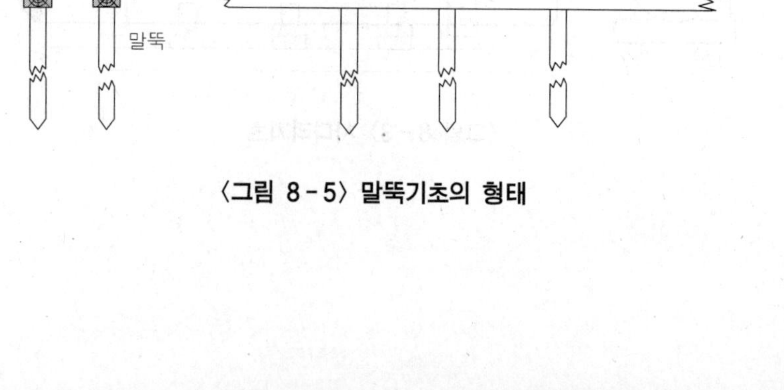

〈그림 8-5〉 말뚝기초의 형태

5) 콘크리트기초

매설지반이 매우 연약하고 관로의 자중에도 지지할 수 없는 경우이거나 간선관로(幹線管路)로서 절대 부등침하를 허용하지 않은 경우 등에 사용하는 기초이다.

그 구조는 지반 상에 자갈 또는 조약돌층을 놓고 그 위에 정해진 두께로 콘크리트 또는 철근콘크리트를 타설하는 것이다. 콘크리트는 관로의 하부를 중심각 90°～180°까지 둘러싼 형으로 타설된다.

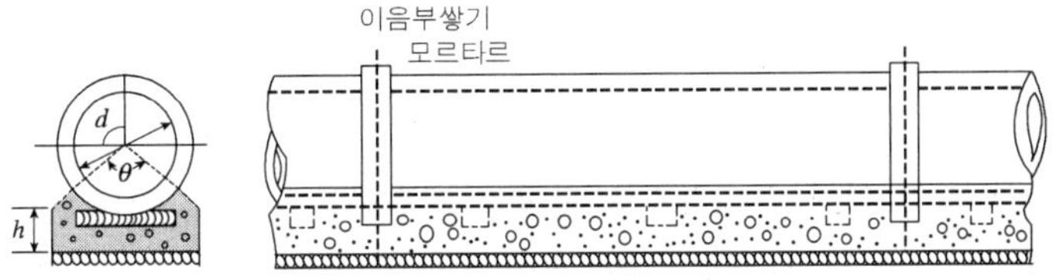

(a) 콘크리트기초(semi half)

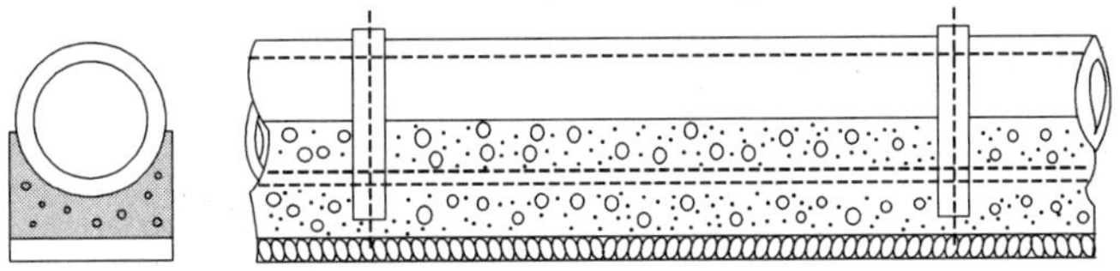

(b) 콘크리트기초(half)

[항타를 요하는 연약지반에는 항타공을 시행할 수 있다]

〈그림 8-6〉 콘크리트기초

6) 현장타설 말뚝기초

연약지반에서 암거의 설치 깊이가 깊을 경우에는 그림 8-6과 같이 JSP(jumbo special pile)공법 등으로 지중연속벽을 만든 다음, 암거 매설지점까지 굴착한다. 이때 벽체가 전도할 염려가 있으면 적당한 간격으로 버팀보(strut)를 해야 한다. 암거기초 부위에서 같은 방법으로 소일 시멘트말뚝(soil cement

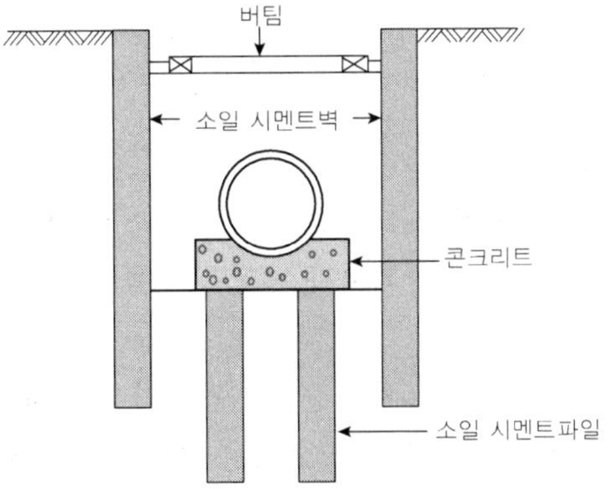

〈그림 8-7〉 현장타설 말뚝기초

pile)을 만들고 콘크리트기초를 타설한 다음 암거를 매설해야 한다.

7) 샌드쿠션(sand cushon)기초

매설지반이 저습지로서 거친 토질인 곳에는 조약돌이나 자갈 등을 넣어도 매입되어 버리므로 말뚝을 박아도 지지력이 얻어지지 않는 경우에 연약토를 모래와 치환하는 방법을 취한다. 치환사(置換砂)의 두께는 30cm 정도이다. 그 사층위에 자갈기초를 놓는다.

8) 기타 기초

이상에서 언급한 기초 외에 적극적으로 지반을 개량하는 공법이 있다. 지하수를 배수함으로써 지반을 견고히 하는 웰포인트공법, 지반 속에 약액을 주입하여 지반을 강화(强化) 또는 지수(止水)를 없애고 지반침하를 방지하는 방법 등이 사용된다. 단 이들의 공법은 이때까지의 베터(better)기초보다 훨씬 비용이 높아진다.

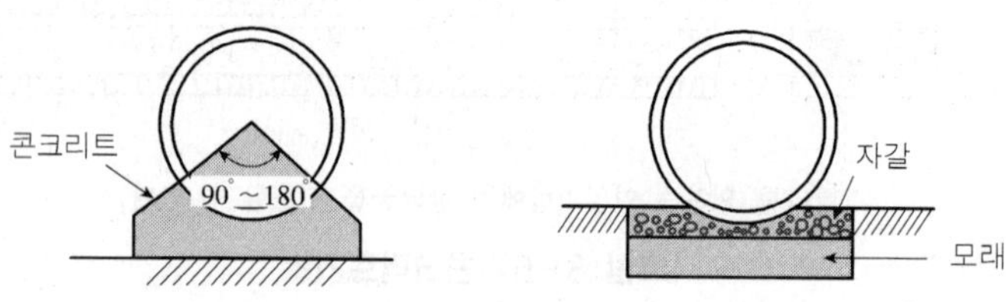

(a) 콘크리트기초 (b) 모래기초

〈그림 8-8〉 콘크리트기초와 모래기초

8-3 암거의 시공

8-3-1 개착공법

관로를 매설하는데는 우선 도랑파기를 한다. 이때 그림 8-9와 같이 대단히 굳은 지반이 아니면 도랑을 파기할 때 양쪽의 지반이 붕괴되지 않도록 처음에 널말뚝을 타설하여 그 사이를 굴착하는 것을 흙막이공이라 한다.

흙막이공에는 나무널말뚝을 사용할 때와 강널말뚝을 사용할 때가 있다. 전자는 중량이 가볍고 취급도 쉽고 굴착깊이가 2~3m 정도의 비교적 소규모의 공사에 사용되며, 지수효과는 없다. 최근에는 소나무판재의 부족으로 경량강널말뚝을 대신하여 사용할 때가 많다.

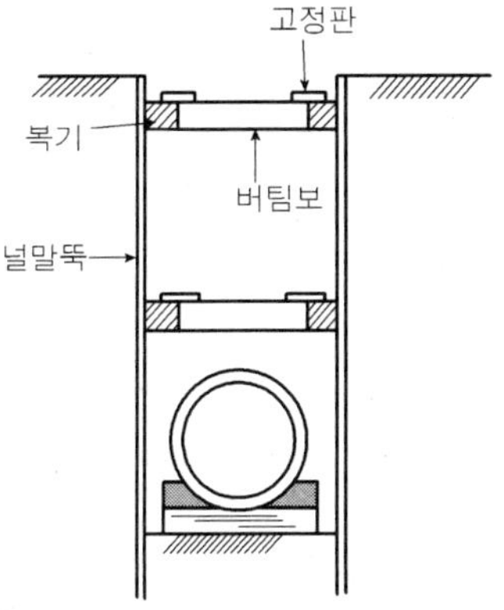

〈그림 8-9〉 **흙막이공**(도랑파기)

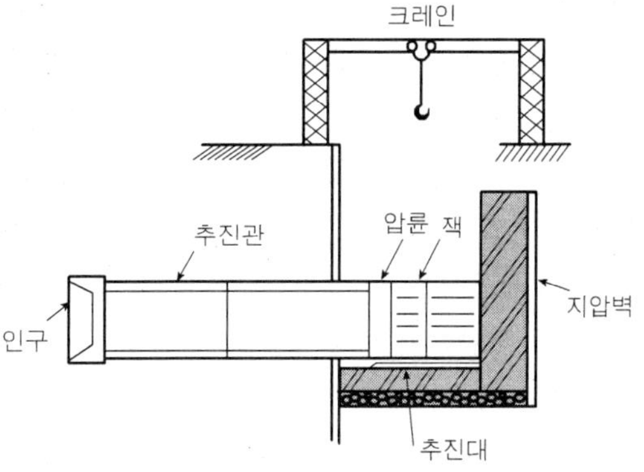

〈그림 8-10〉 **추진공법**

후자는 굴착깊이가 5m 이상이 되는 대규모공사나 연약한 토질로서 지하수위가 높은 경우에 채용된다. 강널말뚝은 종류도 많고 강도, 내구성, 수밀성이 우수하고 시공도 간단하므로 최근에 널리 사용하고 있다. 단 타설·인발(引拔)에 대형 기계가 필요하고, 타설에 다소의 소음이 생겨 공해문제가 되고 있으므로 충분한 배려가 필요하게 된다.

굴착에는 인력굴착과 드래그쇼벨(백호우), 트럭쇼벨 등에 의한 기계굴착을 병용한다. 굴착에는 기존의 매설관로에 조심해야 하며, 또 흙막이공의 동바리공에 대하여 충분한 주의가 필요하고 따라서 강고(强固)해야 한다.

관로매설 후의 되메우기에 대해서는 굴착토가 양질이면 그것을 사용하나 불량한 경우에는 구입토 또는 거친 모래를 사용하여 관의 하부 및 측부에 공극이 생기지 않도록, 또 좌우 균등하게 충분히 다지고 관로 되메우기 후에도 이동함이 없이 해야 한다.

되메우기가 불량하여 관로에 균열이 생기거나 도로가 함몰·붕괴되는 등의 사고가 없도록 하여야 한다. 되메우기 흙의 다짐시험은 필요에 따라 실시해야 한다.

8-3-2 추진공법

교통량이 많은 도로나 건물 아래에 관로를 부설하지 않으면 안 될 때에는 오픈컷공법을 사용하지 못한다. 이와 같은 경우에는 추진공법, 실드공법이라는 일종의 터널공이 이용된다. 이들의 공법은 최근에 많이 사용되고 기술의 개발, 규격표준화가 진행되어 매설깊이가 큰 곳에는 오픈컷공법보다 저렴하고 안전하게 시공할 수 있는 등의 이점이 있다.

추진공법(推進工法)은 일명 파이프 푸싱공법(pipe pushing method)이라고 하고, 그림 8-10과 같이 터널의 실드공법과 같은 순으로 인구부(刃口部, 막장)에서 굴착을 하면서 관로로 수평방향으로 추진하는 공법이다.

막장에서의 굴착토의 반출을 비롯하여 관로 등의 재료의 반입 등을 위하여 시공구간의 시점 및 종점에 입갱(入坑)이 반드시 필요하다. 시점부의 입갱을 발진입갱(發進入坑)이라 한다. 굴착은 인력에 의하므로 관지름은 600mm 이상이 아니면 안 된다.

또 이 공법에는 곡선 부설은 곤란하고 연장(延長)이 크면 선단(線端)의 저항이나 관주변의 마찰저항이 커지므로 추진이 곤란한 등의 결점이 있다.

이 공법에 사용되는 관은 추력(推力)에 견딜 수 있도록 보통보다 두께가 크고 관의 주위에는 주면(周面)과 지반과의 마찰저항을 적게 하기 위하여 윤활재를 주입하기 위한 구멍이 있으며, 관지름은 최대 3.0m까지가 규격화 되어 있다.

추진공법의 추진길이를 길게 하는 수단으로 실드기계를 막장부에 달아서 시공하는 세미실드 공법(semishield method)이라 한다. 이것은 추진공법과 실드공법과의 중간적인 공법이다. 안지름 1.8~3.0m이고, 연장(延長) 150m 정도의 추진(推進)을 보통으로 한다.

실드공법이 세그멘트(segment)의 조립을 동반하는데 비하여 세미실드에는 흄관을 사용하므로 세그멘트의 조립이나 2차 복공 등의 시간을 절약하고 실드공법보다 매우 간단한 공법이다.

추진력의 계산식은 아래와 같다.

$$P = sq_r + (RF + Wf)l \qquad (8-1)$$

여기서, P : 추진력[kN], q_r : 추진선단 저항력[kN/m]

s : 인구(刃口)의 외주길이(관의 외주길이와 같음, m)

R : 흙과 관과의 마찰저항[kN/m²], F : 관의 외주길이[m]

W : 관의 단위길이당의 자중[kN/m], f : 관과 흙과의 마찰계수

L : 추진연장[m]

q_r, R, f의 값은 토질에 따라 다르나 다음 표 8-2와 같다.

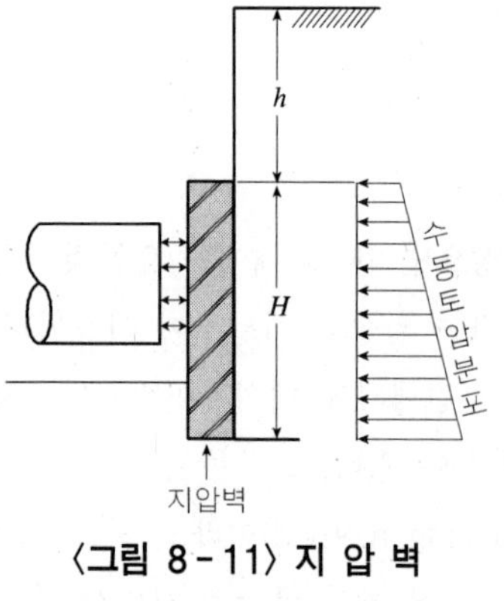

〈그림 8-11〉 지 압 벽

〈표 8-2〉 q_r, R, f 의 값

토 질	q_r[kN/m]	R[kN/m²]	f
연약토	30~100	4~10	0.2
보통토	50~150	8~14	0.3
경질토	100~300	12~25	0.4

지압벽(支壓壁)의 내력(耐力)은 벽 그것보다 배후의 지반내력이 문제가 된다. 이론적으로는 배후지반의 수동토압(受動土壓)이 내력이 되는 것이나, 벽의 반력은 경험상 수동토압의 2배 정도에서 잘 일치한다. 즉 다음 식으로 구할 수 있다.

$$P_R = 2B\left(\gamma_t H^2 \frac{K_p}{2} + 2CH\sqrt{K_p} + \gamma_t h\,HK_p\right) \tag{8-2}$$

여기서, P_R : 반력[kN]

γ_t : 흙의 단위체적중량[kN/m^3]

B : 지압벽의 폭[m]

H : 지압벽의 높이[m]

K_p : 수동토압계수

C : 점착력[kN/m^2]

h : 지표에서 지압벽 천단까지의 깊이[m]

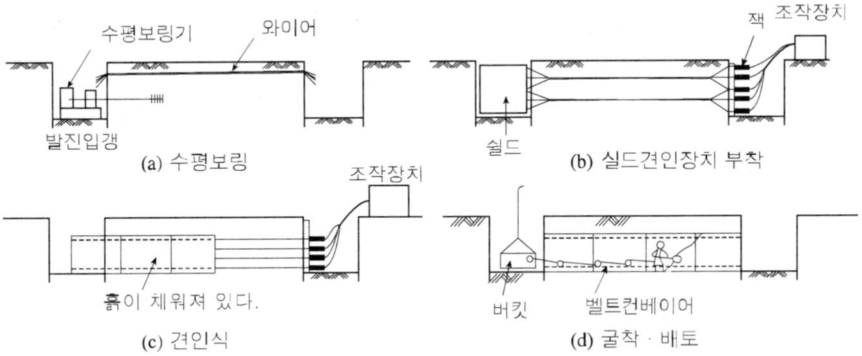

〈그림 8-12〉 견인 실드공법의 작업순서

실드공법 중에서 그림 8-12와 같이 관을 추진하는 대신에 도착입갱(倒着入坑)쪽이 와이어로 관을 견인하는 방법이 있다. 이것을 견인식(牽引式) 보링공법이라 한다.

우선 지질조사를 겸한 수평보링을 하여 시공의 가능성을 확인함과 동시에 보링공에 견인용 와이어를 묶어서 통과시킨다. 다음에 관의 막장부에 와이어의 한 쪽을 고정시키고 다른 쪽을 잭에 고정시켜 견인하고 관내에 들어간 토사를 긁어 내는 등의 순서를 반복한다. 대규모인 지압벽이 불필요하다는 이점이 있는 공법이다.

8-3-3 프론트 재킹(front jacking)공법

이 공법은 개착공법에 의하지 않고 땅 속에서 함거(函渠, box culvert)나 원관(圓管) 등을 잭(jack)으로 직접 잡아 당겨서 부설하는 공법이다.

먼저 작은 구멍을 뚫어 이곳에 PS강선 등의 견인용구를 관통시킨후 전방에 설치한 견인 잭으로 관 또는 함거를 잡아당겨 이어 가는데 잭의 구동능력에 따라 공정을 몇 개의 군으로 나누어 일정한 길이 만큼 잡아 당기면 잭을 옮겨 다시 견인하도록 하여, 길고 큰 지름의 관이나 함거를 지하에 구축하는 것이다. 관 속의 버력의 굴착반출은 인력이나 트롤리 등으로 한다(그림 8－13 참조). 이 공법의 대표적인 것은 다음과 같다.

1) 한쪽(片側) 견인법

길이와 단면이 적은 지하 매설관을 견인하는데 사용한다(그림 8－13(a) 참조). 또 연약지반인 경우에도 사용한다.

2) 상호(相互)견인법

크고 긴 관벽체를 견인하는데 사용한다. 이 공법의 시공순서는 다음과 같다(그림 8－13(b) 참조).

비트(bit)의 굴착→수평보링기의 설치→수평보링작업→보링기 철거→발진대설치→견인설비→견인작업→접합부의 시공→기계설비의 철거→뒤처리

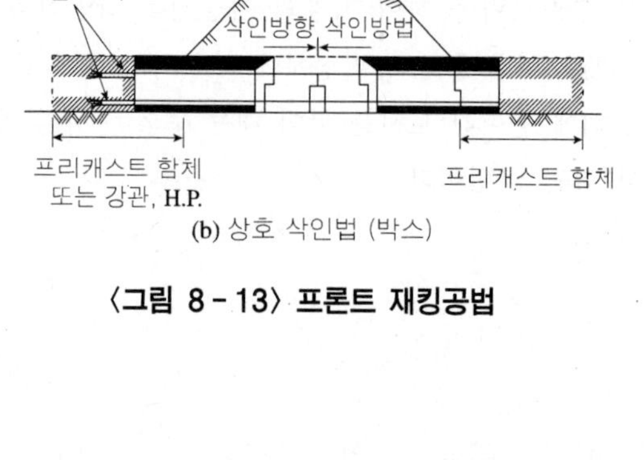

〈그림 8 - 13〉 프론트 재킹공법

3) 견인력(牽引力) 산정

전 견인력을 F(kN)라고 하면, 다음과 같이 표현할 수 있다.

$$F = c + \mu \cdot U \cdot L \tag{8-3}$$

여기서, C : 관의 절삭저항(관지름 1.35m의 실적을 보면 100~300kN이었는데, 300 kN의 경우는 세굴을 하지 않는 경우이다)

U : 파이프의 원둘레[m]

L : 파이프의 전체길이[m]

μ : 파이프와 흙의 마찰저항 10kN/m^2, 실적에 의하면 관로의 지름 1.35m일 때 $\mu = 7 \sim 8.5$kN/m^2. 단, P가 피아노선의 견인저항[kN]라면 $(P + C) = (P + 5\gamma)$ (γ : 관 둘레 1m당 절삭저항 kN/m)로서 계산한다.

예제 8-1 강관 외주의 지름이 1.56m와 1.89m, $C = 100$kN, μ = 10kN/m^2, 관 1개의 길이가 61m와 70.1m일 때, 전 견인력 F를 구하시오.
단, 인구(刃口 : 칼날 끝) 1m당의 절삭저항[kN/m]을 각각 25kN~400kN으로 한다.

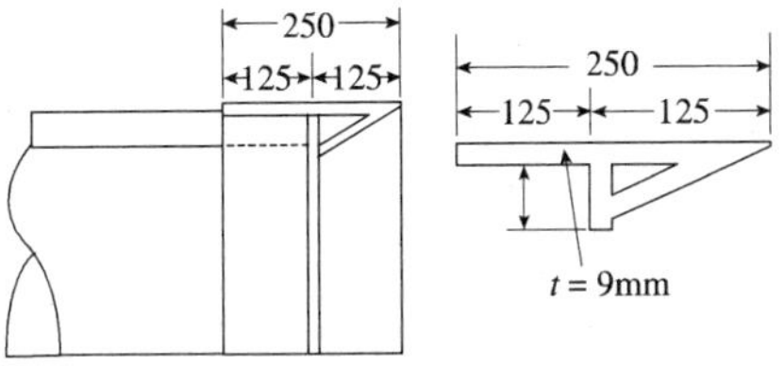

〈그림 8-14〉 칼끝구조

[풀이] $F = 100\text{kN} + 10 \times 3.14 \times 1.56\text{m} \times 61\text{m} = 3{,}088[\text{kN}]$

1,500kN(최대 1,800kN) 잭 2대로 전장 견인 가능하나 둘로 나누어 견인할 때는 $F/2 = 1{,}550$kN, 잭의 여유는 $3{,}000 - 1{,}550 = 1{,}450$[kN, 안전율 2.0]

관지름 1.89m이고 길이가 70.1m일 경우, $C = 150$kN일 때는

$F = 150\text{kN} + 10 \times 3.14 \times 1.89\text{m} \times 70.1\text{m} = 4{,}310[\text{kN}]$

1,500kN 잭 3대로 전장 견인 가능하나 둘로 나누어 견인할 때는 다음과 같다.

$F/2 = 2{,}155$kN, 잭의 여유는 $4{,}500\text{kN} - 2{,}155\text{kN} = 2{,}345$[kN, 안전율 2.0]

8-4 매설관에 작용하는 토압

토압(土壓, earth pressure)은 기초지반의 상태, 뒤채움 토사의 성질, 뒤채움 후의 상태, 관의 종류의 조건 등에 따라 다르기 때문에 정확하게 토압을 결정한다는 것은 곤란하다. 특히 뒤채움 직후나 대구경 관로의 시공에서 양편에 가설했던 시트파일(sheet pile)을 철거할 때 매우 위험한 상태가 된다.

매설관로에는 연직토압(鉛直土壓)과 수평토압(水平土壓)이 작용하나, 수평토압은 연직토압의 1/3 정도에 불과한 관로에 대해서 안전측으로 작용하기 때문에 특별한 대형관로 이외는 고려하지 않는 것이 보통이다. 다음 연직토압을 구하는 식은 다음과 같다.

(1) Fruhling공식

Fruhling식은 굴착벽에 되메우기할 때의 흙 사이의 마찰력을 무시하고 있다. 벽체의 토압이 전중량의 관에 걸리는 것으로 같은 2가지 방식으로 나타낼 수 있으며, 그림 8-15와 같다.

$$W_1 = (\gamma \cdot H - \gamma_w \cdot h)B_d,\ w = (\gamma \cdot H - \gamma_w \cdot h)\frac{B_d}{B_c} \qquad (8-4)$$

또 수직상의 흙중량이 관에 걸린다고 해석하면,

$$W_2 = (\gamma \cdot H - \gamma_w \cdot h)B_c,\ w_2 = (\gamma \cdot H - \gamma_w \cdot h) \qquad (8-5)$$

여기서, γ_w : 물의 단위체적중량[kN/m^3]

h : 관정에서 지하수위까지의 높이[m]

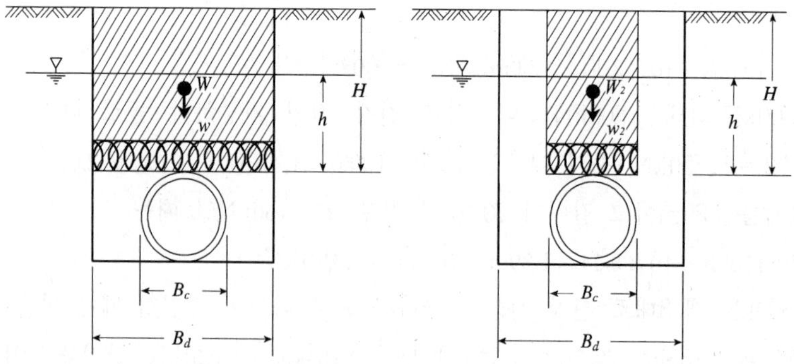

(a) 식 W_1 (b) 식 W_2

〈그림 8-15〉 수직토압식의 이론

이 공식은 토압증가 범위가 5m이다. 즉 토압의 증가는 2개의 포물선에 둘러싸인 면적으로 표시되고, 깊이 5m 이하에서는 연직하중은 불변하게 된다.

이 식은 계산이 간단하며, 실제와도 비교적 잘 적합되는 점도 있으나, 이론적으로 불합리한 점이 크기 때문에 근래에 와서는 잘 이용되지 않고 있다.

(2) Yanssen's공식

굴착한 도랑에 관을 부설할 경우, 굴착도랑과 매설토 사이의 전단마찰력과 매설토 자체가 가지고 있는 점착 저항력에 의해 상쇄되는 중량을 도랑내 흙기둥의 전 중량에서 뺀 중량이 도랑폭에 작용한다고 가정해서 구하는 방식이다. Yanssen공식은 매설토가 충분히 다져지므로 굴착도랑폭 전체에 하중이 균등하게 분포한다는 가정에서 식이 성립하며, 이와 같은 조건을 만족하기 위해서는 다짐 등의 공정에 세심한 주의가 필요로 한다.

그림 8−16과 같으며, 굴착구에 되메우기를 행한 경우 벽체 내에 있어서 관정상부의 흙기둥의 전 중량으로부터 벽체와 되메우기 흙과의 마찰력(K, w, u, dy)과 점착력(C, dy)을 뺀 중량이 굴착폭 전체에 등분포하는 것으로 가정한다. 폭 B_d의 굴착구 내에 임의의 심도 y의 점에서 두께 d_y, 이 단위길이 흙의 박판(薄板)을 가정하고 이 부분 힘의 합력을 고려하면 다음과 같다.

$$하향의\ 힘 = w \cdot B_d + \gamma \cdot B_d \cdot dy$$
$$상향의\ 힘 = (w + dw) \cdot B_d + 2 \cdot K \cdot w \cdot \mu \cdot dy + 2 \cdot C \cdot dy$$

이므로,

$$w \cdot B_d + \gamma \cdot B_d \cdot dy = (w + dw) \cdot B_d + 2 \cdot K \cdot w \cdot \mu \cdot dy + 2 \cdot C \cdot dy$$
$$(\gamma \cdot B_d - 2K \cdot w \cdot \mu - 2C) \cdot dy = B_d \cdot dw \qquad (8-6)$$

여기서, w : 심도 y에 있어서 연직등분포하중[kN/m^2]

K : 되메우기 흙의 주동토압계수

$$K = \frac{1 - \sin\psi}{1 + \sin\psi}$$

ψ : 되메우기 흙의 내부마찰각

μ : 되메우기 흙과 구벽과의 마찰계수

$$\mu = \tan\psi'$$

ψ' : 되메우기 흙과 구벽과의 사이의 마찰각

C : 되메우기 흙과 구벽과의 점착력[kN/m^2]

γ : 되메우기 흙의 단위체적중량[kN/m^3]

H : 매설관의 토피[m]

식 (8−6)을 적분하면,

$$\int dy = \int \frac{dw}{\gamma - \frac{2Kw\mu}{B_d} - \frac{2C}{B_d}}$$

$$y+\alpha = \frac{-B_d}{2K \cdot \mu} log\left(\gamma - \frac{2K \cdot \mu}{B_d}\right)$$

$y=0$, $w=0$으로부터

$y=H$에 있어서는

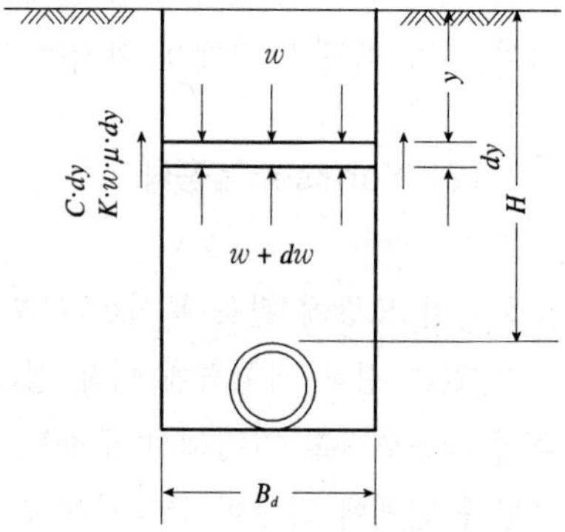

〈그림 8-16〉 Yanssen's식의 이론

$$w = \frac{(B_d - \gamma - 2C)}{2 \cdot K \cdot \mu} \times \left(1 - \frac{1}{e^{\frac{2K \cdot \mu \cdot H}{B_d}}}\right) \quad (8-7)$$

여기서,

$$C_d = \frac{1}{2K \cdot \mu}\left(1 - \frac{1}{e^{\frac{2K \cdot \mu \cdot H}{B_d}}}\right) \quad (8-8)$$

로 하면,

$$w = C_d \cdot (\gamma \cdot B_d - 2C) \quad (8-9)$$

실용으로는 C를 무시하면 다음과 같다.

$$w = C_d \cdot \gamma \cdot B_d \quad (8-10)$$

여기서 C_d는 주압하중계수로서 식 (8−8)에 나타낸 것 같이 H, B_d, K, μ의 함수이다.

실제의 설계에 있어서 되메우기 흙으로는 일반적으로 양질토가 사용되는 것, ψ의 변동은 C_d의 값에 큰 영향을 주지 않으며, ψ에 따라 다르지만, 실제 설계에서는 습윤상태로서$\gamma=18$ kN/m^{3}을 적용되고 있다. 또한 지하수위에 의한 영향은 고려하지 않으며, Yanssen's식은 되메우기 흙에 의한 연직토압이 굴착폭 전체에 등분포하고 관측면의 되메우기 흙도 관부분과 동등하게 등분포하중을 받는 것으로 가정하고 있다.

(3) Marston공식

하수관이 매설되었을 때 상부로부터 받는 하중은 마스톤에 의해서 계산할 수 있다. 그림 8-17에 보인 바와 같이 관의 상부 90°부분에서의 도랑의 폭 B를 폭요소라고 하며, 관의 반지름이

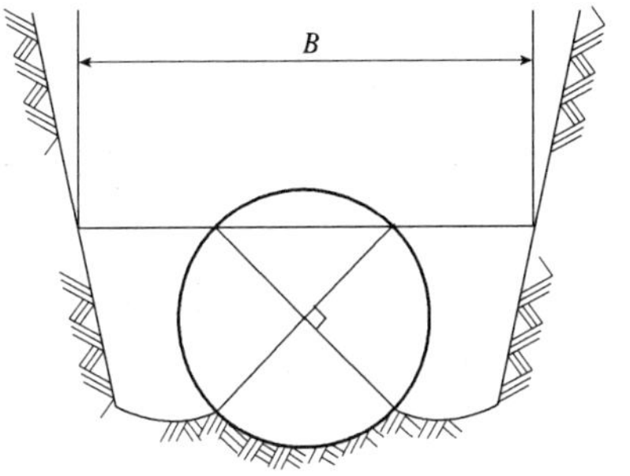

〈그림 8-17〉 폭소요 설명도

〈표 8-3〉 각종 흙의 밀도

흙의 종류	단위중량 [kN/m^3]	흙의 종류	단위중량 [kN/m^3]
건조한 모래	16.0	물로 포화된 진흙	20.8
습윤한 모래	18.4	물로 포화된 표토	18.4
젖 은 모래	19.2	젖은 사질의 표토	16.0
습윤한 진흙	19.2		

d인 경우 B가 $3/2d+30$cm가 되도록 도랑을 굴착하며, 이 때 매설된 관에 받는 하중의 크기는 다음 공식에 의해서 계산된다. 여기서 d는 관의 지름이다.

$$W = \gamma \cdot C_1 \cdot B^2 \tag{8-11}$$

여기서, W : 관이 받는 하중[kN/m]

γ : 요소 폭(要素幅, width factor)으로서 관의 상부 90°부분에서의 관매설을 위하여 굴착한 도랑의 폭[m]

C_1 : 지표에서 관상단까지, 즉 토피의 두께와 토피의 종류에 의하여 결정되는 상수는 표 8-4와 같다.

또한 하수관로는 토피 외에도 지표면상에 존재하는 물체에 의하여 하중을 받게 되는데 상재하중이 하수관로에 주는 하중은 식 (8-12)로 계산한다.

$$L_p = C_2 \cdot L \qquad (8-12)$$

여기서, L_p : 상재하중의 토피 상당하중[kN/m]

L : 상재하중의 무게[kN/m]

C_2 : 상재하중의 종류(장 · 단기하중)에 따라 결정되는 계수는 표 8-5 및 표 8-6과 같다.

- 장기하중 : 하중의 길이가 관로 매설용 도랑의 폭보다 긴 하중
- 단기하중 : 도랑을 횡단하는 차륜 등과 같이 분포폭이 짧은 하중

〈표 8-4〉 Marston공식의 C_1값

도랑의 폭[B] 토피두께	젖은 사질의 표토	물로 포화된 표토	젖은 진흙	물로 포화된 진흙
0.5	0.46	0.46	0.47	0.47
1.0	0.85	0.86	0.88	0.90
1.5	1.18	1.21	1.24	1.28
2.0	1.46	1.50	1.56	1.62
2.5	1.70	1.76	1.84	1.92
3.0	1.90	1.98	2.08	2.20
3.5	2.08	2.17	2.30	2.44
4.0	2.00	2.33	2.49	2.66
4.5	2.34	2.47	2.65	2.87
5.0	2.45	2.59	2.80	3.03
5.5	2.54	2.69	2.98	3.19
6.0	2.61	2.78	3.04	3.33
6.5	2.68	2..86	3.14	3.46
7.0	2.73	2.93	3.22	3.57
7.5	2.78	2.98	3.30	3.67
8.0	2.81	3.03	3.37	3.76
8.5	2.85	3.07	3.42	3.85
9.0	2.88	3.11	3.48	3.92
9.5	2.90	3.14	3.52	3.98
10.0	2.92	3.17	3.56	4.04
11.0	2.95	3.21	3.63	4.14
12.0	2.97	3.24	3.68	4.22
13.0	2.99	3.27	3.72	4.29
14.0	3.00	3.28	3.75	4.34
15.0	3.01	3.30	3.77	4.38
대단히 큰 경우	3.03	3.38	3.85	4.55

〈표 8-5〉 장기하중을 위한 C_2값

도랑의 폭[B] 토피 두께	젖은 사질의 표토	물로 포화된 표토	젖은 진흙	물로 포화된 진흙
0.0	1.00	1.00	1.00	1.00
0.5	0.85	0.86	0.88	0.89
1.0	0.72	0.75	0.77	0.80
1.5	0.61	0.64	0.67	0.72
2.0	0.52	0.55	0.59	0.64
2.5	0.44	0.48	0.52	0.57
3.0	0.37	0.41	0.45	0.51
4.0	0.27	0.31	0.35	0.41
5.0	0.19	0.23	0.27	0.33
6.0	0.14	0.17	0.20	0.26
8.0	0.07	0.09	0.12	0.17
10.0	0.04	0.05	0.07	0.11

〈표 8-6〉 단기하중을 위한 C_2값

도랑의 폭[B] 토피두께	젖은 사질의 표토		물로 포화된 표토		젖은 진흙		물로 포화된 진흙	
	최대	최소	최대	최소	최대	최소	최대	최소
0.0	1.00	1.00	1.00	1.00	1.00	1.00	1.00	1.00
0.5	0.77	0.12	0.78	0.13	0.79	0.13	0.81	0.13
1.0	0.59	0.02	0.61	0.02	0.63	0.02	0.66	0.02
1.5	0.46	-	0.48	-	0.51	-	0.54	-
2.0	0.35	-	0.38	-	0.40	-	0.44	-
25	0.27	-	0.29	-	0.32	-	0.35	-
3.0	0.21	-	0.23	-	0.25	-	0.29	-
4.0	0.12	-	0.14	-	0.16	-	0.19	-
5.0	0.07	-	0.09	-	0.10	-	0.13	-
6.0	0.04	-	0.05	-	0.06	-	0.08	-
80	0.02	-	0.02	-	0.03	-	0.04	-
10.0	0.01	-	0.01	-	0.01	-	0.02	-

예제 8-2 지름 2,000mm 하수관이 습한 진흙 3m 아래에 매설되어 있다. $C_1=1.36$, 습한 진흙의 단위중량을 19.2[kN/m^3]라 할 때, 이관이 받는 하중을 Marston의 공식으로 구하시오.

[풀이] $W = C_1 \cdot r \cdot B^2$에서

$B = \frac{3}{2}d + 30 = \frac{3}{2} \times 200 + 30 = 330\text{cm} = 3.3[\text{m}]$이므로

$\therefore W = 1.36 \times 19.2 \times 3.3^2 = 284.4[\text{kN/m}]$

8-5 탱크기초

최근 탱크(물탱크, 가스, 원유 등)의 대형화가 급속히 진행되어 원유의 비축용 탱크는 10만~15만 킬로리터(kilo liters) 단위의 것이 일반화되고 있다. 그러나 그 설치장소로는 연안해역 매립지로서 비교적 연약한 지반이 되는 일이 많다. 따라서 탱크의 건설에서 기초에 대한 조건은 대단히 엄격해 지고 있다.

탱크는 지름 100m, 높이 20m인 대형의 구조물로서 판구조(板構造)이고, 대단히 플렉시블한 구조물이다. 그 때문에 부등침하에 대하여 크게 배려한 기초가 되어야 한다. 탱크의 저판(底板)은 평평한 원형의 얇은 강판(鋼板)으로 만들어져 있고 액압(扼壓)에 의하여 기초표면에 압착(壓着)된다. 기초가 강성인 경우는 넓은 강판이 압착될 때에 어떤 장소에 '주름'이 집중할 우려가 있으므로, 샌드쿠션(sand cushion)을 시공한 기초가 사용된다. 접지압(接地壓)은 될 수 있으면 균등하게 탱크의 저판(底板)은 얇은 강판으로 하여 휨성을 가지게 한다.

8-5-1 탱크기초의 안정해석

지지력, 활출(滑出) 및 침하에 대하여 검토한다. 특히 내진성이 문제가 될 때가 있다.

(1) 지지력

테르자기의 지지력(支持力)공식 중에서 원형재하(圓形裁荷)의 경우의 식을 사용하여 극한지지력을 구하고 접지압에 대하여 안전한가를 검토한다.

(2) 활출(滑出)

그림 8-18과 같이 탱크를 안벽(岸壁)이나 호안(護岸) 가까이에 설치할 때가 많으므로 탱크, 호안을 포함한 원호활면법, 복합활면법에 의하여 안정을 검토할 필요가 있다.

(3) 침하의 검토

보통 압밀침하(壓密沈下)의 계산법에 의하여 최종침하량 및 그 시간적 비율에 대하여 계산을 행한다. 지층의 변화, 인접탱크의 영향 등에 의한 부등침하에 대해서는 면밀한 침하량을 계산하여 부등침하가 생기는지를 검토한다.

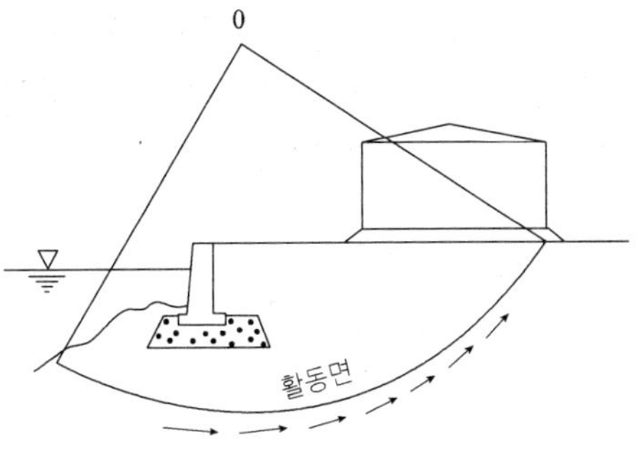

〈그림 8 - 18〉 원호활출

경제적으로는 총침하량을 탱크지름의 1/100 정도로 하는 것이 부등침하를 허용한도 이하로 하기 위한 지침이 될 것이다.

탱크의 경우는 탱크 중심부의 접지압(接地壓)이 최대가 되므로 침하량은 주변부보다 중심부 쪽이 커진다. 탱크의 중심부가 주변부보다 낮아진다는 것은 잔잔한 줄기(dead stock)가 많아지므로 좋지 않다. 그 대책으로는 중심부와 주변부와의 침하량의 차이를 보아 중심부에 덧돋움을 하여 놓는다.

지반이 연약한 경우에는 압밀침하 외에도 탄성침하(彈性沈下)와 크리프(creep)에 의한 침하도 생겨 이들의 침하는 주변부 쪽이 크다. 부등침하량의 산정에는 이들의 침하량에 대해서도 배려할 필요가 있다.

(4) 내진설계

진도가 큰 지역에 설치하는 탱크에 대해서는 내진설계(耐震設計)를 하지 않으면 안 된다. 그러나 이 종류의 내진설계법은 근래 각종 설계기준 및 도로공사 내진설계지침이 개정됨에 따라 구조물과 동일하게 지반반력(地盤反力), 전도(轉倒), 활출 등에 대한 검토가 필요할 것이다.

과거의 지진피해로는 기름(油)요동에 의한 탱크의 흔들림(rocking)현상이 보여 그 때문에 진동방향의 주변의 전도와 부상(浮上)이 나타났다. 그러므로 기초를 만들 때에는 주변부를 충분히 개량하여 지반의 강도를 증대시켜야 한다.

8-5-2 탱크의 기초형식

탱크의 기초형식(基礎形式)은 원지반의 상황에 의하여 결정된다. 그림 8−19(a)는 샌드쿠션의 형식을 표시한 것이며, 이것은 비교적 양호한 지반에 사용되고, 탱크 주변부에서는 셀(cell) 아래

부분에 작용하는 선하중의 분산이나 샌드쿠션의 전압시공(轉壓施工)을 할 때의 편의를 위해서도 링(ring)공이나 록필(rockfill)을 설치하는 것이 좋다. 샌드쿠션 표면의 경사는 전술한 바와 같이 중심부와 주변부와의 침하의 차의 크기에 의하여 결정되나 보통 1/60~1/120 정도로 한다.

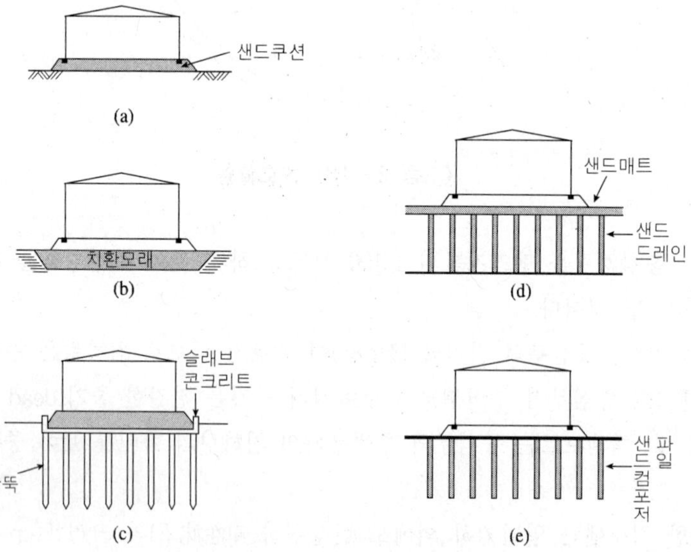

〈그림 8-19〉 탱크기초의 형식

탱크의 저판(底板)과 접하는 샌드쿠션의 표층에는 최소한 10cm 두께의 오일샌드(oil sand)층을 강판(鋼板)의 방식(防蝕)을 위하여 산포한다. 표층지반이 나쁠 때에는 그림 8-19(b)와 같이 치환모래를 한다. 그때 샌드매트(sand mat)의 외측에 따라 콘크리트링이나 널말뚝 울타리를 하여 치환모래가 외측에 이동하는 것을 방지하면 더욱 안전하게 될 것이다.

지반이 매우 깊을 때까지 연약한 경우는 지반면에 콘크리트 슬래브나 샌드매트를 직접 지지하도록 말뚝이 타설된다(그림 8-19(c)).

지반이 광범위하게 연약할 경우에는 지반개량공(地盤改良工)을 시공한다. 이것은 여러 가지 방법이 있으나 보통 샌드드레인(sand drain)공법, 바이브로 플로테이션(vibro floatation)공법 등이 사용된다.

8-6 파형관과 관로와 함거

파형관(波形管)은 1.6mm~3.6mm까지의 철판으로 만든 암거이고, 그 모양은 원형, 계란형, 반원형 등으로 만들어져 있다. 또 함거(函渠)는 목조나 콘크리트로 만들고 구형(矩形), 아치형으로 철근콘크리트탱크로 만든다.

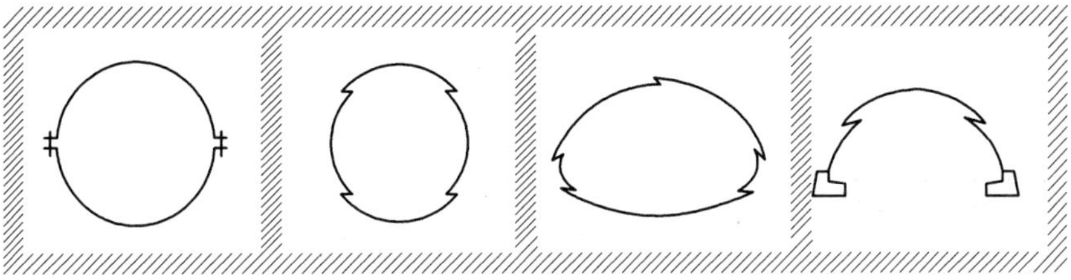

〈그림 8-20〉 파형 철판관의 조립형태

8-6-1 파형 철판관

파형관(corrugated metal pipe)은 반원으로서 길이 66cm(5cm씩 겹침)인 것을 현장에서 조립하고 볼트로 조여서 만들며, 그 특징은 다음과 같다. ① 강도가 크다. ② 가볍고 ③ 시공이 간단하다. ④ 내구성이 크고 ⑤ 경제적이다. 현장에서 조립하므로 반원형 그대로 운반할 수 있기 때문에 경고하고 간편하게 현장까지 운반할 수 있다.

철판의 재료는 녹슬지 않고 식지 않는 순철, 동, 몰리브덴 합금 등이다. 오지관에 비하여 중량은 1/7~1/12, 1인으로 조립할 수 있으며, 숙련도가 필요하지 않고 15년 경과해도 파손이 생기지 않는다.

파형 철판관의 내부도장은 방식(防蝕) 아스팔트제 도료(塗料)를 사용하여 표면을 끝손질한다.

〈표 8-7〉 파형 철판관의 규격

안지름[cm]	U.S.S 게이지	두께[mm]	1m당 중량	내압력[ton_f]	휨[mm]
20	16	1.6	13.2		
25	16	1.6	15.6		
30	16	1.6	17.6	119	4
38	16	1.6	21.4		
46	16	1.6	25.0		
50	16	1.6	26.7		
60	14	2.0	40.0	108	3.6
76	14	2.0	50.0		
90	14	2.0	58.0	75	1.5
106	12	2.8	93.0		
120	12	2.8	104.0	56	1.7
152	10	10	166.0		
182	10	10	198.0		

파형 철판관의 용도는 ① 배수용 · 집수용 ② 송수용 ③ 웨어암거 ④ 도로암거 ⑤ 교량의 복구공사 ⑥ 철도암거 등에 사용하고 큰 지름의 파형관을 사용할 때도 있다. 표 8-7은 파형관의 규격이며, 최근에는 지름 2.0m인 것도 있다.

8-6-2 관로와 함거

(1) 관로

관로(管路)는 지하의 매설관이 아니고 구조물의 하부를 횡단매설하여 배수하는 일종의 관교(管橋)이며, 그림 8-21과 같다.

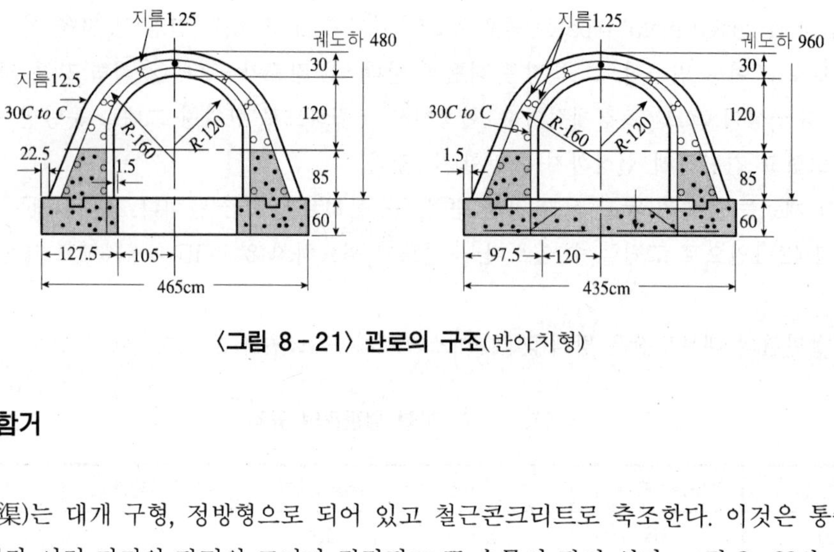

〈그림 8-21〉 관로의 구조(반아치형)

(2) 함거

함거(函渠)는 대개 구형, 정방형으로 되어 있고 철근콘크리트로 축조한다. 이것은 통수량(通水量)에 따라 여러 가지의 단면의 크기가 결정되고 또 수문이 달려 있다. 그림 8-22와 같은 아치형(arch culvert)단면도 있다. 여러 개의 함거는 통수량 $Q[m^3/s]$에 의하여 결정된다.

$$Q = AV = a \cdot b \cdot \frac{1}{n} R^{2/3} \cdot I^{1/2} \tag{8-13}$$

여기서, A : 단면적$[m^2]$ a : 함거의 폭[m]
b : 높이[m] n : 조도계수
R : 경심[m] I : 함거의 경사

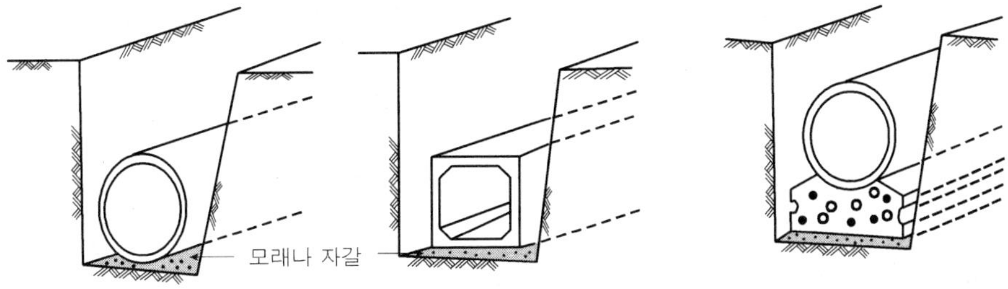

(a) 흄관 (b) PSC 함거 (c) PSC 암거기초

〈그림 8-22〉 관로와 함거

(3) 다공관로

다공관(多孔管, stranert pipe)은 관 내의 집수효과를 크게 하기 위하여 관 둘레에 구멍을 뚫어 지하에 매설하는 일종의 집수암거이다. 주로 하천의 복류수(伏流水) 또는 지하수 등을 흡수, 흡양(吸揚)하는데 매설관으로 사용한다.

다공관을 하상저하(河床低下)에 매설하여 그림 8-23과 같은 다수의 구멍으로 주입하는 지하수를 관내 제내지(堤內地)에 있는 맨홀에서 펌프로 올려서 경지(耕地)에 주입하게 된다. 한발

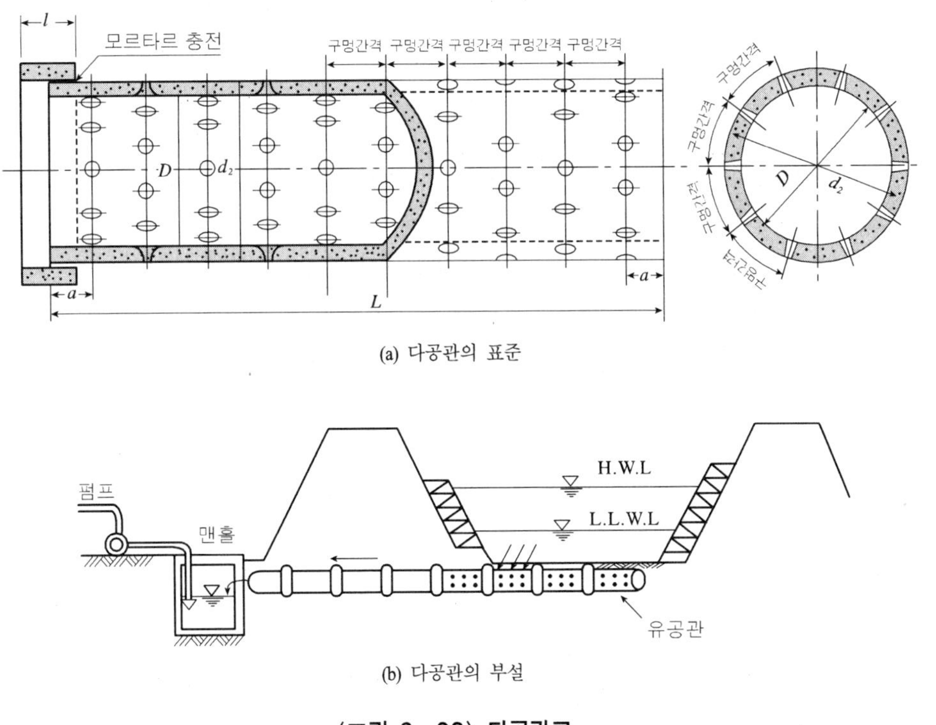

(a) 다공관의 표준

(b) 다공관의 부설

〈그림 8-23〉 다공관로

시에는 대단히 유용한 관로이다. 구멍의 크기는 유입모래를 막을 정도로 설계하고 최근에는 다방면으로 연구·개발되고 있다.

(4) 사이폰 관로

수로나 도로, 철도 기타 지상구조물의 지하에서 횡단하여 물의 통로를 만드는 지하구조이다. 용수(用水), 배수, 운하 등 성질이 다른 수로가 교차하여 합류시킬 수 없을 때, 수로교(水路橋)로서는 안 될 때, 또 다른 수로 혹은 노선과 교차할 경우에 사용한다.

사이폰은 입구에서 물이 유입하여 출구로 빠져 나오게 되므로 출구는 항상 입구보다 어느 정도의 낙차가 있어야 한다. 이것은 수리학의 이론에 근거를 두어 유량 Q와 유속 V를 계산하여 낙차 h를 정하는데 여기에는 관 내부의 각종 손실수두를 반드시 고려해야 한다(그림 8-24 참조).

사이폰관의 기초는 경질지반이라면 조약돌을 깔고 콘크리트기초로 해도 되지만 연약한 지반인 경우는 말뚝기초를 해야 한다.

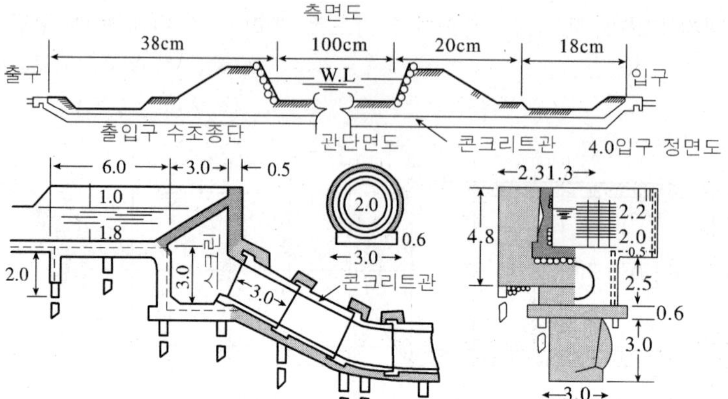

〈그림 8-24〉 수로횡단의 사이폰부설

8-7 암거배수공

암거(暗渠) 형식을 채택하는데 있어서는 지형, 배제수의 성인(成因) 및 토지의 상태 등에 따라 다르다. 따라서 암거망의 배열방식과 지형에 대한 배수관매설이라야 한다. 암거의 배열방식에는 종주식, 횡주식, 사주식 등이 있다.

8-7-1 암거배수의 종류

사용하는 재료에 의하여 간이암거, 무재(無材)암거, 오지관암거(토관)의 3종으로 대별하고 이것은 모두 지하배수거이다. 또 이런 종류의 배수거를 장님암거(盲暗渠, blind drain)라고도 부른다. 또 최근에는 F.D.P 집속관 배수(集束管排水)도 출현하고 있다.

(1) 간이암거

간이암거(盲暗渠)는 저렴하게 구입할 수 있는 재료로 사용할 수 있으나 내구년한이 짧은 것이 결점이다.

1) 섶암거

둘레 1~5m의 섶암거(fascine drain) 밑바닥에 깔고 그 위에 떼를 덮는 것인데 잘 사용되지 않는다. 통수량이 적고 기일이 경과함에 따라 틈이 토사에 의하여 채워진다. 보존연한은 10~15년 정도이며, 섶의 재료는 수질이 강한 상록활엽수가 좋으며, 그림 8-25와 같다.

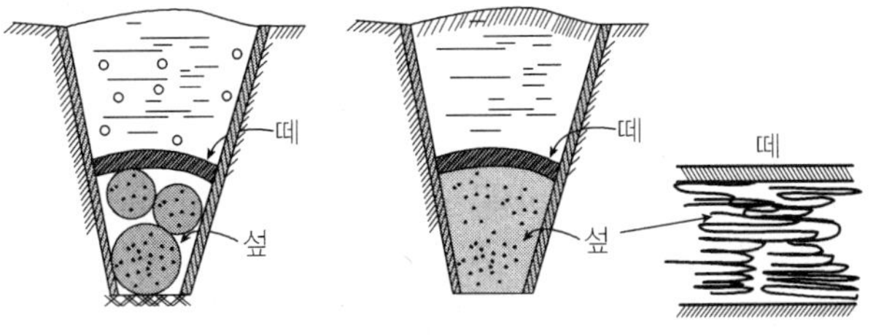

〈그림 8-25〉 섶암거

2) 대나무암거(bamboo drain)

지름 2~3cm 미만의 죽재(竹材)를 지름이 20cm 이상이 되게 한뭉치로 묶어 그 둘레를 볏짚 등으로 잘 싸서 매설하며, 그림 8-26과 같다.

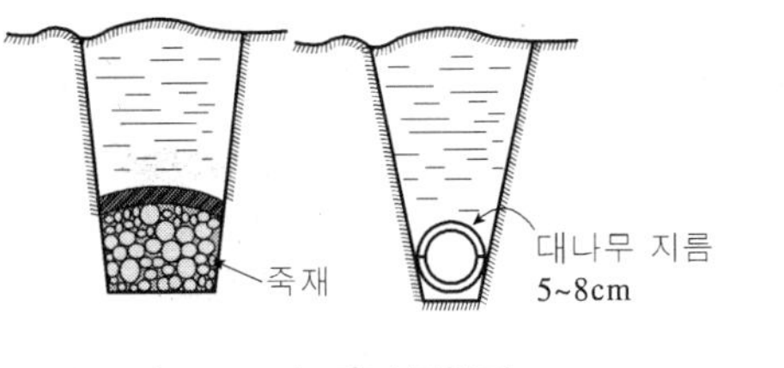

〈그림 8-26〉 대나무암거

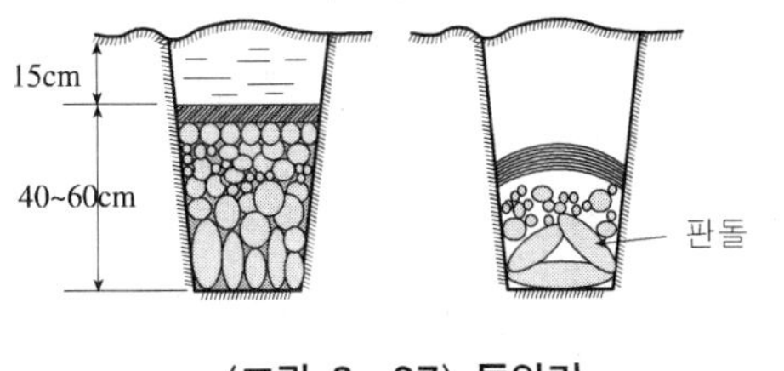

〈그림 8-27〉 돌암거

대나무 지름이 5~8cm 이상인 것은 잘라 마디를 잘 깎아 낸후 다시 합하여 철사로 묶은 것을 매설하는 경우도 있다. 죽재는 중량이 가볍고 취급과 입수에 편리하므로 널리 사용되고 있다.

3) 돌암거(stone drain)

연약지반에는 돌이 침하할 우려가 있으므로 적합하지 않다. 지름 20cm 내외의 돌을 그림 8-27과 같이 쌓아 올려 그 위에 기와, 섶 등으로 덮은 후 흙을 피복하는 것이다. 경우에 따라서 돌의 지름 7.5~10cm 정도인 것을 사용한다. 또 돌층밑의 지반의 침하를 방지하기 위하여 지름 약 6cm의 통나무를 2~3개 깔 때가 있다.

4) 무재암거(molc drain)

중점토 지반에는 트렌쳐(trencher)와 같은 특종 굴착기로 지표아래 0.5~1.0m 깊이에 지름 8 cm 정도인 통수구멍을 뚫어 그 주위에 재료를 쓰지 않고 그대로 방치하여 둔다. 이탄암거(turf drain or peat drain)도 이에 속한다.

5) 관목암거

관목(가는 나무자기)을 암거바닥에 깔든지 또는 +자형으로 교차시킨 나뭇가지를 가로 높고 그 위에 평떼 등으로 덮는다.

6) 통나무암거

지름 10~15cm 정도의 통나무와 널판을 조합하여 만든 것이다. 이상의 장님암거는 지표에서 대개 직사각형으로 굴착한(지하수위 깊이로) 암거바닥에 재료를 매설하는 것이고, 이 밖에도 돌상자 암거, 벽돌암거 등이 있다.

(2) 관암거

안전암거(pipe drain)라고도 부른다. 오지관(토관), 모르타르관, 콘크리트관(흄관 등) 등이 쓰이며, 배수량이 정확하게 계산되고 또 설계, 시공, 관리 등이 합리적이고 내용연한도 같다.

관암거로서 가장 많이 사용하고 있는 것은 토관, 오지관(vitrified clay pipe), 콘크리트관, 철근콘크리트관, 나무관 또는 파형철판관 등이다(그림 8-28 참조).

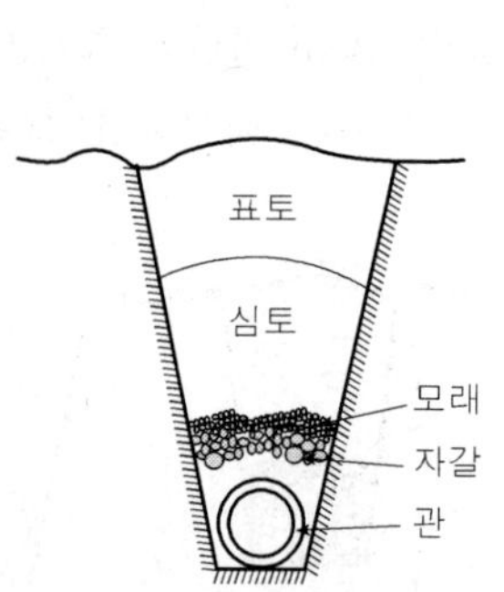

〈그림 8-28〉 관암거

1) 오지관

유약을 칠한 토관(clay or Shale draintile)이다. 내수, 내마모, 내산성 등 내구성이 크지만 안지름 45cm 이상이 되면 철근콘크리트관에 비하여 비싸고 약한 결점이 있다. 또 1개의 유효길이가 66~50cm로 많은 이음부가 생기는 결점이 있다. 매설깊이는 도로 밑에서는 60cm 이상, 철도 아래에서는 90cm 이상으로 한다. 보통 안지름은 15~60cm이다. 최근에는 사용도가 대단히 적고 대개 콘크리트관을 많이 사용하고 있다.

8-7-2 암거의 배수계획

(1) 암거의 배수계획

암거배수는 배수지역 토질지반의 주행성 확보와 제내지 배수의 필요성 등을 감안하여 합리적으로 실시해야 한다. 암거배수관은 지하에 매설하므로 시공 초기에는 주행성이 확보되어야 하고, 완공 후에는 압밀촉진과 쌓기지반의 안정이 요구된다. 주행성은 암거를 매설할 때 토공기계 등 장비의 주행 용이성을 의미하며 연약지반에서는 샌드매트(sand mat), 지오텍스타일 시트(geotextile sheet) 및 지오네트(geonets) 또는 표층개량을 하여 중장비의 통행이 가능하도록 해야 한다.

(2) 암거의 매설깊이 및 간격

암거의 깊이는 실물의 수분을 흡수할 수 있는 근군이 존재하는 상층의 범위로서 밭 관개에 있어서 용수보급의 대상이 되는 영역(有郊根郡域, effective root zone) 이하인 1.0~2.4m를 표준으로 하며, 암거 매설깊이와 관계되는 지하수배수는 사질토에서는 깊이는 얕게, 간격은 넓게 하며 보통 토질에서는 깊이는 깊게 간격은 좁게 한다.

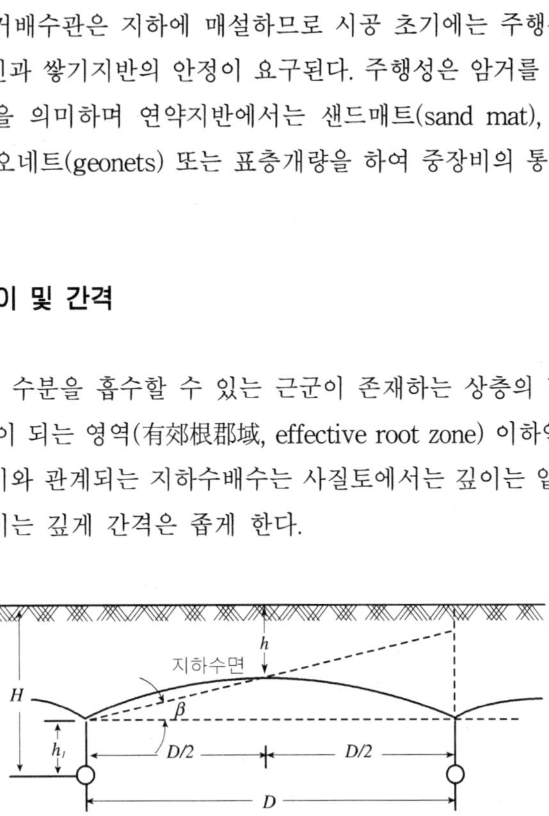

〈그림 8-29〉 지표면이 평탄한 경우 암거의 깊이와 간격과 지하수의 관계

일반적으로 암거의 매설깊이는 간선암거 1.1m, 지선암거 0.9m 정도로 하고 있다. 그리고 암거깊이와 간격의 관계는 암거 사이의 최상부 지하수위를 일정하게 하기 위하여는 암거깊이가 얕은 경우 매설폭을 좁게 하고, 매설폭을 넓게 할 때는 매설깊이를 깊게 한다. 매설깊이를 일정하게 하면 매설간격이 증가함에 따라 지하수위의 가장 높은 부분은 얕아진다.

지표면이 평탄한 경우 암거의 깊이와 간격과 지하수의 관계는 식은 다음과 같다.

$$D = \frac{2(H-h-h_1)}{\tan\beta} \tag{8-14}$$

여기서, D : 암거의 간격[m]
H : 암거의 깊이[m]
h : 지하수위[m]
h_1 : 암거와 최저 지하수면간의 거리[m]
β : 지하수면의 경사[도]

(3) 암거의 매설간격과 배수량

암거의 간격과 단위길이당 배수량의 관계는 Donnan이 제안한 아래 식과 같다.

$$D = \frac{4k}{Q}(H_0^2 - h_0^2) \tag{8-15}$$

여기서, D : 암거의 간격[m]
H_0 : 불투수층으로부터 암거까지의 거리[m]
k : 투수계수[m/s]

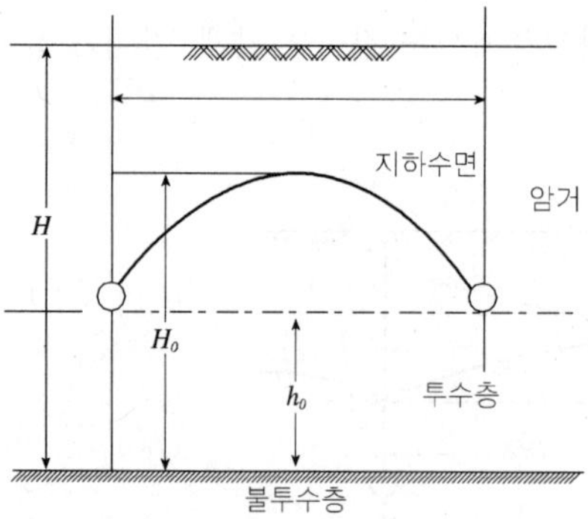

(a) 암거의 간격

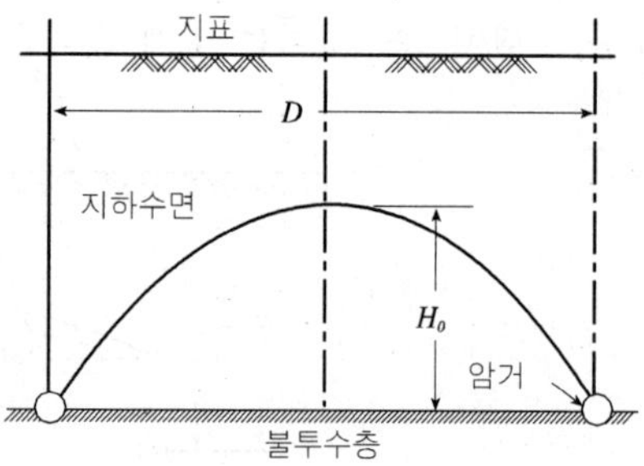

(b) 불투수층위의 암거

〈그림 8-30〉 Donnan의 암거매설간격과 배수량의 관계

그림 8-30(b)와 같이 불투수층위에 암거가 있는 경우 $h_0=0$이므로 식 (8-15)는 아래 식 (8-16)이 된다.

$$D=\frac{4kH_0^2}{Q} \tag{8-16}$$

(4) 암거의 경사와 유속

암거의 경사는 평탄한 지반에서는 지표면경사와 같게 한다. 관의 경사가 너무 평탄하면 토사로 인하여 관 내부가 막히게 되므로 흡수관로에서 관 내로 유입하는 토사의 종류에 따라 적당한 경사를 유지하도록 시공해야 한다.

암거의 유속공식에는 다음과 같은 식들이 사용되고 있다.

1) Giesler 공식

$$V=20\sqrt{\frac{Dh}{L}} \tag{8-17}$$

여기서, V : 암거 내의 평균유속[m/s]
D : 관의 지름[m]
L : 암거길이[m]
h : 암거길이 L에 대한 낙차[m]

2) Vincent 공식

$$V=3.59k\sqrt{\frac{50Dh}{L+50D}} \tag{8-18}$$

여기서, k : 관지름에 따른 보정계수(표 8-8 참조)
D, h 및 L은 식 (8-17)과 같다.

〈표 8-8〉 보정계수 k의 값

관 안지름[m]	4.0	5.0	6.50	7.50	8.0	10.0	12.50	13.0	16.0	18.0	20.0	25.0	30.0
k 값	0.71	0.75	0.78	0.79	0.80	0.83	0.86	0.86	0.88	0.90	0.92	0.95	0.97

예제 8-3 암거의 지름이 20cm, 유속이 0.8m/s, 암거길이가 300m일 때 원활한 배수를 위한 암거 낙차를 Giesler공식을 이용하여 구하시오.

[풀이] $V=20\sqrt{\frac{Dh}{L}}$ 으로부터 $\frac{V}{20}=\sqrt{\frac{Dh}{L}}$

1) 단위환산 : $D=20\text{cm}=0.2[\text{m}]$

2) 암거낙차(h) : $h=(\frac{v}{20})^2\cdot\frac{L}{D}=(\frac{0.8}{20})^2\times\frac{300}{0.2}=2.4[\text{m}]$

3) USDA(미국 농무성)의 공식

Manning의 유속공식에서 조도계수 n을 0.0108로 하여 유도된 공식이다.

$$V=92.87R^{2/3}\cdot I^{1/2} \quad (8-19)$$

여기서, R : 경심[m]
I : 동수경사[−]

8-7-3 암거배수량의 계산

고저차가 큰 택지, 대지, 공원 등의 암거배수량(巖居排水量)은 다음 식으로 구한다.

$$q=\frac{R(1-C)\times 10{,}000}{D\times 1{,}000\times 86{,}400} \quad (8-20)$$

여기서, q : 계획 암거배수량[m^3/s · ha]
R : 강우량[mm/day]
C : 유출계수[−]
D : 배제일수[day]

암거배수는 강우가 흙 중에 침투하여, 암거에 도달할 때까지 시간이 걸리므로 배수량의 계산에는 일우량(日雨量)을 사용하지만, 이 경우의 수치로서는 강우량 측정표의 최대일우량, 아니면 최대시간우량(時間雨量)의 2~4배, 그외 기타 제조건에 의해 결정된다(표 8−9 참조).

운동장의 경우 일반적으로 $C=0.85$, $D=0.5$일로 하지만 이것은 침투한 우수(雨水)와 지하수와의 집수기능을 암거가 받아서 기능을 정비하기 위해 필요한 시간으로 지반토질, 강우시간, 강우량, 기온, 습도에 따라 달라지므로 단번에 경기를 재개할 수 있는 상태시간을 꼭 지정하는 것은 아니며, 다른 지형에 대해서도 마찬가지이다.

〈표 8-9〉 배제일수와 유출계수

지　　　　　형	*C*	*D*
택　　　　　지	0.8~0.9	1
운　　동　　장	0.8~0.9	0.5
잔　　디　　밭	0.6~0.8	1
경사가　큰　골짜기	0.8~0.9	3
평　　탄　　지	0.5~0.6	2
초　　　　　지	0.5~0.7	2

연 습 문 제

8-1 매설관의 특수공법에 대하여 설명하시오.

8-2 관로의 시공에 대하여 설명하시오.

8-3 매설관에 작용하는 토압에 대하여 설명하시오.

8-4 탱크기초를 매설하는데 안정해석에 대하여 설명하시오.

8-5 탱크기초의 형식에 대하여 설명하시오.

8-6 기계배수에 대하여 설명하시오.

8-7 암거배수공의 종류를 열거하고 설명하시오.

8-8 콘크리트암거(규칙 2.5m×2.5m) 위에 아래 그림과 같이 15m 높이의 쌓기를 하려고 한다. 현장책임 기술자로서 이 공사를 진행하는데 필요한 다음 사항에 대하여 계산하시오.

1) 되메우기 재료선정
2) 되메우기와 쌓기본체의 다짐순서

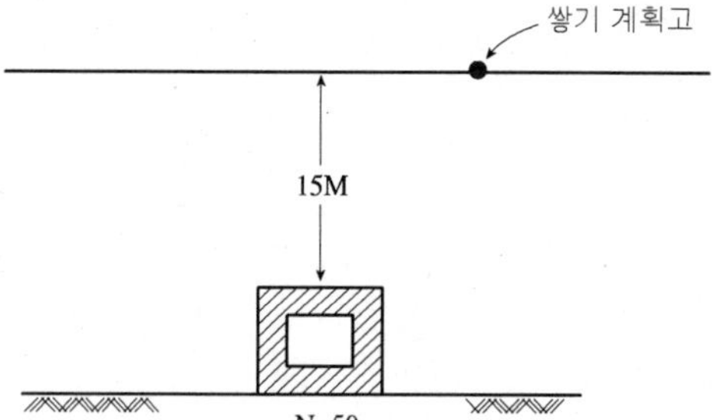

8-9 지름이 800mm인 하수관을 매설하려고 한다. 매설지점의 표토는 젖은 진흙으로서 흙의 밀도가 $18.5kN/m^3$이고 흙의 종류와 관의 깊이에 따라 결정되는 계수 $C_1 = 1.25$이다. 이때 매설관이 받는 하중을 Marston의 방법에 의하여 계산하시오.

8-10 관로시공에 있어서 개착공법 및 추진공법에 대하여 설명하시오.

8-11 매설관에 작용하는 토압중 Yanssen's공식에 대하여 설명하시오.

8-12 암거배수계획에 대하여 설명하시오.

8-13 파형관과 관로와 함거에 대하여 설명하시오.

8-14 암거배수의 종류를 열거하고 각각에 대하여 설명하시오.

제9장 옹벽공과 시공

9-1 개 요

옹벽(擁壁, retaining wall)은 도로공사에서는 쌓기나 깎기의 비탈면을 보호하기 위해서, 하천공사에서는 수로의 호안(護岸)으로서, 택지조성(宅地造成)공사에서는 배후지(背後地)를 유효하게 이용하기 위하여, 토목공사를 할 때 반드시 구축해야 할 구조물이다. 그러므로 옹벽을 사용빈도가 높은 구조물이므로 국토교통부에서는 표준단면을 제정하여 일반적인 옹벽형식이나 설계조건에 대한 설계업무의 증진을 도모하고 있다.

또한 어떤 형식의 옹벽을 선정하여도 안정조건을 충분히 만족하여야 하며, 경제적인 측면에서 선택을 하여야 한다. 일반적으로 낮은 석축이나 블록은 높이가 2.5m~3.0m 이상되면 안정상 문제가 있을 수 있으므로 안전문제를 세밀히 검토한 후에 시공을 하여야 한다.

중력식 옹벽은 보통 규모가 큰 토목구조물에 많이 사용되는 것으로 철근이 들어가지 않는 중력식과 철근이 일부 들어가는 반중력식으로 구분되며, 보통 4.0m 정도의 높이까지 사용했을 때 경제적이며, 6.0m 까지는 캔틸레버식옹벽, 그 이상이면 부벽식옹벽 또는 보강토옹벽을 권장하고 있다. 그러나 가장 확실한 방법은 몇 가지 비교안에 대하여 경제성 및 시공성을 비교하여 선정하는 방법이다.

9-1-1 옹벽의 종류

콘크리트 옹벽의 종류에는 중력식옹벽, 반중력식옹벽, 캔틸레버(cantilever)옹벽, 부벽식옹벽이 있으며, 특수한 것으로는 보강토옹벽, 게비온옹벽, 돌쌓기옹벽 등이 있다. 지반의 상태에 따라 옹벽의 형식과 치수를 정하는데 흙의 압력을 옹벽 자체의 중량에 의해 지지하거나 연약지반에는 옹벽자체의 중량을 작게 하는 구조물로 지지하는 것으로 나눌 수 있다. 콘크리트옹벽의 종류는 그림 9-1과 같고, 옹벽 각 부분의 명칭은 그림 9-2와 같다.

(1) 중력식 옹벽

중력식옹벽(重力式擁壁, gravity wall)은 가장 오래된 형태의 것으로 기초지반이 견고하고, 옹벽의 가장 경제적인 높이 3~4m 정도인 경우에 많이 사용되며, 벽체의 중량으로 전도(轉倒)나 활동(滑動)에 대한 안정을 유지하며 일반적으로 석재, 벽돌, 콘크리트블록 또는 무근콘크리트구조로 설치된다(그림 9-3 참조).

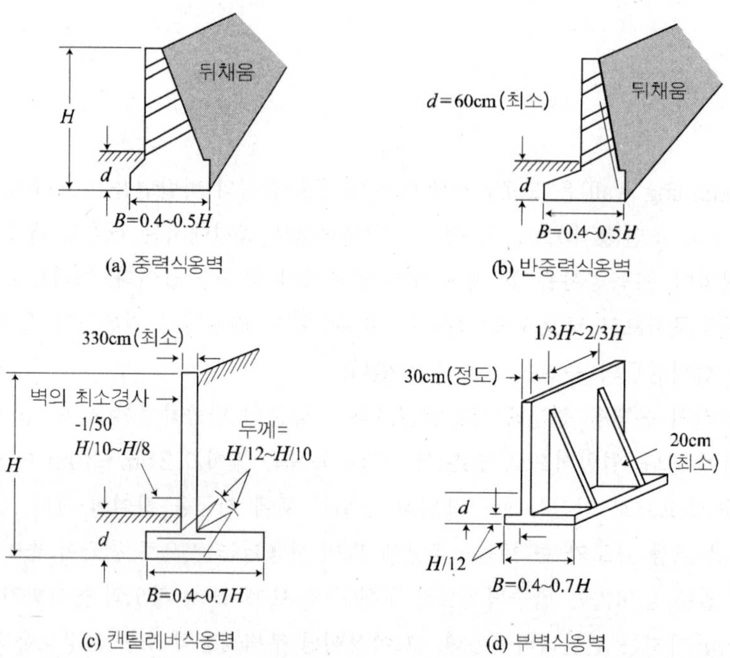

〈그림 9-1〉 옹벽의 종류

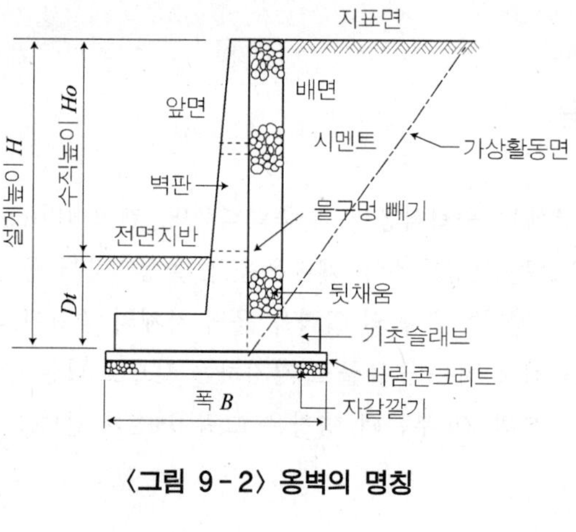

〈그림 9-2〉 옹벽의 명칭

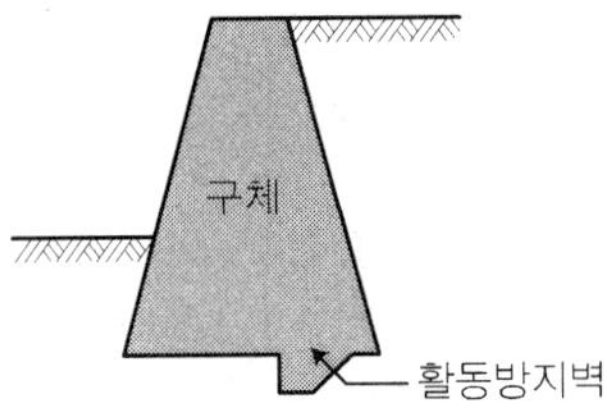

〈그림 9-3〉 중력식옹벽

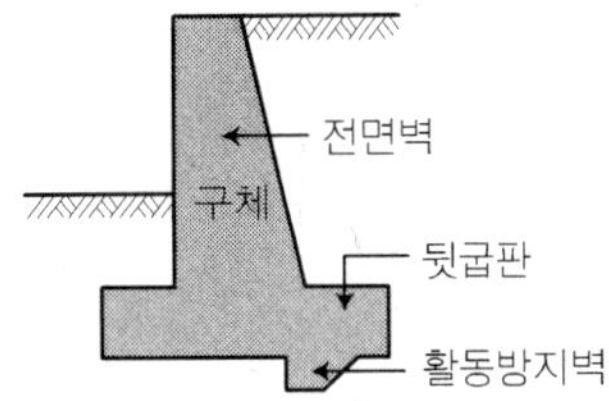

〈그림 9-4〉 반중력식옹벽

(2) 반중력식옹벽

반중력식옹벽(semigravity wall)은 벽체단면의 크기와 콘크리트량을 줄이고, 벽체 내부에 생기는 인장력을 받게 하기 위하여 옹벽의 뒷면부근에 소량의 철근을 사용한다. 그러나 주요한 결점으로 온도변화나 동상작용 등의 현상에 의하여 일어나는 체적변화에 매우 민감하다(그림 9-4 참조).

(3) 캔틸레버식옹벽

캔틸레버식옹벽(cantilever wall)은 높이 4~6m인 경우에 이용되며, 철근콘크리트구조로 설계되어 구체의 체적이 감소되어 콘크리트 재료를 절약할 수 있고, 밑판 뒷부분 위의 뒷채움 흙의 중량으로 안정도를 높인 것이다. 이 옹벽은 벽체의 위치에 따라 역T형옹벽(그림 9-5 참조), L형 옹벽(그림 9-6 참조) 및 역L형옹벽으로 분류되며, 중력식옹벽과 함께 많이 사용된다. 일반적으로 지반에 작용하는 응력이 중력식옹벽보다 작게 작용되고, 기초지반의 지지력에 대하여 유리하며, 벽체의 설계에는 정지토압이 사용되고 있다.

1) 역T형옹벽

일반적으로 높이 4~6m에 가장 많이 사용되는 형식이다.

2) L형옹벽

벽체면에 경계가 접해 있어서 앞굽 돌출이 불가할 경우에 사용된다. 단점은 연직벽 하단에 큰 압력이 작용하게 되어 안전상 역T형옹벽에 비하여 불리하며 비경제적인 면이 있다.

3) 역L형옹벽

부지경계, 외부지반이 부지 내부보다 높을 경우에 사용한다.

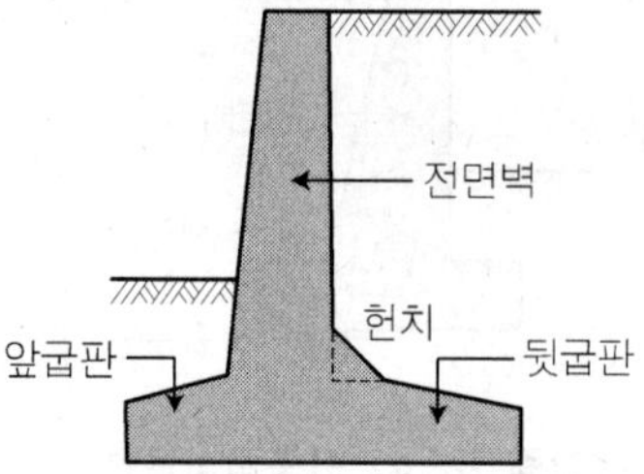

〈그림 9-5〉 L형옹벽

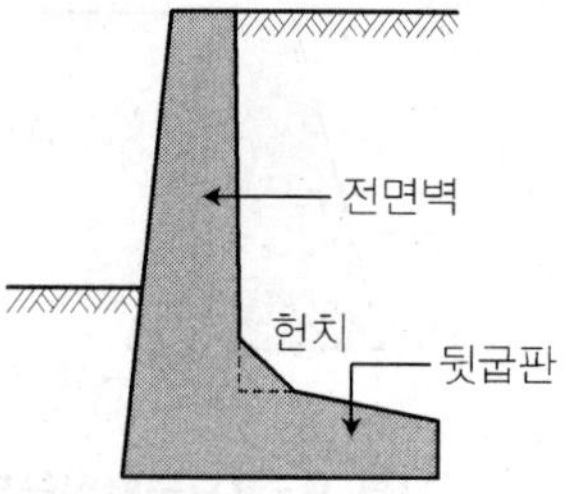

〈그림 9-6〉 역T형옹벽

(4) 부벽식옹벽

부벽식(扶壁式)옹벽은 철근콘크리트옹벽으로 연직벽의 강도가 부족한 경우에 연직벽과 직교하는 밑판위에 일정한 간격으로 부벽을 연결한 것으로, 부벽의 설치위치에 따라 벽면뒤에 부벽을 설치한 뒷부벽식옹벽(counterforted wall)과 벽면 앞에 부벽을 설치한 앞부벽식 옹벽(buttressed wall)으로 분류된다. 이 형식의 옹벽은 쐐기 형태의 연직슬래브(slab)에 의하여 뒷채움 측면을 강화하였으므로 큰 수평력과 상재하중에 대하여 정역학적으로 매우 안정하고, 높이가 6m 이상인 구조물에 적합하다. 또한 앞부벽식옹벽은 재료를 절약하기 위하여 시공현장의 부지의 형태와 토지 경계선에 따라 건설되며, 지지하는 부벽은 밑판 위에서 앞·뒤 벽이 상대적으로 큰 저항력을 갖는 강성구조물로 이루어지는 일체식 구조물이다. 그리고 앞·뒤 부벽식 옹벽과 비슷한 옹벽구조물은 도시지역의 깊은 굴착에서 옹벽구조물 뒤에 있는 흙의 교란을 피하기 위하여 지하연속벽으로 건설하기도 한다.

(5) 특수옹벽

1) 중공형옹벽

기존의 도로확폭을 골짜기 쪽으로 계획할 때 기존의 원지반이 단단하면 토압은 작게 작용하게 된다. 이와 같은 경우 중력식옹벽에 비하여 약간의 경제성을 가진 구조물이라고 할 수 있다(그림 9-7(a)).

2) 틀식옹벽

틀식(枠式)옹벽은 일반적으로 깎기부의 용수가 많은 곳에 설치하고 있다. 그러나 쌓기부에 있어서도 많이 사용되고 있고, 용수성이 좋고 유연한 점에 특징이 있다. 따라서 지반이 활동가능한 지대(地滑地帶) 등에 시공한 예가 많다(그림 9-7(b)).

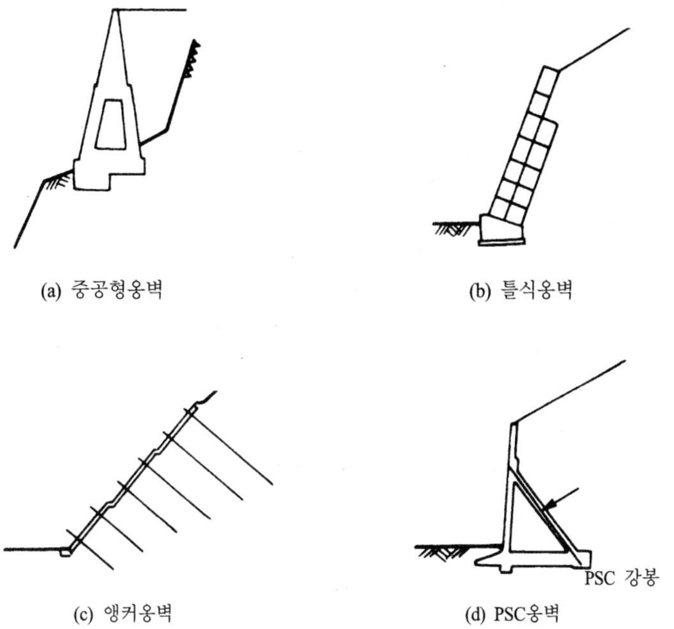

〈그림 9-7〉 각종 옹벽의 구조형식

3) 앵커옹벽

이 공법은 여러 가지 비탈틀이나 옹벽 등을 조합한 것이고, 앵커(anchor)의 비용이 장소에 따라 상당히 높아지는 수도 있다(그림 9-7(c)).

4) PSC옹벽

PS콘크리트부재로 공벽식옹벽의 공벽 대신에 PS강봉을 사용한 것이고, 또 역T형옹벽의 연직벽에 PS강봉을 사용한 예도 있다(그림 9-7(d)).

(6) Y형옹벽

일종의 휴먼월(humean wall)이라고도 하고 역 Y형옹벽이라고도 한다. 이것은 고속도로의 중앙분리대든지 산비탈 붕괴의 우려가 있는 장소에 그림 9-8과 같이 설치하여 비탈면의 붕괴를 방지한다. 역학적인 효과는 양 Y형 다리의 힘으로 수평토압을 방지하는 특징을 가지고 있다.

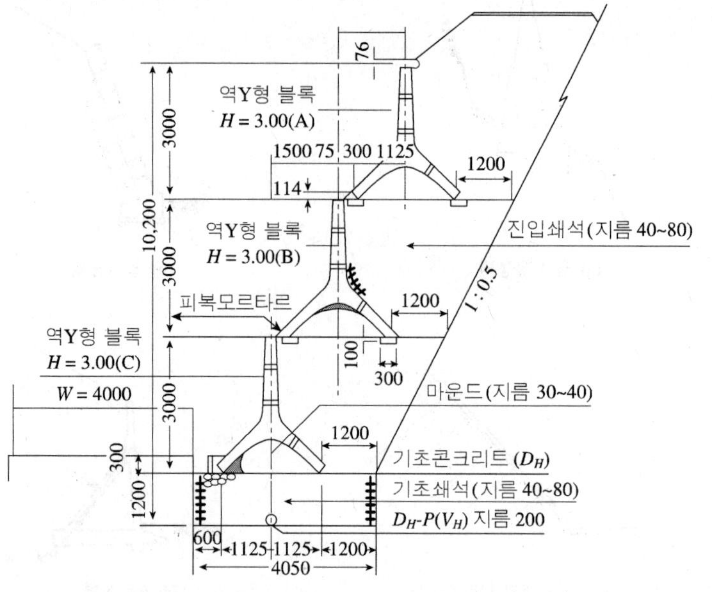

〈그림 9-8〉 Y형옹벽의 표준횡단면도

9-1-2 Terzaghi의 토압 산정도

Terzaghi의 토압도(土壓圖)는 일반적으로 벽의 높이가 8m 이하인 경우에 적용하고 있다. 옹벽의 뒷면이 지표면과 경사지거나 그 상황에 따라 그림 9-9, 그림 9-10에서 수평토압계수 K_H, 연직토압계수 K_V를 구하고, 다음 식에서 수평토압 P_H와 연직토압 P_V를 산출한다.

$$P_H = \frac{1}{2} K_H \gamma H^2 [\text{kN/m}] \qquad (9-1)$$

$$P_V = \frac{1}{2} K_V \gamma H^2 [\text{kN/m}] \qquad (9-2)$$

여기서, H는 옹벽의 높이이다.

토압계수의 합은 주동토압계수(主動土壓係數)를 K_A라 하면, 그 합성토압계수(合成土壓係數)는 아래 식 (9-3)과 같다.

$$K_A = \sqrt{K_H{}^2 + K_V{}^2} \qquad (9-3)$$

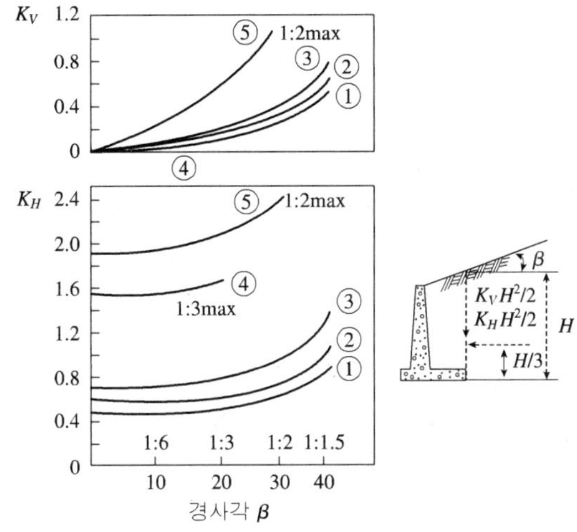

〈그림 9-9〉 옹벽배면의 지표면이 경사되어 있는 경우
(Terzaghi의 토압산정 표)

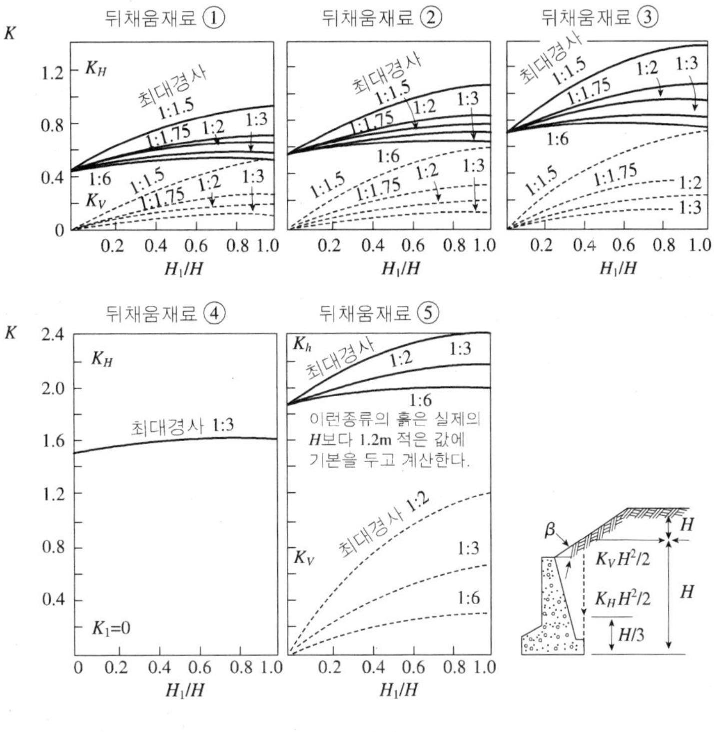

〈그림 9-10〉 옹벽배면이 임의 거리만큼 경사지고 일정거리 이후 수평이 되는 경우
(Terzaghi도에 의함)

전 주동토압(全主動土壓) P_A는 γ를 단위체적중량이라고 하면 아래 식 (9-4)와 같다.

$$P_A = \frac{1}{2} K_A \gamma H^2 \tag{9-4}$$

또 수평방향 주동토압계수를 K_{AH}라 하면 아래 식 (9-5)와 같다.

$$K_A = K_{AH} \frac{1}{\cos(\alpha - \delta)} \text{ 이므로, } K_A = \cos\delta \frac{\cos\delta - \sqrt{\cos^2\delta - \cos^2\psi}}{\cos\delta + \sqrt{\cos^2\delta - \cos^2\psi}} \tag{9-5}$$

〈표 9-1〉 옹벽 뒤채움재의 종류

기 호	뒤재춤재의 종류
①	깨끗한 모래 및 자갈
②	실트 또는 점토가 섞인 투수성이 낮은 사질토
③	점토가 많이 섞여 있는 사질토
④	무른 유기질 실트 또는 실트질 점토
⑤	굳은 점토 또는 연질 점토

예제 9-1 아래 그림과 같은 도로쌓기부의 옹벽으로서 Terzaghi의 토압계산으로 토압을 구하시오. 또, Coulomb, Rankine의 토압과 비교하시오. 단 뒤채움 흙은 실트 섞인 모래로서 γ= 17.0 kN/m^3, ψ=20°, δ=10°로 한다.

[풀이] 1) Terzaghi의 토압

표 9-1에서 뒤채움재의 종류는 2가지로 분류된다. 그림 9-9에서 $K_H = 0.60$, $K_V = 0.08$이다.

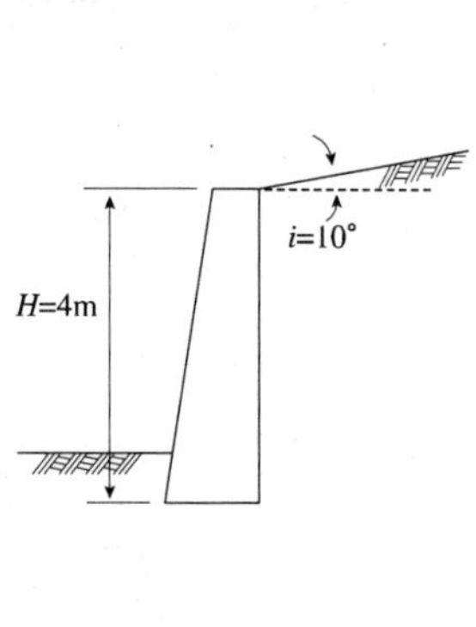

$$K_A = \sqrt{K_H^2 + K_V^2} = \sqrt{0.60^2 + 0.08^2} = 0.605$$

그러므로 전토압 P_A는 다음과 같다.

$$P_A = \frac{1}{2} K_A \gamma H^2 = \frac{1}{2} \times 0.605 \times 17.0 \times 4^2 = 82.3[\text{kN/m}]$$

2) Coulomb의 토압

α=0, ψ=20°, δ=10°, i=10°의 조건으로 토압표는 부표 4(a)에서 K_{AH}=0.523을 얻는다. 따라서

$$K_A = K_{AH}\frac{1}{\cos(\alpha-\delta)} = 0.523\times\frac{1}{\cos(0°-10°)} = 0.523\times\frac{1}{0.985} = 0.531$$

그러므로 전토압 P_A는

$$P_A = \frac{1}{2}K_A\gamma H^2 = \frac{1}{2}\times 0.531\times 17.0\times 4^2 = 72.2[\text{kN/m}]$$

3) Rankine의 토압

i=10°, ψ=20°의 조건 식 (9−5)에서

$$K_A = \cos 10°\times\frac{\cos 10° - \sqrt{\cos^2 10° - \cos^2 20°}}{\cos 10° + \sqrt{\cos^2 10° - \cos^2 20°}}$$

$$= 0.985\times\frac{0.985 - \sqrt{0.985^2 - 0.940^2}}{0.985 + \sqrt{0.985^2 - 0.940^2}} = 0.532$$

그러므로 전토압 P_A는

$$P_A = \frac{1}{2}K_A\gamma H^2 = \frac{1}{2}\times 0.532\times 17.0\times 4^2 = 72.4[\text{kN/m}]$$

이 결과를 보면 Terzaghi토압이 다소 크다는 것을 알 수 있으나 안전측에 속한다.

9-1-3 뒤채움 흙의 종류

뒤채움 흙의 종류는 설계토압의 여하에 관계된다. 표준단면 또는 일반설계에서는 전술의 토압을 고려하는 방법에 따라서 표 9−2와 같이 정하고 있다. 따라서 표준설계를 검색할 경우 이들의 기호를 기준으로 하면 좋으나 지진을 고려하지 않을 때는 흙의 종류를, 지진을 고려할 때는 배면토(背面土)의 내부마찰각을 대상으로 하지 않으면 안 되는 점에 주의하여야 한다.

〈표 9-2〉 형식별 뒤채움 흙의 종류

	기 호	내 용	비 고
석 축 (블록쌓기)	U_1 U_2 U_3	좋은 흙 보통 흙 좋지 않은 흙	도로토공, 옹벽, 암거, 가설구조물 지침에 표시되어 있는 배면토의 분류에 의함.
기대임식	T_1 T_2	자갈, 자갈질토 사질토	내부마찰각 35°이상으로 한다. 내부마찰각 30°이상으로 한다.

〈표 9-2〉 형식별 뒤채움 흙의 종류(계속)

	기 호	내 용	비 고
중 력 식	T_1	사력, 자갈질토, 모래	Terzaghi 도표의 분류에 의함.
	T_2	사질토	
	T_3	실트, 점성토	
역 T형 옹벽 (캔틸레버식) T형 옹벽	흙의 지표[K]	Terzaghi 도표에 의한 배면토의 종류	단위중량 γ_s[kN/m^3]
	T_AA	사력, 자갈질토	20
	T_AB	모 래	19
	T_2	사질토	19
	T_3	실트, 점성토	18
역 T형식 T형식	흙의 지표[K]	배면토의 내부마찰각(ψ°)	단위중량 γ_s[kN/m^3]
	C_1	40	20
	C_2	35	20
	C_3	30	19
	C_4	25	18

더욱이 지진을 고려할 경우 배면토의 내부마찰각을 사용하는 이유는 그것이 중요한 구조물을 의미한다는 것이며, 쌓기재료 및 기초지반은 토질조사 및 시험을 실시하여 그 결과를 기본으로 토압을 결정하는 것이 좋다고 판단된다.

9-1-4 마찰계수

종래 옹벽 등의 설계에서 문제가 되고 있는 것은 저판하면(底板下面)의 마찰계수이다. 경험한 바로는 설계 시에 하부공(下部工)지침에 준할 경우 현장의 실정에 맞지 않는 형상치수가 되어 할 수 없이 돌기(突起)를 붙이는 사례가 있다. 그러나 암반 등 대단히 좋은 지반을 제외하고는 돌기의 효과도 불분명하고, 또 옹벽이 필요한 지형을 생각하면 그 시공성이 문제가 되어 단순한 돌기물을 사용하기에 곤란하다.

표준단면의 작성에 대해서도 이들의 해결을 시도할 필요가 있고 여러 가지로 검토한 결과 시공조건에 따라서 마찰계수 $\mu=0.6$을 취하는 것이 좋다.

즉 표준설계를 암반 또는 그에 준하는 지반 외의 장소에 이용할 경우는 그림 9-11과 같이 시공하는 것이 필요하다. 더욱이 이런 생각은 표준단면을 설계할 때 검토되어야 한다.

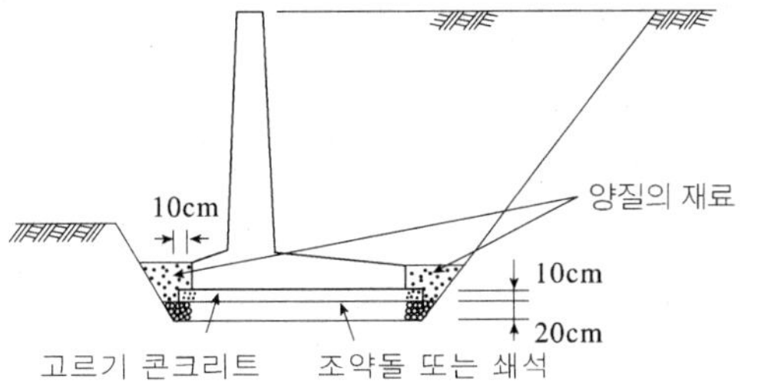

〈그림 9 - 11〉 모래지반기초의 시공

9-1-5 설계하중

옹벽설계 시의 설계하중의 조합은 다음과 같다.

상시토압 = 정하중 + 재하중 + 토압
지진시 토압 = 정하중 + 토압 + 지진하중

이들 하중에 대하여 설명하면 다음과 같다.

(1) 정하중

정하중은 옹벽의 중량, 뒤채움 토사 및 기초의 중량이다. 계산에 사용하는 각 재료의 단위체적중량은 다음과 같다.

무근콘크리트 : 25.0[kN/m^3], 철근콘크리트 : 23.5[kN/m^3], 뒤채움 토사 : 18.0[kN/m^3]

(2) 재하중

재하중을 활하중(活荷重)이라고 생각하며, 그 값은 10[kN/m^3] 정도로 본다.

(3) 지진하중

지진하중(earthquake load)은 지각변동으로 인해 발생하는 지진에 의해 구조물에 작용하는 힘을 말한다. 기초가 있는 옹벽의 지진시 관성력은 설계 수평진도에 옹벽의 중량, 뒤채움 토사의 중량 및 기초의 중량을 합한 값을 각각의 중심을 통하여 수평방향으로 작용시킨다. 옹벽의 안정은 전도, 활동, 지지력에 대하여 검토하고 원호활동(圓弧滑動)도 검토해야 한다.

9-1-6 옹벽의 안정성 계산

옹벽의 안정성을 확인하자면 옹벽자체의 안정, 즉 옹벽의 전도(轉倒), 활동(滑動, sliding) 및 기초지반의 지지력(bearing capacity)에 대하여 검토할 필요가 있다. 옹벽높이도 높아지고 기초지반의 전단강도가 약할 때에는 옹벽을 포함한 흙덩어리의 전단에 의한 활동파괴에 대해서도 검토할 필요가 있다.

(1) 전도에 대한 안정도

옹벽은 토압 및 지진력에 의하여 옹벽 밑면의 전단부(前端部) A를 중심으로 회전하려는 모멘트에서 전도에 대한 안정성을 검토한다. 여기서 전도에 대한 안전율은 F_s라 하면,

$$F_s = \frac{\sum M_r}{\sum M_d} = \frac{W \cdot a + P_V \cdot B}{P_H \cdot h} \geq 2.0 \qquad (9-6)$$

단, F_s=1.5~2.0가 보통이다.

여기서, $\sum M_r$: 전도하려는 힘들의 모멘트의 합[kN·m]

$\sum M_d$: 전도에 저항하려는 힘들의 모멘트의 합[kN·m]

W : 옹벽의 자중(배면토의 중량 및 재하중도 포함[kN/m])

P_H : 수평주동토압[kN/m]

P_V : 연직주동토압[kN/m]

옹벽기초에 작용하는 합력의 작용점이 저폭의 중앙 1/3 이내에 있으면 전도에 대해 안전하므로 위식에 대한 검토는 생략해도 된다.

합력 R의 작용점까지의 거리 d는 다음과 같다.

$$d = \frac{W \cdot a + P_V \cdot B - P_H \cdot h}{W + P_V} \qquad (9-7)$$

로 계산하고, $d > B/3$이면 안정하나 $d \leq B/3$이면 불안정하여 F_s를 재검토한다.

(2) 활동에 대한 안정도

옹벽은 밑면이 외력에 의하여 활동하려는 힘과 그에 저항하려는 힘이 생긴다. 활동력이란 수평토압, 지진력의 수평방향력이고 저항력은 밑면의 마찰력과 점착력이다. 안전율 F_s는 그 비로 나타내며 각 요소를 나타내면 그림 9-12와 같다.

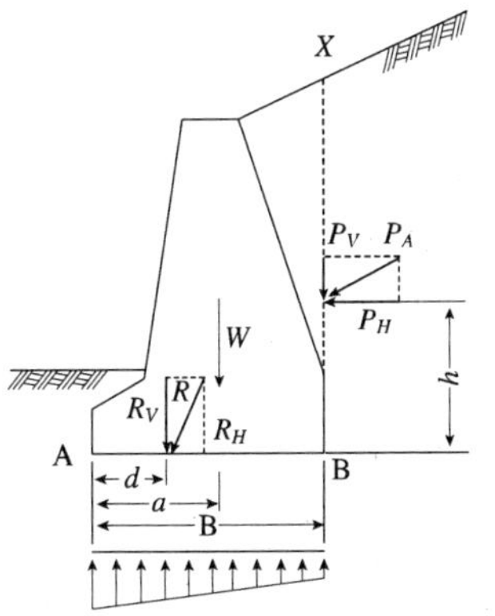

〈그림 9-12〉 옹벽의 안정계산

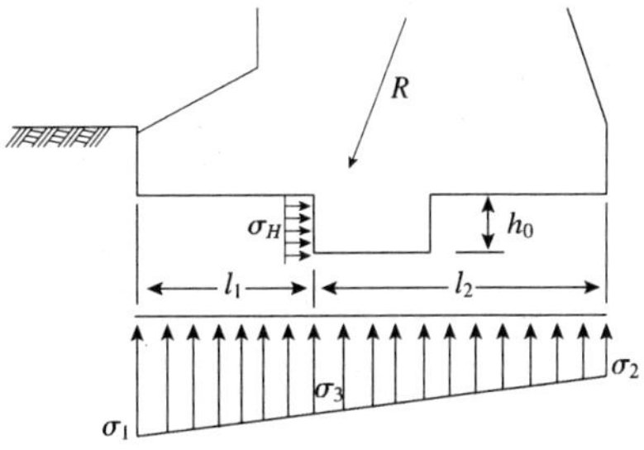

〈그림 9-13〉 활동저항을 증가시키기 위한 돌기

$$F_s = \frac{(W+P_V)\tan\delta + cB}{P_H} \geq 1.5 \tag{9-8}$$

여기서, $\tan\delta$: 밑면과 흙 사이의 마찰계수(표 9-3 참조, $\tan\delta = \mu$)

c : 옹벽 밑판과 흙 사이의 점착력[kN/m^2]

〈표 9-3〉 마찰계수 $\mu = \tan\delta$

조 건		δ	비 고
암과 콘크리트		$\tan\delta = 0.6$	단 $\tan\delta \geq 0.6$
흙과 콘크리트	현장 콘크리트	$\delta = \psi$	–
	기계 콘크리트	$\delta = \frac{2}{3}\psi$	–

또한 $F_s < 1.5$일 때는 옹벽 앞면의 수동토압(受動土壓)을 고려하여 다음 식으로 안정검토를 한다.

$$F_s = \frac{(W+P_V)\tan\delta + cB + P_p}{P_H} \geq 2.0 \tag{9-9}$$

그러나 안정상 수평저항력을 더 증가시킬 필요가 있을 때는 그림 9-13과 같이 기초 밑면에 돌기(key)를 만들면 되고, 이런 경우에는 $F_s \geq 2.0$으로 할 필요가 있다. 이런 경우의 활동저항력 τ는 다음 식으로 구한다. 돌기에 작용하는 수평응력을 σ_H라고 하면,

$$\sigma_H = \frac{\sigma_1 + \sigma_3}{2} \times \tan^2\left(45° + \frac{\psi}{2}\right) \tag{9-10}$$

$$\therefore \tau = \sigma_H \cdot h_o + \frac{\sigma_2 + \sigma_3}{3} \times \mu \cdot l_2 \tag{9-11}$$

여기서, μ : 옹벽 밑면의 마찰계수

ψ : 흙의 내부마찰각

활동에 대한 안전율을 증가시키기 위하여 다음과 같은 방법들이 사용된다.

① 밑판의 길이를 증가시킨다.
② 기초에 말뚝을 박는다.
③ 기초에 활동 방지벽(shear key)을 설치한다.
④ 횡방향으로 앵커(anchor)설치를 검토한다.
⑤ 밑판을 경사지게 한다.
⑥ 기초의 근입깊이를 깊게 하여 옹벽 앞면의 수동토압을 기대한다.

(3) 지지력에 대한 안정도

기초 밑면에 생기는 지반반력은 직선분포이다.

1) $d \geq B/3$일 경우

그림 9−14(a)와 같이 밑면 AB에 있어서 $AC=CD=BD=B/3$로서 합력 R이 옹벽 밑면 AB상의 P점에 작용한다고 하면, P점이 그림과 같이 C점부터 우측에 있을 때를 생각하자. AB

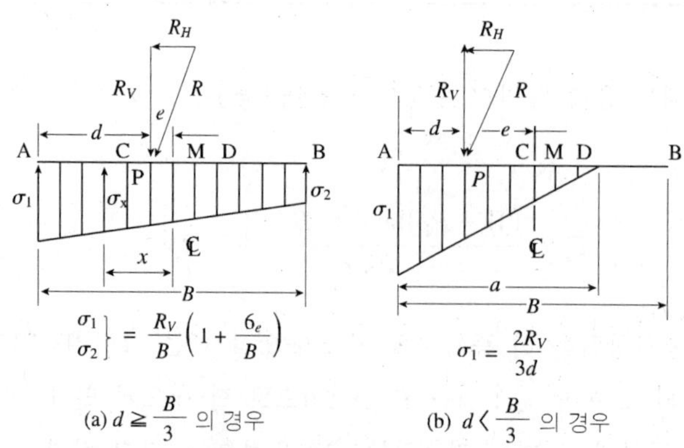

〈그림 9-14〉 지반반력도

의 중심을 M이라 하고 M에서 P까지의 편심거리를 e라고 한다. M에서 x거리 점의 반력 σ_x는 식 (9−12)와 같다.

$$\sigma_x = \frac{N}{A} \pm \frac{M}{S} \tag{9-12}$$

여기서, N : P점에서 작용하는 연직력(여기서는 $N = R_V$)

A : 밑면적(뒷길이를 1로 하면 $A = B \times 1$)

M : 편심모멘트(여기서는 $M = R_V \cdot e$)

S : 단면계수(여기서는 $W = B^2/6$)

따라서 식 (9−13)은 다음과 같이 된다.

$$\sigma_x = \frac{R_V}{B \times 1} \pm \frac{R_V \cdot e}{B^2 \times 1/6} = \frac{R_V}{B} \pm \frac{6R_V \cdot e}{B^2} = \frac{R_V}{B}\left(1 \pm \frac{6 \cdot e}{B}\right) \tag{9-13}$$

지금 합력이 중심 M에 작용할 때는 $e = 0$이 되고 식 (9−13)는 $\sigma_x = R_V/B$가 된다. 또 합력이 중심 M보다 $B/6$의 거리에 작용할 때는 $e = B/6$가 되고 식 (9−13)는 $\sigma_x = R_V/B(1 \pm 1)$, 즉 $\sigma_x = 2R_V/B$ 또는 0이 된다. 그러므로 반력은 3각형 분포가 된다.

따라서 R의 작용점이 그림 9−14(a)에서 CD구간에 있을 때, 즉 $d > B/3$인 경우 R의 분포는 사다리꼴이 되고, 그 크기는 식 (9−13)에서 구한다. $d = B/3$일 때는 3각형 분포가 되어 $\sigma_x = R_V/B(1 \pm 1)$, $\sigma_x = 2R_V/B$로서 구할 수 있다. CD구간, 즉 B의 1/3구간을 특히 중앙 1/3(middle third)이라고 부른다. 한편 옹벽의 기초지지력, 활동 및 전도가 안정된 상태인 경우 옹벽을 포함한 지반전체의 활동에 대한 안정을 그림 9−15와 같이 고려하여야 하며, 이에 대한 상세한 내용은 사면안정에서 다룬다.

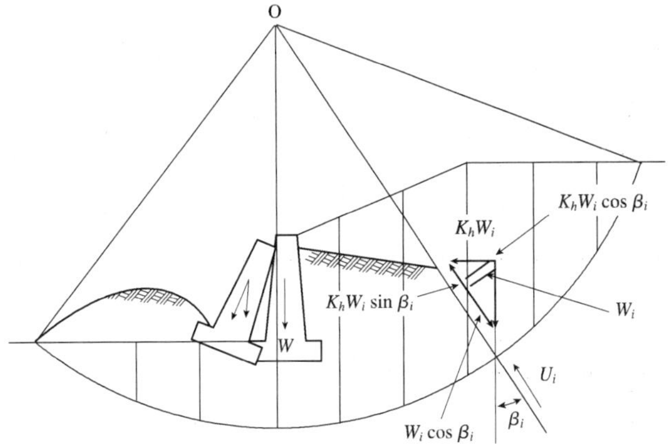

〈그림 9-15〉 옹벽의 원호활동에 대한 안정계산

2) $d < B/3$의 경우

그림 9−14(b)와 같이 R이 중앙 1/3을 벗어났을 때는 옹벽 밑면과 그에 접하는 지반에 인장력이 작용하게 된다. 그러나 이들 양자간에서 인장저항력은 기대할 수 없다. 따라서 R의 연직분력(鉛直分力)과 연진반력(鉛直反力)만의 비김을 생각한다.

또한 반력의 3각형 중심위치에 R_V가 반대방향으로 반력과 맞서므로 $a=3d$이다. 따라서 비김은 다음과 같다.

$$R_V=\frac{\sigma_1\times\sigma}{2},\ \sigma_1=2R_Va=\frac{2R_V}{3d}=\frac{2R_V}{3(B/2-e)} \tag{9−14}$$

이상의 반력 σ_1, σ_2가 지반의 허용지지력 σ_a와 비교하여 $\sigma_a > \sigma_1$, σ_2이면 지지력에 대해서는 안정하다.

(4) 지진 고려시 옹벽의 안정도

지진을 고려할 경우 옹벽의 거동은 지반, 옹벽 구조물, 뒷채움 흙들의 동적 상호관계이므로 이에 관한 명확한 해석은 어려우나 지진을 고려할 경우의 안전율은 표 9−4와 같이 작아짐을 고려하여 결정해야 한다.

〈표 9-4〉 지진을 고려할 경우 안전율 저감의 예

구 분		안전율	
		평상시	지진시
활동에 대한 안정	앞면의 수동토압을 고려하지 않는 경우	1.5	1.2
	앞면의 수동토압을 고려하는 경우	2.0	1.2
밑면에 대한 합력의 작용점		중앙 3분권 이내	중앙 2분권 이내
지반의 극한지지력		3.0	2.0
옹벽을 포함한 지반의 안정		1.2~1.3	1.1
벽체의 응력도(콘크리트의 압축응력, 전단응력 및 철근의 만곡 인장응력)		3.0	2.0

9-1-7 옹벽의 응력도의 산정

토압, 옹벽의 자중, 지진력 등의 옹벽에 작용하는 힘에 의하여 생기는 전단응력(剪斷應力), 휨모멘트 등이 허용치를 벗어나서는 안 된다.

철근의 허용응력도는 사용재료에 의하여 결정되나 콘크리트의 허용응력도는 28일의 압축강도 f_{28}에서 결정된다. 보통 24MPa 이상으로 볼 때가 많다.

중력식(重力式)옹벽은 벽체 내부에서 인장응력이 생기지 않게 한다. 또 구체(軀體) 내에 적당한 수평단면을 생각할 때 합력의 작용점이 단면의 1/3점 이내에 포함되었는지 여부를 검토해야 한다(그림 9−16 참조).

역T형옹벽은 앞벽 및 저판(底板)을 캔틸레버 슬래브로서 설계한다.

부벽식(扶壁式)옹벽은 공벽(控壁, anchor wall)을 T형보로 생각하고 벽 및 기초는 공벽을 지점으로 하는 연속슬래브로서 설계하면 된다.

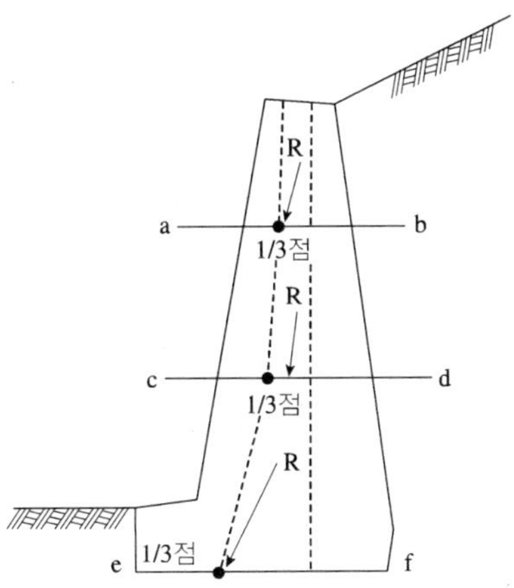

〈그림 9 - 16〉 옹벽구체의 안정

9−2 돌쌓기공

9-2-1 돌쌓기 형식의 종류

돌쌓기공(石築工 또는 石積工)은 일명 축대라고도 부르고, 벽 자체가 뒤채움 토사가 없으면 뒤로 전도하는 구조이다. 이것은 토압과 석축중량과의 비김으로써 지지시키는 원리이고 저항토압을 이용하여 주동토압을 감압하는 공법으로 우리나라에서 옛날부터 축대공법으로 사용되어 왔다.

석축은 돌로써 메쌓기(空積, dry masonry), 콘크리트와 혼합하여 쌓는 찰쌓기(練積, wet masonry), 정층쌓기(整層, coursed masonry), 부정층(不整層, uncoursed masonry), 난층쌓기(亂層, random masonry) 등이 있으며, 그림 9−17과 같다.

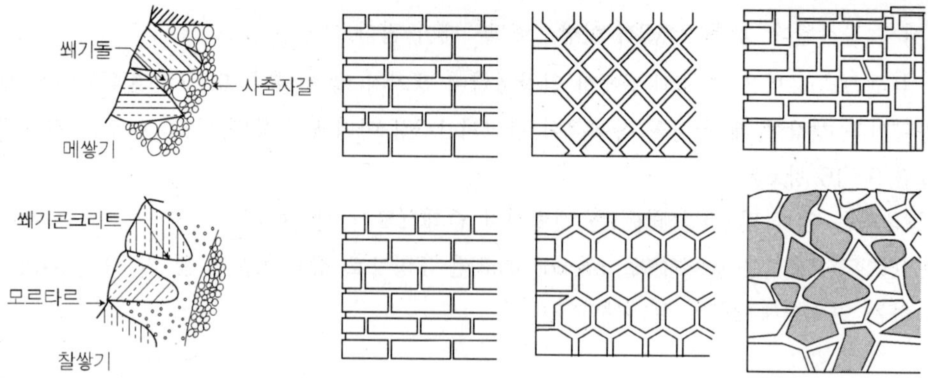

(a) 메쌓기와 찰쌓기 (b) 정층쌓기 (c) 부정층쌓기 (d) 난층쌓기

〈그림 9-17〉 돌쌓기 형식의 종류

석축옹벽의 시공에 있어서 가장 주의할 것은 그 기초공이다. 어떠한 건조물이라도 동일하나 그 중에서도 가장 영향이 많은 것은 석축공(石築工)이다. 적은 침하, 혹은 적은 이동이라도 곧 균열, 파괴 등을 초래하므로 시공시에는 토질, 지하수, 지지력 등 세심한 주의가 필요하다.

대개 축대의 표면이 고르지 않은 것이 불량석축으로 구분되며 또한 석축의 비탈길이는 6m가 안전하며, 그 이상은 콘크리트 기초를 하는 것이 좋다.

(1) 메쌓기

메쌓기(dry masonry)는 모르타르나 콘크리트를 사용하지 않고 석재의 맞대임면의 마찰을 크게 하여 외력에 견디도록 쌓는 형식으로 석재의 맞대임면을 잘 접촉시키고, 뒤쪽에 굄돌, 끼움돌로 받치고 그 틈새는 자갈을 채우는 순서로 시공한다. 이 형식은 벽뒷면에서 배수가 잘 되어 토압이 작게 발생하고, 공사비가 저렴하나 쌓는 높이를 2m 이하로 하는 것이 안전상 유리하며, 높게 쌓을수록 하층의 돌은 큰 것을 사용하여야 한다.

(2) 찰쌓기

찰쌓기(wet masonry)는 줄눈에 모르타르를 사용하고, 뒷채움에 콘크리트를 채워 석재와 뒷채움이 일체가 되도록 쌓는 형식으로 뒷면의 물을 배수시키기 위하여 표면적 $2m^2$마다 지름 3~6cm 정도의 배수공을 설치해야 한다. 찰쌓기는 메쌓기보다 높이가 높은 경우에 사용된다.

(3) 정층쌓기

정층쌓기(coursed masonry)는 가로줄눈이 일직선이 되도록 쌓는 형식으로 외관은 좋으나 돌의 크기가 일정해야 하므로 공사비가 비싸고 강도가 약하므로 높은 돌쌓기에는 부적당하다.

(4) 부정층쌓기

부정층쌓기(uncoursed masonry)는 가로줄눈이 일직선이 아니고 골이나 파상형으로 쌓는 형식으로 표면은 마름모 또는 거북등의 모양으로 되어 있으며, 정층쌓기에 비하여 외관은 좋지 않으나 공사비가 저렴하고 견고하므로 견치돌쌓기나 막돌쌓기에 사용된다.

(5) 난층쌓기

난층쌓기(random masonry)는 가로 줄눈이 불규칙하여 외관이 좋지 않으나 돌의 크기가 균일하지 않아도 되므로 공사비가 저렴하고 깬돌, 호박돌, 자연석쌓기 등에 이용된다.

9-2-2 돌쌓기의 종류

(1) 마름돌쌓기

마름돌쌓기(ashlar masonry)는 그림 9-18과 같이 다듬질한 직육면체의 각석 줄눈에 모르타르를 사용한 정층쌓기, 부정층쌓기, 난층쌓기 등의 방식으로 쌓는 것으로서 형상이 바르고 가공이 잘 되어 있어 돌쌓기가 쉬우며 외관도 좋으나 공사비가 고가이기 때문에 주로 건축공사에 사용된다. 토목공사에는 주로 교대, 교각, 아치교 등에 많이 사용된다.

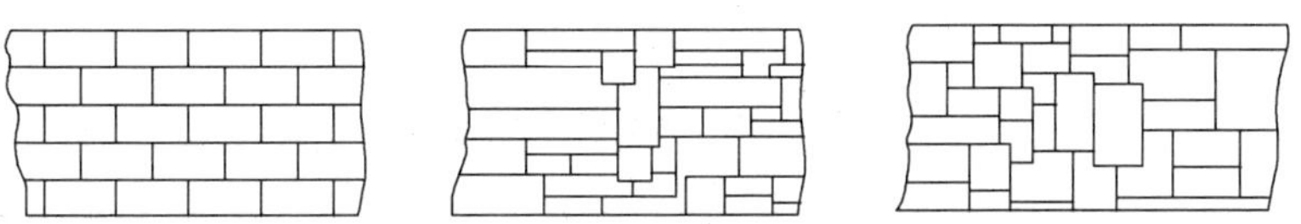

(a) 정층쌓기 (b) 부정층쌓기 (c) 난층쌓기

〈그림 9-18〉 마름돌쌓기 형식

(2) 막돌쌓기

막돌쌓기(rubble masonry)는 잘 다듬어지지 않은 크기 30×30×40cm 정도의 돌을 마름돌쌓기로 쌓는 방법이다. 공사비가 저렴하여 주로 하천의 호안이나 높지 않은 석축에 많이 사용된다.

(3) 견치돌쌓기

견치돌쌓기는 앞면, 뒷면, 뒷길이에 치수의 제한을 두어 마름질한 돌을 메쌓기 또는 찰쌓기

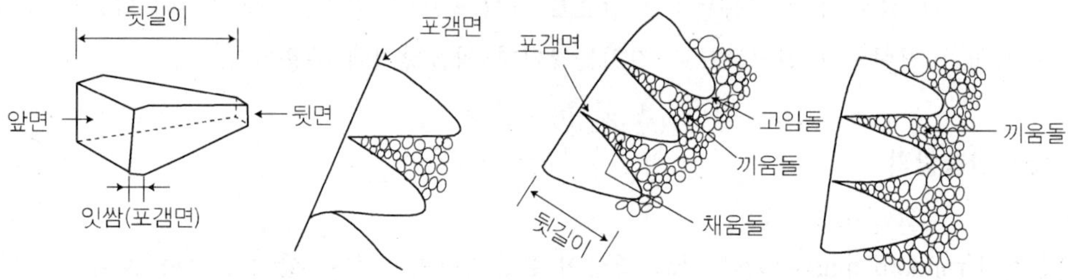

〈그림 9-19〉 견치돌쌓기

(높이 2m 이상)로 흙막이 석축공사에 많이 사용된다(그림 9-19 참조). 견치돌쌓기의 형식은 정층쌓기, 부정층쌓기 등으로 하며 표면의 모양은 마름모 또는 거북등 모양의 무늬로 쌓고, 돌쌓기 높이에 따른 비탈의 경사는 표 9-5와 같이 높이가 높을 수록 완만하게 하며 찰쌓기보다 메쌓기를, 그리고 깎기면보다 쌓기면의 기울기를 완만하게 한다. 그리고 석축이 높을수록 표 9-6과 같이 돌의 뒷길이가 길어야 한다. 표 9-7은 견치돌의 치수와 m^2당 소요량을 나타낸 것이다.

또한 지반이 연약한 곳에 높은 석축을 할 때는 기초의 침하가 석축의 붕괴원인이 되기 때문에 이런 곳은 기초공을 반드시 해야 한다. 즉 견치돌쌓기의 기초공은 그림 9-20과 같이 베개동목(胴木) 또는 사다리 동목구조로 한다. 동목의 굵기는 10~15cm의 생통나무를 사용하고, 지반이 견고한 곳은 조약돌만 깔아도 무방하다. 이때 맨 처음에 두는 돌을 밑돌 또는 뿌리돌이라 하여 되도록 큰 돌을 사용한다.

〈표 9-5〉 석축의 표면경사

연직높이 [m]		~1.5	~3	~5	~7	7 이상
메쌓기	쌓기	1 : 0.30	1 : 0.35	1 : 0.40	1 : 0.45	1 : 0.50
	깎기	1 : 0.25	1 : 0.30	1 : 0.35	1 : 0.40	1 : 0.45
찰쌓기	쌓기	1 : 0.25	1 : 0.30	1 : 0.35	1 : 0.40	1 : 0.45
	깎기	1 : 0.20	1 : 0.25	1 : 0.30	1 : 0.35	1 : 0.40

〈표 9-6〉 석축 높이별 돌의 뒷길이

공정별 \ 높이	단위	석축 높이[m] ~1.5	~3	~5	~7	7 이상	돌붙이기
메쌓기	cm	25~35	36~45	36~60	45~75	75 이상	25~60
찰쌓기	cm	25~35	30~35	35~45	35~55	40~60	20~40

〈표 9-7〉 견치돌 치수와 m^2당 소요량

앞면치수[cm]	뒷길이[cm]	무게[kgf/개]	개수/m^2
17×17	25	192	32
20×20	30	368	23
25×25	35	400	16
30×30	45	627	11
35×35	55	752	8
40×40	60	822	6
50×50	75	1,028	4

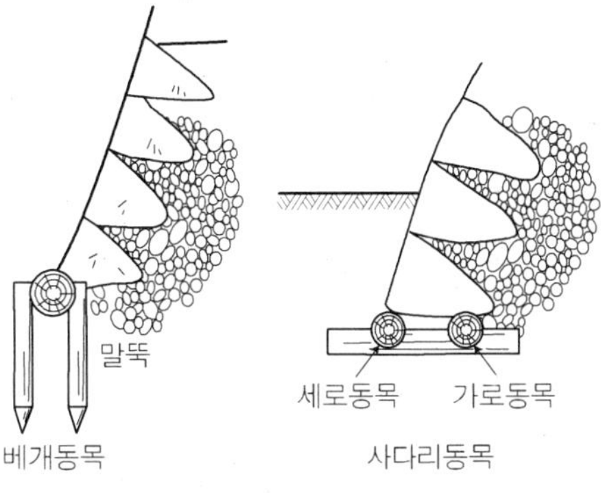

〈그림 9-20〉 연약지반의 돌쌓기 기초

(4) 깬돌쌓기

깬돌쌓기는 채석장에서 운반한 뒷길이가 제한되어 있으며, 앞면은 4각형이다. 한변의 길이는 뒷길이의 2/3 정도 되는 돌을 견치돌쌓기와 같은 방법으로 쌓으며 공사비가 저렴하여 호안공, 간단한 석축공사에 사용되고, 그림 9-21과 같다.

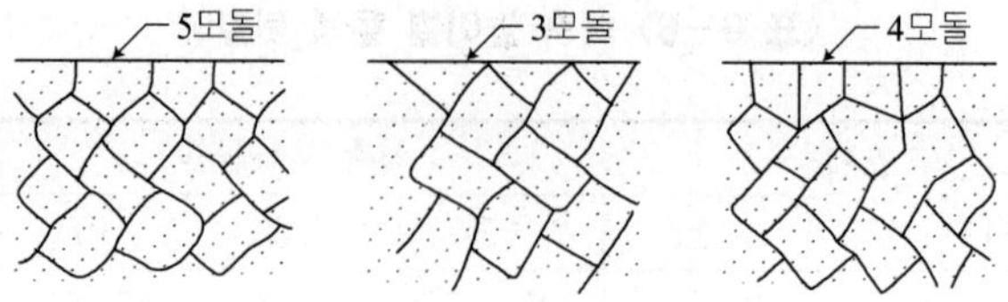

〈그림 9-21〉 깬돌쌓기

(5) 호박돌쌓기

하천에서 자연적으로 생긴 돌로서 길이 20cm 정도의 모양이 둥글고 긴 돌을 호박돌이라 하며, 돌쌓기는 견치돌쌓기와 같으나 모양이 달라 쌓기가 힘들어 높이가 1m 이상이 되면 찰쌓기로 한다. 큰 돌을 바닥이나 가장자리에 쌓으며 주로 하천상류부의 호안이나 간단한 석축공사에 사용되며, 그림 9-22와 같다.

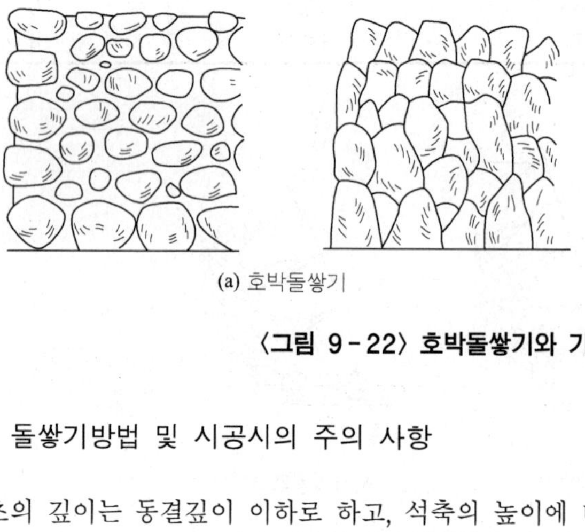

(a) 호박돌쌓기

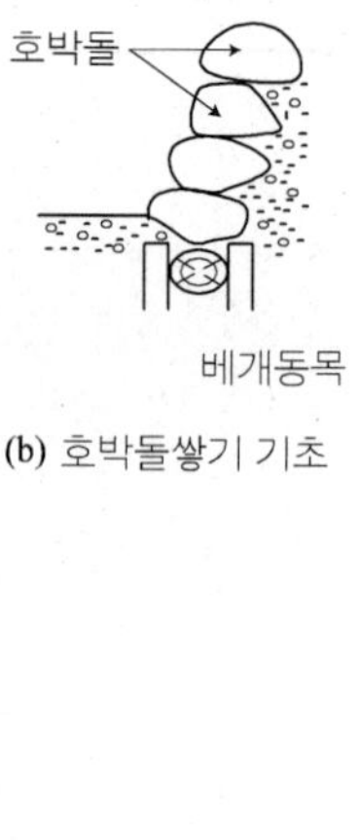

(b) 호박돌쌓기 기초

〈그림 9-22〉 호박돌쌓기와 기초

1) 돌쌓기방법 및 시공시의 주의 사항

① 기초의 깊이는 동결깊이 이하로 하고, 석축의 높이에 따라 정한다.
② 석축의 비탈면에 맞는 규준들을 설치하고, 수평 줄을 쳐서 여기에 돌의 면을 잘 맞추어 쌓는다.
③ 돌은 깨끗하게 씻고, 찰쌓기의 돌은 수분을 충분히 흡수시켜야 한다.
④ 규정된 치수와 형상 및 중량을 갖추어야 하며, 강도와 내구성을 가진 균등질의 재료를 사용한다.
⑤ 절리(節理)가 있는 돌은 절리가 하중과 직각방향이 되도록 쌓는다.
⑥ 돌은 서로 잘 물려지고 턱지기, 층지기, 내밀기 등이 되지 않도록 잘 살펴가며 쌓는다.
⑦ 돌쌓기는 부등침하가 생기지 않도록 통줄눈이 되어서는 안 된다.
⑧ 돌과 돌 사이의 공극이 없도록 뒷채움을 충분히 해야 한다.

⑨ 줄눈의 두께는 보통 9~12mm로 하고, 모르타르의 배합비는 1 : 2~1 : 3으로 한다. 치장줄눈은 모르타르가 굳기 전에 12mm 깊이로 파낸 후 1 : 1 모르타르를 사용한다.
⑩ 석축주변의 상・하수도의 누수가 없도록 하여야 한다.
⑪ 돌쌓기의 높이는 찰쌓기의 경우 하루에 1.2m 이하로 하며, 남은 부분은 엇갈리게 남겨 둔다.
⑫ 찰쌓기는 표면적 $2m^2$ 마다 지름 3~6cm 정도의 배수공을 설치하고, 석축의 길이 9m 마다 10mm 두께의 신축이음 줄눈을 설치한다.

9-2-3 옹벽배면의 배수공

옹벽의 배면에는 토압만 작용하는 것이 아니라 수압도 작용하게 된다. 따라서 가장 문제가 되는 것은 배면배수(背面排水)의 처리이다. 이것은 석축의 찰쌓기, 콘크리트옹벽, 콘크리트블록쌓기 등이 문제가 되므로 다음 사항에 주의하여야 한다.

1) 지표수의 침투방지

그림 9−23과 같이 비탈면 및 옹벽 밑판 앞면에 점성토를 바르고 불투수층을 만드는 것은 본바닥에 용수가 없을 때 대단히 효과적인 방법이다.

2) 간이배수공

그림 9−24와 같이 연직벽 앞면에 물구멍을 설치하고 배면에는 주변에 자갈, 깬돌 등으로 필터(filter)를 만든다. 물구멍은 2m 간격으로 지름 10cm의 대나무나 관을 옹벽 밑변부터 매설해 놓는다. 이것은 배면재료의 투수계수가 큰 경우에 사용한다.

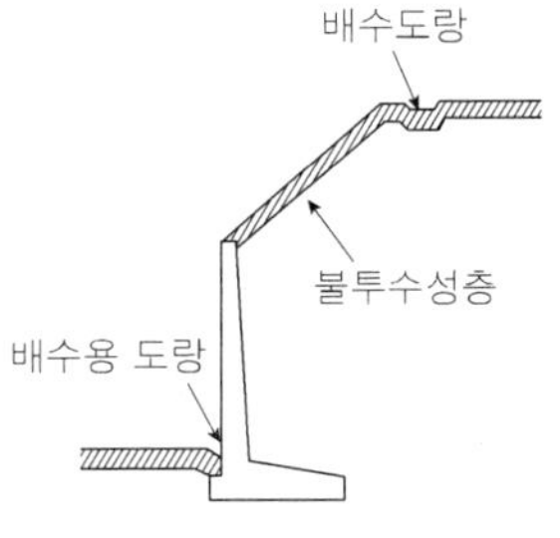

〈그림 9-23〉 지표수의 침투방지

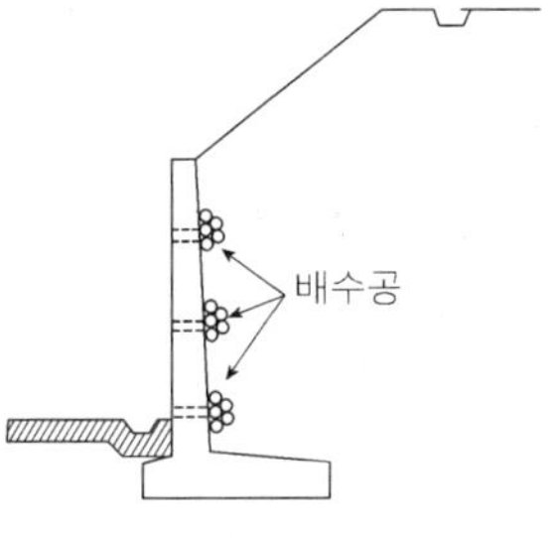

〈그림 9-24〉 간이배수

3) 연속배면 배수공

그림 9−25와 같이 연직벽의 배면전체에 두께 30∼40cm의 잡석층을 만들어 집수시켜 물구멍으로 배수하는 방법이다.

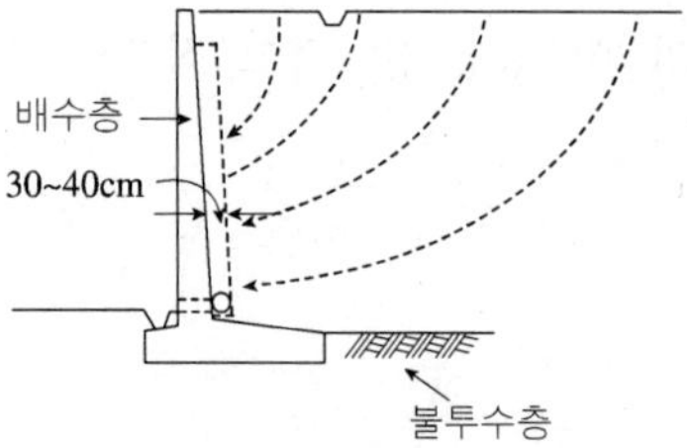

〈그림 9-25〉 연속배면 배수공

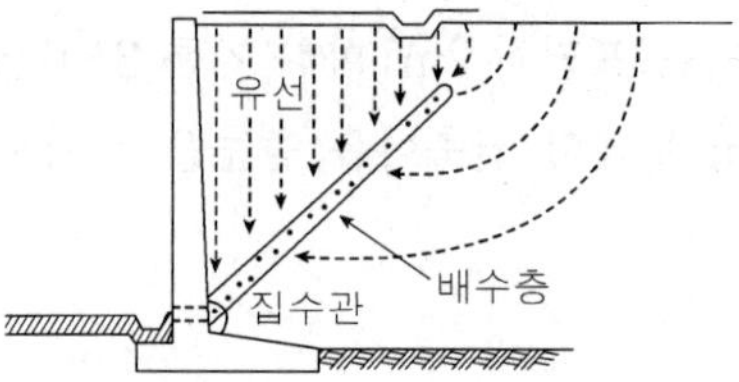

〈그림 9-26〉 경사 배수공

4) 경사 배수공

그림 9−26과 같이 경사된 배수층(여과층)을 설치한다. 이것은 배면의 재료가 불투수인 경우라도 경사배수면에 의하여 침투수가 빨리 집수되므로 효과가 있다.

9−3 콘크리트블록 쌓기

블록쌓기옹벽은 토압과 블록의 자중(自重)과의 비김에 의하여 성립되고 뒷면 혹은 뒤채움 조약돌 등이 없을 때는 전도(轉倒)하는 불안정한 구조이다. 이 블록쌓기옹벽을 구성하는 주요한 요소는 다음과 같다.

① 블록의 치수
② 블록(block)
③ 뒤채움 콘크리트
④ 뒤채움 조약돌, 메우기 자갈
⑤ 블록기초 등이다.

(1) 개요

콘크리트블록은 표면의 형상에 따라 직사각형, 장방형, 구갑형(龜甲形)이 있고, 면의 끝손질 상태에 따라 민면과 의장면(의장면)이 있으며, 사용 부위에 따라 표준형과 벽체의 주변부에 사용하기 위한 특수한 형태인 이형(이형)이 있다. 블록의 치수는 뒷길이 25~45cm 정도의 여러 가지가 있으며, 보통은 35cm이고, 블록면의 치수는 적당하게 제작한다. 그리고 블록의 중앙은 1개당 250~500kg_f 정도의 범위로 용도에 따라 사용된다.

(2) 블록

블록의 종류는 대단히 많고 각 제작공장에 따라 중량, 모양이 다소 다르나 압축강도는 18MPa 이상으로 정해져 있고 중경암(中硬岩)에 준한 강도를 가지고 있다.

견치형블록 이외에도 V형 공동식, U형 등의 형이 있고 $1m^2$당 사용 수량은 7~13개가 된다.

(3) 뒤채움 콘크리트

뒤채움 콘크리트는 블록의 전단저항을 증대시킴과 동시에 배면의 토압에 저항하는 것이나 일반적으로 뒤채움 콘크리트의 시공은 강도, 품질의 관리 등이 잘 되지 않는 결점이 있다.

(4) 뒤채움 조약돌(뒤채움 부순돌), 눈메우기재

상기의 뒤채움재는 뒷면의 물을 외면에 배출하고 블록쌓기에 작용하는 수압을 경감함으로써 옹벽배수의 압력의 증대를 방지하기 위하여 시행하는 것이다. 따라서 뒤채움재는 투수성이 좋아야 하며, 최근에는 천연골재류가 적어져 눈메우기 부순돌 등을 많이 사용하고 있다.

또 이 뒤채움재는 역학적으로는 벽체와 서로 맞물려서 토압에 저항하는 것으로 생각하고 있고 자립식 콘크리트옹벽의 뒤채움재에 비하여 훨씬 중요한 역할을 가지고 있다. 다시 말하면 뒤채움재는 블록쌓기옹벽에 자립성을 부여하는 작용을 하고 중력식옹벽과 같은 역할을 한다고 생각한다. 이 때문에 시공할 때는 블록옹벽의 일체화를 기하기 위하여 눈메우기재를 충분히 넣어 다질 필요가 있다.

그림 9-27은 메쌓기(空積), 그림 9-29는 찰쌓기(練積)옹벽이다.

블록간의 이음은 그림 9-30과 같이 맞대임 이음, 또는 그림 9-31과 같이 쪽매이음 등이 있다.

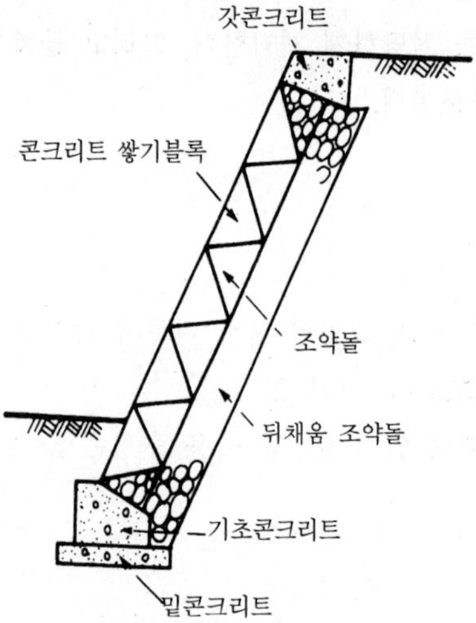

〈그림 9-27〉 메쌓기 콘크리트블록의 시공 예

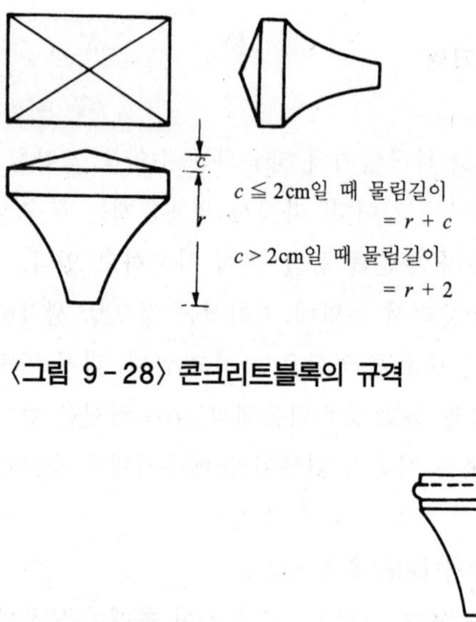

〈그림 9-28〉 콘크리트블록의 규격

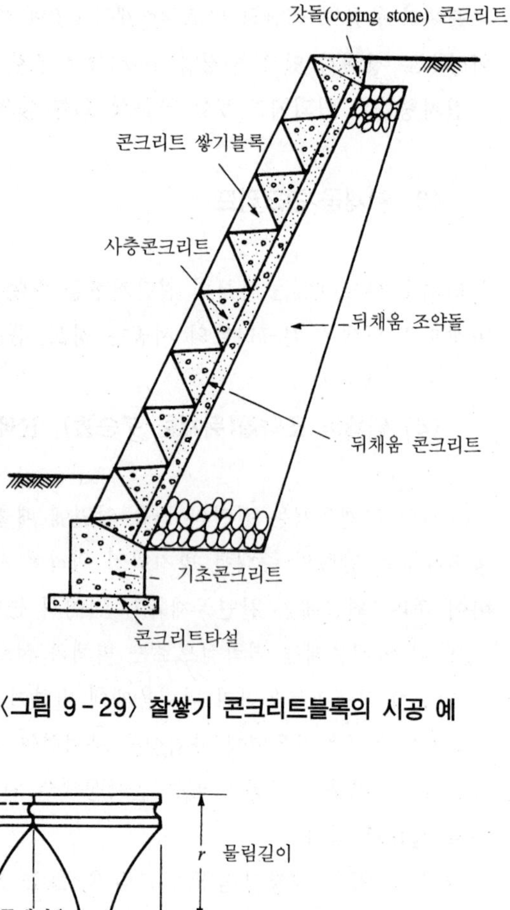

〈그림 9-29〉 찰쌓기 콘크리트블록의 시공 예

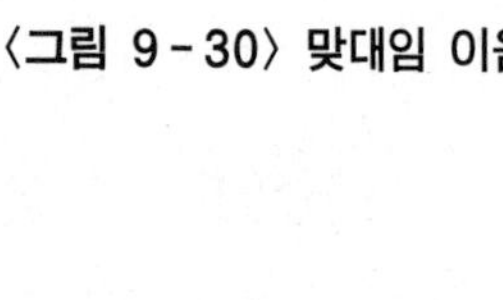

〈그림 9-30〉 맞대임 이음

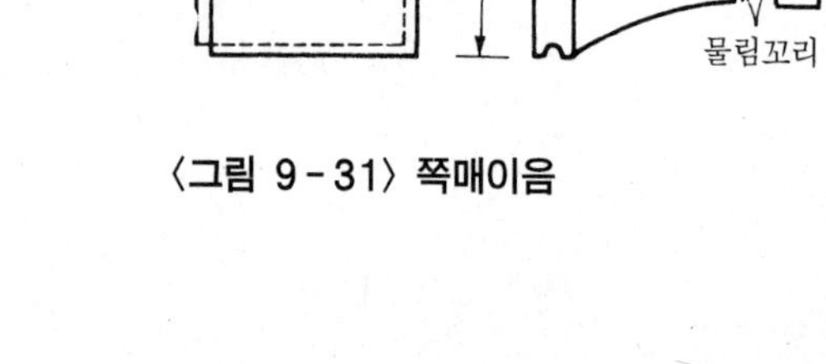

〈그림 9-31〉 쪽매이음

(5) 블록쌓기의 기초

블록쌓기의 기초로서 토사의 경우는 콘크리트 기초를 사용하고 암반이 노출되어 있을 때는 암질에 따라 30~50cm의 터파기를 하여 되메우기 콘크리트를 시공한다. 기초의 터파기는 기초지반의 토질과 뒷면의 토압에 따라 다르나 밑넣기 돌이 토중(土中)에 침몰되는 정도 이상으로 넣어야 한다. 특히 산지부에 있어서 블록쌓기옹벽의 기초는 급한 경사면이 많고, 도로의 종단경사가 크기 때문에 기초는 될 수 있으면 수평으로 시공하고 3% 이상의 경사를 붙이지 않는 것이 좋다. 그것은 지하수의 물질이나 구조물의 활동 등으로 붕괴의 원인이 되기 때문이다(그림 9-32 참조).

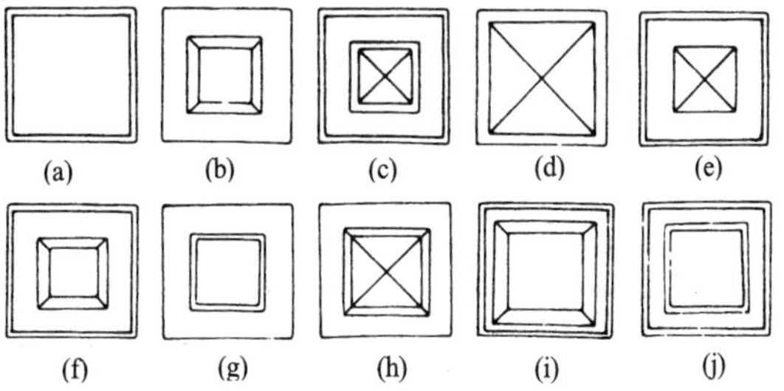

〈그림 9-32〉 블록 전면의 형태

9-3-1 블록쌓기옹벽의 사용상 주의점

1) 진동식

이 방식은 아직 굳지않은 콘크리트를 블록제작용 거푸집에 채운후 진동기로 다져 콘크리트가 경화된 후 거푸집을 제거하여 양생하는 방식으로 인력식과 기계식이 있다.

2) 가압식

이 방식은 슬럼프의 값이 적은 콘크리트를 블록제작용 거푸집에 채운후 진동, 가압한 후 바로 거푸집을 제거하여 양생하는 방식으로서 반자동식과 전자동식이 있다.

블록쌓기옹벽에 관한 주의 사항은 다음과 같다.

① 배면의 원지반이 안정한가 또는 배면토가 양호하고 충분히 다져져 있고 토압이 콘크리트옹벽에 비하여 적다고 판단될 때에 사용한다.

② 블록쌓기옹벽공은 주로 흙의 붕괴를 방지하기 위한 비탈보호공으로써 사용한다.
③ 블록옹벽이 붕괴되어도 중대한 사고(교통정지 등)가 되지 않을 때 사용한다.
④ 블록쌓기옹벽은 인장력에 약하므로 지진시에 피해를 줌으로 주의한다.
⑤ 일반적으로 깎기의 하부는 토질이 양호하면 블록쌓기옹벽으로 보호할 때가 많으나 깎기 높이가 커질 때는 붕괴시의 피해도 커지므로 신중히 선택할 필요가 있다.
⑥ 물이나 함수비가 변화하면 흙의 성질이 달라지는데 일반적으로 함수비가 크면 토압이 커지므로 물을 배수시키는 구멍(水拔孔) 등의 뒷면 배수처리를 잘 해야 된다.
⑦ 블록쌓기옹벽은 다른 종류의 옹벽에 비하여 기초의 규모가 적으므로 기초시공 이전에 충분한 조사가 필요하다.

9-4 보강토옹벽

9-4-1 개요

보강토(補强土, reinforced earth)공법은 1960년의 프랑스 기술자 Henri Vidal에 의해 이론적인 발표후 많은 연구에 의해 많은 발전을 가져왔다. 즉 흙과 그 속에 매설한 인장강도가 큰 보강재를 마찰력에 의해 일체화 시킴으로써 자중이나 외력에 대하여 강화된 쌓기체를 구축하는 것이다. 최근 새로운 공법이나 보강재가 개발되고 있으며, 보강토공법의 응용은 교량공의 교대, 보강토 댐, 쌓기제방의 보강, 기초, 도로, 건축물, 군사용, 산업용, 철도, 부두의 안벽, 수로구조물 및 지하구조물 등에 광범위하게 사용되고 있다.

최근에는 친환경적 욕구가 커짐으로서 보강토옹벽배면 및 주위지반의 식생에 대한 환경복원 등에 의한 것만으로는 부족하고, 옹벽블록 자체에 대한 친환경도 확대되고 있다. 그러나 가장 큰 문제점은 블록 자체가 콘크리트블록으로 만들어져 있으며, 블록 내에 채움재 종류에 따른 식생조건과 식생의 영양조건 등에 대하여는 대부분 고려되어 있지 못한 실정이었으나, 식생가능한 블록을 이용한 친환경적 요소를 만족하는 보강토블록의 경우에는 친환경적 특성뿐 아니라 구조적 안정문제가 대단히 중요하게 된다. 또한 블록을 이용한 보강토옹벽이 시공되는 현장의 제한성 때문에 보강토옹벽내 보강재로 사용되는 토목섬유(geosynthetics) 보강재들을 사용하는 경우도 제한적이다.

9-4-2 안정해석 및 설계법

(1) 블록식옹벽의 안정성

블록식 벽 블록의 경우는 내적안정, 외적안정, 블록식옹벽 블록의 국부파괴 및 구조물과 지반을 포함한 전체의 사면안정에 대하여 검토하여야 한다. 외적안정은 블록식옹벽 블록의 두부회전에 의한 전도, 옹벽저부 활동에 의한 수평이동 및 옹벽기초부분의 지지력부족 및 과잉침하에 대한 안정을 말하며, 내적안정이란 블록식옹벽 블록배면의 보강재에 대한 과잉인장력, 인발력 그리고 기초지반에서의 내부활동에 의한 기초지지부분의 파괴에 대한 안정검토를 말한다. 또한 블록식옹벽 블록의 경우는 일반적인 중력식옹벽 블록의 경우보다 높이가 더 높아짐으로 시공중 블록식옹벽의 일부가 부풀어 오르거나, 전면의 일부가 파괴되는 국부파괴가 발생할 수 있는 가능성이 많으므로 이에 대한 검토가 이루어져야 한다.

(2) 블록식옹벽의 고려조건

블록식옹벽 시공시 고려되어야 할 사항은 현장조건, 사용재료 및 환경조건에 따라 많은 영향을 받으며, 블록식옹벽의 시공중 및 시공 후에 대한 안정평가 및 유지관리측면이다. 블록식옹벽의 경우 블록의 재료강성, 보강재의 인장강성, 투수성이 양호한 뒤채움재 및 뒤채움재의 강성, 기초지반의 지지력 등을 만족해야 한다. 국내에서 시공되는 보강토 옹벽의 경우 보강토블록 및 보강재의 경우 시방서기준이나 국가재료시험 공인기관의 시험결과를 토대로 하고 있어 별 문제점은 없을 뿐 아니라 재료생산업체에서의 자체적 개발노력도 이들의 재료강성을 만족하도록 하고 있다.

〈표 9-8〉 보강토옹벽의 안정성 평가기준

<table>
<tr><th>평가항목</th><th colspan="2">평가 내용</th><th>FHWA</th><th>NCMA</th><th>건설기술연구원(2000, 11)</th></tr>
<tr><td rowspan="3">외적안정</td><td colspan="2">활동</td><td>○</td><td>○</td><td></td></tr>
<tr><td colspan="2">전도(이완량)</td><td>○</td><td>○</td><td>0.03H 이하</td></tr>
<tr><td colspan="2">지지력(침하량)</td><td>○</td><td>○</td><td>부등침하 0.01H 이하</td></tr>
<tr><td rowspan="2">내적안정</td><td rowspan="2">보강재</td><td>인장변형</td><td>○</td><td>○</td><td>변형량 5% 이하(NCMA : 5~9%)</td></tr>
<tr><td>인발저항</td><td>-</td><td>○</td><td></td></tr>
<tr><td>전면블록
안정성</td><td colspan="2">수평토압</td><td>Rankine
토압</td><td>Coulomb
토압</td><td>옹벽하부 보강재의 길이에 영향</td></tr>
<tr><td>국부안정</td><td colspan="2"></td><td>-</td><td>○</td><td>전면접착강도, Buldging, 최대무보강 높이</td></tr>
</table>

〈표 9-9〉 설계기준별 뒤채움재의 특성

<table>
<tr><th colspan="2">체의 크기 / 설계기준</th><th>100mm
(No.18)</th><th>4.75mm
(No.4)</th><th>0.425mm
(No.40)</th><th>0.075mm
(No.200)</th><th>비 고</th></tr>
<tr><td rowspan="6">통과
백분율
(%)</td><td>NCMA</td><td>100-75</td><td>100-20</td><td>0-60</td><td>0-30</td><td>PI<20, Creep 성질이 없어야 함</td></tr>
<tr><td>미국연방도로청
(FHWA)</td><td colspan="5">-현장조건을 고려하여 결정
-세립분이 있는 흙 ; 소성지수<6
0.075mm 통과율 15% 이상, 0.015mm 통과율 10% 이하 혹은 0.015m 통과율 10-20%이며 내부마찰각 25도 이상</td></tr>
<tr><td>구조물기초설계기준 및 국립건설연구소</td><td>100</td><td>-</td><td>0-60</td><td>0-15</td><td>-</td></tr>
<tr><td rowspan="2">한국도로공사</td><td>100</td><td>-</td><td>0-60</td><td>1-15</td><td>-</td></tr>
<tr><td colspan="5">자갈 : 35도, 모래・사질토 : 25도, 실트・점성토(WI<50%) : 25도</td></tr>
<tr><td colspan="7">*공통 : 뒤채움재는 조립질흙으로 투수성이 좋아야 하며 전단강도도 크고, Creep성질이 작아야 함.</td></tr>
</table>

그러나 보강토옹벽이 시공되는 현장의 지반조건(뒤채움재 및 기초지반)에 대한 인증은 국내 시공현실을 고려할 때 보강토옹벽의 시공중 및 시공후 발생하는 문제점의 주요 원인이 된다. 또한 국내 시공현실은 무조건적인 경제성 원리에 맞추는 시공여건이 최대의 문제라 할 수 있다. 따라서 보강토옹벽의 시공시 고려되어야 할 가장 중요한 사항은 현장의 지반조건이며, 이를 관리하는 시공관리기준이 되므로 국내에서 대표적으로 사용되고 있는 NCMA매뉴얼, FHWA지침에 따라 정리하면 표 9-8 및 9-9와 같이 분류된다.

9-4-3 공법의 특성

(1) 시공속도

기존 옹벽 시공에 비하여 시공이 용이하고, 공장에서 제작된 제품을 조립하므로 시공속도가 빠르다.

(2) 높이의 제한

일반 옹벽은 7~10m 이상이면 특수설계가 요구되나 보강토옹벽은 20m 이상의 시공실적이 있다. 통상 7m 이상에 적용하며, 7m 이하에서는 공사비가 기존 옹벽보다 고가이다.

(3) 기초처리의 단순화

기존 옹벽에 비하여 자중이 감소되므로 옹벽저면의 지지력이 감소되고, 지반의 지지력(支持力)이 적어도 된다.

(4) 미관

조립식 프리캐스트콘크리트판넬이므로 형상이 정확하고 무늬, 색깔 등도 다양하다.

(5) 뒷채움 재료

국내 토질의 주류를 이루는 마사토를 사용하므로 뒷채움 재료의 확보가 용이하다.

9-4-4 보강토옹벽의 구성

보강재를 사용한 옹벽은 그 높이가 10~20m 이상일 때 경제성이 있으며, 연성옹벽으로 생각하므로 뒤채움을 실시하여야 한다. 기초지반이 압축성 흙일 경우에는 부등침하가 생기기 쉬우므로 주의를 요한다. 보강토옹벽은 그림 9-33과 같이 금속제 전면판을 사용하는 것과 콘크리트 전면판을 사용한 것이 있으며 주요 구성요소는 다음과 같다.

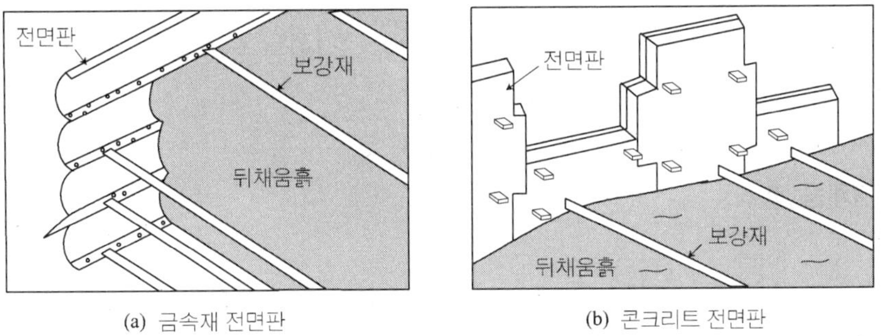

(a) 금속재 전면판 (b) 콘크리트 전면판

〈그림 9-33〉 보강재를 사용한 옹벽의 형태

(1) 전면판

보강토옹벽에서 흙과 보강재 사이의 마찰력이 토압에 저항하므로 벽체에 작용하는 수평토압은 무시할 수 있다. 따라서 전면판(facing unit or skin)의 역할은 뒤채움 흙의 유실을 방지하고, 보강재를 연결시키며, 구조물의 외관을 미화시킨 것이라고 할 수 있다. 일반적으로 많이 사용되는 전면판에는 프리캐스트콘크리트판과 금속제 스킨의 두 종류가 있으나 현장제작이 가능하고 판의 표면처리를 자유롭게 할 수 있는 콘크리트판이 많이 사용된다.

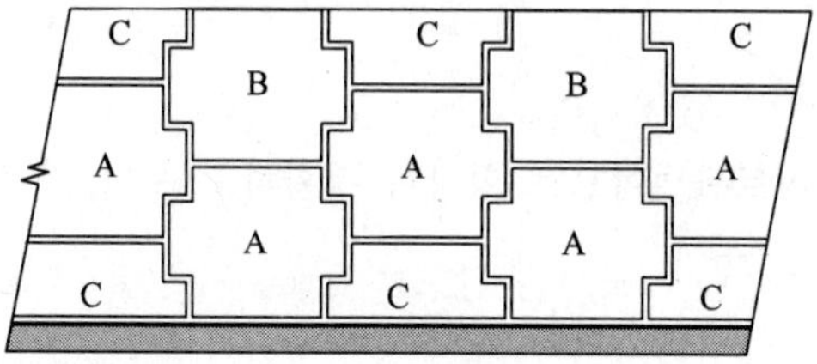

〈그림 9-34〉 콘크리트 전면판의 형식

1) 콘크리트판

콘크리트판의 크기는 일반적으로 1.5×1.5×0.8m이고, 중량은 약 10kN 정도로 그림 9-34와 같이 A, B, C 및 D형이 있다.

(2) 보강재

보강재(strip)는 뒤채움 흙의 토압에 의한 인장력을 부담하므로 인장강도가 높아야 한다. 마찰저항이 커야 하며, 흙과의 일체감이 되도록 유연성과 내구성이 높고 경제적이어야 한다. 일반적으로 사용되는 보강재는 아연도 강판, 알루미늄 합금, 스텐리스 강, 에폭시 수지도장 강판 등 금속재료와 폴리에티렌, 폴리프로필렌, 폴리에스테르 및 나일론 등과 같은 합성섬유로 만들어진 것이 있다.

(3) 뒤채움 흙

일반적으로 뒤채움 흙은 흙과 보강재의 마찰력을 크게 하기 위하여 내부마찰각이 큰 양질의 사질토가 좋으며, 배수성이 좋고, 함수비 변화에 의한 강도특성의 변화가 적어야 하고, 입도분포가 양호하고 보강재의 부식에 영향을 주는 화학물질이 적은 것을 사용한다.

(4) 줄눈재

전면판의 줄눈재(filler)는 수평 줄눈재로 두께 2cm 정도의 수지로 굳힌 코르크(cork)판을 소정의 치수로 잘라서 전면판의 깨끗한 상부 끝에 설치하고, 수직 줄눈재는 내수성이 좋은 부직포나 폴리우레탄 등과 같은 재료를 사용한다. 그리고 보강재를 스킨에 연결시키기 위하여 보강재와 재질이 같은 것을 사용하고, 스킨과 보강재의 연결부, 금속제 스킨의 연결구와 보강재의 길이가 긴 경우에는 볼트(bolt)와 너트(nut)를 사용하여 연결한다.

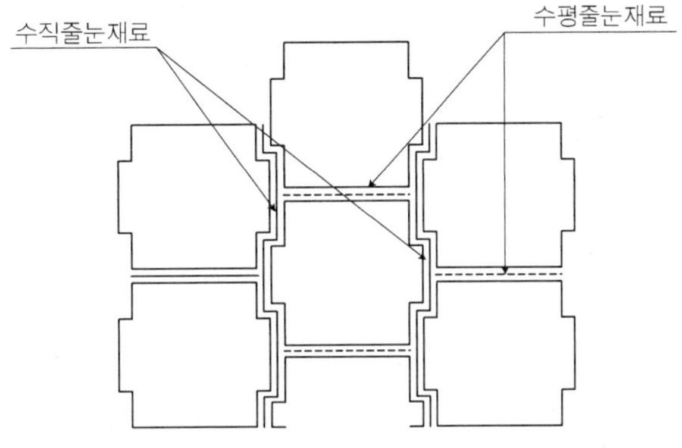

〈그림 9-35〉 전면판의 수직 및 수평 줄눈재

9-4-5 보강토옹벽의 시공

(1) 기초콘크리트

콘크리트 전면판의 기초는 각 판의 기초높이에 맞추어 수평으로 기초콘크리트타설을 한다.

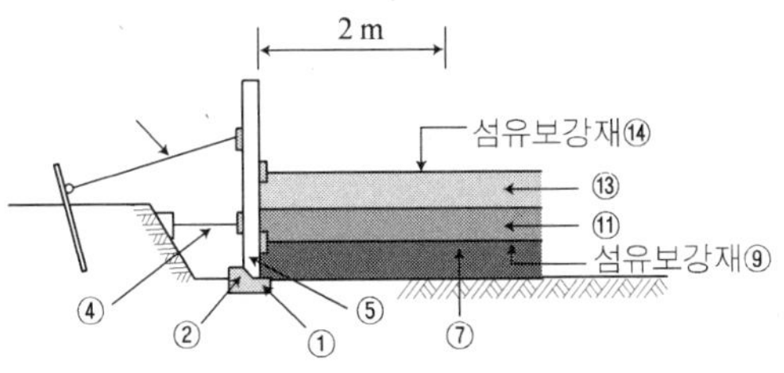

〈그림 9-36〉 뒤채움 다짐방법

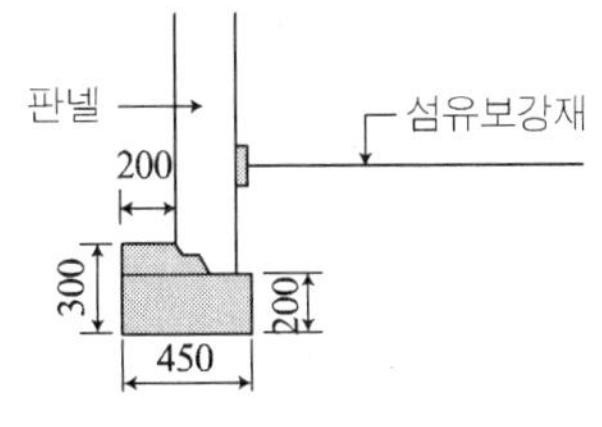

〈그림 9-37〉 판넬 기초상세도

(2) 콘크리트 전면판의 설치

콘크리트 전면판은 연직으로 뒤틀리지 않도록 설치하고, 그림 9-38과 같은 순서로 실시한다.

그리고 전면판을 고정하기 위하여 클램프를 사용하고(그림 9−39 참조), 뒤채움으로 인한 전면판의 변형을 막기 위하여 버팀목을 설치한다(그림 9−40). 전면판을 설치한 후 보강재는 벽면에 직각이 되도록 설치한다.

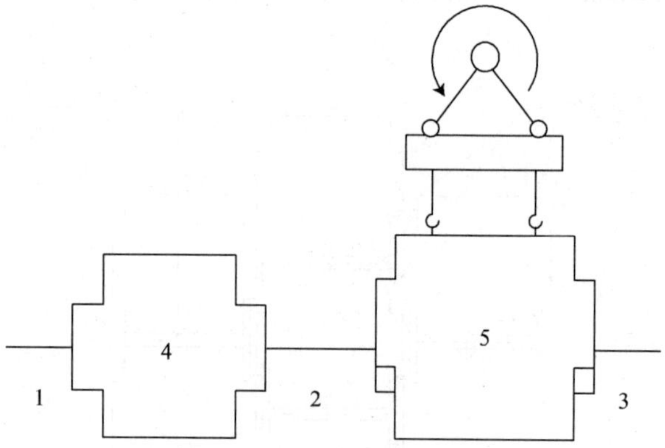

〈그림 9-38〉 전면판의 설치순서

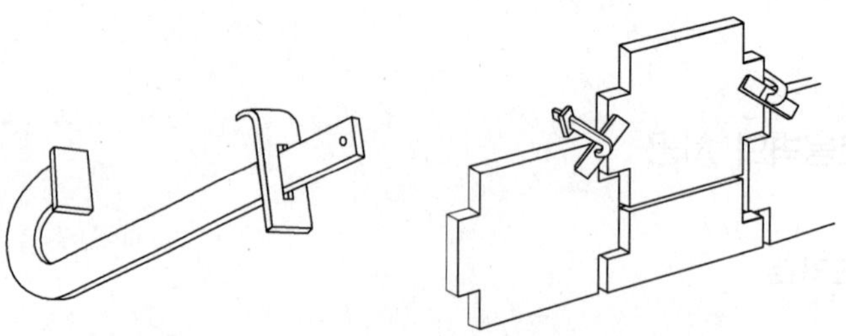

〈그림 9-39〉 전면판을 클램프로 고정하는 방식

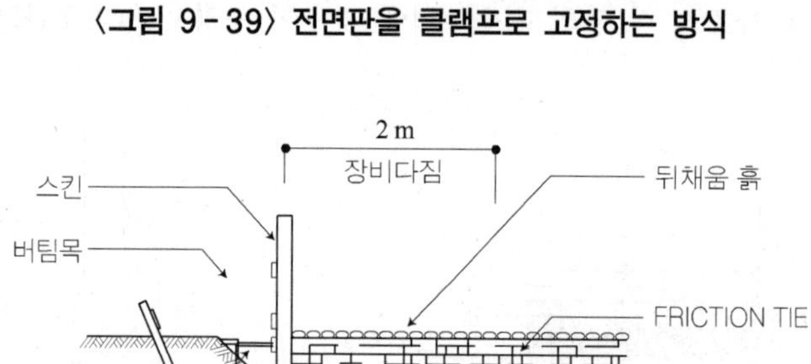

〈그림 9-40〉 버팀목의 설치

(3) 뒤채움 흙

뒤채움 흙은 설계에 적합한 재료를 사용하고, 다짐두께는 보강재의 수직간격 이상으로 수평하게 하며, 보강재와 전면판이 변형되지 않도록 주의하여 잘 다져야 한다. 뒤채움 및 보강재 부착은 그림 9−41과 같고 블록식 보강토 옹벽의 완성도는 그림 9−42와 같다.

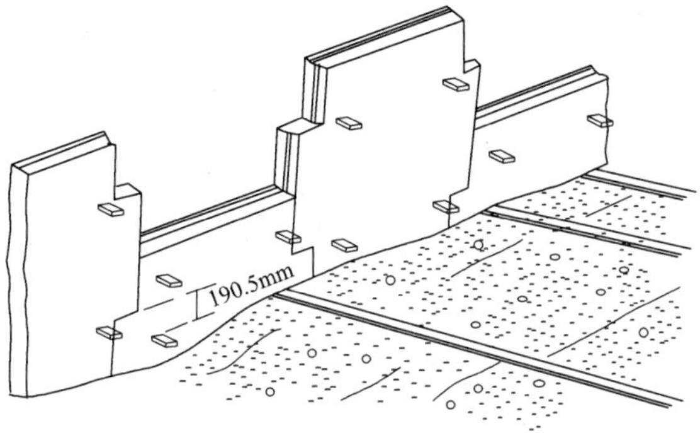

〈그림 9 - 41〉 뒤채움 및 보강재의 부착

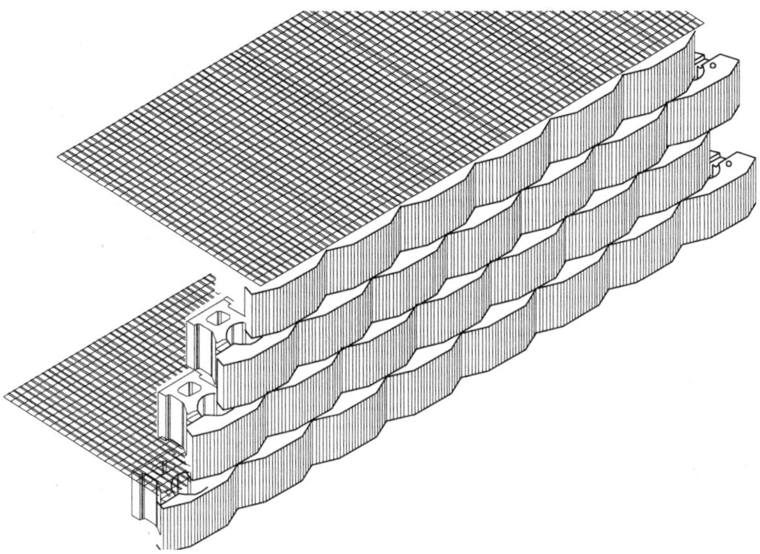

〈그림 9 - 42〉 블록식 보강토 옹벽의 조립완성도

9-4-6 보강토 옹벽의 장 · 단점

(1) 장점

① 전면판과 보강재가 제품화되어 현장에 공급되므로 공사기간단축이 가능하다.

② 편심하중이 적어 기초처리를 간단하게 할 수 있다.
③ 조립식 프리캐스트콘크리트패널이나 금속제 스킨을 사용하므로 형상이 정확하고, 무늬 및 색을 다양하게 할 수 있어 미관이 좋다.
④ 옹벽의 높이에 제한이 없어 높이쌓기 부분에 사용이 가능하다.
⑤ 충격과 진동에 강한 구조를 갖고 있다.
⑥ 높이쌓기의 증감이 필요한 곳 또는 가설 구조물로서의 이용이 가능하다.

(2) 단점

① 흙 속에서 보강재가 부식되기 쉽다.
② 뒤채움 재의 선택이 쉽지 않다.
③ 소규모공사에는 시공장비의 효율상 비경제적이다.

9-4-7 게비온옹벽

게비온(Gabion)철선의 인장강도를 증대시키기 위해 2.8mm~3.8mm의 특수강선을 중복되게 꼬아서 6각형으로 만든 메쉬(mech)를 상자형으로 만들어 연결한 공간에 조약돌 또는 깬돌을 채워 조립한 구조물이다. 게비온옹벽은 내구성, 배수성이 좋을 뿐 아니라 안정성이 높다. 특히 옹벽 등의 뒷면배수가 공간채움재인 조약돌 또는 깬돌 사이로 자연배수가 되므로 수압이 작용하지 않으며, 특수강선을 꼬아 육각형으로 성형하여 조성하였으므로 미관이 좋다.

(1) 공법의 특징

① 게비온옹벽의 주제인 철선은 특수 고농축 아연도금이 된 철선으로 만든 상자형 구조물과 그 속에 채워진 조약돌 또는 깬돌 채움재가 일체로 된 시설구조물이므로 시공이 간편하여 특수 기능공이 없어도 시공이 가능하다.
② 철선이 특수 제조된 것으로 내부식(耐腐蝕), 내산(耐酸)으로 내구성이 반영구적이고, 현장 시공에 있어서도 목측으로 시공의 전과정을 확인할 수 있으므로 별도의 품질관리가 필요 없다.
③ 시공이 간편하고 자재의 확보가 용이하다.
④ 투수성은 자연배수가 되기 때문에 게비온 구조물에는 수압이 발생하지 않는다.

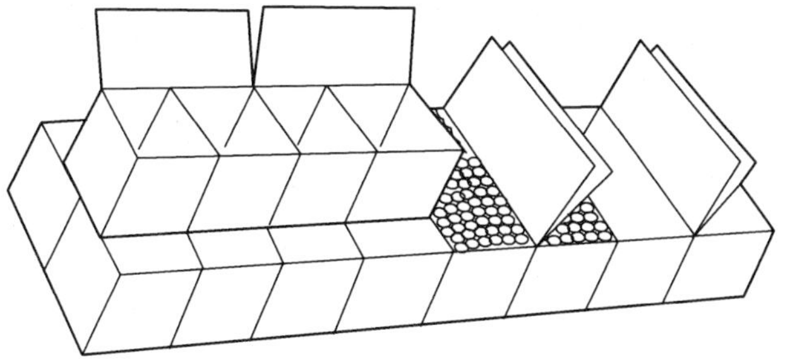

〈그림 9-43〉 게비온(Gabion) 제작도

(2) 용도

① 도로의 옹벽구조물
② 비탈면 보호공
③ 댐, 하천의 세굴방지공 및 수로 등의 붕괴방지 시설에 용이하다.
④ 해안, 연안시설물 보호공과 방호완충 시설공에 적합하다.
⑤ 조경을 겸한 절개면 시설 및 낙석방지 보호공 등에 사용되며, 게비온으로 시공된 옹벽은 그림 9-44와 같다.

〈그림 9-44〉 게비온(Gabion)으로 시공된 옹벽

9-4-8 압축토공법

(1) 공법의 개요

압축토공법(prestressed earth method, PEM)은 PC Panel, Earth Bolt 및 GSB Nut를 이용하여 지

반에 압축력(Prestress)을 도입시킴으로써, 지반의 전단강도를 향상시켜 발생 가능한 전단파괴에 저항하도록 하여 깎기면을 안정시키는 공법이다. 또한 압축도옹벽은 원지반 강도를 최대한 보호하며, 보강시키는 공법으로 터널공법인 NATM과 같은 개념으로 출발하였고. 즉 NATM공법이 굴착시 이완을 최소화하여 원지반 강도를 보호하고 숏크리트와 록볼트로 보강하여 원지반 자체가 하중에 저항하는 것과 같이 압축도옹벽도 원지반 깎기를 최소화하고 PC Panel과 Earthbolt를 이용하여 뒤채움 및 원지반강도를 증진시켜 일종의 중력체를 만들어 수평토압에 저항하는 공법이다.

(2) 공법의 적용성

압축토옹벽은 깎기사면의 경사가 크므로 붕괴우려가 있는 경우(그림 9-45(a) 참조), 깎기사면 상부에 구조물이 있어 지반보강이 필요한 경우(그림 9-45(b) 참조), 도로 및 철도선형이 고정되어있고 상부에 이설이 안 되는 묘지 또는 구조물이 있는 경우(그림 9-45(c) 참조), 터널갱구부에 높이깎기(대절토)사면이 형성되는 경우(그림 9-45(d) 참조) 등에 적용성이 뛰어나다.

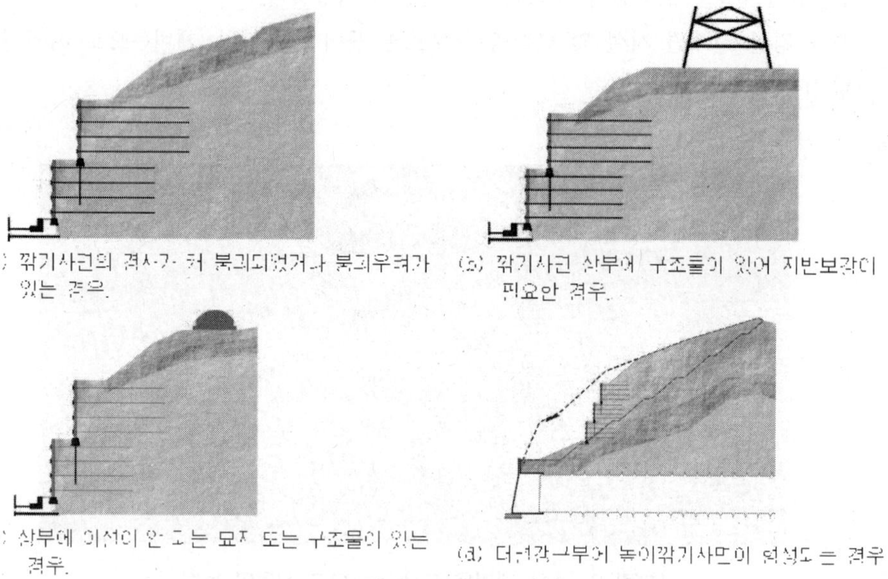

(a) 깎기사면의 경사가 커 붕괴되었거나 붕괴우려가 있는 경우.
(b) 깎기사면 상부에 구조물이 있어 지반보강이 필요한 경우.
(c) 상부에 이설이 안 되는 묘지 또는 구조물이 있는 경우.
(d) 터널갱구부에 높이깎기사면이 형성되는 경우

〈그림 9-45〉 원압축토옹벽의 적용성

(3) 공법의 특징

1) 공사비 절감, 부지이용률 증대

경사가 급한 경우, 일반옹벽공법에 비하여 깎기량 및 뒤채움량이 적어 공사비를 절감할 수 있으며, 저판이 없으므로 부지이용률을 그림 9-46과 같이 높일 수 있다.

2) 안전한 시공 및 자연훼손 최소화

단계별 Top Down시공으로 상부토층의 이완 및 활동을 최소화하므로 안전한 시공을 할 수 있으며, 원지반 깎기를 최소화함으로써 자연훼손이 적고, 환경훼손은 그림 9-47과 같이 최소화 할 수 있다.

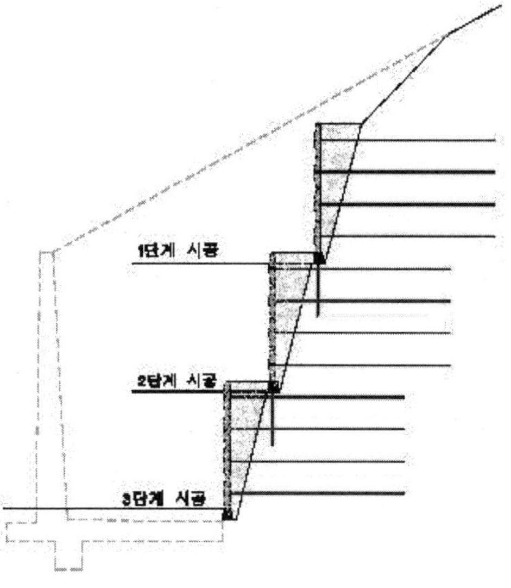

〈그림 9-46〉 급경사의 압축토옹벽 예

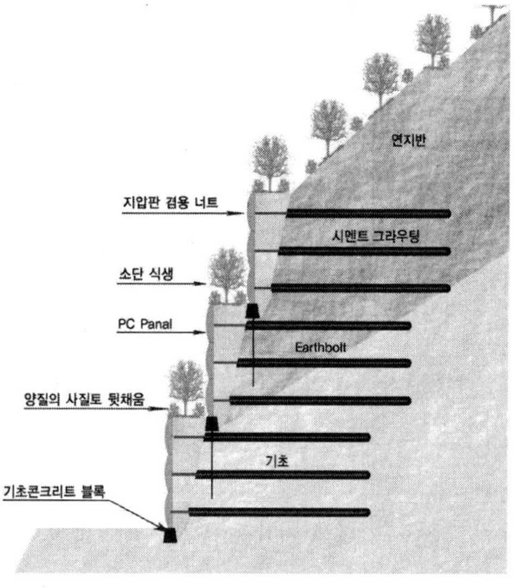

〈그림 9-47〉 단계별 Top Down시공 예

(4) 압축토옹벽의 시공순서 및 방법

1) Step1(공사전)

가) 토공 및 대지경계선의 측량확인

① 비탈사면 깎기작업이 이루어지는 시작선과 대지경계선에 대해 현장에서 측량이 선행하여야 하며, 이를 통해 주변인접대지의 침범 없이 작업장 내에서 토공작업이 수행된다.

나) 압축토옹벽 선형 확인 및 측량

① 설계도서를 참고하여, 현장에서 압축토옹벽 선형에 대한 확인측량을 수행하여야 한다. 선형에 대한 확인 측량을 통해 설계시 반영되지 않았을 수 있는 현장 상황을 반영하여 시공이 용이하도록 하여야 한다.

다) 철근야적장 및 작업공간확보

① 압축토옹벽 시공에 사용되는 Earth bolt 및 기초 Micropile용 지름 32mm 철근 등의 야적장을 확보하여야 한다. 야적장은 장비의 진출입, 자재의 적하가 가능하도록 최소 20m×10m의 공간을 확보하여야 한다.

라) 장비의 확보 및 대기

① 압축토옹벽 시공에 사용되는 장비 드래그쇼벨(백호우), Crawler Drill, 그라우팅장비(grouting equipment) 등을 확보하여야 한다.

마) 용수 및 전기

① 압축토옹벽 시공시 필요한 용수는 현장 내에서 제공되어야 하며, 그라우팅 시에 요구되는 용수의 양은 구멍당(孔) 약 50kg_f이다. 전기는 자체 발전기를 이용하므로 필요하지 않다.

바) 압축도옹벽 배면 및 기초 터파기

① 압축도옹벽 배면 터파시 배면지반이 토사 또는 리핑암의 경우 H=3.0m씩 단계별 굴착을 하여야 하며, 상부단 설치후 하부단 설치를 위해 터파기 할 때 상부단의 기초에서 최소한 10cm의 여유폭을 확보한 뒤 깎기작업을 수행한다.

사) 자재반입

① 모든 자재반입은 사전승인 받은 자재만 사용할 수 있는 것을 원칙으로 하며, 작업 1~2주전에 현장에 반입하여 검수를 받도록 요청한다. 또한 지급자재는 수량 및 기간 등을 기록한 자재요청서를 작성하여 사전에 승인 받도록 한다. 아래 그림 9-48은 압축토옹벽의 시공순서 및 방법에 의해 터널갱구부 사면의 완성도를 나타내고 있다.

〈그림 9-48〉 터널갱구부 사면의 완성도

연 습 문 제

9-1 어스앵커(earth anchor)공법에 대하여 설명하시오.

9-2 옹벽의 안정 및 시공시 유의사항에 대하여 설명하시오.

9-3 옹벽의 파괴 종류 및 파괴 원인 및 대책에 대하여 설명하시오.

9-4 옹벽의 뒤채움 흙의 종류를 열거하고 설명하시오.

9-5 보강토공법에 대하여 설명하시오.

9-6 옹벽의 안정조건을 열거하고, 전단키를 뒤굽쪽으로 설치하면 전단저항력이 증대되는 이유를 설명하시오.

9-7 게비온(gabion)옹벽의 특징과 시공방법에 대하여 설명하시오.

9-8 축대붕괴의 원인과 대책에 대하여 설명하시오.

9-9 보강토옹벽의 특징을 철근콘크리트옹벽과 대비하여 기술하시오.

9-10 시공이 완료된 옹벽이 안정상 문제가 발생하여 종종 논의가 되는 경우가 있다. 이 때 발생되는 안전상 문제점의 유형과 그 원인 및 대책에 대하여 설명하시오.

9-11 중공(中空)분리식 혼성 방파제를 축조하고자 한다. 이 때 현장 책임기술자로서 아래 그림과 같이 블록을 설치하기 위한 기초사석 상단부 고르기 작업방안을 설명하고, 시공상 유의사항을 기술하시오.

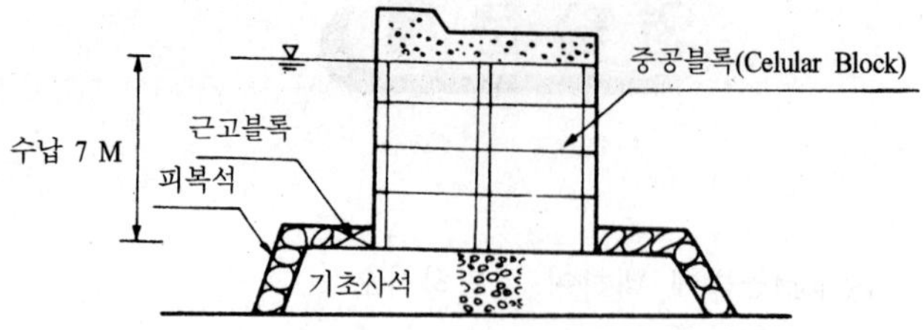

9-12 다음의 그림에서 점토지반에 설치한 어스앵커의 극한저항을 구하시오(단 점착전단 저항은 C의 2/3를 취하여라).

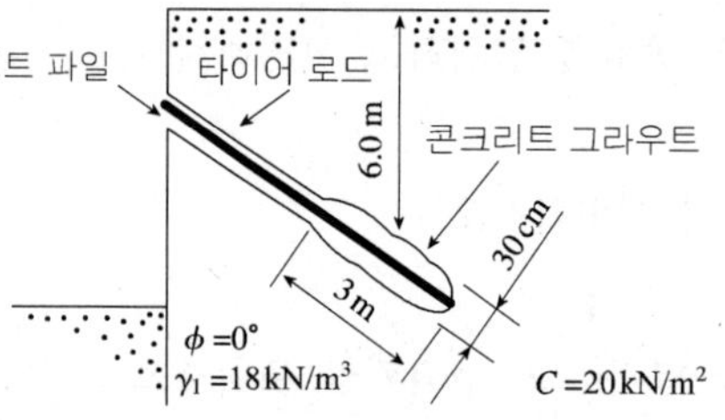

9-13 그림과 같은 역T형옹벽 높이 h=5m, B=3.5m, 폭 b_1=1.7m, b_2=5/3=1.6m이다. 이 경우의 안전율을 구하시오(단 W=216kN/m, P_H=21.5kN/m, P_z=38kN/m이다).

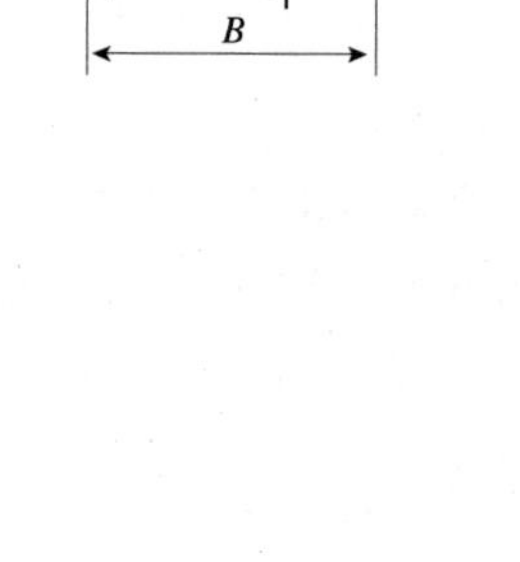

제10장 교량공

10-1 개 요

교량(橋梁, bridges)이란 도로, 철도, 계곡, 호소, 해협 등의 위를 지나거나 다른 도로, 철도, 수로, 가옥, 시가지 등의 위를 지나는 경우에 이들 위에 가설하는 구조물의 총칭이라 할 수 있다. 즉 도로, 철도, 수로의 일부분을 형성하므로 국민생활과 국가경제의 동맥역할, 대단위 인간공동체의 생명선과 같은 기능을 가지고 있다.

교량은 기능적인 면과 정신적인 면에서 인간과 밀접한 관계를 가지고 있다. 기능적인 면은 교량위를 지장없이 통행할 수 있도록 충분한 강도와 사용성과 내구성과 규모를 갖는 것을 의미하며, 정신적인 면에서는 주로 조형미를 의미하고 있다. 교량 조형미는 교량 자체의 형태미(proportion), 교량이 주위의 풍경이나 환경과 결합하여 창출하는 경관미(composition)로 구성된다. 위의 조건을 만족하는 교량을 건설하기 위해서는 교량의 생애주기(life cycle) 즉 계획, 설계, 시공, 유지관리, 폐기의 5단계를 고려하여야 한다.

계획단계는 교량의 위치와 규모, 주변 환경과의 조화, 경제성과 시공성을 고려한 교량형식을 선정하고 그에 적합한 교량경간을 분할하는 과정이다. 이 과정을 교량경제(bridge economy)라고 한다. 설계단계는 기본계획의 골격에 맞추어 교량을 설계하는 단계이고, 그러므로 가장 좋은 설계를 이루는 기본원리는 교량의 안전성, 효율성(efficiency), 경제성(economy), 미적품위(elegance of aesthetics)를 종합적으로 고려하여 현대 교량공학의 고도로 발전된 기술을 활동할 수 있어야 한다.

10-1-1 교량의 구조

교량은 상부구조(super structure)와 하부구조(sub structure)로 구성된다. 통과 하중을 지지하는 바닥틀, 주형(main girder) 등을 상부구조라 하고, 하부구조는 상부구조를 지지하는 교각, 교대로서 상부구조에서 전달되는 힘을 지반에 전달하는 역할을 한다(그림 10-1 참조).

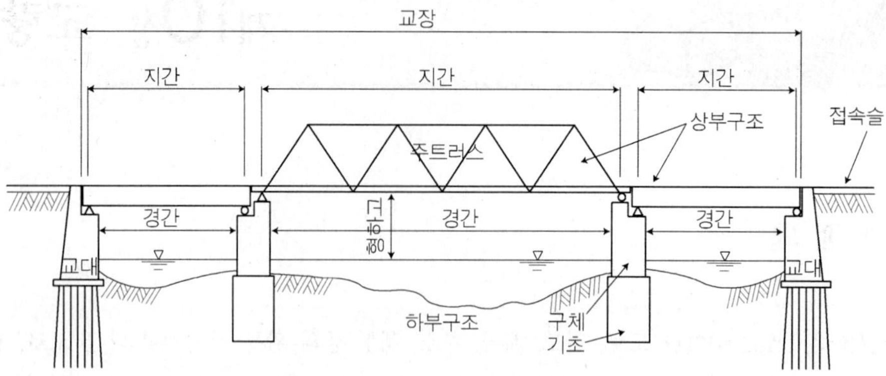

〈그림 10 - 1〉 교량의 구성

(1) 상부구조

상부구조는 교량의 주체가 되는 거더(girder), 트러스(truss), 아치(arch), 라멘(rahmen) 등으로 나눌 수 있다. 또 바닥, 바닥틀(세로보와 가로보), 브레이싱(bracing) 등으로 구성되며 받침도 포함된다.

1) 바닥판과 바닥틀

교통하중을 직접 받는 부분을 바닥판(bridge deck)이라 한다. 도로교에서는 교면과 그 밑에 있는 슬래브(slab)로 되어 있고, 철도교에서는 궤도가 교면에 해당된다.

바닥틀(floor system)은 바닥을 지지하여 바닥에 작용하는 하중을 거더 또는 트러스에 전달하는 역할을 한다. 보통 가로보(cross beam)와 세로보(stringer)로 구성되며, 가로보는 거더 또는 트러스에 직각으로 지지되는 횡방향의 보이며, 가로보 사이에 연결되어 있는 종방향의 보는 세로보라 한다.

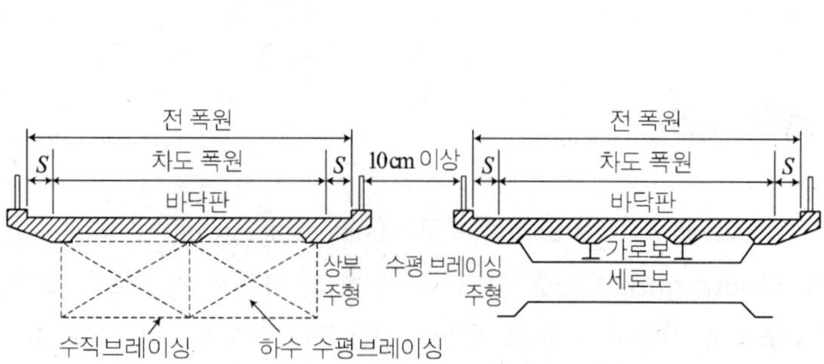

〈그림 10 - 2〉 바닥판과 바닥틀

2) 주형(主衡, main girder)과 트러스

형교(衡橋)에는 2개 또는 그 이상의 거더가 사용되고, 트러스교(truss bridges)는 양측의 트러스가 상부구조의 주체가 된다. 바닥에 작용하는 하중은 바닥틀을 통하여 거더 또는 트러스에 전달되고 이것이 다시 받침에 전달된다.

3) 브레이싱

좌우의 거더를 연결하여 구조물의 횡방향 지지, 교량단면 형상의 유지, 강성(剛性)의 확보, 횡하중의 받침부로의 전달 등을 위하여 설치되며, 수평 및 수직브레이싱(lateral and sway bracing)으로 구분된다.

4) 받침부

상부구조와 하부구조를 연결하는 구조부분으로, 상부구조에 작용하는 모든 하중은 이 받침부(bearing)를 통하여 하부구조에 전달되며 가동(可動)받침, 힌지받침 및 고정(固定)받침 등이 있다. 받침면에 따라서 움직일 수 있는 받침을 가동받침(movable bearing)이라 한다. 이는 받침면에 수직한 힘에만 저항할 수 있다. 힌지받침(hinge bearing)은 이동할 수 없으나 회전이 가능한 받침으로 받침을 통과하는 임의의 방향력에 저항할 수 있다. 고정받침(fixed bearing)은 이동이나 회전을 할 수 없는 받침으로 임의의 반력과 모멘트에 저항할 수 있다.

(2) 하부구조

하부구조는 구체(軀體)와 기초(基礎)로 구성된다. 구체는 하부구조중 지상에 직립한 부분으로 교각, 교대 등 상부구조로부터의 하중을 기초에 전달하는 부분을 말하며, 교대(橋臺, abutment)는 상부구조를 직접 지지하는 지지대로서 교량의 양끝에 설치되는 구조물이고, 교각(橋脚, piper)은 교량의 하부구조의 하나로서 2경간 이상인 경우 중앙부에 설치되어 교대와 함께 상부구조를 지지하는 구조물이다.

기초는 하부구조중 지반에 접하는 부분으로 구체로부터의 하중을 지반에 전달하는 부분이다. 기초의 종류에는 강체기초, 탄성체기초, 확대기초, 직접기초, 말뚝기초, 우물통기초 등이 있다.

10-1-2 교량의 분류

교량은 용도, 위치, 구조형식, 재료 등 다양한 관점에서 구분하여 분류할 수 있다.

(1) 용도에 의한 분류

① 철도교(railway bridge) : 철도선로를 통과시키는 교량
② 도로교(road bridge) : 도로를 통과시키는 교량
③ 수로교(aqueduct) : 수로, 수력발전 또는 관개용수를 통과시키는 교량
④ 과선교(跨線橋, over bridge) : 철도선로 위에 가설하는 교량(주로 도로교)
⑤ 가도교(架道橋, over bridge) : 도로 위에 가설하는 교량
⑥ 육교(viaduct) : 저지 · 계곡 등에서 물이 없는 곳에 가설하는 교량을 말하며 철도 또는 도로를 횡당해서 가설된 보도용 교량도 육교라 한다.
⑦ 군용교 : 군사용으로 쓰여지는 교량으로 가반(可搬) 조립식 형식이 많다.

(2) 상판의 위치에 의한 분류

1) 상로교(上路橋, deck bridge)

교량의 상판이 거더(girder)나 트러스보다 위쪽에 있는 교량(그림 10-3(a) 참조)을 말한다.

2) 중로교(中路橋, half trough bridge)

교량의 상판이 거더 높이의 중간 정도에 위치하는 것으로 주로 아치교에서 가끔 볼 수 있는 형식(그림 10-3(b) 참조)이다.

3) 하로교(下路橋, trough bridge)

상판이 거더 또는 트러스보다 아래쪽에 위치해 있는 형식으로서 수면이나 지표면으로부터 공간의 높이가 충분하지 못할 때 주로 사용한다(그림 10-3(c) 참조).

4) 이층교(二層橋, double-deck bridge)

한 교량에 상판이 2단으로 나눠있는 교량으로 가령 위쪽은 도로, 아래쪽은 철도용일 때도 있다(그림 10-3(d) 참조). 교량의 면적 점유율을 줄여서 시공하고자 할 때 혹은 도로와 철도를 하나의 교량에 건설하고자 할 때 사용된다.

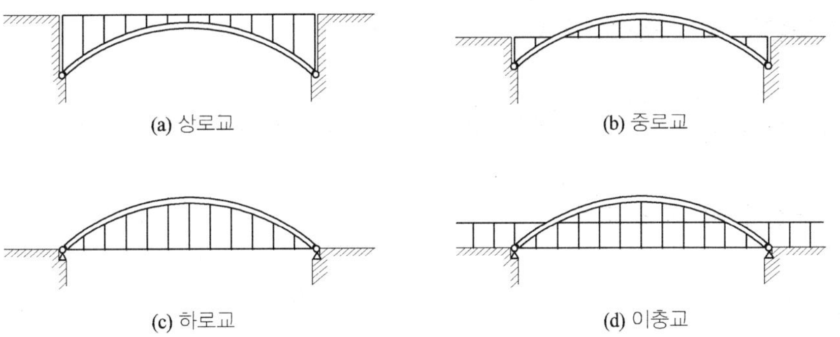

〈그림 10-3〉 교면의 위치에 의한 교량

(3) 상부구조의 평면형에 의한 분류

1) 직교(直橋, right bridge)

하천이나 계곡 등 장애물이 직각으로 가설한 교량, 대부분의 교량이 직교이다(그림 10－4(a) 참조).

2) 사교(斜橋, skew bridge)

장애물의 방향과 교량의 방향에 어떤 사각을 이루는 교량을 말한다(그림 10－4(b) 참조).

3) 곡선교(曲線橋, curve bridge)

교축선이 곡선을 이루고 있는 교량을 말한다(그림 10－4(c) 참조).

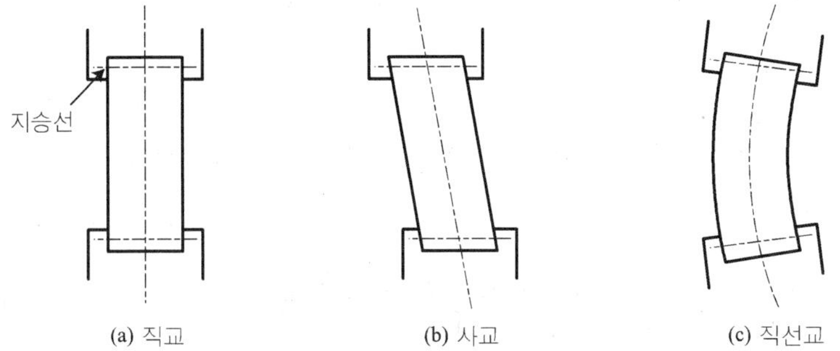

〈그림 10-4〉 평면형에 의한 교량

(4) 교량의 동 · 부동(動 · 不動)에 의한 분류

선박의 항해를 위하여 교형을 개폐하는 교량을 가동교(movable bridge)라고 한다.

(5) 구조형식에 의한 분류

1) 거더교

거더(衡, girder)를 주체로 한 교량을 말하며, 이 거더를 주형이라 한다 형강의 종류에 따라서 I형강, H형강을 사용한 교량을 각각 I형 형교(I形衡橋), H형 형교라 한다. 강판을 조합시켜 I형 단면으로 한 플레이트거더(plate girder)를 주형으로 한 교량을 판형교라 한다. 상자형의 단면을 주형의 것은 박스거더교(box girder bridge)라 하고, 병렬주형과 가로보로 구성된 구조를 격자로 취급해서 사용한 것은 격자형교라 한다. 그리고 거더교는 받침의 구성조건에 따라 단순거더교 · 연속거더교 · 게르버거더교 등은 다음과 같다.

① 단순거더교(simple girder bridge) : 양받침에서 일단은 회전, 타단을 가동으로 한 거더교를 말하며, 지간이 긴 교량에는 부적합하고, 교각의 수가 많아 비경제적인 경우가 있다(그림 10-5(a) 참조).

② 연속거더교(continuous girder bridge) : 2경간 이상 연속된 주형을 사용한 거더교를 말하며, 지간의 단순형교에 비하여 휨모멘트나 전단력이 감소되어 거더의 높이를 얕게 할 수 있어서 재료가 절약되고 고정하중도 적게 할 수 있다(그림 10-5(c) 참조).

③ 게르버거더교(gerber girder bridge) : 연속거더교에 힌지(hinge)를 넣어 부정정 구조물을 정정으로 만든 교량이다. 기초기반이 연약한 곳에서는 연속거더교의 가설이 곤란하나 게르버거더교는 하나의 지점이 침하하여도 거더에는 큰 지장을 받지 않기 때문에 견고한 지반이 아니더라도 설치가 가능한 장점을 가지고 있다(그림 10-5(c) 참조).

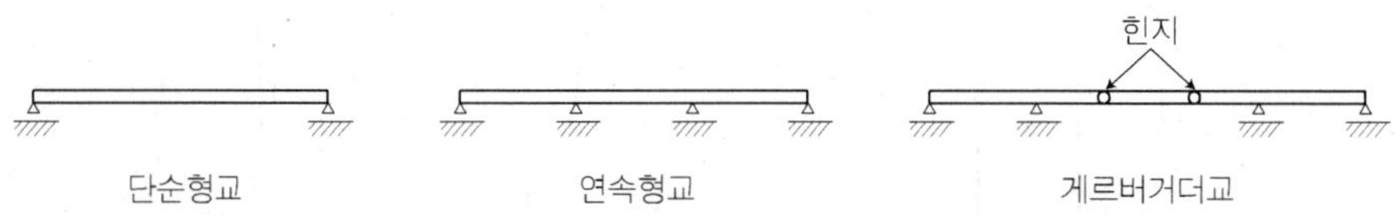

〈그림 10-5〉 거더교

2) 트러스교

트러스를 주형으로 한 교량이다. 이 트러스교(truss bridge)는 지간이 길 때 사하중에 의하여 발생하는 역학적 불균형을 해소하는데 거더교보다 유리하며, 이 형식은 받침에 의하여 단순트러스교, 연속트러스교, 게르버트러스교 등으로 나눌 수 있다.

① 단순트러스교(simple truss bridge) : 트러스교의 양단을 단순 지지한 것으로 보통 40~100 m까지 가설한다. 그 이상 길게 하면 양단에서 발생하는 휨모멘트가 커지며, 중간점에서 전단력에 대한 저항도 약해져서 그것에 대한 보강책을 세워야 하는 등 비경제적이고, 공사비도 많이 드는 경우가 있다.

② 연속트러스교(continuous truss bridge) : 받침구조는 연속거더교와 같고 단순트러스교와 지간이 동일한 경우에는 부재응력도 적게 일어나서 단면을 감소할 수 있으며, 재료를 절약할 수 있으나 부정정 구조물로서 응력계산이 조금 복잡하고 지반이 나쁜 곳에서는 사용이 곤란함으로 대책을 세워야 한다.

③ 게르버트러스교(gerber truss bridge) : 연속트러스교는 부정정 구조물로 하기 위하여 n경간 연속트러스에서는 $(n-1)$개의 힌지를 넣어서 정정구조로 한 것이다. 연속트러스교의 장점을 살리고 단점을 보충한 것으로 장경간으로 설계 및 시공이 가능하며, 기초지반이 좋지 못한 곳에서도 가설할 수 있는 특징이 있다. 그러나 구조적 여용성(redundancy)이 없어 구조안전 측면에서는 불리한 교량형식이다.

3) 아치교

교량의 주체를 아치구조로 하여 지점이 이동하지 못하도록 한 것이며, 장경간에서 경제적이고, 형태가 주위 경관과 조화를 이루게 한 교량이다.

① 힌지별, 형식별 아치교(arch bridge) : 고정아치는 지점에서 수평반력 외에 고정모멘트가 작용하며, 1힌지 아치교를 교량에 사용은 드물고 2힌지 아치는 1차 부정정으로 주로 강교에 사용된다. 3힌지 아치는 정정구조로 강교 및 철근콘크리트교에 사용된다(그림 10-6).

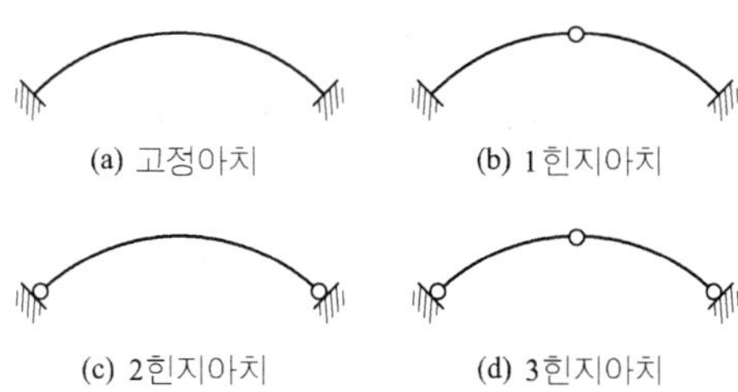

〈그림 10-6〉 힌지별 아치교

② 랭거교 및 로오제교 : 보통 아치에서는 축압축력 외에 휨모멘트 · 전단력이 작용하며, 랭거교(langer bridge)에서는 아치 그 자체는 비교적 가는 부재를 사용하며 아치부재는 주로

압축력만을 받고 휨모멘트와 전단력은 따로 설치한 거더 또는 트러스가 받는다고 가정하는 것이다 이 때의 거더 또는 트러스를 보강형 또는 보강트러스라고 한다.

③ 타이드 아치교(tied arch bridge) : 아치교의 양단을 타이로 연결하여 지점에서 발생하는 수평반력을 이 타이가 받게 함으로써 받침에서 일어나는 수평반력을 일어나지 않게 한다. 이 타이드 아치교는 외적으로는 정정 구조이지만 내적으로는 1차 부정정 구조이므로 반력을 계산할 때는 정역학적인 방법에 의하여 구별할 수 있으나 각 부재력을 계산할 때는 부정정 구조물의 해석방법을 응용하여야 한다(그림 10－7(a) 참조).

④ 랭거교(langer bridge) : 랭거형교(langer girder bridge)라고 하며, 교량의 주체가 되는 거더를 아치로 보강형 또는 보강트러스라고 한다. 대부분의 아치교는 휨모멘트, 전단력 축압축력이 작용하게 되는데 랭거교는 아치의 부재를 비교적 가는 것을 사용하여 단순히 축압축력만을 받게 하고 휨모멘트와 전단력은 거더(girder)가 부담하게 한 것이다(그림 10－7(b) 참조).

⑤ 로제교(lohse bridge) : 타이드 아치교와 랭거교를 결합한 형식으로서 타이드 아치의 타이 단면을 크게 하고, 랭거교의 아치단면을 크게 하여 수평반력에 의한 인장력뿐만이 아니라 휨모멘트와 전단력도 분담하게 한 것이다(그림 10－7(c) 참조).

⑥ 닐센교(nielssen bridge) : 로제교나 랭거교의 행거(hanger)를 경사지게 한 것이다(그림 10－7(d)).

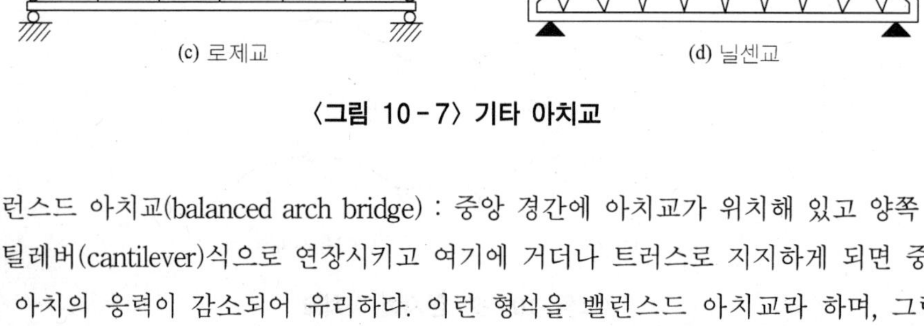

(a) 타이드 아치교 (b) 랭거교 (c) 로제교 (d) 닐센교

〈그림 10－7〉 기타 아치교

⑦ 밸런스드 아치교(balanced arch bridge) : 중앙 경간에 아치교가 위치해 있고 양쪽 경간에 캔틸레버(cantilever)식으로 연장시키고 여기에 거더나 트러스로 지지하게 되면 중앙경간의 아치의 응력이 감소되어 유리하다. 이런 형식을 밸런스드 아치교라 하며, 그림 10－8(a)와 같이 스팬드럴 브레이스드 밸런스드 아치(spandrel braced balanced arch)와 그림 10－8(b)와 같은 밸런스드 리브타이드 아치(blanced rib arch)가 있다. 특히 밸런스드 리브타이드 아치는 중앙 경간을 타이드 아치로 함으로써 미관이 좋을 뿐 아니라 설계가 비교

적 간단한 장점이 있다.

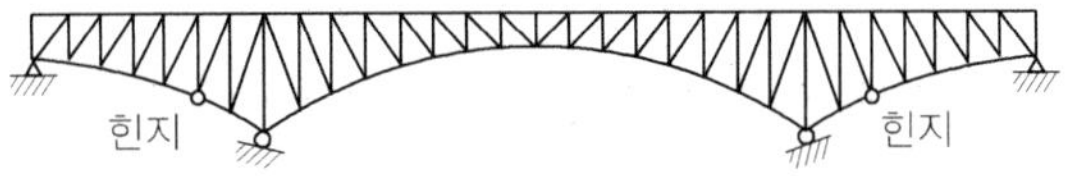

(a) 스팬드럴 브레이스트 밸런스드 아치교

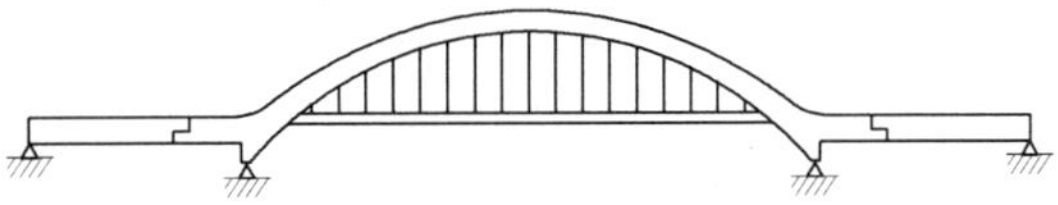

(b) 밸런스드 리브타이드 아치교

〈그림 10-8〉 밸런스드 아치교

4) 라멘교

라멘을 거더로 한 교량으로 부재의 기능을 유효하게 발휘하도록 하고, 공간을 효율적으로 이용할 수 있다. 긴 지간인 라멘교(rahmen bridge)의 경우는 재하(載荷)로 인한 골조형상의 변화로 휨모멘트가 크게 증가하므로 주의하여야 한다. 라멘교의 부재는 일반적으로 축방향력, 휨모멘트, 전단력을 동시에 받는 부재이므로 응력검토를 하여야 하며, 재하에 의하여 골조의 형상이 변하더라도 절점에 모인 부재축의 교각을 변하지 않는 것이 기본적인 전제조건이므로 절점 구조의 설계도 이 조건을 만족시킬 수 있어야 한다. 라멘교의 종류는 그림 10-9와 같다.

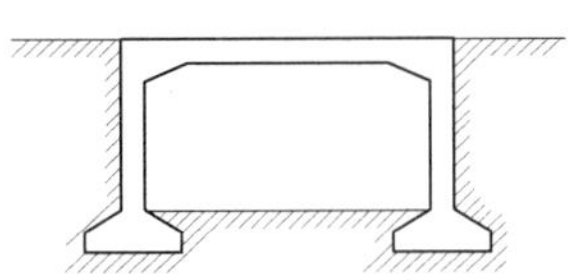

(a) 문형 라멘교(RC)

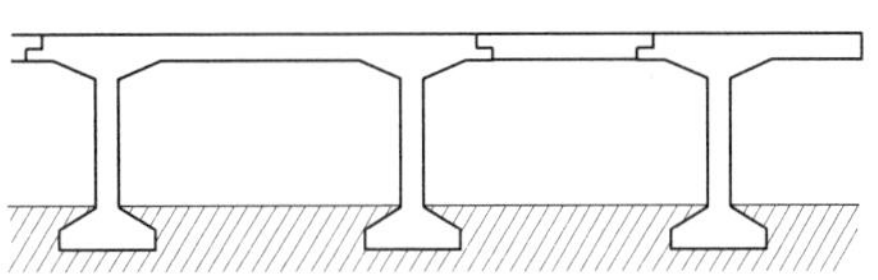

(b) 문형 밴런스드 라멘교(RC)

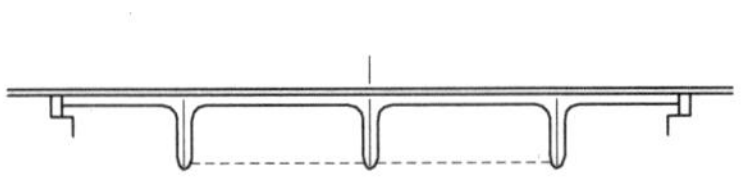

(c) 지중보 또는 강봉타이드 라멘교

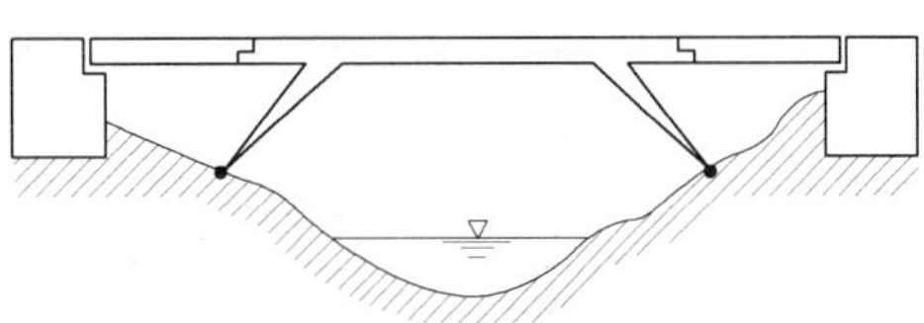

(d) 사각 라멘교(π형 라멘교)

〈그림 10-9〉 라멘교

5) 사장교

2경간 또는 3경간의 연속거더교의 중간교각에 그림 10－10과 같이 주탑(主塔, pylon)에서 경사진 인장재로 주형을 지지하게 하는 구조의 교량을 사장교(斜張橋, cable stayed bridge)라 한다.

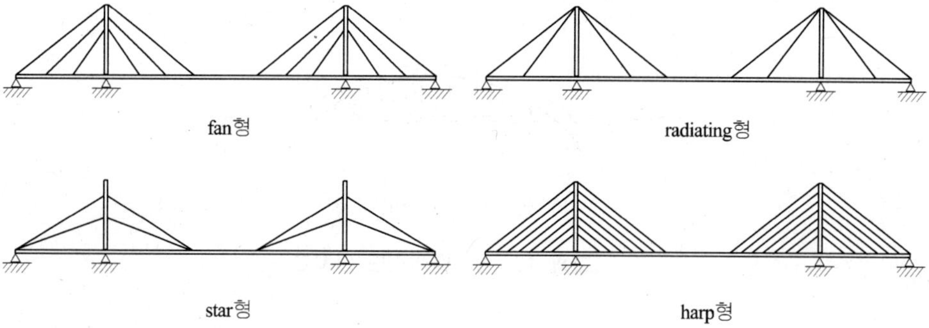

〈그림 10－10〉 사장교

6) 현수교

양단의 지주에 케이블(cable)을 걸고 여기에 인장력을 받는 특수 케이블과 이것을 지지해 주는 앵커블록(anchor block)으로 보강형 또는 보강트러스를 매어 단 교량이다. 이 현수교(懸垂橋)는 선박의 통행에 지장을 주지 않을 정도의 대경간의 교량에 적합하다(그림 10－11).

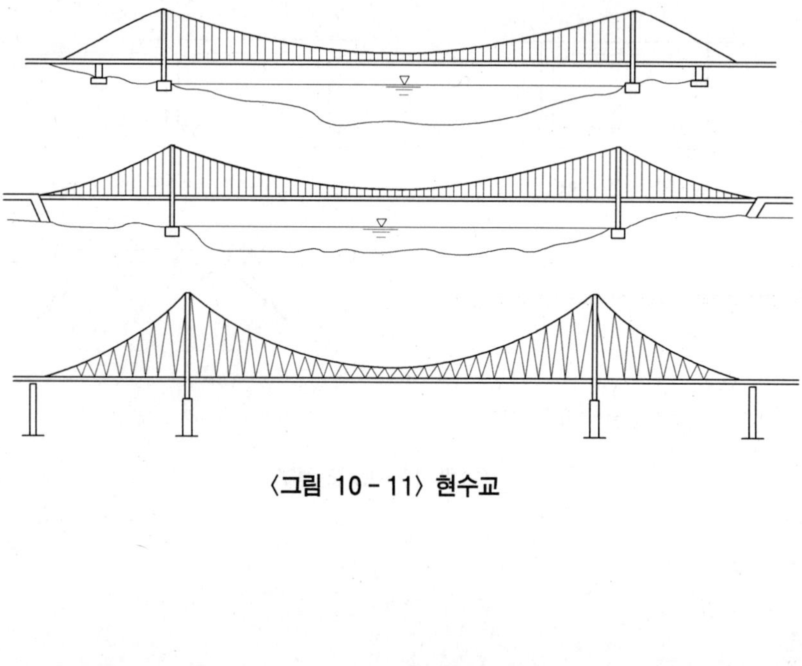

〈그림 10－11〉 현수교

10-2 교량의 하중

교량을 설계할 때 고려하여야 할 하중(荷重)은, 교량을 구성하고 있는 각 부재에 응력이나 변형을 발생하게 하는 외력과 내력으로, 시공 중에 작용하는 하중과 완성 후에 작용하는 모든 하중이다. 이러한 하중들 중에서 교량설계에 적용하는 하중은 교량의 형식이나 교량 가설지점의 조건에 따라 하중의 종류 및 하중조합 조건이 적절히 결정되어야 하며, 하중의 특성, 작용빈도, 교량에 미치는 영향 등에 따라 주하중, 부하중, 특수하중 등으로 분류된다.

주하중이란 교량에 상시 작용하는 하중으로서 사하중(死荷重, dead load : D), 활하중(活荷重, live load : L), 충격(衝擊, impact : I), 프리스트레스(prestress : PS), 콘크리트의 크리프(creep : CR)의 영향, 콘크리트의 건조수축(shrinkage : SH)의 영향, 토압(土壓, earth pressure : H), 수압(水壓, water pressure, stream flow pressure : F), 부력(浮力) 또는 양압력(buoyancy : B)이며, 부하중이란 상시 작용하는 하중이 아니나 중요한 하중들로서 풍하중(wind load : W), 온도변화의 영향(temperature : T), 지진의 영향(earthquake : E), 특수하중은 교량형식, 가설지점 등에 따라 고려되는 하중으로, 주하중에 해당하는 것은 설하중(snow : SW), 지반변동의 영향(GD), 지점이동의 영향(SD), 파압(wave pressure : WP), 원심하중(centrifugal force : CF) 특수하중과 부하중에 해당하는 것은 제동하중(breaking force : BK), 가설시하중(ER), 충동하중(collision : CO), 기타 등이 특수하중으로 분류된다.

10-2-1 사하중

사하중은 교량자체와 부속물의 중량에 의해 발생되고 있으며, 다음과 같이 분류된다.

1) 교량 상의 모든 시설물의 중량
2) 교량의 부착물(난간, 조명 등) 및 부속물의 중량
3) 바닥틀(床組, floor frame) 및 바닥판(橋床, floor slab or pavement)의 중량
4) 주형(main girder) 또는 주트러스트(main truss)의 중량
5) 수직브레이싱(sway bracing) 및 수평브레이싱(lateral bracing)의 중량
6) 기타 가스관, 수도관 등의 교량 부착물도 포함된다.

위에서 1) 및 2)는 설계기초에 의해 정확하게 산출할 수 있으며, 3) 및 4)는 경험식과 기존의 유사한 교량의 설계자료로부터 추정할 수 있다.

10-2-2 활하중

활하중(live load)은 풍하중, 지진하중과 같은 환경하중이나 고정하중을 포함하지 않고 건물이나 다른 구조물의 사용 및 점용에 의해 발생되는 하중으로서 사람, 가구, 이동칸막이, 창고의 저장물, 설비기계 등의 하중과 적설하중 또는 교량 등에서 차량에 의한 하중을 말한다. 활하중은 통행하는 차량이나 보행자에 의해 발생하는 하중과 앞으로 통행하게 될 장래의 각종 차량까지도 고려하여 적당한 활하중을 추정하여 이것을 기준으로 설계한다. 일반적으로 도료교를 설계할 때의 활하중은 표준덤프트럭하중(DB-하중) 또는 차선하중(DL-하중), 보도 등의 등분포하중, 궤도의 차량하중 등이 포함되며, 철도교에서는 LS-하중을 표준하중으로 사용하고 있다. 여기서 DB 하중은 그림 10-12와 같이 3축으로 구성된 자동차 1대를 말하며, DL 하중은 등분포하중과 집중하중으로 구성된 자동차군을 의미한다.

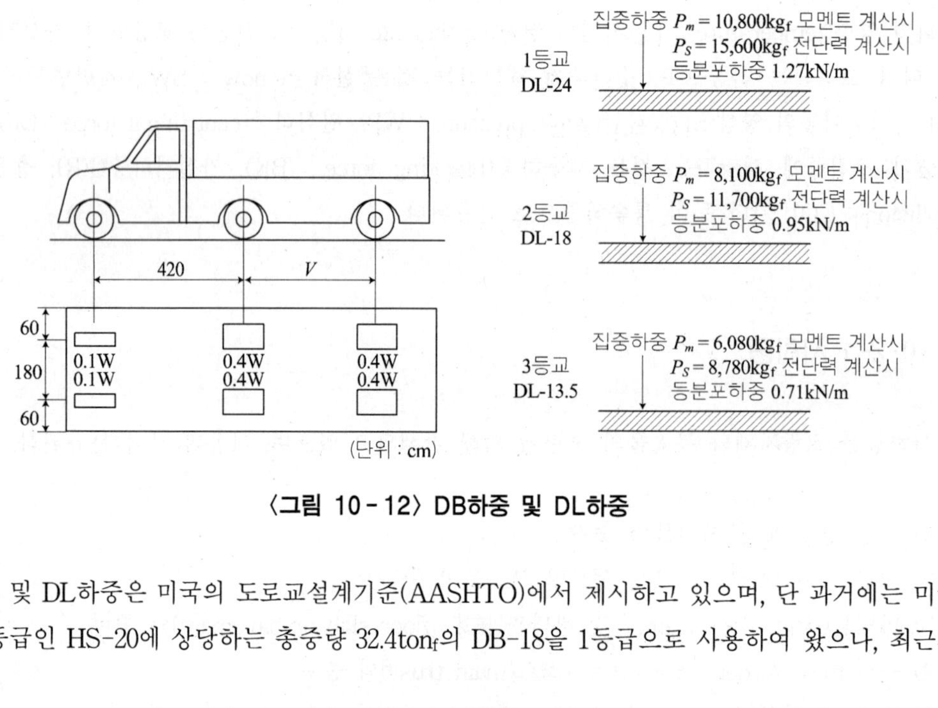

〈그림 10-12〉 DB하중 및 DL하중

DB 및 DL하중은 미국의 도로교설계기준(AASHTO)에서 제시하고 있으며, 단 과거에는 미국의 1등급인 HS-20에 상당하는 총중량 32.4ton$_f$의 DB-18을 1등급으로 사용하여 왔으나, 최근의

〈표 10-1〉 DB하중의 제원

교량등급	하중 W[ton$_f$]	총중량 1.8W[ton$_f$]	전륜하중 0.1W[kg$_f$]	후륜하중 0.4W[kg$_f$]
1등교	DB-24	43.2	2,400	9,600
2등교	DB-18	32.4	1,800	7,200
3등교	DB-13.5	24.3	1,350	5,400

차량중량화 추세를 반영하여 1등급에는 총중량 43.2ton_f의 DB-24를 사용하고 있다. 바닥판 및 바닥틀에 큰 응력을 발생시키는 하중과 주형에 큰 응력을 발생시키는 하중은 하중의 분포범위에 따라 다르므로 바닥판과 바닥틀의 설계에는 일반적으로 DB하중을 사용하고, 주형의 설계에는 DB(표 10-1 참조) 또는 DL하중을 사용한다.

10-2-3 충격하중

차량하중의 주행으로 말미암아 구조물에 일어나는 정적하중보다 더 큰 동적영향을 충격이라고 한다. 이 충격효과는 활하중에 대한 충격계수의 비로서 다음과 같이 표시된다.

$$\text{충격하중} = (\text{활하중}) \times (\text{충격계수}) \tag{10-1}$$

또한 증가량은 활하중의 정적(靜的)효과에 충격계수(impact facor)를 곱하여 계산한다. 도로교시방서에서는 상부구조를 충격계수를 교량형식에 관계없이 아래식으로 구하고, 0.3을 초과하지 않도록 규정하고 있다.

$$i = \frac{15}{40 + L} \leq 0.3 \tag{10-2}$$

여기서 L은 m 단위로 나타낸 지각(支間)길이이며, 구조형식과 재하위치에 따라서 L을 취하는 방법이 도로교시방서에 규정되어 있다. 활하중이 등분포하중인 경우에는 설계부재에 최대응력이 일어나도록 활하중이 재하된 지간부분이 길이(m)를 취한다.

10-2-4 풍하중

풍하중은 교량자체 및 교량상의 차량에 풍압이 가해져 교량에 하중을 작용시킨다. 풍하중은 일반적으로 교축 직각방향에서 수평으로 부는 바람에 의한 풍압력을 기본으로 하여 정하고 있다.

설계시 단위면적당 작용하는 풍하중 P(kg_f)는 설계기준 풍속 V_d(m/s), 공기밀도 ρ(=0.125 $kg_f \cdot s^2/m^4$), 항력계수 C_D 및 거스트 응답계수 G를 사용하여 다음 식으로 구한다.

$$P = \frac{1}{2} \rho V_d^2 \, C_D \, G \tag{10-3}$$

여기서, P : 단위면적당 작용하는 풍하중[kg_f]

V_d : 설계기준 풍속[m/s]

C_d : 항력계수[보통 1.6~1.8]

ρ : 공기밀도[=0.125kg$_f$ · s^2/m^4]

G : 거스트 응답계수

거스트 응답계수(G)는 순간 풍속변동의 영향을 보정하기 위한 계수로서 종래의 수평길이 보정계수를 제곱한 것과 같다.

10-2-5 온도변화

교량부재는 온도변화에 따라 부재변형이 발생한다. 단순판형교와 트러스와 같이 한쪽 지점이 가동단인 구조는 온도변형량을 흡수할 수 있으나, 라멘 및 아치와 같이 양단 고정인 구조는 온도변화에 따른 변형이 구속되어 부재내부에 응력이 발생한다. 온도변화의 기준은 가설 때의 온도이다. 강교에서 온도변화의 승강은 가설시의 온도를 기준으로 하여 계산되며, 온도변화의 범위는 −10℃에서 +50℃까지를 표준으로 하고 추운지방에서는 −30℃에서 +50℃까지로 한다.

가동받침의 이동량 산정시 온도변화의 범위 및 선팽창계수는 표 10−2와 같다. 강재와 콘크리트의 합성형교에서는 강재 및 콘크리트의 선팽창계수를 1.2×10^{-5}으로 한다.

〈표 10-2〉 가동받침의 이동량 산정시 온도변화 및 선팽창계수

교량종류	온도변화		선팽창계수
	보통지방	추운지방	
PC교, RC교	-5℃~+35℃	-15℃~+35℃	1.0×10^{-5}
강교(상로교)	-10℃~+40℃	-20℃~+40℃	1.2×10^{-5}
강교(하로교 및 강바닥판교)	-10℃~+50℃	-20℃~+40℃	1.2×10^{-5}

10-2-6 지진하중

일반적으로 우리나라에서는 특별한 경우를 제외하고 지진하중(seismic load)을 고려치 않고 있으나, 근래에는 지진이 자주 발생하고 있으므로 이에 대한 내진설계기준의 기본개념이 도입되고 있는 실정이다. 특히 교대나 교각의 높이가 높거나, 지간의 길이가 긴 교량의 경우는 지진의 영향을 고려하는 것이 좋다. 교량에 미치는 지진의 영향은 교량의 구조형식, 기조지반의 성질 및 지진자체의 동역학적인 특성에 따라 복잡하며, 일반적으로 다음과 같은 개략식을 사용한다.

$$P=\frac{W}{g}\alpha = W \cdot k \tag{10-3}$$

여기서, P : 지진하중[kg_f]

W : 차량의 무게[kg_f]

$k=\frac{\alpha}{g}$: 진도[震度, 보통 0.1~0.3]

g : 중력가속도[m/s^2]

a : 지진가속도[m/s^2]

10-2-7 원심하중

원심하중(centrifugal load)은 차량이 곡선 상을 주행할 때 원심력에 의한 활하중이다. 원심하중은 교축에 직각이고 수평방향으로 작용하는 이동하중이라고 본다. 곡선 상을 지나가는 차량의 원심력은 일반적으로 식 (10-4)로 표시한다.

$$F=\frac{W \cdot V^2}{127R} \tag{10-4}$$

여기서, F : 원심력[kg_f]

W : 차량의 무게[kg_f]

V : 설계속도[km/hr]

R : 곡선반지름[m]

도로교설계기준에서는 교량의 곡선부는 모든 설계차로에 재하된 DB-하중의 백분율로서 표현되는 다음과 같은 원심하중에 의해 설계하여야 한다고 규정하고 있다.

$$CF=0.79\frac{V^2}{R} \tag{10-5}$$

여기서, CF : 원심하중으로서 충격을 포함하지 않은 활하중의 백분율

V : 설계속도[km/hr]

R : 곡선반지름[m]

또한 도로교 및 철도교에서 원심하중은 곡선궤도가 있는 경우는 다음과 같은 수치를 하중에 곱하여 산정한다.

1) 도로교 : 0.08(단, 레일면상 1.8m 높이에서 횡방향으로 작용하는 것으로 한다.)
2) 철도교 : 0.12($R \leq 1,000$m)
0.08($1,000 < R < 2,000$m) 레일면상 2.0m에서 수평으로 작용한다고 가장
0.00($R \geq 2,000$m)

10-2-8 설하중

교량의 적설에 대해서는 제설하는 것이 원칙이나 완전제설작업이 되지 않는 경우에는 교량지점의 실제 상황에 따라 적당한 설하중(雪荷重, snow load)을 고려할 필요가 있다.

적설이 어느 정도 이상이 되면 규정된 활하중이 통과하는 빈도는 극히 작게 되므로 규정활하중 외에 고려하여야 할 설하중은 보통 1.0KPa(압축된 눈으로 두께 약 15cm)정도면 충분할 것이다. 또 이 설하중은 주하중에 해당하는 특수하중이므로 설계계산상 교량 전체면에 재하하는 것으로 한다.

설하중은 아래 식으로 구할 수 있다.

$$SW = P \cdot Z_s \qquad (10-6)$$

여기서, SW: 설하중[KPa]
P : 눈의 평균단위중량[적설 1cm당 kN/m^3]
Z_s: 설계 적설깊이[m]

설하중을 고려할 필요가 있는 지방은 가설지점의 실제 상황에 따라 적당한 값을 정하도록 한다. 참고로 3가지 형태의 눈의 단위체적중량은 다음과 같다.

1) 내리고 있는 눈 : 1,500,000[kN/m^3]
2) 내린 다음 쌓인 눈 : 3,000,000[kN/m^3]
3) 압축되어 수분을 포함하고 있는 눈 : 5,000,000~7,000,000[kN/m^3]

10-2-9 충돌하중

(1) 자동차의 충돌

자동차가 충돌한 염려가 있는 각주(脚柱)에는 콘크리트벽 등으로 충분히 안전한 방호시설을

설치하여야 한다. 이들 방호시설을 설치하지 않은 경우에는 다음 충돌하중(collision load)이 노면 위 1.8m에서 수평으로 작용하는 것으로 보고 설계하여야 한다.

① 차도방향에 대하여 : 100[ton_f]
② 차도직각방향에 대하여 : 50[ton_f]

(2) 유목 등의 충돌

유목 및 기타의 유송물이 충돌할 우려가 있는 경우에는 식 (10-7)에 의해 충돌력을 산출한다. 그 작용높이는 수면으로 한다.

$$P = 0.1W \cdot v \tag{10-7}$$

여기서, P : 충돌력[ton_f]
W : 유송물의 중량[ton_f]
v : 표면유속[m/s]

10-3 교대, 교각공

교대(橋臺, abutment)와 교각(橋脚, pier)은 교량의 상부구조를 지지하는 구조물로 교량의 하부구조라 한다. 교대는 토압을 지지하고 연직하중을 지반에 전달하는 교량의 양끝에 있는 구조물로서 설계할 때는 대부분 옹벽설계와 비슷하다. 일반적으로 상부에서 오는 수직, 수평하중을 지반에 전달하는 동시에 배후에서 작용하는 토압에 저항하고 수압과 수평하중에 견디어 내는 역할을 한다.

교각은 양 교대의 중간에 만들어지는 구조물로서 역시 상부에서 가해지는 하중을 지반에 전달할 뿐 아니라, 특히 하천에 설치할 경우는 유수의 동수압과 수직력을 받게 되므로 유수의 방해를 적게 받고 또한 선박의 운항에 지장이 없도록 우선적으로 설계되어야 한다.

10-3-1 교대공

(1) 교대구조의 명칭

교대는 여러 형상이 있으나 가장 일반적인 교대의 구조는 그림 10-13과 같으며, 교대 각 부분의 명칭은 다음과 같다.

A : 보받침(橋座, bridge seat), 교량의 일단을 지지하는 곳으로 지승(bearing)을 설치한다.

B : 흉벽(parapet or breast wall), 주로 a-a에서 윗부분에 작용하는 토압이나 상재하중을 지지한다.

C : 구체(軀體, body), 상부구조에서 하중을 지지하고 배면의 토압에 저항하는 역할, 즉 구조적으로 옹벽과 같은 역할을 한다.

D : 후팅(footing), 부분으로 교대에 작용하는 모든 하중을 안전하게 지반 또는 기초구조에 전달한다.

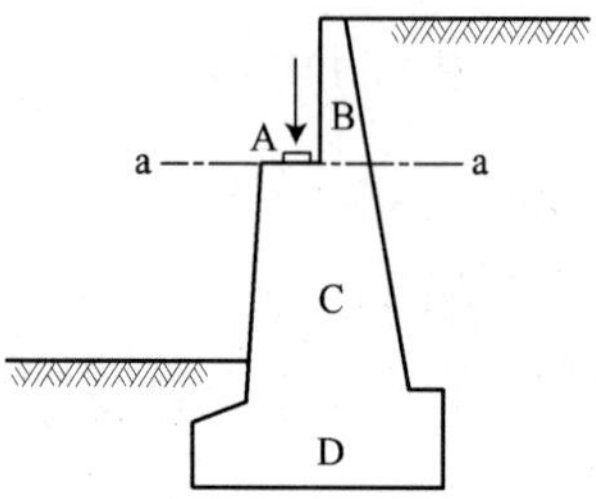

〈그림 10-13〉 교대의 구조

(2) 교대의 종류 및 형식결정

가설지점의 상황에 따라 부여된 조건하에서, 상부구조와의 균형이나 경제성·미관 등을 고려하여 가장 적합한 교대의 형식을 결정한다. 교대의 형식은 구조적으로 안정하고 경제적이어야 하며, 쌓기상의 소교대는 말뚝기초를 설치하는 것을 원칙으로 한다.

교대를 구조형식에 의하여 구분한 교대의 형식 및 높이 선정기준은 표 10-3과 같다.

〈표 10-3〉 각종 형식의 교대

교대형식	높 이[m]	비 고
중력식	4~6	
반중력식	6	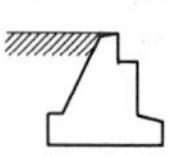

〈표 10-3〉 각종 형식의 교대(계속)

교대형식	높 이[m]	비 고
역T형식	6~12	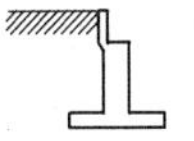
뒤부벽식	20	
라멘식	15	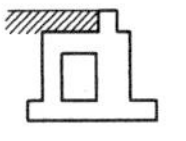
박스형	12	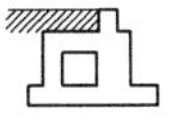
중간이음식	15	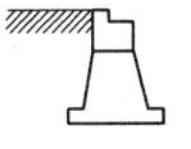

1) 중력식교대(반중력식교대)

자중이 크므로 지지지반이 양호한 장소에 사용된다. 적용 높이는 약 4~6m이다.

2) 역T형교대

구체자중이 작고 흙의 중량으로 안정을 유지하므로 경제적이며, 뒤채움의 시공도 용이하다. 높이 12m 정도까지의 일반적인 지반조건에 적용된다.

3) 라멘교대

교대위치에 교차도로가 있는 경우 교대를 교축방향으로 박스단면으로 하고 차도를 박스 내에 넣어 박스라멘 교대로 하지만, 사각이 있는 경우는 박스가 길어지므로 채광을 위해서나 보도·차도의 분리를 위해 2연 박스라멘 교대로 한다.

4) 박스형교대

교대 높이가 높고(12m 정도 이상) 기초지반조건이 불량하여 말뚝기초로 하는 경우에 경제적인 형식이 될 수 있다. 박스형교대에 중공부를 두면 지진시 관성력을 감소시키고 말뚝기초설계가 용이하게 된다. 직접기초의 경우 반대로 활동에 안정하지 않으므로 중공부를 흙을 채우도록 한다. 또 뒤부벽식교대에 사각이 있는 날개벽과 부벽을 합쳐 전체를 박스형으로 하는 것이 경제적인 경우도 있다.

5) 중간이음식교대

역T형식 교대의 벽체를 적당한 크기의 중간이음부를 두어 배면토압의 경감을 주는 구조이지만 선정시 상하부구체 사이나 앞면 쌓기의 전압을 고려하고 쌓기와 구체의 시공순서에 주의하여야 한다.

6) 쌓기의 소교대

연약지반 또는 쌓기높이가 높은 경우의 기초는 대규모가 되므로 상부공을 연장하여 쌓기 상에 소교대를 설치하는 것이 경제적인 경우가 있다. 이 형식은 쌓기의 활동, 측방향 유동의 영향을 강하게 받으며 기초하면 아래 쌓기부분의 기초에 작용하는 토압에 대해서도 명확하지 않은 점이 있어 이 형식은 부득이한 경우에만 선정하는 것이 좋다.

(3) 교대의 안정

1) 교대에 작용하는 외력

【연직력】

① 보, 트러스, 교상, 궤도, 포장, 난간 등과 같은 상부구조의 중력에 의한 지점의 사하중
② 활하중에 의한 지점의 최대하중
③ 충력하중
④ 교대의 자중 및 기초위에 토사의 중량

【수평력】

① 교대 뒷면의 토사 및 재하중에 의한 토압
② 교량에 열차가 통과할 때 다리축 방향에 작용하는 견인 및 제동력
③ 교량위에서 궤도가 곡선을 이룰 때 일어나는 원심력
④ 풍하중

2) 안정 검토

교대는 연직 및 수평하중을 받는 일종의 옹벽이므로 토압이론에 의하여 토압을 계산하고 제

반 안정조건이 만족하도록 검토하여야 한다. 다음 세 가지의 안정도 검토에서 지진력을 고려해야 할 경우에는 지진의 연직 및 수평가속도를 고려해야 한다.

① 전도(轉倒, overturning)에 대한 안정
② 활동(滑動, sliding)에 대한 안정
③ 침하(沈下, settlement)에 대한 안정

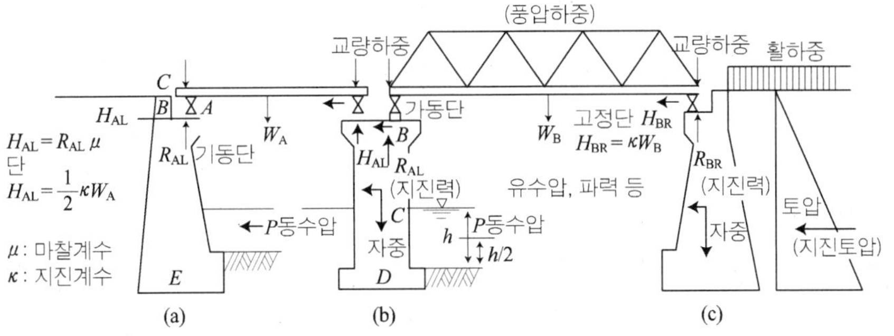

〈그림 10-14〉 교대 및 교각에 작용하는 외력

10-3-2 교각공

교각은 교량이 교대만에 의한 단순지간으로 가설될 수 없는 경우에 설치되며, 상부구조 하중과 교각의 자중을 안전하게 기초지반에 전달하는 구조물이다. 또한 하천에 축조하는 교각은 유수의 방해를 적게 받고, 선박운항에 지장이 없도록 하여야 한다.

교각의 수와 경간 폭의 결정은 상·하부구조의 공사비를 비교하여 전체 공사비가 저렴하도록 설계하여야 한다. 교각 수가 너무 많아지면 유수의 유효폭이 감소하여 상류수위가 상승하고 홍수 때는 수면이 높아질 우려가 있으며, 교각부는 유수의 단면적이 좁아지므로 유속이 빨라져서 세굴될 위험도 많아진다. 하상의 지질에 따른 기초지반에 유의하여 교각 저부는 세굴작용을 받지 않을 정도의 깊이로 견고한 지반위에 안전하게 세워야 한다.

(1) 교각 각부의 명칭

교각은 아래 그림 10-15와 같이 명칭을 가지고 있으며, 일반적으로 교각의 계획 또는 설계에 있어서 가설지점에 관계가 있는 하천·도로·철도 등의 관련 자료로부터 교각의 구조계산에서 고려되는 설계조건보다 우선적으로 고려하여야 한다.

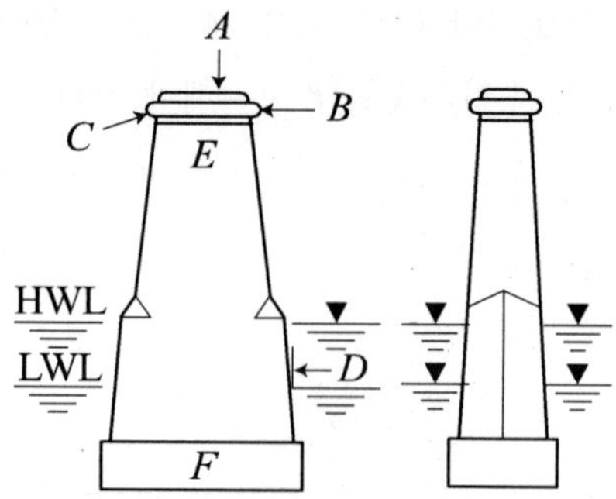

〈그림 10-15〉 교각의 구조

A : 교좌(橋座, bridge seat), 거더(girder)를 직접지지하는 부분으로 돌 또는 콘크리트로 되어 있다.

B : 갓돌(coping stone), 교조 밑에 구체보다 약 15~30cm 정도 넓게 돌출하여 빗물이 교각 후면에 떨어지는 것을 막고 외관을 좋게 한다.

C : 대층(帶層), 갓돌 바로 밑에 설치하여 갓돌을 보강한다.

D : 물가름(水切, starling), 교각 상류부의 유수가 방해되지 않게 홍수위 이하에 설치한다.

E : 구체(main body), 갓돌과 교각기초 사이의 부분이며 종방향 기울기를 두는데 높은 것은 1/20, 낮은 것은 1/10 정도로 하여 미관 및 안전을 도모한다.

F : 교각기초(footing), 구체의 밑바닥을 이루고 외부로부터 받는 하중을 직접지반에 전달하기 위해 설치된다. 보통 다른 부분보다 넓게 하여 교각의 안정을 도모한다.

(2) 교각의 형식

교각은 교량의 가운데에서 교량의 상부구조에 가해지는 하중을 기초에 전달하는 구조물이다. 이것은 모든 외력에 대해서 충분한 강도를 가져야 하며, 물에 설치되는 경우에는 물 흐름의 방해를 적게 하고, 또 선박의 통행에 지장이 없도록 만들어야 한다. 교각을 구조형식에 따라 나누면 그림 10-16과 같다.

① 말뚝식교각 : 땅 속에 말뚝을 박아서 만든 것으로서, 물의 깊이가 깊거나 간단한 교각에 쓰인다. 사용말뚝으로는 철근콘크리트말뚝, 프리캐스트콘크리트말뚝, 강관말뚝 등이 쓰인다.

② 중력교각(gravity pier or solid pier) : 돌쌓기 및 콘크리트가 사용되며, 자체의 무게로 안정을 유지하는 교각이다.

③ 반중력교각 : 교각의 본체에 철근을 넣어 철근콘크리트구조로 한 것이다.

④ 라멘교각(rahmen pier) : 철근콘크리트의 보와 기둥을 일체로 만든 구조로서, 물이 흐르는데 장해가 적다.

⑤ 기둥식교각 : 독립교각 또는 T형으로 된 것, 문형으로 된 것 등이 있고 도로의 고가교에는 T형이 많이 사용된다.

⑥ 트러스식교각(truss pier) : 교각의 높이가 높은 곳에 사용된다.

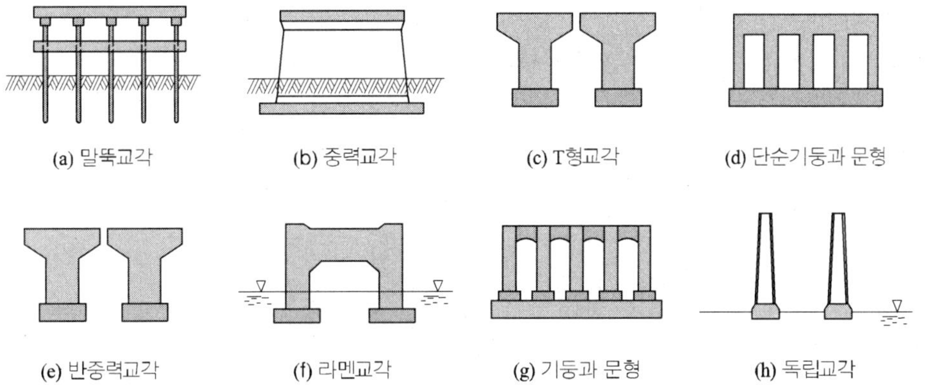

〈그림 10-16〉 교각의 종류

(3) 교각의 선정기준

교각의 형식은 도로 및 하천 등 부대조건에 의한 외적 요소에 제약받을 수도 있다. 형식선정은 미관을 고려하고 입지조건, 구간에 따라 통일시키는 것이 필요하다. 지형조건에 따른 선정기준은 다음과 같다.

① 하천부 : 벽식교각(타원형, 특수한 원기둥식)

② 평지부 : 라멘교각, 기둥식교각, 벽식교각

③ 산간부 : 라멘교각(1층, 2층), 등식교각, 벽식교각, 단교각이 높은 경우(25~30m 이상)에는 I형교각(flexible 식)의 선정도 생각할 수 있다.

④ 도시부 : 라멘교각, 기둥식교각

⑤ 인터체인지부 : 로커교각, 라멘교각, 기둥식교각 등이 있다.

(4) 교각의 형상

교각은 상부구조로부터 하중을 기초에 전달하며, 유수의 흐름을 방해하지 않게 하여야 한다. 따라서 유수가 교각에 부딪쳐서 생기는 유수압 및 세굴, 외관 등이 검토되어 단면을 결정해야 한다. 그림 10-17은 교각의 수평단면에서 유수저항이 적은 순서로 정리되어 있는데 보통 시공이 용이한 (b), (c)의 단면을 많이 이용하고 있다.

① 타원형 : 유수에 대한 조건이 가장 양호하다(그림 10－17(a) 참조).

② 첨원형 : 단형의 단변을 반지름으로 각 점을 중심으로 한 두 원호의 모양을 갖는다(그림 10－17(b) 참조).

③ 60° 교각 : 단형단변을 일 변으로 하는 정삼각형 물가름(水節, starling)을 붙인 것이다(그림 10－17(c) 참조).

④ 반원형 : 물가름의 부분이 반원이다(그림 10－17(d) 참조).

⑤ 90° 교각 : 물가름의 양면이 90°로 교차한 것이다(그림 10－17(e) 참조).

⑥ 기타 : 직사각형(단형단면)으로 물가름이 없는 것이다(그림 10－17(f) 참조).

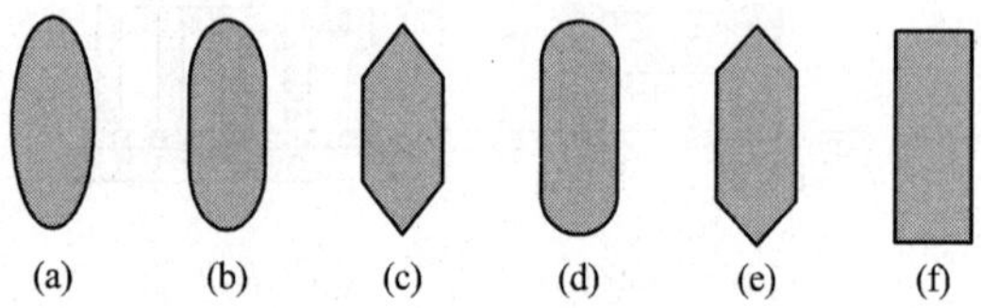

〈그림 10－17〉 교각의 형상

(5) 교각의 치수와 시공

교각의 치수는 하중의 크기, 상부구조물의 종류, 교각의 높이, 기초공의 공법, 횡압력 등에 따라 달라지는데 크기는 트러스 또는 보의 간격보다 밑판의 치수 등에 따라서 결정되고, 보통 다음 규격에 의하여 정한다.

① 교각의 폭은 1.20m 보다 작아서는 안 되며, 상부구조물을 지지하는데 필요한 폭에 30cm 이상의 여유를 두어야 한다.

② 교각의 길이는 갓돌 밑까지가 상부구조를 지지하는 부분의 외부측에서 다른 외측까지의 거리에 교각두께의 1/4를 합한 것보다 길어야 한다.

③ 갓돌의 두께는 30~75cm(콘크리트일 경우 30cm 이상)의 두께로 하고 갓돌 밑교각 폭의 1/6 이상으로 하며, 갓돌 돌출부의 길이는 그 두께의 1/3~1/2로 하고 적어도 7.5cm 이상이라야 한다.

④ 구체는 측면에 1/24~1/12 정도의 종단경사를 만들어 저면 확대로 안정도를 높이고 미관을 좋게 한다.

⑤ 교각기초의 윗면을 구체의 측면보다 30cm 이상 돌출시켜야 하며, 기초의 두께는 60cm 이상으로 해야 한다.

⑥ 말뚝기초위에 교각이 축조될 때는 말뚝의 머리부를 15cm 이상 기초 속에 넣어야 하며, 또 교각기초의 가장자리에서 45cm 이상 내부에 들어가도록 하여야 한다.

⑦ 여유 높이는 대하천의 저수부 1.2~1.5m, 고수부에서는 1.0~1.3m로 한다.

(6) 교각의 안정 검토

1) 교각에 작용하는 외력

① 연직력 : 교각의 자중, 상부구조물의 중량, 통과 활하중 및 충격하중 등이며, 이 연직력은 교각의 전도 및 활동에 저항하는 역할을 하지만 교각의 침하 및 재료의 파괴에 대한 원인이 된다.

② 수평력 : 활하중의 견인력, 풍압, 유수압, 지진력, 유수나 혹은 유목(流木) 및 선박 등에 의한 충격력 등으로 교각의 전도 및 활동에 주원인이 된다.

③ 풍압 : 풍압의 작용면은 교각의 수면 이상 및 교량 구조물의 면이며, 작용점은 풍압을 받는 면의 중심이다. 철도교에서는 열차가 통과하지 않을 때는 최대풍압 3KPa로 하고, 열차가 통과할 때는 2KPa로 하는데 열차 길이 1m에 대하여 600kg_f의 동하중이 레일 위 1.8m 높이에 수평으로 작용한다. 또는 도로교에서는 경간 50m 미만은 재하 길이 1m에 대해 400kg_f의 동하중, 무재하(無載荷)이면 길이 1m에 대하여 200kg_f의 동하중이 풍하중으로 작용하는 것으로 한다. 경간 50m 이상은 길이 10m를 더할 때마다 15kg_f/m을 가산한다. 일반적으로 풍압에 대한 공식은 다음과 같다.

$$P = K_p \frac{V^2}{8} \tag{10-8}$$

여기서, P : 풍압[kg_f]

V : 풍속[m/s]

K_p : 교각의 단면형상에 따른 풍압계수(표 10-4 참조)

④ 유수압 : 교각의 수면 이하 부분은 유수로 인한 수압을 받게 되며, 유수압의 일반적인 공식은 다음과 같다.

$$P = K_w A V^2 \tag{10-9}$$

여기서, P : 유수압[ton_f]

V : 표면유속[m/s]

A : 교각의 연직투영면적[m^2]

K_w : 교각의 단면형에 따른 유수압계수(표 10-4 참조)

⑤ 기타 : 하천의 교각은 유수압 외에도 유수 혹은 유목 등의 기타 부유물의 충돌에 의한 영향도 무시할 수 없으며, 경우에 따라서는 지진하중에 대해서는 특별히 고려해야 한다.

〈표 10-4〉 풍압 및 유수압계수

단면 형상	$K_p(\text{kg}_f \cdot \text{s}^2/\text{m}^2)$	$K_w(\text{ton}_f \cdot \text{s}^2/\text{m}^2)$
	0.67	0.03
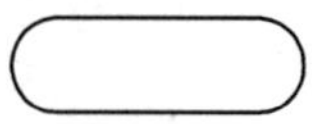	0.67	0.025
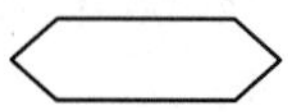	0.75	0.025
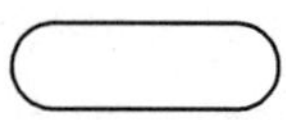	1.00	0.05
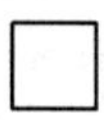	1.00	0.055
	0.50	0.025
	0.72	0.03

2) 안정조건

① 활동 또는 전도엔 대한 안정 : 옹벽의 경우와 마찬가지로 수직력과 수평력을 산출하여 그 합력을 구하여 교축의 직각방향과 교축방향에 대해서 검토한다.

② 재료의 파괴에 대한 안정 : 기둥의 해석방법에 의하여 교각의 재료에 따라서 응력을 검토한다.

③ 유수의 집중에 의한 세굴에 대한 안정 : 흐름의 소류력(掃流力)에 의한 최대 세굴깊이를 수리학적 이론에 의하여 검토하며, 이에 대한 대책으로 사석공, 바닥다짐공, 돌망태공, 수제공(水制工), 프리팩트콘크리트공(prepacked concrete) 등의 세굴방지공법으로 교각의 전면, 측면에 보호공을 설치한다.

교량기술의 진보는 설계, 제작의 분야와 함께 가설분야(架設分野)에 있어서도 대단한 진보를 이루고 있다. 최근의 장대(長大)지간(支間, span)의 교량가설을 살펴보면 프리패브스트랜드(조립식 鋼旋 : prefab strand)를 사용하여 공사기간단축과 공사비절감을 위해 4,500ton_f급의 트러스(truss)를 크레인으로 일괄가설하는 등 여러 가지의 가설공법이 출현되고 있다.

이와 같은 장대지간 교량가설의 눈부신 실적은 가설기계, 공정관리, 품질관리, 계획기술, 응력조정, 현장이음 등의 현장에서의 시공이나 가설기술의 진보에 기인된다고 볼 수 있다.

지금 가설법의 예로 가설탑(架設搭, erection tower)에 의한 서로매달기식(相吊式) 가설 및 탑의 이동순서를 설명하여, 즉 PSC(prestressed concrete)보를 가설하는데 교각위에 세운 2개의 타워와 케이블(cable)을 조작하여 원활하게 보(beam)를 차례로 가설하고, 그 지간의 가설이 끝나면 타워의 이동은 자체의 1개의 타워와 케이블만을 사용하여 다음의 교각으로 이동한다. 그리고, 또 지간의 PSC보를 차례로 가설해 간다.

10-4 가설공법

10-4-1 가설기계의 발달

가설기계의 발달은 첫 번째 컴퓨터에 의한 해석의 발전을 들 수 있다. 컴퓨터를 이용함으로써 가설시의 복잡한 응력상태를 간단하게 처리할 수 있게 되었다. 예로 강교(鋼橋)에 있어서 경사매달기(斜吊)공법에 의한 가설시의 응력계산과 관리의 합리화라든지 PSC에 있어서 압출공법(押出工法) 가설 시의 응력조사, 가설시의 집중관리 등 컴퓨터가 유효하게 이용되고 있다. 기타 전술한 바와 같이 대형 트럭크레인 등의 가설기계의 발전이다. 이와 같은 가설기계의 발달에 의하여 장대교의 가설이 가능하게 되었다고 말할 수 있다.

강교의 현장이음은 리벳에 의한 것이 주류를 차지하고 있었으나 숙련공이 부족한 점과 리버팅(riveting)시의 소음이 커서 도시의 주택부근에서는 시공이 불가능하므로 최근에는 고장력볼트 마찰접합으로 대신하고 있다. 고장력볼트는 1950년대에 구미를 비롯하여 일본 등지에서 시공이 시작되었고 우리나라는 서울시가 고가도로교 등을 처음으로 사용하게 되었다. 또 고장력볼트의 관리에는 너트(nut) 회전법과 비트공법(torque)이 있으나, 우리나라에서는 비트공법을 일반적으로 사용하고 있다. 이 비트공법을 관리하는데 종래의 발취검사(拔取檢査) 뿐만 아리나 자동기록계도 사용되고 있다. 또 특수 볼트도 사용되고 있다.

기타 현장이음 방법으로 용접(welding)이음이 있다. 현장용접은 근래에 와서 효율이 좋고 신뢰성이 높은 용접을 할 수 있게 되었으므로 도시내 고속화 도로의 라멘(ramen)교각이나 강상판(鋼床板)의 이음에 많이 사용되고 있다.

10-4-2 가설공법의 변천

가설공법은 새로운 교량형식의 출현이나 장대교(長大橋)를 가설하기 위하여 또는 어려운 가설조건에 대응시키기 위하여 크게 발전되고 있다. 또 근래에 많이 설계되고 있는 교량형식의 사장교(斜張橋)가 있다. 1950년대에 경제적으로 안정성이 높은 본격적인 사장교가 가설되기 시작하여 우리나라에 있어서도 1982년 이후 강재와 콘크리트재료를 이용한 몇 개의 사장교가 완성되었다.

사장교의 가설공법도 다종다양한데, 예로 타워가설공법에는 타워크레인(tower crane)에 의한 방법, 플로팅크레인(floating crane) 등에 의한 방법, 경사케이블로 일괄 인양(引揚)하는 방법 등이 있다. 또 보의 가설공법에는 발판비계(staging)공법으로 끌어 당기는 공법, 대블록 일괄가설공법 등이 있다. 또 케이블의 축력도입(軸力導入)방법에도 벤트(bent)상에 설치한 잭(jack)에 의하여 주형(主桁)을 올리고 내리고 하여 도입하는 방법, 가설후 벤트를 철거함으로써 도입하는 방법, 타워새들(탑위의 안장, tower saddle)을 소정의 위치보다 낮은 위치에 세트하고 잭에 의하여 새들을 인상하는 공법, 주형(主桁) 정착부에 있어서 잭에 의하여 축력(軸力)을 도입하는 방법 등이 있다.

한편 PSC교의 가설공법도 대단히 발전되고 있다. 특히 디위다그공법으로 원효대교(서울)를 1982년 부산대교, 현재 서해대교의 FCM 및 사장교가 완공되었다. 이와 같은 추세로 볼 때 교량사설은 강교이든 RC교이든 공중가설(空中架設)과 대형 크레인으로 운반하여 조립하는 가설로 빠르게 변천되어 가고 있다.

10-4-3 공법의 선정

교량가설공사는 다른 구조물의 가설공사와 달라 가설지의 지형조건에 크게 좌우된다. 교량형식이 조건에 합치되도록 선정할 때가 많으므로 가설공법도 저절로 결정되는 일이 많다.

한편 같은 지형인 곳에 같은 형식의 교량이 가설될 때도 극소한 조건의 차이에 따라 동일 공법이 취해질 수 없거나 불경제적인 공법이 되거나 한다. 가설공법이 가설지형의 환경에 적합하지 않으면 준비할 때나 가설 도중에도 계획변경이 생겨 공사비증가에도 연결된다.

따라서 가설공법을 결정할 경우에는 대개 다음과 같은 조사(調査) 및 협의를 충분히 행한 다음 선정하는 것이 상책이다.

① 가설지점의 지형, 지질, 기상, 해상

② 가설공사 현장의 환경조건

③ 수송 및 반입로

④ 교량의 구조, 형식, 설계조건 및 가설 도중의 구조계와 응력
⑤ 가설시기 및 전체 공사기간
⑥ 재고기재(在庫機材)와 그 능력
⑦ 경제성, 안전성

10-4-4 공법의 선정

우리나라의 교량가설공법의 변천은 경제의 발전 및 충실과 기술의 진보에 의하여 이루어 진다. 최근 경제발전에 동반하여 산업기반으로서의 고속도로의 정비나, 또 교량도 신재료의 개발과 컴퓨터에 의한 해석의 발전, 가설기술의 발전에 의하여 적용 지간을 비약적으로 장대화시켜 복잡한 형식의 것이 설계, 가설되고 있다.

한편 경제가 발전되고 생활이 윤택해짐에 따라서 사회의식도 크게 변화되어 가고 있다. 즉 문화적인 생활에의 요구가 높아지고 인명존중을 최우선함과 동시에 소음, 진동 등의 환경문제에 대한 주민의 의식이 향상되어 가고 있다.

교량가설에 있어서도 시공시의 경제성 추구뿐만 아니라 공사의 안전대책이 더 한층 중요시되고 있다. 따라서 노동재해의 방지에 관한 법률이 제정되어, 여기에 준하여 공사를 시공해야 한다.

10-5 교량 가설공법

교량 가설공법은 새로운 교량형식의 출현이나 장대지간의 교량을 가설하기 위하여 최근 컴퓨터의 눈부신 발달로 교량 해석기법이 발전하여 교량가설에서 유발되는 복잡한 응력상태를 정확·신속·간단하게 처리할 수 있게 되어 응력검토, 집중관리기술 등에 유효하게 이용하고 있다.

교량 가설공사는 다른 구조물의 가설공사와는 달리 가설지의 지형조건에 크게 좌우되며, 교량형식이 그 조건에 합치되도록 선정할 때가 많으므로 가설공법도 이에 따라서 자연스럽게 결정되는 경우가 많다. 따라서 가설공법을 결정할 때는 가설지점의 지형, 지질, 기상, 해상, 공사현장의 환경조건, 수송 및 반입로, 교량의 구조형식, 설계조건 및 가설 도중에 응력, 가설시기 및 전체 공사기간, 경제성, 안정성 등을 고려하여야 한다.

10-5-1 동바리를 이용하는 공법

교량의 중간 몇 곳에 목제 혹은 강제의 동바리를 놓고 보나 트러스의 중간부분을 일시 그것으로 받치는 공법으로 주로 일반육상의 가설공사나 수심이 얕은 하천에서 비교적 편리하게 사용된다. 근래에는 목제보다 강제동바리가 공사비면에서 저렴하고 안정성이 높아서 많이 사용되고 있으며 그림 10−18과 같다.

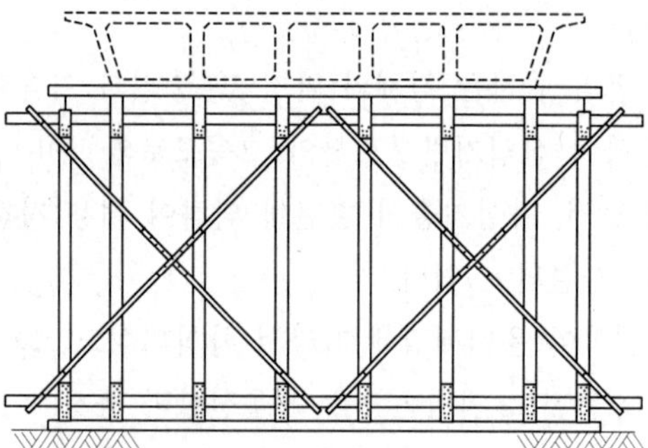

(a) 목재

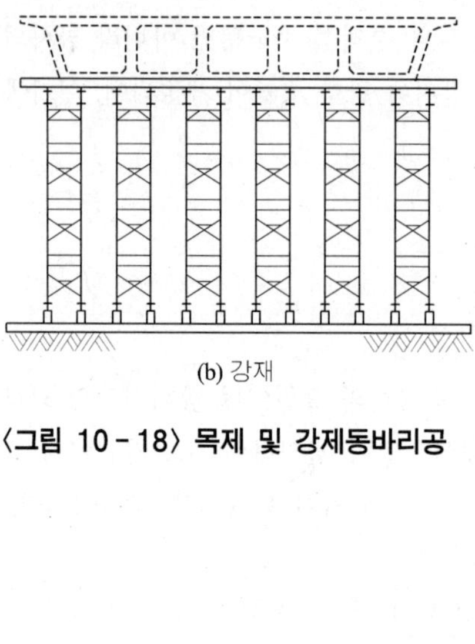

(b) 강재

〈그림 10 - 18〉 목제 및 강제동바리공

10-5-2 새들공법

가장 간단한 공법으로 주로 I형보나 판형(plate girder)가설 등에 과거부터 많이 사용해왔다. 이 공법은 지반이 사질토나 튼튼한 지반이면 그림 10−19와 같은 침목을 빔의 하단 높이까지 한 시간에 하나씩 쌓아놓고 그 위에 빔을 새들(saddle)로 지지하면서 한 지간씩 가설하는 공법으로서 교량높이가 높지 않은 곳에 적용되는 간단한 공법이다.

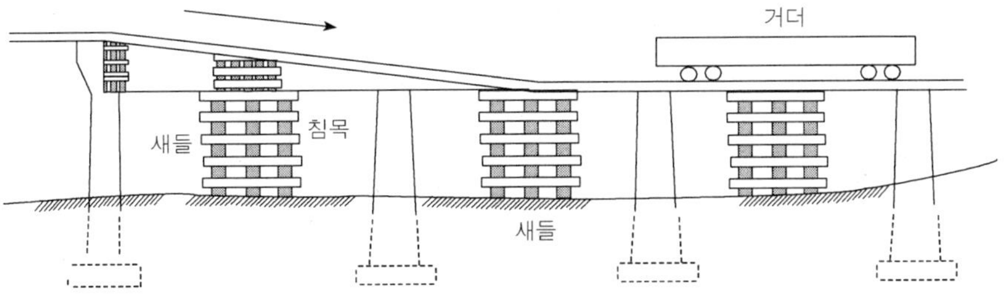

〈그림 10-19〉 새들에 의한 가설법

10-5-3 벤트공법

벤트공법(bent method)은 교체(橋體)를 직접 지상에서 지지하면서 가설조립(架設組立) 하는 공법이며, 이 때 지상에서 교체를 지지하는 설비가 벤트이다. 이 공법은 가설기본형이 되는 것이며, 다른 교체지지(交替支持, cable erection)방법보다 시공이 쉽고 장소만 있으면 모든 교량형식에 적용된다. 벤트설비는 정해진 규격은 없으나 소형벤트(높이 30cm 이하 정도)에 대해서는 각(角)벤트와 파이프벤트(pipe bent)가 일반적으로 사용되고 있다.

각 벤트는 4개의 앵글 강(鋼)을 조합한 철주형식(鐵柱形式)인 것이고, 450mm 각 정도인 것이 일반적이다. 파이프벤트는 150~250mm의 구조용 강관을 주재로 하고 있다.

벤트구조에는 주주(主柱, main column), 하중배분을 위한 정부(頂部)보, 잭대 및 중간 수평보, 가새 등이 포함된다. 또 벤트기초에는 침목과 H강 형식의 기초, 콘크리트기초 및 말뚝기초 등이 있다. 기초의 형식은 지반의 지지력에 의하여 결정되나 일반적으로는 하중이 적고 견고한 지반인 경우에는 침목과 밑판 H강형(鋼桁)의 형식이 많다. 콘크리트기초나 말뚝기초는 작용하중이 크거나 수중벤트의 경우 또는 지반이 나쁠 때에 이 형식으로 하지만 이런 기초는 견고해야 하므로 구조나 위치를 고려하여 결정해야 한다(그림 10-20, 그림 10-21 참조).

이 공법에서 특히 유의해야 할 점은 다음과 같다.

〈그림 10-20〉 자주크레인 차에 의한 벤트공법

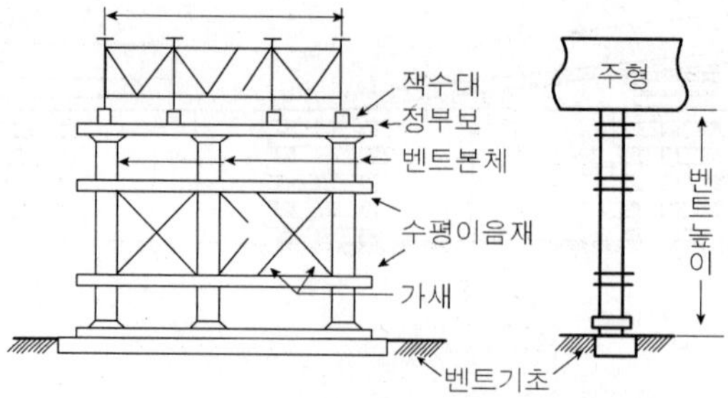

〈그림 10-21〉 벤트조립 일반도

① 하천부지를 이용할 경우 하천법에 따라 수속해야 한다.

② 기초지반의 내력, 벤트내력, 구조의 확인 또는 체크(check)를 해야 한다.

③ 가설구조계를 고려한 각종 떠올림량의 설정과 벤트높이의 확인이 필요하다.

10-5-4 캔틸레버식공법

캔틸레버공법(cantilever type method)은 가설지점이 깊은 계곡 등으로서 지형적으로 벤트를 세울 수 없거나 형하공간(桁下空間)의 사용에 제한이 있거나 또는 세워도 대단히 불경제적인 경우에 사용되는 공법으로 교체의 내력을 이용하여 교체나 가설용 크레인설비 등의 자중을 지지하면서 가설하여 조립하는 공법이다.

적용되는 교량형식은 평행현(平行弦) 트러스 또는 각종 대형 트러스교, 연속의 상형(箱桁, box girder), 판형(鈑桁, plate girder) 등이 많다.

가설방법은 1지간(혹은 側徑間)을 가설한 후 정착부를 보조하여 교체를 캔틸레버로 조립하고 고장력볼트의 본(本)조이기를 하면서 차례로 장출가설(張出架設)한다. 이 때 편압으로 점차 경간을 가설해 가는 방법이다(그림 10-22 참조). 또 양측에서 장출가설하고 지간중앙에서 폐합(閉合)하는 방법이 있다(그림 10-23 참조). 또한 지점위를 가설한 후 측경간과 중앙경간의 밸

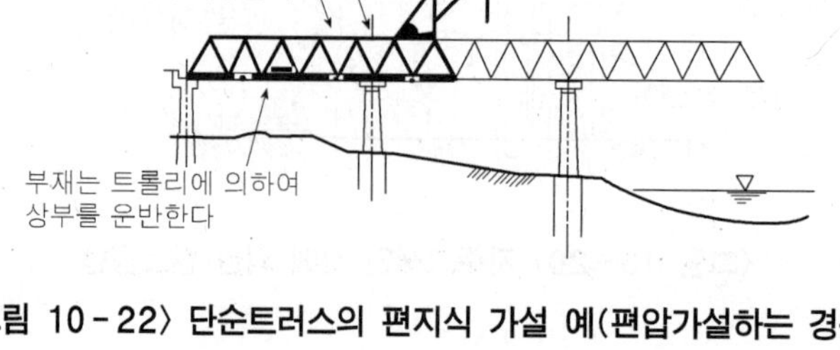

〈그림 10-22〉 단순트러스의 편지식 가설 예(편압가설하는 경우)

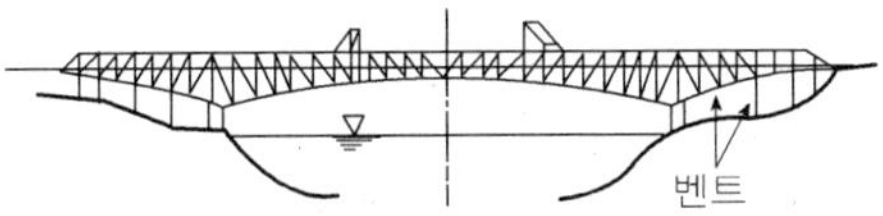

〈그림 10-23〉 연속트러스의 편지식 가설 예(지간중앙을 폐합하는 경우)

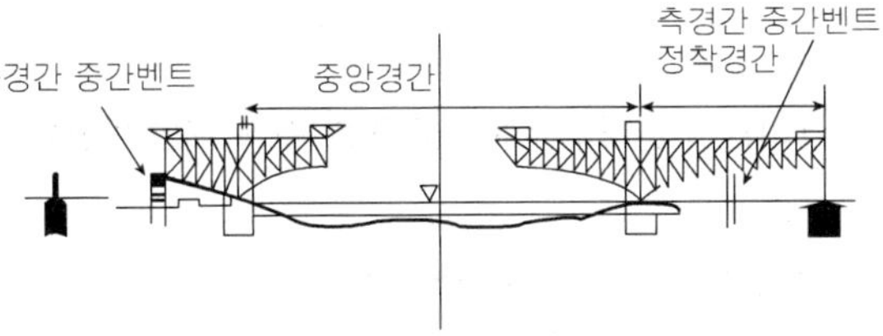

〈그림 10-24〉 밸런싱 캔틸레버식공법

런스(balance)를 취하면서 장출가설하는 밸런싱 캔틸레버식(balancing cantilever type)공법(그림 10-24 참조)도 있으나 이 경우에는 지진이나 내풍(耐風), 안정성에 주의하고 장출길이가 클 경우에는 적당한 위치에 벤트 비를 하여 지지시켜야 한다.

교체의 조립에는 이랙터(架設者, erector), 트래블러크레인(traveller crane), 플로팅크레인(floating crane), 케이블크레인(cable crane) 등이 교량형식 혹은 가설지점의 지형에 따라 가설된다. 어느 방법이든 가설시의 형(桁)의 내력이 문제가 되는 일이 많으므로 이 경우에는 미리 설계시에 가설응력을 고려하여 중간벨트를 세우거나 한다. 이 공법에서 특히 유의할 점은 설계시부터 장출공법의 채용을 전제로 하여 장출가설 강도나 이음(joint)위치 등을 고려해 놓는 것이 중요하다.

10-5-5 케이블이렉션 수직매달기공법

케이블이렉션(cable erection) 수직매달기(直吊)공법은 교량 구조상 장출식 가설을 할만큼 강성이 없고 가설지점의 지형이 깊은 계곡이나 해상, 호상(湖上)에서 벤트를 세우는데 대단히 불경제적인 경우 혹은 형하공간(桁下空間)의 사용에 제한이 있을 경우에 유효한 공법이다.

또한 교량가설 지점이 충분한 수심이 있어도 플로팅크레인이나 대선(臺船, pontoon)의 진입이 곤란하거나 사용하는데 어떤 제한이 있을 경우에 사용하는 공법이다(그림 10-25 참조).

가설은 주삭(主索, main rope)을 철탑에 걸쳐서 양 앵커콘크리트간에 끌어 걸쳐 놓고 주삭의 표점(marking) 위치에 행거로프(매다는 로프, hanger rope)를 매달아 내려매달기 철구나 강형(鋼桁)을 사용하여 직접 교체(橋體)를 매달아 지지하면서 조립한다. 따라서 철탑 후방에 공삭

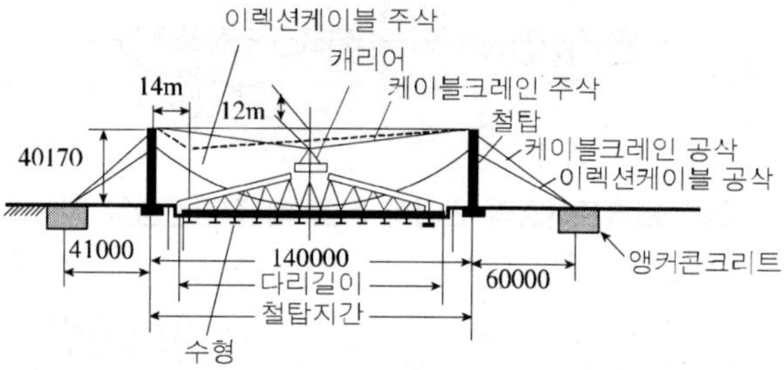

〈그림 10-25〉 케이블이렉션 수직 매달기공법

(控索, stay rope)용의 앵커콘크리트(anchor concrete, anchor wall)를 설치할 장소가 필요하다. 또 이 공법은 부재의 운반이나 조립용으로 케이블크레인을 가설하는 것도 고려하여 가설작업상의 안전설비 및 연락통로용으로 교대와 교각 사이에 와이어브리지(wire bridge 또는 catwalk 등)를 가설하는 것이 일반적이다.

이상과 같이 이 공법은 가설비(架設備)도 많이 필요하고 시공상으로 보아도 숙련을 요하는 공법이지만 아치계(arch system)의 랭거형(langer girder) 혹은 트러스(truss)교의 가설에는 적합한 공법으로 판형(板桁, plate girder)이나 상형(箱桁, box girder) 등의 가설에도 사용한다. 그러나 설비의 구조계에서도 아는 바와 같이 장대교의 가설에는 주삭장력(主索張力)이 너무 커서 설비 상으로나 경제적으로도 문제가 많다. 일반적으로 지간길이는 150~180m, 강중(鋼重)으로 500~600ton$_f$이 한도라고 한다.

10-5-6 케이블이렉션 경사매달기공법

케이블이렉션 경사매달기(斜吊)공법은 전기의 수직매달기공법과 동일한 지형인 곳에서 교형의 강성이 높고 이것을 압축부재로 하여 경사매달기 케이블로 교체를 달아서 지지하면서 가설할 수 있는 경우에 사용되는 공법이다. 따라서 설비나 구조면에서는 수직매달기공법보다 긴 지간을 가진 교량가설에 적합하다.

가설은 교대 후방의 앵커콘크리트에서의 공삭(控索)과 경사매달기용 타워(tower)를 걸쳐서 경사매달기 와이어로프(wire rope)로 교체를 지지하면서 장출하고 지간중앙에서 폐합가설(閉合架設)한다. 이 경우 폐합시의 경사매달기의 개수에 의하여 정정(靜定)매달기(1개 매달기)와 부정정(不靜定)매달기(다점매달기)로 나눈다.

부정정매달기는 경사매달기삭에 작용하는 힘이 불명확하게 될 우려가 있으므로 가설 도중의 형장관리와 조정작업이 복잡하게 되나 아아치리버(arch rib)의 변형이 작고 안전상 이점은 많다. 이 공법으로 아치계 상로교(上路橋)를 가설할 때는 교가자중(橋架自重)의 End post가 경사매달

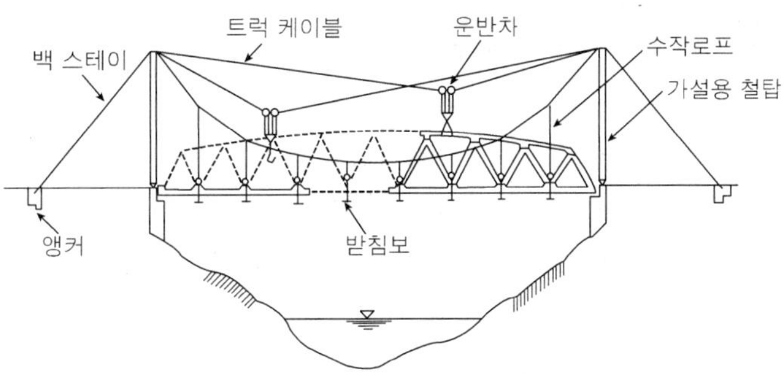

(a) 수직매달기공법

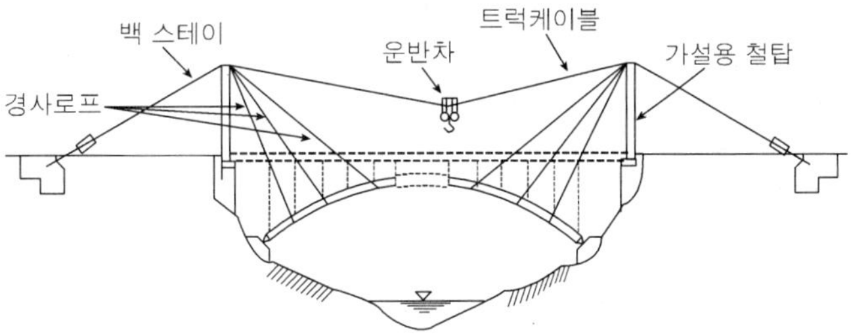

(b) 경사매달기공법

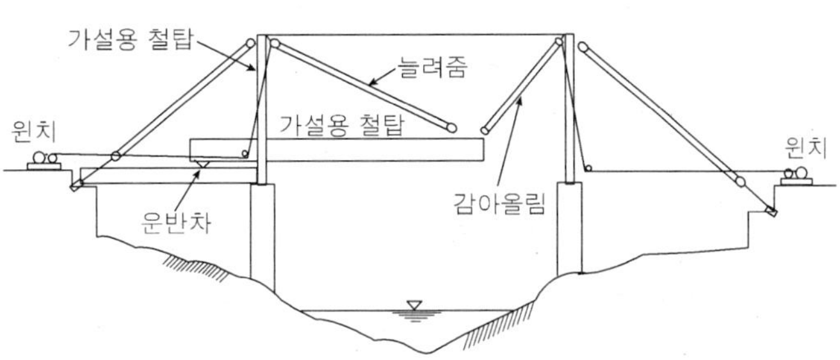

(c) 맞달기공법

〈그림 10-26〉 케이블식공법에 의한 가설

기 철탑에 사용할 수 있고, 또 측경간 교대(側徑間橋臺) 등이 공삭의 앵커로서 사용되는 경우가 많다. 이 경우에는 케이블크레인만을 단독으로 설비하게 된다(그림 10-26 참조).

경사매달기공법의 경우에는 설계시점부터 배려해 놓지 않으면 안 될 때가 많다. 특히 다음과 같은 점에 주의할 필요가 있다.

① 가설응력을 어떻게 처리할 것인가, 폐합방법을 고려한 아치리버의 설계와 거기에 합치된 경사 매달기설비계획을 한다.

② 아치계 상로식 교량의 가설 등으로 End Post를 경사매달기타워와 겸용하는 경우는 Post 하단을 일시적으로 힌지(hinge)로 하는 등의 배려가 필요하다.

10-6 콘크리트교의 가설공법

1950년대 초기까지는 RC교가 주로 가설되었으며, RC교의 가설공법으로는 동바리공법(staging method)이 주요 공법이 되어 왔다. 이후부터 유럽에서 PSC교의 가설에 대한 새로운 공법이 발표되었으며, 이러한 PSC 가설공법의 기술진보에 힘입어 오늘날 PSC 가설공법을 광범위하게 사용하고 있다. 최근 콘크리트교의 가설공법은 대부분 PSC교의 가설을 위한 것이므로 PSC교의 가설공법을 중점으로 다루고 있다.

1950년대 초에 캔틸레버공법의 일종인 Dywidag공법이 개발되면서 PSC 세그먼트를 이용한 장대교량의 시공이 점차 증가하였다. 그리고 1960년대 공사비의 절약과 공사기간단축이 가능한 과학적이고 합리적인 공법이 개발되어 왔다. 이러한 대표적인 공법으로는 이동식 비계공법(movable scaffolding system, MSS)·연속압출공법(incremental launching method, ILM)·캔틸레버공법(free cantilever method, FCM)·프리캐스트 세그멘탈공법(precast segmental method, PSM) 등이 있으며, 그중 PSM공법에는 평형 캔틸레버공법(balanced cantilever method, BCM)·경간가설공법(span-by-span method, SSM)·전진가설공법(progressive placement method, PPM) 등이 있다.

PSC교량의 가설공법은 분류방법은 일반적으로 표 10-5와 같다. 이 절에서는 동바리공법(full staging method, FSM)·이동식 비계공법·연속압출공법·캔틸레버공법·프리캐스트 세그먼트공법 등에 대해 각 공법별 특성을 중심으로 기술하였다.

〈표 10-5〉 PSC교량 가설공법의 분류

<table>
<tr><td>동바리를 사용하는 공법</td><td>현장타설공법</td><td colspan="2">① 전체 지지식
② 지주 지지식
③ 거더 지지식</td></tr>
<tr><td rowspan="5">동바리를 사용하지 않는 공법</td><td rowspan="3">현장타설공법</td><td>캔틸레버공법</td><td>① 이동식 작업차에 의한 가설
② 이동식 가설 트러스에 의한 가설</td></tr>
<tr><td>이동식 비계공법</td><td>① 상부이동식 가설
② 하부이동식 가설</td></tr>
<tr><td>연속압출공법</td><td>① 집중 압출방법에 의한 가설
② 분산 압출방법에 의한 가설</td></tr>
<tr><td rowspan="2">프리캐스트공법</td><td>프리캐스트 거더공법</td><td>① 크레인을 이용한 가설
② 거더 설치기를 이용한 가설
③ 기타 가설방식</td></tr>
<tr><td>프리캐스트 캔틸레버공법</td><td>① 평형 캔틸레버공법에 의한 가설
② 경간 가설공법에 의한 가설
③ 전진 가설공법에 의한 가설</td></tr>
</table>

10-6-1 동바리공법

(1) 개요

동바리란 교량가설 시에 조립하여 사용하다가 교량완성 후에는 해체하는 임시구조물의 일종으로서 지주(支柱) 및 강제조립거더 등이 이에 속한다. 동바리공법(full staging method, FSM)은 콘크리트타설을 하는 경간전체에 동바리를 설치하여 타설한 콘크리트 소정의 강도에 도달할 때까지 콘크리트의 자중 및 거푸집, 작업대 등의 하중을 일시적으로 동바리가 지지하는 방식으로서 PS콘크리트량 가설공법중 가장 일반적인 공법이다. 이 공법은 최근에 개발된 압출공법, 이동 동바리공법 등 최신공법에 보다 사용빈도가 줄어 들고 있으나 사용장비의 비용이 저렴하고 비교적 간편한 이점이 있기 때문에 지금도 평이한 지형에 적당한 높이의 짧은 교량을 가설할 경우에는 보편적으로 이용되고 있다. 동바리설치시 사용되는 조립제는 종래에는 목재가 주로 사용되어 왔으나 최근에는 공장에서 규격제품으로 생산되는 강재가 주류를 이루고 있다. 이러한 조립제는 조립, 해체가 용이하고 범용성이 있어야 하며, 동바리설치시 소요되는 비용이 전체 공사비의 약 25% 정도를 차지하므로 동바리를 안전하게 설치하는 것 뿐만 아니라 경제적으로 가설하는 것도 매우 중요하다.

(2) 가설방식의 분류

동바리에 의한 교량의 가설방식에는 사용부재의 조합에 따라 전체 지지식, 지주 지지식, 거더 지지식 등 3가지로 분류한다.

1) 전체 지지식

교량가설시 동바리를 사용하여 상부로부터 전해 내려온 하중을 지지하도록 하는 방법으로서

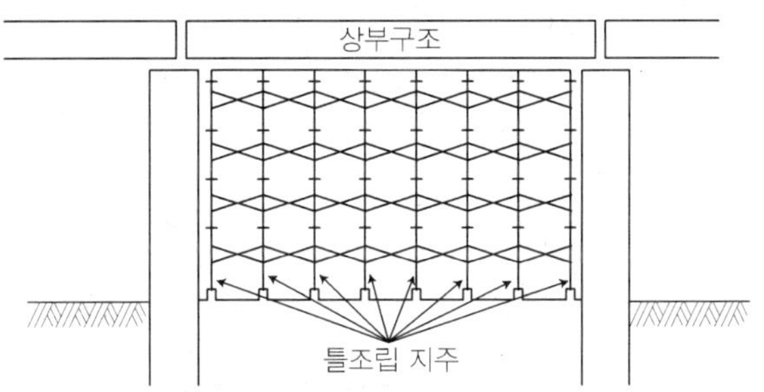

〈그림 10-27〉 전체 지지식

그림 10-27과 같다. 이 방식은 여러 개의 조립재를 조합하여 사용하기 때문에 운반 및 조립 해체가 용이해야 하며, 규격화된 것을 사용하도록 하는 것이 유리하다. 또한 이 방식은 동바리를 지면으로부터 가설하는 방식으로 교량 하부공간을 이용하여야 하는 위치에 적용하기가 어렵다.

2) 지주 지지식

지주 지지방식은 상부로부터 전해 내려온 하중을 상부구조 바로 밑에 설치된 거더에서 받아 이 하중을 집중적으로 지주에 전달하는 방식이다(그림 10-28 참조).

이 방식에 사용되는 지주는 강지주나 틀조립 지주를 조립하여 주로 사용하며, 강관이나 형강 3~4개를 주부재로 한 대형지주가 사용되기도 한다. 그리고 하중을 지지하는 거더는 I형강, H형강, 플래이트거더(plate girder) 등이 주로 사용된다. 이 방식은 어느 정도 교량의 하부공간을 활용할 수 있으나, 지주가 전체의 하중을 지지하게 되므로 지주의 기초가 견고하여야 한다.

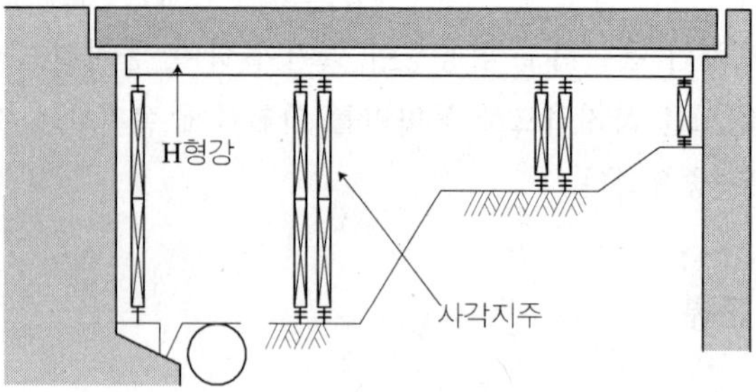

〈그림 10-28〉 지주 지지식

3) 거더 지지식

조립재를 지면으로부터 설치하지 않고 상부에서 내려오는 하중을 경간 사이에 설치된 조립거

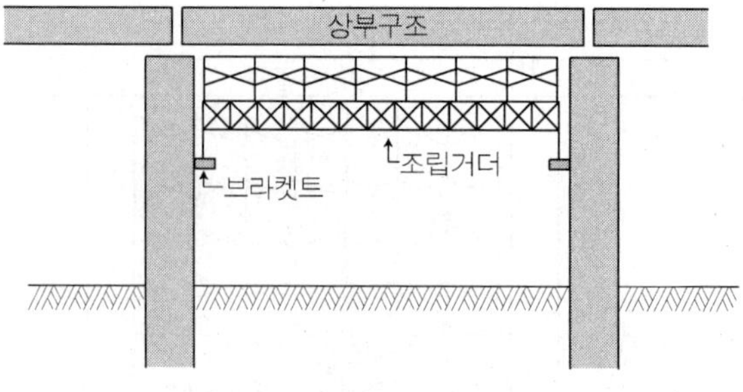

〈그림 10-29〉 거더 지지식

더에서 받아 교각에 설치된 브라켓트를 통해 하부로 전달하도록 하는 방식이다. 이 방식은 지반 상태가 불량하여 경간 사이에 곤란한 장소나 입체교차로 지점 등 교량의 하부공간을 이용하고자 하는 위치에 주로 사용되며, 지점으로부터 교량 상부구조까지의 높이가 높은 경우에 유리한 방식이다(그림 10−29 참조).

4) 가설방식의 선정

가설방식을 결정하는데 있어서는 입지조건으로서 지형, 가설높이, 기초지반의 상태, 교량하부의 교통상태 그리고 구조조건으로서 각 부재의 형상 및 치수, 가설구조물의 이용상태 등의 조건을 고려하여 선정해야 한다. 지질조건에 따라 가설방식을 선정할 경우에는 표 10−16과 같다.

〈표 10 - 16〉 지형조건에 따른 가설방식의 선정

지형조건	적당한 가설방식	조립제
지반이 평탄하고 교각의 높이가 10m 이내일 경우	전체 지지식	관지주, 틀조립지주
지반이 불량할 경우	지주 지지식	관지주, 틀조립지주
지표조건이 나쁜 하천 등	거더 지지식	H형강 트러스 구조 대형 트러스 구조

10-6-2 이동 동바리공공법

(1) 공법의 개요

이동 동바리공공법이란 현장타설 PSC교 시공의 급속화, 성역화를 목적으로 하여 개발된 것이고, 기계화된 동바리공과 거푸집을 사용하여 1지간을 한번에 시공하는 공법이다. 적용지간은 20~45m 정도이고, 1지간분의 시공일수는 10~15일이다. 이동 동바리공을 대별하면 다음과 같다.

- 이동 동바리공
  - 보 식
    - 이동매달리기 동바리공
    - 가동 동바리공
  - 지주식

PSC교의 시공은 주로 보식이 많이 이용되며, 보식이동 동바리공은 가설기(架設機)의 주트러스 보가 상부공(上部工)의 상측에 있고 동바리공 거푸집을 매다는 형식의 이동매달기 동바리공과 주 트러스보가 상부공의 하측에 있는 형식의 가동 동바리공으로 분류된다.

1) 이동매달기 동바리공

이동매달기 동바리공을 사용하는 공법에는 그림 10−30에서 보면, 다음과 같다.

① 공정 1, 지간 시공 : 바겐은 MJ 및 R_3로 지지하고 콘크리트타설을 행한다.

② 공정 2, R_1, R_2, R_3의 이동 : 지지각(支持脚)을 횡형 지주 및 End Block에 이동시켜 R_1, R_2, R_3를 안치시킨다.

③ 공정 3, 주형(主桁)의 전진 및 R_1 전방교각에의 이동 : R_2, R_3의 Center Hole Jack에 의하여 주형을 전진시켜 R_1을 전방 교각에 이동 설치한다.

④ 공정 4, 주형(主桁)의 전진 : R_2, R_3의 Center Hole Jack에 의해 주형을 전진시킨다.

⑤ 공정 5, R_3의 이동 : R_1, R_2로 지지하고 R_3을 이동한다.

⑥ 공정 6, 주형(主桁)의 전진 : R_2, R_3의 Center Hole Jack에 의하여 주형을 전진시켜 이동을 완료한다.

그림 10−30과 같이 교면상(嬌面上)에 설치한 이동 매달기 동바리공에서 거푸집을 매달아 1지간씩 차례로 시공한다. 대표적인 예는 서독에서 개발된 게루스트 바겐(gerust wagen)공법이 있다.

이동 동바리공은 기본적으로 상형(箱桁, box girder) 단면을 가진 1개의 주형과 주형에서 늑

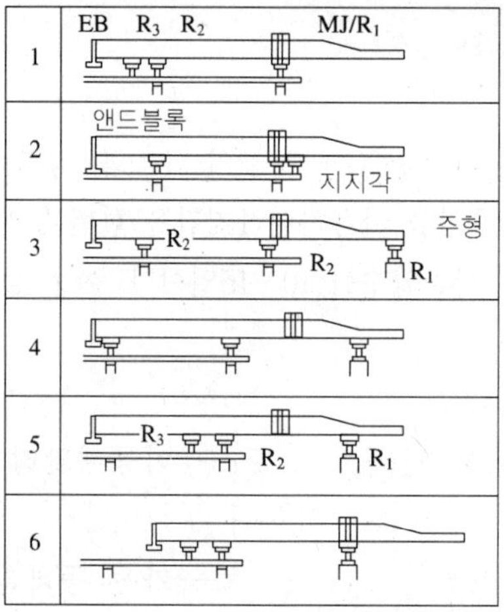

〈그림 10-30〉 이동 매달기공의 이동 요령도

골상(갈비모양)으로 나온 횡형 및 주형을 지지하는 이동수대(移動受臺)의 3요소로 되어 있다.

콘크리트타설은 매달기 동바리공 자중과 콘크리트중량은 매달기 동바리공 주형으로 지지되고 2기의 이동 수대를 통하여 하부공에 전달된다.

동바리공의 이동은 그림 10－31에 표시한 바와 같이 1지간당 6개의 공정을 거쳐 행한다. 동바리공은 본체에 내장된 구동장치에 의하여 자주(自走)하고 밑거푸집은 동바리공 하방재와 일체가 되어 수직으로 개폐하면서 교각을 전진시켜 간다.

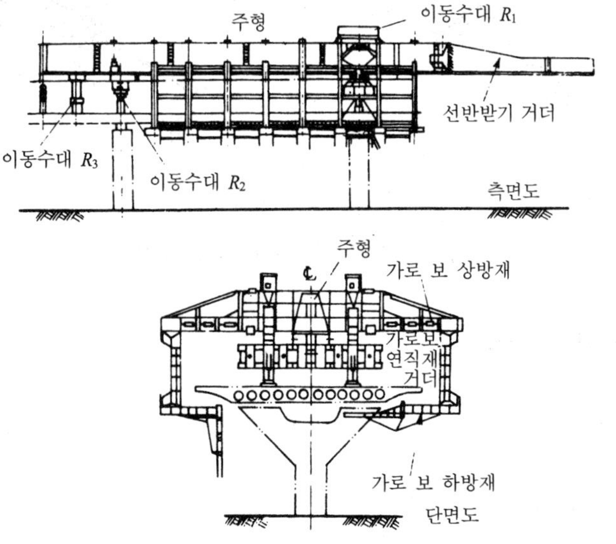

〈그림 10－31〉 이동매달기 동바리공 일반도

2) 가동 동바리공

가동 동바리공을 사용하는 공법에는 콘크리트형의 하측에 형을 배치하고 그 위에 외거푸집을 설치하여 1지간씩 차례로 시공해 간다. 대표적인 예는 스트라버그(straberg)공법을 들 수 있다.

가동 동바리공의 구조는 그 대상이 연속형인가 단순형인가에 따라 약간 다르나 기본적으로는 그림 10－32와 같은 동바리공형, 송형(送桁), 후방대차, 전방대차, 교각 브랑켓, 거푸집 지지기로 되어 있다.

동바리공형은 형콘크리틑 지지하기 위한 강형(鋼桁)으로서 송형을 2지간분의 길이를 가진 강재이고, 제 1지간은 동바리공형과 같은 역할을 하고 제 2지간은 동바리공형 이동형 팔목형의 역할을 한다. 대차는 동바리공형 이동에 사용하고 후방대차는 기설콘크리트 형상, 전방대차는 송형상을 자주(自走)한다. 교각 브랑켓은 동바리공 반력을 교각에 전달하기 위한 것이고, 이동시에는 동바리공에 매달려서 이동한다.

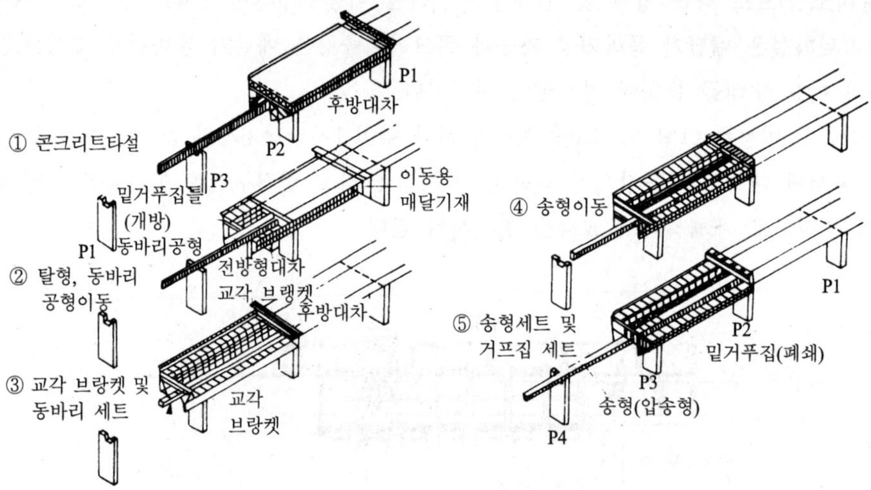

〈그림 10-32〉 가동 동바리공 개략도

(2) 이동 동바리공의 특징

이동 동바리공의 특징을 요약하면 다음과 같다.

① 지반면에서의 동바리공이 필요없으므로 하천이나 도로 등 형하공간(桁下空間)이나 지반 등의 조건에 좌우되지 않고 시공할 수 있다.

② 고도로 기계화된 동바리공과 거푸집을 사용하여 시공하므로 신속, 안전, 확실하게 시공할 수 있다.

③ 사이클화, 패턴화된 작업이므로 적은 작업원을 일정기간 고용할 수 있고 노무비를 감소시킬 수 있으며, 또 확립된 품질관리와 안전관리를 할 수 있다.

④ 상옥(지붕)설비를 가져 우기 시에도 작업을 할 수 있으므로 확실한 공정관리가 행해진다.

⑤ 팔목형이나 송형에 선회장치를 함으로써 곡선교에도 적용된다.

⑥ 거푸집 동바리공의 전용과 노무비의 감소로 공사규모가 크면 클수록 경제적이다.

⑦ 한 쪽에서 차례로 시공하므로 하부공과의 중복공정이 가능하고 상하부의 전체 공사기간을 단축할 수 있다. 또 기설형(旣設桁)은 자재운반에 이용할 수 있다.

⑧ 특히 이동매달기 동바리공의 경우 교각의 형상에 좌우됨이 없이 교형의 가설시공을 할 수 있다. 가동 동바리공의 경우는 교각의 형상에 따라 적당한 형을 선택할 수 있다.

10-6-3 연속압출공법

(1) 개요

압출공법(incremental launching method, ILM)은 1964년 8월 F. Leonhardt, W. Andra, W. Baur 박사 3인이 개발하여 1967년에 독일에서 특허를 얻었다. 특허청구의 범위는 다음과 같다.

1) 장대(長大) 구조물, 특히 강교, PSC교의 제작법에 관하여 가설지점의 외측에서 전장(全長)을 동시에 연결하는 대신 구조물의 세그먼트블록(segment block)을 차례로 제작하여 서로 연결하여 전방(前方)에 압축하고 압출후 기설블록에 거푸집을 고정하여 콘크리트를 타설해 간다(그림 10-33 참조).
2) 제작이 끝난 블록을 압출하기 위하여 잭을 사용하여 이 잭을 인장용 강봉 및 해긴(解緊)할 수 있는 형연결구조에 연결한다.
3) 폴리데트라불화 에틸렌층을 구비한 활출지승(滑出支承)으로 차례로 전방(前方)에 압출한다.

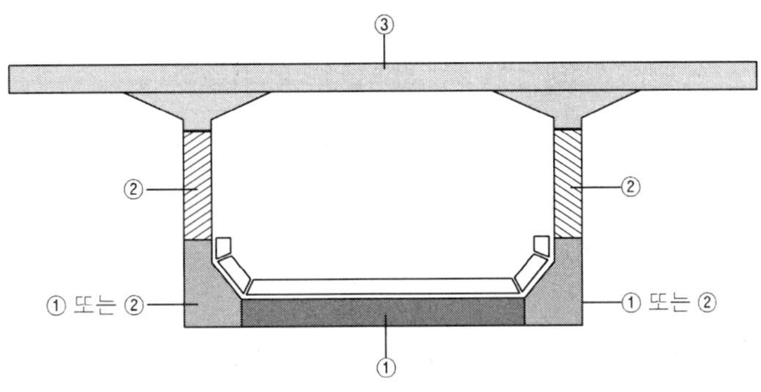

〈그림 10-33〉 PC 박스거더 단면도 및 타설순서

연속압출공법은 개발의 당초에는 동바리공설치가 곤란한 깊은 계곡을 횡단하는 공법의 적용에 상정되어 현실에 적용되고 있다. 그러나 최근의 사례는 도로, 철도 등을 건너는 다경간 고가교(多徑間 高架橋)에도 적용되어 그 특징을 발휘하고 있다.

교량의 단면형은 상형(箱形)단면이 많고 폭원에 따라 1~3 구멍 등에 사용된다. 철도교에서는 하로단면, 중로단면형도 사용되고 있고 연속구조 압출교로서는 적용이 유리한 단면형이 되어 있다.

구조형식은 압출시(押出時)의 빔의 안정문제, 안정성 확인을 위한 시행지간의 설정 등의 관점에서 모두 연속구조로서 가설한다(그림 10-34 참조).

연약지반 등에서 연속형이 채용되지 않을 때 가설할 경우에도 연속구조로 하고 가설후 단순형화를 시행한다. 이와 같을 때 절리단(切離斷)의 경사도는 90°에 가까운 것이 좋으나 다소의 사각형은 허용할 수 있다.

장대교를 가설하는 공법으로 교각이 높은 교량가설에도 가능하며, 국내에서는 호남고속도로 구간의 금곡천교가 1984년에 처음으로 이 공법으로 건설되었고, 그 후 행주대교(교량 총길이 1,460m) 등 수많은 교량이 이 공법으로 건설되었다.

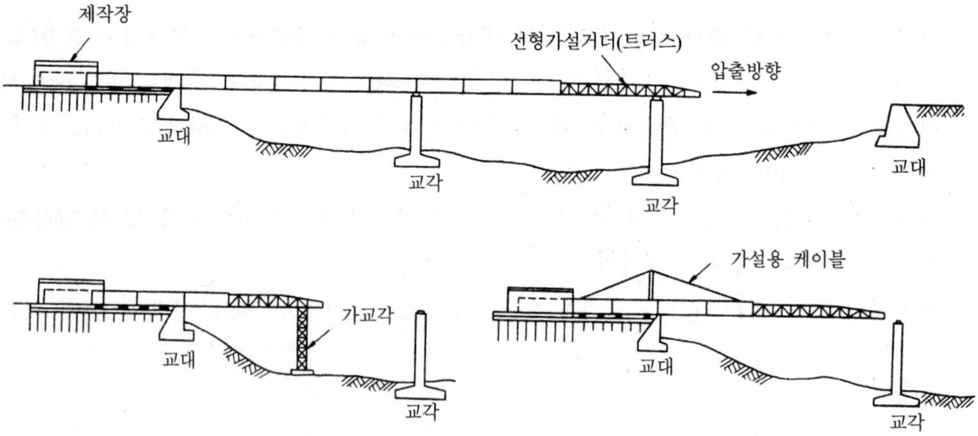

〈그림 10-34〉 연속압출공법 시공설비도

(2) 공법의 특징

1) 장점

① 비계작업 없이 시공할 수 있으므로 교량 밑의 장해물(도로, 철도, 강, 건물보호지역, 깊은 계곡)에 관계없이 이용가능하다.

② 공사규모에 따라 거푸집에 대한 공사비가 절감된다. 특히 장대교인 경우에는 더욱 효과적이다.

③ 운송비용이 절감(동바리 등 가설재 운송비용)된다.

④ 대형 크레인 등 거치장비가 필요없으며, Launching truss 등의 설치비가 절감된다.

⑤ 증기양생과 덮개설치로 비, 눈 등으로부터 보호(전천후 시공가능) 받을 수 있다.

⑥ Camber조정과 기타 기하학적 조정이 쉽다.

⑦ 구조물의 1세그먼트 길이가 15~30m로서 추진 완료까지 8~10일이면 되므로 교량연장이 긴 경우에는 공사기간이 단축된다.

2) 단점

① 교량선형(橋梁線形)의 제한성(직선 및 동일 곡선선형일 것)이 있다.
② 콘크리트타설시 엄격한 품질관리가 필요하다.
③ 상부구조물의 횡단면과 두께가 일정하여야 한다.
④ 상당한 면적의 제작장이 필요하다.

3) 공법의 선정효과

① 연속이므로 주행성이 좋다.
② 외관이 미려하다.
③ 계획적인 공정관리가 가능하며, 안전시공을 기대할 수 있다.
④ 철저한 품질관리로 확실한 시공이 보장된다.

(3) 시공순서

압출공법의 일반적인 시공순서는 다음과 같다.

제작장 설치→추진코 설치→PSC 박스제작→압출→Continuity Strand 인장→Diaphragm 콘크리트타설→교좌장치 영구고정→다음 구간으로 이동한다.

1) 제작장

① 지반이 견고할 것
② 제작장 주변의 배수처리를 잘 할 것
③ Braking Saddie의 앵커(anchor)를 견고하게 설치할 것
④ 런칭잭(launching jack)의 경사는 교량의 종단경사와 동일하게 설치할 것

2) 콘크리트타설

① 철제 Mould는 Sand Blasting한 후 기름을 칠해서 녹을 방지할 것
② 쉬스(sheath)관과 PC강선은 녹이 슬지 않도록 보호할 것
③ 슬럼프(slump)는 유동화제를 사용해서 10cm 미만으로 할 것
④ 눈비를 피할 수 있는 Canopy를 설치할 것

3) 양생

① 증기양생 설비준비(보일러 1,000kgf/hr, 용수 2,000ℓ/hr)
② 최대온도는 60~70℃로 하고 시간당 상승온도는 20℃를 넘지 않도록 한다.
③ 온도하강 시도 시간당 20℃를 넘지 않도록 한다.
④ 증기양생이 끝난 후에도 양생포를 덮어서 직사광선을 피할 것
⑤ 온도계를 비치 : 외부 1개, 내부 2개

4) 강선인장

① 설계기준강도의 최소 80% 이상일 때 긴장할 것
② 긴장 종료후 강선 절단시 연결구로부터 약 2~3cm 여유를 두고 절단할 것
③ 유압호스 및 게이지(gauge)를 사전에 점검할 것
④ 긴장시 콘크리트면과 잭면이 평행 내지 일체가 되어서 편심(偏心)이 생기지 않도록 할 것

5) 압출

① Sliding Pad를 뒤집어 넣지 않도록 할 것(만약 뒤집어 넣었으면 후진해서 바로 넣을 것)
② Sliding Pad를 끼울 때에 콘크리트면이 슈(shoe) 부분에 닿지 않게 끼울 것
③ Sliding Pad에 구리스를 충분히 도포해서 마찰계수를 최대한 줄일 것

10-6-4 캔틸레버공법

(1) 개요

캔틸레버공법은 일반적으로 교각 또는 교대에서 지간중앙을 향하여 교대를 블록마다 이어서 장출하는 시공방법이다. 이 공법은 장대지간의 건설에 가장 적합한 공법이고, 또 각종 구조형식의 가실에도 적용범위가 넓어 비약적으로 발전되어 왔다.

이 공법에는 현장타설 장출시공하는 방법뿐만 아니라 현장타설 대신에 교형(橋桁)을 프리캐스트블록을 사용하여 연결하면서 장출가설하는 방법도 있다.

PSC교의 캔틸레버가설(張出架設)공법이라면 디위다그공법과 같이 널리 알려져 있다. 이 디위다그공법(diwidag method)이란 독일 Dyckergoff & Widmann KG의 Finster Walder 박사가 발명한 Post Tensioning Prestressed Concrete공법이다. 이 공법은 장대교의 캔틸레버가설공법으로서 가장 효과적인 공법이라고 할 수 있다.

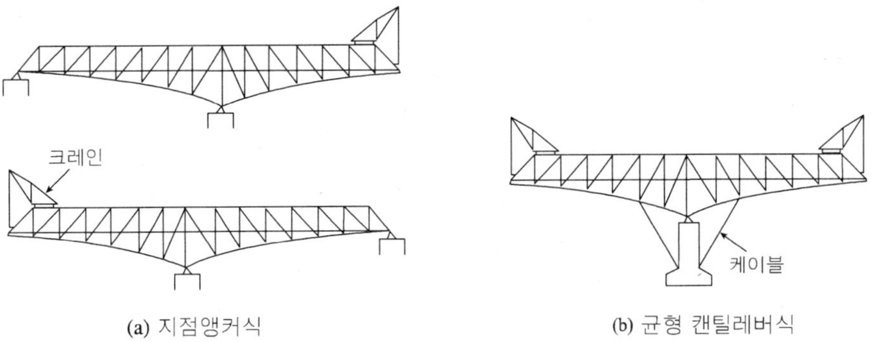

〈그림 10-35〉 캔틸레버식공법에 의한 가설

디위다그공법은 현 지반 상에 동바리(비계)를 사용하지 않는다. 그림 10-35와 같이 폴바우바겐(vorbauwagen) 내의 작업 바닥 상에서 각 블록의 거푸집, 철근의 조립부터 콘크리트타설, 프리스트레스트의 도입까지의 전 공정을 시공하고 교각을 중심으로 하여 좌우의 각 블록을 균형을 취하면서 순차 장출가설을 되풀이하여 일련의 교체를 형성하는 시공법이다.

이 공법의 특징을 요약하면 다음과 같다.

① 종래의 공법으로 시공이 힘든 장대지간의 PSC교의 가설이 가능하다.
② 동바리가 필요하지 않으므로 지간이 장대화 될수록 경제성이 높고 깊은 계곡, 하천, 해상, 육상 등 교통이 많은 지점에 가교(架橋)할 때 특히 이점이 많다.
③ 시공블록 3.0~5.0m씩 세그멘트를 나누어 시공하므로 상부구조의 변단면 시공이 가능하다.
④ 폴바우바겐 내에서 공사를 진행시킬 수 있으므로 비교적 기상조건에 좌우되지 않고 시공계획이 확실하게 실시된다.
⑤ 거푸집조립, 콘크리트타설, 프리스트레스 도입 등 동일공법의 되풀이 작업 때문에 시공속도도 빠르고 작업원의 숙련이 빠르다.
⑥ 각 시공구간마다 오차의 수정이 가능함으로 시공정도를 높일 수 있다.
⑦ 구조계산 및 설계가 다른 형식의 교량보다 복잡하다.

(2) 현장타설 캔틸레버공법

현장타설 캔틸레버공법(cast-in place cantilever)은 일반적으로 그림 10-36과 같은 폴바우바겐을 사용하여 2~5m의 블록으로 구분하여 콘크리트를 현장타설로 장출시공하는 방법이다.

이 공법은 PSC 형교(桁橋), PSC 사장교(斜張橋), 콘크리트 아치교 등 많은 장대지간의 교량에 널리 사용하고 있으나 각 구조형식에 따라 각각의 특징이 있으므로 이하에 각 구조형식마다 시공실적, 시공개요 및 이 공법의 특징에 대하여 기술한다.

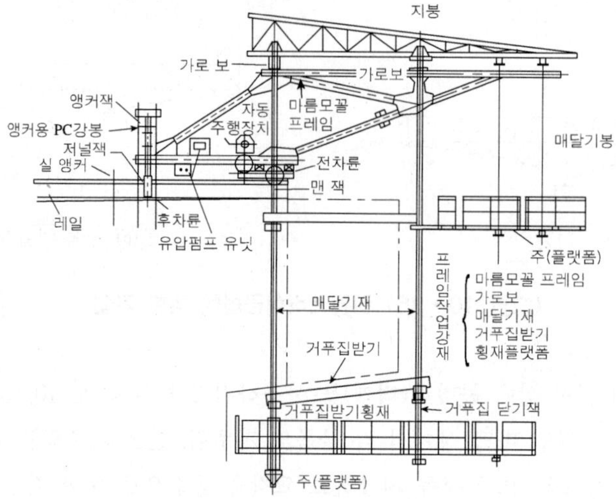

〈그림 10-36〉 캔틸레버식공법의 구조 개요도

1) PSC 형교의 시공 개요

현장치기 캔틸레버공법은 독일의 디위다그사가 개발한 것이고, 1950년 Lahn교(지간 62m)가 이 공법으로 가설된 이래 세계 각국에서 널리 사용하고 있다. 더욱이 현재 최대지간은 1978년 완성한 아르헨티나의 Paraguay River교의 270m이다. 또한 국내의 경우 원효대교가 이 공법으로 처음으로 시공되었다.

이 공법으로 시공되는 교량의 시공순서로서 중앙힌지가 붙은 3경간 연속 라멘교를 예로 하여 그림 10-37에 표시한다. 또한 연속형을 캔틸레버를 가설할 경우는 교각과 형(桁)을 고정하기 위한 가고정공(假固定工)이 필요하게 된다. 일반적인 가고정(假固定)의 구조를 그림 10-38에 표시한다. 또, 가고정철거(假固定撤去)는 그림 10-37에 표시한 측 지간부 ⓒ의 시공종료 후에 시행한다. 또 측경간 ⓒ의 시공에 대해서는 지형상의 제약 등의 동바리공의 시공이 불가능할 경우에는 가지주(假支柱)공법이나 필로(pillow)(기둥머리부에 탑을 세워 탑에서 가설용의 경사매달기 강재를 사용하여 빔을 매달아 올리기공법)공법에 의하여 캔틸레버구간을 길게 하는 방법을 채용할 때가 있다.

또 폴바우겐의 구조는 크게 나누어 메인프레임(main frame), 바겐의 고정장치, 주행장치로 나눈다(그림 10-39 참조). 그 상세한 것은 생략하는데 메인프레임은 일반적으로 주형(主桁)의 웨브(web)상에 설치하므로 그 수는 웨브의 수로 결정되고 그 크기는 시공블록길이, 시공블록의 용량으로 결정된다(그림 10-40 참조).

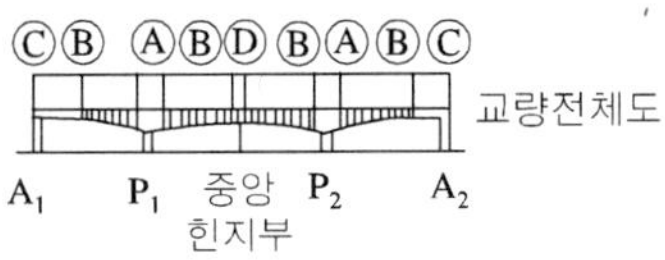

① 최초에 교각상의 기둥두부 Ⓐ를 동바리공을 사용하여 시공한다.

② 완성된 기둥부에 No. 1 바겐을 조립하여 1블록을 시공한다.

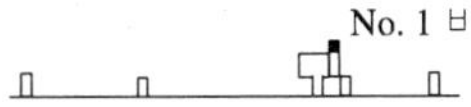

③ 바겐을 1블록상에 전진시킨 후 반대측에 No. 2 바겐을 조립하여 2블록을 시공한다.

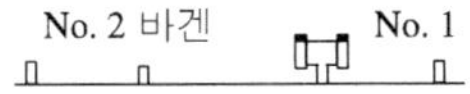

④ 이후 교호히 균형을 취하면서 장출시공한다.

⑤ 장출시공부 Ⓑ의 시공이 끝난 후 Ⓒ의 구간을 시공한다. 이 방법으로는 일반적으로 동바리공을 조립시공한다. 또 바겐을 반대측의 교각에 이동하고 이후 동일하게 장출시공한다.

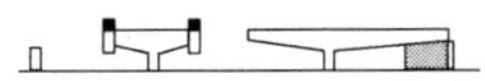

⑥ 측경간 동바리공부 Ⓒ를 시공한다.

⑦ 중앙힌지부 Ⓓ구간을 매달기 동바리공으로 시공하고 교면공을 시공하여 교량을 완성한다.

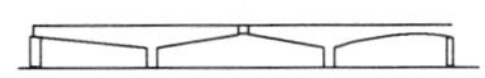

〈그림 10-37〉 PSC 형교의 시공순서도

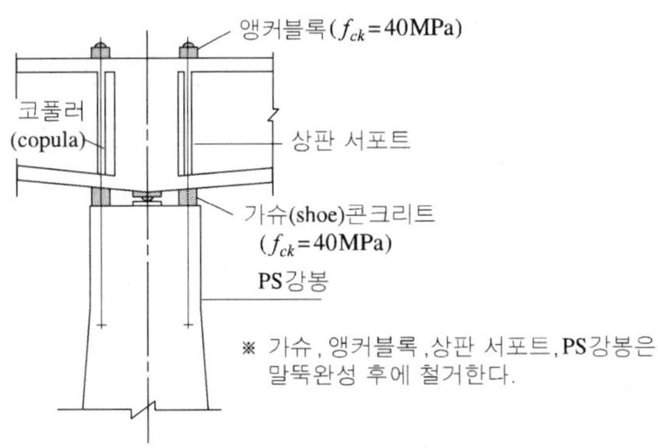

〈그림 10-38〉 가고정공(假固定工)

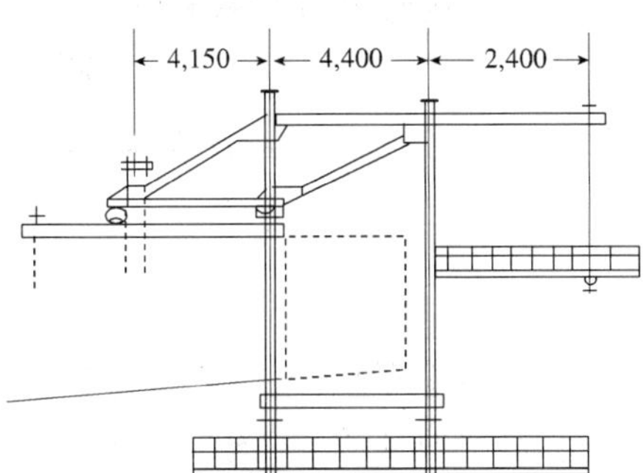

〈그림 10-39〉 중형 폴바우바겐

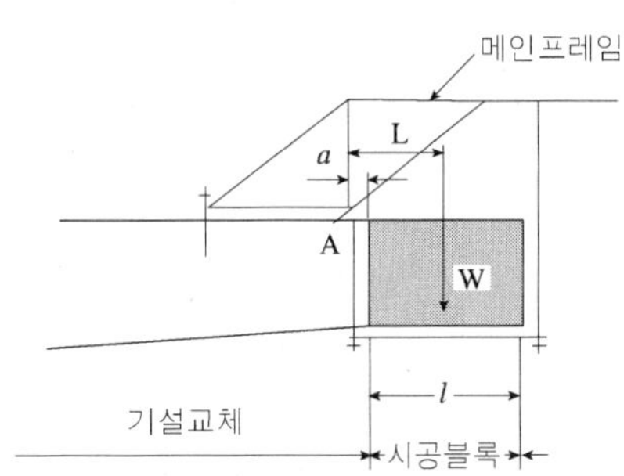

〈그림 10-40〉 바겐과 시공블록

바겐용량은 다음 식에 의하여 구한다.

$$M = W \times L \tag{10-10}$$

여기서, $L = \frac{1}{2} + \alpha = \frac{1}{2} + 0.5\text{m}$

W : 콘크리트의 타설량×25kN/m^3

이 모멘트에 의하여 그림 10－40에 표시한 바와 같이 보통 3종류의 바겐이 있으나 가장 일반적으로 사용하는 것은 중형 바겐이다. 대형 바겐은 특히 장대지간에 사용되나 그 사용 예는 적다. 중형 바겐의 표준 사이클은 표 10－17에 표시한다.

〈표 10-17〉 바겐의 종류

종 류	보통 바겐	중형 바겐	대형 바겐
최대용량 (2프레임당) [ton$_f$ · m]	150	200	350
최대 구분길이 [m]	3.5	4.0	5.0

〈표 10-18〉 표준 사이클

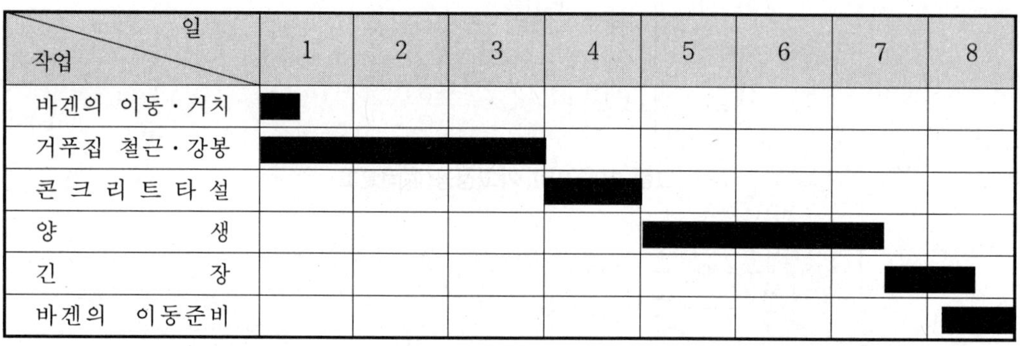

2) 구조형식

캔틸레버공법으로 가설하는 교량의 구조형식은 중앙 힌지형식과 연속형형식의 두 가지로 대별할 수 있다. 그 형식의 예를 그림 10－41에 표시한다. 이 중에서 라멘형식은 가설 중의 단면력과 완성계(完成系)의 단면력이 대개 일치해 있고, 또 교각이라도 강결상태에 있는데 대하여 연속형형식에는 단면력이 다르고 완성계에는 가동 또는 고정의 핀구조로 되어 있으므로 가설 중에는 교각과 형을 고정해 놓는 가고정공(假固定工)이 필요하다.

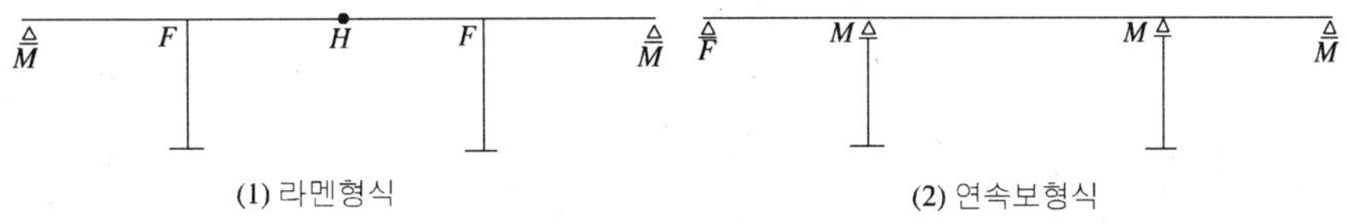

〈그림 10-41〉 구조형식

3) 가설구조

캔틸레버공법으로 특히 주의해야 할 점은 가설 중의 구조계와 완성 시의 구조계가 달라지는 것이다. 그 가설구조는 지간분할, 현지의 가교(架橋)조건에 따라 여러 가지 구조를 채용하는 경우가 있으나 그림 10-42는 일반적인 가설구조를 나타내고 있다.

교각에서의 좌우의 장출시공(張出施工)은 캔틸레버공법으로 동일하나 측 지간의 균형 등의 조건에 의하여 ①~③의 가설상태를 생각한다. ①은 가장 간단한 방법이고, 특히 제약조건이 없을 경우에 사용된다. ②는 동바리공의 설치가 어려울 경우에 가지주(假支柱)가 사용된다. 캔틸레버 가설과 같이 시공을 하나 완성계의 PS강재 외에 별도 가설용의 PS강재를 배치할 필요가 있다. 이 가지주의 재료로는 RC각주, 강관, 강재를 사용한 트러스부재 등이 사용되고 있다. ③은 중앙지간에 대하여 측 지간이 짧은 경우에 매달기 동바리공으로 시공하는 것이고, 특히 지간이 짧을 경우에는 균형을 유지하기 위하여 카운터웨이트(counter weight)를 필요로 할 경우가 있다.

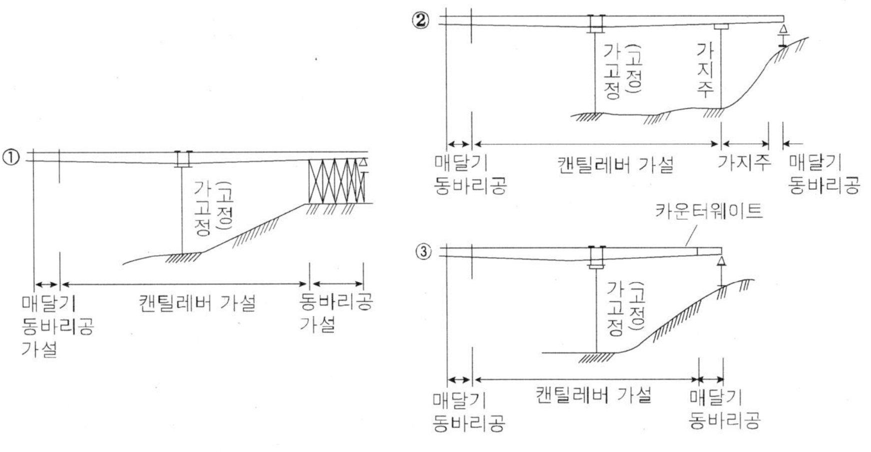

〈그림 10-42〉 가설구조도

4) 이동식 가설트러스를 이용한 가설공법

이 공법은 이동식작업차에 의한 이동식가설트러스(moving gantry)라는 가설장치를 이용하여 끝지간부터 차례로 시공하는 공법(hilfstragar공법)이나 그 대형 이동가설형에 현장타설의 블록 중량을 지지하고 1블록의 구분 길이를 길게하여 공사기간단축을 시도하는 공법(P&Z공법, 특허명) 등이 유럽에서 실용화되고 있다(그림 10-43 참조).

이 공법은 지상에서의 작업이 필요없으므로 지형이나 구조상의 이유로 자재의 운반 등에 문제가 있을 경우에 유리하다.

이 공법은 다음과 같은 특징을 가지고 있다.

① 지상에서의 작업을 필요로 하지 않으므로 하천, 해상 등에서 형하(桁下)의 사용조건에 제한이 있을 때나 교각의 경우의 시공에 유효하다.
② 적용 지간은 40~150m이고 상이한 지간을 가진 교량에도 대응할 수 있다.
③ 한 세그멘트 길이를 10m 정도까지 늘릴 수 있는 공정을 표준 7일간으로 할 수 있으므로 시공속도가 매우 빠르고 공사기간의 단축이 가능하다.
④ 변단면(變斷面)의 다리나 곡선교(曲線橋)에도 용이하게 대응시킬 수 있다.
⑤ 작업을 주기적으로 반복수행함으로 공정관리 및 품질관리를 양호하게 할 수 있다.
⑥ 동일한 장치로 경간길이가 다른 교량에도 용이하게 적용할 수 있다.

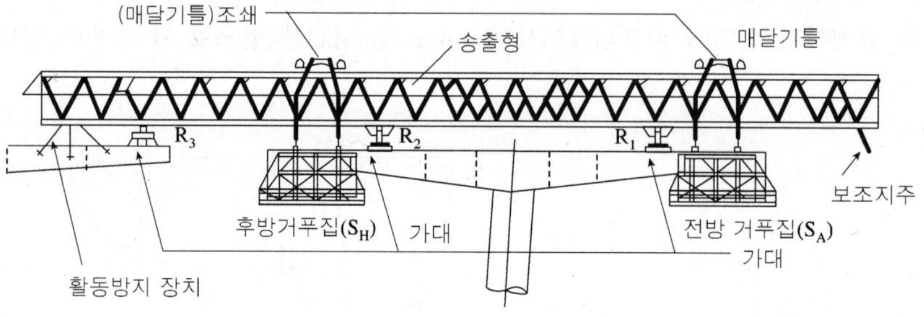

〈그림 10-43〉 P&Z 이동가설

이 공법을 사용하여 가설기계(이하 P&Z 장치라고 한다)는 송형(送桁) 거푸집장치 외에 송형을 지지하는 3기의 가대, 가대를 이동할 때 일시적으로 송형(送桁)을 지지하는 중간지주(다음의 교각에 송형이 이동할 때 사용한다), 보조지주 및 자재운반용의 트롤리 호이스트 등으로 구성되어 있다. 이 공법에 있어서 장출가설장치는 그림 10-44와 같다. 또 장출가설순서는 그림 10-45와 같은 요령으로 하고 지간 이동은 P&Z기를 전진시키면 된다.

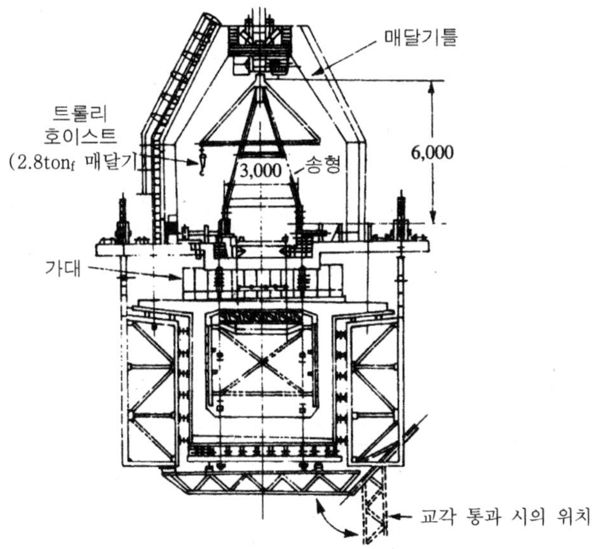

〈그림 10-44〉 P&Z 장치단면도

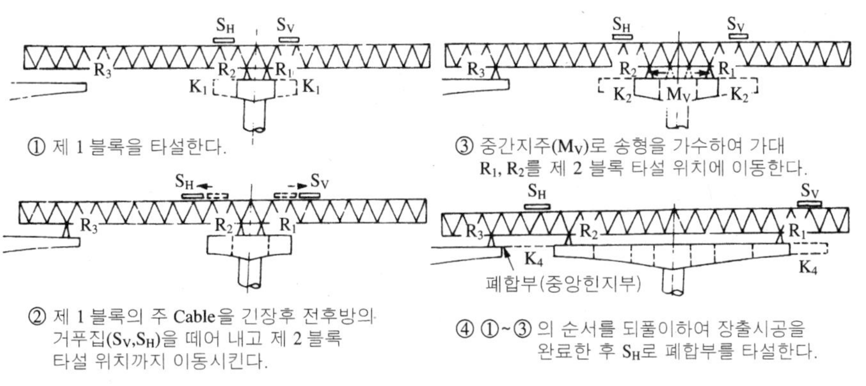

〈그림 10-45〉 장출가설의 요령

10-6-5 콘크리트 아치교의 가설

(1) 캔틸레버식 아치교가설

콘크리트 아치교를 캔틸레버식으로 가설하는 방법은 표 10-19와 같은 세 가지 공법이 고려된다. 현재 최대지간은 유고슬라비아의 SV. Marko KRK교의 390m이다.

이들 대표적인 시공 예로써 필로우(pillow)식 캔틸레버공법으로 시공된 D교의 시공순서를 그림 10－46에 표시한다.

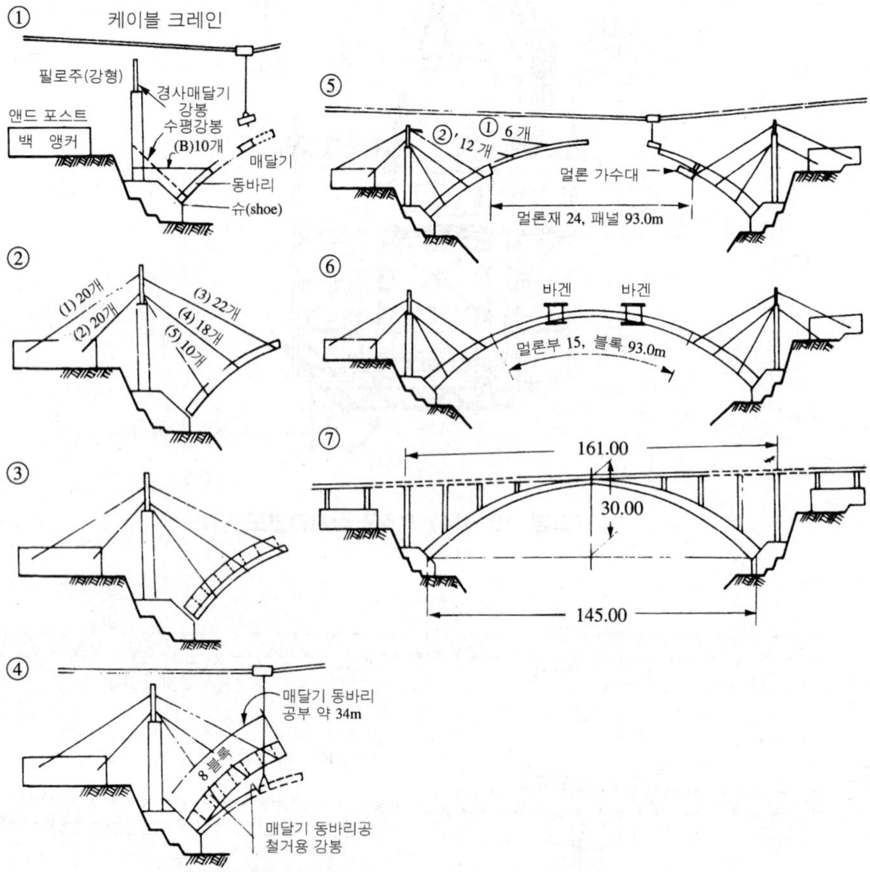

〈그림 10－46〉 D교의 시공순서도 예

현장타설 캔틸레버공법의 특징은 다음과 같다.

① 동바리공이 필요가 없으므로 깊은 계곡, 유량이 많은 하천, 교통량이 많은 가로 상에서의 가교가 필요하다.

② 주형(主桁) 전체를 지지하는 동바리공을 사용하는 것과 달리 주형을 부분적으로 지지하는 바겐을 사용하여 캔틸레버를 가설하기 위한 시공용 기계는 대형인 것이 아니라 교량 가설이 가능하고 따라서 장대교의 시공에 최적한 공법이다. 적용 지간은 60m 이상이다.

③ 2~5m의 블록으로 나누어 시공하므로 형높이를 변화시켜 형 자체를 변단면으로 하여 중량을 체감시키는 것이 필요하다.

④ 주된 작업이 바겐 내에서 한정되므로 바겐에 지붕이나 양생설비 등을 설치함으로써 기

상조건에 좌우되지 않고 품질이나 공정 등의 시공관리를 확실하게 행하게 된다.

〈표 10-19〉 캔틸레버식으로 가설하는 콘크리트 아치교의 공법

공법명	시공개요도	시공의 개요설명
필로우공법 (pillow method)	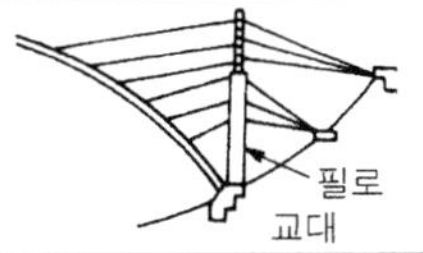	Springing부의 교각상에 가지주(pillow)를 세워 이 필로우에서 케이블로 Arch Rib를 경사로 매달면서 캔틸레버를 시공한다. 교대부는 springing이다(굴대받이 공법).
필로우, 멀론 (merlon) 병용공법 (돌출벽공)	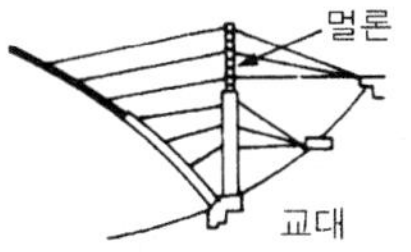	Arch Rib 기부는 상기의 필로우공법으로 시공하고 양측에서 뻗어나온 Arch Rib의 선단간을 강제 Sendie로 연결하고 바겐 등에 의하여 샌들을 포위하는 형으로 캔틸레버를 시공한다.
트러스공법 (truss method)	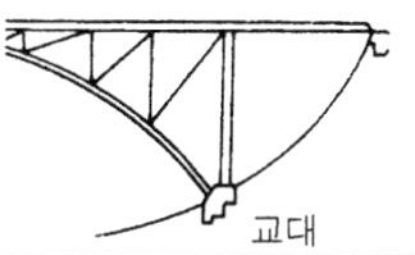	Arch Rib, 연직재 및 상상판으로 된 Frame에 경사매달기 케이블을 배치하여 캔틸레버 트러스를 형성하면서 교체공 전체를 동시에 시공한다.

⑤ 거푸집조립, 콘크리트타설, 프리스트레스트 도입 등 동일한 공정을 되풀이하여 작업하게되므로 작업비도 비교적 적게 시공할 수 있고 숙련이 빠르고 정확한 작업이 능률적으로 행해진다.

⑥ 각 시공구분마다 오차의 수정이 가능하므로 시공정도를 높일 수 있다.

(2) 로워링공법에 의한 아치교 가설

종래 아치링의 가설공법에는 총비계공법, Centol공법, Merlon공법, Pillown공법, Truss공법 등이 있으나 로워링(lowering)공법에 의하면,

① 급준한 지형에 홍수조절기능을 가진 댐직하 때문에 동바리, 비계 등의 설치가 곤란할 경우

② 부체도로(터널 등)가 없으므로 공사용 기자재의 운반이 곤란할 경우

③ 건조물의 전체 계획을 위하여 부체도로의 가교를 조기완성해야 할 경우

등의 조건을 고려하여 각 시공법에 대하여 경제성, 시공성(施工性), 공사기간 등을 검토하여 최신공법인 Lowering Arch교를 최근에 제외면(諸外面)에서 선택하고 있으므로 여기서 소개하는 바이다.

로워링(lowering)이란 강하(降下)라는 뜻이고 콘크리트제의 아치링(arch ring)을 미리 둘로 분할한 모양으로 양 안에서 수직방향으로 제작하고, 이 둘의 아치링을 전방에 회전강하시켜 중

앙에서 Docking시키는 아치링 시공법을 로워링공법이라고 부른다.

이 공법의 특징은 다음과 같다.

① 아치링은 연직으로 제작한 후에 소정의 위치에 로워링하기 위하여 링 아래에 동바리공이나 비계는 필요없다.

② 아치링의 시공을 교대부에서 단계적으로 행하기 위하여 공사용 기자재는 비교적 극소하게 소요된다.

③ 아치링의 제작 및 가설이 교대부에 집중하게 되므로 작업이 안전하고 조속화가 이루어지고 급속시공에 적합하다. 또한 면질관리도 용이하다.

④ 시공시의 구조계열이 단순하고 경사매달기공법 등에 비교하면, 특히 케이블의 장력관리가 간단하다.

⑤ 경사매달기공법 등에 비하여 시공시에 아치링의 축력에 의한 벤딩(bending)에는 저항이 크므로 보강재가 필요없다.

이 공법은 독일의 Argentobel교(그림 10−47)에 처음으로 본격적으로 채용하여 세계적으로 관심을 끌고 있으나 교량의 경우는 로워링을 기동시키기 위하여 압인병용잭을 내장한 특수 Aerm를 사용하고 있으나 장치가 커서 소규모인 아치교의 경우 경제성이 손실될 우려가 있다. 그러므로 일본에서는 특수 Aerm 대신에 끌어당기는 케이블을 설치하여 로워링케이블과의 케이블조작에 의하여 로워링을 가동시키는 시스템을 강구하여 성과를 거두었다.

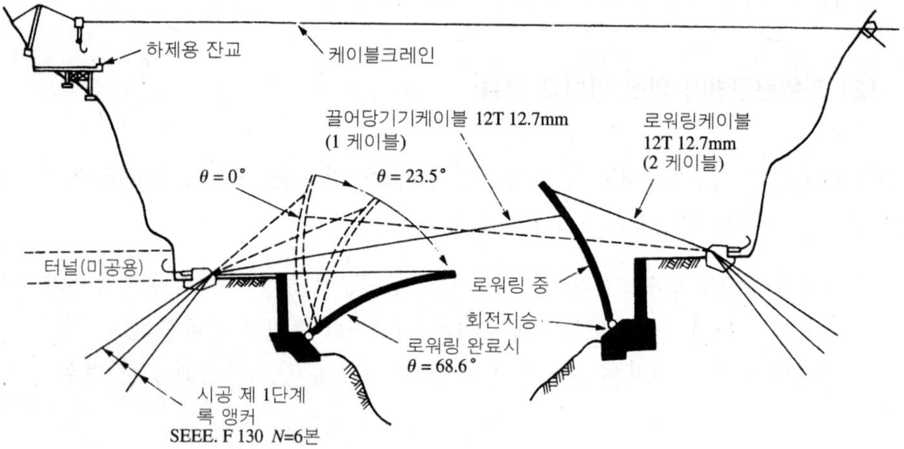

〈그림 10-47〉 로워링아치교의 가설요령

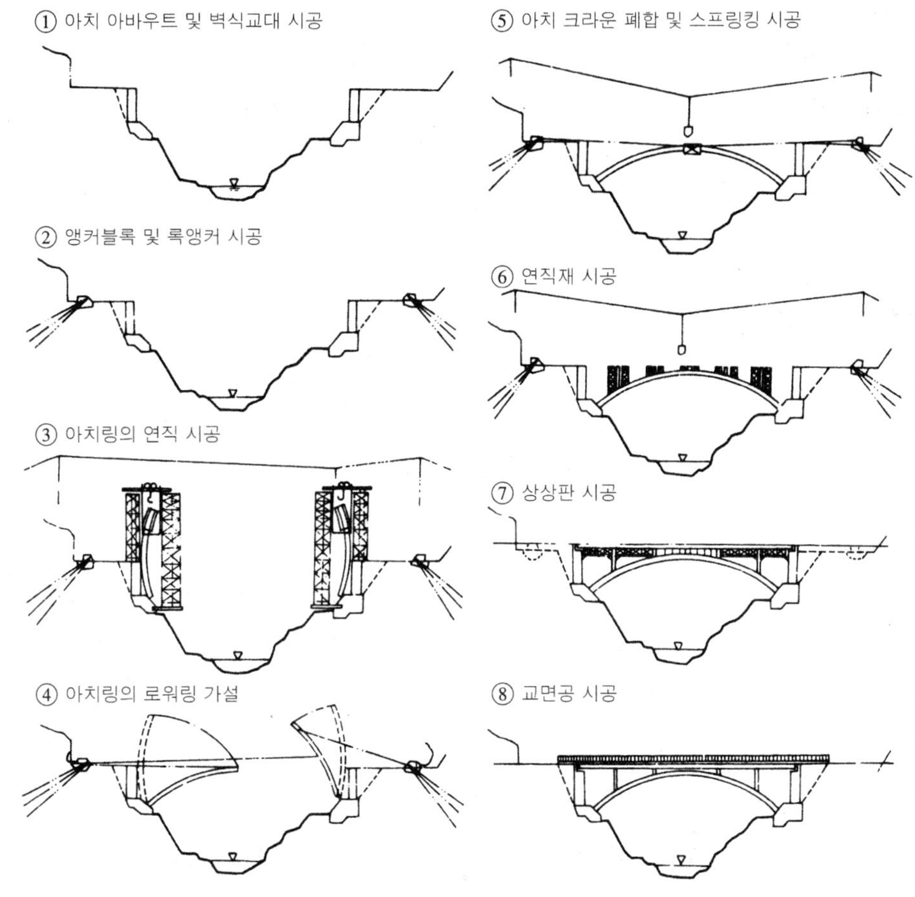

〈그림 10-48〉 로워링아치공법의 시공순서

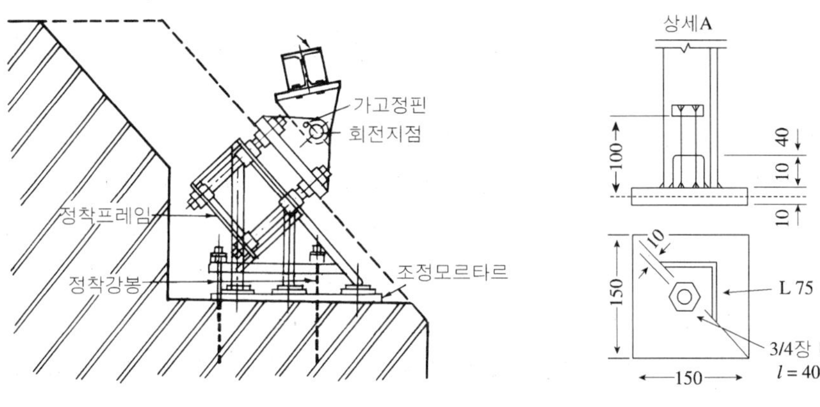

〈그림 10-49〉 회전지승의 설치구조

아치링은 표준적인 아치링의 길이는 4m로 하고 곡가공(曲加工)한 H형강 거푸집으로 링을 제조한다. 그 개략은 그림 10−48, 그림 10−49에 주요 부분만 표시하였다. 아치링의 제작이나 로워링의 가설 또는 Cruwn의 폐합, Sprining, 연직재 및 상상판의 시공 등은 역학적으로나 원리적으로나 모두 합리적으로 성립되어야 한다.

10−7 특수형식

10-7-1 현수교

(1) 개요

현수교(懸垂僑, suspension bridge)는 케이블에 모든 사하중(死荷重)과 활하중(活荷重)의 일부를 부담시킨 교량으로써 그림 10−50에 표시한 구조부재에 의하여 구성되고 있다.

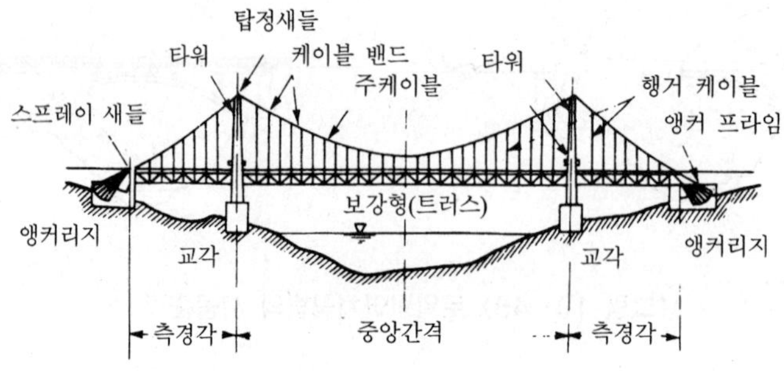

〈그림 10-50〉 현수교(吊橋)의 일반형상과 구성부재

각각의 구조부재의 가설에 있어서 타워는 정확하게 직립시켜 세워야 하며, 케이블은 그것을 구성하는 다수의 와이어를 균일하게 정해진 형상으로 매달아야 하며, 보강형(補剛桁)은 플렉시블한 케이블에 차례로 매달아 내리고 완성시에는 설계와 똑같은 형상과 응력상태가 요구된다.

이들의 요구를 만족시키고, 또 안전하고 경제적으로 가설하기 위하여 각각 부재에 대하여 여러 가지의 가설공법이 고안되어 실시되고 있다.

여기서는 지면관계로 보강형의 가설공법에 초점을 모아 기술하고 타워, 케이블의 가설공법은 간단하게 설명하려고 한다.

(2) 보강형 가설공법의 개요

현수교 보강형 가설공법에는 여러 가지 면으로 고찰되나 이것을 대별하면 다음과 같다.

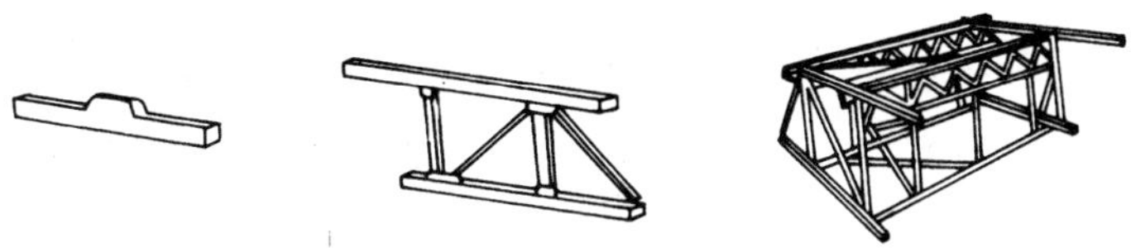

(a) 단재 (b) 면재 (c) 블록재

〈그림 10 - 51〉 가설부재의 형상

1) 가설부재의 형상에 의한 분류

① 단재가설공법(單材架設工法), (그림 10−51(a) 참조)
② 면재가설공법(面材架設工法), (그림 10−51(b) 참조)
③ 블록가설공법(그림 10−51(c) 참조)

2) 가설에 사용하는 기계설비에 의한 분류

① 케이블크레인(cable crane)공법
② 트레블러크레인(traveller crane)공법
③ 리프팅크레인(lifting crane)공법
④ 기타 특수설비에 의한 공법

3) 부재의 가설순서, 방향에 의한 분류

① 타워에서부터 양경간(兩徑間)에 달아 내려가는 공법(그림 10−52(a) 참조)
② 주경간(主徑間) 중앙부에서 타워에 향하여 가설하는 공법(그림 10−52(b) 참조)

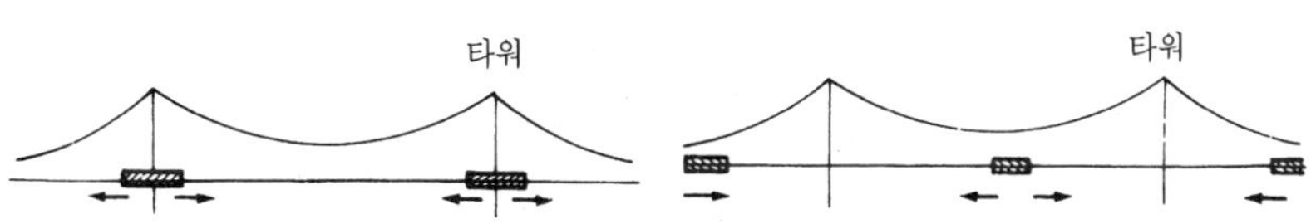

(a) 타워에서 중앙부에 가설 (b) 중앙부에서부터 타워방향으로 가설

〈그림 10 - 52〉 부재가설의 순서 방향도

또한 가설 도중의 보강형의 연결방법으로는 처음에는 힌지(hinge)결합으로 가설을 진행시켜 적당한 시기에 강결합(剛結合)으로 하는 경우와 처음부터 강결합으로써 가설하는 경우가 있다.

보강형의 가설공법은 이 각 분류 중에서 그 교량에 가장 적합한 공법을 그 교량의 규모, 형식, 지형조건, 시공조건, 안전성 및 경제성 등을 고려한 연후에 각각 선택하여 그것을 조합하여 결정한다.

일반적으로 보강형의 가설공법은 가설하는 부재의 크기와 형상(形狀)을 결정함으로써 사용하는 가설설비의 종류, 부재의 가설순서와 방향을 대개 선택하여 어떤 방도를 강구하게 된다.

(3) 단재가설공법

보강형 부재를 1부재의 최소단위로 기설의 부재에 연결하면서 가설해 가는 공법이고, 부재중량을 최소단위로 가설하기 위하여 가설설비가 적은 것으로 시공할 수 있는 장점이 있는 반면 공사기간은 대단히 길어지고 시공기간 중의 내풍대책 등의 면에서는 불리하다.

이 단재가설공법(單材架設工法)에 있어서 사용하는 가설설비는 중소 현수교에서는 케이블크레인 설비, 장대현수교에 있어서는 트레블러크레인(이동기중기) 설비가 많이 채용되고 있다.

이것은 케이블크레인 설비의 경우 케이블크레인 시스템의 주 와이어로프(main wire rope)경, 와이어새그(밧줄처짐, wire sag) 등에 한도가 있고 중앙지간(center span) 250~300m 정도, 매달아 올리기 능력으로는 25ton_f 정도가 유효하게 시공할 수 있는 한계이다. 또한 트레블러크레인(traveller crane)설비를 사용하여 가설하는 경우는 기설형상(既設桁上)에 트레블러크레인을 설비하여 크레인을 이동시키면서 보강형의 가설을 진행시킨다. 그러므로 현수교의 지간 길이에 영향이 없이 가설을 진행시킬 수 있다.

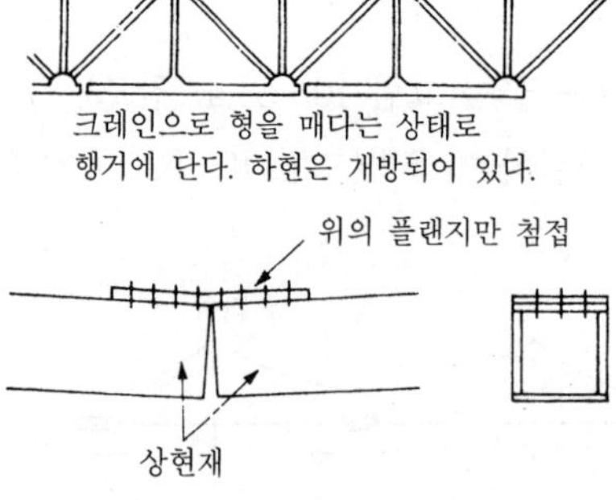

〈그림 10-53〉 보강형의 힌지결합

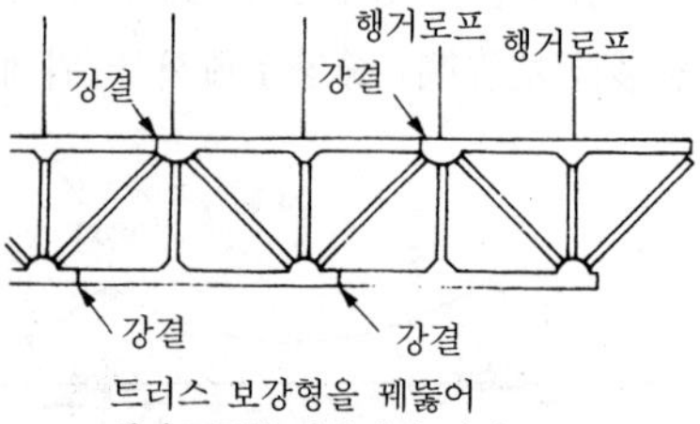

〈그림 10-54〉 보강형의 강결합

가설순서로서는 많은 부재를 가설위치까지 운반해야 하며, 또 가설 기계설비의 설치조건 등의 면에서 생각하면 타워에서 가설을 행하여 기설형상(既設桁上)을 이용하면서 양지간에 장출(張出)해 가는 공법이 유리함으로 이 가설순서가 많이 채용된다(그림 10－53, 그림 10－54 참조).

(4) 면재가설공법

보강형이 트러스 형식일 경우 주구조 및 상트러스를 면재로 가설하는 공법이다. 이 공법의 경우 기설형의 위에 가설설비를 설치하여 차례로 가설해갈 수 있으므로 형하(桁下)의 조건 등에 구속되지 않는다. 또한 가설부재는 미리 제작공장 등에서 면재로 조립할 수 있으므로 단재가설공법에 비하여 공사기간이 단축된다.

가설설비는 가설면재의 크기에 따라 다소 다르나 초대형의 가설설비는 필요없이 시공할 수 있다. 그러나 면재 부재의 수송은 단재에 비하여 대단히 규모가 커서 일반적으로 육상수송은 불리하고 해상수송을 고려해야 할 경우가 생긴다.

시공실적은 Goldengate교, 일본의 若戶大橋, 關門橋, 우리나라의 남해대교 등이 이 면재공법으로 시공되어 있다.

이 면재가설공법(面材 架設工法)에 있어서 사용하는 가설설비는 대개 단재가설공법과 같고 중소 현수교에서는 케이블크레인설비, 장대 현수교에서는 트레블러크레인설비가 많이 사용된다.

트레블러크레인 가설의 일반적인 가설순서는 아래와 같다(그림 10－55 및 10－56 참조).

① 해상을 데크바지(deck barge) 등에 의하여 운반해온 부재를 타워 기부(基部)에 설치해 있는 데릭크레인으로 들어 올려 타워기부에 가치(假值)시킨다.

② 가치된 부재를 타워 중간부에 설치되어 있는 탑부크레인으로 달아 올려 기설형상의 교상(橋上) 운반대차에 올려 고정시킨다.

③ 운반대차에 실은 부재를 가설선단(架設先端)의 트레블러크레인작업 반지름 내까지 이동시킨다.

④ 트레블러크레인으로 대차 상에서 부재를 달아 올려 기설형에 연결시켜 볼트로 조이기를 한다.

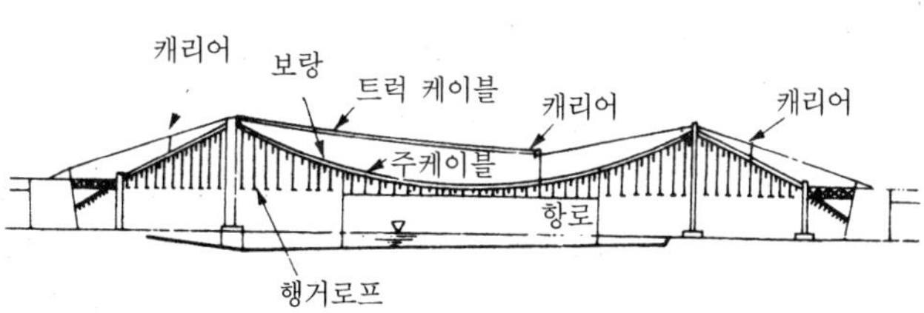

〈그림 10－55〉 케이블크레인공법 개략도

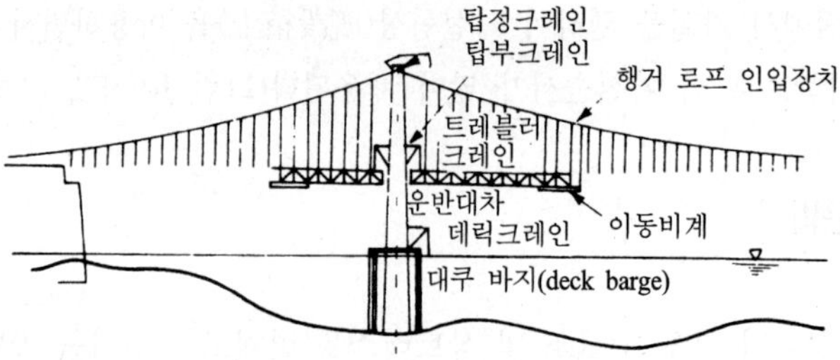

〈그림 10-56〉 트래블러크레인공법 개략도

⑤ 기설형과 연결된 가설형의 선단을 주케이블에서 매달아 내린 행거로프(매달아 내린 밧줄, hanger rope)에 정착시켜서 가설을 완료한다.

가설순서로는 단재가설공법과 동일하게 부재의 들어 올리기, 가설위치까지의 운반 등의 작업성에 있어서 유리하다. 타워에서 양 지간에 장출해 가는 공법이 많이 사용되고 있다.

(5) 블록가설공법

보강형을 1~2패널(panel)의 블록형상으로 제작공장 또는 조립장, 대선상 등에서 조립을 하여 가설지점까지 운반하여 달아 올려 가설하는 공법이다. 이 공법은 다른 공법에 비하여 공사기간이 단축되는 장점이 있으나, 가설설비에 대형설비가 필요하고, 또한 형(girder)하 조건 등에 의하여 시공의 가능성이 크게 좌우되는 공법이다.

이 블록가설공법(block erection method)에 있어서 사용하는 가설설비는 매달아 올리기 부재중량이 무겁고 부재형상도 대형이 되므로 리프팅크레인설비로 많이 시공되고 있다.

이 리프팅크레인공법은 그림 10-57과 같고 현수교 전체의 주케이블상에 부재를 매달아올리기크레인(들어 올리는 기중기, lifting crane)을 고정시켜 형가설(桁架設)위치까지 barge 등에 의하여 운반해 온 블록부재를 이 크레인으로 매달아 올려 기설형(旣設桁)과 연결하여 가설하는 것이다. 이 때 주케이블에 리프팅크레인 자중, 매달아 올리기 부재중량이 작용하기 때문에 하중에 의한 케이블 단면의 변형, 크레인 고정 위치, 케이블 소선(素線)의 손상, 또 크레인 이동시에 발생하는 케이블 표면의 손상 등의 문제가 있으므로 이에 대처할 필요가 있다.

블록공법의 가설순서로는 리프팅크레인을 사용하여 가설하는 경우에는 타워(tower)에서 양 지간으로 가설하는 공법과 중앙부에서 양 타워로 가설하는 공법이 모두 시공 가능하나 가설도상에 있어서 케이블, 보강형의 변형이나 가설시 응력 등의 변동 폭이 비교적 적은 후자의 공법이 많이 채용되고 있다.

이상 현수교의 보강형 가설공법을 가설부재의 크기, 형상에 의한 공법 분류에서 각각의 공법의 특징, 사용하는 설비, 과거의 시공실적 등의 면에 대하여 기술하였으나 최근의 가설공법의 특색으로서는 대형 가설설비의 개발이 진행되어 큰 부재로 가설을 하여 현장 시공기간을 될 수 있으면 단축하려는 경향이 있고, 이 면에 있어서 연구・개발이 특히 진행되고 있다.

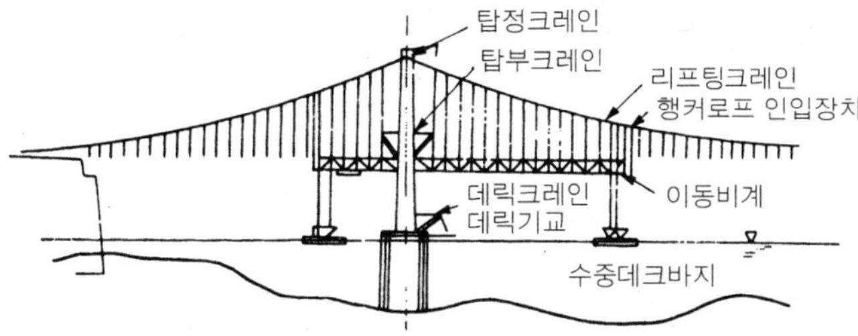

〈그림 10-57〉 리프팅크레인공법 간략도

(6) 전체 현수교의 가설순서

현수교의 조립과 가설은 탑, 주케이블, 행거케이블 및 보강형의 순서로 한다. 또 주케이블은 현장에서 제작하는 소위 평행강선 케이블식이 채용된다. 현수교의 가설순서는 다음 그림 10-58과 같다.

① 탑의 조립 : 먼저 현수교의 주탑을 건설하고, 대형 데릭크레인선이 있으면 한 번에 세우며, 그렇지 못하면 탑의 하부를 데릭크레인으로 세운 다음 리프팅데릭을 이용하여 그 위에 차례로 세워 나간다.

② 가이드로프(guide rope)의 가설 : 주케이블을 가설할 트롤리를 운전하기 위한 가이드 로프를 가설한다.

③ 캣워크(cat walk)의 가설 : 주케이블의 최종 현수 위치의 아래쪽에 가이드로프를 이용하여 작업용의 캣워크를 가설한다. 캣워크는 몇 개의 굵은 와이어 로프를 가설하고 거기에 강판을 깔아서 바닥판을 형성한다. 캣워크에는 안전을 위하여 손잡이를 설치하며, 바람에 흔들리지 않게 하기 위하여 캣워크의 로프의 휨 모양과 반대방향으로 로프를 잡아맨다.

④ 주케이블의 가설 : 주케이블의 강선을 몇 줄씩 늘여서 양끝 정착부에 가설된 활차형의 홈 속에 여러 개의 강선을 끼워서 1다발이 완성되면 그것을 정착부에 미리 묻어둔 아이바(eye bar) 사이로 옮겨 핀을 꽂아서 한 다발씩 고정시킨다.

⑤ 케이블밴드(cable band)의 설치 : 다발이 7다발 정도 이상 모여서 주케이블이 완성되는데, 주케이블이 완성되면 보강형을 매달 각점위치에 케이블밴드를 설치하여 주케이블을 단단히 조인다.

⑥ 행거로프(hanger rope)의 설치 : 각 케이블밴드에 보강형을 매달아 행거로프를 달아 맨다. 케이블밴드 사이의 부케이블은 보호피복을 한다.

⑦ 보강형의 설치 : 양 주탑에서 양측을 향하여 보강형을 설치해 나가며, 형의 조립은 이동데릭 등을 사용한다.

⑧ 끝으로 보강형 또는 보강트러스 위에 바닥판을 설치하여 완성한다.

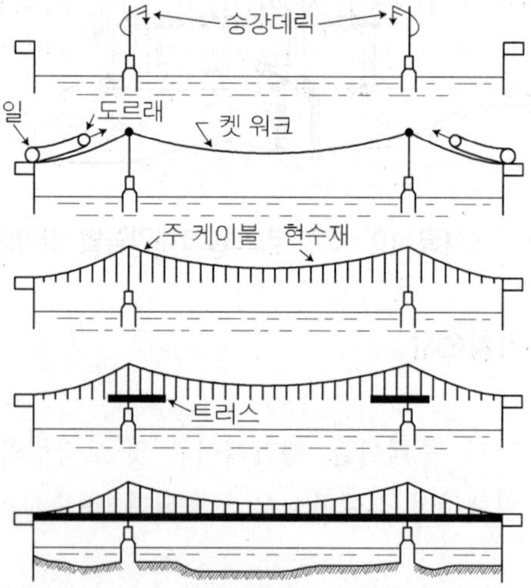

〈그림 10-58〉 현수교의 가설순서

10-7-2 사장교의 가설

(1) 개요

사장교(斜張橋, cable-stayed bridge)는 보통 형교(桁橋, girder bridge)와 달리 전혀 새로운 타입의 교량이다. 주형(主桁)을 좁은 간격으로 배치한 다수의 케이블로 매달아 놓음으로써 좌굴(挫屈)에 대한 안전성과 변형의 허용곡률을 확보하게 되므로 형고(桁高)와 곡강성(曲降性)을 적게 할 수 있다. 즉 사장교를 구성하는 부재에 있어서는 순 인장과 압축이 탁월하고 곡모멘트와 전단력은 2차적인 것이 된다.

여기에 의하여 케이블에 고장력 강선을 사용한다면 주형이나 케이블정착이 단순하게 되어 시공이 용이하고, 안정성이 우수한 교량을 건설할 수 있다.

새로운 시스템의 사장교는 콘크리트교의 경우 주경간이 약 700m, 강교의 경우 약 1,170m까지 가능하고, 현수교에 비해 공사비가 저렴하다. 우리나라의 대표적인 사장교는 1984년에 준공된 진도대교(鋼縮형 斜張橋로 전장 484m), 1989년에 준공된 올림픽대교(사장교 구간 300m), 2001년에 준공예정인 서해대교(사장교 구간 990m) 등이 있다.

(2) 사장교의 형구조

1) 다단케이블 시스템

그림 10-59는 표준적인 사장교형(斜張橋桁)이고 응력의 작용에 따라 교형이 다르다. 사장교의 초기에는 주경간(主徑間)을 몇 개의 경사케이블로 매단 교량이다.

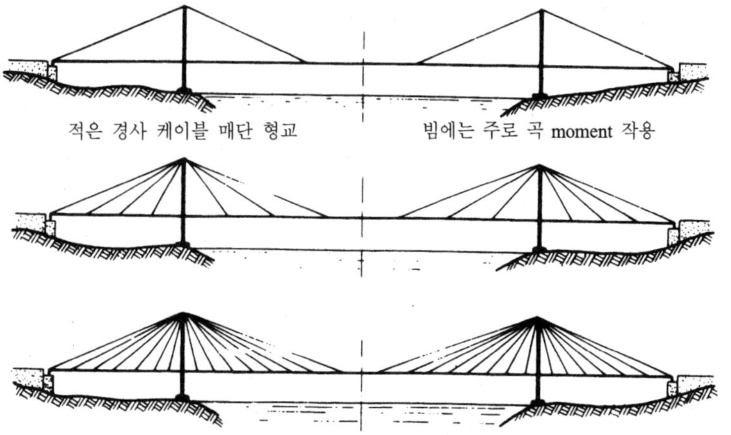

〈그림 10-59〉 단수가 적은 경사케이블로 매단 형교에서부터 멀티케이블 사장교에서의 발전

경사케이블 정착간 거리는 30~60m, 형고(桁高)는 3~4m이므로 큰 곡강성(曲鋼性)이 필요하였다. 이런 경우 큰 케니블 상력 때문에 몇 개의 Strand Rope를 결속해야 하고 그 정착구조가 복잡하여 가설시에는 보조케이블이 필요하게 되었다. 그러나 최근에는 케이블 정착간 거리를 8~15m 정도로 함으로써 많은 문제가 해결되어 보조케이블 없이 장출가설이 가능하게 되었다.

그러므로 멀티케이블(multi cable) 사장교의 발전에 의하여 일반 보 교량과 달리 새로운 타입의 형구조 시스템(main girder system)이 생기게 되었다.

이 멀티케이블 시스템(multi cable system)의 사장교는 형교, 아치교 혹은 보강형을 가진 현수교와 같이 고전적인 타입과 달라 전혀 새로운 타입의 교량이다. 비교 계산해 보면 이 타입은 변형이 적고 큰 시스템 탬핑을 가지므로 동적인 거동에 관해서도 우수한 성질을 가지고 있다.

충분하게 경사된 큰 장력을 가진 케이블이 사용된다면 이와 같은 우수한 성질이 얻어지고 연직변형이 적어진다. 케이블의 신장강성(伸張鋼性)은 멀티 케이블 시스템의 사장교에 있어서 주요한 파라메터(parameter)이고, 그것은 일반적으로 다음 식으로 표시된다.

$$A_s E_{eff} = \frac{A_s E_o}{1 + \frac{\gamma^2 l_c^2 E_o}{12\sigma^3}} \tag{10-11}$$

여기서, A_s : 케이블 단면적

E_o : 직선 케이블의 탄성계수

γ : 케이블의 비중

l_c : 케이블의 수평길이

σ : 케이블 처짐(sag)의 영향을 고려한 케이블작용 응력

E_{eff}의 평가는 그림 10－60에 표시되어 있다. 케이블 강성(鋼性)은 케이블 장력의 3승에 비례하고 처짐의 영향(응력이 변화하면 처짐도 변한다)에 의하여 수평길이의 2승에 반비례한다. 활

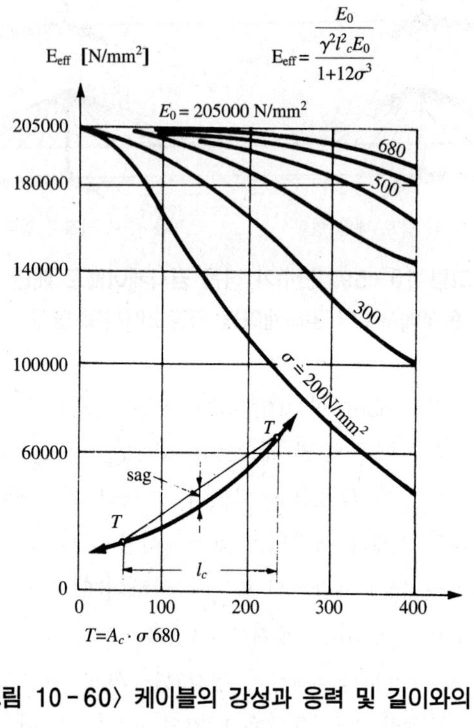

〈그림 10－60〉 케이블의 강성과 응력 및 길이와의 관계

하중(活荷重)과 사하중(死荷重)의 비는 케이블 치수에 관계되고 사하중 상태의 강성(鋼性)에 영향이 있다. 케이블 강성은 p(활하중)와 g(사하중)의 비에 관련되어 $l_c > 50$m 혹은 주경간(主徑間)이 500m 이상의 경우는 불충분하고, 그림 10-61과 같이 보강로프를 사용한다.

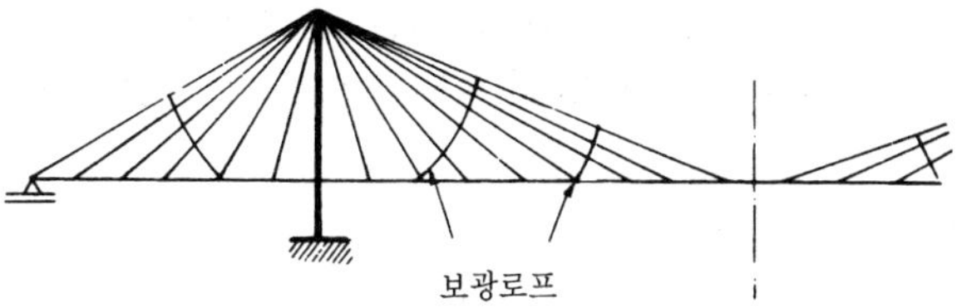

〈그림 10-61〉 케이블의 강성을 높이기 위한 보강로프

(2) 경사케이블의 종방향 배치

케이블배치에 관해서는 많은 조합이 가능하나 대표적인 예로써 타워의 정부(項部)에서 케이블을 전부 집중시킨 팬타입 케이블이 있다(그림 10-62 참조). 하프타입은(그림 10-63 참조) 전(全)과 케이블이 평행으로 펴 있고 타워측 정착은 형상(桁上)의 타워 전체에 대략 균등하게 배치된다. 이와 같은 하프타입의 케이블 배치는 팬타입에 비하여 공학적, 경제적으로 불리하다.

케이블을 교환할 수 있게 하려면 타워 정부(項部)에서 어떤 간격을 두어 케이블을 정착시키면 되고, 그림 10-64는 그와 같이 케이블을 배치한 예이다.

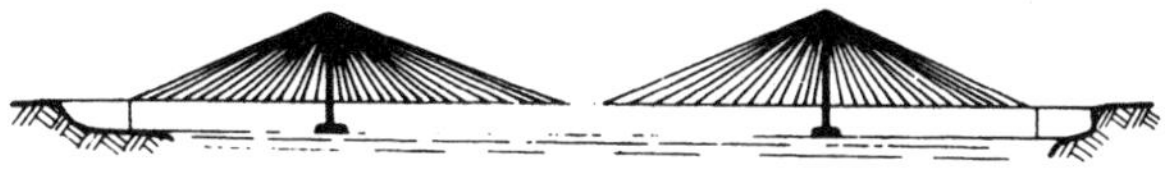

〈그림 10-62〉 경사케이블의 팬타입 배치
(케이블이 타워헤드에의 1점에 집중해 있을 경우)

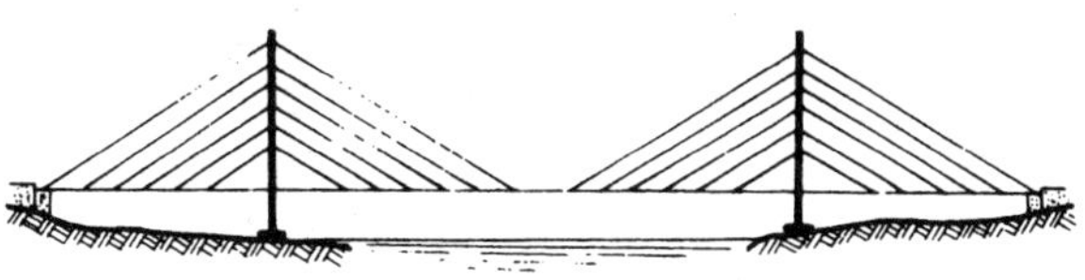

〈그림 10-63〉 경사케이블의 하프타입 배치

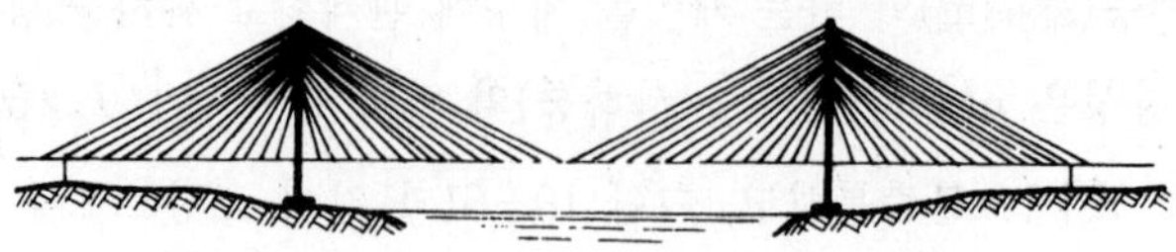

〈그림 10-64〉 경사케이블의 팬타입 배치
(케이블이 타워헤드부근에 있어서 어떤 길이로 배치되어 있는 경우)

(3) 타워의 최적고와 그 강성

타워의 높이는 케이블 중량과 주형(主桁)의 교축방향(橋軸方向) 압축력에 영향을 주고 타워가 높아지면 케이블 중량과 주형의 압축력은 작아진다. 그림 10-65의 곡선은 타워높이를 약 $0.2l$에서 $0.25l$보다 높게 하는 것은 의미가 없다는 것을 표시하고 있다. 그 타워에 필요한 여분인 강중(鋼重)을 다시 고려하지 않으면 안 되는 까닭이다. 한 쪽만 타워를 가진 사장교(2지간)의 경우 h/l는 $1.8l$에 해당된다.

타워는 교축방향에 대하여 Slender(홀쭉한)로서 곡강성(曲鋼性)을 작게 해야 하며 그렇게 하면 주경간의 활하중에 의하여 생기는 타워의 곡(曲) 모멘트가 작아질 뿐만 아니라 Back Stay Cable이 충분한 역할을 한다.

그리고 타워의 정부(項部)에서 Back Stay Cable을 거쳐 좌우 케이블의 수평성분의 차를 Anchor Pier에 전달시키는 편이 타워의 곡저항(曲抵抗)에서 빼앗기는 것보다 훨씬 경제적이다. 그림 10-65는 타워의 몇 가지 형태이다.

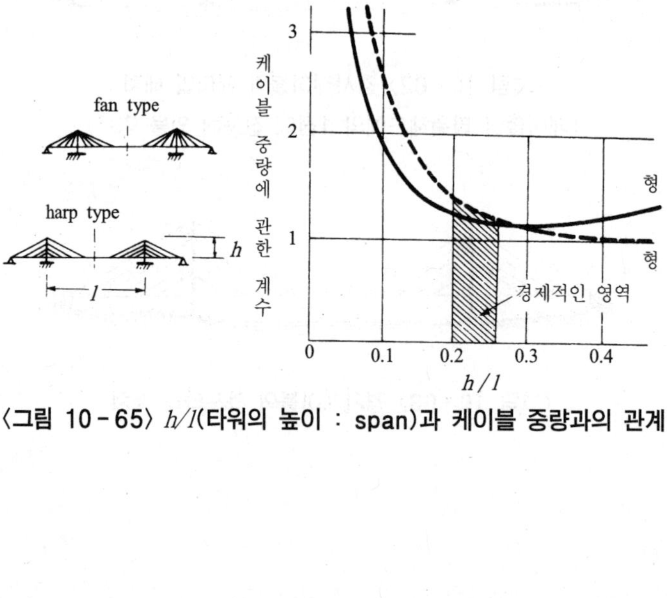

〈그림 10-65〉 h/l(타워의 높이 : span)과 케이블 중량과의 관계

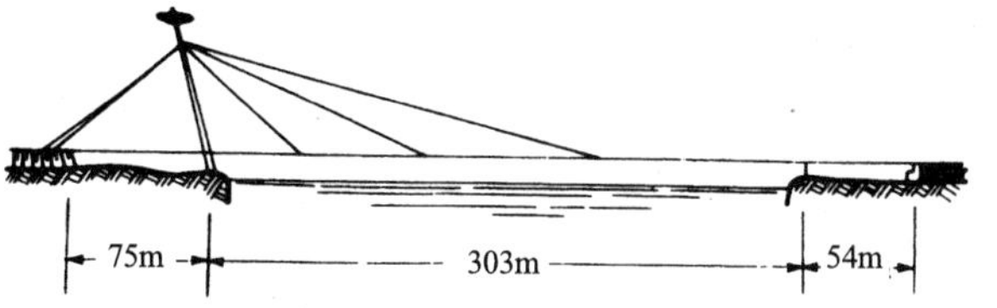

〈그림 10-66〉 Bratislava교(체코슬로바키아)

1) 타워의 경사

몇 개의 사장교는 Side Span 쪽에 타워가 경사지게 만들어져 있다. 이 Side Span 방향에 타워가 경사되어 있는 것은 교 자체(橋自體)가 보다 감동적이라고 보여지고 있고 Back Stay는 짧고, 또 경사가 급하게 된다.

그러나 경제적인 타당성은 없다. 이들 교량의 타워가설은 어렵고 우선 연직(鉛直)으로 건립해 놓은 다음 경사지게 건설한다. 미적인 타당성도 없다. 그림 10-66은 체코슬로바키아의 블라티스라바교의 예이다.

2) 케이블의 횡방향 배치와 주형의 단면형

일반적으로 보는 그 양쪽단에 따라 매다는 것이 좋고 케이블은 2면이 되고 2개의 탑주(塔柱)가 고란(高欄)의 외측에 배치되게 된다.

탑주(塔柱)단면은 중심을 빔에 접근시켜 탑주단면 전체에서 유효하게 하중을 받는 것과 같은 비대칭 단면으로 하고 그 결과 케이블면은 연직으로 혹은 다소 경사지게 설치된다(그림 10-67(a), (b)). 그림 10-67(c)는 케이블면을 수직으로 유지시킬 수 있다.

그림 10-67(d)는 미관적이다. (e)는 교면이 높을 경우에 유리하다.

그림 10-68은 사교장의 보를 예시한 것이고, 그림 10-69는 매달기재의 연결에 의하여 단면이 적어지는 형태이다. 또 그림 10-70과 그림 10-71은 잡주와 보의 예를 도시한 것이고, 그림 10-72와 그림 10-73은 다경간(多徑間) 사장교의 형태를 예시한 것이다.

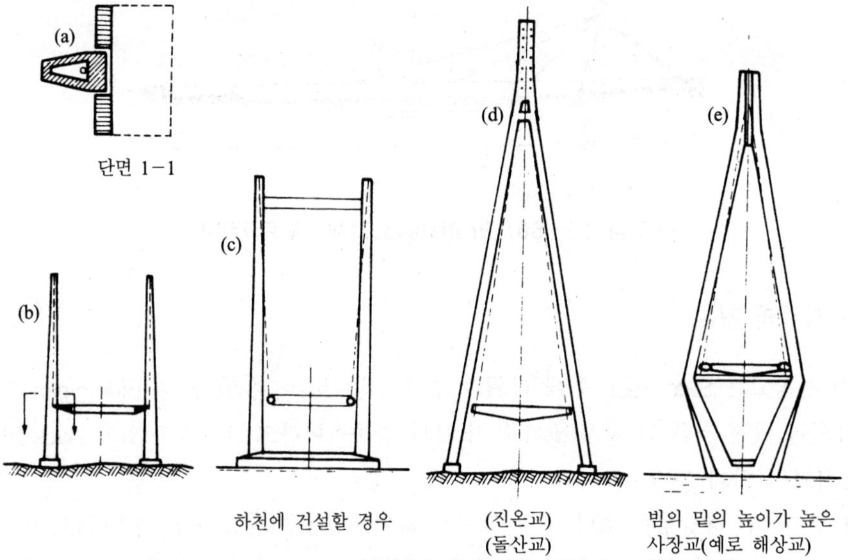

〈그림 10-67〉 2면 케이블형식 사장교에 사용되는 타워 형상

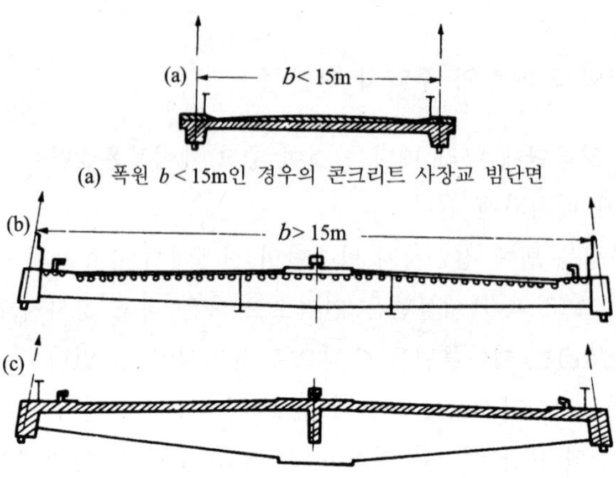

(a) 폭원 $b<15$m인 경우의 콘크리트 사장교 빔단면

(b)(c) 폭원 $b>15$m인 경우의 콘크리트 혹은 강사장교의 빔단면

〈그림 10-68〉 사장교의 보 단면의 예

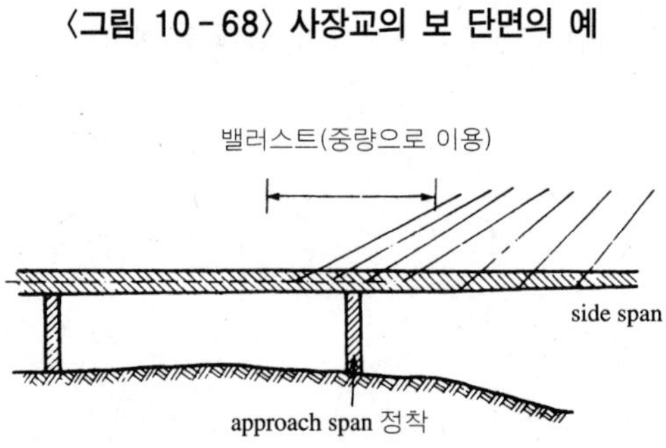

〈그림 10-69〉 사장교와 Approach교를 연속시켜 부반력을 작용시킬 경우의 예

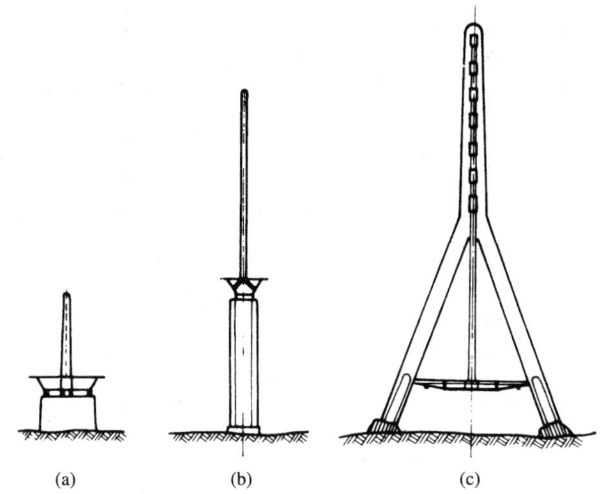

〈그림 10-70〉 1면 케이블형식 사장교에 사용되는 타워형상

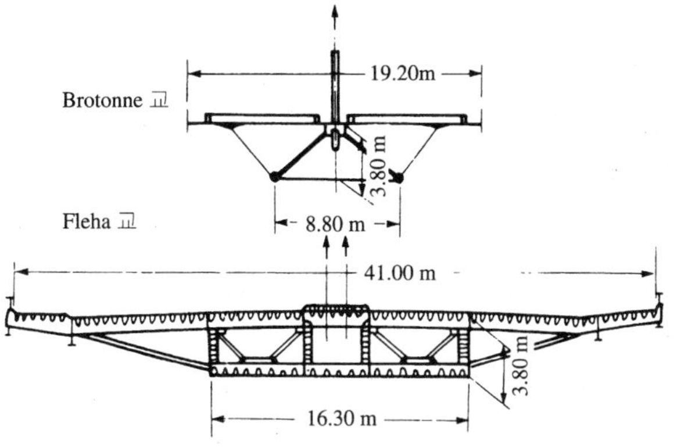

〈그림 10-71〉 1면 케이블 형식 사장교에 사용되는 Box형 보단면의 예

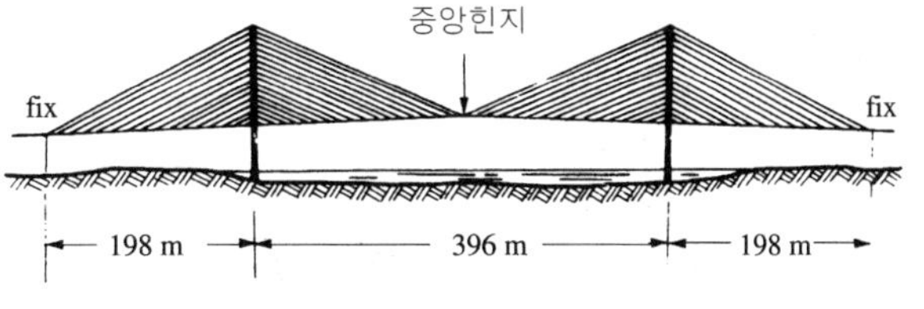

〈그림 10-72〉 중앙힌지를 가진 Dam Point교

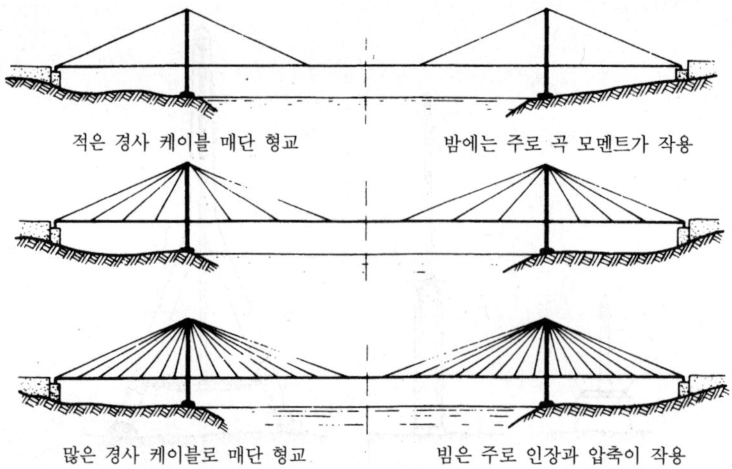

〈그림 10-73〉 다경간 사장교

(4) 주형의 가설과 순서

주형의 가설은 하천조건(수심이 얕은 중앙지간에서의 벤트 수의 제한 등)이나 현지조건(연결교량이 양안(揚岸) 모두 곡선교)에 의하여 이동식크레인공법이 최적하다고 생각한다. 또한 주로 하천조건에서 벤트설치 수를 될 수 있으면 적게 해야 한다.

예로 *A*측 : 측경간 3점 벤트에 의한 한쪽 밀기공법(片押工法)

*B*측 : Balancing Cantilever공법

1) 조입크레인으로 복공설비

주형조립(主桁組立)은 150ton$_f$ 매달아 내리기 크롤러크레인으로 한다. 강상판상(鋼床板床)에는 직접 크롤러 크레인을 주행시키는 것은 불가능하므로 교상(橋上)에서 작업시 복공설비는 이동복공설비로서 H형강을 조합시켜 그 위에 강제복공판(鋼製複工板)을 설치하고 가설의 진행에 따라 교체하면서 연장해 나간다.

2) 조입작업의 열

주형은 그림 10-74와 같이 수송의 관계로 11분할하였으며, 이들을 전술한 크롤러크레인으로 조립하였다.

형상(形狀)의 관리는 제작 시에 설정한 기준공(基準孔)을 바르게 하여 조립하고 공장가조립 시의 재현에 노력할 것을 기본으로 해야 한다. 다시 각 가설단계에서 교상의 기재중량과 위치를

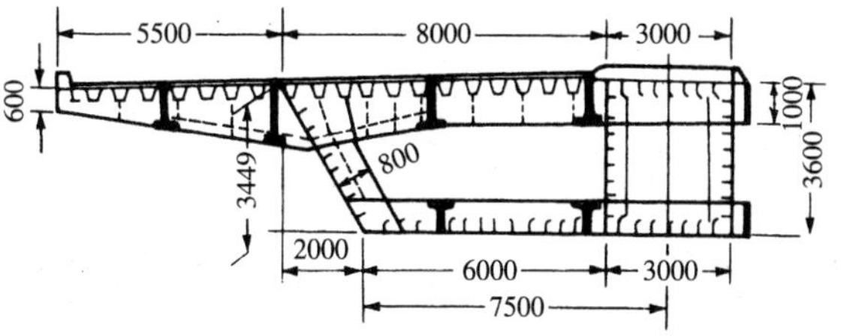

〈그림 10-74〉 주형단면도

정확하게 조사하여 이론치를 계산하고 야간측량 등을 하여 형상을 확인해야 한다. 그림 10-75는 주형의 조립순서이다.

(5) 주탑의 가설과 순서

탑부재(塔部材)의 가설 예는 높이방향으로 8분할, 다시 세로방향으로 2분할을 한다. 하나의 부재중량은 최대 35ton$_f$이며, ㄷ자형의 단면으로 되어 있다. 탑의 가설기계는 주탑의 높이가 교면에서 60m 높기 때문에 크리퍼크레인(creaper crane)이 작업성, 경제성에서 가장 우수하다.

1) 조입크레인

탑의 조인트 구멍(孔)을 이용하여 역L자형의 크리퍼크레인을 탑에 연결한다. 이 탑조립에서 사용하는 크레인은 케이블공사에도 사용하기 위하여 전선회형으로 하고 매달기능력은 35ton$_f$이다.

2) 조입

탑의 부재는 부재운반 대차로 탑 정부(項部)에 운반되고, 크리퍼크레인으로 소정의 위치까지 올린다(그림 10-76 참조).

탑의 수평방향의 조인트면은 제작시 절삭가공되어 메탈터치(metal touch : 극간 0.2mm 이하)로 제작되어 있어 가설 시에는 극간을 계측기로 확인하면서 형상(形狀)의 관리를 해야 한다.

그림 10-76에 대하여 설명하면 다음과 같다.

STEP 1. 교상(橋上)의 Crawler Crane(150ton$_f$ 매달기)에 의하여 1리프터를 가설한다. 탑정안정을 정규높이보다 400mm 낮게 거치하고 교상에 전개된 Strand를 탑정안정에 세트한다.

STEP 2. 크리퍼크레인을 조립하여 2리프터를 가설하고 7.25m 거슬러 올려 3리프터를 가설한다. 크리퍼크레인 능력 : 35ton$_f$×4.5m, 12ton$_f$×10.0m

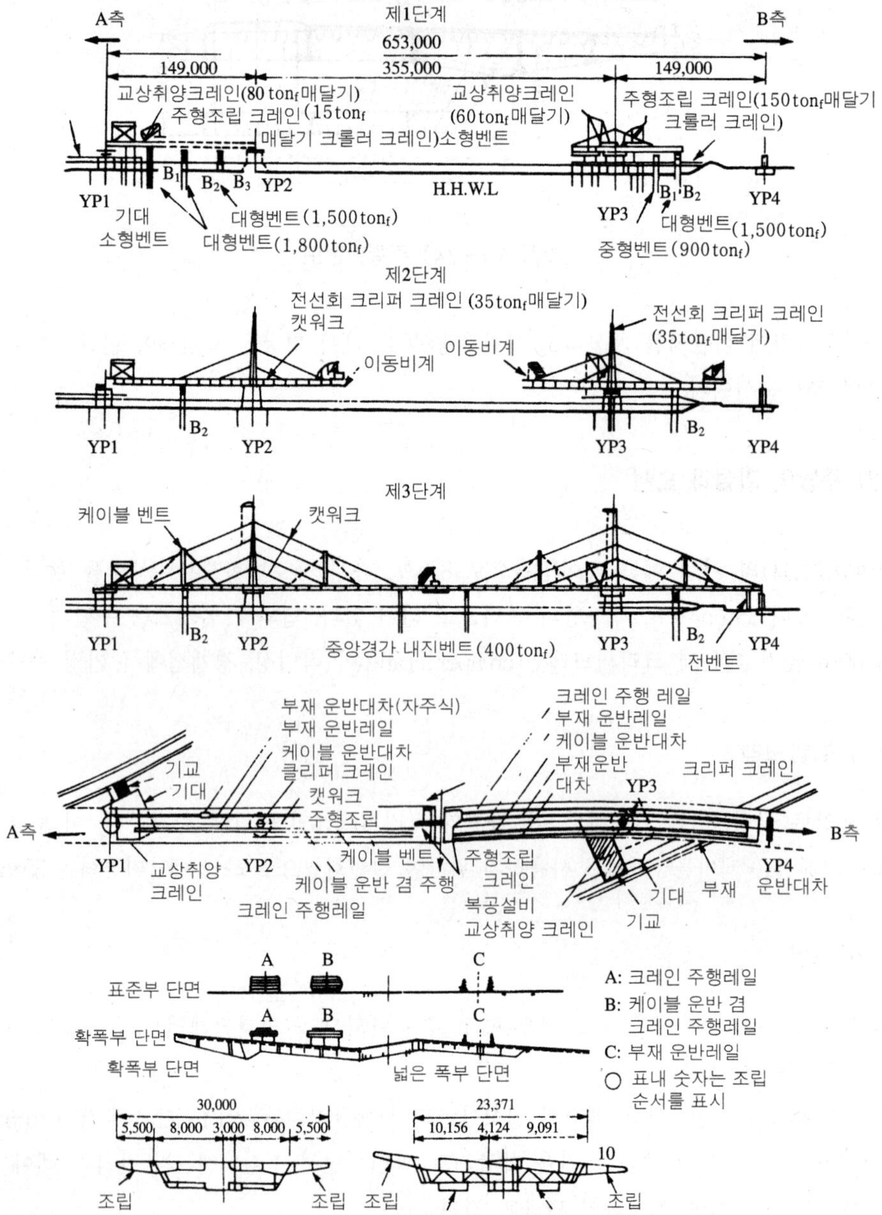

〈그림 10-75〉 주형의 가설요령과 순서

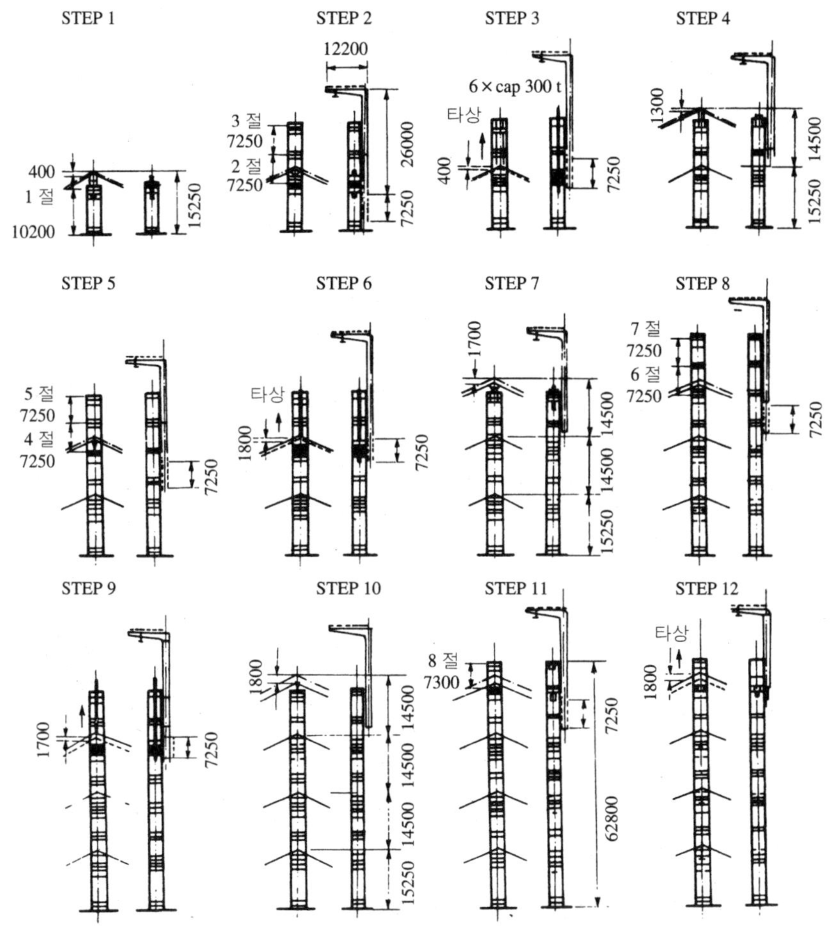

〈그림 10-76〉 탑건립의 순서

STEP 3. 크리퍼크레인을 7.25m 거슬러 올려 장력도입(張力導入) 설비를 조립한다. Center Hole Jack(cap 300ton$_f$) 6대로 400mm 거슬러 올려 케이블장력을 도입한다.

STEP 4. 크리퍼크레인에 의하여 2단 케이블새들을 정규보다 1,300mm 낮게 거치하고 strand를 세트한다.

STEP 5. 크리퍼크레인을 거슬러 올려 4 리프트, 5 리프트를 가설한다.

STEP 6. STEP 3과 같이 장력도입 설비를 조립하여 1,300mm 거슬러 올린다.

STEP 7. 3단 케이블 탑정안정을 1,700mm 낮게 거치하여 Strand를 세트한다.

STEP 8. 크리퍼크레인으로 6 리프트, 7 리프트를 가설한다.

STEP 9. STEP 3과 같이 장력도입 설비를 조립하여 1,700mm 거슬러 올린다.

STEP 10. 4단 Cable Saddle을 1,800mm 낮게 거치하고 Strand를 세트한다.

STEP 11. 크리퍼크레인으로 8 리프트를 가설한다.

STEP 12. STEP 3과 동일하게 장력도입 설비를 조립하고 1,800mm 거슬러 올린다. 장력도입 설비를 철거하고 탑 정부를 가설한다.

(6) 케이블의 가설

케이블의 구성 및 작용하중을 표 10-19에 표시한다.

〈표 10-19〉 케이블 구성 및 작업하중

케이블	개 별	스트랜드 계수	완성시 허용하중 완성시 최대하중	가설시 허용하중 가설시 최대하중	PWS 217 단면도
최상단	PWS 217	19	5,180 4,408	6,475 3,172	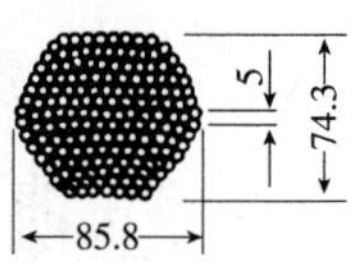
상 단	PWS 169	19	4,030 3,118	5,037 4,004	
하 단	PWS 217	13	3,540 2,622	4,425 4,184	
최하단	PWS 217	13	3,540 1,981	4,425 3,851	

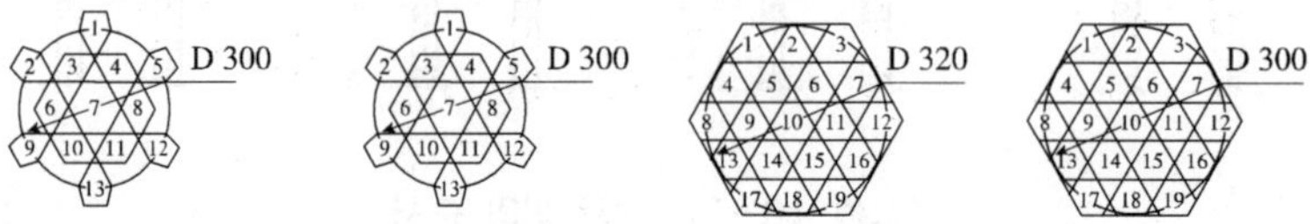

최하단케이블 하단케이블 상단케이블 최상단케이블

1) 전개

교상(橋上)에 케이블 전개(展開, develop) 레일을 부설하여 케이블 전개 대차상에 스트랜드가 감아진 드럼을 편승시켜 대차를 주행시키면서 교상에 스트랜드를 전개시킨다.

2) 가선

스트랜드의 가선(架線, erection wire)은 처음에 탑부의 크리퍼크레인을 사용하여 탑정 안정부에 스트랜드를 수납시켜 탑중심, 탑새들, 스트랜드의 중앙을 맞추어 새들부의 볼트로 스트랜드가 미끄러지지 않게 고정한다.

다음에 정착형 내(定着桁內)에의 인입을 윈치와 틸홀잭(till hole jack)으로 한다. 정착형에의 스트랜드인입 시의 인입력이 크면 윈치 등의 정형(整形)할 때에 그 형상유지가 곤란하다. 이 때문에 인입력을 20ton_f 이하가 되도록 탑새들의 편승(set down)량을 결정한다.

3) 처짐의 조정

이 처짐(sag) 조정의 목적은 각 스트랜드 간의 길이의 오차조정, 케이블 정착점 간의 오차 수정을 목적으로 하여 행하는 것이다. 기준스트랜드를 케이블의 최하층에서 중앙의 스트랜드로 결정하고 이 스트랜드가설후 캠버(휘어오른 부분, camber), 탑의 전도, 처짐 등을 야간측량하여 이론치(측량 결과에서의 계산치)와 처짐 등을 조사하여 기준스트랜드의 처짐을 조정한다. 기타의 처짐은 기준스트랜드 같은 처짐이 되게 야간에 조정을 행한다.

처짐의 조정은 주형 정착부에 있어서 소켓(socket)과 좌철(座鐵)과의 사이의 쉼(틈메우기 쐐기, shim) 두께를 조정함으로써 행해진다.

4) 케이블의 장력도입

케이블의 장력도입은 하천조건(가설 벤트수의 제한)이나 1케이블의 스트랜드(꼰 밧줄)의 다수 등의 조건에서 본교(本橋)에서는 탑새들을 거슬러 올림으로써 장력을 주기로 하였다. 이 방법은 그림 10－76의 순서로 하였다.

탑새들위에 잭가대를 설치하여(최상단 탑새들을 떼고 잭 가대는 1단상의 새들 수대(受臺)가 된다) 가대상에 거슬러 올리는 유압잭(300ton_f×6대)을 세트하여 그 잭과 탑새들을 지름 110mm의 PS강봉으로 결합시킨다. 유압잭으로 PS강봉을 인장하면 새들이 거슬러 올라 케이블에 장력이 도입된다.

케이블장력의 확인과 조정의 필요 유·무는 아래와 같이 계측하여 종합적으로 판단한다. 케이블의 처짐, 새들을 거슬러 올리는 힘(打上油壓, PS강봉에 연결한 변위계), 케이블의 소선(素線)에 장치한 변위계, 케이블의 중앙경간측·측경간측에서의 불균등장력, 형(桁)의 캠버, 탑의 전도(轉倒) 등이다.

탑새들의 최종적으로 거슬러 올리는 위치는 케이블의 미관상, 크리프 등을 고려하여 일주야 경과 후 재차 위치측량을 하여 결정한다. 거슬러 올리기량의 미조정은 탑새들과 새들 수 형과의 사이의 Base Plate의 두께를 조정하여 행한다.

또한 불균등장력의 조정은 탑새들의 수평위치를 탑과 탑새들 간에 잭을 삽입하여 탑새들의 수평위치를 변경하여 시행한다.

연 습 문 제

10-1 교량콘크리트 시공중 발생되는 균열의 원인과 대책에 대하여 설명하시오.

10-2 유속이 빠르고 교각(pier)이 높은 장시간의 교량가설방법에 대하여 설명하시오.

10-3 프리캐스트(precast)콘크리트지간 30m 정도를 가설할 경우의 주된 가설공법을 들고, 각 공법에 대하여 시공상 유의할 점을 설명하시오.

10-4 프리스트레스드(prestressd)콘크리트 교를 프리캐스트블록(precast block)공법에 의해 시공할 때 유의할 점을 설명하시오.

10-5 프리플렉스빔(preflex beam)의 원리와 제조방법에 대하여 설명하시오.

10-6 박스형 단면의 최소치수와 휨을 받는 곳의 용접이음에 대하여 설명하시오.

10-7 강교의 가설공법중 연속압출공법, Liftup barge, 푼툰크레인 가설공법에 대하여 설명하시오.

10-8 강교 가조립공법의 분류, 특징, 시공시 유의사항에 관하여 설명하시오.

10-9 프리캐스트(precast)콘크리트를 이용한 프리스트레스트 박스거더의 가설공법과 특징에 관하여 설명하시오.

10-10 2경간 연속합성교의 슬래브콘크리트 시공순서에 대하여 설명하시오.

10-11 콘크리트아치교의 가설방법에 대하여 설명하시오.

10-12 PSC교의 압출(내밀기)가설공법(ILM)에 대하여 설명하시오.

10-13 현수교, 보강형의 가설방법에 대하여 설명하시오.

10-14 교량의 신축이음부 파손 이유와 파손을 최소화하기 위한 방법을 설명하시오.

10-15 최근의 비계재와 동바리공에 대하여 설명하시오.

10-16 사장교의 형구조에 대하여 설명하시오.

10-17 PSC 도로교의 시공에 있어서 PSC보의 제조로부터 가설에 이르는 시공단계별 PSC보의 응력분포의 변화와 시공상 유의할 사항에 관하여 설명하시오.

10-18 철근콘크리트 3경간 연속교의 시공에 있어서 시공계획 및 시공상 유의할 사항에 관하여 설명하시오.

10-19 현수교의 가설공법에 관하여 설명하시오.

10-20 교각높이 60m, 지간 60m, Steel Box girder의 제작, 운반, 가설, 바닥타설에 대하여 설명하시오.

10-21 도로교 Expansion Joint 시공 및 보수에 대하여 설명하시오.

10-22 교장 200m, 교량폭 30m, 경간장 50m의 연속 Prestress Con'c 제작장 시공계획에 대하여 설명하시오.

10-23 산악지역에서 장대교량 공사에서 높이 60m, 중공 철근콘크리트교각의 건설공법에 대하여 설명하시오.

10-24 교량콘크리트시공 중에 발생되는 균열(龜裂)의 원인과 대책에 대하여 설명하시오.

10-25 PC Box Gorder교량(L=1,500m, 폭=20m, 경간장=50m, 그 경간연속교) 산악지역 시공에 대하여 설명하시오.

10-26 교대와 쌓기 접속부분에 있어서의 문제점과 이에 대한 설계와 시공상 대책에 관하여 설명하시오.

10-27 이동형틀 동바리공을 이용하여 철근콘크리트, 또는 프리스트레스트콘크리트의 축조를 계획하는 경우의 유의점에 관하여 설명하시오.

10-28 Precast Con'c를 이용한 prestress Box Girder의 건설공법과 특징을 설명하시오.

10-29 유수 중에 가설되어있는 교량 하부구조(우물통기초)의 손상원인과 보강대책에 대하여 설명하시오.

10-30 강형교에 대한 유지관리상의 오점을 설명하시오.

10-31 교량의 유지관리 및 보수 보강에 대한 문제점 및 대책에 대하여 설명하시오.

10-32 철교철거와 재시공 공사기간단축에 대하여 설명하시오.

10-33 성수대교 붕괴원인에 대하여 귀하의 견해를 설명하시오.

10-34 교량받침 형태의 종류와 각각의 특징에 대하여 설명하시오.

10-35 강구조물의 부재연결방법 중의 기계적 연결방법에 대하여 설명하시오.

제11장 댐 공

11-1 개 요

최근 급증하고 있는 물의 수요와 하천유역의 개발에 동반하여 치수(治水), 이수(利水)의 요구가 높아져 우리나라 각 하천수계(河川水系)에 많은 댐(dam)이 건설되고 있다. 댐은 사용목적에 따라 이수용(利水用)댐과 치수용(治水用)댐으로 대별할 수 있는데, 이수용 댐은 한발 시기에 용수공급을 목적으로 건설되며 상수도용수, 공업용수, 관개용수, 수력발전용수 또는 관광용수 등으로 이용한다. 또한 치수용댐은 홍수유출을 조절하여 하류의 홍수피해를 감소시키기 위한 홍수조절용 또는 사방(砂防) 등의 목적으로 축조한다. 최근에는 홍수조절용과 용수공급용을 겸할 수 있는 대형의 다목적댐으로 건설되는 경향이 많다. 그러나 양호한 댐 지점을 선정하여도 지형이나 지질상에 문제점이 없어야 하고, 또 다대(多帶)한 개발효과를 낼 수 있어야 경제적인 균형이 잡혀질 것이다. 이런 점을 고려하여 충분히 조사·연구해서 효과적인 댐을 건설하도록 노력해야 한다.

댐의 높이가 15m 이상인 댐을 대댐이라고 하며, 이러한 대형 댐의 발달은 19세기부터 급속도로 이루어져, 1920년에서 1940년까지는 대형 콘크리트댐이 많이 축조되었다. 그 후 필댐이 주류를 이루어왔으며, 근래까지도 대형 댐은 주로 필댐으로 축조되고 있으나, 최근에는 주변경관을 고려하여 아치댐을 축조하거나 주변에서 쉽게 구할 수 있는 재료를 사용하여 다양한 형태의 댐을 축조하고 있다.

11-2 댐의 역사

삼국시대 및 통일신라시대(BC.57년~AD.917년)의 역사서인 삼국사기에는 신라와 백제의 제방과 저수지건설에 관한 기록이 발견되고, 일본의 역사서인 고사기에 서기 4세기말 백제의 수리토목기술이 일본에 전파된 기록이 있다.

고려시대(918년~1931년) : 중농정책 및 토지 국유제를 실시함에 따라 한해 및 수해방지, 용수원확보를 위해 제방의 신축과 보수가 왕성하게 이루어졌을 것으로 추정되며, 이때에 재 축조된 대표적인 저수지가 경상북도 상주의 공검지로서 당시에는 영남(한반도의 동남부) 최대규모의 저수지였으며, 1959년까지도 그 기능이 유지되었다.

조선시대(1392년~1910년) : 중농정책은 계속되었고 쌀 생산을 늘리기 위해 논에 이양을 하는 농법이 발달하는 등 관개의 필요성과 가뭄재해와 홍수재해를 극복하기 위한 요구가 증가됨에 따라 강우와 유량의 관측이 시작되었으며, 수리토목공사 기술자체가 향상됨에 따라 대규모댐과 제방의 축조와 보수공사가 이루어졌다.

근대(1911년~1945년) : 20세기 초인 1901년 한반도는 당시 일본제국주의의 팽창에 따라 조선왕조가 문을 닫고, 일제에 의한 강점기에 들어가 제2차 세계대전이 끝나는 1945년까지 일본제국주의 정부에 의해 통치를 받았다. 이 기간 중 일본은 자국의 식량난 해소를 위해 한반도를 쌀 생산기지로 활용하고자 주요 곡창지대에서의 관개용댐과 수로건설과 같은 대대적인 수리사업을 전개하였고, 1930년대부터 전쟁물자 생산기지로 한반도를 이용하고자 이에 필요한 전기확보를 위해 수력발전을 위한 대규모 수력발전용댐의 건설을 추진하였다.

이와 같은 수리사업과 수력전기의 확보를 위해 일본제국주의 정부는 1915년~1939년 사이에 2차에 걸쳐 한반도 전체 25개 주요 하천에 대한 조사사업을 수행하였으며, 1911년~1945년 사이에는 3차에 걸친 한반도 전역의 포장수력조사를 실시하였다.

현대(1945년~) : 한국의 댐 역사는 1946년부터 1960년까지의 제1기, 1961년부터 1980년까지의 제2기, 1981년부터 1995년까지의 제3기와 1996년 이후의 제4기로 다음과 같이 구분할 수 있다.

제1기는 댐 건설의 개화기로서 이 기간중 한국은 제2차 세계대전의 연합국승리로 1945년 8월 15일 해방을 맞이하였지만 미국과 소련의 양대 세력에 의하여 국토가 남북으로 분단되고, 정치불안의 혼란기를 맞으며, 특히 1950년부터 1953년까지의 6.25동란으로 국토의 대부분이 초토화되었다. 따라서 이 기간 본격적인 댐 건설은 이루어지지 못한 채 겨우 식량과 전력을 확보하기 위한 몇몇 댐의 건설이 시작되었으나 외국의 원조와 기술에 전적으로 의존하던 시기라고 볼 수 있다. 유엔한국재건단(united nations korean reconstruction agency, UNKRA), 국제식량농업기구(food and agricultural organization, FAO) 및 국제협력국(international cooperation administration, ICA) 등 국제원조기관의 지원으로 발전소의 복구, 중단되었던 사업의 재 착수 등이 추진되기 시작하였다.

제2기는 댐 건설의 전진기로서 1962년을 기점으로 단계적으로 추진된 경제개발 5개년 계획을 통해 정치, 사회 및 경제의 각 분야가 고속성장을 시작했다. 1972년부터 시작된 국토종합개발계획을 통해 국토의 종합적이고 합리적인 개발과 이용을 추구하게 되었으며, 그 일환으로 산업단지 및 고속도로의 건설과 함께 소양강·안동 등 다목적댐의 건설이 시작되었다. 뿐만 아니라 전천후 수리답조성을 통한 식량생산의 안정화를 목적으로 관개용댐이 활발하게 건설되었으며, 생활용수 및 공업용수공급을 주목적으로 하는 용수전용댐의 건설도 활발하였다. 그러나 1970년까지도 대형 댐의 건설은 대부분이 외국차관에 의존할 수밖에 없는 상황이었으며, 차관조건에 따라 외국기술자의 주도적 참여 하에 사업이 이루어졌다. 이에 따라 사업수행의 핵심인 댐 계획 및 설계는 외국기술에 의존하게 되었고, 건설용 자재 및 장비도 차관선의 제공이 대부분이었다.

제3기는 댐 기술의 정착기로 분류할 수 있다. 1981년까지 제1차 국토종합개발계획이 성공적으로 완료되고, 1970년대부터 시작된 한국 건설업체들의 중동을 포함한 해외진출에 힘입어 건설기술의 발전을 가져왔으며, 고도경제성장기에 접어들면서 건설용 기자재 및 장비의 자체생산이 이루어짐으로서 댐 기술의 국내 정착화가 이루어졌다.

제4기로 분류되는 1990년대 중반이후 용수수요의 증가둔화, 하천수질의 악화, 1994년부터 1996년까지 지속된 극심한 가뭄, 1995년부터 시행한 지방자치제에 따른 지역간 물분쟁, 1996년 이후 2000년까지 거의 매년 반복해서 발생한 경기 북부의 홍수재해, 그리고 삶의 질 향상을 추구하는 국민욕구의 증대에 힘입은 각종 시민단체들의 환경 및 생태계 보존 주장 등 수자원분야의 새로운 문제들이 발생하였다. 또한, 국토종합개발의 일환으로 추진되어 온 많은 대댐 건설의 결과로 댐 건설적 지도 거의 고갈된 상태에 도달하여 기존 수자원정책에 대한 대안이 요구되고 있는 상황이며, 환경친화적 댐 건설을 위한 친환경 기술수요도 급증함에 따라 댐의 건설은 심한 침체기에 접어들어 있는 상황이다.

현재 우리나라에서 운영·관리되고 있는 대형 댐의 총수는 1,213개소이며, 이들 중 1945년 이후 현대에 건설된 것은 1,079개소이다. 댐의 목적은 관개용댐이 91.7%로 주류를 이루고 있으며, 댐 형식에 있어서는 필댐이 96.3%로 주류를 이루고 있다.

11-3 댐의 종류 및 특성

댐은 여러 가지로 분류하고 있으나, 주로 구조, 수리학적, 사용목적과 용도, 축조재료 등에 따라 분류하면 다음과 같다.

11-3-1 구조에 의한 분류

(1) 고정댐(固定, fixed dam)

지반에 고착하여 만드는 가장 일반적인 형태의 댐으로, 과잉수는 댐마루의 일부를 절개하여 월류부를 만들고, 이곳으로 여수(餘水)를 방류하게 된다.

(2) 가동댐(可動, movable dam)

댐을 움직일 수 있도록 만든 댐으로써, 수문에서 문비(門扉, gate)가 댐의 주체를 이루게 한다.

11-3-2 수리구조에 의한 분류

(1) 월류댐(越流, overflow dam)

댐체의 정상(頂上)위로 유수를 월류시키는 형식으로서, 댐체는 침식·세굴되지 않도록 콘크리트로 축조되는 것이 일반적이며, 그 밖에 석재·강재 또는 목재 등이 쓰이는 경우도 있다.

(2) 비월류댐(非越流, non-overflow dam)

댐 체위로 물이 월류되지 않도록 축조된 댐으로, 흙이나 돌 또는 콘크리트로 축조가 가능한 형식이다. 또는 두 가지 형식을 합성하여 월류부와 비월류부를 조합하여 축조가능한 형식이다.

11-3-3 사용목적 및 용도에 의한 분류

(1) 저수댐(貯水, storage dam)

풍수기(豊水期)에 물을 저류하였다가 물이 부족한 시기에 공급하기 위한 것으로, 보통댐이라 하면 이 저수댐을 의미한다. 여기서는 용수댐, 수력발전용댐 등이 있다.

(2) 취수댐(取水, intake dam)

하천으로부터 물을 취수하기 위한 댐으로, 수요지에 물을 보내기 위한 수로, 운하 등의 송수시설에 수두(水頭)를 제공하기 위하여 축조한다. 하천에서 물을 끌어쓰는 관개용댐이 전형적이며, 발전, 생활 및 공업용수의 확보를 위해 축조하기도 한다.

(3) 조절댐(調節, detention dam)

홍수유출을 일시적으로 저류시켜 갑작스런 홍수로 인한 피해를 경감시키기 위한 것이다. 조절댐은 두 가지 종류가 있는데, 하나는 유수를 일시 저류하여 하류부의 하도(河道) 통수능력을 초과하지 않도록 방류하는 것이며, 다른 하나는 유수를 가능한 오랫동안 저류하여 투수성이 높은 양안이나 사력지층에 침투하도록 하는 것으로서 이를 확수(擴水, water spreading)댐이라고 한다. 또 조절댐은 이러한 홍수조절, 하류수위의 조절 외에 사방(砂防) 등의 목적으로 축조하는 경우도 있으며, 커튼그라우팅(curtain grouting)을 하지 않으므로 다른 댐에 비하여 공사비가 저렴한 특징을 가지고 있다.

(4) 다목적댐(多目的, multipurpose dam)

이상의 목적 중에서 2가지 이상을 동시에 달성할 수 있도록 만드는 댐으로, 최근에 시공하고 있는 대부분의 댐은 다목적댐이다.

11-3-4 축조용 재료에 의한 분류

(1) 흙댐(earth dam)

흙을 쌓아 만든 것으로 최대 제체단면의 50% 이상이 흙으로 이루어진 댐이다. 이 댐은 안전을 위하여 절대로 월류를 허용하지 않는 비월류형댐의 대표적이며, 홍수에 대비한 여수로(餘水

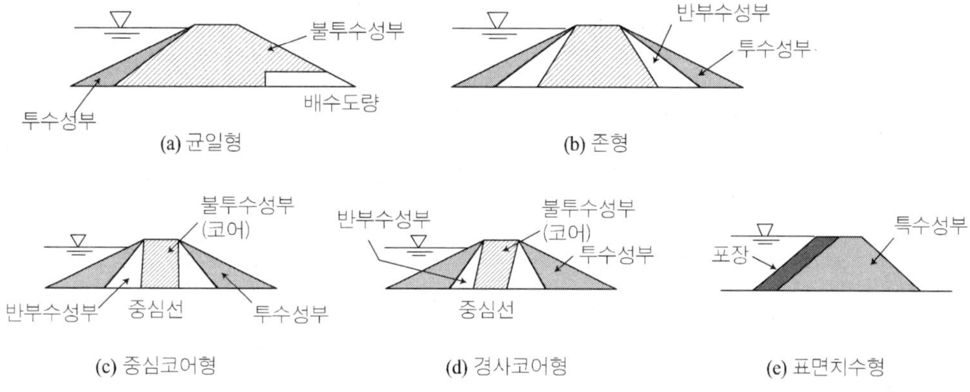

〈그림 11-1〉 흙댐의 종류

路)는 따로 설치하는 것이 일반적이다. 또한 흙은 비교적 투수성이 크므로 이를 보완할 목적으로 수밀성이 좋은 재료를 사용하여 차수(遮水)하게 되는데, 차수단면의 형상과 위치에 따라 그림 11-1과 같이 균일형, 코어(core)형, 존(zone)형, 표면 차수형 등으로 구분하며, 코어형은 다시 심벽의 형태에 따라 중심코어형과 경사코어형으로 구분한다.

(2) 록필댐

석괴(石塊)를 쌓아 만든 것으로, 최대 제체단면의 50% 이상이 돌로 이루어진 댐이다. 이 댐은 누수(漏水)를 막기 위하여 차수벽이 필요하며, 흙댐과 같은 비월류댐이고, 우리나라에서 주로 채택하는 형식이다. 록필댐(rock fill dam)은 그림 11-2와 같이 차수벽의 위치에 따라 표면 차수벽형, 내부 차수벽형, 중앙 차수벽형 등으로 구분한다.

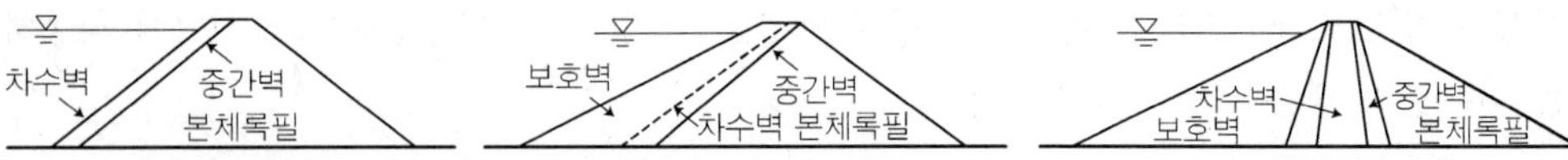

(a) 표면 차수벽형 (b) 내부 차수벽형 (c) 중앙 차수벽형

〈그림 11-2〉 록필댐의 형식

(3) 콘크리트댐

콘크리트 또는 철근콘크리트로 만든 댐이며, 각종 댐 중에서 가장 일반적인 것이다. 콘크리트댐(concrete dam)은 그림 11-3과 같이 설계원리에 따라 중력댐(gravity dam), 중공(中空) 중

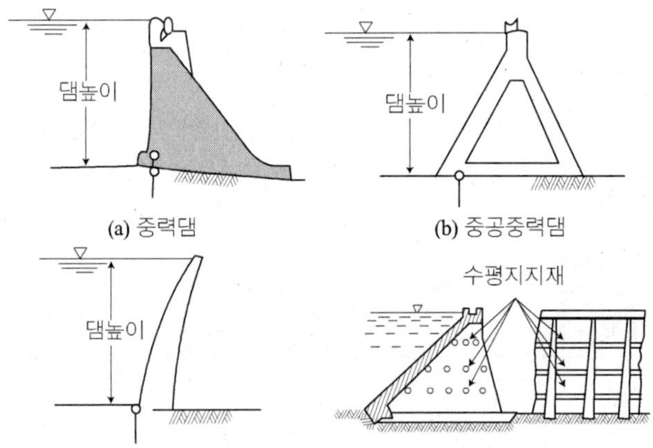

(a) 중력댐 (b) 중공중력댐 (c) 아치댐 (d) 부벽댐

〈그림 11-3〉 콘크리트댐의 종류

력댐(hollow gravity dam), 아치댐(arch dam), 부벽댐(butters dam), 멀티플아치댐(multiple arch dam) 등으로 구분한다.

11-3-5 댐의 기초지질

최근 수력발전개발이나 농지개발 혹은 방재 등에 관한 문제가 중요시되고 이들에 대한 여러 가지 문제에 따른 그 대책으로써 목적에 맞는 댐의 건설이 많이 이루어지고 있는 것은 좋은 현상이다. 대규모의 댐은 주로 하천과 계곡에 건설되며, 지형 및 지질의 적부(適否)는 댐 형식의 결정과 건설비 및 공사기간 등에 중요한 영향을 준다.

댐의 구조, 건설재료, 설계이론은 사용목적에 의하여 몇 가지로 분류되나 어느 것이든지 그에 따른 득실이 있다. 댐은 부지(敷地)의 지형, 또는 지질에 따라서 적당한 형식으로 정하고 신중히 시공해야 한다. 더욱이 집수(集水)구역에 있어서 지형, 지질 및 기상조건 등에 의한 출수(出水) 상황과 퇴사량의 문제는 댐의 계획, 설계에 중요한 영향을 주는 것이다.

(1) 댐의 기초암반

1) 중력댐의 기초

가설댐이나 계획 중인 댐 등 모든 30cm 이상의 높은 댐의 기초암반을 조사해 보면 심성암(深成岩), 혹은 반심성암인 것이 30%로 다수를 차지하고 있고, 다음은 고생층의 사암 및 점판암을 기초로 한 것이 약 20% 정도이다. 기타 석영조면암(石英粗面岩) 및 안산암(安山岩)과 같은 분출암(噴出岩)에 속하는 화성암, 제3기층 중의 경질의 지층으로 된 집괴암(集塊岩) 및 각석응회암(角石凝回岩), 또는 응회암을 기초로 한 것을 모두 합치면 12% 내외로 제3위를 차지하고 있다.

이것을 지층별로 보면 화성암을 기초로 한 것이 가장 많은 편으로 전체의 약 절반을 차지하고 그 다음으로 고생층, 제3기층, 중생층의 순으로 되어 있어 우리나라 지층과 흡사한 점이 많다.

2) 댐의 기초

흙댐(earth dam)은 모든 지질시대에 걸쳐 각종의 암반층에 건설되고 있으며, 일본의 예를 보면 흙댐중 가장 많은 것이 제3기층으로 약 26%를 차지하고 다음에 화강암이 약 21%, 고생층이 약 13%, 안산암이 약 11%의 순으로 되어 있다.

흙댐이 중력(重力)댐과 달의 제3기층이 가장 많은 것은 그 분포구역이 평야에 가까운 구릉지대라는 지리적 조건과 관개구역에 가까운 곳에 댐을 설치한다는 유지관리, 수로 및 기타 부대조건이 가해진 것이다.

(2) 계곡의 생성과 댐부지

1) 일반관계

댐의 지질구조상 가장 좋은 조건은 그림 11-4와 같은 향사구조(向斜構造)의 계곡이고 나쁜 조건은 그림 11-5와 같은 배사구조(背斜構造)의 계곡이다. 그리고 그림 11-6과 같은 단사구조(單斜構造)의 계곡은 그 중간이다. 또 지층 및 화성암의 금이 가는(crack earthen ware) 방향이 그림 11-7과 같이 상류측으로 향하여 경사진 것이 좋다.

더욱이 O.S.Fox(Engineering Geology, 1935)도 이와 같은 구조를 기본으로 각각의 경우에 대하여 그 누수성 및 활동(滑動)에 대한 안전성 등을 논하고 있다.

이것은 계곡의 지질구조가 댐부지로서 적합한가 아닌가 혹은 그 조사 및 시공에 관한 주의사항으로서는 좋으며, 우리나라의 실정에도 적합하는지 검토가 필요하다.

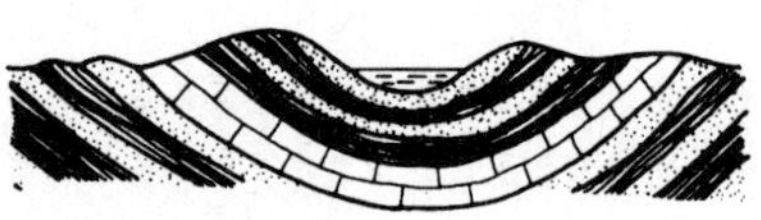

〈그림 11-4〉 향사구조

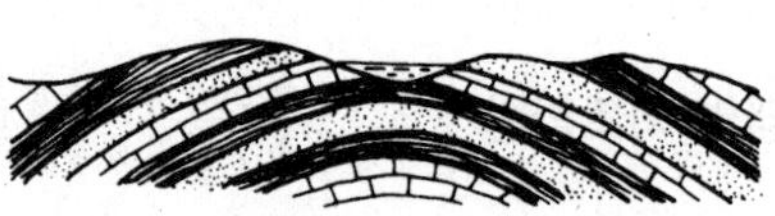

〈그림 11-5〉 배사구조

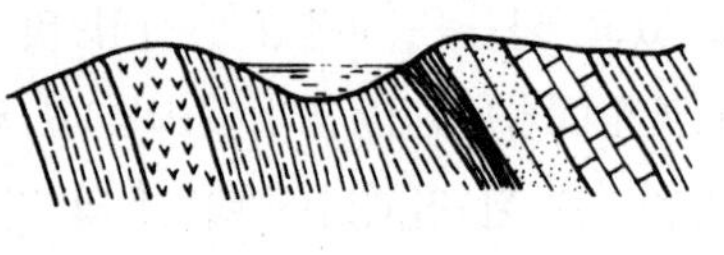

〈그림 11-6〉 단사구조(단층향곡의 댐)

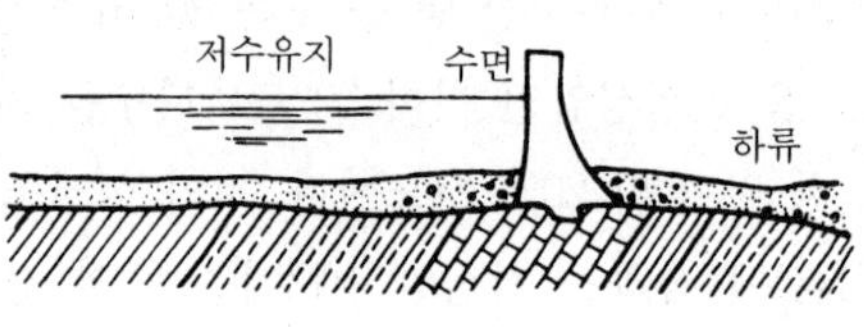

〈그림 11-7〉 원주선에 평행인 단면과 댐

2) 댐부지의 지질형

계곡의 생성과 지질구조의 관계에서는 댐부지의 지질을 단사층형, 호층형(互層型), 접촉형, 단구형(段丘型), 단층형으로 분류하고 있는데 그 개요는 다음과 같다.

① 단사층형 : 댐부지에 있어서 계곡의 흐름방향이 지층의 층면과 서로 평행한 것으로 지층이 우안(右岸)이나 좌안(左岸) 중의 어느 한쪽에 경사한 것이다. 이 때에는 층면 또는 박리면으로부터의 누수와 랜드크리프(land creep)에 대하여 주의해야 하며, 또한 애추층(崖錐層)이 두텁고 깎기한 토량이 많고, 또한 암반을 깎기했을 때 층이 일어나기 쉬운

점 등에 대해서도 특별히 주의해야 한다(그림 11－8 참조).

② 호층형 : 여러 가지 암석이 호층(互層)으로 되어 있을 때는 언제나 암석의 접촉면에 주의해야 한다. 특히 경암석이 호층으로 되어 있을 때는 더욱 중요한데 그 이유는 접촉면에서 연석이 파쇄할 때가 있어서 이 접촉면을 통하여 누수할 우려가 있기 때문이다. 더욱이 다른 종류의 암석 접촉면으로 생각될 때는 단층면으로 보아야 한다(그림 11－9 참조).

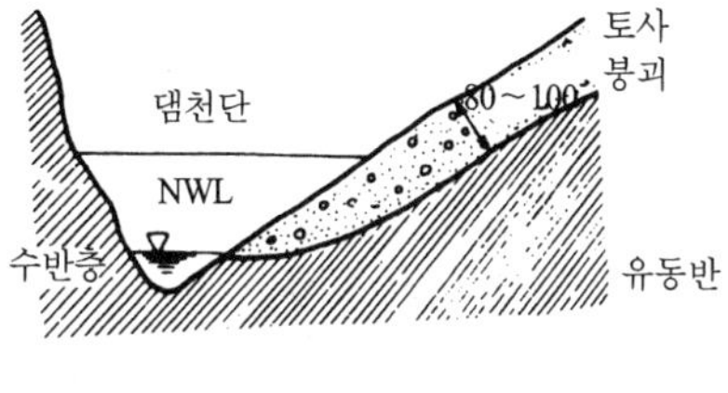

〈그림 11-8〉 단사층면

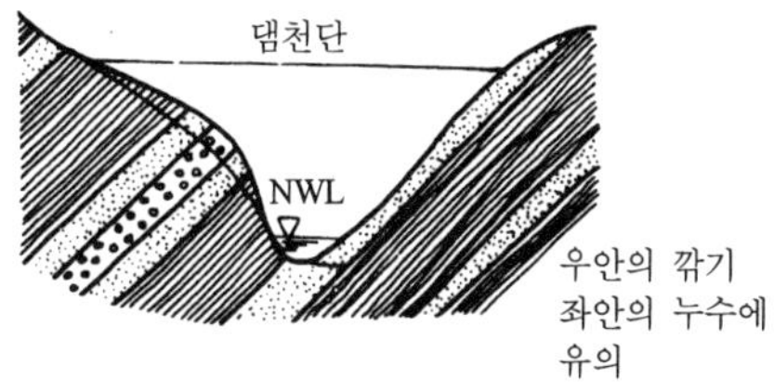

〈그림 11-9〉 호 층 형

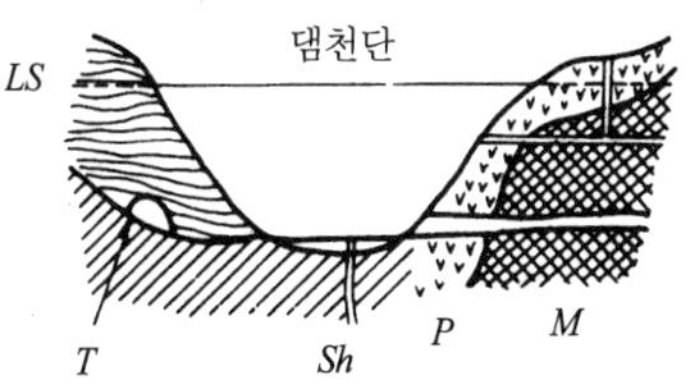

〈그림 11-10〉 접 촉 형

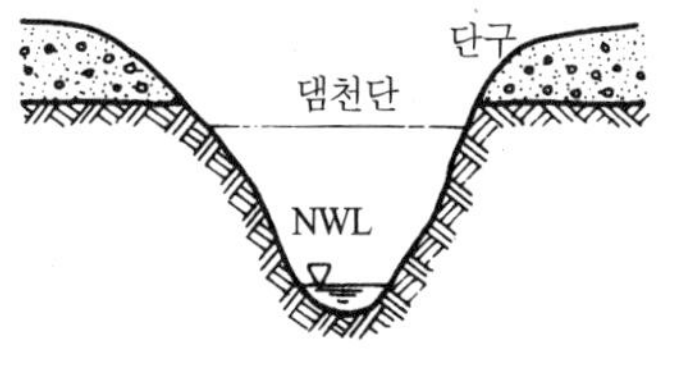

〈그림 11-11〉 단구형(提高에 관계없다)

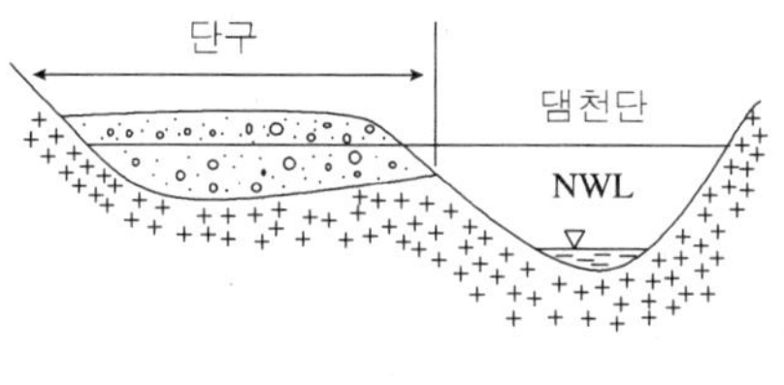

〈그림 11-12〉 단구형(단구부에 특수공이 든다)

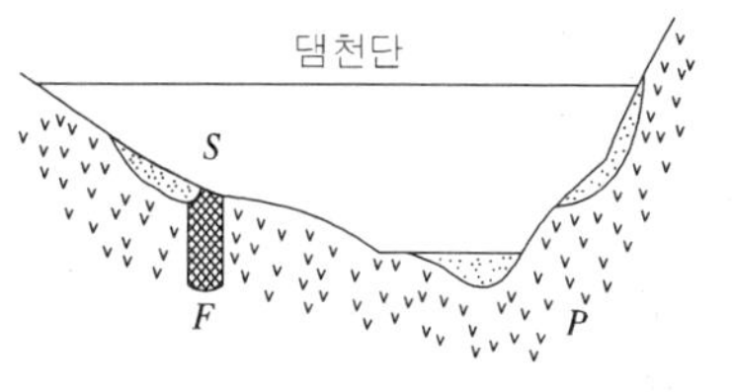

〈그림 11-13〉 단 층 형

③ 접촉형 : 화성암이 댐의 기반이 되는 바위를 뚫고 있을 때이고, 이 때에는 접촉변질 작용에 의하여 양쪽 암석의 접촉면에 점토 혹은 연질암반이 존재할 때가 있다. 이런 경우에는 접촉면을 통하여 누수의 가능성과 활동에 대하여 충분히 검토해야 한다(그림 11－10 참조).

④ 단구형 : 단구(段丘, terrace)는 하성(河成, riverterrace)인 것, 호성(湖成, laketerrace)인 것 등이 있으나 어느 것이든지 투수성이 높은 것이므로 그 존재하는 장소 여하에 따라 댐의 건설에 지장을 줄 때가 있고, 또한 그 제고(提高)가 한정되거나 혹은 투수시공의

연구를 하지 않으면 안 될 때가 있다. 단구는 퇴적물로서 자갈, 모래, 점토층 또는 지형상 평탄면 등으로 나타낸다(그림 11－11 및 그림 11－12 참조).

⑤ 단층형 : 댐부지에 단층(斷層, fault)이 끼어 있을 때 경제적 및 수리적 조건이 허용하는 한 그 위치를 피하여 적당한 위치에 변경하는 것이 좋다. 그러나 실제에는 기반을 굴착하여 알게 되는 경우도 있고, 또 처음부터 단층이 있는 것을 알아도 수리적 및 경제적 조건이 우수할 때는 단층이 특수공법에 의하여 극복될 수 있으면 그 장소에 댐을 건설할 때가 있다. 그러므로 댐부지에 있는 단층에 대해서는 기존댐에서의 실적을 참고로 연구하여 단층이 극복될 수 있는 가를 상세히 검토하여 건설하여야 한다(그림 11－13 참조).

11－4 댐의 설계

11-4-1 기초처리

우리나라는 많은 댐들이 건설되어 있기 때문에 좋은 지질조건을 가지고 있는 새로운 댐지점을 찾기가 점점 어려워지고 있다. 지형적으로 지질학적으로 나쁜 조건이어서 과거에는 댐지점으로 선정되지 않았던 지점에도 최근에는 댐이 건설되고 있다. 이 때문에 댐 설계에 있어 댐체의 안전은 물론 기초암반의 안정성에 대한 충분한 사전검토가 시행되어야 한다. 콘크리트 중력식댐을 설계할 때 과거에는 댐의 시공조인트 수평면을 따라 활동에 대한 안정성을 검토하였으나, 이제는 댐의 기초암반에 대하여도 활동에 대한 안정성을 검토하여야 하며, 현장 암반조사와 기초암반의 응력해석방법 및 기초처리방법에 대한 광범위한 검토가 매우 중요시되고 있다.

또한 유한요소법이 응력해석에 널리 사용되고 있으며, 이 방법은 전통적으로 기초암반을 하나의 평균물성치를 가지는 한 덩어리로 간주하는 대신 각각의 응력조건에 반응하는 국소안전율의 개념을 도입한 것으로써 이 방법으로 암반의 국부적파괴에 대한 안정성검토가 가능해진 것이다. 이와 같은 응력해석법의 발달로 댐 체의 위치와 형태를 적정하게 선정할 수 있게 되어 대규모의 기초처리를 하지 않아도 될 수 있게 된다.

기초암반의 불투수성은 시멘트그라우팅으로 개선하여야 하며, 기초그라우팅은 콘크리트댐에서는 차수그라우팅과 압밀그라우팅으로 필댐에서는 차수그라우팅과 블랭킷그라우팅으로 구분한다. 압밀 그라우팅은 댐기초의 표면부근에서의 누수를 줄이고 암반을 일체화시키는 역할을 하며, 기초암반 면적 10~20m^{2}당 한 구멍을 시행하되 깊이는 대체로 5~10m을 표준으로 한다. 차수그라우팅은 투수량을 줄이고 기초암반을 통한 양압력을 줄이기 위하여 시공하며, 구멍뚫기 깊이는 불투수 암반층까지 또는 구멍뚫기지점에서의 저수지 수두의 1/2깊이까지로 하고, 이 때 불투수성 개선목표치는 대체로 1루전(lugeon : 1m 구간에 0.1MPa의 압력으로 물을 주입할 때 1ℓ/min의 수량이 침투하는 것을 말하며, 1×10^{-5}m/sec로 표시한다)으로 정한다.

최근 기초부위의 차수를 위한 슬러리 트렌치 또는 콘크리트 차수벽공법 기술이 크게 발전되어 있으며, 또한 중장비의 성능이 향상되면서 암반 내에 차수벽설치를 위한 굴착이나 지하심부까지의 굴착이 가능해져서 기초의 차수성 향상도 가능하게 되었다.

11-4-2 내진설계

우리나라는 지진에 관하여 별문제가 없는 것으로 과거에는 댐설계시 지진영향을 중요한 인자로 취급하지는 않았다. 많은 경우 지진영향은 무시하거나 단순히 자중의 5% 정도를 지진력으로 추가하는 정도였다. 그러나 댐하류지역이 크게 개발되고 그 결과 인구와 자산이 그 지역에 집중되게 됨에 따라 댐붕괴방지를 위한 가능한 모든 방법을 강구하는 것이 댐설계의 중점사항이 되었다.

댐설계시 사용하는 지진계수는 그 동안 계속 증가하다가 현재에는 높이 15m 이상의 주요 댐설계에 적용하는 지진계수는 세계적으로 유명한 지진발생국인 일본의 적용기준과 거의 같은 수준으로 되었다. 우리나라에서는 오래 전부터 내진설계에 진도법을 사용해 왔으므로 이는 경험적으로 적정성이 입증되고, 이 진도법에 따르면 지진계수를 적용한 수평관성력이 댐 체에 작용하는 것으로 간주하는 것이다. 지진계수는 과거의 지진발생 기록자료의 분석을 통하여 결정되는데, 이 지진의 크기가 다른 두 종류의 지역으로 구분하고 1,000년 발생빈도의 지진력을 기준으로 하고 있다.

11-4-3 설계홍수

지난 약 70년 동안 댐 및 여수로와 우수전환 설계를 위한 적정홍수량의 기준은 크게 바뀌어 왔다. 정부가 발간하는 홍수기록을 구할 수 있게 되었고, 공식관측소와 기록들보다 일반화되고 있으나 설계홍수량을 산정하는데 문제가 없는 것은 아니며, 최근에 이상홍수가 빈번히 발생하고 있는데 예로서 임진강 유역에서는 기존홍수빈도 분석상 500년 빈도를 상회하는 홍수가 최근 4년간 3회나 발생하기도 하였다. 이에 따라 1997년 국토교통부는 가능최대강수량(可能最大降水量, probable maximum precipitation)을 사용한 지점별 가능최대홍수량(可能最大洪水量, probable maximum flood)을 제시하였다. 이 때 가능최대강수량은 가상의 기상 및 유역조건을 종합한 최대강수량을 기준으로 한 것이다. 많은 여수로의 방류능력이 이 방법을 근거로 결정하고 있다.

우리나라 설계기준은 주요 댐(다목적댐, 대형댐) 설계시 가능최대강수량을 설계유입홍수로 사용하도록 권장하고 있으며, 기타 소규모댐의 경우 가능최대강수량의 50% 홍수 또는 200년 빈도홍수를 사용하도록 하고 있으나 실제로는 가능최대강수량에 의한 가능최대강수량을 설계홍수로 사용하고 있는 추세이다.

유수전환 대상 홍수는 홍수기록에 의한 빈도홍수량을 채택하는데 대체로 콘크리트댐의 경우 5년 빈도홍수를, 쌓기에 의한 댐의 경우 25년 빈도홍수를 적용하는 것이 현재의 관행으로 되어 있으며, 현대적인 홍수산정은 홍수측정법의 개선, 기상예측기법의 개선 및 컴퓨터시스템 등에 의해 매우 편리해지고 있다.

11-4-4 환경적 고려사항

과거의 우리나라는 농산물의 성장기에는 강우량이 적어서 많은 하천은 건천화되었고, 그 후 많은 댐을 건설함으로써 하천에 물이 흐르게 되었다. 관개를 목적으로 하는 대형 댐들은 주로 각 지역의 수리조합들이 건설하였으며, 동시에 다양한 산업의 발달과 함께 도시들이 지속적으로 성장하게 되었다. 이와 같은 산업활동은 지속적인 물공급을 필요로 하게 되었으며, 도시지역은 어디에 위치하던 추가적인 물수요를 야기하였고 이는 많은 댐 건설을 지속적으로 필요로 하게 되었다.

사례로서는 특정 환경문제가 댐 건설의 방해요인이 되거나 반대요인으로 작용하게 되고 있으며, 2000년에 취소된 영월 다목적댐 건설계획이 그 사례이다. 이들 환경문제는 대체로 건설기간 중 수질오염, 어류에 미치는 영향, 낚시에 미치는 영향, 조류의 생장, 수초의 생장, 야생동물과 생물다양성에 미치는 영향, 하류하천의 세굴, 지진발생의 가능성, 저수지의 영향 등 다양하게 나타나고 있다. 국토교통부와 댐 건설 전문기관인 한국수자원공사에서는 이들 문제점에 대한 대책방안을 연구한 결과 지진문제를 제외하고는 모두 대책수립이 가능하고 부정적 영향을 제거하거나 최소화함으로써 합리적처리 방안을 모색할 수 있을 것이다.

11-4-5 장래의 검토사항

앞으로 중요한 사항은 환경평가방식의 개선, 세굴-퇴사-홍수관리기법 개발을 통한 저수지수명의 연장, 건설사업비의 절감과 댐 안정성 개선, 특히 과거에 설계기준으로 설계 시공된 댐의 안정성 개선 등이며, 유역내 댐 및 저수지에 대하여 위의 사항 외에 특정분야를 추가한다면 하천조절과 홍수저류를 위한 저수용량의 최적설계, 오염원제어와 수질, 하류방류량과 지하수위, 가뭄시 저수지조작 등이 될 것이다. 또한 이들 문제를 해결하려면 다중학문적 접근, 수계단위의 수자원개발계획 그리고 계획과 정책결정과정에 영향을 받는 주민의 참여 등 방법상의 기본적 전환이 필요하다.

또한 사업계획 수립에 다중학문적 접근이 필요한 이유는 댐이나 규모가 큰 사회기반시설이 인간의 사회경제적 복지, 환경적 평형상태 및 생태계의 안정성 등에 미치는 부정적 영향을 종합적으로 평가하기 위함이다. 그리고 유역단위 차원에서 수자원개발과 관리를 한다는 당위성은 인간의 활동이 해당지역의 생명체와 그들의 환경과의 관계 전반에 걸쳐 영향을 미친다는 본다면, 하천은 가장 중요한 용수공급원이고 하천유역은 하나의 수문단위임은 분명하다. 그러므로 다음 분야에 대한 장래의 기술향상이 절실히 요구된다.

1) 가용수자원의 현황조사(inventory)
2) 수질과 공중보건
3) 수문학과 수리설계
4) 도시지역의 하수처리 및 배수구조
5) 관개사업의 용수사용량 및 운영기술
6) 댐관련 환경 및 사회적 문제

11-5 흙댐

흙댐(earth fill dam)은 토질공학적으로 검토하여 상류 및 하류의 경사, 정부(頂部)의 폭, 소단(小段)의 배치, 토취장 선정, 배수 및 사면보호대책, 지반의 전단력 등 현장조건에 적합하고 경제적으로 설계해야 한다. 사용 재료의 채취, 쌓기다짐에 따른 시공기계의 적절한 사용은 공사기간과 공사비에 큰 영향을 미치게 된다.

흙댐은 자연상태의 흙을 사용하여 최소의 공정으로 건설하는 가장 보편적인 형식으로 다른 형식에 비하여 지내력에 대한 요구조건이 까다롭지 않으므로 대형 토공장비의 발달로 널로 건설되고 있다. 흙댐의 특징을 요약하면 다음과 같다.

① 댐 지점의 지질, 지형, 축조재료, 기초지반에 관계없이 시공이 가능하다.
② 쌓기용 재료의 구입이 용이하면 경제적이다.
③ 높은 댐의 축조가 어렵고, 내진력에 약하며, 확실한 안전율이 추정이 어렵다.
④ 시공중 재료가 자주 변할 때는 검토하여 다짐층을 설계변경해 사용하여야 한다.

또한 흙댐은 ① 제체가 활동하지 않을 것 ② 저수가 월류하지 않을 것 ③ 사면이 안정되어 있을 것 ④ 축제재료 및 기초지반이 충분한 지지력을 가지고 있어 침하에 대하여 안전할 것 등의 안정조건을 가져야 한다.

11-5-1 흙댐의 구조와 재료

(1) 균일형

제체 최대단면의 80% 이상이 균일한 재료로 축조된 것을 균일형(homogeneous type) 댐이라 하며, 이 댐은 비교적 낮은 댐에 적합하다. 댐이 높을수록 경사를 완만하게 하여야 하며, 높이가 6~7m 이상이면 침윤선(浸潤線)이 하류쪽 비탈면위에 나타나서 불안정하므로 하류부에 배수구도랑을 설치해야 한다. 또한 균일한 재료는 적절한 차수효과를 갖도록 불투수성이어야 하며, 균일형 댐은 축조재료가 많이 소요되므로 그림 11－14와 같이 개량형으로 축조한다. 이 개량 균일형은 배수촉진으로 침윤선을 낮추므로 하류경사를 급하게 하여 축조재료를 경감시키는 장점을 가지고 있다.

또한 이 댐은 제체의 간극수를 빨리 배수시켜서 침윤선을 낮추어 활동에 대한 안정과 파이핑(piping)작용을 방지하며, 흙의 유실을 방지하기 위하여 필터(filter)를 설치하는데, 필터재료는 점착성이 없으며 200번체를 통과하는 세립분을 5% 이상 함유해서는 안 된다. 필터의 최소 폭은 양측에 접하는 재료의 입도, 투수도, 쌓기두께를 고려하여 시공상의 최소 필요 폭 이상으로 결정한다 필터의 다짐은 진동롤러 또는 불도저를 주로 사용하고, 때로는 타이어롤러를 사용하기도 한다.

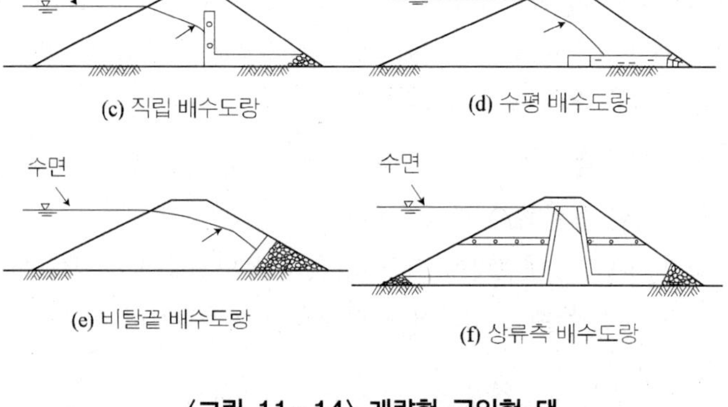

(a) 중심 차수존형댐 (b) 줄모양 배수도랑 (c) 직립 배수도랑 (d) 수평 배수도랑 (e) 비탈끝 배수도랑 (f) 상류측 배수도랑

〈그림 11-14〉 개량형 균일형 댐

(2) 존형

댐의 불투수성부를 중앙부근에 두고 불투수성부 외측에 따라 투수성 재료를 사용하는 것으로, 불투수성부의 최대 폭이 댐높이보다 대형댐을 말한다. 그림 11-15와 같이 존형(zoned embankment type)은 근래 토질역학의 발전과 댐 체 해석법의 발달로 대두된 설계법이다. 이 형식은 댐 구성이 코어형과 비슷하지만 코어형보다 투수계수가 높은 인근 재료로 불투수층을 만들므로 재료가 한 가지 밖에 없는 균일형에 비해 상대적으로 경제성이 높은 형식이다.

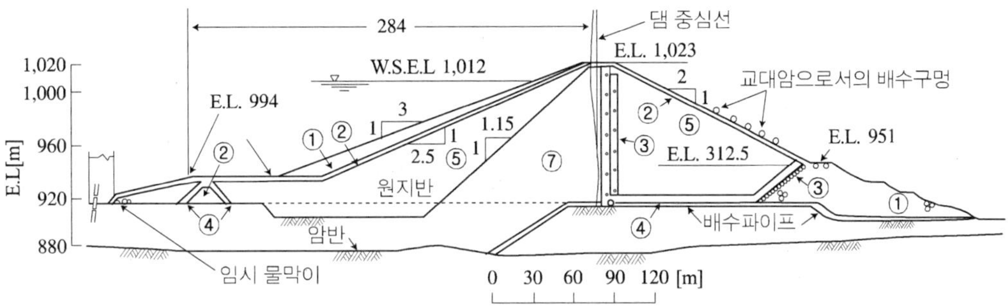

〈그림 11-15〉 존형댐의 예(mammoth pool dam)

(3) 코어형

불투수성부를 댐의 내부에 설치한 것으로 불투수성부의 최대 폭이 댐높이보다 작은 댐을 코어형(心壁形, core type)댐이라고 한다. 그리고 댐 중심선이 전부 코어로 싸여진 댐을 중심코어형, 댐 중심선이 코어로부터 벗어나 있는 댐을 경사코어형이라고 한다.

코어형댐에서는 대부분의 축조재료가 모래, 자갈, 돌 등 투수성 물질이므로 제체 내에 차수를 목적으로 하는 불투수성 재료를 사용하여 얇은 방수코어를 둔다. 코어재료는 불투수성일 것이 가장 중요한 조건이며, 전단강도가 크고 균일해야 한다. 코어재료로 이상적인 흙은 0.05mm 이하의 입자를 15~20% 함유하는 점토, 실트, 모래의 혼합물이며, 이외에 포틀랜트 시멘트콘크리트, 역청콘크리트 등이 있다. 코어의 설치위치는 상류면 경사코어형부터 중앙 연직형까지 여러 가지로 설계한다. 코어의 최소두께는 침투수의 허용 한도, 시공상의 최소 폭, 코어 인접재료의 성질 등에 의해 결정한다.

또 제체의 상류측 투수구역은 댐체의 안정을 유지시키고 불투수성층을 보호하며, 수면의 급강하에 따른 안전도 확보에 목적이 있고 하류측 투수구역은 침윤선조절에 목적을 둔다(그림 11-16 참조).

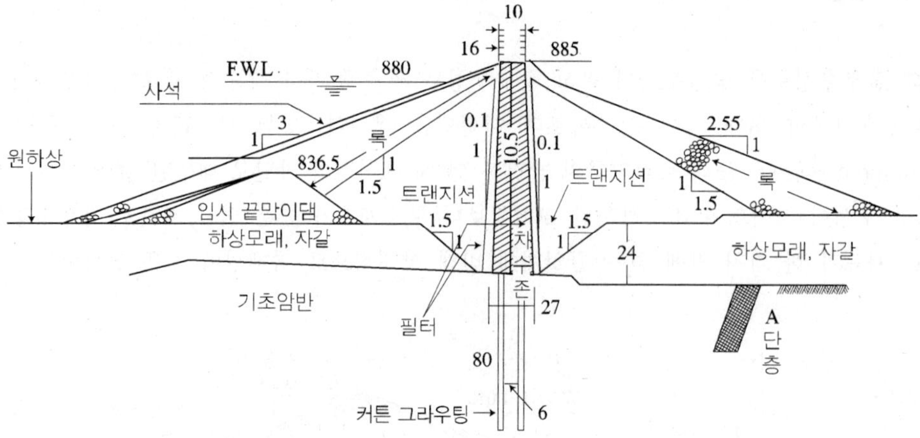

〈그림 11-16〉 코어형댐의 예(Makio dam)

(4) 표면 차수벽형

상류 경사면을 목재, 철근콘크리트, 아스팔트, 플라스틱, 프리팩트콘크리트 등 흙 이외의 차수재료로 포장한 댐을 차수벽형댐이라 한다. 이 형식의 장점은 댐 단면이 작아지므로 경제적이나 침하에 대하여 위험성이 있고, 표면이 노출되므로 내구성이 작은 것이 단점이다. 그림 11-17은 아스팔트 표면차수벽형(表面遮水壁形) 댐의 예이다.

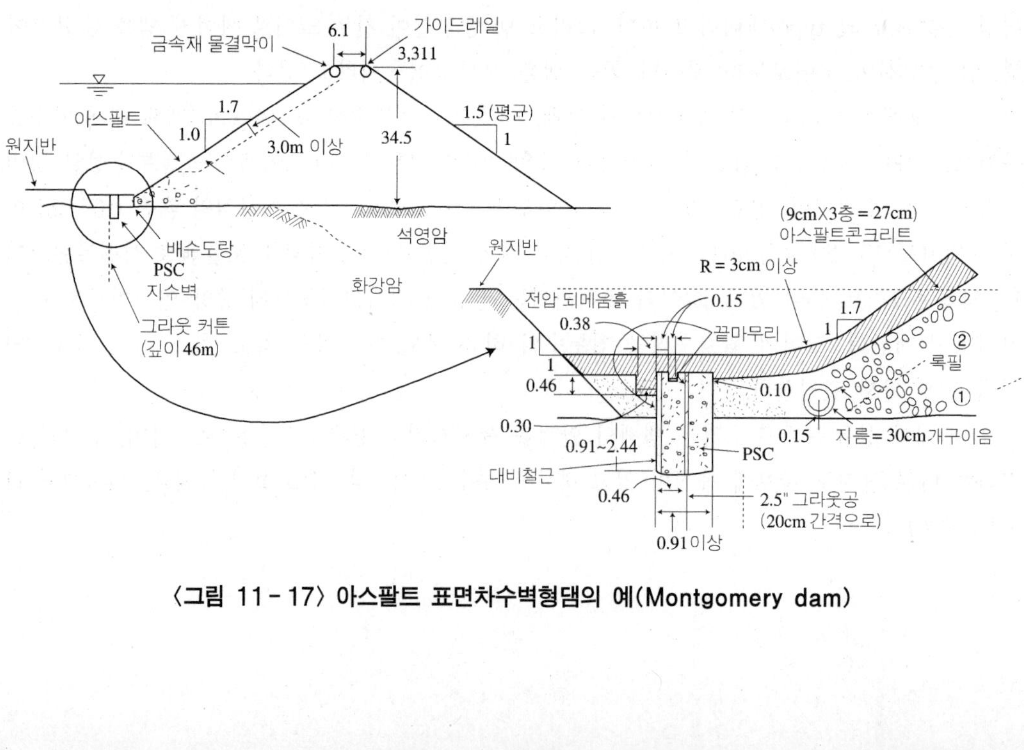

〈그림 11-17〉 아스팔트 표면차수벽형댐의 예(Montgomery dam)

11-6 필댐

필댐에 관한한 선진 지반공학의 영향은 매우 중요하다. 특히 Karl Terzaghi와 Arthur Casagrande의 경험과 연구결과 록필댐 설계기술향상에 기여하고 있다. 흙댐이나 필댐은 석산개발공법, 쌓기재료의 포설방법 및 다짐장비 등의 개선 등으로 앞으로도 계속 건설될 것이다.

필댐은 사면활동에 따른 붕괴 또는 댐체와 기초를 통한 누수량 과다로 붕괴되지 않도록 확실한 안전이 보장되도록 설계되어야 한다. 사면활동에 의한 붕괴여부는 통상 활동원호법으로 사면안정여부를 판단한다. 이 경우 안전율은 1.2 이상이어야 한다. 따라서 필댐의 댐체를 설계할 때 중요한 것은 축조재료의 강도이기 때문에 재료에 대한 사전시험과 시공 중의 품질관리가 매우 중요하다. 필댐에는 균일형, 존형 및 표면 차수벽형 등 다양한 형태의 댐이 있지만 다목적댐과 같이 높이가 대형댐들은 장시간 안정성 측면에서 존형댐(주로 록필댐)이 선호되고 있다. 이 경우 각 존의 설계는 국제적으로 통용되는 기법을 사용하고 있지만 코어단면과 필터단면부에 대한 최소두께를 정하고 있다는 점이 특이하다고 할 수 있다. 코어단면의 최소두께는 4~6 m 정도이고, 필터단면의 최소두께는 2~4m로 하고 있다.

코어부의 투수계수는 1×10^{-5}cm/s보다 작아야 하고, 필터재료의 입도는 소위 필터법칙으로 알려진 적정한 입도를 갖도록 정하고 있으며, 코어부(불투수성부)가 접촉하는 기초암반에는 투수경로 차단을 위하여 블랭킷그라우팅(5~10m 깊이, 2~3m 간격)을 실시한다.

11-6-1 구조

석재를 쌓아올려 상류쪽 또는 중앙부에 차수벽 또는 불투수층을 설치한 구조로서, 댐에 저수된 물의 압력을 지지하는 본체 록필과 차수벽, 그 중간층 또는 상류측 보호층으로 구분된다(그림 11－18 참조).

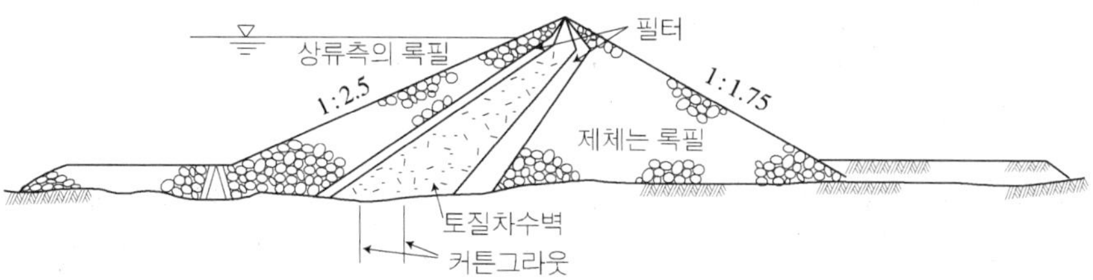

〈그림 11－18〉 록필댐 예

암석은 물리적·화학적 시험을 실시하여 강도를 확인하여야 한다. 화강암, 석회암, 사암 등이 사용되며, 보통 1개의 중량은 0.5ton_f 이상이고, 5~25ton_f까지 사용한다. 기초는 침식 또는 분해 작용을 받지 않는 지반이어야 하며, 차수벽 하단에 물막이벽을 만들고 그 밑을 그라우팅하여 물의 침투를 방지하여야 한다.

록필댐은 차수벽의 형식에 따라 전면 차수벽형, 중앙 심벽형, 점토 코어형, 복합체형 등으로 구분할 수 있다. 전면 차수벽형은 상류수면에 접하는 면에 차수벽을 만드는 형식이며, 차수벽은 록필댐의 특성상 침하를 피할 수 없으므로 댐체의 시공이 상당히 진행되어 침하가 완료된 후 설치해야 한다. 중앙 심벽형은 댐중앙에 콘크리트 또는 철근콘크리트의 심벽을 만드는 형식이며, 상류쪽 돌에는 부력이 작용하므로 수압에 저항하는 작용이 감소한다. 점토 코어형은 댐체의 중앙부에 점토 또는 불투수성 재료로 심벽을 만드는 것으로 댐체의 침하, 변형으로 파괴되는 일이 적고 투수량이 적은 것이 특징이다. 복합체형은 상류쪽은 불투수성 흙으로 되어 있고 하류쪽은 록필로 이루어져 있어 상류쪽에서 치수하는 형식이다.

11-6-2 필형댐의 시공

(1) 필형댐의 재료

필 또는 필터댐의 재료로서 토질·자갈·바위재료가 있으며, 각 재료를 구할 수 있는 양을 고려하여 댐설계를 하여야 한다.

1) 토질재료

필터형(filter type)댐을 불투수체로 하기 위하여 점토재료를 사용하는데 포화일 때도 안정성이 있고, 불용성이며, 시공이 쉽고 필요한 전단강도와 투수계수를 가져야 한다.

토질재료는 함수비에 의하여 투수계수, 전단강도 등이 변한다. 최대밀도가 얻어지는 함수비는 최적함수비이며, 이 최적함수비인 토질재료가 필형댐에 가장 필요한 것이다.

2) 막돌재료

막돌(組石)재료는 일반적으로 투수성 혹은 반투수성 재료로서 사용되고 특히 토질재료에 의한 차수벽에 대한 여과층(filter zone)으로서 사용할 때는 적당한 배수성과 강도가 필요하고 입도가 좋아야 한다.

3) 돌덩이 재료

돌덩이(暗塊) 재료는 굳고 내구성이 크며, 크기가 적당히 섞여 있고, 자유로이 배수가 되는 것이라야 한다. 돌덩이 재료는 필형댐의 대부분을 구성하는 것이고 댐의 안정성확보에 큰 역할을 한다.

일반적으로 화강암, 섬록암(閃綠岩), 현무암과 같은 화성암, 퇴적암보다 경질인 사암이나 석회암 혹은 규암 등이 내구성, 내압성이 우수하다.

필형댐의 기초는 차수벽부(core wall)에 생기는 응력이 적으므로 기초처리는 지수(止水)를 목적으로 한 커튼그라우트를 중심적으로 한다.

(2) 댐쌓기의 시공

1) 필터층의 시공

필터댐에 있어서는 차수층과 투수층 사이의 재료의 급변을 완화하기 위하여 트랜지션층(transition zone)으로 반투수층을 설치한다. 이 층은 차수층의 세립자 유출, 변위 방지와 침투수가 안전하게 투과하도록 해야 한다. 반투수층 중에서 코어(core)를 둘러싼 것을 필터라고 한다.

① 필터재료 : 필터재료는 점착성이 없는 것이어야 하고 200번 체를 통과하는 세립자를 5% 이상 포함해서는 안 된다(그림 11-19 참조).

② 필터의 두께 : 필터의 최소 폭은 양측의 층에 접하는 재료의 입도, 투수도 및 쌓기 리프트의 적당성과 다짐 시공상의 최소 필요 폭에 의하여 결정된다.

③ 필터의 다짐기종 : 필터의 다짐은 진동롤러 또는 불도저의 사용이 표준이고 때로는 타이어롤러를 사용하는 예도 있다. 탬핑롤러는 점질토에 적합하나 사력재료(砂礫材料)에는 적합하지 않다. 코어의 다짐에는 템핑롤러의 사용이 표준이다.

④ 필터재료 : 보호되는 재료의 입도와 필터재료의 입도와의 관계는 일반적으로 다음과 같다. Terzaghi에 의하면 다음과 같다.

$$\frac{\text{필터재료의 } 0.5\% \text{ 입경}}{\text{필터로 보호되는 재료의 } 15\% \text{ 입경}} > 4\sim5\text{배}$$

$$\frac{\text{필터재료의 } 15\% \text{ 입경}}{\text{필터로 보호되는 재료의 } 85\% \text{ 입경}} < 4\sim5\text{배} \qquad (11-1)$$

즉 필터재료는 보호되는 흙의 입경(粒徑)의 4~5배 정도인 입경을 가져야 안전하다는 것을 의미한다.

(2) 필터의 두께

시공조건에 의한 영향을 받기 쉬운 필터형댐의 특성으로 보아 다짐의 시방서를 상세하게 정하기 위하여 시공에 앞서서 시험쌓기에 의한 다짐시험을 해 보아야 한다. 필형댐은 시공 중에 쌓기재료가 변하는 일이 많으므로 품질관리의 자료를 가지고 댐의 안정성을 검토하고 필요에 따라 층의 설계변경을 하는 것이 중요하다.

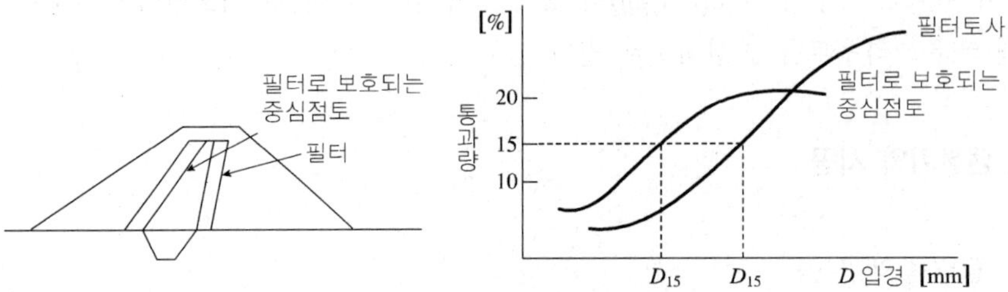

〈그림 11-19〉 필터재의 입도가적 곡선

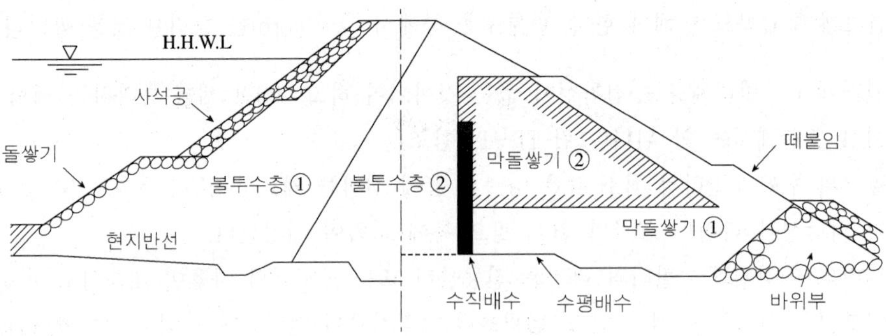

〈그림 11-20〉 존형필댐의 예

토질재료는 최적함수비를 가져야 하고, 흙깔기는 스크레이퍼 또는 불도저에 의하여 한다. 토질재료의 시공불가능 일수(강우, 강설, 동결 기타 휴일 등)에 큰 영향을 받으므로 미리 충분한 조사를 한 다음에 시공일수를 예측하고 운반기계의 능력 등을 결정해야 한다. 잡석재료는 일반적으로 30~50cm 두께로 깔고 포화할 정도로 물을 살수 후에 다짐한다.

돌덩이 재료는 모양, 사용하는 층에 따라 막돌재료와 같이 얇게 깔아서 다짐할 때부터 50~60m의 높은 리프트에서 투석(投石)하는 경우까지 있으나 높은 리프트에서 투석을 쌓아 올리면 호박돌이 부서지는 결점이 있다.

그림 11-20은 존형(zone type)필댐의 한 예이며, 불투수층 ①은 일반적인 코어부이고 차수

(遮水)를 목적으로 한 층이다. 불투수층 ②는 ①에 준한 층이나 차수성보다 강도를 중점으로 한 것이다. 랜덤층(막돌쌓기층) ①에서 록(rock)부 천단(天端) 밑부분은 제체의 안정성을 유지할 목적을 갖고 또 하류사면부는 풍우에 의한 침식, 표면마모 등을 방지하기 위하여 소요의 강도를 갖는 층이다. 랜덤층 ②는 ①에 준한 목적을 가지나 소요의 전단강도만 있으면 재료의 선택을 특별히 하지 않아도 되는 층이다. 록부는 댐하류의 비탈밑에 암석을 쌓은 층을 말하고 하류 비탈면의 안정강화를 기도하는 것을 목적으로 한다. 제체 상류사면의 사석(捨石) 및 사석쌓기는 풍랑에 의한 침식을 방지하기 위한 보호층이다.

수직배수는 그림 11-20에서 불투수층 ②의 배면에 설치한 랜덤의 불투수층에서의 침투수를 배수시켜 침투수압을 줄임으로써 하류비탈면의 안정을 기하는 것을 목적으로 하고 있다. 수평배수는 수직배수 및 랜덤층 밑면에서의 침투수를 잡아 천천히 제외(堤外)에 인도하는 대상(帶狀)의 모래층 배수이다. 필터(filter)는 사석, 사석쌓기, 록부 배면 및 밑면 등 침투수의 영향이 있는 곳에서 흙재료 상호 혹은 다른 재료와의 경계면에 설치한 모래층을 말한다. 세립자의 유출을 동반하는 일이 없고 침투수를 안전하게 투과시키는 것을 목적으로 하고 있다. 안정계산은 원호활동면법(圓弧活動面法, slice method)을 사용한다. 최대건조밀도 1.88g/cm^3, 최적함수비 15%를 기준치로 한다.

11-7 콘크리트댐

11-7-1 콘크리트중력댐

우리나라에서 콘크리트댐이 건설되기 시작한 것은 상당히 늦은 1930년대 후반이다. 이는 포틀랜드시멘트의 공급량이 충분하고 콘크리트댐의 시공기간단축과 수밀한 구조물을 경제적으로 시공하는 것이 가능하게 되었기 때문이다. 콘크리트배합의 물-시멘트비를 적게 하는 것이 같은 양의 시멘트배합에도 불필요한 뜬물(bleeding)을 줄이면서 강도와 수밀성을 높인다는 점이 확인된 이후 댐 설계시 배합설계에 큰 비중을 두게 되었다. 또한 콘크리트배합 설비도 자동계량 및 기록장치와 소요강도가 다른 콘크리트배합비 조정을 컴퓨터화하는 장치가 추가되면서 크게 성능이 개선됨에 따라 배합비에 대한 보다 정확한 검토가 가능하게 되었다.

댐상류면에 작용하는 수평수압을 자중력으로 막고, 그 연직분력을 기초지반에 전달하는 구조로서 여기에는 월류식(越流式)과 비월류식(非越流式)이 있다. 전자는 댐상부에서 직접 여수(餘水)를 방류하는 형식이고, 후자는 댐양측 적당한 곳에 별도로 여수토(餘水吐) 방수로를 만들어 방류시키는 형식이다.

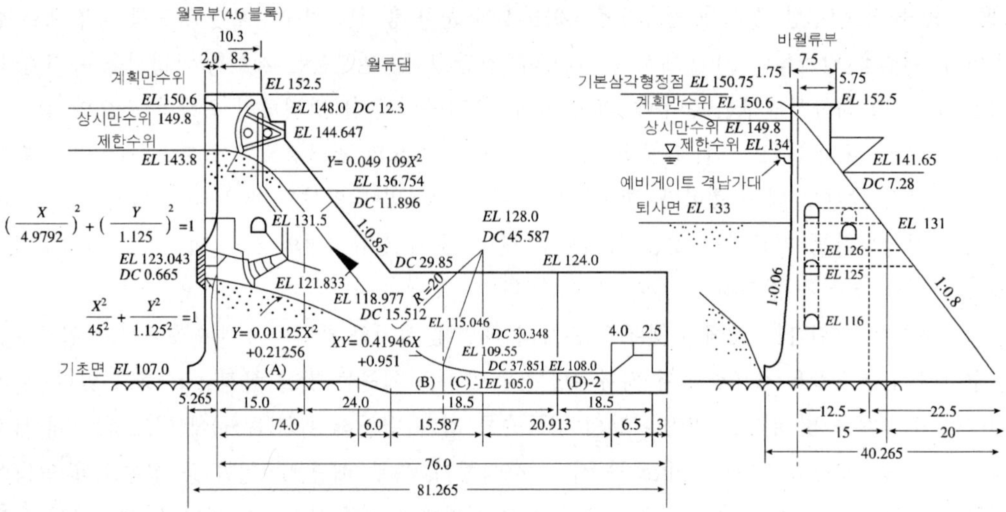

〈그림 11-21〉 콘크리트중력댐의 설계도

콘크리트중력댐의 안정은 총중력 W가 총수평력 H와 $W \geq H$의 관계가 있어야 하며 따라서 세부적으로는 다음과 같은 조건하에서 설계를 하여야 한다(그림 11-21 참조).

① 상류면에 연직인장력이 생기지 않을 것. 이 때문에 댐에 작용하는 외력의 합력이 수평밑면(각 분할면에서)의 중앙 1/3을 통하여야 한다(middle third의 조건).

② 전단(剪斷)에 대하여(활동) 안정하여야 하며, 기초부위에서의 활동에 대한 안전율이 4.0 이상일 것. 이 조건은 Henny의 식에 의하여 검토된다.

$$n = \frac{(\tau \cdot l + f \cdot V)}{H} \geq 1 \qquad (11-2)$$

여기서, n : 저단저항(마찰) 안전율

τ : 암반 또는 콘크리트 순 전단강도

f : 암반 또는 콘크리트의 내부마찰각

l : 검토하려는 수평단면의 폭

V : 검토하려는 수평단면에 작용하는 연직력

H : 검토하려는 수평단면에 작용하는 수평력

③ 허용압축응력 및 허용인장응력을 넘지 않아야 하고, 높이 100m 정도인 댐의 경우 압축응력은 3.0MPa 이내이며, 보통의 암반이면 문제는 없다. 참고적으로 암반의 압축강도를 표 11-1에 표시하였다.

〈표 11-1〉 암석의 압축강도

암석의 종류	압축강도[MPa]
화 강 암	150
안 산 암	100
석 회 암	54
사 암	46
응 회 암	9.0

11-7-2 중공중력(中空重力)댐

중력댐의 내부에 공동(空洞)을 만들어 댐에 작용하는 양 입력을 감소시키고, 또 공동으로 인한 댐자중이 감소되므로 여기에 대한 댐의 안정성에 대해서는 댐상류면을 경사지게 하고 상류측의 물중량이 연직하중으로 여기에 작용함으로써 안정을 보충 확보하게 된다. 댐체적은 높이 40m 이상일 때 중력댐보다 경제적이고 높은 80~100m일 때 중력댐의 약 70%가 된다.

댐 폭이 상류면의 경사로 인하여 중력댐보다 폭이 넓고, 이 때문에 기초의 굴착범위가 넓어지고 하상(河床) 퇴적물 및 표토(表土)가 두터운 경우는 불리하다. 댐기초에 일어나는 응력분포가 균등분포에 가까우므로 중력댐의 경우보다 기초암반의 전단강도에 대한 제약이 다소 적어진다.

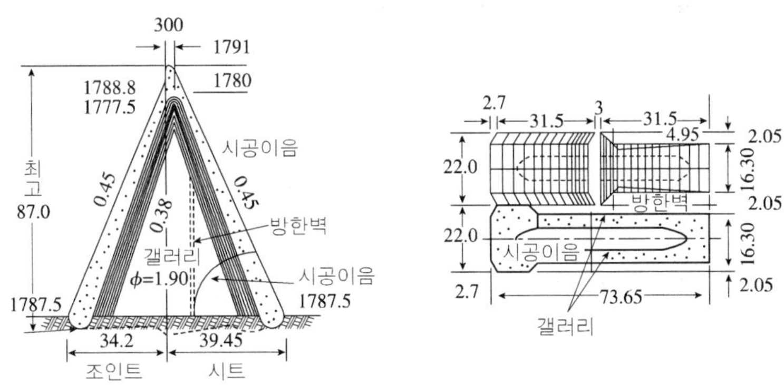

〈그림 11-22〉 중공중력댐

중력댐에 비하여 거푸집설치가 복잡하기 때문에 거푸집 비용이 중력댐보다 커지게 되므로 콘크리트량 감소에 따른 공사비의 절감과 비교 검토하여 댐형을 정해야 한다. 이와 같은 점을 참작하면 계상(溪床)의 폭이 넓은 U자형이, 계곡에는 중공댐이 유리하다(그림 11-22 참조).

11-7-3 아치댐

수평한 아치작용과 연직한 캔틸레버보 작용으로 상류면에 작용되는 하중을 측방의 암반과 하방의 암반에 전달하는 구조물이다.

하중을 아치작용에 의하여 암반에 전달하기 위하여 아치의 좌우 지지부의 기초암반이 충분한 두께를 가지고 강고하여야만 한다(그림 11−23 참조). 계곡 폭이 좁을수록 유리하고, 댐상단의 계곡 폭이 높이의 3배 정도까지는 중력댐보다 콘크리트량이 적다. 그러나 아치 좌우 지지부의 암반에 불량한 곳이 있을 때는 이 부분의 처리에 필요한 공사비와 콘크리트량의 감소에 의한 경비를 비교하여 댐형을 결정해야 한다.

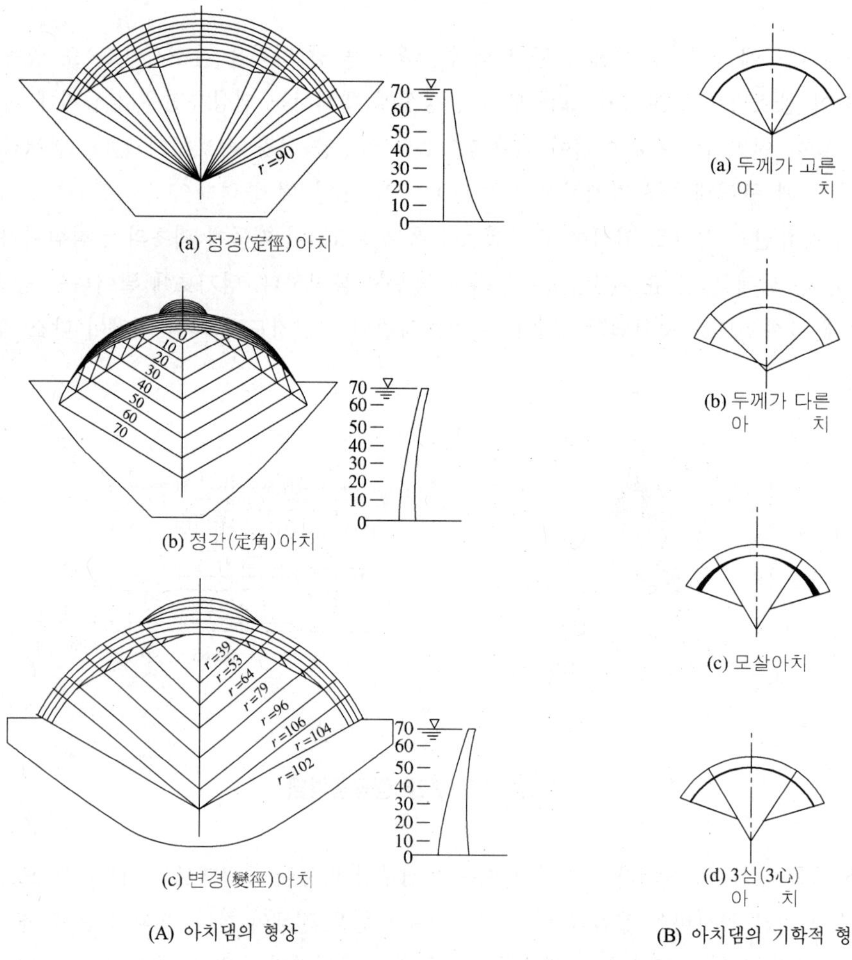

〈그림 11-23〉 아치댐의 예(측방향)

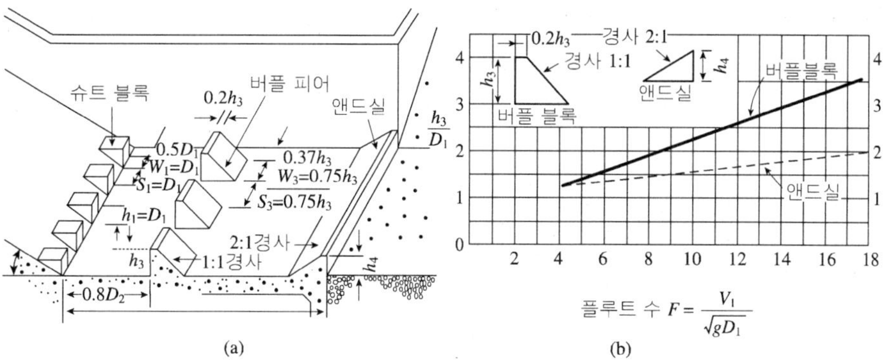

〈그림 11-24〉 정수지(靜水池, stilling basin)의 구조

특히 얇은 아치댐(arch dam)의 경우는 홍수를 직접 월류(越流)시킬 수 없으므로 이를 처리하기 위하여 댐과 별개 장소에 여수로(餘水路, spill way)를 설치하지 않으면 안 된다. 또 수격작용(water hammer)으로 인한 기초암반의 안정을 확보하기 위하여 댐이나 여수로 방수로의 하류면의 하단에 감세공(減勢工)을 그림 11-24와 같은 구조로 설치하여야 한다(콘크리트댐의 apron 설치와 같음). 또한 댐하류 바로 아래의 견고한 암반위에 설치하여 수격작용을 방지해야 한다.

11-7-4 부벽식댐

부벽식댐은 수압을 평면적인 철근콘크리트의 차수벽(遮水壁)으로 받는데 이것을 부벽에 의하여 지지시키는 것이다. 이 차수벽(遮水壁)을 무근콘크리트 혹은 철근콘크리트 아치구조로 하여 이를 부벽에 의하여 지지하는 구조로 한 것을 멀티플(multiple)아치댐이라고 한다. 이들은 강성이 미약하므로 지진에 대한 저항이 적다.

11-8 댐의 공사계획

11-8-1 개요

댐 공사는 대량의 콘크리트와 암석 및 토사 등 댐본체의 재료를 단기간에 운반하여 댐을 축조하는 대수송공사이다. 또 기초의 굴착 및 기초처리나 댐본체를 건설하기 위한 각종의 준비공사가 각각 관련되어 시행한다. 댐의 공사장이 한 장소에 집중하여 있으므로 대량 자재의 집적(集積), 노무자의 확보, 자재창고·노무자 숙소·공사용 동력 및 급수 등의 확보 등이 대단히 중요하다. 그리고 수 개년 하천에서 공사하게 되므로 공사 중의 홍수처리 등에 대해서도 충분한 대책을 세워 두어야 한다.

더욱이 최근의 경제발전에 수반하여 댐 건설이 활발해짐에 따라 수몰지구 문제를 둘러싸고 사회문제까지 생겨서 수몰보상이라는 막대한 예산이 투자되게 되므로 댐건설은 그리 단순한 것은 아니다.

필형댐 및 콘크리트댐의 특징과 시공에 대해서는 다음에서 말하기로 하고 공통적인 문제로서 도로를 이용한 자재수송설비, 합숙소 및 사무소, 창고 또는 시공기계의 확보와 관리, 실험실 기타 생활환경 시설의 구비와 의료시설 등이 현장에 미리 시설되어 있어야 한다.

또한 공사에 직접 관련되는 설비로서 콘크리트 제조플랜트, 골재 제조플랜트, 콘크리트 중력댐에 필요한 설비가 있어야 하고 기타 자재수송용의 도로, 공사용 송전선과 아울러 가체절(假締切)로서 필요한 전류공(轉流工)공사 등이 필요하다. 이상에서 말한 시설은 공사를 하기 위한 가설비로서 이 공사 이전에 제반준비가 완료되어 있어야 한다.

댐의 궁극적인 목적은 담수의 시기이고 이것은 시공공정을 지배하는 하나의 요소이다. 완성을 기다리지 않고 어떤 높이 만큼 댐이 올라간 단계에서 담수(湛水)하는 것을 중간 담수라고 하나 중간 담수에 따라 공사계획이 달라진다. 예로 중간담수를 실시할 때 홍수대책이 충분해야 하므로 완성된 여수토가 전제 조건이 된다.

댐의 기초에 관하여 중요한 점을 요약하면 다음과 같다.

① 기초암반의 역학적인면 또는 지수면(止水面)에서의 지질적 특성을 명확하게 파악하여 그 특성에 가장 적합한 댐형식을 선정해야 한다.
② 선정된 댐형식의 범위에 있어서도 기초암반의 개량 정도를 적게 할 수 있는 댐의 형식으로 설계한다.
③ 공사를 시행할 때 기초가 손상되지 않도록 하여야 한다.
④ 기초를 개량할 때 국부적인 점보다도 기초전체의 안정성을 확보하기 위한 방법을 취해야 한다.

11-8-2 전류공

댐을 댐지점에 건설하기 위하여 댐지점의 하천수류를 다른 방향으로 이동시킬 필요가 있게 된다. 이것을 전류공이라고 하며, 다음과 같은 공법이 있다.

(1) 반하천 체절공

반하천 체절공(半河川 締切工)은 먼저 하천의 절반을 막아 하천의 흐름을 다른 절반으로 흐르게 해 놓고 제체(堤體)의 절반을 시공한 다음 나머지 반을 이와 같게 시공하는 것이다. 유량이 많은 가배수(假排水) 터널, 가배수로 개거(開渠)로 홍수를 처리하기 힘들 경우나 하폭이 넓고 한쪽 절반의 시공이 가능할 경우에 채용된다(그림 11-25(a), (b)).

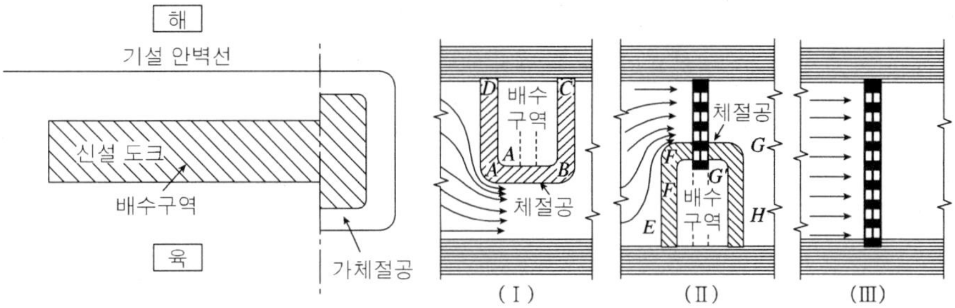

〈그림 11-25〉 전류공의 예

(2) 가배수 터널

하폭(河幅)이 좁은 협곡상의 장소에 댐상류의 하안(河岸)부터 산복(山腹)을 지나 댐하류에 이르는 가배수(假排水)터널을 설치하여 이로 하천의 흐름을 유통시키는 공법이다. 이 방법으로는 댐의 굴착이나 콘크리트타설을 댐 지점의 골짜기에 전면적으로 실시할 수 있다. 단 댐상류 가(假) 터널입구에서 하류측에는 가체절공을 하여야 하므로 공사비가 증가한다.

(3) 가배수로개거

가배수로개거(假排水路開渠)는 하폭이 비교적 넓고 유량이 너무 많지 않은 댐지점으로서 한쪽 하안에 개거를 설치하여 하천의 흐름을 이곳에 소통시켜 상하류를 막은 후 하상부에서부터 제체공사를 하는데 이 제체에 배수공을 설치하여 다시 하천을 돌려서 반하천 체절공과 같은 공사로서 시공하는 것이다.

하천에 전류(轉流) 계획의 대상유량은 댐형식, 시공방법, 공정을 감안하여 공사중 전류공을 상회(上回)하는 홍수가 코퍼댐(coffer dam) 및 제체를 월류하여 피해를 줄 것을 고려하여 결정한다.

콘크리트댐의 경우는 콘크리트를 타설한 후의 피해는 매우 적고, 오히려 기초굴착 중에 홍수로 인한 매설의 우려가 많기 때문에 종착기간을 고려하여 중력댐은 1/3~2/3의 확률연을 보아 계획하는 일이 많다.

중공중력댐의 경우는 댐콘크리트를 타설하는 과정 중에 홍수의 월류로 인한 제체 중공부에 토사 등의 유입을 고려해서 중력댐의 경우보다 큰 유량, 즉 1/5~1/10의 확률년을 조사하여 계획 홍수량을 산정하여 가제방을 계획한다.

아치댐의 경우도 댐콘크리트를 타설할 때에는 각 리프트(lift)블록마다 홍수가 넘치지 않게 홍수량을 결정하여 각 리프트의 높이를 정해야 한다.

전류를 위한 수로의 완성과 함께 댐상류의 개거 입구부근에 하류(河流)가 유입되어 하류부에 배수현상이 생기지 않도록 댐하류의 개거 방류부부근의 물의 소통이 원활하게 하여야 한다.

11-8-3 가체절공

댐구조물이 물 속에서나, 또는 물 옆에 축조되는 경우 흔히 건작업(乾作業, dry-work)을 하기 위하여 물을 배제하는 물막기를 하게 되는데(전류공도 동일) 이것을 일반적으로 가체절공(coffer dam)이라고 한다. 토목구조물의 대부분은 하해에 축조되는 일이 많으므로 기술적으로 연구할 문제들이 많다.

(1) 간이 가체절공

수심과 굴착깊이가 얕은 곳에 축조하는 가체절을 간이 가체절공이라고 한다. 간이 가체절공

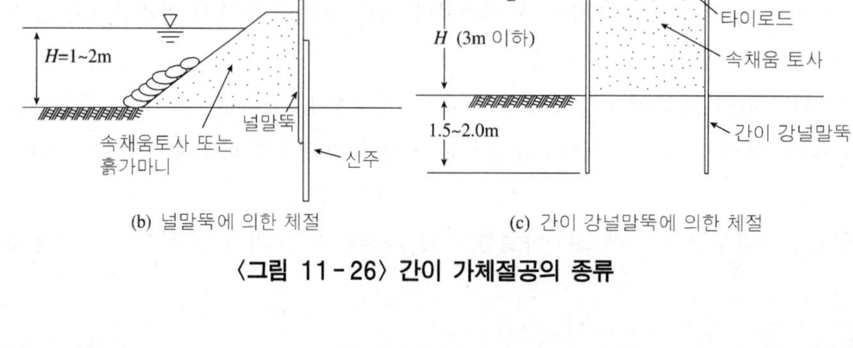

〈그림 11-26〉 간이 가체절공의 종류

은 시공이 간단하고 축조비가 적다. 근처에 있는 재료를 이용하여 시공할 수 있는 것이 큰 이점이다. 그림 11-26은 간이 가체절공의 대표적인 형식이고, 어느 것이든지 수심이 얕은 곳에 사용한다.

(2) 흙댐식 가체절공

구조적으로는 가장 간단하고 단순한 형이다. 공종(工種)도 비교적 적고 얕은 수심을 막는 경우에 유리하다. 단 수심에 비하여 넓은 부지가 필요하고 규모에 있어서도 상당한 양의 토사가 필요하므로 부지에 많은 여유가 있어야 한다. 또 축제토사를 쉽게 입수할 수 있어야 한다는 것이 필수조건이다. 토사는 투수성이 적고, 다짐에 의하여 높은 밀도를 얻을 수 있는 입도 분포가 요구되고, 전단강도 또는 안정성이 큰 것이 좋고 현장에서 간단히 얻을 수 있으면 더욱 좋다.

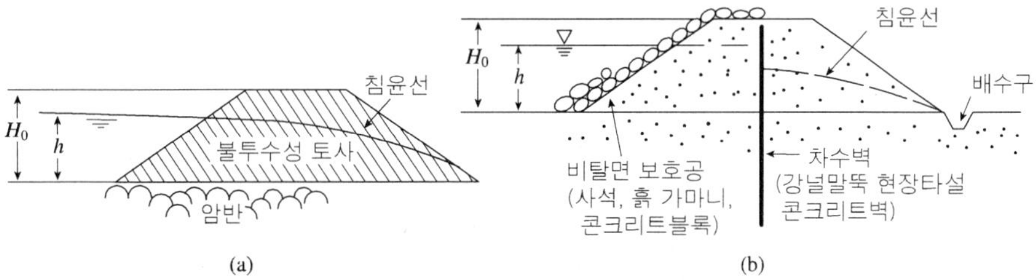

〈그림 11-27〉 흙댐식 가체절공

그림 11-27은 흙댐식 가체절 구조의 일례이다. 일반적으로 제고(提高) H는 설계고 수위, 설계파고 등을 고려하면 아래 식 (11-3)과 같다.

$$H \geq h + H_o + a\,[\mathrm{m}] \qquad (11-3)$$

단, h : 수심[m]

H_o : 파고[m]

a : 여유고[m]

또 대량의 물이 월류하지 않게 하고 태풍 등에 의한 고수(高水)나 이상 파고에 대비하여 배면을 사석이나 흙가마니로 보호할 필요가 있다. 전면, 또는 배면의 비탈경사는 약 2할 정도로 하지만 다음 식을 사용해서 대개 정하고, 침윤선(浸潤線) 검토, 원호활동(圓弧滑動) 등의 안정검토에 의하여 최종단면을 결정한다.

$$m = (0.05H + 1.5)$$
$$n = (0.05H + 1.8) \qquad (11-4)$$

여기서, m : 앞비탈경사[%]

n : 뒤비탈경사[%]

위의 식은 실제상 가체절 흙댐이므로 전후 비탈경사를 동일하게 하여도 된다.

(3) 한겹 흙 물막이 가체절공

이 공법은 널말뚝(sheet pile)의 강성으로 수압 등의 외력에 저항하도록 하는 것이고, 종류는 그림 11−28과 같다. 캔틸레버(cantilever)로서의 자립형식과 버팀보(strut)로서 동바리공의 역할을 하는 버팀보식이 있으나 보통 캔틸레버식은 구조적으로 불안정하므로 널리 사용하지는 않는다. 여기서는 주로 버팀보를 사용한 한겹 널말뚝 체절공에 대하여 설명한다. 널말뚝의 재료로 목재, 철근콘크리트재, 강재 등이 있으나 수심이 깊고 유세(流勢)가 큰 하해와 호소(湖沼)에서는 강널말뚝(steel sheet pile)을 많이 사용한다.

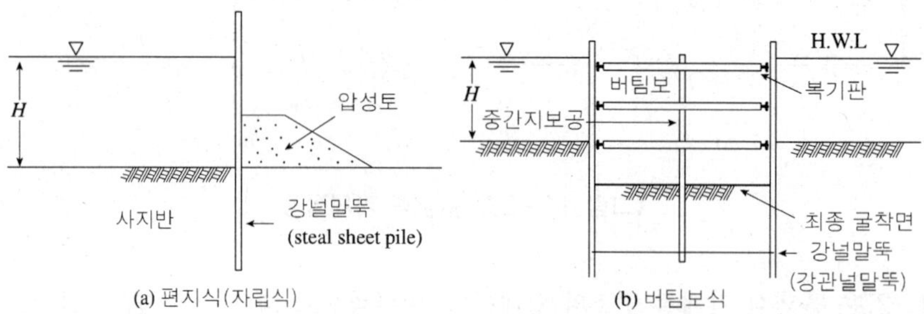

〈그림 11－28〉 한겹 시트파일 가체철공

외력으로는 파력(波力)이나 유수압(流水壓)이 있는데 여기에 견딜 수 있는 구조라고 하여도 세굴(洗掘)이나 되풀이 하중에 의하여 큰 편압이 생기면 충분한 시공이 곤란할 때가 있다. 따라서 널말뚝에 대하여 검토를 요하는 항목은 흙물막이의 필요성, 말뚝이 박히는 깊이, 널말뚝의 종류, 버팀보, 띠장(wale)의 응력에 대한 검토 및 보일링(boiling), 히빙(heaving)의 검토이다.

이 형식의 벽체 안전도에 대한 큰 요인은 안정된 흐름의 확보에 있다. 수심이 깊을 때에는 강널말뚝이 이용되나, 단면이 외력에 대하여 부족할 때는 강관(鋼管)을 널말뚝벽으로 사용이 증가하고 있다.

(4) 두겹 널말뚝식 가체절공

두겹 널말뚝식 가체절공은 내벽, 외벽의 널말뚝을 2열로 병렬하여 박고 널말뚝 사이에 타이어로드(tie rod)와 볼트로 연결한다. 그리고 그 사이에 토사를 채워 자립시켜 널말뚝 및 토사가 일체가 되어 외력에 저항할 수 있게 한 것이다.

외력에 대한 저항크기는 강체로서의 안정성(활동, 전도, 지반의 지지력) 및 속채움 토사의 전단저항력의 크기에 의하여 결정되나 벽체 폭을 크게 함으로써 부지 점유면적에 비하여 큰 수심의 가체절이 가능하다.

그림 11－29는 두겹 널말뚝식 가체절공의 예이며, 그 역학적 특성을 정리해 보면 한겹 널말뚝보다 강성이 크고, 특히 파력(波力)이나 조수(潮水)의 간만에 의한 수압변화 등의 되풀이 하중에 대한 저항력이 크다.

또 널말뚝을 2열로 박고 그 사이를 속채움 토사로 채우므로 침윤선이 길어지고 제내(堤內)에 돌아 들어가는 용수량(湧水量)이 적어지므로 파이핑 보링에 대한 벽체의 안정성이 증가하게 된다. 단 속채움 토사를 채울 때까지의 안정성은 셀(cell) 혹은 케이션식의 가체절공에 비하여 나쁘고, 특히 파력, 조류, 하천의 흐름 등에 의한 유수압에는 많은 주의가 필요하다.

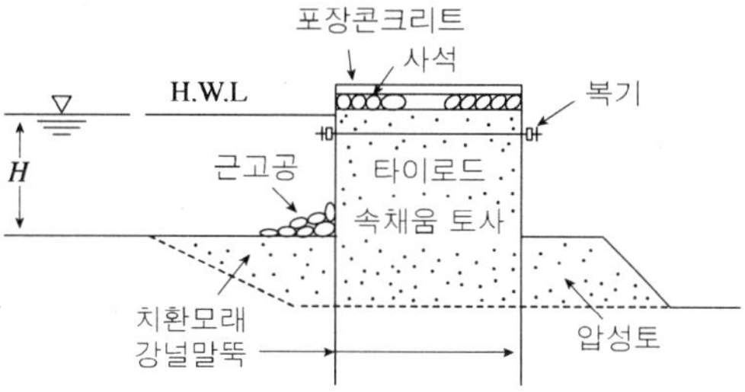

〈그림 11－29〉 두겹 강널뚝식 가체철공

현재 채용하고 있는 설계법은 셀블록의 가체절에 대한 역학적계산(eller-bulkhead)의 설계법을 준용하고 있는 것에 지나지 않으므로 벽체를 강체로 가정하여 안정계산을 하고, 널말뚝 자체의 안정 및 응력의 검토에 대해서는 흙막이공의 설계법에 준하여 행한다.

시공할 때 주의할 점은 널말뚝, 타이어로드에 편토압(偏土壓)이 걸리지 않도록 속채움 토사를 고르게 채우고, 또 타이어 로드도 균일하게 조여야 한다. 그리고 이 형식의 생명이라고 할 수 있는 속채움 흙의 유출을 막기 위하여 강널말뚝 이음부의 물림을 확실하게 할 것과 아울러 월류파(越流波)에 대한 속채움 흙의 상부 보호를 위하여 콘크리트포장 등의 수단을 강구해야 한다.

(5) 셀식 가체절공

셀식(cell type) 가체절공은 일반적으로 강널말뚝을 원통형으로 박고 그 속에 토사를 채워 셀(cell)을 만드는 것이 보통이다. 셀단체는 항만용 시설로서 돌핀(dolphin) 등에 사용한 예가 있으나 일반적으로는 셀을 많이 병렬시켜 아치부라고 불리는 연결부와 함께 연속된 벽체로 사용한다.

셀식 가체절공은 두겹 널말뚝식 가체절공과 같이 특수한 시공시설을 필요하지 않고, 단기간에 완성할 수가 있다. 안정성도 좋고 깊은 수심의 가체절공으로서는 다른 공법에 비교하여 공사비가 저렴하다.

셀 평면형으로서는 그림 11－30(A)에 표시한 바와 같이 원형셀, 타원형셀, 클로버형셀 등

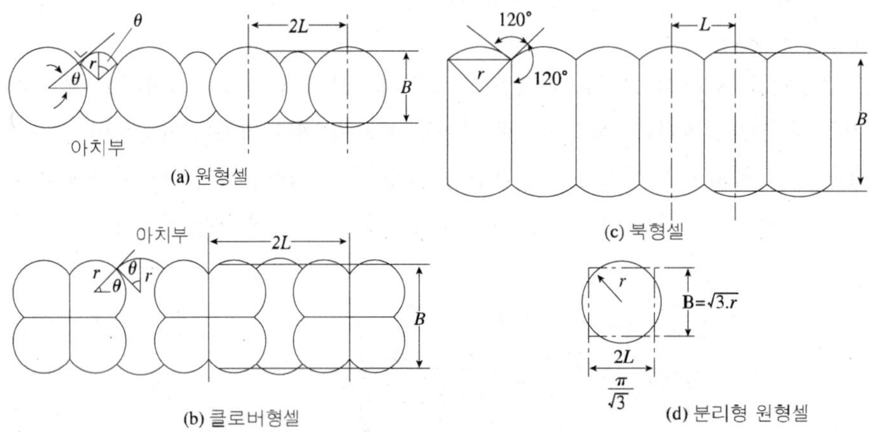

(A) 셀식 가체절공의 평면형

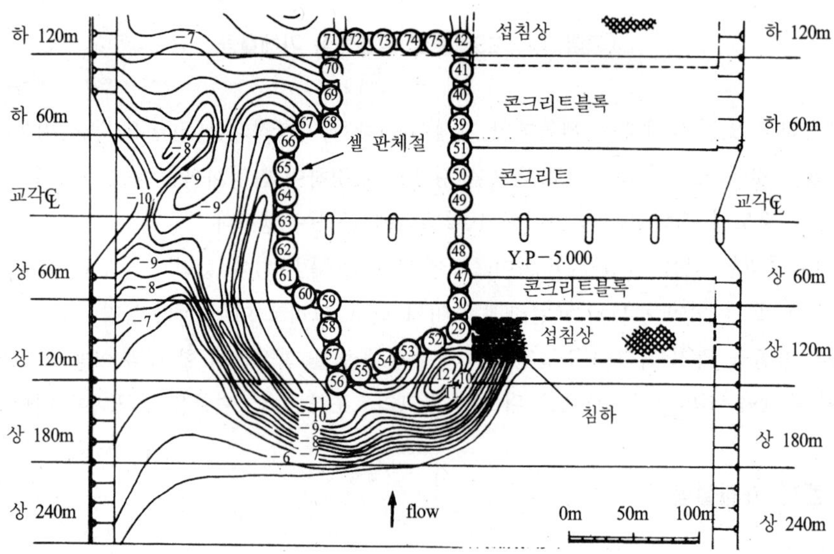

(B) 셀식 가체절공의 평면도

〈그림 11－30〉 셀식 기체절공의 흐름도

이 있으나 사용되는 것은 주로 원형이다.

셀식 가체절의 평면형의 가장 큰 특징은 원호(圓弧)로 되어 있다는 것인데, 따라서 속채움 흙에 의한 토압이 원주방향의 장력 호퍼텐션(hoop tension)으로서 지지된다. 그러므로 널말뚝의 이음부에는 큰 장력이 작용한다.

셀식 가체절공의 설계는 두겹 강널말뚝식 가체절공의 설계와 같이 셀벽체를 강체로하여 중력식 제체(堤體)의 안정계산을 한 다음 널말뚝의 응력계산(hoop tension), 밑넣기 길이 및 내부 전단저항의 검토 등을 한다(그림 11－30(B) 참조).

시공상 주의해야 할 점은 두겹 강널말뚝식 가체절공의 경우와 같이 속채움 토사의 유출을 저지하기 위한 것과 전체적으로 강성(强性)을 확보하기 위하여 널말뚝박기에 주의하고, 흙의 속채우기도 편압이 작용하지 않도록 고르게 천천히 하는 것이 중요하다. 또 아치부의 속채움 토사는 쇄석이나 양질토가 좋다.

(6) 흙댐식 가체절공의 지수공

가체절공에 물이 침입하면 제체 안정상 대단히 위험하게 되므로 누구나 용수를 방지하는 대책을 세워야 한다. 지수공으로 적용하는 방법은 각 체절공의 구조나 사용재료에 따라 다르나 대표적인 것을 들면 다음과 같다.

1) 흙댐식 가체절공

흙댐이 축조된 지반이 균열이 없는 양질암으로 되어 있을 때는 제체 자체 축조재료로서 불투수성의 토사를 사용하거나 물에 접한 부분을 아스팔트나 비닐로 덮는 것이 좋고, 모래 등의 투수성 지반의 경우에는 차수벽으로서 강널말뚝이나 이코스파일(icos pile) 등이 현장타설 콘크리

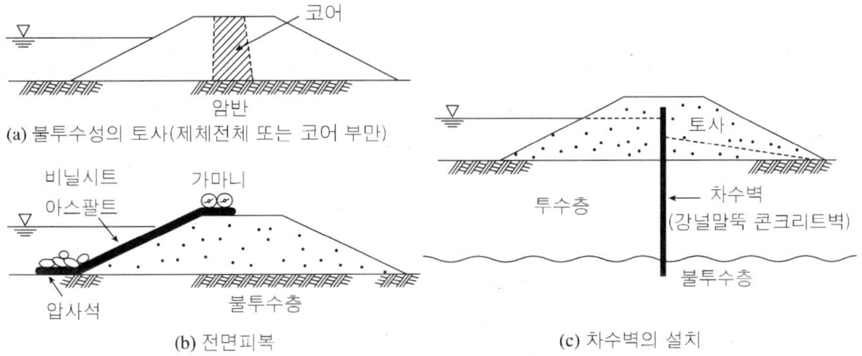

〈그림 11－31〉 흙댐식 가체절공의 지수법

트벽(지하연속벽공법)을 필요로 하는 깊이까지 치는 것이 좋다(그림 11－31 참조).

2) 한겹식, 두겹식 및 셀식 가체절

어느 구조물이든 널말뚝의 밑넣기 길이를 크게 하거나 널말뚝을 불투수층까지 박거나 하면 용수는 상기한 어느 구조물에서든지 대부분 막을 수가 있다. 한 예로서 상류체절 단면도는 그림 11－32와 같다.

강널말뚝의 이음부에서의 누수는 보통 널말뚝을 박을 때 관리를 특별히 잘함으로써 대체로 방지할 수 있으나 더욱 지수효과(止水效果)를 높이기 위해서는 이음부에 말뚝수리(pile gum) 등의 점질재료를 칠 하는 등의 방법이 취해진다. 또 강관널말뚝을 사용할 때는 이음부의 구조로서 그림 11－32에서와 같은 형이음을 사용하여, ①, ②, ③부의 어느 것이든 사수(jet water)로 씻어낸 다음 모르타르를 채우면 거의 완전하게 지수공으로서의 기능이 발휘된다.

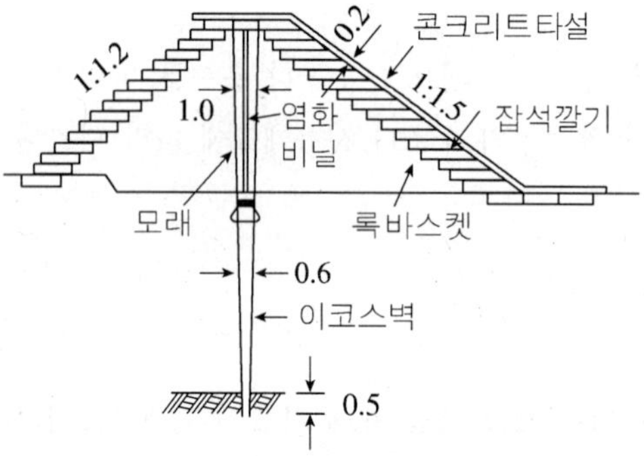

〈그림 11－32〉 상류체절 단면도 예

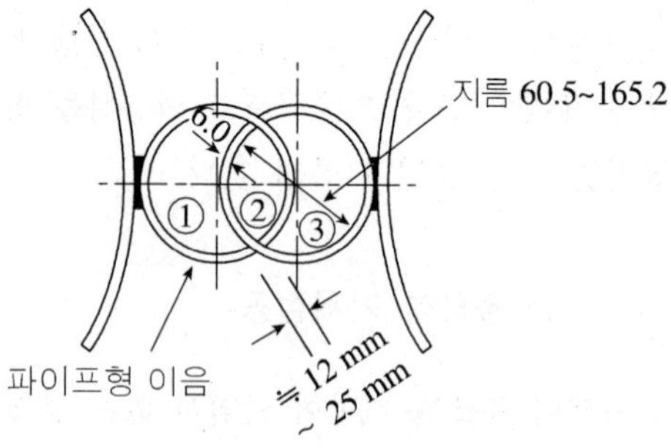

〈그림 11－33〉 강관 널말뚝의 지수법

3) 웰케이션식 가체절공

제체 자체는 불투수성이므로 이 경우의 제내(堤內)에의 용수는 Well Caisson Block의 밑에서의 침투류에 의한 것이다. 제체 밑바닥에 모르타르 또는 약액주입에 의하여 물의 침투를 막게 된다.

속채움 토사는 입도(粒度) 배합이 좋은 모래나 자갈이 가장 적당하다. 일반적으로 속채움 재료에 쓰이는 모래는 74μ의 체의 통과량이 10% 이하이면 양호하고, 점성토는 될 수 있으면 적어야 한다. 또 채운 후의 다짐도 진동다짐을 하여 충분한 시공을 한다. 때로는 웰포인트(well point)공법을 사용할 때도 있다.

11-8-4 댐의 콘크리트 시공계획

댐 본체를 몇 개의 블록으로 나누는데 1블록의 크기는 댐 설계, 온도규제, 콘크리트타설 설비의 능력 등을 고려하여 결정하나 보통 평면적으로 15×15m~15×15×30m의 넓이로 한다. 블록의 1회 타설높이를 1리프트라고 하는데, 1리프트의 표준높이는 고도규제의 점에서 0.75~1.5 m로 하고 경우에 따라서는 1.0~3.0m의 높이로 타설할 때도 있다. 암반 접착부 또는 장기간 외기(外氣)에 접촉시킨 콘크리트면에 대해서는 표준리프트 높이의 1/2을 2~4리프트로 타설한다고 되어 있다. 1일당 최대타설능력은 다음과 같다.

$$O = \epsilon \times N \times t \times E \tag{11-5}$$

여기서, O : 1일당 최대타설능력[m^3/day]

N : 10시간당의 운반횟수

ε : 버킷의 용량[m^3]

t : 작업시간[hr]

E : 작업효율(0.90~0.75)

1일당 최대타설능력에 대하여 골재제조공장(골재플랜트)의 설비와 골재 수송설비의 능력이 정해진다. 콘크리트타설방식으로는 케이블크레인(cable crane), 지브크레인(jib crane), 트레슬(버팀다리, tres · tle)식 및 이들을 병용하는 것이 있다.

케이블크레인은 가장 널리 사용하고 있는 방식이며, 케이블크레인의 주행로는 일반적으로 다량의 굴착을 동반하고 높이 20~30m에 달하는 버팀다리를 필요로 할 때가 있다.

케이블크레인의 주행로를 절약하여 케이블크레인의 가동범위를 좁히고 이 부분에 대하여 보조크레인으로서 지브크레인을 병용할 때도 있다.

댐의 상부 폭이 600m를 넘는 넓은 계곡의 경우나 지형관계로 케이블크레인의 주행로를 설치하기 힘들 때에는 버팀다리를 댐 축에 나란하게 설치하여 버팀다리 위를 주행하는 지브크레인에 의하여 콘크리트타설공법이 적용된다. 이 때 댐이 높을 때는 처음의 트레슬을 중간에서 바꿔 놓을 필요가 있다. 좁은 계곡인 경우는 지브크레인 붐(boom)의 반지름이 60m인 크레인을 사용한 실례도 있다.

콘크리트댐의 공사비를 경감하자면 골재 제조비가 저렴하여야 하며, 골재 채취비용을 줄이기 위해서 쇄석은 원석산(原石山)에서 대발파 혹은 초안폭파(ANFO)에 의하거나 운반, 싣기 기계의 대형화에 의한 공사비절감이다.

11-9 콘크리트댐의 시공

11-9-1 댐의 기초굴착과 시공

(1) 기초의 굴착과 시공

댐의 기초암반은 균일하지 않고 동결(凍結), 성층(成層), 파쇄대(破碎帶) 및 단층 등의 약점을 가지고 있으며, 표면에 가까운 부분은 풍화되어 있어서 암반 내부에 비하여 약하다. 또한 굴착에 의하여 표면은 손상을 받고, 잠재적으로 동결, 균열 등의 손상을 받아 허물어지기 쉽다. 이와 같은 약점은 댐이 하중을 받으면 변형에 차이가 생겨 댐의 안정에 영향을 주고, 댐 기초의 전단저항을 약화시키며, 담수(湛水) 후의 수압에 의한 투수로 인하여 양압력(揚壓力)이 생겨 댐의 안정에 큰 영향과 암반연화의 원인이 된다.

이와 같은 약점에 대한 처리방법으로는 그라우팅(grouting) 및 콘크리트에 의한 치환공법 등이 있다(그림 11－34 참조).

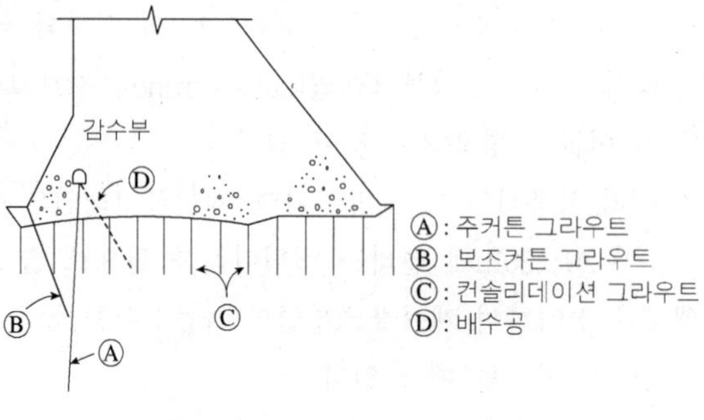

〈그림 11-34〉 댐기초 그라우팅의 예

(2) 그라우팅

그라우팅은 시멘트풀이나 약액 등을 암반그라우트 구멍에 고압력으로 압입시켜 전(全)암반 속의 공극을 완전 밀폐시켜서 견고한 지반으로 개량하는 공법이다. 특히 댐의 기초지반의 개량 또는 터널 기타 토목공사에 많이 채용되는데 여기에는 컨솔리데이션그라우트(consolidation grout)와 커튼그라우트(curtain grout)의 두 가지 방법이 가장 많이 채택된다.

1) 컨솔리데이션그라우팅

기초암반의 변형성이나 강도를 개량하여 균일성을 주기 위하여 기초지반에 걸쳐 격자형으로 그라우팅을 하는 방법이다. 컨솔리데이션그라우트의 시공 예는 기암(基岩)의 성질에 따라 개량 방법을 선정하여 그라우트를 실시한다.

정통적으로 기초밑면에 5m 격자 및 중앙에 보링기(지름 46mm)에 의한 컨솔리데이션그라우트를 실시한다(12.5m²에 1개씩). 또한 심도는 월류부(하류측) 10m(2층), 비월류부 5m(1층)로 하고 주입압은 1층 0.3MPa, 2층 0.5MPa로 하였다. 그림 11－35는 커튼그라우트와 컨솔리데이션을 병행하여 구멍을 배치한 것이다.

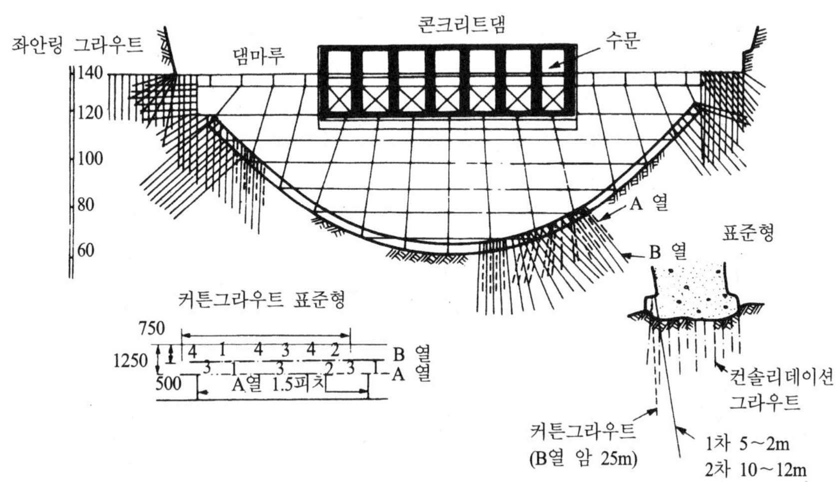

〈그림 11－35〉 그라우트공의 배치 예

2) 커튼그라우팅

기초암반을 침투하는 물을 방지하기 위한 지수(止水)의 목적으로 실시한다. 그라우트는 댐 축방향 기초상류 쪽에 병풍 모양으로 컨솔리데이션그라우트보다 깊게 그라우팅하는 방법이다.

그라우트의 깊이 d [m]는 다음과 같다.

$$d = \frac{1}{3}H + C \qquad (11-6)$$

여기서, H : 수심[m]

C : 계수로서 5~15m 정도

주입공법은 컨솔리데이션그라우트와 동일하게 주입(injection)공법으로 하고, 최초 저압으로 1stage를 고결시키고, 2stage는 중압, 3stage는 고압의 순으로 주입한다. 꾸러미(packer)는 모두 구멍에 삽입하고 저압으로 고결된 Stage는 다음의 Stage에 대하여 Cover의 역할을 하였고 지표까지 최종 Stage의 압력에 가까운 형으로 주입한다. 주입압력은 1stage는 0.5MPa, 2stage는

1.0 MPa, 3stage는 1.5MPa로 하고 주입순서는 상류측 A열의 커튼 형성후 하류의 B, C열을 행하는 것을 원칙으로 한다.

압력 및 시간의 관리는 자기압력계를 달아 작업 개시부터 종료 때까지의 압력변화와 시간을 자기 기록시켜서 관리를 한다. 그리고 그라우트공 단면 및 평면배치는 그림 11−36과 같고, 주입공법은 그림 11−37과 같다.

현재 쓰이고 있는 주입제의 종류는 다음과 같다.

① 시멘트용액

② 벤토나이트와 점토와의 용액

③ 아스팔트제용액

④ 약액 : ㉠ 규화법(珪化法) ㉡ 수지용액을 주재로 하는 것 ㉢ LW 용액

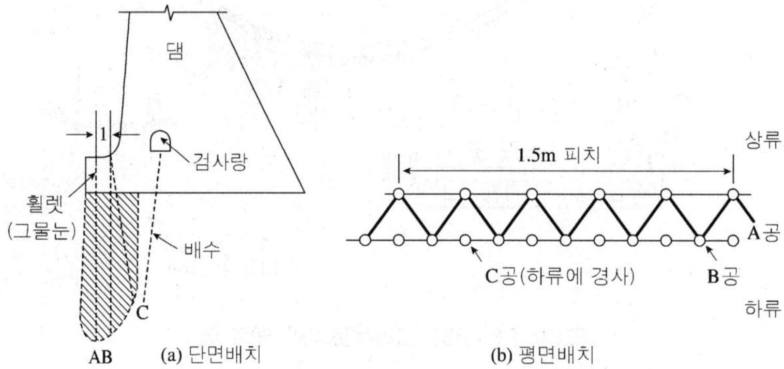

〈그림 11-36〉 그라우트공의 단면 및 평면배치

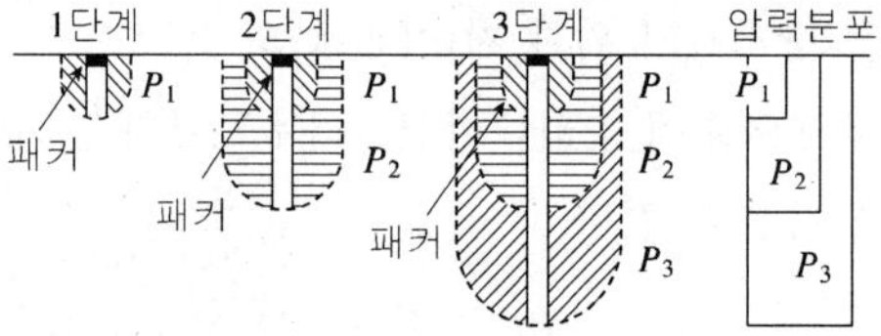

〈그림 11-37〉 주입공법

11-9-2 콘크리트의 시공과 설비

(1) 골재제조설비

골재제조설비 계획에 앞서 콘크리트의 시방배합(示方配合)과 콘크리트타설 공정계획이 결정

되어야 한다. 이것을 기본으로 골재플랜트의 흐름도가 작성되고 생산능력의 결정과 기계종류, 규격의 산정이 행해진다. 골재생산능력을 A라고 하면 다음과 같다.

$$A = \frac{G \times B \times \alpha}{d \times h \times (1 - l)} \tag{11-7}$$

여기서, G : 콘크리트 1m^{3}당 골재중량[ton$_f$]

V : 월 최대타설량[m^3]

a : 원석공급의 불균형에 의한 여유율

d : 월당 작업일수

l : 골재생산과정에 있어서 손실율

h : 일당 실작업시간[hr]

(2) 댐콘크리트의 시공

배쳐플랜트에서 콘크리트를 타설할 댐 블록까지의 운반은 능률이 좋고, 분리되지 않도록 운반해야 하므로 댐에서는 보통 케이블크레인, 또는 트레슬(tres · tle)을 조립 Jib Crane을 사용하여 콘크리트를 타설한다.

케이블선상의 콘크리트운반은 버킷으로 하고 지상에서는 버킷운반을, 레일선상(banker line)에서 기관차로 끌거나 트롤러(trolley)로 운반할 때가 있다.

거푸집은 목재, 또는 강재패널(3~8m 높이)식의 Sliding Form을 사용하는데 이것에는 캔틸레버형인 것과 인장형인 것이 있다. 배쳐플랜트의 설치 장소는 댐 공사인 경우에는 제체에 가깝고 지질이 좋은 곳에 설치한다.

콘크리트타설은 중력댐인 경우 가로이음의 간격은 10~20m, 세로이음의 간격은 30~50m의 범위로 한다. 1리프트(타설높이)의 높이는 1.5~2.0m(0.7~1.5m는 최소)를 표준으로 할 때가 많다.

콘크리트의 양생은 콘크리트타설이 끝난후 시공이음에 살수기 등을 사용하여 반드시 충분한 습윤양생을 하지 않으면 안 된다. 각기에는 보온 및 급열(給熱) 설비를 해야 한다. 여기에는 증기양생 혹은 전기양생이 있다.

콘크리트 온도규정은 일반적으로 댐 콘크리트를 대형 블록으로 타설하게 되면 시멘트의 수화열이 댐 내부에 저장되어서 댐 내의 온도가 시멘트 사용량, 타설온도 등에 따라 다르나 30~50℃ 정도가 된다. 인공적으로 콘크리트의 재료를 비비기 전에 냉각시켜 콘크리트의 온도를 내리는 방법이고, 후자는 콘크리트 속에 매설관으로 물을 통하여 수화열을 낮추는 방법이다.

타설속도는 인공냉각을 하지 않을 때 1리프트를 타설후 그 바로 위의 콘크리트를 타설까지의 시간이 짧으면 경화열(硬化熱) 발산이 잘 되지 않아 콘크리트에 균열이 생기게 된다. 그러므로 신콘크리트를 타설할 때는 구콘크리트의 재령이 0.75m 리프트의 경우 3일, 1.5m 리프트일 때 5일 이상 경과한 후로 하고 전체의 타설속도는 5일로서 1.5m를 표준으로 한다. 또 높은 연직시공 이음면을 장시간 노출시켜 놓으면 신콘크리트와의 온도차가 커지고 수축한도도 달라진다.

따라서 인접한 블록의 타설높이의 차를 크게 하지 않도록 하고, 또 상하류의 방향으로는 6m 이하, 댐 축방향으로는 12m 이내로 타설하도록 한다.

설계상 다른 배합의 콘크리트를 타설할 때에는 급변화를 피하기 위하여 그림 11-38과 같이 친다. 댐의 신축이음은 댐축에 직각과 축방향 또는 시공상으로 생긴 수평 신축이음 등이 있으나 이것은 댐의 높이, 현장조건, 타설방법 및 전술한 온도규정의 방법 등에 의하여 결정된다.

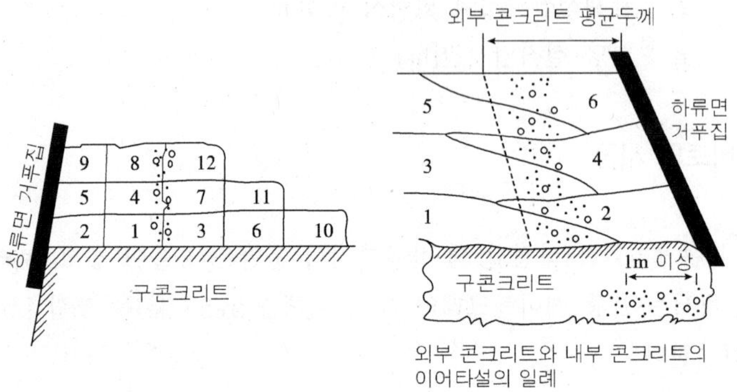

〈그림 11-38〉 댐 콘크리트의 타설순서

1) 댐 축에 직각인 신축이음

이것은 연직으로 횡단면 전체에 미치는 것이고 반드시 설치해야 하나 대형 댐의 경우 15~25 m 간격으로 하고 작은 댐이라도 10m 간격으로 한다. 이음은 안정성, 누수방지를 위하여 그림 11-38과 같은 재료를 사용한다. 보통은 신축이음 간격에 동제(銅製) 지수판을 끼우나 최근에는 인조 고무, 스테인레스 등을 사용할 때가 있다. 지수판의 삽입위치는 상류면에서 1~1.5m, 하류측에 적당한 배수공(排水工)을 설치하여 집수한 다음 검사랑(檢査廊)에 인도한다.

2) 축방향의 이음

다수의 톱니형을 수평으로 삽입하여 인접블록 간의 힘의 전달을 쉽게 하기 위한 것이고, 이것을 시공할 때는 반드시 그라우트를 하여 댐의 일체성을 기하도록 한다.

3) 수평이음

시공상 1리프트의 높이에 의하여 간격이 정해진다. 면은 특히 굳은 비비기 콘크리트로 하여 수밀성을 높여야 한다.

11-9-3 중력댐의 검사랑

댐을 시공한 후 댐 관리상 예상된 사항을 알기 위하여 검사랑을 댐 내부에 설치한다. 검사랑의 목적은 콘크리트 내부의 균열검사, 누수 및 배제, 양압력(揚壓力), 온도측정, 수축량의 검사, 또 그라우트공의 이용을 위하여 설치한다. 그러므로 실제 설계할 때는 다음의 여러 가지 점을 고려하여야 한다.

① 밑부분에 설치하는 검사랑은 될 수 있으면 상류측의 아랫쪽에 설치하지만 하류측의 수위를 감안해야 한다.

② 높은 댐은 높이 30m마다 설치한다.

③ 높은 댐은 상하류 방향의 검사랑을 설치하지만 말단은 상류면에서 댐두께의 2/3 정도의 위치로 한다.

④ 검사랑의 표준형은 그림 11－39(b)와 같이 랑(廊) 내의 배수를 위한 배수관, 또는 배수도랑을 설치한다. 검사랑의 주변에는 국부응력으로서 댐 자중에 의한 상하류 양측에 압축응력이 생기고, 수압에 의해서도 최대 압축응력이 발생하고 이 영향 범위는 구멍의 지름의 1.5배 정도라고 생각하므로 상류면에서의 거리는 적어도 구멍의 지름의 2배로 해야 한다.

검사랑은 항상 사용하는 것이므로 내부에 조명장치, 방습을 하여야 한다.

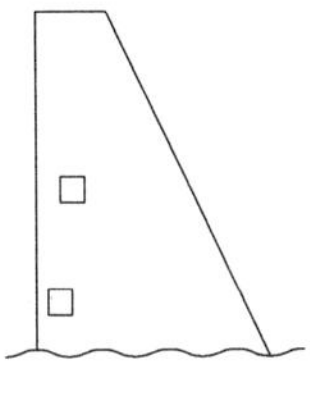

(a) 검사랑 위치

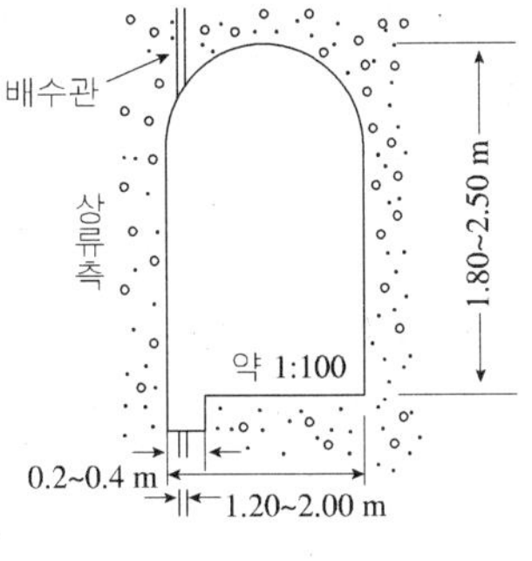

(b) 검사랑 표준도

〈그림 11－39〉 검사랑의 위치와 단면

예제 11-1 다음 그림과 같은 콘크리트댐을 건설하려고 한다. 필요한 콘크리트량을 계산하시오.

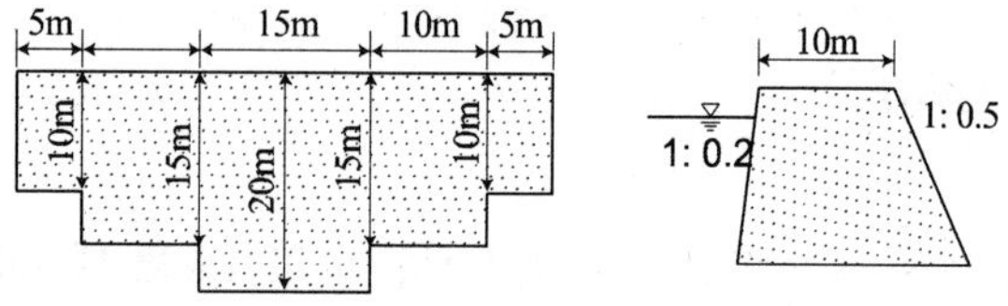

[풀이]

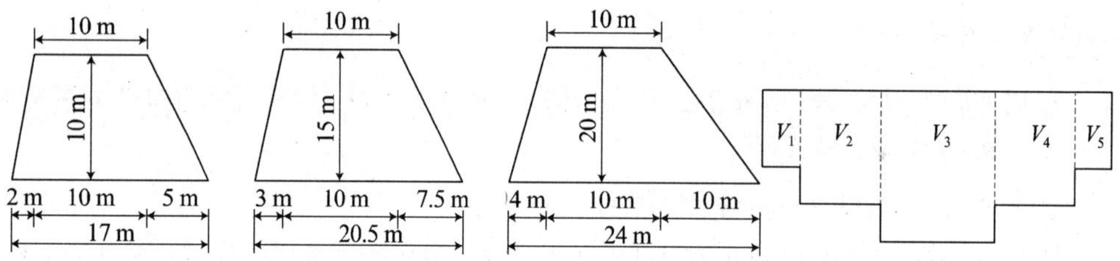

1) 단면적(A)

$$A_{10}=\frac{(\text{윗변}+\text{아랫변})}{2}\times\text{높이}=\frac{(10+17)}{2}\times 10=135[\mathrm{m}^2]$$

$$A_{15}=\frac{(\text{윗변}+\text{아랫변})}{2}\times\text{높이}=\frac{(10+20.5)}{2}\times 15=228.75[\mathrm{m}^2]$$

$$A_{20}=\frac{(\text{윗변}+\text{아랫변})}{2}\times\text{높이}=\frac{(10+24)}{2}\times 20=340[\mathrm{m}^2]$$

2) 콘크리트량(V)

$V_1=A_{10}\times 5=135\times 5=675[\mathrm{m}^3]$

$V_2=A_{15}\times 10=228.75\times 10=2{,}287.5[\mathrm{m}^3]$

$V_3=A_{20}\times 15=340\times 15=5{,}100[\mathrm{m}^3]$

$V_4=A_{15}\times 10=228.75\times 10=2{,}287.5[\mathrm{m}^3]$

$V_5=A_{10}\times 5=135\times 5=675[\mathrm{m}^3]$

3) 콘크리트량(V)$=V_1+V_2+V_3+V_4+V_5$

$=675+2{,}287.5+5{,}100+2{,}287.5+675=11{,}025[\mathrm{m}^3]$

11-10 댐의 부속설비

댐의 부속설비는 여수토, 문비(門扉, gate), 취수탑(取水塔, intake tower) 또는 전술한 검사랑

(檢査廊) 등이 있다.

11-10-1 여수로계획

여수로(餘水路, spill way)는 필형댐인 경우는 댐의 측면 부근에 방죽(weir)을 설치하고 홍수량을 월류시켜 급경사 수로를 지나 정수지(精水池, stilling basin)에 유입하여 방류시킨다.

콘크리트중력댐은 제체 중앙부에 게이트를 설치하여 홍수량을 방류시킨다(그림 11－40 참조).

〈그림 11－40〉 중앙 여수로식 콘크리트 중력댐

(1) 위치선정

여수로의 위치는 댐의 형식에 따라서 달라지며, 필댐의 경우는 댐체와 분리하여 댐의 양안이나 저수지주변의 자연지반을 이용하게 된다. 콘크리트댐에서는 댐의 본체에 일체로 설치하는 것이 경제적이며, 지질적인 측면에서 여수로는 원칙적으로 경암반위에 설치하는 것이 유리하나 지반이 견고하지 못할 때는 부등침하의 방지, 구조물 외측으로서의 침투방지 등을 고려하여야 한다. 필댐의 경우 여수로의 공사비가 차지하는 비중이 크므로 굴착량을 최소로 하고, 부득이 할 경우 굴착재를 가급적 댐축조에 사용할 수 있는 위치로 선정해야 한다.

(2) 여수로의 설계

여수로의 설계는 우선 수문자료를 검토하고 시공지점의 지형, 지질의 조사, 각부의 검토 등을 하여 끝으로 경제성을 검토한다. 여수로 유입구의 방죽 상면 월류수심은 필형댐에서는 10~1.2 m, 콘크리트댐에서는 4.0~6.0m 정도가 좋다.

(3) 여수로의 종류

필형댐의 여수로에는 슈트여수로(chute spill way), 측수로여수로(side channe spill way), 그로울리홀여수로(grolley hoe spill way), 사이 여수로(siphon spill way) 등이 있고, 각각 특징을 살려 선정하여야 한다.

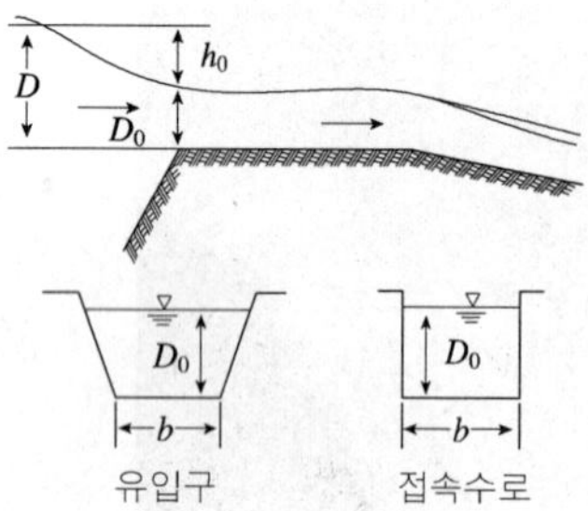

〈그림 11-41〉 슈트식여수로

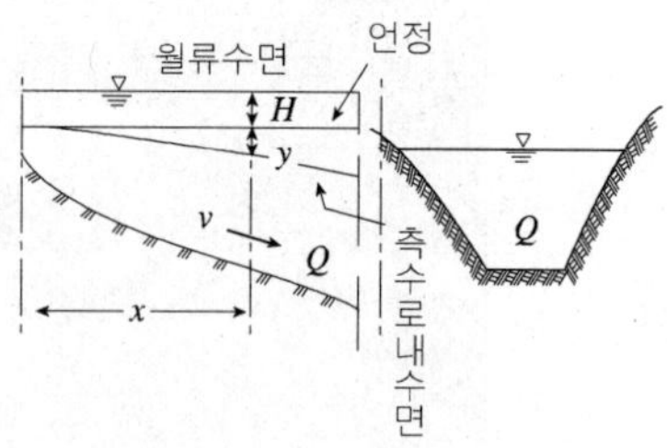

〈그림 11-42〉 측수로여수로

1) 슈트식여수로

댐의 본체에서 완전히 분리시켜 설치하는 여수로이고 보통 댐의 가장자리의 적당한 곳을 택하여 만든다. 월류부는 보통 수평으로 하나 유입구에서 이행부(移行部) 종단까지 중심선을 원칙으로 한다. 여수로 바닥경사는 될 수 있는 범위까지 완만하게 하고, 안정되고 지장이 없는 범위에 들면 급경사로 한다. 그러나 여수로 설치점이 암반이면 월류부 바로 하류부터 급경사로 할 수 있다(그림 11-41 참조).

2) 측수로여수로

필형댐은 록필댐과 같이 댐정상부를 월류시킬 수 없을 때, 댐의 한쪽 또는 양쪽에 설치하는 여수로이다. 이 여수로의 월류부는 난류를 막기 위하여 굳은 암반상에 일직선으로 설치한다. 그리고 댐 부지에서 완전히 떨어진 지점에 댐중심선과 일치하는 위치에 설치한다. 월류수맥의 난잡이나 공기연행을 일으키기 쉬우므로 바닥바름(lining)을 잘해야 한다(그림 11-42 참조).

3) 그로울리홀여수로

그로울리홀여수로(morning glory type)는 그림 11－43과 같이 원형 나팔형으로 되어 있고 자유 낙하부, 연직갱부, 곡관부, 원형 터널 등으로 되어 있다. 유수(流水)의 유입, 여수로 터널 내부 부압이 생기므로 설계 관리상 주의해야 한다.

4) 사이펀여수로

사이펀여수로(siphon spillway) : 콘크리트댐 체 내부에 설치되는 것이며, 일정수위 이상이 되면 사이펀 작용에 의하여 방류를 개시하고, 심한 진동과 갑작스런 방류개시, 간헐적인 방류와 중단으로 하류하천의 수위변동 및 홍수경보에 유의해야 한다. 얼음이나 물에 의한 수로 유입부의 폐쇄 등에 유의해야 하며, 이는 소규모의 여수로에 이용된다(그림 11－44 참조).

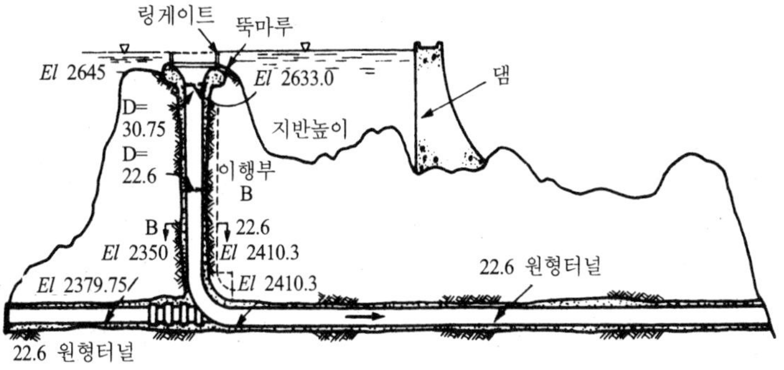

〈그림 11-43〉 그로울리홀여수로

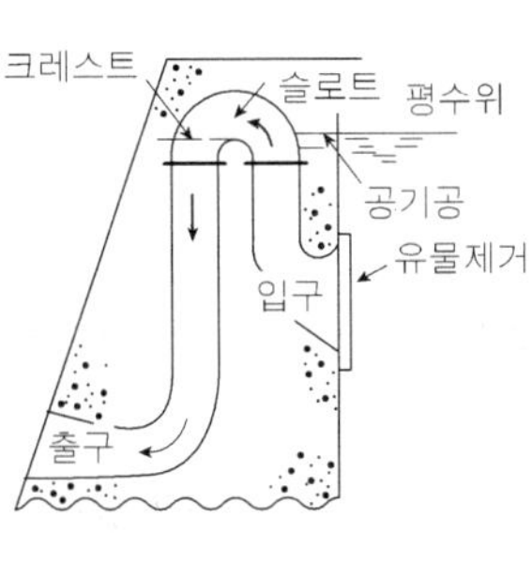

〈그림 11-44〉 사이펀식여수로

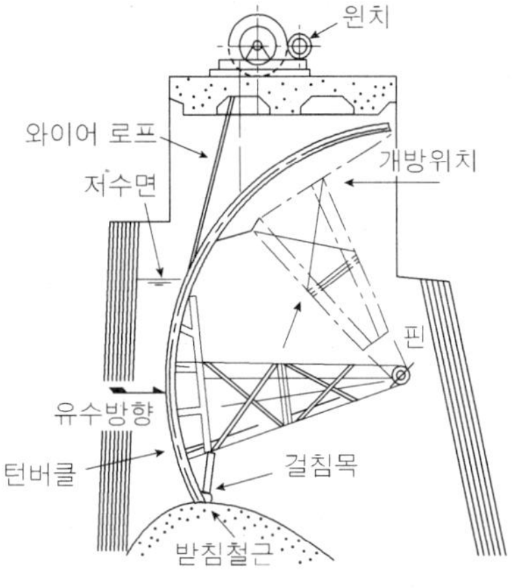

〈그림 11-45〉 제정 월류식여수로(테인터 게이트)

5) 제정 월류식(堤頂越流式)여수로

이것은 콘크리트중력댐의 경우 홍수량을 제정(堤頂)의 수문에 의하여 조절방류하는 방식이다(그림 11-43 참조). 제정(堤頂) 게이트는 방죽기둥간에(홍수량을 방류할 수문수의 폭) 수문(sluice gate), 스토니게이트(stoney gate), 롤링게이트(rolling gate), 테인터게이트(tainter gate) 등을 설치하여 홍수시에 개방 또는 홍수조절을 한다(그림 11-46 및 47 참조).

최근에는 래디얼게이트(radial gate) 또는 디지털(degital) 개도계(開度計)를 이용하여 측정정밀도를 높이고 있다.

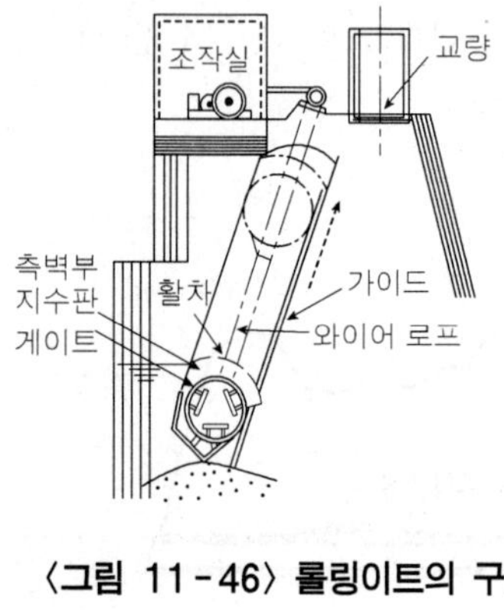

〈그림 11-46〉 롤링이트의 구조

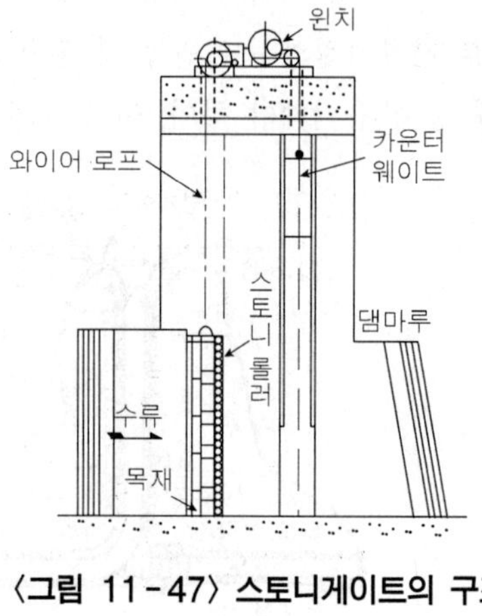

〈그림 11-47〉 스토니게이트의 구조

11-10-2 댐의 위치 선정

(1) 지형상의 댐의 위치

댐의 위치는 지형상으로 다음 조건의 지점이 좋다.

① 댐을 건설할 계곡 폭이 가장 협소하고, 양안(兩岸)이 높고, 마주보고 있는 곳이 좋다.

② 양안은 독립된 언덕이 아니고 댐기초 바닥부는 양암(良岩)으로 상당히 두꺼운 층이라야 한다.

③ 댐상류는 계곡의 양안이 구릉이나 산능에 둘러싸여 내부가 집수(集水)분지를 이루고 있는 곳이 좋다.

④ 댐의 상류는 넓고 다량의 저수가 가능하고 홍수 시에는 조절지로서의 역할을 할 수 있게 된곳이 좋다.

⑤ 집수면적이 커야 한다.

⑥ 위의 모든 조건을 갖추고 축제재료도 쉽게 얻을 수 있는 곳이라야 한다.

(2) 지질상의 댐의 위치

1) 콘크리트댐인 경우

양안이 급경사로 되어 있고 암반노출이 양호하여야 하며, 콘크리트댐의 기초지반은 지지력이 균일하지 못하면 기초지반을 적당한 공법으로 처리해야 한다. 또 양안(兩岸) 지질이 경고한 암반이면 활동저항이 크나 하류에 향하여 완경사인 지층, 단층 또는 점토, 혈암(頁岩) 등이 물에 의하여 약해지면 활동저항이 거의 없어져 위험함으로 주의해야 한다.

종래 단층 등이 댐기초에 존재할 경우는 치환깊이를 결정해야 하고, 깊이결정은 다음 식에 의하여 결정한다.

$$d = 0.0067H \cdot b + 1.5 \qquad (H \geq 45\,\mathrm{m})$$

$$b = 0.3 \cdot b + 1.0 \qquad (H \geq 45\,\mathrm{m}) \qquad (11-8)$$

여기서, d : 치환깊이[m]

b : 단층의 폭[m]

H: 댐의 높이[m]

이 공식은 Shasta Dam(美)을 건설할 때의 연구에서 얻어진 것이다. 단층의 존재로 인하여 응력 집중이 댐본체에 생기지 않도록 하기 위하여 유도한 것이다.

중력(重力)댐, 중공중력(中空重力)댐의 기초에 있는 단층을 처리하는 방법으로는 단층의 두 가지 경우를 생각한다. 전자는 커튼그라우트를 하는데 지수(止水)효과 깊이까지의 압력그라우팅에 의하여 주변 암반은 물론 밑의 단층까지 콘크리트치환을 해야 한다. 후자는 전단저항의 안정성 문제인데 안정성이 작을 경우는 망상세공(網狀細工)을 설치하거나 콘크리트치환을 하여 전단저항을 증가시킨다.

불투수성 암반위에 댐을 설치하여 양압력이 적고 세굴되지 않는 곳이라야 한다.

① 하천에 평행 또는 그에 가까운 방향으로 주행하였을 때,

② 댐 축에 평행 또는 그에 가까운 방향으로 주행하고 있을 때,

2) 필형댐의 경우

콘크리트댐에 비하여 지지력이 크지 않아도 되며, 연질(軟質) 점토층, 화산회 개펄석(潟石)층의 위에 축조하는 것은 피해야 한다. 투수성은 중요시 되므로 축제용 흙의 선정을 엄밀히 해야 한다.

11-10-3 소규모의 방죽(堰)

(1) 소규모의 방죽(堰, 돌을 주로 한 작은 방죽)

작은 하천이나 취수를 목적으로 하천을 횡단하여 콘크리트와 돌덩이의 혼성방죽 또는 목재와 돌의 혼성방죽을 축조할 때가 있고, 감수시(減水時)의 임시 도강을 위하여 돌방죽을 축조할 때도 있다.

그리고 하천의 바닥다짐(落着工)을 위한 돌방죽(rock weir), 관개를 위한 두수공(頭首工)의 콘크리트 익류언(溢流堰, concrete overflow weir) 등이 대부분을 차지하고 기타 작은 방죽, 즉 간이 방죽이 많다.

기초가 사질토로서 깊이가 클 때는 그림 11-48과 같이 기초바닥을 넓혀 잠행거리를 크게 하여 지하수류의 세력을 줄임으로써 토사나 세류방지나 안정을 유지할 수 있다. 이 구조는 콘크리트 부재나 목재로 골격틀을 만들어 그 속에 돌을 잘 쌓아서 하류측 경사 측면을 콘크리트로 피복한다. 또 목재 혼용방죽은 상·하류 표면에 찰쌓기를 할 때도 있다.

(2) 가동방죽

평수시 방죽의 상류 수위를 높이고, 또 수심을 증가시키기 위하여 하천을 횡단하여 고정댐(fixed dam)을 축조하면 고수시(高水時)에 홍수 유하를 방지하고, 상류의 고수위를 높이며, 혹은 배나 뗏목 운항의 방해가 된다. 이런 일을 시정하기 위하여 배 등이 통과할 때마다 개폐하는 방죽을 가동방죽(movable weir)이라 한다.

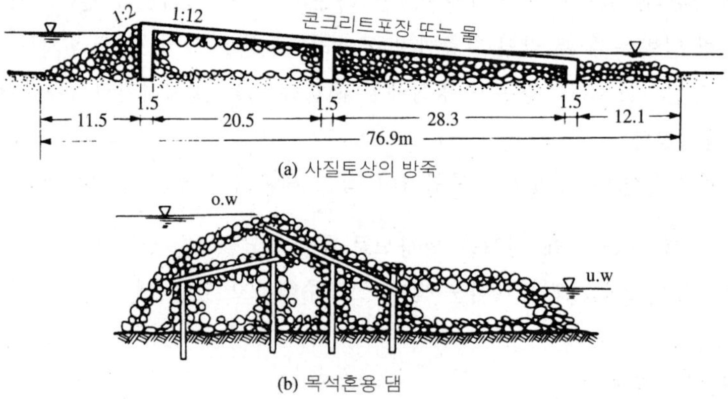

〈그림 11-48〉 소규모의 돌방죽

이것을 양측 다리기둥기간에 장치하여 조작한다. 슬루스게이트의 경우 상부 슬래브위에서 윈치로 인양하면 개폐가 된다. 또 롤러게이트는 강제(鋼製) 원통형으로서 익류방죽의 역할을 한다. 테인터게이트는 부채꼴 게이트를 개폐하여 물을 저류 또는 방류하는 장치로 되어 있는 게이트이다. 스토니게이트는 슬루스게이트와 동일하나 뒷면 양측에 롤러가 달려 있어 개폐하기 쉽다.

이들 수문은 대개 배수갑문에 많이 이용되나 경우에 따라서는 댐이나 웨어(weir)의 역할도 한다.

(3) 잠수교 또는 월류교

기타 보형식으로 그림 11－49와 같은 세언(洗堰)이 있다. 이것은 철근콘크리트관이나 파형 철판관을 하천, 수로 등에 매설하여 콘크리트로 피복하고 증수시(增水時)에는 월류시키고 감수시(減水時)에는 매설관에서 물이 흐르게 한 일종의 월류교(越流橋)이다. 현재 한강에 설치된 대세언(大洗堰, 잠수교)은 그 한 예이다.

11-10-4 댐의 여유고와 중력 댐의 이음

(1) 댐의 여유고

댐의 높이는 기초지반과 제정(堤項)의 고저차를 말한다. 기초지반에서 계획홍수위까지의 높이와 여기서부터 제정까지의 높이로 구분하며, 여유고는 예기치 않은 대홍수로 인하여 수위의 상승, 지진 등에 의한 파도에 대하여 댐의 안전을 고려하여 설계하는 것이고, 그 값은 댐에 따라 다르다.

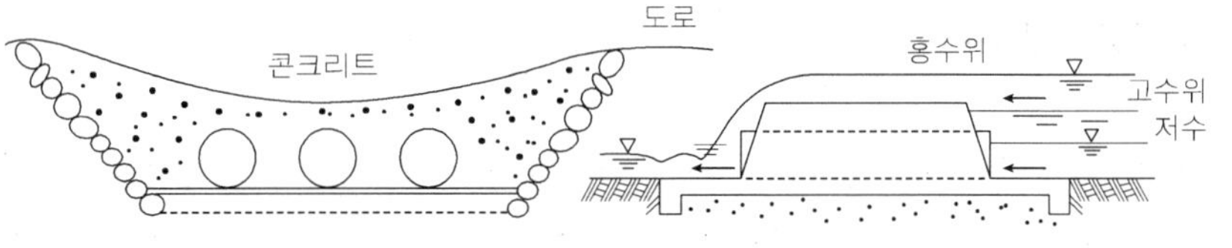

(파형철판관을 매설하여 증수시에는 월류하고 감수시에는 암거관에서 물이 흐른다.)

〈그림 11-49〉 세언(洗堰, 또는 잠수교)

1) 콘크리트댐의 경우

기초지반에서 계획홍수위까지의 높이를 H[m]라고 하면, 여유고 h[m]는 다음 식으로 구한다.

$$h = 0.03H \quad (\text{단, } H < 100\,\text{m},\ h > 1\,\text{m의 경우}) \tag{11-9}$$

$$\text{혹은}\ h = 3 + \frac{1}{100}(H - 100) \quad (\text{단, } H > 100\,\text{m의 경우}) \tag{11-10}$$

식 (11−9)와 같이 여유고는 종래 최고수위 정도인 수심의 8% 정도를 보면 이것은 지진, 바람 등에 의한 파고의 약 3배의 값을 나타낸다고 볼 수 있다. 그러나 이것은 100m 이상의 대형댐에 비하면 비경제적이고 이 경우는 식 (11−10)을 사용하면 된다.

2) 흙댐의 경우

가장 많이 사용하는 것은 Wilson공식이다.

$$h = D + H + C \tag{11-11}$$

여기서, h : 여유고[m]
D : 여수로 상의 월류심[m]
H : 파고(Steevenson공식, m)
C : 안전높이[m]

또 최근에 콘크리트댐의 경우와 동일한 형식을 취하여 흙댐의 제정고(堤項高)는 저수지의 계획홍수위에 적어도 다음 식에서 구한 h[m]를 가하는 방법도 취한다.

$$h = 0.03H + 1.50 \tag{11-12}$$

여기서, H : 기초지반에서 상시 만수위까지의 높이[m]

(2) 중역댐의 신축이음

콘크리트댐에 있어서는 시공상 할 수 없이 이음(joint)을 설치하지만 이것은 댐의 약점이 되는 것이고, 설계나 시공에 있어서 충분히 유의하여야 한다. 이음에는 댐축에 직각인 신축이음, 축방향의 신축이음, 시공상으로 생긴 수평이음 등이 있다. 이것들은 댐의 높이, 현장조건, 타설방법, 온도규정의 방법 등에 의하여 결정된다.

1) 댐 축에 직각인 신축이음

이것은 연직방향으로 횡단면 전체에 미치는 것이고 반드시 설치해야 하지만 대형 댐의 경우는 15~25m 간격으로 하고, 작은 댐이라도 10m 간격으로 한다. 이음은 평면(直線)으로도 좋으나 안정상, 누수의 방지를 위하여 다음의 그림 11－50과 같이 치형(齒形)으로 할 때가 많다.

신축이음에는 이음 사이에 동제(銅製)의 지수판을 사용하나 최근에는 인조고무, 스테인레스, 합성수지판 기타 여러 가지 제품이 사용된다. 재료 삽입위치는 상류면에서 1~1.5m 정도로 하고, 하류측에는 적당한 배수공(排水工)을 설치하여 집수하고 검사랑에 인도한다.

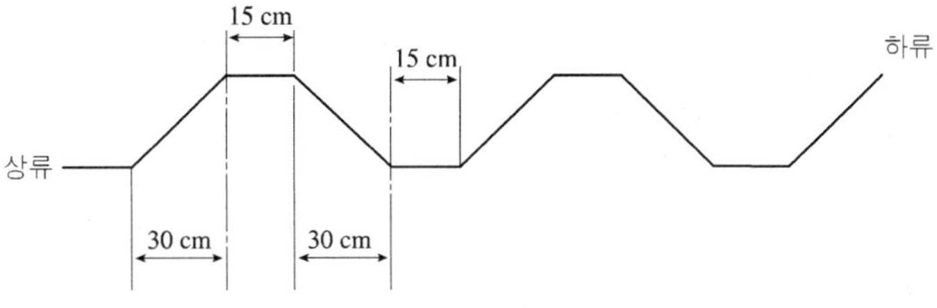

〈그림 11－50〉 신축이음의 표준

2) 축방향의 이음

다수의 치형을 수평에 삽입하여 인접 블록간의 전달을 쉽게 하기 위한 것이고, 이것을 할 때는 반드시 그라우트를 하여 댐의 일체성을 확보하게 한다(그림 11－50 참조).

3) 수평이음

시공상 1리프트의 높이에 의하여 그 간격은 정해진다. 시공할 때는 그 면은 특히 굳은 비비기 콘크리트로 하고 수밀(水密)을 기하여야 한다.

연 습 문 제

11-1 댐의 종류와 기초암반처리공법을 설명하시오.

11-2 호안파괴 원인대책에 대하여 기술하시오.

11-3 댐 콘크리트 자동타설시스템의 개발에 대하여 기술하시오.

11-4 댐의 기초처리의 시공계획에 대하여 기술하시오.

11-5 우리나라에서의 콘크리트댐의 합리화 시공에 대하여 기술하시오.

11-6 댐 시공계획의 작성에 있어서 고려해야 할 조사 사항에 대하여 기술하시오.

11-7 중규모 이상의 콘크리트댐공사의 타입설비 선정에 있어서 유의하여야 할 사항에 대하여 기술하시오.

11-8 댐 차수벽의 재료로 사용하는 흙의 통일분류법상 SC와 치의 특성을 비교하시오.

11-9 댐의 기초굴착과 시공에 대하여 기술하시오.

11-10 표면차수벽형 석괴댐 시공방법에 대하여 기술하시오.

11-11 댐 콘크리트의 시공과 설비에 대하여 기술하시오.

11-12 댐 공사에서 기초처리와 하류전환방식에 대하여 설명하시오.

11-13 필형 댐의 시공에 대하여 논하시오.

11-14 댐의 부속설비에 대하여 논하시오.

11-15 댐의 가장 경제적인 위치 선정에 대하여 기술하시오.

11-16 댐의 여유고와 중력댐의 이음에 대하여 기술하시오.

11-17 댐콘크리트 시공시 수화열의 발열과 콘크리트수축에 의한 균열을 방지하기 위한 대책에 관하여 기술하시오.

11-18 하천에 댐이나 수리 구조물을 축조시 유수전환시 고려할 사항을 설명하시오.

11-19 댐의 파괴원인 중의 가장 중요한 부분을 기술하시오.

11-20 댐의 유수전환방식과 기초처리에 대하여 기술하시오.

11-21 하천공사에 있어서 유수전환(river diversion)방식을 열거하고, 그 내용을 설명하시오.

11-22 댐 기초의 그라우팅공법에 대해 설명하시오.

11-23 흙댐의 파이핑(piping)현상과 원인에 대해 설명하시오.

11-24 하층제방의 붕괴원인과 대책에 대해 기술하시오.

11-25 표면 차수벽댐 구조와 시공법에 대해 기술하시오.

11-26 Consolidation Groutiong에 대해 기술하시오.

11-27 홍수재해를 방지할 수 있는 대책을 수자원개발과 하천 개수계획을 연계하여 기술하시오.

제 II 편

건설공사관리학

제1장 건설사업관리

1-1 건설사업

1-1-1 건설사업 관계자

(1) 사업주

사업주(事業主)는 건설사업(建設事業)을 시행하는 사업시행자로서 사업시행에 필요한 모든 비용을 투자하고 완성된 공사("공사"란 계약서에 의하여 계약상대자가 수행하여야 하는 설계, 가설공사, 이 공사를 의미하며, 자재공급과 설치, 시운전 등을 포함한다)를 인수하여 소유・운전하거나 처분하며, 도급계약으로 실시되는 공사에서는 계약당사자로서 발주자(employer, client), 시공주, 건축주 등의 여러 명칭을 갖는다. 공공부문에서 건설사업의 사업주는 정부의 사업부처, 정부투자기관, 각급 지방자치단체 등이 되며 민간부문에서는 사업을 시행하는 개인, 단체, 민간회사들이 되며 공사실시를 위해서 사업주의 책임이 되는 사항은 다음과 같다.

① 공사부지의 구입
② 사업시행 허가, 또는 면허 취득
③ 사업비 조달 및 비용지불
④ 공사실시에 따르는 인허가 취득
⑤ 공사의 계획 조사, 설계, 시공감독, 검수 및 유지관리
⑥ 기술용역회사 및 시공회사의 고용과 감독

도급공사에서 발주자는 공사도급 절차에 따라 시공회사를 선정하여 공사도급계약을 체결한다. 시공자가 계약 약관과 설계도서에 따라 공사를 수행하는데 필요한 업무를 지원하고, 공사가 설계도서에 따라 확실하게 수행되도록 감독하고 수행과정을 확인하고 검사하며, 공사감독자가 확인한 공사 기성고에 대하여 계약에 정해진 절차에 따라 기성금액과 계약과 관련하여 발생한 기타 비용을 시공자에게 지급한다.

이 절차는 사업주가 공사의 계획조사, 설계 또는 시공건설사업관리를 위하여 기술용역회사나 공사감리회사를 고용하는 경우에도 동일하게 적용된다.

발주자는 자신의 고용원이나, 공사건설사업관리를 위하여 고용한 건설사업관리자의 고용원을 현장에 상주시켜 시공자가 수행하는 공사시공을 지휘・지시・독려, 확인하는 감독업무를 담당하게 된다.

또한 발주자는 공사도면을 작성하여 시공자에게 제공하고 공사시공을 필요한 주요 자재나 장비의 일부를 제공하기도 하는데, 이 때 시공자의 공사일정에는 사전에 이러한 사항을 충분히 반영해서 시공에 차질이 없도록 해야 한다.

한 현장에 발주자가 여러 시공자를 별개 계약으로 고용하여 동시에 공사를 수행하는 경우에는 현장의 배치와 일정에 혼란이 일어나지 않도록 사전에 그리고 수시로 조정하여 여러 시공자의 공사운영에 차질이 없도록 하여야 할 책임이 있다.

(2) 설계자

설계자(設計者, designer)는 사업주와 설계용역계약을 체결하고 설계업무를 수행하는 기술용역회사, 건축사 사무소이며 설계자의 업무범위는 계약에 따라 계획조사(기획, 예비조사, 타당성조사 포함) 실시설계, 공사건설사업관리 등의 업무에 걸친다.

일반기술분야와 건축분야를 통합한 종합기술용역회사는 건축을 포함한 모든 기술분야의 업무를 포함한다. 또한 기술용역회사는 기술용역육성법에 따라 자격요건을 갖추어 과학기술처에 회사등록을 하고 기술분야에 따라 종합기술용역업, 전문기술용역업 및 개인기술용역업의 면허를 받은 회사이며, 건축사 사무소는 건축사법에 따라 국토교통부에 회사등록을 하고 건축설계업의 면허를 받은 회사이다.

(3) 건설사업관리자

사업주가 고용하여 시공건설사업관리(construction management)를 담당하는 건설사업관리자는 공사현장에서 사업주를 대리하여 시공자의 시공을 감독(supervision), 확인, 검사하며 공사의 중간기성과 준공을 확인하고 증명서를 발급한다.

건설사업관리자는 자신의 현장대리인과 고용원을 현장에 상주시켜 감독업무를 수행하게 하며, 현장에 상주하는 대리인은 시공자의 현장시공을 지휘하고 시공자가 공급하는 공사용 자재를 검사하며 시공을 지시, 독려, 확인, 검사하여 감독한다.

또한 건설사업관리자는 사업주를 대리하여 책임건설사업관리업무를 수행하는 과정에 공사의 변경이나 공사비용 및 공사기간변동을 초래하는 경우 외에는 공사가 설계도서에 따라 정확하게 수행되도록 감독하는데 폭넓은 재량권을 부여받고 있다. 일반공사건설사업관리에서는 공사건설사업관리자로서 설계자가 수행하는 설계업무를 감독하고, 사업주의 공사도급을 위한 입찰업무를 대행하기도 한다.

건설사업관리자는 기술용역회사나 건축사 사무소로서 건설사업관리용역계약을 수행하는 회사이지만, 건설기술관리법에서는 공공건설사업에 참여하는 책임건설사업관리단은 법규에 따라 자격을 갖추어 국토교통부에 등록한 회사가 일반건설사업관리업, 책임건설사업관리업의 면허를 발급받도록 하고 있다.

여기서 책임건설사업관리자는 일반건설사업관리자가 현장의 공사시공만을 감독하도록 책임과 권한을 한정하고 있는데 반하여 기성검사 및 증명, 설계변경조치 등 폭넓고 실질적인 공사감독의 책임과 권한을 부여받고 있다.

(4) 시공자

시공자(施工者)는 도급공사에서 공사도급계약에 의해서 사업주에 고용되어 공사의 시공을 수행하는 책임을 진다. 설계와 시공을 일괄하여 도급하는 일괄도급계약에서 시공자는 설계업무를 함께 수행하기도 한다.

공사시공을 수행하는 것을 업무로 하는 시공회사는 건설업법에 따라 국토해양부에 등록하고 토목공사업, 건축공사업, 토목・건축공사업 등 일반공사업, 특수공사업 및 전문공사업에 대하여 공사업 면허를 받은 시공회사이며, 시공회사는 설계기능을 보유하여 종합건설회사로 활동할 수 있다. 시공회사는 규모에 따라 업무의 범위와 내용에 차이가 있겠지만 기능면에서는 설계, 시공 등을 담당하는 운영부서와 인사, 구매, 회계 등을 담당하는 관리부서 조직을 가지고 있으며 공사의 관리는 계약별 그리고 공사별로 운영하고 있다.

(5) 공사관리자

공사관리자(工事管理者, construction management group)는 사업주와 체결하는 계약에 따라 사업주를 대리하여 공사를 건설사업관리나, 시공자와 마찬가지로 자기책임으로 공사도급계약을 수행하며, 종합기술용역회사나 종합건설회사가 이 기능을 할 수도 있다. 공사관리자의 업무범위는 설계와 시공을 일괄해서 대상으로 하는 경우와 시공만을 대상으로 하는 경우로 구별할 수 있다.

또한 계약상의 책임은 사업주를 대리하여 공사를 건설사업관리하는 공사관리용역의 경우와 시공자의 경우와 마찬가지로 공사계약 또는 일괄공사계약을 체결하여 시공 또한 설계와 시공을 자기책임으로 수행하는 경우로 볼 수 있다. 후자의 경우에 공사관리자는 공사의 설계와 시공을 반드시 자신이 직접수행하는 것은 아니다.

공사관리용역계약에서 공사관리자는 설계자나 시공자와 같이 계약당사자는 아니지만 설계자나 시공자를 선정해서 사업주와 계약을 체결하도록 추천하고 그들의 업무수행을 감독하는 위치에 있게 된다.

1-2 공사계약

1-2-1 계약발주방식

사업주가 건설공사를 도급방식으로 시공회사에 맡겨 실시하는 경우에는 유사한 종류의 공사를 시공한 경험이 있고, 시공능력과 영업신용이 있는 시공회사를 선정하여 적정한 가격과 조건을 협상해서 공사도급계약을 체결하는 것이 중요하다. 공공건설공사의 경우에는 이러한 의도를 만족시키고 공정성이 보장되도록 하기 위하여 계약을 발주하고 도급계약을 체결하고 계약이행을 관리하는 절차를 예산회계법에서 엄격하게 규정하고 있다. 그러나 민간공사에서는 발주자인 사업자의 편의에 따라 적절하다고 생각되는 방식을 임의로 채택하고 있다.

도급공사의 발주는 경쟁입찰계약과 수의계약 등 두 가지 방식 중에서 선택할 수 있는데 공공공사에는 경쟁입찰계약방식이 원칙적으로 채용되고 있다.

(1) 경쟁입찰계약

경쟁입찰계약은 다수의 시공회사가 입찰절차에 따라 동일한 계약조건을 기준으로 하여 경쟁가격을 입찰서로 제시하게 되므로 낮은 가격을 확보할 수 있는 이점이 있다. 그러나 발주자는 입찰이 실시되기 전에 입찰참가자가 참조할 설계도서와 계약약관을 포함한 입찰문서를 완비하고, 공고 등의 절차를 거쳐야함으로 시공회사를 선정해서 계약을 체결하는데 많은 기간이 걸리는 단점이 있다.

경쟁입찰은 입찰참가자의 범위에 따라 다음 세 가지 방식으로 실시할 수 있다.

1) 일반경쟁입찰

경쟁입찰방식 중에서 가장 보편적인 것으로 입찰참가자의 범위가 널리 개방되어 있어서 해당 공사업 면허를 가지고 제시된 조건을 갖춘 시공회사는 제한없이 응찰할 수 있다. 그러므로 시공회사에는 공사계약을 수주하는데 균등한 기회가 주어지는 이점이 있으나 많은 회사가 응찰함으로 입찰업무의 관리가 번거롭고 경쟁이 과열되는 폐단이 있으며, 반면에 시공회사에는 많은 입찰이 참가하면서 입찰준비와 수속을 위한 노력과 비용부담이 과중할 수 있다.

경쟁입찰에서는 발주자가 미리 정한 예정가격보다 낮고 최저가인 입찰에 낙찰하는 기준이 상례이므로 과다경쟁으로 공사수행이 불가능한 낮은 가격으로 수주하거나, 아니면 시공능력이 없는 회사가 수주하게 되어 공사수행이 부실해지는 경우가 있다. 이것을 보완하기 위하여 예정가격을 기준으로 직접공사비 수준(보통은 예정가격의 85%)에 미달하는 입찰을 무효로 하든가 저가입찰에 대한 심사를 거쳐 낙찰을 판정하는 제도를 채용하기도 한다. 국제공사계약에서는 입찰자가 입찰서와 함께 업태자료를 제출하게 하여 회사의 영업실적, 시공경험, 경영실태 등을 사전에 심사하고 입찰가격을 포함한 종합평점제를 채용하는 것이 상례이다.

2) 제한경쟁입찰

일반경쟁입찰방식에서 예상되는 문제점을 보완하기 위하여 시공회사의 주소지 지역, 도급한도액, 군분류, 시공실적 등 회사실태를 참작하여 입찰참가자의 범위를 미리 제한하는 방식이다.

이 방식에는 입찰참가를 희망하는 시공회사로부터 회사실태 자료를 제출받아 심사를 거쳐 자격이 있다고 판정된 소수의 회사만을 경쟁입찰에 참가할 수 있게 하는 국제금융기관의 예비자격심사제도가 대표적이다.

3) 지명경쟁입찰

공사시공에 특수한 경험이나 전문기술이나 시공장비 등이 필요한 공사, 또는 소규모의 유지관리공사에서 입찰참가요건을 갖춘 회사가 많지 않을 경우에는 해당하는 회사를 미리 물색하여 경쟁입찰에 참가하도록 권유하는 방식이다. 이 방식은 공정하게 다루어졌을 때 가장 신뢰할 수 있고 계약이행이 착실한 시공회사를 선정할 수 있지만, 공공건설공사에서는 이 방법을 채택하는데 엄격한 제한을 두고 있다.

(2) 수의계약

공사의 성격이나 발주자의 편의에 따라 경쟁입찰의 실시가 부적당한 경우에 발주자는 신뢰할 수 있는 특정한 시공회사를 선정하여 견적서를 받고 공사계약에 관한 조건을 협의하여 수의계약을 체결할 수 있다. 그러므로 수의계약은 긴급한 공사에서 많은 준비시간이 걸리는 경쟁입찰의 절차를 따를 수 없는 경우, 보안을 유지해야 하는 경우, 유사공사에 경험이 있는 시공회사가 극소수인 경우, 현장의 형편상 특정한 시공회사가 공사를 수행하는 것이 편리한 경우 등에 채택할 수 있는 방식이다.

수의계약은 실시절차가 간편한 반면에 협의과정에 계약담당자가 재량을 남용하여 불공정하게 처리하거나 사업주에게 불이익을 초래할 위험이 있으므로 공공건설공사에서는 수의계약을 실시할 수 있는 경우를 법규로 엄격하게 규정하여 제한하고 있다. 수의계약은 계약을 체결할 때 완벽하게 작성된 설계도서가 없어서 공사내용과 범위를 확정할 수 없고, 또 단계적으로 실시하는 공사에 채택할 수 있는 이점이 있다.

수의계약은 이런 방식의 간편한 절차 때문에 민간공사에 채택되는 것이 보통이다. 이 방식은 수 개의 시공회사와 개별적으로 협의해서 가장 조건이 유리한 회사와 계약을 체결하는 경우에는 경쟁입찰에서 기대할 수 있는 경쟁적인 조건을 확보할 수 있는 절충식이 될 수 있다.

1-2-2 공사계약방식의 차이점

(1) 전통적인 계약방식

기존의 공사수행방식은 설계와 시공을 분리해 설계단계에 설계계약을 체결한다. 설계종료시점에 시공계약을 하며, 건설사업관리계약 역시 설계종료시점에 함으로 시공 초반부에 건설사업관리업무를 수행하게 된다. 즉 전통적인 계약방식은 설계자의 설계완료 후에 시공사와 건설사업관리사가 공사에 참여하는 계약형태로, 이러한 방식에서는 설계·시공간의 정보단절로 인해 설계의도 대로 시공성을 확보하기 어렵고, 공사기간지연의 소지도 많이 발생하게 된다.

전통적인 계약방식에서 건설사업관리자는 CM의 시공단계역할을 수행하게 되지만, 일부에서는 건설사업관리원의 자질문제 및 건설사업관리원의 책임에 적합한 업무수행권한의 부족으로 감독·시공·건설사업관리 사이에 효율적인 시스템구축이 되지 않는 사례들이 있다.

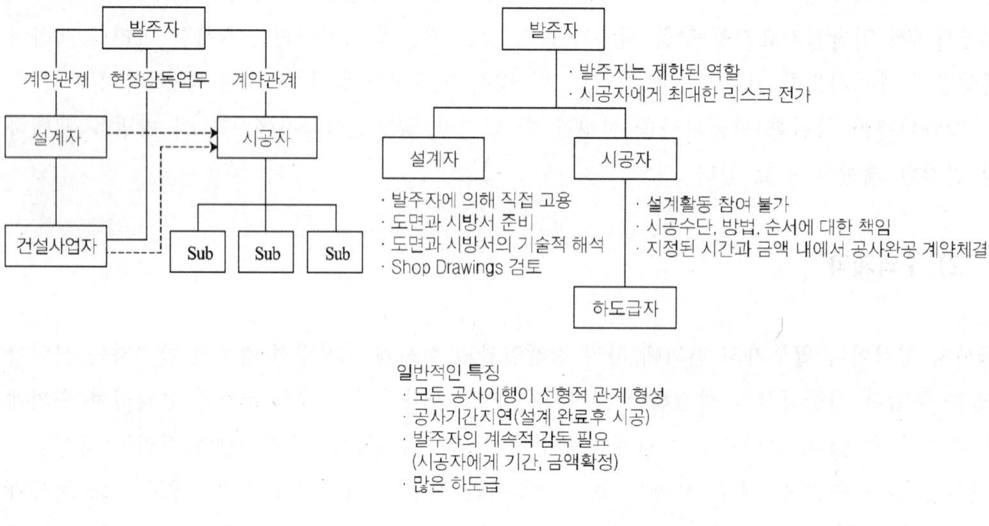

〈그림 1 - 1〉 전통적인 공사계약방식

(2) 설계·시공 일괄계약방식

턴키(turnkey)계약방식이라고도 한다. 설계와 시공을 일괄 시행함으로써 설계·시공의 조화를 도모하며, 경쟁으로 인한 설계기술의 발전소지 및 책임소재의 명확화, 감독관리의 편리함이 있으나 발주자의 공사관련 전문지식의 습득이 어려우며, 계약자의 이윤추구에 따른 부실시공시 감독상의 어려움이 있다. 대형공사 발주기관에서는 감독관리의 편리함과 설계변경이 없는 점 등의 이점 때문에 턴키·대안입찰공사 낙찰자 결정방식인 설계적합최저가방식, 종합평가방식(입찰가격조정, 설계점수조정, 가중치기준), 확정금액최상설계방식을 고시하여 발주처에서 선택하고 있다.

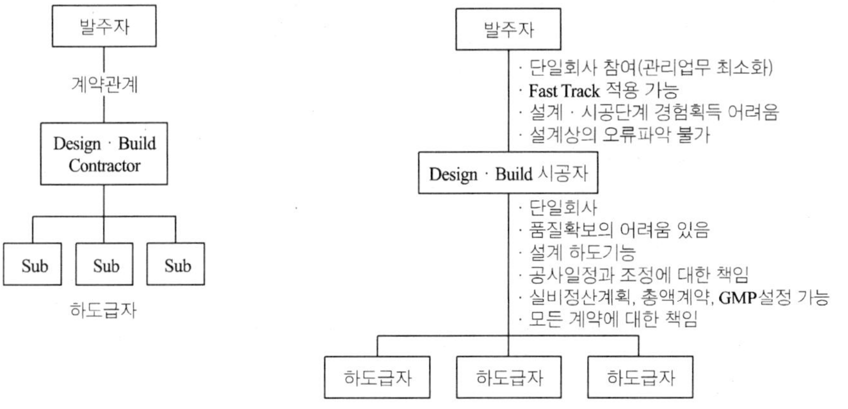

〈그림 1-2〉 설계 · 시공 일괄계약방식

(3) CM계약방식

기존의 전통적인 공사계약방식과 비교했을 때 순수형 CM계약방식은 CM업자가 설계와 시공을 모두 관리 감독하는 점에서 차이가 있으며, 턴키계약방식과 비교했을 때 위험형 CM계약방식에서는 발주자가 설계는 설계사와 별도 계약하고, 시공과 CM업무는 CM업자와 계약한다는 점에서 차이가 있다.

이러한 CM계약방식에서 순수형 CM 약방식의 경우에는 설계와 시공을 모두 동일한 기관에서 관리하므로 설계와 시공의 조화를 유도할 수 있고, 위험형 CM계약방식의 경우에는 설계

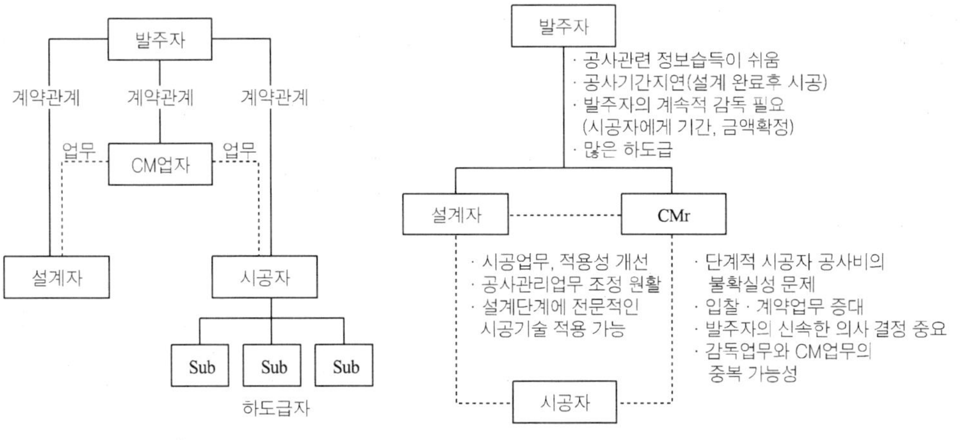

〈그림 1-3〉 CM 계약방식

를 별도 계약기관에서 하고 시공과 CM은 CM업자가 수행하므로, 턴키계약방식에서와 같이 설계와 시공을 동일한 기관에서 수행할 때 발생할 수 있는 자의적인 공사품질 저하문제를 감소할 수 있다.

1-2-3 입찰의 절차 및 방법

(1) 입찰공고

특명으로 도급자에게 공사를 발주하는 경우 및 지명경쟁입찰의 경우를 제외하고 일반경쟁입찰에 의한 공사에 있어서는 입찰공고(instruction to bid)로 응찰자를 모집하게 된다.

입찰공고는 유능한 시공자를 입찰에 참가시키고, 또 이들로 하여금 입찰에 참가여부를 결정하는데 필요한 기본적인 정보를 제공하고자 하는 것으로 그 범위는 해당공사의 수행능력의 여부, 입찰준비여유의 유·무 등을 판단할 수 있을 정도로 제한된다.

입찰공고는 신문, 일반잡지, 업계잡지 등에 게재되는 것이 보통이며 발주자가 정부관청인 경우에는 관보에 게재되는 경우도 있다.

입찰공고에 포함되는 주요항목은 다음과 같다.

① 공사의 명칭과 장소
② 발주자와 설계자의 명칭과 주소
③ 개략적인 공사의 특성과 유형 및 규모
④ 입찰의 일시와 장소
⑤ 입찰도서의 입수방법과 장소
⑥ 계약도서 열람장소의 명칭과 소재지
⑦ 입찰조건, 입찰보증 등
⑧ 낙찰의 공개여부
⑨ 낙찰, 또는 입찰거부에 관한 발주자의 권한 이외에도 필요에 따라 응찰자의 자격심사에 관한 사항이 포함되기도 한다.

(2) 입찰안내서

입찰서류를 제출하기 전이나 입찰하는 동안 응찰자가 준수해야 할 사항이 여기에 포함되는데 이는 나중에 계약체결에 영향을 미치는 여러 조건들을 설명한다.

입찰안내서(instruction to bidder)에는 다른 도서에 포함되지 않는 상세한 사항이 포함되기 때문에, 즉 입찰서류를 준비하고 제출하는데 필요한 정보를 포함하고 있기 때문에 입찰공고 만큼 간단하지는 않다. 일반적으로 공공기관에서 발행하는 서식이 있으면, 이를 이용할 경우 해당 공사에 맞도록 수정할 필요가 있다.

입찰안내서에 포함되는 주요항목은 다음과 같다.

① 적용하는 계약서에 관한 사항
② 계약도서와 현장부지에 대한 검토 및 조사에 대한 응찰자의 책임사항
③ 계약도서 간에 모순되거나 모호한 사항에 관한 문의 및 해결방법에 관한 사항
④ 공법이나 재료 등에 대안을 제의하는 요건과 절차
⑤ 입찰방식에 따른 요구사항과 조건
⑥ 입찰서류의 준비에 관한 사항
⑦ 입찰보증에 관한 사항
⑧ 이행보증 및 지불보증의 요건
⑨ 입찰서류의 접수에 관한 사항
⑩ 입찰서류의 수정 및 철회에 관한 사항
⑪ 응찰자의 자격에 관한 사항
⑫ 계약체결의 기본조건 및 입찰거부 권리
⑬ 계약도서의 준비, 검토, 서명 등 계약실행을 위한 요건 및 조건
⑭ 낙찰시간 및 장소

그 외에도 하도급자 선정이나 낙찰 전 예비접촉, 또는 준수해야 할 관련법규, 분할입찰 등에 관한 사항이 포함되기도 한다.

(3) 입찰보증

응찰자는 입찰보증금을 지불보증수표, 현금수표 등으로 입찰 전에 납입하여야 한다. 이는 낙찰이 되어도 계약을 체결할 의사가 없는 자의 입찰참가를 방지하기 위한 제도로서 낙찰되지 않은 자에게는 개찰 후에 반환하여 주고 낙찰자에게는 계약체결 후에 반환하여 준다. 만약 낙찰자로 결정후 계약을 체결하지 않을 경우에는 원칙적으로 반환하지 않는다. 그러나 차순위의 입찰자에 의한 낙찰금액에 따른 보증금과의 차액을 반환하는 경우도 있다.

입찰보증의 서식은 발주자가 지정하는 경우와 보증회사가 갖고 있는 서식을 이용하는 경우가 있다.

입찰보증금액은 입찰가에 대한 백분율로 지시하는 경우와 일정액을 지시하는 경우 기타 방식이 있는데 어느 경우라도 입찰안내서에 명시된다.

(4) 개찰과 입찰보증

개찰은 공개로 실시되는 경우와 비공개로 실시되는 경우가 있는데 국제금융기관이 개입하고 있는 공사에서는 개찰의 공개가 의무화되어 있다. 개찰의 방법은 보통 입찰안내서에 기재되어 있다.

개찰이 실시되면 발주자측은 입찰서류의 심사를 실시한다. 심사를 담당한 컨설턴트는 심사보고서를 발주자측에 제출하며, 입찰심사 결과 발주자가 의도하는 내용이 응찰이 없을 경우에는 모든 응찰을 거부할 수 있다. 현행제도에서는 최저낙찰제를 시행하고 있지만, 과거에는 예정가격 이하로서 예정가격의 80/100 이상의 금액으로 입찰한 자 중에서 그들의 입찰금액을 평균한 가격의 밑으로 가장 가까운 금액을 입찰한 자를 낙찰자로 하였다. 이 경우 예정가격 이하로서 예정가격의 80/100 이상의 금액으로 입찰한 자가 1인 일 때에는 그 입찰자를 낙찰자로 한다.

이러한 규정은 덤핑에 의한 낙찰로 극히 조잡한 공사를 초래하는 경우가 있어 예정가격에 가까운 금액으로 낙찰시켜 충실한 공사를 기하고자 한 것이다. 그러나 예정가격의 85% 이하의 낙찰자는 공사의 품질을 보증하기 위해 예정가격과 낙찰금액의 차액을 계약보증금과 함께 현금, 은행발행 자기앞수표, 또는 재무장관이 지정하는 상장유가증권으로 납부하고, 공사완료 후에 반환 받도록 되어 있다.

(5) 입찰 및 계약체결

입찰심사 결과 낙찰자가 결정되면 발주자로부터 당해 낙찰자에게 그 뜻이 통지된다. 낙찰자는 낙찰통지서를 접수하고 그 내용을 받아 들이면 이행보증금을 적립하는 등 정식계약을 위한 여러 가지 수속을 하고 소정의 기일과 장소에서 계약을 체결하게 된다.

일반적으로 계약을 위한 사무적인 여러 수속에는 상당한 시간이 걸리는 경우가 대부분이다. 이 때문에 공사가 지연된다는 것은 발주자나 도급자 모두에게 바람직한 일이 아니다. 미국의 계약절차에서는 낙찰통지와 착공명령서를 겸한 내용의 서류를 작성하는데 이를 의도서(意圖書, letter of intent)라고 하며, 계약상 가계약서로서의 성격을 가지게 된다.

도급자가 이 의도서에 서명하여 반송하면 그 계약은 성립된 것으로 간주되고 그 내용의 정식계약 체결까지의 기간동안 그 효력을 가지며, 도급자는 정식계약의 체결을 기다리지 않고 공사를 착공할 수 있다.

제2장 공사관리

2-1 공사관리의 일반

2-1-1 공정관리의 절차

건설공사는 투자비가 크고 공사기간이 길며, 공사의 특수성에 따라 다양하고 복잡한 공정을 거쳐 시공이 수행되므로 공사시공에 앞서서 철저하고 체계적인 시공계획이 없이는 공정, 원가, 품질, 안전의 공사목표를 효과적으로 달성하기는 어렵다. 그러므로 공사의 시공은 품질과 안전이 보장되는 시공방법과 노력, 재료, 장비, 자금 등의 자원을 공사공정에 따라 합리적으로 운용해서 예정된 공사기간 내에 신속하고, 예산 내에서 경제적으로 수행되도록 관리해야 한다. 이러한 공사의 목표를 달성하기 위해서는 모든 관리업무에서와 마찬가지로 계획을 세우고, 계획에 따라서 실시하고, 실적을 계획과 비교・평가하고 계획과 다른 것이 있을 때, 적절한 시정조치를 취하는 계획(plan)－실시(do)－평가(check)－조치(action)의 순환과정에 따라서 공사를 수행해야 한다. 이러한 일련의 순환과정을 도식적으로 표현하면, 그림 2－1과 같이 표현할 수 있고, 이러한 역할을 단계별로 요약하면 다음과 같다.

1) 계획단계

최적의 시공계획을 입안하기 위해서는 계약서, 설계도 그리고 공사현장 상황 등의 충분한 사전조사를 수행하고 시공계획을 기술적, 경제적으로 검토하는 것이 필요하다.

2) 실시단계

시공에 있어서 표준과 계획의 내용을 이해하고, 이에 따라 필요한 자원과 자금을 조달하며, 작업공정을 수행하는 것이 필요하다.

3) 평가단계

시공의 실제를 파악하기 위해서는 조직적으로 정확한 방법에 의해 작업데이터를 수집하고 분석하는 것이다.

4) 조치단계

실제시공을 계획에 근접시키기 위해서는 계획과 실제의 비교, 계획의 수정, 개선 등의 시정조치를 요한다.

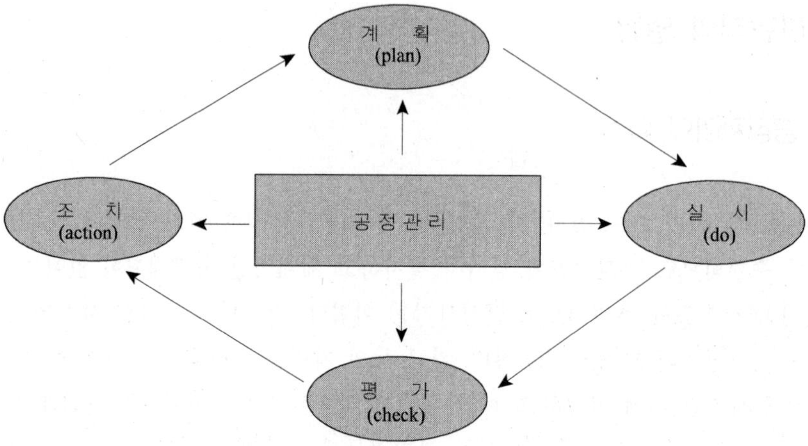

〈그림 2 - 1〉 공정관리 기능의 순환과정

2-1-2 공정관리의 중요성

건설공사에서 관리기술은 일반적으로 공사관리로 통칭되는데, 이것은 공정관리, 원가관리, 품질관리, 안전관리, 환경관리 등의 공사목표를 효과적으로 달성하기 위하여 시공수단을 효율적으로 활용하는 경영노력을 말한다. 여기서 시공수단이란 인력(man), 공사재료(materials), 공사장비(machines), 공사자금(money), 공사방법(methods)을 말하고 이를 5M이라고 한다. 즉 공사관리의 역할은 다음과 같은 다섯 가지 항목을 바르게 계획하고, 통제하려는 것이다.

1) 공정관리

노무, 자재, 장비, 자금 그리고 시공법 등 투입하는 자원을 효율화해서 지정공사기간 내에 시공을 완료한다.

2) 원가관리

실행예산 내의 범위를 준수할 뿐만 아니라, 공사비원가의 저감을 도모한다.

3) 품질관리

요구되는 품질, 성능을 갖는 구조물 또는 건축물을 만든다.

4) 안전관리

작업 시의 안정성을 확보하고, 또한 진동과 소음 등의 공해발생을 방지한다.

5) 환경관리

소음, 공해, 지하수, 오염방지, 건설 폐기물처리, 교통, 문화재 등의 이러한 공정관리, 원가관리, 품질관리, 안전관리, 환경관리의 공사관리 목표중 가장 중추적인 역할을 수행하는 것은 공정관리이고, 이하 공정관리의 역할, 기능 그리고 목표를 단계적으로 살펴보면 다음과 같다.

(1) 공정관리의 역할

위의 공사관리 목표를 달성하기 위해서는 실시할 공사의 특징이나 작업의 구성을 세밀하게 분석하고, 정확하고도 면밀한 계획을 세워 관리하는 과학적인 접근방법이 필요하다. 이러한 역할을 수행하는 것이 그림 2-2와 같이 과학적인 관리기법을 도입하여 운영되는 공정관리의 역할이다.

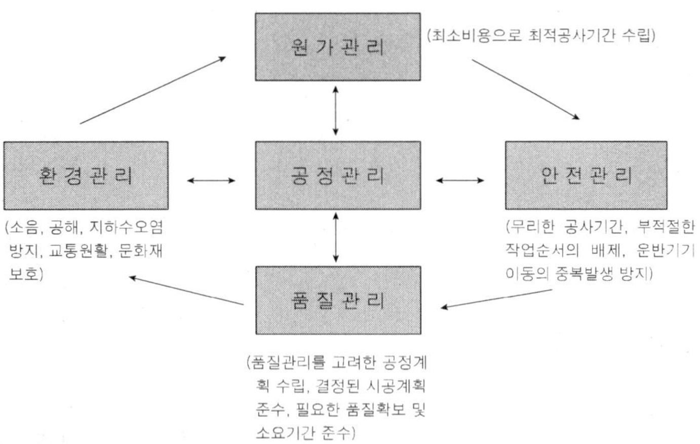

〈그림 2-2〉 공정관리의 역할

최근에 건설공사가 대형화, 복잡화 그리고 기술적으로 고도화 되면서, 공사관리의 4대 요소에 환경관리를 추가하여 공사관리의 5대 요소로 확장되어 시행되고 있다. 이 중 공정관리는 그림

2-2와 같은 관리요소의 중심에서 공사관리의 핵심기능을 수행한다. 즉 전술한 공사관리의 제반요소중 이런 관리요소들은 이미 수행한 실적을 집계, 분석함으로써 현황을 파악하고자 하는데 비하여 오직 공정관리만이 현재의 상황하에 "앞으로 어떻게 할 것인가"라고 하는 전향적인 계획관리를 수행하기 때문이다.

(2) 공정관리의 기능

공정관리는 제한된 기간동안에 목적을 수행하기 위하여 한정된 자원을 계획, 조직, 지휘, 조정 그리고 통제하는 것으로 투입되는 자원(resource)을 효율적으로 운영하여 적절한 가격(right price), 정확한 시간(right time), 정확한 품질(right quality), 정확한 수량(right quantity) 그리고 정확한 생산(right product) 등의 결과물을 유도하는 것을 5R이라 한다. 궁극적으로 일정과 진도의 목표달성을 위한 공사관리 부서들 간의 활동시간 지표(activity time basis)를 제공하는 것이다.

또한 공정관리는 일정관리(schedule control), 예산/원가관리(budget/cost control), 자원관리(resource control), 진도관리(progress control)의 4대 중점관리기능을 수행한다. 이중 일정관리는 가장 선도적인 기능을 수행하며, 이런 관리항목들은 일정과 연동하여 총체적인 공정관리를 지원하고, 그림 2-3과 같다.

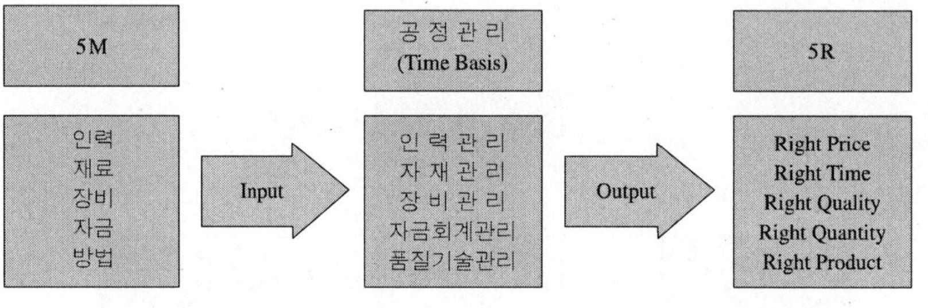

〈그림 2-3〉 공정관리의 기능

(3) 공정, 원가, 품질의 관련성

공사관리의 목적은 공사의 품질, 공사기간 및 경제성의 확보이고 품질관리, 공정관리, 원가관리는 이 목적달성을 위해 기본적으로 필요한 관리기능이다.

그러나 이들 세 가지의 관리기능은 각기 독립된 것이 아니고 상호관련성을 가지고 있다. 이들 관계를 그림으로 나타내면 그림 2-4와 같다.

여기에서 알 수 있듯이 공사의 설계품질 및 공사기간의 두 가지 조건을 만족시키면서 경제적

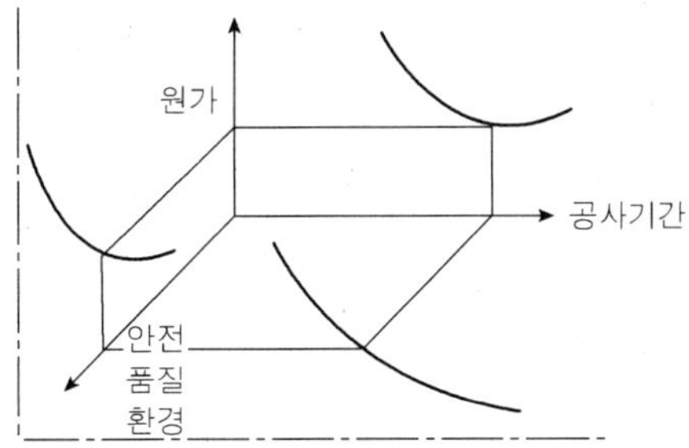

〈그림 2-4〉 공사목표의 연관성

으로 공사를 관리하는 것이 공사관리의 목표이다. 최근의 건설공사는 생산의 공업화, 시공의 기계화 등에 따라 공사관리도 근대화, 합리화를 추진하는 것이 필수 불가결하게 되었고 이것이 따르지 않는 한 기술혁신도 그 효과를 충분히 발휘할 수 없을 것이다.

(4) 5대 관리의 관련성

5대 관리로 중요시되는 관리항목은 각각 독립적인 것이 아니라 서로 밀접한 관련성이 있다. 특히 공정, 품질, 원가에 대해서는 경험적으로 그림 2-5와 같은 관계가 있으며 안전과 환경도 공정, 품질, 원가에 큰 영향을 미친다.

① 공정과 원가의 관례로 공정을 단축하기 위해 1일에 대한 시공량을 증가시키면 원가는 점차 저렴해지지만 시공을 더 빨리 하기위해 돌관공사를 할 경우 원가는 높아진다. 이 관계를 그림으로 나타내면 그림 2-5(a)와 같이 된다.

② 원가와 품질의 관계로 품질이 좋은 것은 재료, 기타 항목이 높아져 원가가 올라가며, 품질을 떨어트리면 저렴하게 할 수 있다. 이 관계를 그림으로 나타내면 그림 2-5(b)와 같다.

③ 품질과 공정의 관계로 품질이 좋은 것을 만들려고 하면 작업공정이 세심하게 이루어짐으로써 시간이 오래 걸리고 공정이 느려지게 된다. 한편 작업속도를 빨리 할수록 품질이 나빠질 우려가 있으며, 이 관계를 그림으로 나타내면 그림 2-5(c)와 같이 된다.

④ 안전과 공정, 품질, 원가의 관계로 건설현장에서 큰 사고가 발생하면 작업을 중지하고, 그 원인을 조사하는 등 공정이 지연된다. 가령 사고가 적은 규모라고 하더라도 작업능률은 사고 이전에 비하여 저하되어 공정이 지연된다. 그러나 공사기간이 결정되어 있는 이상 공정이 늦어진 부분은 다른 공정을 빨리 할 필요가 있고, 돌관공사를 할 필요성도 높아진다. 따라서 안전관리는 공정, 품질, 원가에 큰 영향을 주며 안전에 관한 사회의 관심도 높아져 안전관리는 매우 중요한 관리항목이 된다. 이 관계를 그림으로 나타내면 그림 2-5(d), (e)와 같다.

⑤ 환경과 공정, 품질, 원가의 관계로 건설현장에서 공사 중에 소음 · 진동 · 공해 등으로 인하여 민원이 발생하면 작업을 중지하고 민원을 해결해야 하며, 그 중지 기간동안 공정이 지연되게 된다. 그러나 공사기간이 결정되어 있는 이상 공정이 늦어진 부분은 다른 공정을 빨리 할 필요가 있으므로 돌관공사를 할 필요성이 높아진다. 이와 같이 환경관리는 공정, 품질, 원가에 큰 영향을 미친다. 이 관계를 그림으로 나타내면 그림 2-5(f)와 같다.

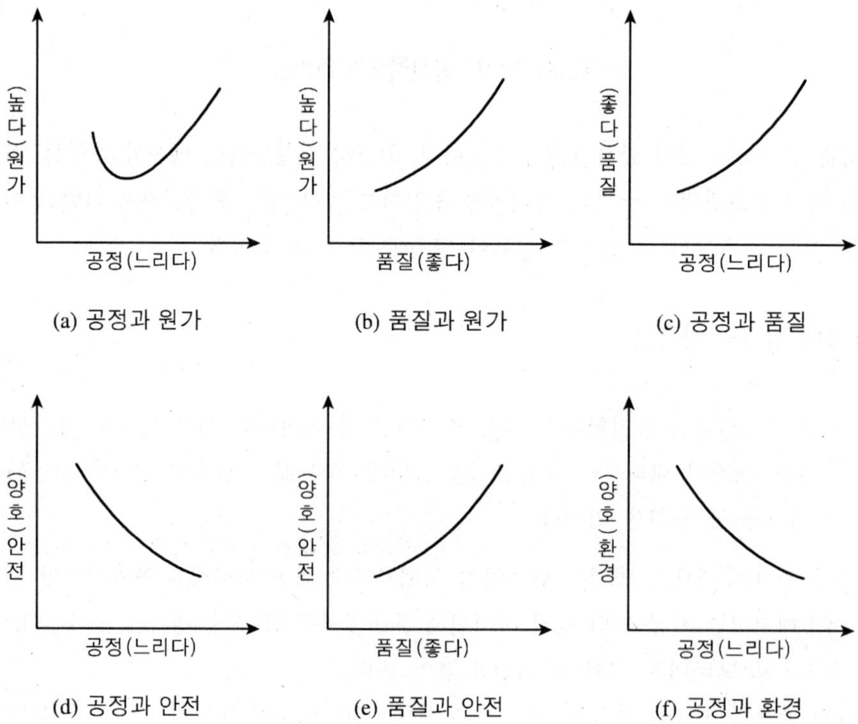

〈그림 2-5〉 공정, 품질, 원가와 일반적인 관계

(5) 공정관리의 목표

공정관리는 자원과 비용을 투입하여 활동시간 지표(activity time basis)를 제공하고, 적절한 결과물을 유도하는 과정에 다음과 같은 사항의 완수를 목표로 하고 있다.

① 공정을 합리화하고, 소정의 공사기간을 엄수, 또는 단축을 도모한다.

② 일정계획이나 작업할당의 적정화를 도모하여 가동률을 높인다.

③ 부분공사의 공사기간을 준수하고, 작업일정의 정합성(整合性)을 높여 공정의 정체를 방지한다.

④ 시공방법을 개선하고, 순서, 계획의 합리화에 의해 능률의 향상을 도모한다.
⑤ 공정관리를 적정화하여 공사비원가를 절감한다.

효과적인 공정관리가 수행되었을 경우 일반적인 통계자료에 의하면, 10%의 공사기간단축과 7~8%의 원가절감 등의 경제적인 효과를 기대할 수 있으며, 이와는 별도로 다각도의 관리부문별로 부수적인 효과를 기대할 수 있다.

2-2 공정관리의 기본구성

공정관리는 네트워크(network)기법으로 수립한 공정표를 기본으로 공사작업수행을 보장하고, 공정표에 근거한 일정 및 자원관리를 수행해 계획공사기간의 준수와 원가절감을 도모하는 것을 목적으로 한다. 또한 세부공정간의 과학적 관리기법으로 작업 및 자원투입시기 등의 통제를 가능하게 한다.

2-2-1 공정계획의 수립

공정계획을 수립할 때에 일반적으로 고려해야 하는 사항들은 다음과 같다.

① 현황조사 및 자료분석 : 공사현장의 특성과 주변현장을 고려해 공정계획을 수립하고, 공구분할계획 시에는 선·후행 작업조건을 분석한 후 분할하여야 한다.
② 작업분류체계 수립 : 작업분류체계, 내역분류체계, 조직분류체계를 구성하고, 공정별 특성을 감안한 공사일력(calendar)을 구성하여야 한다.
③ 공사일정 및 자원투입계획 : 전체공사계획에 따라 세부작업을 진행하고, 합리적인 자원관리에 의한 경제성을 제고하며, 각 공종추진 상의 문제점을 조기에 발견하고 주공정에 영향을 최소화하도록 계획하여야 한다.
④ 마일스톤 반영 : 마일스톤(milestone)은 공정단위가 큰 상위수준의 공사일정 또는 중요 시점들의 관리계획으로, 선·후행 연계공정에 관련된 일정을 고려하고, 공정의 수준을 공사규모 및 공정특성에 맞추어 적정 수준으로 구성하여야 한다.
⑤ 주요공정별 공사기간 분석 : 공정별 작업량 산정 및 작업속도를 분석해 결정하고, 주공정에 대한 적정작업조 및 장비조합을 구성하여야 한다.
⑥ 현장운영체계 수립 : 공정운영체계 및 관리시스템을 도입하고 지연공정에 대한 만회대책을 수립하여야 한다.

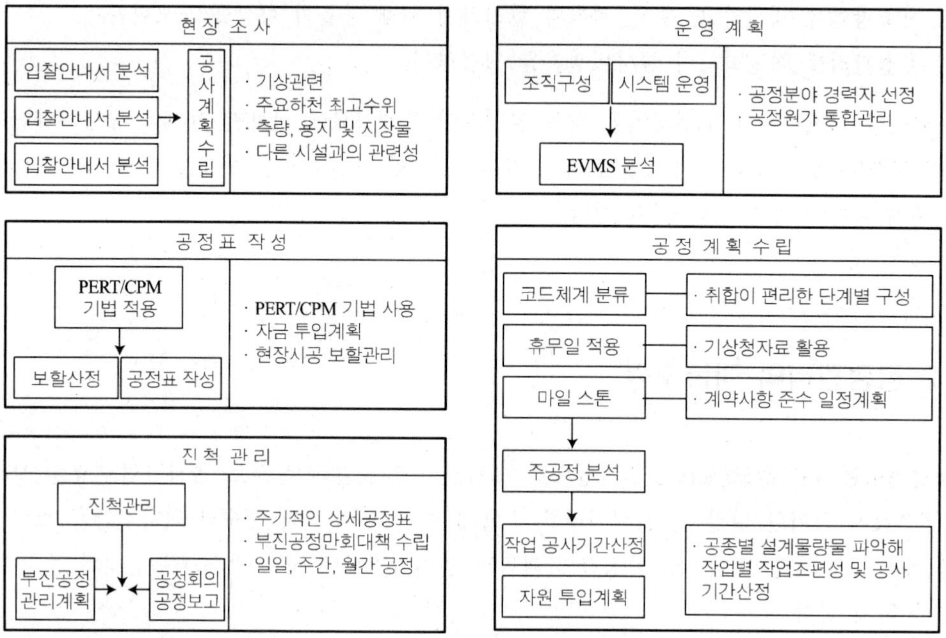

〈그림 2-6〉 공사공정계획 주요업무 상관관계

이러한 공정계획을 수립할 때 고려해야 할 사항들은 그림 2-6과 같이 나타낼 수 있는데 여기서는 공정계획시의 현장조사, 공정운영계획 수립, 총괄 공정계획수립, 공정표 작성, 진도관리 등을 주요업무로 간주해 이들 상호간의 업무관계도를 표현하고 있다.

그림 2-6에서 표현한 공정계획시의 주요업무들은 공사초기에 상세업무흐름도로 구성해 공사진행과정의 공정관리를 원활히 하도록 할 필요가 있다. 공정계획수립을 위한 일반적인 업무흐름도는 그림 2-7과 같다. 그림에서는 공정계획을 수립단계와 운영단계로 구분해 각 단계별로 구분해 각 단계별로 요구하는 업무절차와 주요작업내용을 나타내고 있다.

공정관리의 대표적인 업무는 해당 공사에 필요한 각종 작업종류를 나열해 작업간에 합리적인 공사일정계획을 수립하고, 계획된 일정대로 공사를 시행하는 과정에서는 주기별로 시공진도를 검토하는 내용으로 구성된다. 넓은 의미의 공정관리는 이러한 일정관리 이외에 진도관리 및 비용관리까지도 포함할 수 있으나, 실무적으로 진행되는 공정관리란 공사일정관리업무를 주요내용으로 간주할 수 있다. 또한 공사일정관리에서 주요업무는 주공정선을 분석하고, 공정의 지연이 예상되는 공정에 대해 만회대책을 수립하며, 공정의 초과달성이 예상되는 공정에 대해서는 불필요한 자원투입을 감소시키는 업무를 수행하게 된다.

공정관리업무 수행과정에는 공정표를 기본으로 하는 다양한 보고서가 필요하며, 대표적 보고서인 공정관리보고서를 비롯해 공사현황보고서, 자원관련보고소 등을 공사진행단계별로 작성해 활용한다. 표 2-1은 공정관리에 소요되는 주요보고서 내용을 정리한 것이다.

구분	작업구분	업무 Flow	주요작업내용
공정계획 수립단계	준 비	각종 자료입수 · 검토 현 장 답 사	· 기본설계도서 검토 · 입찰안내서 공정관리지침 분석 · 현장의 작업조건 및 시공방향설정
	공정System 및 운영조직 체계결정	(운영 System) 공정관리시스템 구성 / H/W, S/W 구성 / 공정관리운영조직 분석 (공정관리 전담조직)	· 발주처, 현장관리시스템 분석 · 각 분야별 H/W, S/W 및 전산망 구성 · 공정관리 운영조직구성 및 업무내용 분석
	작업분류 및 제한요건 결정	(작업분류 (WBS)) 작업분류 · 코드설정 / 멀티캘랜더 설정 / 공정관리기법 설정 (휴지일 산정)	· WBS, OBS, CBS 설정 · 공종별 특성을 감안한 멀티캘린더 설정 · ADM, PDM 분석 및 현장적용
	공종별 분 석	(공종별 물량분석) 전체작업 분석 / 토공작업 분석 / 배수공작업 분석 / 구조물공작업 분석 / 기타작업 분석 (공종별 작업순서 및 공기분석)	· 전체 프로젝트의 공정연계 분석 · 토공, 배수공, 구조물공작업 분석 -작업조건 분석 -작업분석 및 공종별 단위공정분석 -공사기간(작업일)산정 -공종별 공정계획
	공정표 작 성	(일정) 주공정 CPM공정표 / 전체 CPM공정표 / 내역분개공정표 (비용)	· 주공정 및 전체공정표 작성 · 전산입력 및 일정분석 · EVMS 체계에 의한 내역분개 · 공종별 일정 및 진도율 검토

〈그림 2-7〉 공정계획 상세업무 흐름도

〈표 2-1〉 공정관리 업무보고서의 종류

구 분	보 고 서 명	제출시기 주간	월간	기성제출	초기계획	활 용 지 침
일정관련 보고서	공정별 스케줄	◎	◎		◎	공정분기별 일정관리
	주공정보고서				◎	중점 관리해야 할 공정일정 표기
	공정별 일정보고서		◎		◎	Activity별 일정 표기
	공정별 자원일정보고서		◎		◎	Activity별 자원 일정 표기
	공정단계별 횡선도		◎		◎	단위작업별 일정율 바-차트 표기
	공정단계별 목표 대 실적 횡선도		◎		◎	단위작업별 목표 대 실적 표기
목표관련 보고서	S-Curve(%, 금액)				◎	주기별 누적계획, 실적진도율 표기
	누적목표 진도율 집계표		◎		◎	실적, 목표 잔여보할치 누적 표기
공사현황 보고서	공사실적 개요보고서	◎	◎			보고일 현재 실적 및 예상종료일 표기
	작업진도보고서		◎			Activity별 진도율 표기
금액관련 보고서	종합기성보고서			◎	◎	공정별 예상 · 실투입, 기성금액 표기
	기성산출내역서			◎	◎	Activity 예상 · 실제, 기성금액 표기
	자원소요처 집계		◎	◎	◎	특정 자원소요량을 기간대별, Activity별 집계

〈표 2-1〉 공정관리 업무보고서의 종류(계속)

구 분	보 고 서 명	제출시기				활 용 지 침
		주간	월간	기성제출	초기계획	
자원관련 보고서	공사일지	◎	◎	◎	◎	자원종류, 수량을 일일단위로 제시
	자원별 잔여물량 집계표		◎			자원별 집계후 잔여물량 수행 Activity 표기
	Network 다이어그램				◎	전체계획 확인용
그래픽 관련 보고서	S-Curve			◎		전체계획 비교, 작업진척 현황파악
	공정율 횡선도표		◎			공정별 자원구성비 파악
	막대그래프		◎		◎	현황파악 보조용도 및 보고용

2-2-2 작업분할체계 작성단계

(1) 작업분할체계의 개념

공사비적산 및 공정관리의 목적을 위한 관리기법에 작업분할체계(work breakdown structure, WBS) 개념을 적용하기 위해서는 작업분할체계의 개념 및 구축을 위한 기초작업과 그 활용도를 충분히 이해해야 한다. 작업분할체계는 공사목표를 수행하기위해 필요한 단계별 구성요소들로 구성된 목표물의 계층적 구조를 이룬다.

즉 최종목표물과 그 목표물을 이루는 세부항목들과의 연계를 피라미드 형태의 계층적 구조를 갖춤으로써 완성된다. 최하위단계인 작업활동까지 규명하여 그 활동의 단계별 상위계층 요소들과 연계시키고, 결국 최상위단계인 최종목표물과 연계시킨 하나의 구조군(structure group)으로 형성하여 계획과 관리를 위한 계층적 구조체계를 제공하게 된다. 효율적인 작업분할체계의 작성을 위해서는 각 단계별 모든 요소(element)를 규명하여야 한다. 작업분할체계의 각 요소들은 독립적인 의미를 가지며, 디시 하위단계의 세부요소들로 구성된다. 최종목표물을 이루기 위한 모든 요소들은 단일군 조직에 포함되어야 하며, 단계별 구분이 명확하고, 상하 단계의 연계성이 분명히 규명되어야 한다. 또한 각 요소들은 공사의 라이트 사이클 동안 독립된 항목으로 수행되고, 관리하기 위해서는 체계적인 코드(code)를 부여하게 된다.

이 코드를 부여하는 것은 작업분할체계의 각 요소 상하간에 관계를 손쉽게 식별할 수 있고, 작업항목(work item)의 소속을 분명히 함으로써, 단계별 비용계산 및 공정계획을 용이하게 할 수 있다. 최하위단계의 설정은 공사의 규모와 복잡성에 따라 다르며, 관리목적을 충족시키기 위하여 다양하게 구축될 수 있다.

(2) 작업분할체계의 관리기능

작업분할체계는 계획(planning), 예산편성(budgeting), 재무(financing), 공사비적산(estimating), 공정계획(scheduling), 이행관리(performance measurement) 등의 공사수행에 필수적인 주요 관리기능들을 수행하기 위해 사용되고 있으며, 통합관리시스템을 구축하는데 필요한 기초자료로 활용된다. 작업분할체계의 최하위작업 항목인 모든 활동수준(activity level)에 이러한 관리기능들이 부여되고, 공사목적에 연계된다. 또한 활동들이 상호연계되므로써, 관리목적을 위한 공통된 기초체계를 형성하는데 사용된다.

여러 형태의 관리기능을 수행하기 위해서 사용되는 작업분할체계의 관리기능은 위에서 언급한 바와 같이 계획, 예산편성, 재무, 공사비적산, 공사계획 그리고 이행관리 등을 계획하는데 기초자료를 제시하지만 이 장에서는 공사비적산과 공정계획만을 다루고자 한다.

(3) 공사비적산 기능

공사비적산 기능은 작업분할체계를 이용하여 계약의 세부항목에 있어서의 예산견적을 수행할 수 있다. 작업분할체계는 관련된 계층적 비용항목별로 구성되는 예산견적에 체계적인 접근방법을 제공하고, 작업분할체계 요소에 의한 견적은 공사관리자로 하여금 시공자가 수행하는 작업들을 통제하고 관리하기가 용이하게 한다. 견적기능으로서의 작업분할체계기법은 자료축적 및 공사비견적 두 가지 기능을 부여할 수 있다.

1) 자료축적

작업분할체계 요소에 비용정보는 단가책정 및 계약변경 발생시 중재를 위한 기초자료인 견적비용으로 사용될 수 있으며, 누락된 사항을 첨가할 때 쓰여지는 비용의 근거로 사용될 수 있다. 결국 발주자는 유사한 공사의 작업분할체계 요소의 비용 데이터를 축적할 수 있다. 이러한 축적된 비용 데이터는 새로운 유사공사의 견적을 하는데 참고자료로 활용할 수 있다.

2) 공사비견적

시공을 포함한 공사전체의 공사비견적은 주기적으로 검토하고 분석하여 개선되고, 각 세부항목별 견적은 공사의 최종 총공사비를 정확히 예측하기 위해 매우 중요하다. 기본적으로 견적은 발주자가 예산편성을 하여 시공자의 수행도를 평가하고, 공사 총견적비를 수정하는데 보조적으로 활용되어 진다.

건설공사는 다양한 단계를 거쳐 수행됨으로써 라이프 사이클에 있어서 다음 단계를 위한 견적은 총공사비의 확보를 위한 기초가 된다. 이러한 과정은 차례로 수행되어 다음 단계의 모든 참여자와 함께 계약중재를 위한 기반을 설정하게 된다.

보통 보조견적이 상세 설계도면을 근거로 하여 설계자에 의해 이루어진다. 또한 시공자도 상세설계를 근거로 하여 예산견적을 하게 된다. 각 견적은 각기 승인된 원가분할체계(cost breakdown structure, CBS)를 기반으로 이루어져야 하며, 모든 참여자들은 초기견적을 작성함에 있어 설계자에 의해 사용된 방법을 이해해야 한다. 각 시공자가 작성한 원가분할체계는 동일하지 않으며, 참여한 모든 시공자들의 견적과 타당성을 비교할 수 있어야 하고, 어떠한 차이도 조정·중재되어야 한다.

(4) 공정계획기능

작업분할체계는 총괄적 공정계획과 세부공정계획을 작성하기 위하여 작업분할체계 요소에 의한 공정관련 정보의 통합을 위한 체계를 제공한다. 특정 요소에서 공정변경의 파급효과는 작업분할체계를 사용함으로써, 각 요소의 시작과 종료날짜가 다른 요소의 공정계획과 연계되어 있기 때문에 쉽게 알 수 있게 된다. 이것은 검토시간을 단축시킬 수 있으며, 시공자가 제안한 공정변경을 발주자로부터 빨리 승인받을 수 있게 한다. 선정된 작업분할체계 요소들에 대한 주기적 공정보고와 실적분석이 용이하여 관리하기가 쉬워진다.

(5) 작업분할체계의 계층구조

작업분할체계는 적산 및 공정관리의 가장 핵심적인 부분으로서 공사비적산의 경우, 사용자가 총공사비의 산정을 위하여 전체공사의 최소단위부터 비용 등의 정보를 산정할 수 있도록 공사의 구성요소를 피라미드 형태의 계층구조로 분해해 놓은 것이다.

또한 공정관리의 경우에 활동의 단위를 결정하고, 이 활동들을 집합하여 작업순서 대로 네트워크를 작성하게 된다. 또한 공정관리 전산시스템에 적용하기 위해서는 각 작업항목별 체계적인 코드를 부여하여 작업분할체계의 각 요소 상하간에 관계를 손쉽게 식별 및 각 작업항목별 소속을 분명히함으로써 단계별비용계산을 용이하게 할 수 있다.

이렇게 하기 위해서는 공사를 단계별계층적으로 세분화하여 시공단계에서 특정한 자재와 기능이나 장비가 수행하는 작업에까지 이르게 된다.

2-2-3 토목공사의 작업분할체계

(1) 작업분할체계의 기준

건축공사가 건축물만을 대상으로 하고 있는 것과는 달리 토목공사는 사용하는 목적에 따라 기능을 달리하는 많은 종류의 시설물을 대상으로 하며, 각 시설물은 구조적 형식이 다른 여러 구조물로 구성된다. 이들 구조물은 특정한 시설물에 제공하는 기능에 따라 명칭을 달리하면서도 구조적 형식이 여러 시설물에 공통적인 경우가 많이 있다. 이들 두 구분을 조합하면 시설물의 구성요소에 대하여 위치를 명시할 수 있게 된다.

또한 구조요소 분류는 개별적으로 특정한 공사와 관련되고 공사는 사용하는 재료, 기능 및 장비를 포함하여 수량을 채용하는 공정에 따라 변동한다.

이러한 사항을 조합하면 그림 2-8과 같이 토목공사는 시설물별로 기본적인 구성을 나타내는 구조요소구분으로 분류할 수 있으며, 이 구조요소구분은 개별적으로 특정한 시공요소 분류와 관련되어 진다. 또한 시공요소분류는 사용하는 재료에 따라 특정한 기능과 장비 등의 자원을 수반하게 된다. 이들 4개의 구분을 계층적으로 복합하면 공사정보의 분류를 체계화할 수 있으며, 이것은 파세트분류법과 유사한 형식이 된다.

그림 2-8에서 기능구분이란 특정한 기능을 갖는 시설물의 종류(예 : 도로공사, 철도공사, 항만공사, 공항공사 등)에 따른 시설요소 분류와 각 시설물을 구성하는 구조물의 형식(예 : 교량, 터널, 옹벽, 배수, 포장 등)에 따른 구조요소분류로 구분된다. 이로서 모든 토목공사를 구성하는

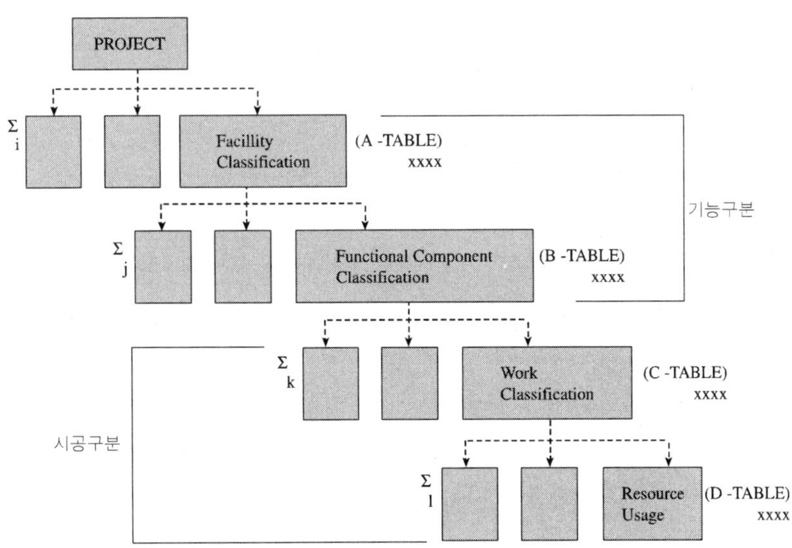

〈그림 2-8〉 토목공사의 공사분할체계의 구성

중공종 분류가 완성된다. 시공구분이란 기능구분보다 낮은 수준의 분류체계로서 기능구분에 관계없이 현장에서 수행되는 토목공사의 시공요소분류와 투입되는 인력, 자재, 장비 등의 자원 요소분류로 구분된다.

토목공사 작업분할체계의 기준이 상술한 바와 같이 되어야 함은 다음에서 고려될 수 있다. 일례로 토목공사의 도로공사는 쌓기부의 축조, 하천지역의 교량, 산악지역의 터널 등이 한 공사에 모두 포함되어 진행되기 때문에 이들 모두를 하나의 기능요소틀, 또는 시공요소틀에 맞추어 분류하는 것이 불가능하다. 즉 이와 같이 하나의 시설물이라도 독립적인 기능을 갖는 수 개의 하부구조물들로 구성이 되므로 공사분할 자체를 기능요소별, 또는 시공요소별로 구분하여 이들을 병용하는 것이 바람직하다.

그러므로 토목공사 내의 모든 공종을 이와 같이 4단계 분류체계로 표현할 수 있다. 예를 들면 도로시설은 일반적으로 흙으로 축제한 토공시설물, 터널시설물, 교량시설물 등으로 구성된다. 이들 시설물은 다시 형식이 다른 여러 구조물들로 구성되며, 각 구조물을 다시 공통된 기능을 갖는 부재로 구성되어 있다. 여러 형식의 구조물을 만드는 시공과정은 사용하는 재료와 시공에 참여하는 기능이나 장비에 따라 작업공종을 분류할 수 있으며 토공, 콘크리트공, 돌쌓기공, 철강공 등이 이 분류에 속한다. 이러한 작업공종은 다시 작업하는 조건과 장소에 따라 세분되어 진다. 마지막으로 이렇게 분류된 작업공종에는 관련되는 시공수단이다. 즉 방법, 노력, 장비, 비용에 관한 물량, 조건 등이 관련되어 진다. 이러한 분류과정을 나타내면 그림 2-9와 같다.

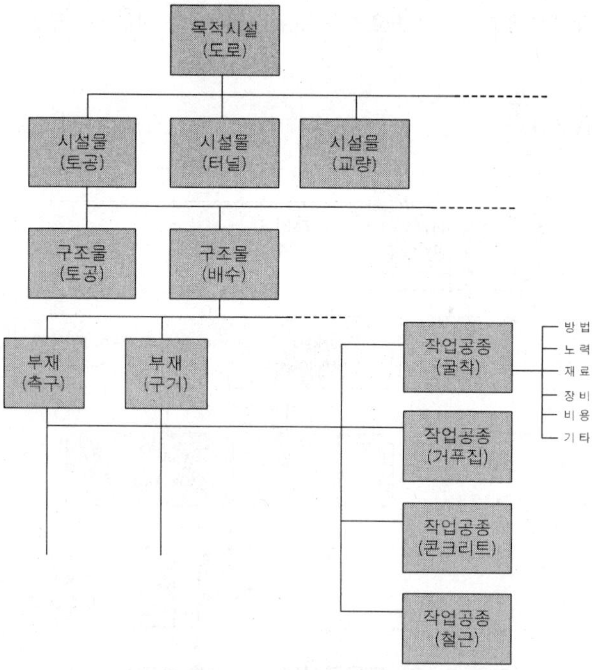

〈그림 2-9〉 시공수단의 분류과정

2-2-4 도로공사의 작업분할체계

앞에서 논술한 작업분할체계의 기준을 활용하여 토목공사중 도로공사를 중심으로 체계화하면 다음과 같이 전개된다.

(1) 시설요소 분류체계

토목공사를 구성하는 분류체계에서 최상위 레벨이 되며, 기능을 달리하는 대단위 시설물을 나타내는 시설물들로 분류된다. 이것은 도로공사의 시설물을 중심으로 분류하고 있다. 여기서 3100 총칙은 특정 시설물에 관련되지 않은 공통적인 사항으로 공사입찰 및 계약에 관련되는 공통적인 사항이며, 도로공사의 예는 그림 2-10과 같다.

- 3000 도로공사
  - 3100 총칙
  - 3100 주도로(도로, 인터체인지 및 램프)공사
  - 3300 터널공사
  - 3400 교량공사
    - 3410 교량 A
      - 3411 가설공사
      - 3412 부지조성 및 토공사
      - 3413 교량 A 구조물공사
      - 3414 설비공사
    - 3420 교량 B
    - 3430 교량 C
    - 3440 교량 D
  - 3500 암거공사
  - 3600 포장공사
  - 3700 서비스시설공사
  - 3800 교통제어 및 안전시설공사
  - 3900 부대시설공사

〈그림 2-10〉 시설요소 분할체계(A-TABLE)-도로공사의 예

(2) 구조요소 분류체계

시설요소 분류체계의 최하위항목들로 독자적인 기능을 갖는 독립구조물의 수준으로 구성된다. 구조요소 분류체계의 최상위등급은 시설요소 분류체계의 최하위등급에 연결되며, 시설요소 종류에 관계없이 반복 호출될 수 있는 공통항목이다. 예로써 7000 교량공사의 경우, 시설요소 코드중 3413 교량 A 구조물공사가 연결되며, 도로공사중 3413-7000 도로교량공사가 된다. 또한 73A0 교대 A, 73B0 교대 B 등의 예에서 코드 내의 알파벳 문자의 의미는 같은 공종이 반복되는 의미를 나타낸 것이며, 그림 2-11과 같다.

- 1000 가설공사
- 2000 부지조성 및 토공사
- 3000 포장공사
- 4000 배수공사
- 5000보호(옹벽)구조물공사
- 6000 암거구조물공사
- 7000 교량공사
  - 7300 교대
    - 73A0 교대A
      - 73A1 교대A 보호공
      - 73A2 교대A 토공
      - 73A3 교대A 우물통제작
      - 73A4 교대A 우물통설치
      - 73A5 교대A 기초
      - 73A6 교대A 구체
      - 73A7 교대A 교좌장치
      - 73A8 교대A 애프로치 슬래브
    - 73B0 교대 B
  - 7400 교각
    - 74A0 교각 A
      - 74A1 교각A 보호공
      - 74A2 교각A 토공
      - 74A3 교각A 우물통제작
      - 74A4 교각A 우물통설치
      - 74A5 교각A 기초
      - 74A6 교각A 구체
      - 74A7 교각A 교좌장치
    - 74B0 교각 B
  - 7600 상부구조
    - 76A0 상부구조 A, B
      - 76A1 빔제작
      - 76A2 빔가설
      - 76A3 PC Box Girder제작
      - 76A4 PC Box Girder가설
      - 77A5 노면슬래브
      - 77A6 경계석
      - 77A7 난간
      - 77A8 계단
      - 77A9 신축이음
    - 76B0 상부구조 C, D
  - 7700 호안공사
    - 7710 교대 A
    - 7720 교대 B
  - 7800 부대공
    - 7810 교명주
- 8000 설비공사

〈그림 2 - 11〉 구조요소 분할체계(B-TABLE) - 도로공사의 예

- 10000 가설공사
- 20000 부지조성공사
  - 26000 기초공사
  - 〃
  - 〃
  - 〃
  - 26200 우물통터파기(육상)
    - 26210 토사
    - 26220 자갈 및 사력층
    - 26230 풍화암
    - 26240 연암
    - 26250 경암
  - 26300 우물통터파기(수중)
    - 26310 토사
    - 26320 자갈 및 사력층
    - 26330 풍화암
    - 26340 연암
    - 26350 경암
  - 26400 우물통수
    - 26410 제작
    - 26420 운반
    - 26230 설치
  - 26500 우물통속채움
    - 26510 운반
    - 26520 채움
  - 26600 우물통속재하
    - 26610 운반
    - 26620 채움
- 30000 콘크리트공사
  - 2700 배수공
  - 〃
  - 〃
  - 〃
  - 27600 U형 측구
    - 27610 U형 측구(현장타설)
      - 27611 합판 거푸집제작(5회)
      - 27612 합판 거푸집설치(5회)
      - 27613 합판 거푸집해체(5회)
      - 27614 철근가공(보통)
      - 27615 철근조립(보통)
      - 27616 콘크리트타설
      - 27617 양생
- 40000 포장공사
- 50000 벽돌 및 돌공사
- 60000 관공사
- 70000 금속공사
- 80000 방수 및 마감공사
- 90000 전기공사

〈그림 2-12〉 시공요소 분할체계(C-TABLE)-도로공사의 예

(3) 시공요소 분류체계

시공요소 분류체계 내의 각 항목들은 토목공사를 구성하는 공정들 중에서 직접 현장에서 시공이 수행되는 소공종들로 구성된다. 시공요소분류의 최하위등급은 적산의 비목분류로 활용시 품셈이 적용되는 공종이고, 공종의 네트워크 관리시 기본공정 네트워크의 활동(activity) 수준이 된다. 시공요소의 최상위항목들은 미국·캐나다 등에서 사용되는 UCI(Uniform Construction Index)체계 내의 분류항목들과 연결될 수 있도록 UCI체계 내의 16개 분류항목중 도로공사에 사용되는 9개 Division을 발췌하여 국내 실정에 맞도록 수정하여 그림 2－12와 같이 작성하였다.

(4) 자원요소 분류체계

시공요소 분류체계로서 토목공사에 관련되는 공사분할은 완료되며, 이중 최하위공종에서는

- M 재료비
  - M001 철근
    - M001-1 보통철근[지름 10mm]
    - M001-2 보통철근[지름 23mm]
  - M002 콘크리트
    - M002-1 콘크리트(100-25-12)
    - M002-2 콘크리트(135-25-15)
    - M002-3 콘크리트(170-25-12)
    - M002-4 콘크리트(180-25-12)
- L 노무비
  - L001 갱부
  - L002 도목수
  - L003 건축목공
  - L004 형틀목공
  - L005 창호목공
- E 장비비
  - E11 불도저
    - E11-01 볼도저(10tonf)
    - E11-02 불도저(12tonf)
    - E11-03 불도저(19tonf)
  - E14-01 유압식리퍼
    - E14-01 유압식리퍼(13tonf)
    - E14-02 유압식리퍼(16tonf)
    - E14-03 유압식리퍼(19tonf)
  - E15-01 굴삭기
    - E15-01 굴삭기[0.12m^3]
    - E15-02 굴삭기[0.12m^3]
    - E15-03 굴삭기[0.12m^3]

〈그림 2-13〉 자원요소 분할체계(D-TABLE)-도로공사의 예

공사용 자원이 투입된다. 이 분류중 M－재료종류별, 재료규격별, L－노무종류별, E－장비종류별, 장비규격별로 코드를 분류하여 적용하면 그림 2－13과 같다.

2-2-5 작업분할체계의 적용

앞에서 논의된 시설, 구조, 시공요소별 각 분류체계 내의 항목은 대공종인 경우는 시설요소 단독으로서 중공종인 경우는 시설요소－구조요소가 연결되며, 소공종인 경우는 시설요소－구조요소－시공요소가 연결되어 사용된다. 전체분류체계에서 공사실적자료가 집계되는 과정과 이러한 분류체계에 의한 공사내용 전개는 그림 2－14와 같다.

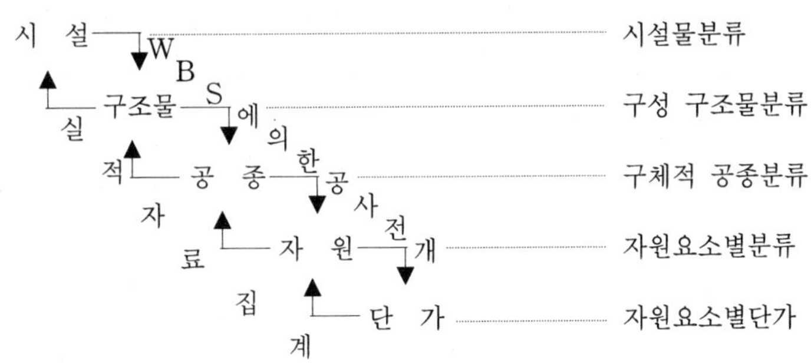

〈그림 2－14〉 작업분할체계의 연결

3000 도로공사
3400 교량공사
3410 교량 A
3413 교량 A 구조물공사
시설요소
3413－7000 교량공사
3413－7400 교각
3413－74A0 교각 A
3413－74A6 교각 A 구체
구조요소
3413-74A6-3100 교각A 구체콘크리트공사
3413－74A6-31100 거푸집공사
3413－74A6－31110 목재거푸집
3413－74A6－31111 목재거푸집제작
시공요소
M001 L002 L003
자원요소

〈그림 2－15〉 연결된 공사분할체계의 예－도로공사, 교량공사의 예

그림 2-14의 내용을 지금까지 예로 들었던 도로시설의 교량공사부분에 적용하면, 그림 2-15와 같으며, 여기서 공사구성 단계별로 시설, 구조, 시공, 자연요소 분류체계가 적용되는 과정을 나타내고 있다.

2-3 공사비적산단계

2-3-1 개요

건설공사의 시행에 있어서 공사비적산은 공사계획의 구성부분으로써 공정계획과 함께 필수적이며, 물리적 · 경제적 및 재무적 타당성 분석에 제공하고 예산과 원가통제의 기준을 제공한다. 공사비적산은 작업분할체계를 바탕으로 공사구분(work package)에 대하여 비용항목별로 계산하여 전체공사비를 산정하는 것이다.

2-3-2 자원기반적산방식

(1) 적산기준

자원에 대한 적산은 공사구분에 따라 재료, 인력, 장비 등의 공사비항목이 결정된다. 그러나 공정관리 전산시스템의 입력자료(input data)는 네트워크(network)와 관련되므로 공사구분은 활동을 기준으로 더 분할하지 않으면 안 된다. 활동은 네트워크에서 나타나는 작업단계와 직접적으로 관계가 있으므로 작업과업(work task) 수준까지도 구분하게 된다. 작업과업에 대하여 적산을 공사수량을 기준으로 하여 자재비, 노무비, 장비비, 경비(소모재료, 사소한 경비, 외주비, 하도급비)로 구분해서 자원소요량과 비용을 계산하고 작업기간을 시간단위, 또는 일단위로 산정한다. 그리고 비목별로 공사비 항목까지 집계해서 활동비용(activity cost)으로 산정 활용한다. 즉 공사비항목이 곧 네트워크를 구성하는 활동이 된다. 이러한 산정에는 편의상 표준품셈을 최대한 활용하고, 품셈의 적용이 적절하지 못한 외주비 등의 경우에는 견적이나 현장에서 입수할 수 있는 과거의 실행예산 내역을 참조할 수 있다.

〈표 2-2〉 단가내역 및 구조물 공사비 집계표(구조물 공사비 집계표)

공종코드 : 3413

공 종 명 : 교량구조물

공종코드	공종	금액	요 소 비 용				비고
			재료비	노무비	외주비	경비	
3413-7300	교대	651,120,000	141,503,600	178,728,000	2,500,000	328,388,400	
3413-7400	교각	624,041,200	134,918,000	173,983,000	2,453,000	312,647,000	
⋮	⋮	⋮	⋮	⋮	⋮	⋮	
	계	3,180,121,200	1,176,421,600	852,711,200	9,953,000	1,141,035,400	

공종코드 : 3413-7400

공 종 명 : 교　각

공종코드	공종	금액	요 소 비 용				비고
			재료비	노무비	외주비	경비	
3413-74A2	토공공사	221,120,000	1,503,600	21,728,000	0	184,356,000	
3143-74A6	구체공사	82,393,200	48,722,800	30,053,600	981,200	2,635,600	
		⋮	⋮	⋮	⋮	⋮	
	계	624,041,200	134,918,000	173,983,200	2,453,000	312,647,000	

공종코드 : 3413-74A6

공 종 명 : 구체공사

공종코드	공종	수량	단위	단가	금액	재료비		노무비		외주비		장비비	
						단가	금액	단가	금액	단가	금액	단가	금액
3413-74A 6-31212	철근조립	60	m^3	55,680	3,340,800	47,280	2,836,800	8,400	504,000	0	0	0	0
3413-74A 6-31410	콘크리트 타설	400	m^3	60,000	24,000,000	50,320	20,128,000	8,000	3,200,000	0	0	1,680	672,000
⋮	⋮	⋮	⋮	⋮	⋮	⋮	⋮	⋮	⋮	⋮	⋮	⋮	⋮
	계				82,393,000		48,722,800		30,053,600		981,200		2,635,600

단가내역표(일위대가표)

공종코드 : 3413-74A6-31410

공 종 명 : 콘크리트타설

단 위 : m^3 재료비 : 50,320원 노무비 : 8,000원 장비비 : 1,680원 총비용 : 60,000원

요소구분	항 목	규 격	수량	단위	단가	금액	비 고
재료비	콘크리트	f_{ck}=21MPa	1.03	m^3	48,000	49,440	손실 3%
	잡 재 료	양생시트, 벨트컨베어 등	1	식		880	
	소 계					50,320	
노무비	십 장		0.020	인	40,000	800	1/10(인부 2.0+운반공 1.0인)/15m^3/일
	보통인부		0.133	인	28,000	3,724	2.0인/일/15m^3/일
	운 반 공		0.067	인	36,000	2,412	1.0인/일/15m^3/일
	공구손료		1	식		1,064	
	소 계					8,000	
장비비	포커블컨베어	7m	1	식		1,440	2대×4월×15일/월×4,800원/일·대/m^3
	플레시블 바이브레이터	45mm	1	식		240	1대×4월×15일/월×1,600원/일·대/m^3
	소 계					1,680	
계						60,000	

(2) 적산의 요령

적산은 작업분할체계에 의해서 분할된 공사구분에 대한 수량집계로부터 시작되며, 그 절차는 다음과 같이 요약할 수 있다.

1) 수량집계

수량집계는 한 공사구분과 이것을 구성하는 모든 공종으로부터 기본적인 작업에 대한 수량을 계산하고, 성질을 기재하는 작업으로 도면에서 해당하는 공사구분과 공종구분에 대한 수량을 결정한다.

2) 자원소요량 적산

각 공사구분에 소요되는 재료, 인력, 장비 등의 자원소요량의 결정에는 원칙적으로 표준품셈을 기준으로 한다. 적산과정에서 가장 난점인 인력이나 장비에 대한 소요량은 각각 Man-Hour, 또는 Equipment-Hour로 나타내고 있다.

3) 작업기간 추정

작업기간은 인력이나 장비의 구성과 표준작업능률을 기준으로 하고, 공사구분의 공사수량에 대하여 시간단위, 또는 일단위로 결정할 수 있다. 인원의 구성은 서로 연계되는 작업과정에 대해서는 같은 기준을 적용할 수 있다.

4) 비용산정

비용은 자원소요량에 단가를 적용해서 결정되는 것이므로 노임과 장비사용료에 대한 단가는 공공부분공사에 대하여 발간된 정부고시단가를 기준으로 하고, 재료단가는 간행된 물가조정자료에서 입수할 수 있다. 비용은 각 작업구분에 대해서 1차적으로 산정하고 작업분할체계에 따라서 상위수준으로 집계해 최종단계에서 전체 직접공사비를 계산한다. 각 공사구분을 공정에 따라 구분하면, 활동과 일치하고 있으므로 활동을 기준으로 공사비를 집계하는 것이 활동비용이 된다. 최종적인 공사비산정에는 직접공사비에 간접공사비를 가산하여야 한다.

(3) 실적기반적산방식

자원을 고려하지 않고 거래 단위별로 소요되었던 비용을 기준으로 가격에 영향을 미칠 수 있는 물가상승, 시장동향 등의 제요인을 고려하여 공사비를 산정하는 방식이다. 따라서 이 방식을 위해서는 다량의 실적자료를 보유하며, 체계적인 관리가 중요한 의미를 갖게 되고 실적자료의 속성이 총공사비를 결정한다. 또한 공정의 경우에는 과거의 실적경험을 토대로 네트워크를 구성하는 활동들의 비용, 자원의 구성 그리고 공사기간이 결정된다(그림 2-16 참조).

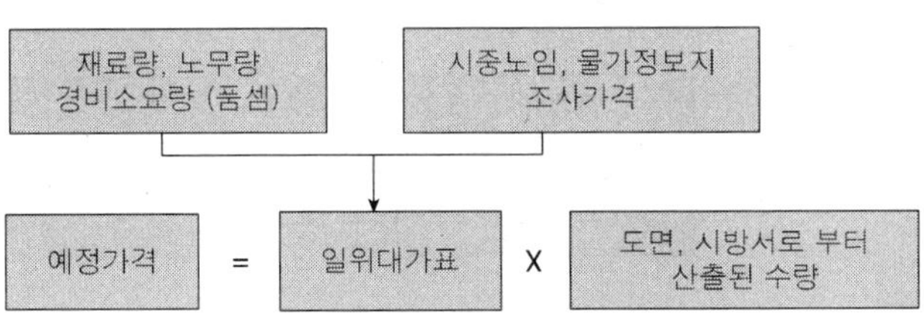

(a) 원가계산방식

(b) 실적공사비적산방식

〈그림 2-16〉 공사비적산방법

2-4 공정계획단계

2-4-1 개요

공정관리기법이란 공사를 구성하는 각 분야를 보다 세분화된 작업으로 분할하여 작업의 순서, 소요기간, 기타 제반 사항들을 네트워크 형태로 표시함으로써 일차적으로 주공정(critical path) 및 여유공정을 산출하여 중점관리 대상작업을 명확히 하고, 전체적인 작업일정을 세분화함으로써 공사기간지연의 사전예방, 공사기간단축 등의 효율적인 일정관리를 도모하기 위한 것이다.

또한 각 작업단위별로 소요자원을 산출하고 이를 일정과 연계시켜 적기에 각종 자원의 수급 및 유관 행정업무가 원활히 이루어지게 관리함으로써 공사수행 상의 제반 제약조건을 최대로 활용하여 불필요한 투자발생요인을 제거하는데 근본 목적이 있다.

그러므로 공정계획(schedule plan)은 크게 공사일정, 자원일정, 재무일정으로 구체화되고, 건설공사관리에서 가장 중요한 업무로 수급업체는 공정계획을 작성함에 있어 작업요건을 상세하게 검토하고, 기본작업을 어떤 방법과 순서로 진행할 것인가를 결정하고, 이 결과를 네트워크 도표 형식으로 나타내어야 한다(그림 2-17 참조).

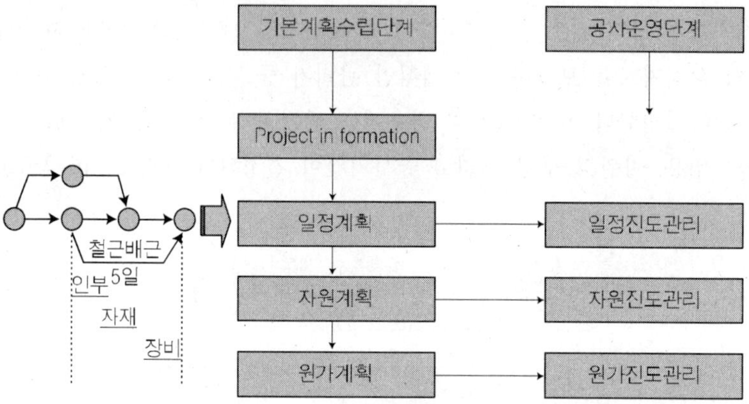

〈그림 2-17〉 공정관리의 기본목표

공정계획이 작성되면 계약서에 명시된 공사준공일이나 이정표(중간관리일정)에 대하여 일정을 검토하고, 이것과 일치하도록 하고 필요에 따라 주요작업에 대한 계획을 조정하여 공사기간을 단축시켜야 한다. 인력과 장비의 소요량은 여러 기본작업에 대하여 불균형이나 병행하는 수요가 최소가 되도록 조정한다. 이러한 검사를 걸쳐 수급업체에는 각 부분작업의 예정시작시점과 종료시점에 대한 일력일정을 세우게 된다. 이렇게 작성된 공사일정은 공사기간중 진도관리를 위한 기본이 되며, 필요하면 수정과 교정을 하게 된다.

2-4-2 공정관리기법 일반

(1) 네트워크에 의한 용어와 기호

〈표 2-3〉 네트워크에 의한 용어와 기호

번호	용 어	영 어	기 호	내 용
1	프 로 젝 트	project		네트워크에 표현하고자 하는 대상공사
2	공 정 표	network		작업의 순서관계를 →표와 ○표로 표현하는 망상도
3	진 도 계 획	planning of progress		프로젝트의 공정을 계획하는 일, 수순계획과 일정계획
4	수 순 계 획	planning		목표달성에 필요한 작업순서, 시간 및 자원 등을 정하는 계획
5	일 정 계 획	scheduling		지정공사기간과 소유자원의 제약하에 계획달성에 필요한 작업의 일정계획
6	활 동	job, activity		프로젝트를 구성하는 최소의 작업단위
7	더 미	dummy		화살표형 네트워크에서 정상표현으로 할 수 없는 작업상호관계를 표시하는 화살표
8	가 상 활 동	dummy activity		
9	결 합 점	node, event		화살표형 네트워크의 작업과 작업을 결합하는 점(개시점·종료점)
10	소요 공사기간	duration	D	작업을 수행하는데 필요한 시간
11	일 정 분 석	schedule analysis		네트워크상 소요시간을 기본으로 한 작업시간·결합점시간·여유시간 등을 계산하는 것
12	공정관리	progress control		프로젝트의 공정을 관리하는 것으로 계획과 실제를 비교 검토하고 필요한 조치를 하는것(진도관리)
13	공정도			네트워크에 의한 공정관리용의 도표
14	타임스케일 공정도			각 작업을 소요시간에 관계없이 표현한 공정도
15	비타임스케일 공정도			각 작업을 소요시간에 관계없이 표현한 공정도

16	작업, 활동	activity, job		전체 계획사업을 구성하는 하나 하나의 개별 단위작업을 표시하며, 시간과 자원을 필요로 한다.
17	선행작업	predecessor		전방에 있는 작업을 후방에 있는 작업에 대하여 선행작업 또는 전공정(前工程)이라고 한다.
18	후속작업			전방의 작업으로부터 후방의 작업을 볼 경우, 후속작업 도는 후공정(後工程)이라고 함
19	결합점, 단계	node, event		화살형 네트워크에 있어서 작업(혹은 더미)과 작업을 결합하는 점 및 프로젝트의 개시점 혹은 종료점
20	소요시간	duration	D	작업을 수행하는데 필요한 시간
21	시간견적			작업의 소요시간을 계산, 견적하는 것
22	3점 시간견적	three time estimates		신규작업이나 비반복계획에는 상당한 불확실성이 내포되어 있으므로 to, tm, tp에 의한 3점 시간견적을 행하고 그 분포를 추정하여 te와 σ^2을 구한다.
23	낙관치	optimistic time	to	만사가 보통상태보다 잘 진행될 때 그 작업을 완성시키는데 필요한 최소시간을 말한다.
24	정상시간	most likely time	tm	작업을 완료하는데 필요한 시간 중의 최량(最良) 추정치(최다 빈도값) 시간
25	비관치	pessimistic time	tp	천재지변이나 화재 등 예측하지 못했던 사고는 별도로 하고 만사가 뜻대로 되지 않았을 경우 그 작업을 완성시키는데 소요되는 시간을 말한다.
26	기대치	expected time	te	3점 시간추정을 평균하여 하나의 추정소요시간을 산출하게 되는데 이를 기대시간치라고 말하며, 이때 평균은 가중평균치(加重平均值)를 취한다.
27	분산(分散)	variance	σ^2	te에서 tm을 중요시 하나 분산에서는 tm에 관계없이 곡선(曲線)의 넓이를 구하고자 하는 것이기 때문에 tp와 to만이 관계되어 있다.
28	1점 시간견적	one time estimates		반복산업이나 경험이있는 사업 등에서는 1점 시간견적을 행하여 공사기간을 추정하는데 이때 te는 3점 시간견적시의 tm이 된다.
29	일정계산 (시간계산)	schedule calculation (time calculation)		네트워크상에서 소요시간을 기본으로 작업시각, 결합점시각, 공사기간, 플로우트 등을 계산하는 것을 말한다.
30	조기시작시각	earliest start time	EST	작업을 시작하는 가장 빠른 시각
31	조기종료시각	earliest finish time	EFT	작업을 끝낼 수 있는 가장 빠른 시각
32	만기시작시각	latest start time	LST	공사기간에 영향이 없는 범위에서 작업을 가장 늦게 개시해도 좋은 시각

33	만기종료시각	latest finish time	LFT	공사기간에 영향이 없는 범위에서 작업을 가장 늦게 종료해도 좋은 시각
34	결합점시각	node time		화살표형 네트워크에서 시간계산이 된 결합점 시각
35	가장 빠른 결합점시각	earliest node time	ET	최초의 결합점에서 대상의 결합점에 이르는 경로 중 가장 긴 경로를 통하여 가장 빨리 도달되는 결합점 시각
36	가장 늦은 결합점시각	latest node time	LT	임의의 결합점에서 최종 결합점에 이르는 경로 중 시간적으로 가장 긴 경로를 통과하여 종료 시각에 될 수 있는 개시시각
37	지정공사기간	milestone	To	계산상 미리 지정된 공사기간
38	계산공사기간		T	네트워크의 시간계산으로 구한 공사기간 -지정공사기간이 계산공사기간보다 큰 경우 (To>T) -지정공사기간이 계산공사기간과 동일할 경우(To=T) -지정공사기간이 계산공사기간보다 작은 경우(To<T)
39	주 공 정	critical path	CP	개시결합점에서 종료결합점에 이르는 가장 긴 패스
40	여 유	float		작업의 여유시간
41	총 여 유	total float	TF	가장 빠른 개시시간에 시작하여 가장 늦은 종료시각으로 완료할 때 생기는 여유시간
42	자 유 여 유	free float	FF	가장 빠른 개시시간에 시작하여 후속하는 활동도 가장 빠른 개시시간에 시작하여도 존재하는 여유시간
43	간 섭 여 유	dependent float	DF	후속활동 EST에 영향을 미치는 여유 따라서 후속작업의 TF에 영향되는 여유시간
44	시 피 엠	critical path method	CPM	크리티칼 패스법, 1점 견적, 경험있는 공사
45	퍼 트	program evaluation and review technique	PERT	3점 견적, 신규사업공사, 경험이 없는 공사
46	피 디 엠	precedence diagramming method	PDM	1점 시간, 중첩반복공사
47	자원배당	resource allocation		프로젝트를 수행하는데 필요한 인력, 자금, 설비, 자재 등의 제반 자원을 효과적으로 할당하는 계획

48	직접비	direct cost		공사에 직접 소요되는 비용을 말하며 이 비용에는 재료비, 노무비, 기계경비 등이 포함되며, 공사기간의 단축과 반비례하여 증가한다.
49	간접비	indirect cost		공사의 개별작업에 직접적인 관계를 가진 것이 아니고, 전 프로젝트에 수행에 관련되어 발생하는 비용을 말하며 이 비용에는 현장관리인 인건비, 현장사무실의 임차료, 설비공급비, 사무비, 사무장비의 임차료, 관리비, 시설감가상각비 등의 현장경비와 일반관리비가 포함되며, 공사기간이 지연되면 이와 비례하여 증가한다.
50	총공사비	total cost	TC	직접비와 간접비의 총합이며, 이 비용은 공사기간-비용도표에 표시하는 것이 편리하며, 어떤 시점의 총공사비는 그 시점에서의 두 개 곡선의 합계로 된다.
51	정상(正常) 공사기간	normal duration (혹은 time)		보통상태로 어떤 공사를 진행할 경우의 소요공사기간을 말하며 CPM의 시간견적은 이 시간견적에 의하여 수립된다.
52	정상비용	normal cost		정상공사기간으로 작업을 진행할 경우의 비용으로 직접자재비, 장비비 및 직접인건비 등 직접비가 포함된다.
53	급속(특급) 공사기간	crash duration (혹은 time)		소요공사기간을 단축가능한 한계까지 단축한 공사기간
54	급속(특급) 비용	crash cost		급속공사기간으로 작업을 진행할 때 소요되는 직접비
55	비용경사	cost slope		시간단위를 일수(日數)로 하여, 1일당 그 작업을 단축하는데 소요되는 비용(직접비)의 증가액
56	공사기간단축	minimum cost expediting	MCX	최소비용, 최적 공사기간단축을 말하며, 단축요령은 ① 주공정의 발견 ② 주공정상에서 비용경사가 최소인 작업발견 ③ 비용경사가 최소인 작업 또는 작업의 조를 단축 ④ 일정계획의 재수립으로 된다.

(2) 공정관리기법

1) 막대도표기법

막대도표(bar chart)기법은 공사의 시작과 종류를 횡선의 막대길이로서 소요시간에 대응시켜 단순하게 작성한 그래프를 의미한다. 이 막대도표의 특징은 막대에 의한 진도관리를 하며, 작업의 선후관계가 불명확하고, 공사기간에 영향을 주는 작업의 발견이 어려워 중점관리가 곤란하다. 또한 작업의 순서나 일정에 관한 계획변경에 대처하기 힘들고, 이러한 문제점에 대한 사전 예측이 어려워 통제기능이 미약하다. 그리고 자원 및 진도관리의 기능이 부족해서 최적안의 선택이 불가능한 반면에 이해하기가 용이하다.

2) 이정표

① 이정표(milestone)는 공사를 시행하는데 중요하다고 지정된 참고시점을 말하며, 이정표로 지정된 경유점은 발주자가 공사계약에서 어느 부분의 공사에 대하여 요구한 준공목표일일 수도 있고, 시공자가 설정한 공사운영의 목표일일 수도 있다.

② 대규모공사에서는 시공자가 공사기간동안에 여러 개의 이정표를 설정하여 공사이행을 감시하는 시점으로 활용한다.

③ 이정표를 잘 활용하면 모든 활동의 정보를 상세히 검색하지 않더라도 개괄적인 공정현황의 파악이 가능하므로 요약한 형태의 보고서를 대신할 수도 있다.

④ 그림 2-18에서 1교대, 2교대, 3교대 콘크리트타설 종료시점에 준공목표일을 지정한 형태이다.

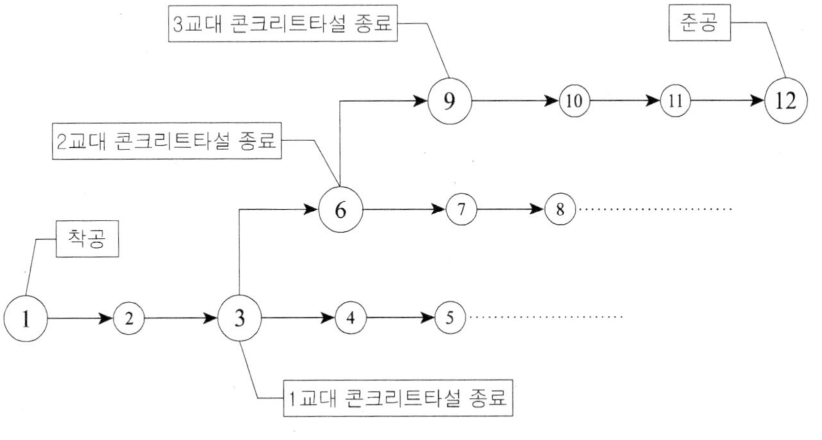

〈그림 2-18〉 이정표지정 네트워크

3) CPM기법

CPM(critical path method)기법은 네트워크에 의한 종합관리로 1957년 미국 듀폰(dupont)사에서 개발하여 플랜트공사에 채택하였으며, 이 기법은 경험 있는 사업에 적용되므로 주어진 공사기간 내에 100% 공사가 종료될 수 있다는 것을 전제로 공사를 수행하게 된다. 즉 아파트공사 중 골조공사에 경험을 가진 현장소장이라면 인부, 자재, 장비를 얼마만큼 투입해서 며칠을 요할 것인가 하는 문제는 누구나 알 수 있을 것이다. 이 기법의 특징은 주공정선작업을 통한 중점관리가 가능하며, 주공정 및 여유공정을 파악하여 수시로 일정변경이 가능하고 작업의 선후관계가 분명하다. 또한 정확한 일정 및 자원배당에 따라 공사통제가 가능하고, 자원 및 진도관리의 기능이 강하므로 비용과 관련된 최적안의 선택이 가능하다. 반면에 이 기법을 이해하기 위해서는 많은 교육이 필요하다.

4) PDM기법

PDM(precedence diagramming method)기법은 네트워크에 의한 종합관리로서 각 작업을 사각형으로 표시하고, 화살표는 작업의 선후관계만을 표시한다. 이 기법은 중첩반복공사에 주로 적용되며, 건설공사의 특성을 충분히 반영한 기법이라 할 수 있다. 예로서 3개의 작업구간으로 구성된 굴착공사가 진행될 때, 실제 현장에서 1구간 굴착이 완전히 종료되고, 2구간 굴착이 수행되는 과정에서 용지보상이나 지하의 큰 전석으로 인해 공사가 중지되었을 때, 용지보상 문제 해결이나 전석을 제거할 때까지 대기상태에 있지 않고, 3구간 굴착을 계속함으로써 공사를 시행하게 된다. 따라서 이론적으로 CPM기법에서는 선행활동이 종료되지 않고서, 후속활동에 착수할 수 없으므로 이론과 실제사이에 모순이 발생하게 된다. 그러나 PDM기법은 이들 굴착구간 1,

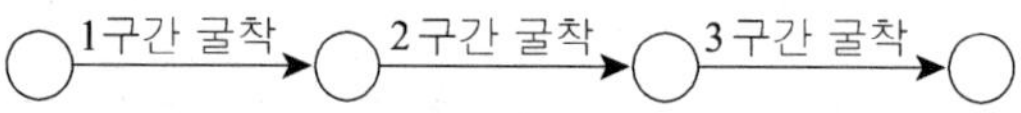

(a) CPM 기법

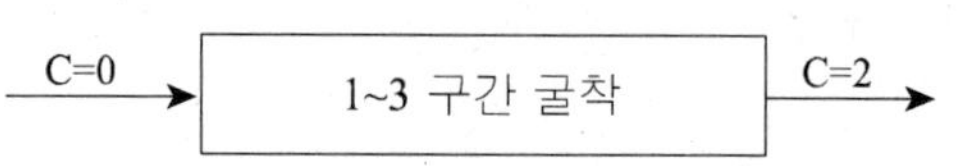

(b) PDM 기법

〈그림 2-19〉 CPM기법과 PDM기법의 비교

2, 3을 하나의 활동으로 간주하여 수행함으로써 작업의 선후관계에 영향을 미치지는 않는다. 이와 같은 부분들이 건설공사의 특성을 반영한 예라 할 수 있다. 이 기법도 CPM기법과 같이 주어진 공사기간에서 100% 공사가 종료될 수 있다는 것을 전제로 수행하게 된다.

또한 FS(Finsih-to-Start), SS(Start-to-Start), FF(Finish-to-Finish), SF(Start-to-Finish) 네 가지의 다양한 작업관계의 표기로서 각 작업의 지연시간을 나타낸다(그림 2-19 참조).

5) PERT기법

PERT(program evaluation & review technique)기법은 네트워크에 의한 종합관리로서 1958년 미국 해군 군수국의 폴라리스 함대 탄도미사일 계획과정에서 개발하였다. 이 기법은 주로 신규사업이나 경험이 없는 사업에 적용되므로 주어진 공사기간 내에 종료될 확률이 50%, 종료되지 않을 확률이 50%의 의미를 가지고 있다. 이 기법은 일정만을 계획하고 관리하는 기법이다.

6) 자원배당기법(resource allocation)

① 자원소요량과 투입가능한 자원량의 상호조정을 통한 자원의 효율화 및 비용의 최소화를 위한 기법이다.
② 자원동원 가능수준을 고려한 일정의 재산정이 수행된다.

7) PERT/COST

① PERT관리기법에 인부수나 원가관리로 확장한 것이다.
② 계획과 통제 측면에서 (단가×물량) 개념의 비용관리기능을 의미한다.

8) COST/WBS Intergration

① 공사의 책임수준이 높은 단계에서 낮은 단계로 계층적으로 분해해 놓은 것이다.
② 공사의 각 단계별로 작업단위와 공사 전체와의 관계를 용이하게 식별할 수 있다.

9) Cost and Schedule Intergration

① 일정관리, 예산관리, 자원배당 등의 문제를 통합적으로 관리하는 기법이다.

(2) 네트워크기법의 비교

간트도표와 PERT/CPM 그리고 PDM과의 비교한 것이 표 2-4이고, PERT, CPM 그리고 PDM기법의 특징들을 비교한 것이 표 2-5이다.

〈표 2-4〉 간트도표와 PERT, CPM, PDM 비교

구 분	간 트 도 표	PERT/CPM/PDM
형 태	막대에 의한 진도관리	네트워크에 의한 종합관리
작업선후관계	불명확	명확
중 점 관 리	공사기간에 영향을 주는 작업의 발견이 어려움	주공정(critical path)선의 작업을 중점관리
적 응 성	작업의 순서나 일정에 관한 계획변경에 손쉽게 대처하기 힘들다.	주공정 및 여유공정을 파악, 수시로 일정변경이 가능하다.
예 측 기 능	문제점의 사전예측이 어렵다.	정확한 일정 및 자원배당에 의하여 사전 예측이 가능하다.
통 제 기 능	통제기능이 미약하다.	주공정과 여유공정에 의하여 공사통제 가능
이 해 도	이해하기가 용이하다.	이해하기 위해 교육이 필요하다.
기 타	자원 및 진도관리의 기능이 부족해서 최적안 선택이 불가능하다.	자원 및 진도관리의 기능이 강하므로 비용과 관련된 최적안 선택이 가능하다.

〈표 2-5〉 PERT와 CPM, PDM의 비교

구 분	PERT	CPM	PDM
주 목 적	공사기간단축	원가절감	좌동
대상프로젝트	신규사업, 비 반복사업	경험있는 사업	중첩 반복사업
시 간 추 정	3점 시간추정	1점 시간추정	좌동
일 정 계 산	Event 중심의 일정계산	Activity 중심의 일정계산	좌동
주 공 정	TL−TE=0	TF=FF=0	좌동
최 소 비 용	이론 없음	CPM의 핵심이론	좌동

범례 : 3점 시간추정 $t_e = t_o + 4t_m + t_p/6$

여기서 t_e : 기대치, t_o : 낙관치, t_m : 최빈치, t_p : 비관치

(3) 네트워크 작성상의 원칙

1) 네트워크의 기본원칙

① 공정원칙

모든 공정은 각각 독립된 공정으로 간주 또한 모든 공정은 반드시 수행되어야만 공사가

완료될 수 있다는 원칙이다.

② 단계원칙

어떤 단계로 연결된 모든 작업이 완수될 때까지 그 단계에서 후속되는 모든 작업은 그 시점에서 발생할 수 없다는 원칙이다.

③ 활동원칙

모든 작업활동과 각 작업의 논리적 순서관계와 유기적 연관관계를 확보하기 위하여 필요한 명목상작업까지도 포함하여 작업간의 관계로서 이루어지게 된다는 원칙이다.

④ 연결원칙

각 단계는 작업들간의 관계로써 네트워크가 모두 연결되어 있어야 한다는 원칙

2) 네트워크 작성상의 일반원칙

① 역진 혹은 우회 고선을 사용하지 말 것
② 가능한한 요소작업상호간의 교차를 피할 것
③ 무의미한 명목상작업(dummy)을 피할 것
④ 알아보기 쉽고, 자료를 기입하기 편리하게 그릴 것

2-4-3 네트워크기법의 표현체계

(1) CPM기법

1) CPM기법의 구성요소

① 단계(결합점, event, node)

작업과 작업간을 연결하는 단계를 의미한다(그림 2－20 참조).

㉠ 작업의 시작이나 완료시점
㉡ 다른 작업과의 연결시점
㉢ 주목할 만한 상태의 시점
㉣ 시간이나 자원을 필요로 하지 않음
㉤ 동그라미(원 : ○)로 표시

① ——→ ② ——→ ③

그림 2-20 단계

② 요소작업(활동, activity)

공사를 구성하는 단위로서의 작업을 의미한다(그림 2－21 참조).

㉠ 전체공사를 구성하는 개별단위작업

㉡ 시간, 자원 등의 요소가 필요

㉢ 화살선(→)으로 표시

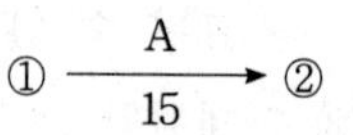

〈그림 2-21〉 요소작업

③ 명목작업(dummy activity)

작업상호간의 연결관계만을 나타내는 명목상작업활동을 의미한다(그림 2-22 참조).

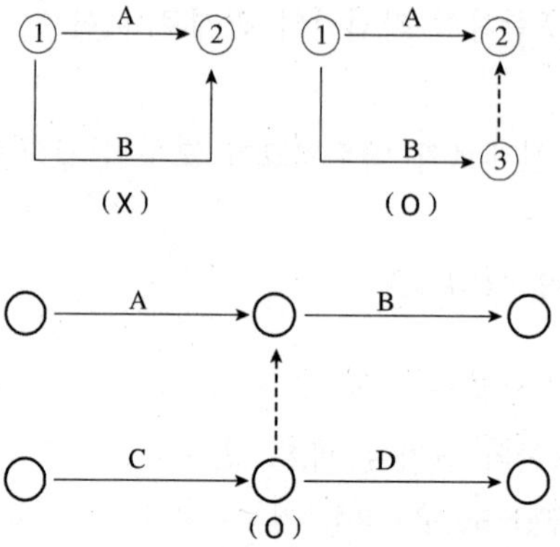

〈그림 2 - 22〉 명목작업

㉠ 작업활동 및 기간 등이 없이 작업의 상호관계만을 연결

㉡ 소요시간은 0(zero)이다.

㉢ 점선 화살선(┄┄→)으로 표시

㉣ Numbering Dummy : 논리와는 관계없이 작업중복을 피하기 위한 Dummy

㉤ Logical Dummy : 작업의 선후관계를 규정하기 위한 명목상작업

2-4-4 CPM기법의 도식방법

(1) ①과 ② Event 사이에 A, B활동이 존재하는 경우의 표시 요령

3가지의 방법이 있으며, 첫 번째의 것은 네트워크기법의 규칙상 동일 Event에서 시작하여 동일 Event로 끝내는 작업은 하나밖에 없다는 규칙에 어긋나므로 바람직하지 못하다. 이런 경우 Dummy를 사용하게 된다.

따라서 각 작업의 소요일수가 주어지지 않은 경우나 두 번째와 세 번째 모두 맞는 표기이나 소요일수가 주어지는 경우에는 작업소요일수가 작은 쪽의 작업의 후반부에 Dummy를 두는 것이 바람직하다. 예로 A가 3일, B가 5일로 주어졌다면 세 번째의 방법이 가장 바람직한 표시 요령이다(그림 2－23 참조).

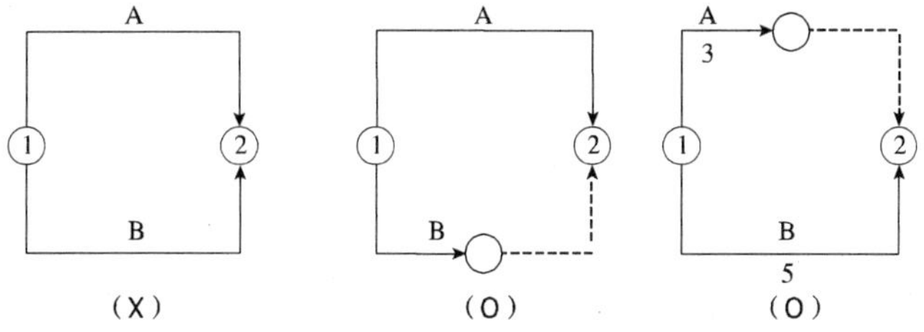

〈그림 2-23〉

(2) ①과 ② Event 사이에 A, B, C활동이 존재하는 경우의 표시 요령

공사기간이 주어지지 않은 경우에는 2, 3, 4번째 모두 맞는 표기이나 공사기간이 주어지면 공사기간이 짧은 두 작업에 Dummy를 두는 것이 바람직하다(그림 2－24 참조).

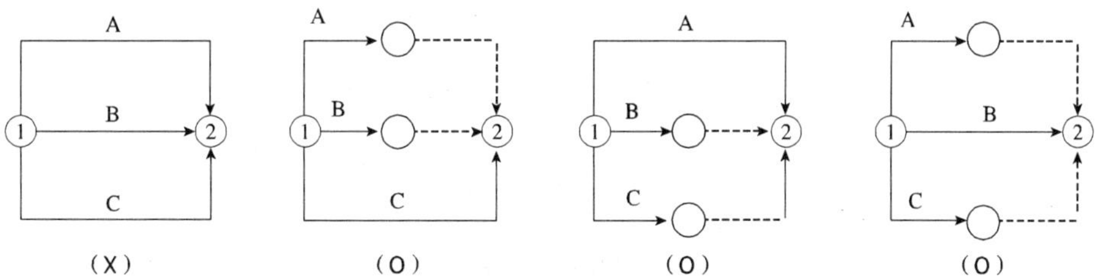

〈그림 2-24〉

(3) A활동의 후속작업이 B, C활동일 때의 표시 요령

이 경우는 각 작업들의 개시와 종료 Event에 대한 언급이 없으므로 Dummy가 나오지 않는다. 이런 경우의 작업을 동시발생이라고 한다(그림 2－25 참조).

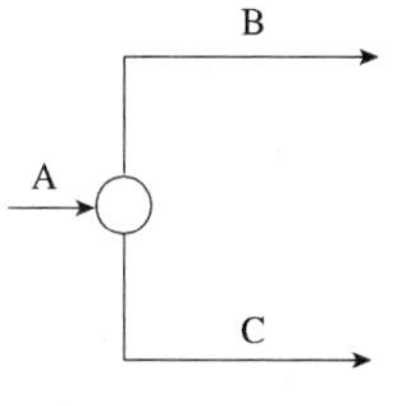

〈그림 2-25〉

(4) A, B활동의 후속작업이 C활동일 때의 표시 요령

A, B활동이 동시에 완료되고, C활동이 후속하는 경우에 표현하는 방법이다(그림 2-26 참조).

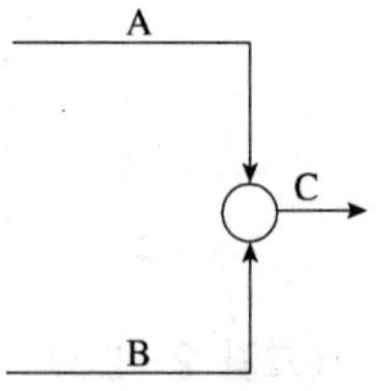

〈그림 2-26〉

(5) A, B활동의 후속작업이 C, D 동일 때의 표시 요령

C, D 작업은 A의 후속작업과 동시에 B의 후속작업이라는 뜻이다. 동시완료, 동시발생이 같이 이루어진 경우에 속한다(그림 2-27 참조).

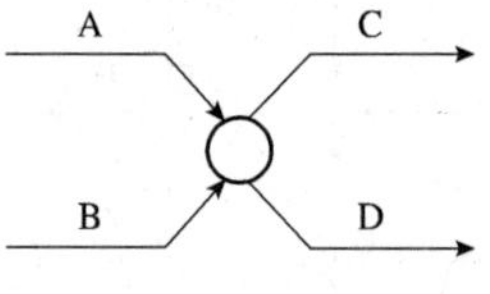

〈그림 2-27〉

(6) A활동의 후속작업이 C이고, B활동의 후속작업이 C, D작업일 때의 표시 요령

설명 그대로 표시해보면 아래 그림과 같다. 그러나 C라는 작업이 두 개 있을 수 없으므로 둘 중 한 개의 C를 제거해줘야 하는데 이런 경우는 후속작업의 수가 많은 작업의 것을 제거하고 Dummy를 주는 것이 맞는 표기이다(그림 2-28 참조).

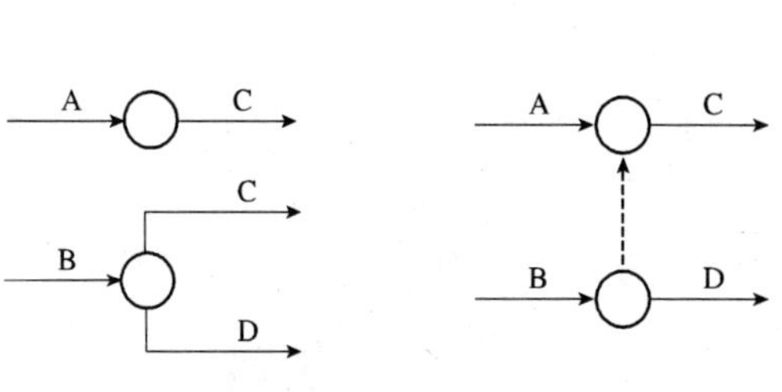

〈그림 2-28〉

(7) A활동의 후속작업이 C작업, A, B작업의 후속작업이 D작업일 때의 표시 요령

위의 말을 다시 바꾸어보면 A작업의 후속작업이 C, D작업이고, B작업의 후속작업이 D작업이라는 말과 같다. 여기서 주의해야 할 사항은 Dummy의 화살표 방향에 유의하여야 한다(그림 2-29 참조).

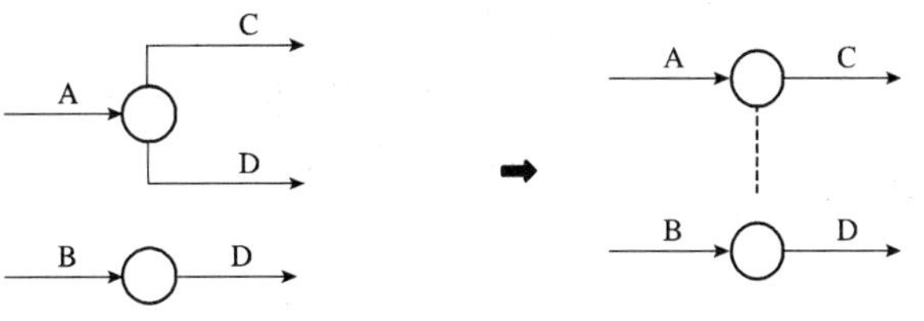

〈그림 2-29〉

(8) A작업의 후속작업이 C, D 업, B작업의 후속작업이 D, E작업일 때의 표시 요령

이 경우 D작업이 두 개가 그려지는데 두 개가 존재할 수 없으므로 한 개의 D를 제거해야 하는데, 이 경우에는 후속작업의 수가 각각 2개로 어느 한 쪽만을 제거하기가 곤란하다. 이런 경우에는 두 개를 모두 제거하고 새롭게 D라는 작업을 표시하고 각각 Dummy를 준다(그림 2-30 참조).

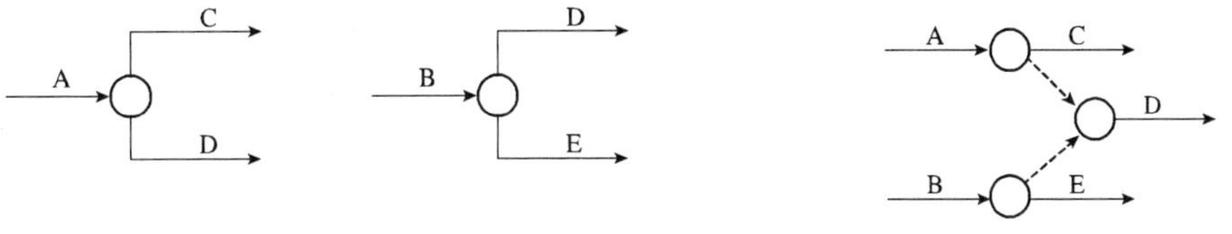

〈그림 2-30〉

(9) A작업의 후속작업이 C, D, E작업이고, B작업의 후속작업이 D, E작업일 때의 표시 요령

이 경우 D, E작업이 중복되는데 A작업이 후속작업의 수가 많으므로 A에서 제거해 준다. 여기서는 Dummy가 하나밖에 생기지 않는데 유의해서 살펴보자. 이를 다시 정리해보면 Dummy가 1개라도 작업상호관계의 표현에는 지장이 없음을 알 수 있다(그림 2-31 참조).

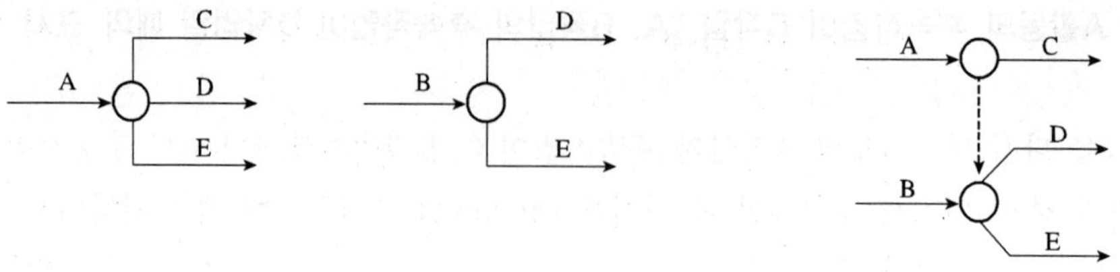

〈그림 2-31〉

(10) A작업의 후속작업이 D, E, F작업이고, B작업이 후속작업이 E, F작업이며, C작업의 후속작업이 F작업일 때의 표시 요령

이 경우 세 가지 작업의 후속작업들이 중복되는데, 두 개씩 후속작업을 비교해서 제거한다. A, B작업을 비교하면 A의 후속작업 수가 많으므로 A의 E, F작업을 제거하고, B, C작업을 비교하면 B의 후속작업 수가 많으므로 B, F를 제거한다. A, C작업을 비교하면 역시 A의 후속작업 수가 많으므로 A의 후속작업 F작업이 제거된다(그림 2-32 참조).

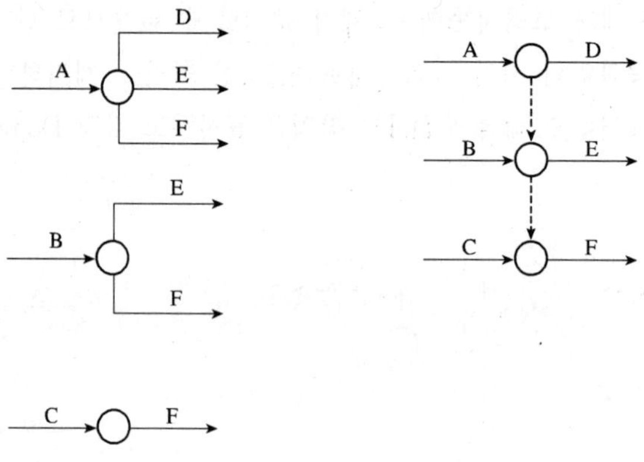

〈그림 2-32〉

위에서 설명한 10가지 표시요령을 완벽히 이해하여야만 하나의 완성된 네트워크를 작성할 수 있으므로 반복학습하여야 한다.

2-4-5 CPM기법의 공정방법

이 기법은 어느 활동에 선행하는 활동이 모두 종료되었을 때, 시작할 수 있다는 것을 전제로 하며, 네트워크는 화살표시(activity－on－arrow)나 마디표시(activity－on－node)로 작성할 수 있다. 화살표시의 네트워크는 도화상의 간략성은 있으나, 많은 작업에서 나타나는 반복·중첩공정을 나타내기 위해서는 한 작업을 많은 활동으로 세분해야 하므로 활동의 수가 많아지고, 그 결과로 네트워크가 매우 복잡하게 되는 결점이 있으며, 어떤 공정은 불가능하다.

건설공사에서 많은 작업은 부분적으로 반복, 중첩공정으로 진행되고 있다. 이러한 예는 구간에 따라 같은 활동이 반복되는 고층건축공사, 연장이 긴 관로매설공사 등에서 볼 수 있다. 그림 2－33은 조적작업 4개 층에서 반복해서 진행되고, 각 층에서 조적이 종료된 후에 이어서 미장작업이 각 층에서 반복해서 진행되며, 미장이 모두 완료된 후에 도장이 시작된다.

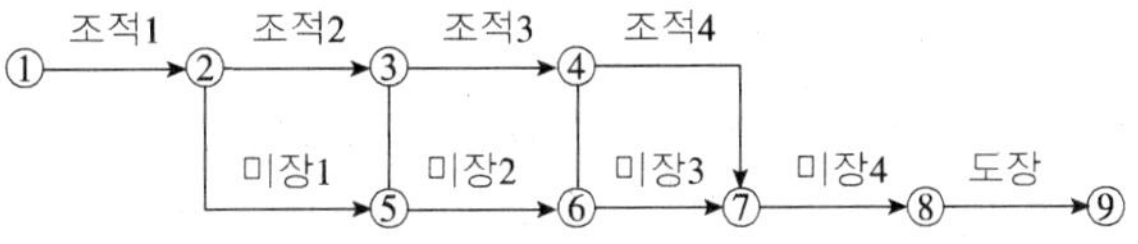

〈그림 2－33〉 CPM 네트워크기법

일반적으로 시공공정은 여러 작업이 한 작업역(work face)에서 제약조건에 따라 부여된 순서(job logic)로 수행되거나, 작업역을 이동하면서 같은 작업이 순서대로 수행될 수 있다. 여기서 한 작업역에서 수행되는 각 작업을 편의상 요소작업(elementary operation or elementary job)이라고 하고, 작업역을 이동하면서 수행되는 작업내용이 같은 요소작업을 집합해서 개별작업(individual operation or individual job)이라고 구별해서 지칭하기로 한다.

즉 M개의 요소작업으로 된 시공공정이 N개의 작업역에서 반복해서 진행될 때, 각 요소작업

〈표 2－7〉 반복공정의 활동일람

건축공사의 층별 골조공사	토목공사의 상수도 관로매설공사	활동작업수
벽 거 푸 집	측량·철거	$A1=(A1,\ n)$
벽 철 근	굴착 및 관배열	$A2=(A2,\ n)$
슬 래 브 거 푸 집	관설치	$A3=(A3,\ n)$
슬 래 브 철 근	수압시험	$A4=(A4,\ n)$
콘 크 리 트 타 설	되메우기	$A5=(A5,\ n)$
양 생	현장검사	$A6=(A6,\ n)$

을 $A_{m \cdot n}$(1≤m≤M, 1≤n≤N)으로 나타내면, 작업역 n에서 수행되는 시공공정은 단순시공 공정일 경우 $A_{1 \cdot n}$, $A_{2 \cdot n}$, $A_{3 \cdot n}$, …, $A_{m \cdot n}$의 순서로 진행되며, 같은 요소작업을 수행하는 해당 작업반은 작업역을 따라서 $A_{m \cdot 1}$, $A_{m \cdot 2}$, $A_{m \cdot 3}$, …, $A_{m \cdot N}$의 순서로 반복해서 작업을 수행하게 된다. 이것은 단순공정으로 수행되는 수평반복공정의 경우이며, 작업구간을 이동하면서 진행되는 건축공사인 층별 골조공사나 토목공사인 상수도 관로매설공사에서 볼 수 있는 예이다.

건축공사의 층별 골조공사는 벽거푸집, 벽철근, 슬래브거푸집, 슬래브철근, 콘크리트타설, 양

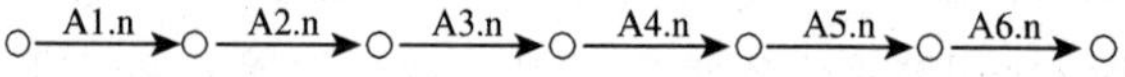

(a) 단순기본 공정도

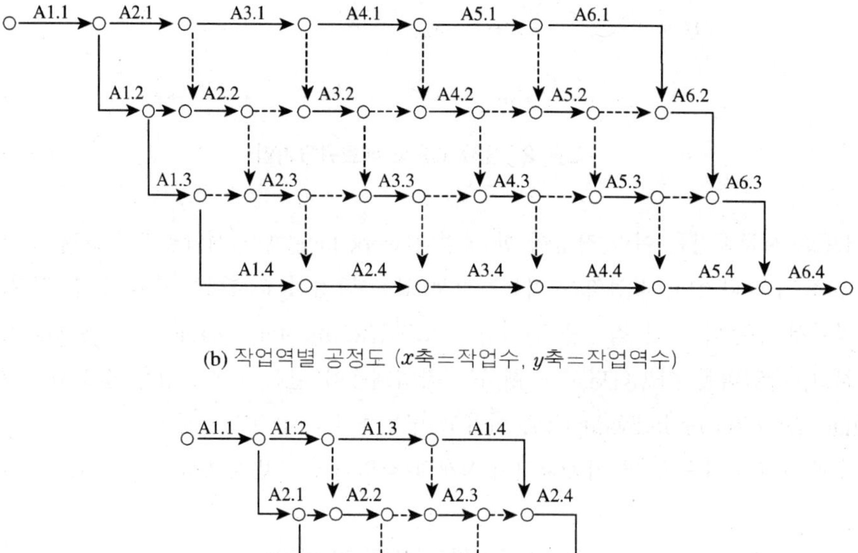

(b) 작업역별 공정도 (x축=작업수, y축=작업역수)

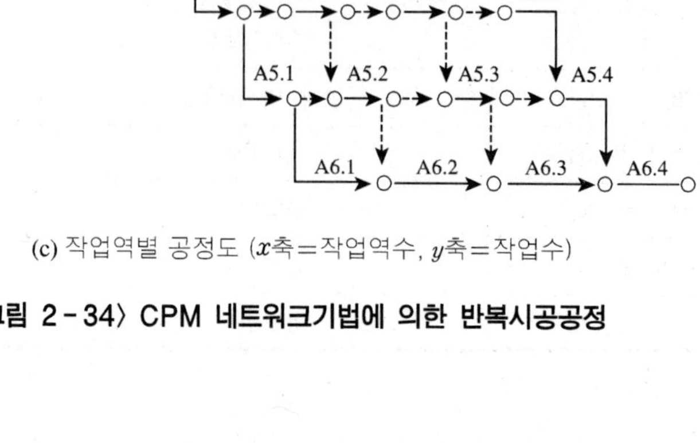

(c) 작업역별 공정도 (x축=작업역수, y축=작업수)

〈그림 2-34〉 CPM 네트워크기법에 의한 반복시공공정

생 순으로 진행되고, 토목공사인 상수도 관로매설공사는 측량·철거, 굴착 및 관배열, 관설치, 수압시험, 되메우기, 현장검사 등의 6개 요소작업을 순서대로 수행하는 단순공정이므로 이러한 공정이 4의 작업구간을 따라 반복해 진행된다고 하면, 작업수 M=6 그리고 작업역수 N=4 경우가 된다. 이러한 반복공정을 화살표시로 나타내면 그림 2-34와 같다.

그림 2-34에서 보는 바와 같이, 작업내용이 같은 요소작업은 작업역에 따라 단계적으로 수행되고, 한 작업역에서 선행하는 요소작업이 종료되었을 때 후속하는 요소작업이 시작되어야 하는 단순시공공정의 제약조건을 작업간에 연결된 점선 화살표시의 더미로 나타내고 있다.

2-4-6 CPM기법의 일정분석

공정의 순서를 표현한 네트워크를 구성하는 활동의 공사기간 그리고 활동하위 종속물량이 정해지면, 계약에서 명시된 공사준공일이나 이정표에 대하여 일정을 검토하고, 이것과 일치하도록 필요하면 주요작업에 대한 계획을 조정하고, 공사기간을 단축시켜야 한다. 인력과 장비의 소요량은 여러 기본작업에 대하여 불균형이나 병행하는 수요가 최소가 되도록 조정하여야 한다. 이러한 검사를 거쳐 시공자는 각 부분 작업의 예정시작시점과 예정종료시점에 대한 일력일정(calendar date)을 세우게 된다. 이렇게 작성된 공사계획일정은 공사일정, 자원일정, 재무일정으로 구체화된다.

(1) PCM 네트워크기법

공정분석은 일차적으로 각 요소작업, 또는 개별작업의 시작시간(start time)과 종료시간(finish time)을 결정하는 것이며, 여기에는 두 가지 다른 시간 개념이 있다. 하나는 모든 작업이 제약조건에 따라 시작할 수 있는 시점에서 시작해서 종료하는 시간을 나타내는 조기시간(earliest time)과 모든 작업을 제약조건에 따라 가장 늦추어서 시작해서 종료하는 시간을 나타내는 만기시간(latest time)이 있다. 이러한 작업은 CPM 관행에 따라 기호로 나타내면 다음과 같다.

① EST : 조기시작시간(earliest start time)
② LST : 만기시작시간(latest start time)
③ EFT : 조기종료시간(earliest finish time)
④ LFT : 만기종료시간(latest finish time)
⑤ TF : 총여유시간(total float time)

여기서 조기시간은 전진계산에 의해서 결정되며, 만기시간은 후진계산에 의해서 결정할 수 있다. 위에서 전진계산은 예정착공시점을 시작시점으로 하여 진행되고, 후진계산은 공사의 예정준공시점, 또는 전진계산에서 구해진 최종준공시점을 기점으로 하고 있다.

1) 전진계산(forward computation)

$$EFT_{ki} = EST_{ki} + D_{ki} \quad k = m,\ n,\ l$$
$$TF_i = {}_{\max}[EFT_{ki}]$$
$$EST_{ij} = TF_i \tag{2-1}$$

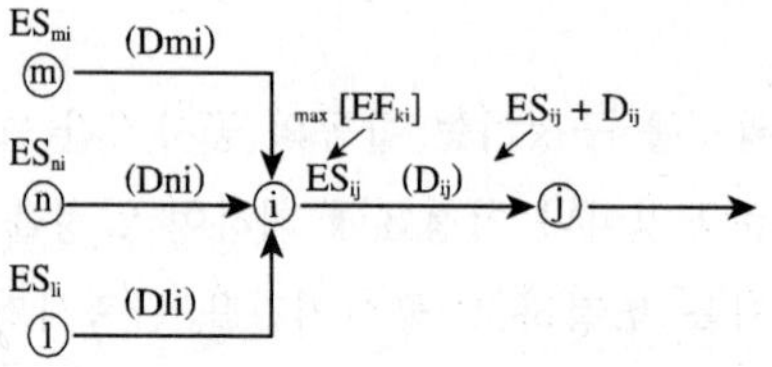

〈그림 2-35〉 전진계산 활동

2) 후진계산(backward computation)

$$LST_{jk} = LFT_{jk} - D_{jk} \quad k = m,\ n,\ l$$
$$TF_j = {}_{\min}[LST_{jk}]$$
$$LFT_{ij} = TF_j \tag{2-2}$$

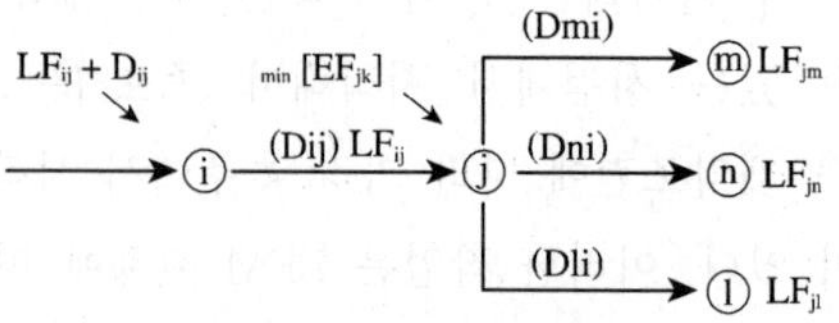

〈그림 2-36〉 후진계산 활동

일례로, 도로공사의 CPM기법을 상기계산식에 따라 수행하여 산출한 결과는 그림 2-37과 같다.

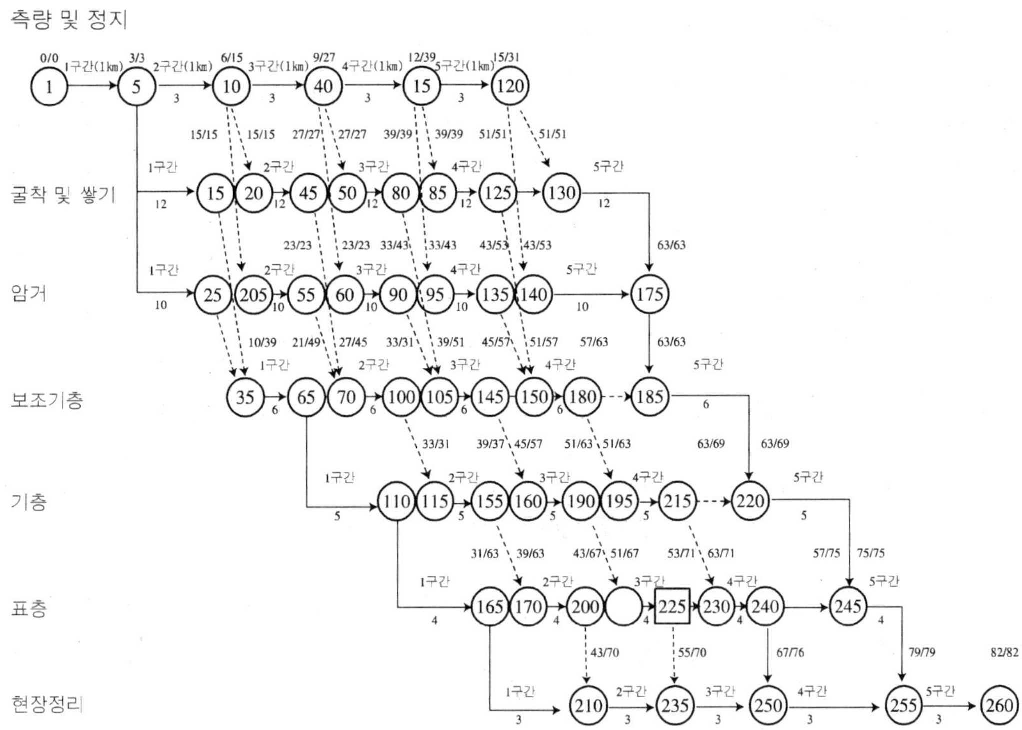

〈그림 2-37〉 도로공사의 CPM기법의 결과

3) 여유시간

한 공사의 각 활동은 조기시작시간과 만기종료시간 사이에 종료되어야 한다. 활동이 이러한 관계 내에서 완료된다면 공사는 예정준공시간 내에 종료하게 된다. 이들 두 한계시점의 차이가 한 활동에 소요되는 시간을 초과하면, 그 활동의 시작 전이나 종료 후에 여유시간이 있게 된다. 이것을 여유시간(float time)이라고 한다.

한 활동의 조기시작시간과 만기시작시간 사이의 시간차를 시작여유시간(start float)이라고 하고, 활동의 조기종료시간과 만기종료시간 사이의 시간차를 종료여유시간(finish float)이라고 한다.

$$\text{시작여유시간(start float)} = \text{만기시작시간} - \text{조기시작시간} \quad (2-3)$$

$$\text{종료여유시간(finish float)} = \text{만기종료시간} - \text{조기종료시간} \quad (2-4)$$

한 활동에는 이들 두 종류의 여유시간이 관련되고 있다. 즉 CPM 네트워크에서는 시작여유시간은 종료여유시간과 같다. 또한 시작여유시간과 종료여유시간은 경유점시간 사이의 차는 아니고 활동시간 사이의 차라는 것을 알 수 있다.

① 총여유시간(total float, TF)

여러 활동시간 중에서 가장 중요한 것으로 이것은 한 활동이 공사의 예정준공일자를 연장시키지 않고 지연될 수 있는 여유시간이다. 따라서 심각한 지연은 공사의 예정준공에 지장이 없는 지연과는 구별할 수 있다. 총여유시간은 한 활동의 만기종료시간에서 그 활동의 조기시작시간을 감하고, 다시 활동기간을 감한 것이 된다.

총여유시간(Total Float, TF) =

만기종료시간(LFT) − (조기시작시간(EST) + 활동기간(D)) (2−5)

다음 식에서 보는 바와 같이 총여유시간은 시작여유시간이나 종료여유시간일 수 있다.

$$\mathrm{TF} = (\mathrm{LFT} - \mathrm{D}) - \mathrm{EST} = \mathrm{LST} - \mathrm{EST} = \text{시작여유시간} \qquad (2-6)$$

$$\mathrm{TF} = \mathrm{LFT} - (\mathrm{EST} + \mathrm{D}) = \mathrm{LFT} - \mathrm{EFT} = \text{종료여유시간} \qquad (2-7)$$

이들 사이에 주된 차이는 시작 및 종료여유시간이 만기시작시간 전 또는 조기종료시간 후의 여유시간에 관련되는데 반하여, 총여유시간은 두 개의 모두에 관련된다.

② 자유여유시간(free float, FF)

후속절점의 조기경유점시간 TE_j에서 선행절점의 조기경유점시간 TE_i를 감하고, 다시 이들 절점으로 표시되는 활동의 기간을 감한 것으로 정의한다.

$$\mathrm{FF} = \mathrm{TE}_j - (\mathrm{TE}_i + \mathrm{D})$$

자유여유시간 = 후속활동의 조기시작시간 −

이 활동의 조기시작시간 + 이 활동의 공사기간 (2−8)

자유여유시간은 주로 후속활동의 총여유시간에 영향을 미치지 않고 지연시킬 수 있는 활동을 식별하는데 사용한다.

③ 간섭여유시간(interfering float, IF)

총여유시간과 자유여유시간과의 차이를 말하며, 자유여유시간을 넘는 간섭여유시간을 사용하면 그만큼 후속활동의 여유시간이 감소된다.

$$\mathrm{IF} = \mathrm{TF} - \mathrm{FF}$$

간섭여유시간 = 총여유시간 − 자유여유시간 (2−9)

(2) CPM 시간계산의 예

앞에서 설명한 기본 이론을 토대로 그림 2-38의 기초콘크리트공사에 대한 시간계산을 수행한 것이 표 2-8과 표 2-9이다. 이렇게 분석된 시간은 경과된 작업일수로 표시하고 다음에 일력일자로 환산하게 된다.

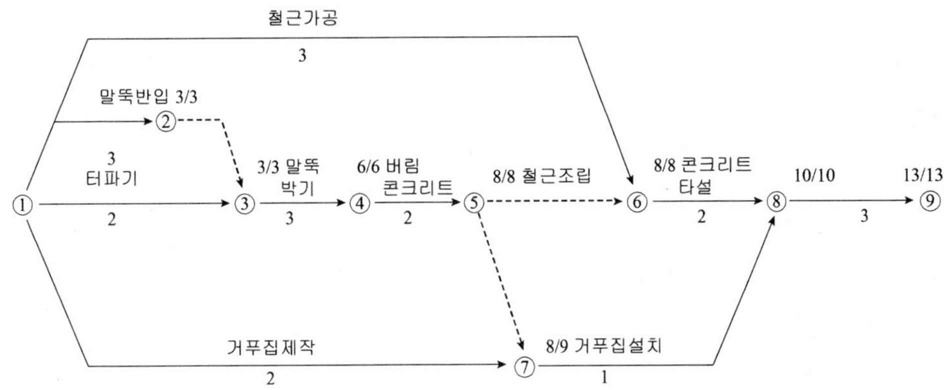

〈그림 2-38〉 기초콘크리트공사에 대한 네트워크

1) 단계중심

① 전진계산(→, +, Max)

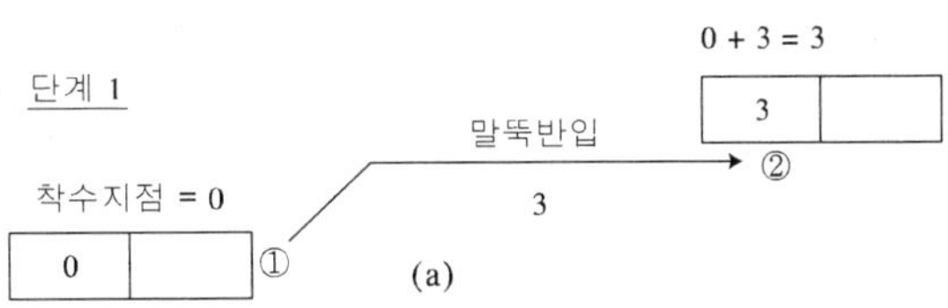

(a)

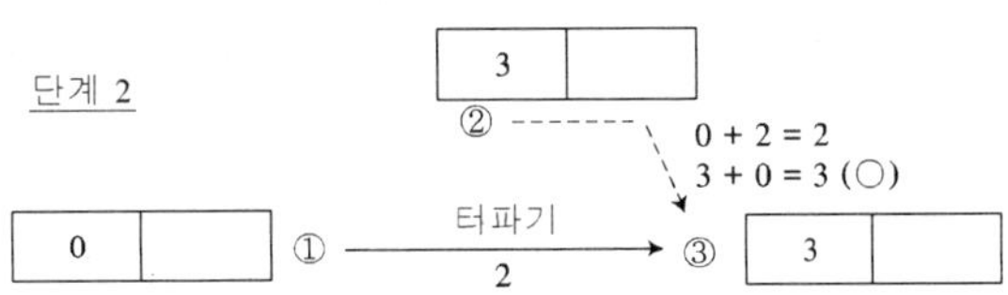

(b)

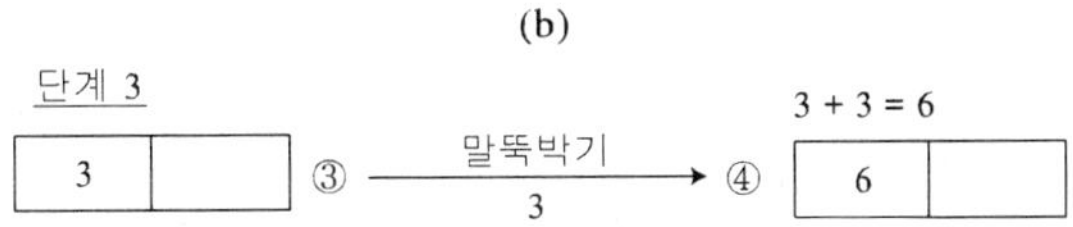

(c)

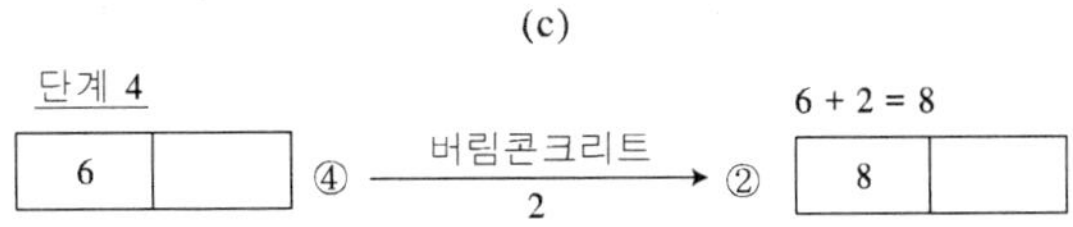

(d)

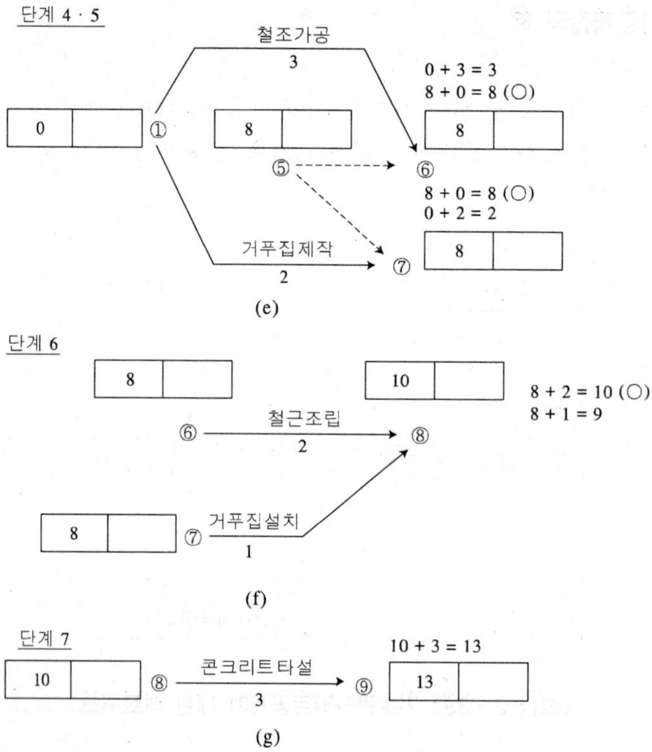

〈그림 2-39〉 전진계산 설명도

② 후진계산(←, −, Min)

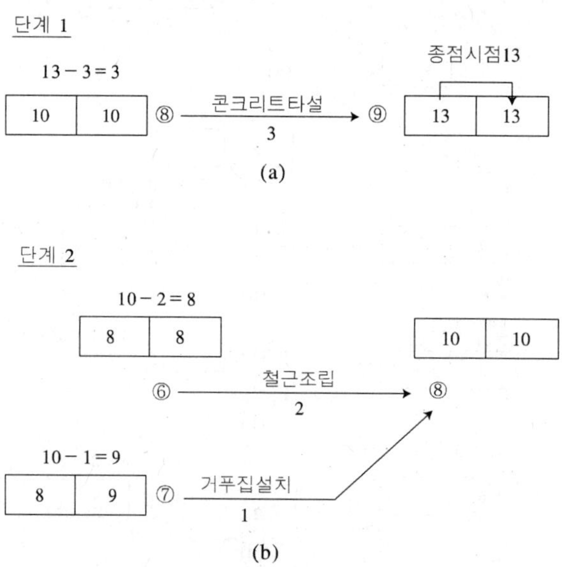

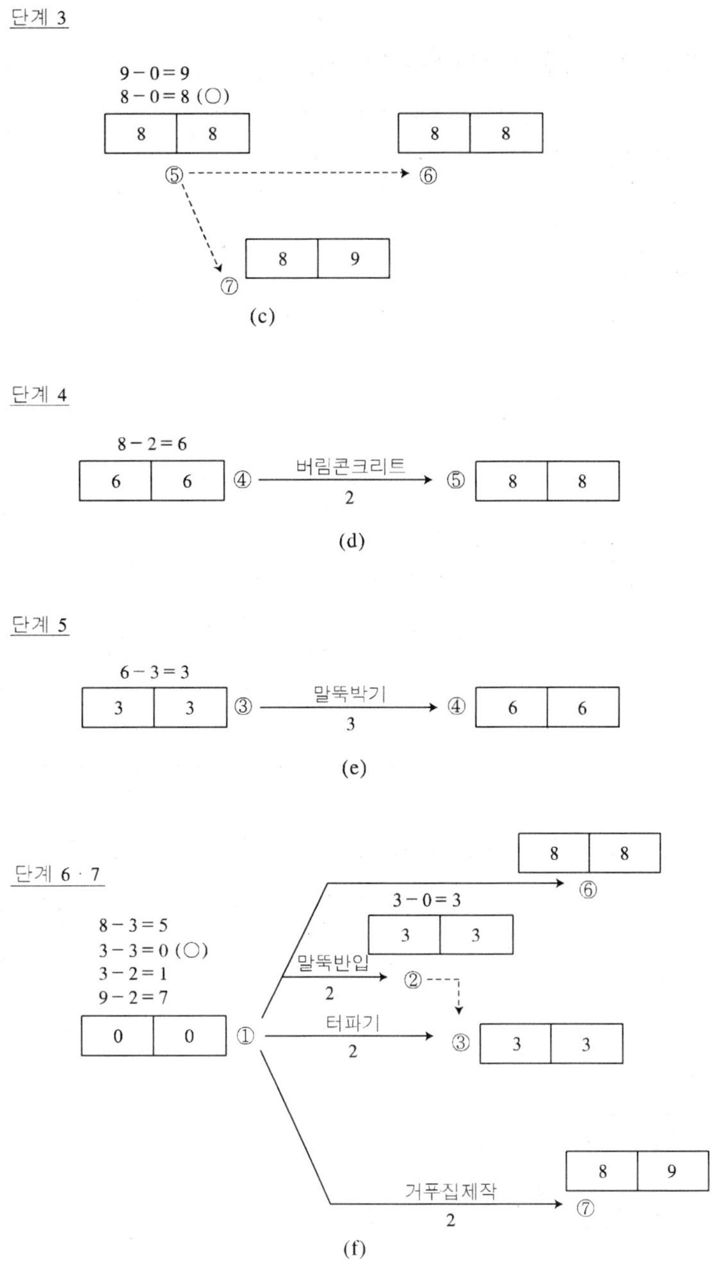

〈그림 2-40〉 후진계산 설명도

2) 활동중심

활동중심은 단계중심에서 계산된 일정을 토대로 분석하게 된다. 일례로 단계중심에 의해서 계산된 활동 ⑥~⑧ 및 ⑦~⑧을 가지고 활동중심의 시간계산을 분석하면 다음과 같고, 이 계산

〈표 2-8〉 기초콘크리트공사에 대한 시간분석표(활동 ⑥~⑧ 및 ⑦~⑧)

활동기호	활동명칭	활동기간	조기시작		만기시작		여유시간		CP
			EST	EFT	LST	LFT	TF	FF	
1-2	말뚝반입	3							
1-3	터파기	2							
1-6	철근가공	3							
1-7	거푸집제작	2							
2-3	명목활동	0							
3-4	말뚝박기	3							
4-5	버림콘크리트	2							
5-6	명목활동	0							
5-7	명목활동	0							
6-8	철근조립	2	8	10	8	10	0	0	★
7-8	거푸집설치	1	8	9	9	10	1	1	
8-9	콘크리트타설	3							

〈표 2-9〉 기초콘크리트공사에 대한 시간분석(최종완성도)

활동기호	활동명칭	활동시간	조기시작		만기시작		여유시간		CP
			EST	EFT	LST	LFT	TF	FF	
1-2	말뚝반입	3	0	3	0	3	0	0	*
1-3	터파기	2	0	2	1	3	1	1	
1-6	철근가공	3	0	3	5	8	5	5	
1-7	거푸집제작	2	0	2	7	9	7	6	
2-3	명목활동	0	3	3	3	3	0	0	*
3-4	말뚝박기	3	3	6	3	6	0	0	*
4-5	버림콘크리트	2	6	8	6	8	0	0	*
5-6	명목활동	0	8	8	8	8	0	0	*
5-7	명목활동	0	8	8	9	9	1	0	
6-8	철근조립	2	8	10	8	10	0	0	*
7-8	거푸집설치	1	8	9	9	10	1	1	
8-9	콘크리트타설	3	10	13	10	13	0	0	*

된 결과를 도표 내에 입력하면 표 2-8과 같다. 또한 이러한 방법으로 모든 활동들에 대해서 계산한 후 최종적으로 도표로 작성한 것인 표 2-9와 같다.

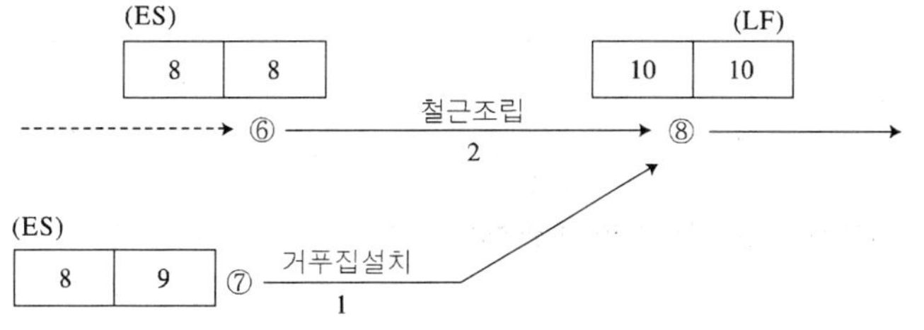

〈그림 2-41〉 활동중심 시간계산

⑥-⑧　　EST = 8,　EFT = 8+2 = 10,　LST = 10 - 2 =8,　LFT = 10

⑦-⑧　　EST = 8,　EFT = 8+1 = 9,　LST = 10 - 1 =9,　LFT = 10

3) 여유시간 계산

다음은 단계중심에서 계산된 활동 ⑥~⑧ 및 ⑦~⑧을 가지고 여유시간 TF, FF를 계산하면 다음과 같다.

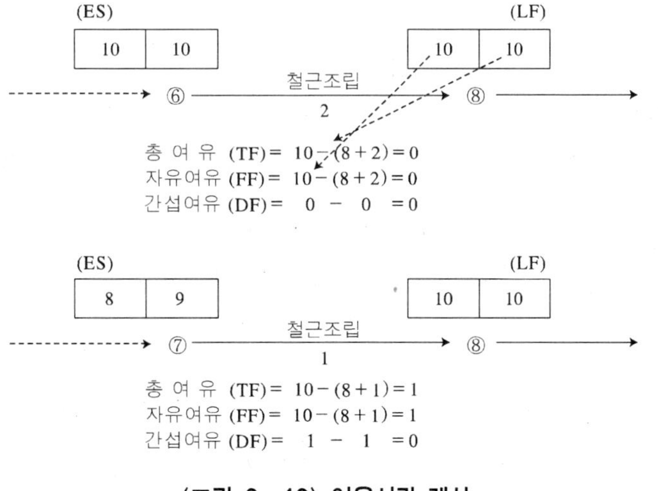

〈그림 2-42〉 여유시간 계산

총여유, 자유여유를 좀더 개념적으로 이해를 돕기 위하여 다음의 예를 가지고 설명하면 그림 2-43과 같다.

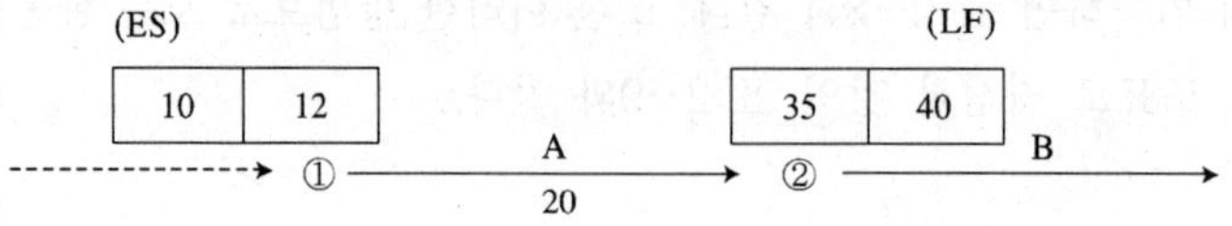

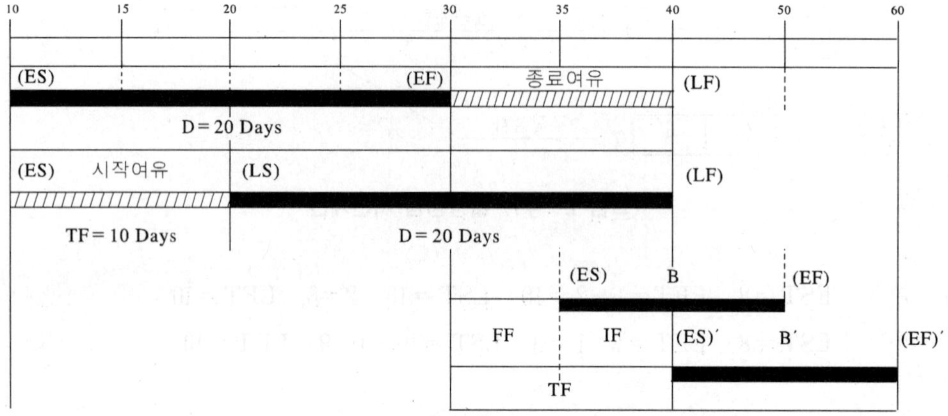

〈그림 2-43〉 여유시간의 개념 설명도

예로, 단계중심에서 계산된 활동번호 ①~②의 값이 주어졌다고 가정할 때 계산된 일정은 다음과 같다.

$$EST = 10 \qquad EFT = 10 + 20 = 30$$

$$LST = 40 - 20 = 20 \qquad LFT = 40$$

$$TF = 40 - (10 + 20) = 10 \qquad FF = 35 - (10 + 20) = 5$$

위에 계산된 각각의 일정을 도식화한 것이 그림 2-43이고, 이 그림에서 보는 바와 같이 EST를 기준으로 할 때 EST = 10일이고, EFT = 10 + 20 = 30일째 종료된다. 그리고 LFT = 40일임을 알 수 가 있다. 바로 조기종료시간(EFT)과 만기종료시간(LFT)의 차이가 종료여유시간(TF)이 된다.

LST를 기준으로 할 경우 LST = 20일째 착수되고, LST = 20 + 20 = 40일째 종료된다. 조기시작시간(EST)과 만기시작시간(LST)과의 차이가 시작여유시간(TF)이 된다. 또한 종료여유시간(TF)을 기준으로 하였을 때 총여유시간 중에 자유여유시간은 후속활동(B)EST와 관계되어 있음을 알 수가 있다.

즉 자유여유시간(FF)이 점차 감소함에 따라서 후속활동이 조기시작시간(EST)에 가까워지고, 35일 되는 시점에서 후속활동(B)의 EST에 이르게 된다.

이 시점부터는 후속활동의 EST가 점차 지연되어감을 알 수 있고, 후속활동(B)의 EST′가 선행활동의 LFT시점에 도달했을 때까지는 전체공사기간에 지장이 없지만 이 시점을 초과하게 되면 후속활동은 점차 지연되고 궁극적으로는 준공일을 초과하게 되는 경우가 발생한다.

(3) PDM기법

1) PDM 네트워크기법

PDM기법은 일반적으로 Activity-on-Node로 나타내지만 Activity-on-Arrow로 나타낼 수 있다. 공사가 반복적이고 중첩해서 진행되고 있을 때는 PDM기법을 채용하면서 활동은 Activity-on-Arrow로 변환해서 사용할 수 있다. 이것은 도화적인 표현만 다를 뿐 시간분석과정은 동일하다. 그림 2-43을 반복작업에 대한 총괄표로서 나타내면 그림 2-44(a), (b)와 같다. 이 기법에서는 선도시간활동과 지연시간활동을 연관관계로 나타내고 있고, 반복작업은 작업별로 하나의 활동으로 표시하고 있다.

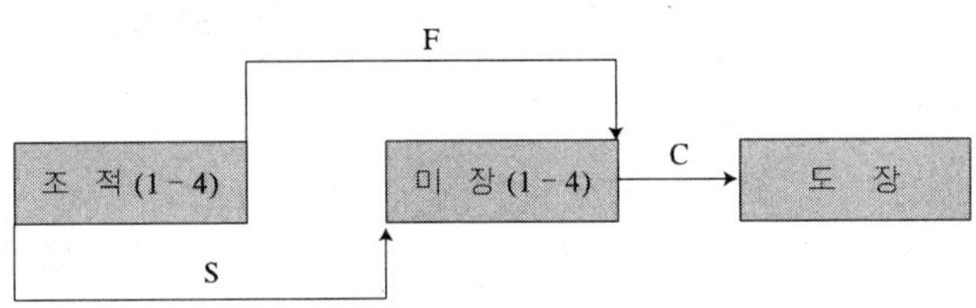

(a) PDM - (Activity - on - Node)기법

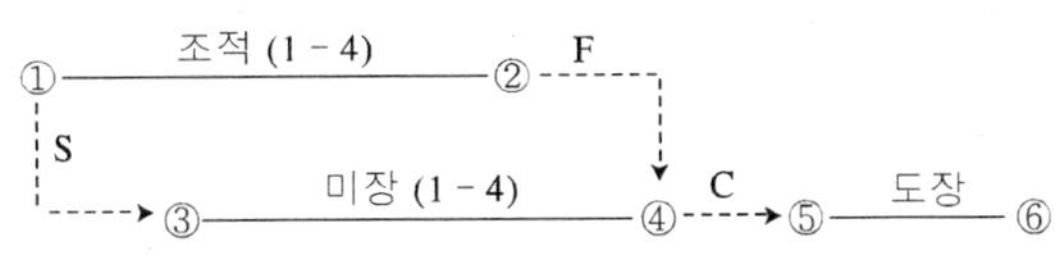

(b) PDM - (Activity - on - Arrow)기법

범례 : S : 후속활동 미장이 선행활동 조적에 대한 시작지연시간(시작시점관계)
F : 후속활동 미장이 선행활동 조적에 대한 종료지연시간(종료시점관계)
C : 후속활동 도장이 선행활동 미장의 종료 후에 갖는 지연시간(종료-시작시점관계)

〈그림 2-44〉 PDM 네크워크기법

2) PDM 연관관계

PDM의 연관관계는 Schedule Network에 활동의 순서와 접합을 나타내고, 선행활동의 활동 수, 후속활동의 활동 수, 연관관계를 정의하는 지연관계, 연관관계에서 선행활동과 후속활동에 나타내는 점 사이에 Time Units로 시간간격을 지정하는 지연시간으로 구성된다.

PDM 연관관계는 Finish-to-Start, Start-to-Start, Finish-to-Finish, 3가지 다른 유형으로 구성되고, 이러한 연관관계와 관련 지연시간을 하나 혹은 그 이상을 사용함으로써 Network Logic의 실질적인 상태를 모형화할 수 있다. 각 도식의 좌측은 Activity-on-Node형 PDM기법이며, 우측은 Activity-on-Arrow형 PDM기법이다.

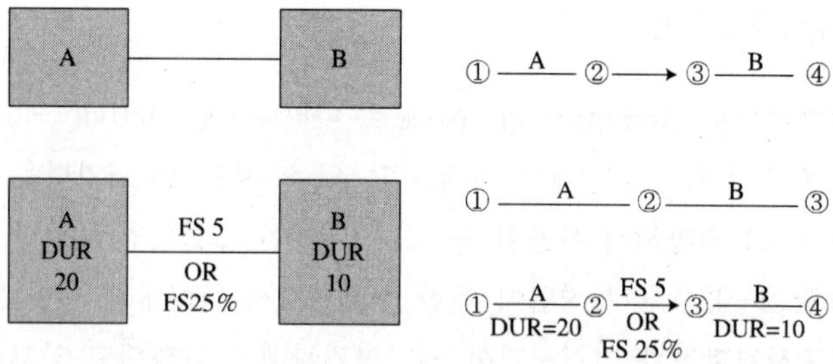

〈그림 2-45〉 Finish to Start Precedence Relationship(FS)
(한 활동이 시작되기 전에 종료되어야 하는 다른 활동과 필요한 지연시간)

그림 2-45의 활동 B는 활동 A가 완료된 후 시작할 수 있다. 즉 활동 B는 활동 A가 완료된 후 5일이 경과 후 비로소 시작될 수 있다.

그림 2-46의 활동 B는 활동 A의 시작 후 5일이 경과 후 비로소 시작할 수 있다. Start-to-Start 연관관계 지연은 선행활동의 공사기간을 기준으로 한다.

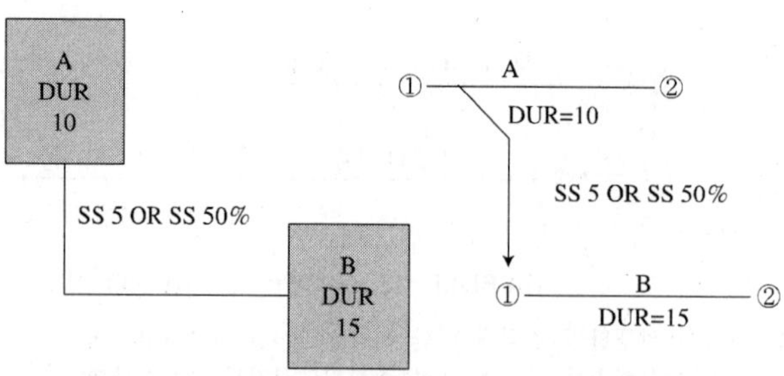

〈그림 2-46〉 Start to Start Precedence Relationship(SS)
(한 활동이 시작되기 전에 시작되어야 하는 다른 활동과 필요한 선도시간)

그림 2-47의 활동 B는 활동 A가 완료 후 3일이 경과 후 비로소 종료할 수 있다. Finish-to-Finish 연관관계 지연은 후속활동의 공사기간을 기준으로 한다.

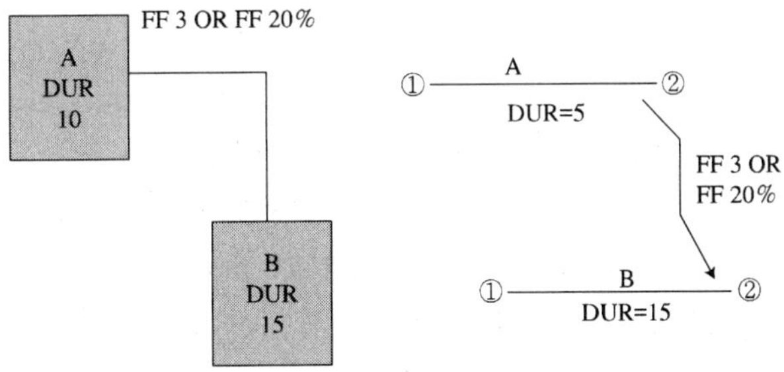

〈그림 2-47〉 Finish to Finish Precedence Relationship(FF)
(한 활동이 종료되기 전에 종료되어야 하는 다른 활동과 필요한 지연시간)

3) PDM기법의 공정표현 방법

그림 2-34에서 개별작업을 A_m으로 나타내면, 이 작업은 선행작업인 A_{m-1}의 제1구간작업 $A_{m-1.1}$이 종료되었을 때 시작할 수 있고, 마지막 구간작업 $A_{m.n}$은 마지막 구간작업의 선행작업 $A_{m-1.N}$이 종료된 후에 시작된다. 이것은 작업 간의 선후 연관관계를 고려하는 것으로서 활동기간 $t_{m-1.1}$은 A_{m-1}과 A_m 시작지연시간을 나타내고, $t_{m.N}$은 선후작업간의 종료지연시간을 나타낸다. 이러한 관계를 PDM 네트워크기법으로 나타내면 다음 그림 2-48과 같다.

지금 그림 2-34와 그림 2-48을 비교하면 PDM 네트워크에서는 4개 구간에 대한 동일작업을 하나의 활동으로 나타내고 있다. 그림 2-48에서 활동 1.2, 2.3, 3.4, 4.5, 5.6 사이의 시작지연시간 $S_{1.2}$, $S_{2.3}$, $S_{3.4}$, $S_{4.5}$, $S_{5.6}$은 각각 선행활동인 첫 구간의 활동기간과 같으며, 종료지연시간인 $F_{1.2}$, $F_{2.3}$, $F_{3.4}$, $F_{4.5}$, $F_{5.6}$은 각각 후속활동에 대한 마지막 구간의 활동기간과 같다.

또한 그림 2-29는 같은 작업이 구간별로 순차적으로 진행되는 것을 나타내고 있으므로 각 구간에 대한 여러 활동의 기간이 실제에서 일어 나듯이 각 작업은 진행 중에 중단이 있을 수 있다. 모든 구간에서 여러 활동의 기간이 같은 때만 중단이 없게 되며, 모든 활동은 한계상태(critical state)에 있게 된다. 그림 2-48에서는 한 활동은 모든 구간에 대하여 같은 작업을 집합한 것이며, 그림 2-34에서 보는 바와 같이 작업간에 구간별 의존관계는 나타나 있지 않으므로 한 작업이 구간별로 임의의 시점에서 중단할 수 있는 경우와 중단없이 작업이 지속되는 경우가 있을 수 있다. 후자의 경우에는 여러 작업이 연속적으로 병행해서 진행되는 상황이므로 그림 2-34의 화살표시는 이러한 공정을 나타낼 수 없다.

그림 2-48에서 PDM Network는 두 선후작업의 상당한 부분이 동시에 진행되고 있음을 보이고 있으므로 이것을 중첩공정(overlapping process)이라고 한다. 건축공사의 층별 골조공사와 토목공사의 관로매설공사와 같은 수평반복공정을 나타내는 경우 매우 편리하다. 그리고 PDM 네트워크에 의한 공정표현이 갖는 장점은 요소작업을 나타내지 않으므로 CPM 네트워크기법과 비교하여 작업을 나타내는 활동의 수를 줄여 작업에 관련되는 자료의 작성과 처리를 간편하게

해 줄 수 있다. 그러나 한 작업역에서 수행되는 요소작업간의 관계를 나타내지 못하는 단점이 있다.

그림 2-48(b)는 화살표시의 PCM 네트워크에서와 마찬가지로 활동의 연결은 한 방향의 흐름을 가지며, 한 네트워크는 여러 개의 최초결점과 최종절점을 가진다. 네트워크의 시간계산은 PDM 네트워크에서와 같은 요령으로 활동시간(activity time)만을 계산한다. 또한 작업은 반드시 정해진 순서대로 진행될 필요는 없다. 이러한 의미는 CPM기법에서 종종 발생하는 순서위약(out of sequence)의 발생을 방지할 수 있는 장점을 가지고 있다.

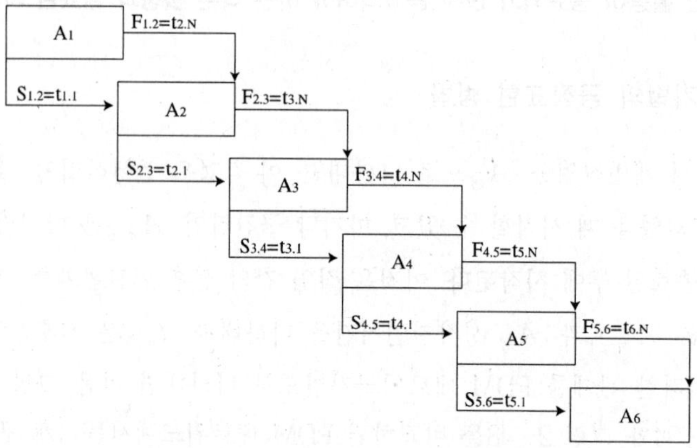

(a) PDM - (Activity-on-Node)기법

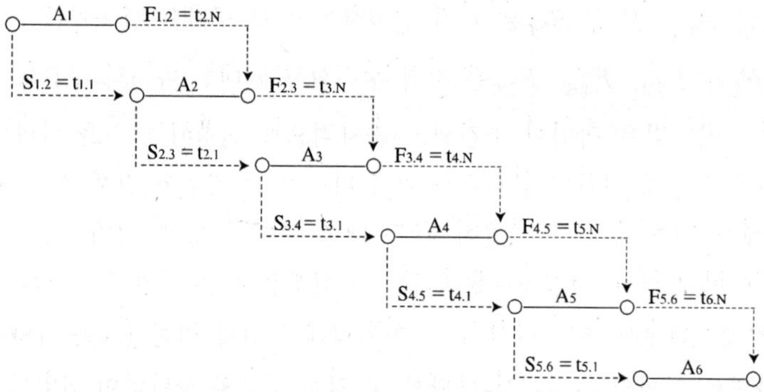

(b) PDM - (Activity-on-Arrow)기법

〈그림 2-48〉 PDM 네트워크기법

4) PDM기법의 일정분석

① PDM 네트워크기법

도로나 관로공사와 같이 긴 노선을 따라 진행되는 공사는 작업구간에 따라 같은 공정이 반복

적으로 수행된다. 이러한 예는 가공선로, 고층건물, 집단주택 등의 공사에서도 볼 수 있다. 이러한 경우는 CPM기법을 적용하는 것보다는 활동시 수를 감축할 수 있는 PDM을 적용하는 것이 이상적이다. 여기서는 네 가지 지연시간을 가지고 있다. 즉 ① FS(finish－to－start), ② SS(start－to－start), ③ FF(finish－to－finish), ④ SF(start－to－finish)이다. 이 네 가지 표시로서 작업간에 선후제약조건을 표기할 수 있다.

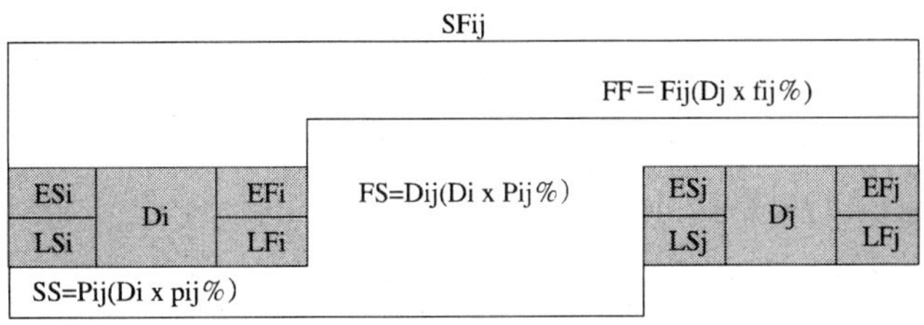

〈그림 2-49〉 PDM기법의 표현방법

㉮ FS(finish－to－start) : 한 활동이 시작되기 전에 종료되어야 하는 다른 활동과 필요한 지연시간

㉯ SS(start－to－start) : 한 활동이 시작되기 전에 시작되어야 하는 다른 활동과 필요한 선도시간

㉰ FF(finish－to－finish) : 한 활동이 종료되기 전에 종료되어야 하는 다른 활동과 필요한 지연시간

㉱ SF(start－to－finish) : 한 활동이 시작되기 전에 다른 활동이 종료되기 위해 필요한 지연시간

이 네 가지 표시로서 작업 간에 다음은 그림 2－49를 적용해서 시간 분석방법을 나타내고 있다. PDM 네트워크 공정도표에서는 경유점이 없으므로 전진계산으로 활동의 조기시작시간(EST)과 조기종료시간(EFT)를 계산하고 후진계산으로 만기시작시간(LST)과 만기종료시간(LFT)을 계산하면 다음과 같다.

• 전진계산(forward computation)

$$\begin{aligned} ESTj &= EFTi = dij \\ &= ESTi = pij \\ &= EFTi + Fij - Dj \end{aligned}$$

(j작업에 중단이 없는 경우만 고려)

$EFTj = ESTj + Dj$

$= EFTi + Fij$

$= ESTi + SFij$

(SF가 있을 경우만 고려)

- 후진계산(backward computation)

$LFTi = LSTj + Dij$

$= LFTj + Fij$

$= LSTj + Pij - Di$

(i작업에 중단이 없는 경우만 고려)

$LSTi = LFTi + Di$

$= LSTj + Fij$

$= LFTj + SFij$

(SF가 있을 경우만 고려)

- 여유시간(float computation)

시작여유시간 : $SF_i = LST_i - EST_i$

종료여유시간 : $FF_i = LFT_i - EFT_i$

i작업이 중단이 없는 경우, 즉 연속작업일 경우(CPM과 동일)

총여유 : $TF_i = LFT_i - EFT_i = LFT_i - (EST_i + D_i)$

자유여유 : $FF_i = EST_j - EFT_i = EST_j - (EST_i + D_i)$

i작업이 중단이 있는 경우, 즉 분할가능한 경우

i_1부분작업 후, 중단 후, i_2부분작업

총여유 : $TF_{i1} = LFT_{i1} - EFT_{i1} = (LST_{i1} + D_{i1}) - (EST_{i1} + D_{i1})$

$TF_{i2} = LFT_{i2} - EFT_{i2} = LFT_i - EFT_i$

자유여유 : $FF_{i1} = EST_{i2} - EFT_{i1} = EST_{i2} - (EST_{i1} + D_{i1})$

$FF_{i2} = EST_j - EFT_{i2} = EST_j - (EST_{i2} + D_{i2})$

② PDM 시간계산 예

그림 2-50은 그림 2-37의 도로공사의 작업과정을 PDM기법으로 도식화한 것이다. 이 그림을 활용하여 시간분석을 수행하면 아래와 같다. 여기서 PDM기법은 CPM기법과는 달리 연속해서 작업을 수행하는 경우와 불연속적으로 수행하는 경우가 있다. 그러므로 그림 2-48에서와 같이 이것은 CPM기법에서 여러 개의 같은 활동을 하나의 활동으로 취급하기 때문이다.

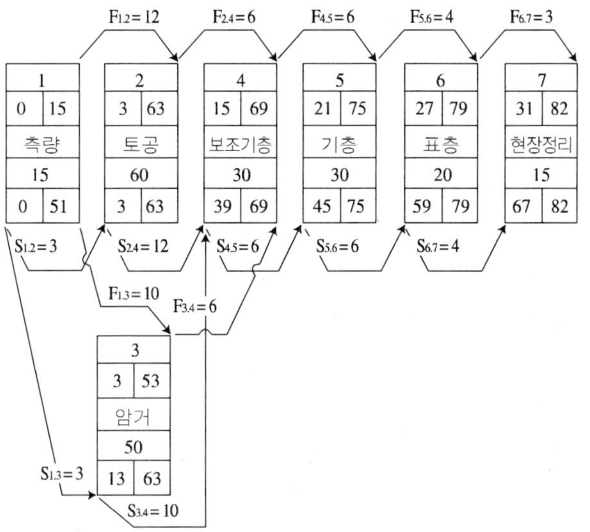

(a) 중단이 있는 경우

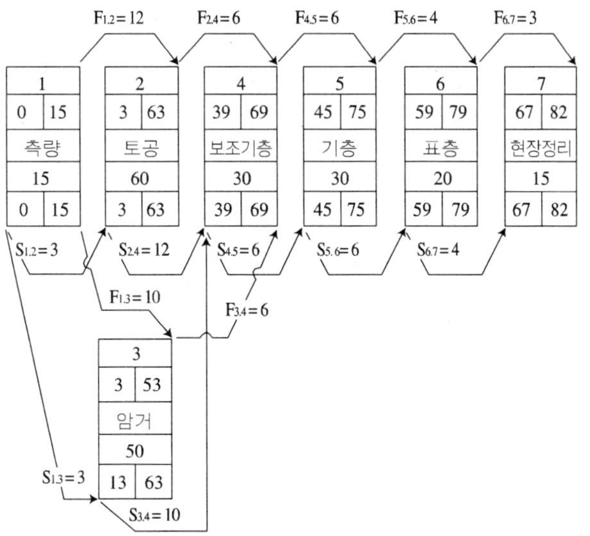

(b) 중단이 없는 경우

〈그림 2-50〉 도로공사의 작업과정-PDM기법

ⓐ 중단이 있는 경우

• 전진계산

$$
\begin{aligned}
EST_1 &= 0 \\
EST_2 &= EST_1 + S_{1,\,2} = 0 + 3 = 3 \\
EST_3 &= EST_1 + S_{1,\,3} = 0 + 3 = 3 \\
EST_4 &= EST_2 + S_{2,\,4} = 3 + 12 = 15 \\
&= EST_3 + S_{3,\,4} = 3 + 10 = 13 \\
EST_5 &= EST_4 + S_{4,\,5} = 15 + 6 = 21 \\
EST_6 &= EST_5 + S_{5,\,6} = 21 + 6 = 27 \\
EST_7 &= EST_6 + S_{6,\,7} = 27 + 4 = 31
\end{aligned}
$$

$$
\begin{aligned}
EFT_1 &= EST_1 + D_1 = 0 + 15 = 15 \\
EFT_2 &= EST_2 + D_2 = 3 + 60 = 63 \\
&= EFT_1 + F_{1,\,2} = 15 + 12 = 27 \\
EFT_3 &= EST_3 + D_3 = 3 + 50 = 53 \\
&= EFT_1 + F_{1,\,3} = 15 + 0 = 15 \\
EFT_4 &= EST_4 + D_4 = 15 + 30 = 45 \\
&= EFT_2 + F_{2,\,4} = 63 + 6 = 69 \\
&= EFT_3 + F_{3,\,4} = 53 + 6 = 59 \\
EFT_5 &= EST_5 + D_5 = 21 + 30 = 51 \\
&= EFT_4 + F_{4,\,5} = 69 + 6 = 75 \\
EFT_6 &= EST_6 + D_6 = 27 + 20 = 47 \\
&= EFT_5 + F_{5,\,6} = 75 + 4 = 79 \\
EFT_7 &= EST_7 + D_7 = 31 + 15 = 46 \\
&= EFT_6 + F_{6,\,7} = 79 + 3 = 82
\end{aligned}
$$

• 후진계산

$$
\begin{aligned}
LST_7 &= LFT_7 - D_7 = 82 - 15 = 67 \\
LST_6 &= LFT_6 - D_6 = 79 - 20 = 59 \\
&= LST_7 - S_{6,\,7} = 67 - 4 = 63 \\
LST_5 &= LFT_5 - D_5 = 75 - 30 = 45 \\
&= LST_6 - S_{5,\,6} = 59 - 6 = 53 \\
LST_4 &= LFT_4 - D_4 = 69 - 30 = 39 \\
&= LST_5 - S_{4,\,5} = 45 - 6 = 39
\end{aligned}
$$

$LST_3 = LFT_3 - D_3 = 63 - 50 = 13$
$= LST_4 - S_{3,4} = 39 - 10 = 29$
$LST_2 = LFT_2 - D_2 = 63 - 60 = 3$
$= LST_4 - S_{2,4} = 39 - 12 = 27$
$LST_1 = LFT_1 - D_1 = 82 - 15 = 67$
$= LST_2 - S_{1,2} = 3 - 3 = 0$
$= LST_3 - S_{1,3} = 13 - 3 = 10$
$LFT_7 = 82$
$LFT_6 = LFT_7 - F_{6,7} = 82 - 3 = 79$
$LFT_5 = LFT_6 - F_{5,6} = 79 - 4 = 75$
$LFT_4 = LFT_5 - F_{4,5} = 75 - 6 = 69$
$LFT_3 = LFT_4 - F_{3,4} = 69 - 6 = 63$
$LFT_2 = LFT_3 - F_{2,4} = 69 - 6 = 63$
$LFT_1 = LFT_2 - F_{1,2} = 63 - 12 = 51$
$= LFT_3 - F_{1,3} = 63 - 10 = 53$

ⓑ 중단이 없는 경우

• 전진계산

$EST_j = EFT_i + F_{i,j} - Dj$
$EST_1 = 0$
$EST_2 = EFT_1 + F_{1,2} - D2$
$w = 15 + 12 - 60 = (-)$
$EST_3 = EFT_1 + F_{1,3} - D3$
$= 15 + 10 - 50 = (-)$
$EST_4 = EFT_2 + F_{2,4} - D4$
$= 63 + 6 - 30 = 39$
$= EFT_3 + F_{3,4} - D4$
$= 53 + 6 - 30 = 29$
$EST_5 = EFT_4 + F_{4,5} - D5$
$= 69 + 6 - 30 = 45$
$EST_6 = EFT_5 + F_{5,6} - D6$
$= 75 + 4 - 20 = 59$

• 후진계산

$LFT_i = LST_j - S_{i,j} + D_i$
$LFT_7 = 82$
$LFT_6 = LST_7 - S_{6,7} + D6$
$= 67 - 4 + 20 = 83$
$LFT_5 = LST_6 - S_{5,6} + D5$
$= 59 - 6 + 30 = 83$
$LFT_4 = LST_5 - S_{4,5} + D4$
$= 45 - 6 + 30 = 69$
$LFT_3 = LST_4 - S_{3,4} + D3$
$= 39 - 10 + 50 = 79$
$LFT_2 = LST_3 - S_{2,4} + D2$
$= 39 - 12 + 60 = 87$
$LFT_1 = LST_2 - S_{1,2} + D1$
$= 3 - 3 + 15 = 15$

$EST_7 = EFT_6 + F_{6,7} - D7$ $\qquad = LST_3 - S_{1,3} + D1$

$= 79 + 3 - 15 = 67$ $\qquad = 13 - 3 + 15 = 25$

ⓒ 여유시간계산 예

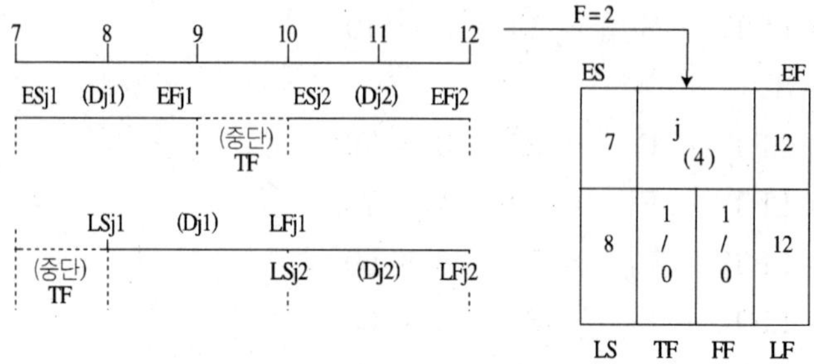

〈그림 2-51〉 PDM 여유시간 계산 예

① 총여유 : $TE_{j1} = LFT_{j1} - EFT_{j1} = (LST_{j1} + D_{j1}) - (EST_{j1} + D_{j1})$

$= (8+2) - (7+2) = 1$

$TE_{j2} = LFT_{j2} - EFT_{j2} = LFT_j - EFT_j = 12 - 12 = 0$

② 자유여유 : $FF_{j1} = EST_{j2} - EFT_{j1} = EST_{j2} - (EST_{j1} + D_{j1})$

$= 10 - (7+2) = 1$

$FF_{j2} = EST_{k-EFT_{j2}} = EST_k - (EST_{j2} + D_{j2}) = 12 - (10+2) = 0$

예제 2-1

1. EST, EFT의 계산

(1) 예제 1에 도시한 네트웍의 EST, EFT는 예제 표 1 순서로 계산한다.

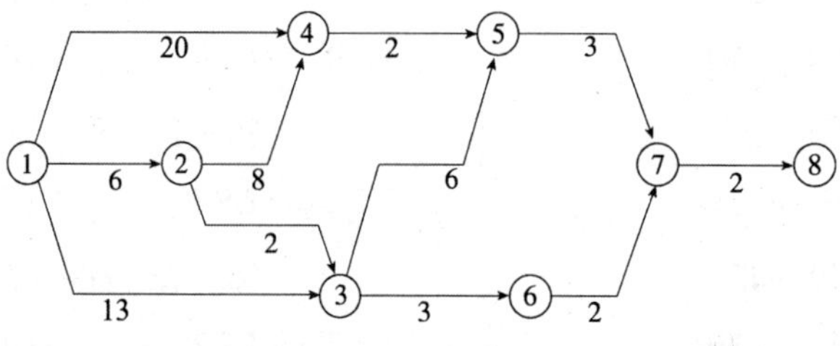

〈예제 그림 1〉

〈예제 표 1〉

작업	계 산	*EST*	계 산	*EFT*
(1,2) (1,3) (1,4)	개시결합점에서 나오는 작업의 *EST*는 영이다.	$\boxed{0}$	$\boxed{0}$+6= $\boxed{0}$+13= $\boxed{0}$+20=	6 13 20
(2,3)	①→②의 *EFT*=6	$\boxed{6}$	$\boxed{6}$+2=	8
(2,4)	①→②의 *EFT*=6	$\boxed{6}$	$\boxed{6}$+8=	14
(3,5)	①→③의 *EFT*=13 ②→③의 *EFT*=8 최대치 13	$\boxed{13}$	$\boxed{13}$+6=	19
(3,6)	①→③의 *EFT*=13 ②→③의 *EFT*=8 최대치 13	$\boxed{13}$	$\boxed{13}$+3=	16
(4,5)	①→④의 *EFT*=20 ②→④의 *EFT*=14 최대치 20	$\boxed{20}$	$\boxed{20}$+2=	22
(5,7)	④→⑤의 *EFT*=22 ③→⑤의 *EFT*=19 최대치 22	$\boxed{22}$	$\boxed{22}$+3=	25
(6,7)	③→⑥의 *EFT*=16	$\boxed{16}$	$\boxed{16}$+2=	18
(7,8)	⑤→⑦의 *EFT*=25 ⑥→⑦의 *EFT*=18 최대치 25	$\boxed{25}$	$\boxed{25}$+2=	27
(8,~)	⑦→⑧의 *EFT*=27	$\boxed{27}$		

(2) EST, EFT의 값은 예제 그림 2와 같이 네트워크으로 표시한다.

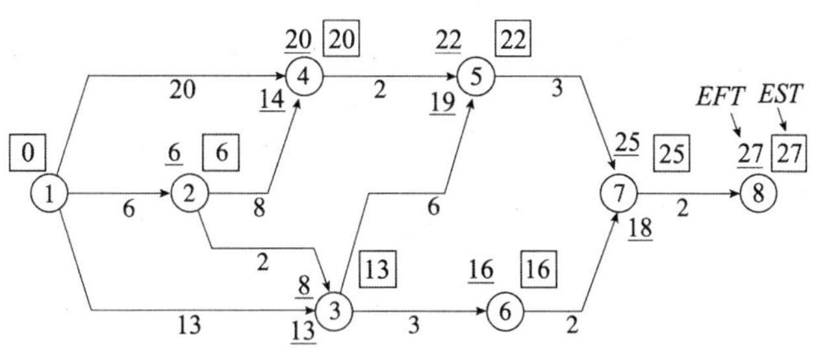

〈예제 그림 2〉

2. LST, LFT의 계산

(1) 예제 그림 1에 도시한 네트워크의 LST, LFT는 예제 표 2에 나타내는 순서로 계산한다. 단 전진계산에 의해서 구한 계산공기 T가 지정공기 To와 같은 것이다.

〈예제 표 2〉

작업	계　　산	*LFT*	계　산	*LST*
(7,8)	*EFT*를 그대로 둔다.	△27	27−2=25	$\overline{25}$
(6,7)	⑦→⑧의 *LST*=25	△25	25−2=23	$\overline{23}$
(5,7)	⑦→⑧의 *LST*=25	△25	25−3=22	$\overline{22}$
(3,6)	⑥→⑦의 *LST*=23	△23	23−3=20	$\overline{20}$
(3,5)	⑤→⑦의 *LST*=22	△22	22−6=16	$\overline{16}$
(4,5)	⑤→⑦의 *LST*=22	△22	22−2=20	$\overline{20}$
(2,4)	④→⑤의 *LST*=20	△20	20−8=12	$\overline{12}$
(2,3)	③→⑤의 *LST*=16 ③→⑥의 *LST*=20 } 최소치를 취함.	△16	16−2=14	$\overline{14}$
(1,4)	④→⑤의 *LST*=20	△20	20−20=0	$\overline{0}$
(1,3)	③→⑤의 *LST*=16 ③→⑥의 *LST*=20 } 최소치를 취함.	△16	16−13=3	$\overline{3}$
(1,2)	②→③의 *LST*=14 ②→④의 *LST*=12 } 최소치를 취함.	△12	12−6=6	$\overline{6}$

(2) LST, LFT의 값은 예제 그림 3과 같이 네트워크으로 표시한다.

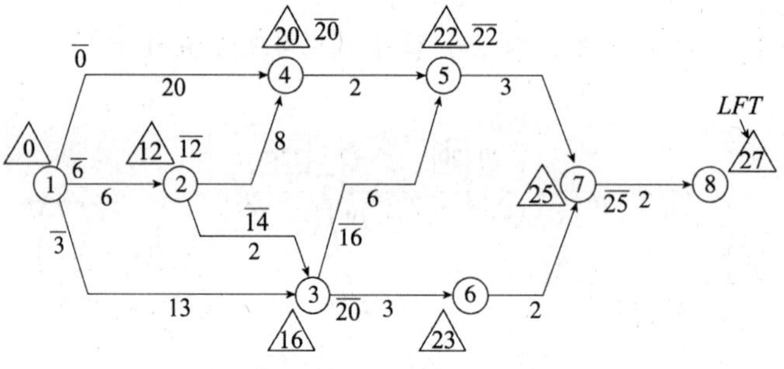

〈예제 그림 3〉

3. 계산결과의 표시

EST, EFT, LST, LFT의 값은 예제 그림 4와 같이 네트워에 표시한다.

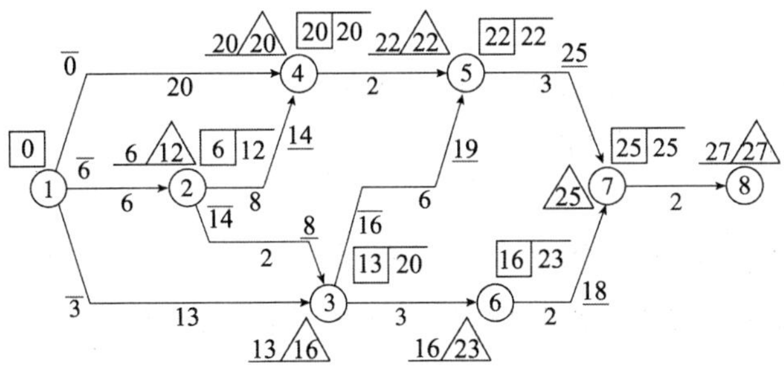

〈예제 그림 4〉

4. 여유(float)

여유(float)란 작업이 갖는 여유시간을 말한다.

(1) 총여유

총여유(total float)란 작업의 여유시간으로써 이 이상 소비하면, 공사기간이 지연되어 버리는 최대치의 여유시간을 말하며, TF로 나타낸다.

(2) 자유여유

자유여유(free float)란 후속작업의 최조개시시각에 전연 영향을 주지않고 소비할 수 있는 여유시간을 말하며 FF로 나타낸다.

(3) 간섭여유

간섭여유(dependent float)란 후속작업의 토탈플로트에 영향을 미치는 플로트를 말하며 DF로 나타낸다.

(4) 표시방법

여유는 예제 그림 5와 같이 표시한다.

〈예제 그림 5〉

(5) 계산방법

TF, FF, DF는 다음 방법으로 계산한다.

1) TF의 계산

어떤 작업의 TF는 다음 식에 의해 구한다.

$$TF = LFT - EFT$$

2) FF의 계산

어떤 작업의 FF는 다음 식에 의해 구한다.

$$FF = (\text{후속작업의 } EST) - (\text{해당 작업의 } EFT)$$

3) DF의 계산

어떤 작업의 DF는 다음 식에 의해 구한다.

$$DF = TF - FF$$

(6) TF, FF, DF 계산

1) 예제 그림 1에 표시한 네트워크의 TF, FF, DF는 예제 표 3에 표시하는 순서로 계산한다.

〈예제 표 3〉

작 업	*TF*	*FF*	*DF*
(1.2)	△12 − 6 = 6	□6 − □6 = 0	6 − 0 = 6
(1.3)	△16 − 13 = 3	□13 − □13 = 0	3 − 0 = 3
(1.4)	△20 − 20 = 0	□20 − □20 = 0	0 − 0 = 0
(2.3)	△16 − 8 = 8	□13 − □8 = 5	8 − 5 = 3
(2.4)	△20 − 14 = 6	□20 − □14 = 6	6 − 6 = 0
(3.5)	△22 − 19 = 3	□22 − □19 = 3	3 − 3 = 0
(3.6)	△23 − 16 = 7	□16 − □16 = 0	7 − 0 = 7
(4.5)	△22 − 22 = 0	□22 − □22 = 0	0 − 0 = 0
(5.7)	△25 − 25 = 0	□25 − □25 = 0	0 − 0 = 0
(6.7)	△25 − 18 = 7	□25 − □18 = 7	7 − 7 = 0
(7.8)	△27 − 27 = 0	□27 − □27 = 0	0 − 0 = 0

2) TF, FF, DF의 예제 그림 6과 같이 네트워크으로 표시한다.

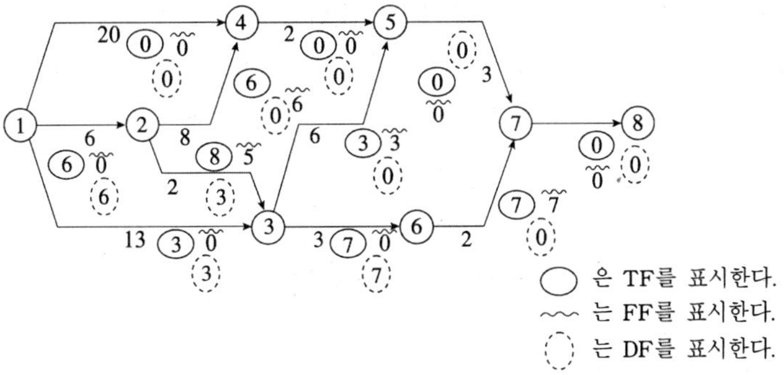

〈예제 그림 6〉

5. 패스

패스란 임의의 두 개의 결합점을 화살선의 방향(또는 반대방향)에 따라서 잇는 경로를 말한다.

(1) 최장패스

1) 임의의 결합점 p에서 임의의 결합점 q에 이르는 최장패스란 p에서 q에 이르는 패스 중 소요시간 합계의 가장 긴 패스를 말하며 LP(p, q)로 나타낸다.

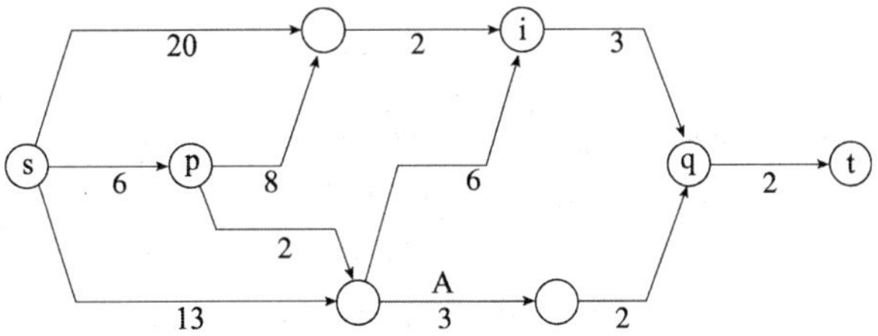

〈예제 그림 7〉

2) 개시결합점 s에서 임의의 결합점 i(또는 작업A)를 지나서 종료결합점 t에 이르는 패스 중 소요시간 합계가 가장 긴 패스를 말하며, LP(s, i, t) (또는 LP(S, A, t))로 나타낸다.

(2) 계산방법

1) 개시결합점에서 임의의 결합점 i에 이르는 가장 긴 패스는 i에서 TF 최소작업(또는 FF=0의 작업)을 화살선과 반대방향으로, 개시결합점까지 더듬으므로써 구해진다.

2) 임의의 결합점 i에서 종료결합점에 이르는 최장패스는 i에서 TF 최소의 작업을 화살선의 방향으로 종료결합점까지 더듬으므로써 얻어진다.

3) 개시결합점에서 임의의 결합점 i(또는 작업A)를 지나서 종료결합점에 이르는 최장패스는 결합점 i(또는 작업A에서) 개시 및 종료결합점에 향해서 TF 최소의 작업을 더듬으므로써 구해진다.

(3) 계산 예

1) 예제 그림 8에 표시한 네트웍의 개시결합점 5에 이르는 최장패스는 예제 표 4에 나타내는 순서로 구한다.

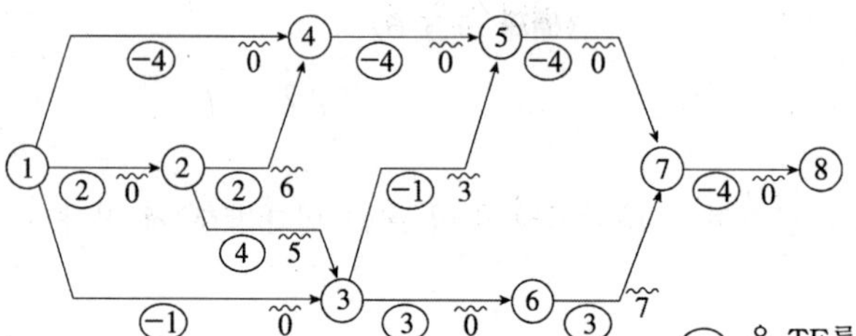

〈예제 그림 8〉

(주) TF, FF의 값은 예제 그림 1에 표시한 네트웍을 To=23으로 계산한 값이다.

〈예제 표 4〉

순 서	계 산		최장패스
1	작업 (4,5)의 $TF=-4(FF=0)$ 작업 (3,5)의 $TF=-1(FF=3)$	TF 최소 (또는 $FF=0$) 인 작업 (4,5)을 채용	?→④→⑤
2	작업 (1,4)의 $TF=-4(FF=0)$ 작업 (2,4)의 $TF=2\ (FF=6)$	TF 최소 (또는 $FF=0$) 인 작업 (1,4)을 채용	ⓡ→④→⑤

2) 예제 그림 8에 표시한 네트웍의 결합점 3에서 최종결합점 8에 이르는 최장패스는 예제 표 5에 표시하는 순서로 구한다.

〈예제 표 5〉

순 서	계 산		최장패스
1	작업 (3,5)의 $TF=-1$ 작업 (3,6)의 $TF=3$	TF 최소인 작업 (3,5)을 채용	③→⑤→?
2	작업 (5,7) 밖에 없으므로 이것을 채용		③→⑤→⑦→?
3	작업 (7,8) 밖에 없으므로 이것을 채용		③→⑤→⑦→⑧

3) 예제 그림 8에 표시한 네트웍의 개시결합점 1에서 결합점 5 (또는 작업(4,5))를 지나서 종료결합점 8에 이르는 최장패스는 위의 1), 2)와 같은 방법으로 구하면 예제 그림 9와 같이 된다.

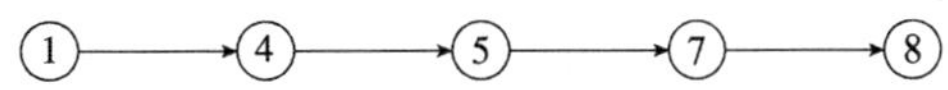

〈예제 그림 9〉

(4) 그리티칼파스

1) 크리티칼파스(critical path)란 개시결합점에서 종료결합점에 이르는 최장패스를 의미하며 CP로 나타낸다.

2) 크리티칼파스란 종료결합점에서 TF 최소(TF=To−T)의 작업 (또는 FF=0의 작업)을 개시결합점까지 더듬으므로써 구해진다.

3) 크리티칼파스는 다른 패스와 구별하여야 함으로 경로를 굵은 선으로 표시한다.

예제 2-2 아래와 같은 자료에 대하여 답하시오.

[조건]

1) 네트워크 공정표를 작성하시오(단 주공정선은 굵은 선으로 표시하시오).

2) 답란 도표상의 빈칸을 계산하여 채우시오(단 주공정선은 해당란에 *표로 표시하사오).

작업명	공정관계	선행작업	작업일수	비 고
A	0→1	없음	2	결합점 위에는 다음과 같이 표시한다. 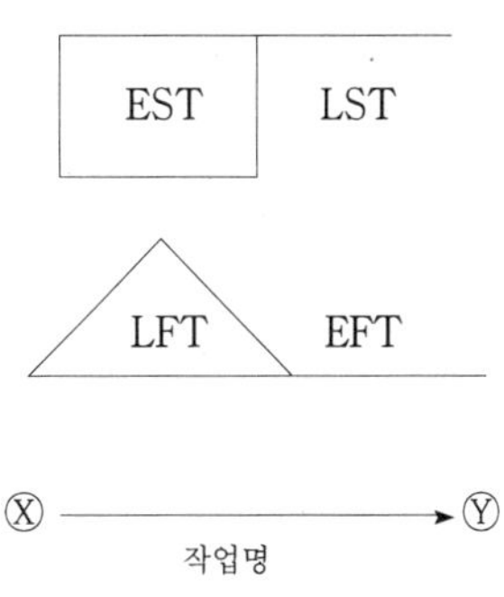
B	1→2	A	8	
C	1→3	A	14	
D	2→4	B	7	
E	2→6	B	10	
F	2→8	B	26	
G	3→5	C	16	
H	3→9	C	25	
I	4→5	C,D	8	
J	5→7	G,I	7	
K	6→8	E,G,I	4	
L	7→9	J	6	
M	8→9	F,K	4	
N	9→10	H,L,M	3	

[해설]

1) 단계중심계산

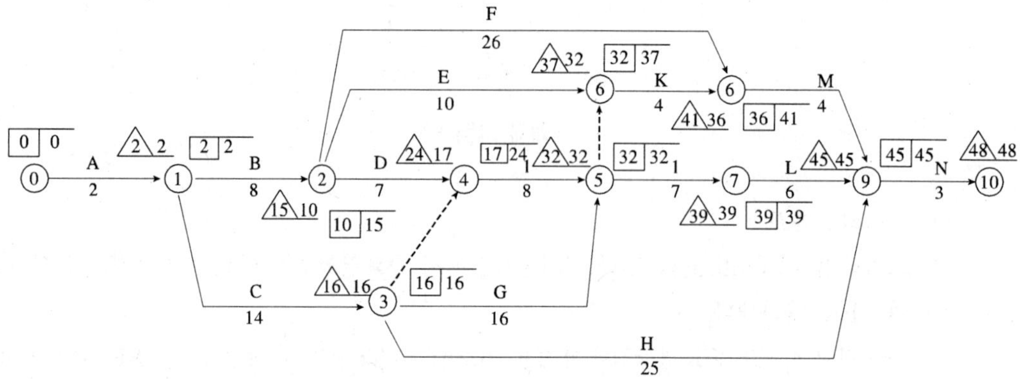

2) 활동중심계산

작업명	공정관계	작업일수	조기시각		만기시각		여유시간			CP
			EST	EFT	LST	LFT	TF	FF	DF	
A	0→1	2	0	2	0	2	0	0	0	★
B	1→2	8	2	10	7	15	5	0	5	
C	1→3	14	2	16	2	16	0	0	0	★
D	2→4	7	10	17	17	24	7	0	7	
E	2→6	10	10	20	27	37	17	12	5	
F	2→8	26	10	36	15	41	5	0	5	
G	3→5	16	16	32	16	32	0	0	0	★
H	3→9	25	16	41	20	45	4	4	0	
I	4→5	8	17	25	24	32	7	7	0	
J	5→7	7	32	39	32	39	0	0	0	★
K	6→8	4	32	36	37	41	5	0	5	
L	7→9	6	39	45	39	45	0	0	0	★
M	8→9	4	36	40	41	45	5	5	0	
N	9→10	3	45	48	45	48	0	0	0	★

2-4-7 PERT기법

(1) PERT 네트워크기법

PERT기법(program evaluation and review technique)은 설계, 개발 및 연구사업에 대한 진도를 평가하는데 유용한 관리도구로 확인되었다. 건설공사에서도 공사조건이 명확하지 않아서 공사목표의 달성이 불확실한 경우에는 CPM이나 PDM기법이 갖지 못한 이점이 있다. PERT는 2개의 공사계획의 개념에서 발전되었다.

첫 번째는 하나의 사업을 수행하는데 필요한 과업으로 분할하고 이들 과업을 수평한 일력축척을 갖는 막대로 나타낸 Gantt도표로서 이 기법은 후에 막대의 종료단에 작업단계를 나타내는 이정표를 추가하여 개량하였으나 후속하는 활동의 시작시간에 미치는 제약조건을 명확하게 지시하지 못하였다.

두 번째는 이러한 제약조건을 포함시켜 나타내는 화살활동 표시의 네트워크기법으로 이것이 PERT기법으로 발전되었다.

PERT 네트워크에서 활동은 경유점번호로 식별하고 활동을 나타내는 화살은 과업의 진행방향과 순서를 표시한다. 또한 활동기간의 결정에는 시간의 불확실성을 지시하는 확률적인 변동을 고려해서 3점 시간에 의한 가중평균법을 적용하며, 네트워크 분석은 활동시간이 아닌 경유점 시간에 치중하는 것이 CPM이나 PDM기법과의 기본적인 차이다.

(2) 활동시간 추정

1) PERT기법의 기본적인 성질

① 각 활동들은 낙관적인 시간(t_o), 개연적인 시간(t_m), 비관적인 시간(t_p)의 3가지 추정시간을 갖는다($t_o \leq t_m \leq t_p$).

② 각 활동시간은 각각 독립적이며, 적절한 통계분포형태(beta curve)를 갖는다.

③ 한 공사는 충분한 수의 활동으로 구성되며, 각 활동의 평균($\bar{x}$), 분산(σ^2)을 이용한 총공사기간은 정규분포형태를 갖는다.

2) 3점 시간추정

각 활동의 지속기간에 대하여 추정하는 시간은 다음의 3점 시간추정으로 표시된다.

① 낙관적인 기간(optimistic duration, t_o)

② 비관적인 기간(pessimistic duration, t_p)

③ 개연적인 기간(most likely duration, t_m)

한 활동이 매우 순조로운 조건에서 시행되는 경우에는 비교적 짧은 기간 내에 완료될 수 있으므로 이것을 낙관적인 기간이라고 한다. 이것이 실제로 있을 수 있는 확률은 약 0.01이다. 활동이 매우 불순한 조건에서 시행되는 경우에는 완료되는데 비교적 긴 기간이 걸리게 되므로 이것을 비관적인 기간이라고 한다. 이것이 실제로 있을 수 있는 확률은 약 0.01이다. 활동기간은 대개 이들 두 값의 범위 내에 있게 되므로 실제의 기간에 가장 근사한 추정치가 개연적인 기간이 된다.

지금 어느 활동의 추정기간은 다음과 같다.

$$t_o=4,\quad t_p=5,\quad t_m=7$$

로 나타내면, 이것을 1점 추정치에 의한 확실성보다는 3점 추정치에 의한 개연성으로 기간을 나타내는 것이 된다. 개연성은 통계적인 확률과 그 활동이 많은 회수로 반복해서 시행되었을 때 여러 다른 기간이 일어날 수 있는 발생빈도를 그림 2－52와 같은 확률분포곡선으로 나타낼 수 있다.

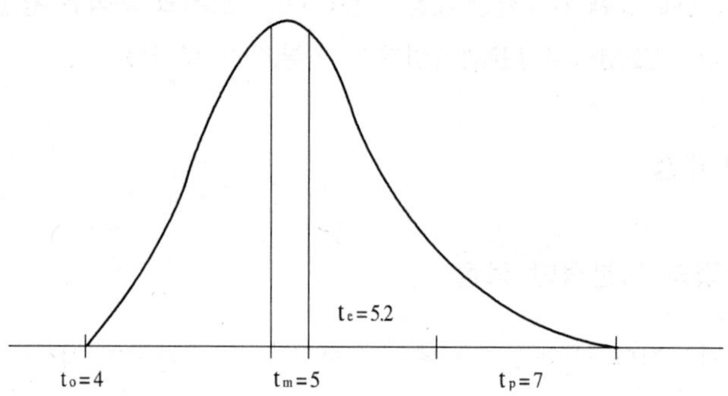

〈그림 2－52〉 베타(β)분포곡선

주어진 기간추정치로 나타낸 확률분포는 그림 2－52와 같이 비대칭인 베타곡선(beta curve)이 된다. 이 활동의 기간이 4일 미만이거나 7일 이상일 확률은 각각 0.01이며, 5일에서 확률은 가장 크다. 이 곡선에서 4, 5 및 7에 세운 수직거리는 수평축에서 잰 일수에 활동이 완료되는 빈도를 나타낸다. 5일에 세운 수직선이 곡선 아래의 면적을 2등분하고 있지 않기 때문에 이 활동이 5일에 완료될 확률은 0.5가 아니다. 이러한 활동에 대해서 기대할 수 있는 기대기간(expected duration)에서는 확률이 0.5이며 이 기대경과시간(expected elapsed time, t_e)은 다음과 같이 가중평균치로 구할 수 있다.

$$t_e = (t_e + 4t_m + t_p)/6 \tag{2-10}$$

이 계산 공식은 다음 그림과 같이 β분포를 이룬다고 가정하여 계산하고 있다.
t_e는 t_m과 중앙값 사이 1/3되는 지점에 위치하고 있고, 따라서 다음과 같이 표현할 수 있다.

①중앙값$= t_o + t_p/2$
②t_m으로부터 중앙값까지의 길이$= ((t_o + t_p/2) - t_m)$
③t_m으로부터 t_e까지의 길이$= 1/3((t_o + t_p/2) - t_m)$

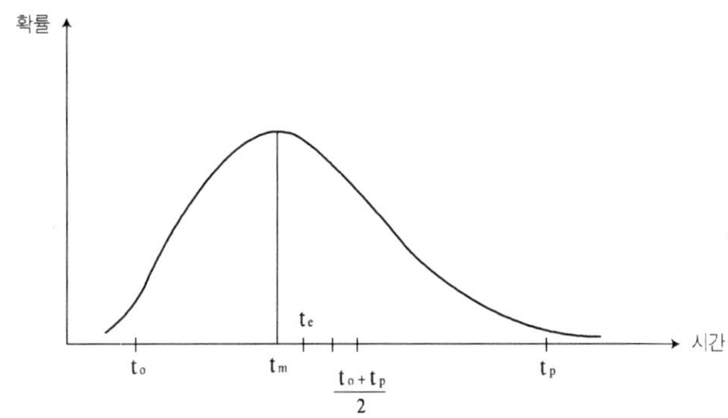

〈그림 2-53〉 t_e를 설명하는 도수분포곡선

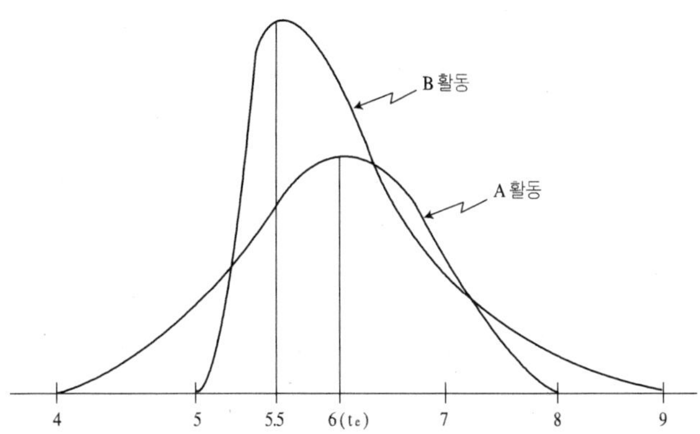

〈그림 2-54〉 시간추정치가 다른 두 활동의 확률분포형태의 비교

따라서,
$$t_e = t_m + 1/3((t_o + t_p/2) - t_m) \tag{2-11}$$
$$= t_o + 4t_m + t_p/6 \tag{2-12}$$

이것은 활동이 많은 회수로 반복되었을 때 얻어지는 평균기간치이며, 주어진 값에서

$t_e=(4+4\times5+7)/6=5.2$이다. 여기서 t_e는 t_m으로 추정된 개연적인 기간이 5일보다 조금 크기 때문에 이 추정치는 다소 낙관적이었다고 볼 수 있다. 그림 2-52는 $t_e=5.2$에서 확률곡선 아래의 면적은 0.5이다. 다시 말해서 활동이 완료될 기간이 t_e보다 빠르거나 늦어질 기회가 50:50이라는 것을 지시한다.

(3) 추정치의 분산

두 개의 활동 A와 B에 대하여 다음과 같은 시간추정치를 비교해 본다.

A	B
$t_o=4$	$t_o=5$
$t_m=6$	$t_m=5.5$
$t_p=8$	$t_p=9$

$$t_e(A)=\frac{4+4\times6+8}{6}=6,\quad t_e(B)=\frac{5+4\times5.5+9}{6}=6$$

두 활동의 추정치는 서로 다르지만, 기대경과기간 t_e의 값은 모두 6으로 같다. 이들의 분산형태를 비교하면 그림 2-54와 같이 된다.

이러한 확률분포형태의 차이를 나타내는 척도를 분산(variance, σ_{te}^2)이라 한다. 다음 식으로 계산할 수 있다.

$$\sigma_{te}^2=(t_e-t_o/6)^2 \tag{2-13}$$

이것은 시간추정치의 불확실성을 지시하므로 이 값이 크면 분포가 기대시간 t_e로부터 양측으로 뻗어 있어 낙관치와 비관치는 멀리 떨어져 있는 경우이므로 활동기간의 추정에 불확실성이 크다. 반대로 분산이 작은 경우에는 불확실성이 작다.

지금 확률분포가 다른 N개의 변수 $X_1,\ X_2,\ \cdots,\ X_n$에 대하여

$$X=X_1+X_2+X_3+,\ \ldots,+X_n$$

라고 하면 이들의 기대치($\overline{X}$)와 분산(σ^2)은 다음과 같다.

$$\overline{X}=\frac{(X_1+X_2+X_3+,\ \ldots,+X_n)}{N}=\frac{\sum X_i}{N} \tag{2-14}$$

$$\sigma^2 = \sigma_{x_1}{}^2 + \sigma_{x_2}{}^2 + \sigma_{x_3}{}^2 + , \cdots , + \sigma_{x_n}{}^2 = \sum \sigma^2 x_n$$

이 때 N의 값이 충분히 크면 X의 분포는 정규분포에 근사하게 되며, 기대치에 대한 표준편차(standard deviation)는 다음과 같다.

$$\sigma_x = \sqrt{\sum \sigma^2 x_i} \tag{2-15}$$

이것은 다음에 논의하는 경유점 시간의 확률적인 평가에 적용된다.

예제 2-3 PERT기법에 의한 공사기간을 확률적으로 산출하는 3점 시간추적법 $t_2 = \frac{1}{6}(a + 4b + c)$에서 추정치 t_o, t_m, t_p를 설명하시오.

[해설] 3점 시간추적이란 PERT기법에서 믿을 만한 기대시간(t_e)을 구할 때 사용되며, 여기서 $t_e = \frac{t_o + 4t_m + t_p}{6}$ 이다.

여기서, t_o : 낙관적 시간(optimistic time)

t_m : 정상 시간(most likely time)

t_p : 비관 시간(pessimistic time)

예제 2-4 PERT기법에 의한 공정관리방법에서 낙관적인 시간이 5일, 정상시간이 8일, 비관적 시간이 11일 일 때, 공정상의 기대시간(expected time)을 구하시오.

[해설] $t_e = \frac{t_o + 4t_m + t_p}{6} = \frac{5 + (4 \times 8) + 11}{6} = 8$일

예제 2-5 PERT기법에 의한 공정관리방법에서 낙관적인 시간이 2, 정상 시간이 5, 비관적인 시간이 8일 때 기대시간과 분산(variance)을 구하시오.

[해설] $t_e = \frac{t_o + 4t_m + t_p}{6} = \frac{2 + (4 \times 5) + 8}{6} = 5$

$$\sigma^2 = \left(\frac{t_p - t_o}{6}\right) = \left(\frac{8 - 2}{6}\right) = 1$$

(4) PERT의 일정분석

1) 시간계산

각 활동에 대하여 3점 시간추정치가 주어지고 기대기간 t_e가 결정되며, 경유점 시간과 경유점 여유시간은 CPM 네트워크에서와 같이 전진 및 후진계산으로 t_e값을 사용해서 결정할 수 있고 사업기간(project duration)은 최종경유점에 대한 조기경유점 시간이다.

전진계산은 각 경유점의 조기경유점시간(earliest event time) T_E를 주고, 후진계산은 만기경유점 시간(latest event time) T_L을 주므로 각 경유점의 여유시간은 T_L과 T_E의 차이다. 사업기간을 결정하는 주공정(critical path)은 여유시간 $T_L - T_E = 0$인 경유점을 걸치는 공정이 된다.

사업기간은 최장공정에 걸친 주공정활동의 기대치의 합계이므로 사업이 이 기간에 완료될 확률은 0.5이다. 이 때 사업기간의 변동은 앞에서 논의한 바와 같이 각 활동기간의 분포형태에 관계없이 정규분포에 근사하고 분산은 사업기간을 결정지워주는 주공정에 걸친 모든 주공정 활동의 분산의 합계이다.

지금 A, B, C, D의 4개 활동으로 된 주공정에 대해서 사업기간과 분산, 또는 표준편차는 다음과 같이 계산할 수 있다.

	A (①→②)	B (②→③)	C (③→④)	D (④→⑤)
t_o	4	3	2	4
t_m	6	8	4	5
t_D	8	9	7	6
t_a	6.0	7.33	4.17	5.0
σ_{te}^2	$\left(\frac{2}{3}\right)^2$	1.0	$\left(\frac{5}{6}\right)^2$	$\left(\frac{1}{3}\right)^2$

따라서, $t_e = 6 + 7.33 + 4.17 + 5.0 = 22.50$

$$\sigma_{te}^2 = \left(\frac{2}{3}\right)^2 + 1.0 + \left(\frac{5}{6}\right)^2 + \left(\frac{1}{3}\right)^2 = 2.25$$

$$\sigma_{te} = \sqrt{2.25} = 1.5$$

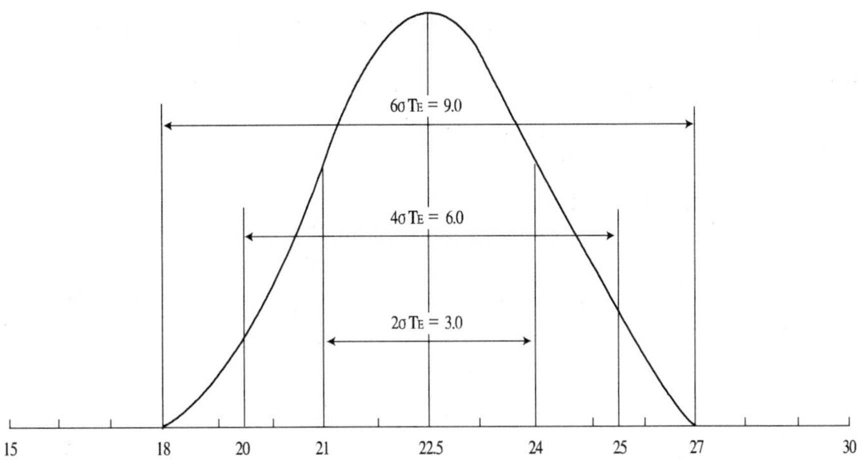

〈그림 2 - 55〉 정규확률분포곡선

지금 사업기간이 기대치 T_E가 22.5 그리고 표준편차가 1.5이므로 정규분포로 가정하면 사업이 기대치로부터 표준편차의 1배 범위인 21과 24사이에 완료될 확률은 정규분포확률표로부터 0.6827이고 3배 범위인 18과 27사이에 완료될 확률은 0.9973이다(그림 2-55 참조).

2) 기대시간 계산

관리진이 예정하는 사업기간은 앞에서 계산된 최종경유점에서의 기대치 T_E로부터 알 수 있다. 이러한 문제는 네트워크공정에서 어느 특정한 경유점, 즉 이정표로 설정한 경유점에서도 있을 수 있다. 어느 경유점에서 기대치 T_E와 예정시간 T_S의 차이에 따라 T_S에 대한 확률은 달라진다.

$$\text{지금 } Z = \frac{\text{예정시간} - \text{기대시간}}{\text{표준편차}} = \frac{T_S - T_E}{\sigma T_E}$$

〈표 2-9〉 표준정규분포 함수

Z	P	Z	P
.0	.5000	-3	.0013
.1	.5398	-2.9	.0019
.2	.5793	-2.8	.0026
.3	.6179	-2.7	.0035
.4	.6554	-2.6	.0047
.5	.6915	-2.5	.0062
.6	.7257	-2.4	.0082
.7	.7580	-2.3	.0107
.8	.7881	-2.2	.0139
.9	.8159	-2.1	.0179
1.0	.8413	-2.0	.0228
1.1	.8643	-1.9	.0287
1.2	.8849	-1.8	.0359
1.3	.9032	-1.7	.0446
1.4	.9192	-1.6	.0548
1.5	.9332	-1.5	.0668
1.6	.9452	-1.4	.0808
1.7	.9554	-1.3	.0968
1.8	.9641	-1.2	.1151
1.9	.9713	-1.1	.1357
2.0	.9772	-1.0	.1587
2.1	.9821	- .9	.1841
2.2	.9861	- .8	.2119
2.3	.9893	- .7	.2420
2.4	.9918	- .6	.2743
2.5	.9938	- .5	.3085
2.6	.9953	- .4	.3446
2.7	.9965	- .3	.3821
2.8	.9974	- .2	.4207
2.9	.9981	- .1	.4602
3.0	.9987	- .0	.5000

제3장 자원배당

3-1 개 요

이 장에서 인력, 장비, 자금 등 자원이 소요될 때 일정이 허용하는 한도 내에서 최소의 비용으로 자원을 배당하는 자원배당(資源配當, resource allocation)에 대해 살펴보며, 또한 자원할당을 자원배분이라고도 한다.

(1) 자원의 종류

자원배당의 정의는 자원소요량과 투입가능한 자원량을 상호조종하고 자원의 허비시간을 제거함으로써 "자원의 효율화"를 기하고 아울러 비용의 증가를 최소로 하는데 목적이 있다. 대상이 되는 자원은 대표적인 것으로 다음 여섯 가지를 들 수 있다.

① 인력(manpower, labor)
② 장비, 설비(machine, equipment)
③ 자재(material)
④ 자금(money)
⑤ 공간(space)
⑥ 기술방법(method of technical)

이 중 특히 기술자, 노동자 등의 인적자원 이용에 바람직한 계획이 되도록 각 작업의 작업시간을 결정하는 것을 인력일정계획(manpower scheduling)이라고 한다. 프로젝트업무는 특히 인력이 가장 중요한 자원으로서 인력관리가 중요하다.

한 인력관리의 예로서 인력이 예산과 다른 점은 사용되어 없어지는 것(엄밀하게는 변화되는 것이지만)이 아닌 점이다. 또 인력과 인원 수는 다른 것이다. 인력의 단위는 물리량이 아니므로 어려운 점이 있지만, 연인원(man · year), 월인원(man · month), 공수(man · hour)가 있는데 계산시 혼동하지 않도록 한다. 1man · hour는 정상의 작업자 1시간 분의 노동량이다. 보통공수라고 부른다. 단위를 man/month, man/hour와 같이 표기하는 것은 잘못된 것으로 혼동을 일으킨다. 인력은 전기량으로 KW · hr 쓰는 것처럼(전기에너지량) 이와 대조하여 쓰면 이해가 빠르다. 1사람의 1시간 작업분량이 1공수인 것은 마치 1KW 전열기가 1시간 내에 에너지가 1KWH인 것과 같다.

예) 1월에 2명, 2월에 2명, 3월에 2명이면 도합 몇 명이 필요한가? 2+2+2=6으로 6명이라고 답하지 않는다. 즉 6은 월인원 6을 말하므로 3개월 동안에는 2명이면 된다. 인력만이 작업진도에 관계된다면 위의 작업을 1개월 마치려면 6명이 필요하다. 6월 인원/1월=6인원, 마찬가지로 6월 인원=0.5연인원(6명×1/12월)과 같다.

(2) 자원배당의 기준

자원배당 문제를 복합적으로 고려하여 추진하는데 고려해야 할 기준으로 다음과 같이 요약 정리할 수 있을 것이다.

1) 인력변동의 회피

인력의 민감한 변동은 인원의 모집, 고용, 훈련, 해고 등의 과정에서 시간과 비용의 낭비를 초래하게 된다.

2) 한정된 자원의 선용

추가할 수 있는 자원이 품절되거나, 추가 투입시 비용이 많이 소요되든가, 작업장 여건상 자원의 추가반입이 곤란한 경우 한정된 자원을 선용토록 한다.

3) 자원의 고정수준 유지

특히 공장이나 사무실 등의 인원인 경우 가능한 한 어느 일정기간 동안은 항상 완전히 고용토록 고정수준을 유지한다.

4) 자원 일정계획의 효율화

자원수준에서 최정점(peak), 또는 바닥점(valley)을 피하며, 고정 자원원수중 자원수준의 효과적인 이용 등의 문제해결에 자원배당기법을 이용한다.

자원배당의 전제조건으로는(제한된 자원에 대한 작업일정을 복잡하게 하는 원인) 다음 두 가지가 지켜져야 한다.

① 활동들 중의 어느 활동도 똑같은 자원을 필요로 하지 않도록 짜여져야 한다.

② 자원의 가용성을 초과하지 않으며 어떠한 선후행관계도 위반하지 않아야 한다.

(3) 자원배당의 내용

자원배당에 사용되는 여러 가지 종류를 살펴보면 다음과 같다.

1) 일반적인 PERT와 CPM

① 자원에 대한 명백한 고려가 없다.

2) 자원일정계획

① 빠른 시간일정계획으로 자원배분
② 기간별로 집계하여 전체적인 윤곽만 파악
③ 자원의 평준화나 자원배당은 고려하지 않는다.

3) 자원평준화

① 빠른 시간일정계획으로 자원소요량 계산
② 최정점 시기의 작업활동을 최정점 아닌 시기로 이동함으로써 자원의 부하 감소

4) 자원할당

① 자원의 한계량을 설정
② 자원한계량을 고려한 자원 일정계획을 수립
③ 자원가용량을 초과할 경우 작업활동을 연기
④ 자원한계량으로 인하여 프로젝트 완성일이 지연될 수도 있다.

자원평준화 문제는 크게 두 가지로 나누어 볼 수 있다. 하나는 자원이 무제한으로 있는 상태에서 자원요소를 평준화하는 문제로 자원평준화(resource leveling) 문제이고, 다른 문제는 자원이 제한된 상태에서 자원소요를 평준화하는 문제로 자원배당문제라고 한다. 자원평준화 문제는 자원보다 시간일정을 맞추는 것이고, 자원분배는 시간보다 자원제약에 맞추는 것으로 볼 수 있다. 자원배당 문제는 먼저 자원일정계획에 따라 일정계획을 세운다. 이 방법은 먼저 일정계획을 수립한다(이 때 일정계획의 기준은 빠른 착수(EST)와 늦은 착수(LST)이다). 다음에 일정계획에 따른 자원계획을 수립한다.

3-2 자원평준화 기법

자원평준화(leveling)는 시간의 일정을 지키고 자원에 제약을 받지 않으면서 가능한 자원의 일정량을 사용하고자 하는 문제이다. 자원평준화 문제는 크게 세 가지로 나눈다.

(1) 무제한 자원공급하의 자원분배

충분한 자원으로 작업완료 예정일 안에 작업완료를 목표로 자원의 분배계획을 수립하는 것이다.

(2) 자원제약하의 자원분배

제한된 자원을 가지고 최대한도로 작업을 빨리 완료하려고 자원을 적절히 분배하여 계획을 세우는 것이다.

(3) 장기자원계획

총작업시간과 자원의 분배로서 총비용을 최소한으로 하는 계획을 수립하는 것이다. 이 때 총비용은 자원의 사용비용, 간접비용은 물론이고, 납기지연으로 인한 연대비를 포함하게 되는 것이다. 여기서 우리는 자원계약하의 자원분배문제만을 다루어 본다.

자원제약하의 자원분배의 기본 아이디어는 각 작업의 여유시간 안에서 자원의 사용을 조정하여 일시에 자원이 사용되지 않게 하는 것이다. 자원이 일시에 많이 사용되는 것을 전 작업기간에 일정하게 사용하기 위한 작업을 작업평준화기법이라고 한다. 이를 위한 많은 기법이 소개되었으며, 그 중 Burgess, A.R.와 J.B. Killebrew, Wiest J.D의 방법이 유명하다. 이 절에서는 Wiest의 방법만 소개한다. 자원분배를 이해하기 위해 다음과 같이 세 가지 방법이 있으며, 이 세 가지 방법의 작업 끝나는 시간은 같다.

자원분배를 수행하는 세 가지 자원분배방법은 다음과 같다.

1) 가장 빠른 착수일(EST)에 의한 자원분배

가능한 한 작업을 빨리 시작하는 방법이다. 전 작업이 끝났으면 바로 다음 작업을 시작한다.

2) 가장 늦은 착수일(LST)에 의한 자원분배

가능한한 작업을 늦게 시작하는 방법이다. 다음 작업에 영향이 없을 때까지 작업을 지연했다가 작업을 시작한다.

3) Wiest의 기법에 의한 자원평준화 자원분배

전체 끝나는 시간에 지장 없으면서 각 작업간의 여유시간 안에서 작업을 조정하여 자원 사용이 가능한한 평준화하는 방법이다. 작업진행순서는 다음과 같다.

① 단계 1 : 모든 작업을 ES(early start)로 스케줄한다. 각 날짜별로 "자원소요량"을 계산한다.

② 단계 2 : 자원사용량이 최종점인 점을 계산한다.
T(꼬리표)는 최종점소요량−1이라 둔다.

③ 단계 3 : 자원 부하도표(각 날짜별로)를 계산한다. T(꼬리표)보다 큰 자원이 있으면 다음 단계를 수행한다.

④ 단계 4 : 최종점 일에 사용되는 작업을 조사한다. 여유시간이 큰 것부터 나열하여 오른쪽으로 이동한다.

⑤ 단계 5 : 자원부하도표 재계산한다. 다른 최종점이 생기면 단계 4를 반복한다. 전 구간이 피크보다 큰 게 없으면 꼬리표를 하나 낮춘 후 단계 3을 반복한다. 더 이상 줄지 않으면 끝낸다.

⑥ 단계 6 : 단계 4에서 최종점 일 같은 게 여러 개 있으면 임의로 선택하여 수행했으므로 다시 단계 4에서 선택되지 않은 것을 선택하여 단계 4와 단계 5를 반복한다. 그 중 최소의 자원비용을 갖는 일정을 선택한다. 다음 예제들을 통해 Wiest의 방법을 사용하면 다음과 같다.

예제 3-1

1) A, C, D : 프로젝트의 주공정선(전혀 여유가 없는 공정)
2) B : 20일 여유
3) C : 자원소요량이 0
4) 모든 공정의 자원소요량은 일일평균소요량

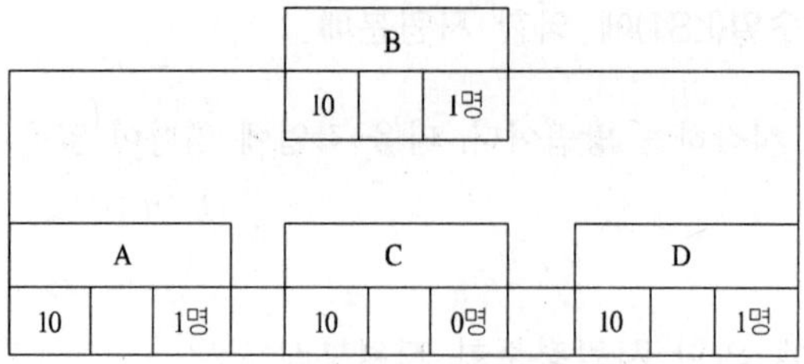

〈그림 3-1〉 예제 1의 네트워크

1) 빠른 착수(EST)에 의한 자원계획

작업 A, B는 바로 작업을 착수했다. C작업은 A작업이 끝나면 바로 시작한다. D작업은 C작업이 끝나면 바로 시작한다. 이 때 자원부하도표와 일정은 그림 3-2와 같다.

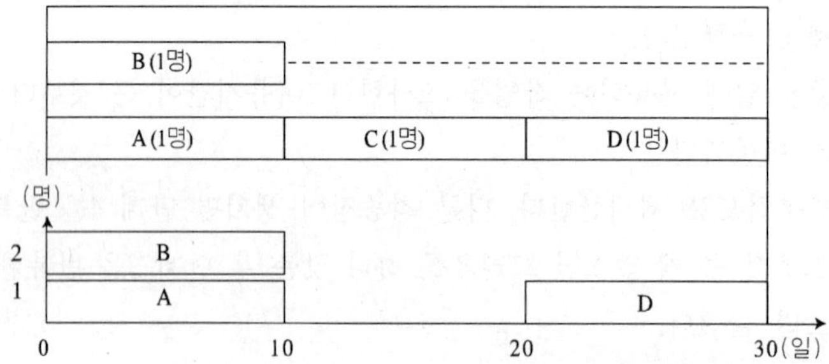

〈그림 3-2〉 예제 3-1의 EST에 의한 자원계획

2) 늦은 착수(LST)에 의한 자원계획

B작업은 20일의 여유가 있으므로 가능한 늦게 시작되며, 다른 작업은 주공정이므로 여유없이 바로 시작되고, 이때 B작업은 20일에 시작한다. 작업 부하도표가 그림 3-3과 같다.

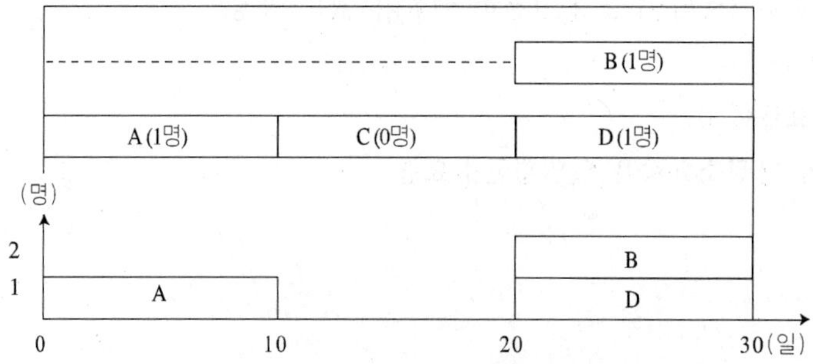

〈그림 3-3〉 예제 3-1의 LST에 의한 자원계획

3) Wiest기법에 의한 자원평준화기법

T가 2이므로 첫 번째 날에 여유있는 작업 B를 오른쪽으로 이동한다. T＝2보다 작게 이동하면 B작업을 10일에 시작하면 된다. 이때의 작업부하도표는 그림 3-4와 같다.

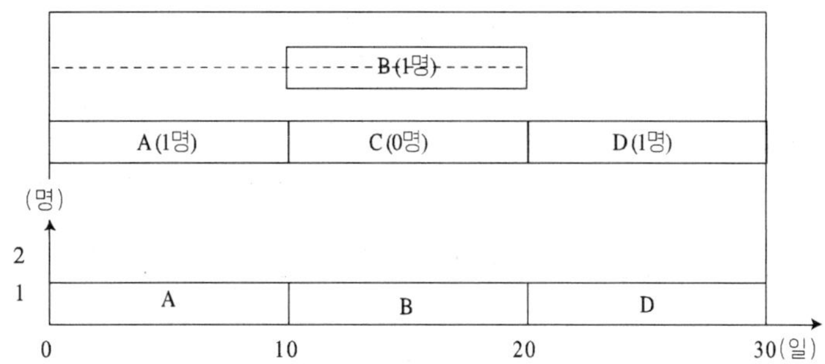

〈그림 3-4〉 예제 3-1 Wiest방법으로 평준화한 경우

예제 3-2 그림 3-5와 같이 네트워크를 PDM방식으로 표현했다. 이 네트워크의 자원을 평준화하시오.

1) A, C, G : 프로젝트의 주공정선(전혀 여유가 없는 공정)
2) B, E, D, F : 여유가 있는 공정

그림 3-5의 데이터를 분석하면 표 3-1과 같다.

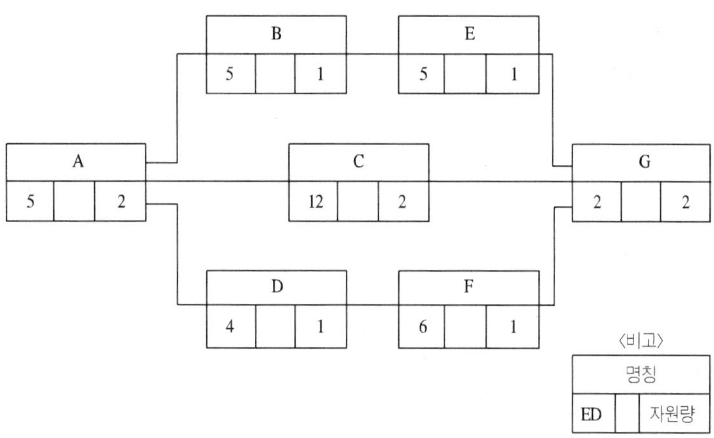

〈그림 3-5〉 예제 3-2의 네트워크

〈표 3-1〉 예제 2의 데이터

액티비티	예상기간	작업시간				총여유	자유여유
		EST	EFT	LST	LFT		
A	5	0	5	0	5	0	0
B	5	5	10	10	15	5	0
C	12	5	17	5	17	0	0
D	4	5	9	7	11	2	0
E	2	10	12	5	17	5	5
F	6	9	15	11	17	2	2
G	2	17	19	17	19	0	0

1) 가장 빠른 착수일(EST)에 의한 자원배분 : 각 작업이 가능한한 빨리 시작하면 다음 그림 3-6과 같다.
2) 가장 늦은 착수일(LST)에 의한 자원배분 : 각 작업을 가능한한 늦게 시작하면 그림 3-7과 같다.
3) 자원의 평준화에 의한 자원배분 : Wiest방법으로 각 자원을 할당하면 먼저 T=4(peak 5-1)을 만들기 위해 여유있는 작업 B, D, E, F를 차례로 오른쪽으로 이동시켰더니 E작업만 11일 시작에서 18일 시작으로 이동했을 때, T작업은 만족하고, 다른 경우는 만족하지 않았다.

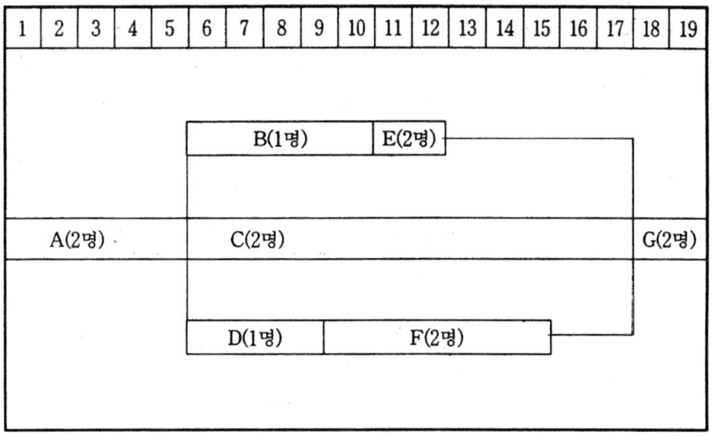

액티비티	작업기간																		
	1	2	3	4	5	6	7	8	9	10	11	12	13	14	15	16	17	18	19
A	2	2	2	2	2														
B						1	1	1	1	1									
C						2	2	2	2	2	2	2	2	2	2	2	2		
D						1	1	1	1										
E											2	2							
F										1	1	1	1	1	1				
G																		2	2
합계	2	2	2	2	2	4	4	4	4	4	5	5	3	3	3	2	2	2	2

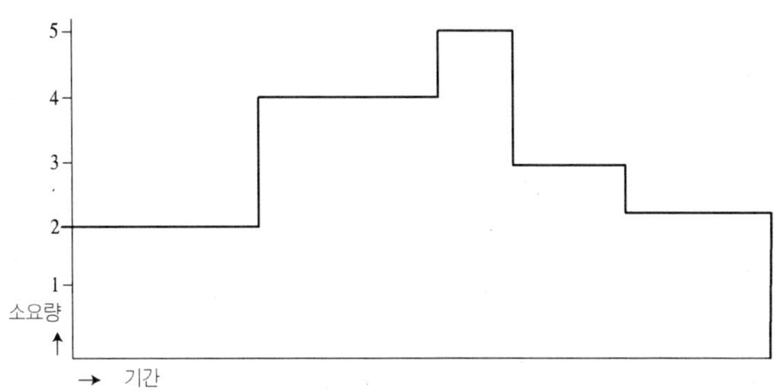

〈그림 3-6〉 가장 빠른 착수일(EST)에 의한 자원배분의 데이터 및 계산

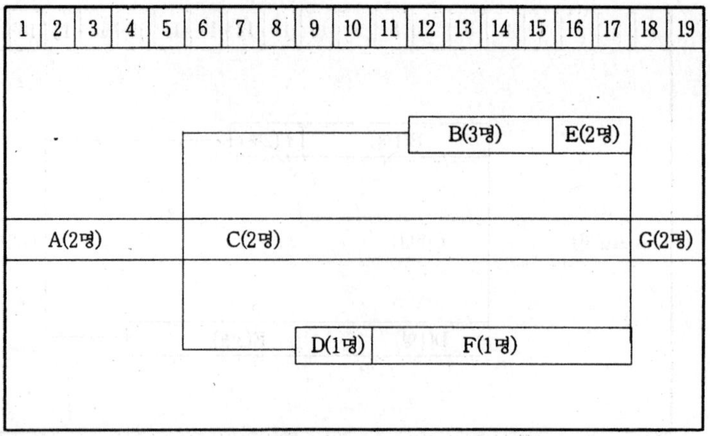

액티비티	작업기간																		
	1	2	3	4	5	6	7	8	9	10	11	12	13	14	15	16	17	18	19
A	2	2	2	2	2														
B											1	1	1	1	1				
C						2	2	2	2	2	2	2	2	2	2	2	2		
D								1	1	1	1								
E																2	2		
F												1	1	1	1	1	1		
G																		2	2
합계	2	2	2	2	2	2	2	3	3	3	4	4	4	4	4	5	5	2	2

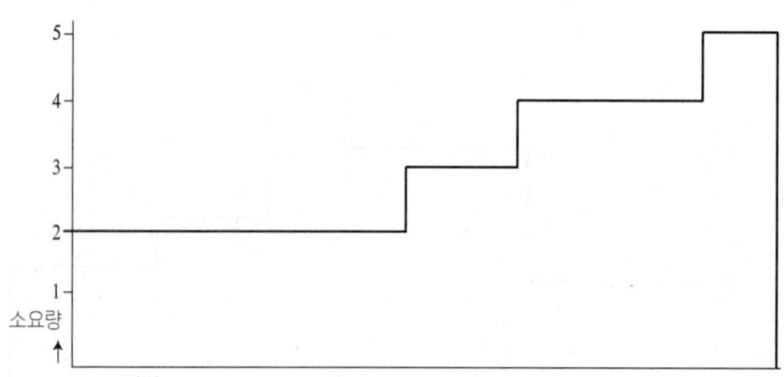

〈그림 3-7〉 가장 늦은 착수일(LST)에 의한 자원배분의 데이터 및 계산

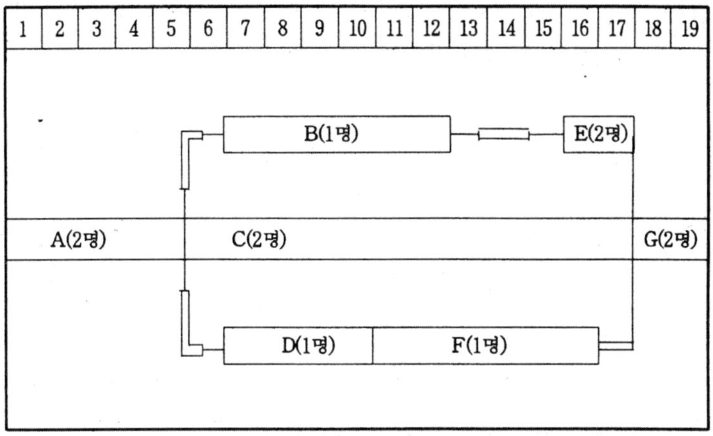

액티비티	작업기간																		
	1	2	3	4	5	6	7	8	9	10	11	12	13	14	15	16	17	18	19
A	2	2	2	2	2														
B						1	1	1	1	1	1								
C						2	2	2	2	2	2	2	2	2	2	2	2		
D						1	1	1	1										
E																2	2		
F										1	1	1	1	1	1				
G																		2	2
합계	2	2	2	2	2	4	4	4	4	4	4	3	3	3	3	4	4	2	2

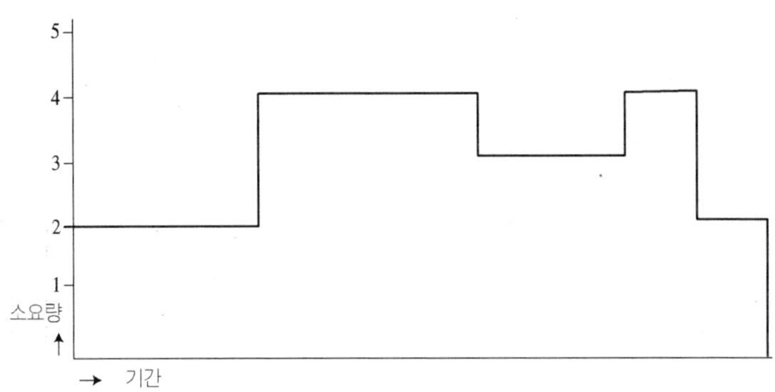

〈그림 3-8〉 Wiest방법에 의한 자원을 평준화한 자원배분

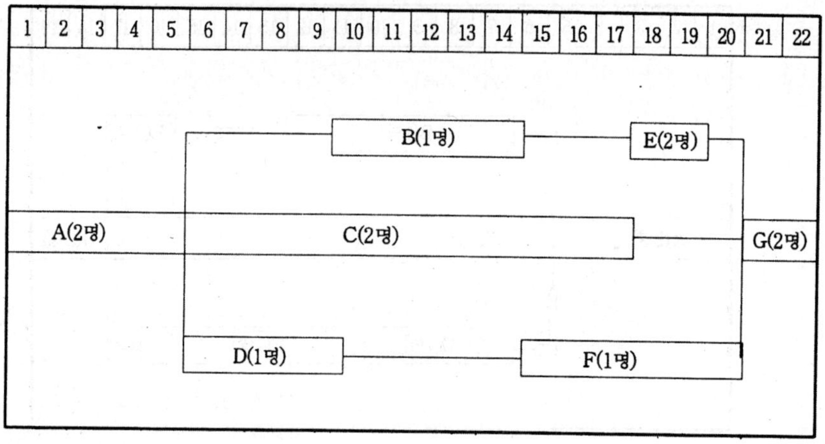

액티비티	작업기간																					
	1	2	3	4	5	6	7	8	9	10	11	12	13	14	15	16	17	18	19	20	21	22
A	2	2	2	2	2																	
B										1	1	1	1	1								
C						2	2	2	2	2	2	2	2	2	2	2	2					
D						1	1	1	1													
E																		2	2			
F															1	1	1	1	1	1		
G																					2	2
합계	2	2	2	2	2	3	3	3	3	3	3	3	3	3	3	3	3	3	3	1	2	2

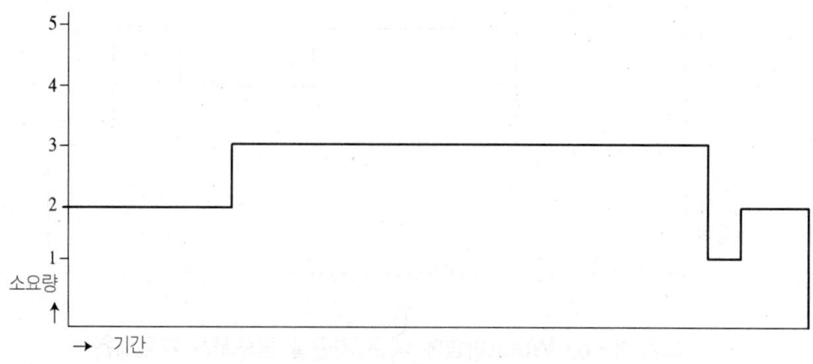

〈그림 3-9〉 자원배당에 의한 자원배분

3-3 자원배당

(1) 자원배당문제는 자원의 제약이 있는 경우의 순서

1) 자원한계량을 우선 고려한다.
2) 일정계획 수립
   ① 주공정(critical path)을 우선 배당
   ② 여유(float)가 적은 공정을 우선 배당
3) 자원제약조건으로 인하여 완성일은 지연될 수 있다.

(2) 자원할당시 세 가지 규칙

1) 자원들을 시간별로 연속적으로 할당한다.
2) 여러 활동들이 같은 자원들로 수행될 때는 가장 여유가 적은 활동에 우선권을 부여한다.
3) 가능하면 주공정이 아닌 활동들을 제 일정계획함으로써 주공정을 일정계획하는데 자원들을 자유스럽게 쓰도록 한다.

앞의 예제 3-2에서 만약 자원이 한계가 있어 3명 이상을 사용할 수 없다면, 이 작업은 19일에 끝날 수 없다.

이 문제를 자원배당 흐름도에 맞추어 자원의 제약하에서 최대한으로 빨리 끝나는 날을 구하면 다음 그림 3-8과 같이 얻을 수 있다.

예제 3-3 다음 네트워크에서 다음 사항에 대해 답하시오. (( )속의 숫자는 1일당 소요인원)

1) 최조개시에 의한 산적
2) 최지개시에 의한 산적
3) 인력 평준화표(제한인원 7명)
4) 수정 네트워크

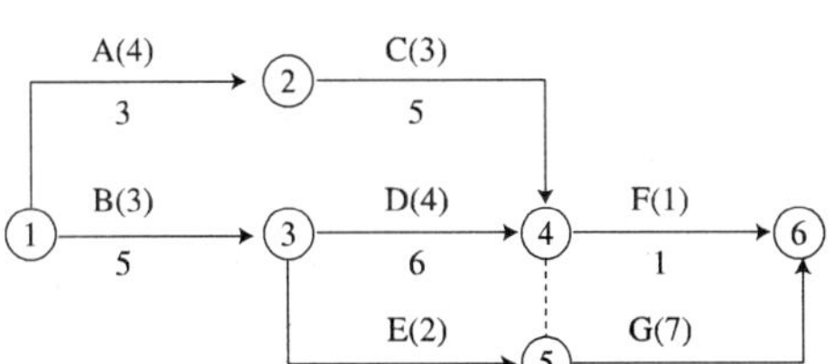

〈그림 3-10〉 네트워크의 예

1) 공정(일정계산)

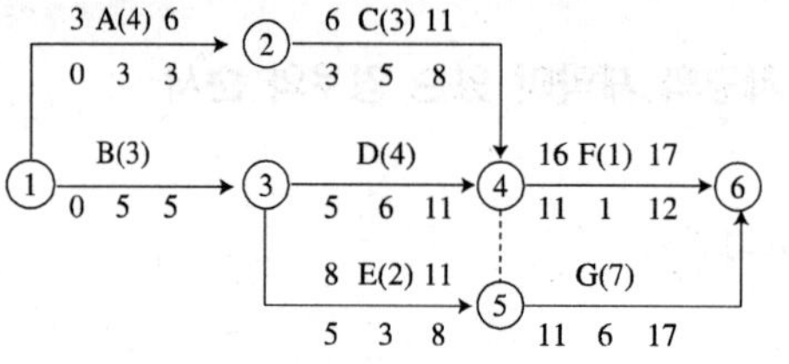

〈그림 3-11〉 일정분석

2) EST에 의한 산적

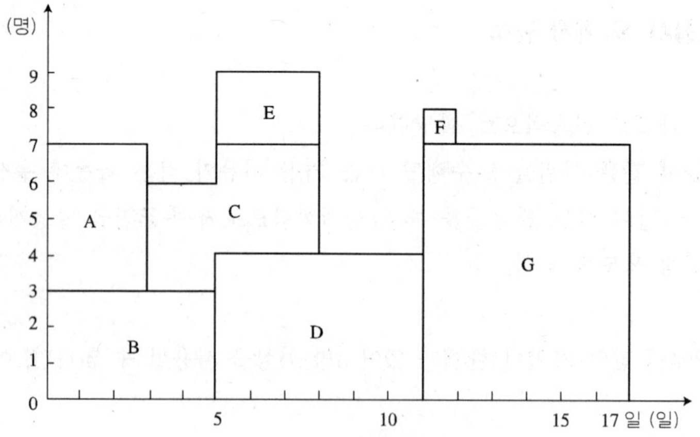

〈그림 3-12〉 EST에 의한 산적

3) LST에 의한 산적

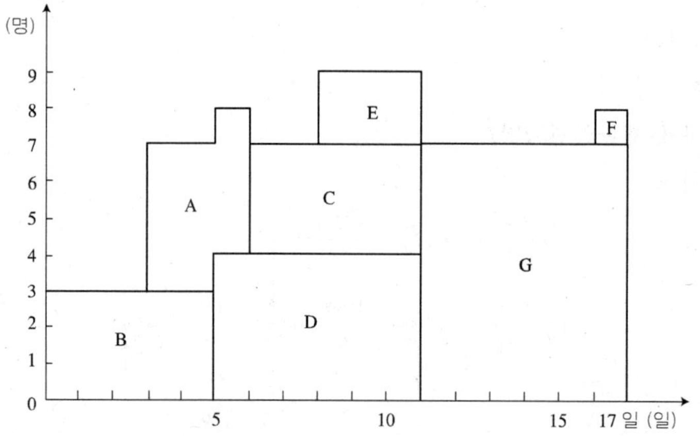

〈그림 3-13〉 LST에 의한 산적

4) 인력 평균산적(제한인원 7명)

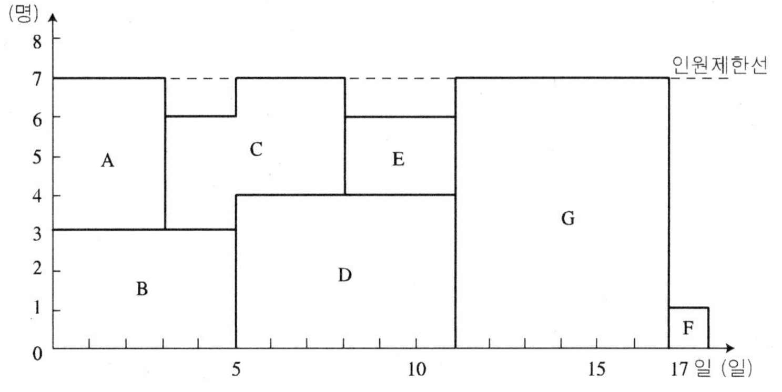

〈그림 3 - 14〉 인력 평균산적(제한인원 7명)

5) 수정 네트워크

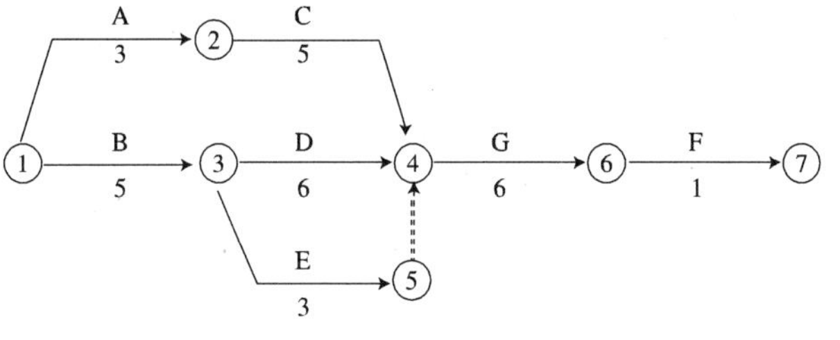

〈그림 3 - 15〉 수정 네트워크

제4장 공사기간단축

4-1 공사기간단축의 관계

(1) 작업시간과 자원의 관계

작업시간은 작업량과 작업을 수행하는 방법에 따라 달라지나, 작업량과 작업방법이 일정하다는 가정 하에서 자원량(인력, 장비)의 투입이 증가하면 비용은 비례적으로 증가하고 작업시간은 단축된다. 그림 4-1과 4-2는 자원과 비용, 자원과 작업시간의 상관관계를 보여준다.

공사기간단축(工期短縮, cost expediting)에서 고려해야 할 사항은 노무비와 장비비이다. 또한 작업량은 일정하므로 여기에 투입되는 재료는 일정하고 단지 인력, 장비의 투입여하에 따라 공사기간이 단축되고 연장되기 때문이다. 그러므로 공사기간단축 시에 자원투입의 증가란 일반적으로 인력이나 장비의 증가로 간주하여도 된다.

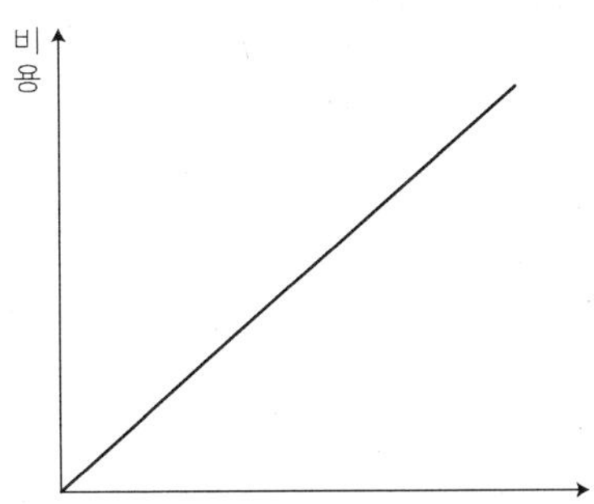

〈그림 4-1〉 자원과 비용의 상관관계

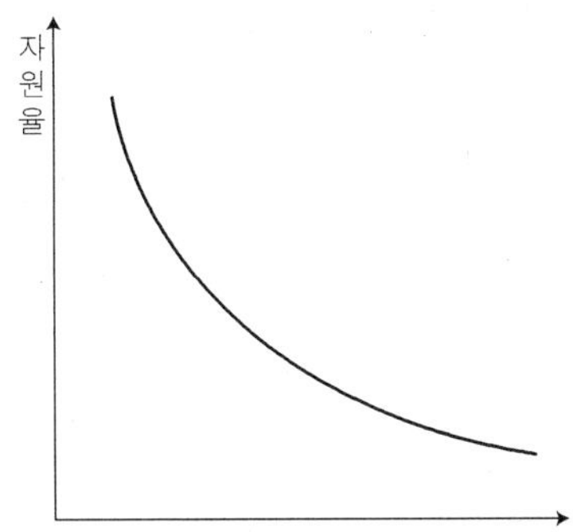

〈그림 4-2〉 자원과 작업시간의 상관관계

(2) 작업시간과 비용과의 관계

그림 4-3에서 N점은 최장시간, 최소비용점이고, C점은 최소시간, 최대비용점이다.

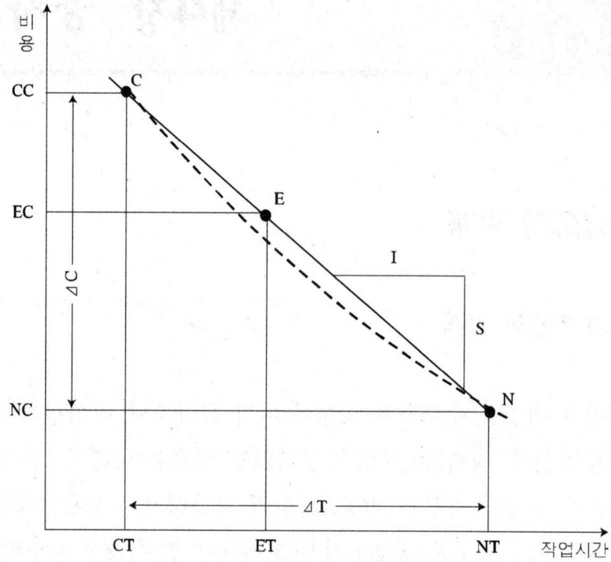

〈그림 4-3〉 작업시간과 비용

시간을 ΔT만큼 단축할 경우 비용의 증가는 ΔC만큼 발생한다.

다시 말하면 한 작업은 자원의 투입정도에 따라 작업시간을 NT(정상공사기간)에서 CT(특급공사기간) 사이에서 변화될 수 있고, 그에 따라 비용은 CC(특급공사비)에서 NC(정상공사비)사이에서 변화된다.

각 작업의 시간과 공사비용과의 관계는 그림 4-3 C와 N점을 이은 점선과 같은 관계에 있으나 C점과 N점을 이은 직선과 큰 차이가 없는 경우는 직선의 관계에 있는 것으로 가정하여 계산한다. 이 관계를 수식으로 표현하면 다음과 같다.

$$\text{비용경사} = \frac{\Delta C}{\Delta T} = \frac{CC - NC}{NT - CT} \tag{4-1}$$

비용경사(cosy slope)란 단위시간을 단축하는데 드는 비용으로 공사기간단축시 제일 먼저 고려해야할 사항이다. 한편 작업시간과 비용의 관계를 직선으로 가정하는 것이 불합리할 경우가 있다. 그림 4-4와 같이 C점과 N점을 잇는 곡선(실선)이 C점과 N점을 잇는 직선과 크게 차이가 날 경우에는 그림 4-5와 같이 가상작업으로 나누어 각각의 비용경사를 계산하는 것이 보다 더 실제곡선에 접근한다.

$$S_1 = \frac{CC - MC}{MT - CT},\ S_2 = \frac{MC - NC}{NT - MT} \tag{4-2}$$

이 된다.

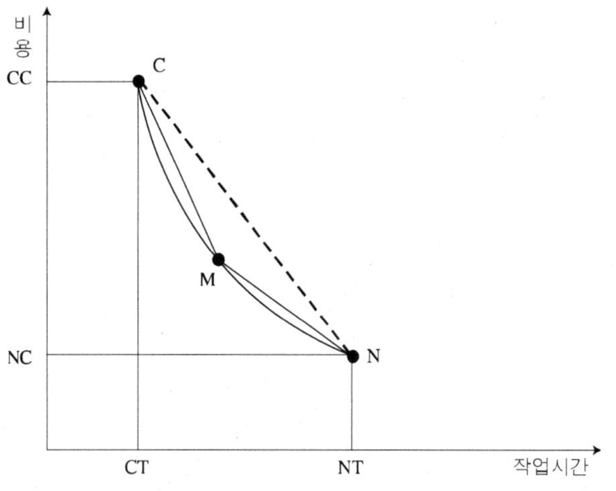

〈그림 4-4〉 작업시간과 비용

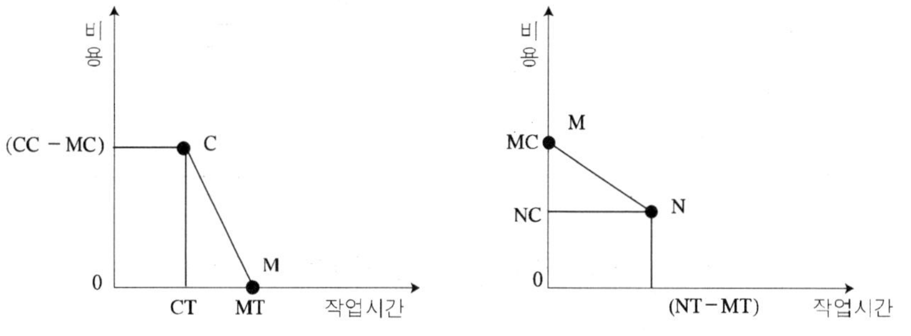

〈그림 4-5〉 비용경사의 분할

그림 4－6과 같이 한 작업에 대한 시간과 비용의 관계가 불연속 함수로 표시된 경우에는 표 4－1과 같은 형식의 비용경사 매트릭스를 이용하여 계산하면 편리하다.

〈표 4-1〉 비용경사 매트릭스

구 분		C	M_1	M_2	M_3	N
		20	21	23	24	25
C	20	0	-80	-40	-40	-44
M_1	21	80	0	-20	-26.7	-35
M_2	23	40	20	0	-40	-50
M_3	24	40	26.7	40	0	-60
N	25	44	35	50	60	0

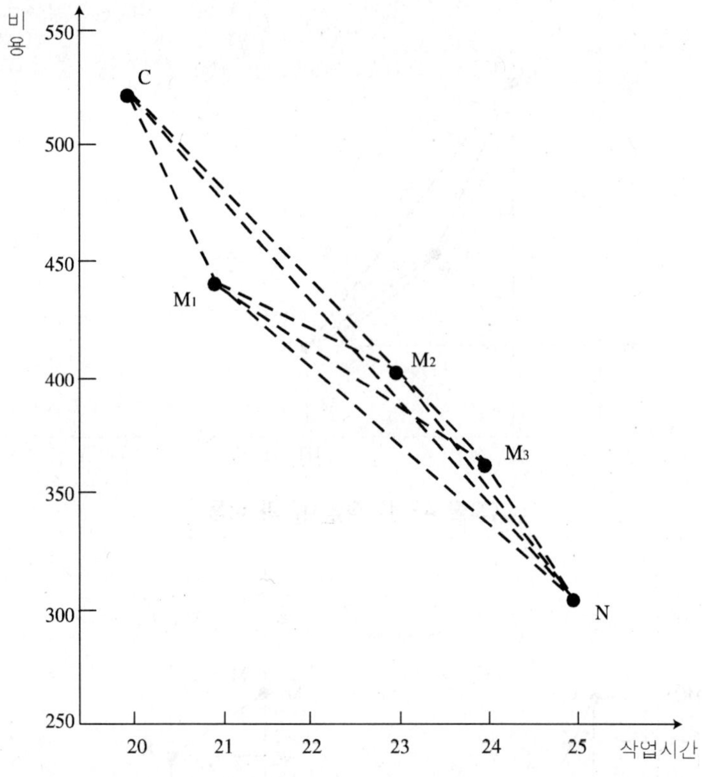

〈그림 4-6〉 작업시간과 비용(불연속 함수관계)

(3) 공사기간과 비용과의 관계

공사기간은 작업의 연계성을 갖는 네트워크 관계 속에서 주공정선상에 작업시간의 합으로 나타내고, 공사비는 모든 작업들에 소요되는 비용의 합으로 나타낼 수 있다.

공사비는 크게 직접비와 간접비로 구분한다. 직접비(direct cost)는 노무비, 재료비, 장비비로 구성되고 간접비(indirect cost)는 가설비, 공사에 필요한 일시적인 사무비, 가설용기기의 연료 및 본사요원의 급료 등으로 공사전반에 걸쳐 사용되는 경비를 말한다.

직접비는 공사기간에 반비례하고 간접비는 전공사기간에 비례적으로 배분되는 것으로 계산하므로 공사기간이 비례한다.

총공사비는 직접비와 간접비의 합계로 구해지며, 총공사비(total cost)와 전공사기간과의 관계는 그림 4-7과 같이 나타낼 수 있다.

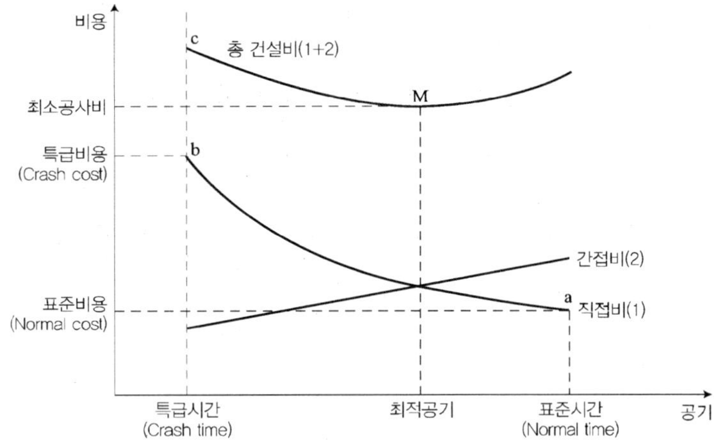

〈그림 4-7〉 공사비곡선

4-2 공사기간단축의 기법

이 절에서는 가장 일반적인 공사기간단축기법인 MCX(minimum cost expediting)법에 대해 간단히 기술하면 다음과 같다.

(1) 단축방법

공사기간단축방법은 다음 순서에 따라서 수행한다.

① 주공정선(critical path)상의 작업을 선택한다.
② 단축가능한 작업이어야 한다.
③ 비용경사가 최소인 작업을 우선적으로 단축한다.
④ 단축한계까지 단축한다.
⑤ 부주공정선(sub critical path)의 발생을 확인한다.
⑥ 부주공정선의 동시단축경로를 고려한다.
⑦ 앞의 순서를 반복한다.

(2) 단축 예

다음과 같은 조건의 네트워크에 대해 앞에서 제시한 공사기간단축방법을 이용하여 4일간의 공사기간단축을 해보기로 한다(단 간접공사비는 1일당 60만원이 소요된다).

〈표 4-2〉 작업의 비용경사(단위 : 만원)

작 업		정상		특급		단축 가능 일수 ①−③	비용경사 (④−②)/(①−③)	주공정 작업
		시간 ①	비용 ②	시간 ③	비용 ④			
A	1−2	4	210	3	280	1	70	*
B	1−3	8	400	6	560	2	80	
C	2−3	6	500	4	600	2	50	*
D	2−4	9	540	7	600	2	30	
E	3−4	5	150	4	240	1	90	*
F	3−5	4	500	1	110	3	200	
G	4−6	7	600	6	750	1	150	*
H	5−6	3	150	3	150	0	-	

표 4−2에서 알 수 있듯이 5−6작업은 단축이 불가능하다.

1) 1차 단축 : 2−3작업 2일간 단축

주어진 조건의 네트워크에서 주공정작업은 1−2, 2−3, 3−4, 4−6작업이며, 이 중 비용경사가 최소인 작업은 2−3작업으로 단축가능일수는 2일임을 알 수 있다. 이와 같이 2−3작업을 2일 간 단축하면, 1−3, 2−4작업이 부주공정선(sub critical path)작업이 된다. 따라서 다음의 단축에는 동시 단축경로를 고려하여야 한다. 그리고 1차 단축후 2−3작업을 더 이상 단축할 수 없다.

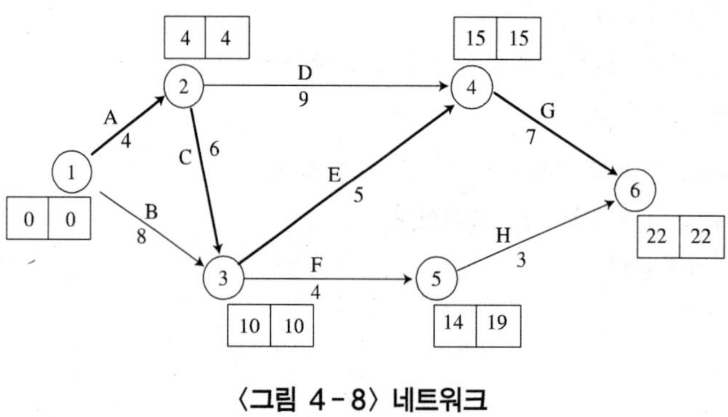

〈그림 4-8〉 네트워크

1차단축 후에 직접공사비는 3,050+(50×2)=3,150만원으로 증가하고, 간접공사비는 1,320(60

×22)−(60×2)=1,200만원으로 감소하게 된다. 직접공사비와 간접공사비를 합한 총공사비는 4,350만원이며, 공사기간은 22일에서 20일로 단축되었다.

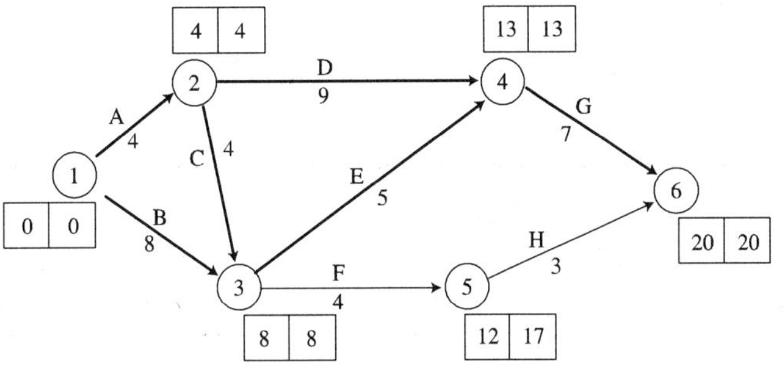

〈그림 4-9〉 2-3작업을 2일간 단축한 경우의 네트워크

2) 2차 단축 : 2−4, 3−4작업 1일간 단축

2차 단축에서의 단축대상작업과 공사비증가는 다음 표와 같다. 따라서 2차 단축에서는 비용경사가 작은 2−4, 3−4작업을 동시에 단축하여야 한다.

단축 대상작업	공사비증가
1−2, 1−3작업	70+80=150
2−4, 3−4작업	30+90=120
4−6작업	150

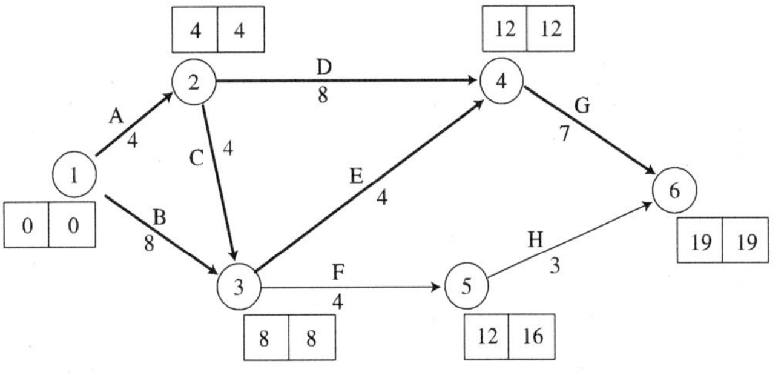

〈그림 4-10〉 2-4, 3-4작업을 1일간 단축한 경우의 네트워크

2차 단축후 3−4작업은 더 이상 단축할 수 없다. 2−4, 3−4작업은 1일 간 동시 단축한 후의 직접공사비는 3,150+120=3,270만원으로 증가하고, 간접공사비는 1,200−(1×60)=1,140만원으

로 감소하게 된다. 직접공사비와 간접공사비를 합한 총공사비는 4,410만원이며, 공사기간은 20일에서 19일로 단축되었다.

3) 3차 단축 : 1－2, 1－3작업 1일간 단축

3차 단축에서 단축대상작업과 공사비증가는 다음과 같다.

단축대상작업	공사비증가
1－2, 1－3작업	70＋80＝150
4－6작업	150

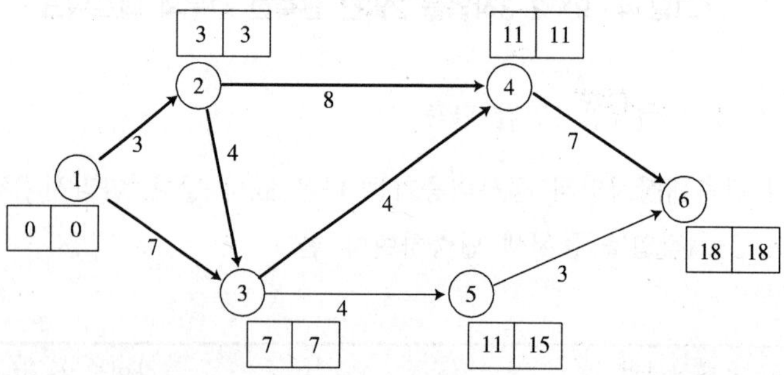

〈그림 4－11〉 1-2, 1-3작업을 1일간 단축한 경우의 네트워크

〈표 4－3〉 공사기간단축에 따른 공사비의 변동상황

CP	활동번호	명칭	단축 가능일수	비용경사 (만원/일)	1차 단축	2차 단축	3차 단축
*	1－2	A	1	70			1
	1－3	B	2	80			1
*	2－3	C	2	50	2		
	2－4	D	2	30		1	
*	3－4	E	1	90		1	
	3－5	F	3	200			
*	4－6	G	1	150			
	5－6	H	0	-			
직접공사비				3,050	＋100	＋120	＋150
간접공사비				1,320	－120	－ 60	－ 60
총공사비				4,370	4,350	4,410	4,500
공사기간				22일	20일	19일	18일

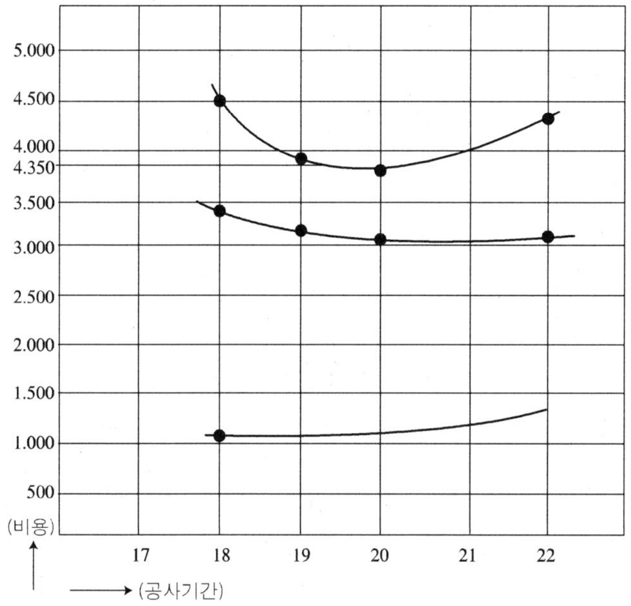

〈그림 4 - 12〉 공사기간단축에 따른 공사비의 관계

상기에서 알 수 있듯이 3차 단축에서는 1−2, 1−3작업의 동시 단축이나 4−6작업의 단축에 있어 공사비 증가는 15로 같으므로 어느 작업을 단축하여도 무방하다. 예제에서는 1−2, 1−3작업을 동시에 단축하는 것으로 하였다. 3차 단축을 목표로 한 4일간의 공사기간단축은 완료되었으며, 직접공사비는 3,270+150=3,420만원으로 증가하였으며, 간접공사비는 1,140−(1×60)=1,080만원으로 감소하게 된다. 직접공사비와 간접공사비를 합한 총공사비는 4,500만원이며, 공사기간은 19일에서 18일로 단축되었다.

이와 같이 4일간의 공사기간단축은 최초의 직접공사비에서 370만원의 증가를 유발하였고, 간접공사비는 240만원의 감소를 유발하였다.

지금까지 설명한 내용을 도표로 표현하면 표 4−3과 같고, 이것을 공사기간단축에 따른 공사비의 변동사항을 도식화한 것이 그림 4−12와 같다.

예제 4−1 그림과 같은 네트워크에서 다음 사항을 구하시오.

1) 정상소요 공사기간 및 공사비
2) 최적공사기간 및 공사비
3) 총공사기간을 17로 단축하고자 할 때 소요공사비가 최소로 되는 네트워크

단 간접공사비는 정상작업시 총 100만원이며, 1일 공기단축시 2만원/일 절약된다고 가정한다.

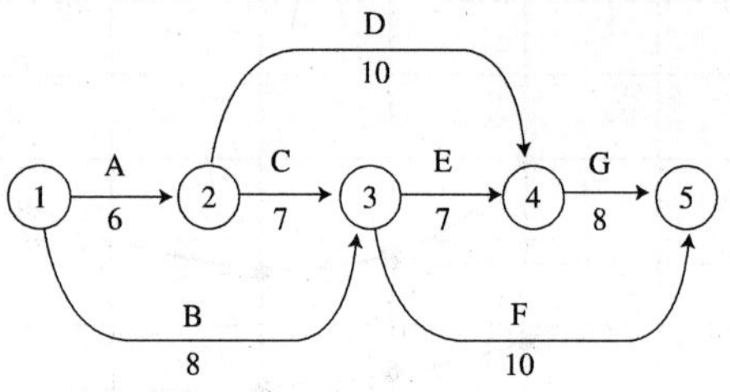

〈그림 4-13〉 네트워크

〈표 4-4〉 직접공사비 내역

명칭	활동명	정상작업		특급작업		비용 경사
		공사기간	비용	공사기간	비용	
A	1-2	6	120,000	3	150,000	10,000
B	1-3	8	160,000	4	200,000	10,000
C	2-3	7	168,000	4	204,000	12,000
D	2-4	10	80,000	10	80,000	0
E	3-4	7	196,000	4	238,000	14,000
F	3-5	10	300,000	5	375,000	15,000
G	4-5	8	288,000	4	360,000	18,000
	계		1,312,000	28	1,607,000	

[풀이] 1) 정상소요 공사기간 및 공사비

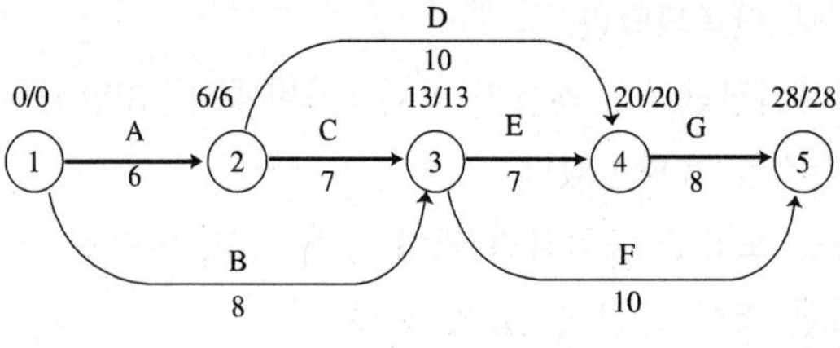

직접공사비 : 1,312,000원
간접공사비 : 1,000,000원

총공사비 : 2,312,000원
소요공기 : 28일

2) 공사기간단축 작업

① 제1차단축 : 주공정상에서 비용경사가 가장 적은 ①-②에서 3일간 단축한다. 이때 직접

공사비 증가 : 3일×10,000원/일=30,000원

따라서,

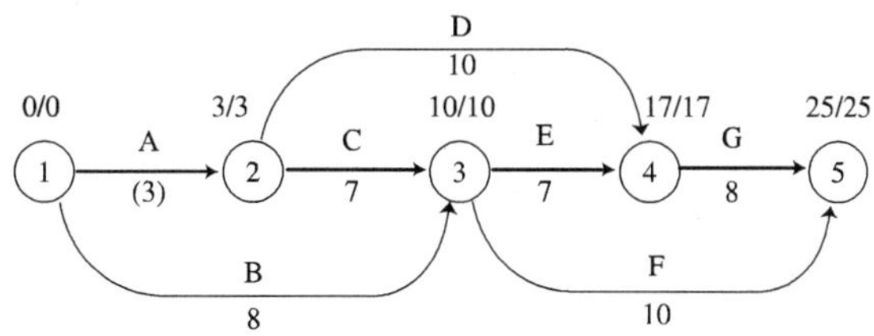

직접공사비 : 1,312,000+30,000=1,342,000

간접공사비 : 1,000,000−(3일×20,000원/일)=940,000

총공사비 : 2,282,000원

총 공 기 : 25일

② 제2차단축 : ②−③에서 2일 단축한다.

직접공사비 증가 : 2일×12,000원/일=24,000원

따라서,

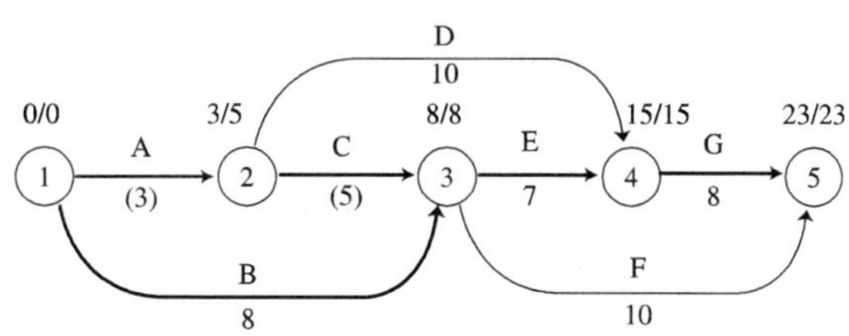

직접공사비 : 1,342,000+24,000=1,366,000

간접공사비 : 940,000−(2×20,000)=900,000

총공사비 : 2,266,000원

총 공 기 : 23일

③ 제3차단축 : ③−④에서 2일 단축한다.

직접공사비 증가 : 2일×14,000원/일=28,000원

따라서,

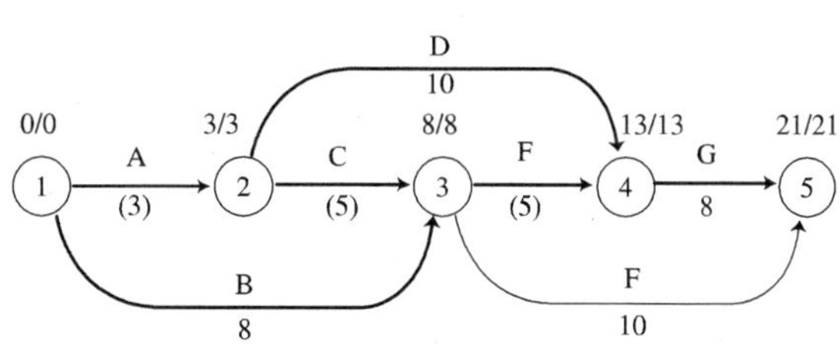

직접공사비 : 1,366,000+28,000=1,394,000
간접공사비 : 900,000−(2×20,000)=860,000

총공사비 : 2,254,000원
총 공 기 : 21일

④ 제4차단축 : ④−⑤에서 3일 단축한다.
직접공사비 증가 : 3일×18,000원/일=54,000원

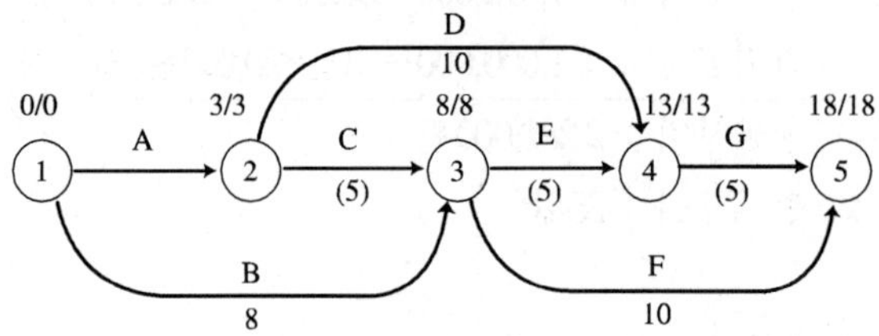

직접공사비 : 1,394,000+54,000=1,448,000
간접공사비 : 860,000−(3×20,000)=800,000

총공사비 : 2,248,000원
총 공 기 : 18일

⑤ 제5단축 : ④−⑤와 ③−⑤에 각각 1일씩 단축한다.
직접공사비 증가 : 18,000+15,000=33,000원

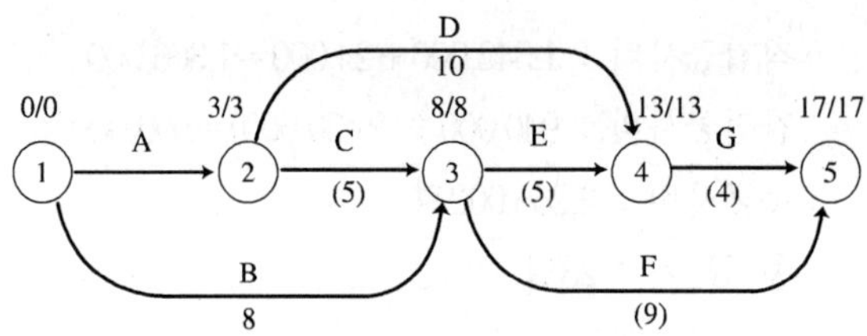

직접공사비 : 1,448,000+33,000=1,481,000
간접공사비 : 800,000−(1×20,000)=780,000

총공사비 : 2,261,000원
총 공 기 : 17일

이상의 결과를 정리하면 다음 표와 같다.

〈표 4-5〉 공사기간단축 계산

단축순서	소요 공사기간[일]	직접공사비[원]	간접공사비[원]	총공사비[원]	
정 상	28	1,312,000	1,000,000	2,312,000	
1 차	25	1,342,000	940,000	2,282,000	
2 차	23	1,366,000	900,000	2,266,000	
3 차	21	1,394,000	860,000	2,254,000	
4 차	18	1,448,000	800,000	2,248,000	최적공사기간
5 차	17	1,481,000	780,000	2,261,000	

예제 4-2 주어진 자료(data)에 의하여 다음 물음에 답하시오.

[조건]

1) 표준네트워크 공정표를 작성하시오.
2) 공기기간을 5일 단축한 네트워크 공정을 작성하시오.
3) 공사기간단축된 총공사비를 산출하시오.

(단, ① 네트워크공정 작성은 화살형(Arrow) 네트워크로 한다.
② 주공정선(critical path)은 굵은 선 또는 이중 선으로 표시한다.
③ 각 결합점에는 다음과 같이 표시한다.

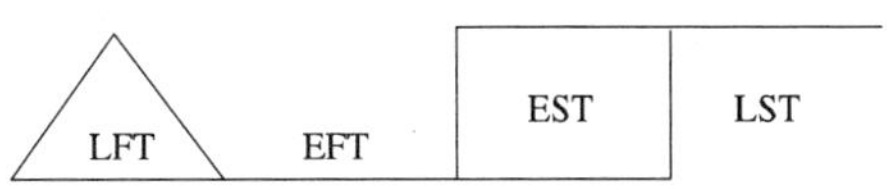

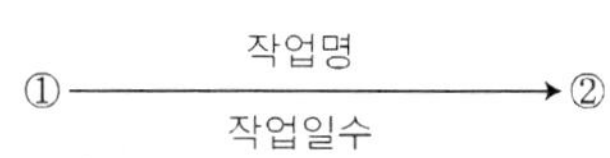

④ 공사기간이 단축된 네트워크 공정표에는 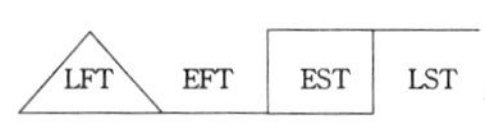 를 표시하지 않는다.

1) 데이터 작성

작업명	공정관계	선행작업	작업일수	공사기간 1일 단축시 비용[원]	비 고
A	①-②	없음	6	10,000	(1) 공사기간 단축은 각 작업일수의 1/2을 초과할 수 없다.
B	①-③	없음	13	12,000	
C	①-④	없음	20	9,000	
D	②-③	A	2	8,000	
E	②-④	A	5	5,000	
F	③-⑤	B,D	6	8,000	

작업명	공정관계	선행작업	작업일수	공사기간 1일 단축시 비용[원]	비 고
G	③-⑥	B,D	3	5,000	(2) 표준공사기간시 총공사비는 1,000,000원이다.
H	④-⑤	C,E	2	공사기간단축 불가	
I	⑤-⑦	H,F	3	6,000	
J	⑥-⑦	G	2	공사기간단축 불가	
K	⑦-⑧	I,J	2	15,000	

[해설]

1. 표준네트워크공정

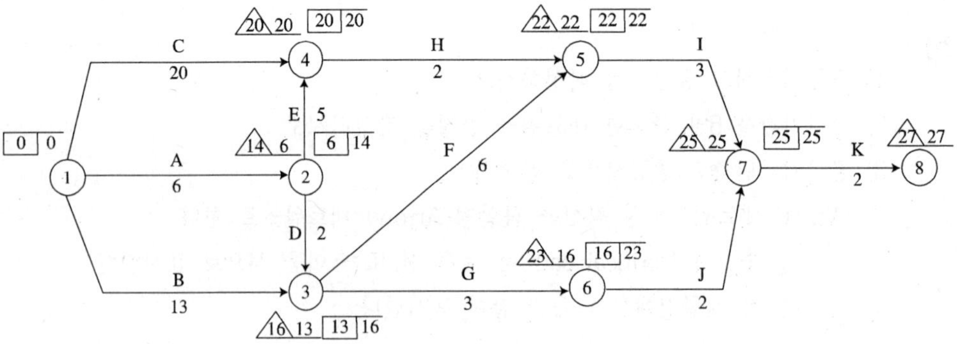

2. 공사기간단축

1) 일정

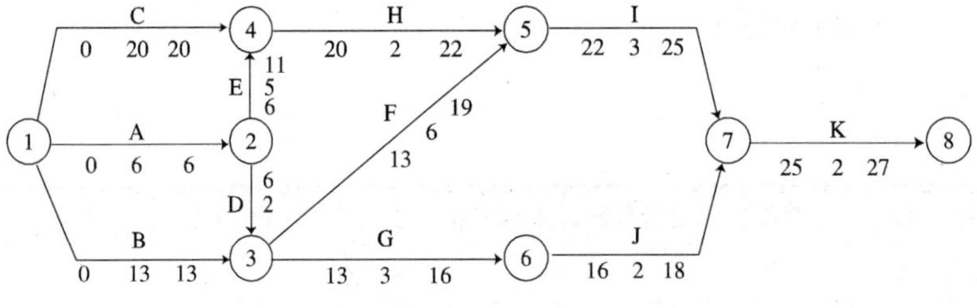

2) 데이터 작성

CP	작 업	단축가능일수	비용구매[원]	1차 단축	2차 단축	3차 단축
	A	3	10,000			
	B	6	12,000			
☆	C	10	9,000		3	
	D	1	8,000			
	E	2	5,000			
	F	3	8,000			
	G	1	5,000			
☆	H	-	-			
☆	I	1	6,000	1		
	J	-	-			
☆	K	1	15,000			1

① 1차 단축에서 CP중 가장 비용경사가 적은 I작업에서 1일 단축

② 2차 단축에서 부주공정선(sub path)인 B-F와 CP인 C-H와 3일 차이가 나므로 CP중 비용경사가 적은 C작업에서 3일 단축되면서 CP가 2개 생긴다.

③ 3차 단축 C작업에서 1일 단축시 B와 F작업중 경사가 작은 F에서 1일 단축해야 하므로 비용의 합계는 9,000+8,000=17,000원이 된다. 이것은 CP인 K작업에서 1일 단축비용 15,000원보다 크므로, K작업에서 1일 단축한다.

④ 그러므로, 공사기간 5일 단축시에 비용은

I작업 1일 단축 6,000원
C작업 3일 단축 9,000×3=27,000원
K작업 1일 단축 15,000
} ⇒ 48,000원이다.

⑤ ∴ 공사기간단축된 총공사비는 1,048,000원이다.

3) 공사기간단축된 네트워크공정

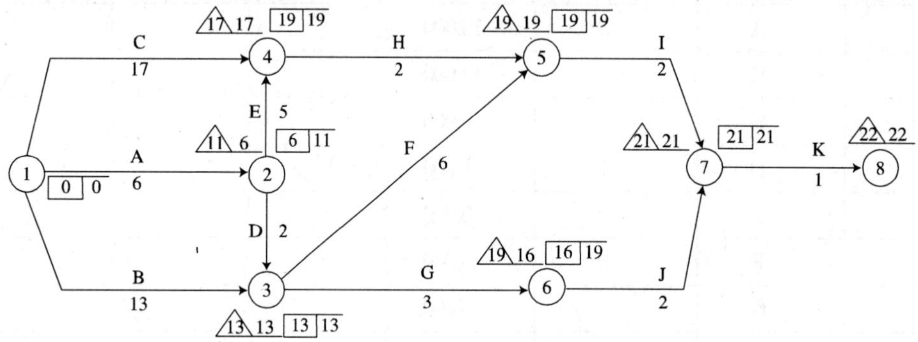

제5장 진도관리

5-1 개 요

공사가 진행됨에 따라 일정한 기간에 현장의 진도를 측정하여 보고하고 작성된 공사일정으로부터 이탈하는 작업이 발생하면, 시정조치를 취하여 수정하면서 일정관리를 수행하게 된다. 일정관리를 위한 진도측정은 개별 부분작업에 대한 일정을 기준으로 하여 어느 시점에 완성된 작업을 확인하고 진행 중에 있는 작업에 대해서는 잔여부분을 완성하는데 소요되는 시간을 측정하는 것이 관례이다.

이것이 일정과 비교하면 각 작업항목에 대한 일정상황을 파악할 수 있으며, 공사관리자는 이 자료를 고려하여 필요한 지시를 할 수 있게 된다. 모든 작업이 공사계획대로 정확하게 시작되거나 종료되는 일은 아주 드물기 때문에 이러한 현장자료는 잔여공사에 대한 일정을 수정하고 준공일을 제시하는 기준이 된다.

5-2 진도곡선

(1) 진도곡선의 형태

진도곡선에는 예정진도곡선과 실시진도곡선이 있으며, 지금까지는 모두 S-Curve를 통해서 나타내는 것으로 생각해왔다. 그러나 대개는 S-Curve 형태를 취하기는 하지만, S-Curve를 나타내지 않는 것도 있다. 또한 S-Curve에도 여러 가지 형태가 있다. 이러한 진도곡선의 형태

〈표 5-1〉 진도곡선형태의 분류표

구 분		형 태
비 S 형		凸 형 凹 형
S형	부정 S형	다곡형 소곡형
	정 S형	고 형 중 형 저 형

를 분류하여 편의상 명칭을 붙이면 표 5-1과 같다.

표 5-1의 분류에 해당하는 곡선의 형태를 도식적으로 표현하면 그림 5-1과 같다.

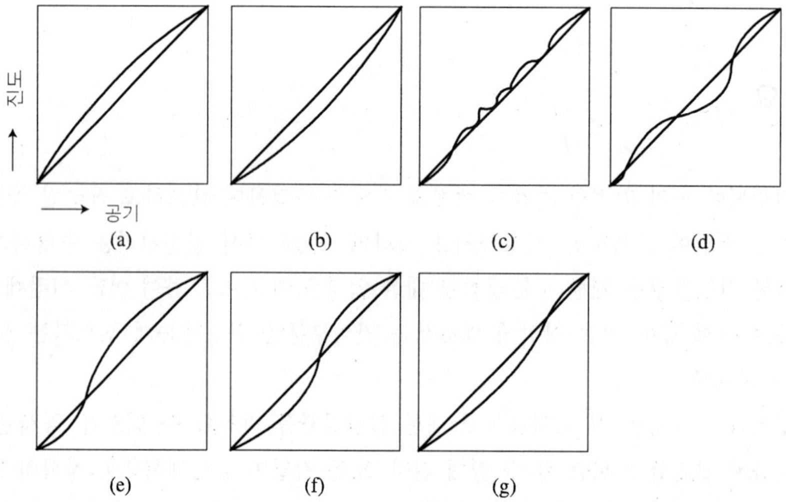

〈그림 5-1〉 진도곡선형태

1) 비 S형

① 凸형

그림 5-1(a)와 같은 형으로 공사의 초기부터 진도를 빨리하여 곡선 전체가 凸형으로 되는 것이다.

② 凹형

그림 5-1(b)와 같은 형으로 공사의 초기에는 진도가 늦다가 말기에 진도를 빨리하여 곡선 전체가 凹형으로 되는 것이다.

2) S형

① 부정 S형

부정 S형은 곡선의 초기와 말기에는 정 S형과 같지만 중간에는 굴곡이 있는 것으로 굴곡이 많은 것을 다곡형, 굴곡이 하나인 것을 소곡형이라고 부른다. 공사가 완만하게 진행되지 않고 급히 증가하거나 진도가 중지하거나 하면 중지된 곳에 굴곡이 생긴다.

② 정 S형

부정 S형에서는 변곡점이 3개인 것이 소곡형, 변곡점이 많은 것이 다곡형이지만, 정 S형은 곡선의 변곡점이 하나이다. 또한 정 S형을 다시 고형, 중형, 저형으로 분류할 수 있다. 이 분류방법은 곡선의 시점(진도가 0%인 점)과 종점(진도가 100%인 점)을 연결한 선(대각선)과 진도곡선과의 교점의 위치로 분류한다.

고형은 전반기에 진도가 증가하는 것으로 곡선이 대각선의 위에 많고, 저형은 후반기에 진도가 증가하는 것으로 곡선이 대각선위에 적은 것이다. 중형은 고형 · 저형의 중간이다. 대각선을 3등분하고 좌로부터 1, 2, 3의 범위로 하면, 진도곡선과 대각선과의 교점은 대개 고형에서는 제 1범위에, 중형에서는 제 2범위에, 저형에서는 제 3범위에 있다.

실제로 진도곡선은 지금까지 분류한 것 같은 단순한 곡선이 아니고, 하나의 곡선이 오직 하나의 형으로 적용된다고 할 수도 없다. 예를 들면 곡선이 전체적으로 凸형이지만 중간부에 굴곡이 생기는 경우도 발생할 수 있다.

(2) 각 진도곡선의 발생원인

凸형은 이론적으로는 착공일의 기성고가 전 공사기간을 통하여 최대인 것을 나타내고, 이러한 것은 실제로는 거의 없는 것으로 생각되지만 진도의 측정이 일정 기간마다, 예를 들면 15일마다 행해지므로 공사 초기의 기성고의 평균치가 그 후의 기간의 평균치보다 큰 경우에 이러한 형태가 발생한다.

실제로 凸형이 생기는 것은 돌관공사로 공사 초기에 재료를 다량으로 반입하여 각 부분공사를 일제히 착수한 때이다. 凹형은 실제로 예정진도곡선에는 거의 없고, 실시진도곡선에는 종종 발생한다. 이것은 공사가 심하게 지연된 경우의 공사 말기에 돌관(突貫)공사를 하기 때문에 실시진도곡선은 이러한 형태가 나타난다.

다곡형은 재료의 반입 및 노무의 동원이 매일 어느 정도 변하므로 진도곡선에 다소 굴곡이 생기는 것은 어쩔 수 없다. 특히 소규모공사의 경우에는 이러한 경향이 강한데 이 형태는 바람직한 형태는 아니다.

소곡형은 어느 기간 중에 공사가 중지하는 것을 나타낸다. 이 중지의 이유가 냉한기에 들어서 콘크리트타설을 할 수 없을 경우에는 어쩔 수 없지만, 시공자의 자금 회전의 악화로 인해 재료가 반입되지 않거나 노무자가 현장에 나오지 않을 경우에는 심각한 문제이다.

고형(高型)은 공사의 초기에 진도를 높인 것으로 바람직한 진도곡선이라고 할 수 있다. 중형은 가장 바람직한 진도곡선이다. 저형(低型)은 일반적으로 고형과 중형보다 좋지 않지만 그렇지 않은 경우도 있다.

5-3 진도관리방법

(1) 단순관리방법

공정계획에 의해 공정표를 작성하고 난 다음 이것을 준수하여 실제공사를 진행하고 관리해 가는 것을 진도관리라고 한다. 진도관리에는 예정공정과 실시공정을 대조하여 공정이 위기적 상황에 빠지기 전에 대책을 세우는 계획관리적인 면과 이 계획에 따라 노무자를 고용하거나 자재를 반입하거나 하는 자원관리적인 면이 있다. 여기서 말하는 진도관리는 전자의 것이다. 그러나 실제공사의 지연을 만회하는 것은 후자이다.

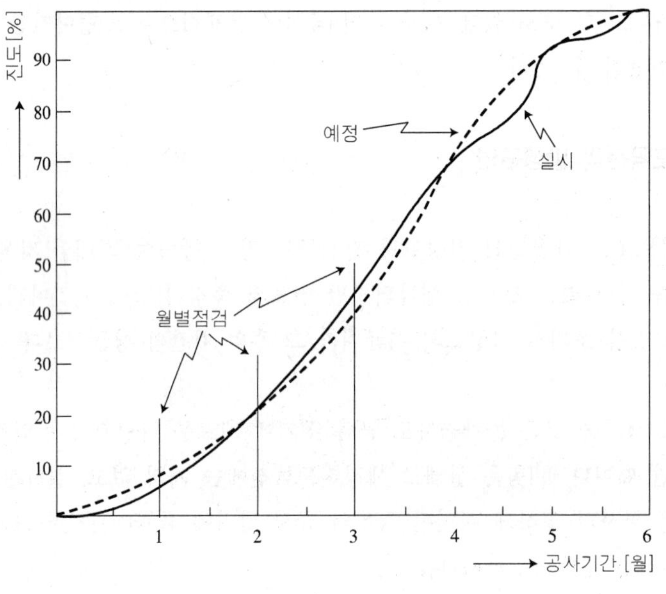

〈그림 5-2〉 진도곡선

진도관리의 가장 단순한 방법은 그림 5-2에 예시된 것과 같이 일정기간마다 검사일을 정하여 그 날짜의 예정진도와 실시진도를 비교하여 실시가 늦어지면 다음 검사일까지 그 지연을 만회하도록 시공속도를 높이고, 실시가 지나치게 빠르면 시공속도를 늦추어 검사일의 결과를 기초로 시공속도를 조정하는 것이다.

예정진도와 실시진도가 완전히 일치하여 공사가 진행되는 것은 실제로는 거의 없으므로 검사일을 한번 걸러 예정과 실시를 거의 일치시키면서 공사를 진행하면 대체로 진도관리가 잘 된다고 볼 수 있다.

1) 바나나곡선

도로공사의 공정관리기법으로서 미국 캘리포니아주의 고속도로국 기사인 밀턴 해리스가 제시한 곡선이다. 그림 5−3에 예시된 것처럼 횡축에 공사기간을 두고 전 공사기간을 1.0으로 하여 백분율로 나타내었다. 이러한 도표위에 캘리포니아의 45개 대표적 도로공사를 대상으로 일정한 기간을 지날 때에 그 때의 진도를 그렸다. 단 과도하게 빠르거나 늦은 공사는 제외하였다. 즉 그림 각 점 중에서 상위 10%, 하위 10%를 제외시킨 것이다.

따라서 그림 5−3과 같이 두 곡선 중에 포함되는 것은 전체의 80%를 나타낸 것이다. 공사는 실제로 공사를 착수한 날로부터 시작하여 우기 등에 의한 휴일은 제외했다. 그림 5−3에 나타낸 2개의 곡선이 바나나모양과 같기 때문에 바나나곡선이라고 한다.

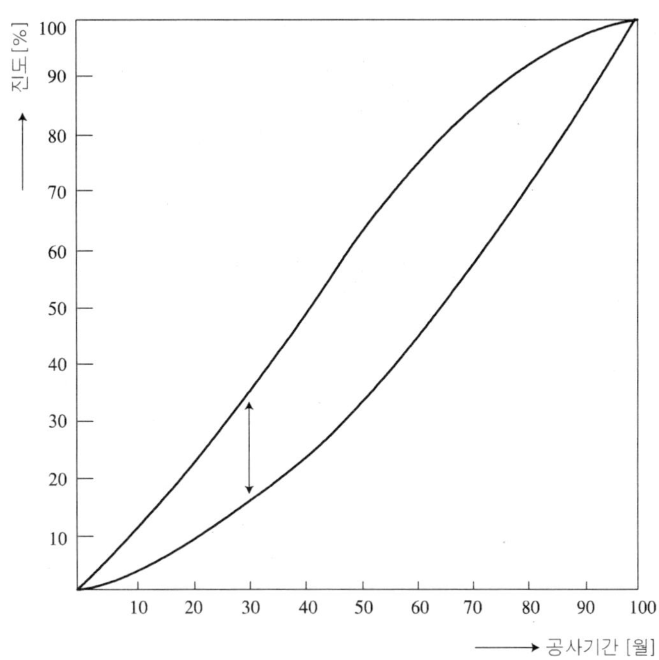

〈그림 5 - 3〉 바나나곡선

그림 5−3을 이용하여 진도관리를 수행하는 것은 실시진도가 항상 바나나곡선 내부에 있도록 공사를 진행시키는 것이다. 예를 들면, 공사기간이 30% 경과한 때의 진도가 그림의 화살표의 범위 16~35%의 범위에 있다면 공사가 순조롭게 진행되고 있다는 것이다. 이러한 방법의 실례가 미국의 도로공사에서 적용된 것이므로 우리나라의 건설공사 전반에 응용하는 것은 다소 어려움이 있을 것이다.

어떤 기간의 시공량을 그 기간으로 나눈 것을 시공속도라고 부른다. 공사가 일정한 시공속도로 진행하고 있을 때는 진도곡선은 일직선을 나타내므로 이 때의 시공속도는 그 직선의 경사로 나타낼 수 있다. 따라서 진도곡선이 일직선을 나타내는 경우는 드물고 대체로 S−Curve를 나타낸다. S−Curve상의 각 점에 있어서 접선을 그으면 그 접선의 경사가 각 점에 대한 시공속도가 된다.

그림 5−4와 같이 종축에 전 공사량을 횡축에 진도를 백분율로 하여 각 점의 경사를 구한다.

일본의 飯吉精一은 수많은 토목·건축공사의 실례를 조사·검토한 결과 공사기간 중의 시공

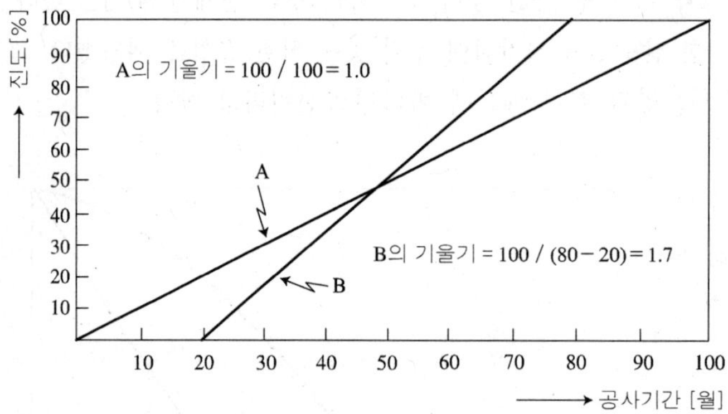

〈그림 5-4〉 경사표시 방법

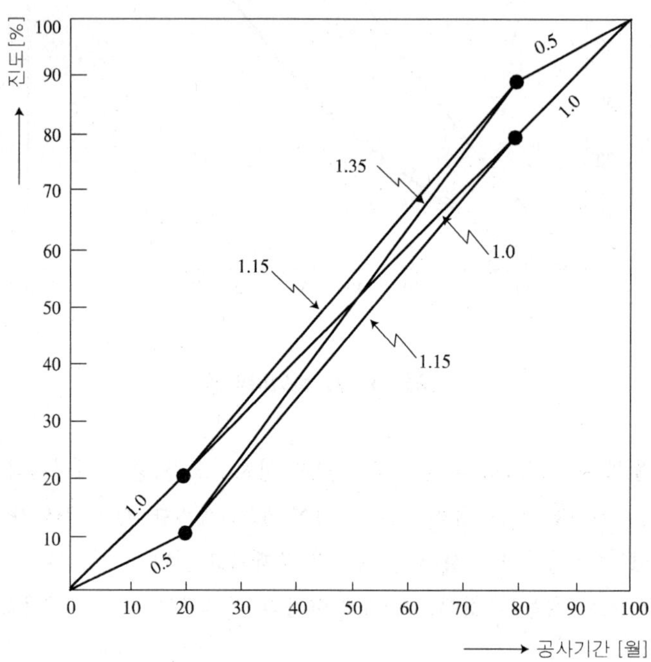

〈그림 5-5〉 일본 飯吉精一의 시공속도의 범위

속도의 이상적인 수치를 경사 1.15로 하고, 1.50 이상의 경사는 피해야 하며, 각기의 시공속도의 경사는 그림 5-5에 나타낸 2개선의 영역 내에 있는 것이 바람직하다고 결론을 지었다.

이 방법은 영역의 형태가 바나나곡선과 유사하지만, 해리스의 바나나곡선은 진도가 바나나곡선의 내부에 있어야 하는 것에 비해 飯吉精一의 방법은 시공속도, 즉 진도절선의 경사가 바나나형의 절선의 영역 내에 있는 점이 다르다.

2) 공사기간지연의 원인과 지연형태

예정진도곡선이 실시진도곡선에 일치하게 공사가 진행되면, 대체로 공사가 순조롭게 진행하는 것이고, 실시진도곡선이 예정진도곡선의 아래에 있으면 공사가 지연되는 경우이고, 실시진도곡선이 예정진도곡선의 위에 있으면 공사가 빨리 진행됨을 의미한다.

실제 공사에서 관계를 조사해 보면 예정과 실시가 맞게 공사가 진행되는 것은 적고 대부분은 공사가 지연되는 경우 많으며, 예정보다 실시가 빠른 것은 극히 적다. 그러므로 진도관리에는 지연에 대한 연구는 매우 중요한 것이다.

공사가 지연되는 경우의 실례를 들면 예정진도곡선과 실시진도곡선과의 관계는 그림 5-6과 같은 4가지 형으로 분류될 수 있다. 이들 각 형의 특징과 발생원인을 서술하면 다음과 같다.

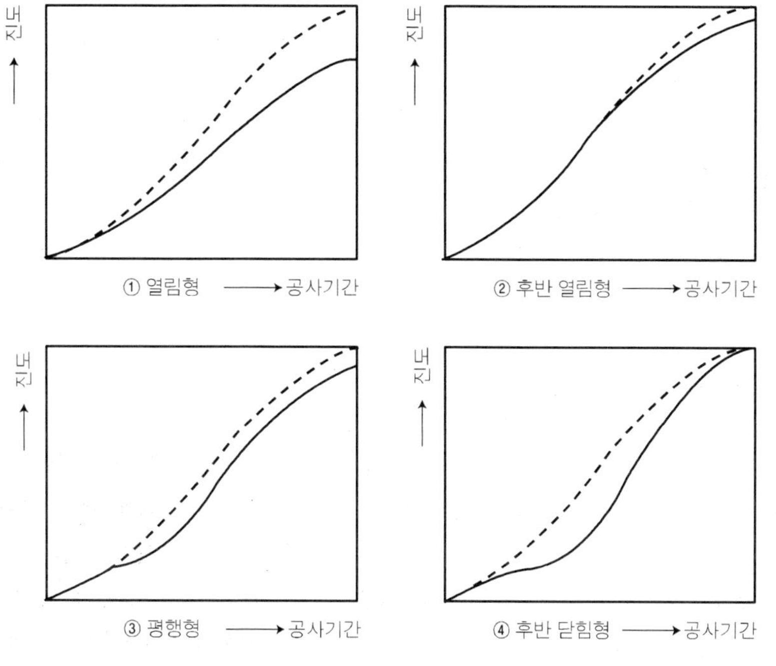

〈그림 5-6〉 지연상태

① 열림형

이 형은 초기부터 말기에 걸쳐 지연이 증가하는 것이고 이 원인은 시공자의 규모가 공사에 대하여 너무 작든가, 혹은 경영부진으로 노무자의 동원부족 및 재료의 투입이 적은 것 때문에 발생한다. 이 형에 속하는 지연은 말기에 상당한 돌관(突貫)작업을 하지 않으면 공사기간에 맞출 수 없다. 그러므로 공사관리자는 이러한 경향이 있을 때에는 조기에 근본적인 대책을 강구해야 한다.

② 후반 열림형

이 형은 공사기간의 전반은 지연되지 않지만, 후반에 이르러 심하게 지연되는 경우이다. 이 원인은 앞에 서술한 열림형의 원인이 후반에 생긴 경우와 후반에 기후적인 요인에 의해 지연되는 경우에 발생한다.

예를 들면 예정보다 빨리 한냉기가 발생했기 때문에 콘크리트공사의 시공이 곤란하게 된 것 등에 있다. 이유가 어디에 있든 준공기일까지 남은 기간이 적을수록 지연을 만회하기가 매우 어렵다.

③ 평행형

이 형은 공사기간의 대부분을 통하여 지연의 폭이 거의 일정한 것이다. 이 원인은 공사 초기의 예측하지 못한 상황의 발생으로 인하여 초기에 지연된 것이 만회할 수 없게 된 것이다.

④ 후반 닫힘형

이 형은 전에 생긴 지연을 서서히 만회하여 준공기일에 맞춘 것으로 시공자가 단기 내에 공사기간지연을 만회할 수 없을 경우, 지연을 조금씩 만회하여 준공일까지 점차적으로 만회해 가는 것이다. 후반 닫힘형은 이러한 경우에 생긴다.

일반적으로 양호한 진도관리법이란 지연을 후반 닫힘형과 같이 그다지 무리하지 않고 지연을 만회하는 것이다.

3) 공정상의 위기에 발견하는 방법

공정상의 위기란 공사가 심하게 지연되어 준공기일에 맞추기 위해서는 공사비용, 또는 시공 정밀도를 어느 하나를 희생시켜 돌관작업을 하지 않으면 안되는 상태에 빠진 것이다.

과거에는 공정상의 위기를 발견하기 위하여 지연일수를 척도로 하였다. 상급관리자가 현장에 방문하여 현장담당자에게 공사의 진척상황을 물으면 담당자는 "며칠 늦었다" 등으로 대답하는 수가 많다. 상급관리자는 그 일수로부터 그 공사가 공정상 위기에 빠져있지 않은가를 판단하는 것이다. 이 경우 현장에서 횡선공정표를 이용하고 있다면 공사전체의 지연을 정확히 표현하기가 어렵다.

이에 반하여 그 현장이 S－Curve를 사용하고 있다면, 그림 5－7과 같이 실시진도곡선과 예정진도곡선과의 차이 일수를 횡축상에서 읽을 수 있어 공사 전체의 지연을 정확하게 표현할 수 있다. 그러나 지연일수를 정확하게 표현하여도 이것만으로는 위기 발견의 방법이 되지 않는다. 이것은 공사의 종류는 여러 가지이고 공사기간도 각자 다르기 때문이다.

그러므로 지연을 전 공사기간에 대한 지연일수의 비율로 표시하는 것보다 합리적이라고 할 수 있다. 지연이 되어도 준공일에 맞춘 공사의 최대지연일수와 전 공사기간과의 비율을 조사해 보면 그 범위는 넓지만 평균치는 대체로 10%이다. 그러므로 최대지연일수의 전공사기간에 대한 비율이 10% 이하이고, 그 발생의 시기가 공사기간의 전반이라면 일반적으로 그 공사는 위기상태에 있다고 할 수 있다. 위기발견의 척도로 생각된다.

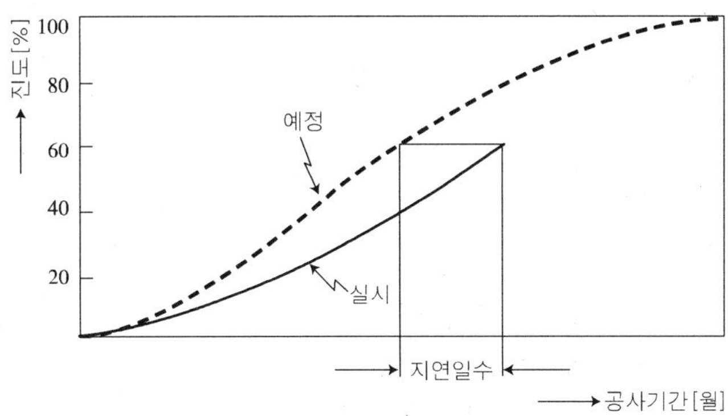

〈그림 5－7〉 지연일수 표기방법

(2) 한계설정에 의한 방법

부분공사를 어느 정도까지 세분해 본다. 예를 들면 철근콘크리트공사를 1층, 2층, 3층…으로 나누고 다시 각 층의 거푸집조립, 철근배근, 콘크리트타설, 거푸집해체로 나눈다. 어느 정도까지 부분공사를 세분하면 이 세분된 부분공사를 수행하기 위한 노무자의 고용이 거의 일정한 것이 바람직한 상태이다. 그 이유는 다음과 같다.

① 작업용 설비 및 기구가 비교적 적어도 된다.
② 노무자의 모집이 비교적 용이하다.
③ 노무자의 작업능률이 비교적 올라간다.

노무자의 고용이 일정하다는 것은 노무곡선이 대각선이라는 것이지만, 한편 재료곡선은 재료가 노무에 우선하여 반입되므로 대각선이 아니라 凸으로 된다.

정산에 의한 진도곡선은 대각선인 노무곡선과 凸형인 재료곡선에 대한 것이므로 당연히 凸이 된다. 이에 대하여 약산에 의한 진도곡선은 노무와 재료가 비례하는 것으로 하여 계산하므로 대각선이 된다.

따라서 전공사에 대하여 凸형인 각 부분공사를 더하여 얻은 곡선은 정산에 의한 예정진도곡선을 상회한다. 정상에 의한 예정진도곡선과 약산에 의한 예정진도곡선을 같이 그리면 그림 5−8과 같은 일정의 바나나형이 얻어진다.

이 그림은 해리스의 바나나곡선과 같이 사용하여 진도관리를 수행할 수가 있다. 즉 이 범위 "상한한계를 정상에 의한 예정진도곡선으로 하고, 하한한계를 약산에 의한 예정진도곡선으로 한다"에 실시 진도곡선이 있도록 공사의 실시를 진행시키면, 진도관리상의 소기의 목적이 달성될 수가 있다. 그러므로 정산에 의한 예정진도곡선이 상한한계를 나타내고, 약산에 의한 예정진도곡선이 하한한계를 나타내는 가를 다음에 설명해 본다.

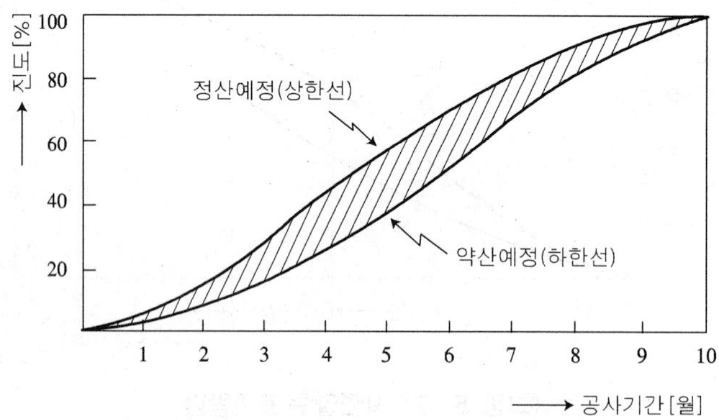

〈그림 5-8〉 한계설정 진도관리법 위치

우선 정산에 의한 예정진도곡선이 상한한계를 가리키는데에 대하여 서술한다. 이 곡선은 공정계획에 있어서 가장 바람직한 형으로서 설계되었기 때문에 이 곡선대로 실시되면 이상적이고 이 곡선을 중심으로 하여 다수 상회하든가 하회하는 것은 허용된다. 또한 실제공사는 대부분 지연되고, 진도관리의 목적은 주로 실시진도곡선이 정산에 의한 예정진도곡선을 하회한 경우에 한하여 실시가 예정에 맞도록 할 수 있는가에 달려있다. 따라서 실시가 예정을 하회하고 있는 이상 이것을 상회하는 것은 무리라는 의미에서 상한한계라고 한 것이다.

다음에는 약산에 의한 예정진도곡선을 하회하면 노무자나 재료가 감소하여 지연은 점점 더 커진다. 따라서 이러한 상태로 되는 것은 반드시 피해야 한다. 이상이 약산에 의한 예정진도곡선이 하한한계에 있는 이유다.

(3) 접선에 의한 방법

진도곡선 상의 각 점의 경사는 그 날의 진도의 정도를 나타내는 것이다. 접선이 횡축에 평행하면 그날의 진도는 전혀 진행되지 않고 있는 것이고, 횡축에 수직하면 진도는 무한히 상승하여 공사는 그날 중에 완료될 것이다. 이와 같이 실시진도곡선의 방향은 공사의 진보에 밀접한 관계가 있고, 그 접선은 그 날까지의 실적에서 생기며, 장래의 전망을 나타내므로 이것을 위기발견의 수단으로 사용하는 것이 지연일수 등에 의한 것보다도 더 합리적으로 생각할 수 있다. 그림 5-9의 굵은 선은 어떤 공사의 예정진도곡선으로 S(a-b)형을 나타내고 있다. 이 곡선상의 a_1 점에 대한 접선이 x′축과 만나는 교점 b_1은 b점의 우측에 있다. b_1이 b점의 우측에 있다는 것은 a_1점에 대한 시공속도로 공사를 진행하면 준공기일에 맞출 수 없다는 것을 나타낸다.

다음에 a_2점에 대한 접선의 x′축과의 교점을 b_2점으로 한다. b_2점은 b점의 좌측에 있다. 좌측에 있다는 것은 이 시공속도로 공사를 진행하면 준공기일보다도 빨리 준공할 수 있다는 것을 나타낸다. 또한 b_2점의 위치는 다른 교점의 위치보다도 가장 좌측에 있으므로 가장 빨리 준공할 수 있다는 것을 나타낸다. 다음에 a_2점 이후의 곡선상의 임의의 한 점 a_3점에 대한 접선의 x′축과의 교점을 b_3점으로 하면 이 점은 b점과 b_2점의 중간에 있다. 만약 실시진도곡선이 예정진도곡선을 벗어나 쇄선과 같이 凹형으로 되면 시공속도로 공사를 진행하며 준공기일에 맞출 수 없다.

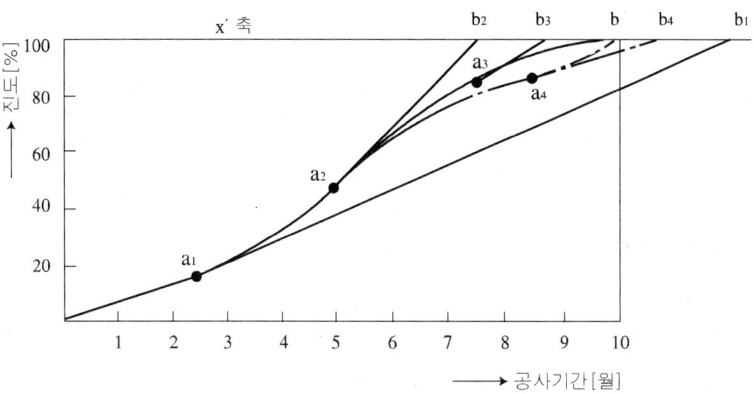

〈그림 5-9〉 접선에 의한 진도관리법

공사가 a점을 지난 후는 진도곡선상의 각 점에 대한 접선의 x′축과의 교점이 항상 b점의 좌측에 있도록 하면 곡선은 중기에서 말기에 걸친 凹으로 되지 않는다. 따라서 이와 같이 실시진도를 진행하면 말기에 돌관작업을 하지 않아도 된다. 그림 5-10 (a)는 큰 무리없이 끝난 공사의 실시진도곡선을 나타낸 것으로 여기서 b점에서 접선을 그어 그 접선을 a점이라고 하면 실시진도곡선은 적어도 a, b점을 연결한 직선을 하회하지 않는다는 것이다.

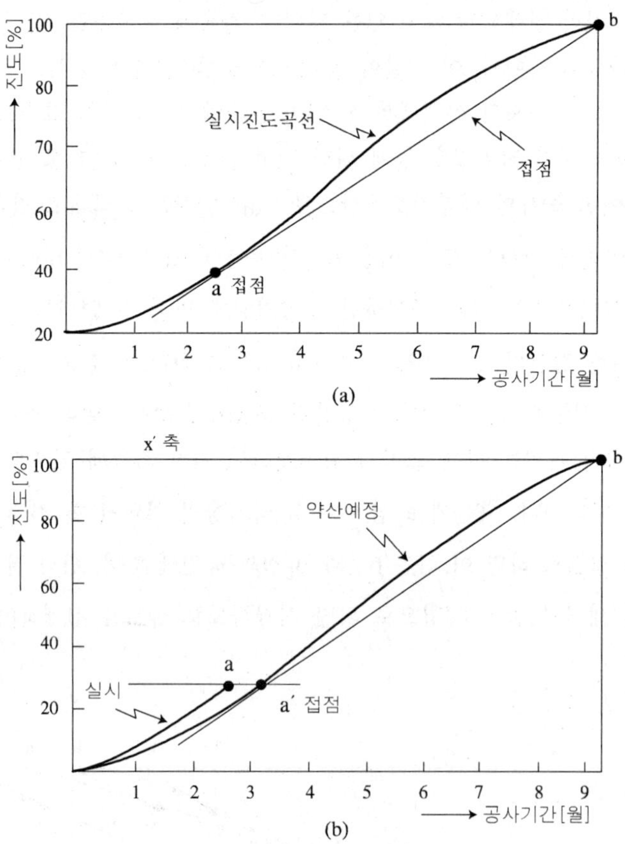

〈그림 5-10〉 접선에 의한 진도관리법

그림 5-10 (a)의 접선은 실시진도곡선의 하한한계가 되나 실제로 진도관리를 행하는데는 a점의 위치가 문제로 대두된다. a점은 b점에서 실시진도곡선에서 끌어낸 접선의 교점이지만, 실시진도곡선은 공사가 전부 끝나지 않으면 완성되지 않으므로 a점은 공사가 완성되지 않으면 정해지지 않는다. a점이 정해지지 않으면 본 방법을 적용할 수 없다.

다음은 a점을 정하는 방법을 설명한다. b점에서 약산에 의한 예정진도곡선으로 그은 접선의 접점위치를 a′점으로 하고 "엄밀하게 말하면 약산에 의한 예정진도곡선은 원래 절선이므로 접점은 없지만 여기에서는 곡선으로 보고 접점의 위치를 정한다" a′점을 x축에 평행으로 그은 직선과 실시진도곡선이 교차하는 점을 그림 5-10 (b)처럼 a점으로 한다.

진도관리상 a점의 위치를 정하지 않으면 안 되는 시기는 공사의 초기이므로 실시진도곡선은 약산에 의한 예정진도곡선에서 그다지 벗어나지 않을 것이다. 따라서 a점과 a′점은 가까운 위치에 있다.

이 진도관리의 구체적인 방법은 실시진도곡선이 a점을 지난 후에는 실시진도곡선의 접선이 x′축과 교차하는 점이 항상 b점의 좌측에 있도록 공사를 진행하는 것이다. 실시진도곡선의 기입은 일정의 기간을 간격으로 하여 검사일을 설정하고, 검사일마다 이전의 검사일부터 이번 검사일까지의 평균치를 직선으로 기입하므로 실시진도곡선은 실제로 곡선이 아니라 절선이다.

즉 실시진도곡선의 접선은 검사일마다 기입된 직선의 연장이다. 이러한 때에는 검사일마다 실시진도곡선을 기입할 때 이 직선을 연장하여 x′축과 교차시켜 이 교점이 항상 b점의 좌측에 있는가를 검토하면 된다.

그러나 특별한 경우에는 교점이 b점의 좌측에 없어도 상관이 없다. 예를 들면 그림 5-11 (a)의 경우는 a_1점이 접선의 x′축과 만나는 점 b_1은 b점의 좌측에 없다. 왜 b_1점이 b점의 좌측에 없는가 하면 이 시기는 1월달이므로 공사를 쉬게 되므로 진도가 올라가지 않기 때문이다. 이것은 공사에 착수하기 전에 판단할 수 있는 것이므로 예정진도곡선도 b_1점에 대응하는 b_1'점이 b점의 좌측에 없다.

이와 같이 예정되어 있는 경우는 교점이 b점의 좌측에 없어도 지장이 없다. 이러한 경우도 있으므로 이 방법을 적용할 때에는 약산에 의한 예정진도곡선을 관리도에 기입하고 이것에 준하여 접선의 방향을 조절하면서 공사를 진행하도록 한다. 바꾸어 말하면 이 진도관리방법은 우선 약산에 의한 예정진도곡선 그리고 여기에 b점부터 접선을 긋고 이 접점 a′에서 x축에 평행한 직선을 그어 이 직선과 실시진도곡선과의 교점을 a점으로 한다. 이 진도관리는 실시진도곡선이 a점을 지난 후는 이 접선이 항상 b점의 좌측에 있도록 관리하면서 공사를 진행하는 것이다. 단, 접선의 방향이 약산에 의한 예정진도곡선의 접선방향에 대응하여 b점의 좌측에 있는 것은 지장이 없다.

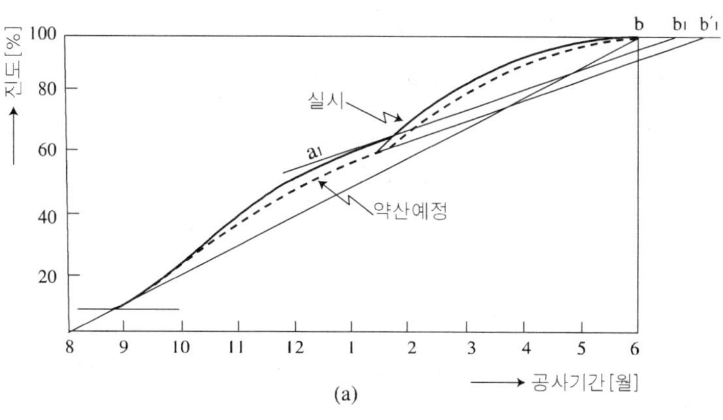

(a)

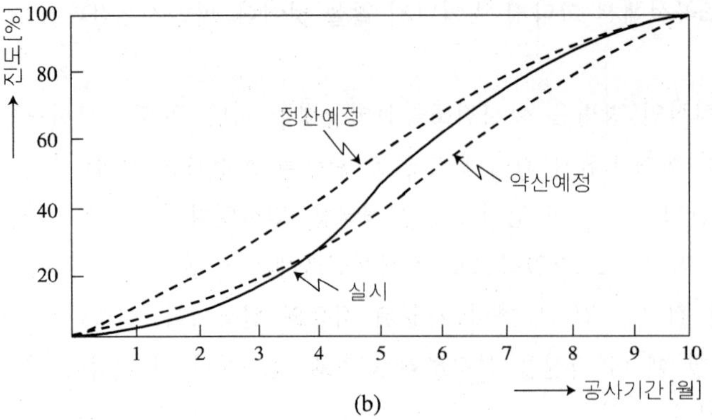

(b)

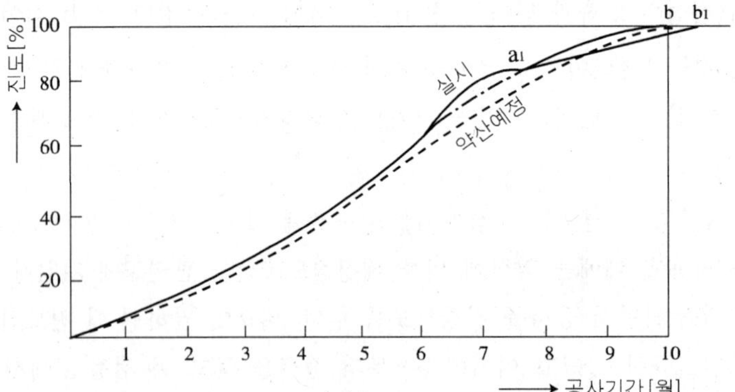

(c)

〈그림 5-11〉 접선에 의한 진도관리법

(4) 진도곡선에 의한 방법

공사의 진척상황은 크게 네 가지의 경우로 대별할 수 있다.

① 계획보다 일정은 빠르지만, 비용이 많이 든 경우

② 계획보다 일정도 빠르고, 비용도 적게 든 경우

③ 계획보다 일정은 늦지만, 비용이 적게 든 경우

④ 계획보다 일정도 늦고, 비용도 많이 든 경우

이와 같은 상황에 대하여 일정과 비용상의 차이를 다음과 같은 진도곡선에 의하여 쉽게 구별할 수 있다.

그림 5-12와 같이 계획보다 일정도 빠르고, 비용도 적게 든 경우를 예로 들어 설명하면 다음과 같다.

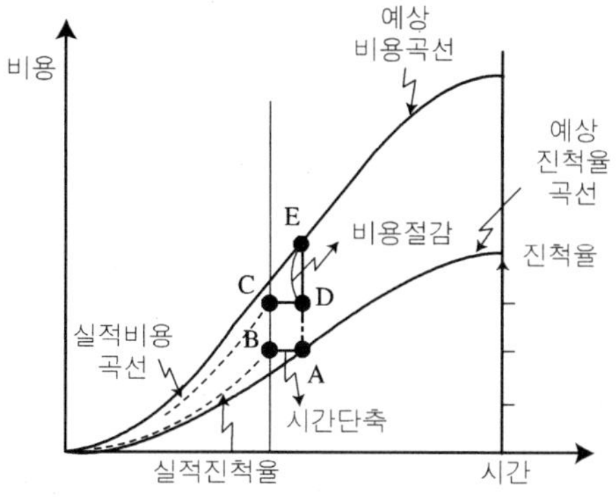

〈그림 5-12〉 진도관리곡선

A−B점의 차이가 일정의 차이를 나타내며, (A−B)만큼 시간이 단축되었다. 그리고 A에서 수직으로 그어 비용곡선과 만나는 점과 D점과의 차이가 비용의 차이를 나타내며, 이 경우는 (E−D)만큼 비용이 절감되었다. 역시 다른 세 가지의 경우도 이와 동일한 방법을 이용하여 진도관리를 할 수 있다.

(5) 기성곡선과 좌표관리법

1) 기성곡선기법

기성(Earned Value, EV)은 하나의 공정이나 작업에 관해 진도를 파악하고, 이것을 해당 예산이나 계획인력량 등에 곱하여 산출하는 값을 의미한다. 여기서 기성이란 일한 만큼의 가치를 말하는 것으로 하도급기성고 또는 도급기성고와 같이 대금지불상의 금액이나 회계처리의 대상으로서가 아닌 소위 실행기성에 가까운 개념이다. 단 실행기성과 다른 점은 작업진도에 따라 가치만을 뜻하는 것이다.

$$\text{기성} = \text{작업진도} \times \text{해당 계획인력량 또는 예산금액} \tag{5-1}$$

(가) 진도측정요소

공사의 진척도를 측정하기 위해서는 다음과 같은 5개의 기본요소를 사용하여 기성평가에 적용하게 된다.

① 계획기성(Budgeted Cost of Work Scheduled, BCWS)은 계획물량이나 예산금액을 계획진도에 맞추어 할당하여 분개한 금액이다.

방법1 : 계획기성 = Σ(예상물량 × 실행예산단가) (5−2)

방법2 : 계획기성 = Σ(예상물량 × 공사계약단가) (5−3)

② 실시기성(Budgeted Cost of Work Performed, BCWP)은 실투입물량 등에 의한 진도를 파악하여 이를 계획물량 혹은 예산과 곱하여 산출한 값으로 정의한다.

방법1 : 실시기성 = Σ(실투입물량 × 실행예산단가) (5−4)

방법2 : 실시기성 = Σ(실투입물량 × 공사계약단가) (5−5)

③ 실투입원가(Actual Cost of Work Performed, ACWP)는 업무를 수행하면서 실제투입된 비용 혹은 인력이나 물량을 나타내는 것이다.

실투입원가 = Σ(실투입물량 × 실투입단가) (5−6)

④ 예산(Budgeted at Completion, BAC)은 공사종료시점에서의 확정된 소요물량이나 비용을 의미하며, 예산이 변경되지 않는 한 단위업무의 종료까지 계획기성, 실시기성 및 예산은 동일한 값을 갖게 된다.

예산 = 계획기성 (5−7)

⑤ 총예산원가(Estimated at Completion, ECA)는 업무의 수행성과분석을 기준으로 하여 생산성의 양호 및 불량에 따른 예산(BAC)에 대한 추정치로서의 업무 종료시점에서 비용의 증감을 예측하는 기준이 된다.

(나) 진도분석요소

기성에 대한 공사의 진도분석은 5개의 진도 측정요소를 사용하여 진도편차 및 지수를 계산하는 방법이다. 이때 사용되는 편차 및 지수는 다음과 같다.

① 원가차이(Cost Variance, CV)는 실시기성에 실투입원가를 감한 금액을 의미한다. 현재 기준일을 기준으로 하여 원가차이의 값이 (−)일 경우, 실투입원가(실투입물량×실투입단가)가 실시기성보다 크다는 것을 의미한다. 즉 공사금액이 많이 투입되었다는 뜻을 의미하므로 손해를 보고 있다는 것을 나타내고 있다.

원가차이(CV) = 실시기성(BCWP) − 실투입원가(ACWP) (5−8)

원가차이(CV) = Σ(실투입물량×실행예상단가)
= −Σ(실투입물량×실투입단가) (5−9)

② 진도차이(Schedule Variance, SV)는 실시기성에서 계획기성을 감한 금액을 의미한다. 즉

현재 기준일을 기준으로 하여 실투입물량이 예상물량보다 적게 투입되었다는 뜻은 진도가 예상보다 늦다는 것을 의미한다. 이 경우 진도차이의 값이 (−)가 산출되고, 진도차이의 값이 (+)가 산출될 경우는 앞의 설명과 반대의 뜻을 의미한다.

$$\text{진도차이(SV)} = \text{실시기성(BCWP)} - \text{계획기성(BCWS)} \qquad (5-10)$$

$$\begin{aligned}\text{진도차이(SV)} &= \sum(\text{실투입물량}\times\text{실행예상단가}) \\ &= -\sum(\text{예상물량}\times\text{실행예상단가})\end{aligned} \qquad (5-11)$$

③ 진도지수(Schedule Performance Index, SPI)는 실시기성을 계획기성으로 나눈 값을 의미한다. 진도지수의 값이 현재 기준일을 기준으로 하여 1.0보다 크다는 것은 실투입물량이 예상보다 많이 투입되어 실시기성이 크다는 것을 의미하므로 진도가 예상보다 빨리 진행되고 있음을 나타내주고 있다.

$$\text{진도지수} = \frac{\text{잔여예산(BCWR)}}{\text{원가지수(CPI)}} = \frac{\sum(\text{실투입물량}\times\text{실행예상단가})}{\sum(\text{예상물량}\times\text{실행예산단가})} \qquad (5-12)$$

④ 원가지수(Cost Performance Index, CPI)는 실시기성을 투입원가로 나눈 값을 의미한다. 원가지수의 값이 현재 기준일을 기준으로 하여 1.0보다 크다는 것은 공사수행에 소요되는 실투입금액이 예상 실투입금액보다 적게 투입되었다는 것을 나타내므로 손익측면에서 보면 예상보다 이익을 가져오고 있다는 것을 나타낸다.

$$\text{원가지수} = \frac{\text{실시기성(BCWP)}}{\text{실투입원가(ACWS)}} = \frac{\sum(\text{실투입물량}\times\text{실행예상단가})}{\sum(\text{실투입물량}\times\text{실투입단가})} \qquad (5-13)$$

⑤ 잔여예산(Budgeted Cost for Work Remained, BCWR)은 당초 예산에서 실시기성을 감해준 금액을 말한다.

$$\text{잔여예산} = \text{예산(BAC)} - \text{실기기성(BCWP)} \qquad (5-14)$$

⑥ 잔여예상원가(Estimate to Completion, ETC)는 잔여예산을 원가지수로 나눈 값을 의미한다. 즉 잔여예상원가는 원가지수가 기준이 되므로 원가지수가 1.0보다 클 때, 그 간의 공사수행이 예상금액보다 적은 금액으로 같은 목적을 달성했다는 뜻이므로 향후 잔여공사는 보다 적은 금액으로 추정될 것이며, 1.0일 때는 초기 예상금액과 같은 금액으로 추정될 것이다. 또한, 1.0보다 적은 값일 경우에는 잔여공사는 당초 금액보다 큰 금액으로 추정되어 공사를 수행하게 될 것이다.

$$\text{잔여예상원가} = \frac{\text{잔여예산(BCWR)}}{\text{원가지수(CPI)}} \qquad (5-15)$$

⑦ 총예상원가(Estimate at Completion, EAC)는 현재 기준일을 기준으로 하여 실투입원가에 잔여공사에 대한 잔여예상원가를 더해준 금액을 말한다.

$$\text{총예상원가} = \text{실투입원가(ACWP)} + \text{잔여예상원가(ETC)} \qquad (5-16)$$

원가차이는 수행된 작업량을 근거로 실투입원가를 예산과 비교함으로써 단가변수와 손익의 측정 및 분석을 위해 쓰여지고, 진도차이는 원가개념으로 공사의 진도를 측정하는데 사용된다. 총예상원가와 예산은 현실행기준으로 실행예산의 초과 및 미달상태를 예측하는데 쓰여진다.

2) 좌표에 의한 방법

계획과 실제공사진도 상의 차이를 측정할 수 있는 또 하나의 방법은 진행된 공사의 계획비용(BCWP), 계획일정상의 공사의 비용(BCWS), 진행된 공사의 실제비용(ACWP)를 비교함으로써 수행할 수 있다.

BCWP, BCWS, ACWP의 개념을 Bar Chart를 이용하여 설명하면 다음과 같다.

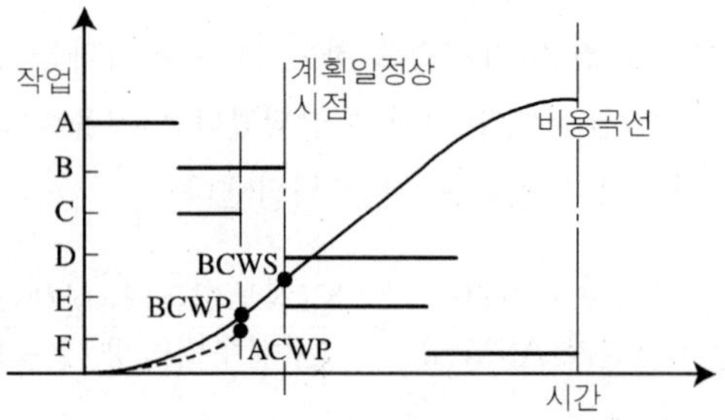

〈그림 5 - 13〉 BCWP, BCWS, ACWP의 개념

그러므로 BCWP/ACWP는 계획과 실제 공사진행의 비용상의 차이를 비율적으로 나타내며 1보다 크면 비용이 절감되었다는 것을 나타낸다. 그리고 BCWP/BCWS는 계획과 실제 공사진행의 일정상의 차이를 비율적으로 나타내며 1보다 크면 일정이 계획보다 많이 진행되었다는 것을 나타낸다.

그림 5-14와 같은 좌표를 이용하여 공사의 진보에 따른 시간과 비용의 상태를 파악할 수 있으며, 또한 시간과 비용의 경향을 파악하기 위하여 각각에 대하여 분리하여 나타낼 수 있다. 그림 5-15와 5-16의 비용과 시간의 경향에 대한 그림은 각 요소의 상관관계를 알 수 없지만, 필요에 따라 유용하게 사용될 수 있다.

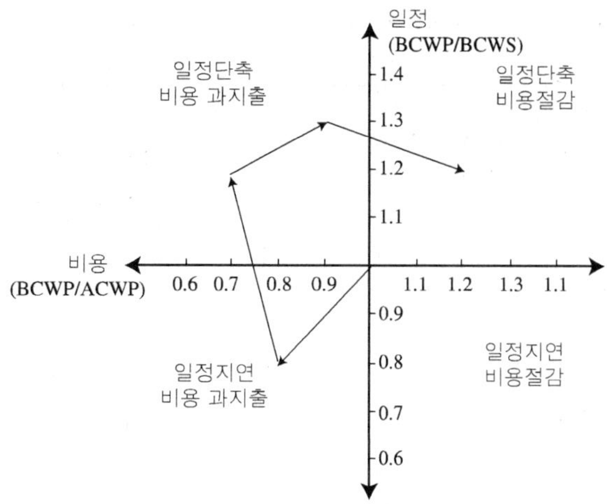

〈그림 5-14〉 진도관리 좌표

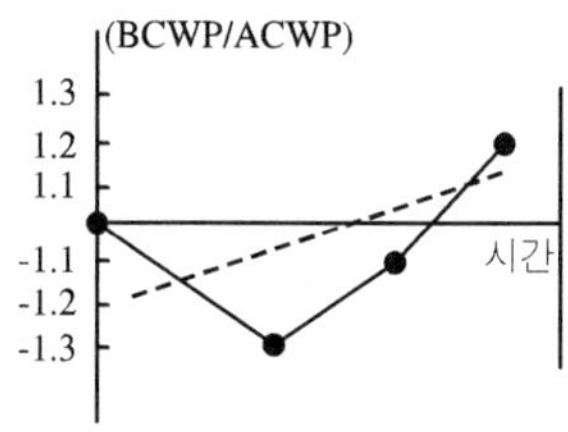

〈그림 5-15〉 비용지출 경향

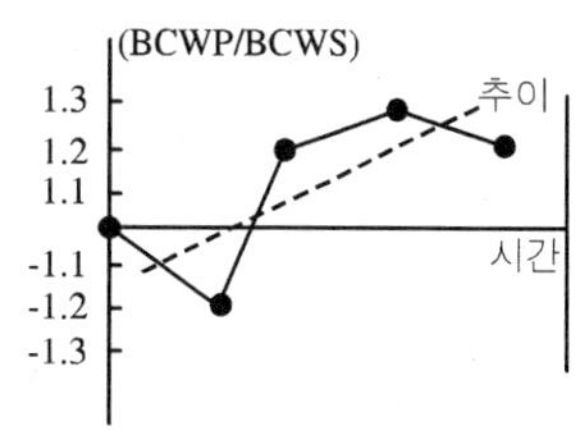

〈그림 5-16〉 시간소요 경향

5-4 공사진척률의 산정방법

여기에서는 공사의 진행상황을 물리적인 양으로 계산하는 방법과 공사가치로 계산하는 방법에 대하여 서술하고자 한다.

(1) 물리적인 양에 의한 방법

표 5-2와 같은 예제를 이용하여 방법을 제시하고자 한다.

〈표 5-2〉 공사진행에 대한 예제

	작업일수			공사물량			단위자원소요량	
	계획	실제	예상	계획	실제	예상	계획	실제
A	1,000	500	1,000	50	25	50	20	20
B	1,000	720	1,200	100	60	100	10	12

위의 표에서,

A공사의 진척률은 25/50=50%

B공사의 진척률은 60/100=60%이다.

두 공사는 다른 종류의 공사이므로 각 공사의 비중(weight)을 구하여 가중 평균함으로써 종합된 진척률을 구할 수 있다.

A, B의 두 공사를 종합하여 진척률을 계산하면

1) 계획작업일수를 기준으로 하여 각 공사의 가중치를 계산하면

A공사는 1,000/2,000=0.5

B공사는 1,000/2,000=0.5로

A, B의 두 공사의 비중은 0.5로 똑같다. 따라서 가중치를 고려한 종합된 진척률을 구하면 공사지척률=50%×0.5+60%×0.5=55%

2) 예상작업일수를 기준으로 하여 각 공사의 가중치를 계산하면

A공사는 1,000/2,200=0.4545

B공사는 1,200/2,200=0.5454로 된다. 따라서 이를 고려한 공사진척률을 구하면 공사진척률=50%×0.4545+60%×0.5454=55.44%

이상에서 살펴본 바와 같이 A공사는 계획대로 공사가 진행되었고, B공사는 생산성의 저하로 인하여 계획보다 더 많은 단위자원소요량이 소요되었다. 그러나 생산성이 떨어진 B공사가 비중이 더 큰 것은 비합리적이므로 생산성이 비중에 영향을 주지 않는 방법이 적용되어야 한다. 그러므로 비중을 구하는 방법은 계획작업일수를 기준으로 하여 구하는 것이 타당하다.

(2) 공사가치를 이용한 방법

공사가치를 이용한 방법은 진행된 공사의 계획비용(BCWP)을 계획일정상의 공사의 계획비용

(BCWS)로 나눈 값으로 진척률을 구하는 것이다.

BCWP는 공사의 진척률에 작업일수를 곱함으로써 구할 수 있다. BCWP를 구하는 방법에는 4가지가 있다.

$$BCWP(1)=\frac{\text{실제진행된 공사물량}}{\text{계획상 공사물량}}\times \text{예상작업일수}$$

$$BCWP(2)=\frac{\text{실제진행된 공사물량}}{\text{계획상 공사물량}}\times \text{계획작업일수}$$

$$BCWP(3)=\frac{\text{실제진행된 공사물량}}{\text{예상 공사물량}}\times \text{예상작업일수}$$

$$BCWP(4)=\frac{\text{실제진행된 공사물량}}{\text{예상 공사물량}}\times \text{계획작업일수}$$

실례를 들어 BCWP를 구하는 4가지 공식을 비교해 보기로 한다.

〈표 5-3〉 공사 진행에 대한 예제

	작업일수			공사물량		
	계획	실제	예상	계획	실제	예상
A	1,000	500	1,000	500	250	500
B	1,000	1,000	2,000	200	200	400
C	5,000	2,000	4,000	500	200	400

A, B, C공사가 위의 표와 같이 진행되었다고 가정하고 진척률을 구하면,

〈표 5-4〉 공사의 진척률

	진척률	
	예상공사 물량기준	계획공사 물량기준
A	50 %	50 %
B	50 %	100 %
C	50 %	40 %

이상에서 각 공사에 대한 BCWP를 각 공식에 따라 구하면,

〈표 5-5〉 각 공사의 BCWP 값

	BCWP			
	(1) 공식	(2) 공식	(3) 공식	(4) 공식
A	500	500	500	500
B	2,000	1,000	1,000	500
C	1,600	2,000	2,000	2,500

위의 표에서 알 수 있듯이 공사의 진행상황을 가장 잘 반영하고 있는 것은 (4) 공식에 의하여 구해지는 BCWP는 (4) 공식에 의하여 구하는 것이 타당하다.

제6장 품질관리

6-1 서 설

(1) 품질관리의 정의

품질관리(品質管理)란 한국공업규격 KS A 3011에 의하면 "수요자(需要者)의 요구에 맞는 품질의 제품을 경제적으로 만들어 내기 위한 모든 수단의 체계이다"라고 되어 있으며, 또한 "근대적 품질관리는 통계적 수단을 채택하고 있으므로 특히 통계적 품질관리(statistical quality control, SQC)"라고도 한다.

품질관리 활동이란 경제원칙하에서 목표를 놓고 목표달성을 위하여 불필요한 요소를 제거하는 합리적이고 실제적인 활동을 말하는데 이러한 활동에 중점을 두고 있는 품질관리를 재래의 검사중심주의적 품질관리와 구별하여 근대적 품질관리(modem quality control)라고 부른다.

한편 합리적 활동을 하려면 주관적인 판단을 배제하고 과학적 수단에 의한 객관적인 판단을 요구하게 된다. 즉 통계적 사고방식이나 수법을 전면적으로 응용한 품질관리가 필요한데 이를 통계적 품질관리라고 한다.

또한 품질관리란 합리적으로 설정된 기준에 따라 조직적인 활동안에서 성취될 수 있으므로 품질관리는 관련자 모두가 확실하게 품질관리에 대하여 인식하고 합리적으로 추진해야만 좋은 효과를 기대할 수 있다. 이와 같은 전사적(全社的) 추진 의미를 가진 품질관리를 종합적 품질관리(total quality control, TQM)라고 하며, 최근 이러한 품질관리가 경영의 한 도구로서 많이 활용되고 있다. 이상의 정의에 추가하여 이 분야의 권위자들이 말하는 일반 품질관리는 다음과 같다.

1) 데밍(W. E. Deming)

품질관리란 가장 유용하게, 또한 구매자(購買者)가 요구하는 제품을 가장 경제적으로 생산하는 방법을 말한다.

또 통계적 품질관리란 가장 유용하고 시장성이 있는 제품을 가장 경제적으로 생산하기 위하여 생산의 모든 단계에 통계적 원리로 통계적 수법을 응용하는 것이다.

2) 쥬란(J. M. Juran)

품질관리란 실제의 품질정도를 측정하여 그것과 품질의 표준과 비교하여 그 차에 따라 조치(措置)를 취하는 일련의 과정이다.

3) 화이겐바움(A. V. Feigenbaum)

통계적 품질관리란 모든 소비자의 만족을 고려한 가장 경제적인 수준으로 구매(購買), 기술, 생산 및 서비스를 할 수 있도록 조직 내의 여러 부문의 품질개발, 품질유지 및 품질개선 노력을 종합하는 효과적인 체계이다.

위의 정의 가운데 대표적인 것이 데밍이 말하는 통계적 품질관리와 화이겐바움이 말하는 종합적 품질관리이다. 여기서 데밍의 정의는 통계적 수법의 적용을 통해 본 전체로서의 품질관리이며, 화이겐바움의 정의는 경영 전반에 걸친 조직(組織)의 체계를 통해 본 경영 품질관리라고 할 수 있다.

(2) 품질관리의 목적 및 효과

건설공사에 있어서 품질관리의 궁극적인 목적은 발주자(發注者)의 요구에 합치되는 축조물을 경제적으로 생산하는데 있다. 이를 위하여 적절한 품질의 기준을 정하고 이것이 달성되도록 통제하는 활동이 품질관리이다.

여기서 포준화(標準化), 통계 및 피드 백(feed back)은 품질관리의 기본적 개념이 되며 동시에 중요한 방법론을 제공하여 주게 된다. 그러나 중요한 것은 품질의 기준을 설정함에 있어서나, 또는 그 기준을 준수하도록 통제(統制)함에 있어서 모든 품질관리 활동은 측정을 통하여 실시해야 되며, 이를 위해서는 모든 품질특성이 계량화(計量化)되어야 한다.

품질특성의 측정은 종래의 검사에서도 실시되고 있었으나 측정하는 것만으로는 통제가 되지 않는다. 결과를 분석, 평가함으로써 결론을 추출하여 품질이 형성되는 모든 단계, 즉 설계단계로부터 시공 및 유지관리단계에 이르기까지 이를 적용하여 각 단계를 표준화하여야 한다.

이러한 품질관리의 활동의 목적은 구체적으로 요약하여 보면 다음과 같다.

① 시공능률의 향상
② 품질 및 신뢰성(信賴性)의 향상
③ 설계의 합리화
④ 작업의 표준화

이상의 목적을 가지고 품질관리를 실시할 경우 그 효과는 추진방법이나 실천 정도, 또는 현재상태, 기업체의 규모 등에 따라 차이가 있으나 품질관리의 목적별로 분류하여 볼 때 다음과 같은 효과를 기대할 수 있다.

1) 시공능률의 향상

① 올바른 자재를 사용하여 자재의 낭비(浪費)를 막을 수 있다.
② 시공상 불필요한 노력이나 시간의 낭비를 피할 수 있다.
③ 장기가동률이 향상된다.
④ 설비 및 장비의 수명이 연장된다.
⑤ 차기공정에 대한 작업연결이 원활하게 된다.

2) 품질 및 신뢰성(信頼性)의 향상

① 품질의 변동이나 불량률을 감소시킬 수 있다.
② 건설시장의 신용도를 높일 수 있다.
③ 공사수주의 증대를 기대할 수 있다.
④ 불필요한 감사를 배제하고 신뢰성이 높은 분석결과를 얻을 수 있다.
⑤ 하자발생률을 감소시킬 수 있다.

3) 설계의 합리화

① 설계나 시방서(示方書)의 불합리점을 배제할 수 있다.
② 불량요인을 정확하게 파악하여 적절한 설계변경을 할 수 있다.

4) 작업의 표준화

① 작업표준을 설정할 수 있다.
② 작업표준을 엄수할 수 있다.
③ 작업표준을 개선할 수 있다.

이상과 같이 품질관리의 효과는 품질뿐만 아니라 공사비 및 공사기간에도 절감효과를 유발할 수 있어야 한다. 품질이 향상되면 원가가 상승한다든가 품질을 개선하게 되면 공사기간을 준수하지 못하게 된다고 하는 사고는 진정한 의미의 품질관리 효과라고 할 수 없다. 따라서 올바른 품질관리의 효과는 이들 3요소는 품질, 공사비 및 공사기간이 동시에 만족되어야 하는 것이다.

6-2 품질관리의 통계적

(1) 모집단과 시료

어떤 공정의 결과를 본래의 표준규격과 대조하는데는 집단을 구성하는 하나하나를 전부 검사하는 전수검사방식과 그 집단으로부터 일부 시료를 취하며, 여기서 얻은 측정치를 가지고 그 집단의 품질을 판단하는 채취검사방식이 있다.

이와 같이 조사, 연구의 대상이 되는 특성을 가진 구성체, 또는 시료로부터 얻은 데이터를 통하여 품질특성을 판단하고 이에 따르는 필요한 조치(措置)가 취해지는 구성체를 모집단이라고 한다. 모집단을 구성하는 단위를 단위체라고 하고, 여기서 단위체의 수를 한정할 수 없을 때, 즉 무한일 때를 무한모집단이라고 한다. 한편 시료란 이러한 모집단으로부터 목적하는 바를 조사하기 위하여 뽑아낸 표본 전체를 말하며 개개의 표본을 이와 구별하여 단위개체라고 부른다.

(2) 통계량의 계산

1) 계량치와 계수치

모집단에서 추출한 시료로부터 얻은 데이터는 크게 계량치 데이터와 계수치 데이터가 있다. 계량치 데이터는 양의 의미를 내포하고 있는 데이터로서, 콘크리트의 강도, 쌓기재료의 입도, 함수량, 중량 등과 같은 양의 크기를 나타내는 데이터이며 계수치 데이터는 수의 의미를 내포하고 있는 데이터로서 공시체(供試體)의 수, 코어의 수, 불량품의 수 등과 같이 수의 크기를 나타내는 데이터이다.

2) 측정치에 대한 산포의 중심적 경향을 표시하는 방법

특정한 데이터에 대한 산포(散布)의 중심적 경향을 표시하는 방법에는 다음과 같이 평균값, 중앙값, 최빈값 등이 있다.

① 평균값(Mean) : $\overline{X}$ (모평균 : μ)

$$\overline{X}=\frac{X_1+X_2+X_3+\ldots+X_n}{n}=\frac{1}{n}\sum_{i=0}^{n}X_i \qquad (6-1)$$

여기서, X_1, X_2, X_3, ⋯, X_n : 측정치, n : 측정횟수

② 중앙값(Median) : $\widetilde{X}$

n개의 데이터를 대소의 순으로 배열했을 때 중앙에 위치한 값을 말하며, 중위값이라고도 한다.

③ 최빈값(Mode) : Mod

도수표에 따라 히스토그램(histogram)을 작성할 경우 일반적으로 횡축에 특성치, 종축에 도수를 설정하는데 이 때 도수가 최대인 곳의 특성치를 최빈(最頻)값이라 한다.

3) 측정치와 산포상태를 표시하는 방법

측정한 데이터의 산포상태를 표시하는 방법에는 다음과 같이 범위, 편차(偏差), 분산(分散), 變動係數) 등이 있다.

① 범위(Range) : R

데이터의 최대치와 최소치의 차를 말한다.

$$R = X_{\max} - X_{\min} \tag{6-2}$$

여기서 $X_{\max}$: 데이터의 최대치,

$X_{\min}$: 테이터의 최소치

② 편차(Deviation) : D

각 측정치에서 평균치를 뺀 값이다.

$$D_i = X_i - \overline{X}(i = 1, 2, \ldots, n) \tag{6-3}$$

③ 변동(Variance) : S

편차를 제곱한 값들의 합을 말하며, 편차 평방화라고도 한다.

$$S = \sum_{i=1}^{n}(X_i - \overline{X})^2 = \sum_{i=1}^{n}X_i^2 - \left(\frac{1}{n}\sum_{i=1}^{n}X_i\right)^2 \tag{6-4}$$

④ 분산(Variance) : S^2(母分散 : σ^2)

변동의 평균을 말한다.

$$S^2 = \frac{S}{n} = \frac{\sum_{i=1}^{n}X_i^2}{n} - \frac{\left(\frac{1}{n}\sum_{i=1}^{n}X_i\right)^2}{n} = \frac{\sum_{i=1}^{n}X_i^2}{n} - \overline{X}^2 \tag{6-5}$$

⑤ 불편분산(Unbiased Variance) : V

변동을 자유도로 나눈 값이다.

$$V=\frac{S}{\psi}=\frac{S}{n-1}=\sum_{i=1}^{n}(X_i-\overline{X})^2/n-1 \tag{6-6}$$

여기서 ψ : 자유도$(n-1)$

⑥ 표준편차(Standard Deviation) : S(모표준편차 : σ)

$$S=\sqrt{S^2}=\sqrt{\frac{S}{n}}=\sqrt{\frac{1}{n}\left(\sum_{i=1}^{n}X_i^2-\frac{\left(\sum_{i=1}^{n}X_i\right)^2}{n}\right)}=\frac{\sqrt{\sum_{i=1}^{n}X_i^2}}{n}-\overline{X}^2$$

$$=\frac{\sqrt{\sum_{i=0}^{n}(X_i-\overline{X})^2}}{n}=\sqrt{V}=\sqrt{\frac{S}{n-1}}=\frac{\sqrt{\sum_{i=1}^{n}(X_i-\overline{X})^2}}{n-1} \tag{6-7}$$

주) 일반적으로 불편분산의 평방근을 주로 사용한다.

⑦ 변동계수(Coefficient of Variation) : C_v

$$C_v=\frac{S}{\overline{\overline{X}}},\quad C_v(\%)=\frac{S}{\overline{\overline{X}}}\times 100 \tag{6-8}$$

(3) 분포와 확률

통계적으로 수법의 목적은 시료의 측정치로부터 모집단의 확률분포를 파악하여 그 성질을 추측하는데에 있으며, 그 확률분포에는 크게 연속확률분포와 이산확률분포가 있다.

연속확률분포에는 정규분포, 카이제곱분포, t분포 및 F분포가 있으며, 이산확률분포에는 베르누이분포, 이항분포, 초기하분포, 포아송분포 및 다항분포가 있다.

여기서는 건설분야의 품질관리에서 많이 이용되고 있는 정규분포에 대한 언급은 다음과 같다.

1) 정규분포의 개요

이론적 도수분포를 표시하는 곡선은 시료의 채취를 무한히 많이 했을 때 생기는 도수다각형의 극한형으로 간주할 수 있다. 이 도수다각형의 전면적이 단위면적이 되도록 각급의 도수를 시료의 크기로 나누어 종축을 상대도수의 입방으로 변환하면 이론적 도수분포곡선, 즉 확률밀도함수(probability density function)의 x축과 이루는 하부면적은 1이 되며 임의의 X 구간에 대한 곡선 하부면적(확률면적)은 다음과 같다.

$$P[X_1 \leqq X \leqq X_2] = \int_{x_2}^{x_1} f(X)\ dX$$

$$= \int_{x_1}^{x_2} \frac{1}{6\sqrt{2X}} e^{\frac{(x-\mu)^2}{2\sigma^2}} dX\ (-\infty \leqq X \leqq \infty, \sigma > 0) \quad (6-9)$$

이 된다.

이 식으로부터 확률면적을 구할 때 편리하도록 모평균치 μ가 원점에 오게 변수변환(變數變換)하게 되는데 이 과정을 확률화라고 한다. 즉 $u = \frac{X-u}{\sigma}$ 라고 하면 임의의 확률변수 u에 대한 확률면적은 다음과 같다.

$$P[u_1 \leqq u \leqq u_2] = \frac{1}{\sqrt{2x}} \int_{u_2}^{u_1} e^{-\frac{u^2}{2}} du\ (-\infty \leqq u \leqq \infty) \quad (6-10)$$

이 된다. 이 식으로부터 u의 변화에 대한 확률면적 값을 표로 작성한 것이 표준정규분포이며, 이 표는 구간의 상한과 하한($-\infty \leqq u \leqq u_1$, $u_1 \leqq u \leqq u_2$, $u_2 \leqq u \leqq \infty$)에 따라 몇 종류로 작성될 수 있으므로 적절한 활용이 필요하다.

2) 정규분포의 특징

정규분포에서 평균치는 곡선의 위치를 정하며 표준편차는 곡선의 모양을 정한다. 그리고 정규분포곡선은 평균치 근처에서 높고 좌우측으로 갈수록 낮아지며, 평균치를 중심으로 좌우대칭이다.

정규분포가 이상과 같은 성질을 가지고 있으므로 평균치와 표준편차를 계산하면 다음과 같은 정규분포의 특성을 알 수 있다.

① 고정의 품질특성에 대한 분포는 대부분 정규분포를 함으로 임의의 한계 내에 포함되는 고정특성의 퍼센트(%)를 알 수 있는데 실용상 이 값은 확률면적으로 구하게 된다.

② 만약 공정상태의 분포가 정규분포로부터 상당히 벗어나 있어도 평균치 등과 같은 통계량의 분포는 거의 정규분포곡선에 따르는 경향이 있다.

③ 모든 실용상의 목적에 대하여 정규분포로부터 예상할 수 있는 모집단의 전체분포는 ±3σ의 크기로 표시된다.

이처럼 정규분포는 통계이론상에서 중요한 역할을 하며, 관리도의 기초이론이 된다.

6-3 추정과 검정

(1) 추정

통계량으로부터 모수를 알아내는 것을 말하며, 여기에는 점추정과 구간추정이 있다.

점추정은 분포의 기대치를 이용한 단 하나의 값으로 모수를 추정하는 것이고 구간추정(區間推定)은 모수가 일정확률로 있게 될 구간을 구하는 것이다.

일반적으로 점추정의 정확도는 시료의 수에 따라 영향을 받아 시료수가 많을수록 올라가게 되지만 다수의 시료를 추출하는데는 비용문제와 시간적인 제약이 있어 소수의 시료에 의존하는 구간추정을 사용하게 된다.

따라서 여기서는 구간추정에 대해서만 설명하기로 한다.

구간추정에 있어서 모수가 그 구간 내에 포함될 확률을 신뢰율 또는 신뢰도(confidence coefficient)라고 말하며, 이 때 신뢰도는 1에서 위험률(a)를 뺀 값($1-a$)가 된다. 모수를 추정할 때 일반적으로 신뢰도는 95%, 또는 99% 잡는데 이것은 모집단으로부터 몇 번이고 시료를 추출하였을 때 모수가 측정치에 의해 산출한 구간 내에 있게 될 확률이 100회중 95회, 또는 100회중 99회라는 것을 의미한다.

한편 신뢰율을 선정할 때 이 값을 너무 높게 잡으면 구간의 폭이 너무 커져서 실제 목적에 부합되지 않는 경우가 생기고 반대로 너무 낮게 잡으면 구간의 폭이 작아져서 오차를 범할 위험성(危險性)이 커지게 되므로 적절한 선정이 필요하다.

그리고 구간설정을 할 때 모평균의 추정에는 표준편차를 알고 있을 경우 정규분포를 이용하고 표준편차를 모를 경우는 t분포를 이용하게되며 모분포의 추정에는 F분포, 또는 X^2분포를 이용하게 되는데, 이러한 확률분포에 대해서는 (3)절의 분포와 확률에서 설명한 바 있다.

(2) 검정

모집단에 대한 통계량이나 확률분포에 대하여 어떤 가설을 설정하고 이 가설의 성립여부를 시료의 특성치로부터 판단하여 통계적 결정을 내리는 것을 말하는데 이것에는 여부치의 검정과 계수치의 검정이 있다.

계량치의 검정에는 모평균치의 검정 및 모평균치의 차의 검정, 모분산의 검정 및 모분산의 차의 검정이 있으며 계수치의 검정에는 모불량률의 검정 및 모불량률의 차의 검정, 결함수의 검정 및 결함수의 차의 검정, 적합도의 검정 등이 있는데 건설공사의 시료특성치가 계량치이므로 여기서는 계량치의 검정에 대해서만 설명하기로 한다.

검정을 위한 가설에는 두 가지가 있는데 검정의 대상이 되는 귀무가설(歸無假說, null

hypothesis : H_0)과 이에 대립되거나 이를 부정하는 가설인 대립가설(代立假說, alterative hypothesis : H_1)이 있다. 가설에 대한 판정으로서 시료를 측정하여 얻어진 결과에 따라 그 가설을 부정할 때에는 소각(消却, reject)한다고 하고 가설을 부정하지 못할 때에는 그 가설을 채택(採擇, accept)한다고 말한다.

가설검정의 결과에는 네 가지가 있는데 이 가운데 잘못된 결정을 내리는 경우는 두 가지로서 사실인 H_0를 소각하는 때와 거짓인 H_0를 채택하는 때이다.

전자의 경우 제 1종 과오를 범했다고 하고, 후자의 경우 제 2종의 과오를 범했다고 한다. 이 때 제 1종의 과오를 범할 확률은 α로 표시하며, 이를 유의수준(有意水準, level of significance) 또는 위험률이라고 하고, 제 2종의 과오를 범할 확률은 β로 표시하는데 (1－β)의 값을 검정력이라고 한다.

결국 통계적 가설검정이란 사실인 귀무가설을 소각하는 제1종의 과오를 가능한한 작게 하고 귀무가설의 거짓을 찾아내는 검정력을 크게 하는 것이다.

한편 통계치의 검정에서 모평균치의 검정 및 모평균치의 차의 검정에는 모표준편차를 알고 있을 경우 정규분포를 모표준편차를 모를 경우 t분포를 이용하여 모분산의 검정에는 x^2분포를, 모분산 차의 검정에는 F분포를 이용한다.

건설공사에 있어서 품질조사란 설계, 시방서에 규정된 사항에 대한 축조물의 만족여부를 보증하기 위하여 공사 중의 적당한 공정 및 준공시에 측정이나 시험을 통하여 완성물의 성능이나 품질에 관한 정보를 얻어서 그 적부(適否)를 판정하고, 공사관리가 적절하게 실시되고 있는지, 또는 실시되었는지를 확인하는 것이다. 한편 품질에 대한 검사방법에는 여러 종류가 있으나 일반적으로 검사목적, 검사의 실시자, 검사의 실시기간 등에 따라 분류되며 특히 검사방식에 따라 분류하면 검사대상물의 전부를 검사하는 전수검사와 검사대상의 로트(lot)에 몇 개의 시료를 선택하여 검사하는 발취검사가 있다.

건설공사의 경우 품질검사의 대상물은 골재, 콘크리트, 쌓기재료 등으로 이 검사대상물은 일반적으로 다음과 같은 공통된 성질을 가지고 있다.

① 연속적으로 대량으로 사용되는 경우가 많다.
② 대상물이 부분적으로 품질규격을 벗어나도 실용상 큰 문제가 되지 않는다.
③ 대상물 전부를 시험한다는 것은 불가능하다.
④ 로트로서 처리할 수가 있다.
⑤ 파괴시험에 의하여 품질판정을 실시하는 경우가 많다.

이처럼 건설공사에서는 대부분 파괴검사를 하므로 전수검사가 불가능하여 발취검사(拔取檢査)를 실시하게 되며 발취한 시료의 특성치를 측정하여 로트의 합격, 불합격을 판정하는 발취검사의 방식에는 시료 중에 포함되는 불량품의 수, 결점 수를 이용하는 계수규준형 발취검사와 평균치를 이용하는 계량규준형 발취검사가 있는데 모두 한국공업규정에 규정되어 있다.

6-4 품질관리의 7가지 도구

6-4-1 개요

품질관리에서 사용되고 있는 방법론의 기본은 통계적 방법과 표준화일 것이다. 그러나 품질관리가 기업에서 운동으로 진행되기 위해서는 통계적이라던가 표준화와 같은 딱딱한 용어와 방법으로는 보급되기 곤란한 면이 있을 것이다. 따라서 누구에게나 이해하기 쉽고, 또한 실무적으로 필요한 수법으로 정리하여 보급하는 편이 좋을 것이다.

품질관리의 7가지 도구란 바로 이러한 목적을 가진 것이다. 이 7가지 수법은 통계적 수법의 전체가 되는 간단하면서도 유효한 방법론이다. 다음에 품질관리의 7가지 도구의 개요를 정리하면 표 6-1과 같다.

여기서 총 8가지로 설명된 것은 층별과 관리도의 어느 한 쪽이 빠지거나, 그래프가 다른 어떤 도구와 합쳐지거나 하여 그 구성이 다른 경우가 있다.

〈표 6-1〉 품질관리의 7가지 도구의 개요

명 칭	내 용
① 파레토도	결과와 원인을 분석하고, 주요문제점을 발견하기 위한 그래프
② 특성요인도	어떤 특성(결과)과 그 원인의 관계를 정리하기 위한 그래프
③ 히스토그램	데이터(계산치)를 일정한 폭으로 구분하고 막대그래프로 표현하여 중심, 편차, 모양의 문제점을 발견하기 위한 그래프
④ 그래프	데이터를 형식과 관계에서 문제점을 발견하기 위한 도구
⑤ 층별	데이터를 Grouping하며, 문제점을 발견해 내기 위한 도구
⑥ 산포도	한 쌍의 데이터가 대응하는 상태에서 문제를 발견해 내기 위한 도구
⑦ 체크시트	계산치의 자료를 모아 그것에서 문제를 발견해 내기 위한 도구
⑧ 관리도	시계열로 표현된 데이터의 편차에서 관리상황과 문제점을 발견해 내기 위한 도구

그러나 최근에는 신품질관리의 7가지 도구가 제창되어 있다(표 6-2 참조).

이 새로운 도구는 데이터를 취하기 이전의 문제에 대한 문제의 정리방법에 중점을 둔 것이며, 품질 신세대에의 적용을 목표로 한 것이다.

〈표 6-2〉 신품질관리의 7가지 도구

명 칭	내 용
① 연관도법	서로 맞는 원인, 결과의 정리
② KJ법	혼돈상태로부터 문제의 명확화
③ 계통도법	목표를 달성키 위한 수단의 전개과정
④ 매트릭스도법	다원적 사고에 의한 문제 발견법
⑤ 매트릭스, 데이터 해석법	매트릭스도로부터 주성분 추출
⑥ PDPE(과정결정 계획도)법	문제 진전과정에서 바람직한 방향으로 꾀하기 위한 방법
⑦ 애로우 다이어그램법	네트워크에 의한 계획, 관리

6-4-2 파레토도

파레토도(pareto's graph)란 층별요인이나 특성에 대한 불량점유율을 나타낸 그림으로서 가로축에는 층별요인이나 특성을 세로축에는 불량건수나 불량손실 금액 등을 표시하여 그 점유율을 나타낸 불량해석도이다. 다음에 파레토도의 작성방법, 판독법(判讀法), 적용예를 살펴보기로 한다.

(1) 파레토도의 작성방법

1) 데이터를 수집한다.

조사항목 데이터의 수집방법 및 기간 등을 정하여 데이터를 모은다.

2) 데이터를 정리한다.

데이터를 크기 순으로 배열하여 데이터의 수를 기록한다.

3) 누적수와 누적비율을 계산한다.

데이터의 수가 큰 항목으로부터 누적수와 누적비율을 계산한다.

$$\text{누적비율}(\%) = \frac{\text{누적수}}{\text{데이터의 총수}} \times 100 \qquad (6-11)$$

4) 그래프의 좌표 축을 그린다.

세로축에는 불량수나 불량건수, 손실금액 등의 특성치를 잡고 가로축에는 특성 소요항목을 잡아 데이터의 수가 큰 항목부터 아래로 왼쪽에서 오른쪽으로 기입한다.

이 때 기타의 항목은 데이터의 수가 많더라도 제일 오른쪽에 기입한다.

5) 막대그래프를 그린다.

데이터의 수를 막대그래프로 그리는데 막대의 폭은 동일하게 막대 간의 간격은 없게 한다.

6) 누적비율을 표시하는 세로축을 그린다.

가로축의 오른쪽 끝에 세로축을 그리고 0~100%까지 적당히 눈금으로 매긴다.

7) 누적 꺾은 선 그래프를 그린다.

각 막대의 오른쪽 수직선 연직선상에 해당 누적비율을 타점하고 이 점들을 연결하는 누적 꺾은 선을 그린다.

8) 필요한 사항을 기입한다.

데이터의 수, 누적률, 특성항목, 공정명 등을 기입한다.

(2) 파레토도의 판독법 및 사용법

어떤 공정에 대한 불량요인의 여러 항목에 대하여 개선할 항목의 우선순위를 알고자 파레토도를 작성하였을 때 다음과 같은 사항들을 판독할 수 있다(그림 6-1 참조).

1) 불량요인에 대한 각 항목의 점유정도를 파악할 수 있다.

2) 불량요인이 가장 큰 항목을 쉽게 알 수 있다.

3) 불량요인의 제거에 따른 개선효과를 예측할 수 있다.

그리고 파레토도는 판독된 사항을 기초로 하여 개선의 목표를 정한 다음 중요항목에 대해서 다시 세부 파레토도를 작성하여 해결해야 할 요인을 파악함으로써 공정의 불량건수를 점차 감소시켜 나가는데에 사용하게 된다.

(3) 파레토도의 적용예

어떤 보수공사의 불량요인에 대하여 일정기간 동안 조사한 결과 다음과 같은 데이터를 얻었다. 이에 대한 파레토도를 그리고 제일 먼저 개선해야 할 항목을 조사하는 경우이다.

〈표 6-3〉 보수공사 불량에 대한 데이터

불량명	불 량 항 목	불량건수
A	시공이음	8
B	기둥충진불량	20
C	개구부 둘레의 충진불량	5
D	벽충진불량	10
E	기 타	7

1) 데이터를 수집한다.

5개 항목에 대한 불량건수가 주어져 있다.

2) 데이터를 정리한다.

불량건수가 큰 항목부터 크기순으로 배열하여 정리한다. 즉 B, D, A, C, E이다.

3) 누적수와 누적비율을 계산한다.

B : 누적수 = 20, 누적비율 = $\frac{20}{50} \times 100 = 40[\%]$

D : 누적수 = 30, 누적비율 = $\frac{30}{50} \times 100 = 60[\%]$

A : 누적수 = 38, 누적비율 = $\frac{38}{50} \times 100 = 76[\%]$

C : 누적수 = 43, 누적비율 = $\frac{43}{50} \times 100 = 86[\%]$

E : 누적수 = 50, 누적비율 = $\frac{50}{50} \times 100 = 100[\%]$

4) 그래프의 좌표축을 그린다.

세로축에는 불량건수를 가로축에는 불량항목을 잡아 좌표축을 그린다.

5) 막대그래프를 그린다.

5개 항목에 대하여 각각의 불량건수를 막대로 그리고 막대의 상단에 불량건수를 기입한다.

6) 누적비율을 표시하는 세로축을 그린다.

가로축의 오른쪽 끝에 0~100%까지 눈금을 매긴 세로축을 그린다.

7) 누적 꺾은 선 그래프를 그린다.

누적비율을 타점하여 각 점들을 연결한다.

8) 필요한 사항을 기입한다.

공정명, 불량항목, 불량건수, 누적비율 등을 기입한다.

〈표 6-4〉 파레토도 작성표

불량명	불량건수(건)	누적수(건)	누적비율[%]
B	20	20	40
D	10	30	60
A	8	38	76
C	5	43	86
E	7	50	100
합 계	50	50	100

표 6-4의 파레토도로부터 주된 불량항목은 B항목, 즉 기둥충진불량이라는 것을 알 수 있었다. 따라서 조치를 취한 후 다시 B에 관한 불량건수를 조사한 결과 9건으로 나타났으며, 이에 대한 파레토도는 그림 6-1과 같다.

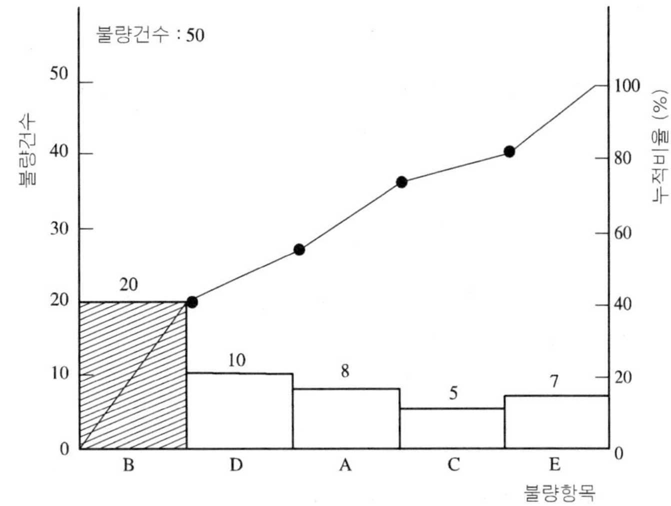

〈그림 6 - 1〉 보수공사에 대한 파레토도(장치전)

6-4-3 특성 요인도

특성 요인도란 문제로 하고 있는 특성과 요인과의 관계, 요인 간의 상호관계를 쉽게 이해할 수 있도록 화살표를 이용하여 나타낸 그림으로서 개괄적인 문제분석과 작업관리에 사용하는 분류정리형, 세밀한 문제분석과 관련 요인을 조사하는 요인추구형, 요인배제를 위한 대책을 검토하는 대책검사형이 있다.

(1) 특성 요인도의 작성방법

1) 문제로 하는 특성을 선정한다.

현실적으로 문제가 되고 있는 특성을 오른쪽 끝에 적고 왼쪽에서부터 특성의 중앙으로 화살표를 그려 넣는다.

2) 특성에 영향을 미치는 요인을 열거한다.

① 요인을 크게 분류하고 큰 가지의 요인을 적는다.
② 큰 가지의 요인마다 중간 가지, 작은 가지로 요인을 열거한다.

3) 특성요인도를 정리한다.

문제해결에 도움이 되지 않는 요인은 제거하고 부족한 내용에 대해서는 요인을 추가하여 정리한다.

4) 요인의 중요도를 표시한다.

열거된 요인 중에서 어느 요인부터 조사해 나갈 것인가를 명확히 하기 위해 영향이 크다고 생각되는 요인에는 적절한 표시를 하여 둔다.

5) 필요한 사항을 기입한다.

공정명, 작성일자, 작성부서, 특기사항 등을 기록한다.

(2) 특성 요인도의 판독법 및 사용법

특성 요인도의 보다 효과적인 활용을 위해 다음과 같은 점에 착안하여 판독해야 한다.

1) 요인의 추출에 누락된 것은 없는가

큰 요인이 누락되지 않았는지 확인한다.

2) 각 요인이 계통적(系統的)으로 정리되어 있는가

① 큰 가지, 중간 가지, 작은 가지가 순서있게 정리되어 있는지 확인한다.
② 특별히 관계없는 요인이 기입되어 있는지 조사하여 있으면 제거한다.

3) 대책을 세우기 쉽게 작성되어 있는가

① 요인의 중요도와 우선순위가 정해져 있는지 조사한다.
② 계량적 요인과 계수적 요인이 명확히 구분되어 있는지 관찰한다.

위와 같은 착안사항을 토대로 하여 판독된 특성요인도는 공정의 문제점을 해석하고 개선점을 찾고자 할 때 품질관리를 교육하고 훈련하고자 할 때에 활용하게 되며 특히 문제의 정리, 원인 및 대책의 추구, 작업의 관리 등에 사용하게 된다.

(3) 특성 요인도의 적용예

콘크리트의 타설작업에 있어서 콘크리트의 손실이 발생하는 요인에 대한 경우를 특성 요인도로 작성하는 예이다(그림 6-2 참조).

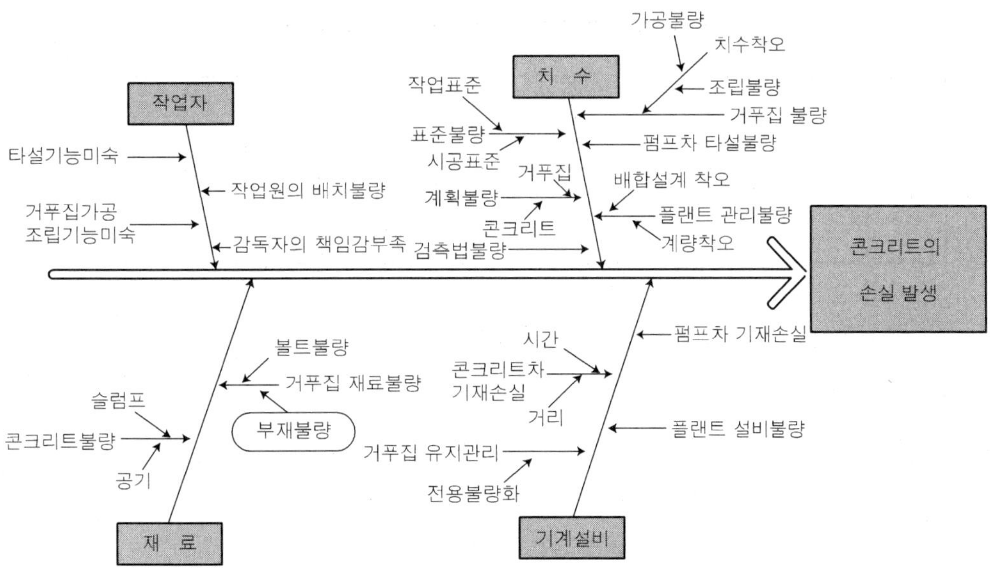

〈그림 6-2〉 콘크리트의 손실발생에 대한 특성 요인도

6-4-4 히스토그램

히스토그램(histogram)이란 모집단에 대한 품질특성을 알기 위하여 모집단의 분포상태, 분포의 중심위치, 분포의 산포 등을 쉽게 파악할 수 있도록 막대그래프 형식으로 작성한 도수분포도를 말한다.

(1) 히스토그램의 작성방법

1) 데이터를 수집하여 데이터의 수(N)을 구한다. 적어도 40개 이상의 데이터가 필요하다.
2) 데이터의 최대치(X_{max})와 최소치(X_{min})를 구하고 범위(R)를 구한다.
3) 데이터의 최소단위(MIU)를 구한다.
4) 범위안에 존재할 수 있는 값이 다른 데이터의 최대수(RX)를 구한다.

$$RX = \frac{R}{\text{MIU}} + 1 \qquad (6-12)$$

5) 급의 수(K)를 정한다.

급의 수는 일반적으로 데이터의 수에 따라 잡아 주는 것이 적절하다.

〈표 6-5〉 데이터(N) 및 적절한 급의 수(K)

데이터의 수(N)	적절한 급의 수(K)
40～100	5～ 9
100～200	8～12
200 이상	10～16

6) 한 급에 포함가능한 데이터의 최대수(HX)를 구한다.

반올림하여 정수로 만든다.

$$HX = \frac{RX}{K} \qquad (6-13)$$

7) 급간격(級間隔)(h)을 구한다.

$$h = \text{MIU} \times HX \qquad (6-14)$$

8) 급의 하한경계치($BX_{\min}$) 및 상한경계치($BX_{\max}$)를 구한다.

$$BX_{\min} = X_{\min} - \frac{1}{2}[(K \times HX) - RX] \times \text{MIU} \qquad (6-15)$$

$$BX_{\max} = X_{\max} + \frac{1}{2}[(K \times HX) - RX] \times \text{MIU}$$

여기서 만약 BX가 MIU/2의 단위로 표시되지 않으면 $BX_{\min}$ − MIU/2 → $BX_{\min}$, $BX_{\min}$ + MIU/2 → $BX_{\max}$로 조정한다.

9) 경계치와 급간격으로부터 순차적으로 급의 구간(SP)을 구한다.

10) 급의 중앙치($\overline{X}_i$)을 구한다.

$$\overline{X}_i = BX_{\min} + \frac{SP - BX_{\min}}{2}, \quad \overline{X}_i = \overline{X}_{i-1} + h(i = 2, k) \qquad (6-16)$$

11) 각 구간의 도수(fi)를 구한다.

급의 각 구간에 해당하는 데이터의 수를 구한다(정자, 또는 ≒등을 사용).

12) 도수분포율(DP)을 구한다.

$$DPi(\%) = \frac{fi}{N} \times 100(i = 1,\ k) \tag{6-17}$$

13) 히스토그램을 작성한다.

이상에서 구한 데이터로부터 도수분포도(횡축 : 특성치, 종축 : 도수)를 그린다.

(2) 히스토그램의 판독법

어떤 공정의 품질을 히스토그램에 의하여 판정할 때 규격의 상한치와 하한치를 결정한 상태에서 분포가 이 구간 사이에 충분한 여유를 가지고 들어가 있으면 이 공정은 규격치에 대하여 불만족한 상태에 있다고 한다. 이처럼 히스토그램의 형상으로부터 어떤 공정의 품질특성, 즉 산포의 크기, 규격치와의 관계 등을 파악할 수 있으며 여기서 후자와 같은 경우 평균치가 규격치의 중심에 가까워 지도록 필요한 조치를 취해야 한다.

또한 히스토그램의 형상에는 여러 종류가 있으며 다소의 요철(凹凸) 형상을 무시한 전체적인 경향이 중요한데 그 형상을 간추려 보면 그림 6-3과 같이 분류할 수 있다.

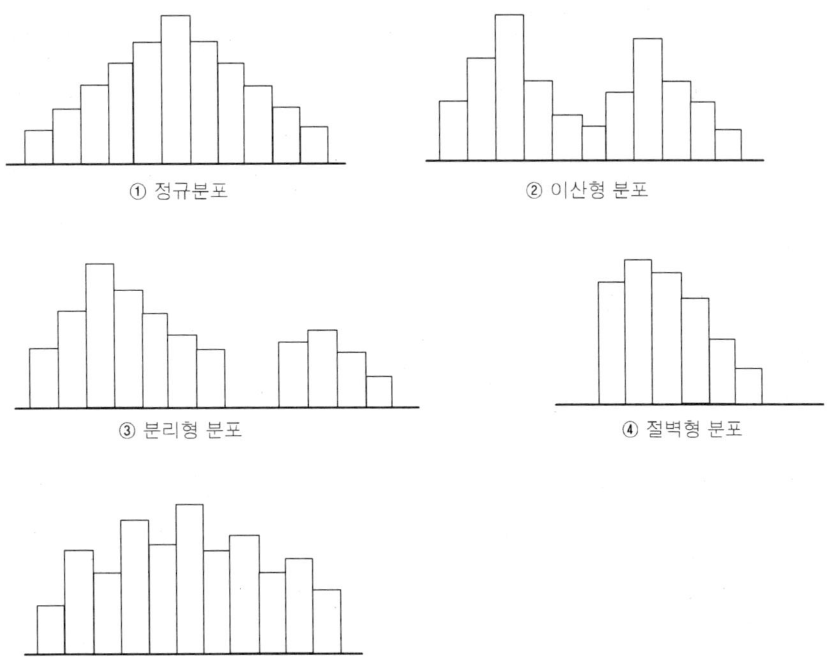

〈그림 6-3〉 히스토그램의 종류

1) 정규분포

좌우대칭형 종(鐘) 모양의 분포로서 통계적 수법으로 취급할 수 있는 가장 일반적인 분포이다.

2) 이산형 분포

두 개의 분포가 중복되어 있는 형태로서 품질에 대하여 영향을 미치는 원인이 두 개 있고 각각이 크게 변동하고 있는 분포이다. 또한 이 분포는 히스토그램을 작성할 때 필요 이상으로 급의 수를 크게 하였을 때 나타난다.

3) 분리형 분포

분포가 분리되어 있는 형태로서 측정치의 잘못이 있거나 전혀 다른 종류의 원인이 들어 있는 경우에 나타나는 분포이다.

4) 절벽형 분포

실제로는 정규분포의 형태를 나타내는 것이지만 공정의 일부가 규격에서 벗어나 있어서 이를 제거하였거나 다시 보정하였을 때 나타나는 분포이다.

5) 낙도형 분포

실제로는 원활한 형태의 분포인데 히스토그램 작성시 적절하지 않은 급으로 나누었거나 측정상에 문제가 있을 때 나타나는 분포이다.

(3) 히스토그램의 사용법

히스토그램에 규격의 상한치와 하한치를 세로선으로 표시하면 품질이 어느 정도의 비율로 규격한계 내에 들어가는 가를 파악할 수 있기 때문에 히스토그램은 공정의 상태를 검토하는데, 또한 합리적으로 규격치를 설정하는데에 필요하며, 결과적으로는 경우에 맞는 적절한 조치를 취하고자 할 때에 사용한다. 이러한 도수분포와 규격치와의 관계를 규격에 대한 품질의 상태에 따라 분류하여 규격과 품질의 관계 및 조치방법을 정리하여 나타내면 표 6-6과 같다.

〈표 6-6〉 규격과 품질 상태에 따른 조치법

규격에 대한 품질의 상태	규격과 품질의 관계	조 치 방 법	
		선정시험의 경우	일상 관리시험의 경우
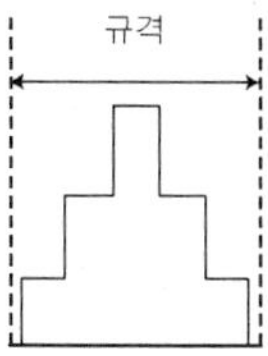	품질의 산포가 규격 안에 충분한 여유를 가지고 들어가 있으며, 평균도규격의 중앙에 있으므로 이상적인 상태이다.	이 재료는 그대로 사용할 수 있다.	제품의 규격도 충분히 만족되어 있고, 공정도 안정되어 있다고 판단되므로 이 공정상태를 계속하여 유지하면 된다.
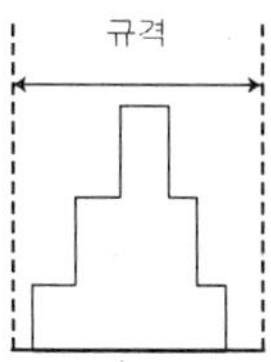	품질의 산포가 규격 안에 들어가 있으나, 품질의 중심이 규격의 중앙에서 벗어나 한 쪽에 치우쳐 있으므로 좋은 상태는 아니다.	그대로 사용하면 규격에서 벗어나는 것이 나타날 염려가 있으므로 품질의 중심을 규격의 중심으로 옮기도록 조치해야 한다.	약간의 공정변화에 대하여도 규격에서 벗어나는 경우가 나타나므로 공정을 개량하여 품질의 중심을 규격 중앙으로 옮겨야 한다.
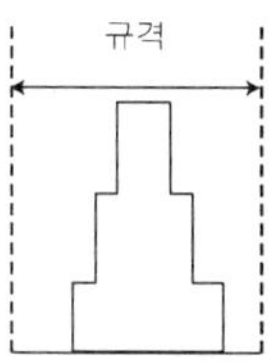	품질에 대하여 규격이 너무 넓다.	그대로 사용하여도 좋다.	공정능력에 너무 큰 여유가 있으므로 공정능력을 낮출 수 있는 경제적인 공정수정이 요구된다.
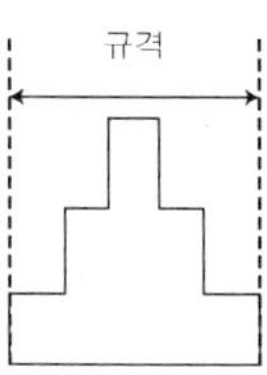	품질의 산포가 규격과 일치하는 경우이다. 이 경우는 품질에 전혀 여유가 없으므로 안심할 수가 없다.	산포의 범위를 줄이거나 그대로 사용할 때에는 공정결과에 영향이 없도록 다른 조건을 수정하여야 한다.	공정능력을 올리도록 공정을 개선하여야 한다.
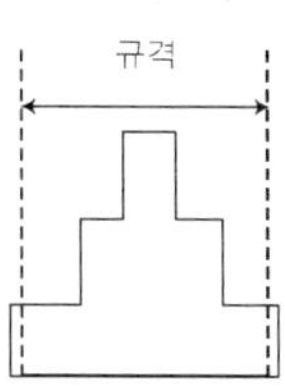	품질의 산포가 규격을 벗어나고 있다.	사용이 부적합하다. 부득이 사용하는 경우에는 규격에 들어가는 것을 선별하거나 다른 조건으로 보완하여야 한다.	규격에 대하여 공정능력이 떨어지므로 공정을 대폭 개선할 필요가 있다.

예제 6-1 히스토그램의 적용 예로서 콘크리트의 압축강도 시험결과 다음과 같은 100개의 데이터가 얻어졌다. 이 시험 결과에 대한 히스토그램을 그리고 그 결과를 판독하는 경우이다(단 f_{ck}=21MPa이다).

〈표 6-7〉 콘크리트의 압축강도(MPa)

No.	X_1	X_2	X_3	X_4	X_5	X_6	X_7	X_8	X_9	X_{10}
1	26.9	22.4	35.3	29.3	28.7	31.1	30.5	23.6	26.9	29.0
2	28.1	23.6	30.5	28.0	24.5	30.5	28.7	26.0	34.1	25.7
3	28.7	25.7	28.1	27.8	29.3	26.0	29.3	29.0	29.3	28.7
4	24.8	26.0	32.6	24.5	35.0	21.2	25.7	27.5	22.7	27.2
5	30.8	32.0	34.7	32.6	26.3	27.2	26.0	29.0	28.4	28.7
6	28.1	30.8	26.0	29.0	25.7	24.8	30.5	30.5	29.3	28.1
7	27.5	30.5	29.0	22.7	26.0	27.8	22.7	28.7	28.4	26.3
8	24.2	27.8	28.1	21.5	27.8	29.3	24.5	29.0	21.7	25.4
9	28.1	29.3	30.8	27.2	33.5	26.0	26.0	29.6	28.1	24.8
10	29.3	28.1	26.0	30.8	28.1	29.6	24.2	22.7	27.2	28.4

[풀이] 1) 데이터의 수 : $N=100$

2) 데이터의 최대치 및 최소치를 구하기 위하여 먼저 각 예의 최대치와 최소치를 구한 다음 그 중에서 다시 최대치와 최소치를 구하면 편리하다.

〈표 6-8〉 각 예의 최대치 및 최소치

구 분	X_1	X_2	X_3	X_4	X_5	X_6	X_7	X_8	X_9	X_{10}
최대치	30.8	32.0	35.3	32.6	35.0	31.1	30.5	30.5	34.1	29.0
최소치	24.2	22.4	26.0	21.5	24.5	21.2	22.7	22.7	21.7	24.8

$$X_{max}=35.3,\ X_{min}=21.2,\ \text{범위}\ R=X_{max}-X_{min}=35.3-21.2=14.1$$

3) 데이터의 최소단위

$$\text{MIU}=0.1$$

4) 범위 안에 존재할 수 있는 데이터의 최대수

$$RX=\frac{R}{\text{MIU}}+1=\frac{14.1}{0.1}+1=142$$

5) 급의 수

100개의 데이터에 대한 급의 수 $K=8$

6) 한 급에 포함 가능한 데이터의 최대수

$$HX = \frac{RX}{K} = \frac{142}{8} = 17.75 \fallingdotseq 18$$

7) 급의 간격

$$h = \text{MIU} = HX = 0.1 \times 18 = 1.8$$

8) 급의 경계치

$$BX_{\min} = X_{\min} - \frac{1}{2}[(K \times HX) - RX] \times \text{MIU}$$

$$= 21.2 - \frac{1}{2}[(8 \times 18) - 142] \times 0.1 = 21.2 - 0.1 = 21.1$$

$$BX_{\max} = X_{\max} + \frac{1}{2}[(K \times HX) - RX] \times \text{MIU}$$

$$= 35.3 + \frac{1}{2}[(8 \times 18) - 142] \times 0.1 = 35.3 + 0.1 = 35.4$$

여기서 BX값이 MIU/2의 단위, 즉 소수점 이하 한 자리 형태가 아니므로 조정이 필요하다.

$$BX_{\min} = 21.1 - 0.05 = 21.05$$

$$BX_{\max} = 35.4 + 0.05 = 35.45$$

9) 급의 구간

$\text{SP}_1 = BX_{\min} + h = 21.05 + 1.8 = 22.85$

$\text{SP}_2 = \text{SP}_1 + h = 22.85 + 1.8 = 24.65$

$\text{SP}_3 = \text{SP}_2 + h = 24.65 + 1.8 = 26.45$

$\text{SP}_4 = \text{SP}_3 + h = 26.45 + 1.8 = 28.25$

$\text{SP}_5 = \text{SP}_4 + h = 28.25 + 1.8 = 30.05$

$\text{SP}_6 5 = \text{SP}_5 + h = 30.05 + 1.8 = 31.85$

$\text{SP}_7 = \text{SP}_6 + h = 31.85 + 1.8 = 33.65$

$\text{SP}_8 = BX_{\max} = 35.45$

$\text{SP}_1 = BX_{\min} \sim \text{SP}_1 = 21.05 \sim 22.85$

$\text{SP}_2 = \text{SP}_1 \sim \text{SP}_2 = 22.85 \sim 24.65$

$\text{SP}_3 = \text{SP}_2 \sim \text{SP}_3 = 24.65 \sim 26.45$

$\text{SP}_4 = \text{SP}_3 \sim \text{SP}_4 = 26.45 \sim 28.25$

$\text{SP}_5 = \text{SP}_4 \sim \text{SP}_5 = 28.25 \sim 30.05$

$\text{SP}_6 = \text{SP}_5 \sim \text{SP}_6 = 30.05 \sim 31.85$

$SP_7 = SP_6 \sim SP_6 = 31.85 \sim 33.65$

$SP_8 = SP_7 \sim SP_8 = 33.65 \sim 35.45$

10) 급의 중앙치

$$\overline{X}_1 = BX_{min} + \frac{SP_1 - BX_{min}}{2} = 21.05 + \frac{22.85 - 21.05}{2} = 21.95$$

$$\overline{X}_2 = \overline{X}_1 + h = 21.951+8 = 23.75$$

$$\overline{X}_3 = 25.55,\ \overline{X}_4 = 27.35,\ \overline{X}_5 = 29.15,\ \overline{X}_6 = 30.95,\ \overline{X}_7 = 32.75,\ \overline{X}_8 = 34.55$$

11) 각 구간의 도수

$$f_1 = 8,\ f_2 = 7,\ f_3 = 19,\ f_4 = 22,\ f_5 = 25,\ f_6 = 11,\ f_7 = 4,\ f_8 = 4$$

12) 도수분포율

$DPi = \frac{f_1}{N} \times 100(\%)$이므로

$DP_1 = \frac{8}{100} \times 100 = 8\%,\ DP_2 = \frac{7}{100} \times 100 = 7\%$

$DP_3 = 19\%,\ DP_4 = 22\%,\ DP_5 = 25\%,\ DP_6 = 11\%,\ DP_7 = 4\%,\ DP_8 = 4\%$

13) 이상에서 구한 값들을 정리하여 도수분포표를 만든다.
최소치를 구한 다음 그 중에서 다시 최대치와 최소치를 구하면 편리하다.

〈표 6-9〉 도수분포표

	구 분	중 앙 치	도 수	누적도수	도수분포율(%)
1	21.05 ~ 22.85	21.95	8	8	8
2	22.85 ~ 24.65	23.75	7	15	7
3	24.65 ~ 26.45	25.55	19	34	19
4	26.45 ~ 28.25	27.35	22	56	22
5	28.25 ~ 30.05	29.15	25	81	25
6	30.05 ~ 31.85	30.95	11	92	11
7	31.85 ~ 33.65	32.75	4	96	4
8	33.65 ~ 35.45	34.55	4	100	4

위의 도수분포표에서 최빈치는 도수가 최대인 구간의 중앙치 29.1가 되며 이에 대한 히스토그램은 그림 6-4와 같다.

다음의 분포도는 히스토그램의 분포형상 가운데 절벽형 분포로서 규격치에 인접한 분포형태이다. 이 히스토그램은 본래 정규분포의 형상을 취한 것이지만 콘크리트 강도가 일부 규격에서 벗어나 있어 이를 제거하였거나 강도를 개선하였을 때 나타나는 분포다.

아래의 품질분포에서 알 수 있는 바와 같이 콘크리트의 압축강도는 전부 하한규격치 21MPa 보다 큰 상태이므로 품질이 합격권 안에 있다고 판정할 수 있으나 하한규격치에 인접하여 있는 시료의 비율이 전체의 8%를 차지하고 있으므로 안전을 위해서 강도개선을 위한 조치를 취하여 주는 것이 바람직하다.

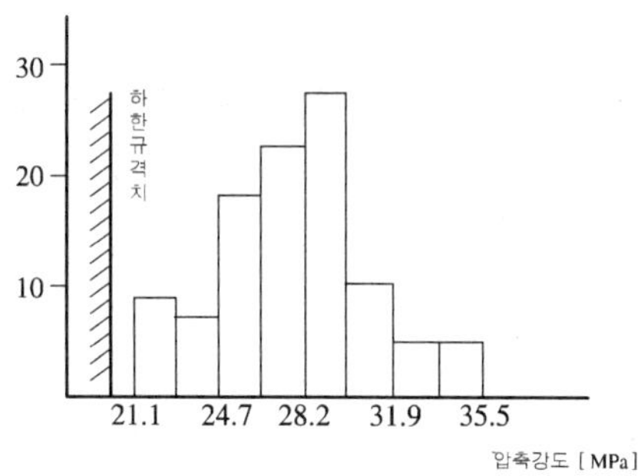

〈그림 6-4〉 콘크리트 압축강도에 대한 히스토그램

예제 6-2 콘크리트의 압축강도의 측정결과는 다음 표 6-10과 같다. 히스토그램을 그려라. 또 평균치, 표준편차, 불편분산을 구하시오.

〈표 6-10〉 콘크리트 압축강도 측정결과(MPa)

29.6	34.5	32.5	30.1	37.0	33.2	30.9	35.3	34.2	37.6
31.0	33.6	31.4	33.5	34.2	31.9	33.4	34.0	33.5	36.1
31.4	34.4	30.9	32.8	36.0	32.6	33.0	36.2	31.7	37.2
29.2	33.6	36.4	34.6	32.0	35.0	31.9	35.0	33.9	32.8
28.3	32.9	36.1	33.1	31.7	34.6	33.2	35.5	34.3	32.4
28.8	32.5	35.1	34.2	32.7	34.1	32.2	34.8	34.2	33.5

[풀이] 도수분포표를 작성하여 그것의 기본을 히스토그램을 그리면 그림 6-5를 얻는다. 평균치 $\bar{x}=33.4$MPa, 편차평방화 $S=893.5$, 표준편차 $\sigma=\sqrt{\frac{S}{n}}=\sqrt{\frac{893.5}{60}}=12.2$, 불평분산 $V=\frac{S}{(n-1)}=\frac{893.5}{(60-1)}=15.1$

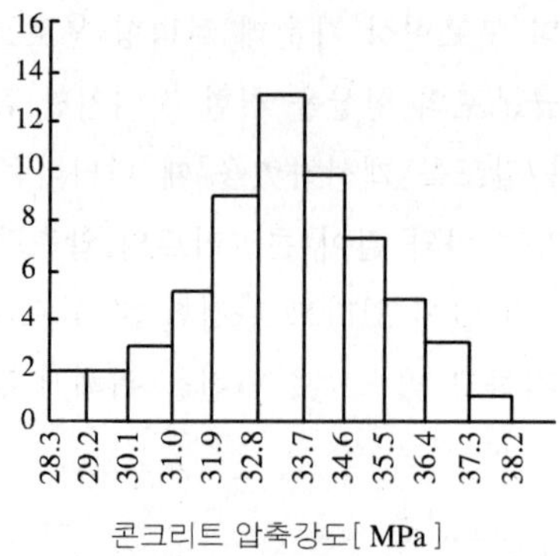

〈그림 6-5〉 콘크리트 압축강도에 대한 히스토그램

6-4-5 관리도

관리도란 품질의 산포를 관리하기 위하여 품질의 특성치와 시료번호를 축으로 하는 그래프 상에 관리한계선을 그려 넣은 그림을 말하며, 이의 작성 목적은 공정에 대한 특성치를 해석하여 필요한 정보를 수집하고 이들 정보에 의해 공정의 산포를 효율적으로 관리해 가는데 있다.

이러한 관리도상에서 품질특성을 나타내는 점이 상・하관리한계선 범위 안에 있고 점의 변동에 어떤 습성(pattern)이 없으면 그 공정은 관리상태하(under control)에 있다고 하고 점이 관리한계선을 벗어나거나 어떤 습성이 발견되면 그 공정은 어떤 이상(異常)을 가지고 있다고 판단하여 이상상태하(out of control)에 있다고 한다.

(1) 관리도의 종류

1) $\overline{X}-R$ 관리도

$\overline{X}-R$ 관리도는 관리대상이 계량치일 경우에 사용하는 관리도로서 공정에서 얻어진 데이터를 적당한 조로 나누어 각 조의 평균치와 조마다 범위를 구하여 $\overline{X}$ 관리도와 R관리도의 두 관리도를 작성함으로써 공정을 관리한다.

2) $\tilde{x}-R$ 관리도

$\overline{X}-R$ 관리도는 평균치 대신 메디안 $\tilde{x}$를 사용한 계량치 관리도로서 공정의 변화를 신속히 파악하고자 할 때에 $\overline{X}$의 계산이 불필요하다는 장점이 있다.

〈표 6-11〉 관리도의 종류

데이터의 종류	사용되는 관리도	관리대상	적용이론
계 량 치	$\overline{X}-R$ 관리도	평균치와 범위	정 규 분 포
	$\tilde{x}-R$ 관리도	메디안과 범위	
	x 관리도	측 정 치	
계 수 치	P 관리도	불 량 률	이 항 분 포
	P_n 관리도	불량개수	
	C 관리도	결 점 수	포아송분포
	U 관리도	단위당 결점수	

3) X 관리도

X 관리도는 데이터를 조로 나누지 않고 하나하나의 측정치를 그대로 사용하여 공정을 관리할 경우에 사용하는 계량치 관리도로서 측정치를 얻는 간격이 크거나 조로 나누어도 특별한 의미가 없는 경우, 또는 정해진 공정으로부터 한 개의 측정치 밖에 얻을 수 없을 때에 사용한다.

또한 이 관리도는 한 개의 측정치가 구해지면 곧 관리도에 기록되므로 각각의 측정치로부터 공정에 대한 안정상태의 판정 및 조치(措置)에 이르기까지 시간적인 지연(遲延)이 없는 특징이 있다.

4) P 관리도

P 관리도(control chart fraction defectives)는 계수치 관리도 중에서 가장 널리 이용되는 관리도로서 시료의 크기가 일정하지 않을 경우에 사용하면 편리하다. 이 관리도는 측정이 불가능하여 계수치로 밖에 나타낼 수 없는 품질특성이나 측정이 가능하더라도 합격여부 판정을 위하여 불량률의 변화를 탐지하거나 평균불량률을 추정하고 싶을 때에 사용한다.

5) P_n 관리도

P_n 관리도(control chart for number of defectives)는 작업공정의 불량개수를 파악하여 관리하는 계수치 관리도로서 시료의 크기가 일정한 경우에만 사용한다.

6) C 관리도

C 관리도(control chart for number defects)는 미리 정해진 일정한 크기의 시료 중에 나타나는 결점수에 따라 공정을 관리하는 계수치 관리도로서 시료의 면적이나 길이 등이 일정한 경우

에만 사용한다.

7) U 관리도

U 관리도(control chart for number of defects per unit)는 시료의 크기가 일정하지 않을 경우 단위시료당 나타나는 결점수에 따라 공정을 관리하는 계수치 관리도로서 사고건수, 하자건수 등을 관리할 때에 사용한다.

일반적으로 건설공사의 검사 특정치들은 대부분 계량치이므로 건설공사의 품질관리에는 위에서 언급한 관리도 중에서 계량치 관리도를 이용하게 되며, 특히 평균치와 범위를 동시에 관리할 수 있는 $\overline{X}-R$ 관리도가 주로 이용된다. 따라서 여기에서는 평균치와 범위의 계량치 관리도인 $\overline{X}-R$ 관리도에 대하여 언급한다.

(2) $\overline{X}-R$ 관리도

$\overline{X}-R$ 관리도는 온도, 강도, 압력, 무게 등의 계량치에 대한 품질특성을 관리하며 여기서 $\overline{X}$ 관리도는 어느 조의 평균치의 변동을 알아 보는데 R 관리도는 그 조의 산포의 변화를 조사하는데 사용된다. 또한 이 관리도는 계수치 관리도에 비하여 측정대상이 되는 품질특성에 대하여 양적 표현을 하게 되므로 보다 많은 정보를 얻을 수 있는 장점이 있으나 측정기기나 장비의 구입비 및 유지비가 많이 들고 측정에 인력과 시간이 많이 요구되는 단점이 있다.

$\overline{X}-R$ 관리도의 작성방법(수작업으로 작성할 경우)

1) 예비데이터를 준비한다.

공정의 시작과 함께 품질관리를 시작하고자 할 때에는 품질한계선을 계산하기 위한 측정치가 없으므로 이 때는 과거에 얻은 동일 종류의 공사시험자료 등으로부터 측정치를 수집하여 예비관리 한계선을 계산함으로써 품질관리를 실시한다. 이 경우에 설정된 관리한계선은 적절한 관리한계선이 아니므로 공정이 시작되면 초기 5조의 측정치를 구하여 즉시 실제관리 한계선을 계산해야 한다. 따라서 일반적으로 초기 5조의 측정치가 구해진 후부터 품질관리를 시작하게 된다.

2) 데이터의 수집 및 조분할을 실시한다.

최근의 측정치를 수집하여 합리적인 방법으로 조분할을 실시하여 데이터 표를 작성한다. 데이터는 40개 이상으로 하며 통상 100개 정도를 로트별, 용량별, 시간별에 따라 순서대로 모으는데 1조의 데이터 수는 4~5개가 적당하다.

3) 평균치 $\overline{X}$를 계산한다.

각 조마다 평균치 $\overline{X}$를 다음 식에 의해 구한다.

$$\overline{X} = \frac{\sum_{i=1}^{n} X_i}{n} \tag{6-18}$$

여기서 n : 해당 조에 대한 측정치의 수

X_i : 각 조의 측정치

일반적으로 $\overline{X}$의 계산시 자리수는 측정치의 자리수보다 한 자리 크게 한다.

4) 범위 R을 계산한다.

각 조 측정치의 최대치와 최소치의 차를 구한다.

$$R_i = (X_{\max} - X_{\min})_i \tag{6-19}$$

여기서 $X_{\max}$: 조 중의 측정치의 최대치

$X_{\min}$: 조 중의 측정치의 최소치

5) 총평균 $\overline{\overline{X}}$를 계산한다.

각조의 평균치의 합을 조수로 나누어서 전체의 평균을 계산한다.

$$\overline{\overline{X}} = \frac{\sum_{i=1}^{k} \overline{X_i}}{k} \tag{6-20}$$

여기서 k : 조의 수

6) 범위의 평균치 $\overline{R}$을 계산한다.

$$\overline{R} = \frac{\sum_{i=1}^{k} R_i}{k} \tag{6-21}$$

7) 관리한계선을 계산한다($\overline{X}$ 관리도).

중신선 : $CL = \overline{\overline{X}}$

관리상한선 : $UCL=\overline{\overline{X}}+A_2\overline{R}$

(6-22)

관리하한선 : $LCL=\overline{\overline{X}}+A_2\overline{R}$

8) 관리도를 작성한다.

① 관리도 용지를 준비한다.

② 관리도 상부에 설계기준치, 품질특성, 측정단위, 공사명 등의 필요한 관련사항들을 기록한다.

③ $\overline{X}$ 관리도는 위에 R 관리도는 아래에 배치하면 세로축에는 특정치를 가로축에는 시료조의 번호를 기입한다.

④ 각 조의 $\overline{X}$와 R값을 조 번호순으로 일정간격이 되게 기입한다.

⑤ 표시되는 각 점들을 연결한다.

⑥ 안정연부를 판정한다.

⑦ 관리 한계선을 조정한다.

⑧ 규격에 대한 검토를 실시한다.

⑨ 관리한계선을 결정한다.

예제 6-3 $X-\overline{R}$ 관리도의 적용 예로서 현장에 반입된 믹서에서 제취한 콘크리트공사 체의 재령 28일 강도는 아래와 같다.

이것은 1층분의 콘크리트타설량이 150m^{3}로 1일 3회로 공사체를 만든 10층분의 30개의 데이터이다. 이것으로 공란을 채우고, $\overline{x}-R$ 관리도를 작성하시오.

〈표 6-12〉 $\overline{x}-R$ 관리도의 데이터 관리도의 종류

시료 No.	압축강도(MPa)			합 계 $\sum X$	평균 $\overline{X}$	범위 R
	X_1	X_2	X_3			
1	26.7	25.1	23.9			
2	24.5	23.0	24.4			
3	22.4	23.7	25.1			
4	24.4	23.8	22.0			
5	24.5	25.0	22.8			
6	26.3	25.8	24.4			
7	25.0	26.5	27.7			
8	26.5	27.5	26.1			
9	27.1	25.8	27.9			
10	26.5	26.3	28.0			

〈표 6-13〉 $\bar{x}-R$ 관리도의 계수

시료의 크기(n)	2	3	4	5	6	7	8	9	10
A_2	1.880	1.023	0.729	0.577	0.483	0.419	0.373	0.337	0.380
D_3	–	–	–	–	–	0.076	0.136	0.184	0.223
D_4	3.267	2.575	2.282	2.115	2.004	1.924	1.864	1.816	1.777

1) 합계 $\sum X$, 평균, $\overline{X}$, 범위 R을 구한다.

시료 No.	1	2	3	4	5	6	7	8	9	10	합계
합계	75.7	71.9	71.2	70.2	72.3	76.5	79.2	80.1	80.8	80.8	
평균 $\overline{X}$	25.2	24.0	23.7	23.4	24.1	25.5	26.4	26.7	26.9	26.9	252.8
범위 R	2.8	1.5	2.7	2.7	2.2	1.9	2.4	1.4	2.1	1.7	21.4

2) 총평균 $\overline{\overline{X}}$, 범위의 평균 $\overline{R}$을 구한다.

$$\overline{\overline{X}}=\frac{\sum\overline{X}}{n}=\frac{252.8}{10}\fallingdotseq 25.3,\ \ \overline{R}=\frac{\sum R}{n}=\frac{21.4}{10}=2.14$$

3) $\bar{x}$관리도의 관리한계선을 구한다($\bar{x}-R$관리도의 계수는 표 1-31 참고).

중심선 $CL=\bar{x}=25.3$

관리상한선 $UCL=\bar{x}+A_2\overline{R}=25.3+1.023\times 2.14=27.5$

관리하한선 $LCL=\bar{x}-A_2\overline{R}=25.3-1.023\times 2.14=23.1$

4) R관리도의 관리한계선을 구한다.

중심선 $CL=\overline{R}=2.14$

관리상한선 $UCL=D_4\cdot\overline{R}=2.575\times 2.14=5.51$

관리하한선 $LCL=D_3\cdot\overline{R}$

5) 관리도를 작성하면 그림 6-6과 같다.

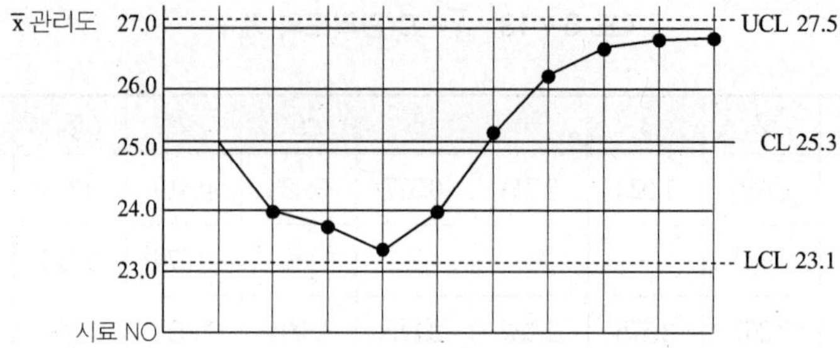

(a) $\bar{x}$ 관리도

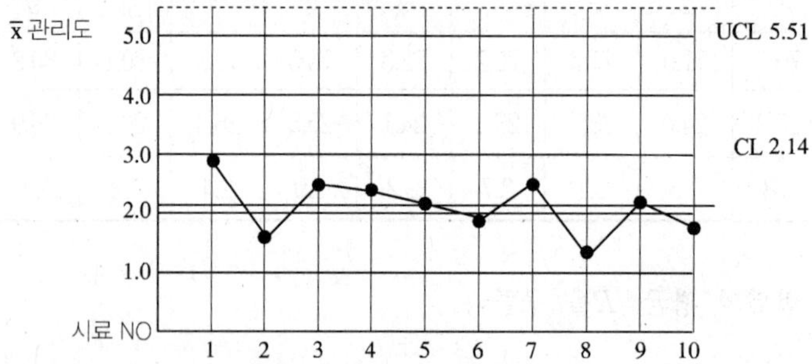

(b) R관리도

〈그림 6 - 6〉 관리도작성

연습문제

1-1 다음과 같은 공정 네트워크에서 각 작업의 전여유(total float) 및 자유여유(free float)를 산출하고, 각 작업의 소요인원이 아래 표와 같을 때 인원동원계획을 최초개시시각(farliest starting time) 기준으로 수립하시오.

작업	일당소요 인원(명)
A	4
B	3
C	3
D	2
E	4
F	5
G	2

1-2 진도관리의 방법과 특징을 간단히 설명하라.

1-3 결합점시각(結合點時刻)에 대하여 설명하라.

1-4 작업시각(作業時刻)에 대하여 설명하라.

1-5 복합적 대규모 토목공사(공사관리)를 위하여 EDPS를 이용한 PERT/CPM공정관리 시스템에 대하여 설명하시오.

1-6 CPM 네트워크로 시공계획을 분석할 때 주공정(critical path)이 정의와 공정관리면에서 의의를 설명하시오.

1-7 PDM기법에 대하여 설명하시오.

1-8 공정관리업무의 내용을 관리순환(계획, 실시, 검토, 장치)에 대하여 설명하시오.

1-9 품질관리시 $x-P$관리도에 대하여 설명하고 이 관리도의 관리계수와 관리 한계선에 대하여 설명하시오.

1-10 공사원가 관리기법에 대하여 기술하시오.

1-11 공사현장의 안전관리에 관하여 기술하시오.

1-12 건설공사의 시공계획에 관하여 기술하시오.

1-13 턴키 · 대안입찰공사의 낙찰자 결정방식을 설명하시오.

1-14 건설기술자로서 전문로는 기술분야에서의 Electronics의 효과와 한계에 대하여 논하시오.

1-15 건설공사 건설사업관리제도의 의의를 설명하고, 업무내용에 관하여 논하시오.

1-16 건설공사 건설사업관리에 있어서 시공건설사업관리와 책임건설사업관리에 대하여 설명하고, 운영실태에 관해서도 기술하시오.

1-17 한국형 사전자격심사(P.Q)제도에 관하여 설명하시오.

1-18 CM제도에 대하여 설명하시오.

1-19 건설현장에서 VE기법에 대하여 설명하시오.

1-20 공정관리에 있어서 공사착수 전 시공계획의 내용에 대하여 설명하시오.

1-21 대형공사 시공시 소음 · 진동의 원인과 민원처리 대책방안에 대하여 설명하시오.

1-22 건설공사의 계약제도에 대하여 설명하시오.

1-23 건설공사 클래임(claim)유형을 열거하고, 그 예방대책과 분쟁해결 방안을 설명하시오.

찾아보기

ㅇ

ㅌ

ㅍ

ㅎ

기타

■ 참고문헌

· 강인석(2007) 최신 건설공사관리학, 문운당
· 김수삼 외 27인(2008) 건설시공학, 구미서관
· 김종렬·한중근(2002) 콘크리트 품질관리, 새론
· 김홍철(2001) 건설재료학, 청문각
· 권호진 외 3인(2001) 토질역학, 구미서관
· 남기천 외 5인(2006) 토목시공학, 한솔아카데미
· 남상욱(2000) 토목시공학, 청운문화사
· 박명태(2012) 토목기사실기, 건기원
· 박춘재(1994) 건설기계기술사문제해설, 청문각
· 박홍태(2000) 건설공정관리학, 기문당
· 이배호(1998) 건설공사관리 이론과 실제, 구미서관
· 이양규(2013) 건설공사관리학, 보문당
· 이양규(2014) 상·하수도공학, 보문당
· 요산 이병래(2010) 광안대교 사진공모(byr-lee@hanmail.net)
· 정경호·이양규 외 2인(2004)토목시공 용어해설
· 이송(2008) 흙막이구조물의 설계 및 시공사례, 건설기술교육원
· 유재복(1997) 토목시공기술사문제해설, 예문사
· 안진수 외 3인(2006) 토목기사실기, 한솔아카데미
· 압축도(PEM)옹벽 시공완료보고서(2013)
· 조효남(2002) 교량공학, 구미서관
· 정만성(1999) 토목시공기술사, 보문당
· 유재일(2009) 암반사면의 이론과 실무, 건설기술교육원
· 윤충섭 외 7인(1999) 최신 토목시공학, 반도출판사
· 황학주(1998) 최신교량공학, 동명사
· 그라운드앵커기술협회(1997) 그라운드앵커공법 설계시공지침, 과학기술
· 국토교통부(2007) 건설공사 비탈면 표준시방서 및 유지관리
· 대한토목학회(1998) 토목용어사전
· 대한전문건설협회(2005) 콘크리트구조물(토목)의 균열과 하자문제
· (주)삼본엔지니어링(2008) DWM공법
· 한국상하수도협회(2010) 상수도시설기준
· 한국상하수도협회(2011) 하수도시설기준
· 한국터널공학회(2009) 터널표준시방서
· 한국콘크리트학회(2009) 콘크리트구조설계기준 해설
· 표준품셈(2005), 건설연구사
· 한국수자원공사, 댐 자료집

▣ 저자약력

이양규(李梁圭, Yang-Kyu Lee)

재직
· 현재, 대림대학교 공학계열 토목환경공학과 공학박사/정교수

학력
· 중앙대학교 공과대학 토목공학과 졸업(공학사)
· 중앙대학교 대학원 졸업(공학석사)
· 중앙대학교 대학원 졸업(공학박사)

강의
· 중앙대학교 공과대학 토목공학과, 강사 역임
· 중앙대학교 대학원 토목공학과, 강사 역임
· 중앙대학교 건설대학원, 강사 역임
· 경기도공무원교육원, 외래교수 역임
· 현재, 건설기술교육원, 외래교수
· 현재, 건설산업교육원, 외래교수

심의 · 자문 · 기술 · 평가위원

역임
· 경기도안양시도시계획자문위원회, 자문위원
· 한국건설기술연구원, 자문위원
· 국방부특별건설심의위원회, 심의위원
· 경기도안양시적격심의위원회, 심의위원
· 경기도안양시도로관리심의위원회, 심의위원
· 경기도군포시건설기술자문위원회, 자문위원
· 한국농업기반공사기술자문위원회, 자문위원
· 경기도지방건설기술심의위원회, 심의위원
· 경기도건설본부기술심의위원회, 심의위원
· 경기도안양시시민고충처리자문의위원회, 자문위원
· 환경관리공단환경시설민자사업(BTL), 평가위원
· 국토교통부턴키•대안입찰기술심의위원회, 기술위원
· 국토교통부중앙건설기술심의위원회(제8, 9, 10기), 심의위원
· 해양수산부해양항만기술자문위원회, 자문위원
· 경기도오산시건설기술심의위원회, 심의위원
· 국토교통부총사업비심의위원회(도로), 심의위원
· 수도권매립지관리공사기술자문위원회, 자문위원
· 인천광역시관광공사기술자문위원회, 자문위원
· 인천항건설사무소기술자문위원회, 자문위원
· 국토교통부철도기술전문위원회, 전문위원
· 서울특별시시설물안전점검기술력위원회, 자문위원
· 해양수산부해양항만턴키 · 대안입찰평가위원회, 평가위원
· 한국농촌공사기술심의위원회, 대외 심의위원
· 국토부대전지방국토관리청기술자문위원회, 자문위원
· 국회토목전문정책위원회, 정책위원
· 경기도안양시건설기술심의위원회, 심의위원
· 국방부특별건설기술심의위원회, 심의위원
· 경기도안양시기름유출복원추진자문단, 자문위원
· 한국철도시설공단기술자문위원회, 자문위원
· 한국철도시설공단구조물점검위원회, 자문위원
· 한국자산관리공사기술자문위원회, 자문위원

중앙 · 특별
· 현재, 우정사업조달사무소기술자문위원회, 자문위원
· 현재, 국토교통부특별건설사업관리단, 검수위원
· 현재, 국토교통부서울지방국토관리청기술자문위원회, 자문위원
· 현재, 중앙재난안전대책교육운영심의위원회, 심의위원
· 현재, 국토교통부중앙시설물사고조사위원회, 조사위원
· 현재, 국토교통부중앙건설기술심의위원회(제13기, 14기), 심위위원
· 현재, 국토교통부철도기술전문위원회, 전문위원

· 현재, 국토교통부부산지방국토관리청기술자문위원회, 자문위원
· 현재, 국토교통부대전지방국토관리청기술자문위원회, 자문위원
· 현재, 행정중심복합도시건설청기술자문위원회, 자문위원
· 현재, 국방부특별기술심의위원회, 심의위원
· 현재, 해양수산부기술심의위원회, 심의위원
· 현재, 부산항만건설사무소기술자문위원회, 자문위원

평가위원
· 현재, 경기지방중소기업청선정과제평가위원회, 평가위원
· 현재, 한국과학재단평가위원회, 평가위원
· 현재, 한국환경산업기술원평가심의위원회, 평가위원
· 현재, 한국건설교통진흥원평가원 R&D, 평가위원
· 현재, 한국건설교통진흥원평가원 건설신기술, 평가위원
· 현재, 한국개발연구원(KID)민간투자사업평가위원회, 평가위원
· 현재, 조달청적정성평가위원회, 평가위원
· 현재, 한국도로공사최적가평가위원회, 평가위원
· 현재, 한국산업단지공단평가위원회, 평가위원
· 현재, 한국문화관광연구원민간투자사업평가위원회, 평가위원
· 현재, 한국국제협력단(KOICA)기술평가위원회, 평가위원
· 현재, 국방부민간투자사업(BTL)평가위원회, 평가위원
· 현재, 한국산업단지공단평가위원회, 평가위원

공단
· 현재, 한국산업인력공단출제부, 출제 · 선정 · 채점위원
· 현재, 한국환경공단기술자문위원회, 자문위원

공사
· 현재, 경기지방공사기술심의위원회, 심의위원
· 현재, 한국토지주택공사기술심의위원회, 심의위원
· 현재, 한국수자원공사기술심의위원회, 심의위원
· 현재, 인천도시공사기술심의위원회, 심의위원
· 현재, 고양도시관리공사기술심의위원회, 심의위원
· 현재, 서울특별시SH공사품질평가위원회, 평가위원
· 현재, 서울특별시SH공사안전점검위원회, 점검위원
· 현재, 화성도시공사기술자문위원회, 자문위원
· 현재, 한국농촌공사대외기술심의위원회, 심의위원
· 현재, 한국철도공사기술심의위원회, 심의위원
· 현재, 서울특별시도시철도공사기술자문위원회, 자문위원

특별시,광역시, 도청, 지자체
· 현재, 경기도군포시도시계획(공동)심의위원회, 심의위원
· 현재, 경기도광명시수돗물수질평가위원회, 평가위원
· 현재, 경기도안양시환경관리자문위원회, 자문위원
· 현재, 경기도수원시건설기술심의위원회, 심의위원
· 현재, 경기도안양시지하수관리심의위원회, 심의위원
· 현재, 인천광역시자방건설기술심의위원회, 심의위원
· 현재, 경기도군포시하수도관리심의위원회, 심의위원
· 현재, 수도권교통본부기술자문위원회(4, 5, 6기), 자문위원
· 현재, 경기도지방건설기술설계심의위원회, 심의위원
· 현재, 경기도철도건설기술자문위원회, 자문위원
· 현재, 경기도사전재해영향성검토자문위원회, 자문위원
· 현재, 경기도지방하천정비사업자문위원회, 자문위원
· 현재, 경기도부천시기술자문위원회, 자문위원
· 현재, 아산시설계자문위원회, 자문위원
· 현재, 경기도원가분석 및 공법선정자문위원회, 자문위원
· 현재, 안산시도시계획자문위원회, 자문위원

출제
· 국가공무원 토목기술직 승진 5급 출제위원 역임, 총무처
· 국가공무원 토목기술직 승진 7급 출제위원 역임, 총무처
· 한국산업인력관리공단 토목산업기사 및 토목기사, 출제 · 성정 · 채점위원 역임
· 현재, 한국산업인력관리공단정수시설운영관리사, 출제위원

학회회원
· 현재, (사)대한토목학회, 평생회원
· 현재, (사)대한상하수도학회, 평생회원
· 현재, (사)대한환경공학회, 평생회원
· 현재, (사)한국건설관리학회, 평생회원
· 현재, (사)한국철도학회, 평생회원
· 현재, (사)한국재난정보학회, 평생회원
· 현재, (사)한국토목섬유학회, 평생회원
· 현재, (사)한국방재협회, 평생회원
· 현재, (사)한국건설이음협회, 평생회원
· 현재, (사)한국환경복원녹화기술학회, 정회원
· 현재, (사)한국물환경학회, 정회원
· 현재, (사)한국지하수토양환경학회, 정회원
· 현재, (사)한국강구조학회, 정회원

학회회원 및 협회 활동
· (사)대한토목학회전국대학위원회, 위원 및 부회장 역임
· (사)대한토목학회전국대학위원회, 위원장 역임
· (사)대한토목학회 시공관리분과위원회, 위원
· 현재, (사)한국건설관리협회, 특별회원
· 현재, (사)한국재난정보학회, 이사
· 현재, (사)대한토목학회, 평의원
· 현재, (사)한국건설이음협회, 부회장

저서
· 제6판 토목시공학, 보문당
· 제3판 건설공사관리학 및 적산학
· 초 판 건설공사관리학, 보문당
· 제6판 상 · 하수도공학, 보문당

논문
· SCI, Proceedings, A급 논문, 학술발표회, 학술기사 및 기술기사, 기타 : 총 135편

수상
· 한국직업능력개발원, 공로상
· 중앙대학교 산업교육원, 공로상
· 21세기 한국인물사선정, 한국민족사발간회
· (사)대한토목학회, 우수논문상 수상
· 국토교통부 장관 표창
· 국토교통부 국무총리 표창
· (사)경기도난문화협회, 공로상
· 대림대학교, 대외홍보 공로상
· 문화체육관광부 선정 우수학술 도서상 수상(2010)

강인석(姜仁錫, Leen-Seok Kang)

재직
· 현재, 국립경상대학교 공과대학 토목공학과 공학박사/정교수

학력
· 중앙대학교 공과대학 토목공학과 졸업(공학사)
· 중앙대학교 대학원 공학석사 졸업(공학석사)
· 중앙대학교 대학원 공학박사 졸업(공학박사)

경력
· 한국건설관리학회, 회장 역임
· 한국구매조달학회, 회장 역임
· 국토교통부중앙건설기술심의위원회(13기), 심의위원 역임
· 국방부특별건설기술심의위원회, 심의위원 역임
· 해양수산부설계자문위원회, 자문위원 역임
· 현재, 미래창조과학부 국가과학기술심의위원회, 심의위원
· 현재, 대한토목학회 이사, 시공분과위원장
· 현재, 한국산업안전공단, 기술사 검정위원
· 현재, 대한토목학회, 이사/시공분과위원회, 위원장

저서
- 건설공사관리학
- 건설공정관리학
- 건설시공학 외

논문
- SCI, A급 논문, 학술발표회, 학술기사 외 총 190편

수상
- 국가연구과제 우수성과 국토교통부 장관표창
- 대한토목학회 논문상, 학술대회 우수논문상, 학회장표창
- 한국건설관리학회 학술(논문), 학술대회 우수논문상
- 한국과학기술단체총연합회 과학기술우수논문상
- 문화체육관광부 선정 우수학술 도서상 수상(2010)

박홍태(朴洪泰, Hong-Tae Park)

재직
- 현재, 국립공주대학교 공과대학 토목환경공학과 공학박사/정교수

학력
- 부경대학교 공과대학 토목공학과 졸업(공학사)
- 중앙대학교 대학원 졸업(공학석사)
- 중앙대학교 대학원 졸업(공학박사)

강의 · 연구원
- 공관(서울시 지하철 5-2호선 건설사업관리단 본부) 근무
- 대한주택공사연구소, 책임연구원 근무
- 교육과학기술부, 공업계열 전문교과 국정교과서 집필위원, 연구위원
- 중앙대학교 대학원, 강사 역임
- 한경대학교 공과대학 토목공학과 강사 역임
- 전문건설공제조합기술교육원, 외래강사 역임
- 국토교통부국가전문행정연수원, 외래강사 역임
- 건설산업교육원, 외래강사 역임
- 한국건설감리협회, 외래강사 역임
- 철도경영연수원, 외래강사 역임
- 국방부조달본부, 외래강사 역임
- 국토일보 논단위원 역임

심의 · 자문 · 평가위원
- 국방부턴키·대안입찰제도평가위원회, 평가위원 역임
- 현재, 충청남도지방건설기술심의위원회, 심의위원
- 현재, 충청남도당진군청설계기술심의위원회, 심의위원
- 현재, 대전지방국토관리청 명예공사관리관
- 현재, 국방부특별건설기술심의위원회, 심의위원

저서
- 제2판 건설시공학, 구미서관
- 제2판 건설적산학, 구미서관
- 제6판 건설공정관리학, 기문당
- 제2판 토목캐드실습, 구미서관

논문
- SCI, A급 논문, 학술발표회, 학술기사, 기타 총 110편

수상
- 산학협동재단 장학상 수상(1995)
- 대한토목학회 논문상 수상(1997)
- 문화체육관광부 선정 우수학술 도서상 수상(2010)
- 한국재난정보학회 논문상 수상(2014)
- 한국재난정보학회 논문상 수상(2016)